39th World Congress of Vine and Wine 2016

BIO Web of Conferences Volume 7 (2016)

Bento Goncalves, Brazil
24 - 28 October 2016

Editor:

Jean-Marie Aurand

ISBN: 978-1-5108-3164-3

Printed from e-media with permission by:

Curran Associates, Inc.
57 Morehouse Lane
Red Hook, NY 12571

Some format issues inherent in the e-media version may also appear in this print version.

Printed by Curran Associates, Inc. (2016)

For additional information, please contact EDP Sciences – Web of Conferences at the address below.

EDP Sciences – Web of Conferences
17, Avenue du Hoggar
Parc d'Activité de Courtabœuf
BP 112
F-91944 Les Ulis Cedex A
France

Phone: +33 (0) 1 69 18 75 75
Fax: +33 (0) 1 69 28 84 91

contact-edps@webofconferences.org

Additional copies of this publication are available from:

Curran Associates, Inc.
57 Morehouse Lane
Red Hook, NY 12571 USA
Phone: 845-758-0400
Fax: 845-758-2633
Email: curran@proceedings.com
Web: www.proceedings.com

TABLE OF CONTENTS

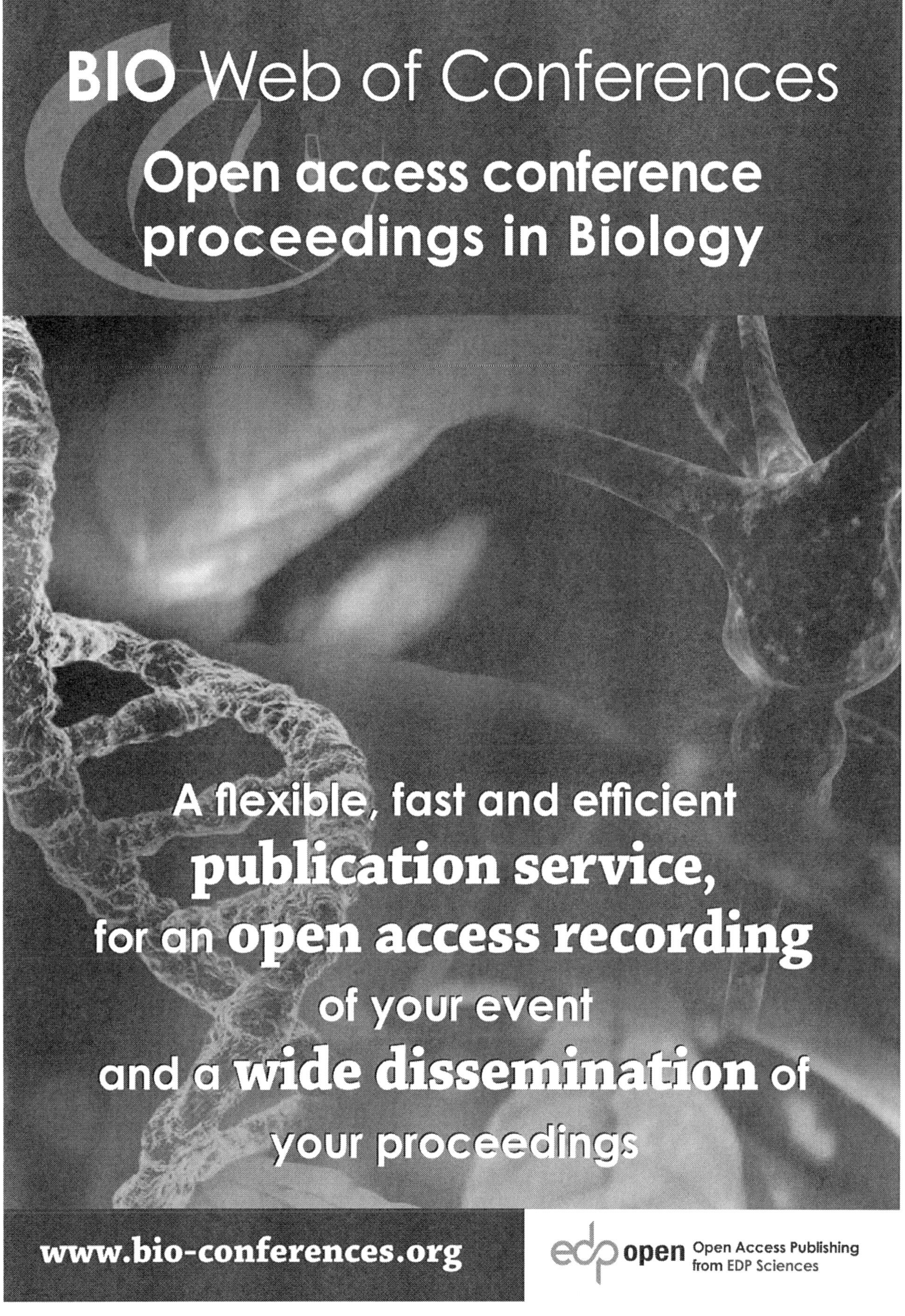
BIO Web of Conferences
Open access conference proceedings in Biology
A flexible, fast and efficient publication service, for an open access recording of your event and a wide dissemination of your proceedings
www.bio-conferences.org
edp open
Open Access Publishing from EDP Sciences

Aims & scope

BIO Web of Conferences is an open access journal devoted to the publishing of conference proceedings dealing with biology.

The journal aims to make conference proceedings visible, citable and widely usable by the scientific community. It offers outstanding services for the publication and dissemination of the contents in order to ensure long-term archiving and maximum exposure of the scientific events.

Coverage includes all traditional areas of biology, as well as related fields such as biomedicine, pharmacology, agriculture and agri-food.

Why publish with BIO Web of Conferences?

- **Open access:** conference papers available worldwide.
- **Fast publication:** less than 3 months.
- **Total flexibility:** no page restrictions, free unlimited use of colour in the online version, any kind of scientific document welcomed (traditional articles, posters, abstracts and slideshows).
- **High visibility:** all documents indexed in main databases and easily found online.
- **Fair author rights:** CC-BY Creative Commons license.
- **Range of additional publishing options:** printed proceedings, CD-ROMs, editorial secretary, etc.

Contact:
Isaline Augusto
bio@webofconferences.org

ISSN (electronic edition): 2117-4458

www.bio-conferences.org

edp open Open Access Publishing from EDP Sciences

edp sciences

BIO Web of Conferences

Statement of Peer review

In submitting conference proceedings to BIO Web of Conferences, I certify to the Publisher that I adhere to the **Policy on Publishing Integrity** of the journal in order to safeguard good scientific practice in publishing.

1. All articles have been subjected to peer review administered by the proceedings editors.
2. Reviews have been conducted by expert referees, who have been requested to provide unbiased and constructive comments aimed, whenever possible, at improving the work.
3. Proceedings editors have taken all reasonable steps to ensure the quality of the materials they publish and their decision to accept or reject a paper for publication has been based only on the merits of the work and the relevance to the journal.

Title, date and place of the conference

OIV 39th World Congress of Vine and Wine
24 to 28 October 2016
Bento Gonçalves - Brazil

Proceedings editor(s):

Jean-Marie AURAND
Director General

Date and editor's signature

26 September 2016

OIV ORGANISATION INTERNATIONALE DE LA VIGNE ET DU VIN
Organisation intergouvernementale
18, rue d'Aguesseau - F-75008 Paris

New vineyard fields: Grape Juice. Selection of grapevine species, juice making, stabilization / Nouvelle filière : jus de raisin. Sélection des cépages, élaboration, stabilisation

Jean-Louis Escudier[1], Richard Payraud[3], Emilie Brienza[3], Stéphanie Moreau[3], Pierre Guyot[3], Alain Samson[1], Michel Mikolajczak[1], Delphine Bouissou[1], Mélanie Veyret[1], Soline Caillé[2], Jean-Marc Souquet[2], Véronique Cheynier[2], Emanuelle Zumstein[1], Marc Heywang[1], Jean-Noël Lacapère[1], Jacques Rousseau[4], et Hernán Ojeda[1]

[1] INRA, UE999 Pech Rouge, Gruissan, France
[2] INRA, UMR 1083SPO, Montpellier, France
[3] FOULON SOPAGLY SAS, Mâcon, France
[4] Groupe ICV-La jasse de Maurin-Lattes, France

Abstract. Proposed by FOULON-SOPAGLY society and INRA, a six years applied research program was developed in France to enable creation of create specific lines to elaborate high quality juice with new adapted grapevine varieties and specialized vineyards, with adapted technology. 448 vine varieties from INRA Vassal first international collection of grapevine species were evaluated to finally select 14: 2 *V. vinifera*, 9 hybrids, and 3 from INRA creation (ref A. Bouquet) by hybridization. These last references, obtained from 4 or 5 back crossing between Muscadinia. *rotondifolia.X. V.vinifera*, have in particular a high level of resistance against mildew and oidium.These varieties have RUN 1 and RPV1. resistance genes, with several other secondary genes on one chromosome locus. This makes access to organic market easier. Agronomic criteria are studied for this selection. Among the 14 selected grapevine species, some have high level of polyphenols (6 times more than alicante). Others (white and red) have a high aromatic potential. Others have a low sugar content 135 g/l to 150 g/l) and adapted sugar/ acidity ratio. **-In the cellar**: The absence of fermentation and alcohol requires optimization of the process for juice making. For example by increasing polyphenols extraction and colour stability by using thermo-treatment. Flash release process coupled with enzymatic soaking on grapes at 45°C for example, increases 2 or 3 fold polysaccharide juice content, and increases anthocyanins extraction and hence colour intensity. With this process the draining of grape marc and juice production increase. Pressure technology by on line horizontal decanter is possible. **-In juice storehouse**. Electro membrane process, (oenodia membrane process) with specific membranes gives possibilities to achieve two objectives on juice: - Decrease pH and increase acidity of juice and colour stabilization, without any additive.

Résumé. A l'initiative de la société FOULON-SOPAGLY et de l'INRA, le projet de créer un vignoble spécialisé pour le jus de raisin, à partir de variétés de vignes différentes de toutes celles actuellement retenues pour faire du vin a vu le jour. 448 variétés de la collection mondiale de vigne de l'INRA Vassal ont été évaluées, pour en proposer à l'agrément au final 14, dont 2 *Vitis vinifera*, 9 hybrides producteurs directs et 3 cépages issus de la création variétale de l'INRA (obtenteur A. Bouquet). Ces dernières, particulièrement tolérantes au mildiou et à l'oïdium, sont issues de 4 recroisements successifs par *Vitis vinifera* à partir d'un premier hybride Vitis*vinifera* x *Muscadinia rotundifolia*, porteurs des gènes de résistance RUN 1 et RPV 1 avec des gènes secondaires associés sur le même locus. Les variétés proposées sont bien adaptées pour l'élaboration de jus bio. Leurs aptitudes agronomiques sont précisées et sont étudiées par l'ICV. Parmi les variétés retenues certaines produisent des raisins très riches en polyphénols, d'autres ont un important potentiel aromatique, d'autres une acidité élevée, certaines des hauts rendements et une plus basse teneur en sucre (135 à 150 g/L) avec un ratio sucre/ acidité faible. Il s'agit aussi d'élaborer le jus à l'appui d'innovations en les adaptant. **A la cave** : L'absence de fermentation et d'alcool imposent des procédés optimisés d'extraction de polyphénols par thermotraitement. L'utilisation de la Flash détente en la couplant avec une étape de macération enzymatique à 45 °C par exemple, permet une extraction équilibrée et élevée des polyphénols (tanins et anthocyanes). Ces mêmes procédés ont permis une extraction plus forte en polysaccharides (d'un facteur 2 à 3) et un meilleur asséchement du marc au pressurage. Le pressoir peut être remplacé par un décanteur horizontal à fonctionnement continu pour assécher les marcs frais. **Au chai de conditionnement** : Les procédés électro-membranaires, tels que définis sur les applications vin et moût de raisin (Procédés électromembranaires Société Oenodia), selon la configuration membranaire, permettent d'assurer deux objectifs maintenant validés qualitativement et technologiquement sur jus: améliorer l'acidité et baisser le pH des jus sans utilisation d'additifs.

 DOI: 10.1051/bioconf/20160701001

1. Introduction

1.1. Pourquoi un tel projet de recherche sur jus de raisin ?

Bien qu'historique, le produit jus de raisin ne répond pas et n'a jamais répondu à l'attente d'un consommateur adulte européen : il est trop sucré et s'est donc fait largement distancer par des jus de fruits à sucrosité et ratio sucre-acide plus bas, 12 pour le jus d'orange en particulier. L'INRA et la société FOULON-SOPAGLY, leader européen des jus de raisins et coordonnateur du projet, conduisent depuis 2009 un programme pour proposer au consommateur une gamme de jus de raisins moins sucrés et plus conformes à ses attentes : projet FUI Fijus R@isol[1]. Le programme vise à créer intégralement une filière spécifique dédiée au jus de raisin depuis le choix de cépages spécifiques pour donner un jus plus acide et moins sucré, à ratio sucre-acide (compté en acide tartrique) ramené de 20 à 18 actuellement à moins de 16. Les jus seront issus de vignes plus productives et tolérantes aux deux principales maladies de la vigne (le mildiou et l'oïdium). Les jus seront élaborés par des procédés d'extraction innovants développés récemment pour le vin : gestion de l'acidité (et de la stabilisation tartrique par électrodialyse), meilleure extraction des arômes et des polyphénols (anthocyanes et tanins). Le projet a permis à la société FOULON-SOPAGLY d'être conviée aux réflexions lancées par le Ministère de l'Agriculture Français concernant les 10 priorités agro-industrielles pour les 10 ans à venir et le projet d'être retenu dans l'axe « Diversification des produits pour une viticulture durable ».

Le cahier des charges concernant les cépages pour le jus de raisin :

- ✓ Haut rendement (supérieur à 150 hL/ha pour les cépages rouges et si possible vers 250–300 hL/ha pour les cépages blancs)
- ✓ Faible taux de sucre (de l'ordre de 120–130 g/L)
- ✓ Acidité supérieure à 7 g/L (équivalent acide sulfurique), pH de l'ordre de 2,8 à 3,2
- ✓ Haute teneur en polyphénols pour les jus rouges (Indice des polyphénols totaux supérieurs à 3 g/L).
- ✓ Aromatique.
- ✓ Tolérances aux maladies cryptogamiques.
- ✓ Bonnes aptitudes agronomiques.

[1] FIJUS-R@isol (2009–2014), projet intégré labellisé par les deux pôles de compétitivité Q@limed (Languedoc Roussillon) et Vitagora (Bourgogne). Partenaires : société Foulon Sopagly (coordinateur), Inra (UE Pech-Rouge, UE Vassal, UMR SPO, UMR AGAP) et IFV de Montpellier, caves coopératives SAS Roquecourbe et Vignoble de la Voie d'Héraclès, ICV et IFR 100 STIC (Inserm/Université de Bourgogne. Les différents développements de ce projet sont financés à hauteur de de 2,2 millions d'euros par le FUI, les deux Régions Occitanie (ex Languedoc Roussillon) et Bourgogne, BPI et France AgriMer. La démarche a été amendée par l'organisme de tutelle France AgriMer tout au long du projet. L'accompagnement à la gestion du projet a été effectué par la Cabinet Efficient Innovation.

Les objectifs de ce programme de recherche et les résultats acquis à novembre 2015 FIJUS-R@isol ont fait l'objet de publications dans la revue des œnologues [1–4].

Il s'agit aussi de corriger l'image du jus de raisin jugé trop sucré par le consommateur adulte européen en l'adaptant à son goût. La reconversion des vignes en vergers à jus de raisin suppose au préalable une sélection de nouveaux cépages adaptés à la production de jus de raisin. Dans le souci d'une conduite en culture raisonnée ou en agriculture biologique, de nouvelles variétés résistantes au mildiou et à l'oïdium doivent être retenues pour certaines de leurs caractéristiques : production de gros fruits rouges et blancs, moins sucrés, taux de polyphénols élevés et riches en acides et composés aromatiques. Afin de définir les itinéraires techniques les plus appropriés, de nouvelles pratiques culturales en lien avec l'ICV (Institut coopératif du vin), une cave coopérative et quelques viticulteurs sont en cours d'évaluation. Différentes modalités de taille, de palissage et d'irrigation/ fertirrigation doivent être explorés. Une parcelle est dédiée à la conduite en culture biologique. Les régions viticoles impliquées sont en France la région Occitanie, le Beaujolais /Val de Saône, la Charente, le vignoble du Sud-Ouest...

La maîtrise de la composition et de la richesse nutritionnelle du jus de raisin est éprouvée par le contrôle de l'acidité du produit et de la quantité de polyphénols extraits des fruits.

La disparition de l'aide communautaire à l'élaboration de jus de raisin qui contraignait économiquement tous les élaborateurs à s'approvisionner via les surplus de la filière vin renforce l'intérêt économique de ce projet en Europe.

1.2. Enjeux économiques et contexte international

Les enquêtes récentes en France (2013) montrent que 43% des Français consomment tous les jours un jus de fruit, essentiellement au moment du petit déjeuner. La consommation moyenne de jus de fruit atteint maintenant en France 25 L/ habitant/ an. La moitié est du jus d'orange, 2,6 % est du jus de raisin soit environ 1 L/ habitant/ an. La marge de progression reste forte...

1.2.1. Les enjeux économiques sont à côté d'enjeux de recherche à l'origine de la structuration de ce programme :

Pour la production mais également pour le transformateur, les enjeux sont donc multiples :

- Pérennisation et stabilité des approvisionnements en quantité et qualité
- Optimisation du prix au travers de contrats pluriannuels (sur 10 ans) et de rendements plus élevés
- Caractérisation et identité de la gamme de jus par rapport aux références internationales.
- Réponses particulières aux demandes des distributeurs et des consommateurs.

Pour le consommateur, l'enjeu est maximum :

- Un jus de raisin, équilibré en acidité, moins sucré, plus aromatique, pauvre en résidus phytosanitaires.
- Un assemblage de trois ou quatre jus de cépages nouveaux et différents parmi les dix sélectionnés permettrait un éventail de trente ou quarante combinaisons inédites à proposer à la consommation.

1.2.2. Le marché actuel du jus de raisin en Europe

Le produit jus de raisin existe sous deux formes : le pur jus et le jus reconstitué à base de concentrés (ou jus ABC). Ce dernier est principalement utilisé pour les mélanges de jus de fruits.

La consommation européenne en pur jus de raisin est de 200 millions de litres. Si l'on considère le jus de raisin concentré, la consommation européenne s'élève à 100 millions de litres.

Le marché français des jus de fruits s'établit pour 2015 à 1225 millions de litres soit plus d'un milliard d'euros en valeur, le jus de raisin n'en représente que 4% en volume. Le marché des jus de fruits est en nette progression sur les purs jus de fruits, les deux principaux parfums étant l'orange et la pomme. Néanmoins, le pur jus de raisin ne bénéficie pas pleinement de cette croissance dans la mesure où il existe peu de variation de consommation en fonction des fluctuations de prix à la baisse ou à la hausse. Cependant, en 2016, le prix du jus d'orange est annoncé en hausse significative en lien avec le développement de maladies.

1.2.3. La production de jus de raisin en Europe

La production française de pur jus de raisin s'établit à un peu plus de 80 millions de litres élaborés majoritairement pour les jus rouges à partir de raisins de la région d'Occitanie. La moitié, soit 40 millions de litres, est conditionnée en tant que jus de raisin, le reste est intégré dans des mélanges de fruits. Plus de 50 % de la production française est exportée dans toute l'Europe.

Les acteurs européens du pur jus de raisin sont principalement basés en France et Italie (Tableau 1). Ces entreprises ont des capacités de production en volume de plus d'un million d'hectolitres. Certaines entreprises, principalement italiennes, se positionnent en complément d'autres activités principales sur des marchés de masse avec de gros volumes et des prix bas. D'autres, comme FOULON SOPAGLY, se positionnent, avec les purs jus de raisin, sur des produits de milieu et haut de gamme.

Il s'agira de porter le potentiel de production au-delà de 800 000 hL en augmentant significativement la part d'approvisionnement français, de diminuer le rapport sucre sur acide et de le rapprocher de celui du jus de pomme. Une caractérisation à partir de marqueurs génétiques des variétés de vignes utilisées permettra de vérifier l'origine du jus parmi les premiers cépages qui seront inscrits. Les variétés retenues permettront un meilleur respect environnemental car elles sont pour l'essentiel des hybrides avec une tolérance voir une résistance aux maladies cryptogamiques.

1.2.4. Jus de raisin et Organisation Communautaire du Marché du vin

Dans le système de production l'élaboration de jus de raisin était historiquement liée à celle du vin. La production de raisins pour la transformation en jus ou la vinification comporte des objectifs communs en termes de couleur, caractéristiques aromatiques voire de propriétés nutritionnelles. Mais, selon la destination du raisin, il existe des oppositions marquées sur la teneur en sucre, l'acidité et le rendement.

Le statut du jus de raisin vient d'évoluer dans le cadre de la réforme de l'Organisation Communautaire du Marché du vin. Le rôle historique était de contribuer à la résorption de l'excédent viticole avec une aide communautaire à l'élaboration du jus de raisin assortie de différentes contraintes : interdiction de s'approvisionner en zones AOC ; utilisation exclusive de moûts d'origine européenne, justification de l'utilisation des moûts de raisin de cuve pour la filière jus (DCA).

A ce jour très majoritairement constituée à partir de cépages de raisin de cuve, la matière première idéale pour l'élaboration des nouveaux jus envisagés n'existe pas. La disparition, en août 2008, de l'aide communautaire a constitué une opportunité vers la mise en place d'une filière autonome et spécifiquement dédiée au jus de raisin.

Compte tenu des prix d'achat, la rentabilité suppose des rendements élevés, de 150 hL/ha pour des jus à valeur ajoutée, à plus de 300 hl/ha pour des jus de base.

Les objectifs et résultats de ce projet ont été source de plusieurs publications [1–5].

2. De nouveaux cépages pour faire du jus de raisin : démarche de la sélection variétale

Pendant la période 2008/2010, 448 jus issus de différentes variétés sont passés par le dispositif de présélection selon des critères physico-chimiques, sensoriels, sanitaires et productifs (rendements). Les raisins, dans leur majorité, ont été récoltés à partir de la collection ampélographique de l'Unité Expérimentale du Domaine de Vassal `https://www6.montpellier.inra.fr/vassal/` (Tableau 2).

Aucune contrainte n'a été imposée à priori par rapport à l'origine génétique des cépages : *Vitis vinifera*, Hybrides producteurs directs (HPD) et nouvelles créations INRA résistantes aux maladies (Tableau 3).

Une évaluation approfondie des 448 génotypes a été réalisée en fonction des résultats des dégustations, effectuées au Plateau d'Analyses Sensorielles de l'Inra de Montpellier et du dépistage de viroses des plantes mères, effectué par l'UMT GénoVigne. Finalement 20 variétés ont été présélectionnées et sur-greffées, à partir de 2010, sur une parcelle homogène de l'Unité Expérimentale de Pech- Rouge suivi d'une plantation directe, en 2012, au domaine du Lycée Charlemagne à Carcassonne (Fig. 1). Après 4 ans d'évaluations agronomiques, technologiques et sensorielles, 14 cépages ont été proposés avec un dossier d'inscription pour fin 2016 pour certains puis 2017 pour d'autres. Une dénomination a été proposée par la société FOULON-SOPAGLY et acceptée pour la demande en cours d'inscription au catalogue viticole (Tableau 4).

3. Les créations variétales INRA proposées à l'inscription

Trois des variétés retenues réf G3, G4, G18 sont des créations variétales INRA issues du travail du généticien Alain Bouquet [6] qui a participé à la mise en place de ce projet Fijus R@isol. Ces trois variétés sont issues au départ de croisements *Muscadinia x V.vinifera* sélectionnés pour ce projet (Fig. 2).

Tableau 1. Les fournisseurs de pur jus de raisin en Europe (source FOULON SOPAGLY).

Pays	*Entreprise*	*Production de jus de raisin hL/an*	*Premier produit de l'entreprise*
FRANCE	*FOULON SOPAGLY*	*400 000*	*Pur jus de raisin*
ITALIE	*SAN GABRIELE*	*400 000*	*Jus de raisin concentré*
	DISTERCOOP	*100 000*	*Jus de raisin concentré*
	VINORTE	*100 000*	*Vin, jus de raison concentré, vinaigre*
	POLPUVA (jus bio)	*50 000*	*Pur jus de raisin*
ESPAGNE	*Différents acteurs*	*200 000*	*Jus de raisin concentré, pur jus de raisin*

Tableau 2. Lieu de prélèvement des jus élaborés pendant la période 2008/2010. Projet FIJUS R@isol.

Lieu / *Année*	*2008*	*2009*	*2010*	Total
UE Vassal	*81 (52R+29B)*	*202* (139R+63B)*	*136 (36R+100B)*	419 (227R+192B)
Domaine du Chapitre	*4 (R)*	*6 (2R+4B)*	*0*	10 (6R+4B)
UE Pech Rouge	*9 (6R+3B)*	*8 (3R+5B)*	*2 (B)*	19 (9R+10B)
Total	*94 (62R+32B)*	*216 (144R+71B)*	*138 (36R+102B)*	448 (242R+206B)

R : cépages rouges ; B : cépages blancs ;

** 228 cépages récoltés en 2009 dont 26 écartés pour des problèmes sanitaires (viroses) ou d'excès de sucres.*

Tableau 3. Origine génétique des cépages présélectionnés. Projet FIJUS R@isol.

Origine / Année	2008	2009	2010	Total
Vitis vinifera	49 *(28R+21B)*	42 *(18R+24B)*	90 *(22R+68B)*	181 *(68R+113B)*
Hybrides producteurs directs	32 *(24R+8B)*	164 *(124R+40B)*	46 *(16R+30B)*	242 *(164R+78B)*
Résistants (*Vitis x Muscadinia*)	13 *(10R+3B)*	10 *(3R+7B)*	2 *(B)*	25 *(13R+12B)*
Total	94 *(62R+32B)*	216 *(144R+71B)*	138 *(36R+102B)*	448 *(242R+206B)*

R : cépages rouges ; B : cépages blancs.

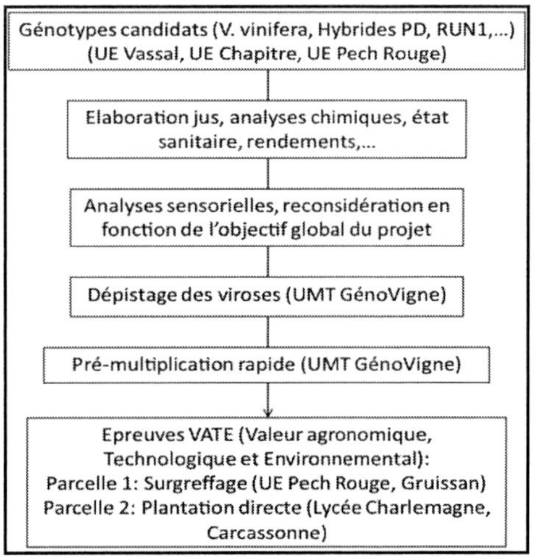

Figure 1. Représentation schématique de la démarche de la sélection variétale dans le cadre du projet Fijus R@isol.

Tableau 4. Dénomination proposée pour certaines des 14 cépages sélectionnés pour l'inscription au catalogue. Projet Fijus R@isol.

	REFERENCE PROVISOIRE	DENOMINATION PROPOSEE
1	Seyve-Villard 12-413	Iloa
2	Seibel 4681	Nicora
3	Galibert Coulondre 14–5	Galibia
4	Seibel 8704	Phenolia
5	Seibel 5586	Cebriel
6	Seibel 10796	Silara
7	Seibel 10096	Farelia
8	Seibel 1020	Flot rouge
9	Galibert 21–1	Carubis
10	Caralicante	Caralicante
11	Patricia INTA (1)	Patricia INTA
12	G3 (3197 N) (2)	en cours
13	G4 (3184 N) (2)	en cours
14	G18 (3199-50 B) (2)	Recybel

(1) Création INTA (Argentine); (2) créations INRA.

Ces variétés ont tout de suite été repérées pour leurs grandes qualités organoleptiques, aromatiques, et leur teneur en sucre modérée. Ces variétés sont particulièrement résistantes aux maladies cryptogamiques. Cette résistance n'est pas revendiquée pour ces variétés car ceci n'a pas été l'objectif de leur sélection, mais la durabilité de cette résistance est un avantage complémentaire en voie de confirmation après dix années d'expérimentations sur le vignoble de Pech Rouge. Depuis l'année 2005, ces références sur-greffées sur vinifiera (Gamay) sont observées sur une parcelle du vignoble de Pech – Rouge sur laquelle aucun traitement antifongique n'est appliqué. Les résistances à l'oïdium et au mildiou y sont vérifiées

DOI: 10.1051/bioconf/20160701001

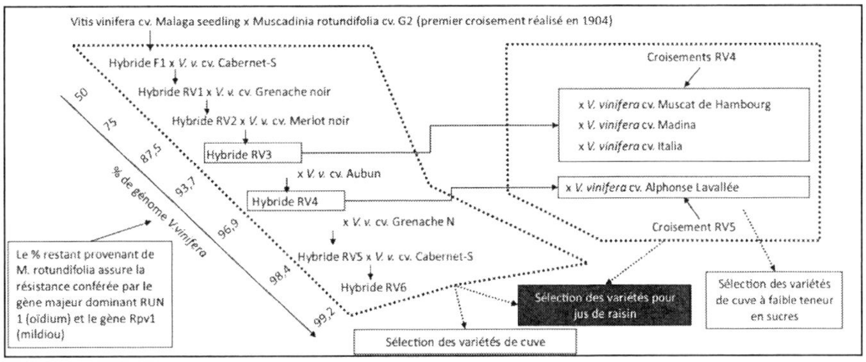

Figure 2. Sélection sur le matériel génétique tolérant à l'oïdium et au mildiou issu de recroisements inter-spécifiques *Vitis vinifera* x *Muscadinia rotundifolia* (obtenteur Alain Bouquet). Ojeda et al. (2010) [9].

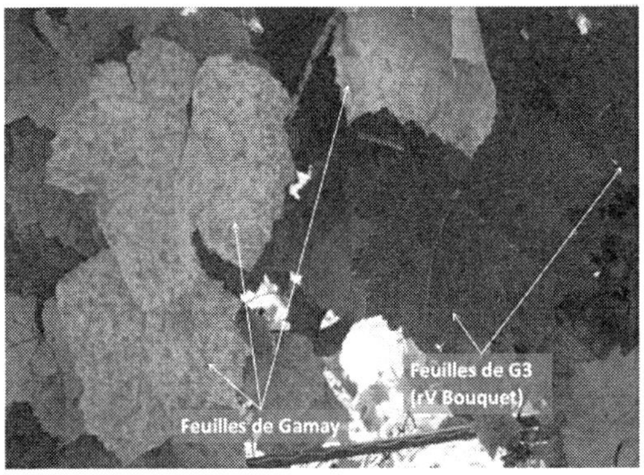

Figure 3. Parcelle de pré-sélection, sans traitements depuis 8 ans à Pech Rouge.

chaque année depuis 2005, (Fig. 3). Ces variétés sont caractérisées par la présence du gène *Run 1* (**R**ésistant à *Uncinula Necator*) entraînant une résistance totale à l'oïdium sur feuilles, baies et rameau, mais également par la présence du gène *Rpv1* (**R**ésistant à *Plasmopara viticola*), entraînant une résistance partielle très élevée au mildiou [7]. Ces variétés ont une résistance *à priori* polygénique et durable car elles disposent de gènes secondaires de résistance en particulier RGA4 et RGA8 [8]. L'INRA, en avril 2016, a demandé leur inscription au catalogue viticole français pour leurs grandes qualités organoleptiques afin de pouvoir les inclure dans la même procédure que les autres variétés hybrides. Après inscription au catalogue viticole, elles seront déployées sous contrôle par la société FOULON–SOPAGLY et l'INRA pour en assurer un suivi dans le temps au niveau de leur durabilité de résistance aux maladies cryptogamiques.

La durabilité des résistances et l'apparition d'éventuelles maladies secondaires et ravageurs seront évaluées et contrôlées sous forme d'observations et d'éventuels traitements de protection réduit.

Caractéristiques des cépages :

Les trois cépages retenus sont issues de 4 recroisements successifs par *V. vinifera* à partir d'un premier hybride *V. vinifera* x *Muscadinia rotundifolia* (NC 6-15). *Obtenteur:* Alain Bouquet, Chercheur INRA.

Figure 4. Cépage blanc création INRA proposée à l'inscription. *Référence provisoire* : G18 Dernier recroisement avec Madina.

Figure 5. Cépages rouges création INRA proposée à l'inscription.
A gauche référence provisoire : G3. Dernier recroisement avec Muscat d'Hambourg.
A droite *référence provisoire* : G4 *Dernier recroisement avec Alphonse Lavallée.*

4. Caractéristiques végétatives et productives des variétés proposées à l'inscription

Sur les parcelles d'étude de l'INRA Pech Rouge, conduites en espalier, les variétés Iloa, Galibia, Caralicante, G 18

 DOI: 10.1051/bioconf/20160701001

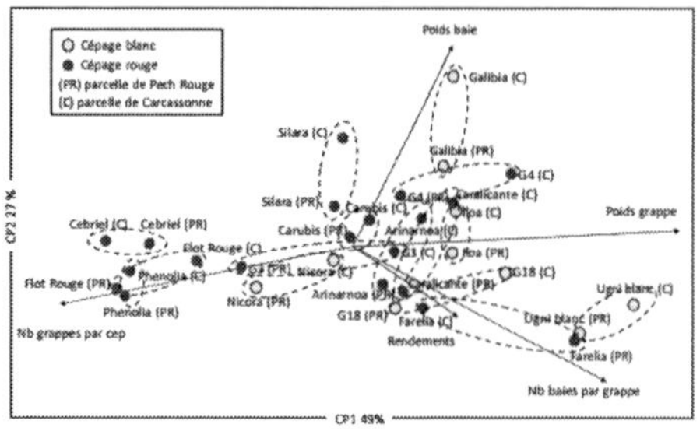

Figure 6. Analyse en composantes principales (ACP) avec les variables rendements et ses composantes des deux parcelles d'expérimentation des cépages sélectionnés pour le projet FijusR@isol. Données moyennes pour Pech Rouge (PR) et Charlemagne (C).

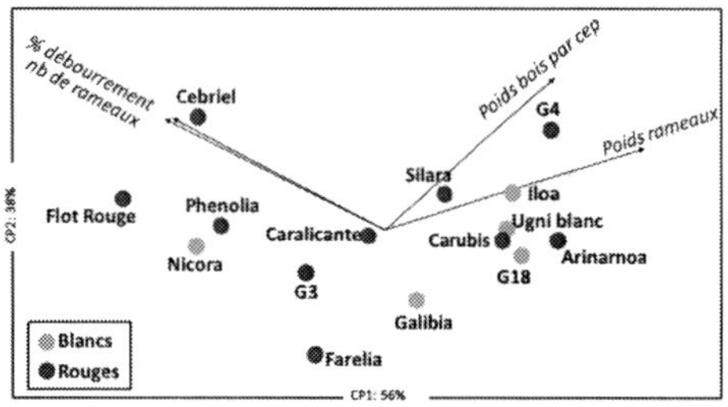

Figure 7. Analyse en composantes principales (ACP) avec les variables d'expression végétative et vigueur de la parcelle d'expérimentation des cépages sélectionnés pour le projet FijusR@isol. Données moyennes pour Pech Rouge.

ont des rendements équivalents aux deux variétés témoins (Ugni Blanc et Arinarnoa) autour de 18 t / ha.

Le comportement relatif de chaque cépage vis-à-vis des rendements et de ses composantes est très stable dans les deux parcelles étudiées (Fig. 6). Flot Rouge, Cebriel et Phenolia, se différencient des autres variétés par un rendement inférieur à la moyenne malgré un grand nombre de grappes par cep. Ces trois cépages à fort potentiel phénolique (voir point 5.3) possèdent les grappes les plus petites et le plus grand nombre de grappes par rameau (données non montrées). Les plus productifs, situés à la droite de la Fig. 6, sont Iloa, Caralicante, Farelia, G18 et le témoin Ugni blanc. Les cépages Galibia, Silara, G4 et Iloa présentent les poids des baies les plus importants.

L'expression végétative, exprimée en poids de bois de taille par cep, est la plus élevée pour les références Iloa, G 18, Cebriel, Silara, Caralicante, Carubis, Ugni blanc, Arinarnoa et surtout G4 qui possède la vigueur plus élevée avec un sarment de 54g contre 49 d'Iloa et 45 d'Arirnarnoa (Fig. 7).

5. La composition analytique des jus

L'élaboration des jus a fait l'objet d'un protocole précis adapté aux objectifs de l'étude à partir de l'ensemble des raisins récoltés. Un échantillon de 60 kg moyen est prélevé pour la production du jus de raisin par thermo-traitement sur raisin teinturier et rouge, pressurage direct après éraflage sur raisin blanc.

Les jus de raisin ont été analysés au laboratoire de l'INRA Pech Rouge ou de l'UMR SPO à Montpellier.

Les jus retenus en comparaison des 2 jus témoins ont fait l'objet d'élaboration pendant la période 2012–2015.

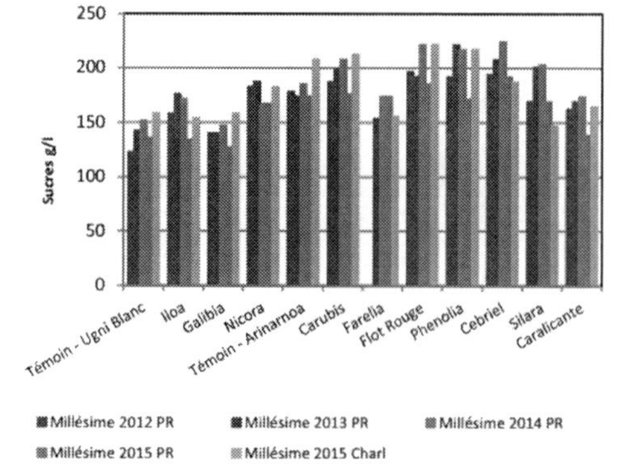

Figure 8. Teneur en sucre à la récolte des variétés proposées hors créations variétales INRA.

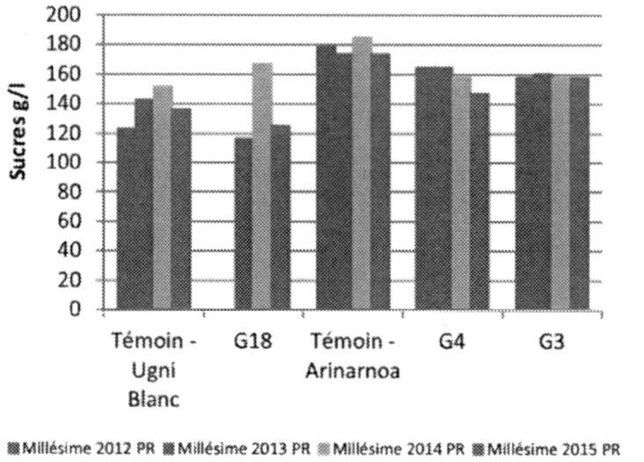

Figure 9. Teneur en sucre à la récolte des variétés créations variétales INRA (réf. G).

5.1. Teneur en sucre des jus

5.1.1. Teneurs en sucre des millésimes 2012 à 2015 hors créations variétales INRA

Les variétés Iloa, Galibia, Farelia, Silara et Caralicante ont les teneurs en sucre les plus basses inférieures à celles du témoin rouge Arinarnoa, autour d'un point moyen à 150 g/L (Fig. 8).

5.1.2. Teneurs en sucre des créations variétales INRA (G18, G4, G3)

Le jus Blanc de G18 est très intéressant pour sa faible teneur en sucre, 130 à 150 g/L selon les millésimes (Fig. 9). De même les teneurs en sucre des variétés rouges G3 et G4 sont plus faibles que celles du témoin et des autres variétés rouges retenues.

5.2. Rapport sucre sur acide

5.2.1. Rapport sucre acide hors création variétale INRA

Le ratio sucre sur acide (exprimé en acide tartrique) est le plus souvent de 15 (Fig. 10) ce qui est globalement conforme aux objectifs qui sont d'obtenir un jus moins sucré. Les jus les plus sucrés sont ceux retenus pour les critères teneur en polyphénols et couleur.

Ceci confirme qu'il est nécessaire de disposer d'une gamme de variétés pour procéder aux bons assemblages de jus.

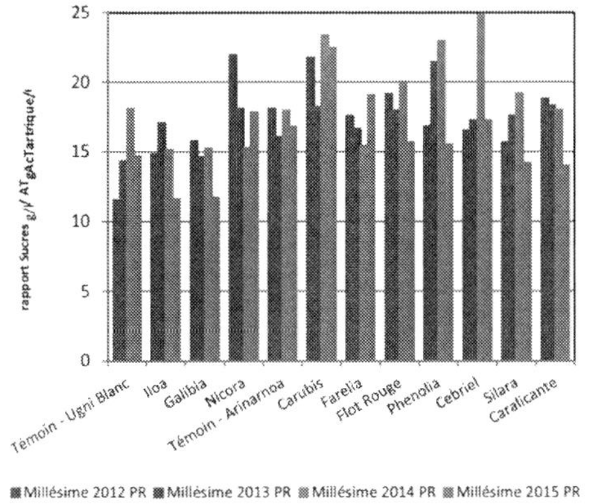

Figure 10. Rapport sucre/acide à la récolte hors créations variétales INRA.

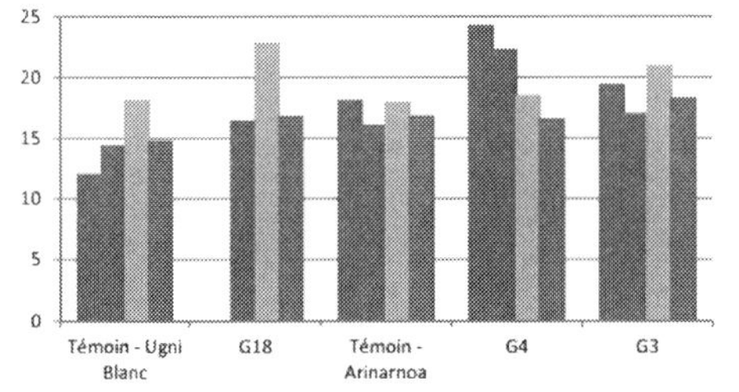

Figure 11. Rapport Sucres (g/L) / Acidité Totale (gAcTartrique/L) à la récolte des créations variétales INRA. PR : Pech Rouge.

5.2.2. *Rapport sucre sur acide des créations variétales INRA*

Le ratio sucre/acide (exprimé en acide tartrique) se situe majoritairement entre 15 et 20 (Fig. 11). Les jus issus de la parcelle de Carcassonne se situent dans un contexte de plus haute teneur en sucre et de plus faible acidité avec de rapports sucre/acides dépassant le seuil maximal de 20, sans doute par une date de récolte trop tardive de quelques jours.

5.3. Intensité colorante et stabilité de l'intensité colorante

Compte tenu du haut niveau de couleur, la mesure de ce paramètre a fait l'objet d'un nouveau protocole pour les jus les plus colorés, avec une mesure sous un trajet optique de 0,2 mm au lieu de 1 mm classiquement. La bonne stabilité dans le temps (1 mois et 8 mois) a été validée pour les jus issus de chaque variété.

5.3.1. *Variétés hors créations variétales INRA*

Les jus de la parcelle référence Charlemagne ont des indices équivalents voire supérieurs à ceux de la parcelle référence Pech Rouge (Fig. 12). L'adaptation des variétés suivies dans deux contextes climatiques différents est donc bonne, y compris pour la production de jus très riches en polyphénols.

La stabilité de l'intensité colorante à 8 mois est vérifiée également. Il est intéressant de noter que la variété la plus

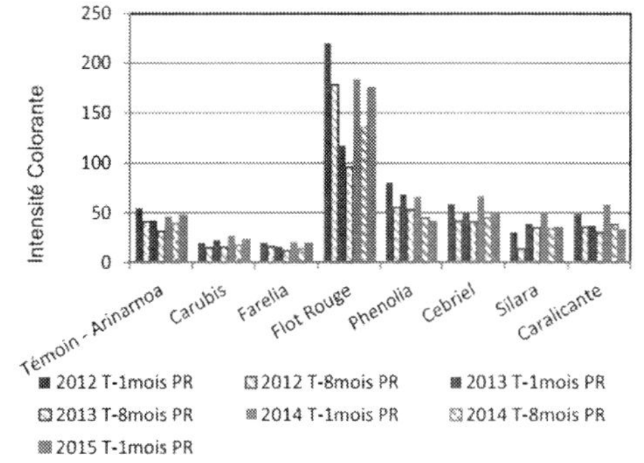

Figure 12. Suivi de l'intensité colorante des variétés rouges et teinturiers hors création variétale INRA, à 1 mois et 8 mois.

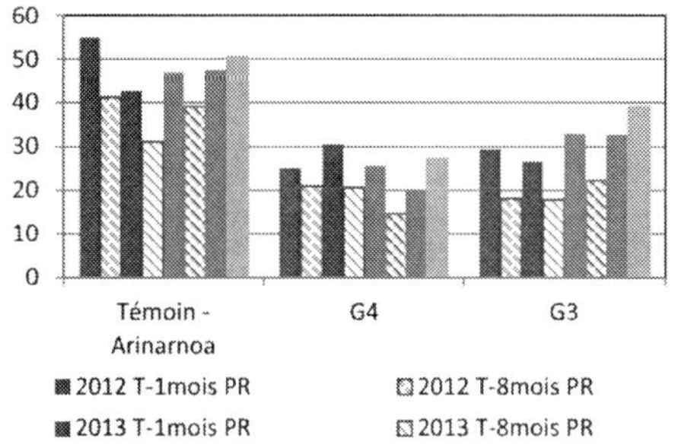

Figure 13. Suivi de l'intensité colorante des créations variétales INRA rouges, à 1 mois et 8 mois.

riche en polyphénols, Flot rouge, présente également des indices satisfaisants dans le temps au niveau stabilité de la couleur.

5.3.2. *Intensité colorante des créations variétales INRA*

Les références G3 et G4 ne sont pas des variétés de type teinturiers, elles ont été retenues en premier lieu pour leurs caractéristiques aromatiques. Les variétés rouges aromatiques sont très peu nombreuses. La teneur en polyphénols, l'intensité de la couleur et sa stabilité dans le temps sont tout à fait satisfaisantes (Fig. 13). Les valeurs des variétés G3 et G4 issues des deux parcelles Pech Rouge et Charlemagne sont très proches. Ceci est un élément supplémentaire très favorable.

5.3.3. *Est-il possible d'obtenir des jus colorés sans thermo traitement sur teinturier ?*

Une comparaison entre thermo traitement et pressurage direct a été établie sur les variétés Flot Rouge, Phenolia, Cebriel, Silara et Caralicante.

L'intensité colorante est diminuée dans ce cas d'un facteur de 4,5 à 5 pour Flot Rouge, 13 pour Phenolia, 3 pour Cebriel, 10 pour Silara, et 4,5 pour Carilcante.

En pressurage direct c'est le jus issu de Flot Rouge qui reste le plus coloré : IC de 46,4. Ce jus reste toujours très coloré à l'œil, mais on est loin des IC de 200 à 230 obtenues par thermo traitement. La réponse à la question posée dépendra des assemblages retenus. Un jus de réserve couleur devra être travaillé au niveau du raisin par voie thermique comme présenté précédemment.

DOI: 10.1051/bioconf/20160701001

Tableau 5. Teneur en méthanol des jus des cépages sélectionnés pour le projet FijusR@isol.

Variété	Méthanol mg/l	Variété	Méthanol mg/l	Variété	Méthanol mg/l
Ugni Blanc	35,9	Arinarnoa	63	Flot Rouge	84
Iloa	57,3	Carubis	77	Phenolia	57
Nicora	26,8	Farelia	82	Cebriel	58
Galibia	46,9	G4 *	80	Caralicante	72
G18 *	50,9	G3 *	81	Silara	82

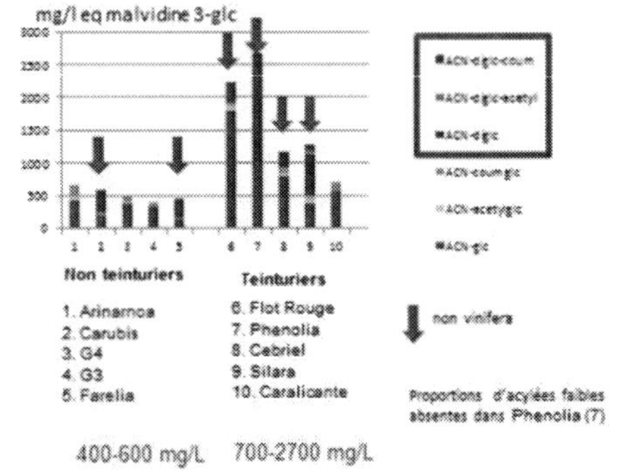

Figure 14. Composition en anthocyanes des jus issus des cépages sélectionnés pour le projet FijusR@isol.

5.4. Teneurs en méthanol et anthocyanes diglucosides

La teneur en méthanol a été suivie chaque année sur chaque jus issu d'hybrides et sur les créations variétales INRA.

Les teneurs en méthanol sont équivalentes à celles obtenues sur les deux Témoin et restent inférieures à 100 mg/L (Tableau 5).

Le suivi des diglucosides permet de bien séparer les jus issus d'hybrides et ceux issus de *vinifera.* Seuls les jus d'hybride possèdent une teneur significative en anthocyanes de type diglucoside. Ceci est d'ailleurs une méthode pour rechercher la présence de vin d'hybride dans un assemblage.

Il est intéressant de noter que les 3 créations variétales INRA (environ à 96,9 % de génome de *V vinifera*), ne présentent pas d'anthocyanes diglucosides (Fig. 14).

6. Technologie d'extraction des polyphénols

La qualité des jus de raisin rouge est évaluée entre autre par leur intensité colorante. Dans cette étude, différents traitements thermiques de la vendange ont été testés afin d'extraire le maximum du potentiel de la baie, notamment des composés d'intérêt comme les polyphénols et les polysaccharides.

L'expérimentation a consisté en une comparaison de traitements biotechnologiques, par thermo macération ou par flash Détente, additionnés de préparations enzymatiques pectinolytiques spécifiques sélectionnées auprès de 3 fabricants. L'analyse chimique des jus a mis en évidence que le procédé flash Détente présente les meilleurs résultats en termes d'intensité colorante, d'indice des polyphénols totaux, de concentration en anthocyanes

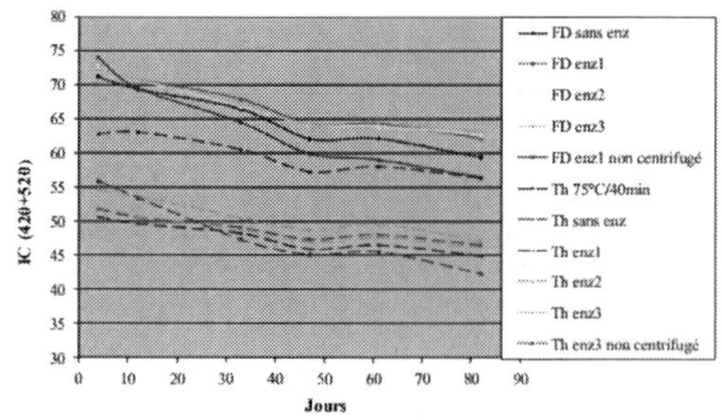

Figure 15. Suivi de l'intensité colorante sur la variété Alicante Bouschet selon les procédés étudiés : Flah détente (FD) et thermo macération à chaud (Th). *Enz 1, 2, 3 : différentes enzymes pectinolytiques.*

et de stabilité de cette matière colorante dans le temps. La macération pré-fermentaire à chaud dans tous les cas étudiés est le procédé le moins bien adapté en termes de gain d'extraction et de couleur. (Figure 15 sur un cas d'étude : cépage Alicante.)

En fait, les procédés de thermomacération (les plus souvent utilisés en cave pour élaborer du vin), sont dans ce cas les moins bien adaptés en termes d'extraction de couleur. L'ajout d'enzymes quant à lui impacte peu la couleur mais cela permet d'améliorer le pressurage (augmentation du rendement en jus). La clarification précoce est sur cet exemple plus favorable à une meilleure tenue de la couleur. L'extraction des polysaccharides et oligosaccharides est augmentée dans des proportions importantes pour le couplage flash détente/ macération enzymatique avant pressurage (facteur 3 par rapport au lot thermotraité). Les marcs des lots non enzymés ont des taux d'humidité plus élevés que ceux des lots enzymés ce qui montre bien que les enzymes permettent de mieux presser et donc d'obtenir de meilleurs rendements en jus. D'une manière générale les marcs de flash Détente sont mieux asséchés que les marcs de thermotraitement classiques, de 12 % pour les exemples étudiés. Ceci est à mettre en relation avec la déstructuration physique des tissus végétaux lors de la mise sous vide.

L'ajout d'enzymes permet de mieux clarifier par centrifugation. Les jus de thermotraitement sont plus faciles à clarifier que les jus de flash Détente.

Les moûts ainsi traités par flash détente avec une macération enzymatique [5], pour la référence Flot Rouge en particulier ont été extraits en ligne, grâce à la force centrifuge par un décanteur horizontal selon le procédé appelé Foodec centrifuge, société Alfa Laval (11). Le taux d'assèchement atteint dans le cadre de ce procédé travaillé continu, optimisé par Alfa-Laval en lien avec INRA celui obtenu par pressoir pneumatique. Ceci permet également de pré clarifier le moût, par élimination des petites particules [10]. Sur la vendange Flot Rouge, le taux de turbidité était de 450 NTU en sortie du décanteur horizontal (950 NTU par pressoir pneumatique). Ce gain de turbidité facilite ainsi les opérations unitaires de filtration finale par membrane ou filtre sur terre. Ce procédé a initialement été développé en collaboration avec Perfect Wine, Spin off of Verona University en Italie et INRA Pech Rouge en France avec la société Vason et Linde gaz [11,12]. Cet outil peut intégrer un système de contrôle de l'oxydation.

Tableau 6. Traitement des jus par électro-procédé membranaire bipolaire, impact sur le pH et la composition analytique.

Paramètre	**Unité**	Incertitudes	Jus initial	pH-0,2	*Delta*		pH-0,4	*Delta*		pH-0,6	*Delta*	
pH	–	± 0,08	3,46	3,27	*−0,19*		3,07	*−0,39*		2,89	*−0,57*	
Acidité totale	$gH_2SO_4.L^{-1}$	± 0,30	4,03	4,47	*+0,44*		5,02	*+0,99*		5,49	*+1,46*	
Abs 420 nm	–	± 0,312	4,816	5,026	*+0,21*		5,276	*+0,46*		5,541	*+0,725*	
Abs 520 nm	–	± 0,634	7,371	8,208	*+0,837*		9,057	*+1,686*		10,320	*+2,949*	
Abs 620 nm	–	± 0,414	1,812	1,799	*−0,013*		1,762	*−0,05*		1,788	*−0,024*	
IPT DO280	–	± 11	73,81	75,18	*+1,37*		73,76	*−0,05*		74,49	*+0,68*	
Acide tartrique	$g.L^{-1}$	± 0,47	4,37	4,39	*+0,02*		4,38	*+0,01*		4,40	*+0,03*	
Acide malique	$g.L^{-1}$	± 0,27	2,96	3,01	*+0,05*		2,92	*−0,04*		3,01	*+0,05*	
Potassium	$mg.L^{-1}$	± 90	1517	1193	*−324*	*−21,4%*	863	*−654*	*−43,1%*	550	*−967*	*−63,7%*
Sodium	$mg.L^{-1}$	± 2	17	16	*−1*	*−5,9%*	13	*−4*	*−23,5%*	10	*−7*	*−41,2%*
Magnésium	$mg.L^{-1}$	± 12	105	105	*0*	*0,0%*	105	*0*	*0,0%*	103	*−2*	*−1,9%*
Calcium	$mg.L^{-1}$	± 23	156	159	*+3*	*1,9%*	159	*+3*	*1,9%*	151	*−5*	*−3,2%*

7. Technologie d'acidification et de maitrise de pH et de stabilisation Tartrique

Les travaux réalisés sur vin par l'INRA UE Pech Rouge en partenariat avec Œnodia (la division œnologie d'Eurodia) à l'appui des procédés électro-membranaires ont permis d'adopter de nouvelles pratiques œnologiques maintenant bien référencées dans l'ensemble des pays vinicoles: stabilité tartrique des moûts et des vins, désacidification et acidification des moûts et des vins. Cette dernière pratique œnologique est autorisée en Europe sur vin et moût depuis 2011 (Règlement UE N°53/2011). Il a été possible d'évaluer sur jus de raisin la diminution du pH par cette nouvelle technologie et d'atteindre ainsi un des objectifs du projet : diminuer la perception sucrée du jus de raisin.

Les membranes d'électrodialyse utilisées pour l'acidification sont de deux types : perméables aux cations (cationiques) et bipolaires. Les membranes bipolaires sont constituées d'une face anionique et d'une face cationique assemblées. Ainsi mises dans un empilement et sous l'influence d'un champ électrique, les membranes bipolaires associées à des membranes cationiques rendent possible l'exportation des seuls cations, majoritairement du potassium, et la rétention totale des anions, donc des acides organiques, et des composés non chargés. Le maintien de l'équilibre ionique acido-basique du système à la suite de l'exportation des cations se traduit par une diminution significative du pH [13]. Le pH est contrôlé en ligne pendant le traitement à l'aide d'un pH mètre.

Le procédé d'électrodialyse à membranes bipolaires a été testé avec un appareil pilote d'une capacité de traitement de vin maximale de 15 hL/h (Référence ED15 d'Eurodia), sur trois lots de 10 hL de jus de raisin clarifiés de la gamme FOULON-SOPAGLY : un moût blanc muté et un jus blanc désulfité à profil similaire et un jus rouge. L'objectif était d'étudier la possibilité de réaliser 4 baisses de pH (−0,2 −0,4 −0,6 et −1). L'impact de ces acidifications a été évalué par des analyses physico-chimiques et sensorielles [2].

L'acidification par électrodialyse au-delà de 0,6 unité pH est possible mais plus difficile car les capacités de traitement sont alors réduites. Les moûts mutés présentent des pH plus faibles, de l'ordre de −0,5 à −0,7 unité pH que ceux observés après désulfitage. La capacité

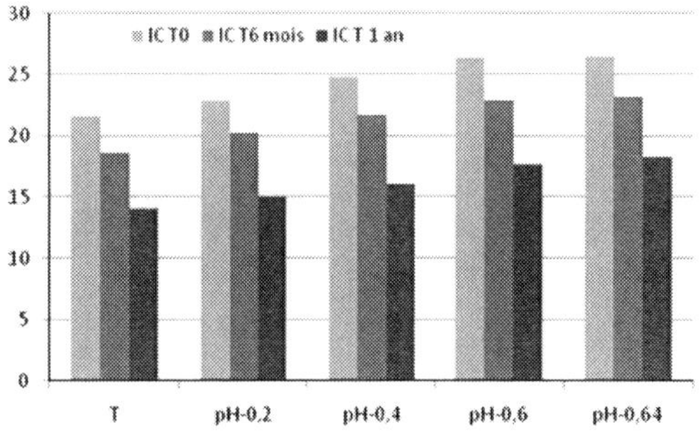

Figure 16. Evolution dans le temps de l'intensité colorante d'un jus d'Alicante Bouschet en fonction du pH.

d'acidification de moût muté a été démontrée. La baisse de pH obtenue après désulfitage est inférieure de l'ordre de −0,10 à celle réellement effectuée sur le moût muté. L'acidification entraîne une diminution des teneurs de potassium et sodium, une augmentation des absorbances à 420 et 520 nm et une diminution de l'absorbance à 620 nm mesurée sur jus rouge (Tableau 6). Les autres paramètres ne sont pas modifiés.

A l'issue de ces essais à échelle pilote, la validation industrielle a été réalisée à partir d'une unité industrielle mobile de la société Gemstab équipée d'un empilement membranaire Modèle OENODIA ED30), sur moût muté au SO_2 et sur moût désulfité.

L'analyse sensorielle réalisée sur les jus rouges et blancs montre que l'acidification entraîne une diminution de la perception sucrée sans modification de la teneur en sucre. La qualité et l'intensité aromatique sont plus élevées sur les modalités acidifiées à −0,2 et −0,4 unité pH.

La diminution du pH possède un effet favorable sur la stabilité de la matière colorante. La Fig. 16 donne l'évolution de l'intensité colorante sur jus issu d'un cépage teinturier en fonction du pH du jus.

Une autre alternative pour diminuer la perception sucrée du jus de raisin consiste à élaborer du verjus en récoltant le raisin juste avant véraison [14]. L'assemblage de verjus (pH 2,58) au jus blanc (pH 3,55) utilisé pour l'expérimentation de validation à petite échelle, a nécessité 10 % de verjus pour une baisse de pH de 0,2 unité pH, 22 % pour −0,4 unité pH et 42 % pour −0,6 unité pH. Cela a entrainé des augmentations des teneurs en potassium, sodium, acides tartrique et malique, acidité totale et absorbance à 420 nm, ainsi qu'une diminution de la teneur en sucre.

Ces deux alternatives d'acidification, pour pouvoir être appliquées sur jus de raisin, demanderaient une adaptation réglementaire. Le procédé d'électrodialyse est autorisé sur moût pour faire du vin et non sur jus. Par ailleurs le procédé d'électrodialyse conventionnel (avec membranes anioniques et cationiques) permet d'assurer la stabilité tartrique du jus, le taux d'extraction des ions peut être adapté spécifiquement pour l'élaboration de jus concentré afin d'éviter des dépôts de tartre lors de la concentration. D'autre part pour élaborer le verjus, le jus de raisin doit être élaboré avec du raisin vert et non mûr de ce fait, ce qui demanderait une adaptation de la réglementation.

8. Analyse sensorielle

8.1. Méthodologie

Les séances d'analyses sensorielles ont été réalisées au plateau analyse sensorielle INRA Pech- Rouge/ UMR SPO. Les membres du jury comprenaient principalement l'équipe dirigeante de la société FOULON et des personnels de l'INRA UEPR, mais aussi occasionnellement des autres partenaires : IFV, ICV, France AgriMer.

Trois axes ont été retenus pour la sélection sensorielle des variétés : la couleur, l'odeur et en gustatif l'équilibre sucre/acidité. L'analyse a été réalisée chaque année à deux niveaux : un premier qui a permis une quantification pour chaque variété des descripteurs choisis et un deuxième niveau qualitatif pour établir un classement hédonique des variétés. Ces deux niveaux d'analyses ont permis chaque année d'éliminer des variétés sur des critères d'insuffisance ou d'excès sur les axes définis.

Pour chaque couleur de jus des variétés témoins ont été ajoutées pour comparaison (Ugni blanc et pour les jus blancs, et Arinarnoa pour les jus rouges).

Les variétés ont été évaluées d'une part par l'intensité de chaque caractéristique étudiée (couleur, arôme et équilibre), et d'autre part, leur évaluation qualitative, ceci pour chaque millésime étudié.

8.2. Résultats d'analyse sensorielle. Comparaison des caractéristiques aromatiques

Les résultats concernant la perception aromatique des jus étudiés, en particulier issus des créations variétales INRA, montrent que les variétés G3 et G4 ont une qualité de leurs arômes supérieure à l'Arinarnoa (témoin), la présence d'arômes « muscatés » issues de leurs géniteurs ne sont certainement pas étrangers à leurs bons classements (Fig. 17).

La variété G18 a une qualité de ses arômes supérieure à l'Ugni blanc (témoin), avec une intensité plus importante avec des arômes d'intensité plutôt forte et de bonne qualité (Fig. 18).

G18 produit également un jus de couleur moyenne et de qualité plutôt bonne avec un équilibre sucrosité /acidité plutôt bon ; cet équilibre est variable selon les millésimes*(données non montrées)*.

Les créations variétales INRA sont les seules à donner des raisins rouges aromatiques. Les variétés hybrides teinturiers ressortent pour leur potentiel en couleur et

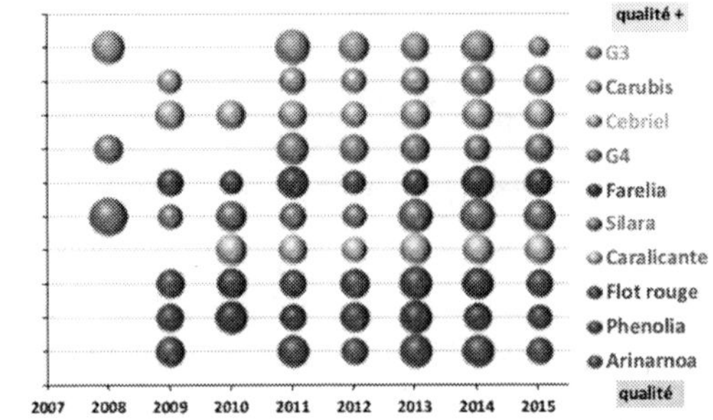

Figure 17. Evolution de la perception de l'intensité aromatique des jus rouges selon les millésimes et classification en fonction de la qualité. *Grosseur de la boule en fonction de l'intensité des arômes en bouche.*

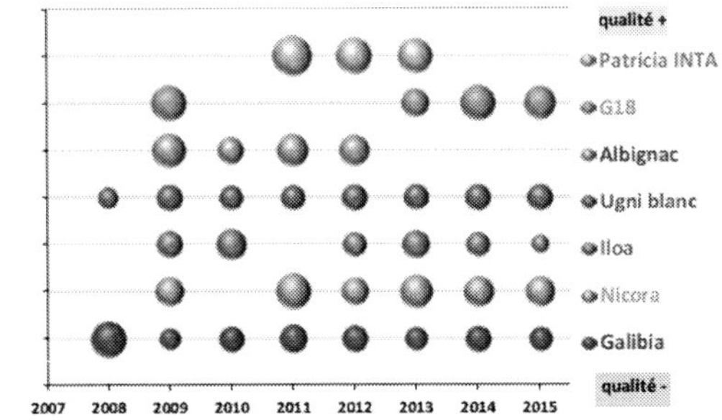

Figure 18. Evolution de la perception de l'intensité aromatique des jus blancs selon les millésimes et classification en fonction de la qualité. *Grosseur de la boule en fonction de l'intensité des arômes en bouche.*

polyphénol, les créations variétales INRA G3 et G4 ressortent favorablement pour leur potentiel aromatique.

9. Conclusion

Les conditions techniques et scientifiques ont été réunies pour que progressivement, en lien avec la société FOULON –SOPAGLY, une filière spécialisée puisse se mettre en place sur le continuum vigne-raisin-jus, de la vigne à la cave et au chai de conditionnement en bouteilles.

Références

[1] H. Ojeda, J.L. Escudier, G Albagnac, A. Sivry, P. Guyot. Diversification des produits de la vigne : création d'une filière jus de raisin. Revue des œnologues. **N°130**, 30–35 (2009)

[2] M. Mikolajczak, D. Bouissou, JL. Escudier, A. Sivry. Création d'une filière jus de raisin : Elaboration de jus de raisin aux caractéristiques maîtrisées. Revue des œnologues. **N°157**, (oct. 2015)

[3] A. Samson, M. Veyret, S. Caillet, J.M. Souquet, V. Cheynier, A. Sivry. Création d'une filière jus de raisin : Evaluation qualitative physico-chimique et sensorielle des jus aux caractéritiques prédéfinies. Revue des œnologues. **N°158**, (janvier 2016)

[4] H. Ojeda, J. Rousseau, E. Zumstein, M. Heywang, J.N. Lacapère, A. Sivry. Innovation variétale et étude agro,omique : Sélection des cépages et conduite du vignoble. Revue des œnologues. **N°158**, (janvier 2016)

[5] M. Mikolajczak, M. Veyret, P. Williams, T. Doco, JL. Escudier. Jus de raisin : Comment extraire le maximum du potentiel polyphènol de la baie de raisin. Revue française d'œnologie. **N°249**, (2011)
[6] A. Bouquet. Du gène à la bouteille ! Quelles applications de l'étude des génomes en Viticulture et œnologie ? 3ème journées scientifiques, IHEV, Montpellier Supagro, INRA. Pages 17 à 26, **(2003)**, actes IHEV
[7] A. Bouquet, J. Pauquet, A.F. Adam-Blondon, L. Torregrosa, D. Merdinoglu, S.Wiedemann-Merdinoglu. Vers l'obtention de variétés de vigne résistantes à l'oïdium et au mildiou par les méthodes conventionnelles et biotechnologiques. Bull. OIV 833–834, 2000
[8] A. Feechan, M. Kocsis, S. Riaz, W. Zhang, D.M. Gadoury, M.A. Walker, I.B. Dry, B Reich, L. Cadle-Davidson. Genetics and resistance. Strategies for RUN 1 deployment using RUN2 and REN 2 to manage grape vine powdery mildew informed by studies of race specificity. Vol. 105.8, page 1104–1112. V (2015)
[9] Ojeda H., Mestre Sanchis F., Corbacho L., Bouquet A., Carbonneau A. 2010. Reduction of cost and emissions in vineyards by the use of low-input technologies adapted to productions of good quality wines: genotypes resistant to fungal diseases and minimal pruning – zero pruning- system. *Progrès Agricole et Viticole*, **N° 21–22**, 431–440 (2010)
[10] P. Duquene, A. Samson, C. Rapilly, B. Bernet, J.M. Salmon. Revue française d'oenologie. **N° 266**, 8–16 (oct. 2014)
[11] C .Rapimmy, G. Costagli, M. Franzoso, B. Bernet, R. Ferrarini. Revue des œnologues. **N° 156**, (2015)
[12] R. Ferrarini, G.M. Ciman, F. Lonardi, L. Bonetti, C. Rapilly, M. Franzoso, G. Costagli. 66th ASEV National conference. Portland, Oregon, (juin 2015)
[13] J.L. Escudier, D. Bouissou, M Moutounet. Membrane based options to regulate pH and acidity. Proceedings of the 16th International enology symposium. **(2011)**, Bolzano, Italy
[14] H. Ojeda, P. Rigal, M. Mikolajczak, A. Samson, B. Pagés, R. Schneider, G. Archambauld, S. Caillé, J.L. Escudier. Raisins verts : De la récolte à la transformation. Application à l'élaboration de verjus. **(2008)**, PAV N°8

BRS Isis: New seedless grape cultivar for the tropical viticulture in Northeastern of Brazil

Patrícia Coelho de Souza Leão[1], Bruna Thaís Gonçalves Nunes[2], Emille Mayara Carvalho de Souza[2], Jéssica Islane de Souza Rego[2], and José Henrique Bernardino do Nascimento[2]

[1] Researcher Embrapa Semiarid, BR 428, Km 152, Zona Rural, PO Box 23, Zip Code 56302-970, Petrolina, PE, Brazil
[2] Students Trainee Universidade do Estado de Pernambuco (UPE), Petrolina, PE, Brazil

Abstract. The aim of this study was to characterize the yield components of the grape BRS Isis grown in tropical conditions of the São Francisco Valley. The work was carried out during five growing seasons (2013–2015) in Petrolina, PE. The phenological cycle was 127 days between pruning to harvest. It was obtained 65.8% of sprouting on the rootstock IAC 313 and 60.4% on 'SO4'. The bud fertility rates were high, around 1.00 bunches per shoot. The average production per plant was 20.63 kg on 'SO4' and 18.34 kg on 'IAC 313', corresponding to an yield at 29.45 ton/ha/season on 'SO4' and 26.19 ton/ha/season on 'IAC 313'. The bunches are medium in size and cylindrical shaped with mass of 400 g on 'SO4' and 370 g on 'IAC 313'. The bunch length and width were also slightly higher on 'SO4' (21.32 cm × 11.89 cm) compared to 'IAC 313' (20.42 cm × 11.50 cm). The berries are large, elliptical shaped, crunchy with a neutral flavor. The grape presented SS content around 16.0°Brix and low TA (0.44 and 0.49%), giving an apropriate SS/TA ratio and pleasant taste. The results showed that 'BRS Isis' can be considered as a new option of seedless grape for the tropical viticulture in the Northeastern of Brazil.

1. Introduction

The São Francisco River Valley around the cities of Petrolina, PE and Juazeiro, BA is the main Brazilian region for production and export of table grapes. In 2015, the Brazilian grape production was 1,505,654 tons and of this total, 315,338 tons were produced in this region (Agrianual, 2016). The average yield was 32.5 tons/ha, which results in higher yields, about 67% compared to the national average, demonstrating the high level of technology employed by the grape industry in this region.

The first initiatives for the production of seedless grapes in the São Francisco Valley were held in the 1980s, haphazardly and without the necessary technical knowledge of the needs and requirements of the vine and specifically for each one of the cultivars. Over the past decades, there was expansion of cultivated areas with cultivars Thompson Seedless, Crimson Seedless and Sugraone but they have shown little adaptation to the tropical and semi-arid environment of São Francisco Valley which have resulted in low productivity and higher production costs.

Therefore one of the most important research demands for the grape growers was the development of more adapted seedless table grape cultivars, which must have the following characteristics: high bud fertility, medium loose clusters, large natural berries, undemanding in thinning, pleasant or exotic taste, uniform color, resistance to diseases, pests and crack berries, good adhesion to the pedicel and high post-harvest conservation. Cultivar table grapes coming from private breeding programs in several countries have been introduced in recent years, but these were restricted to a limited group of grape growers and they are subjected to agreements that restrict the growing areas, the amount sales and still demanding payment of royalties.

Some table grape cultivars were released in recent years by the breeding program of EMBRAPA Grapes and Wine that meet the demands of different production regions into the country. 'BRS Isis' was released in 2013 resulting from the crossing CNPUV 681–29 [Arkansas1976XCNPUV (NiagaraWhiteXVenus)] and BRS Linda, held in 2004 at Embrapa Grapes & Wine, Experimental Station for Tropical Viticulture located in Jales, São Paulo (Ritschel et al., 2013).

This study aimed to characterize the agronomic performance, yield potential and quality attributes of seedless table grape BRS Ísis in tropical environment of São Francisco River Valley, Northeastern of Brazil.

2. Material and methods

The study was carried out in a commercial vineyard in in Petrolina, PE, during five consecutive cropping seasons in the period 2013–2015. The dates of pruning, harvesting and duration of the production cycle are presented in Table 1.

The vines are spaced 3.5 × 2.0 m (density 1428 plants.ha^{-1}), training in a horizontal trellis system and drip irrigated. Two rootstocks were evaluated: IAC 313, which vines were one year old and SO4, with two years old in 2013, at the beginning of the study.

During the initial growth and canopy training, the selection of branches was carried to hold 10 lateral spurs per vine. The pruning was a mixed pruning type with canes containing 5 to 6 buds and two buds spurs. The thinning

Table 1. Dates (mm/dd/yy) of pruning, harvesting and duration of five production cycles of BRS Isis, Petrolina, Pernambuco State, Brazil.

Year/ Semester	Pruning Date	Harvesting Date	Duration (Cycle)
2013.1	05.08.2013	12.02.2013	119
2014.1	02.09.2014	06.13.2014	124
2014.2	01.09.2014	01.07.2015	128
2015.1	02.15.2015	06.25.2015	130
2015.2	08.12.2015	12.17.2015	127

was made to keep about 5–6 fruitful shoots on each branch pruned.

The management of clusters was performed with some variations in each cycle: in the 2nd half of 2013 season, clusters were treated with 1 mg l^{-1} of gibberellic acid (GA3) and acadian®(5 ml/20L) for elongation and two applications of 6 mg l^{-1} GA3 for berry growth. First application was made at 8 mm berry size and the second one after five days. In the seasons of 2014, the clusters were treated with GA3 (1 mg l^{-1}) when they were about 5 cm long for bunch elongation and four applications of 8 mg l^{-1}, 4-day intervals, when the berries were about 8 mm in diameter, for berry growth. 'BRS Isis' required a moderate cluster thinning compared to other traditional table grapes cultivars such as 'Italia', 'Benitaka', 'Thomspson Seedless', 'Sugraone' and 'Crimson Seedless'.

The following variables were evaluated in four plants: a) percentage of sprouting (%); b) bud fertility rate (cluster/shoot); c) Yield (kg.planta^{-1}); d) number of bunches per plant; e) weight (g), length and width of bunch (cm); f) mass (g), length and diameter of berry (mm); g) soluble solids content, SS (°Brix); h) titratable acidity, TA (% tartaric acid).and ratio (SS/TA).

3. Results and discussion

3.1. Duration of phenological cycle

The number of days between pruning and harvesting dates showed small variations, since 119 to 130 days, depending on the semester and year (Table 1). 'BRS Ísis' required an average of 127 days from pruning to harvest and can be classified as a late cultivar, similar to 'Crimson Seedless in São Francisco Valley (LEÃO et al., 2009). The bunches should be harvested after 125 days after pruning to promote the full development of uniform red color, berries with crunchy texture and good.

3.2. Sprouting and bud fertility

'BRS Ísis' presented an average of sprouting of 65.8% in the vines grafted on the rootstock IAC 313 and 60.4% on 'SO4'. The sprouting was growing since basal buds up to apical buds of the cane. One hundred percent of sprouting was obtained in the 4th bud of the cane on both rootstocks in the 1st half 2015 season, while in the season before, this same percentage of sprouting was reached in 6th and 7th bud of the cane on the rootstocks 'SO4' and 'IAC 313' respectively. The 1st half of 2015 season favoured the highest percentage of sprouting on the vines grafted on both rootstocks (Fig. 1).

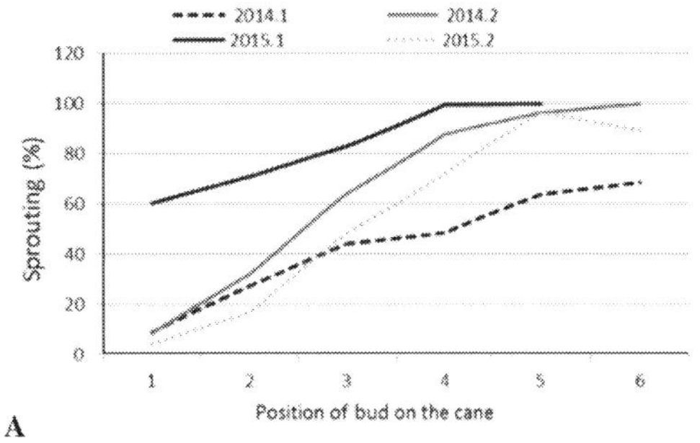

A

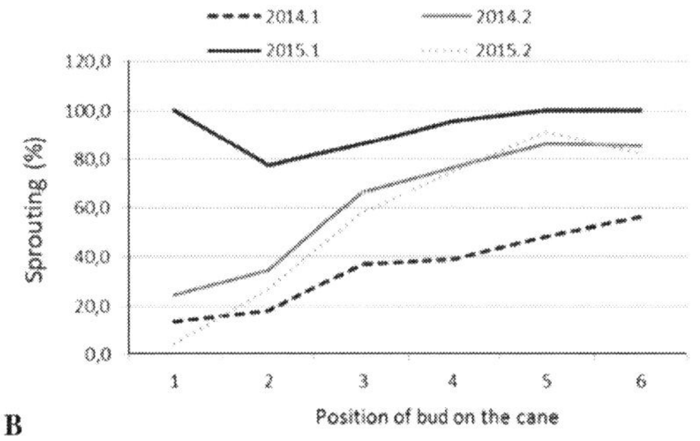

B

Figure 1. Sprouting percentage of BRS Ísis on the rootstocks IAC 313 (A) and SO4 (B) in four consecutive growing seasons, Petrolina, Pernambuco state, Brazil. 2014 to 2015.

The vines of the cultivar BRS Isis confirmed their high bud fertility described as 2 to 3 bunches per shoot (RITSCHEL et al., 2013). In this study it was observed high bud fertility in both rootstocks averaging 1.17 bunches per shoot on 'IAC 313' rootstock and 1.00 bunches per shoot on 'SO4'. However, environmental conditions that characterize each season of the year, has great influence on the differentiation of the buds, then the 2nd half of 2014 season resulted the lowest bud fertility rates. These values ranging from 0.25 to 1.8 bunches per shoot according to the bud position in the cane on rootstock 'IAC 313' (Fig. 2A) and between 0.28 and 0.93 bunches per shoot on 'SO 4'(Fig. 2B). So 'BRS Isis' presented bud fertility rates greater than 1.0 bunches per shoot in 3rd bud in the cane, which shows that can be performed a medium pruning between the 3rd and 5th bud. Long pruning should be avoided as this cultivar is characterized by high apical dominance, which can reduce sprouting and vigour of the shoots in the basal buds, becoming complicated the canopy management.

3.3. Yield

The estimated average yield was 43.44 ton/ha on SO4 rootstock and 37.98 ton / ha on 'IAC 313' in 2014, increasing in 2015 to 76.74 ton/ha on 'SO4' and 68.9 ton/ha on 'IAC 313'. However, the vines showed alternating yields among growing seasons (Fig. 3) influenced by the environmental conditions and crop management. The results demonstrate the high yield potential of 'BRS Ísis' grown in the São Francisco Valley, higher than the one described for this cultivar by RITSCHEL et al. (2013) of 26 ton/ha/cycle in the same

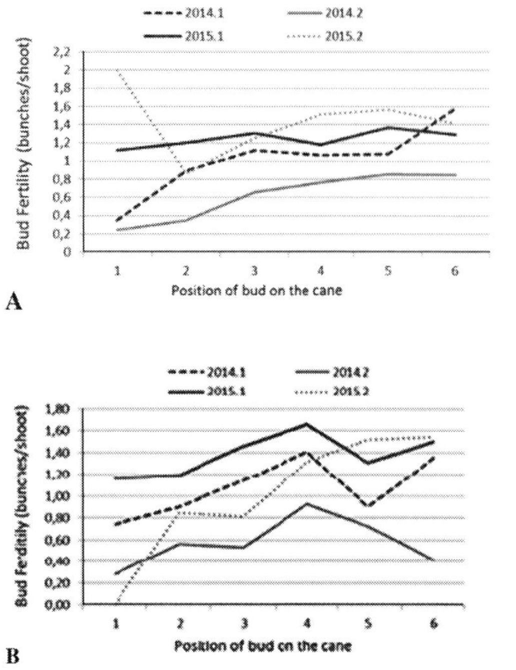

Figure 2. Bud fertility rates (bunches/shoot) of the cultivar BRS Ísis on rootstock IAC 313 (A) and SO4 (B) in four consecutive growing seasons, Petrolina, Pernambuco state, Brazil, 2014 to 2015.

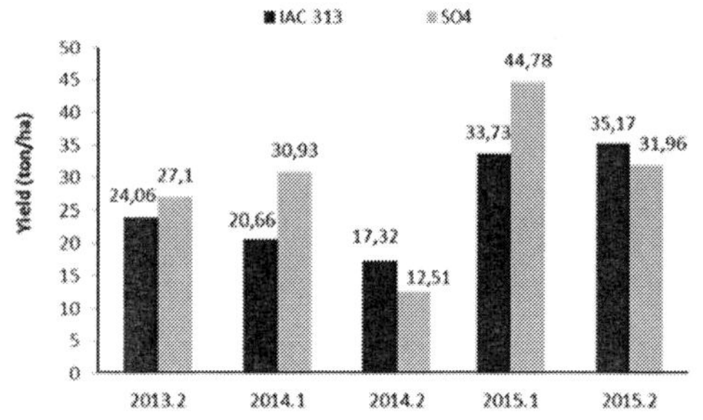

Figure 3. Yield of 'BRS Ísis' on SO4 and IAC 313 rootstocks in five consecutive growing seasons, Petrolina, Pernambuco state, Brazil, 2013 to 2015.

Table 2. Mean values and standard deviation of production and number of bunches per plant of 'BRS Ísis' vines grafted on SO4 and IAC 313 rootstocks in five growing seasons, 2013 to 2015.

Year/ Semester	Production per plant (kg)		Number of bunches	
	SO4	IAC 313	SO4	IAC 313
2013.2	18.98 ± 1.18	16.85 ± 2.00	57 ± 6.68	47.00 ± 6.98
2014.1	21.66 ± 3.01	14.47 ± 2.84	69 ± 8.58	68 ± 4.32
2014.2	8.76 ± 1.05	12.13 ± 2.34	30 ± 3.86	38 ± 5.83
2015.1	31.3 ± 6.99	23.6 ± 2.34	79 ± 9.57	75 ± 9.85
2015.2	22.38 ± 2.10	24.63 ± 2.14	56 ± 6.45	52 ± 6.95
Mean	**20.63**	**18.34**	**58.20**	**56.00**

Figure 4. Bunches of cultivar 'BRS Ísis', Petrolina, Pernambuco state, Brazil, 2014. Foto: patrícia Coelho de Souza Leão.

Table 3. Mean values and standard deviation of weight and width of bunches of 'BRS Ísis' vines grafted on SO4 and IAC 313 rootstocks in five growing seasons, 2013 to 2015.

Year/ Semester	Bunch Weight (g)		Bunch Lenght (cm)	
	SO4	IAC 313	SO4	IAC 313
2013.2	335 ± 25.69	360 ± 23.00	19.41 ± 1.22	22.25 ± 0.79
2014.1	347 ± 9.57	312 ± 71.12	20.82 ± 1.19	18.86 ± 2.32
2014.2	350 ± 5.93	347 ± 50.01	20.18 ± 1.29	17.94 ± 2.01
2015.1	574 ± 104.40	430 ± 13.51	23.57 ± 1.43	20.4 ± 1.88
2015.2	388 ± 18.67	397 ± 46.42	22.64 ± 0.29	22.67 ± 1.25
Mean	**399**	**369**	**21.32**	**20.42**

region, and even higher than the cultivar Crimson Seedless which is around 25 to 30 ton/ha/year (LEÃO et al., 2009).

Tables 2 to 5 show the mean values and standard deviation of production, number of bunches per plant and physicochemical characteristics of bunches and berries of 'BRS Isis' vines grafted on SO4 and IAC 313 rootstocks, respectively. It can be observed a general tendency to superior results over the rootstock SO4 to all variables, which effect can be in influenced by the rootstock or age of the vines.

The number of bunches varied according growing seasons which indicates that it has not been made the control of the same amount of bunches per plant. The highest number of bunches per plant was harvested in the growing season of 1st half 2015, when it was obtained an average of 79 bunches in the vines grafted on 'SO4' and 75 bunches on 'IAC 313' rootstocks.

The determination of the most appropriate density of bunches requires further studies, since very high densities may result in damage to the grape quality, reducing the development of color and ripening.

Bunches of cultivar BRS Isis are characterized by medium sized and cylindrical shape. The size of bunches tended to be larger on the rootstock SO4 with mean weight of 399 g, length of 21.32 cm and width of 11.89 cm compared to those vines grafted on 'IAC 313' (369g, 20.42 cm × 11.50 cm). The bunches has moderate compactness and demand less thinning of berries than other traditional seedless grape cultivar.

The berry has medium sized, wide elliptical, firm and colorless pulp and neutral flavor. It has big seed traces that can develop normal seeds. The berries had similar mean of weight around 6.4 g, in both rootstocks, however there was a trend of greater length and diameter in vines

Table 4. Mean values and standard deviation of weight and diameter of berryof 'BRS Ísis' vines grafted on SO4 and IAC 313 rootstocks in five growing seasons, 2013 to 2015.

Year/ Semester	Berry Weitght (g)		Berry Diameter (cm)	
	SO4	IAC 313	SO4	IAC 313
2013.2	5.97 ± 0.16	5.39 ± 0.52	19.17 ± 0.30	18.16 ± 0.50
2014.1	5.66 ± 0.32	6.20 ± 0.48	19.10 ± 0.51	19.75 ± 0.79
2014.2	7.27 ± 0.75	6.99 ± 0.27	20.77 ± 0.62	20.31 ± 0.25
2015.1	6.95 ± 8.15	7.32 ± 0.45	19.61 ± 18.72	21.1 ± 0.48
2015.2	6,43 ± 0.49	6.13 ± 0.33	20.15 ± 0.92	20.55 ± 0.84
Mean	**6.46**	**6.41**	**19.76**	**19.97**

Table 5. Mean values and standard deviation of soluble solid content and of 'BRS Ísis' vines grafted on SO4 and IAC 313 rootstocks in five growing seasons, 2013 to 2015.

Year/ Semester	SS (°Brix)		TA (%)	
	SO4	IAC 313	SO4	IAC 313
2013.2	16.40 ± 0.39	16.48 ± 1.01	0.39 ± 0.02	0.38 ± 0.02
2014.1	16.80 ± 0.52	16.30 ± 1.00	0.53 ± 0.04	0.53 ± 0.04
2014.2	15.65 ± 0.53	15.68 ± 0.84	0.62 ± 0.09	0.53 ± 0.03
2015.1	15.85 ± 0.37	15.9 ± 0.50	0.55 ± 0.06	0.50 ± 0.06
2015.2	16.88 ± 0.33	15.35 ± 0.83	0.36 ± 0.02	0.28 ± 0.02
Mean	**16.32**	**15.94**	**0.49**	**0.44**

grafted on' SO4' compared to those on 'IAC 313' rootstock (Table 4).

There was a downward trend in soluble solids content of the grapes in the 2nd half of 2014 and first half of 2015. Mean values for soluble solids content was around 16.0°Brix in the both rootstocks while for titratable acidity was 0.49% and 0.44% respectively on 'SO4' and 'IAC 313' rootstocks (Table 5). Although grapes have been harvested with relatively low content of sugars, total acidity was low to moderate resulting in SS/TA between 35 and 38 depending on the rootstock and growing season, which corresponded a satisfactory SS/TA ratio and good taste for consumption of 'BRS Ísis' table grapes.

4. Conclusions

The results of this study for five consecutive growing seasons have identified high bud fertility, yield potential and desirable characteristics of bunches for 'BRS Ísis' table grape which meet the most demanding markets, consolidating this new cultivar of Embrapa Grape & Wine breeding program as a good option for tropical viticulture in São Francisco Valley, Northeastern of Brazil.

References

P. C. de S. Leão; J. M. Soares; B. L. Rodrigues, Principais cultivares. In: J. M. Soares; P. C. de S. Leão. (Org.). A vitivinicultura no semiárido brasileiro. Brasília, DF; Petrolina, PE: Embrapa Informação Tecnológica; Embrapa Semiárido, 2009, p. 151–214

P. C. de S. Leão; B. L. Rodrigues. Manejo da copa. In: J. M. Soares; P. C. de S. Leão. (Org.). A Vitivinicultura no Semiárido Brasileiro. Brasília, DF; Petrolina, PE: Embrapa Informação Tecnológica; Embrapa Semiárido, 2009, p. 295–347

P. Ritschel BRS Isis: Nova cultivar de uva de mesa vermelha, sem sementes e tolerante ao 125 míldio. Comunicado técnico. Embrapa uva e vinho: Bento Gonçalves, RS. 2013, 2 p.

DOI: 10.1051/bioconf/20160701003

Effects of different level of leaf removal applications on mineral substance of raisins in organic Sultani Çekirdeksiz grape growing

Fadime Ateş[1,a], Akay Ünal[1], Çiğdem Takma[2], and Ahmet Altındişli[3]

[1] Manisa Viticulture Research Institute Manisa, Turkey
[2] Ege University, Faculty of Agriculture, Department of Animal Science, İzmir, Turkey
[3] Ege University, Faculty of Agriculture, Department of Horticulture, İzmir, Turkey

Abstract. 311.595 hectares of organic grapes are grown, which constitutes 4.6 percent of the world's grape growing area.Turkey is a major producer country of grapes growing in the world. Viticulture is one of the major branches of agriculture with respect to production area and its largest are of income in Turkish national economy. Since 1985, Turkey producing and exporting organic raisins, is a world leader in the production of raisins.

8418 hectares grape are grown organically which constitutes 1.8% of the total grape production area of Turkey.

The research was carried out in Alaşehir-Yeşilyurt Enterprise of Manisa Viticulture Research Institute in West Turkey from 2006 to 2007. In this study, effect of four different level of leaf removal applications at two periods on mineral substance of raisins at Sultani Çekirdeksiz grape variety growing organic conditions were investigated.

Experiment design were planed randomized block trial design with three replicates consisting of 12 vines per parcel were established. Mineral substance analyses of the raisins obtained from the applications were performed using the ICP-AES technique.

It was found that there was highest average potassium (K), iron (Fe) and Zinc (Zn) contents of the raisin in removing two leaves at berry set time down to the clusters; highest average magnesium (Mg) and copper (Cu) contents of the raisin in removing two leaves down to the clusters and removing two leaves up to the clusters at verasion time; highest average phosphorus (P) contents of the raisin in no leaf removal; highest average sodium (Na) contents of the raisin in removing three leaves at the berry set time and removing three leaves at verasion time down and up to the clusters at 5% significant level.

1. Introduction

Turkey is a major producer of grapes in the world and viticulture is one of the major branches of agriculture with respect to production area and its large share of income in Turkish national economy. Grapevine is grown in almost all parts of Turkey and has been produced commercially in many regions of the country for many years.

311.595 hectares of organic grapes are grown, which constitutes 4.6 percent of the world's grape growing area [1].

Turkey is a major producer country of grapes growing in the world. Viticulture is one of the major branches of agriculture with respect to production area and its largest are of income in Turkish national economy. Since 1985, Turkey producing and exporting organic raisins, is a world leader in the production of raisins.

Vineyards where organic grapes are grown are generally located in the provinces of Izmir and Manisa, and almost all the grapes are dried and exported to European countries in particular [2].

[a] e-mail: fadimeates@gmail.com

8418 hectares grape are grown organically which constitutes 1.8% of the total grape production area of Turkey [1].

A study investigated the impact of organic and conventional viticulture applications under upland conditions on efficiency and quality. The results of the study have revealed that the efficiency and quality of the organically grown grapes were superior to those grown with conventional methods [3].

The removal of leaves in the fruit zone is one of the most important and commonly applied summer canopy management manipulation in viticulture. Leaf removal is performed on grapevines to increase air circulation, light exposure, penetration of fungicide sprays and decrease disease incidence, especially rot [4].

Plant management determines the spatial arrangement of foliage and clusters modifies the microclimate and has a fundamental impact on the regulation of photosynthetic potential, yield and grape composition [5].

Leaf removal is significantly reduced titratable acidity (TA g/L), sugar per berry, cluster weight, berry size, uptake of potassium and whole vine photosynthesis while juice pH increased [6–16].

The removal of leaves receiving low photosynthetic photon flux rate (PPFR) increased sugar levels and reduced titratable acidity, malate, pH and K + levels in must [17].

Several strategies for reporting and controlling vine balance have been proposed. An accepted definition of this equilibrium between crop load and vegetative growth is the leaf area required for maximizing the yield and ripeness. This equilibrium has been reported to range from 7 cm^2 g-1 to 14 cm^2 g-1 [18] and between 8 cm^2 g-1 and 12 cm^2 g-1 [19] and 11,8 cm^2 g-1 [8] and 5–7 cm^2 g-1 [6].

Leaf removal directly affects the leaf/fruit relationship, which, depending on the phenological stage in which it is conducted, can produce a different effect on the maturation of the fruits [12,20]. The impact of basal leaf removal, usually involving the leaves positioned immediately above and below and opposite the fruit cluster, is clearly influenced by the number of leaves removed [21].

Basal leaf removal is one of the most common practices in canopy management [6,8,14,22,23]. It is frequently done during the ripening season if the canopy has a very high density, in an attempt to improve the colour intensity and aroma and to decrease the disease impact of pests [7,22].

According to Considine and Considine [24] and also to Fidan and Yavaş [25], mineral substances found in grape are taken up from the soil by the vine and transferred to the plant and the fruit. In their study in which they observed quantities of macro-elements and micro-elements in must made from three Hungarian grape varieties during the course of ripening, Diófási et al. [26] stated that there was a positive correlation between the sugar quantity and N, P, Ca, Fe, and Mg elements.

Aykut [27] determined mineral substances found in musts of Sultani Çekirdeksiz, Muscat Hamburg and Alicante Bouschet grape varieties in mg/kg as 1540–1750–1255 for K, 24–29.06–34 for Ca, 100–53.75–102.5 for Mg, 53.30–31.32–52.15 for Na, 136.9–97.20–168.2 for P, 1.88–0.71–1.38 for Fe, 2.5–1.69–0.8 for Cu, 0.68–0.79–0.35 for Zn and 0.80–0.49–1.45 for Mn, respectively.

Raisins (*Vitis vinifera* L.) have been a favorite food since 1490 BC due to their nutritive value and high micronutrients content [28]. It was one of the most important and popular dried fruits in the world because their high nutritional value [29]. Raisins should be of particular interest in these investigations due to their unique phytochemical composition and the natural qualities that make raisins an appealing source of necessary minerals including potassium, iron, vitamin B, calcium, magnesium, sodium, arsenic, cadmium, chromium, manganese and nickel [29,30].

Potassium (K) is a very important component for human health. High-potassium diet lowers blood pressure and reduces cardiovascular disease morbidity and mortality [31]. In addition, potassium intake lowers urinary calcium excretion and decreases the risk of osteoporosis [32].

Iron (Fe) is an essential part of hemoglobin; the red colouring agent of the blood that transports oxygen through our bodies. Iron is needed for psychomotor development, maintenance of physical activity and work capacity, and resistance to infection [33].

Zinc is needed for growth and for maintenance of immune function, which enhances both the prevention of and recovery from infectious diseases [34].

The Mg is essential to all living cells, where they play a major role in manipulating important biological polyphosphate compounds like ATP, DNA, and RNA [32].

Phosphorus can be found in the environment most commonly as phosphates. Phosphates are important substances in the human body, because they are a part of DNA materials and they take part in energy distribution [35].

Sodium (Na) is a very important macronutrient of human body system. The most common dietary source of sodium is common table salt (NaCl). It plays an essential role in the maintenance of normal physiology in all living organisms. A lack of sodium intake is incompatible with survival. An adequate intake of sodium is required for optimal growth. Distribution of intracellular and extracellular fluid volumes are dictated by sodium and either a deficiency or excess of sodium will alter overall fluid balance and distribution [36]. Na depletion is characterized by mood changes, muscle cramps, fatigue, hair loss, hypotension and dehydration [37].

The present study was conducted on Sultani Çekirdeksiz grape variety, which has an important place in our national economy. The objective of this study was to determine the effect of four different level of leaf removal applications at two periods on the nutrient contents of raisins produced from Sultani Çekirdeksiz grape variety in organic grape parcels during organic production phase (2006–2007). In addition to that research this study emphasized on the importance of raisins, organic raisins in particular, as a natural source of energy in human nutrition.

2. Materials and methods

2.1. Materials

2.1.1. Experimental site

Field experiments were conducted from 2006 to 2007 in Alaşehir-Yeşilyurt Enterprise of Manisa Viticulture Research Institute in West Turkey (38° 20′N, 28° 38′W). The area has a transition towards a continental climate from a Mediterranean climate. The annual average temperature of 16.7°C and a mean annual rainfall of 598 mm, The summer months, including the harvest period, are quite hot with mean temperatures of 30°C.

Experiment design were planed randomized block trial design with three replicates which were established in 15 years old Sultani Çekirdeksiz vineyard under irrigable soil conditions and trained to "T" wire grape trellis training system and can-pruned to 60 buds per vine. The vines had between-row and within-row spacings of 3.3 and 2.4 m, respectively in organic parcel.

2.1.2. Sultani Çekirdeksiz grape variety

Sultani Çekirdeksiz is a variety which ripens in midseason. It grows strong with conical clusters, wings, normal density, small oval shaped berries and average berry skin thickness. Although it is a variety for drying, Sultani Çekirdeksiz is also processed as table grapes through a series of culture practice.

Table 1. Physical analysis and macronutrient and micronutrient contents of the soil sample.

	Soil Depth	
	0–30cm	30–60 cm
pH	7.60	7.65
Soil salinity (%)	0.025	0.025
Lime (%)	3.44	3.92
Sandy (%)	68.40	66.40
Silt (%)	24.00	25.00
Clay (%)	7.60	8.60
Texture	Sandy-loam	Sandy-loam
Organic Matter (%)	1.52	0.95
Total Nitrogen (%)	0.060	0.038
Available Phosphorus (ppm)	3.32	1.29
Available Potassium (ppm)	175	155
Available Calcium (ppm)	2160	2400
Available Magnesium (ppm)	934	938
Available Sodium (ppm)	20.8	19.0
Available Iron (ppm)	8.51	6.79
Available Copper (ppm)	6.13	3.48
Available Zinc (ppm)	0.67	0.52
Available Manganese (ppm)	7.20	4.09

2.1.3. Soil composition of the trial vineyard

There are no salinity problems whatsoever in soil samples demonstrating slight alkaline reaction. Soils with low lime level show a sandy loam texture. Available phosphorus in soils with low humus level and with medium total nitrogen level was found to be medium (0–30 cm) and low (30–60 cm), whereas available potassium was insufficient. In soils with sufficient (high) levels of available calcium and available magnesium, there are no problems with respect to available sodium. Available micronutrient elements in the soil samples including iron, copper and manganese were sufficient, whereas zinc was insufficient (Table 1).

2.2. Methods

Common vetch (Vicia sativa L.), Rye (Hordeum vulgare L.), and broad beans (fava beans) were used as mulch plants. In November, the soil was tilled using conventional method before planting mulch plants. The mix was planted by using fertilizer spreader. After planting, the soil was disked to incorporate the seeds with soil. The soil was tilled in spring and autumn in trial parcel.

The effect of four different level of leaf removal applications at two periods on organic grape production was examined. In this research control (no leaf removal); two leaf removal at berry set time; four leaf removal at verasion time; six leaf removal at the berry set time and at verasion time were used (Table 2).

Potassium (K), phosphorus (P), sodium (Na), iron (Fe), copper (Cu), zinc (Zn), manganese (Mn), calcium (Ca) and magnesium (Mg) contents of the raisin samples were determined in a series of analyses carried out using an ICP-AES spectroscopy during organic production phase from 2006 to 2007.

Mineral substance analyses were performed on raisin samples obtained from applications using an ICP-AES spectroscopy. A 10g raisin sample is placed in a crucible and dried in an incubator at 100 °C. The samples are then put into the oven when their temperature reaches 250 °C and the temperature is raised to 600 °C. They are left at this temperature overnight (13–15 hours). If the samples are not reduced to white ash, they are moistened with and dried in the oven for another 2 hours until they turn white. The crucibles are put in a desiccator and allowed to cool to room temperature. Later 6 ml extraction acid (HCl+HNO3) and 50 ml distilled water are added to the crucibles and slightly heated to dissolve the ashes. The solution is strained into 100 ml volumetric flask using a black band filter and filled to the top with distilled water (The dilution factor should be 10.)

Desired standards are entered and the device is conditioned. Samples which have passed through the dilution procedure are fed into the device and Potassium (K), phosphorus (P), sodium (Na), iron (Fe), copper (Cu), zinc (Zn), manganese (Mn), calcium (Ca) and magnesium (Mg) minerals are read using the emission technique. The results obtained are multiplied by SF and mineral substance quantities are found.

The research was carried out as randomized block design trials with three replicates consisting of 12 vines per parcel. After a variance analysis was performed on the data obtained was using the statistical software package "SPSS 20.0 for Windows", and the Tukey test ($p < 0.05$) was used for comparison of average values.

Table 2. Applied leaf removal methods.

Applications	Method
Kontrol	No leaf removal
Two leaf removal (B-2)	Removing two leaves at berry set time down to the clusters
four leaf removal (V-4)	Removing two leaves down to the clusters and removing two leaves up to the clusters at verasion time
Six leaf removal (B +V-6)	Removing three leaves at the berry set time and removing three leaves at verasion time down and up to the clusters

Table 3. P, K, Mg and Ca contents of each parcel under different leaf removal level.

LEAF REMOVAL METHODS	P (ppm)	K (ppm)	Mg (ppm)	Ca (ppm)
B-2	132.3 bc	8179.0 a	539.0 cd	235.8
V-4	139.6 b	7157.3 b	617.6 a	253.2
B+V-6	140.3 b	7573.4 b	584.3 b	240.0
Kontrol	141.5 a	6948.9 c	563.0 c	247.8

Kontrol: No leaf removal.
B-2: Removing two leaves at berry set time down to the clusters.
V-4: Removing two leaves down to the clusters and removing two leaves up to the clusters at verasion time.
B+V-6: Removing three leaves at the berry set time and removing three leaves at verasion time down and up to the clusters.
Values in the same column with different subscript letters represent significant differences between production phases.

3. Results and discussion

Mineral contents of each parcel under different leaf removal level are given in Table 3 and Table 4.

Table 4. Na, Fe, Cu, Mn and Zn contents of each parcel under different leaf removal level.

LEAF REMOVAL METHODS	Na (ppm)	Fe (ppm)	Cu (ppm)	Mn (ppm)	Zn (ppm)
B-2	130.9 c	21.8 a	5.5 b	2.1	8.0 a
V-4	175.3 b	19.4 b	7.2 a	2.3	7.1 b
B+V-6	184.0 a	14.8 c	5.9 b	2.3	6.3 c
Kontrol	142.8 bc	19.4 b	6.2 b	2.0	7.2 b

Kontrol: No leaf removal.
B-2: Removing two leaves at berry set time down to the clusters.
V-4: Removing two leaves down to the clusters and removing two leaves up to the clusters at verasion time.
B+V-6: Removing three leaves at the berry set time and removing three leaves at verasion time down and up to the clusters.
Values in the same column with different subscript letters represent significant differences between production phases.

According to the results of the statistical analysis, it was determined that leaf removal level over the years had different important effects on the phosphorus (P), potassium (K), magnesium (Mg), sodium (Na), iron (Fe), copper (Cu) and zinc (Zn) contents of the organic raisins at 5% significance level.

As can be seen from Table 4, removing two leaves at berry set time down to the clusters, comparing the other leaf removal level, had the highest amount of potassium (K), iron (Fe) and zinc (Zn) contents of the raisin as 8.179,0, 21.8, 8.0 ppm, respectively. These results are similar to those reported by Adamyan, [38]; Bergqvist et al. [39], Yağcıand İlter [40], Emine et al. [41] and Gary and Arianna [42] and Simsek et al. [30] in seedless raisin.

Removing three leaves at the berry set time and removing three leaves at verasion time down and up to the clusters only increased the amount of magnesium (Mg) and copper (Cu) contents of the raisin, as 617.6 ppm and 7.2 ppm, respectively whereas Removing three leaves at the berry set time and removing three leaves at verasion time down and up to the clusters generally had the lowest values of all minerals. No leaf removal (control) could only increase Phosphorus (P) (ppm) contents of the raisin, as 141.5 ppm. removing three leaves at the berry set time and removing three leaves at verasion time down and up to the clusters had the highest average sodium (Na) contents of the raisin as 184.0 ppm (Table 4). These results are similar to those reported by Adamyan, [38] and Bergqvist et al. [39] and Simsek et al. [30] and also Yagci and İlter [40].

When we compare the leaf removal level, it was observed that removing two leaves at berry set time down to the clusters increased potassium (K), iron (Fe) and Zinc (Zn) contents of the raisin and removing two leaves down to the clusters and removing two leaves up to the clusters at verasion time increased magnesium (Mg) and copper (Cu) contents of the raisin and no leaf removal phosphorus (P) contents of the raisin and also in removing three leaves at the berry set time and removing three leaves at verasion time down and up to the clusters increased sodium (Na) contents of the raisin.

According to the overall results of this research; it could be concluded that leaf removal applications level in organic raisins effected positively and organic raisin constitute a natural source of energies and many minerals such as phosphorus (P), potassium (K), magnesium (Mg), sodium (Na), iron (Fe) and Zinc (Zn), that may prevent many diseases [31,32,32–37].

References

[1] `http://www.organic-world.net/yearbook-2015.html`
[2] Altindisli A., 2. International Conference on Organic Farming. 7–9 May 2004, Thiava, Greece
[3] Pamuk, H., Yuvarlak Çekirdeksiz Üzüm Bağlarında Çevre Dostu ve Geleneksel Tarım Uygulamalarının Verim ve Kaliteye Etkileri Üzerine Araştırmalar (Unpublished doctoral thesis-1999)
[4] Poni, S., Casalini, L., Bernizzoini, F.S. Civardi, and Intrieri, C., Am. J. Enol. Vitic. 57:397–407 (2006)
[5] Katerji, N., F. Daudet, A. Carbonneau, and Ollat, N., Vitis 33, 197–203 (1994)
[6] Uslu, .İ, Journal of the Yalova Horticultural Research and Training Center 10 (2): 14–21 (1981)
[7] Bledsoe, A., Kliewer, W, and Marois, J., Am. J. Enol. Vitic.39:49–54 (1988)
[8] Kader, S., Yuvarlak Çekirdeksiz Üzüm Çeşidinde Yaprak Üzüm İlişkileri Üzerinde Araştırma. (Unpublished doctoral thesis-1990)
[9] Morrison, J. and Noble, A., American Journal of Enology and Viticulture. 41, 193–200 (1990)
[10] Kliewer, W.M., Marois, J.J., Bledsoe, A.M., Smith, S.P., Benz, M.J. and Silvestroni, O., Proceedings of the Second International Symposium for Cool Climate Viticulture and Oenology, NZ, Auckland, pp. 123–126 (1988)
[11] Ollat, N. and Gaudillere, J., American Journal of Enology and Viticulture. 49, 251–258 (1998)
[12] Iacono F., Bertamini M., Scienza A. and Coombe B.G., Vitis, 34, 201–206 (1995)
[13] Petrie, P.R., Trought, M.C.T. and Howell, G.S. and Buchan, G., Functional Plant Biology. 30, 711–717 (2003)
[14] Ateş, F., 2008. Effect of Some Cultural Applications on Vegetative Development, Yield, Fruit Quality in Cardinal, Pembe Gemre and Sultani Çekirdeksiz Grape Varieties. Manisa Viticulture Research Institute publications
[15] Poni, S., Bernizzoni, F., Civardi, S. and Libelli, N., American Journal of Enology and Viticulture. 15, 185–193 (2009)
[16] Pereira, G., Gaudillere, J., Pieri, P., Hilbert, G., Maucourt, M., Deborde, D., Moing, A. and Rolin, D., 54, 6765–6775 (2006)
[17] Hunter, J. and Visser. H., S. Afr. J. Enol. Vitic. 11: 26–32 (1990)
[18] Howell, G.S., Am. J. Enol. Vitic. 52:165–17. (2001)
[19] Kliewer, M., and Dokoozlian, N., Am. J. Enol Vitic. 56:170–181 (2005)
[20] Petrie P.R., Trought M.C.T. and Howell G.S., Vitis, 39, 31–36 (2000)
[21] Candolfi-Vasconcelos, M.C. and Koblet, W., Vitis 29:199–221 (1990)
[22] Percival, D.C., Fisher, K.H. & Sullivan, J.A., Am. J. Enol. Vitic. 45, 133–139 (1994)

[23] Tardáguila, J., Diago, M.P., Martínez de Toda, F., Poni, S. & Vilanova. M., J. Int. Sci. Vigne Vin. 42, 221–229 (2008)
[24] Considine, D. M. and Considine, G. D., Foods and Foods Production Encyclopedia (1982)
[25] Fidan, Y. ve Yavaş, İ., 1th International Symposium on Food 10–13
[26] Diófási, L., Ijjász, I. and Vezekényi, E., 33 (1): 1–10, Hort. Abst. 56, 9, 732 (1986)
[27] Aykut, O., 2002, Ülkemiz Ekonomisinde Yeri Olan Üzüm Çeşitleri ile Ürünlerinin Mineral Madde İçerikleri ve Değişimi Etkileyen Faktörler (master's thesis 2002)
[28] Witherspoon, B., School Foodserv. Nutr. 54, 60–63 (2000)
[29] Fang, Y., Zhang, A., Wang, H., Li, H., Zhang, Z., Chen, S., Luan, L., Food Control. 21, 732–739 (2010)
[30] Simsek, A., Artık, N., Baspina, E., J. Food Comp. Anal. 17, 155–163 (2004)
[31] Whelton, P., He, J., Cutler, J., Brancati, F., Appel, L., Follmann, D., Kleg, M., J. Am. Med. Assoc. 277, 1624–1632 (1997)
[32] He, F., MacGregor, G., J. Plant. Biol. 133, 725–735 (2008)
[33] Stoltzfus, R. J. The Journal of nutrition, 131(2), 565S–567S (2001)
[34] Black R.E. J Nutr.133:1485S–1489S (2003)
[35] De Rosa, C. T., Pohl, H. R., Williams, M., Ademoyero, A.A.,Chou, C-H. S. J and Jones, D.E., Toxicological Defense Mechanics 394 p. (1998)
[36] Morris M. J., Na S. E and Johnson A. K., Physiology and Behavior, 94, 709–721 (2008)
[37] Harper M. E., Willis J. S. and Patrick J., Handbook of nutritionally essential minerals. 93–116 (1997)
[38] Adamyan, A. KH., Hort. Abst. Vol: 58, 5. 85–90 (1988)
[39] Bergqvist, J., Dokoozlian, N. and Ebisuda, N., American Journal of Enology and Viticulture. 52, 1–7 (2001)
[40] Yağcı, A. ve İlter, E., Türkiye V. Inational Hotriculture Congress, 459–461 (2007)
[41] Emine, S., Duygu, A., Ecehan, T., Nilgun, G., Ind. Crops. Prod. 34, 994–998 (2011)
[42] Gary, W., Arianna, C., Nutr. Res. 30, 511–519 (2010)

BIO Web of Conferences 7, 01004 (2016) DOI: 10.1051/bioconf/20160701004
39th World Congress of Vine and Wine

Maturation evolution of chardonnay grape for juice preparation

Angelica Bender[1], Vagner Brasil Costa[2], Vinícius Caliari[3], and Marcelo Barbosa Malgarim[4]

[1] Master, Federal University of Pelotas, Brazil
[2] PhD, Federal University of Pampa, Brazil
[3] PhD, Agricultural Research Corporation and Rural Extension of Santa Catarina, Brazil, University of West of Santa Catarina, Unoesc, Brazil
[4] PhD, Federal University of Pelotas, Brazil

Abstract. This study aims to evaluate the evolution of the maturation of the "Chardonnay" grape variety for the preparation of juices and its adequacy to the current legislation. Grapes from the 2015 harvest from São Lourenço do Sul-RS were used. The experimental design was completely randomized in a factorial design, with the treatment factor being the maturation stages. The physicochemical analysis of titratable acidity, soluble solids, relative density, total sugar, alcohol content, volatile acidity and SS/TA ratio were carried out in EPAGRI – Agricultural Research and Rural Extension Company of Santa Catarina, in the Videira Experimental Station (Videira SC/Brazil). Statistical analysis of the maturation stages was given by linear regression models. When comparing the maturation points of 17°Brix and 19°Brix to 15°Brix, volatile acidity and alcohol content did not fit to the model, while the other tested variables fit properly. Elaborated juices had a decrease in titratable acidity and percentage increments for soluble solids, SS/TA ratio and total sugars for the harvest points at 17 and 19°Brix. For 15°Brix and 17°Brix, nonconformity was observed with the identity and quality standards in relation to soluble solids and SS/TA ratio and relative density. At maturation point 19°Brix all variables were found to be consistent.

1. Introduction

Grape juice is an unfermented drink that may be classified as concentrated, reprocessed or reconstituted, dehydrated, whole and sweetened grape juice. The whole grape juice classification refers to the juice obtained by means of suitable technological processes without the addition of sugars and in its natural constitution [1,2].

Grape juice has increasingly gained more space in the market, not only for its sensory characteristics, but also for its antioxidant properties, which act in the prevention of various types of diseases [3]. The various types of grape juice produced in Brazil offer significant amounts of phenolic compounds, especially for people who do not consume grape-derived alcohol [4].

Some factors such as climate, grape cultivar, soil, among others, can influence the physicochemical composition and the amount of phenolic compounds in grapes and therefore the juice [3].

In Brazil, grape juice is mainly elaborated from *Vitis labrusca* grapes, due to their aroma and fruity and foxy flavors. In many countries of Central Europe, the juice is made from *Vitis vinifera* grapes, from both white and red cultivars. The juice yield, freshness after processing, sanitation and adequate grape maturity are factors that influence the choice of the variety [5].

In general, the more mature grapes favor obtaining better quality juice, as well as higher sugar content, since they have lower acidity, and hence higher sugar/acid ratio [6].

Grape is not a climacteric fruit, so it is crucial that the harvest occur at the moment of maximum expression of its quality potential in a certain crop or region. The optimum maturation for harvest is found through the appearance, consistency, and especially the sugar content in the must. Thus, it becomes necessary to perform the monitoring of maturation by sensory and chemical analysis of representative samples of the vineyard every two or three days [6,7].

The behavior of grapevines is different each season, and in each region or vineyard due to local environmental conditions. Weather conditions such as temperature, humidity and solar radiation exert great influence on the development, production and quality of grapes intended for processing. These variables lead to changes in the chemical composition and kinetics of grape maturation, in the evolution of the vineyards and the estimated date of harvest [8]. It is ideal to harvest the grapes according to their maturation and not due to phytosanitary problems caused especially by the bunch rot [9]. At the end of the maturation period, temperatures close to 30 °C are required so that grape acidity is not very high [10].

Rainy years especially during the ripening period end up weakening the grape quality, making it unsatisfactory for winemaking. The possibility of using wine varieties in the preparation of juices is presented as an alternative to crops in which the grapes do not reach ideal harvest point for winemaking.

Assuming that the preparation of juice from wine grapes can be an alternative to use these during harvests considered poor for winemaking, and can be harvested in advance, thus preventing losses from late cycle disease and excessive spending on phytosanitary treatments, this work aimed to evaluate the evolution of the maturation of

"Chardonnay" grapes for the preparation of juices and their adequacy to current legislation.

2. Materials and methods

The grapes used as raw material for the preparation of juices were of European variety (*Vitis vinifera*): Chardonnay 2015 crop, grown in commercial orchard located in São Lourenço do Sul (31° 21″ 54″S, 51° 58″ 40″W, 26 m altitude). The region climate is Cfa type, seasoned with hot, humid summers and very cold winters [11]. The soil is classified as Bruno-Grey and Red-Yellow Argisols and Litholic and Regolitic Neosols and elevation composed of plateaus and plains [12].

The municipality of São Lourenço does not have a weather station, thus data from the neighbor city of Pelotas was used, since it belongs to the micro-region of this municipality. Minimum and maximum temperature and rainfall data of the city of Pelotas, for the duration of the experiments were obtained from the meteorology laboratory of Embrapa Temperate Climate [13]. The average minimum temperature was 20.2 °C, the maximum average was 27.4 °C and the total precipitation was 168.8 mm for the month of January/2015. For the month of February/2015, the average minimum temperature was 20.8 °C, the maximum average was 25.6 °C and the total precipitation was 407.4 mm.

2.1. Monitoring the maturation and harvest of the grapes

90 plants were selected, arranged in three different rows to run the experiment. The plants were conducted in espalier system under rootstock Paulsen 1103, pruned in cordon, spaced two meters between plants and 3 meters between rows. The handling and treatment of crops was carried out following the technical recommendations of the culture. The harvest was conducted manually, differing dates between the points of harvest during the months of January and February 2015 (Fig. 1).

Approximately 20 kilos were allocated to prepare the juice in each point of harvest, previously determined, according to the soluble solids content, being 15, 17 and 19°Brix.

Monitoring of the phenology of the vine production cycle was carried out from the period of pruning until harvest, through visual observations made by visits to the vineyard, every five days until the start of maturation, and later on at 3 day intervals. The phenological characterization was performed on 20 plants, randomly selected, which were used for evaluations following the Eichhorn and Lorenz phenological scale system [14].

2.2. Juice preparation

The juices were elaborated in the Postharvest Laboratory of the Federal University of Pelotas (Pelotas, RS/Brazil). The extraction of the must occurred with juice extractor or extraction pan with a capacity of 20 kg of fruit. Initially the berries were removed and selected manually, excluding damaged and unripe ones. Later they were placed in perforated container, which was fitted to an outer container, and both coupled to the water tank,

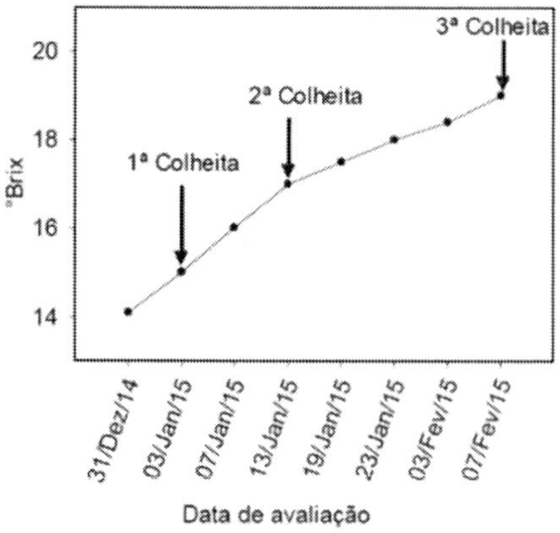

Figure 1. Monitoring the maturation of the berries of the Chardonnay variety for the definition of maturation stages. (1st harvest: 15°Brix; 2nd harvest: 17°Brix, 3rd harvest: 19°Brix). UFPel, Pelotas, 2015/16.

which was settled on gas stove for heat generation. After approximately 20 minutes the must began to flow through the outlet tube, which is replaced above the grape until a temperature of 85 °C.

The bottling of the samples took about an hour and thirty minutes, controlling the temperature inside the bottle with the help of thermometer (Incoterm, −10 to 100 °C), discarding the first and last portion of the extracted juice. 1.5-liter glass bottles were used, previously sanitized with chlorinated water and subsequently left in boiling water until the time of bottling. Immediately after bottling, the bottles were sealed with plastic screw cap, being held with the neck down. The samples were kept under refrigeration until the time of analysis.

The experimental design was completely randomized with three replications. The treatments were arranged in a unifactorial scheme. The treatment factor was the maturation stages (15, 17 and 19°Brix). 3 bottles were used for each variety, in each sampling point where each bottle represented a repetition, and submitted for physicochemical analysis.

2.3. Physicochemical analysis

The physicochemical analysis of titratable acidity, soluble solids, relative density, total sugar, alcohol, volatile acidity and SS/TA ratio, were held in the Epagri Station – Agricultural Research Corporation and Rural Extension of Santa Catarina, Videira Experimental Station (Videira, SC/ Brazil).

Analyses were performed according to the methodology of the Ministry of Agriculture [15].

For determination of titratable acidity (TA), 10 ml juice was homogenized in 100 ml of distilled water, added with 2-3 drops of phenolphthalein, this dilution was titrated with NaOH solution (0.1N) until reaching the pink color (turning point) and the results are expressed in g100g-1tartaric acid.

The results of soluble solids (SS) were expressed in °Brix, the relative density in cm3, total sugars in g.100g-1, alcohol content in v/v and volatile acidity expressed in g.100g-1 acetic acid were determined by an electronic enological distiller (Gibertini®), which is calibrated with

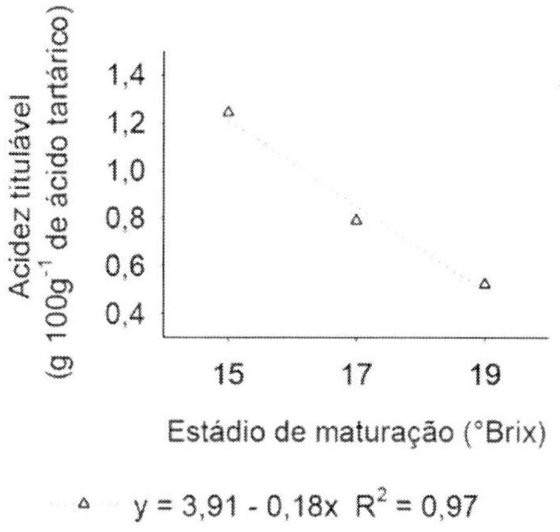

Figure 2. Titratable acidity (g 100g-1 tartaric acid) of the juice from Chardonnay (CH) grape variety along three stages of maturation. UFPel, Pelotas, 2015/16.

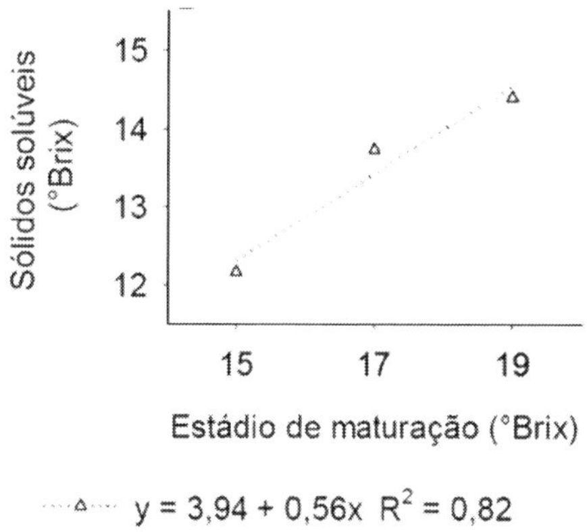

Figure 3. Soluble Solids (°Brix) of the juice from Chardonnay (CH) grape variety along three stages of maturation. UFPel, Pelotas, 2015/16.

distilled water before adding the samples, and obtaining the readings.

The TS/TA ratio was obtained from the quotient of the soluble solids and titratable acidity.

2.4. Statistical analysis

Data were analyzed for normality by the Shapiro-Wilk test; homoscedasticity by the Hartley test; and the independence of the residues by graphical analysis. Later, the data were submitted to analysis of variance by F test ($p \leq 0.05$). Noting a statistical significance, the effects of maturation stages were compared by linear regression models ($p \leq 0.05$): $y = yo + ax$, where: $y =$ response variable; $yo =$ variable response corresponding to the minimum or maximum point of the curve; $a =$ slope of the line or curve; $x =$ degrees in °Brix. The model selection was based on: (a) low residue; (b) low p-value; and (c) high R2 and R2 adj.

3. Results and discussions

The assumptions of the mathematical model were all met and did not require the processing of data for all variables. Analyses of titratable acidity ($F = 12.41$, $p < 0.0001$), total soluble solids ($F = 6.52$, $p = 0.0020$), SS/TA ratio ($F = 15.18$, $p < 0.0001$), relative density ($F = 7.04$, $p = 0.0014$), total sugars ($F = 10.37$, $p = 0.0002$) showed significance for the interaction between the tested treatment factors. For the variables alcohol ($F = 0.49$, $p = 0.6204$) and volatile acidity ($F = 5.55$, $p = 0.0048$) there was no significance to the maturation stage.

Titratable acidity is regulated by law, which establishes a minimum of 0.41 g100g-1 in tartaric acid, the values obtained in the juices for the three sampling points were 1.24, 0.59, 0.58 g. 100g-1 tartaric acid, all juices met the requirement at the different points of maturation [1].

The titratable acidity data fit properly to the linear regression model ($F = 253.2303$, $p < 0.0001$) (Fig. 2). Percentage decrease in titratable acidity values of 29.7 and 59.5% for 17°Brix and 19°Brix, were observed respectively, in relation to 15°Brix.

The decrease of the concentration of organic acids during the course of maturation is due to dilution of the must by water entry, transported in the xylem by the mobilization of bases which neutralize the organic acids and by the breathing process [16]. The breathing phenomenon is influenced by temperature and rainfall, characterizing less acidic grapes in years of hot and dry summers [17]. The increase of the averages observed over the different sampling points, may be related to higher temperature and lower rainfall during the month of January (Fig. 1), a period that coincided with most of the harvest.

For soluble solids, the data fit properly to the linear regression model ($F = 31.2046$, $p = 0.0008$) (Fig. 3). Increases were observed in soluble solids content being 9% and 18.2% for 17 and 19°Brix respectively, compared to 15°Brix.

The soluble solids content in whole grape juice must be at least 14.0°Brix [1]. At the point of 15°Brix (12.1°Brix) and 17°Brix (13.7°Brix), the analyzed juices did not meet the legislation specification. As for 19°Brix (14.4°Brix), the average was consistent with the standards of identity and quality for the soluble solids variable.

Like titratable acidity, soluble solids content is influenced by climatic factors. When high temperatures and insolation are predominant, the vine metabolism favors a greater accumulation of soluble solids in the grape berries [18]. The juice preparation method may have an influence on the difference observed in the value of soluble solids of the grape in relation to the juice. These variations may be due to dilution caused by the incorporation of water generated by the steam used during heating for the extraction of the coloring of the berries [19].

Other researchers have found higher values for juices prepared from "C. Sauvignon" and "Tempranillo", 15.4 and 16.4°Brix, respectively, but under the same study, "Syrah" juice showed a lower value of 13°Brix. The authors attributed the findings to the possible dilution caused by the production method [20].

The data of SS/TA ratio fit properly to the linear regression model ($F = 236.3966$, $p < 0.0001$) (Fig. 4). Increases were observed when comparing the 17°Brix and 19°Brix maturation points to the 15°Brix, the percentages were 95.2% and 190.4%, respectively.

The value obtained for the SS/TA ratio at harvest point 15°Brix (9.79) was below the limit established by law, which is between 15 to 45 [1]. At harvest points

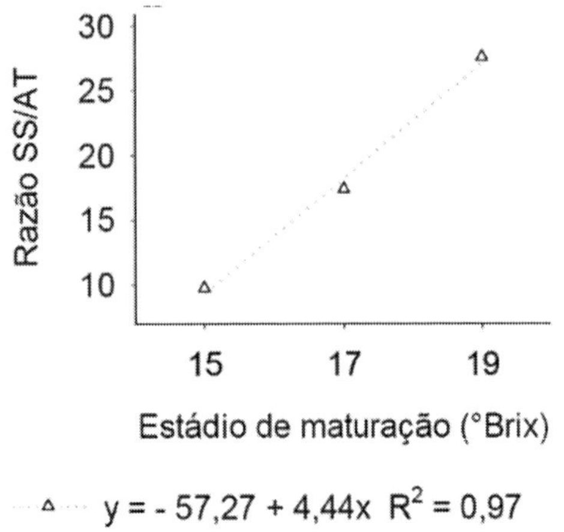

Figure 4. SS/TA ratio of the juice from Chardonnay (CH) grape variety along three stages of maturation. UFPel, Pelotas, 2015/16.

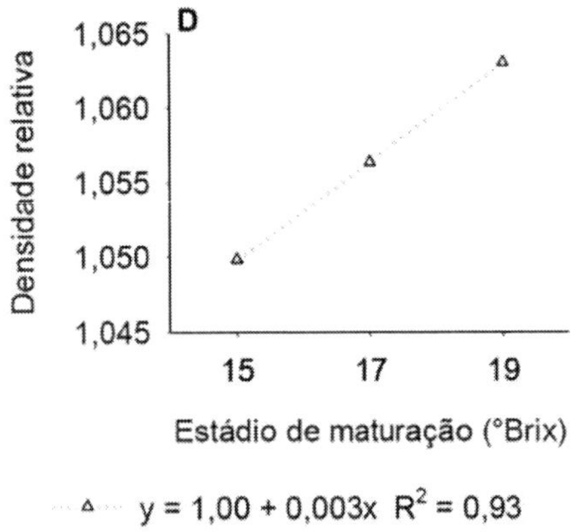

Figure 5. Relative density (g.cm3) of the juice from Chardonnay (CH) grape variety along three stages of maturation. UFPel, Pelotas, 2015/16.

17°Brix (17.4) and 19°Brix (27.5), the juices were within limits established by the law for the SS/TA ratio variable. However, at 17°Brix, the value was very close to the established minimum showing that these juices have a considerable acidity, being below that considered ideal by other authors, who state that the SS/TA ratio must be equal to or greater than 20 [21].

The relative density of the grape juice should be at least 1,057 g.cm3 [1]. At 15°Brix (1.049 g.cm3), the "Chardonnay" juice showed values lower than those set by law, at 17°Brix (1.059 g.cm3) and 19°Brix (1.060 g.cm3) the behavior was reversed, the juices remained above the minimum required. The relative density data fit appropriately to the linear regression model ($F = 96.1785$, $p < 0.0001$) (Fig. 5).

When comparing the maturation of points at 17 and 19°Brix to 15°Brix, increases of 0.6% and 1.2% were observed respectively. Similar to the soluble solids content, density had a significant linear increase, because it is directly related to the concentration of sugars in the must and may suffer dilution by water vapor used in the extraction method.

For total sugars, Brazilian legislation establishes a maximum value for 20g.100g-1 [1]. The prepared juices

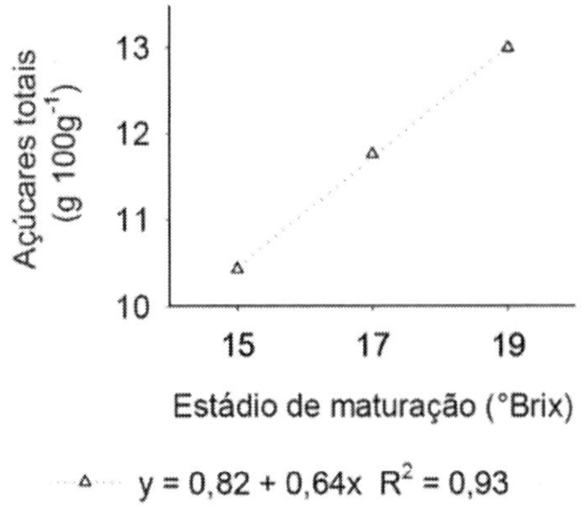

Figure 6. Total sugars (g 100g-1) of the juice from Chardonnay (CH) grape variety along three stages of maturation. UFPel, Pelotas, 2015/16.

were within the established limit for the three points of maturation 10.43 g.100g-1, 11.77 g.100g-1 and 13 g.100g-1, respectively for 15, 17 and 19°Brix.

The total sugars data fit properly to the linear regression model ($F = 88.8715$, $p < 0.0001$) (Fig. 6). Increases of 12.3% and 24.6% were observed in total sugar values for 17 and 19°Brix, respectively, compared to 15°Brix.

The total sugars in the whole juice are derived exclusively from grapes that gave rise to it. In general, *Vitis vinifera* cultivars have a greater potential of producing sugars than the American grapes *Vitis labrusca* [22,23]. Sugars produced in grapes vary among cultivars and environmental conditions [24]. The sanitary condition of the grapevine, especially diseases that attack the leaves, causing premature defoliation leads to a lower accumulation of sugars in the grapes, since most of these comes from the leaves in the form of sucrose and is then converted into fructose and glucose in the berries [24].

Increases in total sugar content were observed in the harvest points of 17 and 19°Brix in relation to point 15°Brix. Confronting the average of the three harvest points, one can see that this increase was relatively small. These results may reflect the severe attack of mildew that led to the premature loss of leaves, this occurred between late January and early February, coinciding with the maturation period of the grapes, which reflected a low level of accumulated sugars in berries.

The volatile acidity and alcohol values were within the limits established by Brazilian legislation, which is 0.50 g100g-1 acetic acid and 0.5% v/v, respectively [1]. The values for volatile acidity and alcohol at 15°Brix and 17°Brix were 0.01 g100g-1 acetic acid and 0.1% v/v respectively, for 19°Brix the values were 0.009 g100g-1 acetic acid and 0.1% v/v.

4. Conclusions

There was a linear evolution in the maturation of the grapes of the variety "Chardonnay" over the three harvest points, a determining factor in the adequacy of juices to current legislation.

At harvest points 15°Brix and 17°Brix, nonconformity was observed with the identity and quality standards in relation to soluble solids and SS/TA ratio and relative density. At maturation point 19°Brix all variables were found to be consistent.

References

[1] BRASIL, Ministério da Saúde. Secretaria de Vigilância Sanitária. Portaria N°55, de 27 de julho de 2004. Complementação dos padrões de identidade e qualidade do vinho e dos derivados da uva e do vinho. Diário Oficial da União. Brasília, 30 de julho de 2004, **Seção 1, p. 4** (2004)

[2] BRASIL, Decreto n° 8.198, de 20 de fevereiro de 2014. Regulamenta a Lei n° 7.678, de 8 de novembro de 1988, que dispõe sobre a produção, circulação e comercialização do vinho e derivados da uva e do vinho. **Diário Oficial da União**. Brasília, 20 de fevereiro de 2014, **Seção 3, p. 8** (2014)

[3] A. C. V. Boas, Caracterização físico-química, sensorial e avaliação da atividade antioxidante de sucos de uva e *blends* produzidos no sudoeste de Minas Gerais, Lavras, Universidade Federal de Lavras (Dissertação de mestrado), 116 p. (2014)

[4] C.K. Sautter; S. Denardin; A.O. Alves; C.A. Mallmann; N.G Penna; L.H., Hecktheuer, Determinação de resveratrol em sucos e uva no Brasil. Ciência e Tecnologia de Alimentos, Campinas, **v. 25**, n. 3, p. 437–442 (2005)

[5] V. Marzarotto, Suco de uva. In: Venturini Filho, W. G. Bebidas não alcoólicas. São Paulo: Edgard Blücher,. **v. 2**. cap. 19, p. 359–385 (2010)

[6] L. A. Rizzon; V. Manfroi; J. Meneguzzo, Elaboração de suco de uva na propriedade vitivinícola, Bento Gonçalves, Embrapa Uva e Vinho. Circular Técnica **n° 21**. 22 p. (1998)

[7] A.D.T. Sachi; L.A. Biasi, Maturação de quatro cultivares de uvas muscadíneas em Pinhais, PN. Scientia Agraria, Curitiba, **v. 9**, n. 2, p. 255–260 (2008)

[8] P. Ribéreau-gayon; P. Glories; A. Maujean; Y. Dubourdieu, Tratado de Enología: química del vino estabilización y tratamientos. 1ª . Ed. Buenos Aires: Hemisfério Sur, **v. 2**, 537p. (2003)

[9] C.G. Guerra; F. Mandelli; J. Tonietto; M.C. Zanus; U.A. Camargo, Conhecendo o essencial sobre uvas e vinhos. Bento Gonçalves: Embrapa Uva e Vinho, 69p. (2009)

[10] E. Giovannini, Produção de uvas para vinho, suco e mesa. Porto Alegre: Renascença, 362 p. (2008)

[11] W. Köppen; R. Geiger, Klimate der Erde. Gotha: Verlag Justus Perthes. Wall-map 150 cm × 200 cm (1928)

[12] N.G. Cunha; R.J.C. Silveira; C.R.S. Severo, Estudo de Solos de São Lourenço do Sul-RS. Pelotas, Embrapa Clima Temperado, 47p. (2006)

[13] Embrapa. Centro Nacional de Pesquisa do Solo. Sistema brasileiro de classificação de solos. 2.ed. Rio de Janeiro, Embrapa Solos, 306p. (2006)

[14] K. W. Eichhorn; H. K. Lorenz, Phänologische Entwicklungsstadien der Rebe. Quelle: Sonderdruck Der Deutsche Weinbau, **v. 1** (1977)

[15] Ministério da Agricultura. Métodos da área BEV/IQA (2014)

[16] L. Manfroi; A. Miele; L.A. Rizzon; C.I.N. Barradas; P.V.D. Souza; Evolução da maturação da uva Cabernet Franck conduzida no sistema lira aberta. Ciência Agrotecnologia, Lavras, **v. 28**, n. 2, p. 306–313, mar./abr. (2004)

[17] F.O.N. Tomaz, Estudo da Evolução dos Compostos da Uva ao Longo da Maturação em Clima Semi-Árido. Instituto Superior de Agronomia, Universidade Técnica de Lisboa. Lisboa, (Dissertação), 82 p. (2013)

[18] T. P. Ribeiro; M. A. C. Lima; R. E. Alves. Maturação e qualidade de uvas para suco em condições tropicais, nos primeiros ciclos de produção. Pesq. Agrop. Brasileira, Brasília, **v. 47**, n. 8, p. 1057–1065 (2012)

[19] L. A. Rizzon; M. Link, Composição do suco caseiro de diferentes cultivares. Ciência Rural, Santa Maria, **v. 36**, n. 2, p. 689–692 (2006)

[20] M.C.P. Dutra; M.S. Lima; A.P.A. Barros; R.J. Mascarenhas; A. Lafisca, Influência da variedade de uvas nas características analíticas e aceitação sensorial do suco artesanal. Ver. Brasileira de Produtos Agroindustriais, Campina Grande, **v. 16**, n. 3, p. 265–272 (2014)

[21] M. M. Choudhury, Uva de mesa: pós-colheita. Brasília: Embrapa Informação Tecnológica (Frutas do Brasil, 12); Petrolina-PE: Embrapa Semiárido, 55 p. (2001)

[22] S. Perez-Magarino; M.L.G.S. José, Evolution of flavanols, anthocyanins, and their derivatives during the aging of red wines elaborated from grapes harvested at different stages of ripening. Journal of Agricultural and Food Chemistry, **v. 52**, p. 1181–1189 (2004)

[23] G. González-neves; L. Barreiro; G. Gil; J. Franco; M. Ferrer; M. Moutounet; A. Carbonneau, Anthocyanic composition of Tannat grapes from the South Region of Uruguay. Analytica Chimica Acta, Amsterdã, **v. 513**, p. 197–202 (2004)

[24] E. Giovaninni; V. Manfroi, Viticultura e Enologia: Elaboração de grandes vinhos no *terroirs* brasileiros. Bento Gonçalves: IFRS (2009)

 DOI: 10.1051/bioconf/20160701005

Effect of sulphur forms on colour and residue of sulphur during the storage at drying grapes by sulphur

Özlem Boztepe[1], Ahmet Altındişli[2], and Burçak İşçi[2]

[1] Hazelnut Research Institute, 28200 Giresun, Turkey
[2] Ege University Department of Horticulture, 35100 Izmir, Turkey

Abstract. Turkey is the world leader in the manufacture and export of seedless raisins. Requirement of golden bleached raisins is increasing in food Industry of especially cake, bread and pastry year by year. In this research, the lowest residual value and the practical realization of such production was intended to determine by drying grapes with application of sulphur. In this case, sulphur residue and colour situations were determined during 12-mounth-storage according to sulphur forms. In this study sulphur studies were applied by *Vitis Vinifera* cv. "Sultani Çekirdeksiz" with $Na_2S_2O_5$, which is liquid source of sulphur and SO_2, which is gas source of sulphur. SO_2 application were studied during 3, 6 and 8 hours and liquid form of sulphur is $Na_2S_2O_5$ that was used during by 10, 20 and 30 minutes. Applications were prepared with 3 replicates which contain 20 kg fresh grape in each replicate. In conclusion, changes in dried grape have been identified in point of colour (chroma and hue) and the sulphur content was determined according to sulphur forms in packing. Gas form of sulphur (SO_2) which was applied 3 hours, gave the best result during 12-mounth-storage for colour and sulphur residue.

1. Introduction

Grape is an important fruit crop and is grown in countries that fall between the latitudes of 20–520 in the north hemisphere and the latitudes of 20–400 in the south hemisphere; thus almost in all regions of the world except the poles and the equator. In our country, a total of 4,175,356 tons of fresh grapes is produced in a vineyard area of 467,093 ha. 2,166,749 tons of this production is used as table grapes, 1,563,480 as raisins, and 445,127 as wine grapes [1]. Raisins have become increasingly important because of their use for visual and flavour improvement in the pastry sector, which has developed during the recent years. With this purpose, a demand for seedless raisins with different colours arose and different processes have been applied in order to obtain light coloured raisins. As a result, the demand for Golden Bleach (golden yellow – bleached raisins) increased [2]. In the present study, colour changes that take place in fruits as a result of darkening and browning was prevented through sulphurization treatment and a golden yellow product colour was obtained.

2. Material

2.1. Plant materials

The *V. vinifera* L. "Sultana Seedless" grape ripens during mid-season; has strong growth, conical-shaped and winged bunch with normal density, oval shaped small berries, and a skin with normal thickness.

2.2. Powder sulphur

Sulphur is a lemon coloured, non-metallic chemical element with a symbol of S. In the research, sulphur of 99% purity was used.

2.3. Sodium metabisulphite

Sodium metabisulphite or sodium pyrosulfite is known as disodium salt and is an inorganic material. Its molecular formula is $Na_2S_2O_5$. Its molecular weight is 190.1 g/mol. Its density changes between 1.1–1.2 g/cm^3 . Upon contact with air, it oxidizes to sodium sulfate (Na_2SO_4). It has an acrid odor, since it releases SO_2 when mixed with the humidity in air. In the research, sodium metabisulphite of 99.6% purity was used.

2.4. Dip solution

In order to dry the "Sultana Seedless" grapes rapidly, they are dipped into a dip solution after harvesting. The dip solution (1.5%) is prepared with 5 kg potassium carbonate in 100 liters of water and an olive oil dose of 1–1.5 liters [3–6].

3. Method

3.1. Sulphurization treatment carried out with SO_2 gas that is released by burning powder sulphur

The unhealthy and damaged berries of *V. vinifera* L. "Sultana Seedless" grape bunches harvested at brix in the range of 20–22 were removed. Dipped and undipped grapes were prepared for treatment with powder sulphur at treatment periods of 3, 6, and 8 hours. Treatment tents were established for the grapes based on the treatment periods. A total of 120 kg fresh grapes were placed in the tents in 3 repetitions, each repetition consisting of 20 kg grapes. The powder sulphur dose was calculated as 1.6 g for 1 kg of fresh grapes. 192 g powder sulphur was burned for each tent. The sulphurization tents were kept close for periods of 3, 6, and 8 hours and the amount of sulphur used per kilogram of grapes was kept constant at each treatment.

3.2. Sulphurization process with liquid sulphur

Dipped and undipped grapes were prepared for the liquid sulphur treatment in a similar manner as the plant material powder sulphur treatment by applying treatment periods of 10, 20, and 30 minutes and using 8% sodium metabisulphite solution for the liquid sulphur treatment. The grapes were kept in liquid sulphur at specified periods.

3.3. Drying

Fresh grapes that were treated by burning with powder sulphur and dipping in sodium metabisulphite were transferred to a shadowy area with their plastic stands in order to dry. The drying process was carried out in the of Ege University Agricultural Faculty, Menemen Research and Application Farm facility, which is closed above and open on the sides. In addition, the raisins were subjected to quality and sulphur analyses according to the Monnier Williams Method.

4. Results

4.1. Results obtained from grapes that were dried by sulphurization with SO_2 gas

While the grapes that were dried through dipping were brighter with a chroma value 17.05, those that were dried without dipping were more dull in appearance compared to those that were dried through dipping and had a chroma value of 9.519. The grapes that were dried by treatment after dipping into the dip solution were more yellow, bright, and had more homogeneous appearance, while those that were subjected to SO_2 treatment without dipping were darker, duller, and heterogeneous in colour. With a chroma value of 19.005, the best result was obtained for the treatment of power sulphur and potash. The chroma values for other sulphur treatments were 16.706, 15.43, 10.089, 9.939, and 8.530, respectively. According to these results, the brightness of the raisins decreased with holding period in the SO^2 treatment tent. The storing period had a statistically significant effect on the chroma value of the berries ($p < 0.01$). While the initial chroma value was 15.688; in storage samples obtained after 3 months the chroma values were determined as 13.783, 12.321, 12.274, and 12.356, respectively. With increase in the storage period the brightness of the berries decreased considerably.

The hue value of grapes that were dried trough dipping was 64.838 and the value obtained after treatment without potash was 47.235. The grapes that were dried without dipping were darker in colour. The grapes that were dried after dipping was lighter yellow. With increase in the storage duration the berry colour becomes darker. This is especially clear when the values of 45.867 and 45.375 obtained in the 9th and 12th months of storage, respectively are compared with the initial value of 75.899.

The sulphur amount of grapes that were subjected to powder sulphur treatment after dipping in dip solution was 466.044, and much higher than the sulphur amount of 349.689 determined in the grapes that were subjected to sulphurization without dipping. The waxy layer around the fresh grapes becomes thinner after dipping in the dip solution; as a result, the amount of sulphur adsorbed by these grapes during the SO_2 treatment is much higher than that absorbed by grapes that are treated without dipping in the dip solution. While after the 8 hour SO_2 treatment with potash the mean sulphur remaining in the grapes was 437.467 ppm, the highest number after this was obtained for powder sulphur treatment of 8 hours without potash as 402.133 ppm. Lower sulphur amounts were detected in grapes after 3 hour SO_2 treatments. According to these results, as the duration of SO_2 treatment increased, the amount of sulphur in the grapes increased as well. After the SO_2 treatment, the sulphur amount in the grapes decreases with storage period. While the initial mean sulphur amount was 883.889 ppm, it decreased to the values of 611.111 ppm in 3 months, 337.222 ppm in 6 months, 146.667 ppm in 9 months, and 60.444 ppm in 12 months.

4.2. Results obtained from the liquid sulphur treatment

The mean chroma value of the grapes that were treated with liquid sulphur after being dipping into the dip solution was determined as 14.022, while the mean chroma value of the grapes that were dried after treated with $Na_2S_2O_5$ without dipping was determined as 11.055. It was observed that grapes that were dried with treatments after dipping in potash solution were brighter. As the duration period of raisins in the storage increased, changes in the chroma value was detected. While the initial value was 14.364, the mean values obtained after storage at the specified months were 12.978, 12.012, 11.678, and 11.661, respectively. The chroma value which was 14.364 at the beginning of storage was measured as 11.661 at the end of 12 months. As the duration of the raisins in the storage increased, their chroma value decreased. As the duration of the raisins in the storage increased, their brightness decreased.

The hue value of the grapes that were dried after dipping into the dip solution and then treating with liquid sulphur was determined as 60.223, and this higher than the value of 52.421 that was obtained for grapes that were dried without dipping and after sulphurization with $Na_2S_2O_5$ solution. The hue value which was 77.644 initially was measured in the analyses as 61.727 after 3-month storage, 50.376 after 6-month storage, 47.237 after 9-month storage, and 44.628 after 2-month storage, respectively. According to these values, as the storage period increased darkening was observed in the berries of the grapes.

The sulphur amount of grapes was 372.444 when they were dried after dipping into dip solution and subjecting to treatment, which was much higher than the value of 327.467 that was obtained for grapes that were dried after treatment with $Na_2S_2O_5$ that is not preceded with a dipping process into potash dip solution. According to the research result, as the duration in the $Na_2S_2O_5$ solution increased, the sulphur amount of the raisins increased as well. The highest mean sulphur amounts were as follows: 437 ppm for 30 minute $Na_2S_2O_5$ treatment with potash and 402.133 ppm for 30 minute $Na_2S_2O_5$ treatment without potash. The mean sulphur amounts in the dry raisins were 385.333 for 20 minute $Na_2S_2O_5$ treatment with potash, 310.267 for 20 minute $Na_2S_2O_5$ treatment without potash, 294.533 for 10 minute Na2S2O5 treatment with potash, 270.000 for 10 minute Na2S2O5 treatment without potash. As the holding period in the $Na_2S_2O_5$ solution increased, the adsorbed sulphur amount increased as well. In addition, when the storage periods were observed, decrease in the sulphur amount was observed with increase in the storage period of the raisins. The sulphur amount that was measured initially as 787.222 ppm, decreased to 58.611 ppm at the end of the 12th month. This value was 522.222 ppm after 3 months, 270.611 ppm after 6 months, and 111.111 ppm after 9 months, respectively. Since the sulphur in the raisin berry continues to be released with time, the sulphur present in the raisins decreases with storage duration.

According to the results of this study carried out with the purpose of covering the demand of the pastry industry for light yellow colored raisins that are obtained by drying fresh grapes after sulphurization process:

- The SO_2 treatment with a gas form after burning powder sulphur for sulphurization processes in grapes is a practical and applicable method. The 1.6 g powder sulphur value that was used in the study for 1 kg fresh grapes is an adequate value.
- It can be claimed that drying after sulphurization with 8% $Na_2S_2O_5$ (Sodium Metabisulphite) solution is not an adequate method because of the observed heterogeneous light and dark colors in the grape berries.
- Regarding sulphurization applications, it can be claimed that dipping into 1.5% potash dip solution either prior sulphurization via burning powder sulphur or dipping into 8% $Na_2S_2O_5$ solution, leads to positive results with respect to the quality criteria of the raisins.
- Because of the observed decline in the total sulphur amount of the raisins throughout the storage process, it can be claimed that the storage process can be used as a tool to manage the sulphur dose in raisins.

References

[1] Anonymous, TUIK (2016)

[2] A. Altındişli, An Overview on Turkish Sultana Production and Recent Developments International Dried Grapes Production Contries Conference (2003)

[3] A. Altındişli, B. İşçi, Kuru Üzüm Elde Edilmesinde Kullanılan Bandırma Eriyiğindeki Yağ Miktarının Tespiti İçin Yeni bir Analiz Yönteminin Kullanılabilirliği. Ege Üniv. Ziraat. Fak. Derg., 2005, 42(3):13–19 ISSN 1018–885

[4] M.E. Köylü, Yuvarlak Çekirdeksiz Üzüm Çeşidin KurutulmasıSırasında Kuruma Hızıve Kuru Üzüm Kalitesine Etki Eden Etmenler İle Farklı Sergilerde Kurutulmuş Olan Üzümlerin Mikrobiyolojik Yüklerinin Belirlenmesi Üzerine Araştırmalar. Ege Üniversitesi Fen Bilimleri Enstitüsü, Doktora Tezi. Yayınlanmamış (1997)

[5] M.E. Köylü, E. Karagözoğlu, Yuvarlak Çekirdeksiz Üzüm Çeşidinin Kurutulmasında Etil Oleatın Kullanımının Kuruma Hızı ve Kuru Üzüm Kalitesine Etkisinin Araştırılması TAGEM-GY-13-M–2) (1995)

[6] E. Karagözlü, Çekirdeksiz Üzüm Kurutma Tekniğinde Son Araştırmalardan Elde Edilen Sonuçlar ve Değerlendirilmesi. TYUAP Bahçe Bitkileri Grubu ABAV Toplantısı, Bağılık Konusundaki Bildiriler (p. 19–23) (1993) Çeşitleri. Gıda-Tarım ve Hayvancılık BakanlığıZiraat İşleri Genel Müd. Yayınları (1975)

BIO Web of Conferences 7, 01006 (2016) DOI: 10.1051/bioconf/20160701006
39th World Congress of Vine and Wine

Egg parasitoids of *Lobesia botrana* (Den. & Schiff.) (Lepidoptera: Tortricidae) in the vineyards of Izmir and Manisa Provinces in Turkey

Fatma Ozsemerci[1], F. Ozlem Altindisli[1], Turkan Koclu[2], and Yusuf Karsavuran[3]

[1] Plant Protection Research Institute-Bornova, Izmir, Turkey
[2] Sumi Agro Turkey, Maslak, İstanbul, Turkey
[3] Ege University, Faculty of Agriculture, Department of Plant Protection 35100, Bornova, Izmir, Turkey

Abstract. The study was carried out to determine egg parasitoids of *Lobesia botrana* (Den. & Schiff.) on Sultani Cekirdeksiz grape in Izmir and Manisa between 2009–2011. Both eggs found on grape berries in vineyards and the eggs reared in the lab and mounted onto bunches were used to determine egg parasitoids. Minimum 50 lab-reared eggs were mounted at the level of bunches in each vineyard. These eggs were re-collected after 2–4 days and maintained in the climate room for checking daily if parasitized. Parasitism rate by *Trichogramma euproctidis* Girault (Hymenoptera: Trichogrammatidae) on mounted *L. botrana* eggs was determined as 8% in conventional vineyard of Sarıgöl in 2009, whereas it was found 10.91% in conventional vineyard of Salihli, 5% in organic vineyard of Alaşehir and 1.33% in integrated vineyard of Menemen in 2010. Natural parasitism of *L. botrana* eggs on berries by *T. euproctidis* was determined as 10% and 16% in integrated vineyard of Alaşehir in 2009 and 2010, respectively. *T. euproctidis* parasitized 38.6% of eggs whereas *T. brassicae* (Bezdenko) parasitised 1.44% of eggs on the berries in 2011. *T. euproctidis* and *T. brassicae* have been determined on the eggs of *L. botrana* in the Aegean Region, Turkey for the first time.

1. Introduction

Turkey is a country suitable for growing many fruit species because of its favorable climatic conditions. Fruit production in Turkey is approximately 16 million tons per year, 4 million tons of it is grape. Half of the production (2 million tons) is table grape and 1.5 million tons is produced for drying. The rest (0.5 million ton) is used in wine production [29]. Sultani Çekirdeksiz (*Vitis vinifera* L.) grape variety is mainly produced in Manisa, Denizli and Izmir Provinces in Aegean Region and exported as fresh and dried.

Lobesia botrana (Den.-Schiff.) (Lepidoptera: Tortricidae) (European Grapevine moth) is the key pest of grape in the Aegean Region producing 3–4 generation per year. It causes direct injury by eating and makes punctures on flowers, blooms, unripe and mature grape berries. Additionally, it damages the crop since saprophytic fungi develop on grape juice leaking from punctured berries [27]. It causes damage between 45 and 92% on the crop if any preventive control method is applied [1]. In the world, researches are available on egg parasitoids of *L. botrana*. Especially the studies are available that releasing egg parasitoids is used in the control of *L. botrana* in alone or combined with mating disruption technique and biological preparations [3,12].

In Turkey, researches are available on larvae parasitoids of *L. botrana* and predatory species occurring in the vineyards [1,2,13,16,18,21,27]. However, data is unavailable on the determination of egg parasitoids in the vineyards. The aim of the research is to determine egg parasitoids of European Grapevine in the vineyards of Izmir and Manisa Provinces.

1.1. Material and method

Main material of the study are Sultani Çekirdeksiz grapes, eggs of *L. botrana* and its egg parasitoids. The study was carried out in Sultani Çekirdeksiz (*Vitis vinifera* L.) vineyards in Izmir and Manisa Provinces between 2009 and 2011 years.

The sampling vineyards have been selected especially from organic farming. In case of its unavailability, integrated and conventional vineyards have been selected, respectively. Preparations officially allowed in organic agriculture have been used against diseases and pests in organic vineyards. *Bacillus thuringiensis* preparations in the control of *L. botrana*, sulphur in the control of *Erysiphe necator* 'Sch'Burr. and *Colomerus vitis* Pgst. and copper in the control of *Phomopsis viticola* (Sacc.) Sacc.) and (*Plasmopara viticola* (Berk. Et M. A. Curtis) were used. If chemical control is necessary in integrated vineyards, the pesticides were selected among the less toxic preparations for the environment according to the principles in Grape Integrated Pest Management Instruction Book [27] by the official inspectors. Neither economic threshold nor pesticide selection have been taken into consideration in conventional vineyards by growers. Sampling vineyards were selected among the ones being minimum 0.5 ha in size and close to hedge plants, shrubs, forest and fruit trees where the parasitoids can overwinter [7,26]. *L. botrana* eggs laid by females on the berries in these vineyards were

Table 1. Number of detected parasitoids in eggs laid by *Lobesia botrana* (Den. & Schiff.) on the berries and parasitism rate (%) in integrated vineyard in Manisa-Alaşehir in 2009–2011.

Sampling Date	# of Eggs	# of Parasitoids*		Parasitism rate (%)	
		T. eup.	*T. bra.*	*T. eup.*	*T. bra.*
16.9.2009	50	5	0	10	0
17.9.2010	175	28	0	16	0
13.9.2011	207	80	3	38.6	1.44
Total	432	113	3	–	–

**T. eup.: Trichogramma euproctidis; T. bra.: Trichogramma brassicae.*

sampled every week. In each vineyard, totally 100 clusters were checked from different directions of randomly selected 25 grapevines. If determined, berries infested with egg were brought into lab and maintained one by one under the same lab conditions mentioned above. These eggs were checked daily under the stereomicroscope to determine parasitoids and parasitism rate. Adults parasitoids were sent to the expert for identification.

In addition, *L. botrana* eggs were obtained from lab-rearing culture in 25 ± 1°C, in 60 ± 10% humidity and 16 h-light; 8 h-dark photoperiod (6). Eggs laid on gelatinous paper by females in the lab were brought to the sampling vineyards in an icebox. They were equally distributed into 3 vine trees and hanged at the height of bunches to increase the chance of obtaining egg parasitoids. Minimum 50-maximum 160 eggs were hanged in each sampling vineyard. These eggs were left on the vines 4, 2–3 and 3–4 days for the 1st 2nd 3rd and 4th generations, respectively. Then they were re-collected and brought to the laboratory in an ice box. These eggs will be mentioned in the Results and Tables as "infested eggs".

2. Results and discussion

Two egg parasitoids species were determined from *L. botrana* eggs. They were identified as *Trichogramma euproctidis* Girault and *T. brassicae* (Bezdenko) (Hymenoptera: Trichogrammatidae) (Table 1).

No egg parasitoids were determined from the eggs laid by *L. botrana* females on berries during the samplings conducted between May and August. When frequent sprayings are completed at late August, 50 eggs laid by 4th generation females were found on berries in the integrated vineyard in Manisa-Alaşehir on 16 September 2009. *T. euproctidis* adults (5 individuals) were obtained from these eggs in the lab and natural parasitism rate was calculated as 10%. Natural parasitism rate of *T. euproctidis* was determined as 16% in the same vineyard on 17 September 2010 (Table 1). Both *T. euproctidis* (80 ind.) and *T. brassicae* (3 ind.) adults were obtained from 207 *L. botrana* eggs collected from berries in the same vineyard on 13 September 2011. Natural parasitism rates were determined as 38.6 and 1.44%, respectively. The highest parasitism rate of the study was 38.6% and obtained from eggs laid naturally in this integrated vineyard (Table 1).

Egg parasitoid detected districts and vineyards, production system of the vineyard, number of eggs infested, number of obtained parasitoids and parasitism rates are given in Table 2. In 2009, 100 lab reared eggs of *L. botrana* were installed on the berries in the conventional

Table 2. Number of *Trichogramma euproctidis* Girault obtained from *Lobesia botrana* (Den. & Schiff.) eggs infested on berries and parasitism rate (%) in İzmir and Manisa in 2009–2010.

Province (District)	Syst*	Infesting date	# of Infested Eggs	# of Parasite	Parasitism %
Manisa (Sarıgöl)	Conv.*	12.5.09	100	8	8
Manisa (Salihli)	Conv.*	13.9.10	110	12	10.91
Manisa (Alaşehir)	Org.*	13.9.10	100	5	5
Izmir (Menemen)	Int.*	14.9.10	75	1	1.33
Total	–	–	385	26	–

**Syst: System of Production; Conv.:conventional, Org.: Organic, Int.: Integrated.*

vineyard in Sarigol District during the first generation of the pest. *T. euproctidis* (8 ind.) were determined and parasitism rate was found as 8% (Table 2). In 2010, 110 lab reared eggs of *L. botrana* were hanged on the berries in the conventional vineyard in Salihli District. *T. euproctidis* (12 ind.) were determined and parasitism ratio was found as 10.91%. *T. euproctidis* (5 ind.) were obtained from 100 eggs in the organic vineyard in Alaşehir whereas only one T. euproctidis adult was obtained from 75 eggs in the integrated vineyard in Menemen.

In Turkey, [11] reported that seven *Trichogramma* species or ecotype were reared in the laboratory conditions on *Ostrinia nubilalis* Hbn. (Lepidoptera: Pyralidae) and *Sitotroga cerealella* (Olivier) (Lepidoptera: Gelechiidae) eggs and the highest performance was detected on *O. nubilalis* eggs by *Trichogramma ostrinia* and *T. euproctidis* respectively. *T. evanescens* was determined in *Helicoverpa armigera* eggs (Hübner) (Lepidoptera: Noctuidae) on cotton and tomato plants in Manisa (Muradiye) [9], in *O. nubilalis* eggs on corn plant and in *H. armigera* eggs on cotton and cabbage plants, and on *Chrysodeixis chalcites* Esper. (Lepidoptera: Noctuidae) eggs on black nightshade in Adana, Mersin and Hatay [24], respectively. *T. evanescens* was obtained from *O. nubilalis* eggs on corn in Aydin-Cine, [5;4] and from *Idaea bractilineata* Zeller (Lepidoptera: Geometridae) eggs on Indian oil plant in Adana, Mersin, Hatay Provinces [24]. Additionally, [28] reported that *Trichogramma evanescens* Westwood (=*Trichogramma turkestanica* Meyer) (=*Trichogramma euproctidis* G.) was found on *L. botrana* eggs without detail. *T. brassicae* was found from *Traumatocampa ispartaensis* Doğanlar & Avcı (Lep. : Notodontidae) eggs on cedar in Isparta [20].

It is known that *Trichogramma* species are successfully used in biological control of *L. botrana* [3,12,17,25] in the world [14] reported that *T. cacoeciae* Marchal, *T. daumalae* Dugast and Voegele, *T. evanescens* and *T. principium* Sugonjaev and Sorokina were determined in France and *Trichogramma* species became more active in the vineyards between April–May and June–September [10] stated that parasitism rate of *L. botrana* by *T. brassicae* is lower than other species. These results correspond to the results of our study. In France, [17] found that *T. evanescens* is more common than *T. cacoeciae*

DOI: 10.1051/bioconf/20160701006

during the first generation of *L. botrana* but *T. cacoeciae* is more efficient in the second generation of the pest. In Italy, *T. evanescens* is determined as egg parasitoids and caused 25% parasitism of *L. botrana* eggs [23]. Parasitism rate of *T. evanescens* reached 97% in Egypt and it was assumed as very important in the control of *L. botrana* [25].

The study showed that *T. brassicae* could parasitized *L. botrana* eggs in Turkey for the first time. However, *T. brassicae* (3 individuals) was only found in eggs on the naturally left small bunches in the vineyard during the fourth generation in September of 2011. The most common and efficient parasitoid is *T. euproctidis* in Sultani Çekirdeksiz vineyards of Izmir and Manisa. *T. euproctidis* was determined both from eggs laid by *L. botrana* females on berries and from lab reared eggs infested into the field. The parasitoid was determined both in the vineyards where the first generation of the pest in May is not sprayed due to low population density and in the vineyards where the fourth generation in September is not sprayed due to postharvest. It is considered that the parasitoid may decrease the pest population but is not sufficient to suppress in alone due to frequent chemical sprayings and moving away vineyard ecosystem for lack of host.

3. Conclusion

Egg parasitoids were found in Alasehir, Sarıgol, Salihli (Manisa Province) and Menemen (Izmir Province) districts during the study. Higher parasitism rate has been observed during periods of lower chemical sprayings. The presence of shrub, oak, olive trees near were the common characteristics of parasitoid determined vineyards. It was assumed that these vineyards provided food and overwintering grounds for the parasitoids. Additionally, plant diversity has contributed positively to the presence of parasitoids [8,19,22,26].

In Turkey, some researches are available on larva parasitoids of *L. botrana* and predatory species occurring in the vineyards However, detailed work is unavailable on its egg parasitoids. It is expected that determination of *T. euproctidis* and *T. brassicae* would have a significant contribution to the biological control of *L. botrana*, the key pest, by the studies on the determination of effective rearing and releasing parameters due to the importance of grape export.

References

[1] G., Önçağ, Ege Bölgesi'nde Salkım Güvesi (*Lobesia botrana* Den.-Schiff.) (Lepidoptera: Tortricidae)'nin Tanınması Yayılışı, Zararı, Doğal Düşmanları ve ve Kimyasal Savaş İmkanları Üzerinde Araştırmalar. T.C. Gıda tarım hayvancılık Bakım Zirai Mücadele Karantina Genel Müdürlüğü Araştırma Enst. (26), 68 s. (1975)

[2] M., Altay, A. Gürses, B. Erkan S. Tüzün Marmara Bölgesi'nde Salkım güvesi (*lobesia botrana* den.-schiff.) (Lepidoptera: Tortricidae)'nin biyoekolojisi ve mücadelesi ile kullanılan ilaçların bakiye durumlarıüzerinde araştırmalar. Zirai Mücadele Araştirma Yıllığı, (12): 56–58 (1978)

[3] C. Sengonca, N. Leisse, Enhancement of the egg parasite *Trichogramma semblidis* (Auriv.) (Hymenoptera: Trichogrammatidae) for control of Grape vine moth species in the Ahr Valley. Journal of Applied Entomology 107 (1): 41–45 (1989)

[4] S. Uzun, Değişik sıcaklıklarda *Trichogramma brassicae* Bezdenko (Hymenoptera: Trichogrammatidae) 'nin Un güvesi (*Ephestia kuehniella* Zell.) yumurtaları nda konukçu-parazit ilişkileri ve depolanması üzerinde araştırmalar, 431–440. Türkiye 3. Biyolojik Mücadele Kongresi, (25–28 Ocak 1994, İzmir), Bildirileri 575 s. (1994)

[5] S., Uzun H. Kavut, G. Yorulmaz, Aydın-Çine Mısır agro- eko sisteminde bulunan faydalı organizmalar ve bazılarının *Ostrinia nubilalis* Hbn. ile olan ilişkileri, 138–144. XII. Ulusal Biyoloji Kongresi, Zooloji Seksiyonu (6–8 Temmuz 1994, Edirne), VI: 311 s. (1994)

[6] F.Ö. Layık, Ş. Kısmalı, Bazı biyoteknik yöntemlerin *Lobesia botrana* Den.-Schiff. (Lepidoptera: Tortricidae)' ya Karşı Uygulanma Olanakları Üzerinde Araştırmalar. Ege Ü. Fen Bilimleri Enstitüsü (Basılmamış Doktora Tezi), İzmir, (1995).

[7] A. Corbett, J. Rosenheim, Impact of a natural enemy overwintering refuge and its interaction with the surrounding landscape. Ecological Entomology 21 (2): 155–164 pp. (1996)

[8] P. C. Marino, D. A. Landis, Effect of Landscape Structure on Parasitoid Diversity and Parasitism in Agroecosystems. *Ecological Applications* 6 (1) 276–284 pp. (1996)

[9] T. Koçlu, Manisa ilinde *Helicoverpa armigera* (Fübner) (Lepidoptera: Noctuidae)'nin Biyolojisi ve Popülasyon Değişimlerine Etki Eden BazıBiyotik Faktörler Üzerinde Araştırmalar. Ege Üniversitesi Fen Bilimleri Enstitüsü Bitki Koruma Ana Bilim Dalı (Basılmamış Doktora Tezi), İzmir, 187 s. (1998)

[10] F. Garnier-Geoffroy, C. Malosse, C. Durier, N. Hawlitzky, Behaviour of Trichogramma brassicae Bezdenko (Hym.: Trichogrammatidae) towards *Lobesia botrana* Denis & Schiffermuller (Lep.: Tortricidae). Annals of the Entomology Society, 35, 390–396 (1999)

[11] A. Özpınar, S. Uzun, Ş. A. Hassan, *Ostrinia nubilalis* Hübner'e karşı Biyolojik Mücadelede kullanılan 7 Trichogramma Tür veya Ekotipi arasında en etkilisinin seçimi üzerine bir araştırma. Turkish Journal of Agriculture and Foresty 23(**1**): 83–86 s. (1999)

[12] L. Trandeva, S. Karadjov, Effectiveness of the egg parasitoids Trichogramma in biological control against the grapevine moths. Plant Protection Institute, Kostinbrod, Sofia, Bulgaria. Egg Parasitoids (**11**):15 pp. (1999)

[13] M.A. Göven, B. Güven, Ege Bölgesi bağ alanlarında bulunan predatör faunasıve entegre mücadele açısından önemi, 323–328. Türkiye 4. Entomoloji Kongresi (12–15 Eylül 2000, Aydın) Bildirileri, 570 s. (2000)

[14] O. Barnay, G. Hommay, C. Gertz, J. C. Kienlen, G. Schubert, J. P. Marro, J. Pizzol, & P. Chavigny, Survey of natural populations of *Trichogramma* (Hym.: Trichogrammatidae) in the vineyards of Alsace (France), Journal of Applied Entomology (**125**): 469–477 (2001)

[15] M. A. Göven, Türkiye Bağlarında Bulunan Doğal Düşmanlar ve Önemleri. 312–317 Türkiye V.

Bağcılık ve Şarapcılık Sempozyumu (5–9 Ekim 2002 Nevşehir.) Bildirileri, 568 s. (2002)

[16] F. O. Altindisli, M. A. Goven, A. Altindisli. An evaluation of the European grapevine moth (*Lobesia botrana* Den.-Schiff.) and its parasitoids in organic and conventional vineyards in the Aegean Region of Turkey. VIIth European Congress of Entomology, October 7–13 Thessaloniki, Greece (2002)

[17] G. Hommay, C. Gertz, J. C. Kienlen, J. Pizzol, P. Chavigny, Comparison between the control efficacy of Trichogramma evanescens Westwood (Hymenoptera cacoeciae Marchal Strains Against Grapevine Moth (*Lobesia botrana* Den & Schiff.) depending on their Release Density. Biocontrol Science and Technology **(12)**: 569–581 (2002)

[18] T. Koçlu, F. O. Altindisli, B. Hepdurgun, The Population Trends of the beneficials in the mating disruption and chemical treadted vineyards in the Aegean Region of Turkey. VIIth European Congress of Entomology, October 7–13 2002, Thessaloniki, Greece (2002)

[19] S. Kuske, F. Widmer, P.J. Edwards, T.C.J. Turlings, D. Babendreier, F. Bigler, Dispersal and persistence of mass released *Trichogramma brassicae* (Hymenoptera: Trichogrammatidae) in non-target habitats Biological Control 27(**2**): 181–193 pp. (2003)

[20] M. Avcı, Parasitism of egg-batches of the cedar processionary moth *Traumatocampa ispartaensis* in Turkey Phytoparasitica 31(**2**):118–123 (2003).

[21] T., Koclu, F. O. Altindisli, F. Ozsemerci, The parasitoids of the European Grapevine Moth (*Lobesia botrana* Den.-Schiff.) and Predators in the Mating Disruption-treated Vineyards in Turkey. IOBC/WPRS Bulletin Vol. **28** (7) (2005)

[22] T. K. Wilkinson, D.A. Landis, Habitat Diversication in Biological Control: The Role of Plant Resources) 305–325 pp. In Plant-Provided Food for Carnivorous Insects: A Protective Mutualism and Its applications (Ed: Wäckers, F. L., P., Cornelis, J., Rijn, J. Bruin) Cambridge University press, Newyork, 348 pp. (2005)

[23] B. Bagnoli, A. Lucchi, Parasitoids of *Lobesia botrana* (Den. & Schiff.) in Tuscany. Bulletin OILB/SROP 29 (11): 139–142 (2006)

[24] S. Öztemiz, *Trichogramma* species (Hymenoptera: Trichogrammatidae) egg parasitoids of Lepidoptera in the Eastern Mediterranean Region of Turkey. Proc. Entomol. Soc. Wash. 109 (3): 718–720 (2007)

[25] N. E. Wakeil, H. Th. Farghaly, Z. A. Ragab, Efficacy of *Trichogramma evanescens* in controlling the grape Berry Moth *Lobesia botrana* in grape farms in Egypt. Archives of Phytopathology and Plant Protection 1–10 pp. (2007)

[26] R. S. Pfannenstiel, T. R. Unruh, J. F. Brunner, Overwintering hosts for the exotic Leafroller Parasitoid, *Colpoclypeus florus*: implications for habitat manipulation to augment biological control of Leafrollers in pome fruits. Journal of Insect Science 10 **(75)**: 1–13 pp. (2010)

[27] Anonymous,. Bağ Entegre Mücadele Teknik Talimatı. 23–35. T.C. Gıda, Tarım ve Hayvancılık BakanlığıTarımsal Araştırmalar ve Politikalar Genel Müdürlüğü, Bitki SağlığıAraştırmalarıDaire Başkanlığı, Ankara, 155 s. (2011)

[28] S. Öztemiz, F. S. Ercan, S. Lazarevska, Faunistic records of Trichogrammatidae (Hymenoptera) Species in Turkey, Plant Protection Zatita na rastenija, godina XXIII, br. 24/25, Noemvri 2012, 7–13 pp. (2012)

[29] Anonymous, Türkiye İstatistik Kurumu. (`www.tuik.gov.tr/veribilgi`) (Erişim Tarihi: 13 Mart 2014) (2013)

Effect of climate on the quality and berry coloration of red globe grape variety with cold storage ability in Eğirdir/Isparta

Seckin Gargin[1] and Ahmet Altindisli[2]

[1] Egirdir Horticultural Research Institute Egirdir/Isparta, Turkey
[2] Aegean University, Faculty of Agriculture, Department of Horticulture, İzmir, Turkey

Abstract. Regional climatic conditions can have a dramatic effect on the degree and rate of natural grape coloration and quality parameters. In this study it was aimed to evaluate effect of the climate for Red Globe variety cultivated in Lakes Region which is in Eğirdir town of Isparta city in Turkey. Red Globe grape variety was evaluated for quality and especially for berry skin coloration and cold storage ability. Study was done between 2013–2015. Vineyard was designed according to randomized block design with three replicates. Rational pergola system was used. Excellent berry coloration for Red Globe grape variety was determined and average quality parameters yield per vine (7.0–9.8 kg), soluble sugar content %16.–17.6) titratable acidity (4.2–4.4 g/lt), single berry weight (9.0–10.2 g), and phenological observations were done. Yield and other quality parameters were evaluated well in this period. Grapes were stored in cold storage (NA) conditions with SO_2 and without SO_2 pads after harvest. Quality changes were determined in storage period by 1 month interval, it was carried out with weight loses, fruit skin color, fruit firmness, total soluble solids, pH, titratable acidity, sensual evaluations, microbiological and shelf life analyzes. It was evaluated that with SO_2 pads Red Globe variety can be stored commercially up to 90–100 days. It was determined that climate of the region had a good positive effect on the excellent coloration and quality parameters and cold storage performance of the Red Globe.

1. Introduction

Grape (*Vitis vinifera* L.) is considered as one of the most important commercial fruit crops of temperate to tropical regions [1]. The grape is gaining popularity for its high nutritive value, excellent in taste, multipurpose use and better returns [2]. Turkey lies on the most convenient temperate zone for viticulture around the world is among the countries which have a voice throughout the world with its vineyard and yield values. Today, almost 77 million tones of world grape production that is almost 4 million tones are yielded in Turkey [3] and this production is characterized as primary table grapes (53%) and as secondary raisin yield (35%) [4]. Table grape production relies upon numerous viticulture practices to ensure good yield and superior quality.

Climate is a pervasive factor in the success of all agricultural systems, influencing whether a crop is suitable to a given region, largely controlling crop production and quality. Climate influences on grapevine quality must be considered at the macroscale (synoptic climate) to the mesoscale (regional climate) to the toposcale (site climate) to the microscale (vine row and canopy climate). Climate is clearly one of the most important factors in the success of all agricultural systems, influencing whether a crop is suitable to a given region, largely controlling crop production and quality, and ultimately driving economic sustainability [13]. While decisions about what to crop to grow commercially are largely driven by regional history and tradition, they are also influenced by regional to international economics. However, both tradition and economics are ultimately driven by the ability to grow the crop sustainably within a given climate [14]. Research on climate trends and future projections for table grape production is limited. However, recent research on aspects of global environmental change on wine grape production reveals significant changes but also many unknowns [27]. From a general climate perspective, wine regions worldwide have seen changes in average climate structure producing warmer and longer growing and dormant periods [28].

Global table grape markets demand high quality fruit with size, firmness, sugar and color attributes that meet local and export market requirements. Commercial standards for red colored grapes place great emphasis on the intensity and uniformity of color in both the berries and the overall cluster. All the factors that influence color development in red table grapes the ones that have the greatest impact and are least controllable are the regional climate and weather conditions. The increase in temperatures is likely to continue, allowing future wine production in areas that are presently too cold for vine cultivation, whereas the present grape growing regions will have to adapt to these changes [5,6]. The impact of climate change on wine production will presumably vary according to the type of wine produced and the geographical location, with milder effects expected in coastal regions [6–8]. If phenological stages advance, the maturation of berries is likely to take place under warmer conditions. Experiments have shown that the accumulation of anthocyanins, which are responsible for berry coloration, is lower when maturation occurs at higher temperatures [5]. During grape production, skin coloration and total soluble solids of the flesh are the most important factors influencing quality. It is well known that coloration of grape berry skin is influenced by various environmental conditions; therefore, coloration is used as an index for ripening [9,10]. Red Globe variety has sometimes coloration problems where it is cultivated and desired berry homogenous coloration was not got generally several studies have reported that normal coloration of grape berry skin resulted from the accumulation of anthocyanins under cool conditions during the ripening stages of grape fruits. While cool conditions are favorable to berry skin coloration, a continuous high temperature generally inhibits accumulation of pigments such as anthocyanins in the skin of grape berries [11,12].

In the Lakes Region (Mid-Western Turkey), the 'red Globe' variety is initially cultivated for both table and cold storage. Isparta and Burdur cities and its districts of the Lakes Region are the intensive grape producing regions with most of the packing houses located in these cities. In this region, the 'Red Globe' prices are at their lowest level when the supply peaks for the fresh market. The table grape prices are at about 10–20% while in November they rise to about 50–70% higher than the September prices. Therefore, there is a definite need for supplying the 'Red Globe' grapes for longer periods, both for the export and domestic markets. The harvest can be delayed if the grapes are stored in the on-vine or under cold conditions.

As the cold storage capacity is rather limited, excessive quantities of grape cannot be stored. On-vine storage appears to be the most convenient solution. In practicing on-vine storage, climatic and pathological problems may affect storage life, resulting in a drop in the grape quality. Table grapes constitute a major world crop, which can be stored for as long as 4 months under optimal conditions (−1∼0 °C and 90∼95% RH). A primary difficulty associated with prolonged storage of table grapes is grey mold, caused by *Botrytis cinerea* [15–17], invading grape flowers and berries by different infection pathways including directly penetration or through wounds [18,19]. Following the establishment of fungal hyphae, *B. cinerea* may become inactive for long periods with no symptoms in grapes until the fungus is reactivated during storage [19].

Postharvest problems like berry shattering, decay and stem desiccation are some of the important factors that limit the marketing of table grapes. Gray mold, caused by *Botrytis cinerea* Pers., is the most economically important postharvest disease of table grapes. In spite of the fact that the use of sulfur dioxide in controlling gray mold is common practice, it has some advantages.

The storage life of table grapes is influenced by the preharvest ecological conditions, fruit maturity at harvest and pre-cooling, SO_2 fumigation and storage conditions, including the temperature and relative humidity during post-harvest handling [20–22]. Grape deterioration during storage is characterized by weight loss, stem browning, softening, shattering and decay [23].

The objective of this study that is to evaluate effect of the climate for Red Globe variety in Lakes Region which is in Eğirdir town of Isparta city in Turkey. In our study Red Globe grape variety was evaluated for yield, quality and especially for berry skin coloration and cold storage ability with SO_2.

Figure 1. Turkey Map and Isparta City.

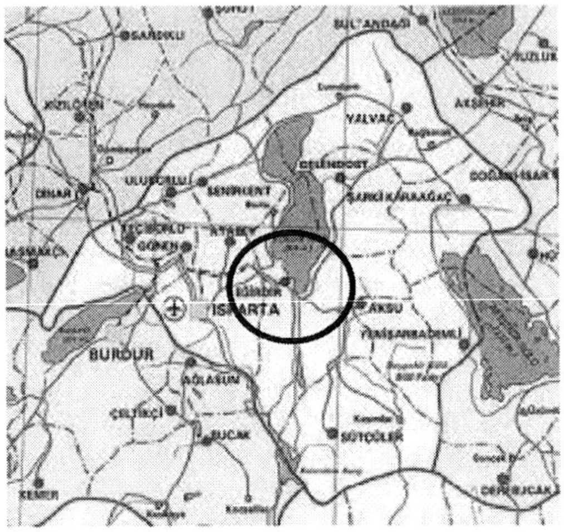

Figure 2. Lakes Region and Egirdir town.

Table 1. Some Climatic data of the experiment area.

Year	Avg. Temperature (°C)	Min. Temperature (°C)	Max. Temperature (°C)	Avg. Precipitation (mm)	Avg. Humidity (%)
Average	12.2	−14.9	38.6	764	66.5
2012	12.9	−12.7	38.6	622	68.9
2013	13.1	−7.9	34.1	654	63.7
2014	13.4	−6.3	36.1	669	70.9
2015	12.8	−10.7	35.1	849	67.4

2. Material and method

This experiment was conducted during the 2013–2014 and 2014–2015 growing season. This study was carried out in Egirdir Fruit Research Institute farmlands. Egirdir is a district of Isparta. Its altitude is 920 m high and it represents passing zone climate and ecological conditions. Geographical coordinates of Egirdir district; are 37° 50′ 41″, 38° 16′ 55″ N latitude, 30° 57′ 43″, 30° 44′ 39″ E latitude [19,20]. Isparta is known to have ideal ecological conditions for viticulture in Lakes Region where Isparta is located (Figs. 1 and 2). Average rainfall is between 445–849 mm, and temperature varies between −14°C and + 37°C (Table 1).

Soil analyses were done in Egirdir Fruit Research Station Soil analyses laboratories. Soil analyses report is on Table 2. According to soil analyses 140 R rootstock

Table 2. Soil analyses of the experiment area.

Physical Analyses		
	Texture	Clayish Loam
	pH	7.78
	Lime (%)	9.8
	Saturation (%)	49
Chemical Analyses		
	Organic matter (%)	2.8
	N (ppm)	1617
	P (ppm)	4.52
	K (ppm)	221.1
	Ca (ppm)	4679
	Mg (ppm)	492
	Na (ppm)	13.48
	Fe (ppm)	13.64
	Cu (ppm)	4.23
	Mn (ppm)	6.25
	Zn (ppm)	1.04

was chosen for its good performance and vigorous development for Red Globe grape variety according to soil report.

2.1. Plant material

Vineyard was established with in row with spacing 2 m × 3 m with drip irrigation and on Red Globe variety grafted on 140R rootstock. Soil is in clayish loam texture with 7, 70 pH and contains lime. Vines were trained to rational pergola system and spur pruning system. Canopy height of the pergola system was 2.20 m. At the time of the winter pruning, the vines were cordon-pruned and leaving 4 cordons and there were 5 arms of 3/4 spur on each cordon.

140 R is a very hardy rootstock suitable for the most challenging drought conditions. It is also able to tolerate active lime up to 20% and is adapted to acid soils. 140 R has good tolerance to saline conditions and is able to exclude grape juice chloride and sodium in saline conditions to a significantly greater extent than *Vitis Vinifera* as well as most other rootstocks, it is also suitable for sites susceptible to drought as well as those with high salinity. 140 R has a long vegetative cycle which may delay ripening or cause excessive vigor on high growth potential sites in cooler regions.

Red-Globe is a table grape variety introduced from North America. It has a long shelf life, is easy to transport, and is suited to planting in arid or semi-arid areas with trellises. Red Globe is an attractive variety of pink slightly purple colored large round berries with fleshy pulp. The attractive clusters of Red Globe contain large-sized, seeded berries. The Red Globe is popular for both direct consumption as well as decorating a variety of food preparations and suitable for storing in cold.

2.2. Experimental methods

Following measurements were taken in 2013–2014 and 2014–2015 vegetation periods for this study.

2.2.1. *Yield Quality and colour analysis*

After harvesting, total yield (g) were determined and 50 berries were sampled from each replication, then sampled

Figure 3. A picture from the Red Globe vineyard study area.

Figure 4. Red Globe cluster from the vineyard.

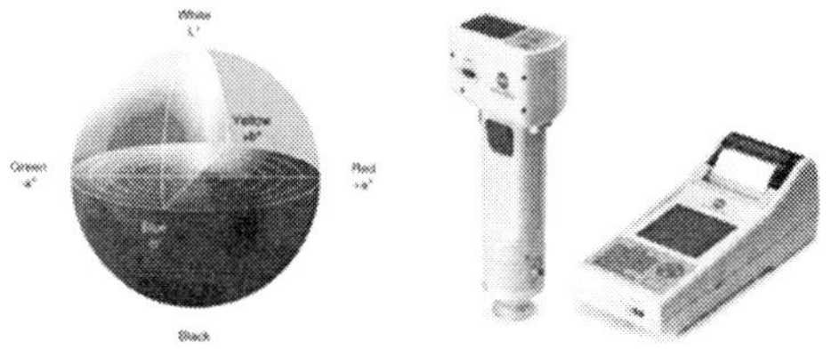

Figure 5. Color chart and by Minolta Co (CR-300) colorimeter.

berries from each replication were weighed and average berry weight (g) was determined. Color measurements (L, a, b, Chr, Hue) were made by Minolta Co (CR-300). Also CIRG index (Color Index of Red Grapes) was estimated according to the (16). Berries were squeezed for each replication and the percentage of total soluble solids percentage (TSS %) was measured by the refractometer. Also juice pH was measured by pH meter. Total titratable acidity percentage (TA %) was measured by titrating the berry juice with 0.1 N NaOH. The TA% was expressed as grams of tartaric acid per 100 ml of juice [18].

Trial is designed as randomized blocks with 3 replications, and each replication comprised 10 vines. Results are evaluated by Jump 7.0 JMP statistical software package. Data were subjected to analysis of variance and differences among averages were evaluated by LSD test.

2.2.2. *Sampling and storage conditions*

Grapes were harvested when they reached to the maturity index that is accepted. During first year of the study, the grapes were harvested on September 29th, whereas in the second year, the harvest was on October 1st. Grape clusters (total weight about 5 kg) were placed in 30 × 40 × 15 cm PE bags and boxed. The boxes were transferred to the precooling room (−0.5° C, 95% RH) for 24 hours and prepared for storage temperature. Then, SO_2-generating pads were used according to the supplier's recommendations, with 1.2–1.4 g kg^{-1} $Na_2S_2O_5$ being distributed in one polyethylene SO_2-generating pad (Fresca, Quimetal, Santiago, Chile) with a fast and a constant slow release phase of SO_2, placed above the grapes inside the polyethylene bag. In the first year, the grapes were preserved for 120 days and in the second year for 120 days in storage at −0.5°C and 90% RH. Untreated application was done as control in two years period. Quality changes were determined that occurred throughout the storage period by 1 month interval, it was carried out with weight loses, fruit skin color, fruit firmness, total soluble solids, pH, titratable acidity, sensual evaluations, microbiological. During storage, every box was accepted as a replication.

2.2.3. Quality assessment, Sensory analysis in cold storage

The external color of the berries was measured at the equatorial area of each grape face, using a colorimeter and the average scores were recorded in terms of CIE-$L^*a^*b^*$ values [24]. The color values were recorded as L^*, a^* and b^* values representing the light-dark spectrum with the range from 0 (black) to 100 (white), the green-red spectrum ranging from −60 (green) to +60 (red) and the blue-yellow spectrum ranging from −60 (blue) to +60 (yellow) dimensions, respectively. The colorimeter has a viewing area, 8 mm in diameter, calibrated with a white tile. The color of 25 berries was measured for each replication. The total soluble solids (TSS) content of the juice was determined with a digital refractometer (Atago PR-1, Tokyo, Japan) and expressed as percentage. Titratable Acidity (TA) was measured by titration with 0.1 N NaOH to pH 8.1. The results were expressed as g tartaric acid/100 ml fruit juice. The maturity index was calculated as the TSS/TA ratio [25].

Six panelists trained in the discriminative evaluation of table grapes conducted the sensory analysis. The SO_2 taste and odor were evaluated on a three-point scale (1: none; 2: moderate; 3: severe). Visual appearance, flavor and crunchiness of grapes were evaluated on a nine-point scale (1: extremely poor or soft in texture; 3: poor or soft; 5: moderate and limit of marketability; 7: good; 9: excellent) according to. [26]. Rachis condition was then rated according to [20], as follows: (1) healthy = entire stem including the pedicels being green and healthy, (2) slight = stem in good condition, but with noticeable browning of pedicels, (3) moderate = browning of the pedicels and secondary stem or (4) severe = pedicels, secondary and primary stem completely brown.

3. Results and discussion

3.1. Yield quality and color analysis results

Evaluations, findings and observations were obtained as a result of these analyses and measurements related to yield quality and color are given in tables 3, 4, 5, 6, 7. Excellent berry coloration for Red Globe grape variety was determined in three years period without any other chemical treatments (ABA, ethephon e.t.c) in the trial when compared to previous studies. It was evaluated with

Figure 6. Red Globe boxes in cold storage and SO2 pad used.

Table 3. Phenologic stages of Red Globe variety between 2013–2015.

Variety	Bud Burst Time	Inflores. time	Berry colour set time	Harvest Harvest
Red globe	15–25/04	14–16/06	07–16/08	29–09/01–10

Table 4. Measurements and analyses performed in 2013–2014 year.

Fresh grape yield kg/vine	Av. bunch (g)	100 berry w.(g)	Total soluble solids (%)	Titra. acidity (g/l)	Maturity index
7.4	819	9.1	16.1	4.2	38.3
8.1	788	8.6	17.8	4.4	40.4
7.6	717	9.8	17.2	4.1	41.9

Table 5. Measurements and analyses performed in 2014–2015 year.

Fresh grape yield kg/vine	Av. bunch (g)	100 berry w.(g)	Total soluble solids (%)	Titra. acidity (g/l)	Maturity index
9.2	826	10.2	17.3	4.0	43.2
8.5	847	9.4	18.1	4.3	42.1
8.4	785	9.1	17.5	4.2	41.6

dark red violet color (OIV code 225) with average L 36.55, a 2.05, b −3.31, c 4.21, h 293.57 values measured by Minolta CR-400 colorimeter. Excellent coloration was due to favorable climatic condition of the Lakes Region Climate. Also climatic data was recorded in every year and three years average quality parameters yield per vine (7.0–9.8 kg), soluble sugar content % 16.–17.6) titratable acidity (4.2–4.4 g/lt), single berry weight (9.0–10.2 g), bunch weight and phenological observations were done in every year. Yield and other quality parameters were evaluated well in three years period.

Red Globe variety was evaluated in the study, all phenological stages were determined (table 3) Buds burst time, inflorescence time, verasion (berry colour set time) period and harvest time were given in for 2 vegetation years in table 3. Buds burst time was in the between 15–25 April in Full blossom time in was in the middle of June. Generally Red Globe variety was harvested at the end of the September and in the first week of October in the study.

3.2. Quality assessment, Sensory analysis in cold storage results

Grapes were stored in cold storage (NA) conditions with So2 and without SO_2 pads (control treatment) after harvest. Quality changes were determined that occurred throughout the storage period by 1 month interval, it

 DOI: 10.1051/bioconf/20160701007

Table 6. Average colour measurement values of 2013–2014 and 2014–2015 years.

Year	L	a	b	c	h
2013 2014	36.5 a	2.05 a	−3.3 a	4.21 a	293.5 a
2014 2015	37.4 a	1.88 a	−3.8 a	4.54 a	289.4 a

**Grouping with same letter are not significantly different.*

Table 7. Cold storage average quality analyses in 2013–2014 period.

Treatment	Days	Weight Loss (kg)	Total soluble Solids %	pH	Titra. Acidity (g/l)
SO2 treated	0	5.00	16.0	3.03	4.6
SO2 treated	30	4.88	16.4	3.11	4.5
SO2 treated	60	4.70	16.5	3.06	4.7
SO2 treated	90	4.70	16.5	3.15	5.1
SO2 treated	120	4.56	16.6	3.17	5.2
Average		4.76 a	16.4 b	3.10 a	4.8 a
Untreated	0	5.00	16.0	3.03	4.6
Untreated	30	4.60	16.4	3.16	4.6
Untreated	60	4.36	16.6	3.21	4.9
Untreated	90	4.25	17.0	3.23	5.2
Untreated	120	4.15	17.4	3.26	5.5
Average		4.47 b	16.7 a	3.17 a	4.9 a

**Grouping with same letter are not significantly different.*

Table 8. Cold storage average quality analyses in 2014–2015 period.

Treatment	Days	Weight Loss (kg)	Total soluble Solids %	pH	Titra. Acidity (g/l)
SO2 treated	0	5.00	16.5	3.08	4.6
SO2 treated	30	4.91	16.7	3.15	4.4
SO2 treated	60	4.82	16.4	3.16	4.8
SO2 treated	90	4.70	16.8	3.20	5.0
SO2 treated	120	4.62	16.8	3.16	5.0
Average		4.81 a	16.6 a	3.15 a	4.76 b
Untreated	0	5.00	16.5	3.08	4.6
Untreated	30	4.68	16.4	3.14	4.8
Untreated	60	4.52	16.8	3.26	5.1
Untreated	90	4.35	17.0	3.28	5.3
Untreated	120	4.21	17.0	3.31	5.3
Average		4.52 b	16.7 a	3.21 a	5.0 a

**Grouping with same letter are not significantly different.*

was carried out with weight loses, fruit skin color, total soluble solids, pH, titratable acidity, sensual evaluations, microbiological analyzes.

In both years of the study, much deterioration was observed during the 60 days of storage. However, in the both, at the end of 90, 120 days of storage, moderate deterioration (spotting or decay up to 1/5-2/5 of the bunch) was observed in the grapes with untreated treatment. *Botrytis cinerea* was identified to be the causal agent of decay. Grapes sampled on the 120th day of storage with untreated application were discarded for the analysis, as they had lost marketability.

While the effect of the covering materials on the L^* color Values was significant in both year The L^* values of the grapes treated were higher during the pre-storage and

Table 9. Cold storage average color analyses in 2013–2014 period.

Treatment	Days	L	a	b	c	h
SO2 treated	0	36.5	2.05	−3.3	4.21	293.5
SO2 treated	30	36.1	2.02	−3.2	4.18	291.3
SO2 treated	60	35.7	1.99	−3.2	4.15	286.4
SO2 treated	90	35.5	1.95	−3.0	4.10	280.1
SO2 treated	120	35.0	1.94	−2.9	4.08	278.2
Average		36.6 a	1.99 a	−3.1 a	4.14 a	285.1 a
Untreated	0	36.5	2.05	−3.3	4.21	293.5
Untreated	30	35.1	1.95	−3.0	4.11	287.5
Untreated	60	34.8	1.81	−2.8	4.02	275.1
Untreated	90	33.6	1.78	−2.6	3.92	269.4
Untreated	120	33.2	1.74	−2.5	3.87	264.8
Average		34.6 b	1.86 b	2.8 b	4.02 b	277.2 a

**Grouping with same letter are not significantly different.*

Table 10. Cold storage average color analyses in 2014–2015 period.

Treatment	Days	L	a	b	c	h
SO2 treated	0	37.4 a	1.88	−3.8	4.54	289.4
SO2 treated	30	36.4 a	1.85	−3.6	4.36	290.2
SO2 treated	60	35.3	1.80	−3.4	4.13	284.5
SO2 treated	90	35.0	1.77	−3.3	4.11	281.2
SO2 treated	120	34.6	1.73	−3.0	4.07	277.5
Average		35.7 a	1.80 a	3.4 a	4.28 a	284.3 a
Untreated	0	37.4	1.88	−3.8	4.54	289.4
Untreated	30	34.8	1.70	−3.2	4.08	286.5
Untreated	60	34.0	1.59	−3.0	4.00	273.0
Untreated	90	33.2 b	1.54	−2.6	3.89	267.2
Untreated	120	32.7 b	1.51	−2.2	3.82	262.4
Average		34.4 b	1.64 b	2.9 b	4.06 b	269.1 b

**Grouping with same letter are not significantly different.*

Table 11. Cold storage average sensory analyses in 2013–2014 period.

Treatment	Days	So2 taste and Odor	Rachis Rachis	Visual app. Flavor, Crunchiness
SO2 treated	0	1	1	9
SO2 treated	30	1	1	7
SO2 treated	60	1	1	7
SO2 treated	90	3	2	7
SO2 treated	120	3	2	5
Untreated	0	1	1	9
Untreated	30	1	2	7
Untreated	60	1	2	5
Untreated	90	1	3	5
Untreated	120	1	4	3

60th day of storage in the first year. In the last sampling period, the differences among the effects on the L^* color values were significant (Tables 9, 10). The effects of the treatment SO_2 on the a^* color values of the grapes during storage was significant in both study years. The a^* colour values ranged between 2.05 and 1.74 in the first year and between 1.88 and 1.51 in the second year (Tables 9, 10). The b^* color values of the grapes varied between −3.8 and −2.2.

Grapes were evaluated with respect to visual appearance, flavor and crunchiness in storage. SO_2 treated application on the 60th and 90th day of storage the scores

DOI: 10.1051/bioconf/20160701007

Table 12. Cold storage average sensory analyses in 2014–2015 period.

Treatment	Days	So2 taste and Odor	Rachis Rachis	Visual app. Flavor, Crunchiness
SO2 treated	0	1	1	9
SO2 treated	30	1	1	7
SO2 treated	60	1	1	7
SO2 treated	90	1	2	7
SO2 treated	120	3	2	5
Untreated	0	1	1	9
Untreated	30	1	2	7
Untreated	60	1	3	5
Untreated	90	1	3	3
Untreated	120	1	4	3

were between 7 (good) in both study years. In both years, at the end of the storage (120th day) the grapes untreated with untreated scored 3 in 90 120 days. Neither the taste nor odor was observed at moderate or severe levels during storage in both study years. In both years, only at the end of 90, 120 days storage period, untreated scored 3 with respect to stem browning (Tables 11, 12).

4. Conclusion

Region's ecological characterics showed that late time maturated table grape varieties are more important for production. Lakes region has no chance to produce earlier because of ecological conditions. There many place to produce earlier than Lakes Region in Turkey, so the late time maturated varieties are very important in the region for commercial production.

Fruit skin coloration is an important factor for especially red table grapes. Red Globe had gained well coloration according to other Red Globe cultivation areas without any chemical or etc. in the Lakes Region. This is a very good advantage for cultivating this variety in the region. It was determined that climate of the region had a good positive effect on the excellent coloration and quality parameters and cold storage performance of the Red Globe grape variety. It is advised to growers cultivate Red Globe variety to increase economical income in the region and also advised to the other regions which has same climate conditions. Producing the right grape variety (Red Globe) by the results of the study will contribute economically to farmers region and country.

It was evaluated that with SO_2 pads Red Globe variety can be stored commercially up to 90–100 days. It was determined that climate of the region had a good positive effect on the excellent coloration and quality parameters and cold storage performance of the Red Late time varieties were good for region's conditions. Especially coloration of late time harvested varieties were perfect in the region because of high differences night and morning temperatures. Region has a good potential cultivating late time varieties. Cool storage conditions are also suitable in the region. Stored table grapes can be given to trade well in the region by late harvest.

References

[1] V. N. Gowda, S. A. Keshava, and S. Shyamalamma. Acta Hort. **785**, p: 207–211 (2008)

[2] S. N. Ghosh, Tarai R. and P. Pal. Acta Hort. **785**, P:73–77 (2008)

[3] FAO, Food and Agriculture Organization of United Nations. Available online at: `http://faostat3.fao.org/download/Q/*/E` (2013)

[4] TUIK, Turkiye istatistik kurumu. Available online at: `http://tuikapp.tuik.gov.tr/bitkiselapp/bitkisel.zul` (2013)

[5] White M. A, Diffenbaugh N. S, Jones GV, Pal J. S, Giorgi F. (2006). Extreme heat reduces and shifts United States Premium wine production in the 21st century. Proc National Academy Science USA **103**:11217–11222

[6] Hall A, Jones G. V. (2009). Effect of potential atmospheric warming on temperature-based indices describing Australian winegrape growing conditions. Aust J Grape Wine Res **15**:97–119

[7] Jones G. V., White M. A, Cooper O. R, Storchmann K. (2005). Climate change and global wine quality. Climate Change **73**: 319–343

[8] Webb L. B, Whetton P. H, Barlow EWR (2007). Modelled impact of future climate change on the phenology of winegrapes in Australia. Australian Journal of Grape Wine Res **13**:165–175

[9] V. T. K. Oanh, K. Matsumoto, Y. S. Hwang, and J. P. Chun. 2010. Changes of cell wall olysaccharides during berry ripening in grapes (*Vitis* spp.). *Hort. Environ. Biotechnol.* **51:** 513–519

[10] L. Taiz and E. Zeiger. 1991. Plant physiology.The Benjamin/Cummings Publishing Company. Inc., California. p. 473–489

[11] K. Mori, N. Goto-Yamamoto, M. Kitayama, and K. Hashizume 2007. Loss of anthocyanins in red-wine grape under high temperatures. *Journal of Exp. Botany* **58**: 1935–1945

[12] W. M. Kliewer and R. E. Torres. 1972. Effect of controlled day and night temperatures on grape coloration. American Journal of Enology Viticulture **23**: 71–77

[13] Jones G. V, Reid R, Vilks, A. 2012. Climate, Grapes, and Wine: Structure and Suitability in a Variable and Changing Climate pp 109–133 in The Geography of Wine: Regions, Terrior, and Techniques, edited by P. Dougherty. Springer Press, 255 pp

[14] White M. A, Whalen P, Jones, GV. 2009. Land and Wine. Nature Geoscience **2**: 82–84

[15] Franka M. G., J. Mercier, J.I. Jiménezc J.L. Smilanick (2010). Integration of continuous biofumigation with Muscodor albus with pre-cooling fumigation with ozone or sulfur dioxide to control postharvest gray mold of table grapes. Postharvest Biology Technology **55** (2):78–84

[16] Jane L. G., L. L. Kang, A.C. Michael, A.E. Stuart, L. D. Valgene (2010). Postharvest management of gray mold and brown rot on surfaces of peaches and grapes using electrolyzed oxidizing water. Int. J. Food Microbiology **143** (**1**):54–60

[17] Qin X., H. Xiao, C. Xue, Z. Yu, R. Yang, Z. Cai and L. Si (2015). Biocontrol of gray mold in grapes with the yeast *Hanseniasporauvarum* alone and in combination with salicylic acid or sodium bicarbonate. Postharvest Biology Technology **100** (2):160–167

[18] Anna, M.T., A.D., Alessandro, M. Fagioni, P. Magro and L. Zoll (2012). Production of the phytoalexins trans-resveratrol and delta-viniferin in two economy-relevant grape cultivars upon infection with *Botrytis cinerea* in field conditions. Plant Physiology **Biochemistry 50**(1):65–71

[19] Simona M. S., L. Schena, V.D. Cicco, A. Ippolito (2012). Early detection of Botrytis cinerea latent infections as a tool to improve postharvest quality of table grapes. Postharvest Biology Technology **68**: 64–71. 20

[20] Crisosto, C. H., & Mitchell, F. G. (2002). Postharvest handling systems: table grapes. In: A. A. Kader (Ed.), Postharvest technology of horticultural crops. (Agricultural and Natural Resources Publication, No. 3311, pp. 357-363). Oakland: University of California

[21] Crisosto, C. H., & Smilanick, J. L. (2004). Grape (Table). In: K. C. Gross, C. Yi Wang & M. Saltveit (Eds.), The commercial storage of fruits, vegetables and florist and nursery stocks (Agricultural Handbook, No. **66**, pp. 287–290). Beltsville: USDA

[22] Sen, F., Altun, A., Kesgin, M., & Inan, M. S. (2012). Effect of different shading practices used in the pre-harvest stage on quality and storage life of sultana seedless grapes. Journal of Agricultural Science and Technology *B*, *2*, 1234–1240

[23] Perkins-Veazie, P. M., Collins, J. K., Lloid, J., & Striegler, R. K. (1992). Influence of package on post-harvest quality of Oklahoma and Arkansas table grapes. American Journal of Enology and Viticulture, *43*(**1**), 79–82

[24] Ruiz, D., Egea, J., Tomas-Barberan, F. A., & Gil, M. I. (2005).Carotenoids from new apricot (Prunusarmeniaca L.) varieties and their relationship with flesh and skin color. Journal of Agricultura-land Food Chemistry, **53(16)**, 6368–6374. `http://dx.doi.org/10.1021/jf0480703. PMid: 16076120`

[25] Karacali, I. (2009). Storage and marketing of horticultural products (Ege University Agriculture Faculty Publication, No. **494).** Bornova, İzmir

[26] Artés-Hernandez, F., Pagán, E.M., Artés, F., 2002. New ozone treatments during prolonged storage for keeping quality of late harvested table grape In: Proceedings of the International Symposium on Emergent Technologies. Madrid, Spain, s. 52

[27] Fraga H, Malheiro A. C, Moutinho-Pereira, J. and J. A. Santos. 2012. An overview of climate change impacts on European viticulture. Food and Energy Security **1(2)**: 94–110

[28] Jones G. V, White M. A, Cooper O. R, Storchmann K. 2005a. Climate Change and Global Wine Quality. *Climatic Change* **73(3)**: 319–343

Evaluation of physicochemical parameters of grape juices produced in the Serra Gaúcha

Camila Fongaro[1], Natália Inês Cavagnolli[2], and Patricia Kelly Wilmsen Dalla Santa Spada[1]

[1] Faculdade da Serra Gaúcha, Biomedicine Department, Rua Os Dezoito do Forte, n° 2366, Caxias do Sul, RS, Brazil
[2] Universidade de Caxias do Sul, Avenida Francisco Getúlio Vargas, n° 1130, Caxias do Sul, RS, Brazil

Abstract. The objective of this study was to compare the physicochemical profile of white and purple grape juices through the analysis of reports from the database of an oenological laboratory located in the Serra Gaúcha. The reports of the years 2012 through May of 2016 containing the parameters alcohol, pH, reducing sugars, relative density, titratable acidity, total soluble solids and volatile acidity were used for the statistical evaluation. There was no statistically significant difference regarding the alcohol content and density of white juices compared to purples in any year. Statistically significant pH values were found in the crops of 2014 and 2015. As for the reducing sugars parameter, it was observed a statistically significant difference in the year of 2014. Titratable acidity was statistically significant in all crops. Statistically significant values of total soluble solids were observed in the harvests of 2014 and 2015. The volatile acidity parameter showed statistical significance in the year 2014. The inherent genetic differences between the varieties of grapes used for each juice and the distinct technological processes used in the production are the factors that explain the results.

1. Introduction

The grape (*Vitis spp.*) is one of the most economically important species of plants due to its various uses in the production of wine, grape juice and other food products. Grape crops are one of the main agricultural activities in the world, with more than 60 million tons produced annually [1]. Historically, the production and export of grapes were controlled almost exclusively by traditional European countries, however, in recent years, South America has shown significant growth rate of the production and export of grapes with two harvests per year [2]. In Brazil, the State of Rio Grande do Sul is the main center of grape production, accounting for over 90% of Brazilian production of grape juices and wines. It has an area of 49.816 hectares, which represents 60.3% of the total area of grape cultivation of Brazil. The Serra Gaúcha is the most important wine region of the state and therefore the country, where more than 80% of the total production of grape juice comes from American and hybrid varieties, with a predominance in the cultivation of the species *Vitis labrusca* (Isabella, referred to as *Isabel* in Brazil; Concord, and Ives, known as *Bordô*) which are used to produce grape juice, in addition to the cultivation of the species *Vitis vinifera* (Cabernet Sauvignon and Merlot) for fine wines [3,4].

According to Brazilian legislation, grape juice is the unfermented beverage, obtained from the simple, sulfided or concentrated must of fresh and ripe grapes, being tolerated the alcoholic graduation until 0.5% (vol/vol) [5]. Several methodologies are used to produce grape juice, a common one involves the following steps: destemming and crushing, heating, addition of enzymes, juice extraction, clarification, pasteurization and bottling [6,7]. In the processing of white grape juices, some producers remove the peels before heating, which is not done with purple juices. The production of grape juices in Brazil is in extensive growth, according to data from the Brazilian Association of Viticulture the production of juices in Rio Grande do Sul rose from almost 28 million liters in 2005 to almost 88 million liters in 2015, i.e. tripling in volume in a decade. Sales of juices had an even more expressive growth, from almost 38 million liters in 2005 to over 150 million liters in 2015, almost quadrupling over ten years [8].

Regarding the chemical composition, the grape has a plurality of substances: phenolic compounds such as the anthocyanins, catechins, quercetin, resveratrol and phenolic acids; amino acids and proteins, potassium, sodium, glucose, fructose, and minerals. It is well known that the concentration of polyphenols is greater in purple grape juices than in whites, since that dark colored grapes have higher contents of phenolic compounds and antioxidant capacity [9–12]. Moreover the technology used for preparing the juice, mainly related with the temperature and time of extraction, regulates the intensity of solubility and diffusion of the compounds, from the skin to the must, and is hence a fundamental influence on the chemical composition of the final product [13–17].

In the face of the growing consumption of white and purple grape juices, the objective of this work was to compare the physicochemical profile of these juices from the analysis of reports from a database of an oenological laboratory located in the Serra Gaúcha.

2. Material and methods

The reports of physicochemical analysis of the years 2012 to 2016 were kindly provided by an oenological laboratory engaged in the Serra Gaúcha, in the municipality of

Flores da Cunha, RS. First of all reports of white grape juice samples present in the database were evaluated, then the reports of purple juice samples were copied, whenever possible from the same producer. In a second step, all reports were analyzed and only those with all the following variables were used for the composition of the results: alcohol, pH, reducing sugars, relative density, titratable acidity, total soluble solids and volatile acidity. Statistical evaluation was made in the program SPSS 20.0 for Windows, having been done normality analysis by Levene test, followed by Student's *t*-test for independent samples.

3. Results and discussion

There was no statistically significant difference regarding the density and alcohol content of white grape juices compared to purples in any year (Table 1). In general there is great homogeneity in the density values, for which the lowest average for purple grape juices was 1.060 in 2015 and 2016 and the highest was 1.066 in the years 2012 to 2014, while the lowest average observed in white grape juices was 1.060 in 2014 and 2016 and the highest was 1.068 in 2012. Rizzon and Link (2006) [18] analyzed homemade purple grape juices from different varieties and obtained density results on average of 1.055 which are lower than this study's results. Rizzon and Miele (2012) [19] evaluated commercial juices of three types (whole, sweetened and reprocessed), for which average density values were respectively, 1.069, 1.070 and 1.061, showing numbers very compatible with the present work. The lowest average value of alcohol content in purple grape juices was 0.27% (v/v) in the harvests of 2012 and 2015 while the highest mean was 0.43% in 2013. In white grape juices the lowest average alcohol content was in 2012 in the value of 0.22%, and the highest was 0.50% in the year 2013. Rizzon and Miele [19] found mean values of alcohol of 0.21% in whole juices, 0.07% in sweetened juices and 0.03% in reprocessed juices available on the market, which are lower than most of the averages found in this study.

As for the reducing sugars parameter, it was observed a statistically significant difference ($p \leq 0.01$) in the year of 2014, with an average for white grape juices of 13.6 g/100g, and 14.9 g/100g for purple grape juices. This difference is surprising since it's fair to assume that climatic conditions have been similar, however, it is worth noting that it is entirely possible that the grapes originated from different cities, with soils of different compositions, under different technological treatments from the vine to the final product. The combination of these factors probably explains the variation observed. Santana et al. (2008) [20] when comparing whole grape juices available on the market found slightly lower values of reducing sugars of 12.7 g/100g for the brand 'A', 11.49 g/100g for the 'B' and 11.72 g/100g for the 'C'. Carpen and Torezan (2009) [21] obtained values of 12.85 and 11.47 g/100g of reducing sugars in two samples of grape juices obtained directly from the producer, lower numbers than this study's data.

Statistically significant pH values were found in the crops of 2014 (white grape juice: 3.32; purple grape juice: 3.22; $p \leq 0.01$) and 2015 (white grape juice: 3.25; purple grape juice: 3.15; $p \leq 0.05$). Rizzon and Link [18] found an average of 3.37 pH, which is compatible with the results obtained in the present work. Gurak et al. (2008) [22] analyzed commercial whole juices of 8 distinct brands and observed similar values of pH from 2.94 to 3.58. Santana et al. [20] evaluated three commercial brands of whole grape juice produced in two Brazilian regions, obtaining the results of 3.50 (brand 'A'), 3.18 (brand 'B') and 3.42 (brand 'C'), all of them akin to this work. Carpen and Torezan [21] observed results of 3.13 (sample 'A') and 4.10 (sample 'B'), the latter being a much higher number than the highest observed in this study (3.59 for a white grape juice in the year of 2013). Burin et al. [11] analyzed 3 homemade grape juices for which pH values were 3.30, 3.51 and 3.64; 7 commercial juices which varied from 3.25 to 3.56 and 2 organic juices with measurements of 3.32 and 3.40, their results were compatible with this work. Canadian researchers [23] prepared juices from 10 different cultivars and found pH values of 2.38 to 3.13, displaying a lower number than the lowest observed in this study (2.81 for a white grape juice from the crop of 2013). Gabardo et al. (2015) [24] evaluated the protective effect of white grape juice in rats and observed a pH of 3.89 in organic white grape juice and 3.58 in conventionally produced white grape juice, those being notably high values compared to the means of the present work.

Of the seven variables considered the only one that was statistically significant ($p \leq 0.01$) in all crops was the titratable acidity. The values of white grape juices were always lower than that of purple grape juices. This is explained by the inherent genetic differences of the varieties used for the production of each juice. The cultivar most used for the production of white grape juice is the Niagara, while the varieties Ives (typically referred to as *Bordô* in southern Brazil), Concord, and Isabella (known as *Isabel* in the south of Brazil) are the most employed for the elaboration of purple grape juices. Moreover, the production technology used in juice processing, regardless of grape variety, can result in different levels of extraction of the substances contained in the grape [3, 12, 17].

The volatile acidity parameter showed statistical significance in the year 2014, the mean value for white samples was 0.021 g/100g of acetic acid, and 0.013 for purples. Rizzon and Miele [19] found values of 0.03 g/100g of acetic acid for whole juices, 0.05 g/100g of acetic acid for sweetened juices and 0.02 g/100g of acetic acid for the reprocessed juice, which are lower values than most found in this study. Gabardo et al. [24] observed volatile acidity of 0.04 g/100g of acetic acid for both conventionally produced and organic white grape juice, those being low numbers when compared to the present work.

Statistically significant values of total soluble solids (TSS) were observed in the harvests of 2014 and 2015. In 2014 the white grape juices showed lower values ($p \leq 0.01$) than the purples: 15.1 and 16.2°Brix, respectively. Yet in 2015 ($p \leq 0.05$) the opposite happened, the average TSS of white samples was 15.8°Brix while of purples was 15.0°Brix. Rizzon and Link [19] found lower values of 12.2 to 13.1°Brix. Gurak et al. [22] obtained data from 14.0 to 16.9°Brix, which are compatible with this work. Santana et al. [20] observed similar results of 14.21, 15.20 and 17.30°Brix in three different brands of juice marketed in the midwestern and southeastern regions of Brazil. Burin et al. [11] analyzed 3 homemade

DOI: 10.1051/bioconf/20160701008

Table 1. Average of the parameters evaluated in white and purple grape juices in a laboratory of Flores da Cunha, RS, in the period 2012 to 2016.

Crop	Samples (n)	Mean values (± SD) [min-max]						
		Density (20/20°C)	Alcohol (% v/v)	Reducing sugars (g/100g)	pH	Titratable acidity (g/100g tartaric acid)	Volatile acidity (g/100g acetic acid)	Total Soluble Solids(°Brix)
2012	White (7)	1.068 ± 0.003 [1.06–1.07]	0.22 ± 0.08 [0.17–0.40]	15.1 ± 0.3 [14.6–15.8]	3.31 ± 0.07 [3.20–3.43]	0.41 ± 0.02** [0.36–0.45]	0.011 ± 0.004 [0.003–0.017]	16.4 ± 0.3 [15.9–17.0]
	Purple (8)	1.066 ± 0.005 [1.06–1.07]	0.27 ± 0.07 [0.14–0.37]	14.8 ± 1.2 [13.2–16.7]	3.25 ± 0.06 [3.17–3.37]	0.75 ± 0.09 [0.60–0.90]	0.017 ± 0.007 [0.009–0.028]	16.1 ± 1.1 [14.7–17.9]
2013	White (24)	1.065 ± 0.005 [1.06–1.08]	0.50 ± 0.39 [0.14–1.59]	14.6 ± 1.5 [12.1–18.3]	3.19 ± 0.17 [2.81–3.59]	0.51 ± 0.09** [0.31–0.75]	0.019 ± 0.009 [0.001–0.041]	15.9 ± 1.3 [13.7–19.3]
	Purple (23)	1.066 ± 0.008 [1.04–1.08]	0.43 ± 0.56 [0.16–2.94]	15.2 ± 1.8 [8.9–18.4]	3.16 ± 0.10 [3.03–3.39]	0.80 ± 0.17 [0.57–1.32]	0.016 ± 0.012 [0.003–0.062]	16.4 ± 1.7 [10.5–19.3]
2014	White (20)	1.060 ± 0.000 [1.06–1.06]	0.30 ± 0.14 [0.00–0.56]	13.6 ± 0.5** [12.9–14.5]	3.32 ± 0.06** [3.16–3.43]	0.48 ± 0.06** [0.40–0.60]	0.021 ± 0.013* [0.003–0.050]	15.1 ± 0.5** [14.4–15.8]
	Purple (21)	1.066 ± 0.004 [1.06–1.07]	0.32 ± 0.11 [0.19–0.52]	14.9 ± 1.0 [13.2–16.4]	3.22 ± 0.07 [3.09–3.41]	0.74 ± 0.15 [0.55–1.02]	0.013 ± 0.004 [0.006–0.024]	16.2 ± 0.8 [14.5–17.5]
2015	White (18)	1.065 ± 0.006 [1.05–1.07]	0.31 ± 0.12 [0.00–0.47]	14.5 ± 1.4 [11.7–15.9]	3.25 ± 0.11* [3.06–3.46]	0.60 ± 0.15** [0.07–0.75]	0.012 ± 0.003 [0.005–0.022]	15.8 ± 1.2* [13.3–17.1]
	Purple (22)	1.060 ± 0.005 [1.05–1.07]	0.27 ± 0.07 [0.16–0.46]	13.6 ± 1.1 [11.2–15.85]	3.15 ± 0.09 [2.84–3.28]	0.89 ± 0.25 [0.63–1.72]	0.013 ± 0.005 [0.005–0.028]	15.0 ± 1.0 [12.8–17.1]
2016	White (12)	1.060 ± 0.007 [1.05–1.07]	0.35 ± 0.10 [0.20–0.51]	13.2 ± 1.6 [10.8–15.4]	3.31 ± 0.11 [3.21–3.58]	0.69 ± 0.13** [0.47–0.96]	0.03 ± 0.02 [0.008–0.063]	14.7 ± 0.5 [12.4–16.8]
	Purple (13)	1.060 ± 0.000 [1.06–1.06]	0.39 ± 0.11 [0.24–0.63]	13.3 ± 0.5 [12.5–14.3]	3.24 ± 0.09 [3.00–3.36]	1.09 ± 0.19 [0.83–1.46]	0.02 ± 0.01 [0.004–0.060]	14.6 ± 0.4 [13.9–15.4]

SD: standard deviation; min: minimum value for each parameter; max: maximum value for each parameter. *p ≤ 0.05; **p ≤ 0.01. Significantly different values by the *t*-test for independent samples, considering the samples of white and purple juices, per harvest.

Table 2. Analytical limits established by Brazilian legislation for grape juice.

Parameter	Limit	
	Minimum	Maximum
Relative density at 20/20 °C	1.057	–
Ethanol, % v/v	–	0.50
Total sugars, g/100g	–	20.00
Titratable acidity, g/100g tartaric acid	0.41	–
Volatile acidity, g/100g acetic acid	–	0.050
Soluble solids, °Brix at 20 °C	14.00	–

Source: Ministry of Agriculture, Livestock and Supply – Normative Instruction no. 24, of 16 December 2005.

Table 3. Assessment of the physicochemical parameters analyzed against the current legislation.

Parameters	Crop				
	2012	2013	2014	2015	2016
Density	LA	1P↓	LA	LA	LA
Alcohol	LA	1W↑ 1P↑	1W↑ 1P↑	LA	1W↑ 1P↑
Reducing sugars	LA	LA	LA	LA	LA
Titratable acidity	1W↓	1W↓	1W↓	1W↓	LA
Volatile acidity	LA	1P↑	LA	LA	1W↑ 1P↑
Total soluble solids	LA	1W↓ 1P↓	LA	1W↓ 1P↓	1W↓ 1P↓

LA: law-abiding; W: white juice; P: purple juice; ↑: value above the maximum; ↓: value below the minimum.

grape juices for which values of TSS were 10.0, 19.0 and 21.5°Brix; 7 commercial juices that ranged from 9.5 to 16°Brix and 2 organic juices with measurements of 15.0 and 12.0°Brix, having found both higher and lower values than the highest (19.3°Brix for white and purple grape juices in 2013) and the lowest (10.5°Brix of a purple grape juice from 2013) results found in the present work. Rizzon and Miele [19] observed analogous values of 16.2°Brix for whole juices, 16.5°Brix for sweetened juices and 14.0°Brix for reprocessed juices.

The average of all the variables in all harvests, for both varieties of juice (white and purple), fall within the limits required by Brazilian legislation (Table 2).

However observing the minimum and maximum values it can be seen that some variables are in disagreement with the law (Table 3). In view of these discrepancies, it is important to mention that the analyzes were made in juices in the process of drafting, and not completed and available products on the market, as such it is expected that the items have been adjusted to fit the legislation.

4. Conclusions

Through this comparison between purple and white grape juices, we observe that there are significant differences in physicochemical parameters among the products. The following factors explain such data: (a) distinct technological procedures employed to create both types of juice and (b) inherent genetic differences of the varieties used in the production of each juice.

References

[1] A. Teixeira, N. Baenas, R. Dominguez-Perles, A. Barros, E. Rosa, D.A. Moreno, C. Garcia-Viguera, Int. J. Mol. Sci., **15**, 9, 15638–15678 (2014)

[2] E.C. Sousa, A.M.A. Uchôa-Thomaz, J. Osvaldo, B. Carioca, S.M. Morais, A. Lima, A. C.G. Martins, C.D. Alexandrino, P. Augusto, T. Ferreira, A. Livya, M. Rodrigues, S.P. Rodrigues, N. Silva, L.L. Rodrigues, Food Sci. Technol. (Campinas), **34**, 1, 135–142 (2014)

[3] N. Poerner, E. Rodrigues, P.G. Celso, V. Manfroi, P.F. Hertz, P. F. Cienc Rural, **40**, 5, 1186–1192 (2010)

[4] M.J.R. Da Silva, M.A. Tecchio, M.F. Moura, L.T. Brunelli, V.M. Imaizumi, W.G.V. Filho, Pesq. agropec. bras., **50**, 11, 1105–1113 (2015)

[5] Brasil. Ministério da Agricultura, Pecuária e Abastecimento. Instrução Normativa n° 24, de 16 de Dezembro de 2005. Diário Oficial da União. Brasilia, DF (2005)

[6] L.A. Rizzon, J. Meneguzzo, *Suco de uva*, **1**, 45 (2007)

[7] R. Clemens, A. Drewnowski, M.G. Ferruzzi, C.D. Toner, D. Welland, Adv Nutr, **6**, 2, 236S–243S (2015)

[8] L.M.R. Mello, C.A.E. Machado, available at: <`http://vitibrasil.cnpuv.embrapa.br/`>, accessed in April 5th (2016)

[9] L.T. Abe, R.V. Da Mota, F.M. Lajolo, M.I. Genovese, Food Sci. Technol. (Campinas), **27**, 2, 394–400 (2007)

[10] C. Dani, L.S. Oliboni, R. Vanderlinde, D. Bonatto, M. Salvador, J.A.P. Henriques, Food Chem. Toxicol., **45**, 12, 2574–2580 (2007)

[11] V.M. Burin, L.D. Falcão, L.V. Gonzaga, R. Fett, J.P. Rosier, M.T. Bordignon-Luiz, Food Sci. Technol. (Campinas), **30**, 4, 1027–1032 (2010)

[12] D. Granato, M. De Magalhães Carrapeiro, V. Fogliano, S.M.V. Ruth, Trends Food Sci. Technol., **52**, 31–48 (2016)

[13] T. Garde-Cerdán, M. Arias-Gil, A.R. Marsellés-Fontanet, C. Ancín-Azpilicueta, O. Martín-Belloso, Food Control, **18**, 5, 473–479 (2007)

[14] A.R. Marsellés-Fontanet, O. Martín-Belloso, J. Food Eng., **83**, 3, 452–462, (2007)

[15] F. İçiér, H. Yildiz, T. Baysal, J. Food Eng., **85**, 3, 410–417 (2008)

[16] R. González-Barrio, M.L. Vidal-Guevara, F.A. Tomás-Barberán, J.C. Espín, Innov. Food Sci. Emerg. Technol., **10**, 3, 374–382 (2009)

[17] B.K. Tiwari, A. Patras, N. Brunton, P.J. Cullen, C.P. O'Donnell, Ultrason Sonochem, **17**, 3, 598–604 (2010)

[18] L.A RIZZON, M. LINK, Cienc Rural, **36**, 2, 689–692 (2006)

[19] L.A. Rizzon, A. Miele, Food Sci. Technol. (Campinas), **32**, 1, 93–97 (2012)

[20] M.T.A. Santana, H.H. De Siqueira, K.C. Dos Reis, L.C. De Oliveira Lima, R.J.L. Silva, Ciênc. agrotec., **32**, 3, 882–886 (2008)

[21] K. Carpen, A. Torezan, Ágora, **16**, 2, 351–361 (2009)

[22] P.D. Gurak, M.C. Silva, V.M. Da Matta, M.H. Rocha-Leão, L.M.C. Cabral, Rev. Ciênc. Exatas, **27**, 1–2, 1–15 (2008)

[23] C.C. Ratnasooriya, H.P.V. Rupasinghe, A.R. Jamieson, Can. J. Plant Sci., **90**, 193–205 (2010)

[24] T. Gabardo, C.M. Peripolli, R.B. De Andrade, T. Gemelli, J.D.O. Lima, A.S. Oliveira, N. Da Silva Medeiros, C. Wannmacher, C. Dani, C. Funchal, Toxicol Rep, **2**, 645–653 (2015)

DOI: 10.1051/bioconf/20160701009

Using Life Cycle Assessment to identify potential environmental impacts of an agrifood sector: Application to the PDO Beaujolais and Burgundia wine sector

Sophie Penavayre[1], Valérie Lempereur[1], André-Paul Huet[1], Sarah Gillet[2], Claire Pernet[2], Antoine Besnier[3], Laura Farrant[4], et Franck Jolibert[5]

[1] Institut Français de la Vigne et du Vin (IFV), Pôle Bourgogne-Beaujolais-Savoie-Jura, 69661 Villefranche-sur-Saône, France
[2] Bureau Interprofessionnel des Vins de Bourgogne (BIVB), 21200 Beaune, France
[3] Institut des Corps Gras (ITERG), 33600 Pessac, France
[4] Centre Technique de la Conservation des Produits Agricoles (CTCPA), 32000 Auch, France
[5] Union Nationale des Groupements de Distillateurs d'Alcool (UNGDA), 92247 Malakoff, France

Abstract. The environmental impacts of the production system of emblematic French product under official quality marks was investigated using the Life Cycle Assessment (LCA) methodology. The study looks at the PDO Beaujolais and Burgundy sector from a broad perspective, i.e. encompassing all steps linked with the products themselves but also complementary activities that belong to this wine sector. To build the Life Cycle Inventory (LCI), a methodology deriving from both product and organizational LCA was developed and applied. The LCI was built using a bottom-up approach. Inventories were first built for a sample of 17 representative companies. Then, these inventories were scaled-up to complete the global LCI at the agrifood sector level. Potential environmental impacts were assessed for 8 indicators. The LCA results show potential environmental impacts for each life cycle step: grape production, wine making and aging, packaging, distribution and activity of stakeholders belonging to the "close environment". It provided two main outcomes: (i) a methodology for the construction of an LCI adapted to the perimeter of an agrifood sector and composed by high quality data; and (ii) the identification of potential environmental impacts of the studied agrifood sector, providing assistance for the definition of their strategic orientations for the future.

1. Introduction

L'Analyse de Cycle de Vie (ACV) est une méthode d'évaluation des impacts environnementaux potentiels d'un bien ou d'un service. L'ACV est multi-étapes (étudie les impacts de la fabrication d'un produit tout au long de son cycle de vie, de l'extraction des matières premières à la gestion des déchets) et multi-critères (exprime les dommages sur la santé humaine, les écosystèmes ou encore les ressources naturelles). Développée pour étudier un bien ou un service (cf. série des normes ISO 14040 à 14044 [1]), elle est l'objet de projets de recherche qui visent à l'adapter à l'évaluation des impacts environnementaux de périmètres différents comme celui des entreprises (ACV des organisations [2]) ou encore celui des territoires [3].

Parmi ces projets de recherche, ACYDU, co-financé par l'Agence Nationale de la Recherche (ANR), a pour objectif de définir une méthode permettant d'évaluer la durabilité des filières agroalimentaires. ACYDU étudie ainsi les impacts et performances environnementaux, sociaux, économiques et sur les territoires des filières de production de trois produits français emblématiques sous signe de qualité : Indication Géographique Protégée (IGP) Foie Gras du Sud-ouest, vins Appellation d'Origine Protégée (AOP) de Beaujolais et Bourgogne et AOP Comté. Les impacts environnementaux sont étudiés via la méthode de l'ACV, adaptée à la spécificité du projet: l'approche filière.

En effet, bien que les produits agroalimentaires, dont les vins, aient été l'objet de plusieurs études d'impacts environnementaux par ACV, aucune étude n'a étudié une filière agroalimentaire. L'ACV réalisée en 2013 par Neto, Dias et Machado [4] par exemple, étudie la chaîne de production d'un vin blanc produit sous AOP au Portugal, le *vinho verde*. Les étapes prises en compte sont la viticulture, l'étape de vinification-élevage-conditionnement et la distribution des vins. Un focus est également fait sur la production des bouteilles de verre. L'inventaire a été réalisé auprès d'une seule entreprise produisant 25 % des volumes de *vinho verde*. Un autre exemple est l'ACV de Petti et al. [5] qui étudie la « chaîne de production » (de la viticulture à la distribution du vin) d'un vin produit en agriculture biologique, sous appellation, en Italie. L'inventaire est réalisé auprès d'une exploitation de 12 ha.

L'objectif de ce travail d'évaluation environnementale à l'échelle de filières est double : proposer d'une part des adaptations méthodologiques à l'ACV permettant d'étudier non plus un produit ou une organisation mais l'ensemble d'une filière ; et identifier d'autre part les impacts environnementaux des trois filières étudiées offrant ainsi un support aux responsables des filières pour la définition de leurs stratégies d'amélioration.

Cet article présente l'approche méthodologique développée pour l'Analyse Environnementale d'une Filière (AEF) et les résultats obtenus pour la filière des Vins AOP de Beaujolais et Bourgogne.

Les vins AOP de Beaujolais et Bourgogne sont produits sur le territoire de la « Grande Bourgogne », sur une surface cultivée de plus de 46 000 ha. La production vitivinicole est très majoritairement associée à des AOP qui peuvent être spécifiques au Beaujolais (12 AOP dont 10 crus), à la Bourgogne (plus de 100 AOP dont des appellations régionales, des appellations villages, des premiers crus et des grands crus), ou encore produites sur l'ensemble du territoire (5 AOP). Au cours de la campagne 2011–2012 (campagne viticole étudiée dans le cadre du projet ACYDU), plus de 2 371 000 hl de vins (tranquilles et effervescents) ont été produits en AOP.

2. Méthode

2.1. Détermination d'un périmètre spécifique : la filière

La méthode de l'ACV, dès lors qu'elle étudie un produit, bien ou service, ou encore une organisation, dispose de normes internationales [1,2] permettant de guider sa réalisation et d'assurer la cohérence des résultats. Les développements méthodologiques réalisés dans le cadre du projet ACYDU sont liés à la nécessité de travailler à l'échelle spécifique de la filière agroalimentaire. Aucune norme ne définit pour le moment comment réaliser une ACV ayant comme périmètre une filière.

Le périmètre de la filière agroalimentaire a préalablement été défini par un travail méthodologique également réalisé dans le cadre du projet ACYDU [6,7].

La filière est constituée :

- d'une « *filière de production et de distribution* » composée d'un cœur de filière dans lequel on trouve les entreprises et organisations directement impliquées dans la réalisation du produit principal auquel s'ajoutent les acteurs de l'amont (pépiniéristes, fournisseurs d'équipements et d'intrants viti et vini, verriers, bouchonniers, sous-traitants, etc.) et les acteurs de l'aval (distribution, consommateurs, distilleries, etc.),
- d'un « *environnement proche* » comprenant les structures « supports » : organismes de gestion et de défense, syndicats, interprofessions, organismes de recherche et développement, etc.

La réunion de l'ensemble des activités de ces structures compose le périmètre étudié dans le cadre du projet ACYDU, appelé « filière ». La Fig. 1 représente l'ensemble des acteurs de la filière. L'unité fonctionnelle, correspondant aux flux de référence auxquels sont rapportés les impacts au moment de l'expression des résultats, est déterminée en fonction du périmètre étudié. L'unité fonctionnelle retenue est l'activité de la filière des Vins AOP de Beaujolais et Bourgogne au cours d'un cycle de production, la campagne viticole 2011–2012.

2.2. Construction d'un Inventaire de Cycle de Vie de qualité à l'échelle de la filière

Le périmètre de la filière comprend plusieurs étapes du cycle de vie du vin (viticulture, vinification, élevage, conditionnement, distribution et consommation). Au sein de chaque étape, plusieurs catégories d'acteurs interviennent, composées chacune par un grand nombre d'entreprises.

La construction d'un Inventaire de Cycle de Vie (ICV) de la filière passe alors par une phase de collecte de données, dont la méthode varie en fonction de l'étape du cycle de vie et des catégories d'acteurs agissant au sein de chaque étape [8].

2.2.1. ICV de la viticulture

Pour la phase viticole, les données utilisées proviennent de la base de données d'ICV AGRIBALYSE® [9]. Cette base de données, créée par l'Agence pour le DEveloppement et la Maîtrise de l'Energie (ADEME) met à disposition des ICV de produits agricoles français afin d'évaluer leurs impacts environnementaux potentiels. AGRIBLAYSE®contient plusieurs ICV de production de raisins de cuve dont deux ancrés dans la filière étudiée : un ICV de production de raisins de cuve en AOP Beaujolais selon un système conventionnel et un ICV en AOP Mâconnais suivant un itinéraire de production en agriculture biologique.

2.2.2. ICV de la vinification-élevage et du conditionnement

Pour les étapes du cycle de vie liées à la transformation des raisins (vinification et élevage) et au conditionnement des vins, une collecte de données spécifique a été réalisée auprès d'entreprises identifiées comme représentatives de la filière.

A partir de l'identification des différentes catégories d'acteurs (cf. Fig. 1), un plan de collecte a été établi afin de définir les critères de représentativité des entreprises. Trois critères principaux ont été définis : le type d'entreprise (cave particulière, cave coopérative ou négociant), le volume vinifié (ou commercialisé pour les négociants) et la localisation (Beaujolais ou Bourgogne). Des ICV ont pu être constitués auprès de 17 entreprises répondant à ces critères. Les données collectées correspondent aux flux entrants et sortants des sites de production (énergies, eau, intrants œnologiques et de nettoyage, déchets et coproduits), distances et modes de transport pour l'acheminement sur site des raisins de cuve, des intrants et le transport des coproduits vers la distillerie. La distillation des coproduits (marcs de raisins et lies de vin) est intégrée à l'étape de vinification élevage. Les données de l'inventaire ont été collectées auprès de la distillerie du territoire.

Les données collectées auprès des 17 entreprises ont ensuite été agrégées et extrapolées pour constituer l'ICV à l'échelle de la filière. Le volume de vin produit a été choisi comme critère d'extrapolation. En effet, issu des déclarations de récolte complétées annuellement par les opérateurs, et utilisé par les interprofessions pour calculer la production totale de la filière, le volume est considéré comme une valeur très fiable. La répartition des volumes vinifiés et conditionnés, à l'échelle de la filière, par les trois types d'acteurs considérés (cave particulière, cave coopérative ou négociant) a été calculée à partir de données issues des interprofessions (cf. Tableau 1). Les entreprises ont été regroupées en 6 classes, en fonction de leur

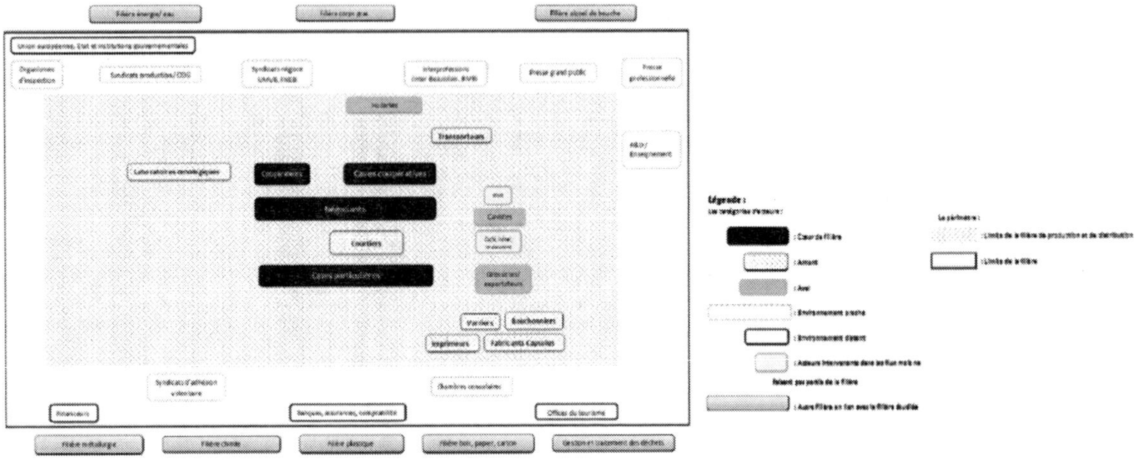

Figure 1. Schéma de la filière des vins AOP de Beaujolais et de Bourgogne.

Tableau 1. Répartition des volumes vinifiés-élevés et conditionnés par types d'entreprises pour la filière des vins AOP de Beaujolais et Bourgogne au cours de la campagne 2011–2012.

Types d'entreprises	Volume vinifié-élevé (%)	Volume conditionné(%)
Caves particulières	54	35
Caves coopératives	31	
Négociants	15	65

Tableau 2. Calcul du facteur de multiplication pour agréger et extrapoler les ICV des entreprises vers l'ICV de la filière, pour l'étape de vinification-élevage.

Classes d'entreprises (types d'entreprises et localisation)		Volume total de la classe à l'échelle de la filière (hl)	Volume représenté par les 17 entreprises ACYDU (hl)	Facteur d'extrapolation
Cave particulière	Beaujolais	534 969	1 768	303
	Bourgogne	740 304	4 800	154
Cave coopérative	Beaujolais	292 740	82 128	3,5
	Bourgogne	453 000	112 989	4
Négociant	Beaujolais	33 291	4 897	6,8
	Bourgogne	316 696	13 039	24

type et de leur localisation. Les ICV des entreprises ont été agrégés selon ces 6 classes. Pour l'extrapolation à l'échelle de la filière, un facteur d'extrapolation a été défini pour chaque classe d'entreprise. Les ICV agrégés ont été multipliés par ce facteur, puis sommés pour obtenir les ICV de la vinification-élevage et du conditionnement des vins, à l'échelle de la filière (cf. Tableau 2).

2.2.3. ICV de la distribution des vins

L'ICV de l'étape de distribution des vins a été principalement constitué à partir de données génériques collectées auprès des interprofessions du Beaujolais et de la Bourgogne : circuits de vente (grande distribution, café-hôtels-restaurants ou vente directe) et volumes de vins distribués par régions françaises et par pays pour la part exportée. Au transport des vins s'ajoutent l'ICV du stockage chez le distributeur et sur le lieu de vente (consommations énergétiques et d'eau), ainsi que les déplacements professionnels des salariés en charge de la commercialisation des vins.

2.2.4. ICV de la consommation des vins

L'ICV de l'étape de consommation est constitué à partir de données semi-spécifiques et génériques, notamment issues de la démarche européenne PEFCR en cours sur le vin [10]. Il comprend le transport des vins jusqu'au lieu de consommation, leur stockage et la fin de vie des emballages primaires.

2.2.5. ICV de l'environnement proche

Pour l'environnement proche, l'ICV est réalisé à partir de données spécifiques collectées auprès d'un échantillon d'entreprises appartenant à cette catégorie d'acteurs. L'agrégation et l'extrapolation à l'échelle de la filière ont été réalisées sur le critère du nombre d'Equivalent Temps Plein (ETP) de chaque entreprise enquêtée par rapport au nombre d'ETP de chaque catégorie d'acteurs à l'échelle de la filière.

2.3. Analyse de Cycle de Vie

Les impacts environnementaux potentiels ont été étudiés sur 8 indicateurs :

- le changement climatique (émissions de CO_2),
- la diminution des ressources minérales et fossiles (quantité consommée par rapport à la disponibilité),
- la consommation d'eau (volume d'eau prélevé),
- les émissions de particules (conséquences sur la mortalité et la santé humaine),
- les rayonnements ionisants (effets sur la santé humaine de l'exposition à la radioactivité non naturelle),
- la formation d'ozone photochimique (formation d'ozone et autres composés oxydants à partir de polluants primaires comme les oxydes d'azote, les composés organiques volatils non méthaniques, le monoxyde de carbone et le méthane),

- l'acidification des terres et des eaux douces (liée aux composés soufrés, aux composés azotés et au dioxyde de carbone),
- l'eutrophisation marine (déséquilibre entre l'apport et la consommation naturelle de nutriments par l'écosystème).

Cette sélection d'indicateurs est issue d'une revue bibliographique comprenant notamment les recommandations de la Commission Européenne exprimées dans le ILCD Handbook [11], le Référentiel Alimentaire BPX 30-323-1 [12] et le référentiel sous-sectoriel des boissons spiritueuses [13] issus des travaux de la plateforme française pour l'affichage environnemental des produits et la démarche européenne PEFCR en cours sur le vin [10].

La méthode ILCD 2011 a été appliquée pour le calcul de la caractérisation des impacts, sauf pour la consommation d'eau exprimée par un indicateur de consommation, ne prenant pas en compte l'eau disponible sur le territoire. Le logiciel Simapro® a été utilisé pour le calcul des impacts.

En lien avec les recommandations de la norme ISO 14040 [1], le choix a été fait de réaliser une revue critique externe et indépendante en vue de la diffusion des résultats. Au moment de la rédaction du présent article, la revue critique est en cours. Les résultats présentés sont donc provisoires. Les résultats définitifs pourront être obtenus auprès des auteurs.

3. Résultats

3.1. Inventaire de Cycle de Vie de la filière des Vins AOP de Beaujolais et Bourgogne

Le premier résultat est un ICV adapté au périmètre spécifique de la filière agroalimentaire. La Fig. 2 présente les étapes du cycle de vie étudiées et les flux intermédiaires de référence pour chaque étape.

L'ICV de la filière des vins AOP de Beaujolais et Bourgogne débute par la production de 312 900 tonnes de raisins de cuve (94 % en système de production intégrée et 6 % en agriculture biologique), transformés ensuite en 2 371 000 hl de vins. Les raisins sont vinifiés par les caves particulières (66 % du volume), les caves coopératives (30 %) et les négociants (4 %). Les sous-produits (marcs de raisins et lies de vins) sont valorisés par les distilleries. L'étape suivante, le conditionnement des vins, est réalisée par les négociants pour 52 % des volumes de la filière. Une perte de volume de 0.3 % de vins est considérée pendant l'étape de conditionnement [10]. Les 2 363 800 hl de vins conditionnés sont distribués à 62 % en France et à 38 % à l'export. Les vins sont commercialisés à 43 % par la grande distribution, à 35 % en vente directe et à 22 % par les cafés/hotels/restaurants. Un taux de perte théorique de 1 % est appliqué à l'étape de distribution et de 5 % à l'étape de consommation [10]. La consommation finale est estimée à 2 223 200 hl de vins.

3.2. Analyse de Cycle de Vie de la filière des Vins AOP de Beaujolais et Bourgogne

Les résultats d'ACV sont présentés dans la Fig. 3. Les étapes les plus contributrices, sur la majorité des indicateurs, sont la phase viticole, le conditionnement et la distribution des vins.

Etape	Quantité et répartition
Viticulture 312 972 tonnes de raisins	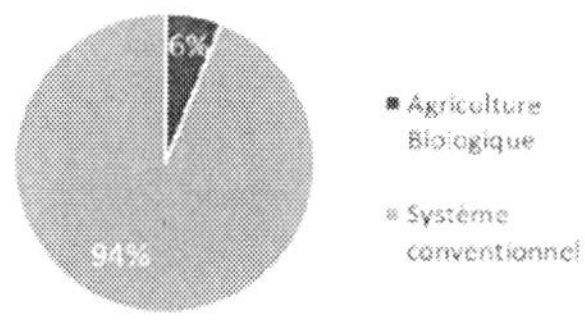
Vinification-élevage 2 371 000 hectolitres de vin	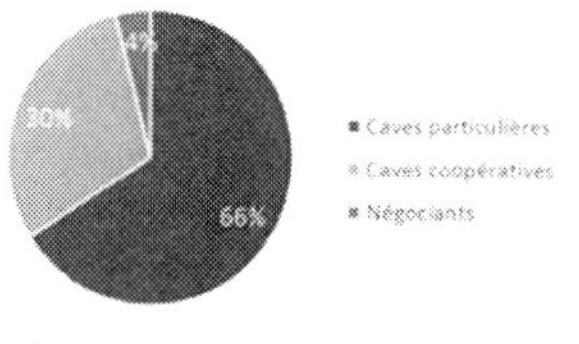
Conditionnement 2 371 000 hectolitres de vin	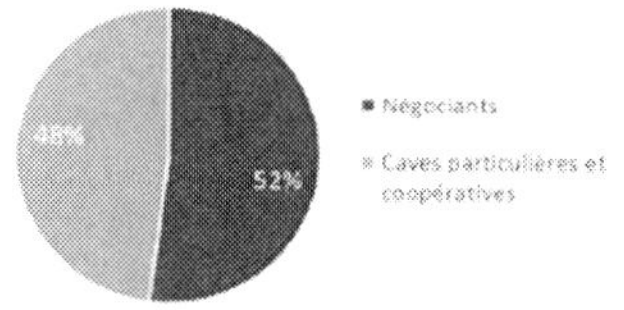
Distribution 2 363 887 hectolitres de vin	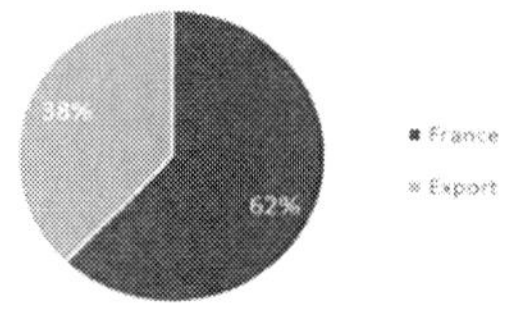
Consommation	2 223 236 hectolitres de vin

Figure 2. Schéma de synthèse des flux de produits de la filière des vins AOP de Beaujolais et Bourgogne au cours de la campagne 2011–2012.

L'impact principal de la viticulture concerne l'eutrophisation marine (61 %), indicateur souvent utilisé pour l'étude des pratiques agricoles. L'utilisation d'amendements, dont l'azote, explique cet impact. Cette étape impacte également les indicateurs de diminution des ressources minérales et fossiles et de formation d'ozone photochimique (31 %), du fait notamment des travaux mécanisés au champ. Ces derniers, ainsi que l'application de soufre, expliquent également les impacts de la viticulture sur l'acidification (22 %). Les impacts de la phase viticole sur les autres indicateurs sont relativement plus faibles: 16 % sur le changement climatique, 14 % sur les émissions de particules, 6 % sur la consommation d'eau et 5 % sur les rayonnements ionisants.

L'étape de conditionnement des vins contribue à hauteur de 62 % aux émissions de particules, 43 % à l'acidification et 37 % au changement climatique. La contribution aux impacts sur les autres indicateurs est légèrement plus faible : 33 % sur la consommation d'eau, 30 % sur la diminution des ressources minérales et fossiles, 28 % sur la formation d'ozone photochimique et 11 % sur les rayonnements ionisants. La fabrication des bouteilles en verre explique la majeure partie des impacts.

La contribution de la phase de distribution des vins varie peu en fonction des indicateurs: de 19 % pour

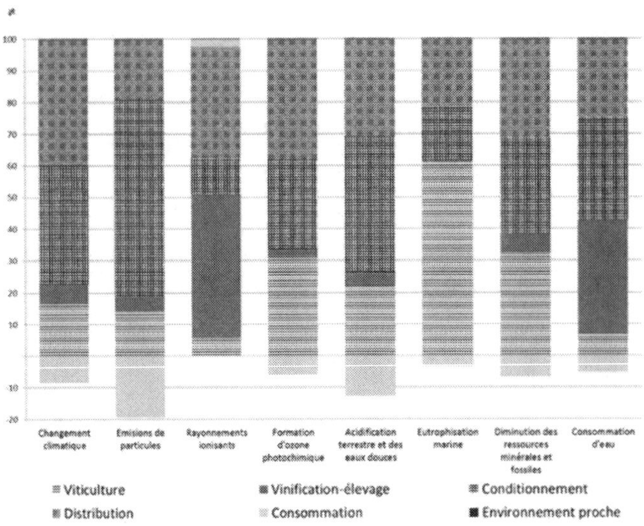

Figure 3. Impacts environnementaux potentiels de la filière des vins AOP de Beaujolais et Bourgogne au cours de la campagne 2011–2012.

les émissions de particules à 40 % pour le changement climatique. Le transport des vins, selon différents modes (routier, ferroviaire et aérien) explique les impacts.

La phase de vinification-élevage contribue principalement aux impacts sur deux indicateurs : les rayonnements ionisants à hauteur de 45 % et la consommation d'eau à hauteur de 36 %. La consommation d'électricité et d'eau au chai explique ces impacts.

La phase de consommation présente essentiellement des impacts évités, mis à part sur les rayonnements ionisants. La prise en compte d'un taux important de recyclage du verre explique les impacts évités de cette étape.

Enfin, l'environnement proche n'est que très faiblement contributeur puisque ses impacts sont inférieurs à 1 % pour tous les indicateurs.

4. Discussion

Peu d'études prennent en compte un périmètre et une unité fonctionnelle identiques. Il est donc difficile de confronter ces résultats à d'autres.

Les résultats des Bilans Carbone® réalisés à l'échelle d'autres vignobles français peuvent être étudiés. Les résultats du Bilan Carbone® des vins de Bordeaux réalisés en 2008 sont cohérents avec ceux d'ACYDU. Ils montrent en effet que les emballages primaires (dont le verre) sont le principal contributeur à l'impact de la filière sur le changement climatique. Le deuxième poste contributeur est la distribution des vins. Enfin, le transport des personnes (dont l'oenotourisme) est le troisième poste contributeur au changement climatique. Les résultats du Bilan Carbone® des vins de Champagne, réalisé en 2003 et actualisé en 2015 [14], sont également cohérents avec ACYDU. Le principal contributeur (50 %) est le poste « achats et amortissements » au sein duquel 33 % des impacts sont liée aux emballages. Les transports expliquent 25 % à 30 % des impacts. La culture de la vigne et l'élaboration du vin, considérés comme une même étape, contribuent à hauteur de 15 % à 20 % aux impacts de la filière sur le changement climatique.

Les ACV réalisées par Neto et al. [4] et Petti et al. [5] peuvent également être comparées. Les deux études considèrent comme périmètre la « chaîne de production » : de la viticulture à la distribution.

L'ACV réalisée en 2013 par Neto, Dias et Machado étudie la chaîne de production d'un vin blanc produit sous AOP au Portugal, le *vinho verde*. L'unité fonctionnelle est une bouteille de 0,75 l de *vihno verde*. L'inventaire a été réalisé auprès d'une entreprise produisant 25 % des volumes de *vinho verde*. La méthode utilisée pour la caractérisation des impacts est la méthode CML 2001.

Malgré ces différences, les contributions relatives des différentes étapes peuvent être comparées sur deux indicateurs : le changement climatique et l'eutrophisation marine. Les différences sont importantes puisque la viticulture est responsable d'une grande partie des impacts sur ces deux indicateurs : 68 % sur le changement climatique (16 % dans le cadre d'ACYDU) et 90 % sur l'eutrophisation (61 % dans le cadre d'ACYDU). Les résultats observés par Neto et al. sont proches de ceux observés généralement dans les ACV appliquées au vin, et plus globalement aux produits agricoles.

Le décalage observé dans les résultats d'ACYDU semble pouvoir être expliqué par plusieurs facteurs. Le premier facteur est le transport des vins en avion pour la filière Beaujolais et Bourgogne (59 000 hl en 2011–2012 soit 2,5 % du volume total distribué). Une analyse de sensibilité réalisée sur cet élément de l'ICV montre que le transport en avion augmente de 27 % la contribution de l'étape de distribution sur l'indicateur de changement climatique et de 33 % l'impact global de la filière sur cet indicateur.

D'autre part, le transport des raisins entre la parcelle et le chai de vinification est intégré à l'étape de viticulture dans l'étude de Neto et al., alors qu'ACYDU considère qu'elle est intégrée dans l'étape de vinification-élevage. Le transport de la récolte explique en effet 90 % des impacts du poste Transports de cette étape sur le changement climatique.

De plus, dans le projet ACYDU, une hypothèse a été formulée pour prendre en compte les déplacements des salariés en charge de la commercialisation des vins. Au nombre de 1280, ils parcourent plus de 76 millions de km. Cet impact est associé à l'étape de distribution. Une analyse de sensibilité montre que la non prise en compte de ces déplacements professionnels engendre une diminution de 6 % à 81 % selon les indicateurs des impacts de l'étape de distribution (dont 16 % pour l'indicateur de changement climatique).

Enfin, le dernier facteur explicatif est la représentativité des données. En effet, bien que basé sur les données d'une seule entreprise, l'inventaire de l'étude de Neto et al. est représentatif de 25 % du volume produit dans l'appellation. Malgré un nombre important d'entreprises enquêtées (17), la représentativité de l'échantillon d'ACYDU sur les volumes produits n'atteint pas ce score. De plus, l'enquête réalisée dans le cadre d'ACYDU n'a pas porté sur la phase viticole pour laquelle la base de données AGRIBALYSE® a été mobilisée.

En 2006, Petti et al. publient une ACV de la « chaîne de production » (de la viticulture à la distribution du vin) d'un vin produit en agriculture biologique, sous appellation, en Italie. L'inventaire est réalisé auprès d'une exploitation de 12 ha. L'unité fonctionnelle et la méthode de caractérisation sont les mêmes que dans l'étude de Neto et al. : 0,75 l de vin et méthode CML 2001. Les résultats obtenus sont plus proches de ceux d'ACYDU puisque la fabrication des intrants de conditionnement apparait comme le principal contributeur aux impacts sur plusieurs indicateurs, dont le changement climatique à hauteur de 62 %. Le deuxième contributeur est la distribution des vins (16 %), suivie par la fabrication des emballages secondaires (10 %). La phase viticole n'apparait qu'en quatrième position (9 %).

Ces deux études [4,5] intègrent dans une même étape la fabrication et la fin de vie des bouteilles en verre, alors qu'ACYDU attribue leur fabrication à l'étape de conditionnement et leur fin de vie à l'étape de consommation. Les impacts de l'étape de consommation sont des impacts évités pour 7 indicateurs sur 8. La fin de vie des bouteilles de verre (intégrant un taux de 85 % de recyclage) explique ces impacts évités. L'intégration de la fin de vie des bouteilles à la phase de conditionnement aurait alors pour conséquence la diminution de la contribution de l'étape de conditionnement sur 7 indicateurs (dont environ moins 20 % sur les émissions de particules, moins 12 % sur l'acidification et moins 8 % sur le changement climatique).

L'établissement d'un Inventaire de Cycle de Vie à l'échelle d'une filière agricole est une tâche complexe. La quantification des flux au niveau des étapes puis à une échelle plus globale nécessite un travail important de recherche et de compilation de données. Malgré les efforts mis en œuvre pour assurer une bonne représentativité des données, la collecte de données pour ce type de projets dépend des réponses obtenues par les différentes entreprises qui le font sur le mode du volontariat. D'autre part, la multiplicité des structures de petites tailles dans le secteur viti-vinicole français rend la tâche encore plus difficile. Ainsi, même si 17 entreprises ont participé au projet, elles ne représentent que 9 % du vin produit sur le territoire. La répartition géographique (entre Beaujolais et Bourgogne) des entreprises de l'échantillon semble cependant représentative de la filière (cf. Tableau 3).

Tableau 3. Comparaison de la répartition géographique des volumes produits à l'échelle de la filière et au sein de l'échantillon.

	Beaujolais (%)	**Bourgogne (%)**
Filière des vins AOP de Beaujolais et Bourgogne en 2011–2012	36	64
Echantillon de 17 entreprises	40	60

5. Conclusion

Les travaux menés dans le cadre du projet ont permis (i) de proposer une méthodologie pour la construction d'un ICV qui soit adapté au périmètre d'une filière agroalimentaire et dont le niveau de qualité des données est élevé ; et (ii) de mettre en évidence les impacts environnementaux de la filière Vins AOP de Beaujolais et Bourgogne, apportant ainsi un éclairage pour la définition des axes stratégiques pour l'avenir.

Références

[1] ISO. 2006a. ISO 14040 – environmental management – life cycle assessment – principles and framework

[2] ISO. 2014. ISO/TS 14072 – environmental management - life cycle assessment – requirements and guidelines for Organizational Life Cycle Assessment

[3] E. Loiseau, G. Junqua, P. Roux, V. Bellon-Maurel, Environmental assessment of a territory : an overview of existing tools and methods, *Journal of Environmental Management*, **Vol 112** (2012)

[4] B. Neto, A.C. Dias, M. Machado. 2013, Life cycle assessment of the supply chain of a Portuguese wine: from viticultire to distribution, *The International Journal of Life Cycle Assessment*, **Vol. 18** (2013)

[5] L. Petti, A. Raggi, C. De Camillis, P. Matteucci, B. Sara, G. Pagliuca, Life cycle approach in an organic wine-making firm: an Italian case study, *Fifth Australian Conference on Life Cycle Assessment, Melbourne, Australia* (2006)

[6] V. Lempereur, S. Penavayre, G. Assogba, T. Majchrzak, C. Pernet, Méthodologie de description d'une filière. Application à la filière viti-vinicole du Beaujolais et de Bourgogne. *38ème Congrès Mondial de la Vigne et du Vin et 13ème Assemblée Générale de l'Organisation Internationale de la Vigne et du Vin* (2015)

[7] G. Assogba, Evaluation des dimensions, sociales, environnementales et territoriales de filières agroalimentaires sous signes officiels de qualités. Discussion des méthodes et des premiers résultats du projet ACYDU appliqué aux filières IGP Canards Gras du Sud-Ouest, AOP Comté et AOP Vins de Bourgogne. *52ème colloque ASRDLF* (2015)

[8] A. Besnier, L. Farrant, S. Penavayre, F. Bosque, M.P. Labau, V. Lempereur, C. Pernet, J.L. Berner,

F. Jolibert, LCI of products sectors : from field data collection to the big picture, *10th International conference on Life Cycle Assessment of Food*, Dublin (2016)
[9] P. Koch, T. Salou, V. Colomb, S. Payen, S. Perret, A. Tailleur, S. Willmann, 2015. Agribalyse: rapport méthodologique. Version 1.2 (2014)
[10] Comité Européen des Entreprises du Vin, *PEFCR pilot on wine – PEF screening report in the context of the EU Product Environmental Footprint Category Rules (PEFCR) Pilots* (2016)
[11] JRC, European Commission, *ILCD Handbook* (2011)
[12] ADEME/AFNOR, *Référentiel transversal d'évaluation de l'impact environnemental des produits alimentaires* (2012)
[13] Fédération Française des Spiritueux, Projet de référentiel catégoriel concernant l'évaluation environnementale des boissons spiritueuses en vue de l'affichage environnemental des produits (2016)
[14] Comité Champagne, *Climat : la Champagne responsable et engagée*, Dossier de presse (2015)

 DOI: 10.1051/bioconf/20160701010

The vine; an emblematic plant bio-indicatrice of the climatic variations, presentation of project ADVICLIM / La vigne ; une plante bio-indicatrice emblématique des variations climatiques, présentation du projet ADVICLIM

Joël Rochard

IFV (Institut Français de la Vigne et du Vin), 17 rue Jean Chandon Moët, 51200 Epernay, France

Abstract. The probable evolution of the climate, grows rich by a historical wine glance. The vine could illuminate this major challenges linked to climate change in particular thanks to the historical analysis of "ban des vendanges" de (grape harvest data) as well as the physiological and phenologic observations in the various wine-producing areas, the last and future evolution of the climate. The wine historians and experts studied the variability of the round of applause of vintage during the last five centuries. The precocity observed since the end of 1980 is from 10 to 20 days comparatively in the middle of the 20th century. In complement the recent historical data make it possible to apprehend in a simple way the influence of the climate change on the dates of grape harvest (10 days average precocity per additional degree Celsius). An European LIFE project ADVICLIM (`www.adviclim.eu`), coordinated by CNRS aims to set up a network of international measurements and a Web platform which will make it possible to the wine growers to evaluate the impacts of the climate change on their pieces. The objective of the communication is to present the historical aspects of the dates of grape harvest in link with the variations of the climate and to determine the future trends to be planned to adapt to the various scenarios during the 21st century.

Résumé. L'évolution probable du climat, s'enrichit d'un regard viticole historique. La vigne pourrait éclairer cet enjeux majeur lié aux changements climatiques, notamment grâce à l'analyse historique du ban des vendanges ainsi que les observations physiologiques et phénologiques dans les différentes régions viticoles, l'évolution passée et future du climat. Les historiens et les experts viticoles ont étudié la variabilité du ban des vendanges au cours des cinq derniers siècles. La précocité observée depuis la fin des années 1980 est de 10 à 20 jours comparativement au milieu du XXe siècle. En complément les données historiques récentes permettent d'appréhender de manière simple l'influence du changement climatique sur les dates des vendanges (précocité moyenne de 10 jours par degré Celsius supplémentaire). Un projet européen LIFE ADVICLIM (`www.adviclim.eu`), coordonné par le CNRS a pour objectif de mettre en place un réseau de mesures internationales et une plate-forme Web qui permettront aux viticulteurs d'évaluer les impacts du changement climatique sur leurs parcelles. L'objectif de la communication est de présenter les aspects historiques des dates des vendanges en lien avec les variations du climat et de cerner les évolutions futures à envisager pour s'adapter aux différents scénarios au cours du XXIe siècle.

1. Introduction

La France a accueilli du 30 novembre au 11 décembre 2015 la 21ème conférence sur le Climat (COP21). Elle a permis un premier accord universel et contraignant sur le climat pour maintenir la température globale en deçà de 2 °C. Dans ce cadre, il est intéressant de souligner que la vigne apporte un éclairage historique sur cet enjeu majeur lié aux changements climatiques (Fig. 1).

Comme le souligne I. Garcia de Cortazar Atauri « *La température est le facteur le plus important dans la date de manifestation des étapes de développement de la flore* »... « *La base de données la plus ancienne dont la communauté scientifique dispose remonte au IXe siècle. Il s'agit de la date de floraison des cerisiers au Japon, phénomène qui là-bas est un véritable événement national. En France, on peut remonter jusqu'au XIVe siècle en utilisant les dates des vendanges. Elles ne constituent pas un stade phénologique en soi puisqu'elles sont décidées par l'homme mais donnent une idée de la maturation du fruit* ».

Ainsi le ban des vendanges déterminé par les seigneurs, les moines puis après la révolution française au niveau communal puis au cours du XXe siècle par les décrets d'appellation d'origine, constituent comme le précise V. Daux « *des archives continentales d'un grand intérêt du fait de leur résolution annuelle, de leur datation précise et des relations fortes et statistiquement significatives qui les lient à la température moyenne de la période de maturation du raisin* ».

En complément, par l'approche culturelle liée au vin, les vendanges font toujours l'objet d'attentions

DOI: 10.1051/bioconf/20160701010

Figure 1. Logo COP21.

médiatiques et le lien entre la vigne, le climat et son évolution est souvent développé dans les médias « grand public » [1].

2. Evolution du climat : une constance de l'histoire de la terre

Depuis l'apparition de la vie sur terre, le climat n'a cessé d'évoluer. La modification du niveau de la mer associée à la présence des fossiles, la disparition de certaines espèces, sont autant de témoins des changements climatiques liés aux cycles naturels (facteurs astronomiques) ou à des événements exceptionnels (météorites, activités volcanique etc.). Les traces géologiques de cette évolution (sédiment, alluvions, etc.) sont parfois des composantes de la spécificité de certains terroirs et de la richesse des paysages viticoles [2].

Parallèlement à l'évolution naturelle, il semble que les activités humaines et industrielles conduisent à une accélération rapide des modifications du climat et notamment du réchauffement. L'analyse des relevés de température par Météo France démontre une tendance au réchauffement de 0,8 à 1.5 °C selon les régions françaises depuis un siècle, avec une accélération au cours des trois dernières décennies. Par ailleurs, une tendance à la diminution du nombre de jours de gelées et à l'augmentation du nombre de jours de forte chaleur a pu être décelée au cours du siècle précédent.

Le développement durable met en lumière l'effet de l'activité des hommes à long terme sur la planète. L'évolution probable du climat, soumis à de nombreuses incertitudes, s'enrichit d'un regard viticole historique. Si le vin a été l'initiateur dans la compréhension scientifique de la microbiologie, grâce aux travaux de Pasteur, la vigne pourrait bien éclairer, notamment grâce à l'analyse historique du ban des vendanges ainsi que les observations physiologiques et phénologiques dans les différentes régions viticoles, l'évolution passée et future du climat (Fig. 2) [3].

Un bio-indicateur désigne des espèces biologiques ou animales qui, du fait de leurs particularités écologiques, constituent l'indice précoce de modifications biotiques ou abiotiques de l'environnement dues à des activités humaines à l'origine de la majeure partie du réchauffement des cinquante dernières années.

2.1. Climat et religion

Les fléaux climatiques étaient souvent associés à des punitions divines. Ainsi, J. Berlioz, souligne que le diable et les démons sont considérés dans un contexte populaire

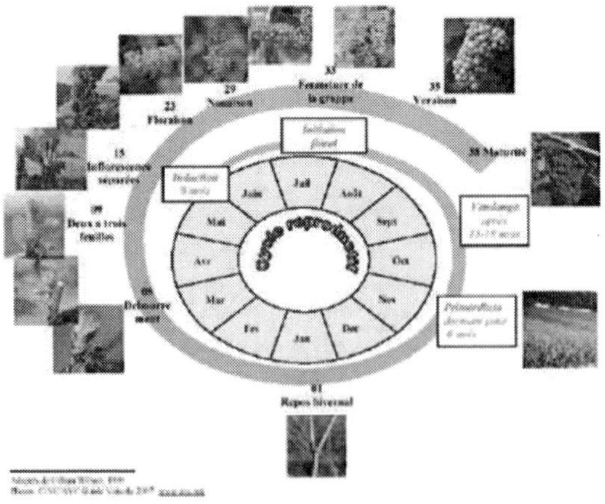

Figure 2. Cycle reproductif de la vigne d'après M. Greven et J. Rochard.

Figure 3. L'Apocalypse de Jean met en scène un terrifiant bouleversement climatique « Et les astres du ciel s'abattirent sur la terre » (Albrecht Dürer, Venise, Musée Correr ; cl. Dagli Orti). Source : J. Berlioz, la foudre, colère de Dieu, revue l'histoire n° 257, septembre 2001.

comme des sources de calamités. Pour conjurer ces fléaux, il n'était pas rare de faire appel à des pratiques magiques, relayées par les superstitions. Pour l'église, cette peur des aléas climatiques était l'occasion de sacraliser les prières, psaumes, litanies, oraison afin d'éloigner les calamités. Le recours aux saints (Saint-Vincent par exemple) s'inscrit également dans une approche culturelle en lien avec les divinités (Fig. 3).

2.2. Climat et Viticulture

Née probablement dans la région du Caucase, à proximité de la Mer Noire, la vigne cultivée n'a cessé de conquérir de nouvelles régions (Moyen Orient, Bassin méditerranéen), au cours de l'expansion de la civilisation grecque puis romaine. Plus récemment, le développement du transport par bateau, à l'origine des colonisations a permis une implantation des vignobles dans les pays du nouveau monde (Amérique du Nord, Hémisphère sud, Asie).

Si la vigne est dotée d'une capacité d'adaptation exceptionnelle, et si l'homme sait inventer les techniques culturales dans les conditions les plus extrêmes, cette plante liane n'a trouvé majoritairement son terrain de prédilection que dans quelques zones du globe correspondant à des conditions climatiques spécifiques (20 à 53° de latitude dans l'hémisphère Nord et 20 à 42° dans l'hémisphère sud) (Fig. 4).

Au-delà de la répartition mondiale, à un niveau plus local, l'optimum qualitatif d'un terroir est lié à un savoir-faire du vigneron (mode de culture, cépages...), qui sait tirer profit des spécificités microclimatiques de sa région [4].

Les particularités climatiques de l'année conditionnent le site reproductif de la vigne. Le débourrement selon Baggiolini, correspond à la date à laquelle 50 % des bourgeons sont au stade C, pointe verte visible, la floraison est définie par la date à laquelle 50 % des fleurs sont ouvertes. La véraison est le moment où les baies entrent dans la phase finale de maturation [5].

Influence du climat sur la vigne [6].
d'après Oz Clarke, extrait de « Atlas Hachette des vins du Monde», 1995.

Sans l'influence du Gulf Stream, qui réchauffe les côtes occidentales de la France, les crus classés du Médoc n'existeraient pas. Sans les brouillards qui refroidissent les rivages californiens, nous ne pourrions apprécier les vins de Cabernet de la Napa Valley. Sans le courant de Benguela, qui naît dans l'antarctique et rafraîchit le front fiévreux du Cap, la canicule sud-africaine rendrait impossible l'élaboration de vins agréables. Les barrières naturelles qui protègent l'Alsace, l'état de Washington, aux Etats-Unis, et Marlborough, en Nouvelle-Zélande, assurent un automne long et sec, durant lequel les fruits ont tout le temps de parvenir à maturité. Sans l'influence adoucissante des lacs Eriée et Ontario à la frontière américano-canadienne, il n'y aurait pas de viticulture en Ontario, et rien ne pourrait mûrir au nord de l'état de New-York ou dans l'Ohio.

Inversement, on ne peut que déplorer les gelées tardives qui apparaissent par une belle nuit d'avril et déciment la vendange à Chablis ; la sécheresse qui s'installe sournoisement en Nouvelle-Galles du sud, en Australie met les vignes les plus résistantes à rude épreuve ; les cyclones d'automne qui balaient Gisborne et Hawke's Bay, en Nouvelle-Zélande déversent en une heure l'équivalent d'un mois de pluie sur des fruits mûrs à point ; les nuages gris et maussades qui s'installent du printemps à l'automne au-dessus des South Downs, en Angleterre condamnent le millésime à la médiocrité. Toute la diversité du climat mondial est là. Les rapports d'étroite dépendance qui unissent les différents climats semblent de plus en plus évidents : un phénomène apparu en un endroit du globe peut déclencher des réactions en chaîne d'un bout à l'autre de la planète.

3. Le ban des vendanges : une mémoire viticole climatique

Le droit de ban, ou Bannus, était originellement venu de Germanie et donnait aux souverains des deux premières dynasties, mérovingienne et carolingienne, un pouvoir de commandement théoriquement sans limites. Le ban des

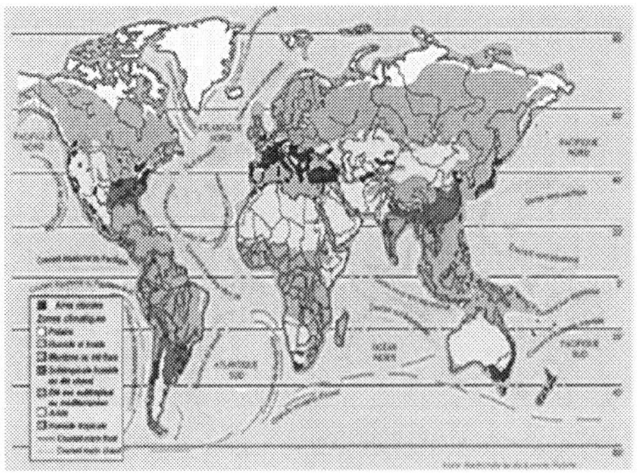

Figure 4. Carte climatique et viticole mondiale (Source : Traitée de viticulture et d'œnologie durables, J ROCHARD, Collection Avenir Œnologie).

vendanges, date du début de la cueillette, établi autrefois par les seigneurs ou les moines, constitue une mémoire des caractéristiques viticoles, et indirectement des conditions climatiques annuelles du passé. Le terme exact est « lever le ban des vendanges », c'est-à-dire l'interdiction de commencer à cueillir le raisin.

En droit féodal, le seigneur haut-justicier disposait du pouvoir d'établir des règlements et des proclamations publiques (droit de ban), sur l'étendue de son domaine. Ainsi, par le ban, le seigneur s'attribuait, dès le XIe siècle, le monopole d'installations telles que four, forge, pressoir, moulin à grain, moulin à huile. Il en résultait, pour les habitants de la seigneurie, l'obligation d'utiliser ces installations, dites banales, contre redevances (souvent en nature). En outre, le seigneur, avec le « banvin » se réservait la possibilité de vendre son vin avant les autres producteurs de la seigneurie [7].

Déjà à l'époque romaine, la date des vendanges n'était pas laissée au libre arbitre du vigneron et reposait sur une délibération publique dans le sens de l'intérêt général et Olivier de Serres soulignait que « ce sont des reliques de l'antique censure de Rome que la police fut le fait des vendanges » [8].

Comme le souligne P. VITAL dans son ouvrage « Les vieilles vignes de notre France », « ce serait cependant trop restreindre la portée du ban des vendanges, que de lui attribuer uniquement la facilité de percevoir des redevances. Il avait aussi pour dessein plus noble, la recherche de la qualité, car les experts envoyés dans les vignes pour fixer la date du ban, avaient pour mission essentielle de s'assurer que les raisins avaient atteint la parfaite maturité à l'ouverture du ban. » [9]

J.P. Legrand du CNRS de Paris VI a publié en 1977 et 1978 dans la Revue « La météorologie » une étude visant à cerner les évolutions météorologiques au cours de l'histoire, à partir des dates de vendanges [10,11]. Cette étude s'appuyait sur une sélection, dans la zone Nord et dans le Bordelais, des années particulièrement précoces et tardives. Par exemple pour le Bordelais, de 1753 à 1977, 78 années ont été sélectionnées, 35 précoces et 45 tardives. Une courbe de tendance de variation climatique a été établie à partir de la différence entre le nombre d'années précoces et tardives par intervalle de 50 ans. Pour la période du moyen âge, dépourvue de références sur la date de récolte, l'interprétation était basée sur la disparition progressive du vignoble anglais, J.P. Legrand soulignant

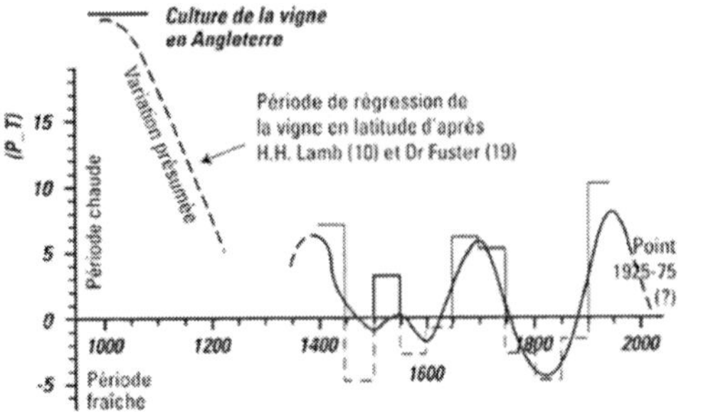

Figure 5. Courbe donnant la tendance des variations climatiques entre 1400 et 1975. Les variations climatiques naturelles sont indiquées par des tirets.- J.P. Legrand, 1978.

cependant l'importance des aspects politiques dans cette disparition (perte du Duché d'Aquitaine par la France en 1152 au profit des anglais) (Fig. 5).

Cette étude visait à souligner la relation entre les dates d'ouverture des vendanges et le cycle d'activité solaire. Ces observations paraissaient indiquer que les conditions climatiques naturelles pour la fin du 20ème siècle s'achemineraient vers une nouvelle période de refroidissement (sans tenir compte des incidences des activités humaines associées à un réchauffement).

Dans un ouvrage remarquable « Histoire du climat depuis l'an mil », Emmanuel Leroy Ladurie a retracé l'évolution des données climatiques à partir d'une série d'indicateurs, parmi lesquels les dates de vendange des régions septentrionales [12,13]. Sa démarche s'appuyait sur des données historiques répertoriées dans différentes régions (Argenteuil, Bourgogne, Champagne, Jura, Suisse). Ces données étaient calculées à partir de la date des bans de vendange en nombre de jour à partir du 1er septembre. E. Leroy Ladurie a souligné la variabilité, au cours du temps des dates de récolte, en liaison avec des modifications climatiques. Ainsi, des récoltes tardives liées au petit âge glaciaire sont intervenues de 1303 à 1859. Malgré tout, des années précoces ont été observées de manière épisodique, 1636, 1639, 1718, 1719, 1811.

Il est intéressant de confronter cette approche historique à des événements exceptionnels, notamment des éruptions volcaniques importantes qui ont pu conduire par la présence de cendre dans l'atmosphère à une diminution significative de la température, pendant quelques mois, sur une zone importante de notre planète. Benjamin Franklin (1706–1790) a été le premier à souligner que les éruptions volcaniques pouvaient avoir un impact sur le climat avec l'hiver rigoureux de 1783–1784 causé par l'éruption de l'Eldeyjar et du Jökull d'Islande.

Ainsi en 1816, suite à l'explosion du volcan TAMBORA en 1815, les vendanges ont été très tardives (24 octobre). Ce volcan, situé dans île de SUMBAWA en Indonésie explosa le 10 avril 1815. Son altitude qui dépassait 4000 mètres se réduisit à 2200 mètres après l'éruption.

Un volume de 150 à 175 km^3 de pyroclastites (poussières et cendres) fut émis durant 2 à 3 jours jusqu'à 600 km de distance du volcan et furent projetés dans la stratosphère (20–30 km de hauteur) où ils furent transportés par les jets-streams de la haute atmosphère. Pendant plusieurs jours le ciel s'obscurcit sur une surface de la Sicile. En quelques mois les poussières

Table 1. Indice d'Explosivité Volcanique différentes éruptions significatives dans le monde.

Indice d'Explosivité Volcanique (I.E.V.)	Volume des cendres	Hauteur du nuage	Exemples
0	1 000 m^3	< 100 m	Kilauea 1959
1	10 000 m^3	100–1 000 m	Stromboli 2002
2	1 000 m^3	1–5 km	Galéras 1992
3	10 000 000 m^3	3–15 km	Ruiz 1985
4	100 000 000 m^3	10–25 km	Galunggung 1982
5	1 km^3	> 25 km	Mt St Helens 1981
6	10 km^3	> 25 km	Krakatau 1883
7	100 km^3	> 25 km	Tambora 1815
8	1 000 km^3	> 25 km	Yellowstone 2 Ma. Il y a environ 640 000 ans

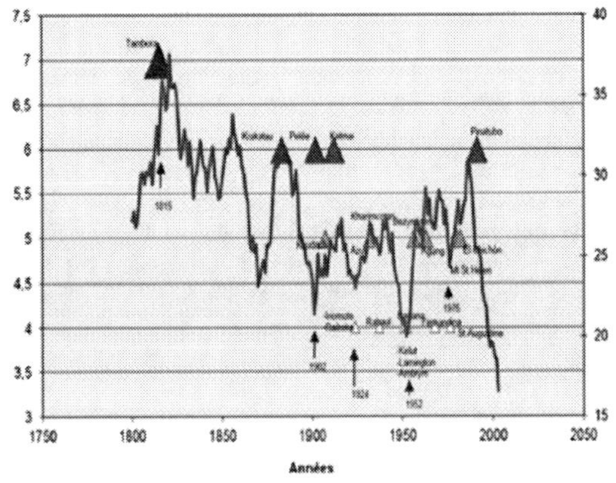

Figure 6. Evolution des dates des vendanges (en moyenne mobile sur 10 ans), données d'E. Leroy Ladurie et éruptions volcaniques.

et aérosols se répandirent dans l'atmosphère provoquant des modifications climatiques pendant plusieurs années. Son effet sur le climat a semble-t-il été très significatif : pas d'été en Nouvelle Angleterre et dans l'Europe de l'Ouest, température inférieure de 3 degrés par rapport à la normale, gel et neige tous les mois dans certaines régions européennes.

Les volcans indonésiens KRAKATOA (1883) et Augun (1963), le Mont Saint Helens (1980) aux Etats-Unis, El chichon (1982) au Mexique, et le Pinatubo (1991) aux Philippines ont également contribué à un refroidissement significatif.

Les principales éruptions volcaniques sont répertoriées dans le Tableau 1 (Indice d'explosivité des éruptions).

La Fig. 6 répertorie (moyenne mobile sur 10 ans) les données historiques des vendanges établies par E. Leroy Ladurie et les principales éruptions volcaniques des 19e et 20e siècles.

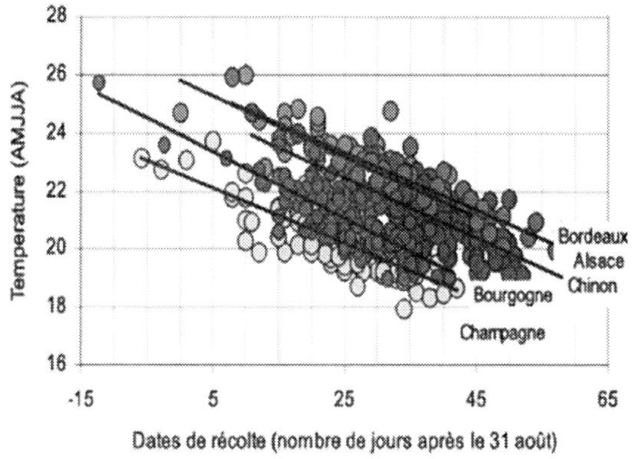

Figure 7. Corrélation entre la température et des dates de vendanges de différents vignobles (Source V. Daux /CNRS).

Les données historiques récentes permettent d'appréhender de manière simple l'influence du changement climatique sur les dates de vendanges (Fig. 7). A partir d'une date de vendange moyenne actuelle, il suffit de retrancher un nombre de jours correspondant à l'élévation de température prévue divisée par 10 [14]. Par exemple une élévation moyenne de température de 1 °C des températures maximales de la période de croissance (avril à août) correspond à une avancée de la date d'ouverture de vendange moyenne de 10 jours (8 à 12 jours).

4. Conclusion

La prospective est un exercice difficile, soumis à de nombreuses incertitudes, en particulier pour le climat, influencé par des facteurs interdépendants, ce qui justifie la prudence dans l'interprétation des évolutions. Néanmoins, les changements et notamment le réchauffement semblent inéluctables. Des études ont permis de cerner les évolutions des dates de vendange actuelles. Elles complètent les travaux des historiens qui ont étudié la variabilité du ban de vendange au cours des cinq derniers siècles. La précocité observée depuis la fin des années 1980 est de 10 à 20 jours comparativement au milieu du XXe siècle [15].

Au regard des évolutions actuelles prévues depuis une quinzaine d'années, pour une évolution de l'ordre de 0.5 °C, il parait plausible d'imaginer des changements significatifs concernant les itinéraires viticoles et œnologiques au cours des prochaines décennies et probablement à terme, une modification des choix variétaux.

Parallèlement à l'élévation moyenne de la température, il semble qu'une modification du climat puisse accentuer les effets extrêmes. Périodes sèches prolongées, fortes pluies « tropicales », tempêtes violentes sont autant de phénomènes susceptibles de modifier les conditions culturales. Vis à vis de la gestion du sol, une telle hypothèse justifierait à la fois une généralisation des moyens de lutte contre le ruissellement et l'érosion, et une gestion optimale de l'eau en conditions estivales. Cette évolution pourrait conduire à une adaptation des pratiques traditionnelles locales (labour, enherbement, mulch) et

Figure 8. Site internet du projet ADVICLIM `www.adviclim.eu`

poserait dans certaines régions avec plus d'acuité la nécessité d'irriguer.

La mise en place d'observatoires viticoles régionaux dans le cadre d'un réseau international peut permettre aux viticulteurs de faciliter l'adaptation progressive de leurs vignobles aux changements climatiques. Dans ce cadre, le projet européen LIFE ADVICLIM `www.adviclim.eu` a pour objectif d'étudier des scenarios d'adaptation et d'atténuation, à l'échelle des terroirs viticoles, pour différents vignobles représentatifs de la diversité climatique des régions viticoles européennes. Le projet comporte également une plate-forme Web qui permet aux viticulteurs d'évaluer les impacts du changement climatique sur leurs parcelles (Fig. 8).

En complément, il est possible d'imaginer que les observations viticoles recueillies, mises en réseau, permettent d'alimenter une base de données mondiale d'indicateurs biologiques, complétant les scénarios climatiques établis par le GIEC.

Références

[1] J. Rochard, La vigne : une plante bio indicatrice emblématique des variations climatiques, revue française d'œnologie, **273** (2015)

[2] J. Rochard, *Traité de viticulture et d'œnologie durables*, éditions Avenir œnologie (2003)

[3] J. Rochard, *Changements climatiques, perspectives pour la viticulture*, Revue des œnologues, **110** (2004)

[4] A. Carbonneau, C. Riou, D. Guyon, J. Riom, *Agrométéorologie de la vigne en France*, Commission des Communautés Européennes (1992)

[5] P. Huglin, C. Schneider *Biologie et écologie de la vigne*, Lavoisier, Paris (1998)

[6] O. Clarke, *Atlas Hachette des vins du Monde*, Ed. Hachette, Paris (1995)

[7] H.Chobaud, *Le ban des vendanges et la date du début des vendanges dans le Comtat Venaissin du XIVe au XIXe siècle*, Annales de la Société d'Ethnologie française, p. 55–60 (1950)
[8] A. Guerreau, *Climat et vendanges (XIVe-XIXe siècles) : révisions et compléments*, in *Histoire et Mesures*, **X 1–2**, p. 89–147 en ligne (1995)
[9] P. Vital, *Les vieilles vignes de notre France*, réédition Wallada (1984)
[10] JP. Legrand, *Fluctuations météorologiques, vendanges et activité solaire*, La météorologie, 1ère partie VI, **9**, 73p (1977)
[11] JP Legrand, *Fluctuations météorologiques, vendanges et activité solaire*, La météorologie VI, **12** (1978)
[12] E. Le Roy Ladurie, *Histoire humaine et comparée du climat en Occident. Canicules et glaciers XIIIe-XVIIIe siècles*, Paris, Fayard (2004)
[13] E. Le Roy Ladurie, *Disettes et révolutions, 1740–1860*, Paris, Fayard (2006)
[14] V. Daux, *La reconstruction climatique à partir des dates de vendanges*, Revue de la BNF **2010/3,** n° 36, p. 26–33
[15] J. Rochard, J.R. Clement, A. Srhiyeri, *Zonage et modification du climat : Évolution des dates de vendange*, ITV France, Pôle environnement en ligne

Grapevine yield components and composition of Isabel grape produced according to the organic and conventional systems

Alberto Miele

Embrapa Uva e Vinho, 95701-008 Bento Gonçalves, RS, Brazil

Abstract. There is an increasing demand for organic grapes by the juice industry of Serra Gaúcha, Brazil. This region presents a humid and hot summer, ideal climatic conditions for the development of a number of diseases. To control such diseases and problems brought about by other organisms, growers apply pesticides on the grapevines which may leave residues in grapes. However, in general, grapes produced by organic system have lower yield, but there is a lack of research data on this subject. Thus, an experiment was carried out over three years in order to compare the yield components and the physicochemical composition of the must of Isabel grapes conducted in both production systems. When the grapes were ripe, variables related to yield components were evaluated, such as the number of clusters/vine, yield/vine and weight/cluster. Then the grapes were sampled and taken to the laboratory where they were crushed and the musts were centrifuged and analyzed. The 3-year data mean were submitted to correlation analysis and Principal Component Analysis. The results show that conventional grapevines produced 2.18 times more than organic. However, the grapes from the organic system had higher density, Brix, pH, Brix/titratable acidity ratio, P and Mg but lower K, and Ca varied little between both production systems.

1. Introduction

The development of science and technology in the last decades had considerable effects on the increasing production of most crops. To achieve this goal, there was the contribution of many areas especially since the beginning of the 20th century. However, sometimes this development was followed by negative impacts to the environment and to the human being, directly or indirectly. Due to this, many international institutions, officials or not, are acting today to mitigate the negative impact that some technological practices have on the environment.

Among these institutions, there are many organizations spread all over the world working with viticulture and agrobiology, due to an increasing demand for organic grapes. Indeed, a considerable number of grape growers around the world have the commitment to produce organic products.

The international bibliography concerning the production of organic grapes covers different aspects of this field, such as those related to a) minimize the use of copper and its effect on the environment [1]; b) search alternative products to control different diseases [2]; c) control nematodes [3]; d) fertilization and mineral nutrition [4]; and e) the impact and evaluation of the organic viticulture [5–7].

Serra Gaúcha, the most important Brazilian viticultural region was also influenced by this scientific and technological development with the use of different agricultural inputs, such as fungicides, insecticides, herbicides, growth regulators and fertilizers.

This region is humid and hot during the summer time, climatic conditions that contribute to the development of diseases caused by a series of fungi species, such as anthracnose, downy mildew, *Botrytis* and grape ripe rot, which should be controlled by specific fungicides. The application of these products and other pesticides used in vineyards may result in residues on grapes. In addition, it is necessary to emphasize the possibility of causing problems to the environment – air, soil and groundwater contamination – and to the human being. Moreover, it is important to consider that organic products could also leave residues of undesirable substances used in vineyards. For example, the Bordeaux mixture – the main fungicide used to control diseases in vineyards conducted according to the organic system in Brazil [8] –, contains copper in its formula. Therefore, it should be used carefully since high contents of this metal in soils and grapes could be harmful to humans and environment.

Considering the increasing awareness of the living conditions on Earth and, in particular, the health problems these pesticides may cause in many grape growers, a group of viticulturists of Serra Gaúcha is adopting organic procedures in their vineyards. In this way, some organic grapes are directed to the market to be consumed as table grape and another part goes to the industry to make still and sparkling wine, vinegar and jelly. However, most of them go to the grape juice industry to cope with the increasing demand for organic juices.

In general, grapevines produced by the organic system have lower yield than those from the conventional system. However, there is a lack of research data on this subject. A 3-year experiment was thus carried out with the objective of comparing grapevine yield components and physicochemical composition of the Isabel grape must conducted in both systems.

 DOI: 10.1051/bioconf/20160701011

Table 1. Parameters of Isabel grapevine yield components and grape must composition.

Production system	Yield components			Grape must composition								
	Number of clusters/ Vine	Weight/ Cluster (g)	Yield/Vine (kg)	Density (g/mL)	Brix	Titratable acidity (meq/L)	Brix/ Titratable acidity	pH	P (mg/L)	K (mg/L)	Ca (mg/L)	MG (mg/L)
Organic												
2004	113	91.5	10.34	1.0833	19.6	68	38.4	3.32	77.7	1020.6	56.2	56.8
2005	85	69.1	5.87	1.0839	19.5	66	39.4	3.22	66.6	996.4	74.2	49.9
2006	58	111.9	6.49	1.0756	17.7	69	34.1	3.11	180.5	780.2	78.9	60.7
Mean	*85*	*90.8*	*7.57*	*1.0809*	*18.9*	*68*	*37.3*	*3.22*	*108.3*	*932.4*	*69.8*	*55.8*
Conventional												
2004	207	109.9	22.76	1.0799	18.8	72	34.8	3.16	67.2	1031.3	62.7	53.3
2005	179	78.0	13.96	1.0772	18.1	73	33.1	3.22	55.9	1072.8	71.2	45.3
2006	127	100.9	12.81	1.0698	16.7	63	35.3	3.01	121.3	897.6	74.3	53.4
Mean	*171*	*96.3*	*16.51*	*1.0749*	*17.9*	*69*	*34.4*	*3.10*	*81.5*	*1000.6*	*69.4*	*50.7*

2. Material and methods

The vineyard was established in 1971 at Embrapa Uva e Vinho, Bento Gonçalves, Brazil. Isabel (syn. Isabella) grapevines (*Vitis labrusca* L.) were own-rooted, pergola trellised and spur pruned. The distance between east-west-oriented rows was 3 m and within rows 2 m. Therefore, the density was 1,666 grapevines/ha.

The experiment was carried out over three years, from 2004 to 2006, and the vineyard was divided in two uniform plots, one cultivated under conventional procedures and the other under organic principles. Each plot had 384 grapevines, which means 2,304 m^2/plot. The number of spurs an shoots left in each production system was according to the vigor of each grapevine. The leaves of all plants were exposed to sunlight to maximize photosynthesis and to enhance the air flow inside the vineyard.

In the conventional system, diseases were controlled by synthetic fungicides – mancozeb and metalaxyl – earlier in the growing season and, later, the Bordeaux mixture was used; weeds were controlled by glyphosate spraying. In the organic vineyard, lime sulfur was applied during the winter time and the Bordeaux mixture during all vegetative cycle; inter-rows were mechanically kept clean from weeds. The number of synthetic fungicides and Bordeaux mixture sprays varied depending on the climatic conditions of each year. Insecticides and fertilizers were not applied in the vineyards.

Variables related to yield components were evaluated during grape maturity, i.e., number of clusters/vine, yield/vine and weight/cluster. In both systems, these variables were evaluated in 60 grapevines with similar vigor. Then, 10 berries of each one of these 60 grapevines – therefore a total of 600 berries per system – were sampled for physicochemical analysis, placed in plastic bags and soon taken to the laboratory where they were crushed. Next, the liquid phase was separated from the solid phase, centrifuged and analyzed.

The physicochemical variables evaluated were density, analyzed by a Paar digital aerometer with correction of temperature; Brix, by an Abbe refractometer with correction of temperature as well; pH, by a Corning pHmeter; and titratable acidity, by titration [9]. The minerals Ca and Mg were analyzed by atomic absorption spectrophotometry and K by flame emission [10]; P, by UV/VIS spectrophotometry [10].

Mean data of the three years were submitted to correlation analysis and Principal Component Analysis (PCA).

3. Results and discussion

Grapevines cultivated under the organic production system had lower number of clusters/vine and lower yield/vine in the three years and weight/cluster lower in the two first harvests (Table 1). Considering the mean of three years, organic grapevines showed lower number of clusters/vine (–50.29%), weight/cluster (–5.71%) and yield/vine (–54.15%).

These data show that there was a substantial difference between the grapevine yield because, on average, it decreased from 16.51 kg/vine (27.51 t/ha) in the conventional system to 7.57 kg/vine (12.61 t/ha) in the organic system. This was mainly due to the decrease in the number of clusters/vine, since the weight/cluster varied little. Indeed, the yield/vine and the number of clusters/vine had a significant correlation ($r = 0.95$; $p < 0.05$) but yield/vine was not significantly correlated ($p > 0.05$) to cluster weight, despite the fact that the weight/cluster of the organic grapes was slightly higher in the two first years and the average of three years. This result is in accordance with findings of previous work carried out with Merlot grapevines [11].

The decrease in the number of clusters/vine of the organic system, and consequently the decrease in the yield/vine, was mainly due to the overall grapevine behavior over three years which was dependent on the cultural practices used, such as those related to the control of diseases. The fungicide sprays were minimal in both production systems, but it seems that those with only Bordeaux mixture were less effective to control fungal diseases, especially downy mildew. This pathogen was probably most responsible for the reduced yield of organic grapevines, because it may cause damage – or death – of sprouts, shoots, individual flowers and inflorescences.

The average yields of this experiment, for both production systems, are similar to those reported by growers of the Serra Gaúcha viticultural region in the past years. As Isabel grapevines are moderately susceptible to fungal diseases, more resistant cultivars, such as Bordô (local name of the cv. Ives), another *Vitis labrusca*, could be recommended. Cultivars susceptible to most diseases, such as those of *Vitis vinifera*, are much more difficult to grow due to the climatic conditions of this region.

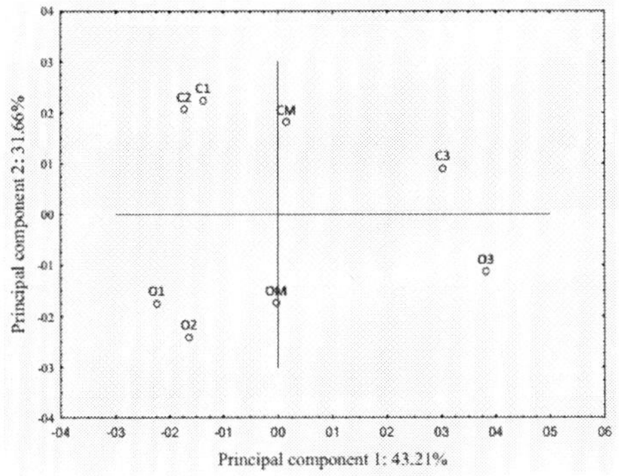

Figure 1. Projection of the organic and conventional production systems on the principal components formed by the planes 1 × 2. Legend: O= organic system; C = conventional system, M = mean, 1 = 2004, 2 = 2005, 3 = 2006.

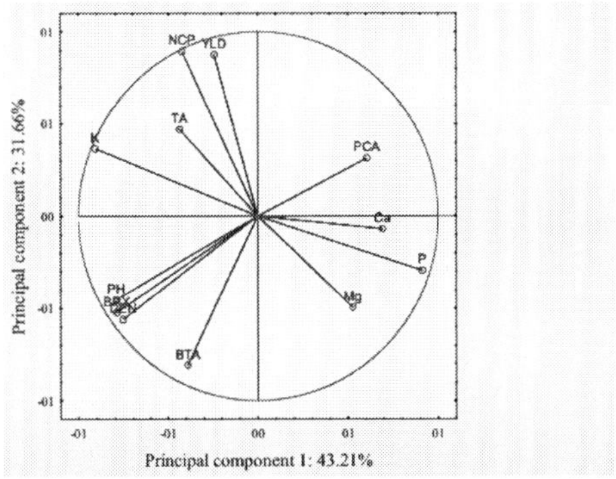

Figure 2. Projection of the variables on the principal components formed by the planes 1 × 2. Legend: NGP = number of clusters/vine, YLD = yield/vine, PCA = weight/cluster, BRX = Brix, DEN = density, PH= pH, TA= titratable acidity; BTA= Brix/Titratable acidty ratio, P= phosphorus, K = potassium, Ca = calcium, Mg = magnesium.

As the yield of organic grapevines was lower (Table 1), the average composition of organic grape musts showed higher values for most variables evaluated, i.e., density (+0.56%), Brix (+ 5.59%), Brix/titratable acidity ratio (+8.43%) and pH (+3.87%). However, the titratable acidity was lower (−1.45%) despite the fact there was no significant correlation ($p < 0.05$) between pH and titratable acidity. The P (+32.88%) and Mg (+10.06%) concentrations were also higher in the grape musts of the organic system, which was most likely due to the decrease in the grapevine yield rather than to the effect of the organic practices used. Nevertheless K had lower values (−6.82%) and Ca varied little (Table 1).

The difference between the yield of conventional and organic grapevines was of 14.90 t/ha as the Brix was of only 1 (mean of 18.9 in the organic must and 17.9 in the conventional must). This shows the capacity of these vines have to produce and accumulate sugar in the grape berries. There are many works relating yield and total soluble solids in grapes. Some show that there is no direct relationship between them [12] and others found that the increase of sugar in grape is proportionally low compared to the reduction of productivity [13]. But, most works show that the higher the yield, the lower the sugar concentration in grape berries [14]. The differences found by these workers may be explained by several factors, such as cultural practices used in vineyards, soil characteristics, capacity of each grapevine, source/sink relationship and partition of metabolites in different plant organs.

The parameters of all variables of both production systems were submitted to Principal Component Analysis. Considering the mean of three years, results show that the two main components were responsible for 74.87% of the total variation (PC1 43.21% and PC2 31.66%). This means that there were other principal components responsible for the observed variation in the yield components of the grapevines and in the grape must composition. The PCA shows that the average yield of the grapevines cultivated under the organic and conventional systems are in opposite positions on PC2, where conventional grapevines had higher values for yield components. It also shows that these vines had lower parameters for the variables evaluated in the grape must (Figs. 1 and 2).

4. Conclusion

Grapevines cultivated under the organic system had about 50% lower yield than the conventional one, which represents higher cost/kg of produced grape. This increase in cost should be transferred to the industries and consequently to consumers. However, grapes were slightly sweeter, less acid and had, as those from the conventional system, a desirable sugar/acid balance for the Brazilian taste. Thus, the Isabel grapes produced by the organic system have suitable composition to make quality grape juice. It should be remembered that synthetic pesticides are not allowed to be used in the organic system, which may result in grapes and grape juices free of these products and that is why it may impact less the environment and the human being.

The author thanks colleagues of Embrapa Uva e Vinho for their kind collaboration during the three years this experiment was conducted.

References

[1] S. Dagostin, H-J. Schärer, I. Pertot, L. Tamm. Crop Prot., **30**, 7 (2011)
[2] P. Crisp, T.J. Wicks, D. Breuer, E.S. Scott. Aust. J. Grape and Wine Res., **12**, 3 (2006)
[3] P. Coll, E. Le Cadre, C. Villenave. Nematology, **14**, 7 (2012)
[4] P. Coll, E. Le Cadre, E. Blanchart, Ph. Hinsinger, C. Villenave. Appl. Soil Ecol., **50**, p.37–44 (2011)
[5] J.R. Reeve, L. Carpenter-Boggs, J.P. Reganold, A.L. York, G. McGourty, L.P. McCloskey. Am. J. Enol. Vitic., **56**, 4 (2005)
[6] G. Fragoulis, M. Trevisan, A. Di Guardo, A. Sorce, M. van der Meer, F. Weibel, E. Capri. J. Environ. Qual., **38**, 2 (2009)
[7] M. Raviv. Chronica Hortic., **50**, 2 (2010)
[8] A. Miele. Pesq. Agropec. Bras., **22**, 9–10 (1987)
[9] J. Ribéreau-Gayon, E. Peynaud, P. Ribéreau-Gayon, P. Sudraud. *Traité d'œnologie. Sciences et techniques du vin* (Dunod, Paris, 1982)

DOI: 10.1051/bioconf/20160701011

[10] P. Ribéreau-Gayon, Y. Glories, A. Moujean, D. Dubourdieu. *Traité d'œnologie. 2. Chimie du vin, stabilization e traitements* (Dunod, Paris, 1998)
[11] A. Miele, F. Mandelli. Rev. Bras. Frutic., **34**, 4 (2012)
[12] M. Keller., L.J. Mills., R.L. Wample, S.E. Spayd. Am. J. Enol. Vitic., **56**, p. 91–103 (2005)
[13] A. Miele, L.A. Rizzon. Rev. Bras. Frutic., **35**, 4 (2013)
[14] I. Dami, D. Ferree, A. Prajitna, D. Scurlock. HortSci., **41**, p. 586–588 (2006)

Resistance and resilience to changing climate of Tuscany and Valpolicella wine grape growing regions in Italy

Maurizio Boselli[1,a], Gianfranco Tempesta[2], Monica Fiorilo[3,b], and Michele Brandi[4]

[1] Università degli Studi di Verona, Dipartimento di Biotecnologie, Villa Lebrecht, via della Pieve 70, 37029 San Floriano (Province of Verona), Italy
[2] Vivaio Enotria, via Campagnole 2, 31050 Cavasagra di Vedelago (Province of Treviso), Italy
[3] Web editor for "De Vulpe et Uva"
[4] Marchesi Frescobaldi Societa' Agricola S.r.l., via S. Spirito 11, 50125 Florence, Italy

Abstract. Global climate change poses new challenges for plant species, including new and complex combinations of environmental conditions to which plants should adjust and adapt. Mediterranean ecosystems are recognized biodiversity hotspots, but are also global climate change hotspots due to the concerted action of multiple environmental drivers. The Italian Peninsula presents a wide range of all these site-related elements influencing grapevine performance. From a climatic perspective, it delivers a relatively large set of mesoclimates, spanning from dryer regions, in the inner south, to more humid regions, in the northwest and northeast. Topography and soils are also quite distinct throughout the peninsula, ranging from extended flatland areas to steep mountainous regions, each with very different soil characteristics, which may influence crop selection and settlements in each region. All these elements are reflected in the different varieties grown throughout the peninsula.

This study aims to provide an improved assessment of the practical adaptation options for the viticulture of Tuscany and of Valpolicella and what could be the strength and resilience to climate change of grapevine varieties in these areas. According to the models tested, Italian viticulture is able to adapt better than other countries to global warming, as the placing at various altitudes up in the high hills and mountains sets off the mechanism called resilience.

1. Introduction

Of all drinks, wine is the only one with a symbolic value.

In Mediterranean Greco-Roman civilizations, where the Gods had a human appearance, there was a link between the natural and the divine.

The domestication of the *Vitis* genus with the obtaining of the *vinifera* species that occurred as described by the Old Testament in the Ararat region, irradiated from its cradle in the Pontus region to the Fertile Crescent and was then spread by the Greco-Roman civilisation. The Christian culture syncretically adopted the rituals.

The caravels and colonisation from the Mediterranean during the 16th and 17th centuries, took the *Vitis vinifera* to the New World.

Viticulture found favourable climate conditions and latitudes there, i.e. those that allow a full plant cycle of the vine, as it is a long-day plant. The photoperiod determines the hormonal cycle, the basis of the metabolic functions of the plant's rest period, budding, flowering, veraison and the accumulation of reserves for the subsequent cycle.

The historic vineyard areas, where viticulture has adapted, produce typical and famous wines.

New viticulture either refers to a historical and cultural heritage (viticulture taken to Serra Gaúcha from the Veneto) or to brands where the name of the variety prevails (Chardonnay, Cabernet Sauvignon, Syrah, etc.), a mirror effect of the original historic areas (Bordeaux, Champagne and the Loire Valley).

The current prevalence of mass retail (80% of wines are sold off-trade) concentrates on few wine types.

Therefore, the pedoclimatic indices reflect a reallocation policy of vineyard areas in parameters respecting the new styles of products requested by consumers.

An example of this is the relocation of Californian viticulture to Oregon and Australian viticulture to New Zealand.

For orographic reasons and the fact that it is a peninsula in the Mediterranean, which mitigates the extremities, Italy has restructured viticulture from polyculture that, with 2,046,000 hectares, covered the whole territory, while specialised viticulture numbered 1,142,000 hectares, concentrating in the more suitable areas with favourable pedoclimatic factors.

The affirmation of the DOCs started in the peninsula after the Second World War, giving legal certainty and trading recognition to historically deep-rooted products (Chianti, Valpolicella, Barolo, etc., etc.)

The legislator was generous when defining the areas, which are like XXL clothes (see attached maps). In other words, the vineyards can find space in potential DOC areas to move both to high ground and to areas better suited to respond not only to climate change but also to consumer tastes.

[a] e-mail: maurizio.boselli@univr.it
[b] e-mail: www.devulpeetuva.com

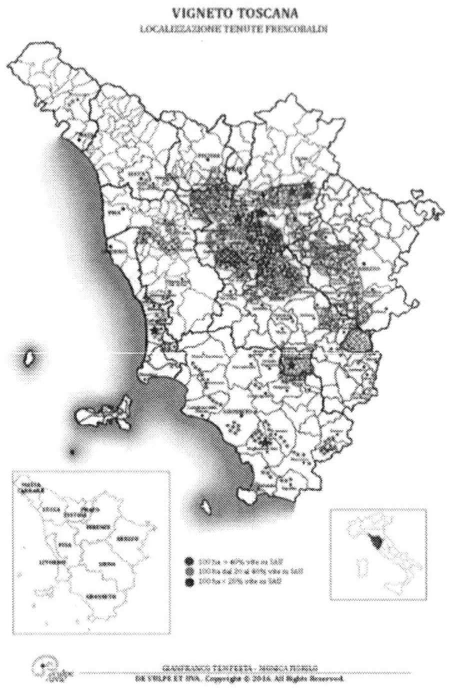

Figure 1. Location of the Marchesi de' Frescobaldi wineries in Tuscany indicated by a star.

It is certain that, from the Alps to the Strait of Sicily, there is an enormous variability within the pedoclimatic indices. We can find the same variability in the individual regions, as we will go on to demonstrate.

2. The ability of traditional grape varieties to adapt to climate change

Global climate change poses new challenges for plant species, including new and complex combinations of environmental conditions to which plants should adjust and adapt. The Mediterranean ecosystems are recognised elective places of biodiversity, but they are also hotspots for climate change due to the established action of several environmental variables. In the face of these changes, Mediterranean plants can migrate towards more suitable habitats, adapt through natural selection, adjust their phenotypic plasticity or die out.

The best-known vinegrowing regions in Italy have a long winemaking tradition and are considered to be of international importance. The adaptation of the wine grapevine to a warmer environment and reduced water is an important element for possible future cultivation in the context of sustainable vinegrowing practices. The wine grape varieties are traditionally grown in unique "terroirs" whose climate is a crucial component; the wine characteristics being directly linked to the climate of the region. A changing climate, therefore, is likely to modify both the style and the quality of the wine produced in a specific location.

The Italian peninsula has a vast range of elements linked to location which influence the performance of the vine. In fact, from a climatic point of view, Italy has an ample set of mesoclimates, ranging from dryer regions in the inland south, to the wetter regions in the northwest and northeast. Topography and soils are also very distinct throughout the peninsula, ranging from vast plains to steep mountainous regions, each with very different soil characteristics that may influence the spread and settlement of varieties. All of these elements are reflected in the different varieties grown throughout the peninsula.

To a certain extent, local varieties are an indirect manifestation of regional climate conditions. However, a multi-site study covering a vast range of different climates is needed to understand the heat requirements of varieties.

Furthermore, the concept of varietal plasticity should be considered, i.e. the ability to adapt to different climates [1,2]. Although heat requirements are specific to each variety [3–5], the same variety grown in different regions is able to show differences of up to 300 °C (Degrees-Day) in Italy.

Climate change is expected to lead Italian vinegrowing to new challenges, i.e. a remodelling of the best varietal zones. Future forecasts highlight global warming and long periods of water stress in Italy [6], accompanied by an increase in the frequency of extreme weather events [7]. Climate change may move the phenological stages forward [8–11].

The grapes will ripen with decidedly higher environmental temperatures than in the past [12,13], with negative consequences on wine quality, due to an imbalance of the organic components of the berry [14,15].

3. First case study: Tuscany

The Renaissance originated in Tuscany in the 14th century. During the same period, land was divided up into farms with sharecropping management.

The *Alberata* tree-trained vine landscape came about: the estate depended on the manor house, church or convent. The 16th century saw the refeudalization of the countryside with large estates, new nobles and new middle classes.

The sharecropping system strengthened and was particularly suitable to the hills.

The Lorraine period modernised agriculture (Academy of Georgofili) with crop rotation and field preparation in the hills (Cosimo Ridolfi).

The system continued until 1950–1970 with the decline of sharecropping and the difficulty for other forms of management. The "farm" system remained but transformed into an economic management with salaried workers, abandoning polyculture for specialised viticulture, with few medium-sized and large wineries (> 10 ha), 1,185 wineries cover 59% of the surface area.

The model winery considered (Marchesi Frescobaldi) concentrates on the historical focus described and is present in all the DOC vinegrowing areas in Tuscany, therefore it is a statistical sample that proves the theories supported in this study. (Table 1).

The geological origin and the pedological matrix affect all the variables: The Apuan Alps (Carrara marble), the Volterra badlands; Sienese sandstone and the Mount Amiata lava dome are an example of this.

The altitude and geographical position give Tuscany different phytoclimatic areas. In some wineries such as

Table 1. Vineyard surface area and Usable Agricultural Area (UAA) of the wineries owned by Marchesi Frescobaldi and their location [16] (for more statistical information: `www.devulpeetuva.com`).

VINEYARD SURFACE AREA AND USABLE AGRICULTURAL AREA OF THE MdF WINERIES AND RELATIVE MUNICIPALITIES

	MdF WINERY			MUNICIPALITY		1990			2000			2010		
	ha of vines	ha UAA	% UAA			ha of vines	UAA	% UAA	ha of vines	UAA	% UAA	ha of vines	UAA	% UAA
I COLLAZZI	25.7	101.6	25	Impruneta	FL	476	2,580	18	285	1,900	15	241	1,751	14
NIPOZZANO	318.9	408.1	78	Pelago	FL	351	1,541	23	412	1.329	31	552	1,471	38
CAMPERITI	65.3	96.1	68											
POMINO	98.2	127.0	77	Rufina	FL	261	1,247	21	290	1,450	20	287	923	31
REMOLE	11.6	95.5	12	Pontassieve	FL	845	5,145	16	728	4,282	17	485	3,382	14
CASTIGLIONI	165.1	325.0	51	Montespertoli	FL	2,009	7,833	26	1,975	7,315	27	2,047	6,376	32
CASTELGIOCONDO	274.0	340.3	81	Montalcino	SI	2,130	13,444	16	2,924	11,696	25	3,974	11,531	34
AMMIRAGLIA	143.5	180.8	79	Magliano in Toscana	GR	485	15,035	3	617	15,425	4	994	13,856	7
ORNELLAIA	131.9	146.6	90	Castagneto Carducci	LI	375	6,478	6	592	4,933	12	1,029	4,680	22
Vigneti di NUGOLA	96.1	101.2	95	Colle Salvetti	LI	206	4,120	5	111	4,269	3	66	4,292	2
CORTE	10.5	226.0	5	Borgo San Lorenzo	FL	134	5,690	2	110	5,500	2	60	5,000	27
	1,340.9	**2,148.1**	**62**			**7,272**	**63,113**	**12**	**8,044**	**58,100**	**14**	**9,735**	**53,262**	**18**
TUSCANY						70,900			58,170			59,839		
FRIULI : ATTEMS	32.2	35.5	91	Gorizia (Lucinico)	GO	291	1,164	25	264	644	41	306	588	52

Table 2. Altitude variation in the Tuscan wineries considered.

MORPHOMETRIC ZONING

MdF WINERY	MUNICIPALITY		MORPHOMETRIC INTENSITY	INTENSITY OF ELEVATION (m)				ALTITUDE (m)			SLOPE (degrees)			
				0 - 20	21 - 125	126 - 250	251 - 1000	< 201	201 - 600	>600	0 - 3	4 - 15	16 - 23	> 24
I COLLAZZI	Impruneta	FL	33.9		95.1	4.9		63.2	36.8		11.1	77.9	8.1	2.9
NIPOZZANO	Pelago	FL	53.1		27.0	61.3	11.7	13.5	53.7	32.8	6.5	63.6	18.5	11.4
POMINO	Rufina	FL	57.3		13.6	68.9	17.5	17.8	48.6	33.6	6.6	49.7	24.1	19.6
REMOLE	Pontassieve	FL	50.8		16.6	68.5	14.9	19.5	68.4	12.1	5.5	56.9	20.8	16.8
CASTIGLIONI	Montespertoli	FL	34.3	0.1	86.7	13.2		73.4	26.6		16.4	65.3	14.7	3.6
CASTELGIOCONDO	Montalcino	SI	33.9	1.6	74.9	23.1	0.3	28.9	70.2	0.9	21.0	64.1	11.5	3.5
L'AMMIRAGLIA	Magliano in Toscana	GR	27.8	3.8	86.8	8.8	0.6	79.6	20.4		32.2	55.3	10.4	2.1
ORNELLAIA	Castagneto Carducci	LI	23.3	37.9	36.5	24.2	1.3	77.4	22.6		50.7	29.6	11.9	7.8
NUGOLA	Collesalvetti	LI	18.7	39.5	49.1	11.2	0.1	91.0	9.0		52.4	35.7	9.0	3.0

Table 3. Variation of the bioclimatic indices of Huglin and Winkler in the Marchesi Frescobaldi wineries.

	HUGLIN									WINKLER								
	Ammiraglia	Attems	Castelgiocondo Carrione	Castelgiocondo Caselli	Castiglioni	Nipozzano	Nugola	Pomino	Remole	Ammiraglia	Attems	Castelgiocondo Carrione	Castelgiocondo Caselli	Castiglioni	Nipozzano	Nugola	Pomino	Remole
Storico	**2655**	**2247**	**2569**	**2425**	**2659**	**2343**	**2469**	**2017**	**2547**	**2141**	**1787**	**2060**	**1937**	**2135**	**1889**	**2035**	**1561**	**2006**
2011	2779		2615	2442	2591	2400	2479	2009	2643	2254		2034	1896	2057	1892	1994	1520	2022
2012	2676		2688	2572	2671	2457	2455	2021	2636	2193		2165	2060	2167	2026	2022	1583	2161
2013	2742		2458	2410	2626	2286	2461	2074	2313	2239		1978	1967	2090	1825	2058	1641	1821
2014	2460	2163	2388	2187	2557	2210	2358	1887	2510	1956	1721	1942	1753	2079	1813	1992	1474	1979
2015	2617	2332	2697	2517	2851	2365	2591	2095	2632	2065	1853	2180	2008	2282	1890	2110	1587	2047

Nipozzano, Pomino, Castelgiocondo and to a lesser extent Remole, the variations in altitude within the wineries may allow vinegrowing to be elevated, so it could benefit from lower degree days (Table 2).

Rainfall and temperature confirm what has been affirmed above, pointing out that Tuscan viticulture does not use irrigation, hence the variable of production volume is conditioned by rainfall.

The bioclimatic indices originating from different parameters considered, give a clear demonstration of the extreme variability of the different Tuscan areas (Table 3) with important differences particularly between Pomino (Rufina) and Castiglioni (Montespertoli).

The variation of the environmental characteristics observed throughout Tuscany protects from the danger of reducing viticulture due to ongoing climate change. In fact, due to the flexibility allowed by current production regulations that allow an elevation of viticulture also to high altitudes (500–600 m above sea level), the possibility of growing traditional Italian varieties will be safeguarded.

4. Second case study: Valpolicella

The description of vinegrowing methods in Valpolicella began in the Early Middle Ages when the term "terra cum vineis" was coined, indicating an area where vines where

DOI: 10.1051/bioconf/20160701012

Figure 2. Classes of altitude-slope suitability on shaded relief of the elevation in the Valpolicella area under study and the main types of soil from the regional soil map.

grown: it could be made up of the "low vineyard", grown in the hills and the "high vineyard", grown in the plain.

The latter stood out for the type of support used, which could be a simple stake (dead support) or a plant (live support).

In around the 1400s, the "*piantata*" spread through the Verona plains"; rows of vines trained on live supports interspersed with cereal crops.

Abbot Bartolomeo Lorenzi wrote some important agronomical writings after his retreat to the house in Mazzurega, in Valpolicella, where he spoke, among other things, of choices of grape varieties, planting period, fertilizing, supports, green harvest and looking after the soil.

At the start of the 1800s, several academics at the Academy of Agriculture, Science, Letters and Arts in Verona devoted themselves to describing 80 varieties of red and white grapes grown in the province.

The use of the most important varieties in Valpolicella certainly has ancient origins. The Corvina and Corvinone varieties, coming under the varietal group generally called Corve or Corbe, had been used since ancient times. The name Corbina (or Corba) is mentioned by Prof. Domizio Cavazza in the volume "*Viticoltura*", which was part of the New Italian Agricultural Encyclopaedia (published by UTET, Turin, 1914).

For a few years now, vinegrowers in Valpolicella have chosen the highest altitudes to produce their grapes and wines.

The influence of the nearby Lake Garda is clear, especially the mild climate, but also the rise in average temperatures that often force early harvests.

For this reason, a study has been started to estimate how much vineyard surface area can be potentially invested in high hills, while taking into account some basic requirements for rational farming and for pedoclimatic characteristics in keeping with the production of the maximum possible quality.

5. Map databases used

During this study, the following digital map databases were used from the map archive of the Veneto region:

1. Regional DTM with cells of 5 metre sides in ASCII format, with map specifications relative to the sections of the CTR (Technical Regional Map) made by the CNR (National Research Council) in Pisa through the generation of the TIN, starting from contour lines and spot heights deduced by the CTRN.
2. Soil map of the Veneto, containing the soil typological units and the description of the map units in *shapefile* vector format.

Table 4. Values of the Winkler scale (GDD) per altitude-slope class of suitability – Valpolicella (average values for the years 2008–2009–2010–2011–2012).

slope *altitude*	*0–10%*	*10–20%*	*15–25%*
200–300 m	1958	2036	–
300–400 m	1875	1891	–
>400 m	–	–	1735

The values of the Winkler scale have been calculated according to the model provided by Boselli et al. [17], which is based on data processing on an orographic and topographic basis (altitude, relative position on the slope – distance from the bottom and the ridge – main exposure of the slope and size of the valley). Depending on the heat requirements of the Corvina variety (1800–1850 GDD), the highest areas may cause excessively late ripening with difficulty in reaching a sufficient potential alcohol content, especially in the more unfavourable vintages from a climate point of view.

The ability of the Corvinone variety to adapt seems to be better.

Figure 2 shows the various types of soil that characterise the upper Valpolicella and are compatible with quality viticulture:

LB1 = Soils on low ridges with a basaltic substratum and slopes modelled mainly in ledges and very anthropized.

LB2 = Soils on plateaus and long ridges with low slopes enclosed by steep, short escarpments, on limestone.

LB3 = Soils on plateaus and long ridges in calcareous marl (more rarely in hard limestone and dolomite rock) highly undulated with rounded forms.

SI2 = Soils on valley cuts and escarpments in hard limestone with moderately steep slopes.

SI3 = Soils on valley cuts, escarpments, small basins in calcareous marl (*Biancone*) with regular rounded steep slopes.

DOI: 10.1051/bioconf/20160701012

Figure 3. Classes of altitude-slope suitability specific for the variety on shaded relief of the Valpolicella area under study.

Figure 4. Classes of altitude-slope-exposure suitability specific for the variety on shaded relief of the elevation in the Valpolicella area under study.

These soils have very different characteristics but are all suitable to viticulture aimed at quality products. They are often highly calcareous soils, which limit vigour and productivity to favour maximum quality.

Figure 3 shows the different-coloured areas that could potentially be planted with vines. Particularly for the Corvina variety, if it is elevated to higher altitudes, it must be planted in the best exposures.

Considering the distribution of slopes of the altitude-slope classes in the Valpolicella area under study, the analysis of the two classes with most hectares (200–300m/10–20% and > 400m/15–25%) has been extended to the exposure of the slopes considering an optimum south/southwest exposure (aspect between 157° and 247°) for the 200–300m/10–20% class and south/southeast (aspect between 113° and 203°) for the >400m/15–25% class. Only considering the slopes with a south/southeast exposure, the number of hectares for the > 400m/15–25% altitude-slope class passes from 769 ha to 294 ha, whereas only considering the slopes facing south/southwest, the number of hectares of the 200–300 m/10–20% altitude-slope class drops from 535 ha to 219 ha.

6. Conclusions

Italian viticulture, according to the models tested, has the ability to adapt itself better than other countries to global warming, being able to vary cultivation altitudes up to high hills and mountains, setting off a mechanism called resilience. Moreover, the results indicate that Italian varieties have a higher capacity to adapt, because they have grown in a wide interval of heat conditions through time. The study has provided the basic knowledge needed to justify vinegrowing in those areas and has formulated the possibilities of extending viticulture from the current areas to other currently unused ones.

As well as providing a valid answer to climate change and increasing the intrinsic quality of the product, moving viticulture to hilly areas is a factor of primary importance for maintaining agroecological biodiversity, soil preservation and, above all, for tackling hydrogeological instability.

References

[1] V.O. Sadras, M.P. Reynolds, A.J. de la Vega, P.R. Petrie, R. Robinson R., Field Crops Res., **110** (3): 242–250 (2009)
[2] A. Caffarra., E. Eccel, Int. J. Biometeorol., **54** (3): 255–267 (2010)
[3] J. Lopes, J.E. Eiras-Dias, F. Abreu, P. Climaco, J.P. Cunha, J. Silvestre, Ciência Téc. Vitiv., **23** (1): 61–71 (2008)
[4] I.G. de Cortazar-Atauri, N. Brisson, J.P. Gaudillere, Int. J. Biometeorol., **53** (4): 317–326 (2009)
[5] B. Kose, S. Afr. J. Enol. Vitic., **35** (1): 90–102 (2014)
[6] G.V. Jones, F. Alves, Int. J. Glob. Warming, **4** (3/4): 383–406 (2012)
[7] C. Andrade, H. Fraga, J.A. Santos, Sci. Lett., **15** (2): 149–156 (2014)
[8] M. Moriondo, M. Bindi, Ital. J. Agrometeorol., **3**: 5–12 (2007)

[9] E. Duchene, F. Huard, V. Dumas, C. Schneider, D. Merdinoglu, Clim. Res., **41** (3): 193–204 (2010)

[10] A. Menzel, H. Seifert, N. Estrella, Int. J. Biometeorol., **55** (6): 921–932 (2011)

[11] M. Ruml, A. Vukovic, M. Vujadinovic, V. Djurdjevic, Z. Rankovic-Vasic, Z. Atanackovic, B. Sivcev, N. Markovic, S. Matijasevic, N. Petrovic, Agric. For. Meteorol., **158**: 53–62 (2012)

[12] I. Chuine, K. Kramer, H. Hanninen, In *Phenology – An Integrative Environmental Science, Tasks for Vegetation Science*, Vol. 39, M.D. Schwartz (ed) (Kluwer Acad. Pub., London: 217–235, 2003)

[13] A. Bock, T. Sparks, N. Estrella, A. Menzel, Clim. Res., **50** (1): 69–81 (2011)

[14] L. Hannah, P.R. Roehrdanz, M. Ikegami, A.V. Shepard, M.R. Shaw, G. Tabor, L. Zhi, P.A. Marquet, R.J. Hijmans, Proc. Natl. Acad. Sci. USA, **110** (17): 6907–6912 (2013)

[15] H. Fraga, A.C. Malheiro, J. Moutinho-Pereira, J.A. Santos, Agric. For. Meteorol., **185**: 26–36 (2014)

[16] G. Tempesta, M. Fiorilo, M. Marenghi, *Vigneto Italia: stato attuale, movimenti e tendenze. Cosa succede nel "Paese del Vino"* (Millevigne, Ed. Wine Pass, Alba, Italia, 2014)

[17] M. Boselli, A. Pasquali., F. Zinoni, P. Lega, *Caratterizzazione del territorio dell'Emilia Romagna mediante l'uso di indici bioclimatici* (Atti Convegno: Agrometeorologia per un servizio regionale. Perugia: 127–140, 1991)

Chardonnay wines climate plasticity: A worldwide geographical approach / Plasticité des vins issus de cépage Chardonnay au climat : une approche géographique à l'échelle planétaire

Catinca Gavrilescu[1] et Benjamin Bois[1,2]

[1] CRC – UMR Biogeosciences, Université Bourgogne Franche Comté / CNRS, 6 Bd. Gabriel, 21000 Dijon, France
[2] Institut Universitaire de la Vigne et du Vin, Université Bourgogne Franche Comté, rue Claude Ladrey, 21000 Dijon, France

Abstract. Chardonnay is the fifth most planted cultivar on Earth. This large spatial coverage suggests a strong flexibility of this wine grape variety to its environment, particularly when it comes to climate. To investigate the plasticity of Chardonnay for producing wine, we have built a geodatabase localizing the production areas (wine region, vineyard or plot, when possible) of 2029 wines awarded with either gold or bronze medals at the international wine competition "Chardonnay du Monde", from 2000 to 2015. Wines were produced by 982 different wineries, covering 230 world wine regions within 41 countries. The climate of each production region was depicted with the WorldClim database. It consists of a set of high spatial resolution gridded (approximately 1 km) monthly rainfall accumulations and air temperature averaged on the 1950–2000 period. This data was updated to the 2000–2015 period by means of the delta method applied to the CRU TS 3.2 climate database at a lower resolution (0.5°). Ten agroclimatic indices were calculated and analyzed. Grape growing climate of Chardonnay wine regions are extremely diverse. Their average growing season temperature (April to October for the northern hemisphere and October to April for the southern hemisphere) ranges from 15.2 to 21.7°C (5% and 95% percentiles) for still Chardonnay wines, whereas it ranges from 14.7 to 20.3°C for sparkling Chardonnay wines. Average growing season rainfall ranges from 106 to 630 mm, with an average of 396 mm. This diversity indicates a considerable adaptation of Chardonnay for wine production. This plasticity probably offers an adaptive perspective to climate change, especially for cool climate regions such as Burgundy (the motherland of Chardonnay), where most of still and sparkling wines are produced with this variety.

Résumé. Le Chardonnay est le 5e cépage le plus planté sur la planète. Cette couverture spatiale étendue suggère une importante flexibilité de cette variété de vigne à l'environnement, en particulier le climat. Pour étudier la plasticité du cépage Chardonnay pour la production de vin, nous avons élaboré une base de données localisant les zones de production (région viticole, vignoble ou parcelle, quand cela était possible) de 2029 vins médaillés d'or ou de bronze au concours international « Chardonnay du Monde », de 2000 à 2015. Les vins proviennent de 973 producteurs, répartis dans 230 régions vitivinicoles dans 41 pays. Le climat correspondant aux zones de production de ces lauréats a été caractérisé au moyen de la base de données WorldClim. Il s'agit de grilles de données à haute résolution spatiale (environ 1 km) de cumuls de précipitations et de températures mensuelles moyennées sur la période 1950–2000. Ces données ont été mise à jour pour la période 2000–2014 par la méthode dite du « delta », en utilisant la base de données climatiques CRU TS 3.23 de plus large résolution (0, 5°). Huit indices agroclimatiques ont été calculés et analysés. Les climats viticoles des zones productrices de Chardonnay sont très variés. La température moyenne en saison de végétation (avril à octobre pour l'hémisphère nord et octobre à avril pour l'hémisphère sud) varie de 15,2 à 21,7°C pour les vins de Chardonnay tranquilles (5e et 95e percentile) alors qu'elle varie de 14,7°C à 20,3°C pour les vins effervescents. Les précipitations en saison de végétation varient de 97 à 675 mm pour les vins tranquilles et 335 à 607 mm pour les vins effervescents. Cette diversité traduit l'adaptation remarquable de ce cépage pour la production de vins. Cette plasticité offre probablement une perspective intéressante dans un contexte de changement climatique, en particulier pour les régions septentrionales telles que la Bourgogne (terre-mère du Chardonnay), dont la production de vins blancs tranquilles ou effervescents est essentiellement issue sur ce cépage.

1. Introduction

Le Chardonnay n'est pas qu'un cépage emblématique pour la Bourgogne, sa terre d'origine, il s'agit en réalité d'un cépage caractéristique de la viticulture mondialisée. Cette variété de *Vitis vinifiera* a connu une forte expansion au cours des 50 dernières années, de manière concomitante à un mouvement de standardisation mondiale de l'encépagement, où l'on estime que seuls 16 cépages couvrent 50 % des superficies viticoles aujourd'hui [1]. La superficie mondiale cultivée en Chardonnay est passée de 7300 ha à 190126 ha en 2010, ce qui en fait le cépage ayant la 5ème plus large couverture spatiale au monde [1].

DOI: 10.1051/bioconf/20160701013

La vigne étant une plante vivace, la variabilité climatique locale et globale, à court ou à long terme, impose les conditions d'adaptation de la culture de chaque cépage et gouverne la qualité des millésimes.

Composante du « *terroir* », le climat est un facteur clé dans la culture de la vigne [2–4], il participe à la maturation du raisin et par conséquent au façonnement du style des vins [5]. Actuellement, le changement climatique, et plus particulièrement le réchauffement qui l'accompagne, soulève déjà de nombreuses questions quant à l'évolution de la viticulture et la répartition spatiale des régions vitivinicoles [6, 7]. La typicité des vins et leurs profils organoleptiques vont-t-ils évoluer de manière sensible ? La transmutation de l'encépagement mondial va-t-elle être accélérée par le changement climatique ? La culture de la vigne restera-t-elle viable dans certaines régions, opportune dans d'autres ?

Les variétés de *Vitis vinifiera* ont des exigences climatiques variables [8], fait qui explique pourquoi le Riesling est un cépage bien accommodé aux régions telles que l'Alsace et le Grenache aux climats plus chauds comme dans le sud de la France ou l'Espagne. Etant donné que les régions viticoles sont caractérisées par des régimes de précipitations (cumul, fréquence, intensité), des températures et des taux d'évapotranspirations différents [9, 10], un dérèglement au niveau de leur profil climatique pourrait se traduire par une migration géographique. Mais la prégnance de la notion de « terroir » en vitiviniculture, et plus particulièrement les ancrages culturels, paysagers et les systèmes d'appellations qui façonnent la réputation des vins en lien avec leurs territoires d'origine, contribuent à la stabilité géographique des aires de production. En Bourgogne par exemple, on constante depuis les années 1970, un « décalage » climatique (si l'on ne considère que la seule température de l'air) d'environ 100 km vers le Nord et 200 m en altitude [11]. Pour autant, la géographie du vignoble de cette région viticole n'a pas sensiblement évolué durant ces 40 dernières années.

Plusieurs études ont déjà quantifiés l'impact du changement climatique sur la viticulture, principalement par rapport aux caractéristiques et l'aspect qualitatif des raisins et du vin [4, 12, 13], mais aussi via la description [10] et la comparaison climatique des régions vitivinicoles [14]. Finalement, peu de travaux ont été réalisés en essayant de comparer le comportement d'un même cépage et de tester sa plasticité par rapport au climat.

La présente étude adresse le sujet de l'adaptation de la viticulture en réponse à l'évolution du climat, en se focalisant sur l'analyse de la distribution climatique associée à la culture du Chardonnay et les éventuelles questions qu'elle soulève. Ceci permettra de mieux comprendre les risques potentiels du changement climatique pouvant influencer et modifier cette distribution, ainsi que d'évaluer la capacité de cette variété à produire du vin dans des conditions climatiques singulièrement différentes.

2. Matériels et méthodes

Pour la réalisation de cette étude, trois bases de données géographiques ont été créés. Elles combinent des aspects concernant la géolocalisation, les caractéristiques climatiques et les divers descripteurs qualitatifs de chaque entrée.

La première base de données (Chardo_Monde_DB) correspond à l'adaptation des informations issues du palmarès du concours « Chardonnay du Monde » sur une période de 16 ans ; la deuxième (WorldClim_DB) est constituée de d'indices agroclimatiques à haute résolution spatiale et la dernière (Vineyard_GeoDB) documente la plupart des régions vitivinicoles dans le monde.

2.1. La base de données des zones de production de Chardonnay

Cette base de données (Chardo_Monde_DB) a été construite à partir du palmarès 2000-2015 du concours international « Chardonnay du Monde » (`http://www.chardonnay-du-monde.com/`), organisé annuellement en France. Elle géolocalise les zones de production des vins médaillés et documente leurs caractéristiques (millésime, type de médaille, localisation, année du palmarès, type de vin etc.).

L'élaboration de cette base a fait l'objet de plusieurs étapes. La première étape a consisté en la collecte des données descriptives (le nom du domaine lauréat, le pays, l'adresse, la cuvée lauréate, le type de vin, le millésime lauréat, le caractère boisé ou non) disponibles sur le site officiel du concours « Chardonnay du Monde ». L'ensemble des lauréats de médailles de bronze et d'or ont été documentés pour 16 années de concours (2000–2015), soit un total de 2029 vins. Durant la deuxième étape, la localisation de l'origine des vins (parcelle, domaine et/ou région de production) a été réalisée (en utilisant notamment le système d'information géographique « Google Earth »). La précision de la localisation de la provenance des vins dépend des informations disponibles collectées en ligne et du mode d'élaboration du vin : pour certains, comme les 1er crus de Bourgogne, on identifie précisément la parcelle dont le raisin a été élaboré pour produire le vin. Pour d'autres, seule une large région d'origine est renseignée par le producteur (par exemple, « Valle Central » au Chili). Dans ce cas, une parcelle située au centre géographique de la région a été choisie. La précision de la procédure de localisation est documentée dans la base de données.

2.2. La base de données climatique

Les moyennes mensuelles sur la période 1950–2000 de températures et de cumuls de précipitations ont été extraites de la base de données WorldClim [15] à résolution de 30 sec. d'arc (environ 1 km), à partir des coordonnées de l'origine de chaque vin. Ces données couvrant la période 1950–2000 ont été mise à jour pour la période 2000–2015 par la méthode dite du « delta », en utilisant la base de données climatiques CRU TS 3.23 de plus large résolution (0, 5°) et documentant, contrairement à WorldClim, le climat du XXIe siècle. La méthode de mise à jour est détaillée dans [16].

Huit indices agroclimatiques ont été calculés. Trois de ces indices font partie de la classification climatique multicritères géo-viticole [10] : l'Indice de Huglin (IH), l'Indice de Fraîcheur des Nuits (IF) et l'Indice de Sècheresse (IS). L'indice héliothermique (IH) a été développé pour estimer la précocité potentielle en termes

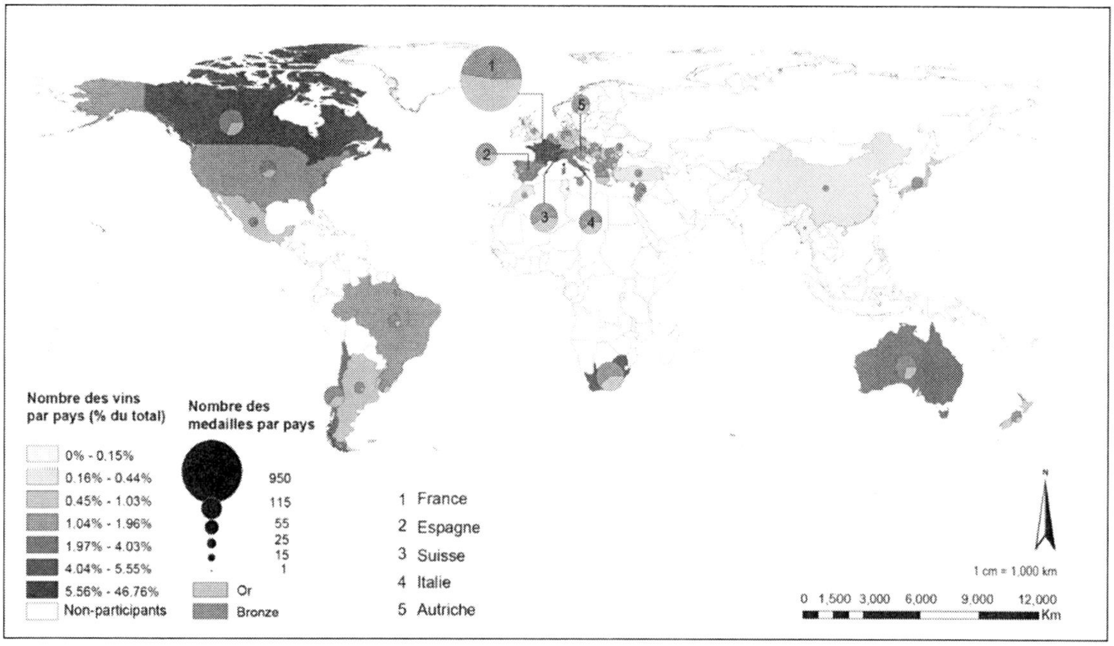

Figure 1. Représentation de la distribution des médailles (or ou bronze) et du nombre des vins (% du total) pour les 41 pays participantes au Chardonnay du Monde.

de maturation du raisin, offerte par les conditions climatiques en utilisant les températures maximales et moyennes journalières supérieures à 10°C et un coefficient latitudinal (k). L'indice de sécheresse (IS) est issu d'un modèle simplifié de bilan hydrique du vignoble et nous indique la disponibilité hydrique potentielle du sol en fonction du climat d'une région. L'indice de fraîcheur des nuits (IF) est la moyenne des minimas thermiques pendant le mois de maturation du raisin (septembre pour l'hémisphère nord et mars pour l'hémisphère sud sont retenus pour le calcul d'IF). Les températures moyennes (AvGST) et les cumuls de précipitations (AvGSR) pendant la saison de végétation (soit d'avril à octobre pour l'hémisphère nord et d'octobre à avril pour l'hémisphère sud) ont été également été calculés.

Les risques thermiques ont été estimés à partir des trois indicateurs proposés par Bois et al. [17]. Il s'agit de la moyenne des minimas thermiques du mois de janvier (juillet) pour l'hémisphère nord (sud) et du mois d'avril (octobre pour l'hémisphère sud) pour estimer les risques de gel d'hiver (indice appelé WFR pour « winter freeze risk ») et de printemps (indice SFR pour « spring frost risk »), respectivement. La moyenne des températures maximales du mois de juillet dans hémisphère nord (janvier dans l'hémisphère sud) permet d'estimer les risques de stress thermique (indice HSI pour « heat stress index »). L'indice WFR évalue la fréquence des années présentant au moins un évènement de gel d'hiver ou le nombre annuel de jours de gel d'hiver potentiellement dommageables pour la vigne (température minimale < -17°C). SFR informe sur le nombre de jours de gel au printemps (température minimale < -1°C), la fréquence d'années avec gel de printemps et la date de dernière gelée printanière. HSI renseigne sur le nombre de jours de forte chaleur (température maximale > 35°C) en période estivale [17].

2.3. La base de données des régions vitivinicoles du monde

Cette base de données géographique, ci-après dénommée VGDB (pour « vineyard geodatabase »), correspond à une cartographie numérique des régions vitivinicoles du monde. Elaborée depuis plusieurs années, elle permet notamment d'analyser et de comparer les caractéristiques climatiques de vignobles de la planète [16]. Plusieurs sources ont été utilisées (cartes, sites web, ouvrages), en particulier les 5ème et 7ème éditions de l'Atlas Mondial du Vin [18, 19]. Les limites des vignobles ont été affinées à l'aide de la base de données géographique d'occupation du sol CORINE Land Cover 2006 pour l'Europe [20] et à l'aide des vues aériennes du système d'information géographique « Google Earth ». La base de données est constituée d'un ensemble de polygones correspondant individuellement à une région viticole. Plus de 650 régions vitivinicoles sont recensées par la base VGDB.

3. Résultats

3.1. Le palmarès « Chardonnay du Monde »

La base de données Chardo_Monde_DB documente un total de 2029 vins lauréats correspondant à 41 pays sur les 16 concours annuels « Chardonnay du Monde » de 2000 à 2015 (Fig. 1). Parmi les lauréats, la France est la plus largement représentée (952 médailles), probablement en raison de plus nombreuses candidatures de vins français du fait de la localisation du concours et de la superficie dominante de vignoble de Chardonnay en France en comparaison aux autres pays [1]. Viennent ensuite la Suisse (113 médailles), l'Afrique du Sud (107), le Canada (92) et l'Australie (82).

Le concours prime des vins tranquilles (86,6 %) et effervescents (14,4 %). Les vins lauréats de médailles de

DOI: 10.1051/bioconf/20160701013

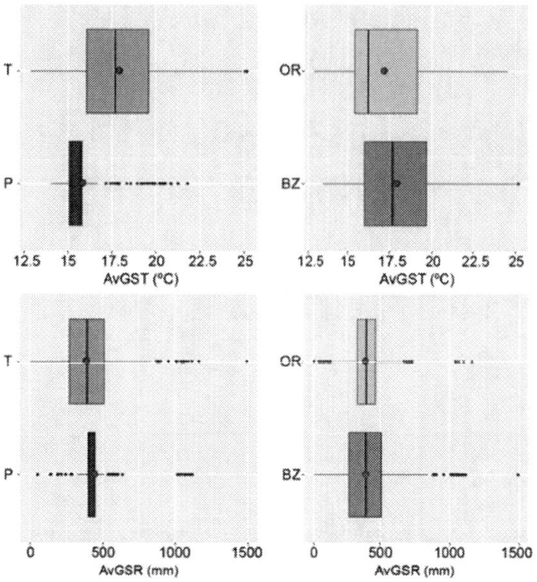

Figure 2. Distribution (boxplots) des températures moyennes (AvGST) et des cumuls de précipitations (AvGSR) durant la saison de végétation des zones de production des Chardonnay lauréats au concours, par types de vin (T- tranquilles, P – pétillants, à gauche) et par médailles (OR – or, BZ – bronze, à droite).

bronze sont légèrement plus représentés (58 %) que les vins lauréats de médailles d'or (42 %).

On constate une tendance générale à la diminution du nombre de vins médaillés (or et bronze) tout au long des années, passant de 170 en 2000 à 79 en 2015.

3.2. Caractéristiques agroclimatiques des zones de productions des lauréats « Chardonnay du Monde »

Les vins effervescents ont été produits dans des régions dont la température moyenne en saison de végétation est majoritairement comprise entre 14,7 et 20,5°C (5e et 95e percentiles) et avec un cumul de précipitations variant de 335 à 607 mm (5e et 95e percentiles). La distribution climatique des vins tranquilles est plus large (Fig. 2), variant pour les précipitations de 97 à 675 mm pour 90 % des cas, et présente des températures moyennes plus élevées (AvGST de 15,2 à 21,7°C).

La Fig. 3 présente la distribution des trois indices agroclimatiques de la classification multicritères (présentée précedemment) des sites de production des vins lauréats au concours « Chardonnay du Monde » par type de vin (colonne de gauche) et médaille (colonne de droite).

On constate que les exigences climatiques des vins effervescents diffèrent de celles des vins tranquilles. Les vins effervescents sont caractérisés par un climat « frais » (75 % des vins affichant un IH entre 1500 et 1800°C.J), à « nuits très fraiches » (inférieur à 12°C dans 89 % des cas) et « sub-humide » (IS compris entre 50 et 150 mm dans 85 % des cas). Au contraire, les vins tranquilles ne semblent pas avoir une niche climatique spécifique. Les zones de production des vins tranquilles lauréats au

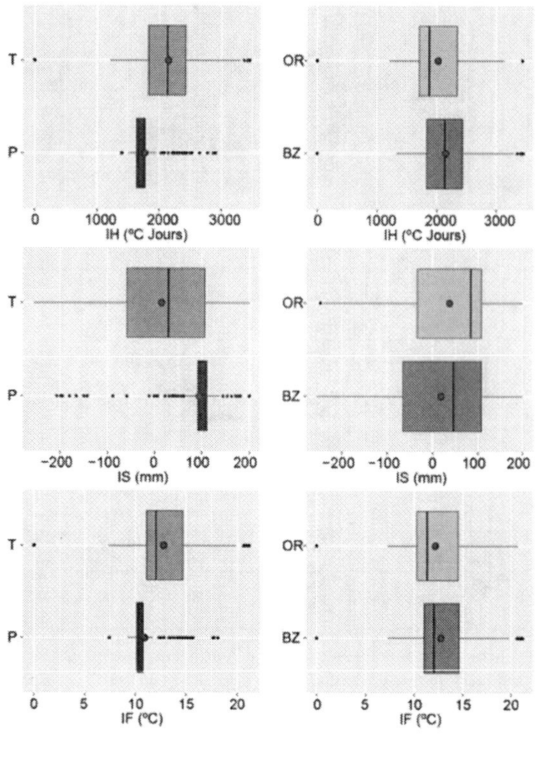

Figure 3. Distribution (boxplots) des indices d'Huglin (IH), de sècheresse (IS) et de fraîcheur des nuits (IF) des zones de production des Chardonnay lauréats au concours, par types de vin (T– tranquilles, P – pétillants, à gauche) et par médailles (OR – or, BZ – bronze, à droite).

concours possèdent des climats « frais » à « chaud » au regard de la classification de Tonietto et Carbonneau [10] dans une proportion assez équilibrée, au léger bénéfice de la classe « climat tempéré » (IH entre 1800 et 2100°C.J, 26 % des lauréats). Les climats à « nuits très fraiches » correspondent à la moitié des zones de production des Chardonnay tranquilles ; 33 % d'entre elles affichent des « nuits tempérées ». L'indice de sècheresse est remarquablement ample : 18 % des vins tranquilles lauréats ont des climats « très secs » (IS < −100 mm), 36 % des climats « secs » (−100 < IS < 50 mm) et 38 % des climats « sub-humides ».

Bien que les écarts climatiques soient moins nets entre type de médaille qu'entre type de vins (effervescent vs. tranquille), on note que les vins lauréats d'une médaille d'or sont en général issus de climats plus frais, plus humides et à nuits plus fraîches que les vins primés par une médaille de bronze.

3.3. Comparaison avec l'ensemble des régions vitivinicoles

La Fig. 4 compare les distributions des indices agroclimatiques correspondant aux zones de production des lauréats du concours « Chardonnay du Monde » (représentés en jaune, tous lauréats et type de vins confondus) aux distributions des indices correspondant à l'ensemble des régions vitivinicoles mondiales décrites par la base de données VGDB (représentés en marron).

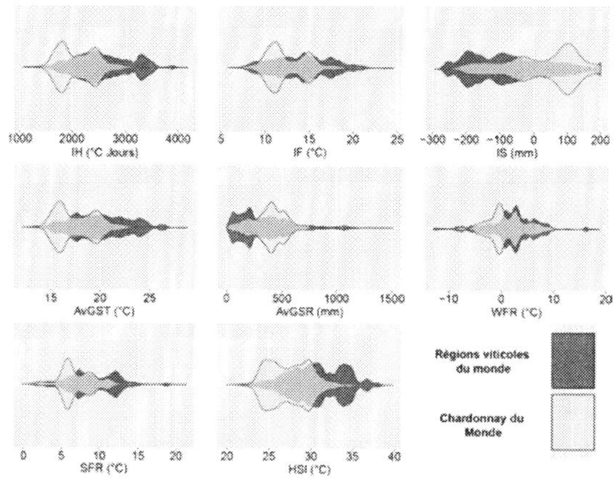

Figure 4. Analyse comparative entre la distribution de valeurs des 8 indices agroclimatiques pour les zones de production de Chardonnay lauréats au concours et les régions viticoles mondiales.

Les zones de production de Chardonnay (telles que décrites par les lauréats du concours) affichent une large diversité de conditions climatiques. Au regard de la classification climatique multicritères [10], elles couvrent des climats « frais » (1500 < IH < 1800°C.J, 26 % des cas) à « chauds » (2400 à 3000°C.J, 24 % des cas) pour des températures moyennes en saison de végétation (AvGST) variant de 15 à 21,4°C (5e et 95e percentiles). En comparaison à la distribution des conditions thermiques en saison végétative de l'ensemble des régions vitivinicoles du monde (recensées par la base VGDB), le Chardonnay est implanté dans des aires viticoles plutôt fraîches (Fig. 4).

L'indice de sècheresse des zones de production de Chardonnay présente une remarquable diversité: il varie de −185 mm à 175 mm (5e et 95e percentiles). Toutefois, on note que la plupart (45 %) des lauréats sont issus de climats « sub-humides » (IS compris entre 50 et 150 mm) alors que les régions vitivinicoles mondiales (VGDB) sont en majorité de climats « secs » (–100 mm IS < 50 mm, 36 % des cas) à « très secs » (IS < −100 mm ; 46 % des cas). Les cumuls de précipitations en saison de végétation (AvGSR) sont en fréquence plus élevés dans les zones de production de Chardonnay que dans l'ensemble des superficies vitivinicoles mondiales.

L'indice de fraîcheur des nuits varie largement entre zones de productions des vins primés au concours (9,4°C < IF < 16,7°C dans 90 % des cas), indiquant essentiellement des climats « à nuits tempérées » (IF compris entre 14 et 18°C pour 30 % des lauréats) à « très fraîches » (IF < 12°C pour 56 % des lauréats).

Au regard des seuils proposés par Bois et al [17] relatifs aux risques thermiques, seules 0,2 % des zones de production de Chardonnay primés au concours sont fortement exposées aux risques de gelées hivernales (WFR < −11°C). A l'inverse, pour la plupart (82 %) des zones de production le risque d'occurrence d'un évènement de gel hivernal n'est pas nul (WFR reste inférieur au seuil d'absence de risque de 4°C).

97 % des aires de production de vins lauréats présentent un indice de risque de gel de printemps (SFR) compris entre 0°C (seuil en deçà duquel on observe chaque année des gelées après le 1er avril / 1er octobre dans l'hémisphère nord/sud) et 12°C (seuil au-delà duquel aucune gelée printanière n'est observée, au regard des données analysée par Bois et al. [17]). Relativement aux conditions climatiques de l'ensemble des superficies vitivinicoles mondiales documentées par VGDB, les zones de production de Chardonnay analysées ici affichent des risques de gelées hivernales ou printanières plutôt élevés.

Enfin, l'exposition aux journées à forte chaleur (température maximale > 35°C) semble modérée au regard de l'indice de stress thermique, pour les zones de production de Chardonnay : pour 22 % d'entre elles, HSI est inférieur à 25°C suggérant l'absence totale de jours de stress thermiques (température maximale > 35°C). Dans 16 % des cas, on observe un risque de stress thermique élevé (HSI > 30°, [17]). En comparaison, 58 % des superficies viticoles recensées par VGDB affichent un risque de stress thermique élevé. Il est absent dans seules 4,5 % des régions vitivinicoles de la planète.

4. Discussion et conclusion

La présente étude documente les conditions climatiques dans lesquelles sont produits des vins de Chardonnay dont les propriétés organoleptiques ont conduit des jurys à distinguer ces vins. Elle montre que les climats viticoles des aires de productions dont ces vins sont issus recouvrent en large partie les conditions climatiques des régions vitivinicoles de la planète. On peut donc conclure que le Chardonnay possède une grande plasticité vis-à-vis des climats vitivinicoles pour la production de de vins de « qualité ». Il est néanmoins nécessaire d'adjoindre à ces conclusions quelques remarques et réserves. Le choix de documenter les zones de productions des vins de Chardonnay via le concours « Chardonnay du Monde » est motivé par la taille conséquente de l'échantillon offert : la base élaborée à partir des distinctions « bronze » et « or », pour la période 2000–2015, réunit 973 producteurs distincts parmi 41 pays. Par ailleurs, l'organisation du concours suit des règles qui nous ont semblées raisonnables (formation préalable des jurés, exigence de production d'analyses chimiques sur les vins proposés, dégustation des vins selon le degré de teneur en sucres croissant...) pour assurer des distinctions non-aléatoires entre vins candidats. Dans la présente étude, seuls les lauréats, et non l'ensemble des vins candidats, ont été considérés. Cette démarche a été privilégiée afin de focaliser l'étude sur des vins de Chardonnay dont la reconnaissance par un panel de dégustateurs était garantie, en vue de qualifier la capacité du cépage Chardonnay à produire de vins de qualité reconnue sous différentes conditions climatiques. L'échantillon retenu restreint néanmoins la géographie actuelle du Chardonnay. La représentativité des pays dont les vins sont lauréats diffère substantiellement des superficies nationales de vignobles de Chardonnay recensées par Anderson et Aryal [1]. Aussi, les distributions statistiques des variables agroclimatiques analysées ne sont probablement pas fidèles à celles concernant l'ensemble des régions productrices de Chardonnay. Par ailleurs, la moyenne des erreurs de géolocalisation est estimée à 6 km, et pouvant atteindre, dans un unique cas, 400 km (cas extrême de la « Valle Central », au Chili). Restreindre l'analyse aux seuls lauréats présentant une localisation très précise aurait considérablement limité la couverture spatiale de l'échantillon, et le choix a été fait ici de privilégier le nombre d'individus, au risque d'intégrer (en proportion modérée) des données climatiques ne correspondant pas rigoureusement à celles rencontrées sur la ou les parcelles d'origine du vin.

Les indicateurs agroclimatiques ont été calculés à partir des grilles de données à haute résolution spatiale de la base WorldClim [15]. Issues de l'interpolation spatiale de moyennes mensuelles sur la période 1950–2000, ces données climatiques, entachées d'erreurs modérées, sont largement utilisées pour décrire, analyser ou comparer des conditions ou projections climatiques [par exemple 21]. Cette base à résolution kilométrique a été mise à jour, c'est-à-dire ajustée pour tenir compte du changement climatique depuis 1950 afin produire des données correspondant à la période 2000–2014. Cet ajustement a été réalisé au moyen de grilles de données mensuelles issues de la base CRU TS3.23, de résolution plus lâche et introduisant deux sources d'erreurs : tout d'abord, l'usage de données de plus basse résolution (environ 50 km) suppose que le changement climatique récent s'est opéré à une échelle plus large, ce qui n'est pas nécessairement le cas. Par ailleurs, la base CRU, si elle constitue un jeu de données de référence en climatologie [22], n'est pas exempte d'erreurs d'interpolation, ce qui peut engendrer des biais cumulatifs dans la base WorldClim ajustée à la période 2000–2014, utilisée dans cette étude. En revanche, l'étendue de la distribution des indicateurs analysés ici permet de considérer la grande diversité de conditions climatiques « actuelles » dans lesquelles on produit des vins de Chardonnay.

Le changement climatique constitue une pression forte qui affecte notamment l'appréciation des consommateurs, journalistes et autres destinataires finaux du marché [13] suggérant une plus forte vulnérabilité des régions viticoles présentant un faible degré de diversité variétale. La présente étude souligne néanmoins l'étendue remarquable de climats viticoles au sein desquels un même cépage peut produire des vins d'une qualité jugée acceptable, invitant à considérer à l'avenir ce type d'approche, idéalement supportée par des données analytiques objectives (caractères agronomiques, analyses physico-chimiques du raisin et du vin) pour mieux documenter la résilience de la vitiviniculture au changement climatique.

Les auteurs remercient la fondation Boisseaux pour son soutien financier ainsi que MM. Henri-Laurent Arnould (Forum Œnologie) et Jordi Ballester (Université de Bourgogne) pour les précieuses informations fournies concernant le concours « Chardonnay du Monde ».

Références

[1] K. Anderson, et N. R. Aryal. *Which Winegrape Varieties are Grown Where?: A Global Empirical Picture*. University of Adelaide Press (2013)

[2] R. S. Jackson. *Wine Science: Principles, Practice, Perception*. Academic, London (2008)

[3] M. Madelin. *L'aléa gélif printanier dans le vignoble marnais en Champagne : Modélisation spatiale aux échelles fines des températures minimales et des écoulements de l'air.* Thèse de doctorat de l'Université Paris VII. p. 35–50 (2004)

[4] C. V. Leeuwen, P. Friant, X. Chone, O. Tregoat, S. Koundouras, et D. Dubourdieu. *Influence of climate, soil, and cultivar on terroir*. American Journal of Enology and Viticulture. **55** (3): 207–17 (2004)

[5] G.V. Jones. *Climate, Terroir and Wine: What Matters Most in Producing a Great Wine?.* Earth. **59**(1): 36–43 (2014)

[6] L. Hannah, P. R. Roehrdanz, M. Ikegami, A. V. Shepard, M. R. Shaw, G. Tabor, L. Zhi, P. A. Marquet, et R. J. Hijmans. *Climate Change, Wine, and Conservation*. Proceedings of the National Academy of Sciences. **110** (17): 6907–12 (2013)

[7] C. V. Leeuwen, H. R. Schultz, I. G. de Cortazar-Atauri, E. Duchêne, N. Ollat, P. Pieri, B. Bois, et al. *Why Climate Change Will Not Dramatically Decrease Viticultural Suitability in Main Wine-Producing Areas by 2050*. Proceedings of the National Academy of Sciences. **110** (33): E3051–52 (2013)

[8] A. Parker, I. Garcia de Cortázar-Atauri, I. Chuine, G. Barbeau, B. Bois, J.-M. Boursiquot, J.-Y. Cahurel, et al. *Classification of varieties for their timing of flowering and veraison using a modelling approach: A case study for the grapevine species Vitis vinifera L.* Agricultural and Forest Meteorology. **180**: 249–64

[9] J. Tonietto. *Les macroclimats viticoles mondiaux et l'influence du mésoclimat sur la typicité de la Syrah et du Muscat de Hambourg dans le sud de la France: méthodologie de caractérisation.* Thèse Doctorat. Ecole Nationale Supérieure Agronomique, Montpellier (1999)

[10] J. Tonnieto, A. Carbonneau. *A multicriteria climatic classification system for grape growing regions worldwide.* Agricultural and Forest Meteorology, Amsterdam. **124**: 81–97 (2004)

[11] C. Cuccia. *Impact du changement climatique sur la phénologie du pinot noire en Bourgogne*. Thèse de doctorat de l'Université de Bourgogne (2013)

[12] E. Duchêne, and C. Schneider. *Grapevine and climatic changes: a glance at the situation in Alsace.* Agronomy for Sustainable Development. **25**(1): 93–99 (2005)

[13] G.V. Jones, A. Michael, White, C. R. Owen, et K. Storchmann. *Climate Change and Global Wine Quality*. Climatic Change. **73** (3): 319–43 (2005)

[14] H. Quénol, O. Planchon, et L. Wahl.*Méthodes d'identification des climats viticoles*. Bulletin de la Société Géographique de Liège. **51**: 127–137 (2008)

[15] R. J. Hijmans, S. E. Cameron, J. L. Parra, P. J. Jones, A. Jarvis. *Very high resolution interpolated climate surfaces for global land areas*. International Journal of Climatology. **25, 15**. 1965–1978 (2005)

[16] B. Bois, C. Gavrilescu, M. Moriondo, et G. V. Jones. *Wine growing regions global climate analysis.* In Proceedings of the 11th International Terroir Congress, édité par Gregory Van Jones et Nicole Doran, 9–14. McMinnville, Oregon, USA: Southern Oregon University (2016)

[17] B. Bois, M. Moriondo et G. V. Jones. *Thermal risk assessment for viticulture using monthly temperature data.* In Proceedings of the 10th International Terroir

Congress. Tokaj (Hungary): Corvinus University of Budapest. 2:. **2**: 30–35 (2014)
[18] H. Johnson, et R. Jancis. *Atlas mondial du vin*. Édition : 5e. Paris: Flammarion. p. 352 (2003)
[19] H. Johnson, et R. Jancis. *Atlas mondial du vin*. Édition : 7e. Paris: Flammarion. p. 400 (2014)
[20] European Environment Agency. *CLC2006 technical guidelines. EEA technical report 17/2007*. zLuxembourg: Office for Official Publications of the European Communities (2007)
[21] H. Fraga, A. C. Malheiro, J. Moutinho-Pereira, G. V. Jones, F. Alves, J. G. Pinto, et J. A. Santos. *Very High Resolution Bioclimatic Zoning of Portuguese Wine Regions: Present and Future Scenarios*. Regional Environmental Change. **14** (1): 295–306 (2013)
[22] Harris, I., P.d. Jones, T.j. Osborn, et D.h. Lister. *Updated High-Resolution Grids of Monthly Climatic Observations – the CRU TS3.10 Dataset*. International Journal of Climatology **34** (3): 623–42

 DOI: 10.1051/bioconf/20160701014

Breeding of fungal resistant varieties derived from Grüner Veltliner by chromosomal selection

Ferdinand Regner, Robert Hack, Stefan Nauer, and Barbara Zöch

Höhere Bundeslehranstalt und Bundesamt für Wein- und Obstbau Klosterneuburg Wiener Straße 74, A-3400 Klosterneuburg, Austria

Abstract. Traditional cultivar Grüner Veltliner is the most appreciated vine in Austrian viticulture. Due to organic growing the demand for mildew resistance within the same wine profile has increased. Cross breeding can provide such new genotypes which combine traits from different sources by parenthood. Linkage of traits with chromosomes or markers allows to predict some aspects of the phenotype. Equipped with chromosomal assisted selection the development of new varieties could be much easier and faster. On the base of two segregating populations derived from crosses of Grüner Veltliner with Malverina and Seyval blanc we could define correlation of chromosomes with some traits. Mainly ampelographic descriptors and resistance against mildew could be aligned. As a quality parameter of the wine Rotundone analyses were performed and could be attributed to chromosome 5 and 9. Selection supported by the composition of the parental chromosomes enables breeding with some arguments of design. The limits for free choice were the availability of sufficient different genotypes with a broad spectrum of chromosomal combinations. Recently released descendent cultivar Donauveltliner was selected due to the high rate of Traminer alleles.

1. Introduction

Grapevine cross breeding is again a task to improve the stability of growing vines under changed plant protection regimes [1]. In the meanwhile more than 10% of the Austrian viticulture are treated with organic methods [2] and as a consequence new varieties are required. Established traditional varieties lack substantial resistance against mildew diseases, which in organic production increases the risk of failing due to disease outbreak. New genotypes with improved resistance against most diseases should allow reduction of plant protection measurements [3]. Traditional varieties as the local most common Grüner Veltliner (GV) are very sensitive to Powdery as well as Downy Mildew [4]. Hence a specific task is to create an offspring of Grüner Veltliner that combines the estimated wine profile with some resistance genes derived from other Vitis species [5]. Seyval blanc, Villard blanc, or in our case, Malverina could function as resistance donors and they were applied as crossing partners [6]. These donor vines show satisfying stability in the field but still lack adequate wine quality. Cross breeding and selection is a very laborious and time consuming task therefore it is useful to have tools for accelerating the whole process. Genetic markers are one of the essential prerequisites to improve and fasten selection [1]. While AFLP and SNP markers are more abundant in the genome [7] SSR markers are the better choice to anchor an allele [8]. Simple sequence repeat (SSR) markers are more stable than others, they are inherited codominantly and a huge amount of them is already attributed to a chromosome within a linkage group [9,10]. Some of them were already used successfully for marker assisted selection in the grapevine breeding process. Few of them are linked to resistance traits as the SSR marker VVIV67, which is located close to Ren3 [11]. This marker allows a preselection for resistance against powdery mildew in an early stage of development. Others are also in connection with quality factors as the markers linked to terpene synthesis [12]. A rare terpene is Rotundone [13], one of the key aroma substances within Grüner Veltliner wines [14]. It is associated with a peppery, spicy taste that is the expected sensorial profile for several appellation wines in Austria.

Finally, segregation of chromosomes could easily be followed by genotyping the seedlings with stable SSRs. The segregation pattern of a specific SSR marker within a population allows to conclude which of the parental chromosomes were transferred to the off spring [8]. For mapping it would be necessary to involve large populations before any selection is done. Numerous markers have to be screened to get the mapping structure [15]. As an alternative strategy selection with chromosomal observation and definition of heritage was used to accelerate the breeding process.

2. Material and methods

Two populations of Grüner Veltliner were involved in the genetic analysis. The offspring from a cross with Malverina still consists of more than fifty genotypes. Population is kept in greenhouse and several genotypes of them are already planted in the field. The second population (GV x Seyval blanc) was already diminished by several rounds of selection due to incidence of symptoms from mildew and other, mainly fungal diseases. All twenty genotypes are already under field observation and wine evaluation. Observation of the genotypes was performed using OIV descriptors for ampelographical or viticultural traits [16]. As far as it was possible we prepared wine

Table 1. SSR markers used to characterize both GV derived populations.

Chromosome	Major SSR marker	Minor marker
1	Vrzag29, UCH19, VMC4d2, VMC3g9	UCH29, Scu4
2	VVIo55, Vrzag93, VVIB01, ISV3, VMC3b10	VVIB23
3	VVMD28, VMC1g7	VMC4c8, VMC2e9
4	VVMD32, VVIP77, VMC7h3, Vrzag21, Vrzag82, VVIT30, VMC6g10	
5	VVMD27, VVIN40, VMC3b9, VMC5e11,	Vrzag79, VVIN33, VMC6e10
6	VMC2g2, VMC4h5, VMC4g6, VMC2h9	
7	VVMD7, VVMD31, Vrzag62, VVIP75, VMC5h5, VMC5e2.2, VMC8d11, VMC16f3	
8	VVS4, VMC1e, VMC5g6.1, VMC1b11, VMC2h10, VMC2f12, VMCNG2e2, VMC4d3	
9	VMC2d9, VMC2e2, VMC3h5	VMC1c10
10	Vrzag64, Vrzag67, VRG1, VMC2e8, VMC2a10	Vrzag25,
11	VVMD8, VVIV35	VVMD25, VVIP36A, UDV17, UDV48, A005, VMC6c3
12	Scu5, VMC2h4, VMC4h2, VMC4a9, VMC8g9	VMC1g3.2, VMC5c6, VMC4f3.1,
13	VVS1, VMC9h4.2, VMC2a3, VMC3d8, VMC5g11, VMC3e5,	VMC8e6
14	Vrzag112, VVIP05, VMC2e3, VMC6e1,	VRG9, VMC2b11, VMC2c3,
15	VVMD30, VVIV67, VMC5g8, VMC4d9.2,	
16	VVMD5, SCU14, VVIV17, VMC4b7.2, VMC5a10	
17	VVIq22b, VMC2h3, VMC3a9, VMC3c11.1,	Scu6, VVIB09, VVIP47b, VVIS63, VVIV08, VVIP44, UDV103, VMC9g4
18	VVIN16, VMC2b1.1, VMC6f11, VMC8f4, VMCNG1b9,	VVIP8, VMC7f2
19	VVIV70, VVIP17A, VMC9a2.1, VMC3B7.2, VMC6c7, VMC7B1, vMC5H11,	

from all single genotypes of the population and performed sensorial evaluations as well as analytical analyses. One of the goals was to select vines within the off spring with similar wine aroma as known from the parental variety Grüner Veltliner. For that reason we measured the content of Rotundone, a terpene with high relevance for the varietal typicity. Rotundone was measured with GC–MS equipment and the samples had to become enriched by concentrating the original wine [14].

Table 2. Definition of allele segregation within population 1929 at the chromosome 10.

	Chromosome 10											
Genotype	VRZAG 64		VRZAG 67		VRG 1		Ctr 5		Ctr 13			
Grüner V.	139	143	124	156	A	C	B	D	111	117		
Malverina	137	143	130	156	B	C	C	B	107	119	GV	Mal
1929-1	139	143	124	156	A	[illegible]	D	B	107	111	A	B
1929-11	139	143	124	156	A	C	B	D	111	117	AB	
1929-13	137	143	130	156	B	C	B	C	117	119	B	A
1929-15	139	143	124	156	A	[illegible]	D	B	107	111	A	B
1929-16	143	143	[illegible]	156	C	[illegible]	D	B	107	117	B	B
1929-17	139	143	124	156	A	[illegible]	D	B	107	111	A	B
1929-18	137	143	130	156	B	C	B	C	117	119	B	A
1929-19	137	143	130	156	B	C	B	C	117	119	B	A
1929-2	137	143	130	156	B	C	B	C	117	119	B	A
1929-20	137	139	124	130	A	B	D		111	117	A	A
1929-21	137	139	124	130	A	B	C	D	111	119	A	A
1929-22		143	124	156	A	[illegible]	D	B	107	111	A	B
1929-55	139	143	156	156	C	[illegible]	B	C	107	117	B	B
1929-56	143	143	156	156	C	[illegible]	B	B	107	117	B	B

Segregation pattern was investigated by applying 290 SSR markers. Not all of them proliferated appropriate allelic fragments. Due to distortions in the segregation only a limited number of the markers were involved in the chromosome definition.

SSR markers (Table 1) were developed as mentioned before [17] (Mandl et al., 2007). They were either detected by automatic fluorescence sequencer or by manual silver staining. In the case of silver staining the exact sizing was neglected. Furthermore the task was to attribute the alleles to one of the parental origin. Statistical calculations were done by using SSPS program.

3. Results and discussion

About 290 SSR markers were applied to study the segregation behavior within the populations. 195 resulted in polymorphic alleles with segregation in the off spring. Finally, 92 markers were involved in the definition of the chromosomal inheritance. That means, on average 5 markers are sufficient to recognize which of the chromosomes are inherited. Each seedling of both populations was characterized by the presented SSR markers (Table 1). Therefore we could reconstruct consistence of alleles and finally inheritance of the chromosomes. Thus we gained knowledge about inheritance of single chromosomes due to their behavior within the population (Table 2). Some of them were not transferred to the next generation and few of them were sensitive to mutations and showed skewed segregation.

Markers with linkage to known traits were investigated and assessed for their relevance in the genotype. Correlation of chromosomes with ampelographic descriptors according to the OIV definition could be calculated as demonstrated in Table 3.

3.1. Population 1929 (Grüner Veltliner x Malverina)

The population consisting of 65 seedlings, two of which, however represent selfings. Therefore it could be argued that these vines belong to an early stage population without having done essential selection steps. It was supposed to find each chromosome with a rate of 50%. Compared to the population 1979 (GV x Seyval bl.) it could be observed that alleles from the parents GV and Malverina show higher similarity tha GV and Seyval blanc. We observed

Table 3. Correlation of OIV descriptors with the chromosomes of population 1929.

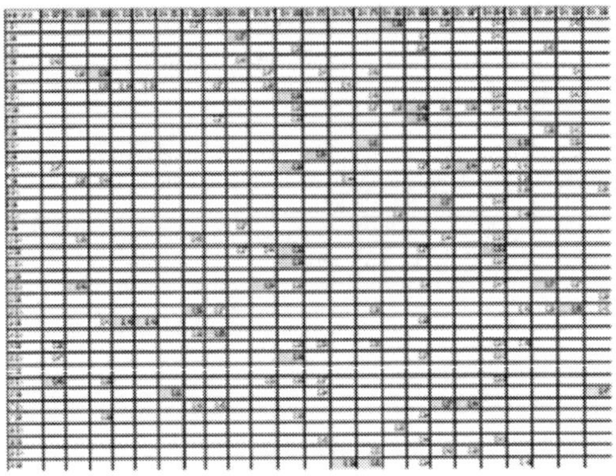

Table 4. Resistance against Powdery mildew according to OIV 456 within population 1929.

genotype	Mal. A	Mal. B	OIV 456
1929- 3	1	0	3
1929-10	0	0	3
1929-15	1	0	5
1929- 21	1	0	5
1929- 23	0	1	7
1929- 27	1	0	5
1929- 40	0	1	8
1929- 46	1	0	4
1929- 49	0	1	7
1929- 18	1	0	3
1929- 51	0	1	8
1929- 52	0	1	7
1929- 57	1	1	5
1929- 37	1	0	5
1929- 43	0	1	7
1929- 45	1	0	3
1929- 47	1	0	7
1929- 38	1	0	5
1929- 20	1	0	5
1929- 22	1	0	3
1929- 25	0	1	8
1929- 58	1	0	3
1929- 28	0	1	7
1929- 31	0	1	7
1929- 4	0	1	5
1929- 9	1	0	5
1929- 39	0	1	8

less mutations and less skewed segregation in 1929 than in population 1979.

Chromosome Nr 1 is one of the most stable ones and only 4 markers were sufficient to define the inheritance of the chromosomes. Each of the chromosomes appears with the same frequency in the off spring. We could align the ampelographic parameters OIV 2, OIV 55, OIV 65, OIV 73, OIV 80, OIV 154 to this chromosome (Table 3). It was suggested that flowering time and ripening traits are linked to this place [18]. Chromosome 2 is even stable and with 6 SSR markers heritage of chromosomes could be confirmed. OIV 68 is linked to the chromosome and from literature it is known that berry skin color is also coded there [9]. We observed only white berried bunches and could not observe any segregation. Also the region where sex of vine [19] is determined should be located at Chr.2 which we could not verify due to monomorphic hermaphrodite vines. Chromosome 3 could be defined by the use of 4 markers and the distribution is normal. One vine showed distorted segregation due to changes in the combination what could be explained as crossing over. OIV 5, OIV 9, OIV 86 showed linkage to Chr 3. The Chromosome 4 was defined on the base of 7 markers and it seems not as stable as the others. The marker VVIP 77 is not equally distributed and one of the GV alleles could not be found in the population, while the other alleles showed no irregularities. From former mapping it is known that vigor of the shoot [20] or even sensitivity against Plasmopara [11] could be located at that chromosome. OIV 17, 65, 91 and 92 are also associated with chromosome 4. Chromosome 5 reveals to be stable and equally distributed inheritance in our population. It is linked with OIV 4, 53, 83 and 84 [20]. The chromosome 6 indicates stability and could already be defined with 4 markers. The distribution of the alleles shows similar frequencies. OIV 1, 79 and 202 are correlating to this chromosome. There also the accumulation of sugar is said to take place [21]. We could not observe a significant segregation in sugar accumulation independent from the quantity of yield. Number 7 is stable concerning GV alleles but is distorted with alleles of Malverina. It was reported that in this area induction of berry ripening and bud burst are located [18]. Furthermore major N source for yeast assimilable N is located there [21]. Chromosome 8 was less stable and more SSR markers were used to define the heritage. Especially some alleles of Malverina are deviating from the segregation pattern. Also, the chromosomes 9 and 10 seem to be inherited in a conserved way without distortion. OIV 53 and 202 correlate with chromosome 10. For Malverina the definition of chromosome 11 failed due to homozygous alleles. In the same group the QTL for Mg uptake was detected [17].

With 6 markers the chromosome 12 was defined and the stability confirmed. OIV 8, 67 and 204 correlate with alleles while in some genotypes linkage to Plasmopara resistance was located as Rpv 6 and 13. Chromosome 13 contains regions responsible for OIV 12, 14, 53, 206 and even in some maps resistance against powdery mildew [22]. Hence the stability of the alleles was not as high as in other chromosomes. The situation with chromosome 14, where OIV 56, 70, 71and 79 are associated, appeared to be similar.

Chr. 15 seems stable and is linked with traits of OIV 7, 54, 86 as well as resistance to powdery mildew in Ren 3 [11]. The marker for Ren3 VVIV67 allows to recognize the source of resistance and could be aligned to the trait within population 1929 (Table 4). In group 16 stability of Malverina alleles was not perfect. Association with OIV 7 and 208 could be recognized. It was mentioned that this chromosome is linked to time of maturing [24]. Also markers associated to ethylene production could be detected [25]. Within chr. 17 we could observe a perfect segregation of GV alleles but failed to find polymorphic Malverina alleles. We concluded that Malverina is at chr. 17 homozygous. OIV 84 and 87 are correlating with the same region in the genome. In former studies OIV 3, 9 and 85 was aligned [21]. For Chromosome 18 the segregation of alleles could easily be defined with five SSR markers.

Table 5. Content of Rotundone in wine of the population 1979.

Grüner Veltliner	35,9
Seyval blanc	14,98
1979/10/1/24	17,63
1979/10/1/29	11,34
1979/10/2/13	11,66
1979/10/2/22	11,58
1979/10/3/13	14,85
1979/10/3/26	20,6
1979/10/3/26	20,6
1979/10/3/29	20,6
1979/10/3/33	12,52
1979/10/3/33	12,52
1979/9/1/66	9,56
1979/9/1/68	21,27
1979/9/1/68	21,27
1979/9/1/81	12,75
1979/9/1/82	11,18
1979/9/1/86	12,27
1979/9/2/79	13,38
1979/9/2/83	20,5
1979/9/2/83	20,5
1979D	13,25
1979E	14,33
1979F	13,95
1979G	19,42
1979H	20,64

We only find relevance for OIV 94 but other papers show influence in berry weight or size [23] and dependance on the population resistance against Plasmopara [11] or Erysiphe [26].

Chr. 19 was less stable than others and seven SSR markers were needed to follow segregation. Especially the GV alleles showed distortions. OIV descriptors 75 and 79 showed correlation while OIV 87 was aligned in another population [11,21]. In this region the quantity of the crop is determined. Correlations were calculated according to the method of Pearson at the $p < 0,01$ level.

3.2. Population 1979 (Grüner Veltliner x Seyval blanc)

Only 24 genotypes were involved in the analysis of a formerly huge population. These genotypes have survived several rounds of selections. The vines are kept outside in the field for viticultural observations and even for wine evaluations. Genotypes with reduced vitality or sensitivity to fungal diseases were already eliminated. That means 1979 offered no random distribution of chromosomes. The stability of the chromosomes was lower than in population 1929 maybe due to a higher degree of different alleles. Despite the higher resistance in the field the genetic base showed more distortion and skewed segregation. Similar as in 1929 there was total absence of one of the chromosomes designated as number 4 of GV. Chr 11 is less stable concerning the alleles of Seyval blanc. Chr 15. of the seedlings contains only monomorphic loci despite heterozygous origin of Seyval blanc. Due to the association with resistance to Powdery mildew the better chromosome was the one with shorter allele length and only genotypes carrying this allele could convince in the selection process. The marker VVIV 67 let us conclude that in all genotypes of population 1979 Ren3 is present. Nevertheless differences in sensitivity against Powdery mildew could be observed under viticultural conditions. At the chr. 19 skewed segregation of Seyval alleles inhibited a precise definition of chromosome within the off spring.

Nevertheless we gained enough data and also information from analysis of 1929 contributed to consideration in the decision to keep a single genotype.

Table 6. Inheritance of the GV chromosomes to the offspring Donauveltliner in consideration of their origin (dark green= Rebe St. Georgen, bright green=Traminer).

Donauveltliner							
Marker	Chromosome	Gr. Veltliner		DV		Seyval blanc	
VrZag 29	1	114	116	114	122	118	122
VMC 5e10	2	B	D	A	D	A	C
VMC 3g7	3	250	262	218	250	218	248
VVMD 32	4	238	254	248	254	248	270
VrZag 79	5	242	246	242	256	256	258
VMC 2g2	6	122	124	124	130	128	130
VVMD 7	7	245	255	235	255	235	241
VMC 1e8	8	209	229	225	229	223	225
VMC 2h5	9	A	B	A	E	D	E
VrZag 67	10	124	156	156	164	136	164
UDV 027	11	C	E	B	C	A	B
VMC 8g9	12	175	185	183	185	167	183
VMC 3d8	13	C	E	A	E	A	D
VrZag 112	14	232	240	236	240	228	236
VVIV 67	15	C	D	B	C	A	B
VVIV 37	16	C	D	B	C	B	E
VMC 3a9	17	A	D	C	D	B	C
VMCNG 2b9	18	148	156	152	156	152	160
VMC 8c7	19	151	157	101	151	101	169

It is also feasible to follow back the chromosome to the grand parents or to the non-*vinifera* origin [13]. Nowadays defined chromosomes will not replace the selection or evaluation process but assists to make the right decision about a promising genotype.

3.3. Rotundone analysis

The Rotundone content of Grüner Veltliner wines is lies between 20 and 50 ng/l and in our reference sample it was about 35 ng/l, while wine of Seyval blanc only could reach half the value. None of the seedling shows higher content of Rotundone than Grüner Veltliner. Only one offspring of the 1929 population could reach a similar value as GV. Segregation analysis of wines from 1929 reveals correlation mainly with chromosome 5. This is no surprise as the chromosome 5 was identified as the place in the genome where the terpenes are coded [12]. What was more surprising is the fact that Seyval blanc chromosome 9 is significantly linked to the Rotundone content. Correlation was calculated based on the method of Pearson with significance at the $p < 0.01$ level. Therefore it seems that the contribution for Rotundone consists of a constant part from Grüner Veltliner chromosome 5 and a segregating part from Seyval blanc chr. 9. Values below the Seyval content could be explained due to the segregation of two alleles with different levels of Rotundone formation (Table 5).

3.4. Final selection

In the case of the traditional variety Grüner Veltliner we already have defined the heritage from a cross of St. Georgen x Traminer [5]. While Traminer is one of the key donor varieties for quality development under historic aspects we intended to select seedlings with high percentage of Traminer chromosomes. Finally we chose one of the seedlings of (Grüner Veltliner x Seyval blanc) for high stability and resistance to diseases mainly derived from Seyval blanc and high wine quality brought in by grandparent variety Traminer. In the meanwhile the variety was named Donauveltliner and is proposed for classification in Lower Austria and is already classified in Burgenland, with other regions still following. It is

DOI: 10.1051/bioconf/20160701014

known that Traminer has higher sugar accumulation rate than most other varieties and even Donauveltliner shows this behavior inherited from Traminer. Sugar values of the must are consistently higher than observed in the parent GV. Donauveltliner is predominantely influenced by the Traminer chromosomes (table 6), especially the chromosomes 5 and 8 which are both responsible for the production of terpenes derived from the aromatic The decision for this genotype was taken due to the higher wine quality as compared to wines derived from other seedlings of the same population. The loose structure of the grape and the small berries reinforced the very satisfying viticultural performance. Donauveltliner has shown agreeable stability in the field without reduced spraying and is favored for organic production.

References

[1] A. Calonnec, S. Wiedemann-Merdinoglu, L. Deliere, P. Cartolaro, C. Schneider, F. Delmotte Plant Pathol. **62,** 533–544 (2013)

[2] `www.austrianwine.com`

[3] D. Bellin, E. Peressotti, D. Merdinoglu, S. Wiedemann-Merdinoglu, A.F. Adam-Blondon, G. Cipriani, M. Morgante, R. Testolin, G. Di Gaspero, Theor. Appl. Genet. **120,** 163–176 (2009)

[4] F. Regner, R. Hack, K. Hanak, J.-L. Santiago Acta Horticulurae **827**, 245–251 (2006)

[5] F. Regner, R. Hack Mitteilungen Klbg. **59**, 199–208 (2009)

[6] B.M. Fischer, I. Salakhutdinov, M. Akkurt, R. Eibach, J. Edwards, R. Töpfer, E. Zyprian, Theor. Appl. Genet. **108,** 501–515 (2004)

[7] S. Myles, S.Mahanil, J.Harriman, K.M. Gardner, J.L. Franklin, B. Reisch, D.W. Ramming, C.L. Owens, L. Li, E.S. Buckler, L. Cadle-Davidson Molecular Breeding **35**, 88 (2015)

[8] E. Herzog , R. Töpfer, L. Hausmann, R. Eibach, M. Frisch Vitis **52** (4), 193–196 (2013)

[9] A.F. Adam-Blondon, C. Rouz, D. Claux, G. Butterlin, D. Merdinoglu, P. This, Theor. Appl. Genet. **109,** 1017–1027 (2004)

[10] M. Salmaso, G.Malacarne, M.Troggio, G. Faes, M.Stefanini, M.S.Grando, R.Velasco, Theor. Appl. Genet. **116**(8), 1129–1143 (2008)

[11] L.J. Welter, N. Göktürk-Baydar, M. Akkurt, E. Maul, R. Eibach, R. Töpfer, E. Zyprian, Molecular Breeding **20**(4), 359–374 (2007)

[12] J. Battilana, F. Emanuelli, G.Gambino, I. Gribaudo, F. Gasperi, P.K. Boss, M.S. Grando, Journal of Exper. Bot. **62**(15), 5497–5508 (2011)

[13] T. Siebert, C.Wood, G. Elsey, A.P. Pollnitz 2008 J. Agric. Food Chemistry **56** (10), 3745–3748 (2008)

[14] L. Caputi, S. Carlin, I. Ghiglieno, M. Stefanini, L. Valenti, U. Vrhovsek, F, Mattivi J. Agric. Food Chemistry**59** (10), 5565–5571 (2011)

[15] M.S.Grando, D.Bellin, K.J.Edwards, C.Pozzi, M. Stefanini, R. Velasco Theor. Appl. Genet.**106,** 1213–1224 (2003)

[16] OIV, Office International de la Vigne et du Vin, 2nd Edition of the OIV descriptor list for grape varieties and Vitis species (2001)

[17] K. Mandl, J. Santiago, R. Hack, A. Fardossi, F.Regner Euphytica 149, 133–144 (2006)

[18] I. Fechter, L. Hausmann, E. Zyprian, M. Daum, D. Holtgräwe, B.Weisshaar, R. Töpfer, Theor. Appl. Genet. **127**, 1857–1872 (2014)

[19] J. Battilana, S. Lorenzi, F. M. Moreira, P.-Moreno-Sanz, O. Failla, F. Emanuelli, M.S. Grando Mol Biotechnol **54**(3), 1031–1037 (2013)

[20] J.L. Santiago, K. Mandl, R. Hack, F. Regner. *Acta Horticulturae* **827**, 341–346 (2006)

[21] S. Yangl, J.F. Ramírez, Q. Sun, D.C. Manns, G.L. Sacks, A.K. Mansfield, J.J. Luby, J.P. Londo, B.I. Reisch, L.E. Cadle-Davidson, A.Y. Fennel doi.org/10.1371/journal.pone.0149560 (2016)

[22] S. Hoffmann, G. Di Gaspero, L. Kovacs, S. Howard, E. Kiss, Z. Galbacs, R. Testolin. P. Kozma, Theor. Appl. Genet. **116**, 427–438

[23] J.A. Cabezas, M.T. Cervera, L. Ruiz-García, J. Carreño, J.M. Martínez-Zapater Genome **49** (12), 1572–1585 (2006)

[24] L. Costantini, J. Battilana, F. Lamaj, G. Fanizza, M.S. Grando, BMC Plant Biology, **8**, 38. doi.org/10.1186/1471-2229-8-38 (2008)

[25] F. Licausi, F.M. Giorgi, S. Zenoni, F. Osti, M. Pezzotti, P. Perata, BMC Genomics **11**: 719, doi: 10.1186/1471-2164-11-719 (2010)

[26] S. Riaz, A.C. Tenscher, D.W. Ramming, M.A. Walker Theor. Applied Genet. **122**(6), 1059–1073 (2011)

 DOI: 10.1051/bioconf/20160701015

Downy mildew intensity in tolerant grapes varieties in highlands of southern Brazil

Betina de Bem[1], Emilio Brighenti[2], Bruno Farias Bonin[1], Ricardo Allembrandt[1], Leonardo Araújo[2], Alberto Fontanella Brighenti[2], and Amauri Bogo[1]

[1] Santa Catarina State University, College of Agriculture and Life Science, Av. Luiz de Camões, 2090 Lages, SC, Brazil
[2] Santa Catarina State Agricultural Research and Rural Extension Agency (EPAGRI), Rua João Araújo Lima, 102, São Joaquim, SC, Brazil

Abstract. The aim of this study was to evaluate the different degrees of tolerance to infection by *P. viticola* among three genotypes with constitutive resistance in comparison to susceptible varieties *Vitis vinifera*. For this purpose two experiments was conducted at EPAGRI Experimental Station, located in the city of São Joaquim, Santa Catarina State, at 2015/16 cycle. In the first experiment on the field, were quantified the incidence and severity and downy mildew intensity was compared by epidemiological variables, on the tolerant varieties Bronner, Regent, Cabernet Cortis and the susceptible Sangiovese. On the second experiment forty leaf discs for the same tolerant genotypes and the susceptible variety Chardonnay were artificially infected with *P. viticola* sporangia suspension and after seven days of incubation the discs were examined and the degree of infection was estimated based on the intensity of sporangiophore formation. Sangiovese showed highest downy mildew intensity in comparison to the tolerant varieties Cabernet Carbon, Regent and Bronner. Under controlled conditions, the susceptible variety Chardonnay showed higher sporangiophore formation on discs leafs in comparison to the tolerant varieties. All the downy mildew tolerant varieties evaluated showed lower disease development in comparison with *V. vinifera* varieties.

1. Introduction

Santa Catarina State wine industry is gaining strong space on the national scene, especially in highland regions (900 m a.s.l.). The climatic potential of these regions for grape production (*Vitis vinifera* L.) has been proven by several researches [1–3]. These conditions provide distinctive climate compared to other grape-growing regions of Brazil, shifting the vine phenological cycle [1].

The viticulture in highlands of Santa Catarina State, as a new winegrowing region, show some production risks. Among the numerous factors that can derail the production, are phytosanitary problems.

Downy mildew, caused by the obligately biotrophic peronosporomycete *Plasmopara viticola* (Berk. and Curt.) Berl. and de Toni., is among of the most destructive grapevine diseases, that occurs worldwide, particularly in warm and humid climates [4]. This condition often occurs in highlands regions of Santa Catarina State during the vine growing cycle.

Some of the American species have been shown to have effective resistance against these diseases, but their wines had unwanted flavors, so vine growers started crossbreeding them with European *Vitis vinifera* varieties to obtain vines with increased resistance to fungi in order to produce high quality wines [5]. A large number of so-called fungus-resistant PIWI varieties (from the German word 'pilzwiderstandsfähig') therefore emerged in the 20th century [6].

The high disease intensity leads to overuse of chemicals in the vineyards of this region. The constant use of pesticides are very prejudicial to the enviroment, field workers and to the final consumer. The use of resistant varieties (PIWI), could be an alternative to cultivation, helpfull to decrease the pesticides level in the vineyards, reducing costs and increasing wine quality.

The aim of this work was to evaluate the different degrees of tolerance to infection by *P. viticola* among three genotypes with constitutive resistance in comparison to susceptible variety *Vitis vinifera* in highlands of Santa Catarina State.

2. Materials and methods

The experiments were conducted in São Joaquim Experimental Station (EPAGRI) Vineyards (28° 17'39" S; 49° 55'56" W, altitude 1,415 m), in 2015/2016 cycle. The evaluated varieties were the tolerants Cabernet Cortis, Bronner, Regent and the suscetible Sangiovese (*V. vinifera*). The plants were three years old, grafted on Paulsen 1103 rootstock, trained in VSP, spaced 3.0 meters between rows and 1.2 meters between plants. The pruning was performed leaving 2 buds per spur, in an unilateral cordon system.

In filed conditions, low rates of Cimoxanyl and Metalaxyl combined with others fungicides were applied to maintain low levels of downy mildew and others foliar diseases, yet still allow sufficient disease to evaluate the different genotypes.

The meteorological data were obtained from a meteorological station located at vineyard. The daily data of precipitation (mm), air relative humidity (%)

 DOI: 10.1051/bioconf/20160701015

and mean temperature (°C) were obtained from CIRAM (Center of Environmental Resources Information and Hydrometeorology of Santa Catarina).

The middle portion of each vine was assessed for incidence and severity of downy mildew during the year 2015–2016 growing seasons and evaluated bi-weekly, beginning first symptom appearance in field and continuing until harvest, using 25 young leaves per branch on 2 medium-height branches of each vine, on five repetitions. Branches with diseased leaves were marked with a plastic tag proximal to the branch tip to ensure the same branch and leaves were surveyed throughout the season. Downy mildew incidence was defined as the number of leaves with downy mildew symptoms divided by the total number of leaves evaluated. Downy mildew severity was assigned using a visual diagrammatic scale based on seven levels of disease severity: 1, 3, 6, 12, 25, 50 and 75% [7].

Downy mildew disease progress curves were constructed and the epidemic were compared using four epidemiological measures: beginning of symptom appearance (BSA), time to reach maximum disease incidence/severity (TRMDI and TRMDS), maximum disease incidence/severity (Imax and Smax), and area under the incidence/severity disease progress curve (AUDIPC and AUDSPC). AUDPC was calculated according the Eq. (1)

$$AUDPC = \sum((Yi + Yi + 1)/2)(ti + 1 - ti). \quad (1)$$

Where: Y = disease intensity (incidence or severity), t = unit of time,and i = cumulative number of evaluations. This area represented thetrapezoidal integration value of severity [8]. Tests for significance were performed using an analysis of variance and post-hoc comparisons performed using a Tukey test (α = 0.05). SAS software, version 9.1 (Cary, NC), was used for the data analysis.

At harvest time the productivity were evaluated by clusters weight (kg. plant^{-1}) of pre-selected plants. The estimated productivity (ton.ha^{-1}) were obtained by the plant density per hectare and by plants production. At that time, 300 berries of each cultivar were randomly collected and sent to perform physical-chemical and phenolic analysis. From grape must were performed analyses of total soluble solids (°Brix), total acidity (meq L^{-1}) and pH, according to the methodology proposed by OIV [9].

The soluble solids (°Brix) were measured using an optical refractometer (model Instrutherm – RTD-45) with temperature correction. The pH was measured with a pH meter (model MP 220 Metler-Toledo). Total acidity was measured by titration method with a 10 mL aliquot of juice with standardized 0.1 N NaOH. Total polyphenols content was quantified by the Folin-Ciocalteu method, with absorbance readings at 760 nm [10].

The second experiment was conducted at Phytopathology Laboratory in São Joaquim Experimental Station (EPAGRI). Leaf disc tests were used to determine the leaf tolerance against downy mildew according to Staudt and Kassemeyer [11] and Rumbolz et al. [12]. Ten leaves from tolerant varieties (Cabernet Carbon, Bronner and Regent) and from the susceptible Chardonnay were collected in the field. Leaves, always obtained from the same position on the shoot (5th to 6th unfolded leaf), were

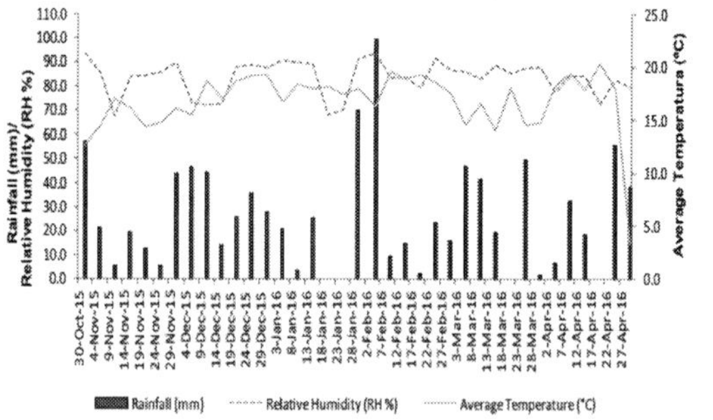

Figure 1. Average monthly accumulated precipitation (mm), air relative humidity (RH%) and mean temperature (°C) at Sao Joaquim, Santa Catarina State, Brazil, across 2015/2016 growing season.

surface sterilized with sodium hypochlorite (1.0% of active chlorine), followed by triple washing with distilled water.

Then four discs from each leave were excise with an 12-mm-diameter metal awl. Were evaluated eight discs per repetition, with five repetition, totalizing 40 discs per treatment/variety. The leaf discs were placed upside-down in Petri dishes containing filter paper. Each disc was artificially infected with 60μL of a *P. viticola* sporangia suspension (80,000 sporangia per ml).

Sporangia were collected from leaves of non-sprayed field-grown plants of different cultivars showing fresh sporulation after incubation overnight in a wet chamber. The infected discs were incubated for seven days at 25 °C with a photoperiod of 12 h and high relative humidity. The disease severity in discs leaves were evaluated on seventh day after inoculation (dai), and during the next ten days.

Infected leaf discs were examined with a stereo microscope at tenfold magnification. This rating on low magnification allowed screening of a large number of leaf discs with a resolution adequate to observe single sporangiophores. The degree of infection was estimated based on the intensity of sporangiophore formation (9: no, 7: one to five, 5: six to twenty, 3: more than twenty, 1: dense sporangiophore carpet), according Schwander et al. [13]. This method is similar to the evaluation protocol given by OIV descriptor 452 [14].

The average of eight discs leaves per repetition were used for statistical analyses. Tests for significance difference of downy mildew infection between the varieties were performed using an analysis of variance and comparisons performed using a Tukey test (α = 0.05). SAS software, version 9.1(Cary, NC), was used for the data analysis.

3. Results and discussion

Mean temperature, relative humidity and total precipitation between full bloom (November) and maturity (April) were 16.8 °C, 83.6% and 953.4 mm, respectively (Fig. 1). In this period December (238 mm) and March (175 mm) were the months with higher rainfall. A combination of frequent rain and sustained humidity, particularly in spring and summer, provided conditions for leaves and berries remain wet, enabling infections by *P. viticola*. Previous studies have shown that for *P. viticola*, optimal growth is at temperatures of 20–25 °C [15,16].

Table 1. Characteristics of downy mildew disease: beginning of symptom appearance (BSA), time to reach the maximum disease incidence (TRMDI) and severity (TRMDS), maximum value of disease incidence (Imax) and severity (Smax) and area under the disease incidence progress curve (AUDIPC) and severity (AUDSPC). Disease was evaluated in three tolerant varieties and one susceptible during 2015–2016 growing seasons at Sao Joaquim, Santa Catarina State, Brazil.

Epidem. Variable	Cabernet Carbon	Regent	Bronner	Sangiovese	C.V. (%)
BSA (days)	44.8 ab*	51.8 a	58.8 a	30.8 b	10.4
Imax. (%)	56.3 b	52.0 b	54.4 b	85.8 a	22.6
TRMID (days)	84 a	84 a	81.2 a	58.8 b	4.8
Smax.[a] (%)	1.7 c	4.4 b	3.2 b	39.2 a	36.7
TRMSD (days)	84 a	84 a	84 a	84 a	0.0
AUPIC[b]	1194 b	1195 b	1226 b	3500 a	25.0
AUDSPC[b]	22.3 b	52.1 b	53.6 b	895.1 a	37.8

C.V. – Coefficient of variance. *Means followed by the same letter in the same row are not significant different (Tukey test, $P < 0.05$). [a] Percentage of leaf area infected by a diagrammatic scale of Buffera et al. [7]. [b] Area calculated by trapezoidal integration value according to Campbell and Madden [8].

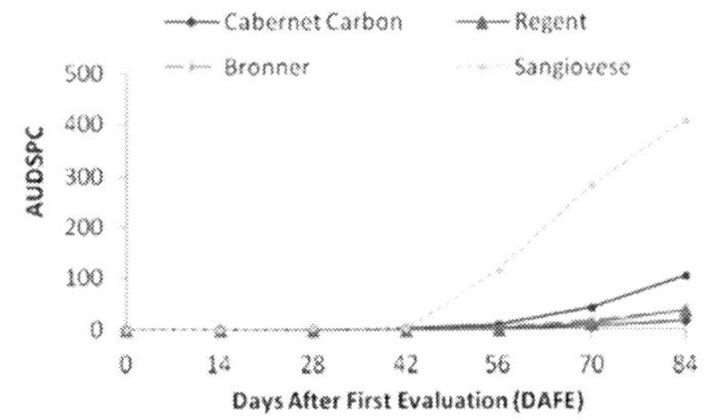

Figure 2. Downy mildew disease progress curves for area under disease severity (AUDSPC) for tolerant varieties Cabernet Carbon, Regent and Bronner and for susceptible variety Sangiovese during 2015–2016 growing season in Sao Joaquim, Santa Catarina State, Brazil.

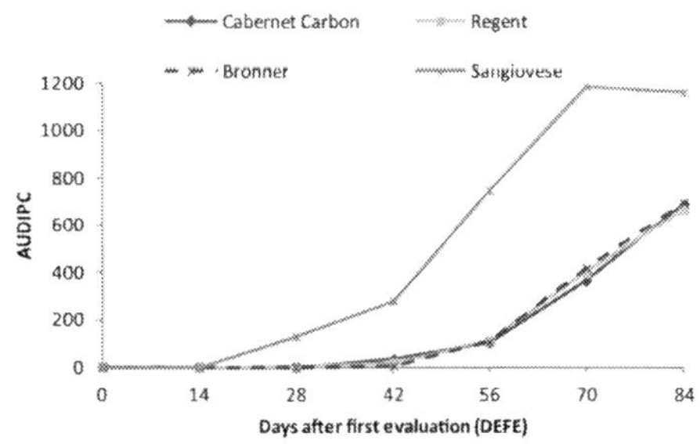

Figure 3. Downy mildew disease progress curves for area under disease incidence (AUDIPC) for tolerant varieties Cabernet Carbon, Regent and Bronner and for susceptible variety Sangiovese during 2015–2016 growing season in Sao Joaquim, Santa Catarina State, Brazil.

Several authors emphasize the importance of the leaf wetness, which represents the time that the leave is covered with a water film, provided by dew, rain or irrigation for the occurrence of epidemic in plants. It is helpfull to the formation of optimal conditions for spore germination and penetration [17]. In the case of downy mildew this time is two hours, and zoospores are biflagellate and require water for getting the host and cause primary infections, and its penetration in vines occurs through the stomata [18]. The high relative humidity and rainfall seems to be more important to promote *P. viticola* infections than the temperature. The temperature it is not a limiting factor to spore germination and infections by *P. viticola*, due to the large range of non restrictive temperature for fungus growth (5–25 °C) [19]. So, the occurrence of intense rainfall in 2015–2016 season, during the vegetative growth of vines in São Joaquim region (Fig. 1), could be the main factor to downy mildew successful infections.

The quantification of the epidemic variables are presented in Table 1. The beginning of symptoms appearance (BSA) occurred on average 44 days after first evaluation (DAFE), which corresponded to February 2nd, 2016 and the phenological stage of *véraison*. The latent period (time from infection to spore production) is expected to take 5–18 days for *P. viticola* [15,16]. Thus, it is estimated that infection by *P. viticola* may have occurred as early as mid to late January. Sangiovese variety showed an anticipation in average of 22 days to appearance of first disease symptoms, compared to Regent and Bronner.

All varieties took the same time to reach maximum severity of disease (TRMSD) (84 days), but the susceptible variety Sangiovese reached the maximum incidence of downy mildew (TRMDI) on average 24 days earlier than the resistant varieties, differing statistically from them.

The resistance in plants can be classified in horizontal or vertical by delaying the onset of the epidemic by reducing the initial infections, or making it slower after it is start, by reducing the rate of infection or progress (r) [20]. The Regent and Bronner varieties provided a delay at the beginning of the epidemic through the BAS. Varieties with constitutive resistance made the rate to reach the maximum incidence slower than the susceptible variety Sangiovese.

The Sangiovese variety presented the maximum severity (Smax), 39.2% superior from resistant varieties. To the maximum values of incidence Sangiovese showed higher values, Cabernet Carbon and Bronner were intermediated and Regent showed significant differences, appearing to be more resistant with a value of maximum incidence (Imax) 34% lower than the susceptible variety Sangiovese (Table 1).

In the comparative epidemiology, the parameter used to compare different degrees of susceptibility of plants to pathogens is the disease progress rate. Quantification of a variable that expresses the incidence and severity (intensity) of the disease is important to describe the progress of epidemics over time and its relationship with the weather or with different forms of management [21].

There were significant differences between the varieties by area under the curve progress severity and incidence of disease (AUDSPC and AUDIPC) (Figs. 2 and 3). There was a significant increase in AUDSPC of Sangiovese variety compared with other varieties evaluated (Fig. 2). The AACPSD of Sangiovese variety with an average of 408, was higher than the average of the curves of the disease of Regent (37.9) Bronner (37.8) and

Table 2. Maturity indices for three tolerant varieties and one susceptible obtained from juice physical-chemical analysis at the harvest on 2015–2016 growing season, in Sao Joaquim, Santa Catarina State, Brazil.

Variety	TSS (° Brix)	TA (meq L^{-1})	pH	Total Polyphenols (mg L^{-1})
Cab. Carbon	21.5	95.9	3.06	1138.00
Regent	20.6	57.6	3.49	4084.03
Bronner	19.0	70.3	2.96	425.97
Sangiovese	18.7	90.9	3.10	1502.92

Cabernet Carbon (17.04), statistically different by Tukey test ($p < 0.05$) (Fig. 2).

The AUDIPC was superior for variety Sangiovese (1161). Cabernet Carbon (692), Bronner (697) and Regent (666) had lower AUDIPC values and differed significantly from the susceptible variety evaluated (Fig. 3).

A significant increase in disease intensity occurred on the 42nd day after the first evaluation (DAFE) in varieties evaluated in the 2015/2016 growing season (Figs. 4 and 5). Possibly, the increasing intensity of disease is related to the increase in temperatures and rainfall in the region, in association with *P. viticola* polycyclic characteristic and the specific conditions of cultural vineyard management.

Maturity indices obtained by physical-chemical analysis of grape juice from different varieties at harvest, was appropriate for the elaboration of high quality wines in the season 2015/2016 (Table 2). Appropriate parameters for winemaking are pH between 3.1 and 3.6; titratable acidity below 110 meq L^{-1} for white varieties and 100 meq L^{-1} for red ones and total soluble solids above 19° Brix to avoid artificially juice sugaring [22].

The high contents of polyphenols, especially on Regent berries may be related to higher levels of resistance. Polyphenols have the function of protecting plants from physical (such as the sun UV radiation) and biological (fungi, viruses, bacteria) attacks. Polyphenols from the group of non-flavonoids, as the stilbenes are phytoalexins, i.e. compounds synthesized by vine in response to a stressful situation, such as pathogen attack [23].

The results of the test conducted under controlled conditions are shown in Table 3. The highest intensity of sporangia formation can be observed in the susceptible variety Chardonnay, with a significantly increase of 61.8% in comparison to the tolerant varieties Cabernet Carbon and Bronner. Regent showed an intermediate tolerance to the pathogen under controlled conditions statistically different from the other varieties evaluated. Cabernet Carbon, and Bronner were more resistant to infection of downy mildew under controlled conditions.

For the beginning of the symptoms appearance (BSA) all varieties studied took on average of 2,8 days after the seventh day of inoculation to present the formation of sporangia under controlled temperature and humidity conditions, and did not differ significantly from each other. None of the varieties caused a delay in the epidemic through BSA, possibly because they are under the same ideal conditions for infection and inoculated with a proper spore solution.

The severity of downy mildew through area under the curve progress severity were different in the varieties evaluated, which resulted higher intensity in

Table 3. Area Under Disease Progress Curve (AUDPC) and Beginning of Symptom Appearance (BSA) on leaf discs of three tolerant varieties and one susceptible under controlled conditions, during 2015–2016 growing season in São Joaquim, SC.

Variety	AUDPC[a]	BSA
Cabernet Carbon	66.9 A[b]	2.5 A
Regent	53.2 B	2.4 A
Bronner	62.3 A	3.2 A
Chardonnay	39.2 C	3.0 A
C.V.[c](%)	8.6	34.9

[a] Area calculated by trapezoidal integration value according to Campbell and Madden (1990). [b] Means followed by the same capital letter in the same row are not significant different (Tukey test, $P < 0.05$). [c] Coefficient of variance.

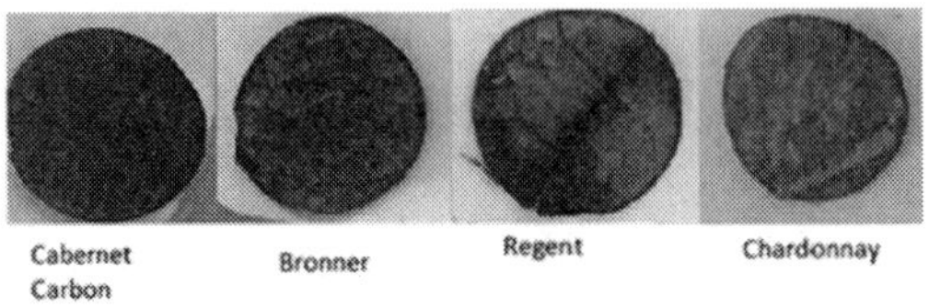

Figure 4. Representative leaf disks of each variety on the end of the evaluation after downy mildew inoculation under controlled conditions, during 2015–2016 growing season in Sao Joaquim, Santa Catarina State, Brazil.

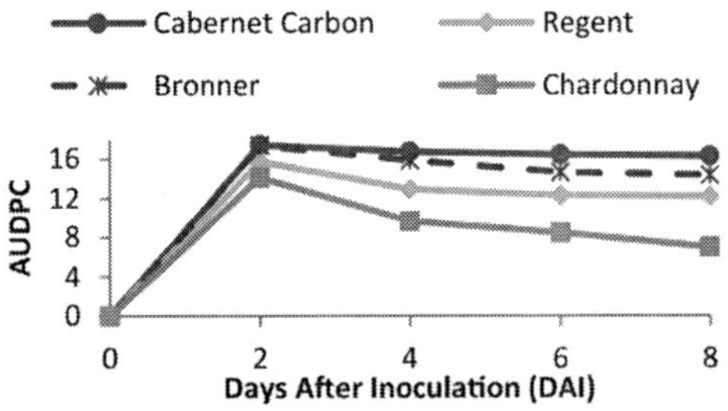

Figure 5. Area under disease progress curve (AUDPC) for tolerant varieties Cabernet Carbon, Regent and Bronner and for susceptible variety Chardonnay during 2015–2016 growing season in Sao Joaquim/SC municipality, southern Brazil.

'Chardonnay', the susceptible variety (Figs. 4 and 5). In Cabernet Carbon and Bronner varieties could be observed visually hypersensitivity reaction (HR) analyzed in leaf discs (Fig. 4).

The appearance of necrotic cells near invasion sites is termed hypersensitive reaction and is an example of localized programmed cell death that stops the pathogen, which as a biotroph depends on live host cells, from spreading to healthy tissues [24].

4. Conclusion

Sangiovese (*Vitis vinifera*) showed superior intensity of downy mildew in comparison to tolerant varieties evaluated (Bronner, Cabernet Carbon and Regent) conducted in field test during 2015–2016 growing season in São Joaquim/SC municipality, southern Brazil. Under controlled conditions, the variety Chardonnay (*Vitis vinifera*) showed higher sporangia formation on leaf discs in relation to the same tolerant varieties.

Based on maturity indices, the PIWI varieties Bronner, Cabernet Carbon and Regent have strong potential for production of quality wines in highlands of Southern Brazil.

References

[1] L.I. Malinovski, A.F. Brighenti, M. Borghezan, M.P. Guerra, A.L. Silva, D. Porro, M. Stefanini, H.J. Vieira. Viticultural performance of Italian grapevines in high altitude regions of Santa Catarina State, Brazil. Acta Hort., **1115**, 203–210 (2016)

[2] A.F. Brighenti, E. Brighenti, M.S. Pasa. Vitivinicultura de altitude: realidade e perspectivas. Agropecuária Catarinense, **29**, 140–146 (2016)

[3] A.F. Brighenti, A.L. Silva, E. Brighenti, D. Porro, M. Stefanini. Desempenho vitícola de variedades autóctones italianas em condição de elevada altitude no Sul do Brasil. Pesq. Agropec. Bras., **49**, 465–474 (2014)

[4] S. Boso and H.H. Kassemeyer. Different susceptibility of European grapevine cultivars for downy mildew. Vitis, **47**, 39–49 (2008)

[5] R. Basler and P. Scherz. *PIWI Rebsorten. Pilzwiderstandsfähige Rebsorte* (Stutz Druck AG: Wädenswill, 124, 2011)

[6] C. Ehrhardt, P. Arapitsas, M. Stefanini, G. Flick, F. Mattivi. Analysis of the phenolic composition of fungusresistant grape varieties cultivated in Italy and Germany using UHPLC-MS/MS. J. Mass Spectrom., **49**, 860–869 (2014)

[7] C.R.C. Buffara, F. Angelotti, F.A. Vieira, A. Bogo, D.J. Tessmann, B.P. de Bem. Elaboration and validation of a diagrammatic scale to assess downy mildew severity in grapevine. Cienc. Rural, **44**, 1384–1391 (2014)

[8] C.L. Campbell, L.V. Madden. *Introduction to Plant Disease Epidemiology* (Wiley, New York, 532, 1990)

[9] OIV – Organization Internationale de la Vigne et du Vin. *Compendium of International Methods of Wine and Must Analysis* (OIV, Paris, 504, 2009)

[10] V.L. Singleton, J.A. Rossi. Colorymetry of total phenolics with phosphomolibdic- phosphotungstic acid reagent. Am. J. Enol. Vitic., **16**, 144–158 (1965)

[11] G. Staudt, H.H. Kassemeyer. Evaluation of downy mildew (*Plasmopara viticola*) resistance in various accessions of wild Vitis species. Vitis, **34**, 225-228 (1995)

[12] J. Rumbolz, S. Wirtz, H.H. Kassemeyer, R. Guggenheim, E. Schäfer, C. Büche. Sporulation of *Plasmopara viticola*: Differentiation and light regulation. Plant Biol., **4**, 413-422 (2002)

[13] F. Schwander, R. Eibach, I. Fechter, L. Hausmann, E. Zyprian, R. Töpfer. Rpv10: a new locus from the Asian Vitis gene pool for pyramiding downy mildew resistance loci in grapevine. Theor. Appl. Genet., **124**, 163-176 (2012)

[14] OIV – Organization Internationale de la Vigne et du Vin. *Descriptor list for grapevine varieties and Vitis species* (OIV Paris, 135, 2009)

[15] L.V. Madden, M.A. Ellis, N. Lanlancette, L.L. Wilson. Evaluation of a disease warning system for downy mildew of grapes. Plant Dis., **84**, 549–554 (2000)

[16] M.M. Kennelly, D.M. Gadoury, H.F. Wilcox, P.A. Magarey, R.C. Seem. Seasonal development of ontogenic resistance to downy mildew in grape berries and rachises. Phytopathology, **95**, 1445–1452 (2005)

[17] J. Rotem. Climatic and Weather influences on epidemics. *Plant disease* (New York: Academic Press, 317-334, 1978)

[18] K. Gindro, J.L. Spring, R. Pezet, J. Richter, O. Viret. Histological and biochemical criteria for objective and early selection of grapevine cultivars resistant to Plasmopara viticola. Vitis, **45**, 191–196 (2006)

[19] N. Lalancette, M.A. Ellis, L.V. Madden. Development of an infection efficiency model for Plasmopara viticola on American grape based on temperature and of leaf wetness. Phytopathology, **78**, 794–800 (1988)

[20] J.E. Van der Plank. *Plant Diseases: epidemics and control* (Academic Press, New York, 349, 1963)

[21] M.B. Spósito. Dinâmica temporal e espacial da mancha-preta (*Guignardia citricarpa*) e quantificação dos danos causados à cultura dos citros. (Escola Superior de Agricultura Luiz de Queiroz, Piracicaba, 112. 2003)

[22] R.S. Jackson. *Wine science: principles and application.* (3rd ed. San Diego, Elsevier, 789, 2008)

[23] N.F.S. Vaccari, M.C.H. Soccol, G.M. Ide. Compostos fenólicos em vinhos e seus efeitos antioxidantes na prevenção de doenças. Revista de Ciências Agroveterinárias, **8**, 71-83 (2009)

[24] M. Keller. The science of grapevines: anatomy and physiology (Londres, 400, 2010)

DOI: 10.1051/bioconf/20160701016

Genomics technologies to study structural variations in the grapevine genome

Maria Francesca Cardone[1], Carlo Bergamini[1], Pietro D'Addabbo[2], Can Alkan[3], Claudia Rita Catacchio[2], Fabio Anaclerio[2], Giorgia Chiatante[1,2], Annamaria Marra[2], Giuliana Giannuzzi[2], Rocco Perniola[1], Mario Ventura[2], and Donato Antonacci[1]

[1] Consiglio per la ricerca in agricoltura e l'analisi dell'economia agraria (CREA), Center for viticulture and enology, 70010 Turi (BA), Italy
[2] Università degli Studi di Bari "Aldo Moro", Dipartimento di Biologia, 70126 Bari, Italy
[3] Bilkent University, Department of Computer Engineering, TR-06800, Bilkent, Ankara, Turkey

Abstract. Grapevine is one of the most important crop plants in the world. Recently there was great expansion of genomics resources about grapevine genome, thus providing increasing efforts for molecular breeding. Current cultivars display a great level of inter-specific differentiation that needs to be investigated to reach a comprehensive understanding of the genetic basis of phenotypic differences, and to find responsible genes selected by cross breeding programs. While there have been significant advances in resolving the pattern and nature of single nucleotide polymorphisms (SNPs) on plant genomes, few data are available on copy number variation (CNV). Furthermore association between structural variations and phenotypes has been described in only a few cases. We combined high throughput biotechnologies and bioinformatics tools, to reveal the first inter-varietal atlas of structural variation (SV) for the grapevine genome. We sequenced and compared four table grape cultivars with the Pinot noir inbred line PN40024 genome as the reference. We detected roughly 8% of the grapevine genome affected by genomic variations. Taken into account phenotypic differences existing among the studied varieties we performed comparison of SVs among them and the reference and next we performed an in-depth analysis of gene content of polymorphic regions. This allowed us to identify genes showing differences in copy number as putative functional candidates for important traits in grapevine cultivation.

1. Introduction

It is nowadays demonstrated that the genomes of two individuals of the same species can exhibit substantial genetic variation both in term of sequence variation and structure alteration. Discovery and characterization of all forms of these genetic variations are crucial to reach a comprehensive understanding of the genetic basis of phenotypic differences.

Grapes and their derivatives have a large and expanding worldwide market, not only as wine, fresh fruit, or raisins, but also for its recent application in human health and cosmetics. The grape has great potential in plant biology to become a model organism for fruit lineages as it can be transformed and micro- propagated via somatic embryogenesis [1]. Two genotypes derived from Pinot noir cultivars (wine grape) have been sequenced and assembled as reference genomes [1,2] and later the genome of the Thompson seedless cultivar (table grape) was sequenced and assembled [3]. Most modern grape varieties are the final effect of human selection and vegetative reproduction, aiming to isolate specific traits in terms of pathogenic resistance or crop production. In this way, current cultivars display a great level of inter-specific differentiation that needs to be investigated to find responsible genes selected by cross-breeding programs. In this regard, there is now great interest in the genomic variation in grape, such as single nucleotide variants (SNVs, e.g. SNPs), small INDELs, and structural variations (SVs), which include large copy number variation (CNV). While SNVs can be simply identified through genome comparison and generally show easy-to- detect effects on gene function, SVs—such as large duplications and deletions—need more effort to be correctly characterized. Besides the importance of CNVs, our understanding of the most prevalent contributors to CNVs in plants is still far from being well explored. Recently, many methods to discover genomic variations have been developed and primarily applied to human, primates, and other mammalian genomes [4–6].

In the present paper we described the first map of structural variation (SV) in the grapevine genome. This paper summarizes some of the results reported in Cardone et al. 2016 [7].

We combined high throughput sequencing (HTS) with array comparative genomic hybridization (CGH), fluorescent in situ hybridization (FISH), and quantitative PCR to create the first comprehensive map of genomic variations in four table grape genomes. We sequenced and compared the four table grape cultivars —Autumn royal (AR), Italia (It), Red globe (RG) and Thompson seedless (TS)—with the Pinot noir genome as the reference (wine grape inbred line PN40024). We found an average of 8% of the grapevine genome is affected by genomic variations,

 DOI: 10.1051/bioconf/20160701016

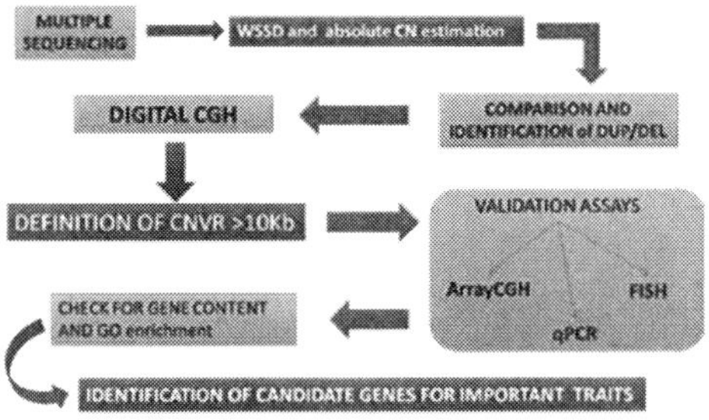

Figure 1. Schematic representation of the workflow used in the analysis.

and we were able to identify inter- varietal-specific CNVs. Next we performed an in-depth analysis of gene content of polymorphic regions. This allowed us to identify genes and/or gene families as functional candidates for important traits in grapevine cultivation that can be used as genetic tools for breed selection programs. Overall data could represent a landmark for future comparative studies and it could be considered as a step towards the definition of a grape "pan-genome".

2. Material and methods

Taken into account data on human, mammals, and grapevines [8–10] we combined modern *high-throughput* technologies to develop a new approach for plant genome studies to describe the genomic structure of multiple genomes at the same time. We paired-end sequenced four table grape cultivars: Autumn royal (AR), Italia (It), Red globe (RG), and Thompson seedless (TS) with a coverage ranging from 13X to 19X and alignment of the obtained reads against the PN40024 Pinot noir reference genome. Further, we defined a specific workflow to identify duplication/deletions and CNVs in four table grape varieties in comparison to the reference genome of Pinot noir (inbreed line PN40024) as described in the Fig. 1. For additional detailed methods see [7, 10].

In summary:

DUP/DEL identification. After pair end sequencing, we defined the segmental duplication (SD) content in the four genomes using a version of the WSSD approach modified for HTS data [8]. In particular for the first time on a plant genome we applied a method that allowed the estimation of the absolute CN counts of each region. We used mrCaNaVaR (micro-read Copy Number Variant Regions), a copy number caller able to predict absolute copy number, and analyzed the whole-Genome NGS data This algorithm leads to the detection of duplicated and deleted genomic regions, highlighted by a local excess of depth of coverage or a local reduction of depth of coverage, respectively.

Digital CGH. WSSD data were compared between each of the sequenced varieties vs. PN40024 and among them with all the different possible combination to identify common and unique SDs or DELs. CN of each window and regions were calculated and "digital CGH" as reported by Sudmant et al. [4] with some modification, was performed to found CNV Regions (CNVRs) >10 kb. In particular, the genome of each variety was first masked to filter out repeats, and the unmasked genome was then divided into regions of 1 Kb and the copy number ofthese regions were compared by using the following formula:

$$L2R = Log2(CN\ var\text{-}genome/CN\ ref.genome) \quad (1)$$

Validation. As there are no previous studies on genome-wide discovery of CNVRs in grapevine, and only a few other plant genomes were analyzed for CNVRs using similar approaches, different tests were performed in order to choose the best criteria to find bigger and significative CNVs. Moreover, predicted CNVRs were validated by array CGH and FISH assay. In addition quantitative PCR was performed to further validate the CN estimation for a selection of regions.

Functional analysis. We classified the CNVRs based on common or unique phenotypes of the four varieties. Then gene content and relative annotation were reported for each class and for each identified CNVR. We checked for functional category enrichment. Based on the reported gene ontology and functional annotation, we classified CNVRs based on their gene content and searched for possible candidate genes. CNVRs containing functional candidates were further investigated.

3. Results and discussion

3.1. Genomic map of plastic regions and CNVs in the grapevine genome

Previously the same research group has studied the plasticity in the grapevine genome by using bioinformatics algorithms based on the higher depth of coverage of WGS sequence reads, aligned to the reference genome sequence, and revealed that 85 Mb of the grapevine reference genome were segmentally duplicated (17%) [10]. Further, by using InterProScan tools, we investigated the gene content of the 100 most duplicated regions and found enrichment in genes coding for Cytochrome P450, a key enzyme involved in the biosynthesis of several compounds such as hormones, defensive compounds and fatty acids; genes coding for enzymes involved in secondary metabolisms, and genes involved in immune response, xenobiotic recognition, reproduction and nuclear functions. These data have already demonstrated the important role of segmental duplication in adaptive evolution. Moreover segmental duplications represent one of the greatest source of structural variation.

For this reason we decided to further study these regions and to improve the previously used approach to investigate not only segmental duplication, but also deletions and most important structural variation in the grapevine genome.

We than combined modern *high-throughput* technologies to develop a new approach for plant genome studies, and by comparing the genome of four table grape varieties (AR, It, RG, TS) with respect to the reference genome of PN40024, we defined the first map of structural variation in the grapevine genome.

By our genome-wide analysis, conducted both on the four table grapes and the PN40024 reference genome, we revealed that deletions and highly identical SDs characterize about 9% and 26% of grape genome, respectively. Notably, SDs and deletions that are common to the four table grapes characterized only 1.72% and 0.55% of the genome, respectively.

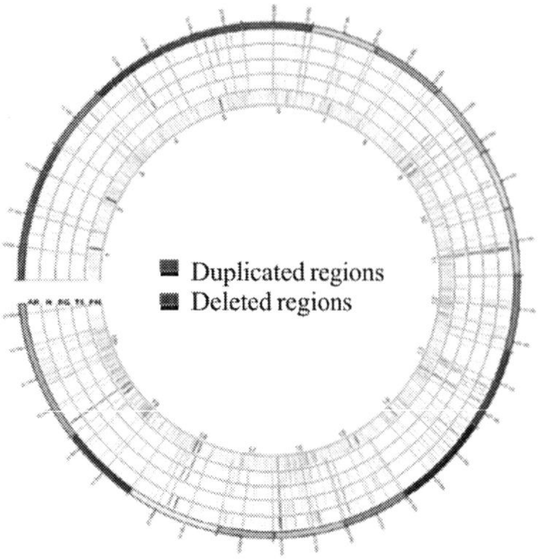

Figure 2. Circular representation of dCGH data in four varieties of grapes. Deleted (green) and duplicated (red) regions, detected by dCGH with respect to the PN40024 genome, were graphically highlighted in four circular representations of the genomes of the analyzed grapes varieties. The external colored circle represents the 19 Vitis vinifera L. chromosomes and the "unknown" chromosome (that collects regions sequenced but unassigned to a specific chromosome). Chromosome name is reported and vertical gray lines delimit the start and end of each chromosome. The internal circles tag CNVs found in each region, reported in order, in Autumn royal (AR), Italia (It), Red globe (RG), and Thompson seedless (TS). The inner circle represents the WSSD map in the PN40024 reference genome.

Focusing on gene content of regions common to the table grapes genomes, we found that genes involved in stress responses, such as *NBS-LRR* genes and those related to qualitative aspects of berries (e.g., genes involved in flavonoid or terpenoid metabolism), underwent additional duplication events. These genes have been already described as the primary target of duplication events in the grapevine genome [10].

Nevertheless, the finding of SDs specific to table grapes with respect to the reference genome deserves future investigation to identify genes specifically involved in table grape quality characteristics.

Next, to detect CNVs differentiating the varieties, we applied an in silico digital CGH approach on the whole genome similar to an algorithm described to characterize CNVs within human genomes [4].

We found a total of 746 CNVRs (>10 kbp) across the four varieties: 310 in It, 318 in RG, 355 in TS, and 350 in AR (Fig. 2). This corresponds to a percentage of the genome, ranging from 3.35% in It to 4.05% in TS, which are equally distributed between gains and losses of paralogous copies.

In each of the four varieties, about 35% of these regions were large CNVs greater than 50 kbp, and 10% were greater than 100 kbp. 335 CNVs out of 746 are uniquely identified in one variety, while 64 were found in all the four table grape genomes with respect to the reference. Notably, 46% of the CNVRs were mapped in plastic regions (both duplicated or deleted) and in particular about 41% of CNVs mapped in regions duplicated in the reference genome, while 5% matched with regions deleted in the PN40024 genome. Overall comparison showed that CNV affected about 8% of grapevine genome. These data suggest that the entire grape genome is highly dynamic and subject to structural alterations and this genomic variability could reflect the great phenotypic diversity existing in the *Vitis* genus. The high number of CNVs found in such a small genome supports the importance of structural variations in shaping the grapevine genomes.

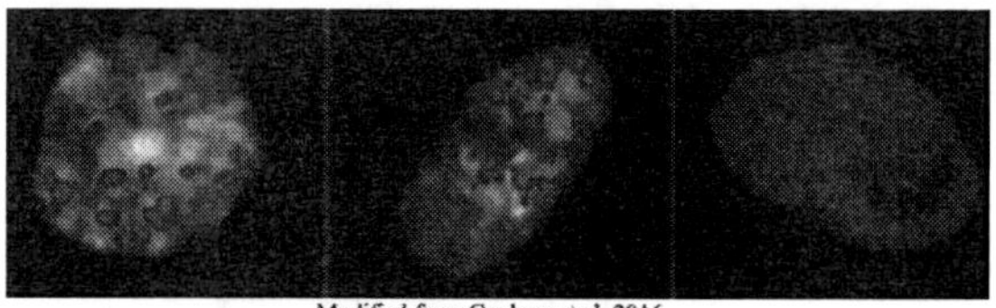

Figure 3. Exemplifying FISH patterns of a BAC clone mapping in an hyper duplicated and highly variable region, on interphase nuclei obtained from Thompson seedless, Red globe, and Italia leaf buds (from right).

Table 1. Comparison between aCGH and dCGH. Data are reported as percentage of *Vitis vinifera* L. genome.

	AR	IT	RG	TS
CNVs detected by aCGH	2.03	1.93	1.71	2.08
CNVs detected by dCGH	4.03	3.36	3.69	4.06
CNVs detected by both approaches	1.21	0.73	1.13	1.24
Not polymorphic regions detected by both approaches	95.15	95.44	95.73	95.1
Total concordance rate (previous two rows)	**96.36**	**96.17**	**96.86**	**96.34**

Due to the novelty of the used approach we performed three different validation assays.

FISH assay: 43 BAC clones were tested on interphase nuclei derived from the sequenced varieties. The validation rate was variable among the varieties, ranging from 58% in TS, 63% in RG, to 68% in AR and It. The analysis of the FISH patterns revealed the existence of regions that are hyper duplicated and highly variable among the studied *Vitis vinifera* cultivars (Fig. 3).

ArrayCGH: Array CGH revealed CNVs in about 2% of grape genome for each variety. In particular, as both array CGH and digital CGH are genome-wide approaches, we checked the correspondence of the calls performed by array and digital CGH on the whole genome, and not only on CNV putative regions. We considered a prediction consistent if a region was called as a CNV or as not polymorphic at the same time by both methods. As described in Table 1, we found a high level of correspondence (>96%) between array CGH and digital CGH.

qPCR assay: Primers pairs were designed to confirm 21 genic regions predicted to be polymorphic among the four sequenced varieties. In particular, we selected three regions predicted as constantly diploid and 18 predicted

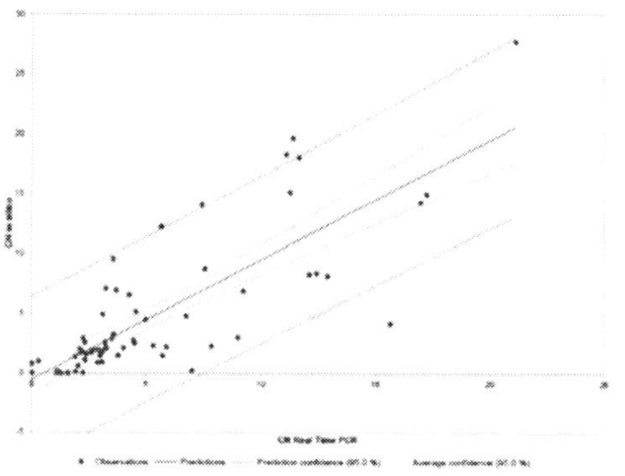

Modified from Cardone et al. 2016

Figure 4. Regression curve obtained by the comparison between the CN calculated by in silico approach and CN derived by qPCR.

to be highly polymorphic among the varieties. CN was estimated using the relative standard curve method, comparing to an endogenous reference gene arbitrarily taken as constantly diploid, the fructose-6-phosphate-2-kinase. Among the 21 tested genes, 17 were validated by qPCR assays. As a further corroboration of the reliability of the absolute CN in silico predictions, we calculated the linear regression among all the CNin silico with respect to the CNqPCR (Fig. 4). The function describing the regression of the data was found as follows:

$$\text{CNin silico} = 1.001 * \text{CNqPCR} - 0.540. \quad (2)$$

This latter result revealed the consistency of the absolute CN in silico prediction.

3.2. Polymorphic genes

In addition to the definition of the CNV map, for each region we assessed the CN and gene content. In order to find polymorphic genes, we compared the CNVRs with *Vitis vinifera* L. gene annotation and we searched for specific functional category enrichment among all polymorphic regions.

Half of the CNVRs were found overlapping SDs. This confirms that SDs are hotspots for CNV formation [1,8,11] and that the non-allelic homologous recombination could be one of the primary CNV rising mechanisms in plants and likewise in human. We also found many transposable elements among polymorphic regions, especially among the deleted regions. This result is in agreement with that found in *Arabidopsis thaliana* [13] and, thus, supports the important role of transposons movement in mediating deletions and SV onset [14,15].

As a general overview, in agreement with data from works exploring genomes of other plant species [16,17], most of the polymorphic genes we detected belong to some well-known gene super-families such as the *MYB* transcription factors (involved in the synthesis of molecules, which confer quality to grapes and wines), the *TPS* genes [18] (involved in flavor determination) or *NBS-LRR* [19] (stress response gene families). CNVs in such genes could explain the different adaptations to respond to external environmental stresses of one variety with respect to another. As a future perspective, specific polymorphisms found in these genes could be useful in molecular breeding for their stress resistance.

Interestingly, considering sub-categorization of polymorphisms, we highlighted the importance of CNVs in grapevine and identified candidate genes for some of the most complex and desired genetically selected traits in breeding programs. For instance, considering CNVs common to the four table grapes, we found a CNV in a gene that belongs to the expansin family. In particular, we found that a gene of the *EXPA4* family underwent additional amplification in table grapes with respect to the reference genome. Recently, genome-wide analyses and expression data of these genes revealed they are finely modulated during fruit growth and maturation and, thus, have an important role in processes critical to determining berry quality [20]. The economic importance of grapevine is greatly influenced by the quality of its berry. This is especially true for table grape as berries are the final product.

Seedlessness and berry size are among the most studied traits in table grapes as principal targets in molecular breeding programs. An undesired negative correlation exists between seedlessness and berry size since seed tissues supply important hormones for fruit development [21]. This aspect is probably under a strict hormonal control, but it is not (at least not only) due to a deficiency in plant growth-regulator levels; on the contrary, it is more likely associated with the minor quantitative trait loci involved in the seedlessness and/or a combination of different quantitative trait loci. Comparing polymorphic regions between seedless (AR and TS) vs. seeded (It and RG) and big berry vs. small berry (TS) varieties, we were able to identify polymorphisms in genes involved in hormone responses and metabolism in berry growth as putative candidate genes. For example the gene coding for the Auxin Response Factor 5 (*ARF5*) showed a higher CN in the TS genome and was recently mapped to a quantitative trait locus associated to berry weight and traits [22]. Likewise we found polymorphisms specific to the seedless varieties with respect to the seeded ones in genes involved in transport overview pathways, such as *PIP2B*, which codes a member of the aquaporin gene family.

Similarly among the studied varieties the Italia is the only one presenting aromatic characteristics. Thus we focus our attention on polymorphic genes specific in the Italia genome and we found that the gene for the germacrene D synthase belonging to the *TPS* superfamily, was amplified in all the analyzed varieties but showed a higher CN in Italia. CNVs in *TPS* could be related to differences in the metabolic pathways of this compound and contribute to differences in the aromatic flavor of one variety with respect to another one. In this context, the polymorphisms found in the germacrene D synthase and other *TPS* genes represent good candidate genes and deserve further investigation.

4. Conclusion

In the present paper we described the first inter-varietal atlas of CNVs in *Vitis vinifera* L.

SVs in plants have been previously considered to be part of the so-called "dispensable genome" and not necessary for survival [14]. Nevertheless, recent studies on their importance revealed that the distinction between core and dispensable genome is not immutable and SVs could be considered as "conditionally dispensable" [15]. Our data support this important role of SVs in the grapevine genome.

Taken together, our data assess that plastic regions represent more than 26% of the grapevine genome and 8% is variant among different varieties.

We also performed an in deep analysis of the gene content of CNVs in order to find putative candidate genes for important phenotypic traits. We were able to detect varietal CNVs in genes involved in aromatic compound biosynthesis and metabolism. Likewise, we found notable genomic variation differences for genes playing critical roles in stress response to both biotic and abiotic stresses.

Finally, still a lot is missing! Almost 40% of the regions detected as CNVs showed no functional gene annotation or predicted to produce unknown/unclear proteins. These regions deserve further studies to understand genes function and improve the gene annotation in the grapevine genome.

References

[1] R. Velasco, A. Zharkikh, M. Troggio, D. A. Cartwright, A. Cestaro, D. Pruss, M. Pindo, L. M. Fitzgerald, S. Vezzulli, J. Reid, G. Malacarne, D. Iliev, G. Coppola, B. Wardell, D. Micheletti, T. Macalma, M. Facci, J. T. Mitchell, M. Perazzolli, G. Eldredge, P. Gatto, R. Oyzerski, M. Moretto, N. Gutin, M. Stefanini, Y. Chen, C. Segala, C. Davenport, L. Dematt, A. Mraz, J. Battilana, K. Stormo, F. Costa, Q. Tao, A. Si-Ammour, T. Harkins, A. Lackey, C. Perbost, B. Taillon, A. Stella, V. Solovyev, J. A. Fawcett, L. Sterck, K. Vandepoele, S. M. Grando, S. Toppo, C. Moser, J. Lanchbury, R. Bogden, M. Skolnick, V. Sgaramella, S. K. Bhatnagar, P. Fontana, A. Gutin, Y. Van de Peer, F. Salamini, and R. Viola. PLoS One **2**, e1326 (2007)

[2] O. Jaillon J. M. Aury, B. Noel, A. Policriti, C. Clepet, A. Casagrande, N. Choisne, S. Aubourg, N. Vitulo, C. Jubin, A. Vezzi, F. Legeai, P. Hugueney, C. Dasilva, D. Horner, E. Mica, D. Jublot, J. Poulain, C. Bruyère, A. Billault, B. Segurens, M. Gouyvenoux, E. Ugarte, F. Cattonaro, V. Anthouard, V. Vico, C. Del Fabbro, M. Alaux, G. Di Gaspero, V. Dumas, N. Felice, S. Paillard, I. Juman, M. Moroldo, S. Scalabrin, A. Canaguier, I. Le Clainche, G. Malacrida, E. Durand, G. Pesole, V. Laucou, P. Chatelet, D. Merdinoglu, M. Delledonne, M. Pezzotti, A. Lecharny, C. Scarpelli, F. Artiguenave, M. E. Pè, G. Valle, M. Morgante, M. Caboche, A. F. Adam-Blondon, J. Weissenbach, F. Quétier, P. Wincker, and French-Italian Public Consortium for Grapevine Genome Characterization. Nature **449**, 463–467 (2007)

[3] A. Di Genova, A. M. Almeida, C. Muñoz-Espinoza, P. Vizoso, D. Travisany, C. Moraga, M. Pinto, P. Hinrichsen, A. Orellana, and A. Maass. BMC Plant Biol **14**, 7 (2014)

[4] P. H. Sudmant, J. O. Kitzman, F. Antonacci, C. Alkan, M. Malig, A. Tsalenko, N. Sampas, L. Bruhn, J. Shendure, E. E. Eichler, and 1000 Genomes Project. Science **330**, 641–646 (2010)

[5] C. Alkan, B. P. Coe, E. E. Eichler. Nat Rev Genet **12**, 363–376 (2011)

[6] R. E. Mills, K. Walter, C. Stewart, R. E. Handsaker, K. Chen, C. Alkan, A. Abyzov, S. C. Yoon, K. Ye, R. K. Cheetham, A. Chinwalla, D. F. Conrad, Y. Fu, F. Grubert, I. Hajirasouliha, F. Hormozdiari, L. M. Iakoucheva, Z. Iqbal, S. Kang, J. M. Kidd, M. K. Konkel, J. Korn, E. Khurana, D. Kural, H. Y. Lam, J. Leng, R. Li, Y. Li, C. Y. Lin, R. Luo, X. J. Mu, J. Nemesh, H. E. Peckham, T. Rausch, A. Scally, X. Shi, M. P. Stromberg, A. M. Stütz, A. E. Urban, J. A. Walker, J. Wu, Y. Zhang, Z. D. Zhang, M. A. Batzer, L. Ding, G. T. Marth, G. McVean, J. Sebat, M. Snyder, J. Wang, E. E. Eichler, M. B. Gerstein, M. E. Hurles, C. Lee, S. A. McCarroll, J. O. Korbel, and 1000 Genomes Project. Nature **470**, 59–65 (2011)

[7] M. F. Cardone, P. D'Addabbo, C. Alkan, C. Bergamini, C. R. Catacchio, F. Anaclerio, G. Chiatante, A. Marra, G. Giannuzzi, R. Perniola, M. Ventura, and D. Antonacci. Plant J, in press (2016)

[8] C. Alkan, M. Kidd, T. Marques-Bonet, G. Aksay, F. Antonacci, F. Hormozdiari, J. O. Kitzman, C. Baker, M. Malig, O. Mutlu, S. C. Sahinalp, R. A. Gibbs, and E. E. Eichler. Nat Genet **41**, 1061–1067 (2009)

[9] D. M. Bickhart, Y. Hou, S. G. Schroeder, C. Alkan, M. F. Cardone, L. K. Matukumalli, J. Song, R. D. Schnabe, M. Ventura, J. F. Taylor, J. F. Garcia, C. P. Van Tasse, T. S. Sonstegard, E. E. Eichler, and G. E. Liu. Genome Res **22**, 778-790 (2012)

[10] G. Giannuzzi P. D'Addabbo, M. Gasparro, M. Martinelli, F. N. Carelli, D. Antonacci, and M. Ventura. BMC Gen. **12**, 436 (2011)

[11] A. J. Sharp D. P. Locke, S. D. McGrath, Z. Cheng, J. A. Bailey, R. U. Vallente, L. M. Pertz, R. A. Clark, S. Schwartz, R. Segraves, V. V. Oseroff, D. G. Albertson, D. Pinkel, and E. E. Eichler. Am J Hum Genet **77**, 78–88 (2005)

[12] T. Marques-Bonet J. M. Kidd, M. Ventura, T. A. Graves, Z. Cheng, L.D. W. Hillier, Z. Jiang, C. Baker, R. Malfavon-Borja, L. A. Fulton, C. Alkan, G. Aksay, S. Girirajan, P. Siswara, L. Chen, M. F. Cardone, A. Navarro, E. R. Mardis, R. K. Wilson, and E. E. Eichler. Nature **457**, 877–881 (2009)

[13] S. DeBolt. Genome Biol Evol **2**, 441–453 (2010)

[14] M. Morgante, E. De Paoli, S. Radovic. Curr Opin Plant Biol **10**, 149–155 (2007)

[15] F. Marroni, S. Pinosio, M. Morgante. Curr Opin Plant *Biol* **18**, 31–36 (2014)

[16] R. A. Swanson-Wagner, S. R. Eichten, S. Kumari, P. Tiffin, J. C. Stein, D. Ware, and N. M. Springer. Genome Res **20**, 1689–1699 (2010)

DOI: 10.1051/bioconf/20160701016

[17] M. Muñoz-Amatriaín *et al.*, Distribution, functional impact, and origin mechanisms of copy number variation in the barley genome. Genome Biol **14**, R58 (2013)
[18] D. M. Martin, S. Aubourg, M. B. Schouwey, L. Daviet, M. Schalk, O. Toub, S. T. Lund, and J. Bohlmann. BMC Plant Biol **10**, 226 (2010)
[19] G. Malacarne, M. Perazzolli, A. Cestaro, L. Sterck, P. Fontana, Y. Van de Peer, R. Viola, R. Velasco, and F. Salamini. PLoS One **7**, e29762 (2012)
[20] S. Dal Santo, A. Vannozzi, G. B. Tornielli, M. Fasoli, L. Venturini, M. Pezzotti, and S. Zenoni. PLoS One **8**, e62206 (2013)
[21] G. Fanizza, F. Lamaj, L. Costantini, R. Chaabane, M. S. Grando. *Theor Appl Genet* **111**, 658–664 (2005)
[22] A. Doligez, Y. Bertrand, M. Farnos, M. Grolier, C. Romieu, F. Esnault, S. Dias, G. Berger, P. François, T. Pons, P. Ortigosa, C. Roux, C. Houel, V. Laucou, R. Bacilieri, J. P. Péros, and P. This. BMC Plant Biol **13**, 217 (2013)

 DOI: 10.1051/bioconf/20160701017

Agronomic behavior of grape rootstocks resistant to young vine decline in Santa Catarina State, Brazil

Marco Dalbó[1,a] and Nelson Feldberg[2]

[1] Epagri, Videira Experiment Station, C.P. 21, 89560-000 Videira, SC, Brazil
[2] Embrapa Products and Market, C.P. 317, 89460-000 Canoinhas, SC, Brazil

Abstract. Young vine decline, caused by the ground pearl or margarodes (*Eurhizococcus brasiliensis*) and pathogenic fungi (*Cylindrocarpon*, *Phaeoacremonium* and others), is a major problem in many vineyards of Southern Brazil. According to previous studies, the most resistant roostocks were hybrids of tropical species, such as *Vitis caribaea* (IAC 572, IAC 571-6, IAC 766) and *V. cinerea* (IAC 313). A medium resistance level was observed in *V. champinii* (Dog Ridge) and *Muscadinia rotundifolia* hybrids (VR 043-43). However, these rootstocks have not being used in grape growing areas of Southern Brazil. An experiment was carried out to evaluate the agronomic characteristics of the scion cultivar Moscato Embrapa grafted on these rootstocks compared to Paulsen 1103 and R99, considered standards for this region. The tropical rootstocks IAC 313, IAC571-6, and IAC 766 induced earlier bud break compared to Paulsen 1103, the opposite of VR043-43 and Dog Ridge. In general aspects, all rootstocks tested can be used for grape production. Even the tropical rootstocks with no winter dormancy behave as normal rootstocks when grafted. IAC 572 has an advantage of not inducing early bud break. However, excessive vigor is the most limiting factor for IAC 572, requiring especial management practices to control vegetative development.

1. Introduction

Grapevine rootstocks were developed primarily for resistance to phylloxera and other vine pests, as well as adaptation to different soil conditions [1]. In southern Brazil, the occurrence of young vine decline and dyeback has led the search for rootstocks that can solve also this problem, which is quite severe in some places. In the Rio do Peixe Valley, the largest wine region of Santa Catarina State, for example, it was a major factor which led to a significant reduction in the planted area in the 80s and 90s [2].

The primary cause attributed to this syndrome is the Brazilian ground-pearl or margarodes (*Eurhizococcus brasiliensis*). It is a root scale that attacks a large variety of hosts but it is particularly harmful to grapevine [3]. However, there are evidences that the damage caused by ground-pearl in vine roots have led to infection by several species of pathogenic soil fungi, such as *Cylindrocarpon*, *Phaeoacremonium* and others [4]. The symptoms are similar to "young vine decline" and other grapevine diseases (Petri disease, esca) caused by this kind of fungi that were reported in other countries [5–7]. This situation requires rootstocks with a more complex form of resistance, due to the multiplicity of factors involved.

Field trials with rootstocks in areas with high incidence of vine decline have shown that the traditional rootstocks are highly susceptible [8]. Hybrids of tropical species (*Vitis caribaea*, *V. cinerea*) had the highest levels of resistance, whereas hybrid of *Muscadinia rotundifolia* (VR 043-43 and VR 039-16) and Dog Ridge (*V. champinii*) had intermediate resistance [8]. Hybrids of *V. caribaea*, such as IAC 572, were created for tropical regions, where it has superior performance in terms of productivity [9, 10] (Terra et al., 2001; Pauletto et al, 2001a.). In colder regions, as in the Midwest of Santa Catarina State, tropical characteristics are limiting factors to its use, such as damage by frost in young plants and induction of early bud break. They also tend to induce excessive vigour to the scion [11].

Considering that the rootstocks that showed greater resistance to vine decline are not used in the viticulture of southern Brazil, we have studied the agronomic performance of these materials compared to traditional rootstocks.

2. Material and methods

The experiment was installed on a private property in Videira, Santa Catarina State (altitude: 855 m a.s.l., latitude: 26° 56′09′S′, longitude: 51° 14′41″W). The soil is classified as eutrophic haplic Cambisol [12].

Seven rootstocks were tested, two of them are commonly used in this region (Paulsen 1103 and R99) and the others chosen based on previous studies that indicated that some rootstocks had a lower incidence of vine decline. The following rootstocks were evaluated, with their origin (cross): Paulsen 1103 (*V. berlandieri* x *V. rupestris*); R99 (*V. berlandieri* x *V. rupestris*); VR 043-43 (*V. vinifera* x *Muscadinia rotundifolia*); Dog Ridge (*V. champinii*); IAC 313 (*V. cinerea* x Golia); IAC 572 (*V. caribaea* x 101–14); IAC 571-6 (*V. vinifera* x *V. caribaea*); IAC 766 (*V. caribaea* x 106–8).

[a] Corresponding author: dalbo@epagri.sc.gov.br

Table 1. Bud break date of the cultivar 'Moscato Embrapa' grafted over different rootstocks in four years of evaluation.

Rootstock	2012	2013	2014	2015
VR 043-43	Sep. 9	Sep. 9	Sep. 28	Sep. 11
Dog Ridge	Sep. 10	Sep. 16	Sep. 28	Sep. 8
IAC 313	Sep. 3	Sep. 8	Sep. 25	Sep. 3
IAC 571-6	Sep. 6	Sep. 3	Sep. 20	Sep. 5
IAC 572	Sep. 6	Sep. 12	Sep. 25	Sep. 9
IAC 766	Sep. 6	Sep. 6	Sep. 18	Sep. 4
Paulsen 1103	Sep. 6	Sep. 10	Sep. 20	Sep. 5
R99	Sep. 7	Sep. 12	Sep. 25	Sep. 8

The rootstocks were planted *in situ* in 2009. They were grafted with the scion cultivar Moscato Embrapa in August 2010. In the following year, some grafts that had failed in the previous year were remade. Soil management consisted of wed control with herbicides along the rows and mowing in between lines. Periodically spraying with fungicides was also made to control fungal diseases of the aerial part.

For the evaluation of productivity and fruit quality, the initial yelds were discarded and considered only the data obtained in the harvests from 2014 to 2016 (4, 5 and 6 years after grafting), when the plant development was more uniform. Grape quality assessments were based on 100 berry samples collected randomly in the plot. The must was analysed for soluble solids (°Brix), and titratable acidity. The evaluation of phenological data (bud break time) was extended from 2012 to 2015. It was considered that the plants were beginning to sprout when most terminal buds reached the green tip stage.

The experimental design was a randomized block design with five replications. The plots consisted of four plants spaced 3.5 × 1.5 m. Statistical analysis (anova) was made using the software R. Since there were no cases of significant interaction year × rootstock, statistical analysis is presented for the average of all years of evaluation.

3. Results and discussion

The phenological observations made in four years of evaluation indicate that the rootstock has influence on the bud break time of the scion (Moscato Embrapa) and that these differences are maintained consistently over the years (Table 1). Considering the rootstock Paulsen 1103 as a reference, it was observed that some rootstocks, such as VR 043-43, Dog Ridge and R99 induced a later bud break. On the other hand, the rootstocks IAC 313, IAC 571-6 and IAC 766 tend to induce earlier bud break. These three rootstocks are hybrids of tropical species in which there is not a dormancy period, which could be leading to early budding of the scion. However, the IAC 572 also features tropical characteristics, but the bud break of the scion was relatively late, usually a few days after Paulsen 1103.

Late bud break is particularly advantageous in years with occurrence of late frosts, as it happened in the last year of evaluation (2015). In this year, the weather conditions were quite atypical, with a very mild winter, but with frosts on September 10 and 11, when all the plants had already started sprouting. Although there has been damage in all combinations scion-rootstocks, production losses in the harvest 2015–2016 were higher in the case of rootstocks that led to early budding (Table 2). In this season, the highest yields were provided by the rootstocks

Table 2. Productivity ($T{\cdot}ha^{-1}$) of the cultivar 'Moscato Embrapa' grafted over different rootstocks in three years of evaluation.

Rootstock	2014	2015	2016	Avg.
		$T{\cdot}ha^{-1}$		
VR 043-43	25.3	25.8	14.2	21.8 a*
Dog Ridge	17.1	19.0	8.8	15.0 bc
IAC 313	14.0	17.5	6.2	12.5 c
IAC 571-6	22.2	20.6	15.5	19.5 ab
IAC 572	23.4	22.3	21.1	22.3 a
IAC 766	20.8	16.5	8.3	15.2 bc
Paulsen 1103	25.3	24.5	9.7	19.9 ab
R99	16.6	15.2	6.6	12.8 c

* Significant at 5% level by Tukey test.

Table 3. Plant vigor (measured by winter pruning material) of the cultivar 'Moscato Embrapa' grafted over different rootstocks in two years of evaluation.

Rootstock	2014	2015	Avg.
		$Kg{\cdot}plant^{-1}$	
VR 043-43	2.26	1.38	1.82 cd*
Dog Ridge	2.08	1.49	1.78 cd
IAC 313	2.59	1.88	2.24 bc
IAC 571-6	2.96	2.11	2.53 b
IAC 572	4.23	3.08	3.65 a
IAC 766	2.44	2.09	2.26 bc
Paulsen 1103	2.30	1.57	1.93 bcd
R99	2.11	0.95	1.53d

* Significant at 5% level by Tukey test.

IAC 572 and VR 043-43, probably resulting from a combination of later and more vigorously sprouting, which resulted in a greater recovery of the productive capacity of the plants after the damage caused by frosts. In the previous two years, when climatic conditions were normal, the productivity differences between the rootstocks were lower, and only in 2014 there were significant differences. The rootstocks IAC 313 and R99 were those which resulted in lower productivity. In the case of R99, it is possibly associated with lower plant vigor (Table 3).

IAC 572 was the rootstock that induced the highest vigor to the scion and the R99, the less vigorous. The others have shown intermediate results (Table 3). The evaluation of plant vigor, measured by weight of material removed in the winter pruning, was made only in two seasons but the results were quite consistent. The high vigor of the canopy induced by IAC series rootstocks, particularly by IAC 572, had already been observed in other studies [11]. In the present experiment, for the IAC 572 plots, it was necessary three green pruning interventions to control vegetative growth.

Excessive plant growth induced by IAC 572 seems to be the main negative factor of this rootstock, although it was not an impediment. A tendency to occur floral abortion was eventually observed in some plants with this rootstock, but did not affect grape production.

Based on the variables used to assess fruit quality, it was not observed consistent differences between rootstocks over the years. For example, R99 has resulted in lower acidity levels (Table 5), but it was not among the rootstocks that provided higher soluble solids content (Table 4). IAC 572 resulted in lower soluble solid content (Table 4). However, highly vigorous scion/ rootstock

Table 4. Soluble solids content (°Brix) of grape must of the cultivar 'Moscato Embrapa' grafted over different rootstocks in three years of evaluation.

Rootstock	2014	2015	2016	Avg.
		°Brix		
VR 043-43	19.0	16.2	18.3	17.8 ab*
Dog Ridge	18.8	16.7	17.9	17.8 ab
IAC 313	18.9	16.2	18.3	17.8 ab
IAC 571-6	19.2	16.6	17.3	17,7 ab
IAC 572	18.4	15.4	17.3	17.0 b
IAC 766	19.8	16.8	18.2	18.3 a
Paulsen 1103	18.7	16.3	18.4	17.8 ab
R99	18.3	16.7	17.8	17.6 ab

* Significant at 5% level by Tukey test.

Table 5. Total acidity of grape must of the cultivar 'Moscato Embrapa' grafted over different rootstocks in three years of evaluation.

Rootstock	2014	2015	2016	Avg.
		$meq \cdot L^{-1}$		
VR 043-43	70.3	76.9	84.8	77.3 ab*
Dog Ridge	65.6	78.8	83,2	75.9 ab
IAC 313	65.8	74.8	84.7	75.8 ab
IAC 571-6	60.4	77.6	82.4	73.5 b
IAC 572	71.3	78.2	93.9	81.1 a
IAC 766	64.6	81.2	87,2	77,7 ab
Paulsen 1103	63.5	73.4	89.9	75.6 ab
R99	52.0	66.9	74.8	64.5 c

* Significant at 5% level by Tukey test.

combinations often result in longer vegetative cycle and take longer to reach maturity. In this experiment, the harvest time was the same for all rootstocks, which was unfavourable to IAC 572. So, it is not possible to highlight a rootstock that induces better qualitative characteristics in the scion production.

Overall, according to the data collected up to now, it is possible to use rootstocks with tropical characteristics, such as the IAC series, in cold regions of southern Brazil. IAC 572 stands out because it does not anticipate the bud break of the scion compared to the reference rootstock for this region (Paulsen 1103). It has provided the highest average level of productivity over the years, along with VR 043-43 and Paulsen 1103. IAC 572 was also one of the most resistant to decline and dyeback of young grapevine plants in previous works [8, 13]. However, its main drawback is the high vigor induced to the scion, which requires management practices to reduce the vegetative growth, such as intensive green prunings and larger spacings between plants. It may be indicated for replanting areas, mainly for table grape cultivars or for grape juice production, where high vigor is more tolerated. For wine production, however, excessive vigor is a difficult defect to be bypassed with cultural practices, which requires the development of new rootstocks that are at the same time resistant and less vigorous.

4. Conclusions

In general aspects, all rootstocks tested can be used for grape production. Even the tropical rootstocks with no winter dormancy behave as normal rootstocks when grafted. Most of them induced earlier bud break of the scion but, in the case of IAC 572, it was the opposite. Excessive vigor is the most limiting factor for commercial use of vine decline rootstocks, especially for IAC 572, requiring especial management practices to control vegetative development.

References

[1] B.I. Reisch, C.L. Owens, P.S. Cousins, Grape. In: M.L. Badenes, D.H. Byrne, (ed.) *Fruit Breeding*, (Springer, New York, 2012)
[2] E. Schuck, M.A. Dalbó, J.P. Rosier, J.P. Ducroquet, Porta-enxertos para a cultura da Videira. In: IV Enfrute, Fraiburgo, SC. Anais. Caçador-SC, Epagri, p. 122–132, 2001 (2001)
[3] M. Botton, E.R. Hickel, S.J. Soria, I. Teixeira, Bento Gonçalves, RS: Embrapa Uva e Vinho, (Circular Técnica, 27). ISSN, 1516-5914 (2000)
[4] L.R. Garrido, O.R. Sonego, A.F. Urben, Fitopatologia Brasileira, 19:548–550 (2004)
[5] D. Gramaje, J. Armengol, Plant Disease 95: 1040–1055 (2011).
[6] M. Gatica, C. Césari, S. Magnin, J. Dupont, Phytopath. Mediterr., 40:S 317–324 (2001)
[7] J.A.Stamp, Phytopath. Mediterr., 40:S369–375 (2001)
[8] M.A. Dalbó, C.J. Arioli, R.N. Dambrós, Jornal da Fruta, 21:12–13 (2013)
[9] M.M. Terra, C.V. Pommer, E.J.P. Pires, I.J.A. Ribeiro, P.B. Gallo, I.R.S. Passos, Rev. Bras. Frutic., 23:382–386 (2001)
[10] D. Pauletto, F.A.A. Mourão Filho, R.A. Kluge, R.A. Scarpare Filho, Pesq. Agropec. Bras., 35:115–121 (2001)
[11] M.A. Dalbó, E. Schuck, C. Basso, Rev. Bras. Frutic., 33:941–947 (2011)
[12] EMBRAPA. Solos do Estado de Santa Catarina (Rio de Janeiro, Embrapa Solos – CNPS, 2004)
[13] A.L. Lourenção, M.M. Terra, E.J.P. Pires, E.J.P.; Pommer, C.V.; G.M.V. Ambrosano, Revista de Agricultura, 77:57–64 (2002)

 DOI: 10.1051/bioconf/20160701018

Flavonols in skins of wild grapes (*Vitis vinifera* L., subsp. sylvestris (Gmelin) Hegi)

Eugenio Revilla[1], Alberto Bellido[2], Joaquín Yus[1], Patricia Ortiz[1], David Carrasco[2], and Rosa A. Arroyo[2]

[1] Departamento de Química Agrícola y Bromatología. Universidad Autónoma de Madrid, 28049 Madrid, Spain
[2] CBGP-UPM-INIA, Departamento de Biotecnología, Campus de Montegancedo, 28223 Pozuelo de Alarcón, Spain

Abstract. Flavonols are a group of grape phenolics that play an important role in young red wines, as they are involved in copigmentation of the flavylium form of anthocyanins. A study on the flavonol composition of grape skins in several wild grapevine genotypes from different Iberian natural populations, preserved at El Encin Germoplasm Bank, has been carried out in 2012. Flavonol glycosides contained in grape skins were determined by HPLC-DAD and HPLC-MS, through a previous phase of purification, using ion exchange chromatographic columns to retain anthocyanins and other phenolic compounds, so that flavonols do not suffer co-elution with other components, improving HPLC analysis. Thus, it was possible to separate 12 flavonol glycosides, and eight of them were successfully identified. The major flavonols were quercetin-3-*O*-glucoside, quercetin-3-*O*-glucoronide and myricetin-3-*O*-glucoside. The diversity and number of flavonols differed for each genotype. The total content of flavonols ranged from 25 to 350 mg/kg grapes; the richest genotype was three times richer than Tempranillo grapes, used as a reference. The most significant difference between wild genotypes and reference cultivars was that, in many cases, myricetin-3-*O*-glucoside or quercetin-3-*O*-glucuronide predominated in wild genotypes.

1. Introduction

Flavonols are a class of grape phenolics that play an important role in young red wines, as they are involved in copigmentation of the flavylium form of anthocyanins [1]. Moroever, flavonols present positive effects on health due to their antioxidant properties [2], and are widely distributed in dietary plants [3]. Flavonols are yellow pigments that are predominantly synthesized in grape skins [4], and their accumulation take place in response to sunlight; the studies carried out in Shiraz grapes suggest that the branch of flavonoid biosynthetic pathway leading to flavonol biosynthesis is light-dependent, in contrast to anthocyanin and flavanol biosynthesis, which are little affected by shading treatments [5].

The presence of flavonol aglycones in wines is well documented, but the flavonol composition of grapes is more complex, as they contain glycosides, that are extracted from grape skins and suffer hydrolysis by β-glucosidases in the initial steps of winemaking. Thus, the flavonol composition of grapes has been studied in deep only for a reduced number of cultivars [5–7], despite the potencial value of flavonols as chemical markers to evaluate cultivar authenticity in grapes and wines [8].

Cultivated grapevines are thought to be domesticated from wild populations of *Vitis vinifera* L. ssp. sylvestris (Gmelin) Hegi [9]. These small, isolated wild populations are distributed in riverbanks from the western Himalayas to Western Europe [10], and their sanitary status and morphological and genetic characteristics have been studied in recent years [11–14]. Wild grapevines present some interesting oenological characteristics, as high acidity, low pH and a high intensity of color [15,16]; these features might be used to mitigate the potential effects of global warming on grape production, using a natural resource to adapt Viticulture to the new climatic conditions.

After 2006, our research group has been examining the qualitative and quantitative anthocyanin composition of wild grape accessions preserved at El Encin Germoplasm Bank [17,18]. Taking into account the importance of flavonols on the copigmentation of anthocyanins in wines, it has been considered of interest to examine the presence of flavonols in wild grapes. The objectives of our study are to evaluate whether the flavonol composition of wild grapes differs from that presented by cultivated grapes, and to determine whether some wild genotypes present some genetic characters of interest related to flavonol accumulation during grape maturation.

2. Materials and methods

2.1. Grape samples

Samples of 16 genotypes of wild grapevines from different Iberian natural populations preserved at El Encin Grapevine Germoplasm Bank (IMIDRA, Alcalá de Henares, Spain), as well as grapes of Pinot noir and Tempranillo cultivars, were collected in October 2012 at optimum stage of maturation, each sample consisted of four clusters. Once in the laboratory, samples were stored at $-20\,^{\circ}$C until sample preparation.

2.2. Reagents and standards

Deionized water was purified with a Milli-Q water system (Millipore, Bedford, MA) before use. Acetonitrile of

HPLC grade was purchased from Merck (Darmstadt, Germany). Trifluoroacetic acid of analytical reagent grade, and standards of flavonols were obtained from Sigma-Aldrich (Tres Cantos, Spain. All other chemicals (analytical-reagent grade) were obtained from Panreac (Mollet del Vallès, Spain).

2.3. Sample preparation

Berries were separated from clusters; then, 50 berries were randomly selected and weighed. After that, grape skins were separated from pulps and seeds, and conserved in methanol at −20°C. Then, grape skins were grinded in a Kinematica PCU-2 blender for 1 minute, and submitted to sequential extraction with different solvents (methanol for 16 hours at −25°C, 80% methanol for four hours at room temperature, 50% methanol for four hours at room temperature, deionized water for 16 hours at −25°C, and 75% acetone for one hour at room temperature) using 25 mL of solvent for each extraction step, as described elsewhere [19]. When each extraction step was finished, the liquid extract was separated by centrifugation at 3500 rpm for 20 minutes in a Rotofix 32A centrifuge, and the residue was submitted to extraction again. For each sample, all the liquid extracts were combined, and their volume was raised between 125 and 200 mL with methanol. Then, the extracts were stored at 4 °C prior to their analysis. Additionally, ~50 g berries were crushed for determining sugar concentration of must by refractometry and total acidity by potentiometry, following OIV standard procedures [20].

2.4. Isolation of flavonols

Before HPLC analysis, flavonols were isolated from grape extracts to avoid interferences caused by anthocyanins. For this purpose, solid-phase extraction on Oasis MCX cartridges (6 mL capacity) filled with 500 mg of adsorbent (Waters Corp., Milford, MA), containing a mixture of reverse-phase and cationic-exchanger materials, was carried out, following a procedure described previously [6]. Prior to separation, 3 mL grape extracts was dried in a rotary evaporator (40°C) and re-solved in 3 mL of 0.1 M hydrochloric acid. The prepared samples were passed through the MCX cartridges previously conditioned with methanol (5 mL) and water (5 mL). After washing with 0.1 M hydrochloric acid (5 mL) and water (5 mL), the flavonol fraction was eluted with methanol (3 × 5 mL). This fraction also contained other neutral or acidic polyphenols. Fixed anthocyanins were removed using 2% ammonia in 80% methanol (3 × 5 mL), and the cationic-exchanger material was regenerated 0.52 M hydrochloric acid in 80% methanol (3 × 5 mL). Subsequent conditioning of the cartridge with methanol and water allows its reuse at least four or five more times. The eluate containing flavonols was dried in a rotary evaporator (40°C) and re-solved in 1 mL of methanol.

2.5. HPLC analysis of flavonols

The flavonol profile of the skin extracts was obtained with HPLC-DAD, using a procedure based on other described previously [21] with small changes [17]. Analysis were performed with a liquid chromatograph consisting of a 600 quaternary pump, a 717 automatic injector, a TC2 controller for a column oven, a 996 photodiode array detector, and a Millennium 32 workstation (Waters, Milford, MA). The separation was carried out using a Waters Nova-Pak C18 steel cartridge (3.9 × 250 mm), filled with 5-μm particles, and furnished with a Waters Sentry Nova-Pack C18 guard cartridge (20 × 3.9 mm), both thermostated at 55°C. Two mobile phases were used: water/acetonitrile (95:5) adjusted to pH 1.3 with trifluoraectic acid (solvent A), and water/acetonitrile (50:50) adjusted to pH 1.3 with trifluoracetic acid (solvent B). Gradient elution was applied at a 0.8 mL/min flow rate according to the following program: linear gradient from 10% B to 35% B in 30 min, from 35% B to 50% B in 6 min, from 50% B to 100% B in 8 min, 100% B for 3 min, 100% B to 10% B in 1 min. Samples (20 μL) were injected in triplicate. Spectra were recorded every second between 250 and 600 nm, with a bandwidth of 1.2 nm. Samples, standard solutions of querecetin-3-*O*-glucoside, and mobile phases were filtered before analysis through a 0.45-μm pore size membrane.

The identity of the different flavonols present in samples was determined by HPLC-MS, using an 1100 HPLC system (Agilent Technologies, Santa Clara, CA) with a PDA UV-Vis detector coupled to a QTOF mass spectrometer (AB SCiex, Framingahm, MA) Chromatographic conditions were those used for HPLC-DAD analysis. MS analysis were carried out in the ESI+ mode, scanning from m/z 50 to 2000, using the following coditions: spray voltage, 5500 V; gas pressure, 80 psi; declustering potential, 50 V; focus potential, 210 V; CAD, 3 psi.

Quantitative analysis of flavonols was carried out considering the surface of the different peaks, using standard solutions of quercetin-3-*O*-glucoside in the range of 20 to 100 mg/L.

3. Results and discussion

3.1. HPLC-MS identification of flavonols in grape skins

Six different flavonols (FL2, FL5, FL6, FL7, FL9 and FL12) have successfully identified by HPLC-MS, and other two (FL1 and FL4) have been tentatively identified. Table 1 displays the masses of the molecular ion and of the major fragment, λ_{max} values in the UV-Vis region, and the identity of those compounds. Other four flavonols have been detected in some samples, but their identity has not been elucidated by HPLC-MS. Anyway, they are minor components, and their content never exceeded 12 mg/kg grapes, and are usually absent in most samples.

The six flavonols fully identified were a myricetin derivative (3-*O*-glucoside, MyGl), three quercetin derivatives (3-*O*-glucoside, QuGl; 3-*O*-glucuronide, QuGr; 3-*O*-rhamnoside, QuRh), a laricitryn derivative (3-*O*-glucoside, LaGl) and a syringetin derivative (3-*O*-glucoside, SyGl). All these flavonols have identified in berries of several red grapevine cultivars [6,7], and their presence in wild grapes should be expected, as wild grapes are red colored. The flavonols tentatively identified were 3-*O*-galactosides of myricetin (MyGal) and quercetin (QuGal), which have been previously detected in red grape skins [7].

Table 1. Mass spectral and UV-Vis data of flavonols identified in grape skins (*: tentatively identified).

Compound	Molecular ion (*m/z*)	Fragment ion (*m/z*)	λ_{max}	Identity
FL1	481	319	353, 300(s), 260	MyGal*
FL2	481	319	353, 300(s), 260	MyGl
FL4	465	303	352, 300(s), 253	QuGal*
FL5	479	303	352, 300(s), 255	QuGr
FL6	465	303	352, 300(s), 255	QuGl
FL7	495	333	356, 300(s), 259	LaGl
FL9	449	303	345, 264	QuRh
FL12	509	347	358, 305(s), 264	SyGl

3.2. Quantitative analysis of flavonols in grape skins

Tables 2 and 3 summarize the quantitative data obtained after the examination of chromatograms obtained for the extracts of berry skins of 16 genotypes of wild grapes, and those obtained for reference grape cultivars (Pinot noir and Tempranillo). Total content of flavonols, taking into account the content of the four flavonols that have not been fully identified, ranged from 26.9 mg/kg grapes (genotype CA-6.1) to 349.7 mg/kg grapes (genotype H-6.1); these results are similar to those reported previously by other authors in red grape cultivars [6,7].

The most abundant flavonols were, in most cases, the 3-*O*-glucosides of myricetin (MyGl) and quercetin (QuGl), and the 3-*O*-glucuronide of quercetin (QuGr); in most cases, their content was higher than 20 mg/kg grapes, and sometimes exceeded 50 mg/kg grapes. These results are similar to those obtained previously in red grape cultivars [6,7]. Among the other flavonols, their content was usually low, less than 10 mg/kg grapes; the most remarkable exception was wild genotype H-6.1, which presented a remarkable content of QuGal. Usually, QuGr (seven genotypes and cv. Pinot noir) or QuGl (four genotypes) were the most abundant flavonols, but in some cases (wild genotypes BA-1.1, CO-7.6, CR-1.3, SE-3.2 and SS-2.3, and cv. Tempranillo) the most abundant flavonol was MyGl. In these samples, the levels of other B-ring trisubstituted flavonols (3-*O*-glucosides of laricitrin, LaGl, and syringetin, SyGl) are usually higher than in other samples, and this fact probably is related to differences in the regulation of genes involved in the hydroxylation of B-ring by flavonoid-3',5'-hydroxylase (F3'5'H).

4. Conclusions

The wild grape genotypes under study contained different flavonols in skins. Among them, several derivatives of quercetin, myricetin, laricitrin and syringetin have been detected, at it could be expected in red grapes. In most cases, the most abundant flavonol in wild grapes is myricetin-3-*O*-glucoside or quercetin-3-*O*-glucuronide. In those genotypes which presented myricetin-3-*O*-glucoside as major flavonol, the levels of other B-ring

Table 2. Content of quercetin derivatives (mg/kg grapes) in wild grape genotypes and in reference cultivars.

Sample	QuGal	QuGr	QuGl	QuRh
BA-1.1	nd	15.3	5.8	nd
CA-4.1	2,6	26.2	22.9	9.6
CA-6.1	nd	10.9	7.5	nd
CA-10.3	2.5	30.0	30.1	11.2
CA-12.5	1.9	37.1	19.3	nd
H-2.7	6.2	22.6	37.0	2.2
H-4.1	3.5	50.9	38.5	3.0
H-6.1	57.0	100.8	49.3	12.4
CO-7.6	3.3	20.3	29.5	1.3
CR-1.3	1.9	31.0	25.6	nd
SE-3.2	1.7	34.6	15.3	nd
FR-2.1	3.8	28.8	38.9	0.8
LE-1.1	1.8	33.2	21.7	nd
NA-1.4bis	4.3	62.8	38.1	1.3
S-1.9	7.1	72.9	48.5	nd
SS-2.3	2.2	39.3	20.9	nd
Pinot noir	6.2	53.1	50.1	7.0
Tempranillo	5.2	20.8	30.5	11.3

nd: not detected.

Table 3. Content of myricetin, laritricin and syringetin derivatives (mg/k grapes) in wild grape genotypes and in reference cultivars.

Sample	MyGal	MyGl	LaGl	SyGl
BA-1.1	2.2	41.8	4.4	3.2
CA-4.1	2.2	22.3	5.4	4.8
CA-6.1	nd	2.5	0.7	0.8
CA-10.3	2.2	18.6	5.5	5.7
CA-12.5	1.7	15.8	5.2	6.4
H-2.7	nd	4.0	1.0	1.6
H-4.1	2.6	12.2	4.4	5.2
H-6.1	11.9	94.2	3.5	2.0
CO-7.6	4.3	29.6	2.3	1.1
CR-1.3	3.0	35.0	8.4	10.9
SE-3.2	8.3	62.7	10.4	6.3
FR-2.1	3.4	35.5	3.1	1.5
LE-1.1	2.0	15.8	5.4	7.8
NA-1.4bis	2.7	24.8	1.0	nd
S-1.9	3.2	36.0	3.7	1.4
SS-2.3	9.6	48.0	11.3	11.7
Pinot noir	5.5	21.1	9.6	8.8
Tempranillo	7.2	37.2	6.6	3.6

nd: not detected.

trisubstituted flavonols are usually higher than in other genotypes. This fact probably reflects differences in the regulation of genes involved in the hydroxylation of B-ring by flavonoid-3',5'-hydroxylase (F3'5'H).

Authors acknowledge the financial support of Spain's Ministry of Economy and Competitiveness (Project RTA2014-0016-C003-01, MINECO-INIA-CCAA).

References

[1] R. Boulton, Am. J. Enol. Vitic. **52**, 67 (2001)
[2] S. Burda, W. Oleszek, J. Agric. Food Chem. **49**, 2774 (2001)
[3] C. Manach, A. Scalbert, C. Morand, C. Remesy, L. Jimenez, Am. J. Clin. Nutr. **79**, 727 (2004)

[4] S.F. Price, P.J. Breen, M. Valladao, B.T. Watson, Am. J. Enol. Vitic. **46**, 187 (1995)
[5] M.A. Downey, J.S. Harvey, S.P. Robinson, Austr. J. Grape Wine Res. **10**, 54 (2005)
[6] N. Castillo-Muñoz, S. Gomez-Alonso, E. Garcia-Romero, I. Hermosin-Gutierrez, J. Agric. Food Chem. **55**, 992 (2007)
[7] M. Figueiredo-Gonzalez, E. Martinez-Carballo, B. Cancho-Grande, J.L. Santiago, M.C. Martinez, J. Simal-Gandara, Food Chem. **130**, 9 (2012)
[8] F. Mattivi, R. Guzzon, U. Vrhovsek, M. Stefanini, R. Velasco, J. Agric. Food Chem. **54**, 7692 (2006)
[9] L. Levadoux, Ann. Amelior. Plant. **6**, 59 (1956)
[10] D. Zohary, M. Hopf, E. Weiss, *Domestication of Plants in the Old World* (Oxford University Press, Oxford, 2012)
[11] C. Arnold, F. Guillet, J.M. Gobat, Vitis, **37**, 159 (1998)
[12] R. Ocete, M.A. López, M.A. Pérez, R. Tio, *R. Las poblaciones españolas de vid silvestre* (INIA, Madrid, 1999)
[13] J. Cunha, M. Teixeira-Santos, L.C. Carneiro, P. Fevereiro, J.E. Eiras-Dias, Genet Resour. Crop Evol. **56**, 975 (2009)
[14] M.T. De Andres, A. Benito, G. Perez-Rivera, R. Ocete, M.A. Lopez, L. Gaforio, G. Muñoz, F. Cabello, J.M. Martinez-Zapater, R. Arroyo-Garcia, Mol. Ecol.**21**, 800 (2012)
[15] R. Ocete, R. Arroyo-Garcia, M.L. Morales, M. Cantos, A. Gallardo, M.A. Perez, I. Gomez, M.A. Lopez, Vitis **50**, 11 (2011)
[16] R. Ocete, M. Cantos, A, Lopez-Gallardo, A. Perez-Troncoso, M. Lara, O. Failla, F.J. Ferragut, J. Liñan, *Caracterización y conservación del recurso fitogenético vid silvestre en Andalucía* (Falcor, Sevilla, 2007)
[17] E. Revilla, D. Carrasco, A. Benito, R. Arroyo-Garcia, Am. J. Enol. Vitic. **61**, 636 (2010)
[18] E. Revilla, D. Carrasco, V. Carrasco, A. Benito, R. Arroyo-Garcia, Vitis, **51**, 161 (2012)
[19] E. Revilla, J.M. Ryan, G. Martin-Ortega, J. Agric. Food Chem. **46**, 4592 (1998)
[20] Organization Internationale de la Vigne et du Vin, *Recueil des Méthodes Internationales d'Analyse des Vins et des Mouts* (OIV, Paris, 2008)
[21] E. Garcia-Beneytez, F. Cabello, E. Revilla, J. Agric. Food Chem., **51**, 5622 (2003)

Phenolic characterization and antioxidant capacity of ten autochthonous vines grown in southern Italy / Caratterizzazione fenolica e potere antiossidante di dieci vitigni autoctoni allevati nel Sud Italia

Rosa Anna Milella[1], Rosa Pisani[2], Lisa Mastrofrancesco[1], Vittorio Alba[1], Maria Angela Giannandrea[1], Marica Gasparro[1], e Angelo Raffaele Caputo[1]

[1] CREA-UTV Consiglio per la ricerca in agricoltura e l'analisi dell'economia agraria – Unità di ricerca per l'uva da tavola e la vitivinicoltura in ambiente mediterraneo, via casa massima 148, 70010 Turi (Ba), Italy
[2] Università degli Studi di Ferrara, Facoltà di Farmacia, 44121 Ferrara, Italy

Abstract. In plant foods are naturally present some bioactive compounds, that are compounds having or not nutritional value and with biological activity that is expressed in reducing the risk of developing many chronic diseases, therefore leading a key protective effect on our health. Within this group of compounds the antioxidants are included. The importance of antioxidants contained in food is associated with their ability to exert in vivo, in the human body, beneficial effects against chronical- degenerative diseases induced by oxidative stress and age. It has been attributed a positive role to grape polyphenols in terms of increase in endogenous antioxidant defenses, thanks to regulation of genes coding for key enzymes of antioxidant system. For the polyphenols it has also been recognized a specific action of tumor growth inhibition, linked to the modulation of enzymes involved in carcinogenesis or to the inhibition of growth factors and cell proliferation activation. After carbohydrates and acids, the phenolic compounds represent the largest group among grape constituents. The synthesis of these secondary metabolites takes place in two distinct phases of vine growth cycle: fruit set and maturation. The polyphenolic composition contributes to grapes and wine sensory properties, such as color, flavor, astringency, and determines the antioxidant capacity of the extract. These metabolites are mainly related to the variety and their content is influenced by climatic and environmental factors. Among the polyphenols, anthocyanins, hydroxicinnamiltartaric acids, flavonols, flavans, stilbene and resveratrol are of particular interest. Despite numerous studies in the vine-wine industry on polyphenols quantification and qualification, we don't know much about the environmental conditions that affect their synthesis in grapes and how they are extracted from it in wine production. Therefore, the aim of this work has been the study of antioxidant property and phenolic profile of ten autochthonous vines grown in two different areas of South Italy. By spectrophotometric analysis it has been possible to analyze quali-quantitive characteristics of such substances, while by ORAC method (Oxygen Radical Absorbance Capacity) we have measured, in vitro, the antioxidant action. The oenological potential has been evaluated, in relation to polyphenols content, of ten Vitis Vinifera varieties belonging to autochthonous vines of Basilicata, grown in espalier and tent in two areas: in the vineyard of Val d'Agri (PZ), in Basilicata, and in South-East Bari area, in Rutigliano (Ba), in Puglia. The ten varieties belonging to Southern Italy autochthonous vines include four black grapes and six white grapes. Data obtained on total polyphenols content, view of the considerable variability encountered, allow us to affirm that the polyphenolic ripening of wine grapes, thus the reaching of the maximum level, is very influenced by the "terroir", defined as the cultivation area or environment, by season trend, by cultivation techniques and by the different vines nutritional conditions. The same holds true for the antioxidant activity of the 10 wine grapes varieties of this study, since it is closely related to the polyphenol content.

Sintesi. Dopo i carboidrati e gli acidi, i composti fenolici rappresentano il gruppo più numeroso tra i costituenti dell'uva. La composizione polifenolica contribuisce alle proprietà sensoriali dell'uva e del vino, quali il colore, il sapore, l'astringenza, e determina il potenziale antiossidante degli estratti. Tali metaboliti sono composti legati principalmente alla varietà, e il loro contenuto è influenzato da fattori climatici ed ambientali. Oggetto di questo lavoro è stato lo studio delle proprietà antiossidanti e del profilo fenolico di dieci vitigni autoctoni allevati in due areali differenti del Sud Italia. Attraverso l'analisi spettrofotometrica è stato possibile analizzare l'aspetto quali e quantitativo delle sostanze, mentre attraverso il metodo ORAC (Oxigen Radical Absorbance Capacity) è stato possibile misurare, *in vitro*, l'azione antiossidante. I dati ottenuti sul contenuto in polifenoli totali e l'attività antiossidante, vista la notevole variabilità riscontrata, permettono di affermare che la maturazione polifenolica delle uve da vino, quindi, il raggiungimento del livello massimo, è condizionato molto dal "terroir", inteso come zona o ambiente di coltivazione e dall'andamento stagionale, dalle tecniche di coltivazione e, quindi, dalle diverse condizioni nutrizionali delle viti.

1. Introduzione

L'uva, il vino e i sottoprodotti dell'industria enologica sono fonti ricche di composti polifenolici tra cui flavonoli, antociani, flavanoli e proantocianidine. Questi composti svolgono un ruolo importante non solo nella qualità delle uve e dei vini in quanto determinano le caratteristiche sensoriali, come il colore, il sapore e l'astringenza, ma anche per i loro effetti benefici sulla salute umana. Sono, infatti, componenti fondamentali della dieta umana per la loro dimostrata attività antiossidante, la capacità di catturare i radicali liberi e mitigare lo stress ossidativo prodotto nel corso di malattie croniche e degenerative [1].

I composti polifenolici dell'uva possiedono importanti attività biologiche: antiossidanti [2]; protettive del sistema cardiocircolatorio [3,4]; anticancro [5]; antinfiammatorie [6]; anti-età [7]; antimicrobiche [8].

L'attività antiossidante rappresenta una delle più importanti proprietà dei composti fenolici dell'uva e del vino. I polifenoli dell'uva sono importanti antiossidanti a funzione multiple: possono agire come agenti riducenti, antiossidanti donatori di idrogeno o agenti chelanti dei cationi metallici. Indirettamente, i polifenoli possono interferire con i sistemi di detossificazione cellulare, come la superossido dismutasi (SOD), la catalasi o la glutatione perossidasi [9]. Infine, i flavonoidi possono inibire enzimi che producono ROS (Reactive Oxygen Species) come la xantina ossidasi e la nicotinamide adenina dinucleotide fosfato ossidasi (NADPH) [10,11].

2. Materiali e metodi

2.1. Uve utilizzate per lo studio e ambienti di coltivazione

Le analisi sono state effettuate sulle uve dei seguenti vitigni locali e/o autoctoni minori: I - vitigni a bacca nera: a) Aglianico dolce precoce n., b) Vuianese n., c) Primitivo (Viggiano) n., d) Nerona (Viggiano) n.; II - vitigni a bacca bianca: e) Iuvino b., f) Guarnaccia b., g) Malvasia bianca di Lucania b. (biotipo 1), h) Malvasia bianca di Lucania b. (biotipo 2), i) Malvasia bianca (Maccarrone) b., l) Trebbiano antico b. (Fig. 1).

Le uve analizzate per la prova provengono da due vigneti coltivati in due differenti regioni del Sud d'Italia: in Basilicata e in Puglia. Il primo vigneto sperimentale è ubicato nel Comune di Marsicovetere in provincia di Potenza, presso l'Azienda Agricola Sperimentale Dimostrativa (A.A.S.D.) "Bosco Galdo" di Villa d'Agri dell'Agenzia Lucana di Sviluppo e Innovazione in Agricoltura (A.L.S.I.A.) della Regione Basilicata. Il secondo vigneto sperimentale fa parte della collezione ampelografica presso l'azienda sperimentale "Lamarossa" del CREA-UTV che si trova in agro di Rutigliano, in provincia di Bari.

In genere il clima della Basilicata è mediterraneo lungo le coste, ma ha chiare caratteristiche continentali procedendo verso l'interno e sui rilievi maggiori ha le caratteristiche tipiche del clima di montagna. Passando allo specifico della zona interessata, la Val d'Agri ha un clima che si caratterizza per un moderato deficit idrico estivo e per una concentrazione estiva dell'efficienza termica.

Per quanto concerne il secondo vigneto sperimentale, esso è situato in Puglia ed esattamente in agro di Rutigliano, un comune che si trova nel sud-est barese. Il sito dove insiste il vigneto sperimentale è caratterizzato da condizioni pedo-climatiche ideali per lo sviluppo vegeto-produttivo della vite con terreni di medio impasto ricchi di potassio e di calcio, luminosità elevata, clima mite anche di inverno, caratterizzato da discreta piovosità nel periodo invernale e da scarse precipitazioni in quello primaverile-estivo.

Figura 1. I vitigni oggetto d'esame.

2.2. Estrazione polifenoli dalle bucce e dai vinaccioli

Le analisi chimico-analitiche sono state eseguite su campioni di grappoli, raccolti a maturità sul terzo mediano dei capi a frutto, nel corso dell'annata 2014. Dai grappoli raccolti, dalla parte centrale sono stati prelevati 30 acini, selezionati a random. I 30 acini sono stati pesati, lavati e successivamente pelati. Le bucce e i vinaccioli sono stati immersi in 25 mL di una soluzione di etanolo cloridrico (70:30:1/acqua:etanolo:acido cloridrico) e lasciati in infusione per una notte. L'estratto è stato separato dalle componenti solide per decantazione, filtrato con filtri di cellulosa rigenerata da 0,45 mm e conservati a −20°C.

2.3. Analisi polifenoli in spettrofotometria

Il contenuto polifenolico totale di ciascun estratto è stato determinato con il metodo colorimetrico di Folin Ciocalteau in microscala [12]. Nel lavoro abbiamo utilizzato 1 mL di acqua, 0,02 mL di estratto, 0,2 mL di reagente di Folin-Ciocalteau e 0,8 mL di carbonato di sodio al 10%, miscelati e portati a 4 mL con acqua distillata. Dopo 90 minuti di incubazione è stata registrata l'assorbanza a 765 nm e i risultati espressi in peso fresco (F.W.) di uva (mg/Kg) come equivalenti di ac. gallico (GAE).

Il contenuto antocianico totale è stato misurato diluendo gli estratti con il solvente usato per l'estrazione e leggendo l'assorbanza a 540 nm. Il valore ottenuto è stato moltiplicato per il fattore di diluizione e un opportuno coefficiente di conversione (26,6) valido per la stima degli antociani totali [13].

2.4. Determinazione dell'attività anti-ossidante con il metodo ORAC

Per la determinazione dell'attività antiossidante degli estratti di bucce e semi è stato utilizzato il test ORAC (Oxygen Radical Absorbance Capacity) [14]. In breve, in

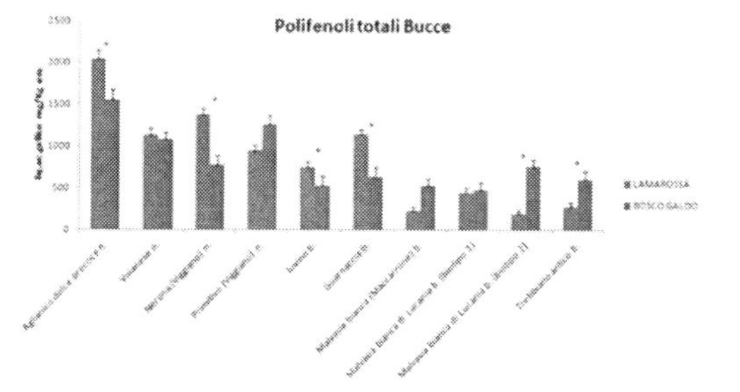

Figura 2. Contenuto polifenolico totale delle bucce di 10 varietà di uva da uva da vino allevate nei due ambienti di "Bosco Galdo" di Villa d'Agri (PZ) e di "Lamarossa" di Rutigliano (BA). I valori sono espressi in equivalenti di ac. gallico (mg/Kg di uva fresca). Ogni valore è la media di tre misurazioni. (*$p < 0,05$).

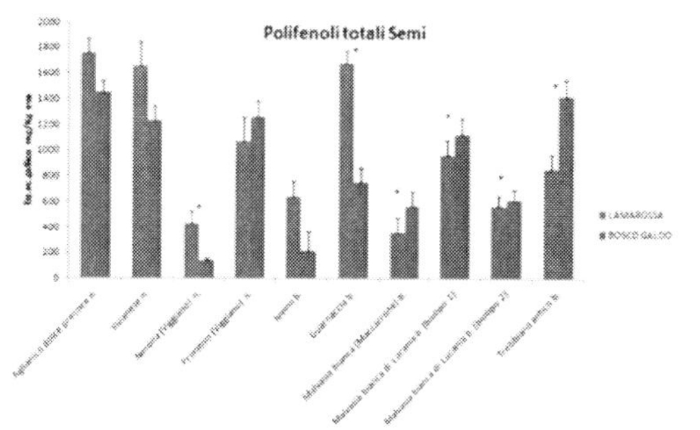

Figura 3. Contenuto polifenolico totale dei semi di 10 varietà di uva da uva da vino allevate nei due ambienti di "Bosco Galdo" di Villa d'Agri (PZ) e di "Lamarossa" di Rutigliano (BA). I valori sono espressi in equivalenti di ac. gallico (mg/Kg di uva fresca). Ogni valore è la media di tre misurazioni (*$p < 0,05$).

micropiastre da 96 pozzetti, sono stati aggiunti 150 uL di fluoresceina (7,7 μM), 25 μL di campione opportunamente diluito e 25 μL di AAPH (221,3 mM). La stessa procedura è stata utilizzata per ottenere la retta di calibrazione con il Trolox usato come standard. La fluorescenza, misurata a $\lambda exc = 485$ e $\lambda ems = 535$ con fluorimetro FLUORstar OPTIMA (BMG LABTECH), è stata registrata ogni 90 sec. per 90 minuti. I risultati sono stati calcolati usando la differenza delle aree sottese sotto le curve di decadimento della fluoresceina, ottenute in presenza ed in assenza del campione (AUC) e sono espressi come μMTrolox.

2.5. Analisi statistica

I campioni sono stati preparati e analizzati in triplicato. Per ogni campione sono stati riportati media e deviazione standard (SD). I risultati sono stati elaborati utilizzando il t-test. Sono state considerate significative differenze con $p < 0,05$.

3. Risultati e discussione

3.1. Polifenoli totali

Nel lavoro sono stati quantificati i polifenoli totali presenti nelle bucce e nei semi di 10 varietà di uva da vino allevate nei due ambienti di Villa d'Agri (PZ), azienda "Bosco Galdo", e di Rutigliano (BA), azienda "Lamarossa". Il contenuto di polifenoli totali nelle bucce delle 10 varietà di uva da vino prese in esame varia da un valore minimo di 208 eq. Acido gallico mg/Kg di uva della Malvasia bianca di Lucania b. (biotipo 2) ad un valore massimo di 2.047 eq. Acido gallico mg/Kg dell'Aglianico dolce precoce n. (Fig. 2).

Le varietà bianche sono quelle che, generalmente, hanno un più basso contenuto polifenolico poiché non possiedono la classe degli antociani.

Per quanto riguarda i semi, come si evince dalla Fig. 3, il range di variabilità va da 139 della Nerona (Viggiano) n. a 1.756 eq. Acido gallico mg/Kg dell'Aglianico dolce precoce n.

L'andamento dei polifenoli totali riscontrato nelle bucce per le due diverse località viene confermato anche nei semi. I valori riscontrati nelle bucce e nei semi sono paragonabili, nonostante dalla letteratura è noto che nei semi i livelli di polifenoli sono più elevati; tale andamento si spiega in quanto, in questo studio, i semi non sono stati frantumati.

Analizzando le varietà distinte in due gruppi per colore della bacca, si può notare che i valori dei primi tre vitigni a bacca nera (Aglianico dolce precoce, Vuianese e Nerona) riscontrati nel campo sperimentale di "Lamarossa" sono superiori a quelli di "Bosco Galdo". Di questi vitigni, soltanto il Primitivo coltivato a "Bosco Galdo" è risultato superiore a quello coltivato a "Lamarossa"; va comunque precisato che i valori riscontrati di quest'ultimo vitigno non sono risultati significativamente differenti (942 di "Lamarossa" contro 1.260 eq. Acido gallico mg/Kg di "Bosco Galdo", per le bucce; 1.069 di "Lamarossa" contro 1.258 eq. Acido gallico mg/Kg di "Bosco Galdo", per i semi).

Nel gruppo dei vitigni a bacca nera, le uniche differenze significative sono state registrate per i valori delle bucce nel vitigno Aglianico dolce precoce, che ha fatto registrare un valore di 2.047 di "Lamarossa" contro un valore inferiore di 1.548 eq. Acido gallico mg/Kg di "Bosco Galdo"; mentre, per la Nerona entrambi i valori delle bucce e dei semi sono risultati superiori nell'uva coltivata a "Lamarossa" rispetto a quella coltivata a "Bosco Galdo": infatti, abbiamo riscontrato per le bucce 1.375 contro 774 eq. Acido gallico mg/Kg e, per i semi, 431 contro 139 eq. Acido gallico mg/Kg. Per i vitigni a bacca bianca, la tendenza si inverte; infatti, su sei varietà prese in considerazione, quattro varietà hanno fatto registrare valori di polifenoli più alti per l'ambiente lucano. Le quattro varietà dell'ambiente lucano che hanno fatto registrare i valori più alti sono state: Malvasia bianca (Maccarrone), Malvasia bianca di Lucania (biotipo 1 e 2) e Trebbiano antico. Di queste quattro varietà, soltanto in due varietà, Malvasia bianca di Lucania (biotipo 2) e Trebbiano antico sono risultati significativamente differenti sia i valori delle bucce sia i valori dei semi; mentre, con riferimento ai semi tutte e quattro le varietà hanno fatto registrare valori significativamente più alti delle uve coltivate a "Bosco Galdo" contro quelle coltivate a "Lamarossa": nell'ordine abbiamo che in ambiente lucano la Malvasia bianca (Maccarrone) ha fatto registrare 566, la Malvasia bianca di Lucania (biotipo 1) 1.123, la Malvasia bianca di Lucania (biotipo 2) 615 e il Trebbiano antico 1.415 eq. Acido gallico mg/Kg, contro i 356, 961, 565 e 853, rispettivamente per l'ambiente pugliese. Al riguardo va sottolineato che delle 10 varietà sotto esame, sono da considerarsi 'prettamente autoctoni' proprio questi quattro

 DOI: 10.1051/bioconf/20160701019

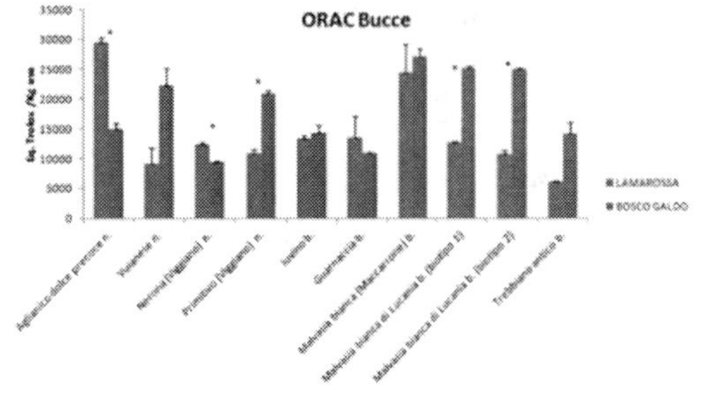

Figura 4. Attività anti-ossidante delle bucce di uve da vino allevate nei due ambienti di "Bosco Galdo" di Villa d'Agri (PZ) e di "Lamarossa" di Rutigliano (BA) valutata con il metodo ORAC. I risultati sono espressi in micromoli di Trolox equivalenti per Kg di peso fresco di uva (μ mol TE/Kg di peso fresco). Ogni valore è la media di tre misurazioni (*p $<$ 0, 05).

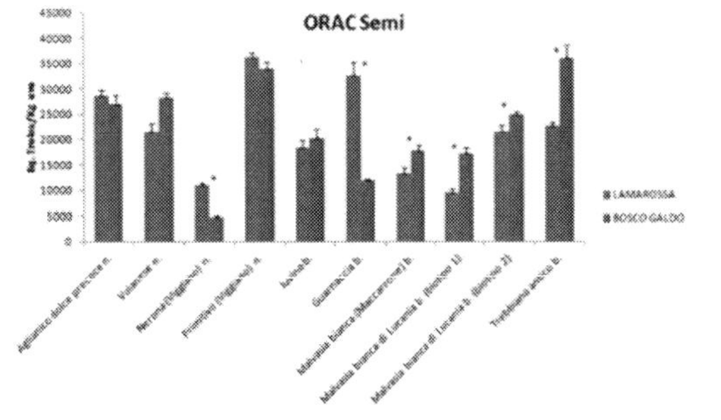

Figura 5. Attività anti-ossidante dei semi di uve da vino allevate nei due ambienti di "Bosco Galdo" di Villa d'Agri (PZ) e di "Lamarossa" di Rutigliano (BA) valutata con il metodo ORAC. I risultati sono espressi in micromoli di Trolox equivalenti per Kg di peso fresco di uva (μ mol TE/Kg di peso fresco). Ogni valore è la media di tre misurazioni (*p $<$ 0, 05).

vitigni. Infatti, mentre le altre denominazioni in vernacolo utilizzate sono riconducibili a denominazioni varietali ufficialmente note nel Registro Nazionale delle Varietà di Vite, la cui diffusione è nota anche in altre regioni viticole, le denominazioni in vernacolo di Malvasia bianca (Maccarrone), Malvasia bianca di Lucania (biotipo 1 e 2) e Trebbiano antico si riferiscono a vitigni del tutto originari del territorio lucano, come richiamato dalle stesse denominazioni.

3.2. Unità ORAC

L'attività antiossidante degli estratti preparati dalle bucce e dai semi delle 10 varietà di uva da vino è stata valutata con il metodo ORAC (Oxygen Radical Absorbance Capacity). I risultati sono mostrati nelle Figs. 4 e 5 dalle quali si evince, un andamento più o meno similare a quello visto per i polifenoli, a dimostrazione di una significativa correlazione fra contenuto polifenolico delle uve e unità ORAC.

Il valore minimo riscontrato di 6.061 eq. Trolox/Kg di uva peso fresco (Fresh Weight) è del Trebbiano antico b., mentre l'Aglianico dolce precoce n. possiede il valore massimo di 29.539 eq. Trolox/Kg F.W., entrambi coltivati nella stessa località pugliese ("Lamarossa" di Rutigliano).

Prendendo in considerazione soltanto le varietà con valori che differiscono significativamente, sia per le bucce che per i semi, notiamo che anche nel caso dell'attività antiossidante i vitigni cosiddetti 'prettamente autoctoni', coltivati nel loro ambiente lucano di origine, sono quelli che presentano elevata attività antiossidante rispetto, ovviamente, agli stessi coltivati in diverso ambiente. Infatti, per le bucce, ritroviamo che la Malvasia bianca (Maccarrone), i due biotipi di Malvasia bianca di Lucania e il Trebbiano antico coltivati a "Bosco Galdo" (27.029, 25.026, 24.881 e 14.179 eq. Trolox/Kg F.W., rispettivamente) presentano valori più elevati di unità ORAC di quelli coltivati a "Lamarossa" (24.318, 12.603, 10.680 e 6.061 eq. Trolox/Kg F.W., rispettivamente), con differenze significative tra gli ultimi tre valori; eccezion fatta per i valori della Malvasia bianca (Maccarrone).

Sono, invece, tutte e quattro significative le differenze tra i valori relativi ai semi; infatti, abbiamo che la Malvasia bianca (Maccarrone), i due biotipi di Malvasia bianca di Lucania e il Trebbiano antico coltivati a "Bosco Galdo" hanno espresso 17.732, 17.115, 24.830 e 35.991 eq. Trolox/Kg F.W., rispettivamente, contro 13.227, 9.469, 21.380 e 22.655 eq. Trolox/Kg F.W., degli stessi coltivati a "Lamarossa".

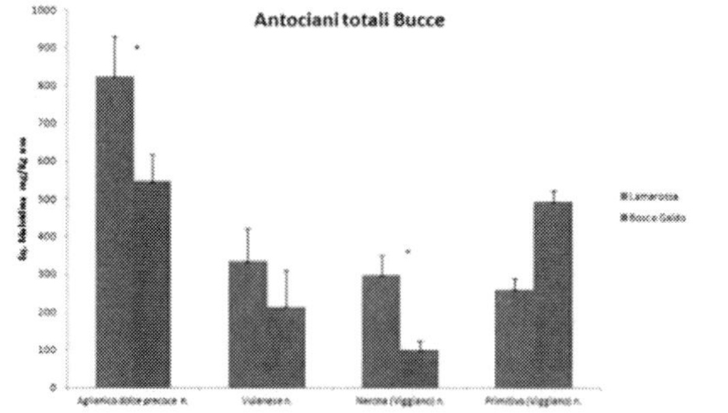

Figura 6. Antociani totali delle bucce di 10 varietà di uva da vino allevate nei due ambienti di "Bosco Galdo" di Villa d'Agri (PZ) e di "Lamarossa" di Rutigliano (BA). I valori sono espressi in equivalenti di malvidina (mv) per Kg di uva fresca (mg di mv/Kg peso fresco). Ogni valore è la media di tre misurazioni (*p $<$ 0, 05).

3.3. Antociani totali

Per questa classe di composti fenolici, presenti soltanto nei vitigni a bacca nera, in termini di valori riscontrati nelle bucce, è opportuno segnalare una certa correlazione tra il contenuto in Antociani totali e Unità ORAC. Infatti, con riferimento solamente alle differenze significative, come si evince dalla Fig. 6, i vitigni che hanno presentato valori più elevati di Antociani totali sono stati l'Aglianico dolce precoce coltivato a "Lamarossa" con 824 eq. Malvidina mg/Kg di uva contro 546 dello stesso vitigno coltivato a "Bosco Galdo"; la Nerona (Viggiano) con 297 di "Lamarossa" contro 100 eq. Malvidina mg/Kg di uva di "Bosco Galdo"; e invertendo la situazione, abbiamo il Primitivo (Viggiano) con 493 di "Bosco Galdo" contro 259 eq. Malvidina mg/Kg di uva di "Lamarossa".

Lo stesso andamento è stato registrato per l'attività antiossidante; infatti, ritornando alla Fig. 3, l'Aglianico dolce precoce e la Nerona (Viggiano) coltivati a "Lamarossa" hanno fatto registrare, rispettivamente, valori di 29.539 e di 12.357 eq. Trolox/Kg F.W. più elevati degli stessi vitigni coltivati a "Bosco Galdo", dove, invece, hanno fatto registrare valori di 14.951 e di 9.425 eq. Trolox/Kg F.W.; per il Primitivo (Viggiano) la situazione è invertita, con 20.845 eq. Trolox/Kg F.W. di "Bosco Galdo" rispetto a 10.873 eq. Trolox/Kg F.W. di "Lamarossa".

4. Conclusioni

Questo studio, in linea con gli altri lavori presenti in letteratura, conferma che l'uva è un'importante fonte alimentare di antiossidanti naturali per la prevenzione di malattie causate dallo stress ossidativo. Come già noto, non tutte le varietà sono uguali ma i caratteri genetici (genotipo) influenzano notevolmente la qualità dell'uva. Tuttavia, esaminando la stessa varietà di vitigni allevata in due ambienti diversi, è possibile affermare che la maturazione polifenolica delle uve da vino è condizionata molto dal "terroir", inteso come zona o ambiente di coltivazione e dall'andamento stagionale, dalle tecniche di coltivazione, e quindi dalle diverse condizioni nutrizionali delle viti. Sia i dati ottenuti sul contenuto in polifenoli totali che quelli per l'attività antiossidante delle 10 varietà di uva da vino, oggetto di questo studio, esprimono una notevole variabilità tra i due ambienti.

Tuttavia, relativamente al genotipo, è possibile avanzare una considerazione conclusiva. Da questo studio emerge che i vitigni cosiddetti 'prettamente autoctoni', quali la Malvasia bianca (Maccarrone) b., i due biotipi di Malvasia bianca di Lucania (o di Basilicata) b. e il Trebbiano antico b. quando sono coltivati nel loro ambiente lucano di origine esprimono maggiori livelli di contenuto polifenolico e quindi una migliore performace fisiologica (maturazione polifenolica).

Inoltre, la caratterizzazione della biodiversità, sia in questo lavoro che in tanti altri studi, permette di valorizzare le varietà che meglio si adattano a un ambiente arricchendosi di sostanze nutraceutiche importanti per la salute umana.

Riferimenti

[1] K.R. Martin, C.L. Appel. *Nutr. Diet.* Suppl **2**: 1–12 (2010)

[2] E. Xia, G. Deng, Y. Guo, H. Li . Int. *J. Mol. Sci.*, **11** 2 (2010)

[3] R.A. Milella, D. Antonacci, P. Crupi, F. Incampo, C. Carrieri, N. Semeraro, M. Colucci. *J. Food Sci.* **77**, 8 (2012)

[4] C. Carrieri, R.A. Milella, F. Incampo, P. Crupi, D. Antonacci, N. Semeraro, M. Colucci. *Food Chem.* **140**, 647–653 (2013)

[5] J. Yu, M. Ahmedna. *Int. J. Food Sci. Technol.* **48**, 2 (2013)

[6] L. Wang, G.D. Stoner. *Cancer Lett.* **269**, 2 (2008)

[7] F. Zhang, J. Liu, J.S. Shi. *Eur. J. Pharm.* **636**, 1–7 (2010)

[8] G. Simonetti, A.R. Santamaria, F.D. D'Auria, N. Mulinacci, M. Innocenti, F. Cecchini, E. Gabrielli, S. Panella, D. Antonacci, A.T. Palamara, A. Vecchiarelli, G. Pasqua. *BioMed Research International* (2014)

[9] O.L. Woodman and E. Chan. *Clin Exp Pharmacol Physiol* **31**, 11 (2004)

[10] R.J. Nijveldt, E. van Nood, D.E. van Hoorn, P.G. Boelens, K. van Norren and P.A. van Leeuwen. *Am J Clin Nutr* **74**, 4 (2001)

[11] F. Orallo, E. Alvarez, M. Camina, J.M. Leiro, E. Gomez and P. Fernandez. *Mol Pharmacol* **61**, 2 (2002)

[12] A.L. Waterhouse. In R.E. Wrolstad (Ed.) New York: John Wiley & Sons Inc (2009)

[13] E. Di Stefano, M.C. Cravero. *Rivista di Viticoltura e di Enologia.* **2**, 37–45 (2001)

[14] B. Ou, M. Hampsch-Woodill, Prior R.L. *Journal of Agricultural and Food Chemistry* **49**, 4619–4626 (2001)

Assessment of the Lebanese grapevine germplasm reveals a substantial diversity and a high potential for selection

Lamis Chalak[1], Said Touma[2], Stephanie Rahme[1], Rani Azzi[3], Fabrice Guiberteau[3], and Joe-Assaad Touma[2]

[1] Faculty of Agricultural Sciences, The Lebanese University, Dekwane, Beirut, Lebanon
[2] Château St Thomas, Kab-Elias, Bekaa, Lebanon
[3] Château Kefraya, Kefraya, West Bekaa, Lebanon

Abstract. Lebanon is illustrious for the cultivation of grapevine since the old antiquity. Grapevine is well adapted to the agroclimatic conditions of the country which makes it one of the major element of the Lebanese agriculture. Nevertheless germplasm assessment has attributed limited interest to grapevine while genetic resources have not been exploited before despite their potential in adaptation to environmental changes. In this study we assess the diversity of traditional grapevine accessions growing in different production areas in Lebanon. A total of 35 accessions belonging to 22 vernacular names were evaluated using 33 leaf and fruit traits previously developed by OIV. An important variability was revealed among the accessions studied based on grape and grain characteristics. The most discriminant traits were grape and grain weight, dimensions, form, and skin color; leaf size, form, color, lobes number, depth of petiole sinus. Hierarchical clustering analysis showed five main clusters, each regrouping accessions of different named varieties and different agro-climatic areas. An intra-varietal variability is also suspected. Although preliminary, our results indicate a potential of genetic diversity within the Lebanese grape germplasm that should be further investigated in order to understand their performance and to evaluate them in selection programs.

1. Introduction

Lebanon is one of the first countries worldwide to have implemented vineyards which gradually became a traditional culture in this country for the production of both table grapes and wine [1]. Today viticulture occupies the eighth rank in the agricultural sector in the country, with a production area of 9,240 hectares and an annual production of about 89 000 tons of table grapes [2,3] versus 3000 hectares and approximately 10000 tones for wine grapes [3,4]. In addition about 800 hectares of vineyards are intended for the production of Lebanese Arak [3].

Commercial plantations of table grapes have long been made up of four local varieties, commonly known as *Tfeifihi, Beitamouni, Maghdouchi* and *Obeidi*. More recently, the new plantations are mostly constituted of improved varieties imported from Europe and the United States. As to Arak production, it is mostly relying on *Obeidi* variety produced by commercial plantations and more secondarily on the the variety called *Merwah* produced at a family level. For wine grapes, Lebanese vineyards are almost exclusively occupied by noble hybrid varieties introduced from Europe and USA. It was until 2012-2013 that the local variety *Obeidi* is successfully used in the wine industry by Chateau Saint Thomas [5].

The long history of viticulture in Lebanon suggests the existence of a large indigenous germplasm associated to a wide range of traditional varieties that are well adapted to the various agro-climatic conditions of the country. However the genetic resources of grapevine in Lebanon were rarely addressed. About fifty local varieties of table grapes are still cultivated across the country [6]. Nevertheless, this traditional germplasm is threatened by various anthropogenic pressures and more particularly the progressive replacement of local varieties by more advantageous improved varieties imported from abroad [6]. Moreover, the growing territorial reorganization in rural areas may completely wife off old vines entire vineyards which constitute a significant part of the genetic resources of vines even before they are studied or duplicated in a new location. Conscientious of the importance of preserving the genetic resources of the vine, the Lebanese Agricultural Research Institute established in 1998 a national collection containing 71 local accessions of table grapes belonging to 52 vernacular names [7].

However to date, with the exception of the variety *Obeidi*, the Lebanese vine germplasm has not been evaluated for its potential in the fermentation process. But today with the global trend to return to local plant genetic resources for their better tolerance to biotic and abiotic stresses [8], it would be necessary to evaluate and develop the Lebanese traditional varieties of vines for fermentation and wine production. In this context, a collaborative action involving the Lebanese University with Château Saint Thomas and Château Kefraya (both located in western Bekaa), has been recently undertaken for the evaluation of the local grapevine germplasm with the perspective of conservation and valorization in winemaking process. The present work aims to: 1) explore and collect traditional indigenous varieties (here called accessions) across the country and which have a potential interest in winemaking (berries sensory test); and 2) characterize these accessions using a set of morphological descriptors of the leaf, the grape cluster and the berries.

 DOI: 10.1051/bioconf/20160701020

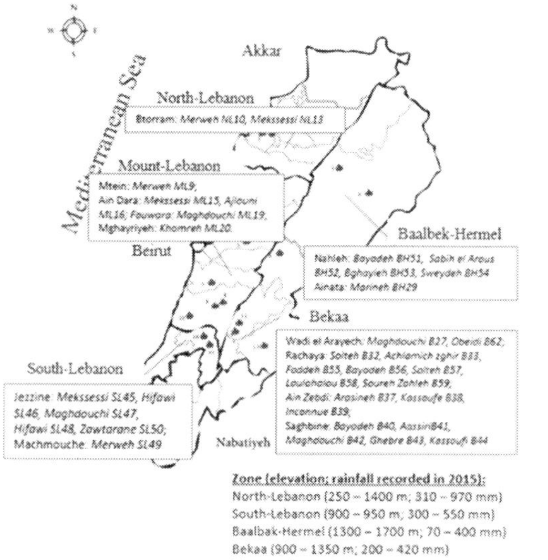

Figure 1. Geographic distribution of the 35 Lebanese vine accessions studied.

2. Materials and methods

2.1. Plant Material

Field surveys were performed during vegetation and production (June-September) in 2015 with the aim of collecting the in situ indigenous grapevine germplasm growing throughout in family gardens and commercial plantations throughout Lebanon. Thirty two locations have been retained for the study spread over four main geographical areas, the North, the South, Mount Lebanon, and the elevated agricultural plateau of Bekaa (Fig. 1). They were located between 250 and 1700 m a.s.l. and receiving rainfalls of 200 to 1050 mm. A total of 35 accessions were defined for the study, based on the berry sensorial test retaining only the ones with soft, juicy and flavored berries. For each accession, one vine of 15 to 25 years old and having good and health development was chosen to be submitted to morphological characterization. In order to assure data traceability, information on GPS coordinates and elevations of the sampled trees were collected (data not shown).

2.2. Morphological descriptors

Characterization of grapevine accessions was based on the list descriptors which were previously developed by the International Organization of Vine and Wine [9]. For each accession, 26 qualitative and seven quantitative descriptors of the leaf, the grape bunch and the berry were examined. They are: leaf shape, color and size, vein pigmentation on both upper and lower sides of the leaf, blade profile and embossment, teeth form and length, sinus form, opening and teeth, depth of the petiolar sinus with respect to veins, hair density on the upper and lower sides of the leaf, pedicel length and pilosity; grape bunch shape, consistency, size and weight; berry shape, length, width, weight, skin and pulp color, succulence, firmness, flavor, berry detachment from pedicel and pedicel length.

2.3. Data analysis

Qualitative characteristics have been described and scored. For quantitative traits, the mean ± standard deviation and coefficient of variation were calculated. To assess the degree of similarity between the units tested and understand the relationships between them, the data were subjected to a principal component analysis (PCA) in order to condense the quantitative and qualitative traits in a small number of synthetic components. Thus, the degree of contribution of each of the characters to the total variation was calculated in order to indicate the most relevant characters [10]. Hierarchical Cluster Analysis was executed using Euclidean Distance following the ward's method [11].

3. Results

3.1. General status of collected accessions

The surveyed accessions were mostly growing in small scale to large commercial plantations of 0.2 to 2 ha located in the high plateau of Bekaa, Shouf (Mount Lebanon), Batroun (North Lebanon), Hasbaya (South Lebanon) and Sour (South Lebanon) (Fig. 1). Ten accessions came from kitchen gardens located in Mtein (Mount Lebanon), Btorram (North Lebanon), Ain zebde (Bekaa), Ainata (Baalbek-Hermel) and Jezzine (South Lebanon). Four accessions were taken from houses backyards in the villages of Fouwara (Mount Lebanon), Ain dara (Mount Lebanon), and Wadi el Arayech (Bekaa). One accession of more than 150 years was found in a Maronite convent in Bsarma village (North Lebanon), elevated on a horizontal trellis, receiving the thorough care of the monks. The last six accessions, aged more than 100 years, were found abandoned, surviving on their own in forsaken lands in Nahleh village (Baalbek-Hermel) and Machmouchi village (South Lebanon). Many of them were rather growing in very harsh conditions and in marginalized and rocky lands.

Cultural practices are applied in the commercial plantations and kitchen gardens, using furrow irrigation, mineral and organic fertilization. Pruning is practiced as well, leaving around 10 buds on one year shoots. Vines are generally grown on trellis of 1.8 m average height for commercial plantations and 3 m height for kitchen gardens. In small scale commercial vineyards, vines are grown on the ground without any support other than a wood stick holding them about 1 m above the soil surface to protect them from snow damages, with a culture density between 80 and 160 stalk per dunum.

Twenty two putative names were inventoried for the 35 accessions studied (Table 1): *Aassiri* (one accession), *Achlamich zghir* (one accession), *Ajlouni* (one accession), *Arasineh* (one accession), *Bghayleh* (one accession), *Bayadeh* (three accessions), *Foddeh* (one accession), *Ghebre* (one accession), *Hifawi* (two accessions), *Kassoufe* (two accessions), *Khomre* (one accession), *Loulahalou* (one accession), *Maghdouchi* (five accessions), *Marineh* (one accession), *Mekssessi* (two accessions), *Merweh* (three accessions), *Obeidi* (one accession), *Sabih el Aarous* (one accession), *Solte* (two accessions), *Soure Zahle* (one accession), *Sweydeh* (one accession), *Zawtarne* (one accession) and one last unknown accession. As to farmers cognitive informaton, many of the sampled accessions were said to be

DOI: 10.1051/bioconf/20160701020

indegneous and given putative names in Arabic language often in association with a trait of the fruit such as *Khmore* (meaning red wine color) or the geographic area e.g. *Maghdouchi* (as to the name of the village of origin).

3.2. Leaf characteristics

Leaf shape varied widely between the studied accessions (Table 1). Nine accessions present wedge-shaped leaves (e.g. *Solteh B57, Hifawi SL48*), eleven have pentagonal leaves (e.g. *Maghdouchi ML19, Mekssessi SL45*) and thirteen have orbicular leaves (e.g. *Merweh NL10, Bayadeh B56*). The majority of the accessions have leaves with five lobes and a U-shaped petiole sinus not limited by ridges, except *Achlamich zghir B33* having leaves of three lobes with a brace opening sinus. Most of the accessions have an open sinus, whereas the others have overlapping to slightly overlapping sinuses. All accessions showed no embossment at the leaf blade. Twenty-seven accessions have a pedicel shorter than the median vein, four are characterized by a pedicel longer than the median vein and three have the pedicel and the median vein of the same length. As for the leaves teeth, sixteen accessions have straight teeth (e.g. *Arasineh B37, B44 Kassoufi*), while twelve others have convex teeth (e.g. *Maghdouchi ML19, Marineh BH29*). The five remaining accessions are distinguished by teeth rectilinear on one side and convex on the other side (e.g. *Aassiri B41, Maghdouchi SL47*). These teeth are long for only three accessions, and short to medium for most accessions studied. A high hairiness on both sides of the leaf and on the pedicel is noted particularly for *Marineh BH29* while accessions *Soureh Zahleh B59* and *Loulahalou B58* are completely glabrous (Table 1).

3.3. Grape cluster characteristics

The majority of the accessions present funnel clusters (e.g. *Obeidi B62, Mekssessi ML15*) while in other accessions the cluster shape varies between conical (e.g. *Marineh BH29, Bghayleh BH53*) and cylindrical (e.g. *Khomreh ML20, Sabih el Arous B52*) (Table 1; Fig. 2). As to clusters consistency most accessions show a medium consistency, while *Zawtarane SL50* ranks among the accessions with the most compact clusters and *Khomreh ML20* among the accessions with the loosest clusters. Regarding the weight, the heaviest clusters are found in *Zawtarane SL50* with an average of 1233 g and the lightest clusters in *Merweh NL10* with an average of 135 g. Cluster size varies between 20 and 40 cm in most accessions with *Loulahalou B58* having the longest clusters (40 cm). When examining the coefficients of variation, we notice that cluster weight varies much more (CV = 6.53) than its size (CV = 0.17) (data not shown).

3.4. Grape berries characteristics

Berries external appearance presents an important variability among the accessions studied (Table 1). Berries shape varies between spherical (e.g. *Merweh ML9, ML15 Mekssessi*), long elliptical (e.g. *Zawtarane SL50, Maghdouchi B42*) and short elliptical (e.g. *Arasineh B37, Solteh B32*). Skin color appears yellow-green for 31 accessions (e.g. *Hifawi SL46, Ajlouni ML6*), red for

Table 1. Lebanese vine accessions with the most discriminate morphological traits.

	Leaf													Grape cluster				Grape berries								
Accessions	Leaf size	Leaf form	Teeth form	Teeth length	Teeth length /base	Vein pigmentation (upper surface)	Vein pigmentation (lower surface)	Leaf blade profile	Pedicel length / median nerve	Sinus Form	Upper surface pilosity	Lower surface pilosity	Pedicel pilosity	Grape cluster form	Consistency	Weight (g)	Length (cm)	Grape berries form	Skin color	Firmness	Succulence	Pedicel separation	Pedicel length (cm)	Weight (g)	Length (cm)	Width (cm)
Merweh NL9	Medium	Orbicular	–	–	–	Absent	Absent	Flat	Shorter	Open	Absent	Low	Low	Funnel	Medium	141±30	25.0	Spherical	Yellow-green	Soft	Juicy	Easy	0.55±0.05	1.24±0.13	0.99±0.04	0.98±0.04
Merweh NL10	Medium	Orbicular	Concave	Short	Shorter	Absent	Red petiolar point	Tomented	Shorter	Very open	Absent	Low	Low	Conical	Very compact	135±15	27.0	Short	Yellow-green	Very soft	S. juicy	Hard	0.52±0.05	2.45±0.02	1.62±0.05	3.81±0.04
Maghdouchi NL13	Large	Orbicular	Straight	Short	Shorter	Red petiolar point	Absent	Tomented	Shorter	Open	Medium	High	Absent	Funnel	Medium	160±44	24.0	Short	Yellow-green	Soft	Juicy	Easy	0.55±0.04	4.90±0.05	2.11±0.03	1.66±0.05
Mekssessi ML15	Small	Cuneiform	Convex	Long	Long	Absent	Absent	Tomented	Longer	S. open	Very low	Medium	Very low	Funnel	Compact	200±25	12.0	Spherical	Yellow-green	Soft	S. juicy	Hard	0.34±0.04	2.50±0.19	1.35±0.05	1.31±0.05
Ajlouni ML16	Small	Orbicular	Straight	Very Short	Shorter	To the 1st bifurcation	To the 1st bifurcation	Tomented	Shorter	Open	Low	Low	Low	–	Medium	140±13	14.5	Long	Yellow-green	S. soft	Juicy	Hard	0.68±0.03	5.02±0.29	2.31±0.08	1.64±0.04
Maghdouchi ML19	Medium	Pentagonal	Convex	Short	Shorter	Red petiolar point	Red petiolar point	Flat	Equal	Open	Very low	Medium	Absent	Funnel	Medium	265±35	16.0	Long	Yellow-green	Soft	S. juicy	Hard	0.96±0.06	4.57±0.06	2.22±0.03	1.25±0.07
Khomré ML20	Medium	Cuneiform	Straight	Long	Long	To the 1st bifurcation	To the 1st bifurcation	Tomented	Longer	Open	Absent	Very low	Absent	Cylindrical	Loose	146±20	22.0	Long	Yellow-green	Soft	Juicy	Easy	0.78±0.14	3.89±0.60	1.79±0.12	1.33±0.07
Maghdouchi B27	Medium	Pentagonal	Convex	Short	Shorter	Red petiolar point	Red petiolar point	Flat	Equal	Open	Very low	Medium	Absent	Funnel	Medium	370±10	20.5	Long	Yellow-green	Soft	Juicy	Easy	0.61±0.04	5.00±0.04	2.15±0.02	1.54±0.04
Marineh BH29	Medium	Cuneiform	Straight	Medium	Shorter	To the 1st bifurcation	To the 1st bifurcation	Involute	Shorter	Open	High	High	High	Conical	Medium	200±12	17.0	Short	Red	Firm	S. juicy	Easy	0.59±0.05	2.10±0.27	1.64±0.05	1.50±0.05
Solté B32	Large	Orbicular	Convex	Short	Equal	To the 1st bifurcation	To the 1st bifurcation	Involute	Equal	Open	High	Very	Low	Conical	Medium	353±40	23.0	Short	Yellow-green	Soft	Very juicy	Hard	0.96±0.06	7.07±0.60	2.57±0.09	2.09±0.06
Achlamich zghir B33	Large	Cuneiform	Straight	Medium	Equal	Absent	Absent	–	Shorter	Open	Absent	Absent	Absent	Funnel	Medium	342±19	25.0	Spherical	Yellow-green	Firm	Juicy	Easy	0.60±0.04	1.68±0.16	1.43±0.07	1.36±0.05
Arasineh B37	Medium	Pentagonal	S.Convex	Short	Shorter	Red petiolar point	Red petiolar point	–	Shorter	Open	Absent	Absent	Absent	–	Medium	290±14	22.0	Short	Yellow-green	Firm	Juicy	Hard	0.69±0.05	5.41±0.28	2.06±0.06	1.85±0.06
Kassoufe B38	Medium	Pentagonal	Straight	Short	Shorter	Red petiolar point	Red petiolar point	Involute	Shorter	Open	Medium	Medium	Low	Funnel	Medium	270±30	21.6	Long	Yellow-green	Soft	Juicy	Easy	0.72±0.30	3.02±0.09	1.78±0.06	1.37±0.06
Jacarmne B39	Large	Orbicular	Convex	Very Short	Shorter	To the 2nd bifurcation	Absent	Flat	Shorter	Overlapping	Very low	Medium	Absent	Conical	Loose	300±45	30.3	Long	Yellow-green	Soft	Juicy	Hard	0.75±0.02	3.18±0.03	1.68±0.02	1.45±0.01
Bayadeh B40	Large	Orbicular	S.Convex	Long	Shorter	Absent	Absent	Tomented	Shorter	S. Overlapping	High	Very	Low	Conical	Compact	650±14	32.7	Short	Yellow-green	S. soft	Juicy	Hard	0.57±0.05	4.56±0.39	1.87±0.11	1.60±0.07
Aassiri B41	Medium	Pentagonal	S.Convex	Long	Longer	To the 2nd bifurcation	To the 2nd bifurcation	–	Longer	Open	Medium	Very	Low	Cylindrical	Medium	450±28	25.5	Spherical	Yellow-green	Soft	Very juicy	Easy	0.61±0.05	2.12±0.34	1.51±0.03	1.38±0.04
Maghdouchi B42	Medium	Orbicular	Convex	Medium	Shorter	Red petiolar point	Absent	Flat	Longer	Very open	Low	High	Absent	Funnel	Compact	230±15	21.3	Long	Yellow-green	Soft	Very juicy	Hard	0.88±0.05	5.10±0.22	2.29±0.03	1.76±0.10
Ghebre B43	Medium	Pentagonal	Straight	Long	Longer	To the 2nd bifurcation	To the 2nd bifurcation	Flat	Shorter	S. Overlapping	Low	Medium	Medium	Cylindrical	Compact	336±10	23.3	Short	Yellow-green	Firm	S. juicy	Hard	0.77±0.05	4.95±0.36	2.95±0.07	1.73±0.06
Kassoufi B44	Medium	Orbicular	Convex	Very Short	Shorter	To the 2nd bifurcation	To the 2nd bifurcation	Flat	Shorter	Open	Absent	Very low	Very low	Cylindrical	Compact	546±27	24.0	Short	Yellow-green	Firm	S. juicy	Hard	0.79±0.05	4.85±0.20	2.08±0.04	1.68±0.03
Mekssessi SL45	Medium	Pentagonal	Straight	Short	Shorter	Red petiolar point	Absent	Involute	Shorter	Slightly open	Low	Medium	Medium	Funnel	Compact	300±35	30.0	Short	Yellow-green	Soft	Juicy	Easy	0.26±0.04	2.77±0.24	1.31±0.05	1.25±0.05
Hifawi SL46	Large	Pentagonal	Convex	Medium	Shorter	Absent	Absent	Flat	Shorter	Very Open	Low	Medium	Medium	Cylindrical	Medium	320±20	28.7	Long	Yellow-green	Firm	S. juicy	Easy	0.91±0.02	5.10±0.51	1.99±0.33	1.35±0.13
Maghdouchi SL47	Large	Pentagonal	S.Convex	Long	Equal	Red petiolar point	To the 1st bifurcation	Flat	Shorter	Open	Low	Medium	Absent	Conical	Compact	280±25	20.8	Short	Yellow-green	Soft	Juicy	Hard	0.68±0.10	5.62±0.29	2.05±0.06	1.59±0.03
Hifawi SL48	Medium	Cuneiform	Convex	Long	Equal	Absent	Absent	Flat	Shorter	Open	Very	Low	Absent	Funnel	Medium	260±20	32.3	Long	Yellow-green	Soft	Very juicy	Hard	0.44±0.07	2.89±0.21	1.63±0.14	1.07±0.08
Merweh SL49	Large	Orbicular	S.Convex	Medium	Equal	Red petiolar point	To the 1st bifurcation	–	Shorter	S. open	Low	Medium	Absent	Funnel	Medium	240±20	20.0	Spherical	Yellow-green	Soft	Juicy	Hard	0.57±0.05	3.28±0.24	1.53±0.06	1.37±0.05
Zawtarane SL50	Large	Pentagonal	Convex	Medium	Shorter	To the 1st bifurcation	To the 1st bifurcation	Flat	Shorter	Overlapping	Absent	Low	Low	Conical	compact	1233±30	20.0	Long	Dark blue	Firm	S. juicy	Easy	0.34±0.03	5.64±0.46	2.21±0.10	1.55±0.07
Bayadeh B51	Medium	Pentagonal	Straight	Medium	Equal	Absent	Absent	Revolute	Shorter	Open	Absent	Low	Absent	Conical	Medium	400±20	18.0	Spherical	Yellow-green	Soft	S. juicy	Hard	0.50±0.01	1.82±0.03	1.14±0.01	1.16±0.01
Sabih l Arous B52	Medium	Orbicular	Straight	Medium	Shorter	Absent	Absent	Flat	Shorter	Very open	Absent	Low	Low	Cylindrical	Compact	332±15	26.0	Long	Yellow-green	Soft	Juicy	Easy	0.69±0.03	2.98±0.08	1.72±0.03	1.29±0.02
Bghayleh B53	Medium	Pentagonal	Straight	Long	Longer	Absent	Absent	Flat	Shorter	Very Open	Medium	Medium	Absent	Conical	Compact	370±10	22.0	Spherical	Pink	Firm	S. juicy	Hard	0.41±0.02	4.23±0.07	1.64±0.01	1.58±0.01
Sweydeh B54	Medium	Cuneiform	Straight	Medium	Longer	Absent	Absent	Tomented	Shorter	Open	Absent	Low	Absent	Conical	Medium	500±15	–	Long	Purple-black	Firm	Juicy	Easy	0.36±0.01	1.86±0.03	1.38±0.01	1.14±0.01
Foddeh 55	Medium	Cuneiform	Convex	Short	Equal	Absent	Absent	Flat	Shorter	Open	Absent	Absent	Absent	Funnel	Medium	436±20	20.9	Spherical	Yellow-green	S. soft	Juicy	Easy	0.50±0.02	4.68±0.05	1.72±0.01	1.62±0.01
Bayadeh B56	Large	Orbicular	Straight	Medium	Shorter	Absent	Absent	Flat	Shorter	S. Overlapping	Absent	High	Low	Funnel	Medium	360±39	22.0	Short	Yellow-green	Soft	Juicy	Easy	0.60±0.02	3.90±0.07	1.83±0.01	1.40±0.01
Solteh B 57	Medium	Cuneiform	Straight	Long	Longer	To the 1st bifurcation	To the 1st bifurcation	–	Equal	S. open	Absent	Low	Absent	Conical	Compact	340±15	22.0	Long	Yellow-green	Soft	Very juicy	Easy	0.50±0.01	3.30±0.06	1.94±0.01	1.32±0.01
Loulahalou B 58	Medium	Cuneiform	Straight	Medium	Equal	To the 1st bifurcation	To the 1st bifurcation	Flat	Shorter	Open	Absent	Absent	Absent	Funnel	Compact	430±20	40.0	Short	Yellow-green	Soft	S. juicy	Easy	0.59±0.01	4.20±0.10	1.71±0.02	1.59±0.01
Soure Zahleh B 59	Medium	Orbicular	Straight	Medium	Shorter	Absent	Absent	–	Shorter	Overlapping	Absent	Absent	Absent	–	Medium	400±50	24.0	Long	Yellow-green	S. firm	S. juicy	Hard	0.59±0.02	4.76±0.10	1.99±0.02	1.60±0.01
Obeidi B62	Medium	Cuneiform	Convex	Medium	Longer	Absent	Absent	Revolute	Shorter	Very open	Absent	Absent	Absent	Funnel	Compact	350±15	10.0	Spherical	Yellow-green	Soft	Juicy	Hard	0.56±0.10	3.90±0.10	1.60±0.10	1.56±0.10

*S. for slightly.

Opening of petiole sinus is U-shaped for all accessions. Sinus is bordered by veins for most accessions while veins are absent for Kassoufi B38, Bghayle B53 and Sweydeh B54. Leaf lobe number is five for all accessions. Berries pulp is colorless for all the accessions studied. Pedicel is shorter than the median vein for the majority of the accessions, longer for the four accessions Mekssessi ML15, Khomre ML20, Aassiri B41 and Maghdouchi B42, and equal for Maghdouchi ML19, Maghdouchi B27, Solteh 32 and Solteh B57.

 DOI: 10.1051/bioconf/20160701020

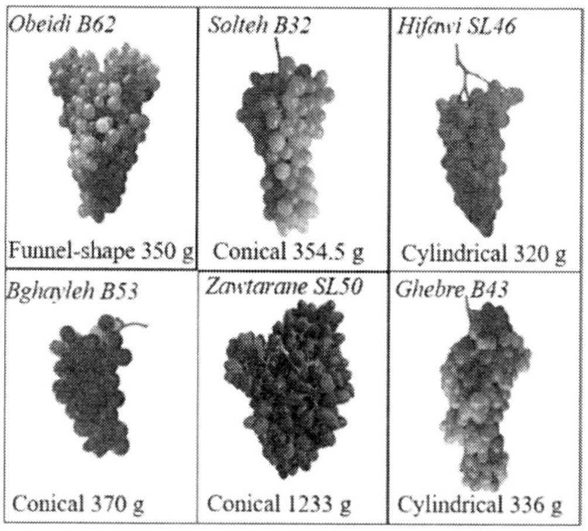

Figure 2. Diversity of grape cluster characteristics among the 35 Lebanese vine accessions.

Marineh BH29, dark blue for *Zawtarane SL50*, purple-black for *Sweydeh B54* and pink for *Bghayleh B53*, while the pulp is colorless for all the evaluated accessions. As to berries dimensions, *Solteh B32* and *Ghebre B43* have the longest berries with 2.57 cm and 2.95 cm respectively, while the largest ones are found for *Solteh B32* and *Zawtarane SL50* with 7.07 g and 5.64 g respectively. *Merweh ML9* has the smallest berries with 1.24 g weight, 0.9 cm length and 0.98 cm width. When comparing the coefficients of variation, we notice that the weight of the berry (CV = 0.40) varies much more than its length (CV = 0.22) and width (CV = 0.31) (data not shown).

3.5. Principal components analysis

A principal component analysis involving 31 morphological characters was performed to identify the most discriminating characteristics (Table 2). The first four components present 45% of the total variation. The first component is characterized by a percentage of variation of 17% and is mainly represented by the length and width of the berries, the color and shape of the leaf and the length of the pedicel. The second component explains 10% of the total variation and includes principally the size, weight and shape of the cluster, and the bottom of petiole sinus. The third component, characterized by a percentage of 9%, is dominated by the consistency and shape of the cluster. The fourth component marked by 8% of the total variation is defined by the shape and the length of the leaf teeth, as well as the length of the teeth compared to the median vein and the presence of hair on the pedicel. These 14 descriptors are probably the most relevant ones to explain the variability within the studied accessions.

3.6. Relationships among accessions

The hierarchical clustering analysis based on the traits studied allowed to classify the 35 accessions into five groups at a similarity distance of 0.6 (Fig. 3).

The first group (G1) consists of eight accessions collected from Mount Lebanon and Bekaa with the majority of clusters presenting a funnel shape and elliptical soft berries. This group can be divided into two subgroups at a distance of 0.5: G1.1 includes

Table 2. Principal component analysis of the different characteristics evaluated for the Lebanese olive centennials.

Characteristics	Fact 1	Fact 2	Fact 3	Fact 4
Cluster weight	**0.01**	**− 0.3**	**0.27**	**−0.19**
Cluster Length	**−0.07**	**−0.32**	0.02	0.07
Cluster Form	**0.13**	**−0.25**	**−0.28**	−0.21
Cluster consistency	**−0.03**	−0.04	**0.36**	−0.14
Separation of the pedicel	**−0.08**	−0.21	0.19	−0.02
Berries form	**−0.03**	0.12	0.09	0.16
Berries color	**−0.03**	0.31	**0.2**	−0.01
Succulence	**0.03**	−0.09	**−0.21**	0.22
Firmness	**−0.07**	0.24	**0.27**	−0.03
Pedicel length	**−0.26**	−0.06	−0.1	−0.04
Berries weight	**−0.24**	−0.06	0.08	0.08
Berries length	**−0.34**	−0.01	0.04	0.12
Berries width	**−0.26**	−0.01	0.04	−0.07
Lobes number	**−0.25**	0.13	−0.15	0.06
Leaf size	**−0.25**	−0.02	−0.14	0.04
Leaf form	**−0.27**	−0.12	−0.07	−0.11
Leaf color	**−0.27**	−0.16	0.11	−0.04
Teeth form	**0**	−0.08	0	**0.39**
Teeth length	**0.05**	−0.13	0.11	**0.35**
Teeth length compared to their base	**0.06**	−0.14	−0.02	**0.31**
Nerves pigmentation (upper surface)	**−0.26**	−0.04	0.06	0.11
Nerves pigmentation (lower surface)	**−0.23**	−0.05	0.12	0.12
Embossment of the limb	**−0.03**	0.04	−0.07	0.21
Leaf profile	**−0.03**	0.04	−0.02	−0.21
Pedicel length compared to median vein	**−0.11**	−0.11	−0.04	0.15
Petiole sinus form	**−0.2**	−0.01	0.08	0.13
Petiole sinus borders	**−0.22**	0.16	**−0.2**	−0.18
Petiole sinus bottom	**−0.03**	**0.26**	−0.07	0.04
Hair density on the upper surface	**−0.21**	0	−0.17	−0.16
Hair density on the lower surface	**−0.24**	−0.07	−0.22	−0.08
Hair density on the pedicel	**−0.19**	0.18	−0.03	**−0.25**
Variance	**0.02**	0.02	0.02	0.03

Maghdouchi ML19 and *Mekssessi ML15*; G1.2 consists of *Obeidi B62, B33 Achlamich, Solte B32, Ghebre B43, Maghdouchi B42, Maghdouchi B27*. This subgroup is particularly homogeneous, grouping six accessions of different common names, all from the Bekaa and with a significant similarity.

The second group (G2) consists of four accessions *Khomre ML20, Ajlouni ML16, Zawtarane SL50* and *Merweh ML9*, growing in Mount and South Lebanon. These accessions have large clusters (150–1233 g) and large berries (1.3–5.64 g) of white color, except *Zawtarane SL50* that has large blue berries.

The third group (G3) consists of only two accessions collected from the Bekaa: *Kassoufi B44* and *Bayadeh B40*, with compact clusters, short elliptical berries and orbicular leaves.

The fourth group (G4) consists of eight accessions that have elliptical berries, out of which three have red skin: *Bghayleh B53, Sweydeh B54* and *Marineh BH29*. These eight accessions come from Baalbek Hermel, Bekaa and South Lebanon.

 DOI: 10.1051/bioconf/20160701020

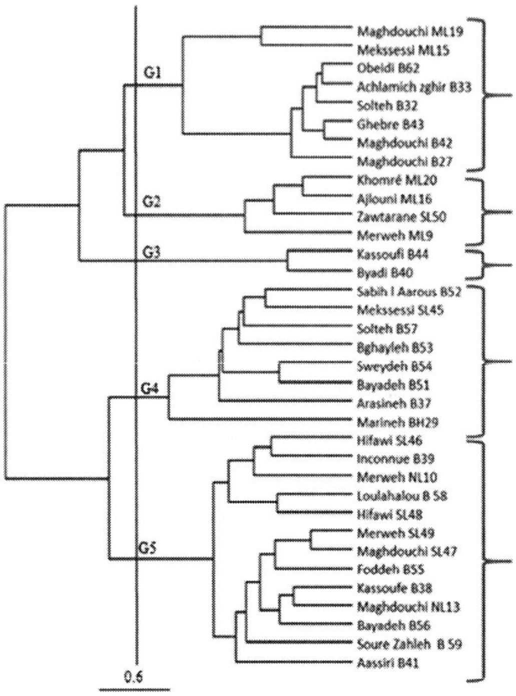

Figure 3. Relationships among 35 Lebanese vine accessions based on Jaccard distance and UPGMA clustering.

The fifth group (G5) is the largest and most diversified one. It consists of 13 accessions carrying nine vernacular names and growing in the Bekaa, North and South Lebanon. These accessions have clusters longer than 20 cm with white, spherical and elliptical berries, and pentagonal leaves. This group can be divided, at a short distance of 0.4 in two subgroups, each comprising accessions from different areas of the country but sharing strong similarity.

Some accessions with the same local vernacular names but growing in different locations and are differently classified in the dendrogram. This was noted for the accessions of *Maghdouchi, Merweh, Solteh, Bayadeh*. For example *Maghdouchi ML19* (Fouwara-Shouf) and *Maghdouchi B27* (Wadi el-Arayesh Zahle) are found in the first group, while *Maghdouchi SL47* (Jezzine) and *Maghdouchi NL13* (Btorram, Koura) are in the fifth group. This distribution of accessions supposed to belong to the same variety in different groups is probably due to differences in agro-climatic conditions and cultural practices that normally influence the morphological characteristics. Intra-varietal variability is not excluded but cannot be discussed without the genetically analysis.

4. Discussion

Morphological characterization of any cultivated species is the first indicator of variability and a powerful tool for its valorization and subsequent conservation in a specific collection [12]. For grapevine, ampelography is the science of identification and description of grape varieties [13]. The characters of the leaves certainly takes the first place in ampelography. As for the cluster, it arouses the interest of ampelographers and are of immense commercial importance [14].

In this study 35 indigenous accessions with 22 common names were studied, of which only four accessions are of colored berries (red-blue-pink black-black purple). This small percentage (11%) of red accessions is probably the result of the great trend of Lebanese farmers to grow white grapes for the production of Arak. The study revealed significant morphological variability between indigenous grape varieties, including cluster and berries dimensions, weight, consistency and shape. Indeed, these criteria were the most discriminating between the characters studied. These results confirm those previously reported on the Lebanese germplasm of table grapes which also described tremendous morphological diversity [6, 15].

Moreover, our study has identified for the first time nine new vernacular names that have not been mentioned or quoted in previous studies [15] and not part of the national collection of LARI [7]. They are: *Ajlouni, Bghayleh, Foddeh, Ghebre, Khomre, Marineh, Solteh, Sabih el Aarous and Zawtarane*. This confirms the fact that Lebanon is a reservoir of vine genetic resources and it will be imperative to address a special attention to the characterization, valorization and preservation of this heritage.

In considering the origin of the accessions studied, 17 vernacular names of the 22 initially studied (73%) come from the plateau of Bekaa, of which 10 were found exclusively in this region. They are *Solteh, Arasineh, Aassiri, Ghebre, Fodeh, Loulahalou, Soure Zahleh, Sabih el Aarous, Bghayleh* and*Marineh*. Indeed the Bekaa has been always recognized since ever as the main area of viticulture, and thereby hosts the greatest diversity of endogenous varieties. This specificity is also found in the casa of Jezzine where the accessions called *Zawtarane* and *Hifawi* were found and were not spotted anywhere else. According to information collected from farmers, accessions grown in each region are often used as table grapes and secondarily for the production of Arak (e.g. *Hifawi* in Jezzine, *Merweh* in North Lebanon, and sometimes for wine production (e.g. *Marineh* in Baalbek, *Aassiri* and *Sweydeh* in Bekaa).

Some accessions growing in different locations and having the same vernacular name, are classified differently in the dendrogram. This distribution into different groups of accessions supposedly belonging to the same variety, could be due to differences in agro-climatic conditions and cultural practices that normally influence the morphological characters [12]. Of course, homonyms and synonyms are not excluded in the case of the Lebanese vine germplasm, but they could be assessed only by a genetic analysis based on DNA markers [16]. A list of microsatellite markers are already developed to analyze genetic diversity in vine and identify autochthonous varieties [14, 17] and could be further used to analyze and differentiate the Lebanese varieties.

5. Conclusion

This study consisted of a survey and a characterization of 35 vine accessions grown in the main production regions in Lebanon (Bekaa, Baalbek-Hermel, North Lebanon, Mount Lebanon and South Lebanon), with the midterm perspective of evaluating the potential of vine genetic resources in the process of winemaking. Though preliminary, our findings show a significant morphological variability within the Lebanese germplasm of vine. Nevertheless, this morphological characterization should be further completed by a molecular analysis using DNA markers. Indeed, the genetic analysis of these resources will allow to determine the most likely genetic distances between accessions to make a choice of the diversity to conserve, differentiate the Lebanese varieties compared to the international germplasm, and consider their use in future breeding programs. Finally, new varieties identified during our study will normally be added to the national collection of LARI, which will present a scientific and patrimonial interest.

The authors are grateful to Mr Jean Luc Etievent from Wine Mosaic France for his kind support.

References

[1] D. Zohary. The origins and Ancient History of Wine (Mc Govern, P.E. et al., eds), 23–30 (1995)
[2] Ministry of Agriculture – FAO. Global Agricultural Census in Lebanon for 2010. pp 186 (2012)
[3] J.F. Roby. La filière viticole au Liban, analyse et propositions pour une évolution, 119 pp (2003)
[4] N. Rahal. Special report on wine tourism (2015) `http://www.executive-magazine.com/special-report/production-of-lebanese-wine-is-on-a-slow-but-steady-growth-path`
[5] `http://www.lecommercedulevant.com/node/23400`
[6] L. Chalak, S. Khalil, F. Kfoury, N. Madi, A. ElBitar, A. Chehade. Abstract and poster presentation and abstract. 21th LAAS International Science Conference, Beirut, Lebanon (2015)
[7] N. Madi. Thesis submitted in partial fulfillment of the requirements for the diploma of agricultural engineering from the Lebanese University (2007)
[8] FAO. Coping with climate change – the roles of genetic resources for food and agriculture. Rome, 110 pp (2015)
[9] OIV Descriptors list of grapevine varieties and vitis species. Paris, office international de la vigne et du vin (1983)
[10] G. Saporta, Editions Technip, Paris, 493p. (1990)
[11] Addinsoft. Xlstat for Excel, version 7. 5. Addinsoft, New York (2004)
[12] L. Chalak, H. Haouane, L. Essalouh, S. Santoni, G. Besnard and B. Khadari. Genet Resour Crop Evol **62 (4)**: 621–633 (2015)
[13] P. Galet, Dictionnaire Encyclopédique des Cépages. Hachette (2000)
[14] T. Lacombe, J.M. Boursiquot, V. Laucou, M. Di Vecchi-Staraz, J.P. Péros, P. This. Theor Appl Genet **126 (2)**, 401–14 (2013)
[15] F. Kfoury. Thesis submitted in partial fulfillment of the requirements for the diploma of agricultural engineering from the Lebanese University (2008)
[16] J.P. Roby, C. van Leeuwen, E. Gonçalves, A. Graça, and A. Martins. 37 World Congress of Vine and Wine, EDP Sciences **3** (2014)
[17] V. Laucou, T. Lacombe, F. Dechesne, R. Siret, J.P. Bruno, M. Dessup, T. Dessup,P. Ortigosa, P. Parra, C. Roux, S. Santoni, D. Varès, J.P. Péros, J.M. Boursiquot, P. This. Theor Appl Genet **122 (6)**:1233–45 (2011)

DOI: 10.1051/bioconf/20160701021

Lucania as the heart of III vine domestication center: The rediscovery of autochthonous vines / Lucania fulcro del III Centro di domesticazione della vite: La riscoperta dei vitigni autoctoni

Stefano Del Lungo[1], e Angelo Raffaele Caputo[2], Marica Gasparro[2], Vittorio Alba[2], Carlo Bergamini[2], Sabino Roccotelli[2], Francesco Mazzone[2], and Francesco Pisani[3]

[1] CNR-IBAM Consiglio Nazionale delle Ricerche, Istituto per i beni archeologici e monumentali, C.da S. Loja, 85050 Tito Scalo (PZ), Italy

[2] CREA-UTV Consiglio per la ricerca in agricoltura e l'analisi dell'economia agraria, Unità di ricerca per l'uva da tavola e la vitivinicoltura in ambiente mediterraneo, via Casamassima, 148, 70010 Turi (BA), Italy

[3] ALSIA Agenzia Lucana di Sviluppo e Innovazione in Agricoltura della Regione Basilicata, Azienda Agricola Sperimentale Dimostrativa "Bosco Galdo", via Grumentina, 118, 85050 Villa d'Agri (PZ), Italy

Abstract. In Basilicata, where it sees a vineyard dominated by mountains and not far from the ruins of the Roman city and Early Medieval Grumentum (Val d'Agri PZ), it's obvious to think of its existence at all times. The landscape scenery stimulates the visitor to sense an ancient feeling underlined by producers wisdom with the winemaking art documented for centuries. Genetic and historical-archaeological research confirm it by carving a real substratum of autochthonous varieties in a context, the Enotria, which is now better understood also in the material culture. When talking about Enotria and conventionally we think an indefinite wine land, which later became Italia, it is easy to slip into the rhetoric. The situation has changed. The Enotria, land recognizable to the Greeks through the vineyards planted with the support of poles (oinòtra), is becoming a reality perceptible and tangible thanks to a research done not only in the laboratory but also in the historical archives and especially in field. The grapevine germplasm research in Basilicata, financed by Region and local authorities, developed by CREA-UTV and CNR-IBAM, exploring the areas of Val d'Agri, Pollino, Matera, Vulture and High Basento and enhanced by an anthropological study, is bringing to public attention varieties so far only imagined in the abundance of grape names which tradition has bequeathed. About the 154 varieties spread in the Lucan towns surveyed in "Statistics of the Naples Kingdom" disposed by G. Murat in 1811, about the 63 wine varieties and 29 to dual purpose (wine and table), cataloged in Ampelographic Bulletins of the Ministry of Agriculture of 1881, or about the 30 vines from which it has been produced wines presented at the first wine exhibition of 1887 which was held in Potenza, mostly have unfortunately gone missing along with the memory of those who died or emigrated elsewhere abandoning the vines. In archives, remain some ephemeral relationships of those who, like Frojo and Lacava, were worried about record at least the presence, leaving to posterity further details. From the field, exploring old vines or identifying ancient solitary stocks and making use of the historical memory of winegrowers, authentic custodians of biodiversity and of oral tradition for names and ampelographic characters, we have collected 561 accessions. The DNA study has then unraveled varietal confusion detecting synonymous and homonymies, restoring confidence in the effective recognition of the varieties spread in the region. About the accessions analyzed, 421, corresponding to 68 distinct varieties, are included in the National Register; while 140 (17 of which related to foreign varieties) have vernacular names that, in the failure to meet the registered varieties, represent the precious first signal of great vivacity of these territories, where the evolution in cultivation and selection of best grapes has never stopped, together with a deep understanding of grape physiology. Aglianico bianco, Giosana, Iusana, Santa Sofia, as white grapes, and Aglianico delle fosse, Brindisino, Cassano, Colatamurro, as black grapes, are just some of the new autochthonous varieties we recovered, which – when multiplied and authorized for cultivation – could give more recognizability to the terroir, qualitatively expanding the production base towards typicality and naturalness. The explored territories, entered in a wide geographical and cultural area, are the heart within the Enotria core before, and the historical Lucania then, in the III Domestication Centre (Central and Southern Italy and Sicily), which the vine traversed during the third stage from East (Caucasus) to the West, started from the end of the last Ice Age. The vine and the wine tell the story of a territory, becoming themselves cultural heritage, that is authentic cultural markers.

Sintesi. La Genetica identifica nell'Italia centro-meridionale il III Centro di Domesticazione Varietale della vite. Le molte storie scritte "sul vino", anche attraverso l'Archeologia molecolare, non ne parlano. Qui. nel

 DOI: 10.1051/bioconf/20160701021

riconoscimento delle varietà e nell'accertamento delle parentele si ricostruiscono la Storia e la Botanica delle varietà, documentate nelle fonti antiche e medievali, e si cercano archeologicamente i luoghi vocati alla coltura e vettori di prodotto, i materiali per la lavorazione e il trasporto. Da concetto astratto il III Centro diventa un ambito storico-geografico riconoscibile (l'Enotria) e un macro-terroir, per un significativo rilancio culturale ed economico della viticoltura. La Lucania (o Basilicata) ne è il fulcro, entro il quale la ricerca del germoplasma viticolo, esplorando i comprensori della Val d'Agri, del Pollino, del Materano, del Vulture e dell'Alto Basento, ha portato all'attenzione pubblica varietà finora solo immaginate, nell'abbondanza di denominazioni di uve che la tradizione ha lasciato in eredità. Sul campo, esplorando vecchie vigne o individuando antichi ceppi solitari e avvalendosi della memoria storica di viticoltori, sono state raccolte 561 accessioni. Lo studio del DNA ha poi dipanato la confusione varietale, rilevando sinonime e omonimie, e infine la ricerca archeologica inizia a restituire a ciascuna le ascendenze e le provenienze antiche.

1. Introduzione: Genetica e Archeologia

In generale, identificare le varietà di vite di un territorio e ricostruirne la storia, prima ancora che del vino ricavato, significa rispondere meglio sia alla necessità delle aziende di supportare anche culturalmente la penetrazione e la concorrenza ai propri prodotti sui mercati, sia al desiderio dei consumatori di sapere e conoscere sul vino e sui luoghi da cui proviene, nella prospettiva anche di raggiungerli direttamente e scoprirli, unendo all'esperienza visiva anche quella gustativa.

La carta stampata e ancor più il web sono popolati da fantasie e suggestioni che generano "verità" parallele alla realtà, affidate alla casualità di una conoscenza parziale o indistinta di momenti, condizioni e situazioni mal conosciute e non documentate.

In una concatenazione, invece, comprovata dalla ricerca multidisciplinare, l'analisi delle fonti scritte, l'acquisizione del dato archeologico proveniente dai materiali per la lavorazione e il trasporto, l'indagine topografica dei luoghi vocati alla coltura e vettori di prodotto, la ricomposizione dei profili ampelografici tramandati nei secoli, dall'Antichità al Medioevo, i confronti con le analisi genetiche, l'accertamento delle identità varietali, il recupero degli autoctoni, l'individuazione delle parentele e la ricostruzione dei rapporti tra varietà e territorio sono alla base di un percorso virtuoso e opposto all'approssimazione.

Al termine si ottiene di raggiungere la configurazione di un Centro di Domesticazione varietale per la vite, trasformando un concetto genetico parzialmente astratto in una realtà concreta, tangibile e di vantaggio per l'intera filiera viticola, dalla ricerca e produzione, al recupero e conservazione di un paesaggio, alla commercializzazione infine e al consumo. Tutte le varietà vi fanno capo e la storia di ognuna costituisce il tassello di un mosaico complesso, variegato ed intrecciato, che disegna l'evolversi della viticoltura nei territori mediterranei e l'espandersi nell'entroterra europeo.

Il III Centro di Domesticazione Varietale è la terza tappa che le varietà di vite (*Vitis vinifera*, L.) e la relativa cultura (capacità di addomesticare, di selezionare, di coltivare e di diffondere) hanno compiuto insieme ('diffusione demica') o separatamente ('diffusione culturale') nel viaggio dal Caucaso verso Occidente.

La Genetica lo indica nell'Italia centro-meridionale, l'Archeologia aiuta a capirne la natura, lo descrive nella complessità delle culture e delle popolazioni che lo mettono a frutto abitandolo e lo data, attraverso anche il recupero di materiale vegetale. L'età del Bronzo recente, intorno al 1250 a. C., è il momento in cui tutto sembra cominciare.

Quando i Greci iniziano a frequentare assiduamente le coste, dalla metà del IX secolo a. C., trovano con sorpresa una viticoltura evoluta. La terra è riconoscibile per la diffusione nei vigneti del sostegno con palo e due capi a frutto, pratica indispensabile per sostenere i forti venti e condizioni climatiche poco favorevoli (umidità e piogge) che caratterizzano l'*Iron Age climate pessimum* (X-IV secolo a. C.). Il vocabolo che lo identifica, ellenizzato in *oinòtron*, ne diventa il toponimo (Enotria). L'estensione di questi vigneti è considerevole, coprendo le campagne dalla Campania alle Calabrie e la Lucania (o Basilicata) ne è il cuore. La ricerca del germoplasma viticolo parte da lì, dove il paesaggio stesso vorrebbe si pensasse che i vigneti siano da sempre una componente essenziale.

Lo scenario ad esempio di vigneti in Val d'Agri, dominati da montagne e poco distanti dalle rovine della città romana e altomedievale di *Grumentum* (Grumento Nova, PZ) o della colonia monastica greco-latina di S. Maria *de la Preta* (Viggiano) stimola il visitatore a percepire una sensazione di antico, rimarcata dalla sapienza dei produttori con l'arte della vinificazione documentata da secoli. L'indagine congiunta genetica e storico-archeologica la confermano, scoprendo un autentico sostrato di varietà autoctone in un contesto, l'Enotria, che ora viene meglio compreso anche nella cultura materiale.

La ricerca del germoplasma viticolo in Basilicata è stata svolta nell'ambito di due progetti, "Basivin_SUD: Recupero e valorizzazione delle principali varietà locali e dei vitigni autoctoni minori in Basilicata" [1,2], finanziato dal Comune di Viggiano (PZ) e dall'Agenzia Lucana di Sviluppo e di Innovazione in Agricoltura della Regione Basilicata (A.L.S.I.A.), e "Val.BasVit: Valorizzazione e tutela del paesaggio vitivinicolo e recupero della biodiversità nell'ambito del territorio del G.A.L. Alto Basento-Camastra" [3], a cura del Gruppo di Azione Locale Basento-Camastra – Società consortile a r.l., nell'ambito delle Misure di investimento del PSR – Regione Basilicata 2007/2013 (Piano di Sviluppo Locale "Il Sole anche di notte!").

L'esplorazione, svolta dal CREA-UTV nei comprensori della Val d'Agri, del Pollino, del Materano, del Vulture e dell'Alto Basento e valorizzata da uno studio multidisciplinare svolto dal CNR-IBAM secondo le linee indicate nelle righe precedenti, sta portando all'attenzione pubblica varietà finora solo immaginate nell'abbondanza di denominazioni di uve che la tradizione ha lasciato in eredità.

Dei 154 vitigni diffusi nei comuni lucani censiti nella "Statistica del Regno di Napoli" disposta da G. Murat nel 1811, delle 63 varietà da vino e delle 29 a duplice attitudine (vino e tavola), catalogate nei Bollettini Ampelografici del Ministero dell'Agricoltura del 1881, o dei 30 vitigni da cui vennero prodotti i vini presentati alla I^a mostra enologica del 1887 che si tenne a Potenza, in gran parte purtroppo, si sono perse le tracce assieme alla memoria di chi è scomparso o è emigrato altrove abbandonando le viti all'incuria.

A questo punto si colloca l'azione approfondita di riconoscimento e recupero delle varietà, nella consapevolezza che la vite e il vino da essa ottenuto raccontino la storia di un territorio, divenendo parte integrante dell'identità e del Patrimonio Culturale locali, ovvero autentici *cultural markers*.

2. La ricerca del germoplasma viticolo

Il lavoro di recupero, di salvaguardia e di valorizzazione della "biodiversità" della vite, oltre a garantire la possibilità di diversificazione delle produzioni, rafforza il legame con il territorio e, al contempo, promuove le specificità e i valori dell'agro-biodiversità, che sono aspetti essenziali della identità ambientale, culturale ed economica di un territorio. La promozione della diversità biologica in viticoltura, come in agricoltura nel suo complesso, è fattore insostituibile per lo sviluppo sostenibile della produzione agricola e delle zone rurali.

Il recupero e la valorizzazione delle varietà tradizionali utilizzate nel passato, oltre a elevare la diversità biologica, fondamentale – come già detto – allo sviluppo sostenibile dell'ambiente, rappresentano una base importante per i programmi di valorizzazione della tipicità della produzione vitivinicola locale e quindi dei territori di provenienza. I vini di un territorio richiamano il concetto più ampio di "terroir", in cui le pratiche messe in atto dall'uomo basandosi sulle conoscenze e su un sapere intellettuale costruito nel corso della propria storia siano rispettose dell'ambiente fisico e biologico in vigna e tecnologico in cantina. In sostanza, la sostenibilità è funzionale alla capacità di un vino di aderire al terroir; qualora sia realizzato dando preferenza alle risorse native. In quest'ottica, limitare il rischio di erosione genetica è un'emergenza a cui bisogna assolutamente porre rimedio.

2.1. Materiali e metodi

2.1.1. luoghi di ritrovamento

L'attività di esplorazione del territorio lucano è iniziata nel 2008 e si è protratta, seppur a periodi alterni, fino al mese di settembre del 2015. Il primo areale esplorato è stata la "Val d'Agri" (Comuni di Viggiano, Marsicovetere, Marsico Nuovo, Grumento, Moliterno, Sarconi, Sant'Arcangelo) a seguire il comprensorio del "Pollino" (Comuni di Terranova di Pollino, Viggianello, Castelluccio Inferiore, San Severino Lucano), del "Vulture" (Comuni di Melfi, Rionero in Vulture e Maschito), del "Materano" (Comuni di Irsina, Pomarico, Tricarico, Gaudiano, Matera) e dell'Alto Basento (Comuni di Albano di Lucania, Brindisi di Montagna, Campomaggiore, Filiano, Pietragalla, Ruoti, Trivigno, oltre al già citato Comune di Tricarico). Dalle suddette località, e da altre località non direttamente monitorate, come i Comuni di Chiaromonte, Tito e Tolve, sono state individuate e caratterizzate ben 561 accessioni.

Durante il lavoro di monitoraggio dei territori, l'individuazione delle accessioni è stata possibile grazie all'apporto fondamentale dei coltivatori locali che con passione continuano a coltivare le loro vecchie vigne o a mantenere in vita singoli ceppi "storici", accreditandosi di diritto ad autentici custodi della biodiversità e della tradizione orale, per i nomi e i caratteri ampelografici. Sulla base della memoria storica di questi viticoltori, alle accessioni recuperate sono state attribuite le denominazioni varietali in uso nelle zone di ritrovamento.

Ogni sito d'indagine è stato individuato mediante la compilazione di una scheda aziendale riportanti i riferimenti relativi all'ubicazione (comune, località, coordinate geografiche, ecc.), oltre ai principali dati colturali; a ogni accessione individuata in campo è stato assegnato un numero o codice identificativo (COLLNUMB), riportando il nome dialettale o in vernacolo (ACCENAMESinonimo), riscontrato a livello locale. I codici utilizzati sono riportati nell'Elenco dei descrittori di Passaporto (Multicrop Passport Descriptors – FAO/IPGRI), approvato dal Comitato permanente per le Risorse genetiche coordinato dal Ministero delle Politiche Agricole Alimentari e Forestali. Tale codifica permetterà, in futuro, di sottomettere il materiale genetico recuperato e identificato, attualmente conservato nella collezione ampelografica del CREA-UTV, nell'Inventario Nazionale.

2.1.2. Identificazione molecolare e caratterizzazione ampelografica

La metodica utilizzata nel laboratorio di biologia molecolare del CREA-UTV di Turi (BA) per l'identificazione dei profili molecolari è sostanzialmente distinta in quattro fasi.

La prima fase consiste nel prelevare dalle viti individuate 100 mg di tessuto fogliare giovane dal quale con il QIAGEN DNAeasy®Plant Mini Kit, seguendo il protocollo dell'azienda produttrice, viene estratto il DNA; nella seconda fase, utilizzando 13 marcatori microsatelliti (SSR, Simple Sequence Repeat), il materiale genetico estratto viene analizzato mediante amplificazione del DNA di vite con i primers specifici per ogni locus SSR attraverso una reazione di PCR (Polymerase Chain Reaction) eseguita con un termociclatore; nella terza fase, gli amplificati vengono controllati e fatti correre al sequenziatore CEQ 8000 (Beckman Coluter S.p.A., Milano, Italia) per l'identificazione del profilo molecolare dei loci utilizzati, con determinazione della lunghezza degli alleli dei singoli loci SSR analizzati. La quarta e ultima fase prevede l'implementazione dei risultati analitici mediante elaborazione dei dati ottenuti dall'esame con i marcatori; ogni accessione è – quindi – caratterizzata da un profilo molecolare specifico che messo a confronto con gli omologhi che costituiscono il database molecolare del CREA-UTV ne determina l'identità varietale (ACCENAME).

L'esame è stato effettuato con i seguenti 13 SSR: VVS2, VVMD5, VVMD7, VVMD27, VrZAG62, VrZAG 79 [4], ISV2, ISV3, ISV4, VMCNG4b9 [5], VVMD28, VVMD25 e VVMD32 [6]. Questi marcatori SSR sono stati selezionati per la possibilità di essere confrontati con i principali database nazionali (Registro Nazionale delle Varietà di Vite del Ministero delle Politiche Agricole

Alimentari e Forestali: http://catalogoviti.politicheagricole.it; Italian Vitis Database: www.vitisdb.it) e internazionali (The Vitis International Variety Catalogue: www.vivc.de) di riferimento e per potersi integrare con il database del CREA-UTV, costituito quest'ultimo da alcune migliaia di diversi profili unici di varietà di uve da vino e da tavola di provenienza internazionale, nazionale e, in particolare, di vitigni autoctoni del meridione d'Italia.

Le piante madri o fonti primarie dei vitigni identificati molecolarmente sono state – inoltre – caratterizzate fenotipicamente mediante descrittori ampelografici primari e secondari riferiti al germoglio giovane, alla foglia giovane e adulta, al grappolo e all'acino, utilizzando la metodica della II^a Edizione del Codice dei caratteri descrittori dell'O.I.V. (Scheda ampelografica, 2001); a carico del grappolo e degli acini sono stati rilevati parametri quanti-qualitativi (peso medio, zuccheri, pH e acidità totale) e produttivi (fertilità potenziale e reale); inoltre, con misurazioni ampelometriche delle nervature principali e degli angoli da esse delimitate, effettuate con il software "SuperAmpelo", è stata ricostruita l'immagine della foglia standard.

Infine, per il rilevamento delle principali date fenologiche è stata adottata la scala BBCH (abbreviazione dalle iniziali di "Biologische Bundesanstalt", "Bundessortenamt" e "CHemical industry").

2.1.3. Indagine sullo stato sanitario

In Italia, la produzione per la commercializzazione dei materiali di moltiplicazione della vite è disciplinata da norme tecniche (Decreti ministeriali 8 febbraio 2005 e 7 luglio 2006), che riguardano diverse componenti: genetiche (identità, purezza varietale e clonale); sanitarie (malattie o patogeni di qualità che riducono direttamente o indirettamente il valore di utilizzazione del materiale); tecnologiche o agronomiche (dimensioni, calibri, apparato radicale e aereo); di presentazione del materiale da commercializzare (confezionamento ed etichettatura).

Sotto l'aspetto sanitario, importante per la qualità dei materiali di propagazione, oltre alle comuni malattie della vite, quali peronospora, oidio, botrite, altre malattie del legno (mal dell'esca, escoriosi, eutipiosi), malattie da fitoplasmi (legno nero e flavescenza dorata), vengono – in particolar modo – presi in considerazione alcuni virus della vite, agenti del complesso della degenerazione infettiva, del complesso dell'accartocciamento fogliare e del complesso del legno riccio.

Allo scopo di verificare la qualità sanitaria, quindi, le accessioni recuperate sono state analizzate per la ricerca degli 8 virus della vite coperti dalle summenzionate norme fitosanitarie: ampelovirus dell'accartocciamento fogliare GLRaV1, GLRaV2 e GLRaV3 (Grapevine Leafroll-associated Virus 1, 2 e 3); nepovirus dell'arricciamento GFLV (Grapevine Fanleaf Virus) e del mosaico dell'arabis ArMV (Arabis Mosaic Virus); i vitivirus del legno riccio GVA e GVB (Grapevine Virus A e B) e il maculavirus della maculatura infettiva GFkV (Grapevine Fleck Virus), quest'ultimo d'interesse solamente per i vitigni portinnesti.

Nei periodi di maturazione dei tralci (agostamento) o di riposo vegetativo (stagione autunno-invernale), sulle piante cartellinate in campo è stato prelevato materiale legnoso (porzione di tralcio di circa 60 cm dalla parte basale) per ricavarne matrice, 100 mg di tessuto floematico, per l'esecuzione del saggio molecolare mediante il protocollo "Multiplex RT-PCR" (mRT-PCR) messo a punto da Gambino e Gribaudo nel 2006 e validato nell'ambito del Progetto finalizzato ARNADIA, a cura del Centro di ricerca per la patologia vegetale del CREA (Decreto ministeriale 13 dicembre 2011).

2.2. Risultati e discussione

Dopo lungo tempo e numerosi lavori in seno all'O.I.V., finalmente, con la II^a edizione della Scheda ampelografica del 2001 è stata elaborata una lista di caratteri descrittori in grado di effettuare una descrizione standardizzata alquanto precisa e obiettiva delle varietà di vite; oltre a distinguere le varietà di vite, la lista offre la possibilità di individuare alcune attitudini agronomiche dei vitigni in osservazione. Tuttavia, siffatta caratterizzazione fenotipica, pur rivestendo un'importanza notevole non sempre offre risoluzioni definitive, in quanto i caratteri morfologici sono influenzati dalle condizioni ambientali, nutrizionali, idriche e sanitarie; inoltre, la vite è una pianta molto antica ed estremamente eterozigote, la cui propagazione effettuata nel passato anche per seme ha portato alla creazione di un numero elevatissimo di genotipi che si sono diffusi negli ambienti pedoclimatici più svariati.

In lavori di recupero e di valutazione di vitigni autoctoni minori, come il presente, il grado di incertezza nel definire le differenze varietali a volte aumenta per la 'soggettività' della descrizione ampelografica; in molti casi si è trattato di descrivere un solo ceppo; quindi pochi organi (foglie, grappoli, ecc.) a disposizione.

A tal proposito, viene in aiuto l'indagine genomica condotta sui 13 loci microsatelliti indicati precedentemente. L'analisi con tali microsatelliti o SSR marcatori di tipo codominante, selezionati perché analizzabili con grande precisione mediante tecniche semi-automatizzate e altamente polimorfici a livello varietale, è uno strumento potente e affidabile nello stabilire l'identità delle cultivar di vite, quindi di confermare o negare sinonimie od omonimie "ipotizzate" con l'esame dei caratteri e delle informazioni ampelografiche.

Complessivamente tutte le accessioni recuperate (561) sono riconducibili a 128 differenti profili molecolari, in gran parte ascrivibili a varietà di uva da vino, ben 123, di cui 3 a duplice attitudine, sia da vino che da tavola; le varietà ad uva da tavola sono risultate soltanto 5.

Nella Tabella 1 si riportano il numero di accessioni riconducibili a varietà iscritte al Registro nazionale delle Varietà di Vite.

In Tabella 2 si riportano, invece, il numero di accessioni identificate con denominazioni in vernacolo; nelle ultime tre posizioni della tabella sono riportate 17 accessioni riconducibili a vitigni stranieri, 2 francesi e 1 vitigno croato, preceduti dalla sigla internazionale (codice ISO 3166-1 alpha-3) del paese.

Delle accessioni analizzate, 421, corrispondenti a 68 varietà distinte, risultano – quindi – essere inserite nel Registro Nazionale; mentre, 123 (escluse quelle riconducibili ai vitigni stranieri), recano denominazioni in vernacolo che, nella mancata rispondenza alle varietà registrate, rappresentano il primo prezioso segnale della grande vivacità dei territori lucani esplorati, dove l'evoluzione nella coltivazione e selezione delle uve

Tabella 1. Varietà iscritte nel Registro Nazionale delle Varietà di Vite (RNVV) – Sezione I (Vitigni ad uva da vino) – Sezione II (Vitigni ad uva da tavola).

Varietà ad uva da vino			
002-Aglianico n.	51	132-Malvasia bianca lunga b.	48
003-Aglianicone n.	1	135-Malvasia di Lipari b.	1
009-Aleatico n.	15	139-Malvasia nera di Basilicata n.	6
019-Barbera n.	5	140/141-Malvasia nera di Brindisi/Lecce n.	1
032-Bombino bianco b.	7	494-Mantonico bianco b.	1
033-Bombino nero n.	5	453-Marchione b.	2
034-Bonamico n.	1	147-Minnella bianca b.	3
042-Cabernet Franc n.	2	149-Monica n.	1
314-Canaiolo rosa rs.	2	150-Montepulciano n.	11
054-Carignano n.	1	151-Montonico bianco b.	10
055-Carricante b.	1	153-Moscato bianco b.	20
056-Castiglione n.	30	281/518-Moscato di Terracina b.[1]	2
059-Catarratto bianco lucido b.	1	154-Moscato giallo b.	6
298-Chardonnay b.	1	158-Muller Thurgau b.	1
270/570-Chasselas dorato b.[1]	2	163-Negro amaro n.	1
062-Ciliegiolo n.	6	165-Nerello mascalese n.	2
072-Damaschino b.	6	166-Neretta cuneese n.	2
073-Dolcetto n.	5	178/47F-Ottavianello n./Cinsaut n.	1
079-Falanghina b.	7	193-Pinot nero n.	2
081-Fiano b.	8	199-Primitivo n.	9
088-Freisa n.	1	202/526-Prunesta n.[1]	2
090-Gaglioppo n.	1	325-Quagliano n.	1
092/094-Garganega b./Grecanico dorato b.	10	218-Sangiovese n.	13
097-Greco b.	9	459-Somarello rosso r.	2
101-Grillo b.	9	229-Susumaniello n.	1
106-Guarnaccia b.	5	345-Tempranillo n.	7
467-Guarnaccino n.	7	242-Trebbiano romagnolo b.	1
113-Lambrusca di Alessandria n.	2	244/025-Trebbiano toscano b./Biancame b.	5
117-Lambrusco maestri n.	1	247-Uva di Troia n.	20
126-Maiolica n.	3	248-Uva rara n.	1
130/319-Malvasia bianca di Basilicata b./Marsanne b.	4	261-Vernaccia di S. Gimignano b.	2
131-Malvasia bianca di Candia b.	2		
Varietà ad uva da tavola			
506-Baresana b.	10	527-Regina b.	1
516-Moscato d'Adda n.	1	528-Regina dei vigneti b.	1
517-Moscato d'Amburgo n.	2		

([1]) Varietà a duplice attitudine: da vino e da tavola.
N.B.: I nomi delle varietà sono preceduti dal codice d'iscrizione al RNVV.

Tabella 2. Vitigni ad uva da vino identificati con denominazione in vernacolo.

Varietà ad uva da vino			
Aglianico antico (Maschito) n.	1	Olivella (Caggiano) n.	4
Aglianico antico (Tito) n.	3	Passolara b.	1
Aglianico bianco b.	2	Pergola nera (Viggiano) n.	1
Aglianico delle fosse n.	3	Perlina d'inverno r.	2
Agostinella b.	1	Piscialetto b.	6
Arciprete n.	1	Pizzutiddu n.	1
Asprinio bianco (Ruoti) b.	1	San Nicola n.	3
Barlettano tardivo n.	1	Santa Sofia b.	2
Brindisino n.	15	Stampacavallo n.	5
Cassano n.	1	Strinto porcino n.	5
Coda di volpe (Ruoti) b.	1	Trebbiano antico b.	2
Colatamurro n.	4	Trecisti n.	1
Corniola b./Krivalja Bijela b.	1	Uva bianca antica (Cotura matina) b.	1
Fiorella b.	2	Uva bianca antica (Finaide) b.	1
Francese n.	2	Uva bianca antica (Sangineto) b.	3
Francese (Brindisi di Montagna) n.	1	Uva bianca e nera (Sangineto) r.	1
Giosana b.	6	Uva finocchiaro/Duraca b.	1
Guarnaccia bianca b.	1	Uva nera antica (Baragiano) n.	1
Guarnaccino nero n.	1	Uva nera antica (Caggiano) n.	1
Iusana o Guisana b.	4	Uva nera antica (San Giovanni) n.	1
Malaga n.	1	Uva rossa antica (Campo di Lupo) r.	1
Malvasia (Campomaggiore) b.	1	Uva sacra/Barbarossa r.	8
Malvasia ad acino piccolo b.	4	Verdana b.	1
Malvasia bianca (Figliola) b.	1	Verdicchio (Brindisi di Montagna) b.	1
Malvasia bianca (Maccarrone) b.	1	Anonimo I (Albano di Lucania) b.	1
Malvasia bianca (Zarafa) b.	1	Anonimo II (Tricarico) n.	1
Malvasia bianca antica (Pietragalla) b.	1	Anonimo III (Filiano) n.	1
Mantonico nero (Pietragalla) n.	2	FRA-Monique n.	1
Montonico (Filiano) n.	1	FRA-Rosette n.	1
Montepulciano (Pollino) n.	1	HRV-Plavina n.	15

migliori non si è mai fermata, unitamente a una conoscenza profonda della fisiologia della vite.

È riconosciuto sin dall'Antichità Classica e confermato da tutti gli illustri studiosi del settore che l'Italia è forse il paese più ricco di ampelo-diversità; e per la sua posizione geografica, al centro del Mar Mediterraneo, prospiciente alle coste dei Balcani meridionali e della regione Egeo-Anatolica (a sua volta riconosciuta come II Centro di Domesticazione della vite a partire dal III millennio a. C.), la Basilicata ne è testimone rappresentativa, vista la multivarietà riscontrata di vitigni locali minori non ancora ufficialmente riconosciuti, e schiude nuovi orizzonti interpretativi sulla presenza nel suo territorio di varietà francesi o note anche in Francia con sinonimi, invertendo la linea di flusso del materiale viticolo solitamente descritta da nord a sud.

La condivisione, infatti, anche di parentele genetiche dirette tra varietà lucane e francesi che precedono la grande diversificazione che caratterizzerà soprattutto la Francia nei secoli XIII e XIV è un'importante prova, confortata poi archeologicamente e topograficamente, di un'origine italica e di una loro propagazione nelle terre galliche, peraltro corrispondenti al IV o al V Centro di Domesticazione.

Ipotesi di un processo contrario, che sarebbe avvenuto in quello stesso periodo, concludendosi in Basilicata, sono state avanzate ma non sono state suffragate da alcuna testimonianza materiale, né documentaria e tantomeno da una dimostrazione argomentata, per cui al momento rimangono limitate al semplice enunciato.

Precisi vettori, invece, come le colonie focee di Elea e *Massilia*-Marsiglia, sono stati ben individuati tra la fine del VI e il V secolo a. C., per il trasporto e la diffusione di varietà italiche, in un momento di picco per l'Enotria nella domesticazione e selezione di varietà, che a breve raggiungono anche le zone più interne della regione come la Val d'Agri. In contemporanea, il riassestamento sulle coste ioniche delle colonie, da Taranto alla Sicilia, a seguito della perdita dei centri di Siris e di Sibari innescano altri processi di selezione e diffusione varietale tuttora in corso di indagine.

Attualmente, la base ampelografica della Basilicata è scarsamente rappresentata da vitigni autoctoni; su un totale di 58 vitigni autorizzati alla coltivazione, soltanto la Malvasia bianca di Basilicata b. (codice RNVV 130) e la Malvasia nera di Basilicata n. (codice 139) sarebbero riconosciuti come tali. Alle due Malvasie possiamo aggiungere anche l'Aglianico n. (codice 002), largamente coltivato nell'areale del "Vulture".

L'odierna condivisione della notorietà con la limitrofa Campania risale alla prima età imperiale romana e si deve agli interessi di una famiglia, la *gens Allia*, che nell'acquisire il vitigno dalle campagne lucane al confine marittimo tra le due regioni, gli attribuisce il proprio nome (**Allianicus*, cioè 'prodotto nelle terre degli *Allii*' o 'dalla famiglia degli *Allii*') e lo trasporta nelle proprietà possedute nelle vallate irpine, nell'area del Vulture e in Val d'Agri, tramandandolo sino alle soglie dell'Alto Medioevo e lasciando ampia memoria di sé in un ricco apparato di epigrafi e nei toponimi (ad esempio il Torrente Alli proprio in Val d'Agri, di fronte alla città di *Grumentum* nella quale alcuni di loro abitavano) [7].

A tale assortimento varietale delle origini non corrisponde la situazione attuale espressa dai marchi di tutela. L'enografia di qualità della Basilicata (1 DOCG "Aglianico del Vulture superiore" e da 4 DOC: "Aglianico del Vulture", "Terre dell'Alta Val d'Agri", "Grottino di Roccanova" e "Matera") si basa su un numero esiguo di vitigni, 9 su 58 coltivabili. Oltre ai tre già citati, rientrano nella composizione dei vini lucani vitigni nazionali come il Sangiovese n. e il Montepulciano n., vitigni più propriamente meridionali come il Primitivo n. e il Greco b. e gli internazionali Cabernet Sauvignon n. e Merlot n.

In questo contesto, nel richiamare il concetto di terroir, di cui si è detto in premessa al paragrafo 2, affinché la produzione di un vino sostenibile sia riconoscibile e non standardizzata e omologata bisogna puntare su fattori endogeni, che comprendano oltre agli aspetti ambientali pedo-climatici anche la "cultura", la "storia" viticola locale e la "personalità" dei vitigni, che soltanto gli autoctoni di pregio sono in grado di garantire. Diversamente, la scelta di prodotti che rendono omologato un vino, ostacolandone la territorialità (che significa tipicità e naturalità), allontanano il prodotto vino da un concetto di sostenibilità.

Dal momento che soltanto le varietà di viti per uva da vino inserite nella "classificazione ai fini della coltivazione in una determinata zona di produzione o unità amministrativa" possono essere impiantate, reimpiantate o innestate per la produzione di vino da commercializzare, sarebbe opportuno avviare da subìto lo studio dell'attitudine alla coltura delle varietà di vite già iscritte al RNVV, la cui presenza in territorio regionale è stata accertata grazie al presente lavoro (vedasi Tabella 1).

Dalle prime valutazioni sulle potenzialità enologiche rinvenienti dai rilievi fenotipici, fenologici e produttivi effettuati per la caratterizzazione ampelografica, è possibile segnalare come interessanti allo scopo i vitigni: Canaiolo rosa rs., Carricante b., Catarratto bianco lucido b., Damaschino b., **Dolcetto** n., **Gaglioppo** n., **Guarnaccia** b., Lambrusca di Alessandria n., Maiolica n., Malvasia bianca di Candia b., Malvasia bianca lunga b., **Mantonico bianco** b., Marchione b., Minnella bianca b., **Monica** n., **Montonico bianco** b., Moscato di Terracina b., Nerello mascalese n., Ottavianello n., Prunesta n., **Quagliano** n., Tempranillo n.

Circa i nuovi ritrovati vegetali con denominazioni in vernacolo, ovvero di quei vitigni identificati con profili molecolari non riconducibili a varietà iscritte al RNVV (vedasi Tabella 2), per i quali occorre procedere al riconoscimento tecnico-giuridico seguendo il doppio percorso dell'iscrizione al RNVV e della classificazione regionale per fini colturali, sono senz'altro da citare: Aglianico antico n., **Aglianico bianco** b., Aglianico delle fosse n., **Arciprete** n., **Asprinio bianco** (Ruoti) b., Brindisino n., Cassano n., **Colatamurro** n., **Giosana** b., **Guarnaccia bianca** b., **Guarnaccino nero** n., Iusana b. (o **Guisana** b.), **Malaga** n., Malvasia ad acino piccolo b., **Passolara** b., Pergola nera n., Perlina d'inverno n., **Pizzutiddu** n., **Santa Sofia** b., Trebbiano antico b., Uva sacra (o **Barbarossa**) r.

Da menzionare, inoltre, anche la Plavina n., vitigno ora della Croazia settentrionale, figlio del Primitivo [8], recuperato con ben 15 accessioni dislocate in sette località diverse; piuttosto frequente nei ritrovamenti, con rimando alla circolazione adriatica prima della colonizzazione greca.

Molte di queste denominazioni varietali (evidenziate in grassetto) trovano riscontro tal quali in documenti storici come il "Bollettino ampelografico – Fascicolo XV" dell'Anno 1881 dell'*ex* Ministero D'Agricoltura, Industria e Commercio [9] e la "Mostra enologica tenuta in Potenza nel 1887" di M. Lacava [10].

Di seguito, si pubblicano i profili molecolari di alcuni vitigni che per loro "personalità" potrebbero dare slancio all'enologia lucana, portatori di una qualità non facilmente riproducibile e proponendosi come autentici '*cultural markers*' per il loro significato storico, culturale e linguistico (Tabella 3).

Il nome *Aglianico bianco* richiama il riconoscimento di qualità dato nelle campagne lucane e campane a un vitigno di pregio, che geneticamente non è un Aglianico; nella specificità della varietà rappresenta la capacità di selezione e conservazione della biodiversità della terra enotra.

Il *Cassano*, come la *Plavina*, rimanda a rapporti diretti con la vicina Puglia e al primo livello di riconoscimento di una varietà, dettato dall'esigenza dei contadini di avere un vitigno sicuro nella produzione, indipendentemente dalla sua effettiva identità.

Il *Colatamurro* rappresenta efficacemente i contatti esistenti con le campagne pugliesi, nel frequente scambio

Tabella 3. Profili molecolari di alcuni vitigni autoctoni minori selezionati: i valori espressi sono da intendere sommati a n (ad esempio il primo allele nella colonna VVS2 è pari a: n+20).

SSR	Aglianico bianco b.	Cassano n.	Colatamurro n.	Giosana b.	Guisana o Iusana b.	Malvasia ad acino piccolo b.	Santa Sofia b.	Plavina n.
VVS2	20	10	20	10	10	10	22	10
	20	10	22	28	10	28	28	20
MD5	4	4	6	4	4	4	4	10
	18	14	10	18	14	18	6	14
MD7	16	8	18	8	8	8	8	8
	18	32	18	32	32	32	18	18
MD25	6	6	6	6	6	6	6	4
	6	6	20	14	6	14	28	4
MD27	6	4	10	16	4	10	6	4
	14	10	19	16	19	16	10	14
MD28	20	18	20	32	20	32	20	32
	20	28	32	42	28	42	42	42
MD32	15	17	23	17	17	17	23	17
	21	21	37	37	37	37	27	29
ZAG62	28	20	16	20	20	20	14	14
	30	22	28	22	22	22	28	26
ZAG79	8	12	6	10	12	10	6	0
	22	26	14	14	22	14	14	6
ISV2	22	22	48	22	22	22	22	22
	44	44	48	22	40	22	22	44
ISV3	18	18	18	18	18	18	12	18
	24	18	24	18	18	18	18	18
ISV4	18	8	18	18	8	18	0	8
	28	28	18	28	28	28	18	8
VMCNg4b9	36	-4	12	12	20	12	28	12
	36	12	24	34	30	34	38	14

con il *Nero di Troia* (o *Uva di Troia*), e aiuta a mettere in luce il livello culturale dei territori di confine apulo-lucani al momento della penetrazione dell'Aglianico come varietà riconosciuta e distinta.

Giosana e *Guisana* (o *Iusana*) sono una quasi omonimia per due varietà distinte che recano nell'identità un vocabolo di origine greca, tipico della cultura medievale appenninica erede della transumanza antica. La corrispondenza formale sottolinea lo sforzo compiuto dai viticoltori, come per il Pecorino, nella selezione di piante adeguate a resistere ad ambienti particolari.

Nella grande variabilità intravarietale delle Malvasie, la *Malvasia bianca acino piccolo* ripropone nel nome uno dei criteri di base adottati dai viticoltori nelle prime fasi di selezione, distinguendo le varietà per caratteri ampelografici pertinenti alle dimensioni.

La denominazione *Santa Sofia* esprime il rapporto culturale e il collegamento diretto con l'area Beneventana nel Medioevo, seguendo la direzione marcata, ad esempio, già dall'Aglianico attraverso l'Irpinia e il settentrione della Basilicata.

Le foto dei grappoli dei nuovi ritrovati vegetali sono riportate in Figura 1, a confronto con il più noto Aglianico n.

Prima di passare alle considerazioni conclusive, è bene fare un richiamo alle condizioni sanitarie del materiale vegetativo recuperato, a cui è legata la qualità delle uve da produrre.

Nelle Figure 2 e 3 che seguono si riporta il livello di sanità delle accessioni selezionate e la distribuzione degli agenti virali saggiati.

Le analisi mettono in evidenza la presenza di tutti e tre i complessi virali (degenerazione infettiva, accartocciamento fogliare e disaffinità d'innesto e legno riccio) d'interesse dalle norme sulla produzione e commercializzazione dei materiali di moltiplicazione vegetativa della vite; l'agente virale più diffuso è il GLRaV3 con il

Figura 1. Grappoli dei nuovi ritrovati vegetali.

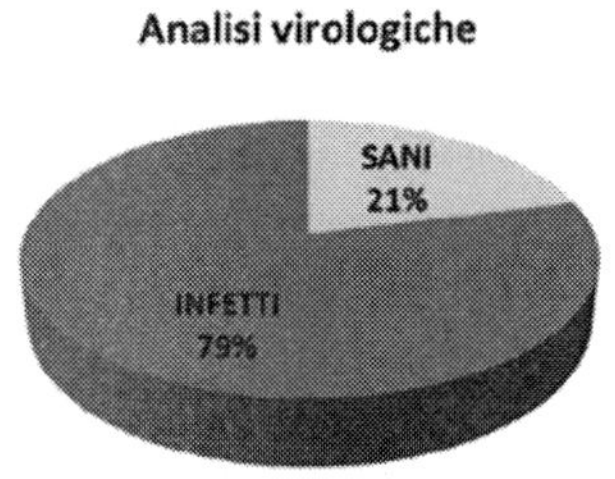

Figura 2. Esito delle analisi virologiche.

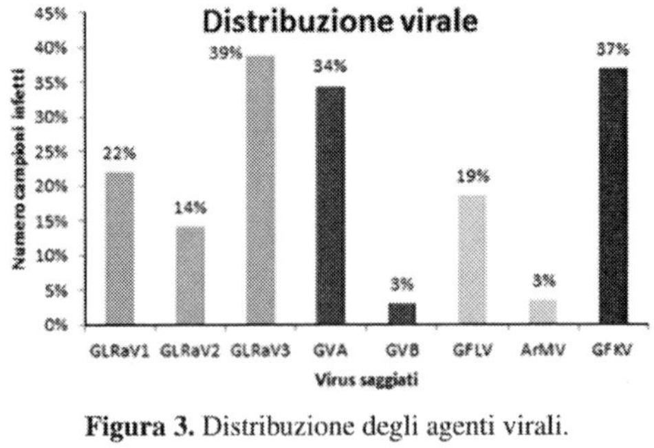

Figura 3. Distribuzione degli agenti virali.

39%, segue il GVA con il 34% e il GFLV con il 19%. Il GFkV d'interesse solo per i vitigni portinnesti è piuttosto diffuso avendo fatto registrare il 37%.

Inattesa e consistente è stata la percentuale di campioni sani pari al 21%; ciò permetterà in futuro di migliorare la qualità dei materiali di moltiplicazione a disposizione dei viticoltori, dando avvio a programmi di selezione clonale

 DOI: 10.1051/bioconf/20160701021

secondo il protocollo tecnico di cui al Decreto ministeriale 24 giugno 2008.

3. Considerazioni conclusive

Il numero considerevole di profili molecolari identificati, sia di varietà ufficialmente note sia di nuovi ritrovati vegetali, conferma la straordinaria variabilità del germoplasma viticolo presente nei territori esplorati, a testimonianza della storia viticola della Lucania, ovvero parte dell'antica Enotria, Centro Terziario di Domesticazione della vite, dove per la prima volta nel Mediterraneo centro-occidentale iniziò ad affermarsi una viticoltura più evoluta.

Tale evoluzione, nel senso di una crescita, vista la ristrettezza della base ampelografica lucana attualmente riconosciuta, potrebbe riprendere slancio almeno sotto l'aspetto multivarietale della biodiversità e del peso culturale da essa avuto. Si tratterebbe quindi di una viticoltura sostenibile, se solo venisse valorizzato tutto il patrimonio viticolo recuperato, con particolare attenzione verso quei vitigni autoctoni originari degli areali, compresi quelli campani e calabresi, che fecero parte dell'Enotria e che sono definiti "minori" perché poco conosciuti, non certo per le loro attitudini colturali ed enologiche, peraltro ancora non provate.

Tutto ciò, come già anticipato nell'introduzione storica, procederebbe nella consapevolezza che i vitigni e il vino da essi ottenuto siano autentici *cultural markers*, parte integrante dell'identità e del Patrimonio Culturale locali, indispensabili per raccontare la storia di un territorio e il sapere della sua gente.

Riferimenti

[1] V. Alba, C. Bergamini, M. Gasparro, F. Mazzone, S. Roccotelli, D. Antonacci e A.R. Caputo (a cura), *Il Progetto Basivin_SUD: Recupero e valorizzazione delle principali varietà locali e dei vitigni autoctoni minori in Basilicata* (Mario Adda Editore, Bari, 2015, ISBN 9788867171941)

[2] V. Alba, C. Bergamini, M. Gasparro, F. Mazzone, S. Roccotelli, D. Antonacci e A.R. Caputo (a cura), *Basivi_SUD: La ricerca del germoplasma viticolo in Basilicata*, II^a edizione (Mario Adda Editore, Bari, 2016, ISBN 9788867172351)

[3] M. Gasparro, V. Alba, C. Bergamini, S. Roccotelli, G. Dal Monte, P. Cirigliano e A.R. Caputo, *VAL.BASVIT: Valorizzazione e tutela del paesaggio vitivinicolo e recupero della biodiversità nell'ambito del territorio G.A.L. Alto Basento-Camastra* (Segni Grafici, Turi – BA, 2015)

[4] P. This, A. Jung, P. Boccacci, J. Borrego, R. Botta, L. Costantini, M. Crespan, G.S. Dangl, C. Eisenheld, F. Ferreira-Monteiro, S. Grando, J. Ibáñez, T. Lacombe, V. Laucou, R. Magalhães, C.P. Meredith, N. Milani, E. Peterlunger, F. Regner, L. Zulini, E. Maul, Theor. Appl. Genet., **109**:1448–1458 (2004)

[5] M. Crespan, Theor. Appl. Genet., **108**, 231–237 (2003)

[6] J.E. Bowers, G.S. Dangl, C.P., Am. J. Enol. Vitic., **50**, 243–246 (1999)

[7] S. Del Lungo, *Centro Terziario di Domesticazione: la topografia antica e la genetica in Enotria, dalle Siriche alla multivarietà viticola della Lucania*, in Basivin_SUD II^a edizione (Mario Adda Editore, Bari, 37-86 (2016)

[8] S. Meneghetti, E. Maul, D. Poljhua, A. Costacurta, A. Calò, *Tornata "Il vitigno Primitivo" dell'Accademia Italiana della Vite e del Vino* (Gioia del Colle – BA, 2013)

[9] Ministero D'Agricoltura, Industria e Commercio, Direzione dell'Agricoltura, *Bollettino Ampelografico*, Fascicolo **XV** (1881)

[10] M. Lacava, in F. Pisani (a cura di) *Dinamiche di economie rurali nella Val d'Agri e in aree della Valle del Mercure e del Metapontino* (TecnoStampa s.n.c., Villa d'Agri – PZ, 2001)

 DOI: 10.1051/bioconf/20160701022

Polyphenol metabolomics of twenty Italian red grape varieties

Luigi Bavaresco[1,a], Mirko De Rosso[2], Massimo Gardiman[2], Giacomo Morreale[2], and Riccardo Flamini[2]

[1] Dept. of Sustainable Crop Production, Università Cattolica S.C., via Emilia Parmense 84, 29122 Piacenza, Italy
[2] Consiglio per la ricerca in agricoltura e l'analisi dell'economia agraria, Centro di Ricerca per la viticoltura (CREA-VIT), viale XXVIII Aprile 26, 31015 Conegliano, Italy

Abstract. "Suspect screening analysis"method to study grape metabolomics, was performed. This method is a middle-way "targeted" and "untargeted"approach aiming at identifying the largest number of metabolites in grape samples. A new database of putative grape and wine metabolites (*GrapeMetabolomics*), which currently contains around 1,100 compounds, was constructed by CREA at Conegliano. By performing high-resolution mass spectrometry analysis of the grape extract in both positive and negative ionization mode, averaging 320-450 putative compounds are identified. Most of them are grape polyphenols, such as anthocyanins, flavonols and stilbene derivatives. By performing PCA and Cluster Analysis the composition in anthocyanins and flavonols of 20 Italian red grape varieties, was studied.

Introduction

Anthocyanins are polyphenolic compounds found in the grape skin that are responsible for the red color of the grapes and wine. These secondary metabolites play a key role both in terms of sensory profile and in terms of the health value, with antioxidant, antimicrobial, anticancer effects and protection of the cardiovascular system (De Pascual-Teresa et al., 2008).

The anthocyanins may also be used as natural dyes in food industry and as useful compounds for the pharmaceutical and nutraceutical industries.

V. vinifera flavonols are an interesting class of polyphenols both studied for their copigmentation with anthocyanins in red wines (Boulton, 2001) and for food and health implications (Manach al., 2004). Anthocyanins and flavonols are also widely studied for variety characterization (Mattivi et al., 2006).

In this work, a *suspect screening analysis* method developed for the grape metabolomics (Flamini et al., 2013) was used to study anthocyanins and flavonols of twenty Italian native red grape varieties. The relationship between variety and polyphenolic composition was studied by multivariate statistical analysis (PCA and Cluster Analysis).

Materials and methods

Red grape varieties Aglianico, Barbera, Cannonau, Cesanese d'Affile, Corvina, Enantio, Grignolino, Lambrusco Grasparossa, Montepulciano, Nebbiolo, Negroamaro, Nero d'Avola, Primitivo, Raboso Piave, Refosco dal Peduncolo Rosso, Rossese, Sagrantino, Sangiovese, Terrano, and Uva di Troia, were studied.

For each variety about 100 grape berries were collected at physiological maturity from the CREA-VIT grapevine germplasm collection (Susegana, TV, harvest 2013). Twenty berries were weighed. Following seed removal, the sample was homogenized using liquid nitrogen and the resulting powder immediately extracted with methanol ratio 2:1 (v/w) under stirring for 20 min. After the addition of 200 μL of 4′,5,7-trihydroxy flavanone (500 mg/L) as internal standard, the sample was centrifuged at 4000 g/min (10 °C) for 20 min. The supernatant was filtered on 0.22 μm filter and subjected to LC/MS analysis. Each sample was replicated twice. The analyses were performed in both negative and positive ionization mode by using a ultra-performance Agilent 1290 Infinity liquid chromatography system coupled to a high resolution time of flight mass spectrometer AgilentQ TOF 6540 (40,000 nominal resolution). The gradient chromatographic separation was performed on a reversed-phase column Zorbax (RRHD SB-C18 150 × 3 mm, 1.8 μm) and mobile phase composed of A) aqueous 0.1% v/v formic acid, B) acetonitrile containing 0.1% v/v formic acid, at a flow rate 0.4 mL/min Sample injection 10 μL. Settings of QTOF mass spectrometer: nitrogen sheath gas flow 10 L/min at 400 °C; nitrogen drying gas flow 8 L/min at 350 °C; nebulizer pressure 60 psi; cone voltage 1 kV (positive), 0 kV (negative); capillary voltage 3.5 kV. The signals were recorded in the m/z range 100-1700. Statistical analysis was performed using the software PAST 3.13 (Hammer et al., 2001).

Results and discussion

The utilization of database GrapeMetabolomics allowed the identification of 16 anthocyanins and 15 flavonols in each V. vinifera sample. This database of metabolites

[a] Corresponding author: luigi.bavaresco@unicatt.it

Table 1. Anthocyanins identified in *V. vinifera* grape extracts.

Anthocyanin	RT (min)	Formula	M^+ (*m/z*)
Delphinidin-3-*O*-glucoside	12.03	$C_{21}H_{21}O_{12}$	465.1028
Cyanidin-3-*O*-monoglucoside	12.57	$C_{21}H_{21}O_{11}$	449.1078
Petunidin-3-*O*-monoglucoside	12.74	$C_{22}H_{23}O_{12}$	479.1184
Peonidin-3-*O*-monoglucoside	13.12	$C_{22}H_{23}O_{11}$	463.1240
Malvidin-3-*O*-monoglucoside	13.27	$C_{23}H_{25}O_{12}$	493.1341
Delphinidin-3-*O*-(6-*O*-acetyl)monoglucoside	13.59	$C_{23}H_{23}O_{13}$	507.1133
Cyanidin-3-*O*-(6-*O*-acetyl)monoglucoside	14.06	$C_{23}H_{23}O_{12}$	491.1184
Petunidin-3-*O*-(6-*O*-acetyl)monoglucoside	14.14	$C_{24}H_{25}O_{13}$	521.1290
Malvidin-3-*O*-(6-*O*-acetyl)monoglucoside	14.64	$C_{25}H_{27}O_{13}$	535.1446
Peonidin-3-*O*-(6-*O*-acetyl)monoglucoside	14.65	$C_{24}H_{25}O_{12}$	505.1341
Delphinidin-3-(6-*O*-*p*-coumaroyl)monoglucoside	14.82	$C_{30}H_{27}O_{14}$	611.1395
Malvidin-3-(6-*O*-caffeoyl)monoglucoside	15.14	$C_{31}H_{31}O_{15}$	655.1663
Cyanidin-3-(6-*O*-*p*-coumaroyl)monoglucoside	15.24	$C_{30}H_{27}O_{13}$	595.1446
Petunidin-3-(6-*O*-*p*-coumaroyl)monoglucoside	15.30	$C_{31}H_{29}O_{14}$	625.1552
Malvidin-3-(6-*O*-*p*-coumaroyl)monoglucoside	15.77	$C_{32}H_{31}O_{14}$	639.1708
Peonidin-3-(6-*O*-*p*-coumaroyl)monoglucoside	15.78	$C_{31}H_{29}O_{13}$	609.1603

contains approximately 1,100 compounds and was expressly constructed to study grape metabolomics (Flamini et al., 2015). Anthocyanins identified in positive ion mode were delphinidin, cyanidin, petunidin, peonidin, and malvidin in monoglucoside, acetylmonoglucoside and p-coumaroyl-monoglucoside forms. Malvidin caffeoyl-monoglucoside was also identified. Compounds are reported in Table 1 with their M+ m/z signal.

Flavonols were detected in negative ion mode, the compounds identified are reported in Table 2 with their $[M\text{-}H]^-$ *m/z* signal. Among them also B-ring tri-substituted glycosides were identified (i.e. myricetin, larycitrin and syringetin), which are typical of red grape varieties.

Due to the lack of standards available, semi-quantitative analysis was performed by normalization of the signal area with that of the internal standard. This method allowed the comparison among the different varieties. Multivariate analysis (PCA and cluster analysis) to study the effect of variety on these secondary metabolites, was performed, and results are shown in the Fig. 1 and Fig. 2.

As may be seen from the figures, was possible classify the samples into five groups on the basis of their polyphenolic profile: A) Rossese, B) Aglianico, Cannonau,

Table 2. Flavonols identified in *V. vinifera* grape extracts.

Flavonols	RT (min)	Formula	$[M\text{-}H]^-$ (*m/z*)
Myricetin-3-*O*-glucuronide	14.26	$C_{21}H_{18}O_{14}$	493.0624
Myricetin-3-*O*-glucoside	14.31	$C_{21}H_{20}O_{13}$	479.0831
Dihydroquercetin-3-*O*-hexoside	14.40	$C_{21}H_{22}O_{12}$	465.1038
Rutin	14.68	$C_{27}H_{30}O_{16}$	609.1461
Quercetin-3-*O*-galactoside	15.00	$C_{21}H_{20}O_{12}$	463.0882
Quercetin-3-*O*-glucuronide	15.02	$C_{21}H_{18}O_{13}$	477.0675
Larycitrin-3-*O*-hexoside	15.06	$C_{22}H_{22}O_{13}$	493.0988
Quercetin-3-*O*-glucoside	15.06	$C_{21}H_{20}O_{12}$	463.0882
Dihydroquercetin-3-*O*-rhamnoside	15.34	$C_{21}H_{2}2O_{11}$	449.1089
Kaempferol-3-*O*-galactoside	15.47	$C_{21}H_{20}O_{11}$	447.0933
Kaempferol-3-O-glucoside	15.65	$C_{21}H_{20}O_{11}$	447.0933
Kaempferol-3-*O*-glucuronide	15.66	$C_{21}H_{18}O_{12}$	461.0725
Syringetin-3-*O*-glucoside	15.73	$C_{23}H_{24}O_{13}$	507.1144
Isorhamnetin-3-*O*-hexoside	15.78	$C_{22}H_{22}O_{12}$	477.1038
Dihydrokaempferol-3-*O*-ramnoside	16.08	$C_{21}H_{22}O_{10}$	433.1140

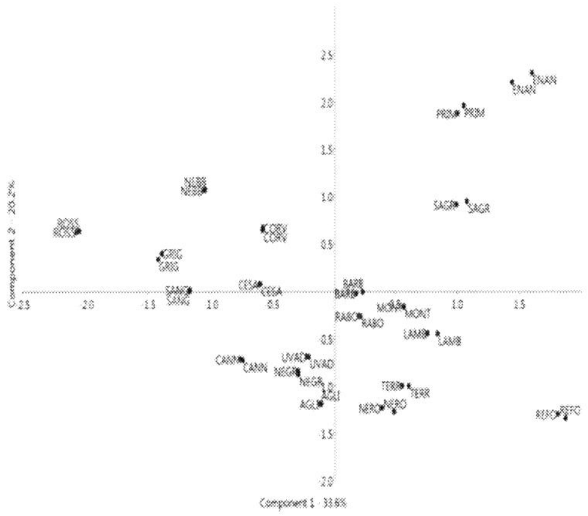

Figure 1. PCA analysis performed by using anthocyanin and flavonol signals measured in the extracts of the 20 red grape varieties studied.

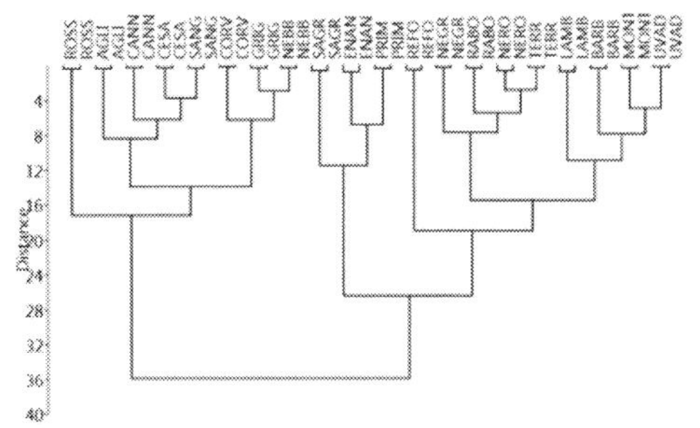

Figure 2. Hierarchical clustering analysis (Ward's method, Euclidean similarity index) performed by using anthocyanin and flavonol signals measured in the extracts of the 20 red grape varieties studied.

Cesanese d'Affile, Sangiovese, Corvina, Grignolino, Nebbiolo, C) Sagrantino, Enantio, Primitivo, D) Refosco dal peduncolo rosso, E) Negroamaro, Raboso Piave, Nero d'Avola, Terrano, Lambrusco Grasparossa, Barbera, Montepulciano, Uva di Troia.

Conclusions

Anthocyanins and flavonols are secondary metabolites useful for grape chemotaxonomy because of their dependence on genetic factors. The metabolomic approach was associated with the statistical analysis of qualitative and semi quantitative data. This approach proved to be useful tool for the varietal characterization of the vine. Specifically, it was possible to clearly divide the twenty Italian native varieties into five groups according to their polyphenolic profile. This result may be supplemented and confirmed by the analysis of different vintages.

References

[1] Boulton, R. Am. J. Enol. Vitic. **52** (2): 67–87 (2001)
[2] De Pascual-Teresa S., Sanchez-Ballesta M.T. Phytochem. Rev. **7** (2):281–299 (2008)
[3] Flamini R., De Rosso M., Bavaresco L. J. Anal. Methods Chem. ID 350259 (2015)
[4] Flamini R., De Rosso M., De Marchi F., DallaVedova A., Panighel A., Gardiman M., Maoz I., Bavaresco L. Metabolomics **9**: 1243–1253 (2013)
[5] Hammer, Ø., Harper, D.A.T., Ryan, P.D. 2001 Paleontological statistics software package for education and data analysis. Palaeontologia Electronica **4**(1): 9pp.
[6] Manach C., Scalbert A., Morand C., Rémésy C., Jiménez L. Am. J. Clin. Nutr. **79** (5): 727–747 (2004)
[7] Mattivi F., Guzzon R., Vrhovsek U., Stefanini M., Velasco, R. J. Agric. Food Chem. **54** (20):7692–7702 (2006)

The cost of grape mechanical harvesting is more economical than the manual harvest?

Fabrício Domingues[1,a] and Juan Saavedra del Aguila[2,a]

[1] Miolo Wine Group Vitivinicultura LTDA, Est. Municipal Livramento – Passo da Cruz s/n, Vila Palomas, Santana do Livramento, Rio Grande do Sul (RS), CEP 97573-970, Brasil
[2] Universidade Federal do Pampa (UNIPAMPA) – Campus Dom Pedrito – Curso de Bacharelado em Enologia, Rua Vinte e Um de Abril n°80, Dom Pedrito, Rio Grande do Sul (RS), CEP 96450-000, Brasil

Abstract. The objective of this study was to compare the costs of mechanical harvesting and grape manual in commercial property of "Santana do Livramento", "Rio Grande do Sul" (RS) – Brazil. The study was conducted commercial vineyard, over four years (2013–2016), throughout this period we evaluated 154.9 ha on the mechanical harvesting of grapes and; 366.7 ha on the grapes of manual harvesting; for both types of collection were recorded all costs thereof, including annual fixed fees (depreciation + maintenance), obtaining at the end the amount of crop expressed in real per hectare; also calculated the minimum required area vineyard justify mechanical harvesting. The cost of manual harvesting was 133.3% higher than the value obtained for the mechanical harvesting the studied time interval. Obtained the area of 41.92 ha, as the point of balance between the costs of manual and mechanical harvesting (equivalent costs), above this area (41.92 ha), grape mechanical harvest is economically justified. All conditions tested, it was concluded that preliminary cost per hectare of grape mechanical harvesting is lower than the cost per hectare of manual harvesting and vineyard areas plausible mechanical harvesting exceeding 41.92 ha, justify the use of the collection system grape mechanics.

1. Introduction

The changes that pass the savings induced by globalization have required the agricultural sector increasingly technical and economic efficiency in the conduct of exploration. In this search context of competitiveness, knowledge of production costs and profitability of cultures is increasingly important in the decision-making process of the producer at the time of choosing a particular technology [1].

Grapes for juice and wine industry, there is the possibility of mechanization of the harvest. In New York, the GDC driving system was created, aiming, among other attributes, its suitability for mechanical harvesting. In Europe, the United States and Australia, driving in cordon, mechanical harvesting is already widespread [2].

Harvesting is the removal of the commodity from the parent plant or the removal of the entire plant from the production field if it is the economic commodity [3].

In most countries where the availability of labor is scarce and expensive, it adopts mechanized harvest in vineyards for the production of grapes for winemaking. The adoption of this technology mode is extremely important to elaborate wines can compete both in the domestic market with imported wines, as in the foreign market [1,2].

Harvesting method is also of importance to product quality. For fresh consumption, delicate handling is requiered for Premium fruit, as the bloom (waxy covering) of the grape should be preserved. Fruit are hand harvested and placed in protective containers for shipping to market [2,4].

For some wine styles, hand harvesting is a must; for example, for sparkling wine production the fruit needs to be intact before processing starts, or harsh phenolics may be extracted from the rachis and skins. For many wines, however, machine harvesting is acceptable as the breaking of the berry skins and their mingling with the juices helps to extract desired compound [4].

The objective of this study was to compare the costs of mechanical harvesting and grape manual in commercial property of "Santana do Livramento", "Rio Grande do Sul" (RS) - Brazil, between the years 2013 to 2016.

2. Matherials and methods

The study was conducted commercial vineyard, located in the city of "Santana do Livramento" – RS, Brazil, over four years (2013–2016), throughout this period we evaluated 154.9 ha on the mechanical harvesting of grapes and system and; 366.7 ha on the grapes of manual harvesting system.

For both types of collection were recorded all costs thereof, including annual fixed fees (depreciation + maintenance), obtaining at the end the amount of crop

[a] e-mail: `Fabrício.domingues@miolo.com.br`; `juanaguila@unipampa.edu.br`

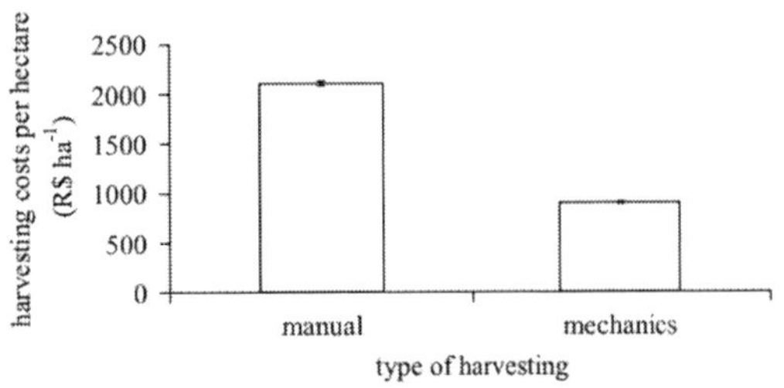

Figure 1. Harvesting cost per hectare (R$ ha^{-1}) in two different types of grape harvesting (manual and mechanical), these averages were obtained after the monitoring of the total costs of the harvest for a period of 4 years (2013–2016), both types of harvesting. Vertical bars represent the standard error of the mean.

expressed in real per hectare; also calculated the minimum required area vineyard justify mechanical harvesting.

We conducted the variance analysis (ANOVA) and when necessary was applied to the comparison Tukey's test at the 5% probability [5–7].

3. Results and discussion

During the period studied (2013–2016), the total amount of mechanical harvest per hectare expressed in "reais" was significantly less than the total value of the manual harvest per hectare also expressed in "reais", and the cost of manual harvesting was 133.3% higher than the value obtained for the mechanical harvesting the studied time interval (Fig. 1).

Mechanical harvesting of wine grapes has been commercially practised for some time, and is now an accepted way of obtaining quality grapes at low cost and at any time of day or night. Most reports agree that a well-set-up mechanical harvester will provide fruit quality that is close to that of hand-harvested fruit. Modern equipment with further refinements are now approaching the ability to harvest berries with little or no skin breakage, which may lead to further changes in how the industry preceives the practice [4].

Grape production costs vary according to the driving system, the planting density, the soil, the amount of hand labor, inputs prices, the technology, among others [8].

Most grapes intended for wine are harvested mechanically, although grapes for fine wines may be picked by hand to select for even maturity and to avoid poor-quality grapes. For example, mechanical harvesting cannot distinguish between the primary crop and second set crop that may develop on shoot laterals, resulting in a lower-quality must. Thus, in some cases, pickers may go through a vineyard to remove immature or diseaded clusters before mechanical picking. As there is mechanical damage to the fruit during the process, SO_2 may be added to the harvesting bin to slow oxidation while the fruit is transported to the winery [2,4,9].

Taking into account the annual fixed cost is diluted with increasing area harvested grape and comparing the total value of mechanical and manual harvests per hectare, obtained the area of 41.92 ha, as the point of balance between the costs of manual and mechanical harvesting (equivalent costs), above this area (41.92 ha), grape mechanical harvest is economically justified.

One advantage of mechanized harvest is that cluster size and position within the canopy is no longer as great a concern, which can lead to greater freedom in developing trellising/training systems. Hand harvesting is most efficient when clusters are large and within a distinct zone in the canopy, but with machine harvesting this does not matter. This lends itself to the adoption of minimal pruning, where mechanization is a great cost and time-saver, and allows for more flexibility in getting the fruit in when it is ready [4].

4. Conclusion

All conditions tested, it was concluded that preliminary cost per hectare of grape mechanical harvesting is lower than the cost per hectare of manual harvesting and vineyard areas plausible mechanical harvesting exceeding 41.92 ha, justify the use of the collection system grape mechanics.

References

[1] J.M. Soares, P.C. de S. Leaão, A Vitivinicultura no Semiárido Brasileiro. Brasília, DF, Embrapa Informação Tecnológica, 756p. (2009)
[2] E. Giovannini, V. Manfroi, Viticultura e Enologia, Elaboração de grandes vinhos nos *terroirs* brasileiros. Bento Gonçalves: IFRS, 364p. (2009)
[3] E.F. Durner, Principles of Horticultural Physiology. Wallingford, UK, CABI International, 405p. (2003)
[4] G.L. Creasy, L.L. Creasy, Grapes. Wallingford, UK, CABI International, 295p. (2012)
[5] F.C. de Almeida; J.F.L. de C. Cham; B.L. Hamm; S.M. Ferreira; M. Gabbardo; J. Saavedra del Aguila. Use of plant growth regulation in the conservation of grapes 'Italy' as aid postharvest, France, Bio Web of Conferences, v. 3 , 4p. (2014)
[6] J. Saavedra del Aguila; A.P. Dachi; E.N. Fernandes; B.L. Hamm; F.C. de Almeida; J.M. Silveira. Garlic and H_2O_2 in overcoming dormancy on the vine 'Cabernet Sauvignon', France, Bio Web of Conferences, v. 5 , 3p. (2015)
[7] J. Saavedra del Aguila; A. Zanella; A.D. Pinheiro; A.M. dos Santos; E.B. Radmann; L.S. Heiffig-del Aguila, Woody cuttings of 'Niagara Rosada' and 'Niagara Branca' rustic grapes. Wageningen, Holanda. Acta Horticulturae, v. 1115, p. 249–252 (2016)
[8] J.C. Nachtigal, U.A. Camargo, M.A.F. Conceição, Uvas sem Sementes Cultivares BRS Morena, BRS Clara e BRS Linda. Brasília, DF, Embrapa Informação Tecnológica, 90p. (2004)
[9] E. Giovannini, Manual de Viticultura. Porto Alegre: Bookman, 253p. (2014)

Total chlorophyll and growth of grape rootstock 'SO4' in answer to electrical stimuli

Gabriela Victoria Jardim, Elizeu Nogueira Fernandes, and Juan Saavedra del Aguila[a]

Federal University of Pampa (UNIPAMPA) – Campus Dom Pedrito – Bachelor's course in oenology, Street Vinte e Um de Abril n°80, Dom Pedrito, Rio Grande do Sul(RS), CEP: 96450-000, Brazil

Abstract. The experiment examined effects on the total chlorophyll and growth of vine rootstock 'SO4' under electrical stimulation. The study was conducted from December 2015 to March 2016 by the Core for Study, Research and Extension in Enology (NEPE[2]), in a greenhouse at the Federal University of "Pampa" (UNIPAMPA) – "Dom Pedrito" Campus. The Rootstocks 'SO4' were obtained in property located in the city of "Dom Pedrito" (RS, Brazil).The four treatments were: The first (T1) to control, no electric discharge; the second (T2) with an electric discharge of 0.02 mA for 5 seconds; followed by the third (T3) and fourth (T4) with times of discharge of 9 and 18 seconds respectively. The analyses were made using a chlorophyll meter. To measure chlorophyll content of the rootstock 'SO4' when subjected to electrical discharges with a 0.02 mA current during 9 seconds and 18 seconds applied once per week for twelve weeks.

1. Introduction

Science has shown that the plant is similar to the behaviour of the animals as compared to response mechanisms to the environment [1]. By submitting the plant to electrical stimuli, we supposedly promote stresses that can generate positive responses. Being that way, we can get good results by applying practices in plants similar to the electrotherapy.

Man has used the electrotherapy since ancient times with electric eels to relieve pain. Today it uses specific equipment, for depression and anxiety treatments; they use it to stimulate the nervous system, which will selectively produce amino acids, monoacid and peptides [2,3].

The plants perform the information processing in a complex way; not only with action potentials, synaptic mode but also in cell-to-cell communication [4] therefore, the electrical discharges in plants can also stimulate the production of certain substances.

Within the anthropocentric view of man, the vine is a sessile organism, which means that you cannot get around as the man, having to react to the different stresses imposed by its surroundings in fantastic time speeds in order to ensure the survival of the species.

In this struggle for survival, the vine uses different types of signals in response to different stresses or specific stages of plant development; within these signs we known until now: hydraulic, chemical, neurological, mechanical and electrical.

Expanding on the electrical signals, it is known the existence of an action potential of the plasma membrane of the vine, with an average load of -120mV, with a modification of this electrical charge, the cell membrane will open or close various kinds of carriers proteins, as well as connecting or disconnecting different types of metabolic events.

In the case of having an extreme change of the action potential membrane, it has a dramatic modification of the highly selective permeability of the plasma membrane, which inevitably leads to cell death. Principle used in electric weeding, controlling weeds through electrical discharge with a voltage around 5000V [5].

Still, slight changes in the membrane potential can be understood by the vine, as a signal that it is able to address a larger stress; acting this small electrical stimulus positively in the development of the vine, because it would be ready to respond to different stresses that the vine faces every second of its existence.

In this sense, the present study aimed to analyse responses in growth and total chlorophyll content of the rootstock vine 'SO4', when subjected to electrical discharge with 0,02mA current for different periods.

2. Material and methods

The experiment was conducted by the Core for Study, Research and Extension in Enology (NEPE[2]) in the greenhouse at the Federal University of "Pampa" (UNIPAMPA) – "Dom Pedrito" Campus, in the municipality of "Dom Pedrito" (Latitude 30° 58 ′58 ″S and Longitude 54 40 ′23 ″W), "Region Gaúcha" Campaign, "Rio Grande do Sul", Brazil. The grape rootstocks 'SO4' were obtained in August 2015 on private property, in the same municipality where the experiment was conducted, we used this vine rootstock as physiological study model.

The lower third of the piles was immersed in hot water with auxin hormone 5ppm for 10 seconds to assist in rooting. The cuttings were planted in plastic bags with a mixture containing 50% of substrate and 50% sand, creating a more suitable environment for its development. For the application of electrical stimulus, a device was

[a] Corresponding author: juanaguila@unipampa.edu.br

Table 1. Height (cm) of the grape rootstocks 'SO4' submitted or not to the electrical discharges of 0.02 mA. T1 – Treatment control without electrical discharges; T2 – Treatment with an electric discharge of 0.02 mA for 5 seconds once per week for 12 weeks; T3 – Treatment with an electric discharge of 0.02 mA for 9 seconds once per week for 12 weeks and; T4 – Treatment with an electric discharge of 0.02 mA for 18 seconds once per week for 12 weeks.

	We.* 1	We. 2	We. 3	We. 4	We. 5	We. 6	We. 7	We. 8	We. 9	We. 10	We. 11	We. 12
T1	28.2 a**	31.8 a	34.6 a	36.2 a	37.5 a	37.3 a	36.3 a	36.8 a	36.9 a	39.4 a	39.6a	39.8 b
T2	28.5 a	32.4 a	36.6 a	37.9 a	39.3 a	39.3 a	38.9 a	39.2 a	38.7 a	42.3 a	41.1 a	43 ab
T3	29.3 a	30.9 a	34.1 a	36.3 a	36.7 a	38.1 a	38.6 a	40.1 a	41.7 a	44.6 a	45.3 a	46.5 a
T4	28 a	28.5 a	30 a	31.1 a	32 a	32.1 a	32.5 a	34.3 a	36.1 a	39.6 a	42.4 a	41.9 ab

* We. = week. **Equal letters in the column do not differ statistically by Tukey test at 5% probability.

Table 2. Total Chlorophyll of the grape rootstocks 'SO4' submitted or not to electrical discharges of 0.02 mA. T1 – Treatment control without electrical discharges; T2 – Treatment with an electric discharge of 0.02 mA for 5 seconds once per week for 12 weeks; T3 – Treatment with an electric discharge of 0.02 mA for 9 seconds once per week for 12 weeks and; T4 – – Treatment with an electric discharge of 0.02 mA for 18 seconds once per week for 12 weeks.

	1*	2	3	4	5	6
T1	300.2 a**	253.6 a	254.5 c	250.5 ab	240.5 ab	215.6 c
T2	324.4 a	299.8 a	267.7 bc	242.8 b	237.2 b	230.9 bc
T3	286.4 a	293.7 a	288.9 ab	268.3 ab	264.1 ab	254.12 b
T4	294.3 a	293.1 a	303.7 a	279.1 a	284.6 a	272.2 a

* 1 – Corresponds to the date of analysis: 12/17/2015; 2 – Corresponds to the date of analysis: 12/24/2015; 3 – Corresponds to the date of analysis: 01/21/2016; 4 – Corresponds to the date of analysis: 02/04/2016; 5 – Corresponds to the date of analysis: 02/18/2016 e; 6 – Corresponds to the date of analysis: 03/03/2016.
** Equal letters in the column do not differ statistically by Tukey test at 5% probability.

adapted to function as an energized capacitor; accordingly, a discharge occurs with 0.02 mA chain by touching its two poles (positive and negative) on the vine. The current is continuously and was measured by a digital ammeter. A key continuity was also used, and leaning against the plant in shock time of application for certification that the current passed. We selected 4 treatments with 4 repetitions, each repetition with 7 plants totaling 28 plants per treatment. The treatments were: The first (T1) to control, no electric discharge, the second (T2) with an electric discharge of 0.02 mA for 5 seconds, followed by the third (T3) and fourth (T4) with times of discharge of 9 and 18 seconds respectively. The treatments were applied from December 2015, once a week for 12 consecutive weeks.

We analysed the growth, measuring the height using a ruler graduated in centimetres being analysed 1 time per week for 12 weeks between December 2015 and March 2016. It was also analysed chlorophyll using a chlorophyll meter (FalkerclorofiLOG®) 1 once a week for six weeks between December 2015 and March 2016.

The results were submitted to analysis of variance (ANOVA) and the average were compared by the comparison test averages of Tukey at 5% probability [6–8].

3. Results and discussions

For growth, the plant height with treatment with electrical discharge for 9 seconds (current 0.02 mA) once a week for 12 weeks (T3) in the last evaluation was statistically higher than the height of the control plants (T1) who received no electrical stimulation (Table 1). However, it is necessary to further studies to analyse the effect of electrical stimulation on the vine rootstock growth, considering that the statistical difference appeared only in the last week of trial.

The treatment with electric discharge for 18 seconds (current 0.02 mA) once a week for 12 weeks (T4), showed the highest amount of chlorophyll of all treatments, superior to T1, as well as the treatment with 9 seconds discharges (current 0.02 mA) once per week for 12 weeks (T3 was also above of the T1, but less than T4. The treatment with 5 seconds electric discharges (current 0.02 mA) once per week for 12 weeks (T2), was similar to the control (T1 and T3 (Table 2).

The use of direct electric current has already demonstrated some positive results. There was an experiment in the United States Department of Agriculture (USDA) in 1964, with the use of a negative electrode positioned in the shoot of a tree, a connected positive on a nail at the base of it and 60 volts stimulus. The electrified branches had substantially increased leaves after 1 month and at the end of one year, the foliage on them increased 300% [9].

4. Conclusions

It concluded preliminarily that the vine rootstocks 'SO4', when subjected to electrical stimuli with discharges, for 18 seconds with a current of 0.02 mA, once per week in 12 weeks, have a tendency to higher content of chlorophyll.

We would like to thank to the wine grower Mr. Adair Camponogara.

References

[1] F. Baluška, S. Mancuso, *Plant Neurobiology* (Corner, 2009)
[2] T. H. Barclay, R. D. Barclay, *A Clinical Trial of Cranial Electrotherapy Stimulation for anxiety and comorbid* (Journal of Affective Disorders, 164, 2014)

[3] A. J. R. Macdonald, *Acupuncture in Medicine,* BMJ. **v.11**, p.66 (1993)
[4] F. Baluška, et al. *Neurobiological View of Plants and Their Body Plan,*Springer-Verlag, Berlin, Heidelberg (2006)
[5] A. M. Brighenti, et al. *Controle de plantas daninhas em cultivos orgânicos de soja por meio de descargas elétricas,* Brasil, Ciência Rural, **v.39**, n.8, p. 2315–2319 (2009)
[6] J. Saavedra delAguila; A.P. Dachi; E.N. Fernandes; B.L. Hamm; F.C. de Almeida; J.M. Silveira. *Garlic and H_2O_2 in overcoming dormancy on the vine 'Cabernet Sauvignon'*, France, Bio Web of Conferences, **v.5**, p. 3 (2015)
[7] J. Saavedra del Aguila; A. Zanella; A.D. Pinheiro; A.M. dos Santos; E.B. Radmann; L.S. Heiffig-del Aguila, *Woody cuttings of 'Niagara Rosada' and 'Niagara Branca' rustic grapes.* Wageningen, Holanda. ActaHorticulturae. **v.1115**, p. 249–252 (2016)
[8] F.C. de Almeida; J.F.L. de C. Cham; B.L. Hamm; S.M. Ferreira; M. Gabbardo; J. Saavedra delAguila. *Use of plant growth regulation in the conservation of grapes 'Italy' as aid postharvest*, France, Bio Web of Conferences, **v.3**, p. 4 (2014)
[9] A. M. Rodrigues, *Eletrocultura*, Instituto Anima, `www.institutoanima.org/Downloads/Eletrocultura.doc 09/14/2016`

Use of remote sensing in zoning's studies for terroir and precision viticulture: Implementation in DO Ca Rioja (Spain) / Uso de la teledetección en los estudios del terroir para la viticultura de precisión: Aplicación en la DO Ca Rioja (España)

Vicente D. Gómez-Miguel[1,a], Vicente Sotés[1], Álvaro Martínez[1], and y María L. González-SanJosé[2]

[1] Departamento de Producción Agraria, Universidad Politécnica de Madrid (UPM), España
[2] Department of Biotechnology and Food, Science, Universidad de Burgos (UBU), España,
Contacto: C/ Puerta de Hierro, 2, 28040 Madrid

Resumen. Existen dos formas principales de gestión de la parcela/explotación: el Manejo Tradicional o Convencional (MC) y la Viticultura de Precisión (VP). Aunque las exigencias tecnológicas de ambos son diferentes, tanto en uno como en otra, es necesario el Mapa de Zonificación del Terroir o Mapa de Variabilidad del Terroir (MVT). El MVT constituye la cartografía detallada de la parcela y permite conocer la delimitación y la caracterización de los diferentes sectores que constituyen su variabilidad. La VP gestiona de forma independiente y optimizada cada uno de estos sectores, permitiendo, entre otras muchas cosas, la optimización del diseño de la plantación, la selección de patrones, el laboreo, el manejo de cubiertas, la adecuación de la fertilización de fondo y mantenimiento, el ajuste de la nutrición hídrica, el diagnóstico y tratamiento de plagas y enfermedades, el seguimiento de la maduración, la elección del momento de la vendimia, etc. y todo ello de manera localizada en función las características propias de cada sector. El Método Directo (MD) es la forma usual de conseguir el MVT. El mapa realizado a partir del Método Directo delimita y caracteriza los diferentes sectores con eficacia y además aporta información sobre las propiedades del *terroir*, lo que permite diagnosticar las causas de la heterogeneidad y con ello la posibilidad de manejarlas adecuadamente. Los mapas obtenidos por sensores remotos (teledetección) a partir de Imágenes Espectrales de Alta Resolución (IEAR) aportan información importante, son muy asequibles, facilitan la precisión de los límites y se obtienen más rápidamente que los realizados a partir del MD. Sin embargo, este tipo de mapas separa zonas cuya diferenciación se debe a la respuesta de la planta a una determinada situación que puede estar originada por un sinfín de posibilidades y, por lo tanto varían con ellas. Estos mapas son incapaces de discriminar sectores por las propiedades de los factores del medio (clima, litología, geomorfología, suelo) que afectan a la variabilidad del terroir lo que imposibilita la actuación directa sobre ellas. La ejecución del MVT realizado a partir del MD se encarece a grandes escalas (estudios muy detallados) debido a la dificultad de realizar adecuadamente las delineaciones (el error con malla fija es función de la longitud de los lados). Sin embargo, la tecnología del mapa obtenido de IEAR permite amortiguar este problema y disminuir el coste. Tanto en los mapas obtenidos por el MD como los obtenidos de IEAR la calidad del muestreo es fundamental. Tanto la densidad de observaciones como el número de propiedades implicadas en el estudio determinan su utilidad y las directrices, a ser posible siguiendo normas internacionales (como por ejemplo, OIV), deben ser garantía de calidad. En definitiva, ambas metodologías, MD e IEAR, se complementan para la realización del MVT y, una vez que se dispone del mapa realizado a partir del MD, son posibles las interpretaciones correctas de los mapas obtenidos mediante IEAR, ya sean anuales, estacionales, en función del estado fenológico o por cualquier otra circunstancia que pueda afectar a la variabilidad (plagas, estrés,...). El MVT así obtenido permite al viticultor abordar el objetivo más ambicioso: la optimización y homogeneización del producto. En concreto se trata de que a corto o medio plazo (futuro) y mediante la gestión llevada a cabo con la VP la actuación sobre las propiedades del *terroir* en los diferentes sectores de la parcela se consiga la mayor homogeneidad posible y así también el producto lo sea. En este trabajo tratamos de la variabilidad del *terroir* y de los sistemas de gestión del viñedo (MC y VP) destacando la importancia de la cartografía y la necesidad de los MVT y su realización complementando el MD y la utilización de los sistemas de percepción remota (IEAR) como otro método de diferenciación.

Abstract. There are two principal ways of plot/exploitation management: Traditional or Conventional Managing (MC) and Precision viticulture (VP). Even though the technological requirements from these systems are different, in both cases, the Zoning or Variability Map for the *Terroir* (MVT) is required. MVT is a detailed mapping of the plot and enables to know the delineation and characterization of several

[a] e-mail: `Vicente.gomez@upm.es`

sectors which make up its variability. The VP manages independently and optimized each of these sectors, allowing, among other things, optimizing the plantation's layout, rootstocks' selection, tillage, cover crop management, fertilization and maintenance programs, adjustment of water needs, diagnosis and pests and diseases management, monitoring of ripening, the harvest timing, etc. and all so in a localized manner according to the characteristics of each sector. Direct Method (MD) is the natural way to get the MVT. The map made from Direct Method defines and characterizes the different sectors indeed, and also provides some information about the *terroir* characteristics, which allow diagnosing the causes of heterogeneity and thus, handle them properly. Maps obtained by remote sensing from Spectral High Resolution Imaging (IEAR) provide relevant information, they are very affordable, and with an easy accuracy limits and they are obtained quicker than those made from MD. However, this kind of maps split the areas whose differentiation is due to the plant response in a specific situation that may be caused by a nearly endless options, and therefore, they vary with them. These maps are unable to discriminate sectors by the properties according to environmental factors (climate, lithology, geomorphology, soil) that affect the *terroir* variability, forbidding any direct action on them. Doing a MVT performed through a MD is expensive on large scales (very detailed studies) due to the gap about adequate perform delineations (net fixed error is related to sides length). However, IEAR technology provides a map which is obtained allowing to buffer this problem and also, reducing the costs. Both in maps obtained from MD or IEAR, the sampling quality is a key point. Both density of observations and the number of properties involved in the study determine its utility and the relative directives, when is possible under an international procedure (such as, OIV), must be a quality guarantee. In fact, both methodologies (MD and IEAR) are complementary for doing the MVT and, once the map (done through MD) is available, the right interpretations of the IEAR maps are possible, whether annual, seasonal, depending on the phenological status or any other circumstance that may affect the variability (pests, stress, ...). MVT obtained like that, allows to the viticulturist address the most ambitious goal: the product optimization and homogenization. Specifically, in a short or medium term and by the management carried out with the VP's performance on the *terroir's* properties in different sectors of the parcel/plot, resulting in the highest uniformity as possible, and also, in the product. In this work, we worked on *terroir's* variability and the vineyard management systems (MC and VP), highlighting the relevance of mapping, the need for MVT and its complementary performance related to the MD, and the use of remote sensing systems (IEAR) as another discriminative method.

Résumé. Il y a deux manières dans la gestion de la parcelle : l'entretien traditionnel ou conventionnel (MC) et la viticulture de précision (VP). Bien que des exigences technologiques parmi eux soient différentes, dans les deux cases, la carte du zonage ou de la variabilité du *terroir* (MVT) est toujours nécessaire. Le MVT constitue la cartographie détaillée du terrain et révèle la délimitation et la caractérisation des différents secteurs qui composent sa variabilité. Le VP géré de façon indépendante et optimisé chacun de ces secteurs, ce qui permet, parmi d'autres, l'optimisation de la mise en page de la plantation, sélection de porte-greffes, le travail du sol, la gestion des couvertures végétales, première fertilisation du sol et son entretien, l'optimisation de l'eau, le diagnostic et le traitement des maladies et ravageurs, la motorisation de la maturation, le moment de récolte, etc., et tout bien localisée selon des caractéristiques de chaque secteur. Le Méthode Direct (MD) est la manière plus utilisée pour réussir au MVT. La carte qui se réalise à partir du Méthode Direct, définit et caractérise les différents secteurs efficacement et fournit également des informations sur les propriétés du *terroir*, qui permet diagnostiquer des causes de l'hétérogénéité et donc, la chance de les gérer correctement. Les cartes obtenues par télédétection sur la basse de imagerie spectrales à haute résolution (IEAR) fournissent des informations importantes et sont très abordables, ses limites de précision sont faciles et sont obtenus plus vite par rapport à ceux fabriqués selon des MD. Cependant, ce type de cartes sépare des zones dont la différenciation est due à la réponse de la plante selon une situation particulière qui peut être provoquée par une milliard de possibilités et alors, elle peut varier avec eux. Ces cartes sont incapables pour distinguer les secteurs par ses propriétés selon des facteurs environnementaux (climat, lithologie, géomorphologie, sol) qui affectent la variabilité du *terroir* et en excluent l'action directe sur eux. Le MVT fourni à partir du MD se rendre plus cher à grandes échelles (études très détaillées), selon la difficulté de l'effectuer adéquatement et ses délimitations (l'erreur de maillage fixe est fonction de la longueur des côtés). Cependant, la technologie IEAR donne une carte qui permet d'amortir ce problème et réduire son coût. Même dans des cartes obtenues par le MD comme ceux obtenus d'IEAR, la qualité de l'échantillonnage est fondamentale. Bien la densité des observations et le nombre de propriétés impliquées dans l'étude, déterminent leur utilité et les lignes directrices, si possible selon les normes internationales (telles que OIV) qui doivent donner une assurance de qualité. En fin, ce deux méthodologies (MD et IEAR) sont complémentaires pour bien faire le MVT, et une fois que la carte réalisé à partir du MD soit disponible, les interprétations correctes des cartes obtenues par IEAR seront possibles, bien annuelles, saisonnières, selon l'état phenologique ou pour d'autre circonstance qui peut affecter à la variabilité (plages, stress,...). Le MVT obtenu permet au viticulteur aborder le but le plus ambitieuse : l'optimisation et homogénéisation du produit. En clair, il s'agit de que au court ou moyen terme et selon la gestion réalisée avec la performance du VP sur les propriétés du *terroir* dans les différents secteurs de la parcelle, avoir réussi la plus uniformité qui soit possible et au même temps, la plus haute sur le produit. Dans ce travail, nous avons traité la variabilité des systèmes du *terroir* et de gestion du vignoble (MC et VP) soulignant l'importance de la cartographie, la nécessité des MVT et sa réalisation en complément le MD correspondent, et l'utilisation de systèmes de télédétection (IEAR) comme d'autre méthode de différenciation possible.

1. Introducción

La calidad del vino está determinada por los diferentes elementos o propiedades de un conjunto de factores naturales, biológicos, agronómicos y enológicos que son o pueden ser modificados por el hombre mediante lo que se describe frecuentemente con los términos **gestión** o **manejo**. El conjunto de todos estos elementos es lo que constituye el *terroir*.

La gestión o manejo del viñedo "pretende utilizar todas las hectáreas, dentro de su capacidad y tratarlas de acuerdo a sus necesidades" (H. H. Bennett cit. USDA, 2007) e incluye decisiones sobre la elección del sitio, el diseño de la plantación, la elección del portainjerto y la variedad, la formación de la planta, el laboreo, la nutrición mineral, la alimentación hídrica, la elección y manejo de cubiertas, el control sanitario, la vendimia, etc. Existen dos formas principales de gestión o manejo: El Manejo tradicional o convencional (MT-MC) y la Viticultura de Precisión (VP).

En el caso del MC toda la parcela, entendida como unidad de gestión, es tratada de forma homogénea, de manera que las necesidades del sector limitante en cuanto a calidad, producción o cualquier otro objetivo, o bien condicionan el manejo (laboreo, aporte de fertilizante, dosis de riego, etc) del conjunto, o bien es ignorado en beneficio de otro considerado de más importancia por su extensión, productividad, calidad o cualquier otra circunstancia preferente.

La Viticultura de Precisión (VP) es una forma de gestión de la explotación que se basa en herramientas que ponen a disposición del viticultor información georreferenciada del viñedo, apoyándose principalmente en la separación cartográfica (intra)parcela de sectores (subzonas) diferenciados por propiedades susceptibles de influir tanto en la calidad del producto resultante como en el propio manejo del viñedo. Las variaciones locales de los factores del clima, de la litología, de la geomorfología y del suelo afectan al desarrollo de la vid, a la composición de la uva y a la calidad del vino y por ello determinan la existencia de los sectores que definen las unidades que condicionan o limitan la VP (Gómez-Miguel 2011).

Anteriormente a la aparición de la VP, la variabilidad dentro de una parcela se manejaba en gran medida como ruido y con demasiada frecuencia no se apreciaba, y por lo tanto no se podía explicar y mucho menos relacionar y gestionar el conjunto de los parámetros implicados en esta variabilidad (Cook y Bramley, 1998; Bramley y Hamilton, 2004, 2007).

En general, hay muchas definiciones que se refieren a la Agricultura de Precisión y cada una de ellas está a menudo condicionada por el equipo comercial o la tecnología que actualmente constituya una novedad o simplemente esté de moda. De acuerdo con la propuesta de OIV (OIV, 2015) "la VP es un proceso cíclico continuo que incluye la recopilación de datos, el análisis de datos, la delimitación de zonas de manejo, las decisiones de gestión y la evaluación de las prácticas aplicadas".

La cartografía detallada de la parcela permite conocer la variabilidad entre tales sectores y la VP trata de forma independiente y optimizada cada uno de ellos, permitiendo, entre otras muchas cosas, la optimización del diseño de la plantación, la selección de portainjertos, la adecuación de la fertilización de fondo y mantenimiento, el ajuste de la nutrición hídrica, el diagnóstico y tratamiento de plagas y enfermedades, el seguimiento de la maduración, la elección del momento de la vendimia, etc. y todo ello de manera localizada, en función las características propias de cada sector.

La representación gráfica de los resultados en los diferentes sectores definidos por las características del medio se lleva a cabo a través de su cartografía, y la técnica de ejecución de los mapas se ha facilitado y mejorado sensiblemente con el uso de Sistemas de Información Geográfica (SIG o GIS). La realización de estos mapas, y especialmente del mapa de suelos, es un trabajo multidisciplinar, complejo y costoso, pero tales mapas son la base de la VP ya que permiten no sólo la caracterización de cada sector y la diferenciación entre sectores (subzonas), sino también explicar los efectos de esta variabilidad en el viñedo señalando sus verdaderas causas. Estas causas son importantes sobre todo porque actuando sobre ellas con un manejo adecuado se mejora el resultado, se homogeneiza el producto y se aumenta la calidad del vino.

Una de las formas de discriminar las diferencias existentes en el comportamiento entre plantas situadas dentro de un mismo viñedo (intraparcela) o en viñedos distintos (interparcela) es a través de sensores remotos. Desde finales del siglo pasado se han utilizado para este objetivo Índices de Vegetación (IV) muy diversos calculados a partir de imágenes multiespectrales.

En definitiva, el objetivo directo de la zonificación es la identificación de las causas de la variabilidad del terroir y la obtención del mapa de variabilidad del viñedo intraparcela para su utilización en VP como sistema de gestión o manejo de la explotación, En este trabajo se trata de utilizar los datos obtenidos a partir de determinados sensores de percepción remota (remote sensing) como herramienta para la optimización de las técnicas cartográficas tradicionales utilizadas en los estudios de macrozonificación.

En concreto, trataremos primero la variabilidad del *terroir* y de los sistemas de gestión del viñedo destacando la importancia de la cartografía y la necesidad de los mapas de variabilidad y su realización y posteriormente nos referiremos a las diferentes fuentes de información y a la utilización de los sistemas de percepción remota como otro método de diferenciación.

La variabilidad de una determinada situación puede ser debida a cualquier diferencia en cada uno de tales elementos o propiedades de cada uno de los factores que componen el terroir incluida la gestión o el manejo.

En definitiva, aunque las exigencias tecnológicas de las dos posibilidades de sistemas de gestión de la parcela/explotación son diferentes, existe una sola solución para realizarlas de forma conveniente: tanto en el MC/MT como en la VP es necesario el mapa de variabilidad del *terroir* como punto de partida para la correcta definición de las unidades de manejo.

2. Mapas de variabilidad del terroir

En general el viticultor no está bien informado de las propiedades del lugar en el que se desarrolla su viñedo y lo gestiona de forma convencional (es decir, uniforme, MC-MT) a partir del conocimiento que tiene sobre el rendimiento: la calidad apenas se considera o simplemente se ignora. Los rendimientos varían generalmente (hasta más de 10 veces) y sus patrones de variación son estables en el tiempo. La calidad del fruto también es variable, y sigue patrones de variación similares a los del rendimiento.

La variabilidad del medio que soporta la viña y las dificultades que esta conlleva para una gestión adecuada (variabilidad del *terroir*) están en el origen de la heterogeneidad del producto y en definitiva de la calidad del vino.

Esta variabilidad es siempre más fácil de detectar que de describir, caracterizar y cartografiar. Las dificultades para la caracterización y cartografía de las partes de la parcela que son similares y su separación de aquellas que son diferentes es lo que hace imprescindible un mapa al que nos referimos como de variabilidad o sus sinonimias:

Mapa de Variabilidad del *terroir* ↔ Mapa de los *terroir* ↔ Mapa de Zonificación del *terroir*

En definitiva este mapa permite la "caracterización espacial de zonas semejantes para producir uvas o vinos de composiciones similares, aun cuando permitan decisiones operacionales a distintos niveles de producción" (Vaudour, 2003).

La utilidad de este mapa es múltiple y sus potencialidades dependen de su calidad y de la información aportada por este. El uso de un enfoque técnico moderno para la evaluación y el reconocimiento del lugar y para el muestreo del propio viñedo produce una información importante que de otro modo puede perderse.

La calidad del mapa de variabilidad radica en la de las fuentes de información y en las técnicas cartográficas utilizadas para su realización, en la precisión y exactitud requerida por una escala adecuadamente elegida de acuerdo con los objetivos, en la densidad de observaciones y en las técnicas de muestreo del suelo y de la planta seleccionados y en la importancia y el número de propiedades, variables o parámetros considerados.

La escala del mapa debe estar de acuerdo con los objetivos del trabajo (Fig. 5): mientras que para un estudio de ordenación del cultivo de la vid en una determinada denominación de origen es necesaria una escala media (por ejemplo, 1:25.000), para un mapa de variabilidad de una explotación que pretenda aplicar técnicas de manejo relacionadas con la VP es conveniente una escala grande (por ejemplo, 1:5.000).

La densidad de observaciones relacionadas con el mapa de suelos está condicionada por la escala elegida y, junto con el número de determinaciones que se han de realizar en el laboratorio de acuerdo con los objetivos previstos, determinan su coste.

El suelo se estudia a partir de su perfil y consta de una o varias capas llamadas horizontes. El conjunto de los horizontes A y B se denomina solum y constituye la profundidad efectiva en la que se desarrolla la mayor parte del sistema radicular de la planta, de ahí su importancia en la alimentación hídrica y nutricional de la propia planta. Esto es importante porque cada horizonte tiene sus propiedades y no es correcto referirse, por ejemplo, a un suelo arcilloso o arenoso sino a un horizonte arcilloso o arenoso de un suelo determinado; por ejemplo, en los viñedos no es infrecuente que el horizonte A sea franco arenoso, el B arcilloso y el C franco. Esto incrementa sensiblemente el número de muestras que se han de realizar y encarece el estudio.

Las propiedades que se deben caracterizar en el campo y las determinaciones que han de realizarse en el laboratorio a la muestra correspondiente de cada uno de los horizontes del perfil son las que definen la información disponible para el viticultor y, por lo tanto, también establecen la calidad del estudio. El muestreo del viñedo está condicionado principalmente por el objetivo y por el tipo de análisis elegido.

3. Realización del mapa de variabilidad

La información para la realización del mapa de variabilidad de los *terroir* procede principalmente de la procedente del tratamiento de imágenes obtenidas mediante sensores remotos (Percepción remota) o de la obtenida por técnicas cartográficas que incluyen el muestreo de campo y los análisis de laboratorio y que son utilizadas por disciplinas como la Climatología, la Geología, la Geomorfología, la Edafología o la Botánica (Método directo).

De forma general se puede afirmar que la variabilidad del suelo es de onda muy corta y que por lo tanto es uno de los elementos del *terroir* que le aporta mayor variabilidad. La visibilidad en las fotos aéreas de diferentes elementos de gran importancia en la variabilidad horizontal del suelo y su tradicional uso en Edafología debido también a que facilita la cartografía de su distribución geográfica forman parte de las causas más importantes de que la Fotointerpretación Aérea (FIA) sea un instrumento metodológico que sigue manteniendo su utilidad para la realización de mapas de variabilidad del *terroir* o zonificación de los *terroir* de media y pequeña escala.

4. Importancia de los sistemas de percepción remota como método de diferenciación

En los mapas de escalas grandes y muy grandes la importancia de la FIA es más limitada y la utilización del método directo adquiere mayor relevancia. Este método y el tipo de muestreo en malla fija (fixed grid), en el que las observaciones se sitúan a lo largo de líneas imaginarias paralelas entre sí con igual (cuadrado) o diferente (rectángulo) separación que la existente entre las líneas, se reserva para estudios detallados y muy detallados a los que nos referimos cuando hablamos de variabilidad intraparcela. El error en los límites entre sectores (precisión) queda definido por la mitad de la distancia entre líneas y de la distancia a lo largo de ellas.

En este contexto adquiere importancia y aparece en primer plano el empleo de determinados sistemas de percepción remota como método de diferenciación principalmente por su fácil acceso, pero también porque aumenta la precisión de los límites entre sectores de diferenciación. En concreto nos referimos a los sensores que proporcionan imágenes espectrales de alta resolución.

Los sensores son aquellos elementos o equipos capaces de tomar energía (espectro electromagnético) proveniente de un objeto y convertirla en una señal que pueda ser registrada y presentada de forma adecuada para extraer información: cámaras, videos, radar, sonar… La utilización de sensores (transportados por cualquier medio: satélites, aeronaves o aviones de alta, media o baja altitud, tripulados o no, automóviles, ...), y el conjunto de técnicas y procedimientos para la obtención de información sobre objetos o fenómenos (el medio natural) sin tener contacto entre el sensor y los objetos, es lo que entendemos por percepción remota (remote sensing) o teledetección.

La resolución es una medida de la habilidad que posee un sistema sensor para distinguir entre respuestas que son semejantes espectralmente o próximas espacialmente. La resolución espacial mide la menor separación angular o lineal entre dos objetos y, por lo tanto, se refiere al tamaño del objeto o característica del terreno de menor tamaño que se puede distinguir en una imagen. La resolución espectral define las longitudes de onda en las que el sensor es capaz de medir la energía reflejada: el sensor 1 (0,4–0,45 μm) tiene menor resolución espectral que el sensor 2 (0,4–0,5μm). La franja del espectro electromagnético más utilizada en percepción remota es la situada entre 0,3 y 15μm (ultravioleta-visible-infrarrojo). La resolución radiométrica está asociada a la sensibilidad del sensor para distinguir niveles de intensidad de la señal de retorno: una resolución de 10 bits (1024 niveles digitales) es mejor que una de 8 bits. La resolución temporal es la periodicidad con que el sensor adquiere imágenes de la misma porción de la superficie terrestre y depende de las características del transportador del sensor (altura, velocidad e inclinación) y de su diseño (ángulos de observación y de cobertura).

Los tipos de resolución citados permiten la selección de imágenes adecuadas para un objetivo determinado sea este simple o ambicioso.

En Viticultura un objetivo simple, relacionado con un elemento concreto y previamente detectado y seleccionado y sin interferencias de los demás, puede ser cartografiado utilizando este tipo de recursos. Este tipo de objetivos suele estar relacionado con la mejora anual del producto (producción anual). Por ejemplo: plagas y enfermedades, carencias en el cultivo, estrés hídrico, zonas hidromórficas o encharcables/agua, factores de calidad puntual, maduración/vendimia, clorosis, etc.

Sin embargo, para abordar un objetivo ambicioso como es la optimización y homogeneización del producto se requiere la realización del mapa de variabilidad/zonificación del *terroir* para lo que se ha de utilizar coordinadamente todo el conjunto de técnicas más arriba comentadas: el método directo y la teledetección. En concreto se trata de que a corto o medio plazo (futuro) mediante la gestión llevada a cabo con VP los sectores de la parcela sean lo más homogéneos posible y así también el producto lo sea.

5. Índices multiespectrales

La extracción y manejo de la información de las imágenes espectrales que se relacione directamente con una de las propiedades que se pretende valorar es una tarea que presenta ciertas dificultades. La cuestión se ha abordado desde múltiples puntos de vista y no siempre con éxito. La realización más o menos compleja de índices es la más utilizada actualmente. Los índices son combinaciones de las bandas espectrales registradas por los diferentes sensores. Se han utilizado índices que se relacionan con componentes del suelo como la textura, la humedad, la materia orgánica, los óxidos de hierro (ver p.e. Palacios-Orueta et al., 1999; Zarco et al., 2005) y teledetección térmica para evaluación del estado hídrico (Berni et al., 2009; Bellvert et al., 2014), entre otros; pero sin duda los más utilizados en Viticultura son los denominados como índices de vegetación. Existen un número importante de índices de vegetación (ver p.e. Zarco et al, 2005) y cada vez hay un número creciente de estudios que los comparan.

En Viticultura se ha utilizado frecuentemente el Normalized Difference Vegetation Index (NDVI) que se ha relacionado con el contenido en clorofila (Zarco et al., 2005), con la densidad foliar o el vigor (Hall et al., 2003, Johnson et al., 2003), con el estado hídrico de la planta (Möller et al., 2007; Acevedo-Opazo et al., 2008, Berni et al., 2009; Bellvert et al., 2013, 2014), con el índice de superficie foliar (Johnson et al., 2003, Berni et al., 2009), o con el rendimiento y la composición de la uva (Hall et al., 2011), entre otros. Además, el vigor de la planta puede ser utilizado como indicador indirecto de la producción de la vid y la calidad de la uva (Hall et al., 2002). Relacionados con el NDVI se han propuesto otros índices como el Improved Soil Adjusted Vegetation Index (MSAVI), Simple Ratio Index (SR) y el Modified.

Simple Ratio Index (MSR) que también se incluyen en la comparaciones (ver Martínez y Gómez-Miguel, 2015).

Para el cálculo del NDVI se utiliza la región espectral que corresponde al rojo (R, Red) y al infrarrojo cercano (NIR, Near-InfraRed) de acuerdo con la relación RIR-RR/RIR+RR. Existen diversas maneras de trabajar con el resultado del cálculo de NDVI. (ver p.e. Da Costa et al. 2006).

Los problemas para la discriminación de sectores relacionados con la misma respuesta a propiedades diferentes y con respuestas diferentes a idénticas condiciones, junto con la variabilidad temporal a las diferentes situaciones anuales y las diferentes situaciones de la vegetación por causa del propio ciclo o debido a condiciones climáticas, sanitarias, etc., son algunas de las causas que originan que las interpretaciones del resultado no sean fáciles y que a veces sean imposibles. La utilización de varios índices no suele ser una solución aunque si un complemento metodológico fácilmente asequible (ver Martínez y Gómez-Miguel, 2015).

En definitiva, la variabilidad sólo puede ser considerada correctamente a partir de una cartografía suficientemente detallada en la que se califiquen y cuantifiquen todas las propiedades del *terroir*. Por estos motivos parece lo más sensato, como se ha dicho más arriba, utilizar el conjunto de las metodologías disponibles, particularmente el método directo y la propia teledetección, de forma complementaria y aprovechando las ventajas de ambas para la elaboración adecuada de los mapas de variabilidad del *terroir* o mapas de zonificación del *terroir*.

6. Conclusiones generales

- Existen dos formas principales de gestión o manejo de la parcela/explotación: el Manejo Tradicional o Convencional y la Viticultura de Precisión. Aunque las exigencias tecnológicas de ambos sistemas de gestión son diferentes, tanto en uno como en otra es necesario el Mapa de Variabilidad del Terroir para la correcta definición de la diferenciación de los sectores.
- El Mapa de Variabilidad del Terroir, Mapa de los Terroir o Mapa de Zonificación del Terroir constituye la cartografía detallada de la parcela y permite conocer

la delimitación y la caracterización de los diferentes sectores que constituyen su variabilidad.

- La Viticultura de Precisión gestiona de forma independiente y optimizada cada uno de estos sectores, permitiendo, entre otras muchas cosas, la optimización del diseño de la plantación, la selección de patrones, el laboreo, el manejo de cubiertas, la adecuación de la fertilización de fondo y mantenimiento, el ajuste de la nutrición hídrica, el diagnóstico y tratamiento de plagas y enfermedades, el seguimiento de la maduración, la elección del momento de la vendimia, etc. y todo ello de manera localizada en función las características propias de cada sector.
- El Método Directo es la forma usual de conseguir el Mapa de Variabilidad del Terroir. El Mapa realizado a partir del Método Directo delimita y caracteriza los diferentes sectores con eficacia y además aporta información sobre las propiedades del *terroir*, lo que permite diagnosticar las causas de la heterogeneidad y con ello la posibilidad de manejarlas adecuadamente.
- Los Mapas obtenidos de Imágenes Espectrales de Alta Resolución aportan información importante, son muy asequibles, facilitan la precisión de los límites y se obtienen más rápidamente que los realizados a partir del Método Directo. Sin embargo, este tipo de mapas separa zonas cuya diferenciación se debe a la respuesta de la planta a una determinada situación que puede estar originada por un sinfín de posibilidades y, por lo tanto varían con ellas. Estos mapas son incapaces de discriminar sectores por las propiedades de los factores del medio (clima, litología, geomorfología, suelo) que afectan a la variabilidad del *terroir* lo que imposibilita la actuación directa sobre ellas.
- La ejecución del Mapa realizado a partir del Método Directo se encarece a grandes escalas (estudios muy detallados) debido a la dificultad de realizar adecuadamente las delineaciones (el error con malla fija es función de la longitud de los lados). Sin embargo, la tecnología del Mapa obtenido de Imágenes Espectrales de Alta Resolución permite amortiguar este problema y disminuir el coste.
- Tanto en los mapas obtenidos por el Método Directo como los obtenidos de Imágenes Espectrales de Alta Resolución la calidad del muestreo es fundamental. Tanto la densidad de observaciones como el número de propiedades implicadas en el estudio determinan su utilidad y las directrices, a ser posible siguiendo normas internacionales, deben ser garantía de calidad.
- En definitiva, ambas metodologías, Método Directo e Imágenes Espectrales, se complementan para la realización del Mapa de Variabilidad del Terroir y, una vez que se dispone del Mapa realizado a partir del Método Directo, son posibles las interpretaciones correctas de los Mapas obtenidos de Imágenes Espectrales de Alta Resolución, ya sean anuales, estacionales, en función del estado fenológico o por cualquier otra circunstancia que pueda afectar a la variabilidad (plagas, estrés, ...).
- Por este motivo lo más sensato es, como se ha dicho, utilizar el conjunto de las metodologías disponibles, particularmente el Método Directo y la propia Teledetección, de forma complementaria para la elaboración adecuada de los Mapas de Variabilidad del Terroir o Mapas de Zonificación del Terroir.
- El Mapa de Variabilidad del Terroir así obtenido permite al viticultor abordar el objetivo más ambicioso: la optimización y homogeneización del producto. En concreto se trata de que a corto o medio plazo (futuro) y mediante la gestión llevada a cabo con la Viticultura de Precisión la actuación sobre las propiedades del *terroir* en los diferentes sectores de la parcela se consiga la mayor homogeneidad posible y así también el producto lo sea.

Referencias

[1] C. Acevedo-Opazo, B. Tisseyre, S. Guillaume y H. Ojeda. *The potential of high spatial resolution information to define within-vineyard zones related to vine water status. Precis.Agric.* **9**: 285–302 (2008)

[2] J. Bellvert, P. Zarco, E. Fereres y J. Girona. *Mapping crop water stress index in a "Pinot noir" vineyard: comparing ground measurements with thermal remote sensing imagery from an unmanned aerial vehicle. Precision Agriculture Journal, **15, 4**:* 361–376 (2014)

[3] J.A. Berni, P.J. Zarco, L. Suárez y E. Fereres. *Thermal and narrowband multispectral remote sensing for vegetation monitoring from an unmanned aerial vehicle. IEEE Trans. On Geosc. And Rem. Sens,* **47, 3**: 722-738 (2009)

[4] R. Bramley y R. Hamilton. 2004. *Understanding variability in winegrape production systems 1. Within vineyard variation in yield over several vintages. Australian Journal of Grape and Wine Research,* **10**: 32–45

[5] R. Bramley y R. Hamilton. *Terroir and precision viticulture: Are they compatible? Journal International des sciences de la vigne et du vin,* **41**: 1–8 (2007)

[6] S. Cook and R. Bramley. *Precision agriculture - opportunities, benefits and pitfalls of site-specific crop management in Australia. Aust. J. Exp. Agric.* **38**: 753–763 (1998)

[7] J.P. Da Costa, Ch. German, O. Lavialle, S. Homayouni y G. Grenier. *Vine field monitoring using resolution remote sensing images: segmentation and characterization of rows of vines. VIth Int. Terroir Congr. Montpellier* (2006)

[8] V.D. Gómez-Miguel, *Terroir. In: J. Böhm (ed.) Atlas das castas da península Ibérica: história, terroir, ampelografia.* pp. 104–153. *Dinalivro, Lisboa, Portugal* (2011)

[9] V.D. Gómez-Miguel y V. Sotés. *Delimitación de zonas vitícolas de la DO Ca Rioja. Universidad Politécnica de Madrid, Madrid* (1997)

[10] V.D. Gómez-Miguel. *Geología, Geomorfología y Edafología. Atlas Nacional de España. Instituto Geográfico Nacional. Madrid* (2005)

[11] V.D. Gómez-Miguel, M.L. González-SanJosé y V. Sotés. *High resolution remote sensing a supplement to mMicro-zoning studies. IXe Congrès International des Terroirs vitivinicoles, Francia* (2012)

[12] A. Hall, D. Lamb, B. Holzapfel y J. Louis. *Optical remote sensing applications in viticulture - a review. Aust.J.Grape Wine Res.* **8**:36–47 (2002)

[13] A. Hall, D.W. Lamb, B.P. Holzapfel y J.P. Louis. *Within-season temporal variation in correlations*

DOI: 10.1051/bioconf/20160701025

between vineyard canopy and winegrape composition and yield. Precis.Agric. **12**:103–117 (2011)

[14] A. Hall, J. Louis y D. Lamb. *Characterizing and mapping vineyard canopy using high-spatial-resolution aerial multispectral images. Comput. Geosci.* **29**:813–822 (2003)

[15] J.R.Jensen, *Introductory digital image processing: a remote sensing perspective. Prentice Hall. New Jersey* 526 pp. (2004)

[16] L. Johnson, D. Roczen, S. Youkhana, R. Nemani y D. Bosch. *Mapping vineyard leaf area with multispectral satellite imagery. Comput.Electron.Agric.* **38**:33–44 (2003)

[17] MAPA. *Métodos oficiales de análisis de suelos y plantas. Ministerio de Agricultura, Pesca y Alimentación. Madrid* (1986)

[18] A.J. Mathews y JR. Jensen. Visualizing *and quantifying vineyard canopy LAI using an unmanned aerial vehicle (UAV) collected high density structure from motion point cloud. Remote Sensing*, **5, 5**: 2164–2183 (2013)

[19] A. Martínez, J. Cámara y V.D. Gómez-Miguel. *Vegetation indices variability in vineyards of Rioja Alta (DO Ca Rioja) in different dates. X Int Cong Terroir Tokai (Hungría)* (2014)

[20] A. Martínez, y V.D. Gómez-Miguel. *Vegetaction index cartography as a methodology complement to the terroir zoning for its use in precisión viticulture (i.p.)*

[21] M.V. Möller, Alchannatis, Y. Cohen, M. Meron, J. Tsipris, A. Nahor, V. Ostrovsky, M. Sprintsin y S. Cohen. *Use of termal and visible imagery for estimating crop water status of irrigated grapevine. Jor. of Experim. Botany*, **58**:827–838 (2007)

[22] OIV. 2015. *Preliminary Draft Resolution. VITI-TECVIT 14-xxx Et1. Version 01/2014 (*a proposed by Bramley et al. 2005)

[23] OIV (Mod). *The OIV guidelines for sampling in vineyards.* CI-TECVIT 2014-03 04.WD23 (propuesta) (2015)

[24] H. Ojeda. *Precision irrigation of the vineyard. CONCLIVIT. Zaragoza. España* (2007)

[25] A. Palacios-Orueta, JE Pinzón, SL Ustin, y D.A. Roberts. *Remote sensing of soils in the Santa Mónica Mountains. Rem Sensing of Environment*, **68**: 138–151 (1999)

[26] A.G. Reynolds, IV Senchuk, C. Reest y Ch. Savigny. *Use of GPS and GIS for elucidation of the basis for terroir: spatial variation in an Ontario Riesling vineyard. Am. J. Enol. Vitic.*, **58,2**:145–163 (2007)

[27] J.A. Taylor. *Digital terroir and precision viticulture. PHD Thesis. MMIV. New South Wales Australia* 255p. (2004)

[28] USDA. *Kellogg Soil Survey Laboratory Methods Manual. USDA. Version 5.0* (2014)

[29] USDA. *Soil Survey Field and Laboratory Methos Manual, USDA. Version 2* (2014)

[30] USDA. *Precision Agriculture: NRCS support for emerging technologies. Agronomy Technical Note* No. 1 (June 2007)

[31] E. Vaudour. *Les terroir viticoles. Editions La Vigne-DUNOD, Paris* 294 pp. (2003)

[32] P, A. Zarco, Berjón, R. López-Lozano, J. Miller, P. Martín, V. Cachorro, González M.y A. de Frutos, *Assessing vineyard condition with hyperspectral indices: Leaf and canopy reflectance simulation in a row-structured discontinuous canopy. Remote Sens. Environ.*, **99**, 3: 271–287

DOI: 10.1051/bioconf/20160701026

The agro-ecologie of the soils: Concept, wine application, example of France / L'agro-écologie des terroirs : concept, application viticole, exemple de la France

Joël Rochard[1], Carine Herbin[1], et Valérie Lempereur[2]

[1] IFV (Institut Français de la Vigne et du Vin), 17 rue Jean Chandon Moët, 51200 Epernay, France
[2] IFV (Institut Français de la Vigne et du Vin), 210 boulevard Victor Vermorel, 69400 Villefranche-Sur-Saône, France

Résumé. L'agro-écologie est une façon de pratiquer l'agriculture en utilisant au mieux le fonctionnement et les ressources de la nature tout en préservant ses capacités de renouvellement. Cette démarche vise majoritairement à concilier développement agricole, protection de l'environnement et biodiversité. En France, suite à un rapport coordonné par M. Guillou, cette approche a été lancée dès la fin 2012 par le Ministère de l'Agriculture, de l'Agroalimentaire et de la Forêt avec pour tripe objectif de concilier les performances économiques et environnementales et sociales. Pour la viticulture, les enjeux portent principalement sur la réduction de l'utilisation des produits phytosanitaires. Dans ce cadre, au-delà de l'optimisation de l'application des produits phytosanitaires, les vignobles doivent développer des structures agro-écologiques favorables à la biodiversité et à la valorisation des paysages, support de l'éco-œnotourisme. Ils sont constitués, pour l'essentiel, de haies, bosquets, arbres isolés et alignés, murets, banquettes. Ce thème a fait l'objet d'un programme européen BIODIVINE (`www.biodivine.eu`) associé à des opérations de démonstration dans différents vignobles en France, en Espagne et au Portugal. La communication a pour objectif de définir le concept d'agro-écologie et de formaliser, à partir de l'expérience de la France, l'application aux terroirs viticoles.

Abstract. Agro-ecology is a way of practicing agriculture by as well as possible using the operation and the resources of nature while preserving its capacitances of renewal. This approach mainly aims at reconciling agricultural development, environmental protection and biodiversity. In France, following a report coordinated by Mr. Guillou, this approach was encouraged at the end of 2012 by the Ministry for Agriculture, the Agroecology and the Forest with for objective reconciling economic and social environmental performances. For the viticulture, the challenges relate mainly to the reduction of the use of the plant health products. Within this framework, beyond the tweaking of the application of the plant health products, the vineyards must develop agro-ecological structures favorable to the biodiversity and valorization of the landscapes, support of eco-winetourism. They are made up, essentially, of the hedges, thickets, trees isolated and aligned, managed tapes buffers, low walls, benches. This topic was the object of a European program BIODIVINE (`www.biodivine.eu`) associated with operations of demonstration in various vineyards in France, Spain and in Portugal. The communication aims to define the concept of agro-ecology and to formalize to leave the experiment France the application to the vine terroirs.

1. Introduction

Les pratiques d'agriculture intensive, qui se sont répandues en Europe au XXe siècle, ont permis une importante augmentation de la productivité, notamment grâce à de nombreuses innovations scientifiques et techniques. Néanmoins le changement des pratiques a eu des conséquences, notamment sur la biodiversité, la qualité des écosystèmes et les paysages par une simplification des espaces viticoles. En complément la pression socioculturelle vis-à-vis de l'utilisation des pesticides a conduit à un renforcement de réglementation.

Ainsi, plusieurs directives européennes visant à réglementer l'utilisation des produits phytopharmaceutiques ont vu le jour, accompagnées en France d'une stratégie nationale dont les plans Ecophyto qui visent à réduire progressivement l'utilisation des produits phytosanitaires tout en maintenant une agriculture économiquement performante.

Dans la problématique du développement durable, l'agriculture occupe une place importante car elle joue un rôle notable dans la mise en valeur des territoires, elle répond à un des besoins humains les plus fondamentaux. La durabilité de l'agriculture est donc essentielle. Mais la notion de développement durable, est souvent banalisé et parfois galvaudé, ce qui a conduit à l'émergence de nouveaux concepts : écologie industrielle, économie et croissance verte, économie sociale et solidaire, éco-développement, et plus particulièrement pour les secteurs agricoles et agroalimentaires, l'économie circulaire ainsi que l'agro-écologie.

L'économie circulaire, contrairement à une économie linéaire, a pour objectif de produire des biens et des services tout en limitant la consommation et le

DOI: 10.1051/bioconf/20160701026

Figure 1. Les Zones Ecologiques Réservoirs sont des espaces semi-naturels implantés à proximité des vignes. Ils sont composés d'arbustes, d'arbres ou de plantes rampantes (Source : `www.saumur-champigny.com`).

Figure 2. Plaquette « Projet agro-écologique pour la France », Ministère de l'agriculture de l'agro-alimentaire et de la forêt, 2013.

gaspillage des matières premières, de l'eau et des sources d'énergie. Elle s'appuie notamment sur l'analyse de cycle de vie et concerne dans une certaine mesure la production agricole à l'origine de sous-produits valorisables, mais surtout les processus de transformation par une approche d'éco-conception des produits.

L'agro-écologie associe, dans une approche intégrative, l'agronomie et l'écologie pour l'ensemble de la production agricole au sein de son territoire. Cet objectif, au-delà de l'optimisation de l'application des produits de traitement, impose de favoriser des mécanismes de régulation naturelle des parasites en lien avec les services écosystémiques des territoires agricoles et viticoles (Fig. 1).

En 2012, le projet agro-écologique pour la France a été présenté par le Ministère de l'Agriculture, de l'Agroalimentaire et de la Forêt dont le plan d'action très précis a été validé en 2014 et actuellement mis en œuvre. Ses objectifs principaux portent sur le développement et la diffusion de pratiques agro-écologiques afin d'assurer une agriculture performante sur le plan économique, environnemental et social, en optimisant l'utilisation des ressources et des mécanismes naturels travers plusieurs informations, la mobilisation des aides de la PAC, le développement de génétique adaptée.

« *Nous devons aborder ces questions de l'écologie et de l'agriculture, non pas en les segmentant ou en les séparant, mais en les inscrivant dans des logiques de système. C'est la nouveauté de ce projet sur l'agro-écologie.* » Stéphane Le Foll, ministre de l'agriculture, de l'agroalimentaire et de la forêt.

Une stratégie d'agro-écologie impose de favoriser les mécanismes de régulation naturelle des parasites et de s'intéresser notamment à la biodiversité et aux composantes paysagères des terroirs. Comme le souligne J. Loyat « *la biodiversité est une composante environnementale mal prise en compte, en l'absence d'une vision claire de son état et de sa dynamique. Une part importante de la biodiversité terrestre se trouve dans les espaces agricoles, et l'agriculture à un rôle déterminant dans sa gestion. L'enjeu est de concevoir et développer une « écoagriculture » qui satisfasse aux besoins croissants de l'alimentation et des cultures non alimentaires, tout en préservant la diversité du vivant et en conservant la capacité d'adaptation des espèces et des écosystèmes. (...) Les savoirs et savoir-faire locaux, longtemps ignorés, témoignent de la coévolution sur le très long terme des sociétés et de la biodiversité. Leur protection fait partie des stratégies pour le développement durable. Pour assurer une « bonne gouvernance de la biodiversité », il faut associer dans des actions collectives les décideurs légitimes, les scientifiques et les parties prenantes, à des échelles qui vont du niveau international jusqu'au niveau local* » (Fig. 2) [5].

Un rapport piloté par Marion Guillou, publié en juin 2013, qui a associé les acteurs de la recherche et du développement ainsi que les services du Ministère de l'Agriculture, a proposé une analyse en profondeur des voies et moyens pour combiner efficacement performance économique et performance environnementale. [4]. Fondé sur l'examen d'initiatives concrètes en France et à l'étranger et sur l'expertise scientifique, ce document a constitué une étape importante car il a montré que la voie de la performance économique et environnementale était réaliste et porteuse d'avenir. En 2014, la loi d'avenir pour l'agriculture, l'alimentation et la forêt a été mise en place pour assurer un développement opérationnel de l'agro-écologie. Dans cette optique, ce texte a mis en place les groupements d'intérêt économique et environnemental (GIEE). Il permet de reconnaître des collectifs d'agriculteurs qui s'engagent dans un programme pluriannuel d'amélioration ou de consolidation de leurs pratiques, avec la triple performance. Ils peuvent ainsi bénéficier de majorations dans l'attribution des aides publiques pour accompagner leur projet agro-écologiques. Depuis mars 2015, près de 250 GIEE ont déjà été créés (Fig. 3) [6,7].

2. Définitions et objectifs

Le néologisme « agro-écologie » est apparu dans la littérature dans les années 30, d'abord pour désigner une discipline scientifique au carrefour de l'écologie et de l'agronomie, puis à partir des années 70, un ensemble de pratiques et un mouvement social en réaction à l'intensification de l'agriculture [2].

Figure 3. Plaquette « GIEE une première application de la loi d'avenir pour l'agriculture ». Ministère de l'agriculture de l'agro-alimentaire et de la forêt, 2016. `http://agriculture.gouv.fr/ministere/giee-une-premiere-application-de-la-loi-davenir-pour-lagriculture`; `http://agriculture.gouv.fr/agro-ecologie-les-actions-realisees-en-2015`

Figure 4. Symposium international sur l'agro-écologie pour la sécurité alimentaire et la nutrition, de la FAO, Rome, 2014.

Ce concept peut être défini comme un *ensemble disciplinaire alimenté par le croisement des sciences agronomiques (agronomie, zootechnie), de l'écologie appliquée aux agroécosystèmes et des sciences humaines et sociales* [11].

D'un point de vue plus opérationnel, les systèmes de production agro-écologiques s'appuient sur les services fournis par l'écosystème et les utilisent, tout en limitant leurs impacts négatifs sur l'environnement et en cherchant à préserver les ressources naturelles de façon durable. Les pratiques sont également à adapter au cas par cas, en fonction du milieu et du contexte socio-économique. L'exploitant expérimente avec ses méthodes, et les adapte en fonction des besoins.

Au-delà des aspects liés à la production agricole sensu stricto, l'agro-écologie peut également recouvrir un sens plus large en considérant les dynamiques territoriales et les acteurs sociaux portant les fondements d'une agriculture durable, écologiquement saine, économiquement viable et socialement juste [13]. Ainsi les acceptions du terme agro-écologie sont multiples et vont bien au-delà d'un positionnement scientifique, en se référant également à des pratiques agricoles et à un mouvement social [12].

Une approche internationale commence à s'organiser autour des principes de l'agro-écologie, avec la participation d'organismes institutionnels tels que l'Organisation des Nations Unies pour l'alimentation et l'agriculture (FAO). Cette dernière a organisé en 2014 à Rome un symposium international sur l'agro-écologie pour la sécurité alimentaire et la nutrition, parrainée notamment par la France et la Suisse, prélude un programme de travail dédié sur trois ans (avec des conférences régionalisées). La FAO considère que l'agro-écologie est un moyen viable d'assurer la sécurité alimentaire mondiale, en particulier dans un contexte de changements climatiques (FAO, 2015).

« *L'Agro-écologie continue de croître, à la fois dans les sciences et dans les politiques. Il s'agit d'une approche qui aidera à relever le défi de mettre un terme à la faim et à la malnutrition sous toutes leurs formes, dans le contexte de l'adaptation au changement climatique de plus en plus nécessaire* », José Graziano da Silva, Directeur Général de la FAO, 2014 (Fig. 4) [3].

Un des principes de l'agro-écologie est de prendre conscience des services écosystémiques fournis par l'environnement autour et dans la parcelle agricole et de les utiliser. On cherche à optimiser ces services en limitant les apports en produits phytopharmaceutiques, en favorisant la faune du sol et en maintenant et restaurant des écosystèmes naturels diversifiés à proximité des parcelles cultivées. Parmi les services rendus par la biodiversité en milieu agricole, on retrouve la fertilisation des sols, les ressources en eau, la régulation du climat, la dégradation de molécules phytopharmaceutiques ou encore le contrôle des bio-agresseurs par la lutte biologique [10].

D'un point de vue opérationnel, les principales orientations agro-écologiques sont les suivantes :

- **Travail du sol** qui respecte sa structure et maintien les populations des divers micro-organismes et animaux dans les horizons du sol en veillant à sa matière organique. Un couvert végétal est recherché pour limiter l'érosion et structurer le sol.
- Accroissement de **la biodiversité** (intra-parcellaire, au sein de l'exploitation et du territoire) en évitant les monocultures qui ont besoin d'intrants en énergie, pesticides et engrais. L'intégration éventuelle d'animaux est également au centre des préoccupations des agriculteurs pratiquant l'agro-écologie.
- **Fertilisation** obtenue au moyen des engrais verts et de compost. L'objectif est le maintien d'un taux d'humus élevé assurant une fertilité durable et garantissant une alimentation hydrique plus régulière. **Traitements phytosanitaires** optimisés en privilégiant les produits à faible impact environnemental et éco-toxicologique.

- **Sélection des variétés** les plus adaptées au contexte local.
- Optimisation de l'**irrigation**.
- Réduction de la consommation énergétique des itinéraires techniques.
- Aménagements parcellaires pour lutter contre l'**érosion** des sols et utilisation éventuelle les eaux de pluie, pour recharger les nappes phréatiques.
- Préservation, restauration, implantation de **structures agro écologiques** pour favoriser la biodiversité et les structures paysagères. L'agroforesterie peut également s'inscrire dans ce processus.
- Réhabilitation des **savoir-faire** traditionnels liés à la gestion écologique et économique des territoires.
- **Pédagogie** adaptée aux acteurs de terrain.

L'agro-écologie, dans son objectif de durabilité, cherche à assurer la conservation des sols et le maintien de leur productivité à long terme. Des aménagements permettent de limiter l'érosion des sols. Parmi ces structures, on peut citer les haies brise-vent, les murets de pierre ou encore le maintien d'un couvert enherbé.

Les exploitants pratiquant l'agro-écologie recherchent le maintien d'espaces naturels et d'aménagements favorisant leur conservation. Ces milieux sont des refuges pour de nombreuses espèces végétales et animales. On encourage notamment la présence de plans d'eau, de fossés, de bosquets et de talus. Ruisseaux, forêts, haies et bandes herbacées peuvent permettre de constituer des corridors écologiques favorables aux déplacements de la faune.

L'agro-écologie associe également ne lutte intégrée efficace qui passe par une bonne estimation des risques. Des réseaux de surveillance fournissent des informations sur la présence des nuisibles en fonction des cultures et permettent d'échanger avec d'autres professionnels. Les ressources techniques et économiques de l'exploitant, l'accès au soutien technique d'organismes de surveillance ou de recherche influence les mesures de protection mises en place sur l'exploitation.

`http://agriculture.gouv.fr/les-fondements-de-lagro-ecologie`

3. Mise en œuvre de l'agro-écologie en viticulture

La viticulture a subi, comme les autres secteurs agricoles, une intensification des pratiques culturales, accompagnée d'une utilisation accrue des produits de synthèse. En viticulture, les demandes du grand public renforcées par la dimension culturelle du vin et la sensibilisation des professionnels, contribuent au développement de pratiques alternatives plus respectueuses de l'environnement et de la santé [8, 10].

L'agro-écologie au vignoble prend notamment en compte la lutte intégrée, la mise en place d'actions et d'aménagements environnementaux, ainsi que la valorisation de la biodiversité et des milieux naturels.

La lutte intégrée fait intervenir un panel de techniques de défense alternatives, en considérant l'intervention chimique comme un dernier recours contre les maladies et les ravageurs. La prophylaxie, notamment, regroupe un ensemble de pratiques dont le but est de prévenir l'apparition, la propagation ou l'aggravation des dégâts subis par la culture. On cherche en premier lieu à diminuer la sensibilité de la vigne. Cet objectif peut être atteint en choisissant des porte-greffes et des cépages adaptés aux caractéristiques climatiques et résistants aux maladies locales, ainsi qu'en utilisant des plants garantie sains [1].

La lutte biologique réunit un ensemble de méthodes basées sur l'utilisation d'organismes vivants pour lutter contre des espèces considérées comme nuisibles. Ces auxiliaires de culture ont pour caractéristique un mode de vie entraînant la destruction des individus indésirables. On cherche ainsi à réguler les populations de ravageurs en dessous d'un seuil auquel on considère les dégâts économiques et qualitatifs comme acceptables. La mise en application de ces techniques implique d'avoir une bonne connaissance de la biologie et de l'écologie des espèces concernées, nuisibles comme auxiliaires. Il est nécessaire de prendre en compte les interactions de ces organismes entre eux, mais également avec leur environnement et les autres espèces présentes dans le milieu.

Il existe trois types de lutte biologique :

- La méthode par **acclimatation** consiste à apporter un auxiliaire pour lutter contre un ravageur.
- La lutte biologique par **augmentation** doit permettre de contrôler un ravageur indigène, soit en augmentant les effectifs de son ennemi naturel, soit en introduisant régulièrement un auxiliaire qui ne saurait se maintenir seul dans le milieu. Les organismes sont multipliés en « élevage » et sont introduits lors de lâchers « inondatifs ».
- La lutte biologique par **protection** a pour objectif d'attirer les auxiliaires sur les cultures en favorisant leur habitat et en adaptant les pratiques culturales. Les programmes de traitement, notamment, doivent prendre en compte les effets non intentionnels des produits phytopharmaceutiques sur la faune auxiliaire.

En complément, la lutte biotechnique correspond à des moyens de défense contre les ravageurs comprenant des stimuli physiques ou chimiques ainsi que des agents agissant sur le développement ou le comportement des organismes visés. En France, ce moyen de lutte est utilisé par confusion sexuelle pour limiter les populations d'eudémis et de cochylis. Le principe de cette méthode est de saturer artificiellement l'atmosphère du vignoble en phéromones femelles ce qui perturbe la reproduction.

La biodiversité « fonctionnelle » mais également « naturaliste », qui favorise la protection et la valorisation des habitats naturels, se diffusent depuis quelques années auprès des viticulteurs. D'un point de vue écologique, les milieux naturels servent de refuges à une flore et une faune variée. Ils peuvent constituer des corridors écologiques pour le déplacement des espèces entre des espaces favorables plus importants. De plus, la conservation et la restauration de sites naturels sont également utiles pour mettre en avant les valeurs esthétiques et patrimoniales du terroir viticole en favorisant une diversification des paysages. Ces différents aspects ont été développés dans le cadre du programme européen Life BioDiVine (`www.biodivine.eu`).

 DOI: 10.1051/bioconf/20160701026

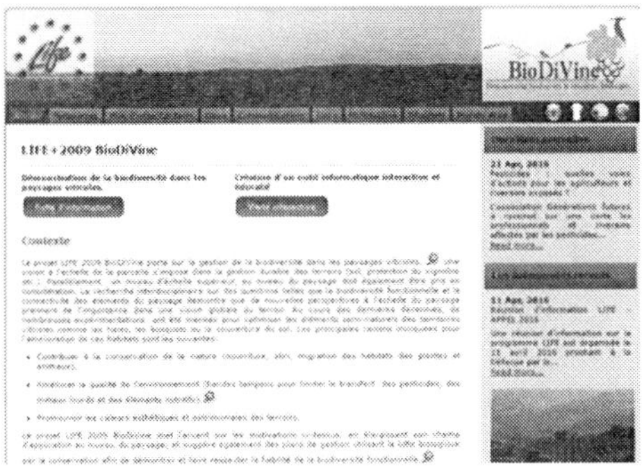

Figure 5. Site Internet du projet BioDiVine (`www.biodivine.eu`).

Projet européen LIFE + BioDiVine :
Le projet BioDiVine a porté sur l'étude et la gestion de la biodiversité dans les paysages viticoles. Ce projet, qui a bénéficié d'un financement européen LIFE + 2009/2014, vise à cerner l'intérêt des aménagements des terroirs viticoles et l'adaptation des itinéraires techniques concernant la biodiversité, le paysage et, plus globalement, l'environnement. Le projet s'est concentré sur la gestion de six sites expérimentaux européens : Douro au Portugal, Rioja et Penedès en Espagne, un site de référence, Saumur-Champigny, ainsi que les appellations Saint Émilion, Limoux et Costières de Nîmes et Bourgogne en France. Des actions concrètes de conservation et d'aménagement ont été mises en œuvre sur chaque site avec la création d'espaces semi-naturels complémentaires. Parallèlement aux aménagements, une protection raisonnée ou intégrée du vignoble a été développée. De plus, des suivis techniques par le biais de protocoles appropriés aux différentes spécialités de la biodiversité et une analyse cartographique ont été réalisés afin d'évaluer la portée des actions mises en œuvre (`www.biodivine.eu`) (Figs. 5 et 6) [9].

En France, les espaces viticoles étant majoritairement composés de parcelles de dimensions réduites, les nombreux espaces interstitiels sont propices à la restauration de milieux favorables à la biodiversité, notamment des haies, des murets ou encore des bandes herbacées et fleuries. La vigne étant une culture pérenne, le vignoble constitue un paysage stable offrant des possibilités d'aménagements à long terme (Fig. 7).

Le vignoble est également favorable à la mise en place de surfaces herbacées. L'enherbement se définit comme le maintien d'un couvert végétal, naturel ou semé, permanent ou temporaire. Sa gestion doit être adaptée au contexte local (pente, types de sols, climat, etc.). Il peut être mené sur l'inter-rang, sur les chemins et les « tournières » à l'extrémité des parcelles, et parfois sous le rang. Il permet de limiter l'érosion de la parcelle, ainsi que l'utilisation et le ruissellement des intrants. Il favorise l'aération et la perméabilité du sol grâce aux racines de la végétation herbacée. Cette dernière réduit également le compactage provoqué par le passage des machines agricoles et constitue un apport de matière organique. Dans certaines situations, l'enherbement constitue un moyen de limiter la vigueur de la vigne. Enfin, la flore spontanée est un lieu de refuge pour la biodiversité, notamment les auxiliaires et la faune du sol. L'enherbement constitue

Figure 6. Evaluation de la biodiversité des arthropodes par la méthode RBA (Rapidity Biodiversity Assessment).

Figure 7. Quelques exemples de gestion de biodiversité dans les terroirs viticoles (jachère fleurie, muret, gestion des fossés).

alors un corridor écologique au sein même de la parcelle cultivée.

4. Conclusion

Au cours des précédentes décennies, par l'intensification de l'agriculture, l'agronomie s'est parfois éloignée de l'écologie. Comme le souligne J. Loyat « *En une quinzaine d'années, le développement durable s'est imposé sur la scène politique et économique. Il fait désormais partie des valeurs que la communauté internationale désire promouvoir et il est devenu un élément incontournable de tout discours qui entend traiter de la société et de son avenir. Il y a là un incontestable effet de mode, mais qui plonge ses racines dans le phénomène bien réel à la fois de la finitude des ressources par rapport à des besoins qui croissent sans cesse et de l'échec de la croissance pour garantir la pérennité de nos sociétés. C'est, en dernier ressort, l'organisation de nos sociétés qui est en question, dans sa capacité à satisfaire les besoins les plus essentiels* » [5].

L'agro-écologie est une façon de concevoir des systèmes de production qui s'appuient sur les fonctionnalités offertes par les écosystèmes. Elle implique le recours à une diversité technique valorisée, par des savoir-faire locaux, en considérant l'exploitation dans son ensemble et les parcelles au sein d'un territoire. Le défi est considérable et impose une modification très significative des pratiques des viticulteurs. Un tel changement, même s'il est déjà amorcé, suppose un investissement lourd dans la recherche, la formation, le conseil et l'éducation.

Parallèlement aux démarches régionales et nationales, il est important que ce concept soit accompagné par les instances internationales qui peuvent fournir, dans le prolongement du développement durable, des guides de mise en œuvre de l'agro-écologie à adapter à chaque contexte local.

Références

[1] Avenard, J.-C. et coll., *Manuel de production intégrée en viticulture,* Bordeaux, France : Éditions Féret (2003)

[2] C. David et coll., Agro-écologie, *les mots de l'agronomie.* H

[3] FAO, Symposium international sur l'agro-écologie pour la sécurité alimentaire et la nutrition, Rome (2014) http://www.fao.org/about/meetings/afns/fr/?%EF%BF%BD%04

[4] M. Guillou et coll., *Vers des agricultures doublement performantes pour concilier compétitivité et respect de l'environnement,* INRA/AGREENIUM (2013) http://agriculture.gouv.fr/remise-du-rapport-sur-lagro-ecologie-par-marion-guillou-stephane-le-foll-0

[5] J. Loyat, *Contribution de l'agriculture au développement durable.* Recommandations pour la recherche, Natures Sciences Sociétés **15**, 186–190 (2007)

[6] Ministère de l'agriculture de l'agro-alimentaire et de la forêt, Plaquette : *Projets agro-écologique pour la France,* (2013) http://agriculture.gouv.fr/ministere/projet-agro-ecologique-pour-la-france

[7] Ministère de l'agriculture de l'agro-alimentaire et de la forêt, Plaquette : *Une première application de la loi d'avenir pour l'agriculture,* (2016) http://agriculture.gouv.fr/sites/minagri/files/giee-laaf-v4-bd.pdf

[8] J. Rochard, *Un nouveau support de communication : l'éco-œnotourisme, paysage, biodiversité, écoconception des caves,* 38th World Congress of Vine and Wine, OIV (2015)

[9] J. Rochard, B. Porte, *Biodiversity and viticulture: concept and application; results of the european project biodivine,* 37th World Congress of Vine and Wine, OIV (2014) http://agriculture.gouv.fr/sites/minagri/files/giee-laaf-v4-bd.pdf

[10] G. Sentenac et coll., *Les bonnes pratiques pour favoriser les auxiliaires et préserver la biodiversité,* numéro spécial ugvb (2015)

[11] TP. Tomich, S. Brodt, H. Ferris, R. Galt, WR. Horwath, E. Kebreab, J. Leveau, D. Liptzin, M. Lubell, P. Merel, R. Michelmore, T. Rosenstock, K. Scow, J. Six, N. Williams, J. Yang, *Agroecology: A Review from a Global-Change Perspective.* Review in advance, Sous presse (2011)

[12] A. Wezel, S. Bellon, T. Doré, D. Vallod, C. David, *Agroecology as a science, movement or practice.* Agronomy for Sustainable Development, **29** : 503–515 (2009)

[13] A. Wezel, JC. Jauneau, *Agroecology – interpretations, approaches and their links to nature conservation, rural development and ecotourism.* In: Campbell W.B., López Ortiz S., eds, Integrating agriculture, conservation and ecotourism: examples from the field. Issues in Agroecology - Present Status and Future Prospectus **1**, Springer, Dordrecht (2011)

Ethylene pre-harvest application in 'Cabernet Sauvignon' produced in the region of "Dom Pedrito" – RS

Jansen Moreira Silveira, Elizeu Nogueira Fernandes, Bruna Laís Hamm, Willian dos Santos Triches, Daniel Pazzini Eckhardt, and Juan Saavedra del Aguila[a]

Federal University of Pampa (UNIPAMPA) – "Dom Pedrito" Campus – Course of Bachelor's Degree in Oenology. Adress: Street Vinte e Um de Abril n° 80, "Dom Pedrito", "Rio Grande do Sul" (RS), CEP 96450-000, Brazil

Abstract. Thus this work was to evaluate the use of ethylene application in pre-harvest grapes of Cabernet Sauvignon cultivar. Applying ethylene by spraying with ethylene solution in different periods with the following treatments; (T1) without application of ethylene; (T2) 10 ppm of ethylene in the fruit only on the day of collection; (T3) two applications of 10 ppm ethylene (one day before harvest and once on the day of harvest) and; (T4) three applications of 10 ppm ethylene (two days prior to harvest, one day prior to harvest and the other on the day of harvest). For each treatment were made four replications in the field, with 07 plants each. The physicochemical analyses in must and wine as pH, total soluble solids (TSS), expressed acidity malic acid, expressed as acid into lactic acid, total acid and ethanol were made by infrared spectrometry Fourier transform (FTIR). There were significant differences between treatments in physical and chemical composition of must and wine. These preliminary results suggest that ethylene pre-harvest application modify somehow the malic acid content, modifying the total acidity and pH of the must and wine in Cabernet Sauvignon, promoting a slight modification in the TSS and thus in ethanol.

1. Introduction

Ethylene has many know effects on plant growth and development. Much of our knowledge of ethylene activity comes from exposing plant tissues or organs with ethylene in enclosed containers. With the development of ethephon (2-chloroethylphosphonic acid) ethylene application is greatly simplified. Ethephon is applied as an aqueous spray and is absorbed into plant tissues. There it decomposes to release ethylene gas, chloride, and phosphate ions [1].

Ethylene is extensively used in agriculture to ensure adequate ripening fruit since it triggers a series of reactions which alter the colouring of the fruit, causing the softening of the fleshy part and increase the amount of sugars. The use of ethylene in post-harvest processes are widely spread around the world, being scarce the researches of the use in direct applications in the fruit field.

On the other hand, anthocyanins provide many of the red-purple colours of fruit and vegetables and flowers. Anthocyanins are water-soluble phenolic glucosides that can be found in the cell vacuoles of fruit and vegetables such as beetroot, but are often in the epidermal layers, as with grape. They produce strong colours, which often mask carotenoids and chlorophyll [2].

The objective of this study was to evaluate the use of ethylene application in pre-harvest grapes of Cabernet Sauvignon cultivar.

2. Materials and methods

Thus this work was to evaluate the use of ethylene application in pre-harvest grapes of Cabernet Sauvignon cultivar. The test was conducted in a commercial vineyard located in the city of "Dom Pedrito", Rio Grande do Sul (RS), during the season 2015/16, in 'Cabernet Sauvignon', Clone R6, grafted on 'SO4', 16 years old installed.

The work consisted of applying ethylene by spraying with ethylene solution in different periods with the following treatments (T1) without application of ethylene; (T2) application of 10 ppm of ethylene in the fruit only on the day of collection; (T3) two applications of 10 ppm ethylene (one day before harvest and once on the day of harvest) and; (T4) three applications of 10 ppm ethylene (two days prior to harvest, one day prior to harvest and the other on the day of harvest). For each treatment were made four replications in the field, with 07 plants each.

Each of the experimental units were vinified in the experimental winery of Federal University of Pampa (UNIPAMPA) – "Dom Pedrito" Campus, and packed in bottles of 20 liters following the standard protocol to produce red wine and then the wines were stored in 5-liter bottles where they currently are.

The physicochemical analyses in must and wine as pH, total soluble solids (TSS), expressed acidity malic acid, expressed as acid into lactic acid, total acid and ethanol were made by infrared spectrometry Fourier transform (FTIR).

The data were submitted to analysis of variance (ANOVA), and when significant, the averages were compared by Tukey test at 5% probability [3–5].

[a] e-mail: juanaguila@unipampa.edu

Table 1. Total Soluble Solids (TSS), pH, total acidity, tartaric acid and, malic acid; in must and wine of the 'Cabernet Sauvignon' with different treatments.

Treatments	Must				
	TSS (°Brix)	pH	Total Acidity ($g L^{-1}$)	Tartaric Acid ($g L^{-1}$)	Malic Acid ($g L^{-1}$)
T1*	20.73 a	3.55 a	2.20 b	6.75 a	2.45 b**
T2	20.45 a	3.49 b	2.25 b	6.95 a	2.48 b
T3	20.80 a	3.55 a	2.58 a	6.50 a	3.08 a
T4	19.95 a	3.52 ab	2.53 a	6.23 b	2.98 a
	Wine				
	Ethanol		pH	Total Acidity ($g L^{-1}$)	
T1	11.22 a		3.42 b	9.58 a	
T2	10.95 ab		3.43 b	9.48 a	
T3	11.12 ab		3.51 a	9.23 a	
T4	10.56 b		3.47 ab	9.18 a	

* T1 = without application of ethylene; T2 = 10 ppm of ethylene in the fruit only on the day of collection; T3 = two applications of 10 ppm ethylene (one day before harvest and once on the day of harvest) and; T4 = three applications of 10 ppm ethylene (two days prior to harvest, one day prior to harvest and the other on the day of harvest). ** Means followed by the same small letter in the column did not differ significantly between them by Tukey test at 5% probability.

3. Results and discussion

There were significant differences between treatments in physical and chemical composition of must and wine. Being the grape must, malic acid and total acidity parameters, the ethylene treatment without pre-harvest application (T1) and an ethylene pre-harvest application (T2), were the lowest values. Moreover, the must with the treatment of ethylene with two pre-harvest application (T3) and three applications (T4) showed the highest malic acid and total acid values (Table 1).

As for the rates in TSS must and pH, no significant differences between treatments were found. In wine the treatments showed significant differences for the variable ethanol: T1 had the high value and the lowest value T4. For the variable response in the wine, the pH of the T1 and T2 presented the lowest values and the treatment T3, presented the greater value (Table 1).

For total acidity the treatments also differ, and the T1 and T2 showed the highest values and the treatment T3 is smaller (Table 1).

The classification of grapes as non-climacteric fruit was mainly due to a set of data showing only weak changes in endogenous ethylene levels around veraison, a development stage at which grape berries start to lose their acidity and to redden, in the case of red cultivars, among other biochemical changes [6].

Ethylene seems also implicated in the regulation of berry acidity. Indeed, ethephon treatment induces an acidity decrease in grape juice [7]. These authors observed the acidity drop in musts and wines of "Carignane" grapes over two seasons, and this was linked to the concentration decrease of both tartaric and malic acids [8].

The use of ethylene-releasing compounds to enhance grape colour is one of the main practices in the vineyard [9].

4. Conclusion

These preliminary results suggest that ethylene pre-harvest application modify somehow the malic acid content, modifying the total acidity and pH of the must and wine in 'Cabernet Sauvignon', promoting a slight modification in the TSS and thus in ethanol.

We would like to thank to the wine grower Mr. Adair Camponogara.

References

[1] E.F. Durner. Principles of Horticultural Physiology. Oxfordshire, UK, CABI, 405p. (2013)
[2] R. Wills, B. McGlasson, D. Graham, D. Joyce. Postharvest. Sydney, Australia, CABI, 227p. (2007)
[3] F.C. de Almeida; J.F.L. de C. Cham; B.L. Hamm; S.M. Ferreira; M. Gabbardo; J. Saavedra del Aguila. Use of plant growth regulation in the conservation of grapes 'Italy' as aid postharvest, France, Bio Web of Conferences, v. 3 , 4p. (2014)
[4] J. Saavedra del Aguila; A.P. Dachi; E.N. Fernandes; B.L. Hamm; F.C. de Almeida; J.M. Silveira. Garlic and H_2O_2 in overcoming dormancy on the vine 'Cabernet Sauvignon', France, Bio Web of Conferences, v. 5 , 3p. (2015)
[5] J. Saavedra del Aguila; A. Zanella; A.D. Pinheiro; A.M. dos Santos; E.B. Radmann; L.S. Heiffig-del Aguila, Woody cuttings of 'Niagara Rosada' and 'Niagara Branca' rustic grapes. Wageningen, Holanda. Acta Horticulturae, v. 1115, p. 249–252 (2016)
[6] C. Chervin, A. El-Kereamy, J.P. Roustan, A. Latché, J. Lamon, M. Bouzayen. Ethylene seems required for the berry development and ripening in grape, a non-climacteric fruit. Ireland, Plant Science, v. 167, p. 1301–1305 (2004)
[7] Y. Shulman, S. Cohen, C. Loinger. Improved maturation and wine quality of Carignane grapes by Etephon treatments. American Journal of Enology and Viticulture, v.36, p. 264–267 (1985)
[8] N. Mailhac, C. Chervin. Ethylene and grape berry ripening. Stewart Postharvest Review, v. 2, n.2, p. 2–7 (2006)
[9] A. El-Kereamy, C. Chervin, J.P. Roustan, V. Cheynier, J.M. Souquet, M. Moutounet, J. Raynal, C. Ford, A. Latché, J.C. Pech, M. Bouzayen. Exogenous ethylene stimulates the long-term expression of genes related to anthocyanin biosynthesis in grape berries. Denmark, Physiologia Plantarum, p. 175–182 (2003)

DOI: 10.1051/bioconf/20160701028

Dormancy break with garlic extract and hydrogen peroxide in rootstock vine 'SO4'

Juan Saavedra del Aguilla[a], Nádia Cristiane Alves Vianna, Marcelo Souza Soares, Andressa Silveira Meinerz, Elisandra Nunes da Silva and Elizeu Fernandes Nogueira

Federal University of Pampa (UNIPAMPA) – "Dom Pedrito" Campus – Course of Bachelor's Degree in Oenology. Address: Street Vinte e Um de Abril n° 80, "Dom Pedrito", "Rio Grande do Sul" (RS), CEP 96450-000, Brazil

Abstract. A synthetic product is used to help overcome dormancy of the buds of vines in tropical and sub-tropical climate, but the product currently available in Brazil has the highest level of toxicity to humans. The objective was to study some alternatives to break the dormancy of the buds of the rootstock vine 'SO4'. The sprayed treatments were: T1 = water (control); T2 = hydrogen cyanamide (3%); T3 = garlic (33%) and; T4 = Hydrogen Peroxide – H_2O_2 – (3%). The cuttings were immersed in a indole acetic acid (IAA) of 5 ppm for 15 seconds and placed in plastic bags (19 cm × 5 cm × 8 cm) with 50% sand + 50% commercial substrate (H. Decker®). After 04 months, were evaluated: percentage of live cuttings, aerial part height (cm), length of roots (cm) and dry matter of aerial parts and root (g). Regarding the roots, root dry weight and dry matter of aerial parts, stood out the cuttings treated with H_2O_2 at a concentration of 3% (T4). In the present work conditions, preliminarily concluded that H_2O_2 at a concentration of 3% can assist in breaking dormancy of the buds of the roostock vine 'SO4'.

1. Introduction

The vine is a fruit plant of temperate climate that develops according to the means in which it operates. Currently has been planted 81,000 ha in Brazil [1]. This plant has the annual life cycle divided into three periods which are: rest period where it loses its leaves and enters latency; growth period which happens the sprouting, is where the physiological awakening with sprouting leaves occurs, flowering, production, sap circulation and finally; the elaboration period, with formation and ripening of fruits, as well as the leaves fall.

Studies report that is necessary for breaking dormancy in the vine a cold period of 50 to 400 hours at temperatures below 7°C depending on the cultivar; responses to low temperatures are varied according to the health, nutrition and age of buds and influence the growth and survival of plants [2].

Dormancy of the buds can be classified in three types: parodormancy, endodormancy and ecodormancy. The endodormancy happens in regions where there is cold in the winter months, characterized by paralysis of the gem development due to biochemical and physiological events that take place in buds. The parodormancy occurs during the vegetation cycle, plant production and results from the influence of other plant organs on the bud, more known as apical dominance. Finally the ecodormancy occurs after the winter period where the buds outweigh the endodormancy and corresponds to budding limitation when the conditions of temperature and water availability are not favorable [2].

The state endodormancy is reached when the vine at the end of the season, loses its leaves. Certain physiological behavior is necessary for plants to begin a new cycle in the spring, and therefore surviving in low temperatures. In tropical conditions the vines do not trigger the endodormancy by the absence of cold, so only occur paradormancy (with a predominance of apical sprout and continuous vegetative growth) and ecodormancy (coordinated by water availability) [2].

The active ingredient currently used in Brazil to break dormancy in grapevine is hydrogen cyanamide (H_2CN_2), it should be sprayed on the buds at doses that may vary depending on the location, cultivate, plant vigor, sun, accumulated chill hours, the time of pruning and bud dormancy stage.

Brazil is the largest consumer of the world's pesticides since 2009, within the pesticides, the H_2CN_2 is the active ingredient in the commercial product Dormex®, the growth regulators class with rating Toxicology I - Extremely Toxic, at the time in the world has this unique pesticide, in Brazil it is legally registered for use on dormancy breaking of buds in various types of fruits, including the vines; depending on weather conditions (temperature) of the tropical and sub-tropical regions, the use of this regulator is essential. For the toxicity of this product, alternatives are sought that can break dormancy of buds of vine, as well as being less toxic or harmless to man and the environment.

In this search for alternatives to H_2CN_2, studies report that garlic extract and hydrogen peroxide can become products applied on the buds that enable the dormancy breaking of them [3], with uniformity, accuracy and production.

[a] e-mail: juanaguila@unipampa.edu

The garlic extract also helps in breaking dormancy of these buds through accumulative oxidative stress of hydrogen peroxide (H_2O_2), which is overcoming satisfactory numbness and without causing phyto-toxicity.

It is known that hydrogen peroxide is who initiates the signal transduction process whose result is the end of the dormancy of the buds; the plant produces naturally a H_2O_2 dose applied directly to the gem allows this process to occur more frequently indicating that it needs to wake up to realize the growth stages necessary for the development of the plant and start of a new cycle [4].

Accordingly, the this study aimed alternatives to the existing commercial product, which can assist in vine sprouting, with uniformity, for it was used rootstock vine 'SO4' as physiological model study.

2. Materials and methods

This work was by the Core of Study, Research and Extension in Oenology (NEPE[2]) from the Course of Bachelor's degree in Oenology, "Dom Pedrito" Campus of the Federal University of "Pampa". For the experiment were used cuttings of grapevine rootstock 'SO4' collected in the region of "Dom Pedrito", RS, Brazil in September of 2015. The cuttings of rootstock 'SO4' were immersed in 5 ppm of auxin (IAA) for 15 seconds after they were planted in plastic bags (19 cm × 5 cm × 8 cm) containing 50% sand + 50% commercial substrate (H. Decker).

The experiment consisted of four treatments, with four replicates per treatment and, 12 cuttings per repetition, totaling 48 cuttings per treatment and 192 cuttings for the entire experiment.

The treatments were: T1 = Gem spraying with water (control); T2 = gem spraying with cyanamide hydrogenated at a concentration of 3%; T3 = spraying garlic at a concentration of 36% and; T4 = spraying Hydrogen Peroxide at a concentration of 3%.

Daily were measured temperature and air relative humidity (minimum and maximum), and daily monitoring the bud sprouting, also held irrigation of plants when needed.

After the four-month period were evaluated the percentage of live cuttings; aerial part height (cm); root height (c m); fresh root weight (g); fresh weight of aerial part (g); roo dry mass (%) and; dry mass of aerial part (%).

Was performed the analysis of variance (ANOVA) and where appropriate, the comparison Tukey's test at the 5% probability [5,6].

3. Results ans discussions

It was observed that the rootstock cuttings 'SO4' of the T4 treatment (hydrogen peroxide to 3%) had a greater number of bud break (93% buds of the plant) (Fig. 1). A week after the cuttings of rootstock 'SO4' being planted, they began to sprout, and were monitored daily by a range of phenological state [7].

After the dormancy was broken, the plants developed; T4 treatment, remained in evidence, being significantly higher than others in the variable aerial part height response (Fig. 2).

The leaf development is due to photosynthesis, a process performed by plants to produce their own food, which consists mainly of glucose. As it produces glucose, eliminates oxygen. This is used in their

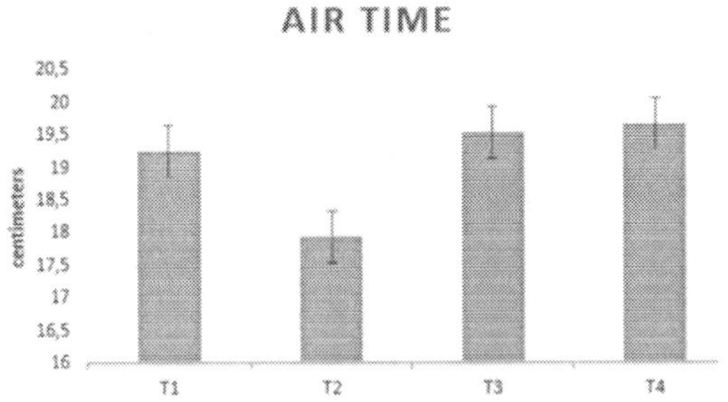

Figure 1. Budding buds 'SO4'. T1 – distilled water (control); T2 – 3.0% of hydrogen cyanamide; T3 – 33% garlic extract; T4 – 3,0% and hydrogen peroxide. Vertical bars represent ±S.D. ($n = 48$).

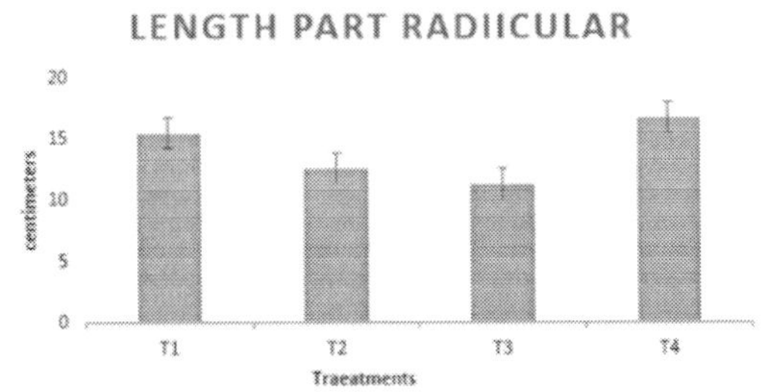

Figure 2. Air time (cm) 'SO4', T1 – distilled water (control); T2 – 3.0% of hydrogen cyanamide; T3– 33% garlic extract; T4 – 3.0% and hydrogen peroxide. Vertical bars represent ± S.D. ($n = 48$).

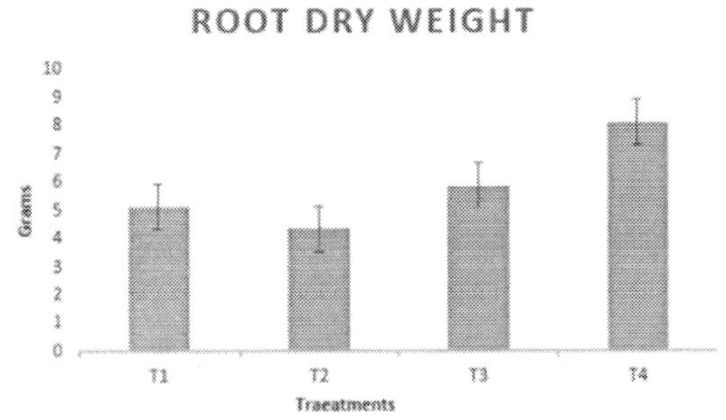

Figure 3. Length part radicular (cm) 'SO4', T1 - distilled water (control); T2 – 3.0% of hydrogen cyanamide; T3 – 33% garlic extract; T4 – 3,0% and hydrogen peroxide. Vertical bars represent ±S.D. ($n = 48$).

metabolic pathways. Root growth, depends on a constant photosynthetic products supply from the aerial part, and the redistribution of carbohydrates to root depends on its storage capacity compared to other plant organs [8].

The root length of the 'SO4' rootstock and dry mass of the aerial part, is due to the fact of breaking dormancy of the buds occurs in the period necessary to perform photosynthesis (Figs. 4 and 5).

According to studies, it was found that the application of garlic extract the gems in different dosages had no effect on breaking dormancy, but in the number of sprouted buds at the end of the experiments [9].

In treatments cuttings of 'Cabernet Sauvignon', where they were subjected to cold, they showed the need for hours of cold to break dormancy from induction [10]. In a view to other reported studies on dormancy breaking, may have been influenced by the time of harvest cuttings where they were in a state of deep endodormancy is no longer possible to occur budding [11].

DOI: 10.1051/bioconf/20160701028

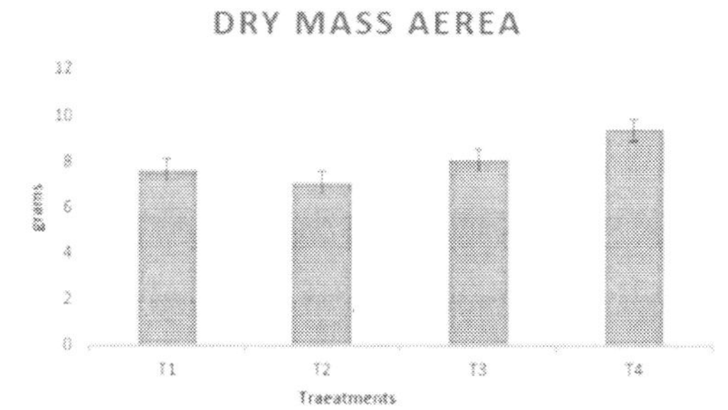

Figure 4. Root dry weight (g) 'SO4', T1 – distilled water (control); T2 – 3.0% of hydrogen cyanamide; T3 – 33% garlic extract; T4 – 3,0% and hydrogen peroxide. Vertical bars represent ± S.D. (n =48).

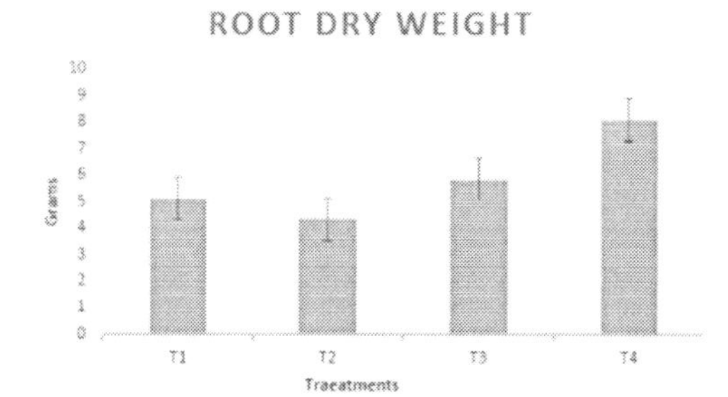

Figure 5. Dry mass aérea (g) 'SO4', T1 – distilled water (control); T2 – 3.0% of hydrogen cyanamide; T3 – 33% garlic extract; T4 – 3,0% and hydrogen peroxide. Vertical bars represent ± S.D. (n = 48).

In plants where the summers are cold because of the altitude, where occurs the cold hours deficiency, studies should be performed due to the dormant time [12].

Already in temperate climate plants the release of the main mechanisms that make it possible to break dormancy by oxidative stress with hydrogen peroxide, activate gene expression by activating the break dormancy [13].

Therefore the use of hydrogen peroxide in the bud sprouting accelerates through the hydrolysis carried out by the plant, even if the cold hours of the sum was less than the essential plant could overcome dormancy because the protective metabolism thereof.

However it is necessary carry out new research, experiments with different concentrations of hydrogen peroxide or the same in consecutive years for full confirmation and effectiveness of the need for alternatives to pesticides available at the moment in Brazilian market.

4. Conclusion

Based on the results obtained and the conditions of this experiment, preliminarily concludes that the hydrogen peroxide at a concentration of 3% can assist in overcoming the dormancy breaking in the rootstock vine 'SO4'.

We would like to thank to wine grower Mr. Adair Camponogara.

References

[1] M. Vitor.; Miele, A.; Rizzon, L.A.; Barradas, C.I.N. Composição físico-química do vinho Cabernet Franc proveniente de videiras conduzidas no sistema lira aberta. Ciência e Tecnologia de Alimentos, v. 26, n. 2, p. 290–296, 2006M. Ben Rabha, M.F. Boujmil, M. Saadoun, B. Bessaïs, Eur. Phys. J. Appl. Phys. (to be published)
[2] Pérez, F.J., Lira, W. (2005) Possible role of catalase in post-dormancy bud break of grapevines. Journal of Plant Physiology 162:301–308M
[3] J. Saavedra del Aguila; A.P. Dachi; E.N. Fernandes; B.L. Hamm; F.C. de Almeida; J.M. Silveira. Garlic and H_2O_2 in overcoming dormancy on the vine 'Cabernet Sauvignon', France, Bio Web of Conferences, v. 5 , 3p. (2015)
[4] Godon, C., Lagniel, G., Lee, J., Buhler, J., Kieffer, S., Perrot, M., Boacherie, H., Toledo, M.B., Labarre, J. (1998) The H_2O_2 stimulon in sacharomyces cervisiae. J Biol Chem., 273:22480–22489
[5] F.C. de Almeida; J.F.L. de C. Cham; B.L. Hamm; S.M. Ferreira; M. Gabbardo; J. Saavedra del Aguila. Use of plant growth regulation in the conservation of grapes 'Italy' as aid postharvest, France, Bio Web of Conferences, v. 3 , 4p. (2014)
[6] J. Saavedra del Aguila; A. Zanella; A.D. Pinheiro; A.M. dos Santos; E.B. Radmann; L.S. Heiffigdel Aguila, Woody cuttings of 'Niagara Rosada' and 'Niagara Branca' rustic grapes. Wageningen, Holanda. Acta Horticulturae, v. 1115, p. 249–252 (2016).L. T. De Luca, *Propulsion physics* (EDP Sciences, Les Ulis, 2009)
[7] Von. K. W. Eichhorn, D. H. Lorenz. Phenological Development Stage of the Grapevine, Institut fur Grenzflachen, 29 (1977)
[8] Kriedemann, P.E.; Loveys, B.R.; Downton, W.J.S. Internal control of stomatal physiology and photosynthesis. II. Photosynthetic responses to phaseic acid. Australian Journal of Plant Physiology, Victoria, v.2, p.553–567, 1975
[9] Zanette, F.; Carvalho, R.I.N.; Dron, C. Effect of low temperature on dormancy intensity in one, two and three years-old-buds of apple tree. Short Communications of Second International Symposium on Plant Dormancy, Angers, France, p. 13–17, 2000
[10] Botelho, R.V.; Pavanello, A.P.; Pires, E.J.P.; Terra, M.M.; Muller, M.M.L. Effects of chilling and garlic extract on bud dormancy release in Cabernet Sauvignon grapevine cuttings. American Journal of Enology and Viticulture, Davis, v. 58, p. 402–404, 2007
[11] Lavee, S.; May. P. Dormancy of grapevine buds – facts and speculation. Australian Journal of Grape and Wine Research, Kyoto, v. 3, p. 31–46, 1997
[12] Kubota, N.; K. Toriu; Y. Yamane; T. Kawazu; T. Higuchi y S. Nishimura. 2003. Identification of active substances in chinese chive and rakkyo plants responsible for breaking bud dormancy in grape cuttings. J. Jap. Soc. Hort. Sci. 72(4), 268–274
[13] Pinto, M.; W. Lira; H. Uglder y F. Perez. 2003. Fisiologia de la latência de las yemas de vid: Hipotéses actuales. Universidad de Chile. 16 p
[14] F. De Lillo, F. Cecconi, G. Lacorata, A. Vulpiani, EPL, **84** (2008)
[15] L. T. De Luca, *Propulsion physics* (EDP Sciences, Les Ulis, 2009)

Isonet LTT, a new alternative material for mating disruption of *Lobesia botrana* (Den. & Schiff.) in Turkey

F. Ozlem Altindisli[1], Fatma Ozsemerci[1], Turkan Koclu[2], Ümran Akkan[1], and Neşe Keskin[1]

[1] Plant Protection Research Institute-Bornova, Izmir, Turkey
[2] Sumi Agro Turkey, Maslak, İstanbul, Turkey

Abstract. European Grapevine Moth (EGVM), *Lobesia botrana* (Den. & Schiff.) (Lepidoptera: Tortricidae) is the key pest of grape in Turkey. The efficacy of Isonet LTT has been tested against *L. botrana* in comparison with registered Isonet L dispensers in Manisa and Canakkale, Turkey. One chemically treated vineyard was used to compare infestation levels for each location. By the emergence of the first EGVM adult, ~320 Isonet LTT and 650 Isonet L dispensers/ha -including borders- were installed once a year. EGVM adults have been monitored in all plots by pheromone traps from the beginning of the flight until harvest. Infestation rates were compared. We indicated that both Isonet LTT and Isonet L dispensers showed excellent performance against the pest without additional treatment in 2015 and 2016. Average infestation rates of EGVM were below the threshold of 6%. EGVM infestation has been maintained at zero level by sprayings five and four times in the chemical treated vineyard in 2015 and 2016 in Manisa. Isonet LTT dispensers released 340 and 370 mg pheromone until harvest (19 August 2015 and 16 August 2016) in Manisa, whereas they released 360 and 410 mg of until harvest (27 August 2015 and 22 August 2016) in Canakkale, respectively.

1. Introduction

Turkey has more than 300 native grape varieties. Sultani Cekirdeksiz (*Vitis vinifera* L.) is the most important variety and its production is mainly undertaken in the western part of Turkey. The Aegean Region is the most important area including 28% of the vineyard surface in Turkey [1]. Production area of Sultani Cekirdeksiz is mostly placed in Manisa Province with 12% [2].

European Grapevine Moth (EGVM), *Lobesia botrana* (Den. & Schiff.) (Lepidoptera: Tortricidae) is the key pest of grape in Turkey [3,4]. Until 2000s, priority has been given to synthetic pesticide application for the control of EGVM. This moth shows three or four generations in the Aegean due to the favourable climatic conditions for the pest requiring frequent sprayings. Thus, the negative effects of the chemical control on the environment and the human health have led up to the adoption of biotechnical methods against the pest. Among them, Mating Disruption (MD) technique by Isonet-L and RAK 2R have been tested and registered against EGVM in Turkey in 2003 and 2012 [5,6].

Grape growers preferring mating disruption have been subsidized by the Ministry of Food, Agriculture and Livestock since 2010 [7].

In this study we use for the first time in Turkey the dispensers Isonet LTT, the new dispenser of Shin Etsu, testing their efficacy against EGVM in comparison with Isonet L dispensers.

1.1. Material and method

Main material of the study are grape, *L. botrana* , Isonet LTT, Isonet L and monitoring pheromone traps. The study was carried out in Sultani Çekirdeksiz (*Vitis vinifera* L.) vineyards in Manisa-Center and in a Cabernet Sauvignon vineyard in Çanakkale-Ezine in 2015 and 2016.

Pheromone treated vineyards in Manisa were organic. The vineyard in Çanakkale-Ezine was integrated. Preparations officially allowed in organic agriculture have been used against diseases in organic vineyards. If chemical control is necessary for diseases in integrated vineyards, the pesticides were selected among the less toxic preparations for the environment according to the principles in Grape Integrated Pest Management Instruction Book [8] by the official inspectors. Neither economic threshold nor pesticide selection have been taken into consideration in chemical treated (conventional) vineyard by grower.

Dispenser characteristics

Isonet-LTT: 344 mg pheromone (E-7, Z-9 dodecadienyl-1-yl acetate)/dispenser; ~320 dispensers/ha including border, at 4 m intervals on the borders, 7 m intervals on the rows in every second row (1 dispenser/42 m^2) in the center.

Isonet-L: 172 mg per pheromone/dispenser; ~650 dispensers including border/ha at 2 m intervals on the borders, 7 m intervals on the rows in each row (1 dispenser/21–22.5 m^2) in the center.

Installation

The experiment was set in accordance with Standard Guidelines established by the General Directorate of Agricultural Researches and Policies suitable for the registration of mating disruption products in Turkey [9].

Isonet-LTT and Isonet-L dispensers were applied in neighbour organic vineyards (totally 25 ha) in Manisa-Merkez and in an integrated vineyard (9 ha)

DOI: 10.1051/bioconf/20160701029

Table 1. Trap and dispenser installation dates in Manisa and Çanakkale-Ezine in 2015 and 2016.

Manisa-Center			Çanakkale-Ezine		
Trap	First Adult	Disp. inst.	Trap	First Adult	Disp. inst.
24.03.15	09.04.15	24.03.15	01.04.15	–	01.04.16
08.03.16	15.03.16	23.03.16	06.04.16	–	06.04.16

in Çanakkale-Ezine just before the expected first adult capture in Manisa (end of March) and Canakkale-Ezine (early April).

In Manisa, untreated control vineyard is 0.1 ha and 600 m far from pheromone treated vineyards, whereas chemical treated vineyard is 0.2 ha and 300 m far from test vineyards. In Çanakkale-Ezine, the Isonet-LTT treatment area (5 ha in 2015 and 8 ha in 2016) and control plot (0.1 ha) has been separated from each other leaving a buffer zone (4 ha) treated with Isonet L in 2015 and a buffer zone (1 ha) treated with chemicals in 2016.

If required, buffer application was also applied at the same density. Flight of adults has been monitored in all treatments and compared to each other by pheromone traps (Pherocon® EGVM) from the beginning of flight period until harvest. Three each pheromone traps were installed in Isonet L and Isonet LTT plots whereas one each trap was installed in untreated control and chemical treated vineyards. Pheromone treated areas were divided into four blocks (replication). Infestation rates were determined by checking 200 bunches per block in expected critical periods during first, second and third generations and at harvest. Same assessment process was followed in untreated control and chemical control vineyards. When a living egg, larva and/or damage with larvae were found on the bunch, it was assumed as infested [9]. Means' comparisons were made using the Duncan's multiple-range test to determine whether there was a significant difference between the average values of the infestation rates. Data have been processed with SAS (Windows version 6.12) program.

Timing of chemical applications has been decided by means of Forecasting System against *L. botrana* in the chemical treated vineyards.

Pheromone release rates of Isonet LTT has been calculated by weekly weighing 5 dispensers in the experimental vineyards from the installation until harvest. After the calculation of average weights of dispensers, diagrams were drawn.

Meteorological data regarding average daily temperature, relative humidity and maximum wind speed have been recorded by the electronic station used for Forecasting System by the Extention Service in Manisa and electronic station (Metos) in test vineyard of Çanakkale-Ezine.

2. Results and discussion

Dates of trap and dispenser installation, and first adult capture in pheromone traps are included in Table 1. In Çanakkale-Ezine, first adult capture date could not been detected since any vineyard is available around test vineyard. Despite 500 m distance between them, trap catches in untreated control was negatively affected by pheromone treated area.

Table 2. Average infestation rates of *L. botrana* in Isonet-LTT, Isonet-L, Untreated Control and Chemical treated plots in Manisa in 2015 and 2016.

Date/gen.	Isonet-LTT	Isonet-L	UC[1]	CT[1]
22.05.15/1	0.25	0.1	1	4
10.06.15/2	0.38	0	5	0
28.07.15/3	0.13	0.2	2	0
12.08.15/4	0	0.25	3	0
19.08.15/harvest[2]	**0.38 b**	**0.3 b**	**29 a**	**0 b**
17.05.16/1	0	1	4	0
22.06.16/2	1	0	0	0
27.07.16/3	0.29	0	2	0
16.08.16/harvest[2]	**0.29 b**	**0 b**	**6.25 a**	**0.25 b**

[1] UC = Untreated Control, CT = Chemical Treated.
[2] $P < 0.05$.

A 100% trap shut down was obtained in Isonet-L plot in both the experimental years. Isonet-LTT succeeded 100% and 99,27% of capture reduction in 2015 and 2016 when compared with trap catches (116 and 46 adults) in untreated control in Manisa. Capture reduction was 100% in Isonet-L and Isonet-LTT plots when compared with trap catches (2 and 6 adults) in untreated control of Çanakkale-Ezine.

No insecticide has been applied against *L. botrana* in the pheromone treated and untreated control vineyards whereas fungicides have been applied against diseases. Sulphur in the control of *Erysiphe necator* 'Sch'Burr. and *Colomerus vitis* Pgst. and copper in the control of *Phomopsis viticola* (Sacc.) Sacc.) and (*Plasmopara viticola* (Berk. Et M. A. Curtis) were used.

When discussed two year-results related to Isonet-LTT, it has been perceived that the infestation rates have been under the threshold (5–6%) in all pheromone treated areas in Manisa and Çanakkale-Ezine.

Average infestation rates of Isonet-LTT before harvest have been at an acceptable level, accounting for 0.38% and 0.29% on 19 August 2015 and 16 August 2016 in Manisa (Tables 2), 1.13% and 1.5% on 27 August 2015 and 22 August 2016 in Çanakkale-Ezine (Table 3), respectively.

Isonet LTT dispensers showed sufficient efficacy against the pest without additional treatment in 2015 and 2016, since the infestation rate of the pest has been suppressed below 6% by two year-successive MD applications. Comparison treatment of Isonet-L provided the best performance both in 2015 and 2016 (Table 2 and 3) with almost zero infestation.

After the application of Duncan's test to square transformed average infestation rates, Isonet-LTT, Isonet-L and Chemical treatment were in the same statistical

Table 3. Average infestation rates of *L. botrana* in Isonet-LTT, Isonet-L, Untreated Control and Chemical treated plots in Çanakkale-Ezine in 2015 and 2016.

Date/gen.	Isonet-LTT	Isonet-L	UC[1]	CT[1]
26.05.15/1	0	0	0	–
24.06.15/2	0.2	0	1	–
29.07.15/3	1.3	0	5	–
27.08.15/harvest[2]	**1.13 b**	**0 c**	**18 a**	–
30.05.16/1	0	–	0	0
28.06.16/2	1.5	–	3	0
26.07.16/3	1	–	5	0
22.08.16/harvest[3]	**1.5 ab**	–	**4.5 a**	**1 b**

[1] UC = Untreated Control, CT = Chemical Treated, [2] $P < 0.01$, [3] $P < 0.05$.

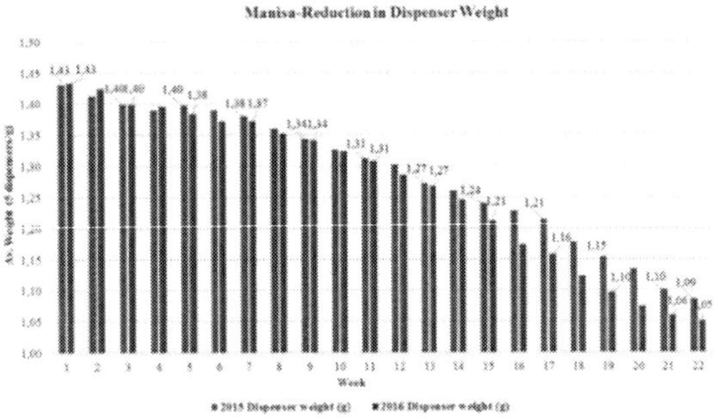

Figure 1. Weekly weight of Isonet-LTT dispensers in Manisa in 2015–2016.

group differing from untreated control in Manisa in 2015 and 2016 ($P < 0.05$). The infestation rates of *L. botrana* have been maintained at zero level in chemical treated vineyard of Manisa by five sprayings (lambda cyhalothrin, chlorpyrifos methyl) in 2015 and four sprayings (*Bacillus thuringiensis*) in 2016. It is usual to apply chemicals against the pest in the centre of Manisa Province four or five times per season.

In Çanakkale-Ezine, all groups were statistically different from each other. Isonet-L showed the best performance with zero infestation followed by Isonet-LTT with an acceptable level of infestation (1.13%) under the threshold (6%) in 2015 ($P < 0.01$). In 2016, Isonet-LTT showed sufficient efficiency (1.5%) just behind the chemical treatment (1%) ($P < 0.05$). *L. botrana* population density was lower in untreated control plots of both locations in 2016 than 2015 (Tables 2 and 3). Due to lower temperature in Çanakkale, the pest has shorter flight period and produces less generations 2–3 than Manisa (3–4) per year [10]. The pest has been suppressed by three sprayings of spinosad in Chemical treated plot.

Temperature can be one of the most important factors affecting efficacy and stability of the synthetic pheromone in outer conditions. Isonet LTT dispensers released 340 and 370 mg pheromone blend until harvest (19 August 2015–16 August 2016) in Manisa (Fig. 1). The released amounts were 360 and 410 mg until harvest (27 August 2015–22 August 2016) in Canakkale, averagely (Fig. 2)

Table 4. Monthly average temperature (°C), relative humidity (%) and wind speed (m/sec) in Manisa in 2015 and 2016.

Month	2015			2016		
	Temp.	R. H.	Wind	Temp.	R. H.	Wind
April	13.86	56.94	1.35	17.54	56.71	1.45
May	21.67	51.56	1.29	19.06	61.80	1.18
June	23.78	58.33	1.13	25.50	56.42	1.05
July	29.10	42.31	1.50	26.65	56.08	1.14
August	29.67	47.38	1.29	27.20	59.36	1.06

Table 5. Monthly average temperature (°C), relative humidity and wind speed (m/sec) in Çanakkale-Ezine in 2015 and 2016.

Month	2015			2016		
	Temp.	R. H.	Wind	Temp.	R. H.	Wind
April	11.94	68.17	1.93	16.0	63.5	2.3
May	20.43	60.84	1.43	18.1	65.2	2.8
June	23.73	58.97	1.24	24.4	57.8	3.6
July	27.79	52.16	2.51	26.5	52.1	4.5
August	27.47	57.50	2.40	26.6	57.1	4.9

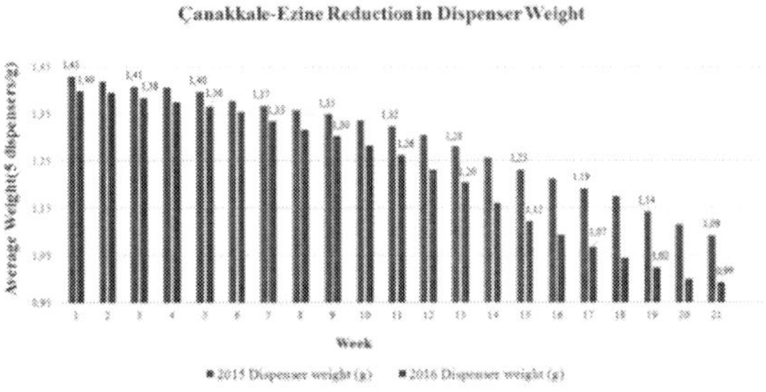

Figure 2. Weekly weight of Isonet-LTT dispensers in Manisa in 2015–2016.

Despite lower monthly average temperature, (Tables 4 and 5), in Manisa and Çanakkale-Ezine, higher pheromone amount has been released from the dispensers in 2016 than 2015.

Wind speed is also one of the important factors affecting the efficacy and stability of pheromone in outer conditions. An ideal dispenser should release less pheromone when strong wind blows and mating does not usually occur. On the other hand, any possible decrease in release rate during stable periods after strong winds can have risk in terms of mating. If wind speed increases from 1 m/s to 2.5 m/s, pheromone release rate increases 13% but pheromone concentration in the atmosphere decreases by half [11]. In Manisa, wind speed was generally low remaining ≤ 1.5 m/s. Therefore, we may conclude that the wind is unimportant to limit the performance of Isonet LTT in 2015 and 2016. However, in Çanakkale-Ezine, wind was much stronger in 2016 than 2015 as well as both two year-wind speed of Manisa (Tables 4 and 5). For that reason, the highest pheromone release/season (410 mg) occurred in Çanakkale-Ezine in 2016 (Fig. 2).

3. Conclusion

In the Aegean Region Isonet-LTT dispensers can be used to control *L. botrana* in the vineyards. In this study, both Isonet-L and Isonet LTT have provided very good performance. Isonet-L is still the best with zero adult capture and infestation in parallel to the biological efficiency study of RAK 2 R compared with Isonet L in Manisa [12].

References

[1] A. Altindisli, An Overview on Turkish Sultana Production and Recent Developments. International Dried Grapes Producing Countries Conference, 23–24 October, İzmir, Turkey (2003)

[2] M. Akçay, Türkiye BağcılığıTZOB Çiftçi ve Köy Dünyası Dergisi, 73: 43–47 (2015)

[3] G. Önçağ, Ege Bölgesi'nde Salkım Güvesi (*Lobesia botrana* Den.-Schiff.) (Lepidoptera: Tortricidae)'nin TanınmasıYayılışı, Zararı, Doğal Düşmanlarıve ve Kimyasal Savaş İmkanlarıÜzerinde Araştırmalar.T.C. Gıda tarım hayvancılık Bakım Zirai Mücadele Karantina Genel Müdürlüğü Araştırma Enst., 26, 68 (1975)

[4] F. O. Altindisli, F. Ozsemerci, P. Hincal, A. Derin, I. Cinarli, G. Pease & T. Ray, A Comparative Study on Auto-Confusion by $Exosex_2$ Gvm-Lb and Mating Disruption by Isonet-L against European Grapevine Moth, *Lobesia botrana* Den.-Schiff. (Lep.: Tortricidae) in Turkey. IOBC wprs Bulletin **54**, 387–388 (2010)

[5] Altindisli, F. O., Koclu, T., Hepdurgun, B. & Ozsemerci F. 2005: Salkim Guvesi (*Lobesia botrana* Den.-Schiff.) ile Mucadelede Ciftlesmeyi Engelleme Tekniginin Kullaniminda 6 Yillik Deneyim. 6. Bagcilik Sempozyumu Bildiri Kitabi, **1**, 297–304, 19–23 Eylül, Tekirdag (2005)

[6] F. O. Altindisli, New approaches for the management of European Grapevine Moth (Lobesia botrana Den.-Schiff.). 37th World Congress of Vine and Wine and 12th General Assembly of The OIV (part 1), November 9th–14th 2014, Mendoza (Argentina), Bio Web of Conferences 3, 01009, **3** (2014), doi: 10.1051/bioconf/20140301009

[7] Ö. Altındişli, T. Kılıç, T. Turanlı, *Biyoteknik Yöntemler. Tarımsal Araştırmalardan Bakış* Eds: K. Taşdan, S. Arslan, Z. Çiçekgil, Tepge Yayın No: 260 ISBN: 978-605-9175-31-9: 164–173 (2015)

[8] Anonymous, Bağ Entegre Mücadele Teknik Talimatı. 23–35. T.C. Gıda, Tarım ve Hayvancılık BakanlığıTarımsal Araştırmalar ve Politikalar Genel Müdürlüğü, Bitki SağlığıAraştırmalarıDaire Başkanlığı, Ankara, 155 (2011)

[9] Anonymous, Bitki ZararlılarıStandart İlaç Deneme Metotları, Gıda Tarım ve Hayvancılık Bakanlığı. Tarımsal Araştırmalar ve Politikalar Genel Müdürlüğü, Ankara (2015)

[10] F. Ö. Altındişli & F. Özsemerci, Organik Bağcılıkta Salkım güvesi (*Lobesia botrana* Den.-Schiff., Lep.: Tortricidae) ile Mücadelede FarklıBiyoteknik Yöntemlerin Kullanımı. *I. Gap Organik Tarım Kongresi Bildiri Kitabı*, 17–20 Kasım, Urfa, 419–427 (2009)

[11] K. Ogawa, The key to success in mating disruption. Technology Transfer in Mating Disruption. IOBC wprs Bulletin, **20**, 1:1–9 (1997)

[12] F. O. Altindisli, F. Ozsemerci, Efficacy evaluation of RAK 2 PRO dispensers against Lobesia botrana on Sultani Cekirdeksiz grapes in Turkey. IOBC wprs Bulletin, **91**, 219–225 (2013)

Influence of boron fertilization on productivity of grape plants

Abdulmalik Batukaev[1], Andy Magomadov[1], Svetlana Sushkova[2], Tatiana Minkina[2], and Tatiana Bauer[2]

[1] Chechen State University, 364060 prospect Bulvar Dudaeva, 17a, Grozny, Russian Federation
[2] Academy Biology and Biotechnology Southern Federal University, 344090 prospect Stachki, 194/1, Rostov-on-Don, Russian Federation

Abstract. The aim of this article is to study the content of micronutrients in the soil of Terek sands region of the Chechen Republic and to identify the physiological response of the grape plants on micronutrients fertilization. The obtained data of the boron total content in the studied sandy soil showed that in 0–60 cm layer of the soil the boron total content ranges from 0.4 to 0.5 mg/kg, in 60–150 cm soil layer – from 0.75 to 0.78 mg/kg. The boron content in the sandy soils of studied area varies within wide limits and characterizes as insufficient. Fertilizing with boron is an effective agricultural technique for up-frost plants and productivity of grapes. This technique allows to increase the sugar content of the berries up to 0.8–1.4 g/cm^3, while substantially reducing the acidity of the juice. The yield of grape crystal grade in the variant with background + N90 P90 K90 + 2 kg of active boron addition was 76.8 t/ha, which is higher than in the control at 34.2 t/ha. The increasing of sugar berries in this variant was from 0.8 up to 1.4 g/cm^3. The highest rates for plants productivity were observed by introducing a complex of boron micronutrients, cobalt, manganese, molybdenum, zinc in the form VIII, wherein the yield totally was 89.4 c/ha.

1. Introduction

The role of microelements in the production of high-grade and high yields of grapes is very important as the main mineral nutrients: nitrogen, phosphorus, potassium, calcium, sulfur and magnesium (Corrales-Maldonado et al., 2010). Only in recent years has attracted the attention of scientists to study the boron as micronutrient element (Benito et al., 2013; Motuzova et al., 2014; Minkina et al., 2014B). Many plants needs in boron fertilization throughout the growing season. It is necessary for the development of the plants meristem. Boron addition increases the synthesis and movement of carbohydrates, especially sucrose from the leaves to the roots and fruiting bodies (Varduni et al., 2014).

In the literature, there is the evidence that boron improves the movement of growing plants and transfer of the ascorbic acid from the leaves to the fruiting bodies (Pinskii et al., 2014). It contributes to better utilization of calcium in the metabolic processes in plants. Therefore, when the plant boron deficiency can not properly utilize calcium, although the latter is in the soil in sufficient quantities. It was found that the absorption and accumulation of boron plant sizes increase with increasing potassium content in the soil (Bell et al., 2013). Boron plays an important role in cell division and protein synthesis is an essential component of cell membranes (Batukaev et al., 2014; Batukaev, 2010).

Extremely important is boron function in carbohydrate metabolism. The disadvantage in the medium causes the accumulation of sugars in the leaves of plants. This phenomenon is observed in the most responsive crops to boron fertilizers. According to physiological action the boron is fundamentally different from other micronutrients. It does not focus the enzyme or substrate for the active course of the reaction due to chelation processes as Mn^{2+}, Zn^{2+} or Mg^{2+}, it does not provide the implementation of the biochemical processes due to valence change as Fe^{2+}, Cu^{2+} or Mo (Minkina et al., 2014). The metabolic mechanism of boron ion reaction is similar to phosphate ion, as capable of forming boric acid esters with OH groups, primarily sugars (Saleh et al., 2013). Feature of boron nutrition is stable content of compound in plants because it cannot be destructed in a plant, so the disadvantage of this compound is detected primarily at the youngest parts of plants whose growth is severely limited (Mandzhieva et al., 2014). In this case the lower parts of plants experiencing boron defficiency may contain three times larger amount despite the fact that their upper parts have obvious signs of boron deficiency (Mayevskaya, 1983).

The vitality of plants decreases with an excess of boron. The shoots are shortened, the number of leaves is reduced, the roots develops poorly. If the content of boron in normally 6 mg/l and above, the edges of leaves are turned inwards and are closed in the upper part, they are very small escape. As a rule, strongly marked excess boron leaves protruding from the brown color on the edges and necrotic dots between the veins, which are then merged, the leaves wither (Kirilyuk, 1977).

According to AD Menagarashvili and V. Lezhava, after addition of boron and manganese fertilizers in the soil in the crop year of tests increased 1–3.5% pa, and the next year – 4–8%. In the third year after-effect was noted only in the areas where applied boron fertilizer (yield rose by 3%) (Menagarashvili, 1950).

The results of patent searches and summarizing of published data show that the comparative studies to establish the effect on yield quality grapes, frost roots, depend on the level of boron content in grapes plants on the sandy soils of the Chechen Republic was not carried out steel (Batukaev et al., 2014). Although these studies are not only of great practical but also theoretical value.

The aim of the research is to determine the content of boron in soils of Terek sands and to identify the physiological response of the vine plants on boron fertilizer and to determine the effect of boron root fertilization on the grapes varieties "Crystal" and "Flower" damaged by frost, it's recovery and productivity of vineyards.

2. Objects and methods

Studies were carried out on fruiting vines of the meadow soils of Valley Terek sands located in the south-eastern, eastern and north-eastern districts of the Terek sand. The methods of agrobiological counts (the number of buds, shoots, buds on the bushes, accounting harvest berries from the bush and 1 hectare, and the average mass of clusters) were performed on establishing the vineyards on industrial scale (Ghaly and Alhattab, 2013).

Soil and plant samples were collected simultane-ously for the determination of nitrogen, phosphorus, potassium, calcium, magnesium and boron microelements, cobalt, manganese, molybdenum, zinc by atomic absorption method. Selection of soil samples was carried out according state standard methods (GOST, 2008); general requirements for conducting soil analyzes (GOST, 2005); nitrate nitrogen in the soil (GOST, 1986); exchange ammonium in the soil (GOST, 1985); mobile forms of phosphorus and potassium in the soil by the Machigin exchange method (GOST, 1992).

Microelements content: boron, cobalt and manganese, molybdenum, zinc were detected by atomic absorption spectrophotometer "Quantum-AFA GKNZ" Using method "Atomic absorption method for determination of toxic elements" (GOST – 30178–96, 1996).

Sugar content of the berries (GOST, 1987) and titratable acidity (GOST, 2000) were determined according to according state standard methods. Statistics of results were determined by Statistica 7.0.

The purpose of field experiment is investigation of different doses and timing effects of boron fertilizer on growth, development and productivity of grapes varieties "Crystal" and "Flower". The scheme of the field experiment:

1. Variant: control (without micronutrients N90 R90 K90 Background).
2. Background: Nutrients N90 R90 K90.
3. Variant: background + Boron (2 kg/1000 liters of water).
4. Variant: background + Cobalt (1 kg/1000 liters of water).
5. Variant: background + Manganese (4 kg/1000 liters of water).
6. Variant: background + Molybdenum (3 kg/1000 liters of water).
7. Variant: background + Zink (6 kg/1000 liters of water).
8. Variant: background + Boron (2 kg/1000 liters of water) + Cobalt (1 kg/1000 liters of water) + Manganese (4 kg/1000 liters of water) + Molybdenum (3 kg/1000 liters of water) + Zink (6 kg/1000 liters of water).

Doses of micronutrients addition are counted for the active compound. Each grape row is separated by two experienced defensive right and left rows.

In the work were used different fertilizers: sulphate manganese, ammonium silitra, super phosphate, potassium salt. Fertilizers were injected into the soil during the phases of sap flow, or the flowering stage, or the phase growth and the beginning of the ripening berries by the hydro drills method at the distance of 80 cm from the bush, to a depth of 30 cm per year. There were totally 16 wells in performed by hydro drills in each experimental variant. Grapes were planting upon to 3 × 1.5 m scheme. The garden was organized in 1988. Variants of experience were laid in 3 replications four plants in each. Forming of vineyards is long sleeved, unsheltered.

3. Results and discussion

The content of humus in the 0–20 cm soil layer of studied sandy soils is 0.64%, in the 20–40 cm soil layer –0.71%, and in the 60–150 cm soil layer –0.92%. pH ranges from 8.3 to 8.5. The phosphorus content in the 0–20 cm soil layer is 13.4 mg/kg, in the 20–40 cm soil layer – 10 mg/kg, and in the 60–150 cm soil layer – 13.1 mg/kg of dry substance.

The average of potassium total amount at all soil profile depth varied from 122 to 137 mg/kg. The total carbonate content in studied soils is 2.2–2.4%. The content of nitrogen in the sandy loam soil is observed only in total analysis in a very small amount 0.03–0.06%. The average content of total boron in studied soils employed in the 0–60 cm soil layer – 0.4–0.5 mg/kg; in the 60–150 cm soil layer – 0.75–0.78 mg/kg (Table 1). The largest content of boron is observed in meadow soils of studied region.

The total boron content in soil is characterized by the relative increase in its amount in the soil layer from 60 to 150 cm. Redistribution of the total reserves of boron in the soil profile is mainly due to ornstein formation. The acid (20% HCl) becomes insignificant quantity extractor element is approximately 15–17% of boron inventories in the soil. Acid-soluble boron is irregular distributed in the soil profile. The soil layer 0–60 cm is associated with organic matter in the layer 60–150 cm there are predominantly hydrated hydroxides of iron and aluminum, therefore boron is less available for plant nutrition. The aqueous extract of boron becomes 5.6 times less than 20% of the recovered HCl. This indicates unavailability of grape plants to major reserves of this element.

From Table 1 it is clear that the boron content in the sandy soil in the soil profile of research area varies within wide limits and characterizes as insufficiently secured this element especially water-soluble boron.

The value of boron in the leaves during the growth of the shoots during the growing season is fairly constant 3.74 mg/kg in July, and 3.85 mg/kg in August. Studies show that the uptake of boron increases young sprouts prior to ripening, and reaches the shoots to 13 mg/kg, and then lowered up to 2.4 mg/kg of dry matter. The differences in the boron content in shoots significant during the analysis. The concentration of boron in the shoots and leaves can be decreased up to 50–80% after rainfall. Efficiency of drying the boron from plants depends on the number and intensity of rainfall in drought years boron salts may accumulate on the leaf surface in the form of

Table 1. Total content of boron and forms of boron compounds in a soils of studied region.

Forms of boron compounds	Content in soil, mg/kg		
	Selection depth, cm	Sandy soil, mg/kg of dry soil	Meadow soil, mg/kg
Total content	0–60	0.4	0.80
	60–150	0.75	12.4
Acid soluble forms	0–60	0.25	0.53
	60–150	0.61	8.7
Water soluble forms	0–60	0.06	0.16
	60–150	0.12	2.7

Table 2. Time and dose effect of boron and complex micronutrients fertilizer adding on growth, and productivity of grapes plants.

Variant of field experiment	The average length of shoots, cm	The average diameter of the shoots, mm	Yield, t/ha	Sugar content of the berries, g/dm3
1. Variant: control (without micronutrients N90 R90 K90 Background).	135.0	5.4	42.6	19.0
2. Background: Nutrients N90 R90 K90.	149.0	5.7	75.4	19.2
3. Variant: background + Boron (2 kg/1000 liters of water).	151.6	5.8	76.8	20.0
4. Variant: background + Cobalt (1 kg/1000 liters of water).	151.4	5.8	76.0	20.1
5. Variant: background + Manganese (4 kg/1000 liters of water).	157.3	6.0	78.5	21.2
6. Variant: background + Molybdenum (3 kg/1000 liters of water).	152.2	5.8	76.0	20.3
7. Variant: background + Zink (6 kg/1000 liters of water).	151.8	5.7	75.9	19.1
8. Variant: background + Boron (2 kg/1000 liters of water) + Cobalt (1 kg/1000 liters of water) + Manganese (4 kg/1000 liters of water) + Molybdenum (3 kg/1000 liters of water) + Zink (6 kg/1000 liters of water).	173.6	6.3	89.4	21.4

crystalline boron cannot be reduced because it does not income from old to young plant organs.

Therefore, signs of boric starvation appear primarily on the newly formed leaves.

Boron content considered harmful in plants leaves in an amount of 700 mg/kg and in cuttings in amount 100–300 mg/kg. Levy and Chaler (Levy, 1964) is considered, however, that the level of boron is toxic in the leaves upper than 60 mg/kg. Beyers considered the normal boron level in the leaves is 25-100 mg/kg and toxic level is above 400 mg/kg (Beyers, 1962).

In June in "Flower" varieties content of boron was 3.1 mg/kg of dry matter, at "Crystal" – 2.5 mg/kg. The maximum of boron content was at the beginning of ripening berries in July in "Flower" varieties was 4.4 mg/kg of dry matter, the variety "Crystal" contents 3.5 mg/kg. The boron content increased before the beginning of ripening in August in "Flower" varieties up to 4.3 mg/kg, in the variety "Crystal" to 3.3 mg/kg and remained at a constant level until the harvest. This content of boron for using grapes for vine production is extremely useful. In humans, plants and animals when feeding with excess boron 60–600 mg/kg of dry matter and more disturbed metabolism.

Factors reducing the boron content in the leaves and berries are drought, excessive moisture, damage to plantations in the winter frosts were favorable conditions for overwintering and grapes during the growing season. In determining the average weight of berries found that forest berries stimulates growth, significantly increasing their weight. Comparing variant background N90R90K90 with only macronutrients addition the yield of grade "Crystal" was 7.54 t/ha. The variant with an embodiment of background N90R90 K90 + Boron 2 kg of active ingredient yield increased up to 7.68 t/ha, increase was 1.4 t/ha. The differences in yield of variants in experience were significant ($P = 0.95$). Sugar content in berries increased up to 0.8–1.4 g/cm^3, and the highest rates in the development and productivity of plants obtained by introducing a complex boron micronutrients, cobalt, manganese, molybdenum, zinc in the form VIII. In this variant the yield was 8.94 t/ha or above 1.4 t/ha, compare with variant with addition only background fertilizer N90 R90 K90 (variant II) (Table 2).

The resulting difference in the grape yield for a variety of "Flower" compared with the background N90R90K90 was 1.2 t/ha and also reliable and mathematically proved. Adding boron fertilizer to the background has improved all morpho-biometric and physiological characteristics of plants during the growing season.

Multiple slices on wood of grapes showed the presence of frost damage to the bushes heads, hoses and vines. The temperature at the 30-sm soil depth in the studied region briefly dropped to minus 10–14°C. As a result, the depth of the root system of studied hybrid varieties of grapes has been damaged. Live roots are preserved, beginning at a depth of 35 cm.

In our experiments with fruit bushes in the embodiment where boron was introduced in the least damaged by frost than where background fertilizers were applied. Higher yields per hectare of vines damaged by frost obtained in the variant Background Boron + 2 kg. I this variant the yield was bigger than variant Background nitrogen, phosphorus, potassium at 2.08 t/ha and bugger than control variant up to 3.14 t/ha. Under the influence of boron positively changed the chemical composition of berries the sugar content increased.

In grade "Flower" in our experience it is established the identical positive impact of root fertilizing by boron on the development and productivity of plants.

4. Conclusion

The boron content in the sandy soils of the studied area varies within wide limits and characterizes as insufficiently provided by this element. Fertilizing with boron is an effective agricultural practices up-frost plants and productivity of grapes. This kind of fertilization allows to increase the sugar content of the grape berries at 0.8–1.4 g/cm^3, while substantially reducing the acidity of the juice.

The optimum mode of the fertilization of vineyards grade "Crystal" and "Flower" is addition of boron at a depth of 30-sm soil layer in an amount of 2 kg of active compound per ha with background: nitrogen 90, phosphorus 90, potassium 90. It will allow to accelerate the recovery of the root and aboveground plant system damaged by frosts and to enhance the development of reproductive organs in the studied sandy soils.

This research was supported by projects Grant of President of Russian Federation no. MK-6827.2015.4, RFBR no. 16-35-60051. Analytical work was carried out on the equipment of Centers for collective use of Southern Federal University "High Technology" grant RFMEFI59414X0002, "Biotechnology, Bio-medical and Environmental Monitoring".

References

[1] A.A. Batukaev, A.P. Endovitsky, T.M. Minkina, V.P. Kalinichenko, Z.S. Dikaev and S.N. Sushkova, Chemical equilibrium of soil solution in steppe zone soil. Am. J. of Agric. and Biol. Sc., **9(3)** (2014)

[2] Batukaev A.A. Influence of manganese fertilizer on efficiency of grapes on sandy soils of the Chechen Republic /A.A. Batukaev, A.S. Magomadov G.P. Malyh / 37th World Congress of Vine and Wine of the OIV// BIO Web of Conferences, **3** (2014)

[3] S.J. Bell, I.L. Francis, Manipulating vineyard nitrogen on a saline site: I. Effect of nitrogen on growth, grape yield and nutrients of Vitis viniferaL. cv Shiraz. Journal of the Science of Food and Agriculture, **93 (10)**, (2013)

[4] A. Benito, I. Romero, N. Dominguez, E. Garcia-Escudero, I. Martin, Leaf blade and petiole analysis for nutrient diagnosis in Vitis viniferaL. cv. Garnachatinta. Australian Journal of Grape and Wine Research, **19 (2)**, (2013)

[5] C. Corrales-Maldonado, M.A. Martinez-Tellez, A.A. Gardea, A. Orozco-Avitia and I. Vargas-Arispuro, Organic Alternative for Breaking Dormancy in Table Grapes Grown in Hot Regions. Am. J. Agric. Biol. Sci., **5** (2010)

[6] A.E. Ghaly and M. Alhattab, Drying poultry manure for pollution potential reduction and production of organic fertilizer. Am. J. Environ. Sci., **9** (2013)

[7] GOST, 1985. Russian State standard. Soils. Determination of exchangeable ammonium by CINAO method. Standards Publishing House, Moscow GOST 26489 -85. `http://www.gosthelp.ru/gost/gost29115.html`

[8] GOST, 1986. Russian State standard. Soils. Potentiometric determination of nitrate method. Standards Publishing House, Moscow GOST 26951–86. `http://www.gosthelp.ru/text/GOST2695186PochvyOpredele.html`

[9] GOST, 1987. Russian State standard. Fresh grapes. Methods for determination of mass concentration of sugars. Standards Publishing House, Moscow GOST 27198–87. `http://www.gosthelp.ru/gost/gost28830.html`

[10] GOST, 1992. Russian State standard. Soils. Determination of mobile compounds of phosphorus and potas-sium by Machigin method modified by CINAO. Standards Publishing House, Moscow GOST 26205–91. `http://www.gosthelp.ru/gost/gost10373.html`

[11] GOST, 2000. Russian State standard. The alcohol pro-duction and raw material for it producing. Methods for determination of titrating acids. Standards Pub-lishing House, Moscow GOST 27198–87. `http://www.gosthelp.ru/gost/gost1526.html`

[12] GOST, 2005. Russian State standard. Soils. General re-quirements for the fulfilment of analyses. Standards Publishing House, Moscow GOST 29269–91. `http://www.gosthelp.ru/gost/gost5323.html`

[13] GOST, 2008. Russian State standard. Soils. Soil Sam-pling. Standards Publishing House, Moscow GOST 28168-89. `http://www.gosthelp.ru/gost/gost38689.html`

[14] V.P. Kyrylyuk, On the methods of determining trace elements in the grape plant organs IE Rabinovich, V.P. Kyrylyuk // Microelements in agriculture Moldova. Chisinau, 1977

[15] A.N. Maevskaya, On receipt of boron in the plant / A.N. Maevskaya, Plant in extreme conditions of mineral nutrition, L .: Nauka, 1983

[16] A.D. Menagarashvili, Efficiency introducing mi-croelements on vineyards / A.D. Menagarashvili,

V. Lezhava // Grapes and winemaking of the USSR, **7,** 1950

[17] S.S. Mandzhieva, T.M. Minkina, S.N. Sushkova, G.V. Motuzova, T.V. Bauer and V.A. Chapligin, 2014. The group composition of metal compounds in soil as an index of soil ecological state. American Journal of Agricultural and Biological Science, **9(1)** (2014)

[18] T. Minkina, S. Mandzhieva, Y. Fedorov, T. Bauer, D. Nevidomskyay and V. Chapligin, 2013 Influence of organic matter on the mobility of copper, lead and zinc in soil. World Applied Sciences Journal, **26 (3)** (2014)

[19] T.M. Minkina, D.L. Pinskiy, T.V. Bauer, S.S. Mandzhieva, O.N. Belyaeva, V.P. Kalinichenko and A.P. Endovitsky, Effect of attendant anions on zinc adsorption and transformation in chernozem. Journal of Geochemical Exploration, **144(PB)** (2014B)

[20] G.V. Motuzova, T.M. Minkina, E.A. Karpova, N.U. Bar-sova and S.S. Mandzhieva, Soil contamination with heavy metals as a potential and real risk to the environment. Journal of Geochemical Exploration, **144(PB)** (2014)

[21] D.L. Pinskii, T.M.Minkina, S.S. Mandzhieva, U.A. Fedo-rov, D.G. Nevidomskaya and T.V. Bauer, Adsorption features of Cu(II), Pb(II), and Zn(II) by an Ordinary Chernozem from Nitrate, Chloride, Acetate, and Sulfate Solutions, Eurasian Soil Science **47(1)** (2014)

[22] M. Romic, M. Zovko, D. Romic, H. Bakic, 2012. Improvement of Vineyard Management of Vitis vinifera L. cv. Grk in the Lumbarda Vineyard Region (Croatia). Communications in Soil Science and Plant Analysis, **43 (1–2)** (2012)

[23] J. Saleh, N. Najafi, S. Oustan, N. Aliasgharzad, K. Ghassemi-Golezani, Changes in Extractable Si, Fe, and Mn as Affected by Silicon, Salinity, and Water-logging in a Sandy Loam Soil. Communications in Soil Science and Plant Analysis, **44 (10)** (2013)

[24] T.V. Varduni, T.M. Minkina, E.A. Buraeva, S.N. Gorbov, S.S. Mandzhieva, G.V. Omel'chenko, E.I. Shimanskaya, A.A. V'yukhina and S.N. Sushkova, Accumulation of radionuclides by pylaisiella moss (Pylaisia polyantha) under urboecosystem conditions. American Journal of Applied Sciences, **11 (10)** (2014)

Evaluation of a new vine trellis system called Ramé / Evaluación de un nuevo sistema de conducción de la Vid denominado Ramé

Bergas Valeria[1,a], Rodríguez José[1], Galarraga Ignacio[1], Vila Hernán[2], Carrillo Natalia[1], Corvalán Andrea[1], and Gómez Francisco[1]

[1] Cátedra de Viticultura, Facultad de Ciencias Agrarias, UNCuyo, Almirante Brown 500, Mendoza, Argentina, cp 5507
[2] INTA, Instituto Nacional de Tecnología agropecuaria. San Martín y Araoz, Lujan de Cuyo, Mendoza

Abstract. You should leave 10 mm of space above the abstract and 15 mm after the abstract. The heading Abstract should be typed in bold 9-point Arial. The body of the abstract should be typed in normal 9-point Times in a single paragraph, immediately following the heading. The text should be set to 1.15 line spacing. The abstract should be centred across the page, indented 15 mm from the left and right page margins and justified. It should not normally exceed 200 words. Under this problematic context, several growers in our area proposed alternatives to conduction systems. An innovation was the system of divided canopy "Ramé", developed by the local viticulture Luis Alberto Ramero. This system was attempted to combine high yield with high quality grape, machanize harvest and good cinditions of canopy microclimate. It's a system of vertical shoot position, with its canopy divided into two planes. These systems are characterized, in our region, by a low foliar surface exposed per hectare, a relatively low productivity (in the case of the VSP) or difficulty to mechanize the harvest (in the case of the Parral). The objective of this study was to evaluate the ecophysiology of Rame system, determining if it behaves differently when it is planted with one or two plants by post (Rame single and double). Also the two modalities of Rame were compared with the trellis in VSP. Since this latter system is not included in the statistical, but planted design on the side of the test, the comparison kept a descriptive character. For the Rame we established an experimental trial with statistical design, with two treatments in trellis-training system. A treatment consisted in planting one vine per post, called simple Rame (RS) and two vines per post, called double Rame (RD), leaving in this way different number of plants per unit area (1600 plantas / has and 3200 plantas / has respectively). Nevertheless, regardless of the number of plants per hectare, Rame system maintain high values of anthocyanins (1, 2 mg/Kg of grapes) and IPT (43) with high production (152 qq / has). This fact, added to that the system has potential for mechanization, converts Rame in a trellis system with high potential for vine growth in the viticulture regions. The trellis VSP behaved less productive (86 qq / has), and at the same time obtained lower values of qualitative components such as anthocyanins (1.04 mg/Kg of grapes) and IPT (35).

Resúmen. Los sistemas de conducción más difundidos en Argentina son los de canopia simple, tanto de desarrollo horizontal, caso de los parrales, como de desarrollo vertical, en los espalderos. En la actualidad predomina el parral, existe un crecimiento significativo de espalderos altos en superficie cultivada. Bajo este contexto problemático, varios viticultores de nuestra zona propusieron modificaciones a los sistemas de conducción. Una innovación fue el sistema de canopia dividida "Ramé", desarrollado por el viticultor mendocino Luis Alberto Ramero. Lo que este viticultor buscaba era poder tener mayores rendimientos (equiparables a los de un parral), manteniendo una alta calidad enológica de uva. También, poder colocar tela antigranizo de manera económica y mecanizar la cosecha mediante una máquina diseñada *ad hoc* que sacude los cordones secundarios. El objetivo de este trabajo fue evaluar ecofisiológicamente el sistema Ramé, determinando si se comporta en forma distinta cuando es plantado con una o dos plantas por poste (Ramé simple y doble). Para su evaluación se realizaron distintas mediciones, dentro de ellas nos enfocamos en superficie foliar Total por producción de uva, producción por planta y composición de Antocianos e IPT (Índice de polifenoles totales). No se encontraron diferencias significativas en ninguna de las variables medidas para los dos tratamientos. Sí se pudo observar que el sistema, independientemente del número de plantas por has, mantiene valores altos de Antocianos (1.2 mg/Kg de uva) e IPT (43) con alta producción (152 qq/Ha). Esto sumado a que el sistema tiene posibilidades de mecanización, se puede concluir que es un sistema de conducción con altas posibilidades de crecimiento en el medio.

[a] e-mail: `vbergas@fca.uncu.edu.ar`

1. Introducción

La superficie cultivada con uvas en todo el país alcanzó en 2011 un total de 218.421 hectáreas contra unas 202.146 hectáreas existentes en 1990 (INV, 2011). Si bien la superficie implantada con viñedos no ha tenido un fuerte incremento, si se observa en variedades de alta ca- lidad enológica (varietales) un crecimiento del 78% en los últimos 20 años, como consecuencia de una reconversión productiva del sector, lo que representa unas 130 mil hectáreas en la actualidad contra las 72 mil exis- tentes en 1990. En Mendoza la superficie de uvas de alta calidad enológica tuvo un importante incremento, pasando de 57.000 ha en el año 1990, a 101.500 ha en el año 2011, representando un crecimiento del 78% en dos décadas (INV, 2011).

Las variedades tintas son las que ha determinado el salto de calidad, dado que en el lapso de 20 años la implanta- ción de uvas tintas de alta calidad enológica ha sido significativamente alta, mientras que la superficie im- plantada con blancas con atributos enológicos de alta ca- lidad muestran una caída del 10% (INV, 2011).

En Mendoza existen 11.899 ha, concentrando la mayor superficie el departamento Luján de Cuyo con 2.306 ha, lo que representa el 19,38% del total de la variedad en la provincia y el 14,59% del total del departamento. Esta variedad también tiene importancia por su participación relativa en los departamentos Maipú con 1.589 ha, San Rafael con 1.282 ha, Tunuyán con 1.268 ha y San Martín con 1.002 ha. (INV, 2015).

En la vid, el sistema de conducción puede definirse como la forma y disposición que se da a las diferentes partes de la planta (Reynolds, 2009). Existen diversos tipos de estructuras de sostén que condicionan la altura del tronco, la dirección de los brazos, los elementos de poda y la exposición del follaje a la luz solar (Carbonneau, 1985).

La expresión de la tipicidad del vino depende del sistema de conducción, en la medida en que las prácticas de cultivo modifican el desarrollo natural de las plantas e influyen sobre la captación de luz (Carbonneau, 2007). A través del tiempo se han propuesto diferentes arquitecturas de canopia con el fin de lograr un mayor aprovechamiento de la luz solar y modular el vigor de las plantas (Carbonneau, 2007). El pionero en estudios sobre sistemas de conducción, Nelson Shaulis, creador del Geneva Doble Cortina (GDC) en Estados Unidos en la década de 1 960, fue el primero que percibió la importancia de estos aspectos. Su mérito consistió en romper el esquema tradicional de cultivo de la vid en espaldera o vaso, al dividir la canopia en dos planos verticales de vegetación descendente. Esto duplicó la superficie fotosintética de la planta y permitió una mayor aireación y mejor penetración de la luz en la zona de los racimos. Con esto consiguió un aumento perceptibe en la cantidad y calidad de uva cosechada, con vides vigorosas y baja densidad de plantas por hectárea (Shaulis et. al., 1966). Otro sistema de conducción de canopia dividida en dos planos fue el propuesto por Carbonnea en 1985 llamado Lira; que a diferencia del GDC, los brotes crecen hacia arriba.

Un modelo propuesto por Carbonneau (Carbonneau 1980, 1995), permite evaluar para todas las formas de arquitecturas de canopia, la superficie foliar expuexta (SFE). Es una estimación basada en un esquema representativo de la vegetación y de la superficie foliar por unidad de superficie de suelo que es capaza de optimizar el potencial fotosintético. Este modelo de SFE ha sido utilizado para evaluar el potencial de un viñedo (Carbonneau et al., 2007), y ha sido validado a través de análisis sensorial de vinos. Las variables del modelo que predicen las variables de calidad son: SFE y producción de uva P (SFE/P) (Carbonneau, 2010).

(a) (b) (c)

Figura 1.

Otra invención, de un productor Mendocino, que respetó el principio de la canopia dividida, fue el Sistema Ramé desarrollado por el viticultor mendocino Luis Alberto Ramero (Zalazar, 2011). Con este sistema se ha intentado combinar alta producción, con alta calidad de uva y cosecha mecanizable. Este sistema se encuentra en el medio desde el año 2005. Se ha difundido en distintas zonas productivas de Mendoza y San Juan. Se ha probado con distintas variedades, algunas más productivas (Torrontes Riojano, Bonarda), y otras menos productivas (Malbec, Cabernet Sauvignon), pero todas con alta calidad enológica.

Se trata de un sistema de canopia vertical, dividida en dos planos, en el que, a diferencia del GDC, los brotes crecen hacia arriba. Los cordones, sobre los cuales apoyan los pitones, están en un brazo secundario, y estos brazos se desarrollan a partir de brazos primarios que se extienden primero horizontalmente alejándose del tronco de la planta y luego en forma descendente. En total la planta queda formada con dos brazos secundarios y cuatro cordones con pitones (Fig. 1(b)). Lo que este viticultor buscaba era poder tener mayores rendimientos (equiparables a los de un parral), manteniendo una alta calidad enológica de uva. También, poder colocar tela antigranizo de manera económica (Fig. 1(b)) y mecanizar la cosecha mediante una máquina diseñada *ad hoc* que sacudía los cordones secundarios (Fig. 1(c)).

El objetivo de este trabajo fue evaluar ecofi- siológicamente el sistema de conducción Ramé, probando si su variante de doble planta es más eficiente para producir cantidad y calidad de uva que la versión de planta simple, mediante un ensayo experimental.

2. Material y método

El ensayo se realizó en la temporada 2014–2015 en un viñedo localizado en el departamento de Luján de Cuyo, perteneciente a la parcela experimental de la Cátedra de Viticultura de la Facultad de Ciencias Agrarias, UNCuyo, Mendoza.

Para la descripción del sitio se tomaron los datos de la Estación Agrometeorológica Chacras de Coria, de la Cátedra de Meteorología Agrícola de la Fac. de Cs. Agrarias de la U.N.Cuyo, ubicada en el Departamento Luján de Cuyo a los 32°59' de latitud Sur, 68°52' de longitud Oeste y 920 msnm, a 200 metros del ensayo.

En el sistema de conducción Ramé se estableció un ensayo experimental con diseño estadístico, con dos tratamientos. Un tratamiento fue colocar una planta por palo, al cual le llamamos Ramé simple (RS) y otro de 2 plantas por palo, al cual le llamamos Ramé doble (RD), quedando de esta manera distinto número de plantas por unidad de superficie.

2.1. Mediciones realizadas

Superficie foliar expuesta potencial (SFEm2/Ha): Se realizó en envero, con el método geométrico propuesto por Carbonneau (Carbonneau, 1985). Producción por planta: Se realizó la cosecha de cada una de las plantas muestreadas, en forma individual, para poder tener el peso individual por planta. La cosecha se realizó en cajas para cosecha

Variables cualitativas:

a) Azúcar: por refractómetro en campo y densímetro en laboratorio.
b) Acidez total: por titulación.
c) Antocianos: técnica generada por el laboratorio de polifenoles del INTA basada en la técnica de Riou y Asselin 1996.
d) Polifenoles totales: técnica generada en el laboratorio de polifenoles del INTA basada en la técnica de Riou y Asselin 1996.

3. Resultados

Dentro de las variables estudiadas, presentamos en este trabajo las variables de Superficie foliar total por unidad de producción (SFTr/P), Antocianos (mg/Kg de uva) e Índice de polifenoles totales (IPT).

Como se puede ver en la Tabla 1, no se observan diferencias significativas en ninguna de las tres variables estudiadas, (SFTr/P), Antocianos e IPT.

Tabla 1. Resultados de las variables de superficie foliar total por producción de uva, Antocianos e IPT.

Variable	RS	RD
SFTr/P	0,53 A	0,60 A
Antocianos mg/ kg uva	1,19 A	1,22 A
IPT (fenoles totales de los hollejo	42,67 A	43,00 A
Letras iguales indican que no hay diferencia significativa para p menor que 0,05		

En cuanto a la SFTr/P, puede observarse que toma valores entre 0,5 y 0,6, similares a valores encontrados por Carbonneau y otros autores para sistemas de canopia dividida en dos planos de vegetación vertical.

Los datos de variables cualitativas como Antocianos e IPT, alcanza valores de alta calidad enológica, descriptos por distintos autores como Cargnello (2003), Baeza (2005), Carbonneau (2007, 2010).

4. Conclusiones

El sistema Rame se presenta como un buena alternativa para zonas con alta oferta energéticas, al poder dividir la canopia en dos planos de vegetación, lo que permite una mayor superficie foliar y una alta concentración de polifenoles.

A su vez, el poder mecanizar la cosecha, facilita una labor que es bastante compleja en nuestra región.

Referencias

Baeza, C.R., Encarna C., Vicente S., and Lissaguirre J.R. 2005. Ecophysiological and Agronomic Response of Tempranillo Grapevines to Four Training System. Am. J. Enil. Vitic. 56:2

Bergqvist, J., Dokoozlian N. and Ebisuda N. 2000. Sunlight exposure and temperature effects on berry growth and composition of cabernet sauvignon and Grenache in the central san Joaquin valley of California. Am. J. Enol. Vitic. 52:1

Carbonneau, A. 1985. Trellising and canopy management for cool climate viticulture. Proc. First Int.Symp. Cool climate viticulture and Enology, June, 1984 Eugene, Oregon State University, 158–174

Carbonneau, A. 1995. La surface foliaire exposée pontentielle. Guide pour sa mesure. Pregr. Agric. Vitic., 112 (9): 204–212

Carbonneau, A. 2007. Théorie de la maduratión et de la typicité du raisin. Progr. Agric.Vitic. (Comité de lecture), et CR GESCO 15, 123 (13–14), 275–284

 DOI: 10.1051/bioconf/20160701032

Effects of cane girdling on yield, fruit quality and maturation of (*Vitis vinifera L.*) cv. Flame Seedless

Oguzhan Soltekin[1,a], Ahmet Candemir[1], and Ahmet Altindisli[2]

[1] Manisa Viticultural Research Institute, Ataturk St., Yunusemre, PO Box 12, Manisa, Turkey
[2] Ege University, Faculty of Agriculture, Department of Horticulture, Izmir, Turkey

Abstract. This study was carried out to determine the effects of cane girdling on coloration, maturation, yield and some quality characteristics of Vitis vinifera L. cv. Flame Seedless table grape variety. Cane girdling practices were treated at pea-size stage (G2) and veraison period (G1) over two growing seasons, 2013–2014, at the facility of Manisa Viticultural Research Institute in Turkey. Cane girdling was performed on the canes after first shoot was left from the bottom and 4 mm-wide ring of bark was completely removed with a doubleded knife. On the other hand control vines were left untouched. Statistical analyses showed that TSS, berry length, colour parameters, CIRG index and anthocyanin content of Flame Seedless was significantly affected by the cane girdling treatments in both years, 2013 and 2014. In addition it was detected that any effect of girdling treatments cannot be determined statistically significant on total yield, marketable yield, titrable acidity and 50 berry weight. Total and marketable yields of girdled vines had higher value than control vines although they were not statistically significant. Furthermore it was observed 9 and 12 days earliness with G2 treatments compare to the control vines in 2013 and 2014, respectively.

1. Introduction

Turkey is placed on the most suitable temperate zone in terms of viticulture all around the world. More than thousand grape varieties have been grown in overall the country and cultivar richness with history show that Turkey is one of the first grape growing centers [1]. Total fresh grape production, vine planted area and grape yield of Turkey are 4.011.409 ton, 468.792 ha and 855,69 kg/da, respectively [2]. Furthermore Turkey places 5 th and 6 th rank among the world countries in terms of vine planted area and grape production [3].

Because of its high nutritional content, full flavor, occasional and multi usage (Table grapes, raisins, wine, juice for concentrate etc.), grape is becoming more popular [4]. Therefore table grape consumption has increased in all over the world [5]. Today, almost 77 million tonnes of world grape production that is almost 4 million tonnes are yielded in Turkey [3] and this production is characterized as primary table grapes (53%) and as secondary raisin yield (35%) (Turkey Statistical Institute, 2013). The basic characteristic of modern table grape production is its adaptation to the requirements of the market aiming to improve grape quality, such as equal cluster size, uniform shape and berry size, equal coloration of all the berries in the cluster and higher resistance to transportation. Furthermore, an important speciality of the grape is seedlessness and generally seedless varieties are characterized with small berries and require management and some cultural activities for improvement of their size. In addition uniform coloration is one of the most important feature of the table grape production [6].

Different viticultural techniques and treatments are necessary to get better yield and superior quality for table grape production. There are so many factors which affects grape quality directly during the grape growing; such as pruning, crop load, thinning, girdling, topping, pinching and using of plant growth regulators [7]. In other words quality, quantity and nutritoanal value of grape is under the influence of some agricultural practices and techniques.

Girdling is one of the these practices and techniques which consists of removing a small section of phloem (about 4mm in width) from either stem or cane. It has been practiced for many years to provide bigger berries in terms of table grape production or to provide fruit maturity by enhancing berry coloration or accumulation of sugar [7–9]. Also physical characteristics of grapes such as colour, form and shape are so important attributes for consumers [10,11]. Therefore girdling in vineyards is become crucial technique for table grape production.

In most of studies grapes are girdled at berry set to increase berry size or at veraison (berry softening or colour break) to ensure better maturation and colour development. Increment in berry size owing to girdling is result of better carbohydrate nutrition above the girdle because the transport of sugars from leaves to the root system is blocked by girdling treatment [7]. Also changes in the hormonal balance of the grapevine after girdling may cause an increament on berry size [12]. In addition girdling of the grapevine has been reported to improve berry colour and stimulate maturation of grapes [10].

The aim of this research was to examine the effect of cane girdling on the fruit development and the quality

[a] Corresponding author: oguz.soltekin@tarim.gov.tr

 DOI: 10.1051/bioconf/20160701032

Table 1. Effects of girdling on some quality parameters in the year 2013.

Treatments	TSS (%)	pH	TA (g/lt)	50 Berry Weight (g)	Berry Width (mm)	Berry Length (mm)	Marketable Yield Ratio (%)	Total Yield (g)
C	18.533b	3,777b	4,03	115,617	13,690b	13,533b	66,823	19571,67
G1	21,400a	3,830ab	4,193	113,853	14,107b	13,417b	83,043	19937,50
G2	21,333a	3,870a	4,193	127,03	15,940a	15,000a	76,213	20960,83
P	**	*			**	**		
LSD	1,292	0,068	ns	ns	1,557	1,353	ns	ns

*G1: Girdling at veraison period, G2: Girdling at pea-sized stage, C: Control, Ns: non-significant, * $p < 0,05$ ** $p < 0,01$.*

of Flame seedless grape variety which grown in Aegean region of Turkey.

2. Materials and methods

The study was carried out in the experimental vineyards of Manisa Viticultural Research Institute (located between the 38°37' North latitudes and 27° 24' East longitudes), during 2013 and 2014 seasons. As a plant material Flame Seedless grape variety was grafted onto 1103 Paulsen rootstock. Grafted vines planted in 2004 with 3 × 3 m row spaces and trained to rational pergola systems. Canopy height of the pergola system was 2.40 m. Grapevines were cane-pruned and left 6 canes of 10/12 buds per vine during the winter pruning.

There were 3 application in the research; G1, G2 and Control. G1-girdling application was performed at the begining of veraison period and G2-girdling application was performed at pea-sized of berries. Also there was no application for Control. Cane girdling was performed on the canes after first shoot was left from the bottom. 4 mm-wide ring of bark was completely removed with a doubleded knife. Control vines were left untouched. Every application consisted of three replicates of 3 vines. When the clusters on the control vines reached to about 18° Bx, harvest was done and all samples were immediately brought to the laboratory for analysis.

2.1. Measured parameters

Yield parameters such as total yield (g) and marketable yield ratio (%) were determined after harvest. In addition 50 berries were sampled from each replication and after sampled berries were weighed, the average berry weight (g) was determined. Also berry width and berry length (mm) was measured by using caliper compass and colour measurements (L, a, b, Chr, Hue) were made by Minolta Co (CR-300). CIRG Index (Colour Index of Red Grapes) was estimated according to the [13]. Berries were squeezed for each replication and the percentage of total soluble solids percentage (TSS %) was measured by the Refractometer. On the other hand juice pH was measured by pH meter and total anthocyanin with phenolic contents were determined according to the [14]. Total titratable acidity percentage (TA %) was measured by titrating the berry juice with 0.1 *N* NaOH. The TA% was expressed as grams of tartaric acid per 100 ml of juice [15].

2.2. Statistical analysis

The experimental design was randomized parcels with three replicates. Analysis of variance was implemented to research data by using the SPSS [16] statistical programme on computer, and in order to determine the differences among averages, LSD test was implemented on importance level of 5% and 1%.

3. Results and discussion

Vines are girdled in an attempt to improve fruit setting, maturation, quality and yield parameters [7,17–19]. Girdling practices cut the movement in the phloem and change the hormonal balance [12]. Therefore it leads to an increment of carbohydrates above the girdle [20]. When the TSS and TA values have been examined, effect of girdling treatment on TSS was found statistically significant ($p < 0,01$) in two years while effect of practices on acidity content were not considered statistically important (Table 1 and 2). It is known that that TSS and acidity play an important role in fruit quality improvement [14,18,21–23]. Highest TSS value was observed with G2 treatment statistically in 2014 season (22.0° Bx). Furthermore it was observed 9 and 12 days earliness with G2 treatments compare to the control vines in 2013 and 2014, respectively. According to the TSS values, it was observed that girdling treatments accelerates ripening. Our results are in agreement with the findings of [17,24–28].

As can be seen from the results in Tables 1 and 2, first year the effect of girdling treatment on berry width and berry length was statistically significant ($p < 0,01$). Additionally highest values were obtained with G2 treatments 15,94 mm and 15,00 mm, respectively in the year 2013. It was found non-significant when the berry weight values have been examined but it was observed that higher values were obtained from G2 treatments in both years. These findings are in agreement with previous studies and girdling at berry set has been reported by several investigators to increase in berry size especially in seedless varieties. For example, [24] and [29] reported that girdling of Crimson Seedless at berry set increased berry weight and berry volume [28].

In both years, effects of girdling treatments on total yield and marketable yield ratio was statistically non-significant (Tables 1 and 2). Similar results were obtained by [18] in Turkey. They reported that girdling treatments had non-significant effects on yield of "Trakya İlkeren" table grapes.

Visual factors are very important in determining the quality of table grapes and it is known that coloration is one of the most prominent visual factor [30]. Therefore fruit colour is an important quality attribute in table grapes. As seen in Tables 3 and 4, all colour parameteres are

Table 2. Effects of girdling on some quality parameters in the year 2014.

Treatments	TSS (%)	pH	TA (g/1t)	50 Berry Weight (g)	Berry Width (mm)	Berry Length (mm)	Marketable Yield Ratio (%)	Total Yield (g)
C	18,447b	4,057	3,08	112,623	13,58	13,073b	67,983	26708,33
G1	21,000ab	4,037	2,573	112,513	13,96	14,180ab	83,013	20953,33
G2	22,000a	4	3,02	132,47	14,57	15,000a	75,88	26253,33
P	**					*		
LSD	2,567	ns	ns	ns	ns	1,216	ns	ns

G1: Girdling at veraison period, G2: Girdling at pea-sized stage, C: Control, Ns: non-significant, * $p < 0,05$ ** $p < 0,01$.

Table 3. Effects of girdling on colour parameters, Total anthocyanin and Total phenolics in 2013 season.

Treatments	L	a	b	Chroma	HUE	CIRG Index	Total Anthocyanin (mg/kg)	Total Phenolics (mg/kg)
C	41,780a	−5,067b	13,913a	15,163a	85,677a	1,663b	9,700b	221,653
G1	29,277b	6,557a	2,257b	6,960b	17,877b	4,477a	20,233a	342,65
G2	31,867b	9,360a	4,957b	10,837ab	26,647b	3,607a	21,110a	372,703
P	**	*	**	**	**	**	**	
LSD	3,831	9,732	3,877	4,380	20,774	0,895	6,641	ns

G1: Girdling at veraison period, G2: Girdling at pea-sized stage, C: Control, Ns: non-significant, * $p < 0,05$ ** $p < 0,01$.

Table 4. Effects of girdling on colour parameters, Total anthocyanin and Total phenolics in 2014 season.

Treatments	L	a	b	Chroma	HUE	CIRG Index	Total Anthocyanin (mg/kg)	Total Phenolics (mg/kg)
C	44,123a	−5,040b	13,943a	15,913a	92,413a	1,467b	10,303b	202,403b
G1	33,310b	8,250a	2,497b	7,217b	12,847b	4,190a	23,387a	356,390a
G2	32,267b	10,493a	5,580b	12,120ab	27,620b	3,453a	26,187a	393,400a
P	*	*	**	**	**	**	**	*
LSD	7,758	11,423	7,032	6,358	24,592	1,419	9,846	152,382

G1: Girdling at veraison period, G2: Girdling at pea-sized stage, C: Control, Ns: non-significant, * $p < 0,05$ ** $p < 0,01$.

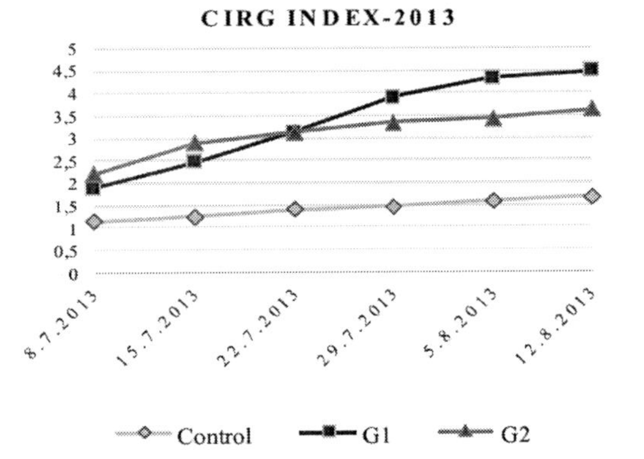

Figure 1. Changing of CIRG Index between veraison and harvest in 2013.

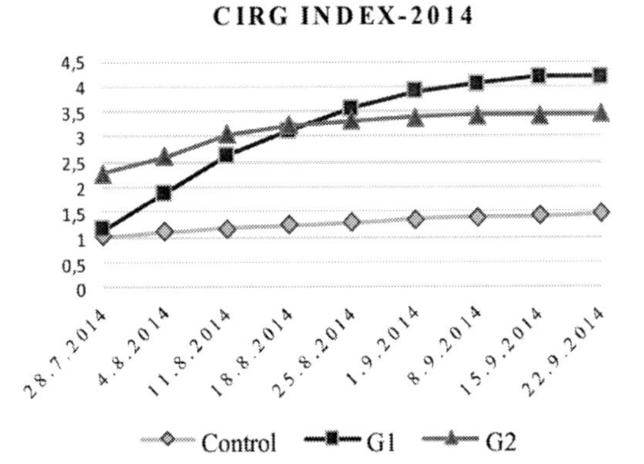

Figure 2. Changing of CIRG Index between veraison and harvest in 2014.

effected statistically by girdling treatments in both years. Especially effects of girdling on CIRG index were found statistically significant ($p < 0,01$). It was observed that higher values were obtained with G1 and G2 treatments compared to the control in both years in terms of CIRG index. This outcome confirms earlier studies. For example, [21,29,31,32] reported that girdling improves coloration and ripening.

In addition the use of colour index for red grapes (CIRG) accepted the definition which categorizes the grape varieties in five groups according to their external colour [33]: green-yellow (CIRG < 2); pink ($2 <$ CIRG < 4); red ($4 <$ CIRG < 5); dark-red ($5 <$ CIRG < 6) and blue-black (CIRG > 6). Also in this study, CIRG Index values were estimated after measurements per each week between veraison and harvesting period in an attempt to observe the colour changes. Figure 1 and Fig. 2 illustrate the changing of CIRG Index values between veraison and harvesting periods in 2013 and 2014 seasons, respectively.

As can be seen in these two figures, it was observed remarkable changes for two growing seasons.

In the first year, G1 and Control treatments had lowest degree of pigmentation and colour of berries was green-yellow at veraison. However it increased to reach the pink with G1 treatments (girdling at veraison) after 1 and 2 weeks of veraison in 2013 and 2014, respectively. Additionally it was observed that colour change was continued for all treatments until harvesting but remarkably G1 treatments had better colour development than the other treatments. At the harvesting period, it was observed Green-Yellow in Control (non-girdling) treatment; Red in G1 (girdling at veraison) and Pink in G2 (girdling at berry size stage) treatment. Similar results were obtained with [34].

It has been reported that grape berry colour can be effected by a number of factors such as cultivar, cultural practices, location and girdling treatments [35]. When the total anthocyanin values have been examined, effect of girdling treatment on total anthocyanin was found statistically significant ($p < 0,01$) in both years. Furthermore total anthocyanin content varied between 9,7–21,11mg/kg and 10,30-26,18mg/kg in 2013 and 2014 seasons, respectively. Also it was observed that G1 and G2 treatments were in the same level group statistically and provided the highest total anthocyanin concentration in both years. As seen in Tables 3 and 4, girdling practices increase berry anthocyanins compared to control vines and similar results were obtained with girdling treatment on red table grape "Aki Queeen" [36]. Also these findings were found similar with earlier researches [19,31,32,37].

In terms of total phenolics, girdling effect was found non-significant in 2013 whereas it was found statistically significant ($p < 0,05$) in 2014 season. Higher values were observed in G2 treatments for both 2013 (372,70 mg/kg) and 2014 (393,40 mg/kg) seasons, in comparison to the other treatments (Tables 3 and 4). Our results are in agreement with [38]. They reported that girdling treatment is leading to more accumulation of phenolics to the remaining upper organs or clusters.

4. Conclusion

Our data provide original (field-based) evidence on mature vines for the finding out of girdling effects at pea-size stage and veraison periods in both two years. Cane girdling treatment at pea-size stage on cv. Flame Seedless increases berry dimensions in two growing seasons. Also berry weight was increased with girdling but it was found out non-significant. On the other hand it can be suggested that girdling at pea-size stage promote total anthocyanin and phenolics accumulation. It was remarkable that colour parameters, especially CIRG index values were increased by girdling at veraison period. Additionally it was found out that girdling accelerates ripenning and provide earliness in both two years.

Over the two years of this study, cane girdling (pea-size stage and veraison period) produced no adverse effects on vine size and therefore, this result may offer a new opportunity for sustainable commercial production of table grapes. However, it needs to be more practice with proper time and achieving better yield with high quality.

References

[1] H. Çelik, S. Ağaoğlu, Y. Fidan, B. Marasalı, G. Söylemezoğlu. *General Viticulture Sunfidan Book*, p253 (1998)

[2] Turkey Statistical Institute. The Summary of Agricultural Statistics. (Available online with updatesat: `http://tuikapp.tuik.gov.tr/bitkiselapp/bitkisel.zul.`). Access date: 29.04.2015 (2013)

[3] FAO. Food and Agriculture Organization of United Nations.(Availableonlineat: `http://faostat3.fao.org/download/Q/*/E.`), Access date: 29.04.2015 (2012)

[4] S.N. Ghosh, R. Tarai, P.P. Pal. *Proceedings of the International symposium on grape production and processing*. Acta Hort. (**785**): p73–77 (2008)

[5] H. Çelik, S. Çelik, B.M. Kunter, G. Soylemezoglu, Y. Boz, C. Ozer, A. Atak. *6th Technical Congress of Turkish Agricultural Engineers* (2005)

[6] V. Dimovska, V.I. Petropulos, A. Salamovska, F. Ilieva. Bulgarian Journal of Agricultural Science, **20** (No:1), p137–142 (2014)

[7] T.R. Roper, L.E. Williams. Plant Physiol, **89**, p1136–1140 (1989)

[8] L.E. Williams, J.E. Ayars. Agriculture and Forest Meteorology, **129**, p85–94 (2005)

[9] T.R. Abu-Zahra, N.M. Salameh. Middle-East Journal of Scientific Research. **11** (6), p718–722 (2012)

[10] A.J. Winkler, J.A. Cook, W.M. Kliewer, L.A. Lider. *General Viticulture*. Univ. of Calif. Press. Berkeley, p:710 (1974)

[11] F.J. Francis. Natural food colorants. AVI Pub. Co. Westport, p260–279 (1978)

[12] P.E. Kriedemann, F. Lenz. Vitis, **11**, p193–197 (1972)

[13] J. Carreño, A. Martinez, L. Almela, J.A. Fernandez-Lopez. Food Res. Int. **28**, no.4, p373–377 (1995)

[14] B. Cemeroğlu. *Meyve ve sebze işletme endüstrisinde temel analiz metodları*. Biltav yayınları, No:**02**-2, p381 (1992)

[15] R.J. Weaver, A.J. Winkler. Plant Physiology, **27**(3), p626–630 (1951)

[16] SPSS Inc., (1999). SPSS Base 10.0 for Windows User's Guide. SPSS Inc., Chicago IL

[17] M.M. Khandaker, A.N. Boyce, N. Osman, A.S. Hossain. International Journal of Agriculture and Biology, **13** (1), p18–24 (2011)

[18] B. Isci, A. Altındisli. Journal of Agricultural Faculty of Gaziosmanpasa University, **31**(3), p91–100 (2014)

[19] O. Soltekin, T. Teker, A. Erdem, E. Kacar, A. Altindişli. *In BIO Web of Conferences, EDP Sciences*, Vol. **5**, p.01019 (2015)

[20] R.J. Weaver, S.B. Mccune. University of Calif, **28**, p421–456 (1959)

[21] A.J. Winkler. *General viticulture*. Univ. of Calif. Press, Berkeley, p293–300 (1962)

[22] Y.R. Chanana, M.S. Gill. Acta Hort. (**785**): p85–88 (2008)

[23] O. Kamiloglu. Journal of Animal and Plant Sciences, **21**(2), p240–245 (2011)

[24] B.G. Coombe. Plant physiology, **35**(2), p241 (1960)

[25] R.F. Escobar, R. Martin, P.L. Rivares, M.P. Suarez. J. Hort. Sci, **62**, p463–468 (1987)
[26] C.D. Harrell, L.E. Williams. Plant Physiol. Amer. J. Enol. Viticult. **38**, p83–88 (1987)
[27] T.J. Zabadal. HortScience **27**(9), p975–976 (1992)
[28] N. Nikolaou, E. Zioziou, D. Stravrakas, A. Patakas. Australian Journ. of Grape and Wine Research, **9**, p12–14 (2003)
[29] N.K. Dokoozlian, D.A. Luvisi, P.L. Schrader, M.M. Moriyama. *Proceedings of International Symposium on Table Grape Production*, p237–240 (1994)
[30] M.G. Mullins, A. Bouquet, L.E. Williams. *Biology of the grapevine.* Cambridge Press, p238 (1992)
[31] W.L. Peacock, F. Jensen, J. Else, G. Leavitt. American Journal of Enology and Viticulture **28**, p228–230 (1977)
[32] K.T. Li, J.C. Chang, L. Wang, Y.T. Liu, C.L. Lee. VITIS-Journal of Grapevine Research, **54**(2), p59–63 (2015)
[33] J. Carreno, A. Martinez, L. Almela, J.A. Fernandez-Lopez. Color Research & Application, **21**(1), p50–54 (1996)
[34] J.A. Fernandez-Lopez, L. Almela, J.A. Munoz, V. Hidalgo, J. Carreno. *Food Research International*, **31**(9), p667–672 (1998)
[35] M.O. Downey, N.K. Dokoozlian, M.P. Krstic. Am. J. Enol. Vitic., **57**, p257–268 (2006)
[36] T, Yamane, K. Shibayama. J. Japan. Soc. Hort. Sci. **75** (6), p439–444 (2006)
[37] J. Carreno, S. Fara, A. Martinez. J. Hort. Sci. Biotech. **73**, p103–106 (1998)
[38] B. Isci, Z. Gokbayrak, N. Keskin. S. Afr. J. Enol. Vitic., Vol. **36**, No. 2, p191–194 (2015)

 DOI: 10.1051/bioconf/20160701033

Defoliation in 'Pinotage' during the harvests 2014/15 and 2015/16 in Dom Pedrito-RS

B.L. Hamm, A.P. Dachi, E.N. Fernandes, P.P. Parisoto, J.M. Silveira, and J. Saavedra del Aguila[a]

Federal University of Pampa (UNIPAMPA) – "Dom Pedrito" Campus – Course of Bachelor's Degree in Oenology. Adress: Street Vinte e Um de Abril n° 80, "Dom Pedrito", "Rio Grande do Sul" (RS), CEP 96450-000, Brazil

Abstract. The objective of this study was to evaluate the effect on must from defoliation in 'Pinotage' in a property in the region Dom Pedrito, conducted in espalier and from East / West direction. The work was performed by the Nucleus of Study, Research and Extension in Oenology (NEPE^2); in 2014/2015 and 2015/2016 harvests. The treatments were: T1 – control; T2 – Defoliation in thenorth; T3 – Defoliation in the south and; T4 – Defoliation South and North. The response variables were analyzed by infrared spectrometry fourier transform (FTIR); these analyzes in the must were: total soluble solids (TSS) in °Brix, pH, potassium and gluconic acid. The experimental design was a randomized block design with four replications and 20 plants per plot. The results were submitted to analysis of variance (F test) and multiple comparison of averages by Tukey test at 5% probability. TSS is kept equal in the 2014/15 crop, but in the 2015/16 season were different and the treatment T4 (Defoliation North and South); significantly higher, followed by treatment T3 (Defoliation to the south).

1. Introduction

Several factors can influence the quality of a fruit such as climatic conditions, soil types, genetic potential of the cultivar and agronomic management as dry pruning and green pruning (defoliation). The green pruning is performed on vines with the goal of balancing the vegetative development and the production in order to improve the quality of grape [1].

This operation is done for various purposes and in various ways. It is used to supplement the dry pruning during the formation of the plant to facilitate penetration of light, air and heat, to guarantee the fertilization of flowers to decrease the incidence of disease and to save fungicides. The bud removal, topping and defoliation are green pruning methods that interfere with the characteristics of the canopy. The function of the leaf removal consists in removing sheets mainly located near the bunches to provide aeration and insolation to fruit maturation promoting favourable conditions, having care to not remove more than 50% thereof.

The exposure of the bunches to solar radiation is related to greater accumulation of soluble solids, being higher the sugar content in grapes, important in the maturation not only by the amount of alcohol that is derived to the wine but serve as a source for other compounds such as polyphenols, anthocyanins and those related to the aroma. This practice also eliminates potential contamination by gray rot and these can transform sugar into glycerides and gluconic acid producing enzymes that catalyze the oxidation of phenolic compounds.

In temperate climates it is recommended to carry out the removing of branches and defoliation to increase exposure of vines intended for wine making to solar radiation in order to stimulate the synthesis of phenolic compounds, among other metabolites, providing better color and structure to the drink, especially to red wines. Wines produced with grapes infected become sensitive to oxidation and bacterial contamination, changing the taste and making them unsuitable for aging [2].

The objective of this study was to evaluate the effect of defoliation on 'Pinotage' on the wine from the harvest 2014/15 and 2015/16 on a property in the region of Don Pedrito (Campaign Gaucha) in crops where the conduction system in espalier it is in East / West direction.

2. Materials and methods

This work was conducted by the Nucleus of Study, Research and Extension in Oenology (NEPE^2) of the Federal University of Pampa (UNIPAMPA); in harvests 2014/2015 and 2015/2016; and the defoliation of the cultivar Pinotage was held at the phenological stage 31 (pea grain) of Eichhorn & Lorenz [3]. The treatments were: T1 – control without defoliation; T2 – Defoliation in the north; T3 – Defoliation to the south and; T4 – Defoliation South and North. The response variables were analyzed by infrared spectrometry fourier transform (FTIR); and these analyzes in the must were: total soluble solids (TSS) expressed in °Brix, pH, gluconic acid and collected grape must potassium before vinification. The design used was randomized blocks with four replications and 20 plants per plot. The results were submitted to analysis of variance (ANOVA) and the averages were compared by the comparison test averages of Tukey at 5% probability [4–6].

[a] e-mail: juanaguila@unipampa.edu

Table 1. Total Soluble Solids of must from the fruits of cultivar Pinotage, submitted or not to defoliation.

Treatments*	TSS (°Brix) – harvest 2014/2015	TSS (°Brix) – harvest 2015/2016
T1	15,97 a**	19,17 c
T2	18,83 a	18,50 d
T3	19,37 a	19,60 b
T4	19,07 a	22,47 a

* T1 = without defoliation; T2 = Defoliation in the north; T3 = Defoliation to the south and; T4 = South and North Defoliation. ** Same letter in the column do not differ statistically by Tukey test at 5% probability.

Table 2. pH from the fruits of cultivar Pinotage, submitted or not to defoliation.

Treatments*	pH – harvest 2014/2015	pH – harvest 2015/2016
T1	3.45 a	3.37 b
T2	3.52 a	3,04 d
T3	3.51 a	3,08 c
T4	3.52 a	3,42 a

* T1 = without defoliation; T2 = Defoliation in the north; T3 = Defoliation to the south and; T4 = South and North Defoliation. ** Same letter in the column do not differ statistically by Tukey test at 5% probability.

Table 3. Potassium ($g\,L^{-1}$) from the fruits of cultivar Pinotage, submitted or not to defoliation.

Treatments*	Potassium – harvest 2014/2015	Potassium – harvest 2015/2016
T1	1999.66 a	1281.06 b
T2	1502.66 a	1393.33 a
T3	1497.33 a	838.00 c
T4	1450.33 a	828.33 c

* T1 = without defoliation; T2 = Defoliation in the north; T3 = Defoliation to the south and; T4 = South and North Defoliation. ** Same letter in the column do not differ statistically by Tukey test at 5% probability.

3. Results and discussion

The TSS (Table 1) remained statistically similar in the 2014/15 crop, but in the 2015/16 season were different and the treatment T4 (Defoliation South and North) was significantly higher followed by treatment T3 (Defoliation in the south).The pH, total acidity and potassium content (Tables 2 and 3) also showed statistically equal in the 2014/15 crop. On the other hand, in the 2015/16 season, the pH and potassium content values were statistically different between the most treatments. Remained superior the treatment T4 (Defoliation North and South), followed by T1 (control,) for pH and potassium content the statistically superior treatment was T2 (defoliation in the north).

The gluconic acid values were different in the two seasons, in the harvest 2014/15the treatment T2 (defoliation in the north), T3 (Defoliation to the south) and T4 (Defoliation South and North) were higher than $0.5\,g\,L^{-1}$, value that can point out that the grapes could have had some kind of sanity problem, along the development of the fruit in the field, according to [7]. In the 2015/16 harvest, the T4 (Defoliation South and North) remained significantly superior to other treatments, but as expected for grapes (Table 4).

Even having suffered from weather problems, the harvest 2015/16, showed similar results to the previous harvest as the pH values. One of the characteristics of the cultivar Pinotage is your regular pH and its good adaptation to climate similar to its home country, South Africa.

Table 4. Gluconic Acid (L^{-1} g) from the fruits of cultivar Pinotage, submitted or not to defoliation.

Treatments*	Gluconic Acid – harvest 2014/2015	Gluconic Acid – harvest 2015/2016
T1	0.36 b	0.20 b
T2	1.00 a	0.20 b
T3	1.20 a	0.03 c
T4	0.96 a	0.43 a

* T1 = without defoliation; T2 = Defoliation in the north; T3 = Defoliation to the south and; T4 = South and North Defoliation. ** Same letter in the column do not differ statistically by Tukey test at 5% probability.

4. Conclusion

Under the conditions of this experiment, it is concluded that the grape must 'Pinotage' where defoliation was carried out in south direction showed in the second season (2015/2016) higher levels of soluble solids.

We would like to thank to the wine grower Mr. Adair Camponogara.

References

[1] Rafael Anzanellol, Paulo Vitor Dutra de Souzal, Pedro Ferreira Coelho. *Defoliation of american and vinifera grapevines in the pre ripening of fruits* Cienc. Rural vol.41 no.7 Santa Maria July 2011 Epub July 01, 2011

[2] Bruna Laís Hamm, Juan Saavedra Del Aguila, Pedro Paulo Parisotto, Angela Pereira Dachi, Jansen Moreira Silveira. *Desfolha em c.v. pinotage na região de Dom Pedrito-RS*. Capa > v.7,n.2(2015):Salão de Pesquisa-Pôster > Hamm

[3] K. W. Eichorn und D. H. Lorenz. *Phenological Developmet Stages of the Grapevine*. Nachrichtenbl. Deut.Pflanzenschutzd. (Braunschweig)29, 1977

[4] J. Saavedra del Aguila, A.P. Dachi, E.N. Fernandes, B.L. Hamm, F.C. de Almeida, J.M. Silveira. *Garlic and H_2O_2 in overcoming dormancy on the vine 'Cabernet Sauvignon'*, France, Bio Web of Conferences, **v.5**, p.3 (2015)

[5] J. Saavedra del Aguila, A. Zanella, A.D. Pinheiro, A.M. dos Santos, E.B. Radmann, L.S. Heiffig-del Aguila. *Woody cuttings of 'Niagara Rosada' and 'Niagara Branca' rustic grapes*. Wageningen, Holanda. Acta Horticulturae. **v.1115**, p.249–252 (2016)

[6] F.C. de Almeida, J.F.L. de C. Cham, B.L. Hamm, S.M. Ferreira, M. Gabbardo, J. Saavedra del Aguila. *Use of plant growth regulation in the conservation of grapes 'Italy' as aid postharvest*, France, Bio Web of Conferences, **v.3**, p.4 (2014)

[7] Ribéreau-Gayon, Pascal, Glories, Yves, Maujean, Alain, Dubourdieu, Denis. *Tratado de Enologia I – Química del vino Estabilización e tratamentos*. 1°Ed. Madri (Espanha) Mundi-Prensa, 2008, p. 595

Fertilizer of bovine and ovine origin in 'Merlot' vines in Dom Pedrito-RS

Andressa Silveira Meinerz, Elizeu Nogueira Fernandes, Jansen Moreira Silveira, Nádia Cristiane Alves Vianna, Letícia Zigiotto, and Juan Saavedra del Aguila[a]

Federal University of Pampa (UNIPAMPA) – Course of Bachelor's Degree in Oenology – Campus Dom Pedrito. Adress: Street Vinte e Um de Abril n° 80, Dom Pedrito, Rio Grande do Sul (RS), CEP 96450-000, Brasil

Abstract. Despite the vine adaptation to different soil types, most are found in soils with low nutrient supply, requiring corrections. The organic fertilizer facilitates the absorption of nutrients and improve soil structure. The objective was to evaluate the effect of organic fertilization with bovine and ovine manure on growth and totalchlorophyll content of 'Merlot' vines grafted on three different rootstocks. The experiment was conducted by the Nucleus of Study, Research and Extension in Oenology (NEPE^2) with the variety 'Merlot' VCR1 clone. The treatments were applied in the rootstock '161.49' 420-A 'and' Paulsen 1103', and used manure of bovine and ovine origin, totaling 12 treatments. Were evaluated the plant height (cm) and total chlorophyll (Falker clorofiLOG®). The treatments at the rootstock 'Paulsen 1103' showed greater height of 'Merlot' clone VCR1, followed by the rootstock '161.49' and '420A'. But the treatments with the rootstock 'Paulsen 1103' showed less chlorophyll in the leaves of 'Merlot' clone VCR1 compared to other treatments. Preliminarily itwas concluded that the use of manurefrom bovine and ovine origin on the vine 'Merlot' clone VCR1 on the rootstocks 'Paulsen 1103', '420A' and '161.49', present in the leaves higher total chlorophyll content.

1. Introduction

The vine, though adapt to various types of soil, productive performance is better in those with good ability of nutrients. However, most of the vineyards are on soils that have some nutritional limitation, and then necessary corrections so that the plants are able to express their productive potential [1].

As is known, the cultivation of the vine was easily adapted in the Campanha Gaucha [2], but for an excellent crop in this region, as in other productive areas, many agrochemicals are used, from fertilization to phytosanitary treatments, which, over the time, can lead to toxicity to soil, water and plants. Thus, the organic fertilizer is a way to reduce the use of agrochemicals, improving soil structure, and is an alternative to reduce costs. Also, the production of livestock in the region o Campanha Gaucha is widespread, so fertilizer derived from animal manures can be used in viticulture.

Organic fertilizers can be considered of plant and animal origin. The manure are the better known fertilizer of animal origin, composed of solid and liquid excrements of the animals, but these fertilizers can also be mixed with plant residues. Thus, the organic fertilizer of animal origin are good nutrient suppliers, by having phosphorus (P) and potassium (K) readily available and nitrogen (N) is available according to the ease of degradation of compounds [3].

Organic fertilizers can be applied on the soil surface, but the decomposition and nutrient release may be less than if applied in pits, but the cost of application is considered lower, and no chances to cut the roots of the vines, which they may end up causing incidences of root diseases [4].

The 'Merlot' is the vine most cultivated in France and more widely spread throughout the world. Caste is very heterogeneous; biotypes that compose it differ from each other by its fertility or the formation of the bunch. It is possible to produce a wine with a certain finesse and typicality, of ruby red color very intense and slightly herbaceous taste, alcoholic, fruity and aromatic, tendentially low acidity. In the case of VCR1 clone, it has a oenological potentialfor wines o international taste, not herbaceous, fruity and good color [5].

Records show that in 1920 there were already the cultivation of 'Merlot' in Caxias do Sul-RS, Brazil, one of the main varieties o redgrapes in Rio Grande do Sul from the 1970's. The 'Merlot' adapted in the south, has abundant crops, reaching 20° Brix in Serra Gaucha, but in the Campanha Gaucha can reach 24° Brix, and has more prone to attack by mildew [6].

For the best cultivation of vines, and its features, rootstocks are used, where can be mentioned the rootstocks '420A', characterized by being little vigorous, and having difficulty for rooting, used with cultivars for fine wines. The '161.49', rootstock that has similar characteristics to the '420A', but it is not widespread, both are derived from the intersection of Vitis berlandieri x Vitis riparia. But the rootstock 'Paulsen 1103' is vigorous, has ease for rooting and also handle grafting, and has high tolerance to fusarium, is very widespread in southern Brazil, and derived from the intersection of Vitis berlandieri with Vitis rupestres [7,8].

[a] e-mail: juanaguila@unipampa.edu.br

The objective was to evaluate the effect of organic fertilization with bovine and ovine manure on growth and chlorophyll content of vines' Merlot 'clone VCR1 grafted on three different rootstocks ('161.49', '420A' and 'Paulsen 1103').

2. Materials and methods

The experiment was conducted by the Nucleus of Study, Research and Extension in Oenology (NEPE[2]) in the experimental vineyard of the Federal University of Pampa (UNIPAMPA)-Campus Dom Pedrito, implemented in the second half of 2014, with the variety 'Merlot' clone VCR1.

The treatments were:

T1: 'Merlot' clone VCR1 + rootstock '161.49';
T2: 'Merlot' clone VCR1 + rootstock '161.49' + 1 Kg of bovine manure;
T3: 'Merlot' clone VCR1 + rootstock '161.49' + 1 Kg of ovine manure;
T4: 'Merlot' clone VCR1 + rootstock '161.49' + 1/2 Kg of bovine manure + 1/2 Kg of ovine manure;
T5: 'Merlot' clone VCR1 + rootstocks '420A';
T6: 'Merlot' clone VCR1 + rootstocks '420A' + 1 Kg of bovine manure;
T7: 'Merlot' clone VCR1 + rootstocks '420A' + 1 Kg of ovine manure;
T8: 'Merlot' clone VCR1 + rootstocks '420A' + 1/2 Kg of bovine manure + 1/2 Kg of ovine manure;
T9: 'Merlot' clone VCR1 + rootstock 'Paulsen 1103';
T10: 'Merlot' clone VCR1 + rootstock 'Paulsen 1103' + 1 Kg of bovine manure;
T11: 'Merlot' clone VCR1 + rootstock 'Paulsen 1103' + 1 Kg of ovine manure;
T12: 'Merlot' clone VCR1 + rootstock 'Paulsen 1103' + 1/2 Kg of bovine manure + 1/2 Kg of ovine manure.

The total were 12 treatments in a factorial scheme (3 × 4) (rootstock × manure).

It was performed 4 applications of decomposed manure around the vines in September and October of 2015, and in January and February of 2016.

We evaluated the plant height (cm) and chlorophyll (Falker clorofiLOG®). It was held the analysis of variance (ANOVA) and when necessary the comparison test of Tukey averages at 5% of probability [9].

3. Results and discussion

Through the results of the analyzes, it can be observed that although some variances, the treatments T9, T11, T12, with the exception of T10, that is, those with the rootstock 'Paulsen 1103' showed greater height of 'Merlot' clone VCR1, followed by rootstock '161.49' (T1, T2, T3 and T4) and '420A' (T6, T7 and T8), and T5 had the same height as the treatments 'Paulsen 1103', as shown in Fig. 1.

According to the mean comparison test used among all treatments, the T12 had the highest height, so it can be said that with the consortium of bovine and ovine manure, the growth of the vine 'Merlot' clone VCR1 under rootstock 'Paulsen 1103' is greater.

The height of analysis held on 10/21/2015, 1/18/2016, 02/01/2016 and from 02/29/16, had no significant difference between treatments.

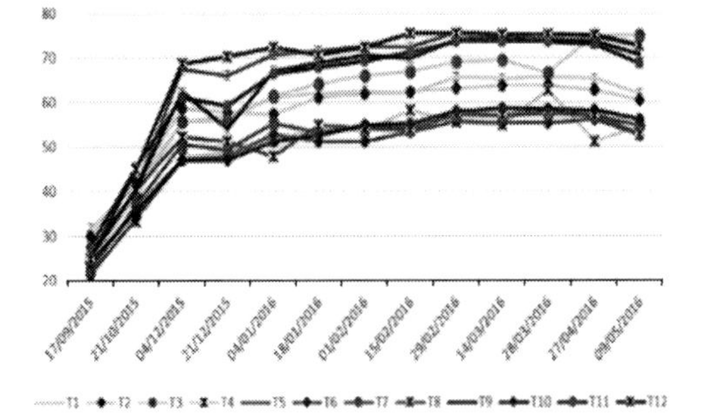

Figure 1. Height (cm) of the different treatments. T1: 'Merlot' clone VCR1 + rootstock '161.49'; T2: 'Merlot' + '161.49' + 1 Kg of bovine manure; T3: 'Merlot' + '161.49' + 1 Kg of ovine manure; T4: 'Merlot' + '161.49' + 1/2 Kg of bovine manure + 1/2 Kg of ovine manure; T5: 'Merlot' + '420A'; T6: 'Merlot' + '420A' + 1 Kg of bovine manure; T7: 'Merlot' + '420A' + 1 Kg of ovine manure; T8: 'Merlot' + '420A' + 1/2 Kg of bovine manure + 1/2 Kg of ovine manure; T9: 'Merlot' + 'Paulsen 1103'; T10: 'Merlot' + 'Paulsen 1103' + 1 Kg of bovine manure; T11: 'Merlot' + 'Paulsen 1103' + 1 Kg of ovine manure; T12: 'Merlot' + 'Paulsen 1103' + 1/2 Kg of bovine manure + 1/2 Kg of ovine manure.

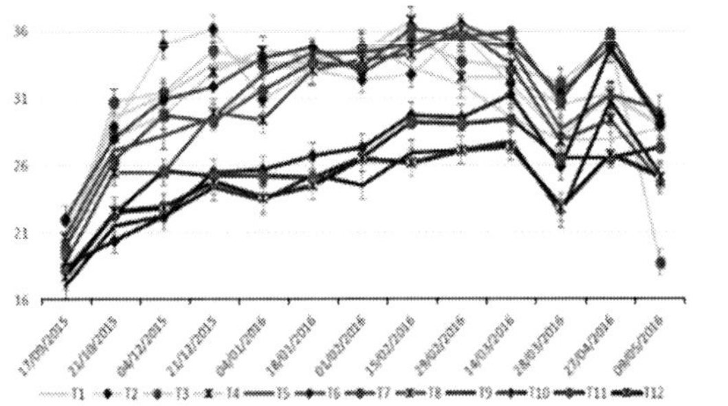

Figure 2. Total chlorophyll of the leaves from different treatment. T1: 'Merlot' clone VCR1 + rootstock '161.49'; T2: 'Merlot' + '161.49' + 1 Kg of bovine manure; T3: 'Merlot' + '161.49' + 1 Kg of ovine manure; T4: 'Merlot' + '161.49' + 1/2 Kg of bovine manure + 1/2 Kg of ovine manure; T5: 'Merlot' + '420A'; T6: 'Merlot' + '420A' + 1 Kg of bovine manure; T7: 'Merlot' + '420A' + 1 Kg of ovine manure; T8: 'Merlot' + '420A' + 1/2 Kg of bovine manure + 1/2 Kg of ovine manure; T9: 'Merlot' + 'Paulsen 1103'; T10: 'Merlot' + 'Paulsen 1103' + 1 Kg of bovine manure; T11: 'Merlot' + 'Paulsen 1103' + 1 Kg of ovine manure; T12: 'Merlot' + 'Paulsen 1103' + 1/2 Kg of bovine manure + 1/2 Kg of ovine manure.

In Figure 2, it can be seen that the treatments with the rootstocks '161.49' and '420A', that is, the treatments T1, T2, T3, T4, T5, T6, T7 and T8 have a higher index of total chlorophyll in leaves of 'Merlot' clone VCR1 compared to treatments T9, T10, T11 and T12 ('Paulsen 1103').

The treatments T1, T5 and T9, ie those without application of bovine manure and ovine manure, total chlorophyll was shown to be inferior in almost half of the evaluations conducted throughout the experiment. But the analysis held on 09/17/2015, 10/21/2015, 12/21/2015, 01/18/2016, 02/01/2016, 02/29/2016, 03/28/2016 e 05/09/2016, had no significant difference between treatments.

A study in the third season of Rubi cultivar,submitted to treatment with different numbers of leaves per branch, the average of chlorophyll was 41.38 [10]. In an experiment where were used seedlinds, the total chlorophyll content ranged from 39.7 in 'Paulsen 1103', 51.23 in 'Cabernnet Sauvignon and 57.9 in' Isabella [11]. Thus, one can say preliminarily that the total chlorophyll content in the leaves of 'Merlot' in its first year, which reached 38 in some treatments, presents suitable chlorophyll content, when compared with 'Ruby' and 'Paulsen 1103'.

4. Conclusion

Based on preliminary research results, it is concluded that using fertilizers from bovine and ovine origin together, there is a greater growth of 'Merlot' clone VCR1 with rootstock 'Paulsen 1103' compared with the rootstocks '161.49' and '420A'. And the use of manure of bovine and sheep origin on the vine 'Merlot' clone VCR1 on the rootstocks 'Paulsen 1103', '420A' and '161.49', present in the leaves higher chlorophyll content.

References

[1] G. W. Mello, Uvas Sem Sementes: Cultivares BRS Morena, BRS Clara e BRS Linda. Disponível em: <http://www.cnpuv.embrapa.br/publica/sprod/UvasSemSementes/adubacao.htm#adub006>. Acessado em 12 de março (2016)

[2] J. Saavedra del Aguila, A. P. Dachi, E. N. Fernandes, B. L. Hamm, F. C. de Almeida, J. M. Silveira. Garlic and H_2O_2 in overcoming dormancy on the vine 'Cabernet Sauvignon', France, Bio Web of Conferences, v. 5 , 3p., (2015)

[3] P. M. S. Francisco, Adubação orgânica do solo: a conscientização por meio de campos de multiplicação de sementes crioulas no agreste paraibano. Areia – PB, Monografia (Graduação em Agronomia). Centro de Ciências Agrárias (CCA), Universidade Federal da Paraíba. (2013)

[4] G. W. B. Melo, G. Brunetto, A. Basso, J. Heinzen, Resposta das videiras a diferentes modos de distribuição de composto orgânico no solo. Jaboticabal – SP Rev. Brasileira de Fruticultura, v. 34, n. 2, p. 493–503, Junho (2012)

[5] VCR, Vivai Cooperativi Rauscedo. Catálogo Geral das Castas e dos Clones de Uva de Vinho e de Mesa. VIVAI COOPERATIVI RAUSCEDO SCA. Rauscedo. Itália. Janeiro (2014)

[6] U. A. Camargo, Uvas Viníferas para Processamento em Regiões de Clima Temperado. Embrapa Uva e Vinho. 2003. Disponível em: <https://sistemasdeproducao.cnptia.embrapa.br/FontesHTML/Uva/UvasViniferasRegioesClimaTemperado/cultivar.htm>. Acessado em 16 de agosto (2016)

[7] U. A. Camargo, Porta-enxertos e cultivares de videira. Embrapa uva e vinho. Bento Gonçalves. 2014. Disponível em: <http://www.cnpuv.embrapa.br/publica/sprod/viticultura/portaenx.html>. Acessado em 16 de agosto (2016)

[8] J. Saavedra del Aguila, A. Zanella, A. D. Pinheiro, A. M. dos Santos, E. B. Radmann, L. S. Heiffig-del Aguila, Woody cuttings of 'Niagara Rosada' and 'Niagara Branca' rustic grapes. Wageningen, Holanda. Acta Horticulturae, v. 1115, p. 249–252 (2016)

[9] F. C. de Almeida, J. F. L. de C. Cham, B. L. Hamm, S. M. Ferreira, M. Gabbardo, J. Saavedra del Aguila. Use of plant growth regulation in the conservation of grapes 'Italy' as aid postharvest, France, Bio Web of Conferences, v. 3 , 4p. (2014)

[10] L. C. M. Zanotti, Poda verde na produção e qualidade de uva cv. Rubi (vitis vinifera l.) no norte do Espírito Santo. São Mateus – ES, Dissertação (Mestre em Agricultura Tropical). Universidade Federal do Espírito Santo. (2013)

[11] M. Zart, Caracterização morfológica, fisiológica e bioquímica do ataque da pérola-da-terra, eurhizococcus brasiliensis (wille, 1922) (hemiptera: margarodidae), em videiras. Porto Alegre-RS, Tese (Doutor em Fitotecnia). Universidade Federal do Rio Grande do Sul. (2012)

Methodology and software for georeferencing vineyards

Flávio Bello Fialho

Researcher, Embrapa Uva e Vinho, Rua Livramento 515, Bento Gonçalves, RS, Brazil

Abstract. An agricultural registry is a collection of information about production area and yield of agricultural properties in a region or designated area. It allows to measure agricultural production and its spatial distribution, characterize rural structure, facilitate inspection and development of agricultural policies, optimize distribution of agricultural credit, estimate crop yield and generate research data. A key component for a quality registry is accurate measurement of areas and their geographical position, through georeferencing, to allow integration with other spatial information. The Vineyard Registry of Rio Grande do Sul is one of the most complete agricultural registries in Brazil. It has been carried out in all grape producing properties in the state since 1995, and its georeferencing began in 2005, with the objective of accurately map vineyards. Embrapa has developed a methodology to accelerate georeferencing, by simplifying the field mapping process. One of the central points of this methodology was the development of a software called MapaGPS to organize and classify measured points in the field. Recently, this software has been improved, with the incorporation of features, such as transformation between coordinate systems, conversion between files of different formats, and more control over generated charts. The georeferencing experience of the Vineyard Registry of Rio Grande do Sul may be used throughout Brazil and other countries. The software is available under a free license, and there are no restrictions to adopting the methodology. This document aims to disclose details of this methodology and how it may be used to facilitate zoning projects worldwide.

1. Introduction

An agricultural registry is a collection of information about production area and yield of agricultural properties in a region or designated area. Agricultural registries serve many purposes. Tthey may be used to measure agricultural production and its spatial distribution, or to characterize the social and economic structure of rural areas. An agricultural registry may be used to verify crop insurance claims, or for traceability purposes. Government agencies may use it in the development of agricultural policies, to optimize distribution of agricultural credit or to estimate crop yield. Research institutes may use it to gather collective data for spacial analysis.

The Vineyard Registry of Rio Grande do Sul is one of the most complete agricultural registries in Brazil. It has been carried out in all grape producing properties in the state since 1995. It is a legal condition that all the grapes commercialized in Rio Grande do Sul must be declared annually in the Vineyard Registry.

A key component for a quality registry is the accurate measurement of areas and their geographical position. By georeferencing the vineyards, ordinary data may be organized as spatial information and subjected to spatial analysis, greatly enhancing the quality of the knowledge derived therefrom. Georeferencing the Vineyard Registry of Rio Grande do Sul began in 2005 [1], with the objective of accurately mapping vineyards. Since then, over one third of the state's vineyards have been mapped, including most of those located within the areas of the currently existing geographical indications for fine wines.

Ideally, it would be possible to trace vineyards over aerial images using Geographical Information System (GIS) software. However, in many situations, it is difficult to distinguish sectors within a vineyard, as may be seen in Fig. 1. This makes it important, albeit expensive and time consuming, to collect data on the field, using GPS receptors. In order to optimize resources, a methodology for collecting geographical data and a software to process data and trace the vineyards and its subdivisions were developed by Embrapa [1]. The software, called MapaGPS, has been recently rewritten to include many new features, and is freely available for download at *http://sistemas.cnpuv.embrapa.br/mapagps*, for free use and distribution under the GPL license [2].

This work describes the georeferencing process used and how to use the software MapaGPS to map vineyards. Hopefully, this experience may be useful for georeferencing vineyards, as well as other crops, in Brazil or other parts of the world.

2. Method of measuring data points

The Vineyard Registry organizes the grape producing area into properties, each with an individual *registry code*. Within a property, the grape producing area is divided into vineyards and sectors. A *vineyard* is defined as a continuous area where grapes are grown. If two areas are not connected, they are considered separate vineyards. Vineyards within a property are identified by integer *vineyard numbers*. Each vineyard may be divided into sectors, where a *sector* is a continuous area with the same characteristics (cultivar, age, conduction system, spacing, and so forth). Sectors within a vineyard are identified by a single number or letter (1 ... 9, a ... z) called the *sector code*. The "special" sector '0' (zero) is reserved

Figure 1. Aerial image of a vineyard to be georeferenced.

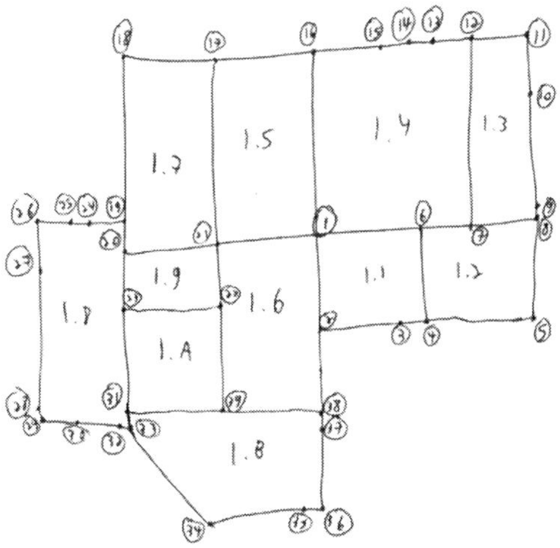

Figure 2. Hand-made sketch of a vineyard, showing sector labels and point IDs.

for areas where grapes are not grown. Sector are uniquely identified within a property by a *sector label*, formed by the vineyard number followed by a period and the sector code (e.g. 1.1, 1.3, 2.7, 2.b, 15.1).

The first step to take when measuring a property in the field is to draw a rough sketch of the vineyards and their sectors on a sheet of paper and plan the order in which points will be measured. This sketch may look something like Fig. 2. When contrasted with Fig. 1, it becomes evident that, while some divisions between sectors are clear in the aerial image, others are not. The sketch on Fig. 2, after all measurements and processing are done, may be accurately represented by the plot on Fig. 3.

A key point in the method is to properly identify the points being measured. Each *point name* is formed by the vineyard number followed by a period and the sector codes of all sectors which are in contact with the point, including sector '0' (in case the point is in contact with the external perimeter, or with an internal area without vines). For example, the correct nomenclature for point 1 in Figs. 2 and 3 is '1.1456', because this is the point where the lines which delimit sectors 1, 4, 5 and 6 meet. Similarly, point 2 is named '1.016', because it touches the

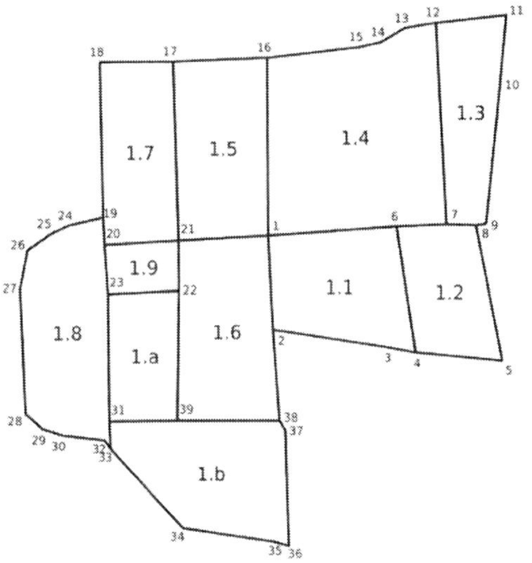

Figure 3. Accurate plot of a vineyard, showing sector labels and point IDs.

area outside the vineyard (sector '0') and sectors 1 and 6, and point 3 is '1.01', because it is in the middle of the line which divides sector 1 and the area outside the vineyard (sector '0'). Point names are not unique, and more than one point may have the same name.

An important concept in the method is that data points may be classified as "line points" or "corner points". *Line points* are those which join only two line segments, and consequently are in contact with only two sectors. One example of a line point in Fig. 3 is point number 3, which is only in contact with sector '1' and the external sector '0', thus being labeled '1.01'. Other examples of line points are points 5, 9, 10 and 11. *Corner points*, on the other hand, join three or more line segments and are in contact with three or more sectors. One example of a corner point in Fig. 3 is point number 2, which is in contact with sectors '1', '6' and the external sector '0', thus being labeled '1.016'. Other examples of corner points are points 1, 4, 6 and 7.

Point coordinates should be measured using a precision GPS receiver, and the measurement error, after data post-processing, should be no more than 50 cm. After all points are measured, the next step is to download the data from the GPS receiver to a computer, apply any necessary corrections and store data points, one per line, into a text file in the format shown in Fig. 4. Each line of this file corresponds to a measured point, with whitespace-separated fields containing the following data: latitude (decimal degrees), longitude (decimal degrees), point name (as described earlier), date of measurement (in the format YYYY-MM-DD), time of measurement (in the format HH:MM:SS), altitude (meters), UTM Y coordinate (meters), UTM X coordinate (meters) and *point ID* (an integer which describes the order of measurement of the point within the property).

There are two restrictions on the order in which points should be listed in the data file. First, line points which form a continuous line (and therefore have the same label) in the sketch *must* be listed in sequence. For the vineyard in Fig. 3, points 9, 10 and 11 (all of which

```
-29.163718409  -51.527214523  1.012  2015-06-30  18:00:01  631.732  6773760.616  448730.085  1
-29.163424942  -51.527195996  1.02   2015-06-30  18:05:02  627.039  6773793.140  448731.741  2
-29.163456667  -51.526384018  1.02   2015-06-30  18:10:03  628.778  6773789.978  448810.720  3
-29.163738489  -51.526722728  1.012  2015-06-30  18:15:04  634.555  6773758.606  448777.921  4
-29.164069724  -51.526891317  1.01   2015-06-30  18:20:05  637.903  6773721.833  448761.690  5
-29.164062878  -51.527226720  1.01   2015-06-30  18:25:06  634.929  6773722.445  448729.070  6
-29.164059924  -51.526758853  2.01   2015-06-30  18:30:07  637.001  6773722.976  448774.567  7
-29.163605797  -51.526384534  2.01   2015-06-30  18:35:08  633.577  6773773.455  448810.744  8
-29.163628429  -51.525890371  2.01   2015-06-30  18:40:09  634.945  6773771.162  448858.812  9
-29.164104159  -51.525900520  2.01   2015-06-30  18:45:10  641.266  6773718.449  448858.060  10
```

Figure 4. Example of a MapaGPS input file, with one data point per line.

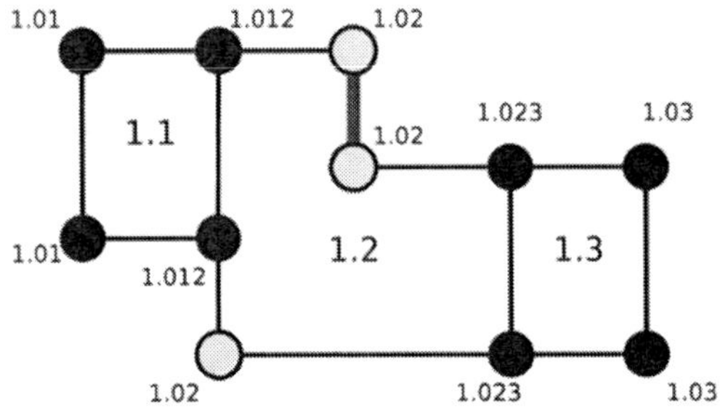

Figure 5. Example of line point restrictions. The two line points labeled '1.02' at the top must be listed together. Both points must be separated from the point labeled '1.02' at the bottom by at least one other point.

should be labeled '1.03') must be listed in sequence. The sequence may be reversed, so {11-10-9}is as acceptable as {9-10-11}. The other line sequences which must be preserved in order, in this example, are {131415}, {24-25-26-27-28-29-30-32}, and {34-35-36-37}.

The second restriction is that, if two or more sequences of line points with the same label are not connected in the sketch, they *must not* be listed in sequence in the file. The vineyard shown on Fig. 5 has two sequences of line points labeled '1.02', the first formed by the two points on the top of sector 1.2 and the second formed by the single point on the opposite side of the sector. In the data file, the two points of the first sequence must come one immediately after the other, and they must be separated from the third '1.02' point by at least one of the other points in the vineyard.

3. Software for joining data points

In order to help the process of georeferencing the Vineyard Registry of Rio Grande do Sul, a software called MapaGPS was developed by Embrapa [1,2]. This software is a command-line utility which reads data files in the format previously specified, orders the points of each sector and writes output files in a text format, which may be easily read into the Vineyard Registry. The output files list all sectors of the vineyard and their coordinates, in order. A PDF file with an accurate plot of the vineyards and sectors of each property is also produced, and other output formats may be generated as well.

The program was made available for download as free software at *http://sistemas.cnpuv.embrapa.br/mapagps*. Both source code and precompiled binaries for Linux 32 bits (*mapagps-i686.tar.gz*) and Linux 64 bits (*mapagps-x86_64.tar.gz*) are available. To install the binaries, simply extract the files in the archive and move the file *mapagps* (the binary executable) to a directory in the *$PATH*. The program uses libraries *libcairo2*, *libmagic1*, *libproj9*, *libshp2* and *libxml2*, which should be installed previously, if not already present.

For other platforms, the program may be easily compiled from the source code, using a standard C language compiler, such as gcc. After installation, the program may be executed using the command '*mapagps*', followed by options and the names of the input files. Help is available by typing the command followed by the '−h' option, which will show the expected syntax and briefly describe all available options:

```
mapagps -h
```

For the most common case, given the input file *RS00000.txt*, the command:

```
mapagps RS00000.txt
```

will read the input file and generate a PDF file with the plot of the vineyards and an output file named '*RS00000.out*' in the format shown in Fig. 6.

The output file format is self-explanatory, when compared to the input file. The registry code and the total vineyard area of the property is shown on the first line. Next, each vineyard and its sectors are listed, one per line, with their respective areas and the list of ordered points of the perimeter of each sector (one point per line). Compared to the lines in the input file, each point is preceded by one additional field containing the sector code. The perimeter of the vineyards is described by the points of sector '0' of each vineyard. Lines identifying the registry code, vineyard number and sector label, and points of sector '0' are preceded by a '#' character.

The program accepts input formats other than the one shown on Fig. 4. It is able to read its own output files (like the one shown on Fig. 6), ESRI Shapefiles [3] and XML files compatible with the specifications of the OpenStreetMap (OSM) project [4]. In each of these three cases, registry codes are stored within the files, and a single file may contain more than one property.

ESRI Shapefiles [3] are commonly used when exchanging data with GIS software. Shapefiles are composed of three files with extensions '*.shp*', '*.shx*' and '*.dbf*', and should follow a specific format. Sectors are represented by entities, which should be of type *POLYGONZ*, with X, Y, Z and M components of each point containing longitude (in decimal degrees), latitude (in decimal degrees), altitude (in meters) and point ID (an integer). The program also accepts Shapefiles with entities of types *POLYGONM* (without the unique point ID) or *POLYGON* (without altitude and point ID). UTM coordinates, in meters, may also be used in the X and Y

DOI: 10.1051/bioconf/20160701035

```
## CADASTRO RS00000 (0.7046 ha) ##

# VINHEDO 1 (0.3589 ha)
# Setor 1.0 (0.3589 ha)
# 1.0  -29.163718409 -51.527214523  1.012  2015-06-30 18:00:01  631.732  6773760.616 448730.085  1
# 1.0  -29.163424942 -51.527195996  1.02   2015-06-30 18:05:02  627.039  6773793.140 448731.741  2
# 1.0  -29.163456667 -51.526384018  1.02   2015-06-30 18:10:03  628.778  6773789.978 448810.720  3
# 1.0  -29.163738489 -51.526722728  1.012  2015-06-30 18:15:04  634.555  6773758.606 448777.921  4
# 1.0  -29.164069724 -51.526891317  1.01   2015-06-30 18:20:05  637.903  6773721.833 448761.690  5
# 1.0  -29.164062878 -51.527226720  1.01   2015-06-30 18:25:06  634.929  6773722.445 448729.070  6
# 1.0  -29.163718409 -51.527214523  1.012  2015-06-30 18:00:01  631.732  6773760.616 448730.085  1
# Setor 1.1 (0.1519 ha)
1.1    -29.163718409 -51.527214523  1.012  2015-06-30 18:00:01  631.732  6773760.616 448730.085  1
1.1    -29.163738489 -51.526722728  1.012  2015-06-30 18:15:04  634.555  6773758.606 448777.921  4
1.1    -29.164069724 -51.526891317  1.01   2015-06-30 18:20:05  637.903  6773721.833 448761.690  5
1.1    -29.164062878 -51.527226720  1.01   2015-06-30 18:25:06  634.929  6773722.445 448729.070  6
1.1    -29.163718409 -51.527214523  1.012  2015-06-30 18:00:01  631.732  6773760.616 448730.085  1
# Setor 1.2 (0.2070 ha)
1.2    -29.163718409 -51.527214523  1.012  2015-06-30 18:00:01  631.732  6773760.616 448730.085  1
1.2    -29.163424942 -51.527195996  1.02   2015-06-30 18:05:02  627.039  6773793.140 448731.741  2
1.2    -29.163456667 -51.526384018  1.02   2015-06-30 18:10:03  628.778  6773789.978 448810.720  3
1.2    -29.163738489 -51.526722728  1.012  2015-06-30 18:15:04  634.555  6773758.606 448777.921  4
1.2    -29.163718409 -51.527214523  1.012  2015-06-30 18:00:01  631.732  6773760.616 448730.085  1

# VINHEDO 2 (0.3457 ha)
# Setor 2.0 (0.3457 ha)
# 2.0  -29.164059924 -51.526758853  2.01   2015-06-30 18:30:07  637.001  6773722.976 448774.567  7
# 2.0  -29.163605797 -51.526384534  2.01   2015-06-30 18:35:08  633.577  6773773.455 448810.744  8
# 2.0  -29.163628429 -51.525890371  2.01   2015-06-30 18:40:09  634.945  6773771.162 448858.812  9
# 2.0  -29.164104159 -51.525900520  2.01   2015-06-30 18:45:10  641.266  6773718.449 448858.060  10
# 2.0  -29.164059924 -51.526758853  2.01   2015-06-30 18:30:07  637.001  6773722.976 448774.567  7
# Setor 2.1 (0.3457 ha)
2.1    -29.164059924 -51.526758853  2.01   2015-06-30 18:30:07  637.001  6773722.976 448774.567  7
2.1    -29.163605797 -51.526384534  2.01   2015-06-30 18:35:08  633.577  6773773.455 448810.744  8
2.1    -29.163628429 -51.525890371  2.01   2015-06-30 18:40:09  634.945  6773771.162 448858.812  9
2.1    -29.164104159 -51.525900520  2.01   2015-06-30 18:45:10  641.266  6773718.449 448858.060  10
2.1    -29.164059924 -51.526758853  2.01   2015-06-30 18:30:07  637.001  6773722.976 448774.567  7
```

Figure 6. Example of a MapaGPS output file, with the ordered points of the perimeter of each sector.

components of the Shapefile, if option '−u' is specified in the command line. The associated database should have four fiels: a string field named *'cadastro'* containing the registry code, an integer or string field names *'vinhedo'* containing the vineyard number, a single-character string field named *'setor'* containing the sector code, and a string field named *'datahora'* containing the date and time of measurement of data points in the sector, in the format 'YYYYMMDD HH:MM:SS'.

OpenStreetMap [4] is a project to create a free map of the world. It exchanges data using an XML file format, using filkes with extension *'.osm'*, which may be read by MapaGPS. Within the XML file, vineyards are recognized by use of the tag *'landuse=vineyard'*, which may be applied to a closed way or to a multipolygon relation. Vineyards should also be identified by the use of the tags *'cadastro'*, *'vinhedo'* and *'setor'*, containing the registry code, vineyard number and sector code, respectively. Data points may have the tags *'n_ord'*, *'cod_ponto'* and *'ele'*, representing point ID, point name (following the standards described earlier) and elevation (altitude, in meters). If relations are used, the ways within each relation must be in order.

MapaGPS normally generates an output file in plain text format with the extension *'.out'*. If the file exists, it is not overwritten, but a file with extension *'.out.novo'* is generated instead. It also generates a single-page PDF file with a plot of the vineyards. The names of these files are given by the registry code, which is read from the input files or derived from the input file name. The program will also generate Shapefiles, if the option '−s' is given, and OSM XML files, if the option '-o' is given. It is also able to generate a file in the input format, with the extension *'.txt.novo'*, by using the '−t' option. Each of these generate one file per registry code. If more than one property is being processed simultaneously, it is possible to generate PDF, output, Shapefile and OSM files containing all properties processed in a single file of each type, by using the '−m' option. The global PDF will contain multiple pages, one per registry code.

Options may be combined. For example, if all '.txt' files in a directory contain information about vineyards measured in the format shown on Fig. 4, the options '−s', '−o', '−t' and '−m' may be used together to generate all possible formats of file output with the command:

```
mapagps -s -o -t -m *.txt
```

This will generate one file of each type for each registry code encountered, and will also generate the global Shapefile *mapagps* (composed of the three files *mapagps.shp*, *mapagps.shx* and *mapagps.dbf*) and the global files *mapagps.out*, *mapagps.pdf* and *mapagps.osm*. If these files exist, they are overwritten, except for *mapagps.out*, which will have the new text appended at the end of the file.

It is also possible to suppress writing individual PDF, output, Shapefile and OSM files, using option '−n'. When used by itself, this option avoids writing files altogether, which may be useful if one only needs to check the input files for errors. This option may also be used in conjunction with the '−m' option, and possibly '−s' or '−o', in order to only generate the global files, but not he individual ones. It does not, however, cancel the '−t' option, and both may be used together to generate only the new input files.

MapaGPS usually does not print messages on-screen, unless problems with the data cause it to print warnings or error messages. Option '−v' may be used in order to increase verbosity and show more information. If used multiple times, more detailed messages are shown. On the other hand, option '−q' my be used to suppress warnings. If used twice, errors will not be shown either.

As seen in Fig. 4, the input file contains both geographical (latitude and longitude) and planar (UTM) coordinates. MapaGPS normally uses geographical coordinates, unless the values of latitude and longitude are zero. It compares them with the planar coordinates and, depending on the verbosity level, issues a warning if they are off by more than about 50 cm. However, if the option '−u' is used, planar coordinates are preferred. Option '−l' may be used to change back to geographical coordinates.

The official reference system used in Brazil is SIRGAS2000 [5], which is equivalent to WGS84, and it is the program's default. The UTM zone is calculated using the geographical coordinates of the first point read by the program, unless they are zero, in which case it defaults to zone 22 south (the zone where most brazilian vineyards are located).

It is possible to read data in a different coordinate system by specifying PROJ.4 parameters (easily available on the Internet) in the '−u' or '−l' options. For example, the command:

```
mapagps -l"+proj=longlat +ellps=aust_SA
+towgs84=-67.35,3.88,-38.22
+nodefs" RS00000.txt
```

processes file RS00000.txt using the SAD69 datum and geographical coordinates. Note that the command should be typed in a single line and that there must be no space before the starting quotes. Similarly, in order to use the SAD69 datum and UTM zone 21 south coordinates, one would type (in a single line):

```
mapagps -u"+proj=utm +ellps=aust_SA
+towgs84=-67.35,3.88,-38.22 +zone=21
+south +nodefs" RS00000.txt
```

The plot stored in the PDF file may be controlled by parameters '−g' and '−e'. Text size and line thickness is multiplied by the value of parameter '−e'. For example, if '−e2' is used, text will be twice as large and lines twice as thick. On the other hand, if '−e0.5' is used, they will be half the usual size (thinner lines and smaller text). It is also possible to control which elements will be shown on the graph by the value of parameter '−g', which should be the sum of the values of thew desired elements:

- 1: X and Y axes and scales
- 2: Graph title (registry code and total area)
- 4: Sector perimeters, in black
- 8. Sector codes
- 16: Vineyard perimeters, in green (red on error)
- 32: Point IDs, in blue

The default value is '−g15', if there were no errors, or '−g63', if an error occurred in one of the vineyards. In this case, the perimeter of the vineyards in error will be in red instead of green, and the graph title will also be in red. An example of a vineyard with an error is shown on Fig. 7, in which the program was not able to correctly join the data points of vineyard 1, although vineyard 2 is fine.

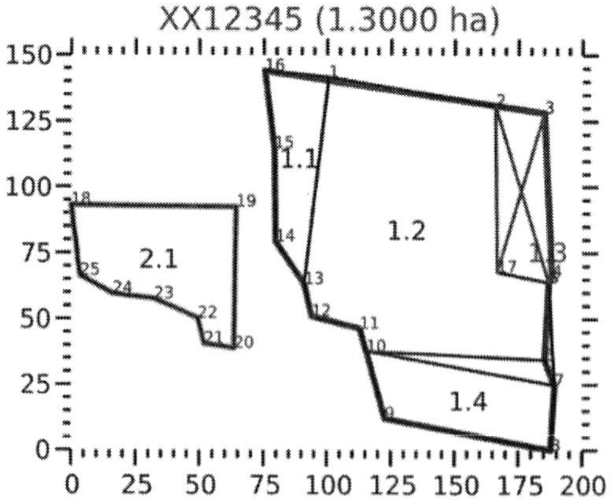

Figure 7. Plot of vineyards showing all graphical elements (option '−g63') and the visual representation of errors while processing vineyard 1.

In the vast majority of cases, MapaGPS is able to read and process data points without problems. However, sometimes errors do occur, and the input data file must be edited to correct them. Common syntax errors include the use of a decimal comma instead of a decimal period, accidentally removing a minus sign in front of a geographical coordinate, or incorrect, extra or missing fields. Point nomenclature is very strict, and any incorrect point names must be fixed. Another common problem is not following the restrictions on line points explained earlier. All these problems are very easy to identify and fix.

More rarely, the program is not able to correctly order data points in one or more sectors due to limitations of the algorithm. In these cases, the order of the data points must be changed in the input file, until the program is able to execute correctly. One possibility which usually works is to reorder the points of the troublesome vineyards by starting at a corner point and listing the points in an order which follows the vineyard's perimeter. At the end, the internal points should be listed. In the rare cases where this does not work, it may be necessary to move points around using trial and error, until an adequate order is found.

It is also possible that the program is able to join the points, but the generated plot does not agree with the field sketch. In these cases, the same procedure described to deal with errors may be applied.

In most cases, however, the program executes with no errors. After processing, the output text file created by the program is read into the Viticultural Registry database, along with the generated plot of the vineyards, which is stored for future reference.

4. Test of the program

In order to verify if the use of MapaGPS was practical or not, a large number of properties measured on the field with GPS receptors was processed, without any previous changes in the raw data. The objective of this test was to

DOI: 10.1051/bioconf/20160701035

estimate how well the program could trace the vineyards without human intervention, if the methodology were followed correctly.

The most recent version of MapaGPS was tested on data from 2761 grape producing properties. Of these, 2516 (91.1%) were processed without error on the first run of the program, 20 (0.7%) only had minor syntax errors which required small changes in the file, and 132 (4.8%) had not followed the line point restrictions mentioned earlier. Fixing these methodological errors solved these problems, leaving the files in the form that they should have arrived.

In the remaining properties, the order of points of the troublesome vineyards was rearranged as suggested earlier, and that was enough to correctly process 76 (2.8%) cases. The remaining 17 (0.6%) cases had to go through the more troublesome trial and error procedure, but all were eventually processed by the program.

Is is interesting to note that most of the problem data came from properties with at least one vineyard or sector composed of more than one polygon (they either had a "hole" or there was a vineyard made of two sectors joined by a single point). Although this situation only occurred in 67 cases (2.4% of the total), 54 of these required reordering of data points.

The overall success rate of the program, after correction of simple mistakes was 96.6% of all properties, and was considered satisfactory. However, when considering only cases with one polygon per sector, the success rate reaches 98.6%, while the success rate on cases with more than one polygon per sector falls to 19.4%. Therefore, it is advisable that the data be examined more thoroughly, when there are sectors with more than one polygon.

5. Conclusions

The methodology developed and used in the process of georeferencing the Viticultural Registry of Rio Grande do Sul is adequate. It provides a solution for the problem of delimiting sectors within a vineyard which are visually similar in an aerial image.

The MapaGPS software is able to efficiently determine the limits and divisions of vineyards, with a measured success rate of 96.6% on the test cases. It is able to read and write files in a variety of formats and may be used to integrate data from different sources (GPS receivers and data derived from aerial image processing) into the Viticultural Registry. Additionally, the program generates a plot of the vineyards, which may be used by the grape grower for planning and record keeping, and is able to convert data into formats used by GIS software.

The methodology and software may be freely used for georeferencing agricultural registries worldwide. The software source code and executables are freely available, and may be modified to suit individual needs, including translation to other languages. This makes it suitable for use in agricultural registries or other mapping projects in any part of the world.

References

[1] F. B. Fialho, L. M. R. de Mello; L. C. Guzzo, *Metodologia de georreferenciamento do Cadastro Vitícola*, Documentos 50 (Embrapa Uva e Vinho, Bento Gonçalves, 2005)
[2] F. B. Fialho, *MapaGPS 2.0: Software para Georreferenciamento do Cadastro Vitícola*, Circular Técnica 131 (Embrapa Uva e Vinho, Bento Gonçalves, 2016)
[3] ESRI, *ESRI Shapefile Technical Description: An ESRI Whitepaper* (1998)
[4] OpenStreetMap, `http://www.opestreetmap.org` (2016)
[5] IBGE, *Resolução do Presidente do IBGE n° 1/2005* (2005)

DOI: 10.1051/bioconf/20160701036

Cane pruning on Chardonnay grapevine in the high-altitude regions of Southern Brazil

José Luiz Marcon Filho[a], Ricardo Allebrandt, Douglas André Würz, Betina Pereira de Bem, Tiago Afonso de Macedo, Aike Anneliese Kretzschmar, and Leo Rufato

Santa Catarina State University (UDESC), College of Agriculture and Life Science, Av. Luiz de Camões, 2090, CEP 88520-000, Lages, SC, Brazil

Abstract. High-altitude regions of southern Brazil, located above 900 m above sea level, the cordon training with spur pruning is widely used because of easier application. In these regions, Chardonnay wine grape shows potential to produce quality wines, however, in commercial vineyards, the training system used has not provided productivities that makes economically viable the cultivation of this variety. Given this, the present study aimed to evaluate the effect of different cane-pruning systems on the vegetative, productive and enological potential of Chardonnay grapevines grown in the high-altitude region of Southern Brazil. The experiment was conducted in a commercial Chardonnay vineyard, located in São Joaquim – Santa Catarina State (28°17 '39 "S and 49° 55' 56" W, to 1230 m a.s.l) during 2015 and 2016 vintages. Chardonnay vines (grafted on 1103 Paulsen) were planted in 2010, with a 3.0 m (row) × 1.0 m (vine) spacing. The treatments consisted of different cane-pruning systems: Cordon spur-pruning (control); Sylvoz; Cazenave; Capovolto; single Guyot and double Guyot. Pruning was performed in August of each year when the buds were in the green tip developmental stage. Data was analyzed by Scott Knott test ($p < 0.05$) following a randomized block design with four replicates, each consisting of 12 vines per plot. We observed higher yield in the Cazenave and double Guyot training system with three and two more tons of grapes than spur-pruning respectively. The bud fertility was higher in plants trained in double Guyot. Vines spur-pruned showed higher relation of leaf area: production, with values above 100 $cm^2\ g^{-1}$ grape at 2016 vintage. Commercial maturity of grapes (soluble solids, acidity and polyphenols) did not differ among training systems studied. The results suggest that cane-pruning systems could be an alternative to increase production efficiency of Chardonnay in high-altitude region of southern Brazil.

1. Introduction

Highland regions of Santa Catarina State, Brazil, have been acquiring great importance due to the high potential for wine production from *Vitis vinifera* L. cultivars [1–3]. Located between latitudes 26° and 28° S and altitudes between 950 m and 1400 m a.s.l. the knowledge and characterization of this region shows potential to produce quality wines, but due to highlands of Santa Catarina State are being in an emergent wine grown region fundamental investigations into vineyard practices are necessary [4].

Training system is one of the factors in plant management that permits the grape grower to establish a particular training system and manipulate vine yield. It permits the selection of bearing wood (spurs and canes) and thereby influences the location and development of the canopy [5]. Training can modify the vine microclimate, altering the yield [6] and health of the plant [7], the grape maturation [8,9] as well as pruning and harvesting costs [10].

Chardonnay is one of the oldest and most widely distributed wine grape cultivars and is of commercial importance for the world's wine-producing nations. It is very versatile and can adapt to different climates and soils [11]. This cultivar also have been shown potential to produce quality wines in the southern Brazilian highlands [3].

Wine grape production in the high-altitude South of Brazil regions is based on the vertical shoot position (VSP) training system with cordon-spur pruning [4]; however, due the lower buds of Chardonnay vines are generally sterile [12], the training system used has not provided productivities that makes economically viable the cultivation of this variety in commercial vineyards. Furthermore, Chardonnay berry clusters are small and it genetically predisposed to a low percentage fruit set, particularly when climatic conditions are adverse [12]. Therefore, it is necessary to change pruning to enhance vine capacity and to retain extra buds. In this way, cane pruning can be more suitable for Chardonnay than spur-pruning.

To improve our understanding about vineyard practices, the present study aims to investigate the effect of different cane-pruning systems on the vegetative-productive development and enological potential of Chardonnay grapevines in order to guide appropriate management for white winemaking in regions 900 m a.s.l. of Southern Brazil.

[a] Corresponding author: marconfilho_jl@yahoo.com.br

 DOI: 10.1051/bioconf/20160701036

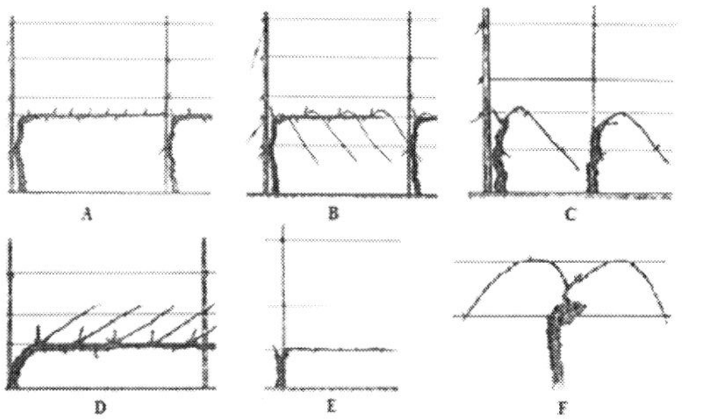

Figure 1. Training systems performed on Chardonnay grapevine in the high-altitude regions of southern Brazil. A – Cordon spur-pruning (control); B – Sylvoz; C – Capovolto; D – Cazenave; E – Single Guyot and F – Double Guyot.

Table 1. Number of buds per vine remained after pruning performing on the Chardonnay in the high-altitude regions of southern Brazil. Vintages 2015 and 2016.

Training System	Buds per vine	
	2015	2016
Cordon spur-pruning	28 ± 5.7	24 ± 3.0
Sylvoz	50 ± 13.5	45 ± 7.3
Cazenave	53 ± 12.6	36 ± 7.3
Capovolto	15 ± 2.7	15 ± 2.6
Single Guyot	14 ± 3.1	14 ± 1.7
Double Guyot	31 ± 6.1	28 ± 4.2

Data are the mean ± SD.

2. Materials and methods

The experiment was undertaken in a commercial *Vitis vinifera* L. cv. Chardonnay vineyard located in the highlands of Santa Catarina State, south of Brazil (28°14′S, 49° 58′W, 1230 m a.s.l.) during the 2015 and 2016 vintages. Chardonnay vines (grafted on '1103 Paulsen') were planted in 2010 in a northwest to southeast row orientation, with a 3.0 m (row) × 1.0 m (vine) spacing. Vines were trained on a vertical shoot position.

The treatments consisted of different cane-pruning systems: A – Cordon spur-pruning (control). B – Sylvoz (four 7-bud canes arched down). C – Capovolto (one 10 to 15-bud cane arched down). D – Cazenave (four 7-bud canes arched 45° up). E – Single Guyot (one 10 to 15-bud cane arched horizontally to the soil surface) and F – Double Guyot (two 10 to 15-bud cane arched) (Fig. 1). The number of bud per vine remained after pruning performing on the Chardonnay can be observed at Table 1.

Pruning was performed in August of each year when buds were in the green tip developmental stage. At all cane-pruning system one renewal spur were left to each cane.

Harvest started according to the winery standards. During harvest the number of cluster and branch per vine and production (kg vine^{-1}) from 8 plants per treatment were obtained. Leaf area (m^2 vine^{-1}) was calculated from measuring of total leaf area per branch (n=10) and number of branch per vine. Based on these data was estimated leaf area/fruit (LA/F – cm2 g^{-1}), yield (t ha^{-1}) and the bud fertility (clusters/ shoot per vine).

At harvest, 100 berries were randomly collected per plot/treatment from different portions of the vine and both sides of the rows. Samples were immediately submitted to the following analysis: a. soluble solids (°Brix); b. titratable acidity (meq L^{-1}); c. pH and d. total polyphenols (mg L^{-1}). These analyses were determined by protocols of OIV [13].

For polyphenol extraction 25 g of skins were weighted, homogenized in 10 ml of methanol (1:1), macerated for 24 hours at 30 ± 0.5°C and then washed with 2.5 ml methanol (1:1). A second extraction with the remains of the skins was made with the same methanol volume as well as the time at 0 ± 0.5°C. Both extracts were separated, homogenized and filtered through Whatman 01 filter paper. Total polyphenols concentration was determined by the spectrophotometry method described by Singleton and Rossi [14], using the Folin-Ciocalteu reagent, with absorbance in 760 nm wavelength. Phenolic content was determined using a gallic acid calibration curve.

The experimental design was a randomized blocks with four blocks and 12 vines per plot. Data was analyzed by the F test and Skott Knott's multiple range tests ($p < 0,05$).

Table 2. Productivity parameters of Chardonnay grapevine under the effect of different training system in the high-altitude regions of southern Brazil. Vintages 2015 and 2016.

Training	Cluster per vine		Production (kg vine^{-1})		Yield (t ha^{-1})	
	2015	2016	2015	2016	2015	2016
Spur-pruning	22 b	5 c	2.49 b	0.33 c	8.3 b	1.1 c
Sylvoz	33 a	10 a	2.58 b	0.88 a	8.6 b	2.9 a
Cazenave	29 a	9 a	3.32 a	0.94 a	11.1 a	3.1 a
Capovolto	21 b	3 d	1.95 c	0.23 c	6.5 c	0.8 c
Single Guyot	14 b	3 d	1.67 c	0.21 c	5.6 c	0.7 c
Double Guyot	26 a	7 b	2.96 a	0.68 b	9.8 a	2.3 b
C.V (%)	23.15	13.45	10.37	15.74	10.37	15.74

*Means followed by different letters in the same column differ by Skott Knott test ($p < 0.05$).

3. Results and discussion

Training systems strongly modified productivity parameters of Chardonnay grapevine (Table 2). Greatest production per plant was obtained from Cazenave, followed by double Guyot and Sylvoz. We observed on the Cazenave and double Guyot three and two more tons of grapes per hectare than spur-pruning at both vintages, while Sylvoz was more productive than spur-pruning only at 2016 harvest. Sylvoz and Cazenave tend to produce higher production due greater number of buds retained per vine in comparison to cordon spur-pruning. However, the number of bud per vine between double Guyot and spur-pruning was similar (Table 1). Chardonnay grapevines have a tendency to show lower fertility at basally positioned buds [12]. This can be explain higher productivity at double Guyot given that in this training system more apically positioned bud are retained. The poor performance of single Guyot and Capovolto may be attributed to have lower buds per vine, resulting in a lower yield at both vintages.

Bud fertility and relation of leaf area/fruit were affected by training system (Table 3). The bud fertility was higher in plants trained in double Guyot at both vintages. While vines in the Cazenave (9 cm^2 g^{-1}) and double Guyot (8 cm^2 g^{-1}) proved to be more equilibrated: a value from 7 to 14 cm^2 g^{-1} is reported by the literature

DOI: 10.1051/bioconf/20160701036

Table 3. Bud fertility and relation leaf area/fruit of Chardonnay grapevine under the effect of different training system in the high-altitude regions of southern Brazil. Vintages 2015 and 2016.

Training	Bud Fertility (Clusters per shoot)		Leaf area/fruit (cm^2 g^{-1})	
	2015	2016	2015	2016
Spur-pruning	1.3 b	0.5 d	20 b	128 a
Sylvoz	1.3 b	0.9 b	23 a	39 c
Cazenave	1.3 b	0.8 c	9 d	44 c
Capovolto	1.6 a	0.7 c	14 b	81 b
Single Guyot	1.3 b	0.8 c	16 b	75 b
Double Guyot	1.6 a	1.1 a	8 d	29 c
C.V (%)	9.02	12.12	8.02	27.12

*Means followed by different letters in the same column differ by Skott Knott test ($p < 0.05$).

Table 4. Chemical parameters of Chardonnay grapes under the effect of different training system in the high-altitude regions of southern Brazil: Vintages 2015 and 2016.

Training	Soluble Solids (° Brix)		Acidity (meq L^{-1})		pH	
	2015	2016	2015	2016	2015	2016
Spur-pruning	20.3 a	17.5 a	82.3 a	153.8 a	3.26 b	2.90 a
Sylvoz	20.3 a	17.7 a	76.9 a	137.7 a	3.31 a	2.91 a
Cazenave	20.2 a	17.6 a	78.5 a	146.1 a	3.26 b	2.90 a
Capovolto	19.9 a	18.3 a	79.5 a	141.5 a	3.29 a	2.93 a
Single Guyot	19.1 a	18.4 a	79.7 a	137.7 a	3.25 b	2.94 a
Double Guyot	19.8 a	17.8 a	78.5 a	131.6 a	3.27 b	2.90 a
C.V (%)	3.77	3.70	5.76	7.89	0.68	1.09

*Means followed by different letters in the same column differ by Skott Knott test ($p < 0.05$).

as acceptable [5,15]. We observed values higher than the ideal range at 2016 vintage for all training system. However, vines spur-pruned showed much higher relation of leaf area: production, with values above 100 cm^2 g^{-1}. On September 2015, the vineyard studied had shoots damaged by a radiation frost. Consequently, the number of cluster and production per vine was profoundly affected resulting unbalance vines. We observed vines trained on Sylvoz, Cazenave and double Guyot less damage, due some buds had not sprouted when frost occurred. Thus, training systems that are retained more buds per vine could be a better option in years with late frost because greater recoverability and improve vines with better balance.

The training systems affected yield but showed no impact on must composition (sugars, acidity, pH and phenolics) of Chardonnay grapevine at both vintages (Tables 4 and 5). In a trial comparing Pinot Noir wine grape among single, double Guyot and spurred cordon training system the authors did not detect difference for the same parameters under northeastern Italy conditions [6]. To another experiments with Seyval Blanc and Barbera grapevines the chemical constituents of the must and wine showed little influence of training system studied [16,17]. Depending on the environment and with the appropriate training system, yield can be increased with no detrimental impact on fruit quality [15,18].

Despite the broad variability caused by frost of 2016 vintage, Sylvoz, Cazenave and double Guyot performed quite similarly in total cropping potential and final grape composition. However, the choice of training

Table 5. Total polyphenol of Chardonnay grapes under the effect of different pruning system in the high-altitude regions of southern Brazil at 2015 vintage.

Training	Total polyphenol (mg L^{-1})
Spur-pruning	713.6 a
Sylvoz	723.2 a
Cazenave	758.0 a
Capovolto	725.2 a
Single Guyot	754.2 a
Double Guyot	700.9 a
C.V (%)	9.16

*Means followed by different letters in the same column differ by Skott Knott test ($p < 0.05$).

system should primarily be based on establishment and management costs, besides upon evaluation of viticulture aspects, mainly ease of canopy management [16,17]. To condition of high-altitude region of southern Brazilian highlands the fact of shoots arched down in Sylvoz training system make it more prone to the effects of frost and the soil moisture. So, an overview the Cazenave and double Guyot training system could be a better option.

The results from this study show Chardonnay in cane pruning resulted in improved vine balance and yield as well as it having similar grape maturation when compared to the spur-pruning. Therefore, future research must focus on evaluating the influence of training system on other grape metabolites, mainly aroma compounds as well as incidence and severity of disease, in order to improve the vineyard practices to achieve greater quality wine in the southern Brazilian highlands.

4. Conclusion

The results suggest that cane-pruning systems could be an alternative to increase production efficiency of Chardonnay in high-altitude region of southern Brazil.

For this trial site, good performances were observed for Cazenave and double Guyot training system.

References

[1] E. F. Gris. V.M. Burin. E. Brighenti. H. Vieira and M.T. Bordignon-Luiz. Phenology and ripening of Vitis vinifera L. grape varieties in São Joaquim. southern Brazil: a new South American wine growing region. Cie. Inv. Agr. **37**, 61–75 (2010)

[2] L.I. Malinovski. L.J. Welter. A.F. Brighenti. H.J. Vieira. M.P. Guerra and A.L. Da Silva. 2012. Highlands of Santa Catarina/Brazil: a region with high potential for wine production. Acta Hort. **931**, 433–440 (2012)

[3] A.F. Brighenti. E. Brighenti. V. Bonin. and L. Rufato. Caracterização fenológica e exigência térmica de diferentes variedades de uvas viníferas em São Joaquim. Santa Catarina – Brasil. Ciên. Rural. **43**, 1162–1167 (2013)

[4] J.L. Marcon Filho. *Sistemas de condução na produção de uvas viníferas e composição química e aromática de vinhos em região de altitude de Santa Catarina*. (Thesis. Lages. 188. 2016)

[5] R. S. Jackson. *Wine science: principles and application* (4th ed. San Diego. Elsevier. 789. 2014)

DOI: 10.1051/bioconf/20160701036

[6] E. Peterlunger. E. Celotti. G. Da Dalt. S. Stefanelli. G. Gollino and R. Zironi. Effect of training system on Pinot noir grape and wine composition. Am. J. Enol. Vitic. **53**, 14–18 (2002)

[7] D. Ferree. T. Steiner. J. Gallander. D. Scurlock. G. Johns and R. Riesen. Performance of 'Seyval Blanc' Grape in Four Training Systems Over Five Years. Hortscince. **7**, 1023–1027 (2002)

[8] Z. S. Beslic. S. R. Todic. V. V. Tesevic. M. B. Jadranin. M. M. Novakovic and D. Tesic. Pruning effect on content of quercetin and catechin in berry skins of cv. Blaufränkisch (Vitis vinifera L.) Turk J Agric For. **34**, 461–466 (2010)

[9] L. F. Wessner and S. K. Kurtural. Pruning Systems and Canopy Management Practice Interact on the Yield and Fruit Composition of Syrah. Am. J. Enol. Vitic. **64**, 134–138 (2013)

[10] T. Bates and J. Morris Mechanical Cane Pruning and Crop Adjustment Decreases Labor Costs and Maintains Fruit Quality in New York 'Concord' Grape Production. Horttechnology. **19**, 247–253 (2009)

[11] J. M. Gambetta. S. E. P. Bastian. D. Cozzolino. and D. W. Jeffery. Factors Influencing the Aroma Composition of Chardonnay Wines J. Agric. Food Chem. **62**, 6512–6534 (2014)

[12] P. Iland. P. Dry. T. Proffit and S. Tyerman. *The Grapevine – From the Science to the Practice of Growing Vines for Wine* (Wine Promotions: Adelaide. Australia. 2011)

[13] OIV - Organization Internationale de la Vigne et du Vin. Compendium of International Methods of Wine and Must Analysis (OIV. Paris. 2009)

[14] V.L. Singleton. J.A. Rossi. Colorymetry of total phenolics with phosphomolibdic-phosphotungstic acid reagent. Am. J. Enol. Vitic. **16**, 144–158 (1965)

[15] G. S. Howell. Sustainable grape productivity and the growth-yield relationship: A review. Am. J. Enol. Vitic.. **52**, 165–174 (2001)

[16] F. Bernizzoni. Long-term Performance of Barbera Grown under Different Training Systems and Within-Row Vine Spacings. Am. J. Enol. Vitic., **60**, 339–348 (2009)

[17] D. Ferree, T. Steiner, J. Gallander, D. Scurlock, G. Johns, and R. Riesen. Performance of 'Seyval Blanc' Grape in Four Training Systems Over Five Years Hortscince, **7**, 1023–1027 (2002)

[18] A.G. Reynolds and J.E. Vanden Heuvel. Influence of grapevine training systems on vine growth and fruit composition: A review. Am. J. Enol. Vitic. **60**, 251–268 (2009)

DOI: 10.1051/bioconf/20160701037

Estimating MCC System Dryness Index using the Vineyard Water Indicator

Marco Antônio Fonseca Conceição[1], Reginaldo Teodoro de Souza[1], and Jorge Tonietto[2]

[1] Embrapa Grape and Wine, Tropical Viticulture Experimental Station, Jales, SP, Brazil
[2] Embrapa Grape and Wine, Bento Gonçalves, RS, Brazil

Abstract. The Dryness Index (DI) is one of the three Geoviticulture Multicriteria Climatic Classification System (MCC System) indices and its calculation is based on a soil water balance approach. However, other climatic indices can be used for the same purpose. One of them is the Vineyard Water Indicator (VWI) that represents the ratio between the total rainfall and the vineyard water requirement during the productive period of the culture. When compared to DI, the VWI presents a simpler calculation methodology. Therefore, the aim of the present study was to establish a model to estimate DI based on VWI values. Climate data of 80 winegrowing regions in 18 countries were used. Four regression models were evaluated: linear, quadratic, logarithmic and the Mitscherlich model. Real and simulated data were compared using the confidence coefficient (c) that corresponds to the product of the correlation coefficient (r) by the exactness coefficient (d). The best fit was obtained employing the quadratic model and DI can be calculated using the following equation: $DI = -363.84\ VWI^2 + 834.47\ VWI - 257.17$ ($R^2 = 0.93$), for VHI <0.905. For VHI values equal to or greater than 0.905, DI is constant and equal to 200.

1. Introduction

Several climate classification systems have been employed to characterize grape-growing regions in many countries of the world. Some of them use only temperature data [1,2] while others include evapotranspiration and rainfall information to evaluate water scarcity as well as plant health risks due to excessive rainfall [3,4].

The Geoviticulture Multicriteria Climatic Classification System (MCC System) is an important tool for viticultural zoning studies and has been used in many countries for this purpose and for climate change impact evaluation [5–7]. The MCC System presents three indices, one of which is the Dryness Index (DI) that is based on a soil water balance (SWB) approach. The DI calculation needs a monthly algorithm procedure.

There are other water indices that could be used to characterize grape-growing regions based on a SWB approach, as the Thorthwaite and Mather index [3]. However, this approach requires monthly calculations and is dependent on soil water conditions. On the other hand, the Vineyard Water Indicator (VWI) can also be used for the same purpose but presents an easier calculation methodology [8]. It represents the ratio between the total rainfall and the vineyard water requirement during the productive period of the culture.

The aim of the present study was, therefore, to establish a model to estimate DI based on VWI values.

2. Material and methods

Climate data of 80 winegrowing regions in 18 countries were used [9]. The Dryness Index (DI) was calculated using the following expression [5]:

$$DI = \sum (Wo + P - Tv - Es) \quad (1)$$

where "Wo" is the initial useful soil water reserve, which can be accessed by the roots (mm); "P" is the monthly precipitation (mm); "Tv" is the potential monthly transpiration of the vineyard (mm); "Es" is the monthly direct evaporation from the soil (mm). The calculation considered two different periods: from April to September for the North hemisphere; and from October to March for the South hemisphere.

The "Tv" was calculated using the expression:

$$Tv = ETP \cdot k \quad (2)$$

where "ETP" is the potential evapotranspiration (mm) calculated by the standard Penman-Monteith method [9]; k is the coefficient of radiation absorption by vine plant ($k = 0.1$ for the first month, 0.3 for the second month and 0.5 for the other months). "Es" was calculated using the expression:

$$Es = (ETP/N) \cdot (1 - k) \cdot JPm \quad (3)$$

where N is the number of days in the month and JPm is the number of days of effective evaporation from soil per month, that was estimated dividing P per 5 and should be $\leq N$. Table 1 shows the different climatic classes for DI.

The Vineyard Water Indicator (VWI) was calculated using the following equation [8]:

$$VWI = P/ETP \quad (4)$$

In the original work [8], instead of ETP, it was used the grapevine water demand or crop evapotranspiration (ETc),

Table 1. Class, acronym and class interval for the Dryness Index (DI).

Class	Acronym	Class interval (mm)
Humid	DI-2	DI >150
Sub-humid	DI-1	150 ≥ DI >50
Moderately dry	DI+1	50 ≥ DI >-100
Very dry	DI+2	-100 ≥ DI

Table 2. Correlation coefficient (r), exactness index (d), confidence index (c) and performance classification for the regression models.

Model	r	d	c	Performance
Logarithmic	0,96	0,92	0,88	Excellent
Linear	0,96	0,94	0,90	Excellent
Quadratic	0,98	0,96	0,94	Excellent
Mitscherlich	0,97	0,94	0,91	Excellent

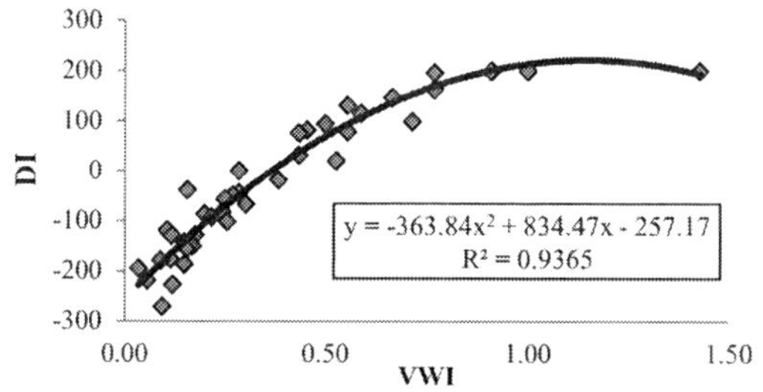

Figure 1. Quadratic regression model between VWI and DI values.

with the ETc calculated by multiplying the ETP by the crop coefficients (Kc). The Kc values, however, varies depending on growing conditions, making it difficult to compare results between regions. Therefore, it was decided to consider a fixed Kc equal to 1.0, which made the ETc becomes equal to ETP.

Forty winegrowing regions climate data were used for fit the regression models: linear, quadratic, logarithmic and the Mitscherlich model [10]. The model performances were evaluated using the confidence index (c) that corresponds to the product of the correlation coefficient (r) by the exactness index (d) [11]. The performance was classified as excellent for values higher than 0.85; very good between 0.76 and 0.85; good between 0.66 and 0.75; regular between 0.51 and 0.65; and bad for values lower than 0.50. The other 40 regions data were employed to compare real and simulated data.

3. Results and discussion

All models presented excellent performances and the best confidence index (c) was obtained employing the quadratic one (Table 2).

The quadratic model equation is shown in Fig. 1. This equation is valid for of VWI values lower than 0.905. For higher values, the DI becomes constant and equal to 200, which is the limit for DI values.

Real DI data were compared with DI simulated values calculated from VWI using Fig. 1 equation. The model underestimated the real DI values in 5%, approximately (Fig. 2).

The excellent performance of the quadratic model (Table 2 and Fig. 1) means that VWI could be use in viticultural zoning and other studies, including climate change impact evaluation. In addition to an easier

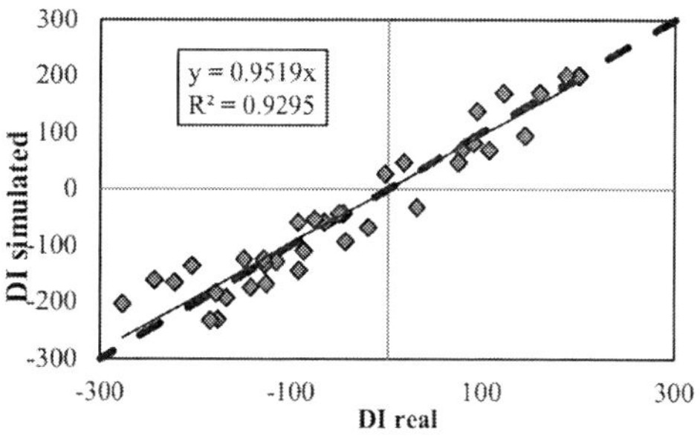

Figure 2. Comparing real and simulated DI values.

calculation procedure, the use of VWI does not require soil water information, since VWI is calculated dividing P by ETP. On the other hand, DI needs soil water information and employs a complex monthly algorithm to its calculation.

It should be noted, however, that despite the good agreement between real and simulated DI values (Fig. 2), the DI class (Table 1) will not necessary be the same for them, even when simulated DI is close to real DI. This is mainly true to values close to the boundary limits between classes. For example, if simulated DI, using Fig. 1 equation, is equal 49 and the real DI value is 51, they would be classified in different classes, moderately dry and sub-humid, respectively, according to Table 1. So, the use of VWI instead of DI could not be generalized for MCC System classification purposes.

4. Conclusion

The excellent performance of the quadratic model shows that it could be possible to estimate the MCC System Dryness Index (DI) using the Vineyard Water Indicator (VWI) values.

References

[1] M.F. Cabré, H. Quénol, M. Nuñez, Int. J. Biom., **60**, 1325–1340 (2016)
[2] H. Fraga, J.A. Santos, A.C. Malheiro, A.A. Oliveira, J. Moutinho-Pereira, G. V. Jones, Int. J. Clim., **36**, 1–12 (2016)
[3] W.S. Ricce, S.L.C. Carvalho, P.H. Caramori, S.R. Roberto, Sem. C. Agr., **35**, 2327–2336 (2014)
[4] A.C. Malheiro, J.A. Santos, H. Fraga, J.G. Pinto, Clim. Res., **43**, 163–177 (2010)
[5] J. Tonietto, A. Carbonneau, Agr. For. Met., **124**, 81–97 (2004)
[6] H. Fraga, A.C. Malheiro, J. Moutinho-Pereira, G.V. Jones, F. Alves, J.G. Pinto, J.A. Santos, Reg. Env. Chan., **14**, 295–306 (2014)
[7] F.J. Moral, F.J. Rebollo, L.L. Paniagua, A. García, E.M. Salazar, Theo. Appl. Clim., **123**, 277–289 (2016)
[8] A.H.C. Teixeira, J. Tonietto, G.A. Pereira, F. Angelotti, Rev. Bras. Eng. Agr. Amb., **16**, 399–407 (2012)
[9] M.A.F. Conceição, J. Tonietto, F.B. Fialho, Ver. Bras. Frut., **34**, 175–182 (2012)
[10] F.P. Gomes, An. Esc. Sup. Agr. L. Q., 355–368 (1959)
[11] A.P Camargo, P.C. Sentelhas, Rev. Bras. Agrom., **5**, 89–97 (1997)

Evaluation of gibberllins effects in association with fungicides for control grey mould in grapes merlot

Deise Munaro[1] and Murilo César do Santos[2]

[1] Ingeniera agrónoma, Laboratorio de Fitopatología, Universidade de Caxias do Sul, Calle Francisco Getúlio Vargas, 1130, CEP 95070-560, RS, Brazil
[2] Profº. Drº en Fitopatogía, Laboratorio de Fitopatología, Universidade de Caxias do Sul, Calle Francisco Getúlio Vargas, 1130, CEP 95070-560, RS, Brazil

Abstract. This study was conducted in a commercial vineyard, testing the effect of giberilinas biofungicides associated with the objective to control *Botrytis cinerea* on grape cultivar Merlot grapes. The experiment was conducted with a randomized block design with 4 treatments and 4 replications. Each plot consisted of four plants. The treatments were: 1. Pro-gibb 200 mg/L pre-flowering, repeated after 10 days at a dose 200 mg/L 2. Pro-gibb in pre-flowering, repeated after 10 days, the dose of 300 mg/L; 3. Pro-gibb 200 mg/L + Serenade 4 mL/L in pre-flowering, in pre-bloom and full bloom, both pellet repeated in stadiums and early grain maturity 4. Pro-gibb 300 mg/L and Stimulate 4 mL/L in pre-flowering, in full bloom, repeated grain pellet and early maturation. The treatment Pro-Gibb 300 mg/L + Serenade 4 mL/L showed a control of 67% compared to gray mold. The treatments did not show satisfactory results for average weight of bunches and °Brix. All treatments showed a higher growth of the rachis compared to control and to control *Botrytis cinerea* in the grape.

1. Introducción

La uva merlot és origínaria de Médoc, Francia, donde ya se cultivaba desde 1850, después se ha expandido para otros países vitícolas. Merlot ha sido introducida en el estado de Rio Grande del Sur por intermedio de la Estación Agronómica de Porto Alegre, posteriormente en 1970 fue difundida en la Serra Gaúcha, al paso que se ha tornado una de las principales viníferas tintas del estado [1]. Además, la cultivar se ha adaptado a las condiciones climáticas del sur de Brazil y presenta un potencial para vinos de alta calidad, pero és muy sensible a enfermedades provocadas por hongos como el mildiu y el podredumbre-gris [2].

Uno de los aspectos importantes para la definición de calidad en vinos, está relacionado a la sanidad de las uvas. Enfermedades afectan desde la coloración, compuestos aromáticos y el sabor [3]. La podredumbre gris, o "Botritis", causada por el hongo *Botrytis cinerea*, es uno de los problemas sanitarios que causa mayores pérdidas por deterioro de la uva de mesa y de variedades viníferas. La pudrición por este hongo es causante de desnaturalización de color y la aparición de un sabor desagradable en el vino, reduciendo así su calidad [4]. El desarrollo de "Botritis" depende de interacciones entre factores ambientales y bióticos, que comprende el desarrollo estacional de la vid, liberación y dispersión del inoculo, así como fenómenos de penetración del hongo e infección. La enfermedad se ha controlado por años con fungicidas aplicados en primavera y verano, donde se encuentran las condiciones más favorables al desarrollo del hongo. Sin embargo, con el paso del tiempo, el control de este hongo ha resultado más problemático, destacándose el desarrollo de resistencia por parte del hongo a los fungicidas tradicionales [5]. Por consecuencia de lo anteriormente señalado, resulta de interés evaluar nuevas alternativas de control, como es el uso de biocontroladores, de gran interés hoy en día.

En patología vegetal el control biológico se entiende como la destrucción o inhibición total o parcial de poblaciones del patógeno por otros microorganismos. En los últimos años, la utilización de estos microorganismos antagonistas, ha demostrado ser una alternativa factible al control tradicional de patógenos con productos químicos. El uso de estos antagonistas se basa en su promoción (que ocurre naturalmente) y en la introducción artificial de ellos, siendo este último el más utilizado en el control biológico [6]. Para que un antagonista se convierta en un eficaz agente de control biológico, debe ser capaz de producir inóculo abundante en cualquier condición climática, además, debe ser genéticamente estable y poseer una alta especificidad sobre el hospedero al que se quiere controlar, debe infectar y destruir eficazmente al patógeno en un amplio rango de condiciones ambientales y ser inocuo para el medio ambiente y animales [7].

Algunas bacterias, como *Bacillus subtilis*, *Streptomyces spp.* y *Pseudomonas sp.*, también son utilizadas como organismos antagonistas. Gonzáles y Fragoso [8], señalan que *Bacillus subtilis* no es potencialmente patógena, no produce endotoxinas y secreta proteínas al medio, algunas de ellas con propiedades antifúngicas, como la subtilina y otros antibióticos de la familia de las iturinas. Se utiliza industrialmente como inseticida y fungicida. La subtilina liberada por *B. subtilis* actúa sobre la pared celular de hongos. El antagonismo que *B.subtilis* logra sob los hongos patógenos vegetales es a través de diversos mecanismos que incluyen la competencia por nutrientes; exclusión de sítio; colonización de la bacteria en el patógeno y/o la liberación de componentes celulares durante el crecimiento, en orden de eliminar o reducir los competidores en su medio ambiente inmediato [9].

Los reguladores de crecimiento (plant growth regulators, PGRs) han sido mayormente utilizados en agricultura, como fruticultura y viticultura, aunque existen también notables ejemplos de uso en cultivos extensivos como cereales. Las favorables características de baja toxicidade de los reguladores de crecimiento los hacen ser candidatos apropriados para incorporación en sistemas de manejo con reducido impacto ambiental. Los PGRs, en general actúan modificando el crecimiento y desarrollo de las plantas a través de su acción sobre vías y pasos bioquímicos específicos, normalmente relacionados con regulación por hormonas vegetales [10].

Las giberilinas son hormonas de crecimiento diterpenoides tetracíclicos involucrados en varios procesos de desarrollo en vegetales. A pesar de ser más de 100 el número hallado en plantas, sólo son unas pocas las que demuestran actividad biológica. El efecto más notable de las Giberilinas es inducir crecimiento en altura y el desarrollo súbito de inflorescencias y la floración en muchas plantas. Promueven también el desarrollo de muchos frutos, inducen partenocarpia y tienen una aplicación especial en la producción de uvas "sin semillas" [11].

Otra clase de hormonas, las citocininas, son esenciales en el accionar de varios vinculados al crecimiento y desarrollo de las plantas y relacionados a la acción de varios genes. Gran parte de las respuestas de totipotencia celular, de morfogénesis *in vitro* y de regeneración de plantas, ocurre en presencia de niveles apropriados de citocininas vs. auxina [12].

El uso de giberilinas en viticultura para aumentar el tamaño de bayas en uvas de cultivar Itália, estudiada por Zonetti & Rolla [13], aplicándose 0,051 g/L diecisiete días después de la floración, presentando diferencias en relación al testigo en aumento de peso y aumento de tamaño de bayas, pero no mayor en °Brix. En otro experimento de lo mismo autor, testándose la cultivar Vênus, con la aplicación 30 mg/L de ácido giberelico, catorze días después de la floración, sumergiéndose los racimos, presentando un aumento del ancho de la raquis y el numero de bayas.

Con el propósito de mejorar la calidad de los productos finales de la uva, como el vino, propone se en este trabajo utilizar reguladores de crecimiento juntamente con biofungicidas, donde esperase que el mayor crecimiento de la raquis proporcione una distancias y aeración entre las bayas, o sea, una menor compacidad evitando así el desarrollo del hongo patógeno. Además de eso, é utilizase, de productos que sean de menor toxicidad al ambiente.

2. Metodología

El ensayo fue conducido en viñedos localizados en el interior de la ciudad de Nova Pádua, RS, en la Serra Gaúcha, en las coordenadas geográficas latitud 29°00′50, 13″S y longitud 51°18′29, 94″W, 683 m de altitud. Fueran utilizadas viñas de la cultivar merlot, injertadas sobre porta injerto Paulsen 1103, en parronal de ocho años, el espaciamiento entre plantas y líneas de 2,2 m. El ensayo fue realizado con delineamiento en bloques casualizados con cuatro tratamientos y cuatro repeticiones. Cada una de las parcelas fue constituida por cuatro plantas, donde las dos plantas centrales como área útil y las demás como bordura. Los siguientes tratamientos (Tabla 1) fueran aplicados en aspersiones dirigidas al racimo, en diferentes estados fenológicos de la planta.

Tabla 1. Tratamientos y dosis aplicadas.

Tratamientos	Período de aplicación	Producto y dosis mg/L o ml/L
Giberilina	PF* DPF*	Pro-Gibb 200,0
Giberililina	PF* DPF*	Pro-Gibb 300,0
Giberilina + Biofungicida	PLF* BAY* IM*	Pro-Gibb 200,0 + 4,0
Giberilina + Biofungicida	PLF* BAY* IM*	Pro-Gibb 300,0 + 4,0

PF*; pré floración, DPF*;después diez días de la prefloración, PLF*; plena floración, BAY*: bayas de 2-3 mm de diámetro, IM*: inicio de maduración.

Evaluaciones de cinco racimos de las plantas consideradas como área útil fueran colectadas, pesados y evaluados el porcentaje de incidencia y severidad del patógeno e el °Brix. De dos racimos de cada planta central midieron se periódicamente el largo y ancho con un vernier graduado en mm para la determinación del tamaño medio de longitud.

Las determinaciones de porcentaje e incidencia se ha realizado por la determinación de presencia o ausencia de bayas contaminadas por *Botrytis cienerea*. Se ha utilizado también una evaluación de porcentaje del control por la siguiente ecuación [14]:

$$\% \text{ Control} = \frac{(T - t)100}{t} \tag{1}$$

Donde;

T = % incidencia del testigo

t = % incidencia en el tratamiento.

Las análisis para la determinación de °Brix fueran realizadas con una balanza para medir densidad, con correcciones a 20 °C.

3. Resultados

Los datos obtenidos en el ensayo están dispuestos y presentados en las Tablas 2 y 3.

La Tabla 2 que presenta la evaluación de la incidencia de racimos con pudrición gris en plantas de vid cv. Merlot en la cosecha, se registró 2,7% de racimos con pudrición gris en el tratamiento (4) Pro-gibb + Serenade, por lo tanto presentando una incidencia significativamente menor a la manifestada por el tratamiento testigo, lo que se confirma en la porcentaje de control de 67%. Los demás tratamientos no difirieron en relación al testigo (5). Del mismo modo, los tratamientos testados para evaluar el porcentaje de severidad en los racimos (Tabla 2), mostró que no difieren estadísticamente en relación al testigo.

En la Tabla 3 presentase el resultado de los tratamientos en relación al tamaño longitudinal de los racimos. Lo que se observó, que todos los tratamientos excepto el tratamiento 3 (Pro-gibb + Serenade en dosis más baja de giberilina) han presentado un crecimiento mayor en relación al testigo. Los tratamientos no difirieron entre el valor medio de los sólidos solubles totales, presentándose en 19,6°BRIX.

Tabla 2. Evaluación de los tratamientos en relación a incidencia y severidad de *Botrytis cinerea.* en uvas cv. Merlot.Nova Pádua, RS.

Tratamientos	Dosis (mg /L) + (ml/L)	Incidencia (%)	Severidad	Control (%)
1. Pro-Gibb	200	6,51 a	2,79 a	0
2. Pro-Gibb	300	4,28 ab	1,89 a	44
3. Pro-Gibb + Serenade	200 + 4	6,52 a	2,39 a	0
4. Pro-Gibb + Serenade	300 + 4	2,70 b	2,08 a	67
5. Testigo	—	6,68 a	2,41 a	—
C.V(%)		40,29	42,62	—

Datos transformados en $\sqrt{x+0,5}$. Medias con la misma letra, en columnas no difieren por el teste de Duncan a 5% de probabilidad.

Tabla 3. Evaluación de los tratamientos en relación a la longitud del racimo en cuatro eventos. Nova Pádua, RS.

Tratamientos	[1]Dosis	Longitud del Racimo (Fecha)			
		15/12	30/12	15/01	30/01
1. Pro-Gibb	200	5,11 a	5,02 bc	5,08 a	5,11 a
2. Pro-Gibb	300	5,21 a	5,13 ab	5,15 a	5,16 a
3. Pro-Gibb + Serenade	200 + 4	5,25 a	5,04 abc	5,05 ab	5,06 ab
4. Pro-Gibb + Serenade	300 + 4	5,16 a	5,28 a	5,27 a	5,24 a
5. Testigo	—	4,84 a	4,85 c	4,87 b	4,87 b
C.V(%)		2,70	3,07	2,62	2,55

Datos transformados en $\sqrt{x+0,5}$. Medias con la misma letra, en columnas no difieren por el teste de Duncan a 5% de probabilidad. [1]Dosis (mg/L o mL/L).

Discusión y conclusiones

Durante la temporada vitivinícola 2011–2013 fue posible constatar la eficacia del biocontrolador del producto comercial Serenade®, cuyo ingrediente activo es *Bacillus subtilis* para el control pudrición gris en un parronal de vid cv. Merlot. El método más tradicional de conducir viñas en el sur de Brasil, indiscutiblemente permite satisfacer más fácilmente las condiciones de humedad y temperatura que *Botrytis cinerea* requiere para la infestación. *B. subtilis* ha demostrado inducir una resistencia sistémica adquirida natural de la planta contra patógenos bacterianos y fungosos [9]. En este estudio, las aplicaciones del producto Serenade® juntamente con el producto Pro-Gibb® en su mayor dosis aplicadas en plena floración, bayas en tamaño guisante (2–3 mm de diámetro) y en inicio de maturación, logró una eficiente reducción de la incidencia de la pudrición causada por *B.cinerea* en racimos de la cultivar Merlot. Sería interesante realizar nuevos ensayos para evaluar aplicaciones dirigidas durante todo el período de floración, a fin de determinar su efecto sobre las infecciones latentes que se produce en esa época.

Según los resultados obtenidos en este estudio, se sugiere que una dosis intermedia entre el tratamiento 4 optimice tanto el crecimiento de la raquis así como interfiera en un control de *B. cinerea*, de esta manera habiendo así otra alternativa para la disminución de la incidencia del patógeno.

Referencias

[1] J. Tonietto, *Vinhos brasileiros de 4ª geração (Comunicado técnico)*, Bento Gonçalves (2003)
[2] J. Meneguzzo. L.A. Rizzon. A.Mielle. M.A.Z. Ayub. *Efeito de Botrytis cinerea na composição do vinho Gewürztraminer.* Ciência e Tecnologia de alimentos, Campinas (2006)
[3] A.L. Rizzon, A. Mielle. F. Mandelli. *Manejo do dosel vegetativo da videira e seu efeito na composição do vinho Merlot.* Pesquisa agropecuária brasileira. **44**. n5, p463–470 (2009)
[4] J. Auger. *La pudrición gris de la vid.* Revista Frutícola.**7** (1981)
[5] B. Latorre. *Manejo de Botrytis cinereaen Uva de mesa.* Revista Frutícola. **7**(1986)
[6] L. Ciampi, S. Silva. *Perspectivas para el Control Biológico de Botrytis cinereaen frambueso.* Revista Aconex. (1991)
[7] A. Morales. *Botrytis en vides* Chile hortofrutícola. **45**. (1997)
[8] V. Gonzáles. S. Fragoso. Bacillus subtilis. Disponible `http://www2.cbm.uam.es/microali/pdfs/Bsubtilis.pdf`. Consultado: octobre (2010)
[9] M.T. Butt. J.G. Harris K..A. Powell. Microbial Biopesticides. The european scene (1999)
[10] J. Retamales. *Actualización en hormonas vegetales y reguladores de crecimiento:aspectos básicos y modos de acción.* Valent Bio Sciences Corporation. Universidad de Chile (2005)
[11] K. Kato. H. Ohara. E. Takahashi. *Endogenous gibberellin-induced parthenocarpy in grape berries.* Acta Horticulturae. **514** (2000)
[12] C. Coenen & L.T. Lomax. *Auxin-cytokinin interactions in higher plants: old problems and new root.*Trends Plant Science **2**.351–356 (1997)
[13] M. A. Tecchio. R. Botelho. V. Pires. M.M. Terra. J.L. Hernandes. *Efeitos do CCPU e do ácido giberélico nas características morfológicas dos cachos e bagas da uva 'vênus'.* Acta Scietiarum Agronomy, Maringá. **28.** 507–511 (2006)
[14] W.S. Abbott. *A method for computing effetiveness of on inseticide.* Journal of Economic Entomology. Maryland. **13**, n1 265–267 (1925)

DOI: 10.1051/bioconf/20160701039

Study of main grapevine viruses transmission in breeding programs

Marica Gasparro, Angelo Raffaele Caputo, Lucia Rosaria Forleo, Rocco Perniola, Vittorio Alba, Rosa Anna Milella, and Donato Antonacci

Council for Agricultural Research and Economics (CREA) – Unità di ricerca per l'uva da tavola e la vitivinicoltura in ambiente mediterraneo, via Casamassima 148, 70010 Turi (BA), Italy

Abstract. A number of studies have established that vertical transmission of viruses is an important phenomenon affecting a wide range of viruses, especially as a result of breeding programs. Nevertheless, the presence of virus in a seed, does not always lead to seedling infection. In grapevine, seed transmission has been reported for many nepoviruses, but little is known about the other virus associated diseases such as Leafroll, Rugose wood complex and Fleck diseases, that are considered by Italian legislation on certification of grapevine propagation material, together with infectious degeneration. Thus, the aim of this study is monitoring the virological condition of seedlings obtained by crosses between infected parentals, analyzing the sanitary status of seedlings after the transfer in experimental fields. In this study, 50 progeny plants from three different traditionally crossbreed seeded and seedless table grape cultivars were investigated for the detection of nine grapevine viruses. It was observed that the viral state of parentals was quite compromised, while viruses were not detected in any of the 150 progeny plants, demonstrating that the main grapevine viruses are at low risk for seed transmission. These results could make it possible to reduce the precautions to obtain propagation material free from infectious diseases and also suggest to consider reproduction as a new procedure of sanitation in breeding programs.

1. Introduction

Seed transmission plays an important role in the dissemination of some viruses, especially as a result of breeding programs [1]. In fact, seed and, to a lesser extent, pollen are the natural pathway through which some plant viruses are transmitted to the progeny of hosts (vertical transmission) and spread to the environment [2]. Moreover, seed transmission of viruses is of great epidemiological importance, because it enables them to escape unfavorable conditions and survive from season to season [3].

About 20% of plant viruses are seed transmitted [4, 5] but little is known about the mechanisms involved in vertical transmission. Seed transmission of a virus can occurs by contamination of outer surface of seed or of part of maternal seed, this non-embryonal transmission is typical of viruses resistant to degradation, which are very infectious and easily transmissible by contact. Conversely, embryonal transmission is achieved either by direct invasion of the embryo via the ovule, during its development after fertilization, or by indirect invasion of the embryo, mediated by infected gametes, by invasion of reproduction tissues and organs before embryogenesis [6]. The direct and indirect embryonal transmission affects viruses that extensively invade parenchymal tissues and are transmitted by mechanical inoculation. However, little is known about how viruses can move from sporophytic to gametophytic tissues and back again into sporophytic tissues [1].

The presence of virus in a seed, even in the embryo, does not always lead to seedling infection: in many cases, in fact, during metabolic processes associated with germination, the virus is degraded and loses its infectivity. Seed transmission depends on the ability of a virus to invade and replicate in the host reproductive tissues and to overcome without damage the physiological modifications associated to seed maturation. This property distinguishes a seed borne virus that is carried by the seed but does not infect the seedling, from a seed-transmitted virus that does infect the seedling produced from the seed [7].

In general, seed transmission occurs more frequently in herbaceous crops rather than in the woody plants, but seed transmission in herbaceous crops is not a risk to genetic breeding, because it is not difficult to find healthy parental material as the selection is made on a high number of individuals. In the case of fruit trees, instead, the presence of viruses in many variety collections used as source of breeding material (pollen or seeds) necessitates the development of specific protocols, that exclude or control the presence of agents that might compromise the sanitary status and therefore the spread in the propagation material. Furthermore, it is known that "healthy" plants (in which viruses have not been detected) offer better performance in terms of vegetative growth, lower sensitivity to other diseases, increased productivity and fruit quality [2].

In particular, seed transmission in grapevine has been reported for many nepoviruses as *Grapevine Bulgarian latent virus* (GBLV) [8], *Peach rosette mosaic virus* (PRMV) [9], *Blueberry leaf mottle virus* (BLMoV) [10], *Tomato ringspot nepovirus* (TomRSV) [10] and specially for *Grapevine fanleaf virus* (GFLV). GFLV is the most well-characterized nepovirus: it is the most widespread and important cause of infectious degeneration disease worldwide. GFLV is rarely if ever transmitted to the embryo of *Vitis vinifera* and abundant in the endosperm of seed from infected vines. However, it is transmitted through seed to seedling in *Chenopodium amaranticolor* [11], *C. quinoa* and soybean and it occurs in pollen of grapevine and herbaceous hosts [12]. There are conflicting reports on seed transmission in grapevines: natural GFLV infections have been detected in weeds in Hungary and Iran [13], moreover the transmission of GFLV through grapevine seeds has been reported by Lazar et al. [14], but it has negligible epidemiological significance.

However, *Grapevine rupestris stem pitting associated virus* (GRSPaV) might be a potential danger as it has been reported to be present in pollen [15] and seeds [16], but it has not been proved to be seed-transmitted. GRSPaV is restricted to grapevines, is not mechanically transmissible, and is not known to spread naturally. The virus is found in pollen grains and seeds, but these sources do not give rise to infected seedlings [17]. RT-PCR assays on GRSPaV transmission through pollen and seeds detected the virus in pollen collected from infected 110 Richter rootstocks, but showed that it seems to be present on the outer surface rather than inside pollen grains [18, 19].

Finally, little is known about the other viral diseases that affect grapevine as Leafroll, Rugose wood complex [20–22] and Fleck diseases (GFkV), that are considered by the Italian legislation on certification of grapevine propagation material, together with infectious degeneration (Decree 2005/43/CE of 23 June 2005). Although there is circumstantial evidence that GFkV spreads naturally in the field, no vector has been identified. Long distance dissemination of Fleck disease is primarily through infected propagative material, which accounts for its worldwide distribution. GFkV is not seed-transmissible but its transmission through dodder has been reported [13]. The general hypothesis about Leafroll viruses, Rugose wood complex and Fleck diseases is that they are not seed transmitted because are phloem restricted [23].

In conclusion, much research has focused on the routes by which the seeds become infected and on the progress of viral infection in reproductive organs during their development up until the seedling stage [1, 7, 24]. Few researchers have addressed the problem of the correlation between breeding techniques and seed transmission of viruses. Thus, the purpose of this study is to monitor virological condition of seedlings obtained by crosses between infected parentals, analyzing the sanitary status of seedlings after the transfer in experimental fields.

2. Materials and methods

2.1. Plant material

Grapevine breeding material monitored in this study is collected in the experimental conservation vineyards (Lat. 40_57024.5400N, Lon.17_00028.9400E) of the Council for Agricultural Research and Economics (CREA) in Turi (Bari, Italy).

2.2. Traditional crossbreeding

In this study, 50 progeny plants from three different traditionally crossbreed seeded and seedless table grape cultivars *Almeria* x *Supernova*, *Ceresa* x *Carati*, *Red Globe* x *Regal* were investigated.

The crosses were done in spring of 2010 after testing the virological condition of the parents. Emasculation was conducted few days before anthesis, followed by immediate bagging of the inflorescences to avoid contamination with pollen. Artificial pollination was carried out for each cross-combination using the designated male pollen, which had been collected earlier and stored at 4 °C with relative humidity values of 75% [25]. After artificial pollination, the emasculated inflorescences were protected by bags until fertilization. Bunches were left on the plant until ripening. At harvesting, the seeds were extracted from the berries and washed first with a 5% solution of sodium hypochlorite for 10 minutes; next a wash in sterile water was performed with subsequent drying at room temperature. Lastly, the seeds were stratified in a mixture of soil and sand (2:1) for a period of about 6 months, at a temperature of 4 °C [26].

The seeding was carried out in May 2011 in polystyrene containers using as growth substrate a mixture of soil and sand (2:1). Finally, the seedlings were transplanted and transferred first in greenhouse and in spring of 2012 in the CREA experimental field of Turi [27]. Before the transfer in the field, the seedlings were analyzed by Marker-Assisted Selection approach (MAS): genomic DNA was extracted from a leaf of each plant and alleles of two different microsatellites (ISV2 e ISV4) identified to verify the supposed paternity and to exclude the possibility of auto-pollination [28].

2.3. RNA extraction

Total RNA was extracted from 100 mg of phloem scraped from mature canes collected during winter pruning of 2013. Considering the possible uneven distribution of viruses within a given plant, samples from at least two different canes of the same plant were mixed (Decree 13 December of 2011) [29]. All samples were immediately frozen in liquid nitrogen and homogenized 1 min a 30Hz by Qiagen TissueLyser, according to the manufacturer instruction protocol. Total RNA was extracted using the Agilent Plant RNA Isolation Mini Kit. RNA purity and concentration were assessed by determining the spectrophotometric absorbance of the sample at 230, 260 and 280 nm and the ratio of A_{260}/A_{280} and A_{260}/A_{230} using a NanoDrop 2000 UV-Vis Spectrophotometer (Thermo Scientific). Total RNA was stored at −80 °C.

2.4. Multiplex reverse transcription-polymerase chain reaction

A multiplex reverse transcription-polymerase chain reaction (mRT-PCR) was performed for simultaneous detection of nine grapevine viruses: *Grapevine leafroll-associated virus-1, -2 and -3* (GLRaV-1, -2, -3), *Arabis mosaic virus* (ArMV), *Grapevine fanleaf virus* (GFLV), *Grapevine virus A* (GVA), *Grapevine virus B* (GVB), *Grapevine rupestris stem pitting associated virus* (GRSPaV), *Grapevine fleck virus* (GFkV),in combination with a plant RNA internal control (18S rRNA) used as an indicator of the effectiveness of RNA extraction and RT-PCR [30].

The mRT-PCR products were analyzed by electrophoresis on 2.5% agarose gels buffered in TAE 1X and visualized on a UV transilluminator after staining with GelRed™ (Biotium). To ensure the absence of non-specific amplification, each mRT-PCR run included a no template control, one infected plant sample as positive control and one healthy plant sample as negative control.

3. Results and discussion

Before performing the traditional crossbreeding between seeded and seedless table grape cultivars in spring of 2010, we analyzed the virological condition of the parentals chosen for the crosses. As reported in Table 1, viral status of both seed and pollen stock plants was quite compromised.

In particular, for the cross *Almeria* x *Supernova* (Table 1a) the two mother plants of *Almeria* were infected with GLRaV-1, GLRaV-2, GLRaV-3, GFkV and GRSPaV. The *Supernova* pollen was collected from several plants (42), all infected with different viral combinations of GLRaV-1, GVA, GVB, GFkV and GRSPaV.

Likewise, the plants selected for the cross *Ceresa* x *Carati* (Table 1b) were all infected: the two *Ceresa* mother plants had GFLV, GVA and GRSPaV; the 43 *Carati* plants used for the collection of pollen were infected with different combinations of GLRaV-1, GLRaV-3, GFLV, GVA, GVB, GFkV and GRSPaV.

For the cross *Red Globe* x *Regal* (Table 1c), viruses were not detected in 19 *Red Globe* mother plants, two were infected with only GFkV and three with GRSPaV; while the virological condition of *Regal* pollen stock plants (53) was diverse, as there were both uninfected and infected plants with different combinations of all nine viruses tested.

In order to investigate if seedlings obtained by a cross between infected parentals are also infected, we examined 50 progeny plants for each of the three crosses by collecting phloem material from mature canes of one year old progeny plants, transferred from greenhouse in the CREA experimental field of Turi in spring of 2012. None of the nine viruses associated with the most dangerous grapevine diseases were detected in the 150 progeny plants that were screened (Fig. 1).

The lack of attention paid in the past to the sanitary status of exchange plant material, which has contributed to the spread of infected plants, and the reasons owing to inadequate performance of virus affected cultivars in terms of quality and yeld, make it increasingly urgent the implementation of procedures for the use of healthy material at all stages of the path leading from the breeding to the distribution of a new variety [2].

The main precautions to be observed to obtain fruit crops propagation material free from infectious diseases along all the phases of the process of genetic breeding, as previously reported in literature [31,32], can be summarized in: availability of healthy mother plants (pollen and seeds); control of the sanitary status of progeny, either as seeds (dissected in their components) as well as seedlings in their early vegetative stages (after the emission of the third-fifth leaf); monitoring the sanitary status of selections (visual examinations, biological and molecular assays); propagation of selected material using certified rootstocks, placing and keeping at least two healthy plants for each genotype in insect and nematode free facilities for the whole phase of selection.

Table 1. Virological condition of the parentals chosen for the three crosses (a, b, c) screened for the detection of: *Grapevine leafroll-associated virus*-1, -2 and -3 (GLRaV-1, -2, -3); *Arabis mosaic virus* (ArMV); *Grapevine fanleaf virus* (GFLV); *Grapevine virus A* (GVA); *Grapevine virus B* (GVB); *Rupestris stem pitting-associated virus* (RSPaV); *Grapevine fleck virus* (GFkV).

a. *Almeria x Supernova*

AcceName	AcceNumb	Virus
Almeria	2	GLRaV-1, GLRaV-2, GLRaV-3, GFkV, RSPaV
Supernova	2	RSPaV
	5	GFkV, RSPaV
	9	GLRaV-1, RSPaV
	1	GVB, GLRaV-1, RSPaV
	20	GLRaV-1, GFkV, RSPaV
	1	GVB, GLRaV-1, GFkV, RSPaV
	2	GVA, GLRaV-1, GFkV, RSPaV
	2	GVA, GVB, GLRaV-1, GFkV, RSPaV

b. *Ceresa x Carati*

AcceName	AcceNumb	Virus
Ceresa	2	GVA, RSPaV, GFlV
Carati	1	GFkV, RSPaV
	29	GLRaV-1, GLRaV-3, RSPaV
	3	GLRaV-1, GLRaV-3, RSPaV, GFlV
	1	GVA, GLRaV-1, RSPaV,
	3	GVB, GLRaV-1, GLRaV-3, RSPaV
	1	GLRaV-1, GFkV, RSPaV, GFlV
	3	GVA, GVB, GLRaV-1, GLRaV-3, RSPaV
	1	GVB, GLRaV-1, GLRaV-3, RSPaV, GFlV
	1	GVA, GLRaV-1, GLRaV-3, RSPaV, GFlV

c. *Red Globe x Regal*

AcceName	AcceNumb	Virus
Red Globe	19	NONE
	2	GFkV
	3	RSPaV
Regal	4	NONE
	1	GLRaV-3
	1	RSPaV
	3	GLRaV-2, GLRaV-3
	2	GVB, GLRaV-3
	7	GLRaV-3, GFkV
	3	GLRaV-3, RSPaV
	1	GLRaV-2, GFkV, RSPaV
	1	GVB, ArMV, GLRaV-3
	1	ArMV, GLRaV-3, RSPaV
	1	ArMV, GFkV, RSPaV
	16	GLRaV-3, GFkV, RSPaV
	2	GLRaV-3, RSPaV, GFlV
	1	GLRaV-1, GFkV, RSPaV
	1	GVA, GVB, ArMV, GLRaV-3

 DOI: 10.1051/bioconf/20160701039

Table 1. Continued.

	3	ArMV, GLRaV-3, GFkV, RSPaV
	2	GVA, GVB, GLRaV-1, GLRaV-3, RSPaV
	2	GVA, GLRaV-1, GLRaV-3, GFkV, RSPaV
	1	GVA, GVB, GLRaV-1, GLRaV-2, GFkV, RSPaV

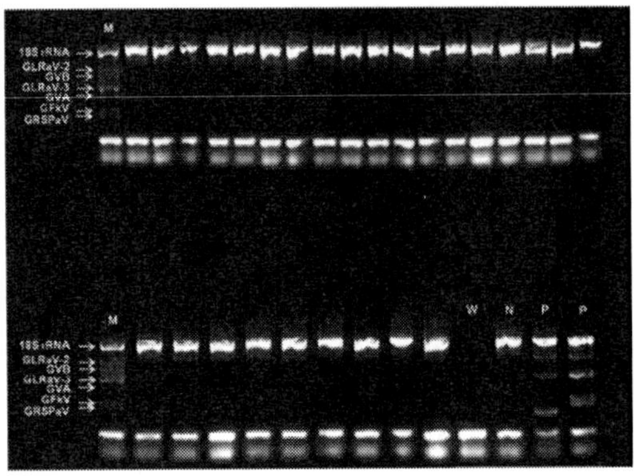

Figure 1. Agarose gel electrophoretic analysis of DNA fragments amplified by multiplex reverse transcription-polymerase chain reaction for the detection of: *Grapevine leafroll-associated virus-*1, -2 and -3 (GLRaV-1, -2, -3), *Arabis mosaic virus* (ArMV), *Grapevine fanleaf virus* (GFLV), *Grapevine virus A* (GVA), *Grapevine virus B* (GVB), *Grapevine rupestris stem pitting associated virus* (GRSPaV), *Grapevine fleck virus* (GFkV). In the first lane (M) there is an our infected sample used as marker for the gel reading; the last four lanes are a no template control (W), the negative control (N) and two positive controls (P) respectively; the other lanes are part of the progeny samples of the *Almeria* x *Supernova* cross, in which the viruses analyzed were not detected.

In this study, the virological status of one year old progeny plants after the transfer to experimental fields were analyzed to determine if seedlings obtained by crosses between virus infected parentals are also infected, thus focusing the research on the effective seed transmission of viruses in grapevine breeding material.

Numerous experiments have established that vertical transmission of viruses is a common and important phenomenon affecting a wide range of viruses and host plants. In the majority of cases, it occurs after germination of infected embryos to produce infected seedlings; in only a few examples does the seedling become infected after germination through contamination with virus present in the seed coat [24]. The best example of the processes involved in vertical transmission is the work of Wang and Maule [33] who demonstrated that *Pea early browning virus* is transmitted by seed after infection of both gametes (indirect way) and that *Pea seed borne mosaic virus* (PSbMV) is seed-transmitted, although it is not able to infect the gametes (direct way).

Roberts et al. [24] have afterwards showed that PSbMV was able to first infect the testa and then invade the endosperm using the existing symplastic connection.

The virus subsequently reached the embryo through the pore-like structures that are located in the sheath separating the embryo from the suspensor. It has been demonstrated also that seed transmission is related to the ability of the virus to infect flower organs, especially the meristematic reproductive tissue, during early developmental stages [34]. Similarly, Amari et al. [35] have demonstrated that *Prunus necrotic ringspot virus* (PNRSV) invades apricot reproductive organs, including the pollen mother cell stage, early in development, and after that PNRSV infects all parts of the seed, including embryo, endosperm and testa, shedding light on the vertical transmission of PNRSV from gametes to seedlings [1]. Also the wide natural incidence of the nepovirus *Cherry leaf roll virus* (CLRV) is believed to have occurred mainly by seed transmission, in fact vertical transmission of CLRV by seed and pollen has been reported to occur naturally by embryo invasion in different works [36–38].

In grapevine, seed transmission has been reported for many nepoviruses, as GBLV, PRMV, BLMoV, TomRSV, GFLV [8–10,12–14], and GRSPaV is considered a potential danger as it has been reported to be present in pollen [15] and seeds [16], but there are no studies in the literature that demonstrate its seed transmission [19,39].

The results presented here show that the nine grapevine viruses analyzed (GLRaV-1, -2, -3, ArMV, GFLV, GVA, GVB, GRSPaV, GFkV) are at low risk for seed transmission during breeding process.

The nepoviruses we analyzed were ArMV e GFLV; while ArMV results in literature not seed-transmitted in grapevines [14] as we reported in our study, Lazar et al. [14] consider GFLV a virus seed-transmitted in grapevines. Their investigations were carried out from 1983 to 1987 in order to verify if grapevine fanleaf virus (GFLV), arabis mosic virus (ArMV), and grapevine chrome mosaic virus (GCMV) were transmitted through the seeds of grapevine. Seeds from infected vines, checked by ELISA, were collected and germinated. The percentage of germination varied from 14% to 69%. Part of the seeds were crushed and extracts of the whole seed ware tested by ELISA. Among 17 dormant seed groups tested, only one (ArMV) gave negative results. All seedlings grown from seeds of infected vines were symptomless. However, GFLV was detected in 14 of 28 seedlings (50%) from GFLV-infected vines in the first year, but detection was inconsistent in the following year.

Conversely, seed transmission for GFLV was not documented in our study, contradicting previous reports [12–14]. It's important that in our research we use a more specific molecular technique as the RT-PCR, than the serological test ELISA, and the major number of seedlings we analyzed (over 50) respect previous works, since in the cross *Ceresa* x *Carati* (Table 1b) both the two *Ceresa* mother plants and some *Carati* plants used for the collection of pollen were affected by GFLV, this has the merit to validate our experimental approach.

Perhaps, GFLV might be inactivated during seedlings development, in fact we analyzed the sanitary status of one year old progeny plants, unlike most previous work.

Regarding GRSPaV, our results confirm its no seed borne property as reported in literature [18,19,39]. In effect, for *Almeria* x *Supernova* and *Ceresa* x *Carati* crosses all parentals used as seed or pollen stock plants were affected by GRSPaV and even for the cross *Red Globe* x *Regal* GRSPaV infected plants were employed.

Nevertheless, GRSPaV has never been detected in all the progeny plants analyzed.

Also Leafroll viruses, GFkV, GVA and GVB have never been detected in our screening although they are present in different combinations in the parentals of the three crosses, corroborating the general hypothesis that these viruses are not seed transmitted, likely because they are phloem restricted [20–23]. Although it is generally accepted that the Leafroll viruses are phloem limited there is some evidence that GLRaV-2 is not strictly phloem restricted, since Kurth et al. [40] in their work, despite the difficulty to investigate the virus dynamics in the vines due to variability in virus accumulation during the growing season, they surprisingly discovered that in the berries GLRaV-2 is not strictly phloem limited (groups of the large mesocarp cells adjacent to phloem also support viral replication). However, in our work GLRaV-2 wasn't detected in progeny plants.

It's known that most plants prevent virus invasion owing to the high level of protection offered by embryos of their seeds [3] or during metabolic processes associated with germination, the virus is degraded and loses its infectivity, so the presence of virus in a seed, even in the embryo, does not always lead to seedling infection [41]. The inability of the virus to spread through the seed of infected plants has been attributed to several factors. For instance Konaté et al. [42] elucidated that non-seed transmission of a virus is due to its inactivation as the seed matures and begins to lose water following harvest. Non-transmission of a virus could be due to the activity of the vascular tissue and location of the pathogen within the seed and thus prevents infection [7] or owing to the confinement of the same to the vascular tissue instead of the ovule, which is a well-known pathway for virus transmission [43].

In conclusion, our study supports the hypothesis that the grapevine viruses associated with the most relevant diseases considered by the Italian legislation on certification of grapevine propagating material (Leafroll, infectious degeneration, Rugose wood complex and Fleck diseases) are at low risk for seed transmission. Therefore there should be little need to obtain material free from infectious diseases for the breeding process. Once a new vineyard has been established, a grower has limited options to control the damage caused by viruses and therefore the most efficient strategy remains prevention [44]. Our work facilitates the path leading from the breeding to the distribution of a new variety, because makes it no longer necessary to control the virological status of mother plants and progeny, either as seeds as well as seedlings, but it may be sufficient only monitoring the healthy condition of the propagation materials, taking care to use certified rootstocks and soil free from nematodes vectors. The main concern is still to prevent the reinfection after planting, so the selected material must be continuously monitored for the possible occurrence of new symptoms and it is better to use dedicated equipment or clean them carefully to avoid the introduction of infected materials in the gene-banks.

Lastly, our work could lead also a new approach to grapevine sanitation in breeding programs, providing the first evidence of non-seed transmission of grapevine viruses along the genetic breeding process and so suggesting to consider the reproduction as a new procedure of sanitation.

References

[1] K. Amari, L. Burgos, V. Pallás, M.A. Sánchez-Pina, J. Gen. Virol. **90**, 1767–1774 (2009)

[2] D. Bassi, G.P. Martelli, *Virus and virus-like diseases of stone fruits, with particular reference to the Mediterranean region*, (CIHEAM Options Méditerranéennes: Série B. Etudes et Recherches; n. 45, 2003)

[3] M.T. Salaudeen, Arch Phytopathology Plant Protect **45**:20, 2406–2413 (2012)

[4] G.I. Mink, Annu Rev of Phytopathol **31**, 375–402 (1993)

[5] R. Hull, *Matthews' Plant Virology, 4th edn.* (Academic Press, New York, 2002)

[6] D. Wang, A.J. Maule, Plant Cell **6**, 777–787 (1994)

[7] F.M. de Assis Filho, J.L. Sherwood, Phytopathology **90**, 1233–1238 (2000)

[8] J. K. Uyemoto, E.F. Taschenberg, D.K. Hummer, Plant Dis Rep **61**, 949–953 (1977)

[9] D. C. Ramsdell, R. L. Myers, Phytopathology **68**, 447–450 (1978)

[10] J.K. Uyemoto, Plant Dis Rep **59**, 98–101 (1975)

[11] H.F. Dias, Ann. Appl. Biol. **51**, 85–95 (1963)

[12] L. Cory, W.B. Hewitt, Phytopathology **58**, 1316–1320 (1968)

[13] M. Hevin, M.M. Ottenwaelter, J.P. Doazan, M. Rives, *Rivista di Patologia Vegetale* Serie IV Vol.9, Fasc.3 (Società Italiana di Patologia Vegetale, 1973)

[14] J. Lazar, M. Kölber, J. Lehoczky, Kertgazdasag **22**(4), 58–72 (1990)

[15] A. Rowhani, Y.P. Zhang, J. Chin, A. Minafra, D.A. Golino, J. K. Uyemoto, *Extended Abstracts of the 13th Meeting ICVG*, 82, Adelaide, Australia (2000)

[16] S. Stewart, A.;Nassuth, Plant Dis **85**, 617–620 (2001)

[17] B. Meng, R. Credi, N. Petrovic, I. Tomazic, D. Gonsalves, Plant Dis **87**, 515–520 (2003)

[18] Y.P. Zhang, J.K. Uyemoto, A. Golino, D.A. Rowhani, Phytopathology **88**, 1231–1237 (1998)

[19] M. Morelli, A. Minafra, D. Boscia, J Plant Pathol, **91** 4, Supplement (2009)

[20] R. Bovey, W. Gärtel, W.B. Hewitt, G.P. Martelli, A. Vuittenez, *Virus and Virus-like Diseases of Grapevine* (Payot Editions, Lausanne, 1980)

[21] G.P. Martelli, *Graft-transmissible diseases of Grapevines: handbook for detection and diagnosis.* (Food and Agriculture Organization of the United Nations, Rome, 45–54, 1993)

[22] M. Laimer, O. Lemaire, E. Herrbach, V. Goldschmidt, A. Minafra, J Plant Pathol **91**, 7–23 (2009)

[23] M. Digiaro, G.P. Martelli, V. Savino, *Proceedings of the Mediterranean network on grapevine closteroviruses 1992-1997 and the viroses and virus-like diseases of the grapevine a bibliographic report, 1985-1997* (CIHEAM Options Méditerranéennes: Série B. Etudes et Recherches n. 29, 1999)

[24] I.M. Roberts, D. Wang, C.L. Thomas, A.J. Maule, Protoplasma **222,** 31–43 (2003)

[25] H.T. Hartmann, D.E. Kester, *Propagazione delle piante.* (Edagricole, Bologna, Italy, 1990)

[26] J. Janick, J.N. Moore, *Fruit breeding Vol II Vine and Small Fruits* (John Wiley & Sons, Inc, 1996)

 DOI: 10.1051/bioconf/20160701039

[27] L.R. Forleo, R. Perniola, A.R. Caputo, R. Genghi, D. Antonacci, *Proc 34th World Congress of Vine and Wine* (Porto, Portugal, 2011)
[28] C. Bergamini, L.R. Forleo, C. Sgarra, R. Ragone, V. Durante, M.F. Cardone, D. Antonacci, *Proc. 36th. World Congress of Vine and Wine* (Bucharest, Romania, 2013)
[29] C.I. Dovas, N.I. Katis, J Virol Methods **109**, 217–226 (2003)
[30] G. Gambino, I. Gribaudo, Phytopathology **96**, 1223–1229 (2006)
[31] M. Barba, D. Bassi, A. Catara, E. Tribulato, *Atti del Convegno Nazionale Certificazione delle produzioni vivaistiche* (Locorotondo and Bari, Italy, 1999)
[32] C. Lankes, Acta Horticulturae **538**, 681–683 (2000)
[33] D. Wang, A. J. Maule, Plant J **11**, 1333–1340 (1997)
[34] C. Vazquez Rovere, M. Del Vas, H.E. Hopp, Curr Opin Biotech **13**, 167–172 (2002)
[35] K. Amari, L. Burgos, V. Pallás, M.A. Sánchez-Pina, Phytopathology **97**, 892–899 (2007)
[36] F. Dosba, M. Lansac, E. Germain, K. Mazy, M. Rovira, Fruits **45**, 171–175 (1990)
[37] M. Bandte, C. Büttner, Pflanzenschutzberichte **59**, 1–19 (2001)
[38] A. Rumbou, S. von Bargen, C. Büttner, Eur J Plant Pathol **124**, 527–532 (2009)
[39] B. Meng, R. Credi, N. Petrovic, I. Tomazic, D. Gonsalves, Plant Dis **87**, 515–520 (2003)
[40] E.G. Kurth, V.V. Peremyslov, A.I. Prokhnevsky, K.D. Kasschau, M. Miller, J.C. Carrington, V. Dolja, J Virol Jun **86**(11), 6002–9 (2012)
[41] K. Nakamura, N. Yamagishi, M. Isogai, S. Komori, T. Ito, N. Yoshikawa, J Gen Plant Pathol **77**, 48–53 (2011)
[42] G. Konaté, S. Sarra, O. Traoré, Eur J Plant Pathol **107**, 361–364 (2001)
[43] M.L. Gleason, R. Providenti, Plant Dis **74**(10), 828 (1990)
[44] P. La Notte, P. Venerito, V. Savino, G.P. Martelli, *Meeting of COST Actions FA1003 & FA0807 – Phytoplasmas and viruses management in Grapevine Collections for Germplasm Conservation, Mobilization and Evaluation* (Sofia, Bulgaria, 2012)

BIO Web of Conferences 7, 01040 (2016)
39th World Congress of Vine and Wine

DOI: 10.1051/bioconf/20160701040

Action plan against declining vineyards: An innovative approach

Christophe Riou[1,2], Dominique Agostini[3], Patrick Aigrain[3], Muriel Barthe[1], Marie-Laetitia des Robert[4], Jean-Philippe Gervais[1], Etienne Jobard[4], Luc Lurton[1], Dominique Moncomble[1], et Caroline Prêtet-Lataste[2]

[1] CNIV, 12 rue Sainte Anne, 75001 Paris, France
[2] IFV Domaine de l'Espiguette, 30200 Le Grau du Roi, France
[3] FranceAgriMer, 12 rue Henri Rol-Tanguy TSA 20002, 93555 Montreuil Cedex, France
[4] BIPE Le Vivaldi, 11/13 rue René Jacques, 92138 Issy-les-Moulineaux Cedex, France

Abstract. Declining vineyards are assessed by a multi-year decrease in vine productivity and/or its sudden premature or gradual death, based on multiple factors. Since 2015, the French wine sector has been working on an original study to identify new research avenues while launching an innovative action plan to combat vineyard decline. First, a statistical analysis enabled to estimate research efforts in the different countries. 70 factors susceptible to contribute to vineyard decline were then identified by analyzing more than 500 publications. These factors are biological, physical or linked to growing practices. While the role of pathogens is fairly well-known, the impact of the land plot or the soil on decline is less understood. Secondly, a prospective methodology was used to better identify viticulture system factors and levers affecting vines. It was thus demonstrated that yield and longevity are strongly linked to agronomy, economic variables and plant matter, plant physiology, disease, etc... These are the key issues and leverage actions to combat more strongly vineyard decline. The matrix analysis was then complemented by interviews and statistical data to imagine leverage actions. The strategic action plan is focused on four objectives: promoting training of good practices, improving plant production organization, developing vineyard observation networks, implementing an innovative research plan.

1. Introduction

1.1. Définition du dépérissement et approche systémique

Les dépérissements de la vigne désignent la baisse pluriannuelle subie de la productivité du cep et/ou sa mort prématurée, brutale ou progressive, du fait d'une multiplicité de facteurs biologiques, environnementaux et viticoles pouvant affaiblir le cep sur la durée et/ou déclencher un processus qui s'avère irréversible en l'absence de moyens de lutte. Les dépérissements ne sont pas la seule conséquence de l'impact des maladies du bois, mais résultent d'un ensemble d'agressions biologiques (micro-organismes, flore...), climatiques (évènements extrêmes, changement climatique...) et de facteurs techniques (pratiques de taille, stratégie d'exploitation, cahier des charges...). Ainsi ce sont différentes formes de dépérissement qui conduisent à une baisse de productivité et à la mort prématurée du cep. Face à la complexité de ce phénomène, l'approche gagne à être stratégique et systémique, c'est-à-dire à chercher à agir également sur les effets et les jeux de contraintes, même si l'ensemble des causes n'est pas complètement connu. Ainsi, il est important de comprendre les enchaînements de séquences (par exemple le rôle des contraintes sociotechniques vis-à-vis des enjeux agronomiques) pour rechercher des alternatives ou des parades pour limiter certains effets des agressions biologiques.

Cette approche globale change le regard porté sur les dépérissements : l'enjeu n'est plus seulement d'apporter une réponse scientifique ou technique à certaines pathologies, en espérant trouver « la solution d'éradication des maladies ». Il apparaît nécessaire d'apporter une réponse différente et globale à cette sensibilité accrue de la vigne aux stress, à l'échelle de chaque région viticole.

1.2. Chiffres clés autour du dépérissement

On estime en France que les dépérissements sont responsables d'une baisse de rendement des AOP (Appellations d'Origine Protégée) de 4,6 hL/ha en 2014, soit un manque à produire pour la filière AOP de 2,1 millions d'hectolitres et jusqu'à 3, 4 millions d'hectolitres pour l'ensemble du vignoble français.

Par ailleurs, on estime que les dépérissements, particulièrement les maladies du bois, causent la disparition de 5 % du vignoble tous les ans.

Les problématiques de dépérissement sont également sensibles en amont de la filière. En 10 ans, les surfaces de vignes-mères ont diminué de 23 % pour des raisons de préservation sanitaire de la qualité des plants dans un contexte délicat pour les opérateurs qui ne trouvent pas un modèle économique viable.

Le constat des dépérissements est généralisé à tout le vignoble français et concerne plus généralement les principaux pays producteurs européens.

2. Analyse bibliométrique et bilan critique des connaissances

2.1. Méthodologie de l'étude

Face aux enjeux de productivité et de compétitivité des exploitations, la filière viticole [1] a engagé une étude originale confiée au cabinet de conseil BIPE [2] suite à un appel d'offre européen.

L'étude a été menée en 6 volets :

1. Inventaire des facteurs susceptibles d'engendrer des dépérissements ou d'y être indirectement liés.
2. Constitution et analyse d'un fonds documentaire scientifique et technique centré sur les facteurs précédemment retenus (500 références).
3. Analyse statistique du fonds documentaire Vitis [3] afin d'apprécier l'intensité des recherches réalisées sur les facteurs retenus, dans les différents pays.
4. Analyse transversale des fiches.
5. Étude comparative sur d'autres cas de dépérissements (autres ligneux, autres pays).
6. Recherche et mise en évidence de l'ensemble des relations entre les facteurs à partir d'une méthode d'analyse prospective.

L'inventaire des facteurs susceptibles d'engendrer des dépérissements ou qui y sont associés a donc permis de constituer un fonds documentaire scientifique et technique centré sur les facteurs préalablement retenus. Parmi le fonds constitué, 500 références ont été lues et exploitées en détail afin de constituer 72 fiches de synthèse regroupées par familles de facteurs. D'autres analyses ont été menées pour étudier les dépérissements sur d'autres végétaux dans d'autres pays.

2.2. Inventaire des facteurs susceptibles d'intervenir dans les dépérissements et constitution d'un fonds documentaire

L'étude sur les dépérissements a débuté par un inventaire des facteurs susceptibles d'engendrer des dépérissements ou d'y être liés. Les facteurs indiqués dans le tableau ci-après ont été identifiés et classés en quatre catégories (Tableau 1) :

- Les agressions biologiques (qui provoquent les stress biotiques).
- L'environnement physique (qui provoque les stress abiotiques).
- Les pratiques viticoles (qui sont liées aux pratiques culturales et aux caractéristiques de l'exploitation).
- L'environnement socio-économique de l'exploitation.

Un fonds documentaire portant sur ces différents facteurs a été constitué à partir de recherches bibliographiques par mots clés. Il a été complété par les documents ou publications mises en avant par les directions techniques des interprofessions ou lors d'entretiens auprès de chercheurs. Au total, 500 articles en cinq langues (français, anglais, italien, espagnol et portugais) ont fait l'objet d'une analyse.

2.3. Etude documentaire approfondie de 72 facteurs liés aux dépérissements

L'analyse approfondie des 500 références bibliographiques a permis d'identifier précisément 72 facteurs susceptibles de contribuer directement ou indirectement aux dépérissements. Pour chacun de ces facteurs, une fiche de synthèse a été rédigée présentant l'état de l'art sur le sujet (Fig. 1) [4].

Tableau 1. facteurs et leviers jouant sur le cep de vigne et susceptibles de contribuer directement ou indirectement aux dépérissements

Agressions biologiques (stress biotiques)	Champignons (champignons du bois, champignons aériens, micro-organismes de la grappe, champignons telluriques…), bactéries et phytoplasmes, virus (court noué, virus de l'enroulement…), ravageurs, (insectes phytophages, acariens phytophages…) maladies non infectieuses (anomalies génétiques, dépérissement de la Syrah…)
Environnement physique (stress abiotiques)	Changement climatique, aléas climatiques, sol, écosystèmes
Pratiques viticoles et caractéristiques de l'exploitation)	Pratiques culturales, caractéristiques de l'exploitation, stratégies d'exploitation, de valorisation et d'investissement
Environnement sociotechnique (extérieur à l'exploitation)	Matériel végétal disponible, traitements disponibles, recherche, réglementation, normes, contrôle, incitations, conseil et formation, environnement économique et financier, environnement social, patrimoine immatériel, marché final et attentes des consommateurs

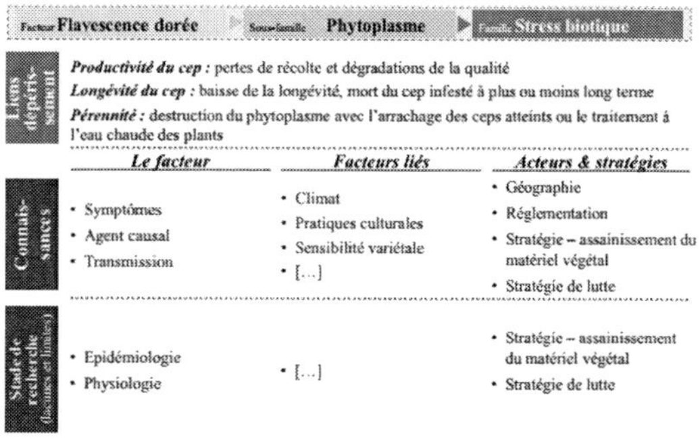

Figure 1. exemple de fiche rédigée pour chacun des 72 facteurs en lien avec les dépérissements [4].

Ces fiches ont permis de normer et de structuer l'information scientifique disponible afin de permettre des analyses transverses et de dresser le bilan des connaissances (cf. 2.6).

2.4. Analyse bibliométrique des efforts de recherche

Parallèlement, le fonds documentaire Vitis a fait l'objet de traitements pour identifier les publications portant sur les 72 facteurs impliqués dans les dépérissements de la vigne (soit 17 000 publications sur 60 000). Ces publications ont fait l'objet d'un traitement statistique pour apprécier l'intensité des efforts de recherche consentis par les pays contributeurs sur les 15 dernières années. Les publications analysées provenaient d'Italie, d'Allemagne, d'Espagne, de France, des États-Unis, d'Australie, de Suisse, du Portugal, de Chine et du Brésil.

Les USA, la France, l'Espagne et l'Italie sont fortement contributeurs sur les stress biotiques et abiotiques et les pratiques culturales. Depuis 2007, les chercheurs brésiliens semblent s'y intéressent également, avec notamment des publications sur les pratiques culturales. Depuis 2012, la Chine a travaillé sur cette problématique et en particulier sur les facteurs abiotiques. Enfin, on note à partir de 2004, une réduction marquée du nombre de publications françaises relatives aux pratiques culturales.

Certains facteurs concentrent les efforts de recherche. C'est le cas de la maladie de Pierce et de l'enroulement sur le continent américain, du mildiou et de l'esca en Europe. A contrario, certains sujets comme le phylloxera et le broussin sont délaissés côté Nouveau Monde ou encore le court-noué en Europe. D'autres problématiques comme le bois noir ou le BDA (Black Dead Arm) sont des objets de recherche émergents.

Il est important de noter que le sol ne fait pas partie des travaux de recherche en cours, bien que les lacunes dans ce domaine soient clairement mises en évidence dans l'état de l'art des connaissances. En ce qui concerne les pratiques culturales, seules celles étant liées à une optimisation des rendements (irrigation, vendange, sélection parcelle, taille) ou celles liées directement aux agressions biotiques (fongicide) font l'objet d'un nombre important de publications. A l'inverse, celles qui concernent le greffage, la sélection clonale et le travail mécanique du sol sont peu explorées.

2.5. Étude de cas sur d'autres ligneux

L'étude a ensuite été élargie aux dépérissements d'autres ligneux dans d'autres pays par des études de cas présentant une certaine similarité. Ainsi, les cas de l'oranger, du chêne et du pêcher, respectivement aux États-Unis et au Brésil, en France et aux États-Unis ont-ils été étudiés et synthétisés.

2.6. Système viticole autour des dépérissements

Le bilan des connaissances permet une représentation du système viticole en fonction de la compréhension actuelle des impacts de chaque facteur sur les dépérissements (Fig. 2). Les facteurs dont l'impact sur les dépérissements sont les mieux connus sont les agressions biotiques. A l'inverse, les liens entre les dépérissements et le matériel végétal (la physiologie, la greffe et la sensibilité variétale) sont moins connus. Enfin, il faut souligner l'hétérogénéité des connaissances concernant l'impact des pratiques culturales sur les dépérissements.

La connaissance actuelle de l'impact sur les dépérissements est beaucoup plus développée pour les facteurs ayant un impact direct sur les dépérissements que les facteurs ayant un impact indirect : par exemple, l'association par greffage de deux génotypes distincts peut entraîner une malformation au niveau du point de greffe et par la suite un dépérissement comme cela a été constaté pour le dépérissement de la Syrah.

Les fiches rédigées lors du bilan de connaissances (sur les facteurs de stress biotiques et abiotiques et les pratiques culturales) ont également fait l'objet d'une synthèse via

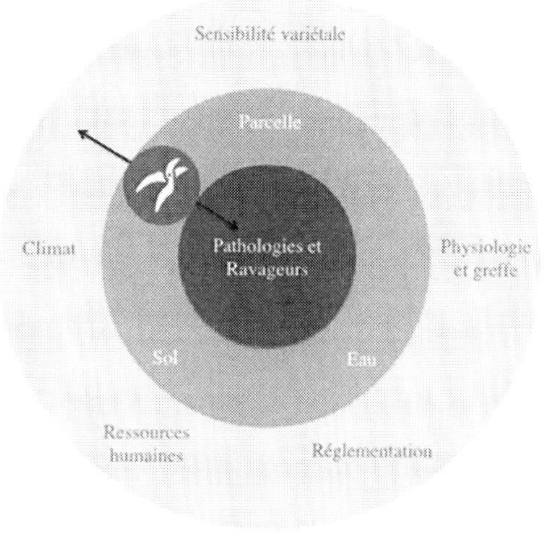

Figure 2. Bilan de connaissances sur les dépérissements - liens entre les différents facteurs (les facteurs centraux sont les mieux connus) [4].

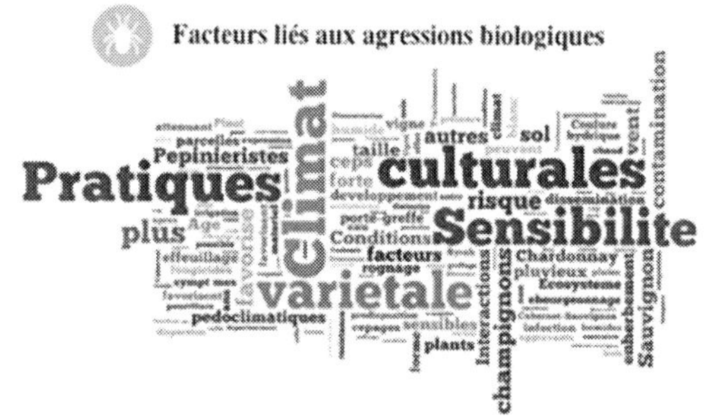

Figure 3. nuage de mots montrant que les pratiques culturales, le climat et la sensibilité variétale sont fortement associés aux facteurs de stress biotiques [4].

une analyse lexicométrique. Cette méthode correspond à une analyse quantitative des champs lexicaux par sous-section de fiches.

La synthèse des connaissances révèle les différents facteurs liés aux dépérissements et leur force d'impact. Celle-ci peut être représentée sous forme de nuages de mots (Figs. 3 et 4), la taille des mots étant proportionnelle à l'impact mis en évidence dans les recherches.

Cette analyse lexicométrique combinée au bilan de connaissances synthétisé dans les fiches permet d'établir un premier schéma simplifié du système viticole qui place la relation entre rendement et longévité comme une des clés du système (Fig. 5).

Dans les dépérissements, rendement et longévité constituent les deux faces d'une même pièce, traitées et connues de façon asymétrique. Ce schéma rend compte des liens entre les agressions, les pratiques viticoles et le rendement mais permet aussi de faire ressortir le manque de connaissances sur les impacts des facteurs de stress et des pratiques viticoles sur la longévité des ceps. Alors que l'impact des agressions, qu'ils soient biotiques ou abiotiques, sur le rendement est relativement bien connu et fait l'objet de publications, il est nettement moins connu sur les facteurs de longévité du cep.

Figure 4. Nuage de mots montrant que la réglementation, les ressources humaines, le sol et les pathologies sont les variables qui influent le plus sur les pratiques viticoles [4].

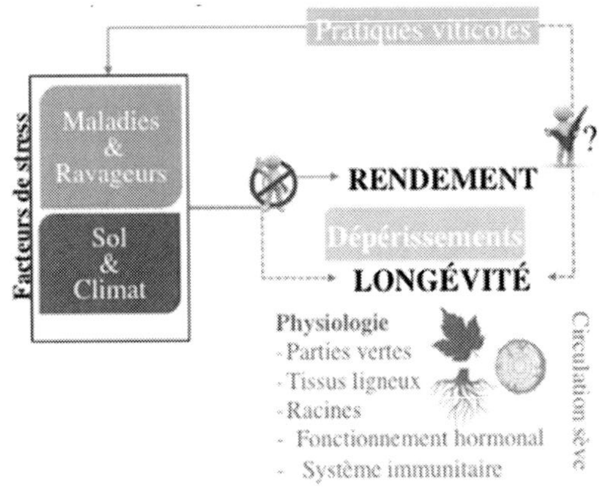

Figure 5. Schématisation simplifiée du système viticole soulignant l'importance de la relation entre rendement et longévité [4].

3. Analyse systémique, pistes et voies d'action

3.1. Méthodologie de l'étude matricielle issue de la prospective

Afin de procéder à un premier niveau d'intégration des connaissances [5] et d'identifier des voies d'action dans la lutte contre les dépérissements, le BIPE a proposé de procéder à une représentation multidimensionnelle du système viticole, et en son sein des facteurs jouant sur les dépérissements. L'objectif est de qualifier et de représenter l'ensemble des liens directs et indirects entre chaque facteur du système viticole jouant *in fine* sur le cep de vigne (unité fondamentale d'une parcelle de vigne). La longévité et le rendement étant deux dimensions codées, l'analyse des liens successifs permet d'identifier les facteurs les impactant directement et indirectement. La méthode a pu mettre en évidence des lacunes de connaissances lorsque les liens directs entre deux facteurs sont méconnus. Elle permet surtout d'identifier les facteurs les plus influents sur le système, par leur impact hexogène souvent macroscopique (les facteurs moteurs) ou par leur rôle déterminant dans la dynamique du système (enjeux et leviers) et la production de certains effets (résultats). Ce faisant, la méthode permet de mettre en évidence des pistes de recherche à approfondir lorsque ces leviers portent sur des facteurs insuffisamment explorés scientifiquement (par recoupement avec le bilan de connaissances), ainsi que des voies d'action quant aux facteurs identifiés comme étant les leviers du rendement et/ou de la longévité.

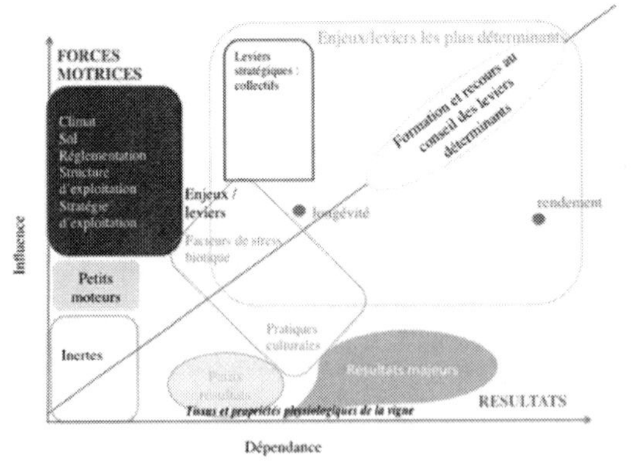

Figure 6. Représentation dans le plan de la matrice Mic Mac [4].

Techniquement, une matrice d'influence-dépendance a d'abord été construite en qualifiant deux à deux, les liens directs existants entre 164 dimensions du système viticole décliné jusqu'au cep (en incluant les variables identifiées comme intervenant dans les dépérissements dans le cadre du bilan de connaissances). La matrice obtenue (sur la base d'une codification en 0 : aucun effet de A sur B ; 1 : existence d'un effet direct de A sur B ; P : existence d'un lien potentiel insuffisamment connu) est ensuite élevée à la puissance pour simuler les impacts indirects en chaîne et la dynamique du système.

Cette méthode dite MicMac (Matrice d'Impacts Croisés – Multiplication Appliquée à un Classement [6]) s'appuie sur les propriétés classiques des matrices booléennes : si une variable A influence une variable B et que la variable B influence une variable C alors la variable A influence indirectement la variable C. Cette méthode est utilisée en prospective et a deux objectifs :

- obtenir une représentation aussi exhaustive que possible du système étudié et des liaisons, notamment cachées, entre les différentes dimensions ;
- réduire la complexité du système à des variables essentielles.

Le bilan des connaissances a été mobilisé afin d'identifier l'ensemble des facteurs à prendre en compte pour décrire le système viticole autour d'un cep et les facteurs intervenant dans les dépérissements, ainsi que pour étayer les relations directes existant entre les différents facteurs composant ce système. L'avis complémentaire d'experts de la filière a permis de compléter le remplissage de la matrice (Fig. 6).

3.2. Principaux résultats : liens entre le rendement et la longévité

Les résultats de la matrice MicMac sont représentés dans un plan d'influence - dépendance. Les facteurs ayant une influence forte sur le système et qui s'avèrent peu dépendants des autres dimensions sont nommés « facteurs moteurs » ; il s'agit le plus souvent de facteurs exogènes, macroscopiques. Ceux ayant peu d'influence mais qui sont fortement dépendants du système sont à proprement parler les « résultats » du système. Enfin, les facteurs ayant de l'influence sur le système, mais qui sont aussi

DOI: 10.1051/bioconf/20160701040

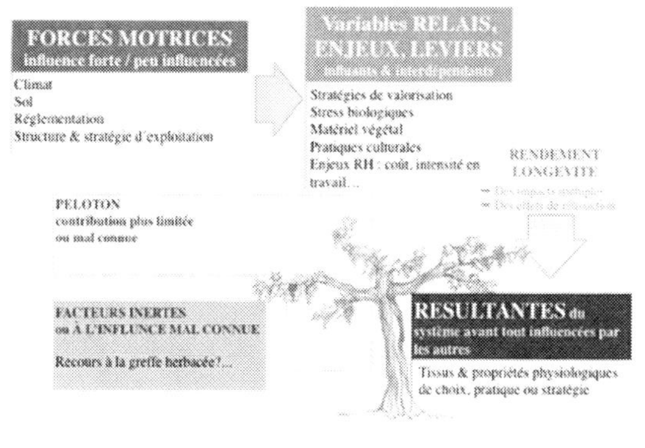

Figure 7. Variables motrices, relais et résultantes agissant sur le pied de vigne [4].

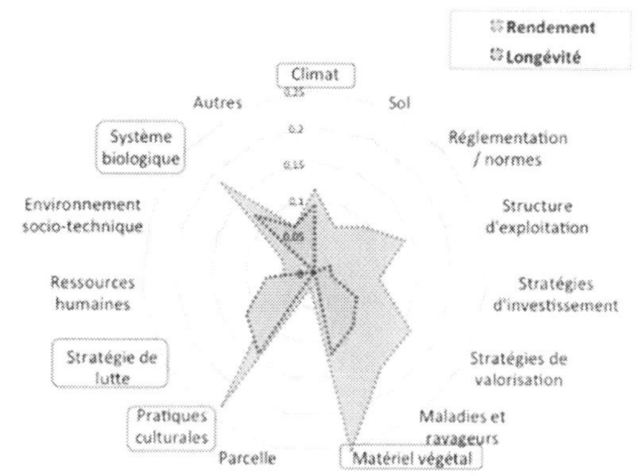

Figure 8. Facteurs ayant un impact direct sur le rendement ou un impact direct sur la longévité [4].

dépendants les uns des autres, constituent les « leviers ou les enjeux » du système. En effet, ce n'est qu'à travers eux que les forces motrices produisent un résultat, lui-même dépendant de la dynamique globale que ces facteurs leviers nouent ensemble : le système peut ainsi être à l'équilibre ou au contraire en déséquilibre. Pour peser sur le système, il convient d'agir sur ces facteurs leviers, plus endogènes que les forces motrices et qui articulent le système.

Du côté des éléments moteurs, on retrouve des facteurs macroscopiques, extrinsèques à l'exploitation comme le climat, le sol ou la réglementation. A ces facteurs s'ajoutent ceux liés à la structure de l'exploitation et à la stratégie d'exploitation. Ce sont des facteurs sur lesquels le viticulteur n'a pas ou que très peu de leviers d'action (avec comme cas extrême le changement climatique). Toutefois, la mise en place d'un plan de lutte qui provoquerait un changement de réglementation aurait un fort impact pour le système viticole (Fig. 7).

Les leviers ou enjeux, très nombreux, ont été regroupés par catégories : il y a les agressions biologiques, un noyau de pratiques culturales, des facteurs liés au matériel végétal, les formations et le recours au conseil ainsi que les leviers stratégiques comme les cahiers des charges, le coût de la main d'œuvre et les stratégies de différenciation. L'analyse réalisée met donc sur un même rang d'importance les facteurs classiques de l'approche technique des enjeux de la viticulture : maladies, pratiques culturales, matériel végétal, et des facteurs d'un ordre nouveau : économiques et réglementaires. Ces différents types de leviers interagissent entre eux : le matériel végétal a une influence sur les facteurs de stress biologique qui influencent les pratiques culturales, tout comme les stratégies d'exploitation vont influencer les pratiques culturales. Certaines pratiques culturales ont également des effets sur les agressions biologiques, comme les pratiques de lutte préventive ou curative des agents pathogènes.

Le rendement et la longévité comptent dans le système parmi les leviers, ce qui peut paraître surprenant, d'aucuns pouvant estimer qu'il s'agit là d'un résultat du système viticole. Leur positionnement au sein du plan d'influence/dépendance signifie qu'ils sont au cœur du système viticole : en effet, ils dépendent du niveau et de la nature des agressions biologiques et environnementales comme des différentes stratégies de valorisation et influencent les pratiques culturales qui jouent en retour sur eux via la capacité à juguler les agressions biologiques par exemple. La méthode mise en œuvre a permis de montrer qu'il s'agit de penser ensemble le couple rendement / longévité tant dans leurs relations économiques qu'agronomiques ou culturales et leurs interactions avec quelques facteurs leviers-clés pour limiter les dépérissements ou leurs effets.

Pour ce faire, trois axes d'action sont possibles :

- Contenir ce qui joue à la baisse sur le rendement et la longévité ;
- Actionner ce qui joue à la hausse sur le rendement et la longévité, en maîtrisant leurs effets rebours ;
- Arbitrer et trouver le bon équilibre entre rendement et longévité lorsque les facteurs ou les actions ne jouent pas dans le même sens.

Les résultats obtenus permettent d'établir des graphiques cibles comme la figure 8 qui montre les facteurs ayant un impact direct sur le rendement ou la longévité. Le matériel végétal et les pratiques culturales constituent les deux paramètres les plus influents sur le rendement et la longévité.

Le matériel végétal apparait au cœur du système. Il a un impact à la fois sur le rendement et sur la longévité. Notons cependant que la sélection clonale menée au cours des décennies passées tend à privilégier le rendement au risque d'appauvrir la diversité génétique. De même le recours à du matériel végétal certifié pourrait avoir un impact direct sur le rendement et à plus long terme sur la longévité.

Deuxième axe de forte influence sur le rendement et la longévité : les pratiques culturales. Celles-ci sont aujourd'hui pensées pour produire et entretenir un capital productif et sont la résultante d'arbitrages sous contraintes des viticulteurs. Il apparait que des objectifs économiques à court terme sont parfois difficilement conciliables avec des objectifs à long terme : les pratiques culturales visent en priorité un bon niveau de rendement et ne prennent en compte la longévité que dans un second temps. En effet, parmi toutes les pratiques culturales, peu d'entre elles ont pour but premier l'allongement de la durée du cep, indépendamment de sa capacité de production. Les voies d'amélioration mises en évidence par cette analyse concernent le niveau de technicité des

 DOI: 10.1051/bioconf/20160701040

opérateurs afin de favoriser la longévité dans la conduite de la vigne.

La vision globale apportée par l'étude a contribué à dégager des pistes de recherche et des voies d'action qui ont permis à la filière de bâtir un plan national de lutte contre le dépérissement du vignoble.

En particulier, l'étude a montré qu'il est nécessaire d'approfondir les connaissances sur certains facteurs apparus comme « inertes » faute de connaissances suffisantes comme le recours à la greffe herbacée ou en oméga. Du côté des facteurs de stress, une amélioration des connaissances sur les impacts du changement climatique et l'évolution des populations de ravageurs et pathogènes qui en découle est primordiale. Les liens entre la vigueur de la vigne et les propriétés du sol ou encore les relations entre la réserve utile en eau et la fertilité de la plante font aussi l'objet de lacunes actuellement. Enfin, l'amélioration des connaissances des impacts des pratiques culturales dans leur ensemble sur la physiologie de la vigne et sur les dépérissements est nécessaire, notamment pour les effets d'accumulation. Qu'en est-il précisément des équilibres hormonaux de la vigne, des interactions entre porte-greffe et greffon, de l'histologie pour comprendre la différence de fonctionnement des tissus entre souches saines et souches affectées, de la stimulation du cep par le biocontrôle ou les biostimulants ?...

4. Le plan national de lutte contre le dépérissement du vignoble

Pour passer de la représentation des influences/dépendances (cf. Fig. 6) au plan d'action, un travail de diagnostic stratégique de la filière et du dépérissement a été mené. Entretiens et séances collectives de travail avec des experts de la filière ont permis de traduire de façon concrète et opérationnelle, les interactions schématisées dans le plan d'influence/dépendance en identifiant des points de faiblesse, des enchaînements négatifs ou au contraire des situations vertueuses dans la conduite du vignoble ou la gestion de la filière. Ces éléments ont ensuite été une seconde fois questionnés pour identifier d'éventuelles actions possibles pour améliorer l'existant, actions qui ont enfin été raisonnées dans un plan cohérent de lutte contre les dépérissements.

4.1. Gouvernance du Plan

L'originalité du Plan National Dépérissement réside dans son système de gouvernance professionnelle unique réuni autour du CNIV (Comité National des Interprofessions des Vins d'appellation d'origine et à indication d'origine) à l'échelle nationale regroupant l'ensemble des bassins viticoles.

Ce plan ambitieux est accompagné par France AgriMer et les différentes directions du Ministère de l'Agriculture français. Il bénéficie d'un dispositif dédié au dépérissement du vignoble piloté par la filière et associant l'ensemble des acteurs du plan autour d'un conseil de surveillance qui donne les orientations et d'un comité de direction qui coordonne les différentes actions du plan.

L'Union Européenne a également été approchée pour favoriser l'émergence des thématiques de recherche sur les dépérissements au cours des prochains appels d'offre de recherche.

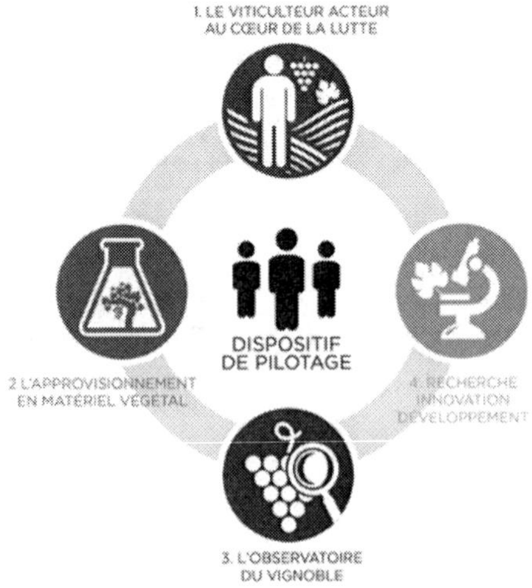

Figure 9. Les quatre ambitions du plan national

4.2. Un plan autour de quatre ambitions

Le plan National Dépérissement du vignoble s'articule autour de quatre ambitions qui découlent des études préalablement menées (Fig. 9):

- Placer le viticulteur en tant qu'acteur au cœur de la lutte.
- Améliorer l'approvisionnement en matériel végétal.
- Bâtir un réseau d'observatoires du vignoble.
- Lancer un plan de Recherche Innovation et Développement.

Pour chacune des quatre ambitions, des actions prioritaires ont été décidées et sont mises en place depuis le début de l'année 2016.

4.2.1. Ambition 1 : Le viticulteur acteur au cœur de la lutte

Afin d'impliquer les viticulteurs dans la lutte contre les dépérissements, quatre actions prioritaires ont été lancées. Elles visent à :

- améliorer la formation des différents acteurs sur le terrain (viticulteurs, conseillers, techniciens, etc),
- collecter toutes les bonnes pratiques existantes sur le terrain et les intégrer au sein d'un guide de bonnes pratiques,
- mettre en place un système d'information collaboratif (site internet) permettant de centraliser toutes les informations utiles aux acteurs du plan;
- faciliter la sensibilisation, la mobilisation et l'implication des viticulteurs dans le plan de lutte par la mise en place d'actions de communication.

Toutes ces actions en faveur de la proactivité des viticulteurs doivent permettre l'appropriation et la réalisation du plan par l'ensemble des professionnels et des structures collectives de la filière.

4.2.2. Ambition 2 : L'approvisionnement en matériel végétal

Les dépérissements exacerbent les enjeux d'approvisionnement en matériel végétal. Quantitativement, la demande de plants est augmentée du fait des besoins d'arrachage et de complantation. Qualitativement, il faudra disposer demain de cépages adaptés aux enjeux épidémiologiques et au changement climatique. Deux actions prioritaires ont donc été lancées visant à sécuriser l'approvisionnement en matériel végétal :

- Augmenter les surfaces de vignes-mères et adapter leur business modèle et leur contrôle sanitaire à la double exigence d'approvisionnement quantitatif et qualitatif de la filière.
- Assurer l'approvisionnement de la filière en quantité et qualité via des vignes mères pérennes des points de vue sanitaires, économiques et de gouvernance.

Pour mener à bien ces actions, il est indispensable d'établir un partenariat de filière avec la pépinière viticole par la mise en place de mécanismes de solidarité entre pépinière et viticulture, garantis par des engagements et contreparties.

4.2.3. Ambition 3 : L'observatoire du vignoble

Tous les ans, de nombreuses données sont acquises à l'échelle du territoire, de l'exploitation ou de la parcelle. Afin d'améliorer la connaissance et le suivi des dépérissements, il apparaît nécessaire de développer une plateforme collaborative qui pourait être renseignée par toute personne intervenant dans les vignes et permettant d'identifier et de suivre l'évolution du dépérissement du vignoble (surveillance événementielle et surveillance syndromique). Ce « réseau de réseaux » sera construit à partir des réseaux d'observation existants tant au niveau régional que national.

4.2.4. Ambition 4 : Le plan de Recherche Innovation Développement

L'ambition 4 vise à lancer un véritable plan de Recherche Innovation et Développement afin de stimuler la recherche sur des sujets permettant de progresser dans la lutte contre les dépérissements de la vigne. Il est articulé autour de cinq axes :

- La relation entre rendement et longévité, en lien avec les processus physiologiques.
- L'écosystème racinaire dans les équilibres entre la plante et les composantes du sol, en particulier sa microflore et sa microfaune.
- La prévention et la maîtrise des risques biologiques.
- La maîtrise de la fabrication du plant de vigne et son implantation au vignoble.
- Les leviers socio-économiques de lutte contre les dépérissements.

Aux cinq axes précédemment décrits, s'adjoint **un thème transversal** sur le développement d'une vision intégrée et globale des connaissances sur la vigne et ses dépérissements. La question de l'interdisciplinarité et du transfert des connaissances doit être une préoccupation permanente tout comme l'acceptabilité sociale des solutions et des innovations.

Conclusion

L'étude systémique ainsi menée sur les dépérissements de la vigne a permis d'identifier et de dégager des pistes et voies d'action sur un spectre très large de domaines, avec des effets potentiels à court, moyen ou plus long terme Elle permet ainsi à la filière viticole de s'engager dans l'avenir avec responsabilité face aux enjeux de dépérissement. Cette étude rappelle l'exigence d'intégration des connaissances et de compréhension globale des processus pour pouvoir progresser dans la recherche de solutions. Cette exigence doit être celle des chercheurs et de la filière viticole, les enjeux étant tout autant agronomiques, que sociotechniques et économiques.

Les pistes et voies d'action sont désormais retranscrites dans un plan d'action d'ambition nationale. Ce plan dispose d'un dispositif de gouvernance inédit dans la filière et va permettre des avancées aussi bien sur le plan de la recherche (par la mise en place du plan Recherche Innovation et Développement) qu'au niveau technique. Le vigneron est placé au cœur de la lutte contre les dépérissements dans une démarche collective incluant notamment la formation, l'amélioration du matériel végétal, la mise en place de nouveaux outils d'observation au vignoble.

Au-delà du plan d'action élaboré, la mission initiée par les interprofessions viticoles françaises, avec le soutien de FranceAgriMer et l'appui méthodologique du BIPE, a su initier une mobilisation générale autour des enjeux de dépérissement, ce qui est un des acquis majeur de l'étude. S'il a parfois fallu convaincre de l'intérêt d'une approche « grand angle », près de 300 participants, professionnels de la viticulture et chercheurs ont participé au séminaire stratégique du 22 juillet 2015 puis à la présentation du plan d'action le 7 avril 2016, s'appropriant progressivement les résultats de la mission. La démarche a su innover en mettant en perspective bilan scientifique et technique, diagnostic stratégique de filière et méthodes prospectives intéressant les chercheurs, comme la filière viticole. Les relations entre la recherche, la pépinière viticole et la filière viti-vinicole se sont renouvelées par des ambitions nouvelles communes. L'Etat et les interprofessions se sont engagés à soutenir financièrement le plan national de lutte contre les dépérissements. Un tel travail n'aurait pu être mené en douze mois sans l'engagement des professionnels et des services de l'Etat impliqués dans le comité technique et le comité de pilotage, fruit d'une véritable démarche collective nationale.

Références

[1] France AgriMer Rapport final de l'étude réalisée par le BIPE dans le cadre du Plan national de lutte contre les dépérissements du vignoble 1,24 MB (2016) www.franceagrimer.fr

[2] Cabinet BIPE http://www.bipe.com Equipe projet constituée de Vianney Da Costa, Etienne Jobard, Nathalie Leridon, Giulia Manfroni, Jacques Marquay, Stéphane Radureau et Perrine Tonin, sous la direction de Marie-Laetitia des Robert, avec l'appui technique d'Albane Cosson

[3] Fonds Vitis `http://www.vitis-vea.de/Englisch/eindex.php`
[4] *Etude BIPE FAM-CNIV, Dépérissement du vignoble (2015)*
[5] Cette méthode rejoint les démarches mises en œuvre par M. Sebillote et qui ont présidé à la création de la DADP (Délégation permanente à l'Agriculture, au Développement et à la Prospective), comme structure d'animation scientifique transversale au sein de l'INRA entre 1993 et 2003
[6] M. Godet, *Manuel de prospective stratégique. L'art et la méthode,* Dunod (2001)

BIO Web of Conferences 7, 01041 (2016) DOI: 10.1051/bioconf/20160701041
39th World Congress of Vine and Wine

Susceptibility of grape varieties to esca disease

Michele Borgo[1], Gianluca Pegoraro[2], and Eugenio Sartori[2]

[1] Consultant Vivai Cooperativi Rauscedo, via Croce, 59, 30150 Povegliano (Treviso), Italy
[2] Vivai Cooperativi Rauscedo, via Udine, 39, 33090 Rauscedo (Pordenone), Italy

Abstract. In the scion wood mother block belonging to Vivai Cooperativi Rauscedo (VCR) the surveys on esca disease have been performed for decades, and the symptomatic plants are uprooted every year. We hereby present and discuss the survey results relating to a group of vines planted in 1995–2006. The first symptoms of esca appeared in 10–12 year-old vines; only in more recent times the disease has appeared invines of 6–8 years. Esca affects more white grape varieties than black varieties. Within each type of grape,it was possible to identify a number of varieties with lower esca incidence than other varieties, which are affected with a very high incidence, in some cases more than 50% of plants eradicated in the oldest vineyards. The genetic component has proved to be crucial for the varietal susceptibility to expression of esca symptoms; this aspect should be taken into account in the prevention and prophylaxis actions aimed to the limitation of the risks associated with vine trunk decay.

1. Introduction

In the last 50 years and more, esca epidemics are rising in all wine-producing countries, as amply demonstrated in many works and reported in the international literature. Recent studies and etiological research have allowed us to identify the presence of different fungal species, both in diseased vines andin those free from symptoms that are generally associated with esca syndrome, involved in grapevine trunk diseases. It is well-known that in the vineyards the fungal population modifies and specializes with the passing of years due to environmental and climatic conditions. The esca syndrome is complex, irregular in its onsetsduring the years, largely dependent on climate(as, the winter frosts or the summer rainfall), soil, and agro-technical conditions. The information on genetical susceptibility are lacking and are limited to a small number of varieties, often assessed in different environmental and climatic conditions and limited to a small number of plants. With this work we want to make our contribution to knowledge on varietal susceptibility of *Vitis vinifera*, as we've been able to assess the incidence of esca symptoms in about two hundred varieties of vines, all grown in the same site, so that to leave out the environmental variable.

2. Methodology

The survey was conducted in the Vivai Cooperativi-Rauscedo's (VCR) scion wood mother block (MB), located in Fossalon di Grado (Gorizia), in the North-East of Italy. This center was set up in 1995, and since then it has gradually expanded, as shown in Picture 1. The vineyard collects wine grape varieties and, marginally, table grape varieties, listed the National Register of vine varieties, and some foreign varieties.

At present, there are about 156,000 vines of 195 varieties, many of which expressed withseveral clones, up to form a population of 495 clones from different national and foreign holders. In general, for every variety and clone there are 310 plants or multiples. The vines are mainly grafted on K5BB, SO4, 1103P or, marginally, on other rootstocks. The soil is homogeneous, silty-clayey. The plant spacing is 3 × 1 m.; the training system is a cordon on low espalier, with grassing between the rows and weeding on the rows. Given the peculiarities of the vineyard, pruning is manual and is carried out in mid-winter, so to foster the production of optimal wood for grafting; in spring, the shoots are put on posts with the purpose to promote the maturation of the wood. The pest control focuses on the minimization of fungal diseases and insect attacks.Since the first year of planting all the vinesundergo regular checksto detect any disease, transmittable through grafting or air infections.

Since 2006, following the emergence of the first onsets of esca in some plants of the oldest vineyards, all the vines showing symptoms of the diseasehave been uprooted. This work has allowed us to monitor the evolution of esca over the years and calculate its overall incidence for each variety, net of other diseases and/or die-offs.

Here we are reporting and discussing the data related to the oldest vineyards, planted in 1995-2006 years. We have analyzed 85 varieties, of which 40 white-berried and 45 black-berried, for a total of 44,860 vines, of which 19,334 white and 25,526 black. As the vineyards have been planted gradually during the years, in order to enable a more significant comparison on varietal susceptibility to esca, the plantation periods have been grouped into three clusters of four years each: 1 = period 1995-98 (9,414 vines); 2 = period 1999-2002 (21,222 vines); 3 = period 2003-06 (14,224 vines).

3. Results and considerations

The dynamics of the uprooting of the vines, following the annual symptoms of esca, lead us to quantify the

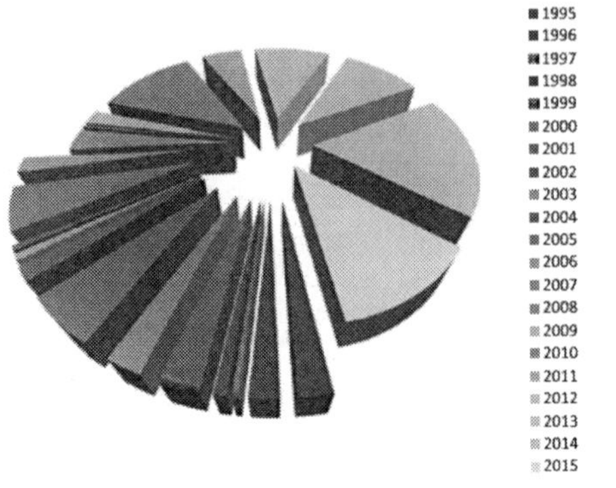

Picture 1. Dynamics of VCR MB vineyard plantations in Fossalon di Grado during the period 1995–2015.

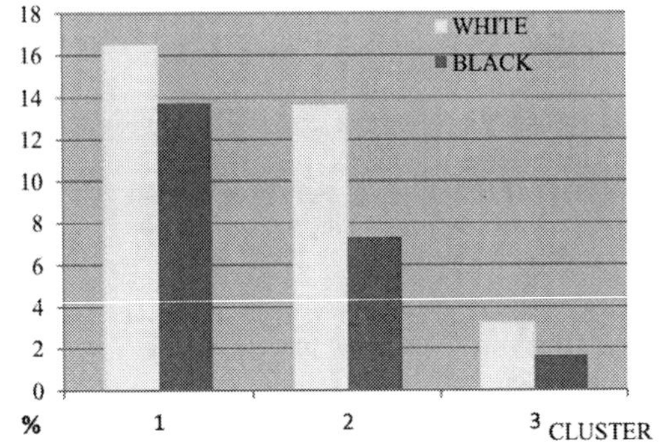

Picture 2. Percentage of vines with esca symptoms in the three clusters for white or black wine.

cumulative disease index over the period 2006–2015. With regard to the first two series with the oldest vines, the white varieties showhigher average values of disease incidence than blackvarieties; the gap is wider in the 1995–1998 series (Picture 2).

The survey of the disease course for each type of grape and the data recorded during the ten years of investigation have highlighted that the vines of esca symptoms are almost absent in the first 6–8 years of age of the vines; the first symptoms usually occur and increase in plants older than 10–12 years (Picture 3). In all the clusters, the average incidence of the esca disease is higher in white-berried varieties thanin black-berried varieties.

Within the white grape and the black grape varietiesit was then possible to identify somevarieties with high tolerance to esca, to the point of being free or little affected by symptoms also on 20 year-old plants. Otherwise, we have recorded a long list of diseased varieties that needed to be uprooted to an extent of more than 50%. In an intermediate position,we can find the majority of the examined varieties (Table 1a, b). In the case of varieties with more clones and planted at different times, we have not always found a linear behavior. Indeed, we have observed high rates of diseased vines also on relatively young vines or vice-versa. No influence on epidemics appeared to depend on the rootstock (K5BB, SO4, 1103P, 110R), on the type of grafting (woody or herbaceous) and on the manufacturer of the vines (pre-propagator).

The data on cumulative esca, expressed in final percentage of uprooted vines, bring into clear evidence

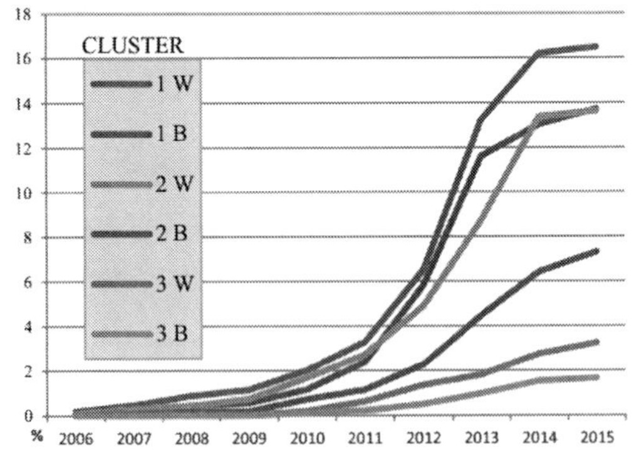

Picture 3. Dynamics of esca accumulation (average % of uprooted plants) during 2006–2015 in the 3 clusters and for each type of cultivar (white or black).

that for the varieties under examination there is a wide genetic variability towards esca. It is therefore evident that the genetic component may prevail on environmental and cultural factors, whereas the vintage factor can influence the virulence of esca disease, as climatic variables, related to the intensity of the rains and to summer temperatures, can affect the intensity of symptoms and the incidence of vines with symptoms regardless of the age of the plants.

For a better understanding of the grape genetic influence to esca, a preliminary and partial study was started to evaluate the relationship between varietal susceptibility to esca and the presence of some organoleptic compounds in wines from micro-vinification. Limited to a few black grape variety, it was observed that a large part of the varieties with higher values of total polyphenols are classified among those with lower rates of disease and vice versa. Only cv Croatina, Cabernet Sauvignon, Sangiovese and Lambrusco Salamino have differentiated from other varieties.

4. Conclusions

Globally, the impact of esca disease around world is an issue of great importance because of the negative effects that it engenders on the longevity of the vineyards, and for the economic consequences due to production losses, which increase with respect to the incidence of diseased, dead and eradicated vines. Prophylaxis and care actions, put into practice by some growers, have not reached satisfactory levels, yet. The low importance that was given so far to varietal susceptibility is being revalued with this preliminary study, by supporting and implementing some of the previous achievements highlighted by some authors also in the past period [1–4].

Based on the early results reported here, we highlight the significant positive role played against esca by many black grape varieties, in particular when rich in polyphenols, as it has resulted in the cv. Aglianico Taurasi, Aglianico del Vulture, Aleatico, Franconia, Lagrein, Nebbiolo, Raboso Veronese, Montepulciano, Petit Verdot, Pinot Noir, Refosco Peduncolo Rosso; just as it has arisen in white varieties, such as cv Arneis, Cortese, Fiano, Grenache Blabc, Pinot Blanc, Riesling Italico, Trebbiano d'Abruzzo, Verdicchio, Verduzzo Friulano.

DOI: 10.1051/bioconf/20160701041

Table 1. Incidence % of esca-affected plants survey on the varieties planted in two time series (I° = 1995–98; II° = 1999–2002).

White grapes	Cluster I°	Cluster II°
Fiano		0
Trebbiano Abruzzo		0
Grenache Blanc	0,37	
Verduzzo Trevigiano	0,65	
Arneis		0,81
Passerina		1,29
Riesling Italico		1,29
Cortese		1,29
Verdiso		3,23
Malvasia Chianti		3,23
Pinot Bianco	3,7	
Pinot Grigio	3,9	6,13
Malvasia Aromatica		4,52
Moscato Bianco	5,2	15,1
Verduzzo Friulano		5,6
Chardonnay	6	0,32
Matilde (Table Grape)		6,8
Trebbiano Toscano		7,1
Moscato Giallo		12,9
Grechetto Orvieto		15,2
Vermentino	16,5	2,9
Biancame		16,8
Traminer		25,85
Malvasia Istriana	26,1	36,67
Tocai Friulano	26,45	
Manzoni Bianco		30,32
Müller Thurgau		31,3
Glera		33
Italia (Table Grape)	33,23	
Grechetto Todi		44,52
Riesling B	45,48	
Albana	52,9	

Black grapes	Cluster I°	Cluster II°
Aglianico Taurasi	0	0,16
Merlot		0,5
Raboso Veronese	0,65	
Petit Verdot	0,65	
Montepulciano	0,65	
Aglianico del Vulture		0,65
Syrah		0,97
Freisa		1
Nebbiolo Chiavennasca		1
Pinot Nero	1,29	0
Molinara		1,3
Dolcetto		1,45
Ancellotta		1,8
Schiava Grossa		1,94
Aleatico	1,95	
Ciliegiolo		2,6
Uva Rara	2,9	
Refosco Nostrano		2,9
Raboso Piave	3,2	0
Barbera	4,84	5
Negro Amaro	7,74	
Sangiovese	7,9	6,8
Lambrusco Maestri		9,4
Gamay		10
Cannonao/Grenache	16,9	
Carmenère		20
Grignolino		25,2
Terrano		27,1
Uva di Troia	27,74	
Monica		29,68
Cabernet Sauvignon		31,94
Croatina	34	33,6
Lambrusco Salamino	41,94	41,6

On the other side, we highlight herewith the limitations of many other varieties, which, although considered to be of great value for the viticulture of certain terroirs, show a high susceptibility to esca, as we can see in many varieties investigated here, such as cv Albana, Glera (or Prosecco), Grechetto/Pignoletto, Istrian Malvasia, Manzoni Bianco, Riesling, Sauvignon, Trebbiano Toscano; Barbera, Cabernet Sauvignon, Carmenère, Corvina, Croatina, Dindarella, Lambrusco Salamino, Primitivo, Uva di Troia.

Despite the complexity of the phytopathologies of the vines, also with regard to possible synergistic effects with other harmful diseases, we can understand that, when given the possibility to plant grape varieties, well-known for their good or medium tolerance to esca, it will be easier to manage the health of the vineyards, to ensure their longevity and to achieve a better stability in yield.

References

[1] A. Graniti, Italia Agricola, **97**, 543–550 (1960)

[2] G. Romanazzi, S. Murolo, L Pizzichini, S. Nardi, *Il Mal dell'Esca della Vite. Atti Progetto Mesvit, ARSIA Regione Toscana*, 143–149 (2010)

[3] M. Borgo, *Il Mal dell'Esca della Vite. Atti Progetto Mesvit, ARSIA Regione Toscana*, 186–190 (2010)

[4] A. Vercesi, Vignevini, **15 (4)**, 55–58 (1988)

Evolution of the new grapevine disease of Pinot gris and of Grapevine Pinot gris virus (GPGV)

Nadia Bertazzon, Vally Forte, Luisa Filippin, Michele Borgo, and Elisa Angelini

CREA Centro di Ricerca per la Viticoltura, 31015 Conegliano (Treviso), Italia

Abstract. An emergent grapevine disease, discovered about 10 year ago, has been associated to a new virus, called *Grapevine Pinot gris virus* (GPGV). The aim of the present work was to survey the presence of both the disease and the virus in Veneto (North Eastern Italy), and the presence of the virus in Europe in the last 15 years, using molecular techniques. The visual survey in Veneto showed that the disease is present in about 70% of the investigated vineyards, with a general low occurrence of symptomatic plants. However, the increase of the number of symptomatic grapevines in 8 much damaged vineyards was around 25% per year. The virus occurs in more than 80% of the plants. Finally, our data suggest that GPGV was limited to some Eastern European countries at least before 2005, and that it spread more widely throughout Europe after 2010.

1. Introduzione

Una malattia emergente della vite, caratterizzata da ritardo nel germogliamento, mosaicature e deformazioni fogliari e contrazione dello sviluppo vegetativo è stata identificata per la prima volta sulla cv. Pinot grigio in Nord Italia nel 2003 [1]. La patologia è stata successivamente osservata in varie regioni italiane e Paesi europei, come la Slovenia, anche su altre varietà [2–6]. Le cultivar più colpite finora sono Pinot grigio, Pinot bianco, Pinot nero, Gewürztraminer, Tocai friulano e Glera.

I sintomi, descritti soprattutto su Pinot grigio e Glera, sono più evidenti all'inizio della stagione vegetativa. Includono deformazioni fogliari, scolorimenti nervali e punteggiature delle foglie, nonché necrosi degli apici e ritardo nel germogliamento. Nei casi più gravi è stata riportata anche crescita stentata e progressiva perdita di vigoria.

Tale patologia causa un effetto depressivo sulle produzioni viticole. Dati preliminari ottenuti da viti malate delle cv. Pinot grigio, Gewürztraminer e Glera suggeriscono che i danni siano soprattutto di tipo quantitativo, con riduzione del peso dell'uva alla raccolta fino all'80%, dovuto alla diminuzione sia del numero di grappoli che del peso medio del grappolo [7,8].

La malattia è stata associata alla presenza del *Grapevine Pinot gris Virus* (GPGV), un trichovirus isolato recentemente. Tale virus, dopo la sua scoperta, è stato ritrovato in diversi Paesi, come la Slovacchia e la Repubblica Ceca, la Francia, la Grecia, la Korea, la Cina, gli Stati Uniti ed il Canada [9–17]. GPGV però può infettare la vite anche senza causare alcun sintomo, rimanendo latente. Questo fatto sembra dipendere dalla presenza *in loco* di diverse varianti del virus, più o meno aggressive, dalla loro concentrazione, e probabilmente anche dalle condizioni agronomiche e climatiche [6, 18].

Lo scopo di questo lavoro è stato di verificare: 1) la presenza della sintomatologia e del virus nelle aree vitate del Veneto (Nord Est d'Italia), tramite il monitoraggio visuale e molecolare di circa 290 vigneti; 2) la presenza del virus in estratti di campioni di vite raccolti negli ultimi 15 anni da varie regioni Europee e conservati al CREA, tramite metodologie molecolari.

2. Materiali e metodi

2.1. Rilievi in vigneto

Nella primavera-estate del 2014 sono stati ispezionati 289 vigneti in alcuni territori Veneto (Nord-est Italia), coltivati principalmente con le cv. Glera e Pinot grigio. In ciascuno di questi vigneti sono state osservate e mappate le viti con sintomi della malattia, al fine di stimarne l'incidenza. Fra questi sono stati scelti 8 vigneti (Tabella 1), caratterizzati da un'alta presenza di piante sintomatiche, che sono stati monitorati visualmente per 3 anni consecutivi (2014–2016). Da circa metà dei vigneti sono stati raccolti campioni di foglie, subito congelati a $-80\,°C$, per la successiva analisi molecolare.

2.2. Analisi molecolari

Sono stati analizzati 150 campioni raccolti nel periodo 2013–2016, provenienti dai vigneti monitorati e dalle collezioni del CREA, con presenza o assenza di sintomi. Inoltre il virus è stato ricercato in estratti di RNA conservati nell'archivio del CREA a $-80\,°C$ e risalenti ad anni precedenti. In particolare, sono stati selezionati 75 campioni raccolti da germoplasma di vite coltivato in Veneto ed altri 102 provenienti da accessioni di vari Paesi Europei, raccolti negli anni 2002–2005. Poi, per confronto, le analisi molecolari sono state estese ad altri 114 campioni di vite di provenienza Europea, ma raccolti dopo il 2010. In totale, quindi, sono state analizzate 225 viti del Veneto e 216 di vari Paesi Europei.

Le analisi molecolari dei campioni sono state effettuate dopo avere estratto l'RNA secondo il protocollo di MacKenzie et al. [19]. Il cDNA è stato preparato secondo

Tabella 1. Elenco e caratteristiche degli 8 vigneti osservati in Veneto per 3 anni consecutivi (2014–2016).

N	Località	Cv	Anno impianto	N tot viti osservate
1	Refrontolo (TV)	Glera	2007	200
2	Cison di Valmarino (TV)	Glera	1970	480
3	Susegana (TV)	Glera	1990	900
4	Refrontolo (TV)	Glera	2009	1500
5	Ogliano (TV)	Glera	2012	625
6	Jesolo (VE)	Glera	2012	2220
7	Mansuè (TV)	Traminer	2008	1400
8	Rua di Feletto (TV)	Glera	2011	2012

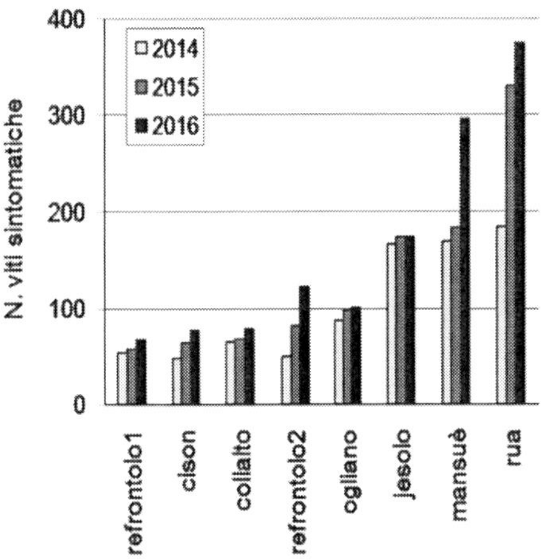

Figura 1. Numero di viti sintomatiche presenti nei 3 anni di osservazioni in campo negli 8 vigneti selezionati.

la metodica descritta in Angelini et al. [20]. La diagnosi del virus GPGV è stata eseguita tramite l'uso di *primer* specifici per il virus, che amplificano una regione del gene del capside proteico di circa 430 bp (paia di basi) [15]. Sono inoltre stati usati dei *primer* di controllo che amplificano la regione del 18S della vite, che servono per verificare la qualità dell'estratto, in particolare nel caso di campioni datati [21].

3. Risultati e discussione

3.1. Rilievi in vigneto

Nel 29% circa (84 appezzamenti) dei vigneti osservati e coltivati con cultivar suscettibili non sono stati ritrovati sintomi ascrivibili alla malattia. Sul totale dei vigneti con sintomi (205 appezzamenti), la maggior parte manifesta un'incidenza molto bassa della malattia. Infatti, circa il 35% dei vigneti mostra un'incidenza di piante sintomatiche inferiore all'1 per mille; il 50% dei vigneti presenta una percentuale di infezione fra l'1 per mille e l'1%; l'11% dei vigneti oggetto di monitoraggio si colloca fra l'1% e il 10% di infezione; il 4% dei vigneti invece manifesta un'incidenza di piante sintomatiche superiore al 10%, con punte del 40%.

Negli 8 vigneti scelti per il monitoraggio triennale dei sintomi è stato rilevato in genere un progressivo aumento del numero di piante sintomatiche, con incrementi annuali dal 3% fino all'80% di piante sintomatiche (Fig. 1). L'incremento medio fra il 2014 ed il 2015 e quello fra il 2015 ed il 2016 sono stati molto simili, attestandosi intorno al 25%. L'intensità della sintomatologia è invece risultata maggiore in annate caratterizzate da piovosità elevate e temperature sotto la media in prossimità della ripresa vegetativa (2014 e 2016).

3.2. Presenza del virus in Veneto

La presenza del virus è stata rinvenuta in 117 campioni di vite sui 150 raccolti in Veneto fra il 2013 ed il 2016, con un'incidenza quindi del 78%. Tale risultato è in linea con quanto trovato nelle altre due regioni italiane più colpite, cioè il Trentino Alto Adige ed il Friuli Venezia Giulia, dove l'incidenza di GPGV nei vigneti è intorno all'80% [6, 18]. Tutte le viti sintomatiche sono risultate infette (33), mentre nelle viti senza sintomi GPGV era presente nel 72% dei casi (85 infetti su 117). Anche questo dato conferma risultati ottenuti precedentemente da altri autori, che segnalano come la presenza del virus spesso non sia associata alla manifestazione dei sintomi [1, 5, 18].

Dopo aver verificato la qualità degli estratti conservati a −80 °C tramite l'amplificazione del gene endogeno di controllo, le analisi hanno evidenziato che fra i campioni di vite provenienti dal Veneto raccolti negli anni 2002-2005 solo una pianta di Cabernet franc era infetta, mentre tutte le altre 74 non contenevano il virus. Per confermare questo dato, 34 viti coltivate nelle collezioni ampelografiche del CREA di Conegliano, il cui estratto di RNA del 2002 era stato già analizzato, sono state campionate ed analizzate anche nel 2014: il 79,4% di tali viti risultava infetto nel 2014. Questi risultati suggeriscono quindi che GPGV sia comparso recentemente in Veneto, e che si sia poi diffuso rapidamente nel territorio, anche nei vigneti più vecchi.

3.3. Presenza del virus in Europa

Fra i campioni di vite raccolti prima del 2005, sono risultati infetti quasi tutti quelli provenienti dalla Repubblica Ceca e dall'Ucraina, e circa metà di quelli provenienti dalla Macedonia e dal Montenegro (Tabella 2). Gli altri campioni, da Croazia, Francia, Grecia, Portogallo e Serbia sono risultati negativi (57), mentre 3 viti dalla Spagna, tutte della cultivar Garnacha, sono risultate infette.

Passando alle analisi su viti raccolte dopo il 2010, in media GPGV è stato rinvenuto su metà delle viti (62 su 114), anche nei Paesi dove non era stato identificato precedentemente. Sebbene il numero di campioni sia limitato, possiamo certamente evidenziare l'ampia diffusione del virus in Europa, che è stato ritrovato anche in Romania, Bosnia, Serbia, Croazia, Portogallo e Spagna. Questi dati sembrano quindi indicare che GPGV fosse limitato ad alcune regioni dell'Europa orientale almeno fino al 2005, e che poi si sia diffuso nel resto dei Paesi Europei, inclusa l'Italia.

DOI: 10.1051/bioconf/20160701042

Tabella 2. Numero di viti risultate infette da GPGV rispetto al numero totale di viti analizzate. I dati sono presentati separatamente per il periodo precedente al 2005 e successivo al 2010, divisi per Paese Europeo da cui è stato raccolto il campione.

Paese	N. viti infette / N. viti analizzate	
	Prima del 2005	Dopo il 2010
Bosnia	-	1/15
Croazia	0/14	10/16
Repubblica Ceca	16/17	-
Francia	0/8	2/2
Grecia	0/11	1/15
Macedonia	7/12	-
Montenegro	6/13	-
Portogallo	0/2	7/16
Romania	-	16/16
Serbia	0/5	1/3
Spagna	3/18	8/15
Ucraina	2/2	16/16
N. viti infette/ N. totale viti analizzate	**34/102**	**62/114**

A tal proposito vale la pena sottolineare che all'inizio degli anni 2000 nei principali Paesi Europei produttori di vino, quali Francia, Italia e Spagna, molti ricercatori e vivaisti, pubblici e privati, hanno importato diversi materiali viticoli dall'Est Europa, in cerca di caratteristiche interessanti quali la resistenza alle malattie, ma anche per scopi commerciali e di moltiplicazione. Dato che né la malattia né il virus erano a quel tempo conosciuti, e complice il fatto della latenza del virus, probabilmente materiali infetti da GPGV hanno avuto la possibilità di circolare liberamente nella Comunità Europea, favorendo la diffusione del virus sia per innesto che tramite vettore. Sembra infatti che il vettore del virus sia *Colomerus vitis* [22], l'acaro dell'erinosi, molto diffuso in Europa e contro il quale non viene generalmente effettuato alcun trattamento, poiché non arreca danni gravi alle piante in vigneto. Anche nell'Italia nord-orientale, dove la malattia ed il virus sono stati scoperti per la prima volta, *C. vitis* è molto comune in vigneto.

4. Conclusioni

Il lavoro dimostra che la malattia del Pinot grigio ed il virus associato sono molto diffusi in Veneto, ma anche in Europa. Le indagini hanno evidenziato come la situazione fitosanitaria si sia molto aggravata negli ultimi 10–15 anni, in quanto il virus non risultava presente in Veneto ed in moltissime aree viticole europee negli anni passati. Il quadro fitosanitario europeo richiede però ulteriori conferme, che si possono ottenere solo tramite monitoraggi puntuali nei diversi Paesi. La sintomatologia in vigneto è anch'essa in aumento, con un incremento annuale di piante sintomatiche stimato intorno al 25% per il Veneto.

La situazione è quindi seria. Mancano ancora molte informazioni scientifiche e tecniche su tale patologia, in particolare sul rapporto fra virus e malattia, sulle interazioni con l'ambiente e le diverse cultivar, sulle possibili modalità di prevenzione, lotta e controllo. Data la presenza del virus anche in alcuni Paesi extraeuropei, e le problematiche di esportazione nei Paesi ancora immuni, si auspica uno sforzo collettivo della comunità scientifica per affrontare in modo adeguato tale problematica emergente, che ormai ha assunto dimensioni mondiali.

Bibliografia

[1] A. Giampetruzzi, V. Roumi, R. Roberto, U. Malossini, N. Yoshikawa, P. La Notte, F. Terlizzi, R. Credi, P. Saldarelli, Virus Res. **163**, 262 (2012)
[2] R. Beber, A.R. Babini, F. Terlizzi, C. Poggi Pollini, R. Credi, C. Ratti, J Plant Pathol. **95**, S4.36 (2013)
[3] A. Raiola, C. Scopel, D. Ferrigo, F. Taglietti, C. Duso, R. Causin, J. Plant Pathol. **95**, S4.58 (2013)
[4] P. Casati, G. Durante, F. Quaglino, E. Zacchi, P.A. Bianco, *Proceedings of the XX Congress of the Italian Phytopathological Society*, 62 (2014)
[5] I. Mavrič Pleško, V.K. Marn, G. Seljak, I. Zezlina, Plant Dis. **98**, 1014 (2014)
[6] G.L. Bianchi, F. De Amicis, L. De Sabbata, et al., EPPO Bull **45**, 22 (2015)
[7] U. Malossini, R. Moscon, M. Ferrazza, P. Bianchedi, M. Varner, R Credi, *Atti IV Convegno Nazionale di Viticoltura*, 37 (2012)
[8] N. Bertazzon, V. Forte, I. Bazzo, L. Filippin, E. Angelini, L'Inf. agrario **9**, 66 (2015)
[9] I.S. Cho, S.M. Jung, J.D. Cho, G.S. Choi, H.S. Lim, New Dis. Rep. **27**, 10 (2013)
[10] M. Glasa, L. Predajňa, P. Komínek, A. Nagyová, T. Candresse, A. Olmos, Arch. Virol. **159**, 2103 (2014)
[11] M. Beuve, T. Candresse, M. Tannières, O. Lemaire, Dis Notes **99**, 293 (2015)
[12] G.P. Martelli, J. Plant Pathol. **96**, S105 (2014)
[13] M. Al Rwahnih, D. Golino, A. Rowhani, Dis. Notes **100**, 1030 (2016)
[14] H. Xiao, M. Shabanian, W. McFadden-Smith, B. Meng, Dis. Notes **100**, 1030 (2016)
[15] E. Angelini, N. Bertazzon, J. Montgomery, X. Wang, A. Zinkl, J. Stamp, Dis. Notes **100**, 1254 (2016)
[16] X.D. Fan Y.F. Dong, Z.P. Zhang, F. Ren, G.J. Hu, Z.N. Li, J. Zhou, Dis. Notes **100**, 540 (2016)
[17] S. Poojari, T. Lowery, M. Rott, A.M. Schmidt, J.R. Úrbez-Torres, Dis. Notes **100**, 1513 (2016)
[18] P. Saldarelli, A. Giampetruzzi, M. Morelli, U. Malossini, C. Pirolo, P. Bianchedi, V. Gualandri, Phytopathol. **105**, 555–63 (2014)
[19] D.J. MacKenzie, M.A. McLean, S. Mukerji, M. Green, Plant Dis. **81**, 222 (1997)
[20] E. Angelini, N. Bertazzon, M. Borgo, J. Phytopathol. **152**, 416 (2004)
[21] G. Gambino, I. Gribaudo, Phytopathol. **96**, 1223 (2006)
[22] V. Malagnini, E. De Lillo, P. Saldarelli, et al., *Proceedings of the 18th Meeting of the ICVG*, 217 (2015)

Grape berry bacterial inhibition by different copper fungicides

Guilherme Martins[1,2], Cécile Miot-Sertier[1], Aline Lonvaud-Funel[1], and Isabelle Masneuf-Pomarède[1,2]

[1] USC Œnologie- INRA, Université Bordeaux Segalen, ISVV, Villenave d'Ornon, France
[2] Bordeaux Sciences Agro, Gradignan Cedex, France

Abstract. Copper fungicides are widely used in viticulture. Due to its large spectrum of action, copper provides an efficient control over a great number of vine pathogens. Previous studies showed that, high levels of cupric residues can impact grape-berry microbiota, in terms of the size and population structure, reducing the diversity and the abundance. Due to the importance of grape-berry bacterial in crop health, and the potential impact of copper fungicides over the microbiota, we determined Minimum Inhibitory Concentration (MIC) of different copper formulations for bacterial species isolated from grape berries. We study the Minimum Inhibitory Concentration (MIC) of different copper formulations (copper sulphate (CuSO4) pure, Bordeaux mixture (CuSO4 + Ca(OH)2), copper oxide (Cu2O), copper hydroxide (Cu(OH)2)) over 92 bacterial strains isolated from grape berries in different stages of the ripening process. The results of MIC measurements revealed that the different copper formulations have a variable inhibitory effect and among the different isolates, some species are the most resistant to all copper formulations than others. This study confirm that usage of cupric phytosanitary products should be reasonable independently of the farming system; they also provide evidence of the importance of the choice of which copper formulations are to be used regarding their impact on the grape berry bacterial microbiota.

Introduction

Copper-based fungicides have been used for more than 2 centuries to control fungi and bacteria vine pathogens. According with the Copper Development Association, copper utilisation in viticulture can be traced back to 1880, when the vinters from Bordeaux area who used a mixture of copper sulphate and lime to prevent passers-by from peaking grapes realize that these grapes did not show any signs of downy mildew.

In addition to its action against downy mildew, copper-based fungicides are very effective in curative treatment of bacterial necrosis. Furthermore, copper does not present problems in terms of pathogen resistance. The use of copper-based fungicides is a shared practice in both organic and conventional farming systems.

Copper-based molecules are particularly important in organic viticulture once they replace synthetic chemical pesticides. However, previous research showed that high levels of cupric residues can impact grape-berry microbiota, in terms of the size and population structure, reducing the diversity and the abundance (Martins et al. 2012 and 2013).

The surface of grape berries represents a natural reservoir of bacterial microbiota that has various impacts on the also in crop quality and yields and may influence the winemaking process, with major repercussions on wine quality (Barbe et al. 2001, Bae et al. 2006, Nisiotou et al. 2006).

Due to the importance of bacterial associated grape-berry in crop health, and the potential impact of copper fungicides over this microbiota, we determined Minimum Inhibitory Concentration (MIC) of different copper formulations for bacterial species isolated from grape berries.

Materials and methods

Isolates collection and re-plating

The different copper formulations were tested in a collection of 92 bacterial strains isolated from grape berries in 2009, in the Libourne wine area (southwest of France), in different stages of the ripening process. The grape sampling, microbial recovery and colony isolation were made according with Martins et al. 2012. All the strains used in this study are part of the CRB OEnologie collection (`www.crboeno.univ-bordeauxsegalen.fr`) (Université de Bordeaux, France).

Strains were cultured in 1/10 diluted LB culture media: (1 g L−1 bactotryptone, 1 g L−1 yeast extract, 0.5 g L−1 NaCl, and 20 g L−1 agar) and 150 mg L−1 biphenyl (Acros) to inhibit yeast and mould growth. The fresh colonies were picked and suspended in physiological serum (0,9 % NaCl). Cell concentration was measured and adjusted to 10^2 cfu m /L.

Different copper formulations

The culture medium was poured in square Petri dishes in which are added the different copper formulations (*i.e.* copper sulphate (CuSO4) pure, Bordeaux mixture (CuSO4 + Ca(OH)2), copper oxide (Cu2O) the active ingredient contained in Nordox 74 WG (Nordox,

Table 1. Effect of different cooper formulation over the collection of 92 bacterial.

Bordeaux mixture (CuSO4 +Ca(OH)2)		**Copper sulphate CuSO4**	
Concentration mg/mL	percentage of the species who didn't show visible growth	Concentration mg/mL	percentage of the species who didn't show visible growth
16	1,1	8	1,1
8	51,1	4	7,6
4	45,7	2	70,7
2	2, 2	1	20, 7
copper oxide (Cu2O)		**Copper hydroxide (Cu(OH)2)**	
Concentration mg/mL	percentage of the species who didn't show visible growth	Concentration mg/mL	percentage of the species who didn't show visible growth
> 32	67,39130435	> 32	25
32	19,56521739	32	27,17391304
16	7,608695652	16	17,39130435
8	1,086956522	8	17,39130435
4	2,173913043	4	7,608695652
2	2,173913043	2	3,260869565
		0, 007	2, 173913043

AS - Oslo, Norway), copper hydroxide (Cu(OH)2) the active ingredient contained in Champ^{TM}Flo (Nufarm, Auckland, New Zealand), diluted successively from stock solution ranging from 32 mg /ml to 0,0035 mg /ml.

Determination MIC (photo of Steers apparatus)
Microorganisms were seeded using a Steers multipoint inoculators, this device allowed the inoculation of 48 wells onto which 10 μL of each standardized microbial inoculum were transferred to the Petri dish equidistantly from each other. The dishes were then incubated during 72 hours at 30 °C .

Petri dishes without any cupric products were seeded as control test in order to detect any contamination and ensure cell viability during the inoculation process.

Readings were performed by comparing the growth on the Petri dishes contained cupric products with control test dishes. The minimum inhibitory concentration (MIC) was determined as the lowest concentration of copper formulation that inhibits the visible growth of a microorganism after the incubation period.

Results

Determination of the Minimum Inhibitory Concentration (MIC)

The copper sulphate with or without any excipient, presented the highest inhibitory activity: the MIC of the copper sulphate without any excipient was 1 mg/mL for 20,7%, 2 mg/mL for 70,7% and 4 mg/mL for 7,6% of the percentage the bacteria tested (Table 1). Only one isolate showed a MIC of 8 mg/mL (*Micrococcus endophyticus*). Regarding the Bordeaux mixture, the MIC varied between 4 and 8 mg/L for 96% of the isolates. Only one isolate showed a MIC higher than 16 mg/mL (*Pseudomonas graminis*).

As to copper hydroxide; it prevents visible growth of 48% of the individuals with concentrations equal to or less than 16 mg/mL. Copper oxide was the formulation which showed the highest values of MIC, 80% of the isolates grow with concentrations higher than 32 mg/mL.

Among all isolates, the species *Pantoea agglomerans, Enterobacter cowani, Micrococcus endophyticus* and *Pseudomonas graminis* are the most resistant to copper fungicides tested. In contrast *Pseudomonas congelans, Frigoribacterium faeni* and *Pseudomonas cannabina* showed to be the most sensitive to copper (*i.e.* lower MIC) (Fig. 1).

Discussion

It's a current challenge in viticulture the reduction of the fungicides applications and find alternatives to the employ of the synthetic pesticides used in conventional farming.

Organic viticulture has become increasing popular all over the world, one of the criteria of organic viticulture is to protect vines without using synthetic chemical pesticides, replacing them with copper-based molecules.

However, previous studies have already shown that copper-based fungicides cause significant changes in the size and structure of microbial communities (Stirling et al., 1999; Tom-Petersen et al., 2003; Berg et al., 2005; Ranjard et al., 2006; Verginer et al., 2010; Martins et al., 2012).

For this reason, it is of major importance to evaluate the impact of different copper-based fungicides over the grape berry bacterial population.

The results of MIC measurements revealed that the different copper formulations have a variable inhibitory effect and among the different isolates, some species are the most resistant to all copper formulations than others.

This study confirm that usage of cupric phytosanitary products should be reasonable independently of the farming system; they also provide evidence of the importance of the choice of which copper formulations are to be used regarding their impact on the grape berry bacterial microbiota.

The authors wish to thank the Bordeaux Wine Council for financial support and the owners of Lussac vineyards for supplying grape berry samples, as well as their kind cooperation.

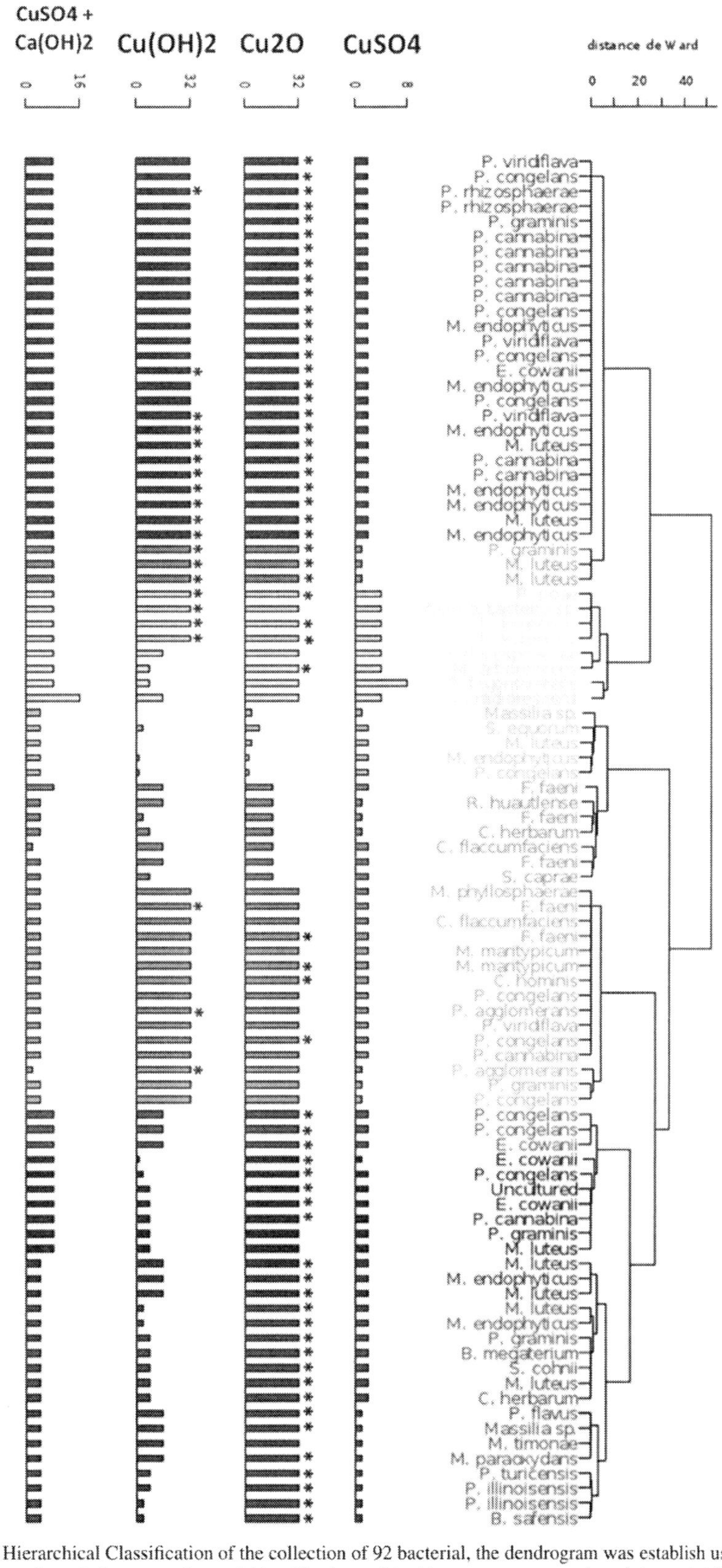

Figure 1. Ascending Hierarchical Classification of the collection of 92 bacterial, the dendrogram was establish using the MIC values of the four different copper formulations as active variables. The bars of the histogram represent the minimum inhibitory concentration of each species. * Indicates that the minimum inhibitory concentration his higher than 32 mg/ml.

References

Barbe J-C, De Revel G, Joyeux A, Bertrand A, Lonvaud-Funel A (2001) Role of botrytized grape micro-organisms in SO2 binding phenomena. J Appl Microbiol 90: 34–42

Bae S, Fleet GH, Heard GM (2006) Lactic acid bacteria associated with wine grapes from several Australian vineyards. J Appl Microbiol 100: 712–727

Berg, J., Tom-Petersen, A., Nybroe, O., 2005. Copper amendment of agricultural soil selects for bacterial antibiotic resistance in the field. Lett. Appl. Microbiol. 40, 146–151

Martins, G., Lauga, B., Miot-Sertier, C., Mercier, A., Lonvaud, A., Soulas, M.-L., Soulas, G., Masneuf-Pomarède, I., 2013. Characterization of epiphytic bacterial communities from grapes, leaves, bark and soil of grapevine plants grown, and their relations. PLoS ONE 8, e73013

Martins, G., Miot-Sertier, C., Lauga, B., Claisse, O., Lonvaud-Funel, A., Soulas, G., Masneuf-Pomarède, I., 2012. Grape berry bacterial microbiota: impact of the ripening process and the farming system. Int. J. Food Microbiol. 158, 93–100

Nisiotou AA, Rantsiou K, Iliopoulos V, Cocolin L, Nychas G-JE (2011) Bacterial species associated with sound and Botrytis-infected grapes from a Greek vineyard. Int J Food Microbiol 145: 432–436

Stirling, A.M., Stirling, G.R., Pegg, K.G., Hayward, A.C., 1999. Effect of copper fungicide on Colletotrichum gloeosporioides and other microorganisms on avocado leaves and fruit. Aust. J. Agric. Res. 50, 1459–1468

Tom-Petersen, A., Leser, T.D., Marsh, T.L., Nybroe, O., 2003. Effects of copper amendment on the bacterial community in agricultural soil analyzed by the T-RFLP technique. FEMS Microbiol. Ecol. 46, 53–62

Ranjard, L., Lignier, L., Chaussod, R., 2006. Cumulative effects of short-termpolymetal contamination on soil bacterial community structure. Appl. Environ. Microbiol. 72, 1684–1687

Verginer, M., Leitner, E., Berg, G., 2010. Production of volatile metabolites by grape associated microorganisms. J. Agric. Food Chem. 58, 8344–8350

Antifungal activity of plant extracts on *Phaeomoniella chlamydospora*

Carine Rusin[1,a], Ires Cristina Ribeiro Oliari[1], Carla Daiane Leite[1], Cacilda Márcia Duarte Rios Faria[1], Renato Vasconcellos Botelho[1], and Marcus André Kurtz Almança[2]

[1] UNICENTRO, *Câmpus* CEDETEG, Guarapuava, PR, Brasil. Fellowship: CAPES
[2] IFRS, *Câmpus* Bento Gonçalves, RS, Brasil

Abstract. The decline and death of the vine has become an obstacle to world wine production. Among the causative agents highlights the *Phaeomoniella chlamydospora*, causal agent of Esca and Petri disease. Plant extracts may become a viable option control considering their fungistatic and/or fungicide substances. The objective of this work was to verify the potential of the aqueous extracts of plants on the control of *Phaeomoniella chlamydospora* comparing to other products. The following treatments were applied: sulfur, mancozeb, difeconazole, pyraclostrobin, tebuconazole, chitosan, *Bacillus subtilis, Trichoderma harzianum,* and extracts of india flowers, cinnamon bark, dried leaves of rosemary and lemon grass. The treatments were added in PDA culture medium, previously autoclaved at 120° for 20 min. Disc of 5 mm diameter of *P.chlamydospora* colony were transferred to the center of Petri dishes and kept at 20°C in the dark. The experimental design was completely randomized with five replications. It was evaluated the mycelial growth at five, eight and fourteen days after the installation of the experiment, obtaining the area under curve of the mycelial growth (AUCMG). The clove India extracts, cinnamon and rosemary, proved to be a control option considering their effect in the decrease of AUCMG compared to the control.

Introduction

The *Chlamydospora Phaeomoniella*, one of the causative agents of Esca's disease and Petri disease, along with several other stem funguses, has become an obstacle to world wine production. The decline of the vine is responsible for the increase of wine production cost, estimated over 1.5 billion dollars in the global replacement of diseased vineyards [1].

Fungi associated with the decline of the vine which is usually infected by pruning wounds and/or grafting, may lead to plant death. It can be manifested by a sudden defoliation, but usually starts with a slow decline that translates into a reduced growth and several other symptoms such as chlorosis, necrosis and withered leaves. Internal symptoms in adult plants can be characterized by white rot in the trunk, which the evolution can cause cracks. Furthermore, they can also be observed black dots, and brown or black streaks in xylem tissues [2].

Since the prohibition of sodium arsenite use in 2003 in all winegrowers countries, no effective treatment to these fungi was implemented [3]. In search of lower environmental impact methods, the plant extracts may contain fungitoxic or fungistatic substances that promote the control of various fungi.

For vine leaf diseases, garlic extract provided control of *Plasmopara viticola* [4] *Phomopsis viticola* and *Elsinoe ampelina* [5,6]. The garlic extract was also effective in controlling in vitro *Botryosphaeria dothidea, Diplodia seriata* and*Eutypa lata, Macrodidyma Ilyonectri* and *Phaeocremonium aleophilum* [7].

Clove extract proved effective for the control of *Colletotrichum* sp., *Cercospora Kikuchii, Fusarium solani* [8] and *Phomopsis phaseoli* var. *sojae* [9]. Another study showed the efficiency of lemongrass and rosemary extracts for the control of *Fusarium oxysporum* in flowers [10].

The objective of this work was to study the effects of aqueous extracts of plants on the control of *Phaeomoniella chlamydospora*, compared to other products.

Methodology

Three trials were carried out at the Phytopathology Laboratory of UNICENTRO. For the first experiment the following products were used: Sulphur 3 g L^{-1} (ai: 800 g kg^{-1}), mancozeb (3 gL^{-1}, ai: 800 g kg^{-1}) difeconazole (1 mL L^{-1}, ai: 250 g L^{-1}), pyraclostrobin (5.33 mL L^{-1} ai: 250 g L^{-1}) and tebuconazole (8.75 mL L^{-1} ai: 200 g L^{-1}). In the second experiment, commercial products containing the following components were tested: chitosan (16 mL L^{-1}, ai: 2%), *Bacillus subtilis* (80 mL L^{-1}, ai: 13.68 g L^{-1}) and *Trichoderma harzianum* (4 g L^{-1} was: 300 g kg^{-1}). In the third experiment were applied flower buds of clove (*Caryophyllus aromaticus* L.) bark cinnamon (*Cinnamomum zeylanicum*), fresh bulbs of garlic (*Allium sativum* L.), dried leaves of rosemary (*Rosmarinus officinalis*) and grasslemon (*Cymbopogon citratus*). Plant extracts were prepared using 30g of plant material in 100 ml of distilled water, placed in infusion at 70 °C for 10 minutes and subsequent filtering through cheesecloth.

[a] e-mail: carine.rusin@gmail.com

 DOI: 10.1051/bioconf/20160701044

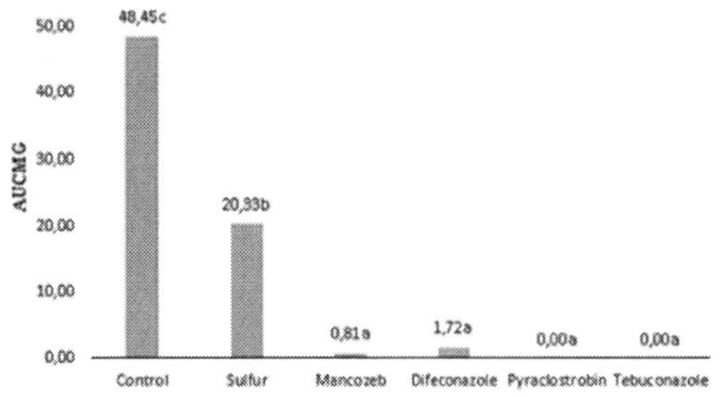

Figure 1. Area under curve of the mycelial growth of *Phaeomoniella chlamydospora* submitted to treatments with different fungicides (Guarapuava-PR, Brasil, 2016). Means followed by the same letter do not differ significantly by the Tukey test ($p \leq 0.05$).

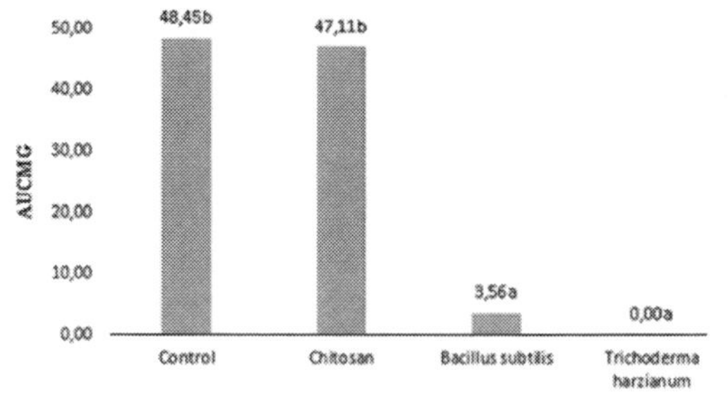

Figure 2. Area under curve of the mycelial growth of *Phaeomoniella chlamydospora* submitted to treatments of chitosan, *Bacillus subtilis* e *Trichoderma harzianum*. (Guarapuava-PR, Brasil, 2016). Means followed by the same letter do not differ significantly by the Tukey test ($p \leq 0.05$).

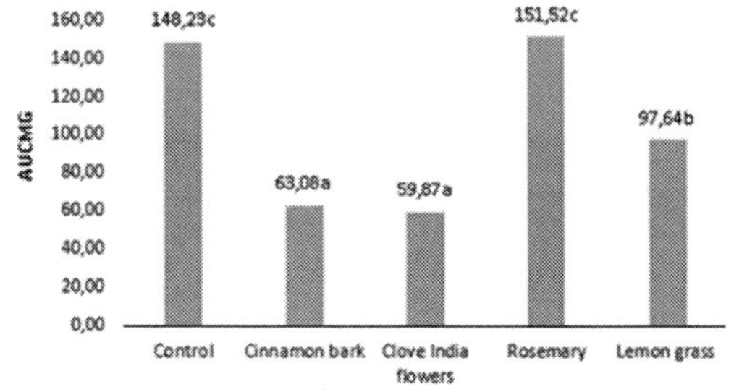

Figure 3. Area under curve of the mycelial growth of *Phaeomoniella chlamydospora* submitted to different plant extracts (Guarapuava-PR, Brasil, 2016). Means followed by the same letter do not differ significantly by the Tukey test ($p \leq 0.05$).

For the first and second experiment, commercial products were added to PDA culture medium (potato dextrose agar). In the third trial, plant extracts was added to the melting PDA culture to give the final concentration of 10%. The experimental design was completely randomized, with five replications.

Mycelial discs of 5 mm diameter of an isolated of *Phaeomoniella chlamydospora* obtained in Bento Goncalves, State of Rio Grande do Sul (Brazil) were transferred at the center of Petri dishes containing culture medium with the treatments and incubated in growth of camera at 25°C in the dark.

The evaluation of mycelial growth was performed daily by diameter measurements (cm) of the colony with the aid of digital caliper, and the plates marked externally in perpendicular direction, with the purpose of measuring the radial growth of the colony in two orthogonal axes, calculating the average values per plate. Growth was assessed at five, eight and fourteen days after the installation of the experiment.

From the evaluations of mycelial growth, it was estimated the area under mycelia growth curve (AUMGC) and the data were submitted to analysis of variance and mean comparison by Tukey test at 5%. The percentage inhibition of each treatment was calculated in relation to the control and mean comparison was performed by Scott-Knott test at 5%. For statistical analysis It used the statistical program SPSS version 22.0 [11].

Results and discussions

For the first treatment with the use of chemicals to control *P. Chlamydospora*, all treatments showed AUCMG significantly lower than the control (Fig. 1). The largest reductions were observed for Mancozeb, Difeconazol, Pyraclostrobin and Tebuconazole. The sulfur-based treatment was also effective, but had intermediate result compared to other fungicides.

Other studies have demonstrated effective *in vitro* control of *P. chlamydospora* with the use of chemical fungicides. The use of difeconazol and tebuconazole can reduce up to 100% mycelial growth of the pathogen [12–15].

The use of chitosan not reduced AACCM compared to the control. However, treatments with *B. subtilis* or *T. harzianum* were effective for *in vitro* control of *P. chlamydospora* (Fig. 2).

The results obtained with the addition of chitosan to the medium culture were opposed to other work that demonstrated that its use reduced mycelial growth by up to 100% [15,16]. Other authors also found antagonistic activity of *Bacillus* sp. in control of *P. chlamydospora* [17] and efficiency above 60% [18]. Similarly the use of 22 different strains of *Trichoderma* reduced by up to 100% mycelial growth of *P. chlamydospora* [19].

Treatments with cinnamon, clove india and lemongrass extracts decreased significantly AUCMG compared to the control. However, the rosemary extract did not get this effect on mycelial growth (Fig. 3).

These results were consistent with those of other authors. Rozwalka et al. (2008) found that the use of clove india extract controlled 100% growth of *Glomerella cingulata* and *Colletotrichum gloeosporioides* [20]. In another work, clove and cinnamon india extracts showed an inhibition rate above 50% when tested for *Aspergillus* sp., *Penicillium* sp., *Cercospora Kikuchii*, *Colletotrichum* sp., *Fusarium solani* and *Phomopsis* sp. [21].

Carli et al. (2010) did not found efficiency of cinnamon extract on the control of *Colletotrichum gloeosporioides* and *Penicillium* sp. [22]. Likewise, rosemary extracts and lemongrass were not efficient in the control of *Alternaria solani* [23].

Cobos et al. (2015) found that garlic extracts, green coffee, lemon peel, propolis, vanilla, chitosan and lichen *Evernia prunastri* were efficient *in vitro* control of *Botryosphaeria dothidea, Diplodia seriata, Eutypa lata, Ilyonectria macrodidyma, Phaeocremonium*

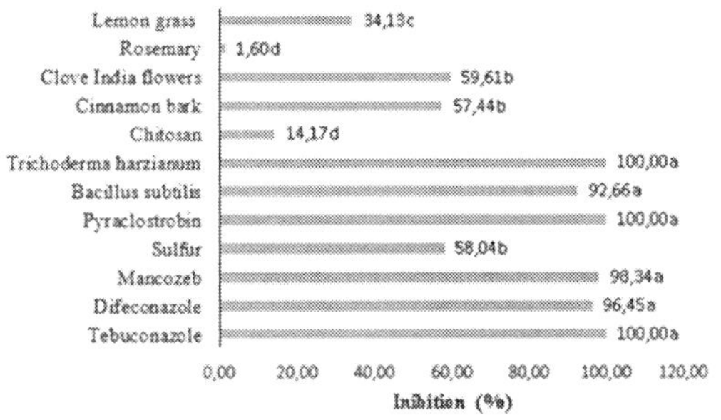

Figure 4. Percent inhibition of mycelial growth of *Phaeomoniella chlamydospora* submitted to the different treatments. (Guarapuava-PR, Brasil, 2016). Means followed by the same letter do not differ significantly by the Scott-Knott test ($p \leq 0.05$).

aleophilum, Phaeomoniella chlamydospora and *Plasmopara viticola* [7].

When comparing the percentage of inhibition of mycelial growth of *P. chlamydospora*, the treatments, *B. subtilis*, Pyraclostrobin, Mancozeb, Difeconazol, Tebuconazole obtained the highest percentage of control, followed by sulfur, clove india and cinnamon extract, which reduced more than 50% mycelial growth of the pathogen (Fig. 4).

High antifungal activity is attributed when the aqueous extracts provide inhibition equal or greater than 50% [21]. The data obtained for the clove cloves and cinnamon extracts obtained inhibition of 59.6% and 57.4%, respectively. The inhibition of mycelial growth of *Phaeomoniella chlamydospora* provided by these extracts did not differ significantly from the use of sulfur. These data suggest that aqueous extracts of clove and cinnamon india can be an alternative possibility to chemicals in controlling the pathogen.

Conclusion

The treatments with *B. subtilis*, Pyraclostrobin, Mancozeb, Difeconazol or Tebuconazole obtained the highest percentage control of *Phaeomoniella chlamydospora*. The aqueous extracts obtained high antifungal activity and may be an alternative control to agrochemicals.

References

[1] V. Hofstetter, B. Buyck, D. Croll, O. Viret, A. Couloux, K. Gindro. Fungal Diversity, **54**, 51 (2012)
[2] L. Mugnai, A. Graniti, G. Surico, Plant Dis, **83**, 404 (1999)
[3] M. de la Fuente. *OIV*, **1**, 3 (2016)
[4] C.D. Leite, R.V. Botelho, C.M.D.R. Faria, A.J. Maia, Rev. Bras. Frutic, **33**, 429 (2011)
[5] C.D. Leite, R.V. Botelho, C.M.D.R. Faria, A.J. Maia, Rev. Bras. Agroecol, **4**, 1409 (2009)
[6] R.V. Botelho, A.J. Maia, E.J. Paioli, M.M. Terra, Rev. Bras. Frutic, **31**, 096 (2009)
[7] R. Cobos, R.M. Mateos, J.M. Alvarez-Pérez, M.A. Olego, S. G. García, E. Garzón, J.J.R. Coque, Appl Environ Microbiol, **81**, 6474 (2015)
[8] L.R. Venturoso, L.M.A. Bacchi, W.L. Gavassoni, L.A. Conus, B.C.A. Pontim, F.R. Souza. Arq. Inst. Biol. **78**, 89 (2011)
[9] D.C. Pastro, L. Pascuali, D.O. Sandri, S.P. Zela, F.S. da Silva. Enciclopédia Biosfera. **8**, 389 (2012)
[10] V.C. Sartori, F.E. Magrini, L.B. Crippa, C. Marchett, L. Venturin, R.S. Ribeiro, Rev. Bras. Agroecol, **6**, 117 (2011)
[11] *IBM Corp Released* (2013)
[12] M. Groenewald, S. Denman, P.W. Crous, S. Afr. J. Enol. Vitic, **21**, 59 (2000)
[13] M. Jasper, Phytopathol Mediterr, **40**, 453 (2001)
[14] D. Gramaje, A. Aroca, R. Raposo, J. García-Jiménez, J. Armengol. Crop Protection. **28**, 1091 (2009)
[15] R.F. dos Santos, E. Blume, E. Junges, M.C.N.F. Rego, Enciclopédia Biosfera, **9**, 3724 (2013)
[16] T. Nascimento, C. Rego, H. Oliveira, Phytopathol. Mediterr, **46**, 218 (2007)
[17] A. Alfonzo, G. Conigliaro, L. Torta, S. Burruano, G. Moschetti. Phytopathol. Mediterr, **48**, 155 (2009)
[18] R. Haidar, J. Roudet, O. Bonnard, M.C. Dufour, M.F Corio-Costet, M. Fert, T. Gautier, A. Deschamps, M. Fermaud. Microbiological Research, **192**, 172 (2016)
[19] S. Di Marco, F. Osti, R. Roberti, F. Calzarano, A. Cesari. Atti Giornate Fitopatologiche, **2**, 419 (2002)
[20] L.C. Rozwalka, M.L.R.Z.D.C. Lima, L.L. May de Mio, T. Nakashima. Cienc. Rural. **38**, 301 (2008)
[21] L.R. Venturoso, L.M.A. Bacchi, W.L. Gavassoni, L.A. Conus, B.C.A. Pontim, A.C. Bergamin, Summa phytopathol, **37**, 18 (2011)
[22] M.D. Carli, C.M.D.R. Faria, I. Baldin, M.V. Faria, J.T.V. Resende, Hortic. bras, **28**, 1091 (2010)
[23] A.T. Itako, K.R.F. Schwan-Estrada, J.B. Tolentino Júnior, J.R. Stangarlin, A. E. da Silva Cruz, Trop Plant Pathol, **33**, 241 (2008)

Exogenous CO_2 in South American sparkling wine

Susiane Leonardelli[1], Sandra V. Dutra[1], Gilberto J. Carnieli[1], Fernanda Spinelli[1,2], Daniel de Siqueira Ferreira[1], and Regina Vanderlinde[1,3]

[1] Instituto Brasileiro do Vinho (IBRAVIN). Alameda Fenavinho, 481, ed. 29; 95700-000, Bento Gonçalves, RS, Brasil
[2] Laboratório de Referência Enológica Evanir da Silva (LAREN). Av. da Vindima, 1855; 95084-470 Caxias do Sul, RS, Brasil
[3] Universidade de Caxias do Sul (UCS), Instituto de Biotecnologia; Rua Francisco Getúlio Vargas, 1130; 95070-560 Caxias do Sul, RS, Brasil

Abstract. The sparkling wine production and consumption have increased significantly in the last years. With the increased demand appear the necessity to check the sparkling wine authenticity, because the practice of adding CO_2 in sparkling wine is not allow. A way to control the carbonation process is through the determination of CO_2 $\delta^{13}C$, because the sugar added during the second fermentation define the CO_2 isotopic value, according to elaboration process. For this reason, the aim of this study was to evaluate the relationship between values of $\delta^{13}C$ from still wines and sparkling wines, in order to set up limit values to exogenous carbonation control. Thirty-eight still wines elaborated by microvinification and 59 samples of commercial sparkling wines were analyzed, using an isotope ratio mass spectrometer (IRMS). The most negative value of natural $\delta^{13}C$ from still wine found was $-24.7‰$, it can be to estimate that lowest values are an indicative of industrial CO_2 addition. Among the commercial sparkling wine from South America evaluated in this study, 10% from the samples showed signs of carbonation. Through this research was possible to establish limits of isotopic values to determine the presence of exogenous CO_2.

1. Introduction

The sparkling wine can be produced by different methods, as traditional (*Champenoise),* Charmat and Asti. In traditional and Charmat methods the second fermentation occurs in two steps; the first step the base wine is produced, and next step the base wine undergoes the second fermentation to elaborate the sparkling wine. In the traditional method, the second fermentation happens in sealed bottles and in the Charmat method in stell tanks [1,2]. The Asti method is similar to the Charmat, however, with a single fermentation, in Brazil this sparkling wine is referred as Moscatel [3,4].

The CO_2 from sparkling wine should be from natural source and formed during the second fermentation. The second fermentation is induced by the added sugar, that can be extracted from plants with C_3-type photosynthetic cycle (Calvin cycle as beet and grape), with $\delta^{13}C$ between $-26‰$ and $-17‰$; from C_4 plants with $\delta^{13}C$ close $-9‰$ (Hatch-Slack cycle as cane sugar and maize). Furthermore, there is the direct carbonation process, with CO_2 from industrial source, $\delta^{13}C$ between $-14‰$ and $1‰$ from carbonate sediments and $-75‰$ and $-22‰$ from natural gas combustion [5–8].

The legislation forbids the addition of industrial CO_2 in sparkling wine. The EU legislation not allow the use of industrial CO_2 in semi-sparkling and sparkling wines; Brazil forbids the addition in sparkling wines, but the use in semi-sparkling and gasified wines is allowed [9,10].

Considering that the stable isotopes provide information about the compounds origin, it was identified the necessity to establish a methodology to evaluate the South American sparkling wine. Because the most countries in South America use the cane sugar for the sparkling wine second fermentation, differently of Europa that use beet sugar. For this reason, the objective of this research was to establish a methodology to evaluate the CO_2 origin in sparkling wine from South America, considering the production method. The experiment was realized with an isotope ratio mass spectrometry (IRMS). The CO_2 $\delta^{13}C$ values from still wines were used to found the control limits estimated. The methodology was applied in commercial sparkling wine and assess them according to the found control limits.

2. Material and methods

2.1. Samples

Thirty-eight samples of still wines from the 2014 harvest were analyzed, of the cultivars: Chardonnay, White Muscat, Glera, Italic Riesling and Pinot Noir. Grapes often used to produce sparkling wine and all the samples produced by microvinification. Five samples of industrial CO_2 from different manufacturers and six samples of carbonated water were analyzed to determine the $\delta^{13}C$ of the industrial CO_2. In addition, 59 commercial sparkling wines from several production methods were evaluated, in which 41 Brazilian, five Argentinean and six Chilean.

2.2. Sample preparation

To determine CO_2 $\delta^{13}C$, the wine and sparkling wine samples were refrigerated at temperature between 2 and 4 °C. Next, the liquid was quickly transferred into a 12 mL vial and sealed with plastic cover and Teflon-silicone septum. Then 50 μL of the sample was transferred with a gastight syringe into another vial. This vial was filled with Helium, through the flush and fill system [10]. After preparation, the vial with the sample was placed on the autosampler at 27°C, the sample was analyzed by GasBench II coupled to isotope ratio mass spectrometry – IRMS Delta V Advantage (Thermo Electron, Bremen, Germany).

To determine ethanol $\delta^{13}C$, the wine samples were distilled under the cryogenic action at −196°C and under vacuum (10^{-2} mbar), 1.5 mL of wine by 25 min was used; 2 μL of the distilled were injected in the elemental analyzer – Flash EA (Thermo Electron, Bremen, Germany). The sample was combusted inside the elemental analyzer in a vertical quartz tube at 900°C, containing copper oxide and silvered cobaltous-cobaltic oxide under a continuous flow of ultra-pure Helium at 90 mL.min^{-1}. After the produced gases were passed through a reduction column at 680°C containing reduced copper, the water was removed in the trap with magnesium perchlorate, and the gases were separated on a Porapak Q chromatographic column at 43°C. Then, the gases were transferred to the Delta plus XL mass spectrometer, which has a triple ion collector for the simultaneously measures of the signals m/z 44, 45 and 46 of CO2 formed in the combustion [11]. The sparkling wine samples were placed in agitation for 60 min. to remove CO_2 and were analyzed through the methodology described.

2.3. Isotope ratio mass spectrometer and GasBench configuration to determine CO_2 $\delta^{13}C$

The isotope ratio mass spectrometer worked with 10^{-7} mbar pressure and acceleration electrical voltage of 3.05 kV. The $[CO_2]^+$ signal was monitored for three Faraday cups. The autosampler coupled to a GasBench with a transfer needle collected the headspace from the vial and the CO_2 was transferred slowly (2 mL · min^{-1}) to the capillary. The gas sample was sent to the diffusion trap (Nafion^R) to remove the water and after, to the Valco valve and into an isothermal gas chromatograph column, where CO_2 is separated from any other gases. The loop injection was set at 100 μL, the gas chromatograph column used to separate gases was a PoraPlot Q 25 m, 0.32 mm (Varian, The United States). The column was kept at a continuous Helium flow at 2 mL.min^{-1}, with pressure at 10–12 psi and 70°C. The gas sample passed through the water removal and it was transferred to the isotope ratio mass spectrometer via an open split.

The software Isodat 2.5 (Thermo Electron) controlled the mass spectrometer, GasBench and data acquisition. Each sample was analyzed with 10 repetitive loop injection. The isotope ratio was achieved relative to Sucrose 8542 NIST, international standard, and the results were reported as absolute isotope values expressed at δ‰.

2.4. Statistical analyses

The results were evaluated using analysis of variance (ANOVA) complemented by Tukey's test, with 95% confidence interval ($p < 0.05$). Furthermore, the Pearson's Correlation was used to check the linear relationship between $\delta^{13}C$ from CO_2 and ethanol. All statistical analyses were performed using the SPSS 20.0 for Windows.

Table 1. CO_2 and ethanol $\delta^{13}C$ values from experimental still wines and difference between them.

Grape	n	CO_2(‰)	Ethanol (‰)	Dif. (‰)
Chardonnay	9	-23.4^{Aa}	-29.3^{Ba}	5.9
White Muscat	17	22.7^{Aa}	-27.6^{Bb}	5.1
Glera	4	-24.0^{Aa}	-29.2^{Ba}	5.2
Italian Riesling	4	-23.5^{Aa}	-30.3^{Ba}	6.8
Pinot Noir	4	-22.1^{Aa}	-29.5^{Ba}	7.4
Mean		-23.1^{A}	-29.2^{B}	6.1

Means followed by different capital letters in the line and means followed by different lowercase letters in the column differ significantly by ANOVA complemented by Tukey's test of multiple comparisons; significance level of 5%.

3. Results and discussion

The CO_2 $\delta^{13}C$ values from still wines harvest of 2014 (Table 1) did not differentiate the grape varieties. On the other hand, these values were efficient to distinguish the CO_2 $\delta^{13}C$ from industrial CO_2 (−33.9 ± 1.63‰) and carbonated water (−29.1 ± 2.18‰) in relation to the still wines (−23.1 ± 1.26‰). The $\delta^{13}C$ values from natural CO_2 in the wines found in this study are close to the values reported by Calderone et al. [12], which founded an average CO_2 $\delta^{13}C$ of −22.0‰ for the wines from C_3 plants.

In study with French ciders, Gaillard et al. [5] observed that there is no significant variation of CO_2 $\delta^{13}C$ ratio from the beginning to the end fermentation. The Moscatel sparkling wine undergoes a single fermentation, and the CO_2 is produced from the grape natural sugar, cane sugar is not added. Therefore, the wine produced with the Muscat grape is the reference to establish a limit to the Moscatel sparkling wine. If the lowest value of $\delta^{13}C$ from natural CO_2 of the Muscat wine is −24.7‰, it can be estimated that value below than −25‰ is an indication of industrial CO_2 addition. This limit is near to the limits established by Cabañero and Rupérez for sparkling wines (−26‰) and Gaillard et al. for ciders (−25.4‰) [5,13]. However, when values are over −20‰ shall be checked the ethanol $\delta^{13}C$ too, once can be an indicative of sugar cane addition beyond the limit that is permitted by the Brazilian law.

The CO_2 and ethanol $\delta^{13}C$ results found in this study from still wines showed a weak Pearson correlation, in other words, only 12% of the ethanol $\delta^{13}C$ is explained by CO_2 $\delta^{13}C$; the chemical reaction to produce CO_2 and ethanol, during the fermentation, causes an isotope fractionation. This fractionation is due to thermodynamic and kinetic effects, where the difference is based at the isotope free energy, the heavier isotope tends to accumulate on the compounds with stronger binding energy [14,15]. The mean difference between ethanol $\delta^{13}C$ and natural CO_2 $\delta^{13}C$ of the wines from all grapes studied was 6.1‰. The Muscat grape showed the lowest difference (5.1‰), however, this difference is upper than 2‰ proposal by Martinelli et al. [16], estimated for a theoretical calculation.

The ethanol $\delta^{13}C$ mean values found in this study ranging from −30.7 to −26‰ remained near to previous studies conducted on Brazilian wines from grapes Merlot and Cabernet Sauvignon, 2005 to 2008 harvest. A wide variation of the values in both studies was observed [17,18] this can explain the biochemical reactions, causing different isotope fractionation during carbon fixation of

Table 2. $\delta^{13}C$ values of commercial sparkling wine produced by the traditional, tank and Moscatel sparkling wine method from different countries.

	CO_2 $\delta^{13}C$ (‰)		
Country	Brazil	Argentina	Chile
Method	Mean	Mean	Mean
Traditional	-11.6^{Aa}	-11.0^{Aa}	-18.2^{Ba}
Tank	-16.9^{Ab}	-12.6^{Aa}	-23.8^{Ba}
Moscatel	-21.8^{c}	–	–
	Ethanol $\delta^{13}C$ (‰)		
Traditional	-26.0^{Aa}	-25.9^{Aa}	-25.9^{Aa}
Tank	-24.8^{Aab}	-25.7^{Aa}	-26.1^{A}
Moscatel	-24.6^{b}	–	–

Means followed by different capital letters in the line and means followed by different lowercase letters in the column differ significantly by ANOVA complemented by Tukey's test of multiple comparisons; significance level of 5%. The value −45.6‰ found in the Chilean sparkling wine is a discrepant result and it was not considered at the mean and standard deviation (SD).

CO_2 of the plant, due to the influence of genetic variability for each grape [19].

It was observed that CO_2 $\delta^{13}C$ is selective to the sparkling wine produced method, showed significant difference among traditional, tank and Moscatel sparkling wine (Table 2).

The Moscatel sparkling wine showed the lowest values for CO_2 $\delta^{13}C$, these results corroborate with the values found by Martinelli et al. [17], in Italian Asti and Brazilian Moscatel and with the study of Cabañero et al. [13] in cava sparkling wine from Spain.

The CO_2 from the sparkling wine produced by the traditional method showed isotope values less negatives than Moscatel. The higher values of CO_2 $\delta^{13}C$ found in the traditional method indicates the influence of the cane sugar (C_4 plant) in the CO_2 formation. The values found are lower than proposal at the methodology by OIV, where the CO_2 from C_4 plants range of −10‰ to −7‰ [8].

The values found in ethanol $\delta^{13}C$ distinguished the sparkling wine produced by the traditional method to the Moscatel, however, the sparkling wine produced by the tank method not distinguished from the others.

The $CO_2\delta^{13}C$ values, considering the origin country for the sparkling wine and the method traditional and tank, distinguish significantly from Chileans to Argentineans and to Brazilian (Table 2). The difference found can be due to the sugar used for the second fermentation, according to Draycott [20] on South America, Chile and Uruguay are producers of beet sugar. In our study, we also found a Chilean sparkling wine with sugar from C_4 plant, suggesting the use of cane sugar for the second fermentation. These results indicate that Chile use sugar from C_3 and C_4 plants, being it more difficult the control, except when CO_2 $\delta^{13}C$ to show values lower than the C_3 plants, hampering the application of the characterized methodology in our study and the use of estimated limits.

Two samples showed CO_2 $\delta^{13}C$ lower than results expected considering the production process, one Brazilian (−30.8‰) and other Chilean (−45.6‰) sparkling wine. The Brazilian sparkling wine showed values close to industrial CO_2 found in Brazil, the Chilean sparkling wine has lower result, signaling the use of industrial CO_2 with values all the more negatives. The CO_2 $\delta^{13}C$ values from the sparkling wines mentioned are an indication of carbonation (gasification) when compared to the CO_2 $\delta^{13}C$ found in the still wines.

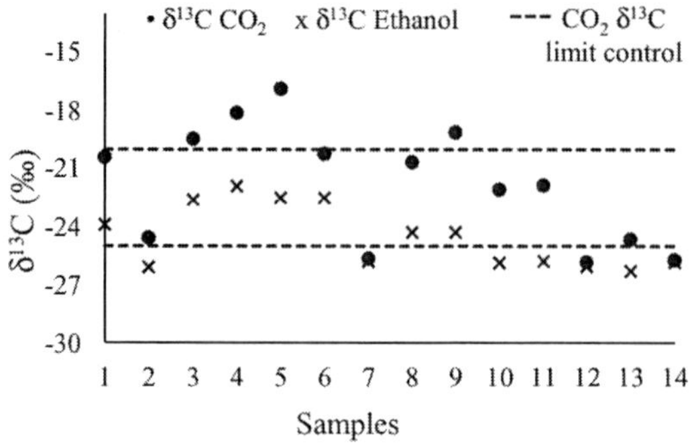

Figure 1. CO_2 and Ethanol $\delta^{13}C$ from commercial Moscatel sparkling and CO_2 $\delta^{13}C$ estimated control limits representation.

One Brazilian sparkling wine produced by the tank method showed CO_2 $\delta^{13}C$ −22.3‰ and ethanol$\delta^{13}C$ −24.5‰. The value of CO_2 $\delta^{13}C$ found in this sample is closer than CO_2 $\delta^{13}C$ for the still wine, no added sugar; however, the cane sugar addition was proven through the ethanol $\delta^{13}C$ that showed 79.23% of C_3. In this case, prove the cane sugar addition for the fermentation, therefore the CO_2 $\delta^{13}C$ value produced by the tank method should be close to −16‰. Consequently, it is concluded that the result obtained denote addition of industrial CO_2.

The commercial Moscatel sparkling (Fig. 1) verified showed half of the CO_2 $\delta^{13}C$ results within the estimated control limits. This is a warning for this product, because 50% of the samples indicated irregularities.

The samples number 7, 12 and 14 showed CO_2 $\delta^{13}C$ lower than the control limit for the Moscatel sparkling, furthermore this results are very close to ethanol $\delta^{13}C$, suggesting industrial CO_2 addition. The samples 3, 4 and 5 showed results above the estimated limit; in this case, the C_3 percentage found for these sparkling wine were 68, 63.7 and 64.7%, respectively, denoting the cane sugar addition beyond that permitted in Brazil. The Brazilian law allows an increase in alcohol up to 1.5% (v/v) for sparkling wine and 2% for Moscatel, from added sugars. The sample number 9 also showed CO_2 $\delta^{13}C$ above the control limit, however, the ethanol $\delta^{13}C$ remained within the limits, in this case, could be a harvest influence.

The results of ethanol $\delta^{13}C$ are less selective than CO_2 $\delta^{13}C$, in relation to produced method; however, it appears as an important tool to help the confirmation of the unlawful addition of industrial CO_2.

4. Conclusion

The CO_2 $\delta^{13}C$ values for industrial CO_2 are more negative than the still and sparkling wines. And, based on values from still wines, it was possible to establish a methodology to evaluate the CO_2 source, with control limits of CO_2 $\delta^{13}C$ estimated for Moscatel sparkling wines. Applying the methodology set out in this study to the commercial sparkling wines, it was noted that, at least, 15% of the samples analyzed showed evidences of adulteration, being 10% by CO_2 industrial addition.

The authors want to thanks Instituto Brasileiro do Vinho (IBRAVIN) and the Secretaria de Agricultura do Rio Grande do Sul for their financial support to this study.

References

[1] P. Ribéreau-Gayón, Y. Glories, A. Maujean, & D. Dubourdieu. *Tratado de enologia: Microbiologia del vino – vinificaciones y química del vino – estabilización y tratamentos*. Buenos Aires: Editorial Hemisferio Sur. p. 184 (2003)

[2] M. A. Pozo-Bayón, A. Martinez-Rodríguez, E. Pueyo, M. V. Moreno-Arribas. Trends in Food Science & Technology, v. **20**, p. 289–299 (2009)

[3] Brasil. Lei N° 10.970: dispõe sobre a produção, circulação e comercialização do vinho e derivados da uva e do vinho, e dá outras providência. Disponível em <`http://www.agricultura.gov.br`>

[4] S. I. Sousa. *Espumante: o prazer é todo seu*. Editora Marco Zero. São Paulo, Brasil. ISBN 85-279-0384-9 (2005)

[5] L. Gaillard, F. Guyon, M. Salagoïty, B. Médina. Food Chemistry, **141**, 2103–2107 (2013)

[6] W. Meier-Augenstein. J. of Chromatography A, 842, 351–371 (1999)

[7] F. J. Winkler. *Cromatography and Mass Spectrometry in Nutrition Science and Food Safety*. Elsevier: Amsterdam, Holanda (1984)

[8] Resolution OENO 7/2005. OIV-MA-AS314-03 (2016)

[9] EC Regulations: N° 1493/1999 de 17 de maio de 1999 on the common organization of the Market in wine (1999)

[10] Cabañero, A.I.; San-Hipólito, T.; Rupérez, M. (2007). Rapid Commun Mass SP **21**, 3323–3328 (2007)

[11] Resolution OENO 17/2001. OIV-MA-AS312-06 (2016)

[12] G. Calderone, C. Guillou, F. Reniero, N. Naulet. Food Res. Int. **40**: 324–331 (2007)

[13] A.I. Cabareño, M. Rupérez, Rapid Commun Mass SP. **26**, 1753-1760 (2012)

[14] L. A. Martinelli, J. P. H. B. Ometto, JE. S. Ferraz, R. L. Victoria, P. B. Camargo, M. Z. Moreira. *Desvendando questões ambientais com isótopos estáveis*. ISBN 978-85-7975-024-3 (2009)

[15] B. J. Peterson, & B. Fry, B. Annual review of Ecology and Systematics, 18, 293–320 (1987)

[16] L. A. Martinelli, M. Moreira, J. P. H. B. Ometto, A. R. Alcarde, L. A. Rizzon, E. Stange, J. R. Ehleringer, J. *Agric. Food Chem*. SP**51**, 2625–2631 (2003)

[17] S. V. Dutra, L. Adami, A. R. Marcon, G. J. Carnieli, C. A. Roani, F. R. Spinelli, S. Leonardelli, R. Vanderlinde. Food Chem. v. **141**, p. 2148–2153 (2013)

[18] L. Adami, S. V. Dutra, A. R. Marcon, G. J. Carnieli, C. A. Roani, R. Vanderlinde. Rapid Commun Mass, v. **24**, p. 2943–2948 (2010)

[19] A. Rossmann, H. L. Schimidt, F. Reniero, G. Versini, I. Moussa, M. H. Merle. *Stable carbon isotope content in ethanol of EC data bank wines from, Italy, France and Germany*. Z. Lebensm. Unters. Forsch. A, 203, 293–301 (1996)

[20] A. P. Draycott. *Sugar beet*. World Agriculture Series. Ed. John Wilwey & Sons, 496 p. ISBN 140517336x, 9781405173360 (2006)

Isolation of condensed tannins in individual size from grape seeds and their impact on astringency perception

Wen Ma[1,2,3], Pierre Waffo-Téguo[1,2], Michäel Jourdes[1,2], Hua Li[3], and Pierre-Louis Teissèdre[1,2,a]

[1] Univ. de Bordeaux, ISVV, EA 4577, Unité de recherche OENOLOGIE, 33882 Villenave d'Ornon, France
[2] INRA, ISVV, USC 1366 OENOLOGIE, 33882 Villenave d'Ornon, France
[3] College of Enology, Northwest A & F University, Shaanxi 712100, China

Abstract. Astringency perception, as an essential parameter for high-quality red wine, is principally elicited by condensed tannins in diversified chemical structures. The influence of DP size of condensed tannins on astringency perception remains unclear for decades. In the present study, the astringency intensity of purified and identified grape oligomeric tannins (DP ranged from 1 to 5) was firstly explored. A novel non-solid phase strategy was used to rapidly exclude the galloylated PAs from the non-galloylated PAs and fractionate the latter according to their DP size. Then, a series of PAs with individual DP size and galloylation were purified. Furthermore, purified compounds were identified by both normal phase HPLC-FLD and reverse phase UHPLC-ESI-Q-TOF. Finally, the contribution of the astringency perception of the individual purified tannins was examined with a salivary protein binding ability test. The results were observed by HPLC-FLD and quantified by changes in PA concentration remaining in the filtrate. In summary, a new approach without a solid stationary phase was developed to isolate PAs according to their DP size. And a positive relationship between the DP of PAs and salivary protein affinity was revealed.

1. Introduction

Condensed tannins are oligomers and polymers of flavan-3-ols units belonging to the flavonoid class of polyphenols that are widely distributed throughout the plant kingdom and their derived products. Owing to their considerable contribution to nutritional functions [1] and sensory properties [2], condensed tannins have attracted much interest in recent decades. In grape seeds and skins, condensed tannins present as a heterogeneous mixture involving various flavan-3-ol subunits and diversified degrees of polymerization, which probably corresponds to distinctive bioactivities. Given the lack of efficient purification methodologies, few individual tannins have been purified and identified. Hence, our knowledge on grape and wine condensed tannin molecules has to be limited at the several known monomeric, dimeric and trimeric proanthocyanidins. Quantification of the large condensed tannins in grape and wine remains problematic and their bioactivities are barely understood [3].

Astringency, an essential parameter for high-quality red wine, is an oral sensation involving dryness and puckering. So far, it is generally thought that the perception of astringency in wine is primarily due to condensed tannins derived from grape, their mechanism being principally explained by non-covalent interactions between condensed tannins and salivary protein. Structures of condensed tannins determine both the intensity and quality of the wine astringency perception [4]. The aims of this study was to develop an efficient strategy to isolate tannins both in non-galloylated forms and at individual DP and to reveal the chemical affinity between tannin DP and salivary protein binding abilities, which implicates for wine astringency.

[a] e-mail: pierre-louis.teissedre@u-bordeaux.fr

2. Method

2.1. Grape seed procyanidins extraction

Grape seeds were removed by hand from grapes, lyophilized for 2 days and stored at −20°C. The frozen seeds were finally ground in a ball grinder. An ASE 350 Accelerated Solvent Extraction System (Dionex Corporation. Sunnyvale. CA) was used as previously [5] to extract the tannins from the ground seeds. The obtained solid residue was redissolved in 30 mL of water and lyophilized.

The extract was solubilized in 250 mL of water/ethanol (95:5, v/v) and extracted three times with chloroform (v = 250 mL) to remove lipophilic material. Then the aqueous phase was extracted three times with ethyl acetate (v = 250 mL) to obtain two distinctive fractions [6]. The organic fraction was concentrated and lyophilized to obtain a dry powder. A crude oligomeric PAs extract was obtained.

2.2. Non-solid phase fraction

The centrifugal partition chromatography (CPC) apparatus was an FCPC 1000 provided by Kromaton Technologies (Saintes-Gemmes-sur-Loire, France). PAs were separated by a two-phase system ethyl acetate-ethanol-water (6:1:5, v/v/v). For each injection, 5 g of extract were dissolved in 10 mL of the upper and lower phases (50/50, v/v) of the system and 0.45 mm filtered. Experiments were carried out in ascending mode at 1000 rpm with a flow rate of 15 mL/min for 140 min. The fraction collector was set to 1 tube/min. Every five CPC tubes, an aliquot (200 μL) was taken, evaporated, dissolved in 1 mL of H_2O/MeOH (50:50, v/v) and analyzed by UHPLC-ESI-Q-TOF. When grouping the tubes, samples presenting the similar HPLC profiles were pooled together, evaporated *in vacuo*, suspended in water and freeze-dried. Five determined fractions were obtained.

2.3. Preparative High Performance Liquid Chromatography Purification

Purification was performed on a Luna HILIC column (21.2 × 250 mm, 5 μm, Phenomenex) by a Varian LC machine. The mobile phase consisted of acidified acetonitrile (Eluent A) and acidified aqueous methanol (Eluent B. Methanol: water. 95:5. v/v), both containing 0.025% trifluoroacetic acid. The flow rate was 22 mL/min and eluent B followed this gradient: 0 min, 7%; 57 min, 37.6%; 60 min, 100%; 67 min, 100%; 73 min, 7%; 83 min, 7%, 52 min. For each injection, 100 mg of fraction compounds were dissolved in 0.5 mL methanol and manually injected into the system. UV detection was carried out at 254 nm and 280 nm.

2.4. HPLC-FLD in normal phase analysis

A Thermo-Finnigan Surveyor system was used for the normal phase HPLC analysis. This HPLC-UV system was also coupled to a Thermo-Finnigan LCQ Advantage spectrometer equipped with an electrospray ionization source and an ion trap mass analyzer. Fluorescence and mass data were analyzed by ChromQuest 4.2 and Xcalibur 2.2.0 software, respectively. Separation was performed on normal phase Luna HILIC column (4.6 × 250 mm, 5 μm, Phenomenex). The separation condition was reported previously [7]. Each sample was injected three times. Unknown concentrations were determined from the regression equations.

2.5. Saliva binding ability test

A pool of saliva was collected from 20 volunteers (10 males and 10 females aged 20 to 35 years old). They were in good health and not undergoing oral treatment. They were previously instructed to avoid smoking on the saliva donation day and take no food or beverages for atleast 1 h before collection. Collection time was standardized between 10–12 a.m. to reduce the concentration variability. Saliva was collected with no oral stimulus but rather with a visual stimulus by lemons. The saliva was collected by small bottles and immediately frozen at −20°C after collection. After all the samples had been collected, they were thawed, pooled and refrozenfor lyophilization to concentrate the nature saliva around three-fold. After lyophilized concentration, the thawed saliva sample was centrifuged at 8,000 g for 5 min at 4°C by a Jouan MR22 refrigerated centrifuge. The supernatants were the targeted saliva protein sample.

The method was that of Schwarze and Hofman [8] with some modifications. Purified tannins (monomers, dimers, trimers, tetramers and pentamers) were prepared as a dissolution at the concentration of 1.5 mg/mL in model wine solution (ethanol 12%; tartaric acid = 1 g/L; pH = 3.5). Tannin solution (300 μL) was mixed with 700 μL of

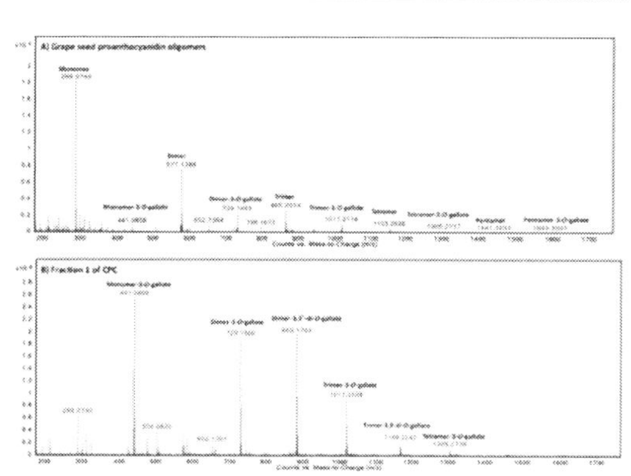

Figure 1. MS spectra obtained for crude extract (A) and fraction 1 of CPC (B).

prepared saliva sample or water (as control) and incubated at 37 °C for 5 min. After incubation, an aliquot (400 μL) of the mixture was moved to a 3k Da centrifugal filter (Amicon Ultra-0.5 Centrifugal Filter 3k Devices, Merck Millipore) and centrifuged at 18,000 rpm for 5 min at 37 °C. The filtrate in the bottom, namely the non-bound tannins, was injected into the normal phase HPLC-FLD for quantitative analysis. Each analysis was performed in duplicate.

3. Results and discussions

3.1. Isolation of grape oligomeric tannins in individual DP size

In the crude grape seed PA oligomer extract, PAs and their galloylated derivatives were found as a mix (Fig. 1A.). After CPC had run in ascending mode for 140 mins, six fractions were produced. The first (F1, 1.72 g, 40%) was comprised of multiple galloylated PAs (as shown in Fig. 1B). The main products of fraction two (F2, 1.04 g, 21.8%), fraction three (F3, 546.9 mg, 11.41%), fraction four (F4, 302.3 mg, 6.31%) and fraction five (F5, 257.2mg, 5.36%) corresponded to monomers, dimers, trimers and tetramers/pentamers, respectively. The application of CPC on grape PAs fractionation was less-time consuming, gave a high recovery, could potentially be scaled-up and was less expensive thanks to low solvent costs and the absence of expensive adsorbents. In general, the total recovery yield of CPC was 87.74%, which was much higher than any traditional solid-phase separation strategies to date. Specifically, the untargeted compounds (galloylated PAs) with a high percentage were excluded in the very beginning, while the targeted PAs compounds were fractionated consecutively according to their DP. The mass response of dimers remained high in F4 and F5 owing to the huge quantity of dimers in the crude extract and the weak mass signals of the large PA molecules. Tetramers and pentamers were already present in the crude extract and were enriched in F5 after CPC. Thanks to the enrichment of tetramers and pentamers, the fifth fraction was well-prepared to be purified by a solid-phase chromatography with a low and efficient injection amount in the next step. PAs were purified from 4.8 g of oligomeric PA grape seed extract by the combination of CPC using a ternary biphasic system

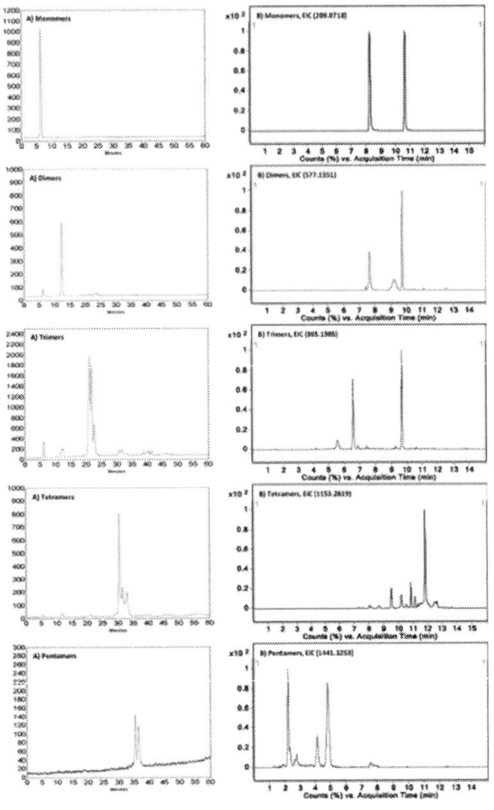

Figure 2. Two complementary and orthogonal HPLC approaches to identify the five purified PAs: A). Normal phase HPLC-FLD chromatograms to separate PAs according to their DP; B). Reverse phase UHPLC-Q-TOF extracted ion chromatograms to separate isomeric PAs at the same DP.

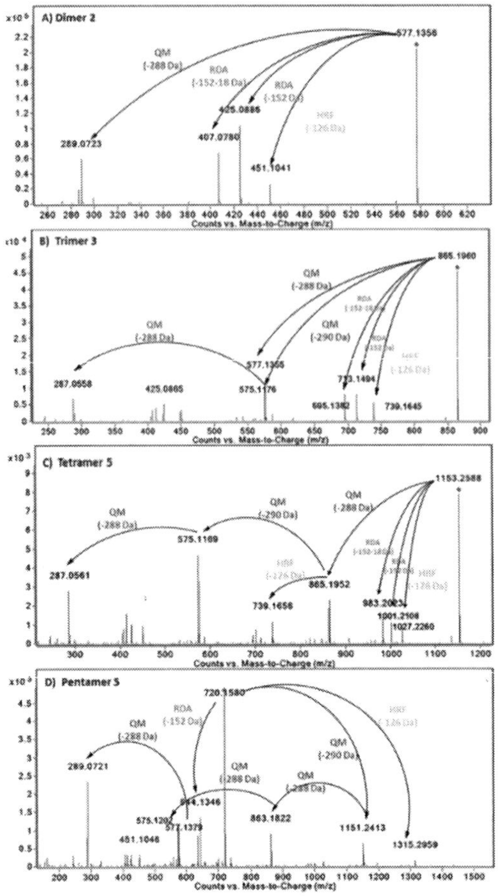

Figure 3. Examples of MS/MS fragments of purified dimeric, trimeric, tetrameric and pentameric PA.

EtOAc/EtOH/H_2O (6:1:5, v/v/v) and preparative normal phase HPLC. Although weak signals of hexamers and higher molecules could be detected by HRMS in the tail fraction, their quantities were too low to be isolated or to be used for salivary protein investigation. Individual oligomeric PAs were purified by preparative normal phase HPLC on a Luna HILIC column according to the HPLC gradient of Kelm [7] with the methods transformation. The PAs present as a heterogeneous mixture in grapes, which involves various isomers and are hardly available as pure compounds but rather as a mix [9]. Hence, the attempts to isolate each individual pure PAs molecules with high DP were time-consuming and not really necessary. Therefore, the normal phase column was used to isolate and identify oligomeric PAs according to DP in preparative HPLC-UV and analytical HPLC-FLD, respectively. To our knowledge, this is the first time that PAs from grape have been purified in individual.

3.2. Compounds identification by both HPLC-FLD and UHPLC-HRMS

Identification of the purified compounds is illustrated in Fig. 2. by two complementary and orthogonal approaches: the normal phase HPLC-FLD system and a reverse phase UHPLC-QTOF system. A series of PAs with individual DP were obtained: monomers (white powder; purity: 99.9%), dimers (white powder; purity: 87.7%), trimers (light yellow powder; purity: 83.2%), tetramers (light yellow powder; purity: 92.5%) and pentamers (light yellow powder; purity: 99.9%). The purity was examined by HPLC-FLD (Fig. 2A) and the fluorescence absorbance declined with the rise in DP [28]. As shown in Fig. 2B, MS identification of compounds was performed with UHPLC-HRMS equipment in reverse phase. Two isomeric monomers, four isomeric dimers, three isomeric trimers, five isomeric tetramers and five isomeric pentamers were found and identified. As demonstrated in Fig. 3, the main fragmentation pathways of purified PAs in negative ion mode ESI-MSMS spectra were postulated based on the principles of quinone methide fission (QM) with the ion lost from upper unit (−288 Da) and ion lost from lower unit (−290 Da), retro-Diels–Alder fission (RDA, −152 Da) and a loss of water molecule (−18 Da) [29,30]. Dimer 2 ($[M\text{-}H]^-$, m/z 577.1356, Fig. 3A) was diagnosed by the fragment ions with m/z 451.1041, 425.0886, 407.0780, 289.0723. The ion with m/z 289.0723 ($[M\text{-}H\text{-}QM(288\,Da)]^-$) was likely produced after QM cleavage of the $[M\text{-}H]^-$ ion with the loss of upper unit (epi)catechin. The ions with m/z 451.1041, 425.0886, 407.0780 were corresponding to the fissions

DOI: 10.1051/bioconf/20160702002

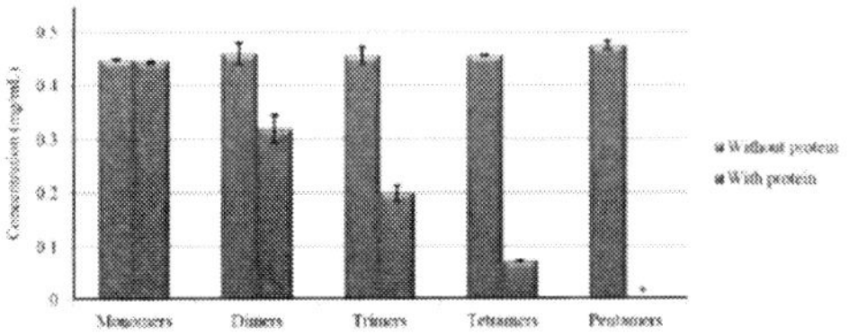

Figure 4. Examples of MS/MS fragments of purified dimeric, trimeric, tetrameric and pentameric PA.

of HRF (-126 Da), RDA (−152 Da) and RDA + H_2O (−152–18 Da), respectively. Similarly, after QM cleavage, trimer 3 ([M-H]$^-$, *m/z* 865.1960, Fig. 3B) was fragmented into 577.1355 ([M-H-QM(288 Da)]-) and 575.1176 ([M-H-QM(289 Da)]$^-$), with the loss of upper and lower unit, respectively. The fragments with *m/z* 287.0558 could be diagnosed by second fragmentation of either one upper unit loss from the *m/z* 575.1196 or one lower unit loss from the *m/z* 577.1355. The ions with *m/z* 739.1645, 713.1494, 695.1382 were corresponding to the fissions of HRF (−126 Da), RDA (−152 Da) and RDA+H2O (−152–18 Da) from the precursor ions (*m/z* 865.1960), respectively.

In Fig. 3C, tetramer 5 was identified by the precursor ions ([M-H]$^-$, *m/z* 1153.2588) and its fragment ions. Sequencing of this tetramer by QM fissions was straightforward, diagnosed by the fragment ions with *m/z* 865.1952, 575.1169, 287.0561. The ion with *m/z* 1027.2260 and 739.1656 could be formed via a HRF fission from the precursor ion (*m/z* 1153.2588) and one upper unit cleavage ion (*m/z* 865.1952), respectively. The *m/z* 1001.2108 ion can result from an RDA of ring C of the precursor ions. The ion with *m/z* 983.2023 was derived from both RDA fission and loss of the equivalent of water (18 Da). In Fig. 3D, the precursor ion ([M-2H]$^{2-}$, *m/z* of 720.1580) was cleaved by QM fission into the ions with *m/z* 1151.2413, 863.1822, 575.1202, 289.0721 with the loss of the first, the second, the third and the forth units, respectively. The ion *m/z* 644.1346 was identified as a [M-2H]$^{2-}$ ion after an RDA fission while the ion *m/z* 1315.2959 was observed as a [M-H]$^-$ ion after HRF fission from the precursor ion. Hence, this compounds were diagnosed as (epi)catechin-(epi)catechin-(epi)catechin-(epi)catechin-(epi)catechin.

3.3. Relationship between tannin size and salivary protein binding abilities

The harmony of high-quality red wine is mainly due to the balance of multiple flavors attributed to the numerous chemical components it contains [10]. Tannins are generally believed to interpret the axis of astringency perception. In this investigation, the astringency intensities of the purified PAs were examined by their ability to bind salivary protein and were quantified by HPLC-FLD [8]. A detector of FLD rather than UV was used in order to avoid the UV response of salivary protein at sizes below 3k Da. The amount of interacting tannins was calculated as the difference in tannin concentration in filtrate solution with and without salivary protein. As demonstrated in Fig. 4, an obvious decline in interacting tannin concentration from "with" to "without" saliva protein was observed for all of the five PAs. The monomers descended a little whereas there as a remarkable decrease (0.14 mg/mL) in the dimers. More than half of the trimers (0.25 mg/mL) were bound to salivary protein and even more tetramers (0.38 mg/mL) were bound. On the other hand, no pentamers were detected in the filtrate of the sample with salivary protein, indicating that the latter aggregated all the pentamers used in the test. This indicates a positive relationship between DP (ranged from one to five) and the salivary protein affinity of tannins. This result was in agreement with both the NMR interpretation of saliva protein binding ability to 4 procyanidin dimers (B1-4) and one trimer (C2) [11] and the previous astringency sensory studies on flavan-3-ols monomers, dimers and trimers chemically synthesized [12]. Unfortunately, we could not verify the inflexion point of DP, which was supposed previously [13], the isolation and identification of the grape tannins with higher DP are in need.

4. Conclusion

A simple rapid non-solid phase strategy has been developed to efficiently isolate PAs according to DP and to exclude the galloylated PAs. Monomeric, dimeric, trimeric, tetrameric and pentameric PAs were first purified from grape, thereby providing more substances for PA quantification in grape/wine and for further investigations concerning their bioactivity. Furthermore, a tentative test on salivary protein-binding capability was conducted to explore their astringency-stimulating abilities. This is the first report of the astringency activities of identified grape tannins without galloylated forms and in specific DP up to five. The findings of this investigation suggest that the capability of large tannin oligomers to be bound to salivary protein is much stronger than we estimated. Future research focusing on the bioactivities of large PAs molecular are now required.

References

[1] I. Ky, P. L. Teissedre, Molecules, **20**, 2190–2207 (2015); I. Ky, B. Lorrain, N. Kolbas, A. Crozier, P. L. Teissedre, Molecules, **19**, 482–506 (2014)
[2] B. Lorrain, S. Tempere, N. Iturmendi, V. Moine, G. de Revel, P.-L. Teissedre, Food Chemistry, **140**, 76–82 (2013); K. Chira, M. Jourdes, P.-L. Teissedre, European Food Research and Technology, **234**, 253–261 (2012)
[3] H. Li, J. Su, W. Ma, A. Guo, Z. Shan, H. Wang, FEMS yeast research, **15**, fou010 (2015)
[4] W. Ma, A. Guo, Y. Zhang, H. Wang, Y. Liu, H. Li, Trends in Food Science and Technology, **40**, 6–19 (2014)
[5] M. Reyes Gonzalez-Centeno, M. Jourdes, A. Femenia, S. Simal, C. Rossello, P.-L. Teissedre, Journal Of Agricultural And Food Chemistry, **60**, 11850–11858 (2012)
[6] K. Chira, B. Lorrain, I. Ky, P. L. Teissedre, Molecules, **16**, 1519–1532 (2011)
[7] M. A. Kelm, J. C. Johnson, R. J. Robbins, J. F. Hammerstone, H. H. Schmitz, Journal of agricultural and food chemistry, **54**, 1571–1576 (2006)

DOI: 10.1051/bioconf/20160702002

[8] B. Schwarz, T. Hofmann, European Food Research and Technology, **227**, 1693–1698 (2008)
[9] A. L. Waterhouse, S. Ignelzi, J. R. Shirley, American Journal of Enology and Viticulture, **51**, 383–389 (2000)
[10] É. Peynaud, J. Blouin, *Le goût du vin*, 5 ed., Dunod Paris, France, **2013**
[11] O. Cala, N. Pinaud, C. Simon, E. Fouquet, M. Laguerre, E. J. Dufourc, I. Pianet, The FASEB Journal, **24**, 4281–4290 (2010)
[12] H. Peleg, K. Gacon, P. Schlich, A. C. Noble, Journal of the Science of Food and Agriculture, **79**, 1123–1128 (1999)
[13] A. G. Lea, in *Plant polyphenols*, **1992**, pp. 827–847

Effect of new and conventional technological processes on the terroir marker $^{87}Sr/^{86}Sr$

Sofia Catarino[1,2,3,a], Cíntia Moreira[3], Ayse Kaya[1], Raúl Bruno de Sousa[1], António Curvelo-Garcia[2], Maria de Pinho[3], and Jorge Ricardo-da-Silva[1]

[1] LEAF, Instituto Superior de Agronomia, Universidade de Lisboa, Tapada da Ajuda, 1349-017 Lisboa, Portugal
[2] Instituto Nacional de Investigação Agrária e Veterinária, 2565-191 Dois Portos, Portugal
[3] CEFEMA, Instituto Superior Técnico, Universidade de Lisboa, Av. Rovisco Pais, 1, 1049-001 Lisboa, Portugal

Abstract. Aiming to use the strontium isotopic ratio $^{87}Sr/^{86}Sr$ for traceability and authentication of wine, it is crucial to understand the impacts of anthropogenic factor and technological processes on this parameter. In this study the effect of two technologies: nanofiltration (NF), applied for wine dealcoholisation (1), and ageing with oak wood staves (2), on $^{87}Sr/^{86}Sr$ ratio of wines from Portuguese Designations of Origin (DO), was assessed. Control wines, NF processed wines and wooden aged wines were evaluated for chemical composition, multi-elemental composition and $^{87}Sr/^{86}Sr$ ratio by Q-ICP-MS. Regarding NF experiments, high rejections to mineral elements, including heavy metals, were observed. Bearing in mind the several roles played by these elements in wine, this knowledge is of strategic importance in order to guarantee that NF process does not adversely affect product quality. Concerning wood ageing experiment, results indicate the influence of this technological process on metal physical-chemical stability. In the experimental conditions of this study, no significant effect of NF process and wood ageing on $^{87}Sr/^{86}Sr$ ratio was observed, suggesting that the application of these technologies in wine production is not a limitative factor for the use of $^{87}Sr/^{86}Sr$ ratio as a geographical origin marker.

1. Introduction

Closely related to the idea that *terroir* determines the quality and character of wines, many efforts have been made to identify potential markers and develop reliable analytical methods to determine the wine's geographical origin.

The isotopic ratio $^{87}Sr/^{86}Sr$ is a well-established tool for dating and tracing the origin of rocks and minerals [1] with special interest for wine traceability. Several studies on its use for wine geographical origin assessment can be found in literature [2–8]. Recently, within a research program regarding strategies for wine fingerprinting, the authors confirmed $^{87}Sr/^{86}Sr$ as a viable tool for traceability of Portuguese DO, where soils were developed on different geological formations [9,10].

The use of this parameter as a marker of wine geographical origin is based on the assumption that a relation between soil, plants and wine exists. Therefore, $^{87}Sr/^{86}Sr$ ratio should not be significantly modified during wine processing. Aiming to use $^{87}Sr/^{86}Sr$ for traceability and authentication of wine, it is mandatory to clarify the impacts of anthropogenic factors and technological processes on this isotopic ratio. This is a current subject of major importance addressed in this study.

NF is a versatile membrane process, with several applications in wine production where its use is increasing, e.g. for ethanol content modulation but also for reduction of the sugar content in musts, volatile acidity correction and to remove excess of ethyl-phenols [11]. NF effects on wine composition have been assessed, namely on alcoholic strength, total acidity and phenolic composition [12,13]. Nevertheless, to the best of our knowledge, its influence on mineral composition and wine $^{87}Sr/^{86}Sr$ is not known.

Wood aging is a traditional practice widely used in wine production. Currently, as alternative to wood barrels, in order to improve the traditional process in conditions that sustain the economic viability of this practice, the use of wood pieces in stainless-steel tanks is widespread. In spite of substantial understanding of the organic extractable compounds, little has been published on metal extraction from wood to wine, and no data about its influence on $^{87}Sr/^{86}Sr$.

In spite of a few studies suggesting that $^{87}Sr/^{86}Sr$ isotopic ratio remains stable after enological processes [3,5,14,15], the literature lacks the information on the NF process and wood ageing influence on $^{87}Sr/^{86}Sr$ isotopic ratio. The main aim of this study was to uncover the effect of NF and wood ageing by oak staves on strontium $^{87}Sr/^{86}Sr$ isotopic ratio. Furthermore, information on the effect of these technologies on mineral composition of wines was obtained.

2. Materials and methods

2.1. Nanofiltration experiments

For NF experiments, three white wines (WW) and three red wines (RW) from the Portuguese DO Dão, Óbidos and Palmela were used. White wines, from 2014 vintage,

[a] Corresponding author: sofiacatarino@isa.ulisboa.pt

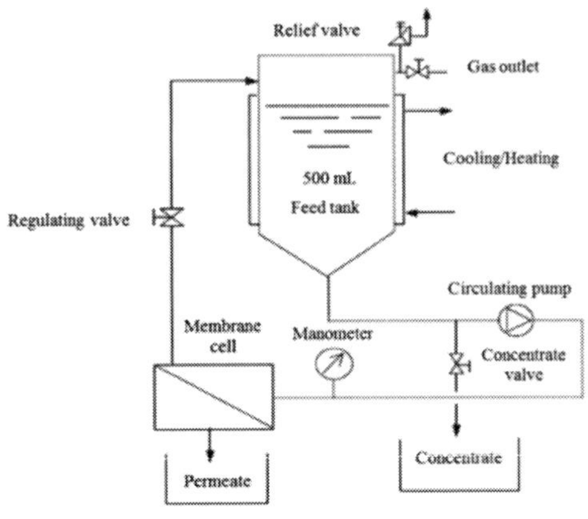

Figure 1. Set up of the nanofiltration unit.

were produced using the following grape varieties (*Vitis vinifera* L.): Fernão Pires (Óbidos); Verdelho and Viosinho (Palmela); Verdelho (Dão). Red wines, from 2013 vintage, resulted from the following grape varieties (*Vitis vinifera* L.): Calladoc, Syrah and Alicante Bouchet (Óbidos); Castelão (Palmela); Touriga Nacional (Dão).

NF experiments were carried out at laboratory scale in the unit Celfa P-28 for dealcoholisation of white and red wines (Fig. 1).

Regarding the NF membrane used, a cellulose acetate membrane was laboratory made and characterized, presenting hydraulic permeability of 0.313 kg/(h.m^2.bar) and rejection coefficients of 90.3% to NaCl, 95.3% to Na_2SO_4, 92.8% to $CaSO_4$ and 90.3% to glucose. Rejection coefficients (f) to solutes were determined using equation 1, where C_f and C_p are the concentrations in feed and permeate, respectively:

$$f = (C_f - C_p)/C_f \qquad (1)$$

NF experiments were carried out at a transmembrane pressure of 17 bar and a feed recirculation flow rate of 2.1 L/min. Each NF fraction (initial feed, final feed and permeate) was evaluated through summary analysis and total polysaccharides, total anthocyanins, total phenolic index, multi-elemental composition and $^{87}Sr/^{86}Sr$ isotopic ratio.

2.2. Ageing experiments

A red wine from Castelão grape variety (Palmela DO), 2014 vintage, was aged in stainless steel vats (34,000 L) with wood staves, in triplicate. French oak (*Quercus sessiliflora* Salisb.) staves, with medium plus toasting level (<200 °C), in dimensions of 91 cm (length) × 6.4 cm (width) × 0.95 cm (thickness) were used, one oak stave per 40 L of wine. Micro-oxygenation was applied with the amount of 3 mg/L per month. Storing temperature of the tanks was 18 °C. The experiment was carried out with one control vat without oak staves.

The wines were sampled after 30, 60 and 90 days of ageing (a total of 16 samples) and evaluated in terms of general analysis, total polysaccharides, total anthocyanins, total phenols index, multi-elemental composition and $^{87}Sr/^{86}Sr$ isotopic ratio.

2.3. Analytical determinations

2.3.1. Physical-chemical characterization

Alcoholic strength, total acidity, volatile acidity, tartaric acid, malic acid, lactic acid, total dry matter, ash, density, pH, total sulphur dioxide, reducing substances, colour intensity and tonality, were determined according to OIV analysis methods [16], in the samples from ageing experiments.

Due to the low sample volume available for analysis, wine NF streams (initial feed, final feed and permeate) were analysed for the before referred analytical parameters by Fourier Transform Infrared (FTIR) technique using a Foss WineScan FT 120 equipment.

Total polysaccharides were assessed through phenol-sulfuric method (colorimetric method), after the separation of polysaccharides by ethanol. Total anthocyanins and total phenols index determinations were carried out as described by Somers and Evans [17].

2.3.2. Multi-elemental analysis

Thirty-six minor and trace elements were measured by quadrupole inductively coupled plasma mass spectrometry (Q-ICP-MS) semi-quantitative methodology according to the protocol described by Catarino et al. [18].

A Perkin-Elmer SCIEX Elan 9000 Q-ICP-MS apparatus, equipped with a peristaltic sample delivery pump with four channels model Gilson, a Scott-type spray chamber made of Ryton, a crossflow nebulizer, nickel cones and an autosampler Perkin-Elmer AS-93 Plus, protected by a laminar-flow-chamber clean room class 100 was used. The system was controlled by software Elan – 6100Windows NT (Version 2.4).

Major mineral elements (Na, K, Ca, Fe) were determined in wines from ageing experiments by Flame Atomic Absorption Spectrophotometry (FAAS) according to the methods described by OIV [16].

2.3.3. $^{87}Sr/^{86}Sr$ isotopic ratio determination

Due to isobaric overlap of ^{87}Rb and ^{87}Sr, an effective Rb and Sr separation is required before ICP-MS analysis, in order to accurate determination of $^{87}Sr/^{86}Sr$ isotopic ratios. Wine samples treatment is composed by three steps: digestion by High Pressure Microwave (HPMW), chromatographic separation of Sr and Rb and filtration of Sr chromatographic fraction.

$^{87}Sr/^{86}Sr$ isotopic ratio determination by Q-ICP-MS was carried out according to protocol described by the authors [9], using the Q-ICP-MS equipment previously described. Analytical calibration and stability control in $^{87}Sr/^{86}Sr$ isotopic ratio analysis were made with $SrCO_3$ (50 μg/L), prepared from certified reference material NIST SRM 987 (SrCO3).

2.4. Statistical analysis

Analysis of variance (ANOVA) was carried out to assess the effect of nanofiltration and wooden ageing on the $^{87}Sr/^{86}Sr$ isotopic ratio of wines. Fisher's least significant difference (LSD, significance level of 0.05) test was applied to compare the different averages. All calculations were carried out using Statistica version 7 (StatSoft Inc., Tulsa, USA).

 DOI: 10.1051/bioconf/20160702003

Table 1. Physical-chemical characteristics of wines nanofiltration streams (I.F. – initial feed; F.F. – final feed; P. – permeate).

	WW Dão DO			RW Óbidos DO		
	I.F.	F.F.	P.	I.F.	F.F.	P.
Alcoholic strength at 20 °C (% v/v)	12.6	12.5	11.7	11.9	11.9	11.3
Total acidity (g/L tartaric acid)	5.60	4.86	0.74	4.71	4.98	1.31
Volatile acidity (g/L acetic acid)	0.29	0.28	0.18	0.56	0.56	0.44
Tartaric acid (g/L)	1.51	1.17	nd	0.87	0.83	nd
Malic acid (g/L)	1.90	1.56	nd	–	–	–
Lactic acid (g/L)	0.08	0.16	0.16	1.72	1.89	0.44
Total dry matter (g/L)	20.7	17.9	1.5	27.5	30.7	2.6
Ash (g/L)	2.17	1.92	0.43	3.32	3.60	0.43
Density at 20 °C (g/mL)	0.9897	0.9887	0.9832	0.9931	0.9943	0.9841
pH	3.22	3.22	3.13	3.59	3.63	3.14
Total sulfur dioxide (mg/L)	95	89	56	53	57	67
Reducing substances (g/L)	3.24	2.57	0.62	3.12	3.60	0.26
Total polysaccharides (mg/L)	416	583	nq	717	977	nq
Color intensity (u.a)	–	–	–	13.810	14.945	0.012
Tonality	–	–	–	0.697	0.760	21.000
Total anthocyanins (mg/L)	–	–	–	229	296	13
Total phenols index (u.a.)	6	7	1	53	62	1

nd – not detected; nq – not quantified.

3. Results and discussion

3.1. Nanofiltration of wines

3.1.1. Physical-chemical characteristics of NF streams

Physical-chemical characteristics of NF streams (initial feed, final feed and permeate) from a white wine and a red wine (WW Dão DO and RW Óbidos DO, as examples) are displayed in Table 1.

As expected, ethanol was preferentially permeated by membrane. Rejections to tartaric, malic, lactic and acetic wines were in general high. Regarding polysaccharides, a complete retention was verified. Results relatively to total phenols index and anthocyanins indicate a high rejection to phenolic compounds. It was observed the increase of colour intensity and tonality. For the majority of chemical compounds concentrations in final feed increased with NF treatment due to water and ethanol removal.

In general, rejections higher than 90% to mineral elements, including heavy metals, were observed. Concentrations in final feed were slightly higher than concentrations in initial feed, due to water and ethanol removal. Bearing in mind the several roles played by these elements in wine, this knowledge is of strategic importance in order to guarantee that NF process does not adversely affect product quality.

Rejection to Sr was mostly higher than 95%, suggesting that NF does not change the $^{87}Sr/^{86}Sr$ isotopic ratio. Table 2 shows the $^{87}Sr/^{86}Sr$ isotopic ratios of wine NF fractions. Strontium isotopic ratio in final feed was not significantly different from $^{87}Sr/^{86}Sr$ initial feed, revealing that no preferential permeation of any strontium isotopes occurred.

As expected, $^{87}Sr/^{86}Sr$ values were higher for DO Dão, characterized by granitic soils (older). Palmela and Óbidos DO, mainly characterized by sandy and clay soils, showed lower $^{87}Sr/^{86}Sr$ ratios. These results are in accordance with previous research of the authors involving soils from these DO [9]. The highest $^{87}Sr/^{86}Sr$ values were found in soils from Dão, pointing out a relation between soils and wines.

Table 2. $^{87}Sr/^{86}Sr$ isotopic ratio in wine NF streams (I.F. – Initial feed; F.F. – final feed; P. – Permeate).

Wine NF stream	$^{87}Sr/^{86}Sr$
Palmela WW I.F.	0.7075 ± 0.0007 a,b,c
Palmela WW F.F.	0.7075 ± 0.0007 a,b,c
Palmela RW I.F.	0.709 ± 0.000 c,d
Palmela RW F.F.	0.7075 ± 0.0007 a,b,c
Óbidos WW I.F.	0.7080 ± 0.0008 a,b,c,d
Óbidos WW F.F.	0.709 ± 0.001 b,c,d
Óbidos RW I.F.	0.709 ± 0.000 c,d
Óbidos RW F.F.	0.7095 ± 0.0007 d
Dão WW I.F.	0.713 ± 0.000 e
Dão WW F.F.	0.714 ± 0.000 e,f
Dão RW I.F.	0.715 ± 0.001 f
Dão RW F.F.	0.714 ± 0.001 e,f

Results are based on average values of two independent replicates and respective standard deviation. Means followed by the same letter are not significantly different at the 0.05 level of significance.

3.2. Wood ageing

3.2.1. Mineral composition and $^{87}Sr/^{86}Sr$ isotopic ratio

Table 3 displays the concentrations of some elements in Control and Wood wines at the end of the experiment (90 days). Wine treated with oak wood staves showed significantly different concentrations for the elements Na, V, Co, Ni, Sr, Cs and Pb, compared to the Control. Particular attention must be paid to the differences in V, Co and Ni concentrations between Control and Wood wines. Higher concentrations of these elements in Wood in comparison with Control are most probably explained by its more intense precipitation through time in the wine without wood staves. This hypothesis is supported by the concentrations of V, Co and Ni in Control wine at the beginning of the ageing experiment (results not shown). For the rest of the elements, despite no significant effect of wood treatment was observed, metals concentrations tend to be higher in the wine treated with oak wood staves.

Table 3. Mineral composition of the wine treated with oak wood staves and of the control wine at the end of the experiment, 90 days (Results are given in μg/L, except for Na, Mg, Al, K, Ca, Mn, Fe and Zn, which are expressed as mg/L)[a].

	Treatment effect[b]	Control	Wood
Li	n.s.	11.3 ± 0.3	12.2 ± 0.2
Na	***	28.38 ± 0.03 a	30.37 ± 0.04 b
Mg	n.s.	56 ± 2	59.7 ± 0.5
Al	n.s.	171 ± 7	180.3 ± 0.5
K	n.s.	993 ± 91	1069 ± 3
Ca	n.s.	55 ± 1	53.3 ± 0.6
V	***	0.45 ± 0.02 a	0.970 ± 0.004 b
Mn	n.s	0.76 ± 0.04	0.83 ± 0.03
Fe	n.s.	2.42 ± 0.03	2.7 ± 0.1
Co	***	1.9 ± 0.1 a	2.80 ± 0.03 b
Ni	***	12.6 ± 0.5 a	52 ± 2 b
Cu	n.s.	21.9 ± 0.9	26 ± 2
Zn	n.s.	0.3 ± 0.1	0.319 ± 0.009
Ga	n.s.	2.6 ± 0.2	2.8 ± 0.6
As	n.s.	0.9 ± 0.1	1.04 ± 0.04
Rb	n.s.	1175 ± 59	1249 ± 17
Sr	*	237 ± 9 a	265 ± 7 b
Cs	*	4.6 ± 0.2 a	5.1 ± 0.1 b
Tl	n.s.	0.293 ± 0.009	0.33 ± 0.01
Pb	*	3.8 ± 0.2 a	4.5 ± 0.2 b

[a] Control: the results are based on average values of analysis duplicates. Wood: the results are based on average values of experimental triplicates and analyses duplicates. [b] Means followed by the same letter in a line are not significantly different at the 0.05* or 0.001*** level of significance; n.s. = without significant difference. [b] Control: the results are based on average values of analysis duplicates. Wood: the results are based on average values of experimental triplicates and analyses duplicates.

Concerning ^{87}Sr/^{86}Sr isotopic ratio, the values were of 0.710 ± 0.001 and 0.709 ± 0.001 in Control and Wood, respectively. Under these experimental conditions, the ^{87}Sr/^{86}Sr isotopic ratio of wine was not significantly affected by the wood treatment suggesting that wood ageing does not preclude the use of this parameter as a marker of geographical origin.

Additional results and comprehensive discussion concerning this research are being prepared for publication.

The authors acknowledge the Companhia Agrícola do Sanguinhal Lda, José Maria da Fonseca Vinhos S.A. and Sogrape Vinhos S.A. for providing their facilities regarding the study development; the staff of Membranes Laboratory (Instituto Superior Técnico), Enology Laboratory (Instituto Superior de Agronomia) and Mineral Analysis Laboratory, namely Otília Cerveira (INIAV, Dois Portos) for technical support. This work was supported by the Portuguese National Funding Agency for Science and Technology through the grant SFRH/BPD/93535/2013 and through the research centres LEAF (UID/AGR/04129/2013) and CEFEMA (UID/CTM/04540/2013).

References

[1] R.C. Capo, B.W. Stewart, O.A. Chadwick, Geoderma **82**, 197–225 (1998)

[2] P. Horn, P. Schaaf, B. Holbach, S. Hölzl, H. Eschnauer, Z. Lebensm. Unters. Forsch. **196**, 407–409 (1993)

[3] P. Horn, S. Hölzl, W. Todt, D. Matthies, Isot. Environ. Healt. Stud. **33** (1–2), 31–42 (1997)

[4] C.M. Almeida, M.T.S.D. Vasconcelos, J. Anal. At. Spectrom. **16**, 607–611 (2001)

[5] C.M.R. Almeida, M.T.S.D. Vasconcelos, Food Chem. **85**, 7–12 (2004)

[6] S. Marchionni, E. Braschi, S. Tommasini, A. Bollati, F. Cifelli, N. Mulinacci, M. Mattei, S. Conticelli. S., J. Agric. Food Chem. **61** (28), 6822–6831 (2013)

[7] M. Mercurio, E. Grilli, P. Odierna, V. Morra, T. Prohaska, E. Coppola, C. Grifa, A. Buondonno, A Langella, Geoderma **230–231**, 64–78 (2014)

[8] C. Durante, C. Baschieri, L. Bertacchini, D. Bertelli, M. Cocchi, A. Marchetti, D. Manzini, G. Papotti, S. Sighinolfi, Food Chem. **173**, 557–563 (2015)

[9] P. Martins, M. Madeira, F. Monteiro, R. Bruno de Sousa, A.S. Curvelo-Garcia, S. Catarino, J. Int. Sci. Vigne Vin, **48** (1), 21–29 (2014)

[10] S. Catarino, R. Bruno de Sousa, A.S. Curvelo-Garcia, Origem geográfica. In: A.S. Curvelo Garcia A.S. & P. Barros (eds). Química enológica – métodos analíticos. Avanços recentes no controlo da qualidade de vinhos e de outros produtos vitivinícolas, 513–538. Publindústria, Porto (2015)

[11] OIV. International Code of Oenological Practices. Organisation Internationale de la Vigne et du Vin, Paris (2015)

[12] M. Catarino, A. Mendes, Innov. Food Sci. Emerg. **12** (3), 330–337 (2011)

[13] F. Gonçalves, R. Ribeiro, L. Neves, T. Lemperle, M. Lança, J. Ricardo da Silva, O. Laureano. In: P.-L. Teissedre (coord.). Proc. 1st International Symposium of Oenoviti International Network, 64–67. Bordeaux (2013)

[14] V. Victor, S. Ross, P. Karine, P. André, H. Jean-François, W. David, Procedia Earth and Planetary Science 13, 252-255 (2015)

[15] S. Marchionni, A. Buccianti, A. Bollati, E. Braschi, F. Cifelli, P. Molin, M. Parotto, M. Mattei, S. Tommasini, S. Conticelli, Food Chem. **190**, 777–785 (2016)

[16] OIV. Compendium of International Methods of Wine and Must Analysis I/II, Organisation Internationale de la Vigne et du Vin: Paris, France (2014)

[17] T.C. Somers, M.E. Evans, J. Sci. Food Agr., **28**, 279–287 (1977)

[18] S. Catarino, A.S. Curvelo-Garcia, R. Bruno de Sousa, Talanta, **70**, 1073–1080 (2006)

Grapes from the geographical areas of the Black Sea: Agroclimatic growing conditions and evaluation of stable isotopes compositions in scientific study

Alexander Kolesnov[1] and Natalya Agafonova[2]

[1] Research Laboratory of Food Quality & Technology (PNIL), RUDN University, 117198 Moscow, Russian Federation
[2] National Research Institute of Viticulture and Winemarking « Magarach», 298600 Yalta, Crimea Republic

Abstract. The report considers the agroclimatic conditions in the Black Sea districts of cultivation and processing of grapes - the Black Sea Lowland, the Crimean Peninsula and the South-west coastal areas of the Greater Caucasus. The IRMS/SIRA techniques - Flash combustion (FC-IRMS/SIRA) & Isotopic equilibration (EQ-IRMS/SIRA) - were first applied for the evaluation of carbon and oxygen isotopes ratios in the components of grapes from the Crimean Peninsula. The $^{13}C/^{12}C$ ratios were studied by the FC-IRMS/SIRA in carbohydrates and organic acids in authentic samples of 8 grape varieties from the 2015 harvest. The EQ-IRMS/SIRA was applied to measure the $^{18}O/^{16}O$ ratios in intracellular water of grapes. The measured $\delta^{13}C_{VPDB}$ value ranges from −25.01 to −21.01‰ (for carbohydrates), and from −25.09 to −21.30‰ (for organic acids). To evaluate the extent of biological isotope fractionation the $^{18}O/^{16}O$ ratios were measured in ground water and water of atmospheric precipitates from the Crimean Peninsula. Compared to ground ($\delta^{18}O_{VSMOW}$ from −10.85 to −8.14‰) and atmospheric (average $\delta^{18}O_{VSMOW}$ −2.85‰) waters, the intracellular water of Crimean grape varieties is found to be enriched with ^{18}O isotope. The $\delta^{18}O_{VSMOW}$ value of the grape intracellular water varies from 2.34 to 5.29‰ according to agroclimatic conditions of the season in 2015.

1. Geographical areas of the Black Sea

The Black Sea lowland, the Crimean Peninsula and the South West Coast of Greater Caucasus form a unique cluster of a number of zones of grape cultivation, which agroclimatic conditions are influenced considerably by the Black Sea. The total length of the coastline of these three geographical areas along the Black Sea is about 1,600 km.

The Black Sea is a closed sea of the basin of the Atlantic Ocean. The water border between Europe and Asia Minor passes on a surface of the Sea. The total area of the Black Sea makes 422,000 km^2, water volume – 555,000 km^3 (Fig. 1).

1.1. Black Sea Lowland

There are 8 macrozones and 40 microzones of wine growing with a total area of vineyards of about 51,000 ha. The sum of active temperatures during the grape growing period is 2,800–3,500 °C.

The vineyards are located on normal black earth, middle- and few-humus, hard-loamy, light-clay and light-brackish soils. The total area of the vineyards is 26,477.2 ha. A smaller number of vineyards is located on saline and micellar-carbonate soils.

The varietal composition of grapes is very diverse in this geographical area. Here grow up more than 100 vine and more than 70 table grape varieties. The most famous wine grape varieties include Rkatsiteli, Aligote, Cabernet Sauvignon, Chardonnay, Merlot, Riesling, Saperavi, Sauvignon Green, Odessa Black, Sukholimansky White etc. The known table grapes varieties are Moldova, Muscat Hamburgsky, Muscat Italia, Ranniy Magaracha, Muscat Yantarny and others [1].

1.2. Crimean Peninsula

The total area of the Crimean Peninsula is 27,000 km^2. The main areas of cultivation of grapes are concentrated in 12 major zones, which include, for example, Western Seaside-steppe, Submontane, South Coast, Eastern Steppe and other areas. The total area of vineyards in all zones is about 31,500 ha, of which 28,000 ha are used for cultivation of wine and table grape varieties. The remaining 3,500 ha are used for varietal mixes and little-known grape varieties.

The sum of active temperatures during the grape growing period is 3,500–4,200 °C. The soils, which are typical for the vineyards of the Crimean Peninsula are brown, micellar-carbonate, alluvial pratal soils, as well as the southern black and carbonate earths on eluvium and talus of carbonate rocks.

68 vine and 38 table grape varieties are grown on the Crimean Peninsula. The most common wine grape varieties include Rkatsiteli (30.3% of vineyard's area), Cabernet Sauvignon (11.9%), Aligote (11.1%), Riesling (5.0%), Bastardo Magaratchsky (4.0%), Kokoor White (3.7%) and others (34%). The group of table grapes is formed by the most famous varieties – Moldova (17.7%), Muscat Hamburgsky (13.2%), Muscat Italia (12.8%), Muscat Yantarny (7.9 %), Shabash (7.8%), Ranniy Magaracha (6.0%). There is a number of autochthonic varieties, including Dzhevat Kara (2.3 ha total planted

 DOI: 10.1051/bioconf/20160702004

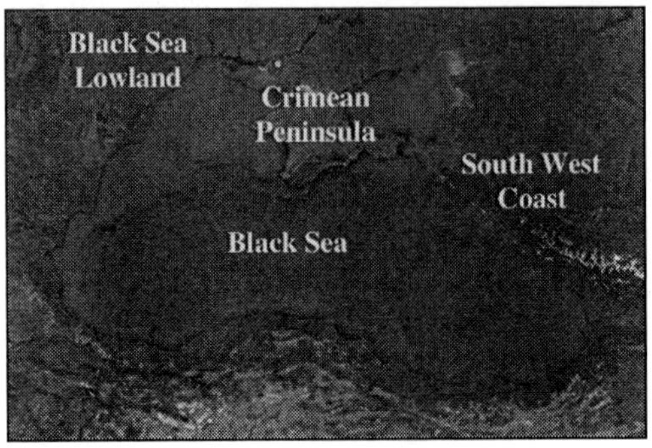

Figure 1. Geographical areas of the Black Sea.

Figure 2. Autochthonic grape variety Kefessia.

area), Ekim Kara (26.6 ha), Kefessiya (55.3 ha), Kok Pandas (3.0 ha) and Kokoor White (918.3 ha) in the Crimean Peninsula [1]. The autochthonic grape variety Kefessiya is shown in Fig. 2.

1.3. South-west coastal areas of the Greater Caucasus

There are three main areas of viticulture in this region -Anapo-Tamansky, Southern Submontane and the Black Sea coastal areas. These zones are the leading areas of viti- and viniculture in the Krasnodar region, in which the total area of vineyards comes to 25,400 ha.

The sum of active temperatures during vegetation exceeds 3,000 °C, and in the Black Sea coastal zone even 4,000 °C. Average annual precipitation ranges from 400 to 1200 mm with uniform distribution by seasons. The soil is heterogeneous. The vineyards are located on chestnut soils, weak-humus black earths, humus-carbonate soils, cement limestones, marl slates, sandstones, gray and brown forest soils.

Wine grape (67%) and table grape (33%) varieties are grown up in the region. The group of main technical varieties includes Pinot Noir, Aligote, Cabernet Sauvignon, Riesling, Saperavi, Sauvignon White, Pink Traminer and Chardonnay. The varieties of domestic selection, including Granatoviy, Teremnoy, Vostochniy, Avgaliya and Barchatniy arrange a significant proportion in the assortment of wine grapes. There is a number of famous autochthonic grape varieties – Krasnostop Zolotovskiy, Krasnostop Anapskiy and Krasnostop AZOS [2-3]. Samples of wines from domestic grapes are shown in Fig. 3.

Figure 3. Wines from the domestic vine varieties (e.g. Krasnostop Zolotovskiy, Krasnostop AZOS, Amurskiy Potapenko and others).

2. IRMS/SIRA[a] study of stable isotopes compositions

Scientific study of compositions of stable isotopes of carbon ($^{13}C/^{12}C$) and oxygen ($^{18}O/^{16}O$) in components of the grapes grown in the Crimean Peninsula was conducted within the framework of the research project[b] in 2015, supported by the Russian Foundation of Basic Research (RFBR). In the same project the natural fractionation of oxygen isotopes ($^{18}O/^{16}O$) was studied in waters from the underground and surface sources, as well as in water of precipitations of the Crimean Peninsula.

The studies were carried out using two types of IRMS/SIRA technique - redox transformation (Flash Combustion - FC-IRMS/SIRA) and isotopic exchange/ equilibration (Equilibration - EQ-IRMS/SIRA). Methodological principles of the FC-IRMS/SIRA and EQ-IRMS-SIRA methods have been described in several publications, including OIV methods [4,5].

2.1. Materials and methods

2.1.1. Grape samples

The samples of the 8 wine grape varieties were used for the study – Furmint, Muscat White, Cabernet Sauvignon, Kefessiya, Ekim Kara, Aligote, Bastardo Magarachsky and Bookovinka. The sampling of the authentic fresh grapes was carried out in 4 viticulture areas of the Crimean Peninsula – Area # 1 (Western Maritime-Steppe area, village Romashkino), Area # 2 (Western Foothills-Maritime area, village Uglovoye), Area # 3 (Western zone of the South Coast area, township Aiy-Danil) and Area # 4 (Eastern Mountain-Valleey Maritime zone of the South Coast area, village Morskoye). The geographical position of all areas are shown in Fig. 4. The total area of sampling vineyards made 571.8 ha. The sampling was conducted according to the requirements described in [1]. The weight of the average sample for each grape variety amounted not less than 20 kg. The maximum amount of precipitations was observed in August and September 2015 in the Area # 4 (77.0 mm), and the minimum – in the Area # 2 (5.2 mm) according to the registered climate data. While the maximum temperature level was also registered in the Area # 4 (144.90 °C), and the minimum – in the Area # 1 (139.30°C).

[a] IRMS/SIRA = Isotope Ratio Mass Spectrometry/Stable Isotope Ratio Analysis.

[b] Research project # 15-34-51208.

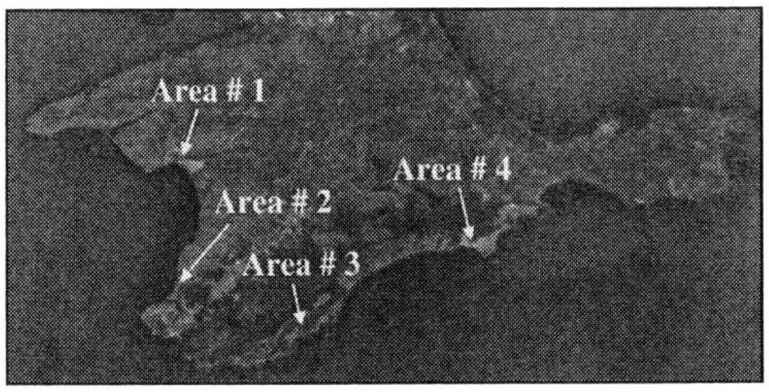

Figure 4. Grape sampling areas in the Crimean Peninsula.

The research program included 11 samples of grapes of the above stated varieties. The fresh musts were obtained under the laboratory conditions by mechanical grape crusher after stemming. The musts were used for later measurements of the composition of the carbon isotopes $^{13}C/^{12}C$ in carbohydrates (sugars) and organic acids by the FC-IRMS/SIRA method (see 2.1.3). The composition of oxygen isotopes $^{18}O/^{16}O$ was studied by the EQ-IRMS/SIRA method directly in the musts without prior isolation of intracellular water from the samples (see 2.1.4).

Gentle conditions for the extraction of musts exclude any changes in the natural composition of carbon and oxygen isotopes in the target components of grapes – carbohydrates (sugars), organic acids and intracellular water. In order to ensure the microbiological stability the musts samples have been pasteurized and filled in glass containers under aseptic conditions. Before the isotopic measurements the must samples were stored at a temperature from 2 to 4°C in sealed sterile glass containers without access of air.

2.1.2. Water samples

To study the composition of stable isotopes of oxygen ($^{18}O/^{16}O$) 4 water samples were taken in three areas of the Crimean Peninsula – two samples of the tap water used for irrigation of vineyards in Areas # 1 & 2, one sample – water from natural underground source used for irrigation of vineyards in the Area # 3, one sample – water from atmospheric precipitations in the Area # 3 (see Fig. 4).

The water samples were stored before the isotopic measurements at a temperature from 2 to 4 °C in sealed sterile glass containers without access of air. The study of natural fractionation of stable oxygen isotopes ($^{18}O/^{16}O$) in the surface and underground waters as well as in water of atmospheric precipitations was carried out on the basis of the RFBR the project # 15-34-51208 for the first time in the history of meteorological observations in the Crimean Peninsula.

2.1.3. FC-IRMS/SIRA method for $\delta^{13}C_{VPDB}$ analysis

The study of fractionation effect of the stable isotopes of carbon ($^{13}C/^{12}C$) in grape components – carbohydrates (sugars) and organic acids using the EQ-IRMS/SIRA method was carried out by using of the following laboratory facilities for stable isotopes measurements:

(A) an elemental analyzer with the combined oxidation-reduction reactor Flash 2000HT® (Thermo Fisher Scientific, Germany) and autosampler Costech® (Costech, USA);

(B) an isotopic interface ConFlo IV® (Thermo Fisher Scientific, Germany);

(C) an IRMS/SIRA isotopic mass spectrometer Delta V Advantage® (Thermo Fisher Scientific, Germany);

(D) a gas system for the supply of the analytical devices with highly purified gases Sigm-Plus® (Sigm-Plus Ltd., Russian Federation);

(E) a PC workstation Optiplex 960® (Dell, USA) for data registration and processing by the high level software Isodat 3.0® (Thermo Fisher Scientific, Germany).

The reference substance IAEA-CH-6 (Sucrose, $\delta^{13}C = -10.449$ ‰) was used for the calibration of the working reference gas (WRG) – carbon dioxide 99.9999% (Linde Gas RUS, Russian Federation). The high purity helium 99.9999% (Linde Gas RUS, Russian Federation) was used in the study as carrier gas.

Sample preparation – extraction and purification of carbohydrates (sugars) and organic acids from musts obtained from fresh grapes – was performed according to the method described in [6]. The isolated and purified preparations of carbohydrates (sugars) and organic acids were freeze-dried at −50 °C in the laboratory liophile facility VaCo 2® (Zirbus Technology, Germany). The preparations were stored at a temperature no higher than −20 °C in a sealed glass container.

Measurements of composition of stable carbon isotopes in carbohydrates (sugars) and organic acids in prepared samples were conducted using redox transformations (flash combustion) of organic matter in elemental gases. The carbon contained in the complex organic matter is almost completely transformed into the carbon dioxide gas molecules formed during the redox reaction under extreme temperatures (e.g., ≥ 1000 °C) and in the presence of both bound and free molecular oxygen according to the general combustion Eq. (1):

$$[C_nH_xO_y] + (n + 0,25x - 0,5y)O_2 \longrightarrow nCO_2 + 0,5xH_2O. \quad (1)$$

The carbon isotopes ^{13}C & ^{12}C which are a part of the organic matter will form the structure of the isotopomers of CO_2 which are generated during the combustion. Thus, the measurement of carbon dioxide molecules with masses of 44 and 46 allows the quantification of the carbon isotopes and calculation the $\delta^{13}C_{VPDB}$ value, which characterize the ratio of carbon isotopes ^{13}C and ^{12}C in test sample material relative to the selected reference substance (e.g. IAEA-CH-6 Sucrose).

The above mentioned laboratory facilities have been used for isotope measurements. All measurements were carried out taking into account guidelines published in [4,7–9]. Joint hinges of preparations of carbohydrates (sugars) or organic acids containing from 40 to 100 ng of carbon were placed in tin capsules before carrying out the measurements. The capsules were thoroughly covered with the help of microtweezers, providing its full integrity and eliminating the contact of organic matter with the atmospheric air. The encapsulated hinges (in five replicates for each sample) were placed into the autosampler mounted on the redox reactor of the elemental analyzer (A). Along with the hinges of carbohydrates (sugars) or organic acids the encapsulated reference substance was loaded into the autosampler for control of reliability of measurement's results.

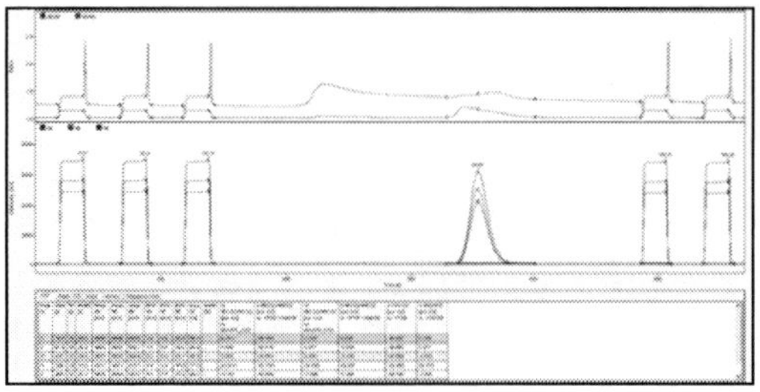

Figure 5. Typical registration module of results of the carbon isotopes $^{13}C/^{12}C$ measurement by the FC-IRMS/SIRA method.

The conditions of carring out measurements of isotope composition of carbon in the preparations of carbohydrates (sugars) and organic acids by using the stated above laboratory facilities corresponded to the optimum modes which are developed during the preliminary runs. Quantitative combustion of carbohydrates (sugars) and organic acid was performed in a helium flow (flow rate 100 ml/min) in the redox reactor of the elemental analyzer (A) at a temperature of 1020 °C in the presence of molecular high purity oxygen 99.999% (Linde Gas RUS, Russian Federation). The separation of elementary gases resulting from the combustion of carbohydrates (sugars) or organic acids preparations in the redox reactor was carried out in automatic mode by the chromatographic purification in the elemental analyzer (A). Water contained in the gas flow was removed by the trap column filled with the magnesium perchlorate.

For the quantitative measurement of carbon isotopes $^{13}C/^{12}C$, the isolated carbon dioxide is directed through isotopic interface (B) to the IRMS/SIRA mass spectrometer Delta V Advantage® (C). Accelerating voltage of the mass spectrometer was 3.07 kV, pressure in the ion source -1.8×10^{-6} kPa, ionization method – electron impact (electron energy 124 eV). The IRMS/SIRA mass spectrometer Delta V Advantage® has five detectors - Faraday cups, three of them carry out simultaneous continuous monitoring of the signal $[CO_2]^+$ for the three major ions with masses 44 ($^{12}C^{16}O^{16}O$), 45 ($^{13}C^{16}O^{16}O$ and $^{12}C^{17}O^{16}O$) and 46 ($^{12}C^{16}O^{18}O$, $^{12}C^{17}O^{17}O$ and $^{13}C^{17}O^{16}O$).

During the measurement cycle the WRG calibrated against a reference substance IAEA-CH-6 is introduced into the mass spectrometer – three portions WRG at the beginning of the cycle and two portions WRG at the end. Measurement of each sample was performed in five replicates. For subsequent calculation of the $\delta^{13}C_{VPDB}$ value (‰), the intensities of the impulses of the carbon dioxide masses 46 and 44 should be used. Registration and processing of measurements results, as well as control for all devices of the analytical system is done via a PC workstation (E). The typical registration module is shown in Fig. 5.

The calculation is based on the formula (1) and performed by the Isodat 3.0® software after registration of measurement's data:

$$\delta^{13}C_{VPDB} = \left[\frac{\left(\frac{^{13}C}{^{12}C}\right)_{\text{sample}} - \left(\frac{^{13}C}{^{12}C}\right)_{\text{reference}}}{\left(\frac{^{13}C}{^{12}C}\right)_{\text{reference}}} \right] \times 1000 \tag{2}$$

where $(^{13}C/^{12}C)_{sample}$ – carbon isotopes ratio in carbohydrates (sugars) or organic acids of test samples, $(^{13}C/^{12}C)_{reference}$ – carbon isotopes ratio in reference substance.

The conducting of a simultaneous correction of measured values of signal strength is an important aspect for control of accuracy of results to exclude the possible influence of isobars $^{12}C^{17}O^{17}O$ and $^{13}C^{17}O^{16}O$ which share is determined at the hardware level by the measurement of a signal of carbon dioxide of mass 45 taking into account the extent of the distribution of the isotopes ^{13}C and ^{17}O in the nature (respectively 1.11 and 0.0375%).

2.1.4. EQ-IRMS/SIRA method for $\delta^{18}O_{VSMOW}$ analysis

The study of fractionation effect of the stable isotopes of oxygen ($^{18}O/^{16}O$) in the intracellular water in grapes (musts) and water samples (Sects. 2.1.1 & 2.1.2) using the EQ-IRMS/SIRA method was carried out by using of the laboratory facilities for stable isotopes measurements:

(A) a module used for sample preparation for the analysis (Thermo Fisher Scientific, Germany);

(B) a control unit for chromatographic purification and samples injection Gasbench II® (Thermo Fisher Scientific, Germany);

(C) an IRMS/SIRA isotopic mass spectrometer Delta V Advantage® (Thermo Fisher Scientific, Germany);

(D) a gas system for the supply of the analytical devices with highly purified gases Sigm-Plus® (Sigm-Plus Ltd., Russian Federation);

(E) a PC workstation Optiplex 960® (Dell, USA) for data registration and processing by the high level software Isodat 3.0® (Thermo Fisher Scientific, Germany).

The reference substance IAEA-CH-6 (Sucrose, $\delta^{13}C = -10.449$‰) was used for the calibration of the working reference gas (WRG) – carbon dioxide 99.9999% (Linde Gas RUS, Russian Federation). The additional reference substances (all from the IAEA, Austria) with known composition of oxygen isotopes $^{18}O/^{16}O$ were used for adjustment of measurement's results: VSMOW2 (Vienna-Standard Mean Ocean Water, $\delta^{18}O = 0.00$‰); GISP (Greenland Ice Sheet Precipitation, $\delta^{18}O_{VSMOW} = -24.76$‰); SLAP2 (Standard Light Antarctic Precipitation, $\delta^{18}O_{VSMOW} = -55.50$‰).

High purity gases were used in the study – flushing gas – helium 99.9999%, containing 0.4–0.5% of high purity carbon dioxide (99.9999%), carrier gas - helium 99.9999% (all from Linde Gas RUS, Russian Federation).

Sample preparation for the direct measurement of oxygen isotopes in intracellular water was carried out by isotopic equilibration technique (EQ-IRMS/SIRA method). For isotopic equilibration reaction, 0.500 ml of grape must or 0.200 ml of water was added into a 12 ml round-bottom borosilicate glass vial. The tubes were hermetically sealed by disposable screw cap with Teflon-silicone membrane. 0.200 ml of reference substances VSMOW2, GISP and SLAP2 were added separately in similar tubes.

To carry out measurement, we formed series (groups) of tubes. Each group included the required number of sample tubes and test tubes with reference substances. A batch of tubes was placed in the cells of the sample preparation module (*A*). Results of preliminary experiments on the duration of the isotopic equilibration reactions show that the equilibrium state occurs after at least 18 hours. The optimum temperature for the reaction was 24.0 ± 0.1 °C.

The reaction of an isotopic exchange in closed systems under controlled conditions (e.g. compostion of the gas phase, temperature and duration) can be described as the following general Eq. (3):

$$^{12}C^{16}O^{16}O + {}^{1}H^{1}H^{18}O \leftrightarrow {}^{12}C^{16}O^{18}O + {}^{1}H^{1}H^{16}O$$
$$m = 44 \quad m = 20 \quad m = 46 \quad m = 18. \qquad (3)$$

According to equation isotopic exchange occurs between the molecules of carbon dioxide contained in the closed volume of the controlled gas environment and water molecules, including molecules of the water which is a part of the studied liquid object. For example, in this system one oxygen atom with atomic mass of 16 from a carbon dioxide molecule of mass 44 is replaced with one oxygen atom with atomic mass of 18 from a water molecule when interacting in the gas phase with increasing mass of a carbon dioxide molecule up to 46. Measurement of carbon dioxide molecules with masses of 44 and 46 allows the quantification of the oxygen isotopes ^{18}O and ^{16}O and calculation of the $\delta^{18}O_{VSMOW}$ value for the water contained in the liquid object.

At the end of the isotope exchange reaction the gas mixture from each tube was transferred to the control unit Gasbench II®(*B*). Gas mixture was dried over by molecular sieve membrane Nafion® and transferred to the gas chromatograph installed in the control unit Gasbench II®(*B*). Chromatographic separation is carried out in helium flow (2 ml/min), column used – PLOT Fused Silica, stationary phase CP-PoraPLOT Q, length 25 m, diameter 0.32 mm (Varian, USA), column temperature 70°C. Temperature of samples in the sample module (1) was maintained at a constant level of 24.0 ± 0.1 °C until the end of the measurements.

Quantitative measurements of oxygen isotopes $^{18}O/^{16}O$ were performed according to conditions described above in the section 2.1.3 and in [10]. During the measurement cycle the WRG calibrated against a reference substance IAEA-CH-6 is introduced into the mass spectrometer – five portions WRG at the beginning of the cycle and three portions WRG at the end. Measurement of each sample was performed in triplicate in series of 10 impulses. For subsequent calculation of the $\delta^{18}O_{VSMOW}$ value (‰), the intensities of 7, 8 and 9th impulses of the carbon dioxide with masses 46 and 44 should be used. Registration and processing of measurements results, as well as control for all devices of the analytical system is done via a PC workstation (*E*). The typical registration module is shown in Fig. 6.

The results of measurements calculated according to the formula (1) on the basis of the recorded signals for the masses 44 and 46 are subjected to further adjustment. This adjustment takes into account the linear relationship between the values $\delta^{18}O_{VSMOW}$ of used reference substances VSMOW2, GISP, SLAP2 and the values measured for these references in each batch of samples.

The correlation coefficient of the linear dependence must be not lower than 0.99999. Otherwise, the

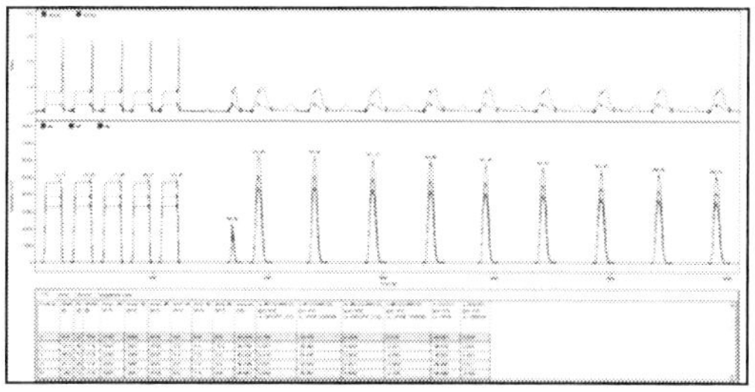

Figure 6. Typical registration module of results of the oxygen isotopes $^{18}O/^{16}O$ measurement by the EQ-IRMS/SIRA method.

measurement for a particular series of samples, including measurements of reference substance included in this batch, have to be repeated until the above conditions are met.

We should also comment on the mass balance of isotopic exchange reactions. In the methodology of the isotopic equilibration used here, the volume of gas and quantity of water-containing sample are very important, because the final result of the study – value of the $\delta^{18}O$ parameter – will depend on the isotope composition in the gas and in the sample. According to the procedure, water-containing samples and gases of high purity are used to create an equilibrium system. The mixture of helium and carbon dioxide is regarded as an ideal gas. For example, if the sample volume is 1 ml, the oxygen atoms concentration in the aqueous phase is 10,000 times greater than the oxygen atoms concentration in the gas phase. This amount is more than sufficient to initiate and maintain the velocity of isotopic reaction under given conditions up to its equilibrium state, which eventually provides the equivalence of the oxygen isotopes composition of the liquid and gas phases. Thus, if a liquid sample volume used in the isotopic exchange reaction ranges from 0.200 to 1.000 ml (e.g., 0.200 ml in the case of the sample, which does not contain dissolved solids, such as pure water; 0.500 ml in the case of must, juice or wine), the calculation of mass balance is not required [10].

3. Results and discussion

3.1. Compositions of stable isotopes in grapes and waters of the Crimean Peninsula

The results of measurements of isotope compositions of stable carbon & oxygen isotopes presented as $\delta^{13}C_{VPDB}$ and $\delta^{18}O_{VSMOW}$ values, are shown below in Tables 1–4. The tables contain the average values obtained in a batch of five parallel determinations of carbon isotopes measurements for carbohydrates (sugars) and organic acids of each studied grape variety, as well as in a batch of three parallel determinations of oxygen isotopes measurements in the intracellular water of each grape variety and water samples from surface, atmospheric and underground sources.

The expanded measurement uncertainty (EMU) of each batch of determinations did not exceed 0.6‰ (for carbon isotopes) and 0.11‰ (for oxygen isotopes). For the calculation of the EMU the coverage factor of 2 was used that corresponds to a confidence level of 95%.

Table 1. Composition of stable carbon isotopes ($^{13}C/^{12}C$) in carbohydrates (sugars) of grape varieties from selected areas of the Crimean Peninsula (crop of 2015).

Grape variety	Area #[1]	$\delta^{13}C_{VPDB}$, ‰	EMU, ‰
Furmint	3	−23.58	0.19
Musat White	3	−22.83	0.05
Cabernet Sauvignon	3	−22.24	0.09
Musat White	1	−24.91	0.10
Cabernet Sauvignon	1	−21.85	0.52
Kefessiya	4	−25.01	0.25
Ekim Kara	4	−21.01	0.34
Aligote	2	−25.00	0.15
Cabernet Sauvignon	2	−22.80	0.18
Bastardo Magarachsky	3	−24.78	0.45
Bookovinka	4	−23.92	0.34

Notes to the Table 1:

[1] For area's numbers see 2.1.1 and Fig. 4.

Table 2. Composition of stable carbon isotopes ($^{13}C/^{12}C$) in organic acids of grape varieties from selected areas of the Crimean Peninsula (crop of 2015).

Grape variety	Area #[1]	$\delta^{13}C_{VPDB}$, ‰	EMU, ‰
Furmint	3	−24.34	0.19
Muscat White	3	−22.71	0.32
Cabernet Sauvignon	3	−22.21	0.13
Muscat White	1	−24.83	0.15
Cabernet Sauvignon	1	−22.11	0.35
Kefessiya	4	−25.09	0.20
Ekim Kara	4	−21.30	0.09
Aligote	2	−24.88	0.05
Cabernet Sauvignon	2	−23.24	0.14
Bastardo Magarachsky	3	−24.66	0.25
Bookovinka	4	−23.99	0.09

Notes to the Table 2:

[1] For area's numbers see 2.1.1 and Fig. 4.

Table 3. Composition of stable oxygen isotopes ($^{18}O/^{16}O$) in intracellular water of grape varieties from selected areas of the Crimean Peninsula (crop of 2015).

Grape variety	Area #[1]	$\delta^{18}O_{VSMOW}$, ‰	EMU, ‰
Furmint	3	3.04	0.01
Musat White	3	3.23	0.01
Cabernet Sauvignon	3	4.21	0.001
Musat White	1	4.69	0.01
Cabernet Sauvignon	1	5.19	0.04
Kefessiya	4	3.11	0.02
Ekim Kara	4	5.29	0.08
Aligote	2	2.77	0.02
Cabernet Sauvignon	2	2.34	0.01
Bastardo Magarachsky	3	3.31	0.03
Bookovinka	4	3.89	0.01

Notes to the Table 3:

[1] For area's numbers see 2.1.1 and Fig. 4.

3.2. Conclusions

Summarizing the data clusters obtained within the research project # 15-34-51208 on the grape's samples taken during the harvesting period of 2015 in the Crimean Peninsula, allows to set the ranges of the natural fractionation of stable carbon and oxygen isotopes in components of this plant which belongs to the group of angiosperms dicotyledons of the C3 pathway of photosynthesis:

$\delta^{13}C_{VPDB} = -25.01 \ldots -21.01‰$ (for grape's carbohydrates (sugars));

$\delta^{13}C_{VPDB} = -25.09 \ldots -21.30‰$ (for grape's organic acids);

$\delta^{18}O_{VSMOW} = 2.34 \ldots 5.29‰$ (for grape's intracellular water).

The results of our research characterizing the fractionation of carbon isotopes in native carbohydrates (sugars) and organic acids and also oxygen isotopes in intracellular water correlate well with the published data of other researches of stable isotopes compositions in components of grapes and products of its processing (e.g., wines), which were conducted in other geographical regions with similar agroclimatic conditions, including the sum of active temperatures from 3500 to 4500 °C (>10 °C), an amount of precipitation from 200 to 900 mm, frequent water deficiency and an irregular irrigation (or total absence of that) during the vegetative period. For example, it was shown that the carbohydrates (sugars) of grapes which are grown up in the conditions of water deficiency and high level of active temperatures are enriched by "heavy" ^{13}C carbon isotopes. In this case the $\delta^{13}C_{VPDB}$ reaches maximum values from $-21,0$ to $-20,0‰$ [11–13]. In our study the width of the range of values for natural carbohydrates (sugars) in 8 grape varieties amounts to 4‰.

The results obtained for grapes from the sampling Areas # 1 & 2 (Fig. 4) of the Crimean Peninsula, which show a significant difference of 55% in fractionation of oxygen isotopes in the intracellular water between $\delta^{18}O_{VSMOW}$ values, can represent a certain scientific basis for planning and carrying out further work to supplement the available experimental data. Carbohydrates (sugars) and organic acids of grape varieties from the Crimean Peninsula regarding the carbon isotope composition are almost equivalent in accordance with the experimental data from this study, taking into account the quantitative levels of measurement uncertainty. In this part the results of the study correlate well with published data from other scientific researches. For example, according to [14], the difference between the $\delta^{13}C_{VPDB}$ values for sugars and acids from the C3-plants ranges from -1.5 to $0.5‰$.

The experimental data about fractionation of stable oxygen isotopes in water of three areas in the Crimean Peninsula (Western Maritime-Steppe area,

Table 4. Composition of stable oxygen isotopes ($^{18}O/^{16}O$) in water samples from selected areas of the Crimean Peninsula (study of 2015).

Sample description	Area #[1]	$\delta^{18}O_{VSMOW}$, ‰	EMU, ‰
Tap water	1	−9.71	0.11
Tap water	2	−10.85	0.07
Water of atmospheric precipitations	3	−2.85	0.04
Water from the underground source	3	−8.14	0.04

Notes to the Table 4:

[1] For area's numbers see 2.1.2 and Fig. 4.

Western Foothills-Maritime area, Western zone of the South Coast area) are first obtained within a scientific study. The research results for three samples show the $\delta^{18}O_{VSMOW}$ values, which are characteristic for the natural fractionation of oxygen isotopes in the geological underground waters. The obtained research data can be used for an assessment of influence of technogenic factors (e.g., use of water in wine production) on the quantitative level of $\delta^{18}O_{VSMOW}$ in commercial products. For example, the extension of wine with water will lead to a general decrease in the quantity of "heavy" oxygen ^{18}O isotope and, consequently, to a decrease in the $\delta^{18}O_{VSMOW}$ level.

The average value of measured $\delta^{18}O_{VSMOW}$ in one water sample of the atmospheric precipitations from the Western zone of the South Coast area in the Crimean Peninsula was equal to −2.85‰. This is consistent with the fundamental regularities of the fractionation of oxygen and hydrogen isotopes in water cycle in coastal tropics and subtropics areas of seas and oceans. Concerning levels for so-called "Standard Mean Ocean Water" ($\delta^{18}O = 0$‰, $\delta D(^2H) = 0$ ‰) the theoretically possible values for $\delta^{18}O_{VSMOW}$ (oxygen) and $\delta D(^2H)_{VSMOW}$ (hydrogen) of atmospheric water in coastal zones will amount to −3.0 and −14.0‰ respectively. On the basis of the experimental $\delta^{18}O_{VSMOW}$ level for the sample of the atmospheric water from our study the $\delta D(^2H)_{VSMOW}$ value can be calculated by using of the specified Craig's equation [15], which will amount to −12.37‰. Thus, water of the atmospheric precipitations in the Western zone of the South Coast area of the Crimean Peninsula match the level of enrichment of water's molecules with the "heavy" oxygen isotope ^{18}O, which is typical for the coasts of seas and oceans.

The results of the study can be used in practice for quality assessment, including identification of commercial products offered on national and international foodstuffs markets, for example, wines from the regions with a Geographical Indication (GI) or Designation of Origin (DO). This assessment using IRMS/SIRA stable isotope technique can be carried out within the existing systems for evaluation of the quality of products for the detection of adulterations. The evaluation of the isotopic composition of carbon and oxygen can support the analytical determination of the geographical origin of products, which has practical importance for international trade. However, in applying the results of this study, including above shown intervals of $\delta^{13}C_{VPDB}$ and $\delta^{18}O_{VSMOW}$ for grapes from the Crimean Peninsula, for example, when planning a scientific or an applied work, it is necessary to take into account interrelations of the obtained experimental data with agroclimatic conditions of cultivation and harvest of 2015, and also to consider the size of a data matrix which is defined by a quantity of samples, climate peculiarities sampling areas and grape varieties.

Studies of biological fractionation of stable isotopes of light elements in components of grapes from the Crimean Peninsula, South West Coast of the Greater Caucasus and other vine growing regions will be continued on the basis of ongoing basic and applied research programs.

The authors thank the Russian Foundation of Basic Research for support of this IRMS/SIRA study, Wine-growers and Wineries from the Crimean Peninsula for assistance with sampling of authentic grapes, Colleagues from the Magarach Institute for their enthusiastic support of this research.

References

[1] Г. *Технология виноградных вин* (Таврида, Симферополь, 2001) / G. Valuyko, *Technology of grape wines* (Tavrida, Simferopol, 2001)

[2] Electronic data on viti- and viniculture in the Krasnodar region available online at the http://www.vitis.ru, last accessed on September, 01 2016

[3] *Государственный реестр охраняемых селекционных достижений* (ФГБНУ «Росинформагротех», Москва, 2016) / *State Register of Protected Selection Achievements* (FGBNU «Rosinformagrotekh», Moscow, 2016)

[4] *Method OIV-MA-AS312-06* (2001)

[5] *Method OIV-MA-AS2-12* (2009)

[6] *BS DD ENV 12140:1997-02-15* (1997)

[7] А. Колеснов, И.Филатова, О. Малошитская, М. Зенина, И. Питрюк, Напої. Технології та Інновації **10**, 48–51 (2015) / A. Kolesnov, I. Filatova, O. Maloshitskaya, M. Zenina, I. Pitruyk, Beverages. Technologies & Innovations **10**, 48–51 (2015)

[8] А. Колеснов, И. Филатова, О. Малошицкая, М. Зенина, И. Питрюк, Напої. Технології та Інноваці **11**, 54–57 (2015) / A. Kolesnov, I. Filatova, O. Maloshitskaya, M. Zenina, I. Pitruyk, Beverages. Technologies & Innovations **11**, 54–57 (2015)

[9] *Finnigan Elemental Analyzer. Operating Manual* (Thermo Electron Corporation, Carbon Measurement, 5-1…5-20, 2010)

[10] *Gasbench II. Operating manual* (Thermo Fisher Scientific, Revision A-1118343: 5-33-5-39, 5–42, 2009)

[11] J.-P. Gaudillere, C. Van Leeuwen, N. Ollat, J. Exp. Bot. **53**, 757–763 (2002)

[12] S. Gomez-Alonso, E. Garcia-Romero, Aust. J. Grape Wine Res. **16**, 283–289 (2010)

[13] N. Christoph, BIO Web of Conferences **5**, 02020 (2015)

[14] *Code of practice of the European Fruit Juice Association* (2014)

[15] H. Craig, Science **133**, 1702–1703 (1961)

DOI: 10.1051/bioconf/20160702005

Aromatic characterization of brazilian sparkling wines using olfactometry and a sensory panel

Marcos Gabbardo[1], Franco Battistutta[2], Esther Theisen Gabbardo[3], Lara Tat[2], e Emilio Celotti[2]

[1] UNIPAMPA Campus Dom Pedrito, 96450-00 Rua 21 de abril, 80 Dom Pedrito-RS, Brazil
[2] UNIUD Departimento di Scienza degli Almineti, 33100 via Sondrio 8, Udine-FVG, Italy
[3] Guatambu, Estância do Vinho, 96450-000, Km 265 BR-392, Dom Pedrito-RS, Brazil

Abstract. Brazilian sparkling wines, which currently account for 30% of the national production of fine wines, have been traditionally produced in the southern region since the 1910s. The objective of the present study was to establish sparkling wine typicality via aroma characterization by comparing quantitative and descriptive techniques for the main aromatic compounds. Sparkling wines from the major producing regions of Brazil were tested by two sensory panels, followed by gas chromatography analysis that allowed elucidation of their aromatic basis. Solid-phase microextraction was used for the extraction of the compounds, followed by detection using gas chromatography (GC), olfactometry and mass spectrometry (MS). Olfactometry and gas chromatography-mass spectrometry (GC-MS) identified 25 aromatic areas and 26 aromatic compounds, respectively. Fruity and floral aromas were highlighted by olfactometry. Most often, Brazilian and Italian sensory analysis panels cited pineapple and roasted or apple and fruit individual descriptors, respectively.

1. Introduction

Brazilian sparkling wines are the product of excellence for Brazilian winemaking, as recognized by awards in international enological contests and an increase in production and sales; currently, sparkling wines account for 30% of the fine wine production in Brazil.

Over the past 10 years, worldwide production and consumption of sparkling wines has increased by 40% and 30%, respectively. In 2013, 17.6 million hectoliters of sparkling wine (7% of the total wine production) were produced worldwide. In Brazil, sparkling wine production increased 248% over the past 10 years, holding an 80% share of the domestic market wine [1].

Brazilian sparkling wines are traditionally produced in the Serra Gaúcha region using traditional methods and the Charmat method. Products with the characteristics of young wines up to the extended maturation of the lees are sought. The most commonly used varieties are Chardonnay, Pinot Noir and Riesling Italico. The resulting wines primarily fall under the Brut classification, with mean sugar contents of $8\,g.L^{-1}$ [2]. The Campanha Gaúcha region, which is located next to Uruguay, has gained prominence in recent years for the production of sparkling wines, and it primarily uses the traditional method. Aromatic chemical compounds contribute to the typicality of Brazilian sparkling wines. Because of its complexity and significance at the time of consumption, it is necessary to understand the aromatic composition of these wines and what compounds actually contribute to product quality. For compounds to be perceived by the olfactory organ, they must be volatile, soluble, aromatic, and present in perceivable concentrations. The aroma is evaluated in terms of intensity, fineness and persistence.

Gas chromatography combined with olfactometry (GC-O), also known as "sniffing", is a major breakthrough that allows the identification and quantification of the main compounds that have an olfactory impact in wines. GC-O quantifies the impact of odorous compounds in foods using the human nose as a detector [3,4]. It provides an understanding of the chemical basis of the aroma; however, not all of the wines produced worldwide have been evaluated using this technique.

The human nose is typically more sensitive than any instrument detector, and olfactometry is considered a powerful tool for measuring any odoriferous compound [3]. Traditional sensory analysis is performed using consolidated international evaluation criteria.

Furthermore, the characterization of the volatile fractions from wines has significantly evolved with the use of gas chromatography coupled to mass spectrometry (GC-MS). This technique allows the exact determination of compound profiles and quantities of the wine volatile fractions [5] but not their impact. Hence, the importance of GC-O associated with descriptive sensory analysis [6] serves as a comparison between classical sensory analysis and the individual quantification performed by GC-MS.

The objective of the present study was to determine the main active aromatic compounds in Brazilian quality sparkling wines and the profile of volatile compounds that have a sensory impact in the wines. We used sensory panels of trained evaluators in Brazil and Italy, GC-MS and GC-O to identify the volatile compounds that have an impact on human senses.

2. Materials and methods

Six Brazilian sparkling wines from the Campanha Gaúcha (2 samples) and Serra Gaúcha (4 samples) regions were

 DOI: 10.1051/bioconf/20160702005

analyzed. Three samples were produced using traditional methods, and three were produced using the Charmat method. They were elaborated from different cultivars, including Chardonnay, Pinot Noir and Riesling Italico. All of the wines were classified as Brut.

Sparkling wines were kept at 4 °C for analysis. After the bottles were opened, 10 mL of each sparkling wine was used for aroma extraction using solid-phase microextraction (SPME). The sparkling wines were placed in a 50 mL glass vial with septum screwcaps; 2.5 g of sodium chloride and a magnetic stirrer were added to the vial to facilitate aroma release. After capping, the vial was placed in a glass beaker that contained water at 40 °C, which was maintained using a heating plate, and magnetic stirring was performed for 15 minutes. A divinylbenzene/carboxen/polydimethylsiloxane three-phase fiber, which is ideal for identifying aromas in wine [7], was exposed to the head space for 15 minutes. Then, the fiber was placed in the chromatograph injector for 2 minutes at 250 °C for desorption of volatile compounds for GC-O.

GC-O was used to identify the significant olfactory areas. The effluent at the end of the chromatographic column was split in two using a Y-connector, which directed part of the flow towards either the flame ionization detector (FID) or the olfactometric detector. For the latter, in addition to the GC effluent, a stream of humidified air and nitrogen was placed at the column outlet to move the analytes to the top towards the "nose". The GC effluent was continuously inhaled by three evaluators (two women and one man) over 10 minute cycles in duplicate to avoid fatigue. When an aroma was detected, the operator pressed a button that generated an electrical pulse, and the operator attempted to recognize the aroma (e.g., fungal aroma, vanilla aroma, etc.) and classify the intensity of the perceived sensation (weak, mild and intense).

For the GC-O analysis, a Carlo Erba HRGC 8560 Mega Series 2 gas chromatograph was used. The instrument was equipped with an Econo-PAC column (CE-wax) from Alltech (30 m × 0.25 mm i.d., 12:25 film thickness). The operating conditions were as follows: a 250 °C injector temperature, a 240 °C detector temperature, splitless injection mode for 70 sec, helium carrier gas, and a 35 cm/sec linear velocity. The oven temperature conditions included 40 °C for 5 min, a temperature ramp from 40 °C to 240 °C at 4 °C/min, and a final isothermal holding time of 7 min at 240 °C.

The volatile aromatic fraction was determined via SPME-GC-MS using a three-phase 2 cm fiber (Supelco) at a sampling temperature of 40 °C for 15 minutes. Samples were analyzed in duplicate using a GC system (Agilent Technologies Italia S.p.A., Cernusco sul Naviglio, MI, Italy) that comprised an auto sampler (Agilent PAL RSI 85) with 45 slots, a gas chromatograph (GC Agilent 7890B) equipped with two columns (DB-5MS and VF-WAX, both 30 m × 0.25 mm i.d., film thickness 0.5 μm), and a mass spectrometer (Agilent 5977A) that included an electron impact source and a quadrupole analyzer.

The conditions for GC included an isothermal start at 40 °C for 5 minutes, followed by a temperature ramp from 40 °C to 240 °C at 4 °C/min and a final isothermal holding time of 10 minutes at 240 °C. The conditions also included a 250 °C injector temperature, helium carrier gas at a flow rate of 1 mL/min, purge-less, splitless injection mode, injection in a VF-WAX column, 175 °C and 150 °C source and quadrupole temperatures, respectively, and a 280 °C transfer line temperature.

The mass spectrometer operated in SCAN mode (with a scan range of m/z 30-350). The volatile compounds were identified using the NIST 08 Mass Spectral Library and via comparison with the literature. Agilent MassHunter Qualitative Analysis B.06.00 was used for data acquisition and processing, and mean values were calculated using Excel® 2013.

An open form was used for the sensory evaluation to describe the olfactory portion using the main aromatic descriptors. The Brazilian evaluation panel consisted of 12 evaluators (5 men and 7 women) with a background in Enology and at least 3 years of experience in wine evaluation. The Italian panel also comprised 12 trained evaluators (6 men and 6 women) who were participants in a wine tasting group. The evaluators were asked to assign up to 4 aromatic descriptors to describe the perceived aroma of each sample.

The descriptors obtained were classified into 10 categories: fruity, roasted, sweet, nutty, milk/yeast, flour, defective, floral, herbaceous/plant and others. The top five categories were ranked by the number of sample descriptors and their overall percentage. The most representative specific descriptor of the most representative categories of a given sample was highlighted (particularly the number of times it was described) to characterize the typicality of each sparkling wine. Each evaluator panel (Brazil and Italy) performed the classification separately.

3. Results and discussion

The association between the olfactometric ratings and GC enabled the identification of 25 different areas (Table 1), which were each characterized by the evaluation panels in different intensities and with various aromatic descriptors. Thirteen areas were classified as "intense" by some evaluators, which highlighted their importance in the aromatic profile.

The majority of aromatic areas were associated with fruit descriptors, but floral aromas were also emphasized; these aromas often contribute to the elegance of sparkling wine and are highly valued by both consumers and experts [8]. Vegetative aromas were also described, especially for the retention times of 14.7 and 22.7 min, and are likely related to hexanol and pyrazines, which have a low perception threshold that enables their individualization in wine sensory analysis.

Some unpleasant aroma descriptors were ascribed to the products, including unpleasant, chicken stock, and sulfury aromas. These descriptors often mask qualitative aromas in sparkling wines [9] and are not described by panels of evaluators; thus, an olfactometry study can help producers enhance the product's qualitative aromas by limiting the amount of these compounds during processing.

Table 2 summarizes the GC-MS results. The ester found in the highest concentrations was ethyl acetate, with a similar value to that found by [10] in aged Cavas. Sparkling wine 5 exhibited the highest mean value, which was almost double that of the lowest value in sparkling wine 6. Ethyl octanoate concentrations varied significantly, with sparkling wine 2 containing three times the amount

Table 1. Gas chromatography-olfactometry identification of aroma descriptors and their intensities in Brazilian sparkling wines.

RT†	Aromatic descriptors used by the evaluators	Maximum descriptor aromatic level for each sparkling wine (Intense, Medium and Wispy)					
		SW1	SW2	SW3	SW4	SW5	SW6
5.8	Strawberry, creamy, sweet	I	I	I	I	W	I
6.3	Sweet, floral	M	M	I	I	M	I
7.8	Dry leaf				M		
11.6	Unpleasant, sulfury	I	M	I	M	M	I
12.5	Floral, sweet, strawberry	M	M	I	M	I	I
14.7	Vegetative, Fungus, tea	W	I	M	W		W
16.7	Lemongrass, sweet					W	M
18.8	Fruity, mushroom, vegetative	M	W	W	W	M	
19.8	Earthy, vegetative	W	M		I	M	I
20.8	Bread, unknown, dairy, fungus	W		M	M	W	W
21.7	Mint, floral, violet, herbaceous		M	M	M	M	W
22.7	Green bell pepper, herbaceous, roses	I	M	I	M	M	I
23.9	Orange, plum, apple, floral	M		M	W	W	
26.4	Sweet, syrupy		I				
27.7	Chicken stock, dairy, marjoram	I			M	I	I
28.2	Roses, walnuts, herbaceous, cardboard	W	W	W	W	M	W
29.1	Dry leaf, green tea, herbaceous	M	M	M		W	W
31.7 31.8	Fig jam, fruit jelly, peach tea	M	I	I	I	M	I
33.6	Candy, sweet, floral, roses, fruity	M	W	M	I	I	W
34.4	Roses, violet, geranium, poached orange	I	I	I	M	I	I
38.5	Hay, almonds, sweet		M	I	W		
40.8	Dry leaf, floral	M				W	W
43.5	Toasted bread, coffee, citrusy		W	W		M	W
46.3	Orange, floral, undefined	M				W	M
52.8	Sweet, eucalyptus, unpleasant			W		W	

† RT Retention time.

Table 2. Aromatic compounds and mean values that were quantified using SPME-GC-MS for each evaluated Brazilian sparkling wine.

Chemical compounds	RT†	Wine aromatic descriptor‡	Mean concentration of aromatic compounds ($mg.L^{-1}$)					
			SW1	SW2	SW3	SW4	SW5	SW6
Ethyl acetate	4.083	Fruity (apple, raspberry and strawberry)	23.88	21.79	28.72	22.42	34.71	19.32
Ethyl butanoate	8.688	Pineapple, apple and cheese	1.26	1.03	1.06	0.93	0.68	0.86
1-Propanol	8.79	Alcoholic		0.76	1.23	0.72	1.53	1.33
Isobutanol	10.885	Alcoholic	2.07	2.96	2.52	4.19	1.87	4.01
Isoamyl acetate	11.93	Banana or pear				1.12	0.97	
Isoamyl alcohol	15.276	Malty, enamel, pungent	50.32	58.68	48.05	52.20	39.07	67.48
Ethyl hexanoate	16.219	Floral/fruity (pineapple, blackberry, apple and strawberry)	6.11	6.87	6.68	4.75	3.16	5.93
Ethyl lactate	20.253	Butter	4.06	3.43	10.67	8.45	2.06	11.7
1-Hexanol	20.493	Freshly cut grass	2.72	3.94	2.16	4.59	4.28	4.83
Ethyl octanoate	23.318	Sweet aromas	18.23	25.05	22.64	13.37	7.01	15.22
Furfural	24.45	Yeast	0.95	1.12	1.07	1.26	1.00	1.12
2-ethyl-hexanol	25.059	Earthy, lightly floral	0.68	0.85	0.92	0.93	0.73	0.83
2, 3-butanediol	26.682	Sweet						0.68
Isoamyl lactate	27.637	Fruity			0.78			0.85
2-ethyl-furanoate	29.34	Aged	0.76					
Ethyl decanoate	29.663	Floral	5.20	5.71	6.99	2.70	1.56	2.53
Diethyl succinate	30.842	Aged	22.76	35.10	20.86	16.95	11.90	38.23
4-ethyldecanoate	31.207	Pear and vegetative			1.32			
Phenylethyl acetate	34.827	Apple and honey				0.81		
Hexanoic acid	35.663	Animal, waxy, unpleasant	8.74	9.83	8.80	7.38	6.42	5.20
Phenylethanol	37.366	Roses and honey	11.57	18.25	11.13	0.00	8.26	17.32
Diethyl malate	40.59	Toffee	1.16	0.88			0.64	0.73
Octanoic acid	41.085	Waxy and coconut	35.30	38.08	41.99	28.24	21.49	20.74
Decanoic acid	45.998	Animal, waxy and palm oil	8.96	7.85	13.33	3.95	2.91	3.34
Caproleic acid	47.361	Waxy or unripe fruit			0.76			
Phthalic acid	54.695				0.78			

† Retention time. ‡ [14].

 DOI: 10.1051/bioconf/20160702005

Table 3. Main aromatic categories and most described aromatic descriptors by the Brazilian panel.

Sample	Aromatic categories and their percentage in decreasing order. Most described individual descriptor and number of times cited				
SW 1	FRUITY 27%	ROASTED 14%	SWEET14%	FLORAL 11%	DAIRY 8%
	Pineapple 3x	Roasted 5x	Sweet 2x	White flowers 2x	Yeast 2x
SW 2	FRUITY 29%	SWEET 17%	FLOUR 12%	FLORAL12%	ROASTED 9%
	Pear 4x	Honey 2x	Bread 3x	Floral 3x	Roasted 2x
SW 3	SWEET26%	DEFECTS 14%	FRUITY 12%	NUTTY 12%	ROASTED 12%
	Honey 3x	Chemical 2x	Fruity 3x	Almond 2x	Roasted 3x
SW 4	ROASTED 17%	FRUITY 15%	NUTS 12%	FLOUR 12%	DAIRY 12%
	Roasted 6x	Pineapple 3x	Almond 2x	Bread 5x	Yeast 3x
SW 5	FRUITY42%	SWEET 17%	FLORAL7%	FLOUR 7%	ROASTED 7%
	Peach 3x	Fruit in syrup 4x	Floral 2x	Toasted bread 2x	Roasted coffee 2x
SW 6	FRUITY 27%	ROASTED 18%	FLOUR 11%	NUTS 9%	SWEET 9%
	Pineapple 3x	Roasted 5x	Bread 4x	Walnuts 3x	Syrup 2x

Table 4. Main aromatic categories and most described aromatic descriptors by the Italian panel.

Sample	Aromatic categories and their percentage in decreasing order. Most described individual descriptor and number of references.				
Sample 1	FRUITY 30%	SWEET 20%	FLORAL 11%	DAIRY 9%	NUTS 9%
	Citrusy 3x	Vanilla 3x	Floral 3x	Yeast 4x	Hazelnut 2x
Sample 2	FRUITY 21%	FLORAL 19%	VEGETATIVE 12%	SWEET 12%	NUTS 9%
	Apple 2x	Floral 3x	Vegetative 2x	Honey 3x	Hazelnut 2x
Sample 3	FRUITY 29%	VEGETATIVE 17%	DAIRY 12%	FLORAL 12%	ROASTED 9%
	Apple 3x	Olive 2X	Yeast 4x	Flower 2x	Roasted 2x
Sample 4	FRUITY 31%	FLOUR 20%	SWEET13%	VEGETATIVE 11%	NUTTY 6%
	Apple 5x	Bread crust 6x	Vanilla 3x	Dry leaf 3x	Nutty 2x
Sample 5	FRUITY 26%	SWEET 15%	VEGETATIVE 12%	FLORAL 12%	FLOUR 10%
	Ripe fruit 3x	Poached apple2x	Herbs 3x	FDry flower 2x	Bread crust 2x
Sample 6	ROASTED 23%	FRUITY 17%	VEGETATIVE 12%	SWEET 12%	FLOUR 10%
	Roasted 3x	Fruit 2x	Vegetative 3x	Poached fruit 2x	Bread 2x

found in sparkling wine 5. Ethyl butanoate values were similar for all sparkling wines. Isoamyl acetate was only found in sparkling wines 4 and 5 in concentrations similar to those described in [10].

The mean concentration values of isoamyl, 1-propanol and isobutanol alcohols were lower than those [11], who studied sparkling wines from non-traditional cultivars. The mean values for hexanol were higher than those described by Torrens [10] and Perez-Magariño [11], which can be explained by the climatic conditions in southern Brazil. However, the values are similar to those described in Ganss [12].

Compounds with dairy and yeast aromas, such as ethyl lactate and furfural, respectively, serve as markers of the sparkling wine production process, particularly the maturation stage. Torrens [10] also observed similar furfural contents in 18 month-aged Cavas.

Floral aromas that originate from esters, such as ethyl decanoate and ethyl hexanoate, showed higher values than those described in other studies [10,11]. This unique characteristic of Brazilian sparkling wines may be due to the precursors found in grapes, which are emphasized after yeast action. Another interesting compound is 2-phenylethanol, which is associated with the aroma of roses and honey. It reached the highest value in sparkling wine 2 and was not identified in sparkling wine 4; the maximum value is similar to that found by others authors [10,13].

Finally, SPME-GC-MS analysis allowed the identification and quantification of the acids, the mean value of which was well above those described in other studies [10,11]. For certain concentrations, the aroma of these compounds decreases the quality of the aromatic profile of sparkling wines.

The aromatic description of sparkling wines, as established by the different evaluator groups, is shown in Tables 3 and 4. Fruity descriptors were predominant. Interestingly, there was a significant presence of roasted aroma descriptors, which are usually due to aging on lees and on oak, demonstrating that certain products develop for a long time [8]. Furthermore, several evaluators described sweet aromas, which suggests good grape maturation and a quality winemaking process. Product complexity was also demonstrated by the description of floral and vegetative aromas. Defective aromas were described in only two samples, and when taken in conjunction with the results of the other evaluation panel, this category was not ranked among the top 5.

Regarding individual descriptors, the Brazilian evaluators highlighted the pineapple and roasted aromas (Table 3), and the Italian group cited apple and fruit descriptors most often (Table 4). Additionally, the Italian group described more vegetative aromas, and the Brazilian group described a hint of bread.

4. Conclusions

1. GC-O enabled the evaluators to identify 25 aromatic stimuli, which were described and characterized in terms of their intensity. The majority of the stimuli were characterized as fruity and floral aromas.

2. SPME-GC-MS identified 26 different aromatic compounds, particularly aromatic esters.

3. Regarding the individual descriptors, the Brazilian evaluation panel described mostly pineapple and roasted aromas, whereas the Italian panel described apple and fruit aromas.

References

[1] IBRAVIN. (2015) Informativo Sacarolha. Year 6, Number 15. `http://www.ibravin.org.br/admin/arquivos/sacarolhas/1456835080.pdf`

[2] M. Gabbardo, E. Celotti, Ciên. e Téc. Vitiv. **30**, 94–101 (2015)

[3] I.D. Falcão, G. Revel, J.P. Rosier, M.T. Bordignon-Luiz, Fd Ch. **107**, 497–505 (2008)

[4] V. Ferreira, F. San Juan, A. Escudero, L. Cullere, P. Fernandez-Zurbano, M. P. Saenz-Navajas, J. Cacho, Journal of Agricultural and Food Chemistry **57**, 7490–7498 (2009)

[5] S. Capone, M. Tufariello, L. Francioso, G. Montagna, F. Casino, A. Leoneand, P. Siciliano, Sensors and Actuators B: Chemical **179**, 259–269 (2013)

[6] G. Botelho, I. Caldeira, A. Mendes-Faia, M. C. Clímaco, Flavour and Fragrance Journal **22**, 414–420 (2007)

[7] L. Tat, P. Comuzzo, I. Stolfo, F. Battistutta, Food Chemistry **93**, 361–369 (2005)

[8] B. Durteurtre, Champagne dalla tradizione ala scienza. Il método clássico passo a passo. Editora Eno-one, IT (2014)

[9] V. Ferreira, A base química do aroma do vinho: moléculas e sensações olfato-gustativas. Infowine – Revista Internet de Viticultura e Enologia **9** (2009)

[10] J. Torrens, M. Riu-Aumatell, S. Vichi, E. López-Tammames, S. Buxaderas, *Journal of* Agricultural and Food Chemistry**58**, 2455–2461 (2010)

[11] S. Pérez-Magariño, M. Ortega-Heras, M. Bueno-Herrera, L. Martínez-Lapuente, Z. Guadalipe, B. Ayestarán, LWT – Food Science and Technology **61**, 47–55 (2015)

[12] S. Ganss, F. Kirsch, P. Winterhalter, U. Fischer, H.G. Schmarr, Journal of Agricultural and Food Chemistry **59**, 2524-2533 (2011)

[13] H. Alexandre and M. Guilloux-Benatier, *Australian Journal of Grape and Wine Research* **12**, 119-128 (2006)

[14] P. Comuzzo, L. Tat, A. Tonizzo, F. Battistutta, *Food Chemistry* **99**, 217–230 (2006)

 DOI: 10.1051/bioconf/20160702006

Phlorizin and sorbitol in *Vitis labrusca* grape juices

Fernanda Rodrigues Spinelli[1,2,3,a,b], Sandra Valduga Dutra[2], Susiane Leonardelli[1,2], Gilberto João Carnieli[1,2], and Regina Vanderlinde[2,3,c]

[1] Laboratório de Referência Enológica Evanir da Silva – IBRAVIN/SEAPI, Avenida da Vindima, 1855, CEP 95084-470, Caxias do Sul, RS, Brazil
[2] Instituto Brasileiro do Vinho (IBRAVIN), Alameda Fenavinho, 481, Edificação 29. CEP 95703-364, Bento Gonçalves, RS, Brazil
[3] Universidade de Caxias do Sul – UCS, Francisco Getúlio Vargas, 1130, CEP 95070-560, Caxias do Sul, RS, Brazil

Abstract. In Brazil, grape juice is a not fermented beverage, made from *Vitis labrusca* varieties and their hybrids. The most common form of adulteration is by the addition of apple juice. The adulterated samples can be identified by specific analysis, since apple juice has some compounds that grape has not. A more simplified and assessible way to determine this kind of adulteration is the phlorizin analysis by high performance liquid chromatography (HPLC). Phlorizin is a phenolic compound that has been used to identify adulterations in juices. Besides phlorizin, it can be seen that adulteration by quantifying the levels of sorbitol, present in apples, but absent in healthy grapes. The content of this compounds in grape juices can vary due to the variety of grape and harvest.This study aimed to analyze phlorizin and sorbitol, in 141 experimental samples of *Vitis labrusca* grape juices, harvest 2016, of 9 varieties and 43 commercial samples (different vintages). The experimental juices from red grapes showed higher sorbitol content than the white grapes. For sorbitol analysis, the juices of Ives differed statistically of the juices of: Isabella, Concord, Niagara Branca and White Muscat. It was detected the presence of apple juice in 5 commercial grape juices.

1. Introduction

In Brazil, grape juice is the unfermented drink obtained from simple must, sulfited or concentrated, from healthy, fresh and ripe grapes [1]. The consumption of this product, in Brazil, has increased significantly in recent years due to the beneficial health effects showed by products derived from grape. The production of grape juice in Brazil is located primarily in the region of Serra Gaúcha, in southern Brazil. Among the cultivars used for producing grape juice in Brazil, three of the species *Vitis labrusca* are the most important: Concord, Isabella and Ives [2].

The determination of the quality and authenticity of fruit juices has a significant impact on the industry in terms of food safety and consumer protection [3,4]. The most common form of tampering in non-alcoholic fruit beverages is by substituting with another juice of lower commercial value [5].

Among the temperate fruits cultivated in Brazil, apple has shown a great increase in production in recent years. It is mainly directed to the fresh market, but a lot is industrially processed as juices, ciders, jellies, and dried products [6]. Juice is a by-product to be considered since it is an important alternative due to the availability of apples of low commercial value [7], whose total volume increases year after year [8]. The main cultivars grown in Brazil are Gala and Fuji [9].

Different compounds can be useful for identifying adulteration in fruit juices and other beverages, amongst which the phenolic compounds and polyols, which are potentially useful due to their specificity. Phlorizin is a phenolic compound that has been widely used for identifying adulteration of fruit juices and other products [10]. It represents more than 90% of the water-soluble phenolic compounds found in apples. It is found in more than thirty plant families; however, apple has higher amounts when compared to other fruits [11–13].

Polyols are compounds that contribute to the sweetness of musts and wines. Sorbitol, also called glucitol, is the main polyol produced by the Rosaceae family [14], being present in various fruits (apple, pear, cherry, plum, peach, and melon) and normally absent in healthy grapes [15–17]. It is classified among the carbohydrates, since it is an alcohol resulting from the metabolism of sugars, and it is a sweetener [18].

Currently, in our knowledge, there are no studies on the content of phlorizin and sorbitol in grape juices of varieties *Vitis labrusca* and hybrids. Thus, this study aimed to analyze phlorizin and sorbitol, by high-performance liquid chromatography (HPLC) in 141 experimental samples of *Vitis labrusca* grape juices of the harvest 2016 of 9 varieties and 43 commercial samples, from different vintages.

2. Material and methods

2.1. Samples

2.1.1. Experimental samples

One hundred forty-one experimental grape juices from the cultivars Isabella (40), Ives (35), Concord (16), Niagara Rosada (5), Isabel precoce (4), BRS Cora (2), Niagara

[a] e-mail: enologiars@gmail.com
[b] e-mail: fernanda.laren@ibravin.org.br
[c] e-mail: rvanderl@ucs.br

Branca (23), White Muscat (11) and Lorena (5), harvest 2016, were elaborated experimentally and analyzed.

2.1.2. Commercial samples

Forty-three commercial samples of Brazilian whole grape juices from different vintages were purchased from the commercial market and analyzed.

2.2. Standards and reagents

The phlorizin standard used was from Sigma–Aldrich®, while the sorbitol standard was from the European Pharmacopoeia Reference Standard. The reagents used were Milli-Q water (Millipore®), orthophosphoric acid, acetic acid and acetonitrile, gradient grade for liquid chromatography (Merck®).

2.3. Analysis

2.3.1. Phlorizin analysis

Phlorizin analyses were carried out by HPLC with a photodiode array detector, model 1100 series, of Agilent Technologies®. Phlorizin was determined as described by [19]: column Zorbax 300SB-C18, 4.6 × 250 mm 5 μm, 25 °C, and pre-column 300SB-C18 (Agilent Technologies®). The mobile phase was formed by 1.5% acetic acid (v/v) as solvent A, and 1.5% acetic acid and acetonitrile, 60:40 (v/v), as solvent B. The flow used was 1.50 mL min^{-1}, wavelength of 320 nm, and injection volume of 10 μL of sample. The elution gradient of the solvents was as follows: 3% of solvent B for 6 min, 3–100% of solvent B from time 6 for 30 min, then, for 5 min at 100% of solvent B. The results were expressed in mg L^{-1} of phlorizin. The identification of the peak was confirmed and calculated by comparison of retention times with a external calibration curve (n = 7).

2.3.2. Sorbitol analysis

Sorbitol analyses were carried out by HPLC with refractive index (RI), model 1100 series, of Agilent Technologies®. Sorbitol was determined as described by [19]: Aminex® HPX-87C column, 300 × 7.8 mm Bio-Rad®at 80 °C, and Milli-Q water as mobile phase in isocratic flow of 0.60 mL min^{-1}. The injection volume of samples was 20 μL. The results were expressed in mg L^{-1} of sorbitol. The identification of the peak was confirmed and calculates by comparison of retention times with external calibration curve (n = 7).

All juices were diluted twice, filtered through membranes of 13 mm of diameter and 0.8 μm of pore size and the analysis were performed in triplicates.

2.3.3. Statistical analysis

For evaluating the results of sorbitol in the experimental grape juices, the data were presented as means ± standard deviation (SD). The normality test of Kolmogorov–Smirnov was applied and the data were performed using one-way analysis of variance (ANOVA), followed by the Test of Multiple Comparisons, significance level of 5%. To analyze the juices by groups of red and white grapes, was used the Tukey's test, with 95% confidence interval ($p < 0.05$). All analyses were conducted using the statistical software SPSS 21.0 for Windows.

Table 1. Sorbitol values in experimental grape juices, harvest 2016.

Juice	Variety	Mean ± Standard deviation (mg L^{-1})	Total Mean (mg L^{-1})
Purple	Ives	49.9 ± 27.11^{A}	40.6^{A}
	Isabella	35.1 ± 27.03^{B}	
	Concord	30.0 ± 10.09^{B}	
	Niagara Rosada	32.8 ± 16.56^{AB}	
	Isabel Precoce	35.2 ± 3.67^{AB}	
	BRS Cora	53.5 ± 33.70^{AB}	
White	White Muscat	19.1 ± 4.27^{B}	27.9^{B}
	Niagara Branca	30.6 ± 26.00^{B}	
	Lorena	29.7 ± 15.21^{AB}	

For different varieties, means followed by different capital letters in the column differ significantly by ANOVA complemented by the Test of Multiple Comparisons, significance level of 5%. For the different group of grapes, means followed by different capital letters in the column differ significantly by by Tukey's test, significance level of 5%.

3. Results and discussion

3.1. Phlorizin and sorbitol in experimental grape juices

All grape juices elaborated experimentally showed phlorizin content below the quantification limit (0,64 mg L^{-1}), which is consistent with the literature, as it is well known that this compound is not found naturally in grapes [7, 19].

With regard to sorbitol, the experimental purple grape juices showed values between 15.4 mg L^{-1} and 136 mg L^{-1}, while, the experimental white grape juices showed values between 14.7 mg L^{-1} and 102 mg L^{-1} (Table 1). Analyzing the average amount per bunch of grapes (purple and white), the juices elaborated with purple grapes showed a higher value of sorbitol. In relation to the different kind of grapes, there was significant difference between the juices elaborated with the variety Ives and the varieties: Isabella, Concord, Niagara Rosada and White Muscat. In a previous study (Spinelli et al. 2016) sorbitol levels were found higher in experimental juices made with the Ives variety when compared with experimental juices made with the variety Isabella, with average values of 104 ± 38.24 and 71.8 ± 20, 44 mg L^{-1}, respectively.

The health status of the grapes influences the concentration of the different polyols [15, 16], whose levels are higher in grapes with higher incidence of rot. In southern Brazil, climatic conditions favor the occurrence of rot in grapes used in the elaboration of juices.

3.2. Phlorizin and sorbitol in commercial grape juices

Among the commercial grape juices analyzed (Table 2), 39 samples were below the quantification limit for phlorizin analysis. Four samples showed presence of phlorizin, with values ranging from 1.92 to 8.39 mg L^{-1}. [20] analyzed phlorizin content in commercial juices and nectars of orange, apple, pineapple, peach, pear, apricot, and grape and found that phlorizin is typical of apple, allowing detection of apple in mixed juices. The average values of sorbitol in commercial grape juices ranged from 47.5 to 1527 mg L^{-1}. Considering the limit of 200 mg L^{-1}, it is assumed that five samples of grape juice were tampered with apple juice. All other samples were considered

 DOI: 10.1051/bioconf/20160702006

Table 2. Results of phlorizin and sorbitol in commercial grape juices.

Juice	Phlorizin (mg L^{-1}) Mean ± Standard Deviation	Sorbitol (mg L^{-1}) Mean ± Standard Deviation
1	8.39 ± 0.18	1527 ± 61.5
2	7.13 ± 0.15	1275 ± 16.1
3	4.54 ± 0.09	1112 ± 27.4
4	1.92 ± 0.08	409 ± 2.41
5	*NQ	276 ± 1.24
6	*NQ	180 ± 6.31
7	*NQ	177 ± 0.99
8	*NQ	175 ± 4.80
9	*NQ	173 ± 3.20
10	*NQ	172 ± 0.30
11	*NQ	162 ± 0.49
12	*NQ	156 ± 4.51
13	*NQ	151 ± 1.00
14	*NQ	141 ± 4.90
15	*NQ	141 ± 0.92
16	*NQ	141 ± 1.50
17	*NQ	133 ± 0.50
18	*NQ	130 ± 0.80
19	*NQ	125 ± 8.30
20	*NQ	123 ± 5.20
21	*NQ	121 ± 4.96
22	*NQ	109 ± 1.17
23	*NQ	109 ± 0.50
24	*NQ	106 ± 0.29
25	*NQ	101 ± 6.90
26	*NQ	100 ± 0.59
27	*NQ	98.7 ± 0.10
28	*NQ	95.7 ± 0.31
29	*NQ	90.1 ± 6.29
30	*NQ	89.0 ± 0.97
31	*NQ	88.3 ± 1.59
32	*NQ	88.2 ± 0.27
33	*NQ	87.6 ± 1.82
34	*NQ	81.6 ± 2.82
35	*NQ	80.3 ± 4.45
36	*NQ	77.8 ± 3.36
37	*NQ	76.4 ± 2.98
38	*NQ	67.9 ± 0.61
39	*NQ	58.5 ± 3.23
40	*NQ	58.2 ± 4.04
41	*NQ	56.4 ± 1.13
42	*NQ	56.1 ± 2.74
43	*NQ	47.5 ± 0.90

*NQ = bellow oh the limit of quantification (LOQ).

genuine. [21] analyzed sorbitol content in commercial wines and found that most wines had sorbitol levels lower than 200 mg L^{-1}. The four juices that presented the highest content of phlorizin also showed higher sorbitol content, confirming the addition of apple juice. In these four cases, the presence of phlorizin was associated with the presence of sorbitol. The juice number 5 showed sorbitol level of 276 ± 1.24 mg L^{-1} but phlorizin bellow of the LOQ. This juice may have been tampered with a clarified apple juice that can affect the phenolic composition. According to [22], the phenolic composition of apple juice is significantly affected by different clarification treatments.

4. Conclusion

All experimental grape juices showed phlorizin content below the quantification limit. A significative difference in the sorbitol content was observed bettwen the juices elaborated with the variety Ives and the varieties Isabella, Concord, Niagara Branca and White Muscat. Juices from red grape varieties showed higher sorbitol content than the white grape varieties. The presence of apple juice was observed in five commercial grape juices.

The authors want to thanks the Instituto Brasileiro do Vinho (IBRAVIN) and the Secretaria de Agricultura, Pecuária e Irrigação do Estado do Rio Grande do Sul for their financial support to this study. And, also, the agronomists engineers Paula Bisol Balardin and Altemar Magnabosco for the availability of samples.

References

[1] BRASIL, 1988
[2] L.A. Rizzon, J. Meneguzzo, Suco de Uva – Coleção Agroindustrial Familiar (2007)
[3] Vedeanu, N.S., Magdas, D.A., Bolojan, L., Damian, G., 2012. Chemical Papers, **66**, 612–616 (2012)
[4] Granato, D., Koot, A., Schnitzler, E., Van Ruth, S.M., 2015. Food Chem. **80**, C584–C593
[5] P. Thavarajah, N. H. Low. J. Agric. Food Che., **54**, 4861–4867 (2006)
[6] M. Fromm, S. Bayha, R. Carle, D.R. Kammerer. Journal of Agricultural and Food Chemistry, **60**, 1236–1242 (2012)
[7] N.A. Stander, W. Kuhn, N.F. Hiten. Food Addit. Contam., **30**, 1473–1484 (2013)
[8] A. Nogueira, B.P. Swiech, F. Denardi, G. Wosiacki. Ciências exatas e da Terra, Agrárias e Engenharias, **12**, 15–13 (2006)
[9] J.C. Fioravanço, C.L. Girardi, A.B.C Czermainaki, G.A. Silva, G.R Nachtigall, P.R.D Oliveira. (2010)
[10] A. Schieber, P. Keller, R. Carle. Journal of Chomatography, **910**, 265–273 (2001)
[11] H. Dong, Z. Ning, L. Yu, L. Li, L. Lin, J. Huang. Molecules, **12**, 552–562 (2007)
[12] C. Gosch, H. Halbwirth, K. Stich. Phytochem., **71**, 838–843 (2010)
[13] M. Fromm, S. Bayha, R. Carle, D.R. Kammerer. J. Agric. Food Chem., **60**, 1232–1242 (2012)
[14] M. Li, F. Feng, L. Cheng. Plos One, **7**, 1–14 (2012)
[15] C. Flanzy. *Enología: Fundamentos científicos e tecnológicos*, (2ªed. Mundi-Prensa, Madrid, 2003)
[16] P. Ribéreau-Gayon, Y. Glories, A. Maujean, D. Dubourdieu. *Tratado de Enologia. Tomo 2. Química del Vino: Estabilización y Tratamientos.* (Hemisferio Sur, Buenos Aires, 2003)
[17] R.E. Soria-Guerra, S. Rosales-Mendoza, K. Gasic, M.E. Wisniewski, M. Band, S.S. Korban. Plant Mol. Biol. Rep., **29**, 885–897 (2011)
[18] B.M. Silva, R.M. Seabra, P.B Andrade, M.B Oliveira, M.A. Ferreira. Ciênc. Tecnol. Aliment, **2**, 184–191 (1999)

[19] F.R. Spinelli, S.V. Dutra, G.J. Carnieli, S. Leonardelli, A.P. Drehmer, R. Vanderlinde. Food Control, **69**, 1–4 (2016)
[20] F.B. De Simon, J. Perez-Ilzarbe, T. Hernandez, C. Gomez-Cordoves, I. Estrella. J. Agric. Food Chem., **40**, 1531–1535 (1992)
[21] M.J. Dennis, R.C. Massey, T. Bigwood. Analyst, **119**, 2057–2060 (1994)
[22] V. Gokmen, N. Artik, J. Acar, N. Kahraman, E. Poyrazoglu. Eur. Food Res. Technol., **213**, 194–199 (2001)

Are pyranoanthocyanins involved in sensory effect in red wines?

Cindy Quaglieri[1,2], Gianmarco Iachetti[1,2], Michael Jourdes[1,2], Pierre Waffo-Teguo[1,2], and Pierre-Louis Teissedre[1,2,a]

[1] Univ. Bordeaux, ISVV, USC 1366, Œnologie, 210 chemin de Leysotte, 33882 Villenave d'Ornon, France
[2] INRA, ISVV, USC 1366 INRA, IPB, 210 chemin de Leysotte, 33882 Villenave d'Ornon, France

Abstract. During the wine-making process and ageing, the formation of various groups of pyranoanthocyanins leads to enhance and to stabilize the red wine colour. Although their chemical properties and their formation kinetics have been well-described, data about their sensory impact are scarce. Micro-oxygenation can be used to favor the formation of pyranoanthocyanins and also to improve wine quality. For this study, both analytical and sensory aspects were used. Purification steps applied on an oxidized red wine lead to characterize three new original compounds. Sensory analysis was declined into two aspects. First the purification of an A-type vitisin-rich fraction will be used for evaluating the possible sensory impact of pyranoanthocyanins; then the correlation between the tasting of micro-oxygenated red wines and the concentrations of these wine samples in pyranoanthocyanins will determine if these pigments could enhance aroma characteristics.

1. Introduction

The study of pyranoanthocyanins, their chemical structure, their formation kinetics and their contents in red wines provides crucial information about the wine evolution and especially the color stability. Pyranoanthocyanins are the result of a nucleophilic substitution in C-4 position on the anthocyanin moiety, which forms an additional ring D between the OH group at C-5 and the C-4 position of the anthocyanin pyranic ring [1]. Anthocyanins, due to their high reactivity in aqueous media, can easily react with pyruvic acid to form A-type vitisins [2,3]; with ethanal to form B-type vitisins [4]; with vinyl compounds to form phenyl-pyranoanthocyanins or pinotins [5], [6]; or with 8-vinylflavanol oligomers to form flavanol-pyranoanthocyanins [7,8].

Micro-oxygenation (MOX), which consists of adding low quantities of oxygen at different stages of the wine-making process or ageing, also contributes to enhance and to stabilize red wine color through the formation of pyranoanthocyanins, for the cycloaddition of anthocyanins requires an oxidation step.

Their chemical properties and their formation kinetics have been studying for over 20 years; however scientific data about their sensory data are scarce. This study had two purposes: the first aim was to fractionate an oxidized red wine in order to purify and characterize new pigments; the second one was to evaluate the contribution of pyranoanthocyanins in sensory aspects.

[a] e-mail: pierre-louis.teissedre@u-bordeaux.fr

2. Materials and methods

2.1. Chemicals

Deionized water was purified with a milli-Q water system (Millipore, Bedford, MA). Methanol and acetonitrile were purchased from Fisher Scientific (Loughborough, UK). Formic acid and trifluoroacetic acid were purchased from Sigma Aldrich (Saint-Louis, MO).

2.2. Fractionation and purification of an oxygenated red wine

2.2.1. Wine sample

The studied wine was a young Merlot red wine brought from Rauzan cooperative winery (Bordeaux region, France) aged in stainless steel tanks for 12 months [pH3.5, alcohol 12%vol.]. This sample was previously taken in variable oxygenation and acidity conditions during 4 months before being stored in controlled temperature during 4 other months. The modality used was: wine sample placed at pH3 and oxygenated with an oxygen rate of 20 mg/L.

2.2.2. Fractionation strategy

The sample of Merlot red wine was first fractionated onto a 530 × 65 mm i.d. Amberlite® XAD 16N column. The column was first washed with milli-Q water to elute sugars and organic acid such as tartaric acid. Wine sample was eluted using acetone acidified with 1% formic acid (HCOOH), evaporated, re-solubilized and lyophilized.

Then, centrifugal partition chromatography (CPC) was applied on the obtained wine powder. The system used was a gradient elution in ascending mode [9]. Ethyl acetate, 1-butanol and water acidified with 0.1% trifluoroacetic acid (TFA) were used for each phase of the solvent system, in the following proportions: stationary phase (5:5:90); initial mobile phase (77:15:8); and final mobile phase (40:46:14). The flowrate was 15 mL/min. The sample was dissolved with the same quantity of stationary phase and initial mobile phase. The first block (Block 1) was collected from 0 to 35 min, and the second block (Block 2) was collected from 35 to 70 min. Blocks 1 and 2 were evaporated and lyophilized.

2.2.3. Purification and pigment characterization

Pigments from blocks 1 and 2 were purified by preparative and semi-preparative HPLC. Each collected pigment was then analyzed and fragmented using UHPLC-ESI-Q-TOF system. The UHPLC *Agilent 1290 Infinity* series consisted of a quaternary pump, a solvent degasser, an autosampler and a diode-array detector (DAD). The analysis was carried out on a 2.1 × 50 mm i.d., 1.8 μm *Eclipse Plus* C18 column. The UHPLC system was coupled to an ESI-Q-TOF-MS *Agilent 6530 Series Accurate* quadripole time-of-flight (Q-TOF) with an *Agilent Jet Stream Technology* ESI. The mass spectrometer was operating in extended dynamic range of 2 GHz with the mass range up to 1700 Th, with a drying gas flow and temperature respectively set at 9 L/min and 300 °C. The capillary voltage was 4 kV. The software used for the determination of the exact molecular formula of the trimeric anthocyanins was MassHunter Qualitative Analysis. The solvents used for the gradient were A: H2O/HCOOH (999:1) and B: MeOH/HCOOH (999:1). The gradient consisted of: 30–80% B in 9 min, 80–100% B in 0.5 min at a flow rate of 0.4 mL/min. The column was washed with 100% B for 2 min and re-equilibrated with the initial conditions for 2 min.

2.3. Assay on pyranoanthocyanins sensory aspect

2.3.1. Molecular approach: purification of an A-type vitisins-rich fraction

It was interesting to focus our attention on the possible sensory contribution of pyranoanthocyanins by tasting fractions of such pigments. The last CPC fraction of the Merlot oxygenated red wine, corresponding to the wash block, was fractionated with two purification steps. First, preparative HPLC was applied on this sample to collect each pigment separately. Pre-purification was carried out on a 21 × 250 mm i.d., 5 μm *Nucleosil* C18 column. The HPLC system was *Varian Prostar* series, coupled with a *Prostar 325* detector. The solvents used were: solvent A: H_2O/TFA (999:1) and B: Acetonitrile/TFA (999:1). The gradient consisted of 10-45% B in 20.5 min, and 45–100% B in 1 min at a flow rate of 12 mL/min. The column was washed with 100% B for 7 min and then stabilized with the initial conditions for another 7 min. Then, a semi-preparative step was applied on each collected pigment using the HPLC system described above. Purification was carried out on a 8 × 250 mm i.d., 5 μm *Prontosil* C18 column. The solvents used were A: H_2O/TFA (999:1) and B: Acetonitrile/TFA (999:1). The gradient consisted of 10–20% B in 10 min, 20–30% B in 10 min, 30–60% B in 10 min, 60–100% B in 1 min at a flow rate of 3 mL/min. The column was washed with 100% B for 7 min and then stabilized in the initial conditions for another 7 min.

The purity was estimated at 280 and 520 nm using the UHPLC system described above. The analysis was carried out on a 2.1 × 50 mm i.d., 1.8 μm *Eclipse Plus* C18 column. The solvents were A: H_2O/HCOOH (999:1) and B: Acetonitrile/HCOOH (999:1). The gradient consisted of 10–70% B in 10 min, 70–100% B in 0.5 min at a flow rate of 0.4 mL/min. The column was washed with 100% B during 1.5 min and re-equilibrated with the initial conditions for 2 min.

Table 1. Modalities of the micro-oxygenation treatment.

Timing MOX	Date	Rate (mL/L/month)	Time of treatment (days)
Post-fermentation maceration	17/10/01 – 25/10/01	60	9
Before MLF	26/10/01 – 29/10/01	20	4
	29/10/01 – 30/10-01	10	1
MLF	30/10/01 – 29/11/01	0	–
Ageing	29/11/01 – 6/12/01	5	8
	6/12/01 – 20/12/01	3	15
	TOTAL		23.8 mL O_2/L wine

2.3.2. Wine-tasting

A technical wine-tasting was applied on micro-oxygenated Saint-Émilion red wines with ageing potential from 2001 vintage. Modalities of the MOX treatment was summarized in the following table (Table 1). Each control and MOX red wines were distributed in two batches and aged either in oak barrels during 18 months, or in stainless steel during 9 months, before bottling.

The panel included 11 people in the laboratory and 2 technical engineers from the French Institute of Vine and Wine (Pôle IVF Bordeaux-Aquitaine). All tasters were informed that the wines had been micro-oxygenated and aged in different containers. Each wine sample was presented in a black glass and encoded with randomly-selected 3-digit numbers. Wines were evaluated on a predefined score sheet that included 12 descriptors in two categories: olfactory attributes (intensity, fresh and cooked fruits, floral, vegetal, spicy, and woody), and 'in mouth' attributes (acidity, bitterness, astringency, tannins' smooth and long-tasting aromas). The sensory characteristics had to be rated on a non-anchored rating scale of 10 cm from weak to intense as reference points.

One-way analysis of variance (ANOVA) with Fisher's least significant difference (LSD) *post hoc* test with statistical difference at $p < 0.05$ was carried out using Statistica V.10 (Statsoft Inc., Tulsa, OK, USA).

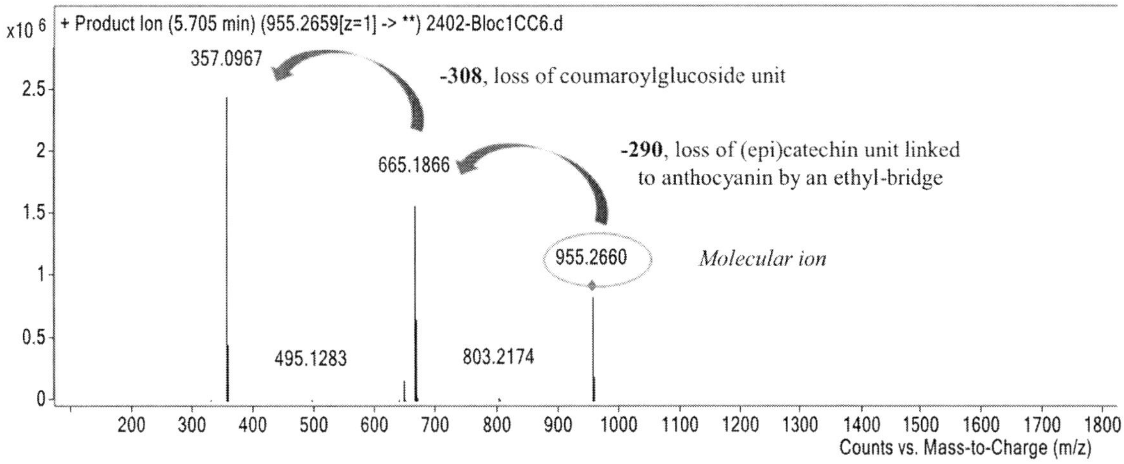

Figure 1. MS/MS fragmentation of pigment 2 (Block 1).

Table 2. Pigment characterization according to CPC blocks.

Block	Pigment	Mass m/z	ppm	Formula	Name
1	1	663.1708	−1.35	$C_{34}H_{31}O_{14}^+$	Vit.B Mv3cmG
	2	955.2655	0.52	$C_{49}H_{47}O_{20}^+$	Mv3cmG-ethyl-cat
	3	951.2342	0.63	$C_{49}H_{43}O_{20}^+$	PyrMv3cmG-(epi)cat
	4	805.1974	−1.49	$C_{40}H_{37}O_{18}^+$	PyrMv3G-(epi)cat
2	5	1135.2714	−0.51	$C_{57}H_{51}O_{25}^+$	PyrMv3acG-procDim
	6a	779.2182	2.31	$C_{39}H_{39}O_{17}^+$	Pn3G-ethyl-(epi)cat
	6b	1093.2608	3.58	$C_{55}H_{49}O_{24}^+$	PyrMv3G-procDim
	7	707.1607	4.8	$C_3H_{31}O_{16}^+$	Vit.A Mv3cmg
	8	791.1818	0.77	$C_{39}H_{35}O_{18}^+$	PyrPt3G-(epi)cat
	9	775.1869	1	$C_{39}H_{35}O_{17}^+$	PyrPn3G-(epi)cat
	10	805.1974	−2.51	$C_{40}H_{37}O_{18}^+$	PyrMv3G-cat
	11	805.1974	−2.42	$C_{40}H_{37}O_{18}^+$	PyrMv3g-epicat

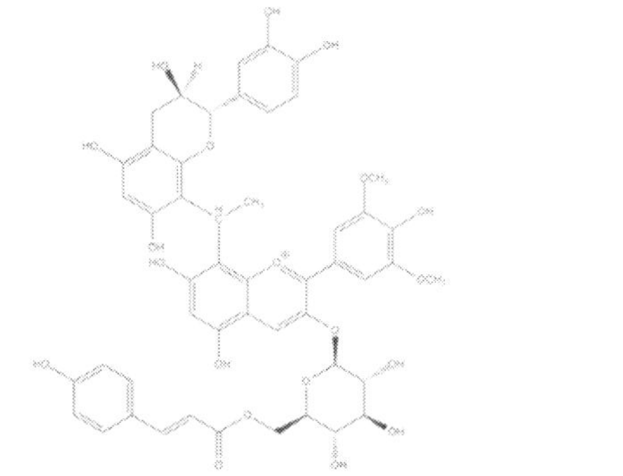

Figure 2. Structure of pigment 2 (Block 1): malvidin-3-*O*-coumaroylglucoside-ethyl-catechin.

3. Results

3.1. Purification and characterization of new pigment structures: Blocks 1 and 2

Four pigments from Block 1 and eight pigments from Block 2 were characterized. Each pigment was numbered and listed in the following table (Table 2). Block 1 was essentially composed of coumaroylated pigments. Attention was focused on pigment n°2 especially, which had a theoretical mass of 955.2655. After MS/MS fragmentation, the result was the fragmented ions 665 and 357 (Fig. 1), 665 corresponding to the loss of an (epi)-catechin unit linked to an anthocyanin by an ethyl-bridge (−290), 357 corresponding to the loss of a coumaroylglucoside unit (−308). The molecular structure was also validated by nuclear magnetic resonance (NMR – data not shown) for the pigment was collected in sufficient quantity (at least 0.5 mg). This pigment was a new original structure of malvidin-3-*O*-coumaroylglucoside-ethyl-catechin (Fig. 2).

About Block 2, attention was focused on pigments 5 and 8. Pigment 5 had a theoretical mass of 1135.2714; pigment 8 a mass of 791.1818. MS/MS fragmentation and determination of their respective formulas (Table 2) showed two potential new original structures: pyranomalvidin-3-*O*-acetylglucoside-procyanidin dimer and pyranopetunidin-3-*O*-glucoside-(epi)catechin. NMR data are also required to validate this hypothesis (in process).

3.2. Purification of the A-type vitisins-rich fraction

A great quantity of molecules is required to such a wine-tasting assay, and also the first purification step is in process. After a first run with preparative HPLC, the collected pigments were pooled together for analysis by UHPLC Q-TOF. Six pigments were characterized, all of them being an A-type vitisins (Fig. 3). Pigments (from a to f) were listed and characterized in the following (Table 3).

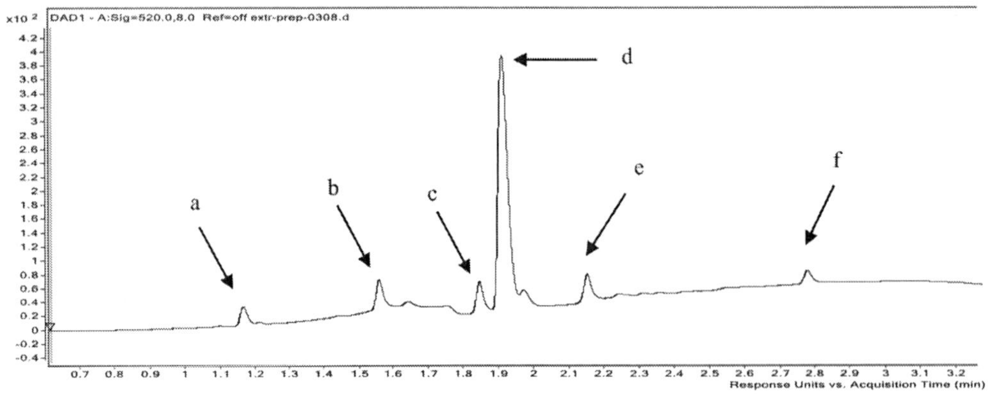

Figure 3. Chromatographic profile at 520 nm.

Pigment	Mass m/z	ppm	Name
a	533.0926	–4.57	Vit.A Dp3G
b	547.1082	–3.61	Vit.A Pt3G
c	531.1133	–3.9	Vit.A Pn3G
d	561.1239	–5.09	Vit.A Mv3G
e	603.1344	–3.33	Vit.A Mv3acG
f	707.1607	–3.7	Vit.A Mv3cmG

Table 3. Identification of pigments from the CPC wash fraction after first preparative HPLC.

A second purification step is required to obtain at least 80–85% of purity before a technical tasting.

3.3. Sensorial analysis of the micro-oxygenated wines

The evaluation of the sensory parameters showed that MOX wines were more appreciated than the control ones. Significant differences were found for the vegetal and woody criteria. MOX wines aged in stainless steels were judged more vegetal than the other modalities, but this result was also found during all the tastings organized during the wine-making process, highlighting a possible lack of maturity for harvesting. Then, MOX wines aged in oak barrels and their associated control ones were found woodier than the others, with a stronger astringency and less tannins' smooth. For the other characteristics, the results showed that MOX wines were more appreciated and evaluated than the control ones: MOX wines aged in stainless steels were judged less acidic, astringent and bitter; those aged in oak barrels were more fruity, floral and spicy, with more astringency and long-tasting aromas.

It is well-known that high-quality red wines are traditionally aged in oak barrels during ageing [10]. Indeed, oak permeability improves natural oxygen permeation (between 1.66 and 2.5 mL/L/month) [11] which leads to an increase of the color intensity and stability. A MOX treatment could also be used during oak ageing to accelerate red wine maturation [12]. To confirm this tendency, a characterization and quantification of anthocyanins and derived-pigments, pyranoanthocyanins in particular, will be established (in process). Following these results, further statistical analysis will highlight correlations between the results of the wine-tasting and the concentrations in pyranoanthocyanins.

4. Conclusion

For the first part of the experiment, three original structures were highlighted, and one was already fully characterized. NMR analysis will determine the structure of the two other molecules and quantification will determine if there are differences between non-oxygenated and oxygenated red wines.

This study will also attempt to answer the question of the sensory impact of pyranoanthocyanins and to clarify their possible correlation towards organoleptic characteristics. The planned results in the months to come, through the purification of an A-type visitin-rich fraction, and the quantification of pyranoanthocyanins associated with the red wine tasting, will be decisive to determine if pyranoanthocyanins are significantly involved in such a role.

The French national teaching and higher education and research Ministry fund Cindy Quaglieri PhD grant. The authors thank France Agrimer – Agricultural French Ministry for its financial support of the research project (EDP 0914000513) as well as IFV Bordeaux Sud-Ouest for providing wines samples.

References

[1] V. de Freitas, N. Mateus, Anal. Bioanal. Chem. **401**, 5 (2011)
[2] J. Bakker, P. Bridle, T. Honda, H. Kuwano, N. Saito, N. Terahara, C. F. Timberlake, Phytochem. **44**, 7 (1997)
[3] J. Bakker, C. F. Timberlake, J. Agric. Food Chem. **45**, 1 (1997)
[4] C. Benabdeljalil, V. Cheynier, H. Fulcrand, A. Hafiki, M. Mosaddak, M. Moutounet, Sci. Aliments **20,** 2 (2000)
[5] M. Schwarz, P. Quast, D. von Baer, P. Winterhalter, J. Agric. Food Chem. **51**, 21 (2003)
[6] M. Schwarz, G. Jerz, P. Winterhalter, VITIS - J. Grapevine Res. **42,** 2 (2006)
[7] N. Mateus, A. M. S. Silva, C. Santos-Buelga, J. C. Rivas-Gonzalo, V. de Freitas, J. Agric. Food Chem. **50,** 7 (2002)
[8] L. Cruz, N. Teixeira, A. M. S. Silva, N. Mateus, J. Borges, V. de Freitas, J. Agric. Food Chem. **56,** 22 (2008)

DOI: 10.1051/bioconf/20160702007

[9] J.-H. Renault, P. Thépenier, M. Zéches-Hanrot, L. Le Men-Olivier, A. Durand, A. Foucault, R. Margraff, J. Chromatogr. A **763**, 1–2 (1997)
[10] A. C. L. P. Hernández-Orte, LWT - Food Sci. Technol. **42**, 1 (2009)
[11] I. Nevares, M. del Álamo, Anal. Chim. Acta **621**, 1 (2008)
[12] M. Del Álamo, I. Nevares, L. Gallego, B. Fernández de Simón, E. Cadahía, Anal. Chim. Acta **660**, 1–2 (2010)

C-glucosidic ellagitannin concentrations variability during the years in Syrah wines from Languedoc vineyard

Zuriñe Rasines-Perea[1,2], Rémi Jacquet[3], Michael Jourdes[1,2], Stéphane Quideau[3], and Pierre-Louis Teissedre[1,2,a]

[1] Univ. Bordeaux, ISVV, EA 4577, Œnologie, 210 Chemin de Leysotte, 33140 Villenave d'Ornon, France
[2] INRA, ISVV, USC 1366 Œnologie, 33140 Villenave d'Ornon, France
[3] Institut des Sciences Moléculaires (CNRS-UMR 5255), Institut Européen de Chimie et Biologie, Université de Bordeaux, 2 rue Robert Escarpit, 33607, Pessac, France

Abstract. *C*-Glucosidic ellagitannins, which are the main polyphenolic compounds in oak heartwood, are extracted by wine during aging in oak barrels. The *C*-glucosidic ellagitannins were extracted and purified (> 95% pure) from *Quercus robur* heartwood and the hemisynthesis of acutissimins A and B, as well as that of epiacutissimins A and B were performed in an acidic organic solution to identified and quantified their concentration ranges by HPLC-UV-MS in 17 Syrah wine samples from the same cultivar area, Languedoc, same quality wood of French oak barrel, same time of oak barrel ageing (12 months) and different ageing period (years from 1999 to 2011). Unlike our first hypothesis, the linear relationship of a reduction in the total content of ellagitannins with the time spent in bottles is not visible.

1. Introduction

During wine aging in oak barrels, two large families of molecules are extracted; non-tannin compounds (e.g., aldehydes and acids phenols, coumarins, lignin, polysaccharides, volatile compounds, aliphatic compounds) and tannic compounds (hydrolyzable and condensed tannins). Their quantities have strongly influences on the sensory perceptions of wines [1–3].

The *C*-glucosidic ellagitanins belong to the hydrolyzable tannin family. They have a specific structure consisting of an open-chain glucose core acylated in positions O4 and O6 by a hexahydroxydiphenoyl unit (HHDP) and in positions O2, O3 and O5 by a nonahydroxyterphenoyl unit (NHTP) with a *C*-glucosidic linkage to the glucose C1 position (Fig. 1). Vescalagin (1) and its epimer castalagin (2) are found respectively at average amounts of 9 and 14 mg/g in dry french oak wood being. The first *C*-glucosidic ellagitanins to be isolated and characterized 30 years ago from *Castanea* (chestnut) and *Quercus* (oak) species [4–6]. Six other ellagitannins were isolated thereafter, the glycosylated monomers with lyxose, grandinin (3 mg/g of dry wood), or xylose, roburin E (3.2 mg/g of dry wood), two not glycosilated dimers, roburins A and D (2.5 and 3.8 mg/g of dry wood, respectively), and two glycosylated dimers, roburins B and C (2.8 and 2.3 mg/g of dry wood, respectively) (**3-8**) (Fig. 1) [7–9]. Vescalagin (**2**) and castalagin (**1**) represent 40 to 60% of ellagitannins in *Quercus petraea* and *robur* [10–12], but these proportions can vary from one species of oak to another [13]. These molecules are highly soluble in hydroalcoholic solutions, which is the raison why they are gradually extracted by the wine solution during barrel aging.

These *C*-glucosidic ellagitannins are continuously transformed through condensation, hydrolysis, and oxidation reactions. The formation of flavano-ellagitannins (**9–12**) and the ß-1-*O*-ethylvescalagin (**13**) in red wines aged in oak barrels has been reported [14–18] (Fig. 1). These *C*-glycosidic ellagitannins and flavano-ellagitannin hybrids exhibit important biological properties as antioxidant, antitumoral, anti-inflammatory, antibacterial, and antiviral [14,19,20]. They can also affect the astringency of the wine, since, as procyanidins, they have the ability to precipitate proteins, in particular the salivary proteins in the oral cavity [21–24].

Several factors can influence the ellagitannins content in oak wood [9], such as the oak species (*Quercus robur* and *Quercus petraea*), the geographical origin [25,26], the age [27], the topography [7,28] and the geographic location of the wood piece in the trees [27,29], as well as the processing of wood in cooperage (*i.e.*, type and duration of drying and toasting) [30,31]. Moreover, the age of the barrels is also important [32].

Some studies about red wine aged in oak barrels have been performed [33–35], but no study has examined the behavior of the ellagitannins in wine after the bottleling process. Thus, the aim of this study was to monitor and compare the evolution kinetics of the oak native *C*-glucosidic ellagitannins, their flavano-ellagitannin hybrids and the ß-1-*O*-ethylvescalagin in wines.

2. Materials and methods

2.1. General

Chlorogenic acid (> 95%), formic acid (> 95%) and acetic acid were purchased from Sigma-Aldrich

[a] e-mail: pierre-louis.teissedre@u-bordeaux.fr

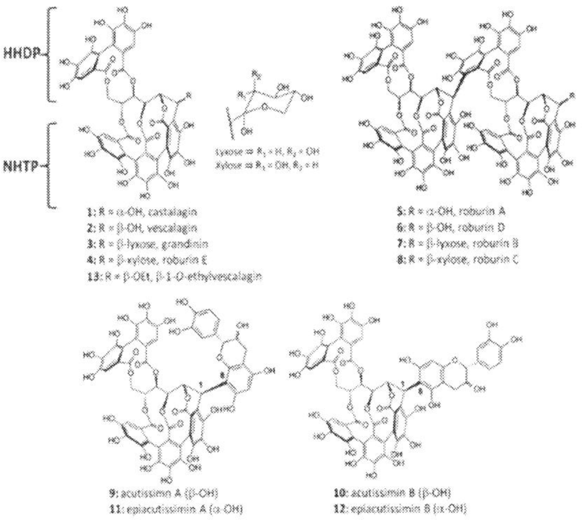

Figure 1. Structures of *C*-glucosidic ellagitannins **1–8** found in heartwood of *Quercus* species and structures of the vescalagin derivatives **9–13**.

(St Quentin Fallavier, France). Methanol (HPLC grade quality, > 99.8%) and TSK gel HW 50F were purchased from VWR (Strasbourg, France). Acetone was obtained from Xilab (Atlantic labo, Bordeaux, France). Milli-Q (Millipore) water was prepared using a Sarterius-arium 611 system.

Castalagin (**1**) was extracted from Quercus robur heartwood [18] and the hemisynthesis of the acutissimins A/B (9/10, > 95% pure), the epiacutissimins A/B (11/12, > 95% pure), and the ß-1-O-ethylvescalagin (13, 98% pure) were performed in acidic media [1.5%(v/v)TFA/THF] at 60 °C as previously described [15,16].

Red wines samples (17 vintages raging from 1991 to 2011) from Domain de l'Aiguelière Languedoc vineyard in Appellation Montpeyroux were analyzed. Each wine made from the same syrah parcel and aged in new French oak barrels for 12 months.

2.2. Red wine sample preparation

A fractionation procedure used prior to the HPLC-UV-MS analysis of the red wine samples was adapted from the previously described procedure [18,33]. Indeed, each red wine sample (120 mL) was evaporated under vacuum and the resulting viscous dark red residue was dissolved in H_2O/HCOOH (996:4, 20 mL). The obtained solutions were then loaded on a column (55 mm × 25 mm) that had been packed with TSK HW 50F resin, which had been previously swelled overnight in methanol and equilibrated with H_2O/HCOOH (996:4, 100 mL). After loading 5 mL of the sample on the column, the acidic aqueous solvent (50 mL) was first used to wash out tartaric acid and sugars and, in a second step, an acidic hydromethanolic solvent (H_2O/MeOH/HCOOH (298:698:4), 100 mL) was used to elute important amounts of the non ellagic polyphenols.

Finally, the ellagitannin fraction was eluted using H_2O/acetone/HCOOH (298:698:4, 100 mL). This fraction was evaporated under reduced pressure to furnish a reddish light brown residue, which was dissolved in H_2O/HCOOH (996:4, 1 mL) containing 20 mg/L of chlorogenic acid used as internal standard and filtered (0.45μ m) prior to HPLC-UV-MS analysis.

2.3. HPLC-UV-MS conditions for ellagitannins quantification in wine

The ellagitannins composition in red wines was determined using a Thermo-Finnigan Surveyor HPLC system containing an autosampler (Surveyor autosampler Plus), a quaternary pump (Surveyor LC pump Plus), and a UV-vis detector (Surveyor PDA Plus) controlled by Xcalibur data treatment system. This HPLC system was also coupled to a Thermo-Finnigan LCQ Advantage spectrometer equipped with an ion trap mass analyzer. The electrospray ionization and mass detection was performed in negative ion mode with the following optimized parameters: capillary temperature, 300 °C; capillary voltage, −46 V; nebulizer gas flow, 1 L/min; desolvation gas flow, 0.25 L/min; and spray voltage, 5 kV. These analyses were carried out in technical duplicates on a 250 × 4.6 mm, 5 μm, Lichrospher 100 RP 18 column. The used mobile phases were solvent A [H_2O/HCOOH (996:4)] and solvent B [MeOH/HCOOH (996:4)] and the elution gradient was 0–3% of B in 5 min, 3 to 20% of B in 20 min, and 20 to 100% of B in 50 min with a flow rate set at 1 mL/min and a detection wavelength set at 280 nm. The *C*-glucoside ellagitannins (**1–8**), flavano-ellagitannins (**9–12**), and ß-1-*O*-ethylvescalagin (**13**) were separately identified and assigned by comparison of their UV spectra and mass spectra with purified or hemisynthesized standards. The quantification of each compound was performed using their molecular ion (Table 1). The concentrations of *C*-glucosidic ellagitannins (**1-8**) and ß-1-*O*-ethylvescalagin (**13**) were expressed as equivalents of castalagin (**2**), whereas flavano-ellagitannins (**9-12**) concentrations were expressed as equivalents of acutissimin A (**9**).

2.4. Sensorial analyze

The sensorial analyze took place in a standard room adapted to the V 09-105 norm. This room was equipped with individual testing booth (10 in numbers) to separate each individual judge and the temperature is set at 20 °C. The testings are carried to distant meal times (10 h–12 h or 15 h–18 h) to eliminate sensory disturbances.

This sensory analysis was held to find a connection between the total content of **1–13** with the bitterness and astringency intensities found by the judges which was composed of 20 trained experts.

The intensities of the descriptors were rated on a 10 cm linear graphic scale [36]; the intensity level of each descriptor was then expressed as the mean value of all the judges. The samples were presented in randomly coded, clear, 125 mL glasses; distilled water was provided for rinsing between wines.

3. Results

3.1. *C*-glucosidic ellagitannins analyses

The concentration of the ellagitannins **1–8** and**13** as well as the flavano-ellagitannins **9–12** was determined in the 17 red wine vintages corresponding to Languedoc vineyard. These analyses were carried out with wines from the same

Table 1. HPLC retention times and mass fragmentation patterns of the reference compounds **1–13** and the internal standard.

Compounds	Retention time (min)	m/z
Castalagin (**1**)	22.80	933[a], 915, 613, 301
Vescalagin (**2**)	13.03	933[a], 915, 613, 301
Grandinin (**3**)	8.21	1,065[a], 915, 613, 301
Roburin A (**5**)	7.42	1,849, 933, 924[a], 915, 301
Roburin B (**7**)	7.92	1,981, 1,065, 990[a], 915, 301
Roburin C (**8**)	7.96	1,981, 1,065, 990[a], 915, 301
Roburin D (**6**)	10.55	1,849, 933, 924[a], 915, 301
Roburin E (**4**)	15.16	1,065[a], 915, 613, 301
Acutissimin A (**9**)	50.62	1,205[a], 915, 613, 602, 301
Acutissimin B (**10**)	62.02	1,205[a], 915, 613, 602, 301
Epiacutissimin A (**11**)	67.49	1,205[a], 1,053, 915, 613, 602, 301
Epiacutissimin B (**12**)	44.92	1, 205[a], 1,053, 915, 613, 602, 301
ß-1-O-ethylvescalagin (**13**)	42.32	961[a], 915, 480, 301
Chlorogenic acid	56.63	353[a]

vinery which eliminates a few variables that can influence their concentration since all the studied vintage were obtained from the grape variety grown on the same parcel and aged the same time in French oak barrel obtained from the same cooperage company.

The graphic in Fig. 2 corresponds to the total contents of ellagitannins **1–8** and **13**, as well as flavano-ellagitannins **9–12** obtained for each vintage analysis from the oldest wine (1991) to the youngest (2011).

First, it should be noted that the concentrations of roburin A (**5**), acutissimin A (**9**) and epiacutissimin A (**11**) are not represented on the graphic since they were not detected in the analyzed samples. Unlike our first hypothesis, the linear decreasing of the total ellagitannins content with time spent in bottles is was not observed. Moreover, an increasing of the flavano-ellagitannins **9–12** concentration due to the reaction between vescalagin (**2**) and catechin or epicatechin were also not highlighted. Indeed, the content of vescalagin (**2**) in the red wine from 1999 vintage is the double (0.214 mg/L) of castalagin (**1**) content (0.105 mg/L). Such data is unusual since generally, in oak wood the concentration of castalagin (**1**) is higher than the vescalagin (**2**) values. Furthermore, the concentrations obtained for the *β*-1-*O*-ethyl-vescalagin (**13**) or roburin E (**4**) appeared to be remarkably high. Indeed, they are greater than the contents of castalagin in 1991, 1994, 1997, 1998 2002, 2006, 2007 and 2011 vintages. This data may indicates a higher stability of *β*-1-*O*-ethyl-vescalagin (**13**) during red wine aging in bottles.

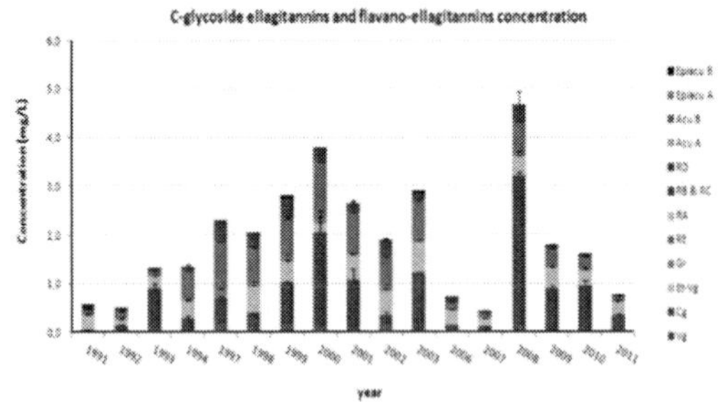

Figure 2. *C*-glucosidic ellagitannins and flavano-ellagitannins concentrations achieved for the 17 wines analyzed from the same Languedoc vineyard.

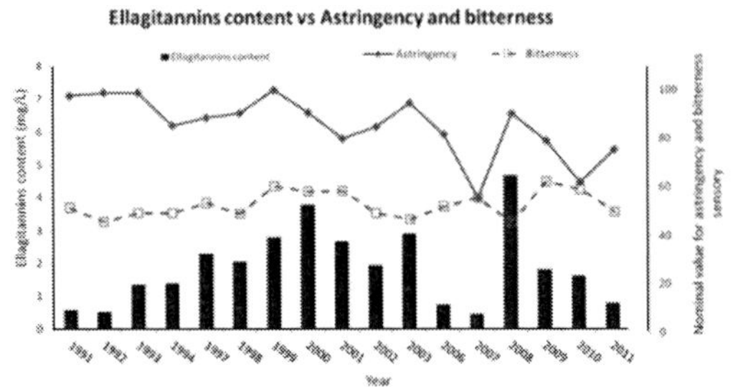

Figure 3. A graphic comparison between the results obtained for the total ellagitannins content versus astringency and bitterness panel perception.

3.2. Sensorial test

Regarding the sensory tests, the answers given by the judges showed that there was slight increasing tendency for astringency according to the time spend in bottle for the wine (Fig. 2). In this way, the oldest analyzed wine had a higher astringency perceived by the panel than the youngest wine. Moreover, the bitterness perception appeared to be stable over time independently of the total ellagitannin content.

4. Conclusions

This investigation screened the evolution of the *C*-glucoside ellagitannins and flavano-ellagitannins contents during bottle ageing in order to try to find a relationship between their concentration and the time spend by the wine in bottle. Moreover, investigation was also performed in order to find a link between these ellagitannins concentration and the sensory perception of the red wine. Although the concentrations of ellagitannins and flavano-ellagitannins unwire not related with the time spend by the wine in bottel, there was a low increase in astringency perception. Indeed the youngest wine exhibited lower astringency intensity than the most aged wine, whereas bitterness remains stable.

The lack of correlation between ellagitannin content, sensory properties, and time spend in bottles might be due to the formation of oxidative derivative which were not quantified in our study. It is known that the flavano-ellagitannins compounds can be transformed by an oxidative reaction resulting in the mongolicains-like [37] molecules that were not quantified during this study. These evolution compounds may have an important content in red wine as well as an impact on its sensory perception. Moreover, the heterogeneity of wood is an important variable that can gives unlikeable responses, as there are a lot of factors that are going to be implicit in the oak wood election [7,9,25–29].

Further investigation must be performed in order to estimate the overall impact of these *C*-glucoside ellagitannins and vescalagin derivatives on red wine organoleptic perceptions.

We thanks Domaine l'Aigueliere, Montpeyroux, France for providing the wine samples for analyses and tasting.

References

[1] B. Monties, Connaissance Vigne Vin, **21**, 169–190 (1987)

[2] J. L. Puech, J Int Sci Vigne Vin, **81**, 123–134 (1992)

[3] J. Michel, M. Jourdes, M.A. Silva, T. Giordanengo, N. Mourey, P.-L. Teissedre, J Agr Food Chem, **59**, 5677–5683 (2011)

[4] W. Mayer, W. Gabler, A. Riester, H. Korger, Liebigs Ann Chem, **707**, 177–181 (1967)

[5] W. Mayer, H. Seitz, J. C. Jochims, K. Schauerte, G. Schilling, Liebigs Ann Chem, **751**, 60–68, (1971)

[6] W. Mayer, H. Seitz, J. C. Jochims, Liebigs Ann Chem, **721**, 186–193 (1969)

[7] A. Prida; J. C. Boulet, A. Ducousso, G. Nepveu, J. L. Puech, Ann For Sci, **63**, 415–424 (2006)

[8] C. L. M. Herve du Penhoat, Michon, V. M. F. A. Ohassan, S. Peng, A. Scalbert, D. Gage, Phytochem,**30**, 329–332 (1991)

[9] C. L. M. Herve du Penhoat, V. M. F. Michon, S. Peng, C. Viriot, A. Scalbert, D. Gage, J Chem Soc Perkin Trans, **1**, 1653–1660 (1991)

[10] B. Fernández de Simón, E. Cadahía, E. Conde, M. C. García-Vallejo, Holzforschung, **53**, 147–150 (1999)

[11] G. Masson, M. Moutounet, J. L. Puech, Am J Enol Vitic, **46**, 262–268 (1995)

[12] G. Masson, J.-L. Puech, M. Moutounet, Phytochem, **37**,1245–1249 (1994)

[13] N. Vivas, *Manuel de Tonnellerie à l'usage des utilisateurs de futaille* (Féret, Ed. Bordeaux, 2002)

[14] S. Quideau, M. Jourdes, D. Lefeuvre, P. Pardon, C. Saucier, P-L. Teissedre, Y. Glories, Ellagitannins – An Underestimated Class of Plant Polyphenols: Chemical Reactivity of *C*-Glucosidic Ellagitannins in Relation to Wine Chemistry and Biological Activity. In *Recent Advances in Polyphenol Research*. Santos-Buelga, C., Escribano-Bailon, M. T., Lattanzio, V., Eds; Wiley-Blackwell Publishing: Oxford, Vol. 2, Chapter 4, 81–137 (2010)

[15] S. Quideau, M. Jourdes, C. Saucier, Y. Glories, P. Pardon, C. Baudry, Angew Chem Int Ed, **42**, 6012–6014 (2003)

[16] S. Quideau, M. Jourdes, D. Lefeuvre, D. Montaudon, C. Saucier, Y. Glories, P. Pardon, P. Pourquier, Chem-Eur J, **11**, 6503–6513 (2005)

[17] M. Jourdes, D. Lefeuvre, S. Quideau, *C*-Glycosidic Ellagitannins and Their Influence on Wine Chemistry. In *Chemistry and Biology of Ellagitannins – An Underestimated Class of Bioactive Plant Polyphenols*. Quideau, S., Ed; World Scientific Publishing: Singapore, Chapter 9, 320–365 (2009)

[18] C. Saucier, M. Jourdes, Y. Glories, S. Quideau, J Agr Food Chem, **54**, 7349–7354 (2006)

[19] S. Quideau, T. Varadinova, D. Karagiozova M. Jourdes, P. Pardon, C. Baudry, P. Genova, T. Diakov, R. Petrova, Chem Biodiv, **1**, 247–258 (2004)

[20] N. Vilhelmova-Ilieva, R. Jacquet, S. Quideau, A. S. Galabov, Antiviral Res. **110**, 104–114 (2014)

[21] N. Vivas, Y. Glories, Am J Enol Vitic, **47**, 103–107 (1996)

[22] A. Glabasnia, T. Hofmann, J Agr Food Chem, **54**, 3380–3390 (2006)

[23] C. Santos-Buelga, A. Scalbert, J Sci Food Agr, **80**, 1094–1117 (2000)

[24] M. K. Quinn, V. L. Singleton, Am J Enol Vitic, **36**, 148–155 (1985)

[25] J. R. Mosedale, J. L. Puech, F. Feuillat, Am J Enol Vitic, **50**, 503–511 (1999)

[26] J. Marco, J. Artajona, M. S. Larrechi, F.X. Rius, Am J Enol Vitic, **45**, 192–200 (1994)

[27] G. Masson, M. Moutounet, J. L. Puech, Am J Enol Vitic, **46**, 262–268 (1995)

[28] L. Bergès, R. Chevalier, Y. Dumas, A. Franc, J.-M. Gilbert, Ann For Sci, **62**, 391–402 (2005)

[29] G. Masson, J. L. Puech, M. Moutounet, Bull OIV, **69**, 634–657 (1996)

[30] M. D. Hale, K. McCafferty, E. Larmie, J. Newton, J.S. Swan, Am J Enol Vit, **50**, 495–502 (1999)

[31] L. Matricardi, A. L. Waterhouse, Am J Enol Vit, **50**, 519–526 (1999)

[32] C. Viriot, A. Scalbert, C. Lapierre, M. Moutounet, J Agr Food Chem, **41**, 1872–1879 (1993)

[33] M. Del Alamo-Sanza, I. Nevares-Domínguez, Anal Chim Acta, **563**, 255–263 (2006)

[34] M. Jourdes, J. Michel, C. Saucier, S. Quideau, P-L. Teissedre, Anal Bioanal Chem, **401**, 1531–1539 (2011)

[35] I. García-Estévez, M. T. Escribano-Bailón, J. C. Rivas Gonzalo, C. Alcalde-Eon, J Agr Food Chem, **60**, 1373–1379 (2012)

[36] E. Chambers, M. Baker Wolf,*Sensory testing methods*, 2nd edition, ASTM, West Conshohocken (1996)

[37] E. Petit, D. Lefeuvre, R. Jacquet, L. Pouységu, D. Deffieux, S. Quideau, Angew Chem Int Edit, **52**, 11530–11533 (2013)

 DOI: 10.1051/bioconf/20160702009

Must concentration by new zeolite membrane (KonKer™) technology

Matthias Schmitt[1,a], Monika Christmann[1], Nobuhiko Ueno[2], Tomohiro Kyotani[2], and Hiroyuki Kakiuchi[2]

[1] Hochschule Geisenheim University von Lade Straße, 65366 Geisenheim, Germany
[2] Mitsubishi Chemical Corporation, 1-1, Marunouchi 1-chome, Chiyoda-ku, Tokyo

Abstract. In this work in this work the must concentration by pervaporative dehydration through a new In In this work in this work the must concentration by pervaporative dehydration through a new of zeolite membrane was compared to the common treatments of chaptalization and must concentration by nanofiltration. Must and wine analysis were conducted to assess if the new pervaporative dehydration process by zeolite membrane effects the must and wine composition, in another way than the other tested authorized processes. In general, the must and wine composition was not changed by the new procedure compared to the usual technologies. Sensory evaluation proof that results. The panelists were not able to distinguish the respective test variants significantly from each other.

1. Introduction

Wines coming from poor vintages often lack of alcohol. The influence of ethanol on the wine's sensory profile is very complex. It has gustatory, olfactory and trigeminal stimulating properties [2–4]. Generally, alcohol gives the wine a certain body sensation. The direct sensory perception of ethanol is sweetness, bitterness and due to thermal effects a certain heat perception. Wines with higher alcohol contents often appear beefier and full-bodied. For many product categories these are desired characteristics. So the increase of alcohol is a common practice in many wine regions worldwide. Especially in Europe, the traditional practice is to add sucrose. Furthermore concentrated grape must or rectified grape must concentrate can be added to increase the later alcohol content. Another strategy to increase the alcohol content is to concentrate the must by partly extracting water. Must concentration got authorized by the OIV resolution 30/2000 and resolution codes of international oenological practices: OENO 2/98 based on regulation (EC) 1234/2007. The extraction of water is usually done by reverse osmosis, cryo-extraction or by vacuum distillation.

Another approach is the must concentration by pervaporative dehydration with zeolite membranes. This new technology bases on high-silica chabazite type zeolite membrane. The driving force of the pervaporation process is the difference in water vapor pressure on both sides of the membrane. The water molecules permeate as vapor through the membrane. Therefore, unlike reverse osmosis treatment, no pressure is applied for the pervaporation process. Due to the vaporization the must temperature gradually decreases during the pervaporation process. So this process potentially a very careful and gentle treatment of the must.

[a] e-mail: Matthias.Schmitt@hs-gm.de

2. Material and methods

The trials were conducted at the Hochschule Geisenheim University with two different Riesling musts. Prior to the treatment the must was clarified by sedimentation and 40gm/l of SO2 was added.

The pervaporative dehydration was performed with a set of tubular high-silica chabazite type zeolite membranes (KonKer™ DH) produced by Mitsubishi Chemical Corporation (Japan, Tokyo). This membrane is suitable for the constant treatment of musts with low pH values.

In this study the KonKer™ DH with dimensions of 12 mm outer diameter and 9 mm inner diameter and 400 mm length.

In 2014 the dehydration by zeolite membranes was done with one module consisting of 8 membrane elements. In 2015, the trial plant was equipped with three of modules with 20 membrane elements each. The effective membrane area of each of the modules was 0.26 m^2.

The must dehydration treatment was conducted by immersing the module into the must. On the inner side of the membrane tube a constant vacuum of less than 10mbar was applied. The water vapor that permeated through the membrane was collected in a cooling trap with liquid nitrogen. The trial plant could treat 25l per day. After the treatment the membranes were cleaned by just rinsing with 50 °C water.

Parallel to the treatment by the zeolite membranes, a variant was concentrated by nanofiltration. As non technical variant, a chaptalizazion in the range of the targeted concentration was. The chaptalization was done by adding sucrose.

For the nanofiltration one spiral-wound membrane module was used (Toray/Münchenstein/Switzerland). The membrane had a surface area of 7.4 m^2 and a salt retention of 98% MgSO4 took part by a spiral wound module.

Chart 1. Process parameter 2015 must trials.

Date	Must sample	Initial sugar content (g/L)	Dehydrating time (h)	Must temperature change °C during dehydration (start⇒end)	Pressure on permeate side (mbar)	Initial Must amount (L)	Concentrated must amount	Dehydration amount (L)	Water permeation flux (kg/m² h⁻¹)
Oct. 20th	A	168	7.1	18.0 ⇒ 7.7	5 – 10	25.0	22.44	2.56	0.46
Oct. 21st			8.5	11.1 ⇒ 6.2	4 – 9	25.0	23.49	1.51	0.23
Oct. 22nd	B I	223	7.2	20.8 ⇒ 8.0	4 – 8	25.0	22.44	2.56	0.46
Oct. 23rd	B II		8.9	20.0 ⇒ 7.2	6 – 9	25.0	21.57	3.43	0.50
Oct. 24th	B III		8.0	19.9 ⇒ 9.5	5 – 9	25.0	22.65	2.35	0.38
Oct. 26th	B IV		7.6	20.5 ⇒ 8.7	6 – 8	25.0	22.86	2.14	0.36

Figure 1. Membrane modules with tubular zeolite membranes.

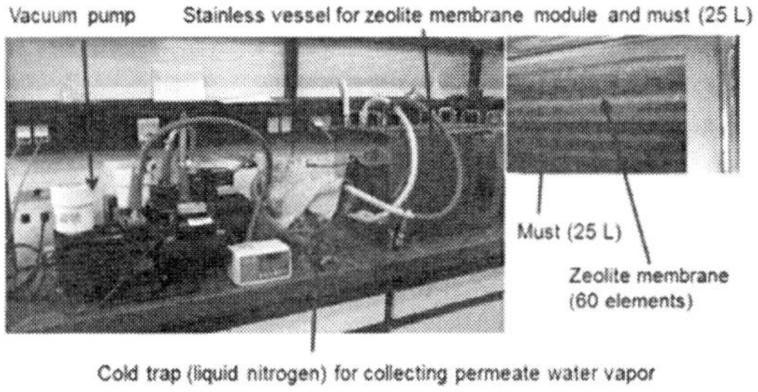

Figure 2. Pervaporative dehydration equipment for must concentration.

The working pressure was 50 bar and the permeate rate was set between 50–60 l during the treatment. The membranes were cleaned after the treatment according to the manufacturer instruction with hot caustic water and citric acid water cycles. Afterwards the membrane was rinsed with water.

All must samples were inoculated by 30 g/hl yeast (Oenoferm Freddo / Erbslöh, Geisenheim, Germany) and the fermentation was monitored in terms of fermentation rate and temperature.

After the fermentation the wines were racked, got sulfured and were bottled. The wine samples from the zeolite treatment of must b were blended. The zeolite membrane treated lots of the first two trial days were blended and the wines coming from the 3rd and 4th trial day were blended as well to get bigger lots of wine.

The basic must and wine parameter analysis were conducted by WineScan SO2 (Foss, Hillerod, Denmark). The calcium and potassium measurements were performed by contrAA 300 Atomic Absorption Spectrometry (Jena Analytik, Jena, Germany).

Chart 2. Overview sensory results.

Test	Answers taken	Answers right	Risk
Control A / Zeolite A	**21**	**7**	**0,5814**
Control A / Zeolite A	**21**	**6**	**0,7514**
Control B / Zeolite B I	**21**	**10**	**0,1248**
Control B / Zeolite B II	**21**	**7**	**0,5814**
Zeolite A / Chaptalization A	**21**	**9**	**0,2399**
Nanofiltraiton A / Zeolite A	**21**	**10**	**0,1248**
Zeolite B I / Chaptalization B	**21**	**7**	**0,5814**
Zeolite B II / Chaptalization B	**21**	**6**	**0,7514**

The sensory analysis were done according to ISO 4120:2004 and ISO 8589:1988 (iso.org). Triangle tests were used as discriminative tests, to evaluate if the different methods to increase the must's sugar content differ from each other.

3. Results and discussion

The process parameter shown in chart 1 indicates that the KonKer™ DH membranes could successfully concentrate the must by extracting water. In the first trial with must A the sugar content was increased by 8 g/l. The must B was concentrated to a higher extent. The sugar content of must sample BI and BII was increased by 16 g/l and samples B III and IV were increased by 26 and 27 g/l. Within 7–8 hours 1.5–3.4 l of water could be extracted from the must by the trial plant. The dehydration performance per hour was between 0.5 and 0.36 kg/m^2. The nanofiltration used could separate 6.75 kg/m^2 and 8.1 kg/m^2. The water flux was bigger with higher temperatures. Furthermore, the concentration performance generally decreased during the treatment due to membrane fouling. That layer could be washed off after each treatment day. The cleaning of the zeolite membrane was much more convenient and took part without any chemical cleaning agents, unlike the cleaning of the nanofiltration membrane that was used in comparison. During the process the must temperature generally decreased from cellar temperature (15–20 °C) to values below 10 °C. The must concentration by reverse osmosis or nanofiltration is generally connected by a certain heat loading. Weber (2006) outlines must temperatures of 40 °C due to the concentration treatment without continuous cooling.

The working pressure on the permeate side was 4–10 mbar. Usual plants for must concentration by vacuum distillation run at pressures of 30 mbar [5].

The analysis of the must and wine samples showed that the trial plant with the zeolite membranes could deliver repeatable results. The targeted concentration could be reached in the trials. Due to the concentration, the content of the most important must parameters was increased due to the water extraction [cf. 1,6,7].

The measured content of potassium and calcium indicated that the permeate of the zeolite membrane treatment was much more pure than the permeate from the nanofiltration treatment.

All tested treatments to increase the sugar content did not affect the measured amount of gluconic acid.

The sensory tests that were done half a year after the must treament showed that there were no significant differences between the different variants. There was no case where the panelists could find a difference between the control and the other variants.

The pervaporative dehydration did not change the sensory character of the must.

4. Conclusion

The must trials at the Hochschule Geisenheim University showed that the process of pervaporative dehydration by high-silica chabazite type zeolite membranes (KonKer™) is in general suitable for the targeted concentration of must.

The must and wine analysis show no clear shift of the basic wine parameters due to the new dehydration process. The water fraction separated by the pervaporation process through the zeolite membranes appeared more neutral than the permeate from the nanofiltration treatment. The cleaning of the tested zeolite membranes was much faster and thorough than the tested spiral wound nanofiltration module. The storage of the membranes until the next treatment can be seen as a critical factor. The biofilm degradation by microorganism is a hazard for the wine quality. Several cases of off-flavours arising from insufficiently cleaned and incorrectly stored membranes can proof that concern.

A scale up of the plant can allow the must concentration in a greater extend.

References

[1] Clos, D. (2003) Chemische und Sensorische Auswirkungen physikalischer Konzentrierungs-verfahren auf Most und Wein, Dissertation, Technische Univer-sität Kaiserslautern

[2] Green, B.G. (1987) The sensitivity of the tongue to ethanol. Annals of the New York Acadamy of Science, 510, 315-322

[3] Mattes, R. D., DiMeglio, D. (2001) Ethanol perception and ingestion, Physiology and Behaviour, 72, 217–229

[4] Yu P. & Pickering G.J. (2008) Ethanol Difference Thresholds in Wine and the Influence of Mode of Evaluation and Wine Style, American Journal of Enology and Viticulture, 59, 146-152

[5] Weber, D. (2006) Einfluss verschiedener Traubenmostkonzentrierungsverfah-ren auf die Weinqualität, Dissertation, Fakultät Wissenschaftszentrum Weihen-stephan für Ernährung, Landnutzung und Umwelt der Technischen Universität München

[6] Zürn, F. (1979) Anwendungsmöglichkeiten der Umkehrosmose (Hyperfiltration) zur Qualitätsverbesserung von Most und Wein, Dissertation Justus Liebig Universität Gießen

DOI: 10.1051/bioconf/20160702010

Laboratory device for the evaluation of selective vegetal fibres

Valérie Lempereur[1], Michel Reynolds[2], Carole Koestel[2], Magali Grinbaum[3], François Davaux[4], Céline Louaisil[5], and Johannes Rösti[2,a]

[1] Institut Français de la Vigne et du Vin (IFV), 210 boulevard Vermorel, CS60320, 69661 Villefranche s/Saône, France
[2] Agroscope, Route de Duiller 50, CP. 1012, 1260 Nyon, Switzerland
[3] Institut Français de la Vigne et du Vin (IFV), Institut Rhodanien, 2260 Route de Gres, 84100 Orange, France
[4] Institut Français de la Vigne et du Vin (IFV), V'innopole, Brame-Aïgues, BP. 22, 81310 Lisle sur Tarn, France
[5] REALDYME, ZA Diepe, 28700 Garancières en Beauce, France

Abstract. Protection of the vineyard against diseases and pests may lead to pesticide residues in the wine. Traces of these active substances, even at concentrations below the legal limits, alarm the consumers and can compromise the potential to sale wines to some markets. A new oenological practice based on the use of selective vegetal fibres for the reduction of pesticide residues in wine is under evaluation by the International Organization of Vine and Wine. This technology, implemented on wine during filtration, is very effective for certain substances and impacts only little the wine quality. A laboratory pilot filtration device has been developed in order to confirm the efficiency of this treatment and its impact on the wine quality before its large-scale use in industrial conditions. This simple device is made of a peristaltic pump and a laboratory filter holder. Several wines with different fibre doses and filtration speeds can be rapidly tested, at bottle scale (75 cl). This pilot filtration device would be a quick and easy tool for the winemakers to evaluate the impact of a filtration on their wines using selective vegetal fibres in terms of efficiency to reduce the pesticide residues, chemical composition and of sensory quality.

1. Introduction

Protection of the vineyard against diseases and pests may lead to pesticide residues in the wine. In its report on pesticides residues in food, the European Food Safety Authority showed that 49% of the 941 wines analysed in 2013 contained one or more detectable residues [1]. Traces of these active substances, even at concentrations below the legal limits, alarm the consumers and can compromise the potential to sale wines to some markets. The only oenological practice authorized by the International Organization of Vine and Wine (OIV) to reduce the level of pesticides is the treatment with carbon, in addition to musts [2]. In its strategic plan, OIV recommends to contribute to the safety of the consumers and to consider their expectations, especially to propose guidelines for the detection and reduction of contaminations in vitivinicultural practices, processes and treatments [3].

A new oenological practice based on the use of selective vegetal fibres for the reduction of pesticide residues in wine is under evaluation by OIV. This technology, implemented in wine during filtration, is very effective for certain substances and impacts only little the wine quality [4]. The functional principle is based on a physical phenomenon of adsorption of contaminants present in wine. Selective vegetal fibres must be used on wines complying with the legal requirements and the related pesticide limits. This practice is recommended in addition to good vine-growing practices.

The use of selective vegetal fibres has been tested at wine stage. Several trials have been carried out at industrial scale and showed an interesting reduction of pesticide residues in wine [4]. However, as this represents a new oenological practice, winemakers need precise and individual information about the effects of selective vegetal fibres in terms of pesticide removal and impact on the chemical and sensory composition of their wine. We therefore decided to develop a laboratory device to simulate the filtration with selective vegetal fibres at bottle scale. This device should be easy and quick to use and simulate the application at large scale. In order to be accessible for a basic oenological laboratories, the device was developed starting from equipment and parts already present in laboratories, such as those used to measure the filterability of wines, called clogging index.

This article presents the description of the device, the first tests carried out with it and the results obtained. It is the result of a collaborative work between Agroscope who optimized the device and made the trials, IFV who designed the device and analyzed the pesticides, and Realdyme who produced the fibres and gave advice about their use.

2. Materials and methods

2.1. Laboratory pilot filtration device

The laboratory pilot filtration device was developed in order to test the impact of a treatment of wines with

[a] e-mail: johannes.roesti@agroscope.admin.ch

Table 1. Residues of seven spiked fungicides in white wine and after filtration with the laboratory pilot device containing kieselguhr or a mix of selective vegetal fibres (0.73 g) and kieselguhr. The wines for the measurement of the spiking recovery rate and the filtration trials were prepared independently. The measured values are means of three repetitions and the errors indicate the confidence interval at 95%. The reduction rate is calculated as the ratio between the values for the filtration with selective fibres and the filtration with kieselguhr. Asterisks indicate a significant difference from the values before filtration (α =5%). Measured values below the detection limit (in brackets) are indicated with nd.

	target spiking [μg/L]	measurement spiking [μg/L]	recovery rate [%]	measurement after filtration kieselguhr [μg/L]	measurement after filtration selective fibres [μg/L]	reduction rate [%]
Mandipropamid	60	68 ± 12	13	42 ± 5	nd (<2.0)	100
Iprovalicarb	60	52 ± 11	87	49 ± 1	35 ± 1*	33
Quinoxyfen	60	4 ± 1	7	4 ± 0	nd (<0.3)	100
Cyprodinil	60	41 ± 9	68	50 ± 4	nd (<0.3)	100
Fludioxonil	60	11 ± 8	18	15 ± 4	nd (<3.0)	100
Fenpropidin	60	48 ± 10	80	50 ± 1	nd (<1.0)	100
Fluopyram	60	59 ± 11	98	63 ± 5	20 ± 6*	66

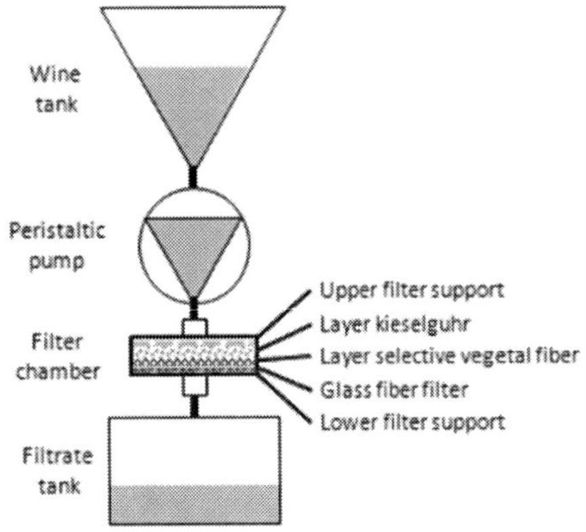

Figure 1. Schematic view of the laboratory pilot filter device.

Table 2. Technical parameters of filtrations with the laboratory pilot device containing kieselguhr or a mix of selective vegetal fibres (0.73 g) and kieselguhr. The indicated values are means of three repetitions and the errors indicate the confidence interval at 95%. Asterisks indicate a significant difference between the filtrations (α =5%).

		filtration kieselguhr	filtration selective fibres
Pump flow rate	[L/h]	0.84 ± 0.06 *	0.73 ± 0.09 *
Filtration flow rate	[L/h/m^2]	672 ± 44 *	582 ± 71 *
Temperature entry	[°C]	22 ± 1	22 ± 1
Temperature exit	[°C]	22 ± 1	22 ± 0
Turbidity entry	[NTU]	0.9 ± 0.1	0.9 ± 0.1
Turbidity exit	[NTU]	1.0 ± 0.1	0.9 ± 0.1

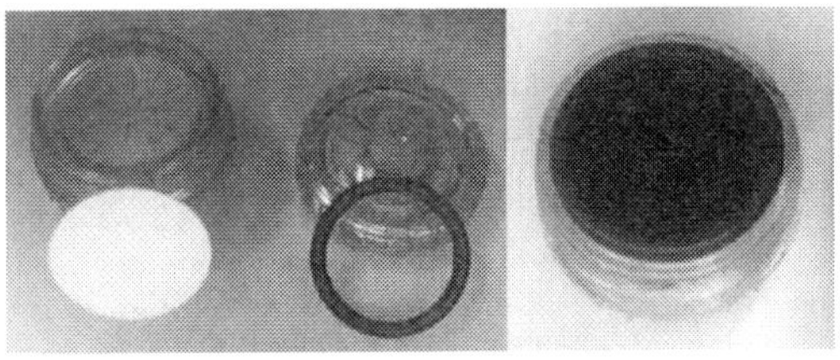

Figure 2. Detailed pictures of the filter chamber. Left: empty with lower filter support and glass-fiber filter. Middle: empty with upper filter support and rubber seal. Right: open and filled with selective vegetal fibres.

selective vegetal fibres at bottle scale (75–100 cl). The heart of the device consists of the filtration chamber (Fig. 1, Fig. 2), Sartorius polycarbonate filter holder, diameter 50 mm (#16508). The filter holder contains a filter support at the bottom that was covered by a Millipore AP25 glass-fiber filter, diameter 47 mm, in order to support the filtration cake. At the top, the filter holder contains another filter support that allows even distribution of the liquid flow in the filtration chamber. A rubber seal contains the filtration cake laterally and allows tight closure of the filtration chamber. The available surface area for filtration is 12.6 cm^2 and the available volume for the filtration cake is 5.0 ml. The liquid flow through the filtration chamber was driven by a peristaltic pump (DOSE IT, Integra Biosciences, Zizers, Switzerland) using tubing with 4 mm inner diameter allowing a flow range between 8.4–837 ml/min (Fig. 1). Upstream a conical tank holding at least 100 cl of wine was connected to the pump and downstream, a filtrate tank holding the same amount was connected to the filtration chamber using tubing with 8 mm inner diameter (Fig. 1).

The filter chamber was filled with layers of selective vegetal fibres (Realdyme, Garancières-en-Beauce, France) and kieselguhr (Clarcel Flo 2A, Ceca, France) or a mixture of both. In order to achieve this goal, the desired amount of selective vegetal fibres or kieselguhr was mixed in 500 ml of deionized water for about 5 min. The slurry was then pumped through the filtration chamber at a speed of 400 ml/min. It is recommended to deposit a layer with the desired amount of selective vegetal fibres first followed by kieselguhr in order to fill the filtration chamber completely. This allows a stable positioning of the filtration cake between the upper and lower filter support and any surplus kieselguhr can be discarded.

For operations, the desired amount of wine was poured into the tank and the connection tubing was filled with the wine at medium pump speed. The tubing was then connected to the filtration chamber and the wine was pumped through the filtration cake at low speed (14.3 ml/min). The first 50 ml of filtrate were discarded. The remainder of the filtrate was collected in the filtrate tank before analysis.

In order to evaluate the repeatability of the device each control and treatment trial was carried out in triplicate.

Table 3. Residues of five fungicides used in the vineyard, measured in red wine before and after filtration with the laboratory pilot device containing three different amounts of selective vegetal fibres (0.16 g, 0.33 g, 0.66 g). The measured values are means of three repetitions and the errors indicate the confidence interval at 95%. The reduction rate is calculated as the ratio between the measured values after and before filtration. Letters indicate significantly different groups of mean values (α =5%).

	measurement before before filtration [μg/L]	measurement filtration selective fibres 0.16 g [μg/L]	reduction rate [%]	measurement after filtration selective fibres 0.33 g [μg/L]	reduction rate [%]	measurement after filtration selective fibres 0.66 g [μg/L]	reduction rate [%]
Cyprodinil	37 ± 1^a	21 ± 2^b	43	14 ± 3^c	62	5 ± 1^d	86
Fenhexamid	339 ± 16	436 ± 173	na	460 ± 167	na	329 ± 68	na
Fenpropidin	90 ± 5^a	74 ± 5^b	18	57 ± 7^c	37	29 ± 6^d	68
Fludioxonil	32 ± 14^a	28 ± 14^a	na	27 ± 9^{ab}	16	16 ± 8^b	50
Iprovalicarb	16 ± 1	16 ± 4	na	16 ± 4	na	15 ± 6	na

Table 4. Technical parameters of filtrations with the laboratory pilot device containing three different amounts of selective vegetal fibres (0.16 g, 0.33 g, 0.66 g). The indicated values are means of three repetitions and the errors indicate the confidence interval at 95%.

parameters	units	filtration selective fibres 0.16 g	filtration selective fibres 0.33 g	filtration selective fibres 0.66 g
Pump flow rate	[L/h]	0.84 ± 0.05	0.77 ± 0.25	0.83 ± 0.04
Filtration flow rate	[L/h/m^2]	668 ± 38	610 ± 199	662 ± 30
Temperature entry	[°C]	18 ± 0	18 ± 1	18 ± 0
Temperature exit	[°C]	22 ± 1	22 ± 1	21 ± 1
Turbidity entry	[NTU]	5.5 ± 2.0	5.2 ± 3.1	5.6 ± 2.6
Turbidity exit	[NTU]	1.8 ± 0.0	1.8 ± 0.0	1.8 ± 0.0

2.2. Wine samples and pesticide spiking

The white wine was produced from cultivar Chasselas, PDO Morges (Switzerland) under strict organic guidelines. No pesticide residues could be detected (results not shown). Samples of this wine were then spiked with the following pesticides: Mandipropamid, Iprovalicarb, Quinoxyfen, Cyprodinil, Fludioxonil, Fenpropidin, and Fluopyram (all analytical grade, Sigma, USA). Pesticides were dissolved at 1 mg/ml in acetone and then diluted to 0.1 mg/ml in a model wine (distilled water with 12% ethanol, pH 3.2, and 2 g/l tartaric acid) before spiking the wine at a final concentration of 60 μg/l. Except for Quinoxyfen, which was spiked directly from the acetone solution.

The red wine was produced from several cultivars Gamay, Pinot Noir, Merlot, Galotta, and Divico, PDO Lavaux (Switzerland) using synthetic fungicides for plant protection.

2.3. Pesticide analysis

Multi-residues analysis was realized on wine before and after filtration. The sample was extracted using the Quick, Easy, Cheap, Effective, Rugged and Safe (QuEChERS) method [5]. Extracts were analyzed by UPLC/MS/MS (Waters Acquity UPLC connected to a Waters Acquity TQD tandem mass spectrometer) [5]. The quantification was made by external calibration. Limits of Quantification (LQ) and Limits of detection (LD) are 1 and 0.3 μg/L unless specified otherwise.

2.4. Color analysis and phenolic composition

Color intensity was measured as the sum of the optical densities at 420, 520, and 620 nm. Color hue was measured as the ration between the optical densities at 420 nm and 520 nm. Total phenolics were measured as optical density at 280 nm. Anthocyanins were measured as optical density at 520 nm after dilution in 1% (m/v) HCl and expressed as [mg/l] malvidine-3-glucoside using a conversion factor of 28.25.

2.5. Sensory analysis

Wines were analyzed by a trained expert panel (10 participants) using a descriptive profile using 19 descriptors for aspect, aroma and taste. Some descriptors such as "Aroma quality", "Tannin quality" and "General quality" were hedonic. All others descriptors were objective. The experimental repeats were presented as three separate blocs within one tasting session. Each bloc contained one wine of each of the filtrations with the three different amounts of selective vegetal fibres. Assessment between the three wines of each bloc could be done comparatively.

3. Results

In order to test the repeatable efficiency of the laboratory pilot filter device, a first trial was carried out with a white wine spiked with seven different fungicides commonly used in Swiss viticulture. Although all seven compounds were added at a target concentration of 60 μg/l, recovery rates of the residue analysis varied strongly (Table 1). Five out of the seven compounds showed a recovery rate close to the target ranging from 68% to 98%. But Fludioxonil and Quinoxyfen could only be recovered at 18% and 7%, respectively.

Regardless of the variable recovery rates, samples of 375 ml of white wine were spiked in the same way and filtered with the laboratory pilot filter device either containing only kieselguhr as a negative control or a mix of selective vegetal fibres (0.73 g) and kieselguhr. The filtration was conducted at relatively low speed in order to get an estimated contact time of the wine with the selective vegetal fibres of about 15 seconds.

The technical parameters of the filtration such as flow rate, temperature, and turbidity could be kept quite stable throughout the three repetitions of each trial and between trials (Table 2). Despite a constant speed of the peristaltic pump the selective vegetal fibre seemed to reduce flow rate significantly over kieselguhr alone by 13%.

The efficiency of the selective vegetal fibres for fungicide residue removal in this filtration trial was very high compared to the values obtained after filtration with kieselguhr alone (Table 1). Five out of the seven spiked compounds were removed below their detection limit. Iprovalicarb and Fluopyram showed lower reduction

Table 5. Color and phenolic composition of the red wines before and after filtration with the laboratory pilot device containing three different amounts of selective vegetal fibres (0.16 g, 0.33 g, 0.66 g). The measured values are means of three repetitions and the errors indicate the confidence interval at 95%. Letters indicate significantly different groups of mean values (α =5%).

	before filtration	after filtration selective fibres 0.16 g	after filtration selective fibres 0.33 g	after filtration selective fibres 0.66 g
Color intensity	6.24 ± 0.05^{bc}	6.37 ± 0.15^{a}	6.28 ± 0.08^{ab}	6.12 ± 0.16^{c}
Color hue	0.73 ± 0.00^{a}	0.71 ± 0.01^{b}	0.71 ± 0.00^{b}	0.71 ± 0.01^{b}
Total polyphenolic index	43.68 ± 0.11^{a}	43.53 ± 0.16^{a}	43.50 ± 0.16^{a}	43.06 ± 0.27^{b}
Anthocyanins [mg/l]	516.7 ± 2.9^{a}	513.3 ± 1.4^{ab}	514.3 ± 7.6^{a}	507.3 ± 10.0^{b}

rates of 35% and 20%, respectively. The reduction efficiencies show very little variability, proving the excellent repeatability of the laboratory pilot filter device for this kind of trial.

To further demonstrate the usefulness of the laboratory pilot filtration device to test the effects of selective vegetal fibres in terms of pesticide removal and impact on the chemical and sensory composition of the treated wine, a second trial on a red wine containing five residues of fungicides used the vineyard was performed (Table 3). Fenhexamid, an anti-botrytis, was found at the highest concentration of 339 μg/l. The other compounds ranged between 16 and 90 μg/l.

One liter of this red wine was filtered with the laboratory pilot device containing three different amounts of selective vegetal fibres (0.16 g, 0.33 g, and 0.66 g). The fibres were deposited as a thin layer covered with kieselguhr in order to fill the filtration chamber. The technical parameters of the filtration such as flow rate, temperature, and turbidity could be kept stable throughout the three repetitions of each trial and between trials (Table 4). The filtration was conducted at relatively low speed. Nevertheless the contact time of the wine with the selective vegetal fibres was estimated to only 2, 6, and 9 seconds, respectively due to thin layers of fibres. As the red wine had not yet been filtered for bottling, its turbidity was at about 5.5 NTU. In each case the laboratory pilot filtration cleared the wine to 1.8 NTU.

The efficiency of the selective vegetal fibres for fungicide residue removal in this trial showed a differential behavior for the five active compounds (Table 3). Fenhexamid and Iprovalicarb were not removed by any of the three amounts of selective fibres. The other three compounds showed increasing reduction rates correlating with increasing amounts of selective fibres. The highest reduction at 86% was obtained for Cyprodinil when filtered with 0.66 g of selective fibres.

As it has been suggested that selective vegetal fibres might absorb phenolic compounds [4], the red wines filtered with the laboratory pilot device were analyzed chemically (Table 5). The measured values show indeed a slight reduction of color intensity, total polyphenolic index, and anthocyanins especially for the highest amount of selective fibres. Similarly, a sensory description of the red wines was performed. However, no significant impact could be detected between the three different amounts of selective fibres used. Even the descriptor "Aroma paper" linked to the aroma of selective vegetal fibres, on which the panel was specially trained, showed no significant trend. Nevertheless, by far the lowest p-values ($\sim$ 15%) were obtained for the descriptors "Color intensity" and "Tannin intensity" for the highest amount of selective fibres used indicating that some judges have

Table 6. Sensory attributes of the red wines before and after filtration with the laboratory pilot device containing three different amounts of selective vegetal fibres (0.16 g, 0.33 g, 0.66 g). The measured values are means of three repetitions and the errors indicate the confidence interval at 95%. Values range from 1 (absent/bad) to 7 (high/excellent).

	after filtration selective fibres 0.16g	after filtration selective fibres 0.33g	after filtration selective fibres 0.66g
Color intensity	4.91 ± 0.13	4.92 ± 0.18	4.86 ± 0.08
Aroma fruity	4.32 ± 0.22	4.23 ± 0.42	4.38 ± 0.19
Aroma floral	1.85 ± 0.22	1.84 ± 0.44	1.87 ± 0.12
Aroma grassy	1.84 ± 0.38	1.84 ± 0.27	1.79 ± 0.35
Aroma spicy	2.58 ± 0.42	2.55 ± 0.17	2.52 ± 0.59
Aroma animal	1.06 ± 0.03	1.12 ± 0.33	1.06 ± 0.17
Aroma buttery	1.08 ± 0.07	1.12 ± 0.13	1.09 ± 0.04
Aroma toasted	1.26 ± 0.03	1.27 ± 0.34	1.33 ± 0.22
Aroma paper	1.11 ± 0.39	1.23 ± 0.74	1.17 ± 0.36
Aroma quality	4.58 ± 0.17	4.56 ± 0.34	4.60 ± 0.06
Mouthfeel	4.63 ± 0.18	4.60 ± 0.06	4.61 ± 0.12
Acidity	3.91 ± 0.05	3.86 ± 0.10	3.86 ± 0.14
Tannin intensity	4.78 ± 0.04	4.76 ± 0.15	4.63 ± 0.18
Tannin quality	4.53 ± 0.31	4.46 ± 0.07	4.56 ± 0.23
Tannin dry	2.41 ± 0.47	2.57 ± 0.29	2.41 ± 0.55
Tannin soft	4.05 ± 0.36	3.84 ± 0.60	4.04 ± 0.65
Tannin coarse	3.72 ± 0.64	3.82 ± 0.32	3.79 ± 0.16
Bitterness	1.74 ± 0.30	1.71 ± 0.25	1.71 ± 0.44
General quality	4.58 ± 0.18	4.49 ± 0.17	4.53 ± 0.05

described a sensory impact consistent with the chemical analysis.

4. Conclusion

A new pilot filtration device was set up at laboratory scale. The wine flows through a filter cake consisting of layers of selective vegetal fibres and kieselguhr. The flow rate is constant due to a peristaltic pump. Technical parameters of the filtration can be kept stable, such as flow rate, temperature and turbidity.

The amount of selective vegetal fibres is a flexible parameter. Tests were done from 0.16 g to 0.73 g of selective vegetal fibres added in the filter chamber. The layer of selective vegetal fibre is covered with kieselguhr in order to fill the filtration chamber. The repeatability of the device was evaluated and showed excellent results.

This laboratory pilot filtration device would be a quick and easy tool for winemakers to evaluate the impact of filtration on the wine using selective vegetal fibres in terms of efficiency for pesticide removal, chemical composition, and sensory quality.

 DOI: 10.1051/bioconf/20160702010

References

[1] European Food Safety Authority, EFSA Journal. **13**(3):4038 (2015)
[2] OIV, *International Code of oenological practices*, 2.1.9 Treatment with carbon (16/70) (Oeno 3/02), (2016)
[3] OIV, Strategic Plan 2015-2019. Part 4aiii, 6 (2015)
[4] V. Lempereur, C. Louaisil, F. Davaux. BIO Web Conf., **3**, 02007 (2014)
[5] OIV, *Compendium of International Methods of Analysis of Wines and Musts*, OIV-MA-AS323-08 Assay of pesticide residues in wine following extraction using the Quechers method (Oeno 436/2012), (2016)

DOI: 10.1051/bioconf/20160702011

Mesoporous materials as fining agents in variety Cabernet Sauvignon wines

Georgiana-Diana Dumitriu[1], Valeriu V. Cotea[1], Rafael A. Peinado[2], Nieves Lopez de Lerma[2], Camelia Elena Luchian[1], Cintia Lucia Colibaba[1], Marius Niculaua[3], Cătălin-Ioan Zamfir[3], Florin Vararu[1], and Gheorghe Odăgeriu[3]

[1] University of Agricultural Sciences and Veterinary Medicine "Ion Ionescu de la Brad" Iaşi, Department of Viticulture and Oenology, 700490, no 3, Mihail Sadoveanu Alley, Iaşi, România

[2] University of Cordoba, Department of Agricultural Chemistry, Building Marie Curie, 3th floor, Campus of Rabanales, 14104 Cordoba, Spain

[3] Oenological Research Center, Romanian Academy Iasi Branch, 700490, no 9, Mihail Sadoveanu Alley, Iaşi, România

Abstract. Innovative oenological products and techniques constantly need to be optimized in order to produce high quality wines that are able to fulfill the demanding consumers, with a pleasant colour, astringency, bitterness and a balanced organoleptic profile. New mesoporous materials with viability and environmental safety characteristics, might be a feasible alternative to the use of bentonite, while nowadays in the winemaking there is a major challenge caused by wastes derivate mainly from wine clarification stages. This study was aimed at investigating the influence of conventional (bentonite and activated coal) and alternative (MCM-41, SBA-15, KIT-6) fining agents on enological parameters, colour, as well as on the antioxidant activity of a Cabernet Sauvignon wines. Our results show that mesoporous materials, KIT-6 and SBA-15 (6 g/L) present the highest reduction on antioxidant activity with 23.08% and 24.41%, while bentonite and activated coal (1.5 g/L) reduced with 20.72%, respectively 33.18%. Cluster analysis performed with the values of antioxidant activity differentiated wines treated with activated carbon from other wines.

1. Introduction

Innovative oenological practices constantly need to be discovered and investigated in order to contribute to the development of high quality wines that have the ability to fulfill even the most demanding consumers.

A comprehensive area of various fining agent have been tested in recent years and hence, fining is yet one of the most conventionally used techniques in winemaking, for promote efficient clarification and stabilization processes [1,2].

Currently fining products might be composed by animal, mineral and vegetable particles [3] or even by mixed formulations that combine a miscellaneous of distinct compounds, trying to simultaneously promote parallel effects on wines. The main effect of bentonite is protein precipitation by adsoption and neutralization charge, potassium caseinate mainly to remove oxidizable and oxidized phenolic compounds by adsoption [4] and poly-vinylpoly-pirrolidone (PVPP) is used to remove phenolic compounds.

Bentonite, montmorillonite clay, is the most commonly used fining agent in the wine industry that can be used to stabilize wine against the precipitation of soluble grape proteins, which can occur in wine when it passes through temperature increase. The essential important factor of bentonite is its ability to adsorb proteins in grape juice and wine, and it is this especial primary characteristic that makes it so important in winemaking. This adsorption results from either an electrostatic attraction between positively charged proteins or the negatively charged bentonite (at wine pH). Bentonite is not a selective absorber and may reduce other positive compounds of wine. Therefore the quantity of bentonite to be used should be as low as possible [5]. Three major mechanisms of action of fining agents include charge-charge (electrical) interaction, bond formation, or absorption/adsorption. Bentonite and activated coal adsorption have an effect on aroma and flavor factors inducing in some situations aroma loss or colorless wines. Also, causes substantial volume losses (between 3% and 10%) and the disposal of spent bentonites constitute a non-negligible source of waste. Finally, bentonite handling is also of concern on account of occupational health and safety issues [6].

New mesoporous materials with viability and environmental safety characteristics might be a feasible alternative to the use of bentonite, while nowadays in the winemaking there is a major challenge caused by wastes derivate mainly from wine clarification stages.

Ordered mesoporous materials are an important class of molecular sieve that are composed of extensively ordered arrays with pore size of 2–50 nm and surface areas up to 1000 m^2/g. Mesoporous materials have been widely used in chemical sensing, adsoption, molecular separation, photonics, drug delivery, catalysis, etc., because of their high surface area, tunable pore sizes and shapes, a multitude of compositions, high hydrothermal and mechanical stability [7].

Table 1. Types and characteristics of nanomaterials. SSA: specific surface area, PD: pore diameter, PS: particle size.

Nanomaterial	KIT-6	MCM-41	SBA-15
SSA (m^2/g)	600–800	850–850	600
PD (nm)	8–10	3.4–5.0	7–10
PS (μm)	10–100	100–1000	1–2

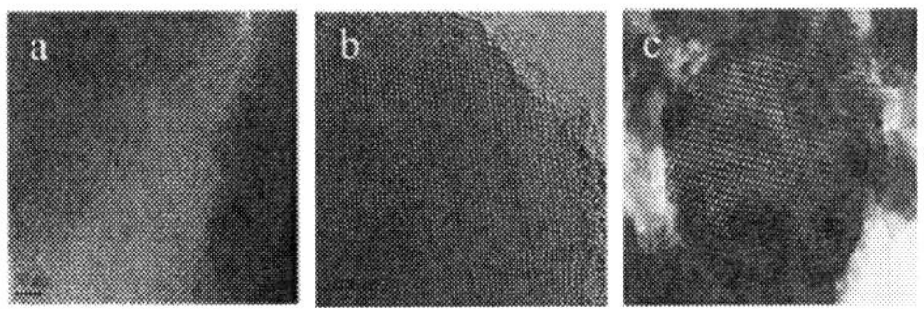

Figure 1. Transmission electron microscopy images of nanomaterials: KIT-6 (a), MCM-41 (b) and SBA-15 (c).

Mesoporous silica, as novel fining treatments, are able on their own to react with and precipitate beverage protein colloids, thus increasing the protein stability, the deposit is more dense and settles more quickly. Mesoporous materials are suitability for immobilization or inhibition different enzyme [8] also as adsorption and separation of amino acids [9] and trace metals from aqueous solution showed very high affinities to the mesoporous adsorbent.

This study was aimed at investigating the influence of conventional (bentonite and activated coal) and alternative (MCM-41, SBA-15, KIT-6) fining agents on enological parameters, colour, as well as on the antioxidant activity of a Cabernet Sauvignon wines.

2. Material and methods

2.1. Winemaking process

Cabernet Sauvignon grape variety (*V. vinifera*) harvested in 2014 in the Ia?i vineyard. The marc obtained was subjected to a maceration–fermentation process at temperature of 10–12°C, for 14 days and was inoculated with selected yeast. Then, the must was pressed and the wines obtained were transferred in tanks for the completing of alcoholic and malolactic fermentation. After the completion of the alcoholic fermentation, wines were removed from the yeast deposit and subjected to a spontaneous fining process using various materials.

2 g/L and 6 g/L of three types of nanomaterials (Table 1, Figure 1) were added at three samples of wine. Also we realized two other variants using bentonite (1 g/L and 1.5 g/L) and activated coal (1 g/L and 1.5 g/L). The control variant was obtained without any addition of materials. All samples were performed in three repetitions for each.

The obtained solutions were stirred half of hour in hermetic glass flask and left 24 hours at 5°C temperature. The resulting variants were centrifuged at 5000 rpm and 4°C for 10 minutes.

2.2. Enological parameters

Wine samples were analyzed for determining the basic physico-chemical parameters: pH (OIV-MA-AS313-15), total acidity (OIV-MA-AS313-01), volatile acidity (OIV-MA-AS313-02) and alcohol strength (OIV-MA-AS312-01A). All analyses were determined according to the with European and O.I.V. standards [10].

2.3. Absorbance measurements

Prior to analyses the samples were filtered through a HA-0.45 μm paper (Millipore, Milford, MA). The wine colour was assessed by the CIE Lab 76 method (OIV, 2000). The CIE-L*a*b* system is a three-dimensional chromatic colour space, which was established by the International Commission on Illumination, in French 'commission internationale de l'eclairage': CIE. The main CIELAB parameters (L^*, a^*, b^*) were calculated. The L^* describes the lightness of the colour ($L^* = 0$ black and $L^* = 100$ colourless), a^* value represents the difference between green ($a^* < 0$) and red ($a^* > 0$), b^* indicates the difference between blue ($b* < 0$) and yellow ($b* > 0$).

2.4. Total antioxidant activity

Antioxidant activity was measured with the blue/green chromophore $ABTS^{\cdot+}$ method described by Re et al. [11]. The $ABTS^{\cdot+}$ was produced by oxidation of 7 mM ABTS with 2.45 mM potassium persulphate in conditions of darkness for 12–16 h. The resulting $ABTS^{\cdot+}$ solution was diluted in 20 mM phosphate buffer at pH 7.4 to obtain an absorbance at 734 nm of 0.7. A volume equal to or greater than 900 μL of this test mixture was reacted with a volume equal to or less than 100 μL of wine samples, previously filtered through HA-0.45 μm papers (Millipore, Milford, MA), for 6 min. After this time, the absorbance at 734 nm of the reaction mixture was measured. Antioxidant activity was measured in terms of the proportion of $ABTS^{\cdot+}$ inhibited: % inhibition = (A734 blank − A734 sample) × 100/A734 blank. This percentage of inhibition should fall in the range 20–80%. The samples were previously filtered through HA-0.45 μm paper (Millipore, Milford, MA).

2.5. Statistical treatment

All analyses were made for triplicate and a homogeneous group's analysis was made by means of the statistical package Statgraphics Centurion XVI from StatPoint Technologies, Inc. (Warrenton, VI, USA) to study if there were significant differences among the samples in the determined parameters. Cluster analyses using Ward's method were carried out in order to group the wine samples according fining agents using as classifying variables total antioxidant activity of the wines.

Lastly, a scatterplot 3D was performed with R 3.3.0 language and environment and R packages scatterplot3d was used.

3. Results and discussion

The results of the conventional chemical analysis for variants of red wines with different treatment are illustrated in Table 2. These are similar and within the usual values recorded for red wines from the Romania North-East region. We observed that control sample has a higher value for the total acidity (g/L tartric acid) then all other samples. The ethanol content in all Cabernet Sauvignon variants were 13.16 ± 0.00. Enological parameters of treated wines showed slight decreases in respect to control. This may

Table 2. Enological parameters of Cabernet Sauvignon wines after treatments. TA: titratable acidity (g tartaric acid/L), VA: volatile acidity (g acetic acid/L); Different letters indicate significant differences at 95% confidence level. Data expressed as mean ± standard deviation.

Sample	pH	TA	VA	Ethanol (% v/v)
CONTROL	3.23 ± 0.01^{a}	5.75 ± 0.00^{i}	0.56 ± 0.02^{e}	13.16 ± 0.00^{a}
KIT-6 (2 g/L)	3.24 ± 0.01^{b}	5.65 ± 0.04^{j}	0.55 ± 0.00^{d}	13.16 ± 0.00^{a}
KIT-6 (6 g/L)	3.23 ± 0.01^{a}	5.63 ± 0.07^{g}	0.55 ± 0.00^{d}	13.16 ± 0.00^{a}
MCM-41 (2 g/L)	3.24 ± 0.00^{b}	5.73 ± 0.04^{h}	0.47 ± 0.00^{a}	13.16 ± 0.00^{a}
MCM-41 (6 g/L)	3.24 ± 0.01^{b}	5.63 ± 0.09^{f}	0.47 ± 0.00^{a}	13.16 ± 0.00^{a}
SBA-15 (2 g/L)	3.37 ± 0.01^{d}	5.55 ± 0.04^{e}	0.54 ± 0.00^{c}	13.16 ± 0.00^{a}
SBA-15 (6 g/L)	3.37 ± 0.01^{d}	5.05 ± 0.01^{a}	0.54 ± 0.00^{c}	13.16 ± 0.00^{a}
BENTONITE (1 g/L)	3.24 ± 0.01^{b}	5.20 ± 0.02^{b}	0.53 ± 0.00^{b}	13.16 ± 0.00^{a}
BENTONITE (1.5 g/L)	3.25 ± 0.01^{c}	5.75 ± 0.04^{i}	0.53 ± 0.00^{b}	13.16 ± 0.00^{a}
ACTIVATED COAL (1 g/L)	3.38 ± 0.00^{e}	5.35 ± 0.01^{c}	0.53 ± 0.00^{b}	13.16 ± 0.00^{a}
ACTIVATED COAL (1.5 g/L)	3.38 ± 0.01^{e}	5.36 ± 0.01^{d}	0.53 ± 0.00^{b}	13.16 ± 0.00^{a}

be due to the interaction of nanomaterials with the components of wine or to the displacement of the chemical balances by the change of pH. Anyway, nanomaterials contribute to reduce the volatile acidity, parameter which is related to analytical quality of wine.

Wine (particularly the red wine) contains large amounts of phenolic compounds that constitute a good source of antioxidant which have several health benefits [12].

Fining agents are widely used to adjust levels of tannins or polymeric phenols [13,14]. These compounds, particularly oxidative phenols, may inadvertently contribute to haze by reacting with residual protein fractions, eventually precipitating out of solution and causing turbidity [15]. Tannins and phenol compounds are responsible for the astringent mouthfeel perceived when consuming astringent wines and fining agents help to reduce or soften highly astringent wines prior to bottling by reducing the tannin content [16].

Our results show that mesoporous materials, KIT-6 and SBA-15 (6 g/L) present the highest reduction on antioxidant activity with 23.08% and 24.41%, while bentonite and activated coal (1.5 g/L) reduced with 20.72%, respectively 33.18%. Also, the results shown that the total antioxidant activity decreased proportional with the quantity of fining agents added (Fig. 2).

Nanomaterials present a selective effect on the phenolic compounds due to their structure when compared with bentonite and activated coal. They have the possibility to retain specific chemical compounds in a larger quantity, based on this properties.

The term "cluster analysis" encompasses a large variety of algorithms and methods used to classify samples into groups in such a way that the degree of association between two samples will be maximal if they fall in the same group and minimal otherwise. The smaller the distance between clusters, the greater is their similarity. Cluster analysis is the most popular from the multivariate techniques with many applications in the field of food science and technology [17]. In the cluster analysis the primary purpose is to aggregate individuals based on their characteristics, forming groups with greatest possible

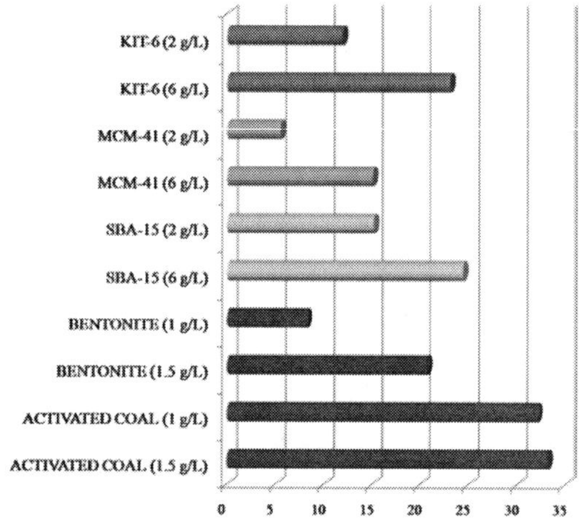

Figure 2. The percentage of reduction of total antioxidant activity (expressed as millimolar of trolox) in wines after the fining treatment.

internal homogeneity (within groups) and greatest possible external heterogeneity (between groups).

As can be seen, two distinct clusters were formed in the Fig. 3. The first one distinguished the wines treated with mesoporous materials (KIT-6, MCM-41 and SBA-15), the control and bentonite wines. In the second cluster are distinguished only the wines treated with activated coal.

Colour is one of the principal attributes of a wine and it represents a decisive factor for the choice of consumers. In this regard, colour studies can be a helpful tool in oenological practices in the recognition of the typical characteristics of a wine.

The a* and b* values did not significantly differ between treatments in the Cabernet Sauvignon wines treated with mesoporous materials. The L* value of SBA-15 (10.17) was higher than the other treatments with nanomaterials. The lowest mean L* value was recorded for MCM-41 (9.15). Concerning parameters L*, a* and b*, treatments with bentonite and activated coal increased the

DOI: 10.1051/bioconf/20160702011

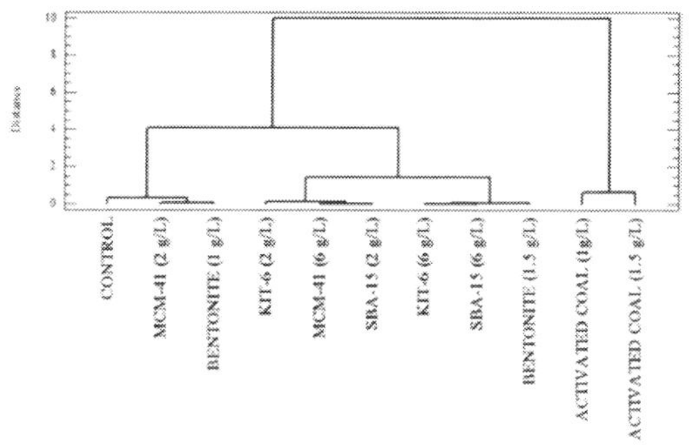

Figure 3. Cluster analyses of Cabernet Sauvignon wines after treatment with fining agents.

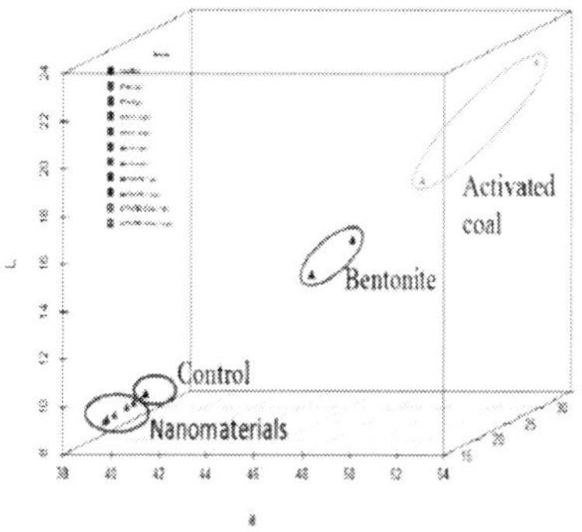

Figure 4. 3D representation of CIELAB chromatic coordinates (L *, a * and b *) of Cabernet Sauvignon red wines.

values with quantity dependent on the fining agent added. Cabernet Sauvignon fined with activated coal reduced most efficient the color intensity. CIELab chromatic coordinates a*, b* and L* were represented in a 3D plot (Fig. 4) and show a significantly difference between samples treated with nanomaterials and those treated with traditional fining agents (bentonite and activated coal).

4. Conclusions

Nanomaterials present a selective effect on the antioxidant activity due to their structure when compared with bentonite and activated coal. Cluster analysis performed with the values of antioxidant activity differentiated wines treated with activated carbon from other wines.

Concerning the color parameters, a minor loss can be seen in relation with the control.

Use of new mesoporous materials as fining agents could represent a promising alternative for improving the quality of wines, that currently are fined with bentonite and activated coal, while nowadays in the winemaking there is a major challenge caused by wastes derivate mainly from wine clarification stages.

This paper was carried out under the frame of OIV Research Grant. We are also grateful to the Oenological Research Center-Romanian Academy, Iasi Branch.

References

[1] M. Marangon, M. Lucchetta, D. Duan, V.J. Stockdale, A. Hart, P.J. Rogers. Aust. J. Grape Wine Res **18**, 194–202 (2012)
[2] M. Lucchetta, K.F. Pocock, E.J. Waters, M. Marangon. Am. J. Enol. Vitic **64**, 400–404 (2013)
[3] R. Marchal, P. Jeandet. Wine chemistry and biochemistry, 127–158 (2009)
[4] M. Manfredini. Vignevini **16**(3), 47–50 (1989)
[5] K. Schmitt. Kellerwirtschaftlicher Informations Service (2012)
[6] F.X. Sauvage, B. Bach, M. Moutounet, A. Vernhet. Food Chemistry **118**, 26–34 (2010)
[7] W. Li, D.Y. Zhao. Chem. Commun **49**, 943–946 (2013)
[8] N. Kupferschmidt, R.I. Csikasz, L. Ballell, T. Bengtsson, A.E. Garcia-Bennett. Nanomedicine **0**, 1–9 (2014)
[9] S. Ernst, M. Hartmann, S. Munsch. Stud. Surf. Sci. Catal **135**, 308 (2001)
[10] OIV. Paris - Organisation International de la Vigne et du Vin (2015)
[11] R. Re, A. Pellegrini, A. Pannala, M. Yang, C. Rice-Evans. Free Radical Bio. Med **26**, 1231–1237 (1999)
[12] D. Dumitriu, R.A. Peinado, J. Peinado, N. López de Lerma. J Funct Foods **17**, 380–387 (2015)
[13] E. Gómez-Plaza, R. Gil-Muñoz, J.M. López-Roca, M.L. Hera-Orts, A. Martínez-Cultíllas. J. Wine Res **11**(3), 223–231 (2000)
[14] S. Girotti, F. Fini, L. Bolelli, L. Savini, E. Sartini, G. Arfelli. Lumine **21**, 233–238 (2006)
[15] L. Armada, E. Falqué. Eur. Food Res. Technol **225**, 553–558 (2007)
[16] C. Maury, P. Sarni-Manchado, L. Sandrine, V. Cheynier, M. Moutounet. Am. J. Enol. Vitic **52(2)**, 140–145 (2001)
[17] H. Muller, U. Hamm. Food Qual. Prefer. **34**, 70–78 (2014)

 DOI: 10.1051/bioconf/20160702012

Comparative analysis of volatile and phenolic composition of alternative wood chips from cherry, acacia and oak for potential use in enology

António M. Jordão[1,a], Virginia Lozano[2], Ana C. Correia[1], Miriam Ortega-Heras[2], and María L. González-SanJosé[2]

[1] Instituto Politécnico de Viseu (CI&DETS), Escola Superior Agrária, Ranhados, 3500-606 Viseu, Portugal
[2] Universidade de Burgos, Faculdade de Ciências, Departamento de Biotecnologia e Ciência dos Alimentos, Plaza Misael Bañuelos s/n, 09001 Burgos, Espanha

Abstract. The aim of present work was to investigate the phenolic and volatile composition of cherry, acacia, and oak (from different species) wood chips. By the use of HPLC-DAD 18 different phenolic compounds were detected and quantified while for volatile composition, 33 different compounds were detected by GC-MS. In general, wood samples from oak species showed the higher number of phenolic compounds detected, while cherry wood samples showed the lowest levels. In addition, some individual phenolic compounds were detected, specifically in some wood samples, such as robinetin in acacia woods and naringenin in cherry wood. For volatile composition, cherry wood chips samples showed the lowest volatile composition followed by increasing order by acacia, French, Portuguese and American wood chip samples. Oak wood chip samples from American species showed the highest volatile content, as a result of high levels of several specific compounds (furfural, 5-methyfurfural, β-methyl-γ-octalactones, guaiacol, vanillin and siringaldehyde).

1. Introduction

Wine aging with alternative systems consists of adding wood to wine to acquires certain properties recalling wine that is aged in barrels. Pieces of wood of different types (wood origin, size, toasting, and others), are usually used to simulating the aging process in barrels. In addition, a great variety of oak wood pieces for this purpose can be found on the market: chips, cubes, powder, shavings, granulates, blocks or segments and even staves [1,2]. It is also important to note that the increased used of these alternatives are mainly related to low investments, similar sensorial results obtained in shorter time and simplicity of use [3]. Their use then spread, particularly in Australia, Chile and Argentina. In Europe, alternative products could not be used until 2006, and only some experimental practices were allowed (EEC 822/87). The EEC regulation No. 1507/2006 of 11 October 2006 modified previous rules by regulating the use of pieces of oak and chestnut for winemaking and the description and presentation of wine undergoing this treatment (EEC). It states that the pieces of oak wood must be exclusively come from the *Quercus* genus. However, it is important to note that the increasing demand of oak wood caused a remarkable potential increase in costs due to the limited availability of materials. Furthermore, the high demand of oak wood products has also an ecological impact on harvesting of oak trees in forest where the replacement of trees is not guaranteed. Thus, the use of potential alternative woods, such as acacia and cherry, may be an interesting option for use in wine aging process. In addition, there are a scare detailed information about the acacia and cherry woods composition and also a comparison with the composition of these wood species with French, American, Portuguese and Spanish oak woods. Due to this, the aim of present work was to investigate the phenolic and volatile composition of acacia and cherry and make a comparative analysis with oak wood chips from different species.

[a] e-mail: antoniojordao@esav.ipv.pt

2. Material and methods

2.1. Material

The samples used in this study were oak wood chips from *Quercus pyrenaica* L. (Portuguese oak), *Quercus alba* L. (American oak) and *Quercus petraea* L. (French oak) species. For alternative wood species, *Robinia pseudoacacia* (acacia wood) and *Prunus avium* (cherry wood) were used. All wood chips samples presented a dimension of ± 8 mm, a medium toasting intensity and were provided by AEB Bioquímica Portuguesa (Viseu, Portugal). In order to study the volatile and phenolic composition of the different alternative woods, the wood chips samples (4 g/L) were placed in 500 mL of model wine solutions (12%; pH 3.5) for 30 days. All extraction assays were done in duplicate, placed in the dark and agitated daily (under magnetic stirring for 5 min).

2.2. Methods

For individual phenolic compounds an analysis by the use of HPLC-DAD following the methodologies described by Pérez et al. [4] and by Viriot et al. [5] were used. In addition, for individual volatile composition a GC-MS technique was applied following the chromatography

Table 1. Individual phenolic compounds quantified (mg/L) in cherry, acacia and different oak wood chips extracted in model wine solutions for 30 days.

Phenolic compounds			Oak wood		
	Cherry	Acacia	French	American	Portuguese
Protocatechuic aldehyde(1)	nd	1.40 ± 0.02	nd	nd	nd
Gallic acid	nd	nd	1.25 ± 0.02	nd	1.44 ± 0.07
Vanillic acid	nd	nd	0.14 ± 0.02	0.33 ± 0.01	0.128 ± 0.003
Syringic acid	nd	nd	0.44 ± 0.07	0.83 ± 0.01	0.22 ± 0.02
(+)-Catechin	18.51 ± 0.08	nd	nd	nd	nd
Robinetin(2)	nd	118.94 ± 0.28	nd	nd	nd
Benzaldehyde	nd	nd	11.44 ± 0.54	12.68 ± 1.08	7.93 ± 0.78
Fustin(2)	nd	0.86 ± 0.01	nd	nd	nd
Butin(2)	nd	3.52 ± 0.01	nd	nd	nd
Robtin(2)	nd	3.05 ± 0.04	nd	nd	nd
p-Coumaric acid	172.5 ± 11.7	nd	153.4 ± 1.6	nd	84.3 ± 1.8
Coniferaldehyde(3)	nd	nd	1.42 ± 0.27	1.35 ± 0.02	0.90 ± 0.02
Syringaldehyde(4)	nd	nd	0.109 ± 0.001	nd	0.11 ± 0.01
Quercetin	nd	nd	5.45 ± 1.12	5.49 ± 0.06	2.48 ± 0.05
Naringenin	5.54 ± 0.06	nd	nd	nd	nd
Vescalagin(5)	nd	nd	19.21 ± 1.96	6.21 ± 1.21	25.74 ± 1.54
Castalagin(5)	nd	nd	24.97 ± 2.87	5.43 ± 0.87	32.45 ± 2.96
Ellagic acid	0.72 ± 0.03	0.049 ± 0.004	3.49 ± 0.12	1.17 ± 0.05	4.91 ± 0.27
Total	**197.27$^{A(6)}$**	**127.81^{B}**	**221.31^{C}**	**33.49^{D}**	**160.60^{E}**

(1) Values expressed as protocatechuic acid equivalents; (2) values expressed as naringenin equivalents; (3) values expressed as sinapaldehyde equivalents; (4) Values expressed as syringic acid; (5) values expressed as ellagic acid equivalents; nd – not detected. (6) values showing the same letter are not significantly different (Tukey, $p < 0.05$).

conditions described by Mihnea et al. [6]. All analyses were done in triplicate.

3. Results and discussion

3.1. Individual phenolic composition

Individual phenolic compounds from the different alternative wood chips from cherry, acacia and 3 different oak species are shown in Table 1. A total of 18 different phenolic compounds were detected and quantified.

According to the results showed in Table 1, cherry wood extract samples revealed the lowest number of individual phenols quantified (only (+)-catechin, *p*-coumaric acid, naringenin and ellagic acid). In addition, it is important to noted that it was only in cherry wood extracts that was possible detected (+)-catechin (18.51 mg/L) and naringenin (5.54 mg/L). These results are in agreement with previous findings quantified in toasted cherry wood samples [7].

Ellagic acid and *p*-coumaric acid were the only 2 phenolic compounds which have been detected in a common way in cherry and oak wood extracts. However, according to Fernandez de Simon et al. [8] it is possible to detected other phenolic compounds, namely volatile phenols, phenolic aldehydes and lignin derivatives.

For acacia wood extracts, several phenolic compounds, such as, protocatechuic aldehyde (1.40 mg/L), robinetin (118.94 mg/L), fustin (0.86 mg/L), butin (3.52 mg/L) and robtin (3.05 mg/L) were detected specifically in the extracts of this wood specie. For the different oak wood species studied, the individual phenolic compounds detected were mainly low molecular weight phenolic compounds, resulting primarily from thermodegradation of lignin during the toasting process (for example, syringaldehyde, coniferaldehyde and vanillic acid). In addition, French and Portuguese oak wood extract samples showed higher individual phenolic content than American oak wood extract samples, confirming previously results obtained by other authors [2,9].

By analyzing of Table 1, it is also possible to demonstrate that the oak wood extract samples from *Quercus petraea* (French oak) showed significantly higher total phenolic compounds (221.31 mg/L) than samples from the other wood species studied, while oak wood extract samples from *Quercus Alba* (American oak) showed the lowest total values (33.49 mg/L).

Finally, it was also clear that cherry and acacia wood extract samples showed intermediate values (197.27 and 127.81 mg/L, respectively).

3.2. Individual volatile composition

Table 2 shows the volatile compounds identified and semi quantified (using the chromatographic peak area in arbitrary units) for the different wood species studied. Thirty three different volatile compounds were identified.

Table 2. Average peak area[(1)] of individual volatile compounds quantified in cherry, acacia and different oak wood chips extracted in model wine solutions for 30 days.

Volatile compounds	Cherry	Acacia	Oak wood		
			French	American	Portuguese
D-limonene	2.67×10^{-3}	nd	1.14×10^{-3}	nd	3.84×10^{-3}
Ethyl hexanoate	2.21×10^{-3}	nd	nd	nd	nd
2-Octanone	50.21×10^{-3}	16.4×10^{-3}	17.45×10^{-3}	9.62×10^{5}	40.92×10^{-3}
2-Butoxyethanol	8.72×10^{-3}	nd	nd	nd	nd
Ethyl octanoate	4.59×10^{-3}	8.0×10^{-3}	6.31×10^{-3}	nd	2.30×10^{-3}
Heptanol	1.96×10^{-3}	1.70×10^{-3}	1.85×10^{-3}	nd	0.32×10^{-3}
Furfural	3.24×10^{-3}	13.70×10^{-3}	134.14×10^{-3}	20.69×10^{6}	5.75×10^{-3}
2-Nonenal	0.86×10^{-3}	nd	1.63×10^{-3}	nd	8.53×10^{-3}
5-Methylfurfural	1.54×10^{-3}	8.20×10^{-3}	93.42×10^{-3}	10.65×10^{6}	75.53×10^{-3}
2-Furancarboxylic acid ethyl ester	1.89×10^{-3}	nd	1.74×10^{-3}	nd	1.84×10^{-3}
Acetophenone	39.10×10^{-3}	1.80×10^{-3}	1.58×10^{-3}	nd	2.53×10^{-3}
Ethyl benzoate	52.58×10^{-3}	nd	nd	nd	1.03×10^{-3}
4-Phenyl-2-butanone	10.0×10^{-3}	nd	nd	nd	nd
2-methoxyphenol (guaiacol)	8.22×10^{-3}	12.8×10^{-3}	4.20×10^{-3}	12.52×10^{5}	4.12×10^{-3}
β-methyl-γ-octalactones	18.12×10^{-3}	16.5×10^{-3}	119.66×10^{-3}	199.83×10^{5}	521.8×10^{-3}
2-Phenylethanol	1.50×10^{-3}	1.52×10^{-3}	nd	99.72×10^{4}	0.71×10^{-3}
1,3-Benzothiazole	2.42×10^{-3}	1.9×10^{-3}	3.29×10^{-3}	63.85×10^{4}	4.12×10^{-3}
4-Ethyl-2-methoxy-phenol (4-ethylguaiacol)	0.55×10^{-3}	0.40×10^{-3}	1.89×10^{-3}	37.84×10^{4}	1.38×10^{-3}
trans-Cinnamaldehyde	5.17×10^{-3}	4.10×10^{-3}	0.33×10^{-3}	nd	1.0×10^{-3}
trans-Benzalacetone	15.59×10^{-3}	1.0×10^{-3}	nd	nd	nd
Ethyl cinnamate	1.77×10^{-3}	nd	nd	nd	nd
Eugenol	1.29×10^{-3}	0.60×10^{-3}	3.99×10^{-3}	59.39×10^{4}	12.01×10^{-3}
5-Acetoxymethyl-2-furaldehyde	nd	1.90×10^{-3}	10.68×10^{-3}	25.0×10^{5}	5.01×10^{-3}
2-Methyl-5-(1-methylethyl)-phenol	4.19×10^{-3}	nd	nd	nd	nd
Syringol	0.26×10^{-3}	3.50×10^{-3}	5.56×10^{-3}	23.73×10^{5}	2.26×10^{-3}
4-(1,1-Dimethylethyl)-phenol	2.34×10^{-3}	1.40×10^{-3}	nd	nd	1.21×10^{-3}
2,4-Ditert-butylphenol	32.65×10^{-3}	26.60×10^{-3}	12.0×10^{-3}	15.90×10^{5}	29.73×10^{-3}
3,4-Dimethoxybenzaldehyde	1.12×10^{-3}	1.11×10^{-3}	nd	nd	nd
Benzoic acid	nd	nd	nd	16.83×10^{6}	nd
8-Hydroxy-3-methyl-3,4-dihydroisochromen-1-one	2.06×10^{-3}	nd	nd	nd	nd
3,4,5-Trimethoxybenzaldehyde	0.71×10^{-3}	1.0×10^{-3}	nd	nd	nd
Vanillin	1.64×10^{-3}	120.8×10^{-3}	71.77×10^{-3}	31.75×10^{6}	169.45×10^{-3}
Syringaldehyde	2.49×10^{-3}	200.0×10^{-3}	68.69×10^{-3}	39.05×10^{6}	71.41×10^{-3}
Total average peak area [(2)]	$\mathbf{28.16 \times 10^{-2A}}$	$\mathbf{44.50 \times 10^{-2B}}$	$\mathbf{56.13 \times 10^{-2B}}$	$\mathbf{150.26 \times 10^{6C}}$	$\mathbf{1.06^{D}}$

(1) Values expressed in relative peak area in relation of internal standard; nd – not detected.

(2) Values showing the same letter are not significantly different (Tukey, $p < 0.05$).

From the total average peak area of the volatile compounds identified, it is concluded that American oak wood chips (*Quercus alba*) released significantly more volatile compounds (a total average peak area of 150.26×10^6) than the other wood chip species studied.

However, American oak wood chips showed the lowest number of compounds identified (15 different volatile compounds). The high level of total average peak area quantified in American wood chip samples was a consequence of high average peak area amounts of several specific compounds, namely, furfural, 5-methyfurfural, β-methyl-γ-octalactones, guaiacol, Benzoic acid, vanillin and siringaldehyde. These compounds are regarded as the main source of the characteristic oak aroma of wood-aged wines [10]. In addition, for example the β-methyl-γ-octalactones (oak lactones) are the most interesting organoleptic components of the wood because of their very low odor thresholds [11].

Cherry wood chip samples showed the lowest total average peak area (28.16×10^{-2}) followed in increasing order by acacia (44.50×10^{-2}), French (56.13×10^{-2}) and Portuguese (1.06) wood chip samples. The results also showed that only 2 of the compounds identified (5-acetoxymethyl-2-furaldehyde and benzoic acid) were not detected in cherry wood chip samples while for acacia wood chip samples 11 of the compounds identified in the other wood species were not detected (D-limonene, ethyl hexanoate, 2-butoxyethanol, 2-nonenal, 2-Furancarboxylic acid ethyl ester, ethyl benzoate, 4-phenyl-2-butanone, ethyl cinnamate, 2-methyl-5-(1-methylethyl)-phenol, benzoic acid and 8-hydroxy-3-methyl-3,4-dihydroisochromen-1-one).

For cherry wood extracts, several volatile compounds (ethyl hexanoate, 2-butoxyethanol, 4-phenyl-2-butanone, ethyl cinnamate, 2-methyl-5-(1-methylethyl)-phenol and 8-hydroxy-3-methyl-3,4-dihydroisochromen-1-one) were detected specifically only in the extracts of this wood specie. In addition, benzoic acid it was only detected in American wood chip samples. Although benzoic acid was only detected in oak wood chip extract samples from American specie (*Quercus alba*), it has also been detected by other authors [12] in wood chips from cherry wood. However, in chip extracts from cherry wood high levels of ethyl benzoate was found which to explain the higher levels of this compound found by other authors in vinegars obtained by acetification in barrels of cherry wood, as well as in wines aged in cherry wood barrels [8,13].

In a quantitative point of view, ethyl benzoate, 2-octanone and acetophenone were the predominant volatile compounds identified in cherry wood chip extracts (average peak area of 52.58×10^{-3}, 50.21×10^{-3} and 39.10×10^{-3}, respectively) while for acacia wood chip extracts, syringaldehyde and vanillin (average peak area of 200.0×10^{-3} and 120.80×10^{-3}, respectively) were the most prominent compounds. It is important to note that acacia showed higher syringaldehyde and vanillin content than the oak wood chip extracts from *Quercus petraea* (French oak) and *Quercus pyrenaica* (Portuguese oak). However, syringaldehyde it was not detected by the use of HPLC analysis in acacia wood extract chip samples. Probably the HPLC methodology used, especially the analytical conditions didn't allow the detection of this specific compound.

4. Conclusions

In this study, it became evident that the botanical species studied had a significant influence on the phenolic and volatile composition of the different wood chip extracts analyzed. In fact, the physical properties and the structure of different wood species, such as the proportion of latewood to earlywood and the abundance of fibers, may influence the extraction of compounds into the wine, without going deeper into the natural variability of wood.

The qualitative differences in the phenolic and volatile profiles allow for identifying significantly differences between cherry and acacia wood extract samples in relation to different oak wood extract samples.

In addition, further studies on different toasting intensities and/or different wood origin would be necessary for a better understanding of the influence that especially non oak woods (such as acacia and cherry woods) can have on the quality of aged wines.

António M. Jordão – This work is partially financed by national funds through FCT – Fundação para a Ciência e Tecnologia, I.P., under the project UID/Multi/04016/2016. Furthermore we would like to thank the IPV- CI&DETS for their support.

References

[1] M. Del Álamo, Rev. Oenolog. **122**, 21–26 (2007)
[2] A.M. Jordão, A.C. Correia, R. Del Campo, M.L. González-SanJosé, Eur. Food Res. Technol. **235**, 817–825 (2012)
[3] B. Fernández de Simón, E. Cadahía, M. Del Álamo, I. Nevares, J. Agric. Food Chem. **57**, 3217–3227 (2009)
[4] S. Pérez, M. Ortega-Heras, E. Cano, J. Agric. Food Chem. **56**, 11560–11570 (2008)
[5] C. Viriot, A. Scalbert, C.L.M. Hervé du Penhoat, M. Moutounet, Phytochemistry, **36**, 1253–1260 (1994)
[6] M. Mihnea, M.L. González-SanJosé, M. Ortega-Heras, S. Pérez-Magariño, Food Sci. Technol. **64**, 32–41 (2015)
[7] M. Sanz, E. Cadahía, E. Esteruelas, A.M. Muñoz, B. Fernández de Simón, T. Hernández, I. Estrella, J. Agric. Food Chem. **58**, 4907–4914 (2010)
[8] B. Fernández de Simón, J. Martínez, M. Sanz, E. Cadahía, E. Esteruelas, A.M. Muñoz, Food Chem. **147**, 346–356 (2014)
[9] A.M. Jordão, J.M. Ricardo-da-Silva, O. Laureano, Hollforschung, **61**, 155–160 (2007)
[10] M.S. Pérez-Coello, J. Sanz, M.D. Cabezudo, Chromatographia, **47**, 427–432 (1998)
[11] P. Chatonnet, D. Dubourdieu, J.N. Boidron, Sci. Aliment. **12**, 665–685 (1992)
[12] B. Fernández de Simón, M. Sanz, E. Cadahía, E. Esteruelas, A.M. Muñoz, J. Mass Spectrom. **49**, 353–370 (2014)
[13] A.B. Cerezo, W. Tesfaye, M.J. Torija, E. Mateo, C. Garcia-Parrilla, A.M. Troncoso, Food Chem. **109**, 606–615 (2008)

The Ultraviolet radiation (UV-C) for the microbiological stabilization of red wine

Fábio Matias[1], Ana F. Pinto[1], Isabel Torgal[1], Marco Alves[2], Joana Grácio[2], and Helena Mira[1]

[1] Departament of Food Technology, Biotechnology and Nutrition, Instituto Politécnico de Santarém, Escola Superior Agrária, 2001-904 Santarém, Portugal
[2] INOV'LINEA – Centro de Transferência de Tecnologia Alimentar – TAGUSVALLEY – Abrantes, Portugal

Abstract. The traditional procedure for the control of the microbiological stability of wine consists of the addition of sulfur dioxide (SO_2), which acts as an antimicrobial agent and also as an antioxidant. The search for alternative methods of microbiological control is important and necessary, since SO_2 is a potential allergen and consumers are increasingly looking for healthier and preservative free products. Ultraviolet radiation was tested as an innovative technology that can help reduce the amount of sulphur dioxide used in winemaking. The object of this study was to optimize the process conditions compared to the results obtained previously, and to evaluate the efficiency of microbiological stabilization and its influence on the physico-chemical characteristics, the phenolic composition and sensory profile. Thus, red wine with very low content of sulphur dioxide was subjected to UV-C radiation in two different doses 424J/l e 778J/l, and the preparation of a control wine was carried out to which 30 mg/l sulfur dioxide was added. The wines (control=UV0, UV1 and UV2) were analyzed over time (from 0 to 4 months). The results show that treatment with a lower dosage is effective in the microbiological control of the product. The wines subjected to treatment with UV-C showed an increase in intensity of colour, and the treatment does not affect the flavour and taste of the wine.

Resumo: O procedimento tradicional de controlo da estabilidade microbiológica no vinho consiste na adição de dióxido de enxofre (SO_2), que atua como agente antimicrobiano e também antioxidante. A procura de métodos alternativos de controlo microbiológico é importante e necessária, dado que o dióxido de enxofre é um potencial alérgeno e os consumidores procuram cada vez mais produtos saudáveis e livres de conservantes. A radiação ultravioleta tem sido estudada como uma tecnologia inovadora que pode auxiliar na redução do teor de dioxido de enxofre em enologia. O objectivo deste trabalho foi optimizar as condições do processo, face aos resultados já obtidos anteriormente, e avaliar a eficiência na estabilização microbiologica, e a sua influência nos parâmetros fisico-quimicos, na composição fenólica, e nas caracteristicas sensoriais. Assim, o vinho tinto com teor muito baixo em SO_2 foi submetido a radiação UV-C com duas doses diferentes, 424J/L e 778J/L, e procedeu-se ainda à preparação de um controlo, a que foi adicionado 30 mg/L de dióxido de enxofre. Os vinhos (UV0, UV1 e UV2) foram analisados ao longo do tempo (de 0 a 4 meses). Os resultados mostram que o tratamento com menor dose é eficaz no controlo microbiológico do produto. A análise sensorial mostrou que o tratamento com radiação UV-C não afectou o aroma e o sabor dos vinhos, inclusivamente estes vinhos foram mais pontuados no descritor intensidade da cor.

1. Introduction

The microorganisms play a magisterial role in wine production, where *Saccharomyces cerevisae* and *Oenococcus oeni* play an important role in alcoholic and malolactic fermentation respectively. However, certain species of yeasts and bacteria can cause spoilage defects, with decrease of the quality of the wine [1–3]. The spoilage defects are usually recognized by haze formation, production of CO_2, increase in acetic acid or volatile acidity, off-flavours as volatile phenols and volatile sulphur, and viscosity of wine [4]. The addition of sulphur dioxide (SO_2) during different steps of the production process is a well-established practice in winemaking, due to its multiple and diverse properties [5]. The SO_2 acts as microbiological control agent in musts and wines and as enzyme inhibitor to prevent must browning and wine oxidation [6,7]. Although this addition is considered to be almost inevitable in the production of wine, it is also known that an excess SO_2 intake can cause health problems in sensitive people, particularly headaches, allergies, gastric irritation, nausea, and difficulties in breathing in asthma patients [8–10]. In this point of view, the International Organization of Vine and Wine (OIV) has been progressively reducing the maximum concentration authorized in wines, which is 150 mg/l for red wines and 200 mg/l for white wines nowadays (Regulation (EC) No 606/2009). In the same way, since November 25th 2005, it is mandatory to put on the label the phrase "containing sulphites" when the concentration of SO_2 exceeds 10 mg/l (Directive 2003/89/EC). In addition to the legislative norms, consumers are becoming much more health-conscious and, as a result, prefer healthy products free of chemical preservatives or additives [11–13]. Thus, researchers and the wine industry are looking for innovative methods that can reduce or even eliminate the use of SO_2 as preservative without significantly changing the quality attributes of wine. With this objective in mind several emerging technologies have been explored including pulsed electric fields [14], ultrahigh pressure [6,8], ultrasound [6,15] or UV irradiation [4,8,12,16,17] and natural products, including bacteriocins [6,8,18], lysozyme [6,8,18] chitosan [8,20, 21] and glutation [22,23].

The application of ultraviolet C light (UV-C, 200–280 nm) was successfully used to inactivate microorganisms in water and various types of liquid foods and beverages, such as fruit juices, soft drinks, beer and wine [4,12,16,17,24–31].

The microbial inactivation is due to the rearrangement of the nucleic acid bonds, which block DNA transcription and replication, and eventually cause cell death [4,32]. The UV-C radiation is efficient in reducing yeasts, lactic acid bacteria and acetic acid bacteria in grape juice and wine [4,12,33]. However, UV-C sensitivity also differs among microorganisms, species, strains and growth stage of the culture [4,25]. UV-C efficacy was largely affected by dosage, turbidity and colour of the liquid product, and initial microbial load [4,25].

The aim of this study was to optimize the process conditions, to compare to the results obtained previously [34], and evaluate the efficiency of microbiological stabilization, and its influence on the physical-chemical characteristics, the phenolic composition and sensory profile.

2. Materials and methods

2.1. Red Wine

The red wine of 2015 was produced in the winery of the Escola Superior Agrária de Santarém in the Tejo region, a Portuguese wine region. The wine is a blend of Tinta Roriz, Syrah and Alicante Bouschet. The chemical composition is as follow: 13.5% (v/v) alcohol, pH 3.78; 4.33 $g.l^{-1}$ total acidity, 0.65 $g.l^{-1}$ volatile acidity, 3 $mg.l^{-1}$ free molecular SO_2 and 12 $mg.l^{-1}$ total SO_2 (the wine has low content of sulphur dioxide).

2.2. Application of UV-C to wine

The wine was treated at the Tagusvalley-InovLinea technology center, using a pilot-scale UV-C reactor **UV-Therm** developed and patented by Ypsicon. The reactor is constituted of 4 UV-C germicidal lamp that emit light at the specific wavelength of 254 nm, comprised within the range UV-C (200–280 nm). The equipment allows flows of up to 100 $l.h^{-1}$

The applied dosages in a single pass of the wine through the system was 424 $J.l^{-1}$ (UV1) and 778 $J.l^{-1}$ (UV2). Sulphur dioxide was added to the wine to reach about 30 $mg.l^{-1}$ free molecular SO_2, this wine was not exposed to the UV-C light, which served as the control (UV0). After the treatment, the wines were bottled, and the evolution of the samples was monitored over time (0, 1, 2, 3, 4 months). Each trial was conducted in duplicate ($n = 3 \times 2$).

2.3. Chemical and polyphenol analysis

The concentration of alcohol (%v/v), pH, total acidity (expressed in g/l of tartaric acid), volatile acidity (g/l of acetic acid) were determined by the official methods OIV [35], free and total molecular SO_2 (mg/l) were determined by an adapted Paul method.

The total content of the phenolic compounds was measured by the absorbance at 280 nm, total anthocyanins were evaluated according to the method of of Ribéreau-Gayon and Stonestreet [36]. Total tanins were analysed as described by Ribéreau-Gayon *et al.* [36]. A Perkin Elmer – LAMBDA 25 UV/Vis spectrophotometer was used.

2.4. Microbiology analysis

Washed and sterilized bottles were used to bottle the wine.

For the microbiology analysis a membrane filtration method was used with sterile nitrocellulose filters of 0.45 μm in a Millipore ramp.

Exactly 50 mL of each sample (non diluted and diluted 1/10) was filtered through the membrane and then aseptically transferred onto Plate Count Agar (Biokar) for the enumeration of the total aerobic mesophilic microorganisms and Rose Bengal Calf Medium (Liofilchem) for the enumeration of Yeast and Moulds, and placed in a 30°C incubator for three days and in a 25°C incubator for five to seven days respectively.

All microbiological analysis was executed in duplicate from two different bottles. In the first month an additional sample without any treatment was analysed.

2.5. Sensory analysis

The sensory analysis was performed by a panel of six expert panellists, members of the 'Comissão Vitivinícola Regional of Tejo (CVRTejo)', trained wine tasters that have previous experience. The attributes of the wine, corresponding to the visual appearance, aroma and taste senses, as well as the harmony (overall judgment) were evaluated by the tasters.

2.6. Statistical analysis

The data was analysed by Analysis of Variance using SPSS 21.0 for Windows. The significance of the results was evaluated using Tukey test. Differences were considered significant for $p < 0.05$.

3. Results and discussion

The results of the microbiology analysis are presented in Table 1. Relatively to the aerobic mesophilic microorganisms (30°C) enumeration, the initial microbial value decreased right after treatment with either the addition of SO_2 or after the addition of UV-C radiation. This decrease was constant with time for the wines treated with UV-C and was more intense with the higher dose of UV-C where no microbial growth was detected from the 3rd month on.

With regard to the enumeration of yeast and molds, a decrease in the microbial number was detected after the treatments were applied and with time, where no microbial growth was detected from the 3rd month on in the wine treated with either the addition of SO_2 or after the addition

Table 1. Results from the microbiology analysis: enumeration of the aerobic mesophilic microorganisms (30°C) and yeast and molds.

	Aerobic mesophilic microorganisms 30°C (CFU/50 mL)			Yeast and Molds (CFU/50 mL)		
	UV0	**UV1**	**UV2**	**UV0**	**UV1**	**UV2**
Before treatment		3.95×10^2			7.90×10^2	
After treatment	$2.10^d \times 10^2 \pm 1.13 \times 10^2$	$1.75^{cd} \times 10^2 \pm 4.90 \times 10$	$1.65^{cd} \times 10^2 \pm 5.10 \times 10$	$3.5^a \pm 3.53$	$6.15^b \times 10 \pm 0.49 \times 10$	$5.65^b \times 10 \pm 1.34 \times 10$
1st month	$3.00^{bc} \times 10 \pm 2.80 \times 10$	$5.50^{bc} \times 10 \pm 1.83 \times 10$	$2.40^{bc} \times 10 \pm 2.12 \times 10$	$1.00^a \pm 0.00$	$6.50^a \pm 3.54$	$4.50^a \pm 2.12$
2nd month	$3.30^{bc} \times 10 \pm 0.78 \times 10$	$2.00^{bc} \times 10 \pm 0.49 \times 10$	$1.10^{ab} \times 10 \pm 0.14 \times 10$	$2.00^a \pm 0.00$	$2.00^a \pm 1.41$	$2.00^a \pm 1.41$
3rd month	$4.00^a \pm 1.41$	$1.50^a \pm 0.71$	nd	nd	nd	nd
4th month	$2.00^a \pm 0.00$	$1.00^a \pm 0.00$	nd	nd	nd	nd

Enumeration values (CFU/ 50ml) ± standard deviation; nd – less than 1 CFU/50 mL. Means followed by different letters in a column or a row are significant at $p \leq 0.05$ (Turkey test).

Table 2. Mean values (± standard deviations) of the chemical analyses, after UV-C treatment.

	Alcohol content (% Vol.)	Density ($g.l^{-3}$)	pH	Total acidity (g Tar. $ac.l^{-1}$)	Volatile acidity (g Acet. $ac.l^{-1}$)	Free SO_2 ($mg\ .l^{-1}$)	Total SO_2 ($mg\ .l^{-1}$)
UV0	$13.5^a \pm 0.00$	$992^a \pm 0.00$	$3.78^a \pm 0.00$	$4.4^a \pm 0.04$	$0.65^a \pm 0.004$	$30^b \pm 0.23$	$59^b \pm 0.00$
UV1	$13.5^a \pm 0.00$	$992^a \pm 0.00$	$3.81^b \pm 0.00$	$4.3^a \pm 0.09$	$0.63^a \pm 0.083$	$3^a \pm 0.45$	$12^a \pm 0.00$
UV2	$13.5^a \pm 0.00$	$992^a \pm 0.00$	$3.81^a \pm 0.00$	$4.3^a \pm 0.05$	$0.65^a \pm 0.002$	$3^a \pm 0.23$	$12^a \pm 0.23$

Means followed by different letters in a column are significant at $p \leq 0.05$ (Turkey test).

Table 3. Mean values (± standard deviations) of the chemical analyses over time.

	pH			volatile acidity ($g\ Acet \cdot ac \cdot l^{-1}$)			free SO_2 ($mg \cdot l^{-1}$)			total SO_2 ($mg \cdot l^{-1}$)		
	UV0	**UV1**	**UV2**	**UV0**	**UV1**	**UV2**	**UV0**	**UV1**	**UV2**	**UV0**	**UV1**	**UV2**
1st month	$3.71^a \pm 0.000$	$3.74^{ab} \pm 0.007$	$3.73^{ab} \pm 0.007$	$0.71^a \pm 0.006$	$0.69^a \pm 0.027$	$0.70^a \pm 0.004$	$24^b \pm 0.68$	$2^a \pm 0.42$	$2^a \pm 0.23$	$53^b \pm 2.26$	$10^a \pm 0.45$	$11^a \pm 0.68$
2nd month	$3.71^a \pm 0.014$	$3.74^{ab} \pm 0.007$	$3.73^{ab} \pm 0.007$	$0.67^a \pm 0.017$	$0.69^a \pm 0.002$	$0.69^a \pm 0.013$	$24^b \pm 0.45$	$2^a \pm 0.23$	$2^a \pm 0.23$	$49^b \pm 1.58$	$12^a \pm 0.00$	$11^a \pm 0.68$
3rd month	$3.72^a \pm 0.000$	$3.76^b \pm 0.007$	$3.76^b \pm 0.007$	$0.69^a \pm 0.019$	$0.70^a \pm 0.015$	$0.69^a \pm 0.006$	$24^b \pm 0.67$	$2^a \pm 0.00$	$2^a \pm 0.00$	$48^b \pm 0.68$	$10^a \pm 0.00$	$11^a \pm 0.22$
4th month	$3.71^a \pm 0.007$	$3.75^b \pm 0.000$	$3.7^{ab} \pm 0.014$	$0.71^a \pm 0.003$	$0.71^a \pm 0.016$	$0.69^a \pm 0.013$	$23^b \pm 0.73$	$2^a \pm 0.04$	$2^a \pm 0.04$	$47^b \pm 0.13$	$10^a \pm 0.04$	$10^a \pm 0.09$

Analysis of variance was used to compare data (dose × time). Means followed by different letters in a column or row are significant at $p \leq 0.05$ (Turkey test).

of the two doses of UV-C radiation. These results agree with other studies performed in wines and musts [4, 16, 17].

Table 2 shows the results of physico-chemical analysis after UV-C radiation treatment and addition of SO_2, indicating a light increase of pH and the total acidity decreased. These parameters, obtained over time, are present in Table 3 and practically no variations are revealed. This finding is in agreement with other authors [16] that reported UC-V treatment does not change the physical and chemical parameters such as alcohol content, density, pH, total acidity or volatile acidity.

The results for polyphenols are shown in Table 4. During the experiment in sensory evaluation, the panelists found that this technology originated some impact on colour, towards its stabilization. There is a decrease in total anthocyanins. However, this does not adversely affect the colour. This is possibly due to radiation causing copolymerization or self-association of individual anthocyanins causing a stabilization of colour; this aspect was always referred to by the tasters in the sensory evaluation, over the months.

The results of the sensory analysis (Figure 1) show that the wine, after the treatment with UV-C radiation, appears impaired when compared with the wine control (with SO_2 added). This observation indicates that treatment may momentarily contribute to a reduction in the quality of the wine, as with other technologies such as filtration. But, over time, the wines subjected to ultraviolet radiation

Table 4. Results of the analysis to wine polyphenols.

	Total phenols index			Total anthocyanins (mg.l^{-1})			Total tanins (g.l^{-1})		
	UV0	UV1	UV2	UV0	UV1	UV2	UV0	UV1	UV2
After Treatment	57.4^{a} ± 0.42	56.3^{a} ± 0.28	56.7^{a} ± 0.07	348.3^{de} ± 13.84	323.2^{bcd} ± 5.19	310.7^{bc} ± 1.30	3.13^{ab} ± 0.076	2.97^{a} ± 0.030	3.10^{ab} ± 0.076
1st month	56.1^{a} ± 0.85	54.4^{a} ± 0.64	54.5^{a} ± 1.34	369.1^{e} ± 3.46	329.6^{bcd} ± 2.16	329.0^{bcd} ± 6.49	3.18^{b} ± 0.004	3.18^{b} ± 0.031	3.12^{ab} ± 0.061
2nd month	57.9^{a} ± 1.83	56.0^{a} ± 1.06	57.2^{a} ± 0.92	338.2^{bcd} ± 15.15	316.5^{bc} ± 12.11	306.4^{bc} ± 1.30	3.26^{bc} ± 0.075	3.23^{bc} ± 0.017	3.20^{bc} ± 0.006
3rd month	58.6^{a} ± 1.84	57.1^{a} ± 0.42	58.6^{a} ± 0.92	325.9^{bcd} ± 11.69	306.4^{bc} ± 8.22	300.0^{b} ± 1.73	3.19^{b} ± 0.009	3.23^{bc} ± 0.007	3.22^{bc} ± 0.003
4th month	55.3^{a} ± 2.40	56.7^{a} ± 1.20	54.1^{a} ± 0.42	295.7^{b} ± 10.38	245.5^{a} ± 1.73	246.6^{a} ± 13.84	3.41^{c} ± 0.104	3.28^{bc} ± 0.059	3.30^{bc} ± 0.070

Analysis of variance was used to compare data (dose x time). Means followed by different letters in a column or row are significant at $p \leq 0.05$ (Turkey test).

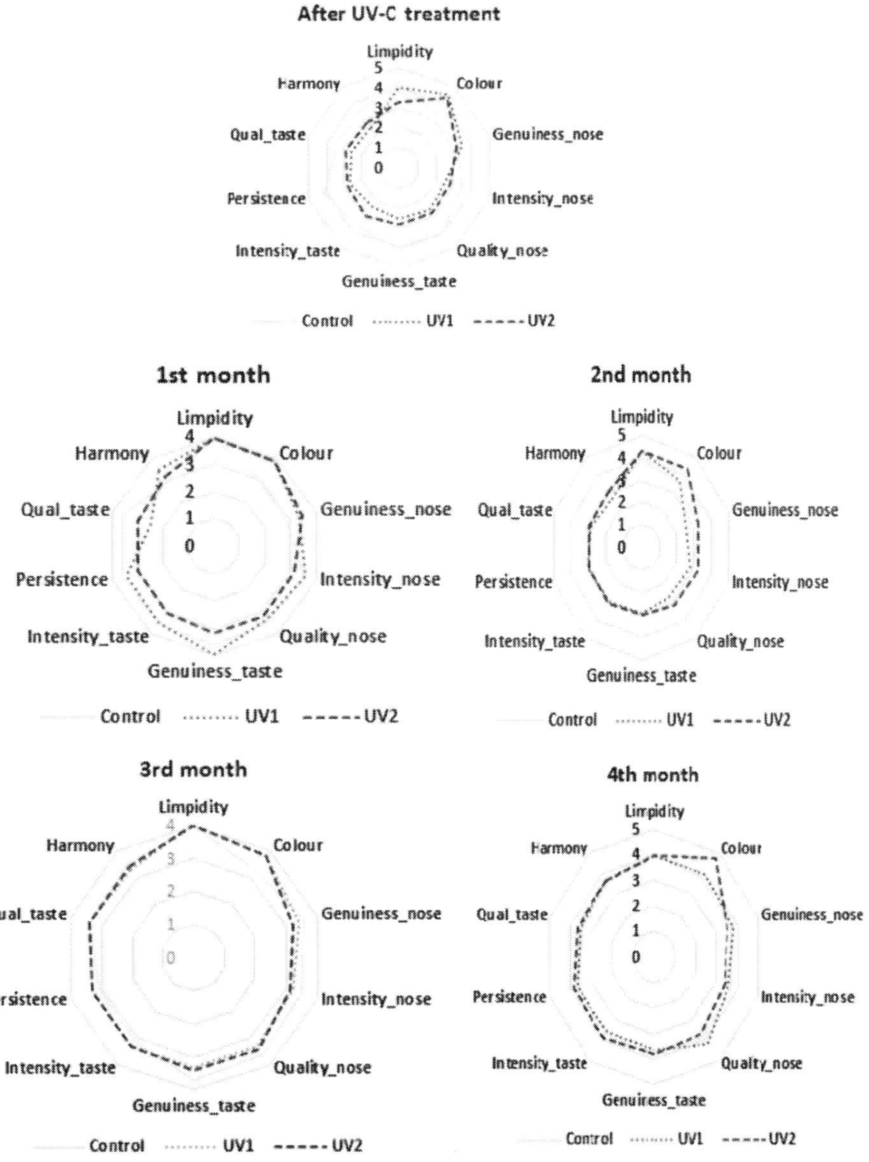

Figure 1. Comparison of the results of the sensory analysis over time.

had similar sensory characteristics to the wine control, indicating that treatment does not affect the flavour and taste of the wine. These results proved promising compared with our previous results where higher doses were used [34]. The colour is a characteristic of the wine which will benefit from this treatment, suggesting that the treatment promotes UV colour stabilization.

4. Conclusions

At the end of 4 months, the results show that the UV-C technology is effective in the microbiological control for wine, for the doses used. This technology did not affect the physico-chemical parameters or the content of polyphenols. The aroma and flavour of the wine was not affected, and colour stabilization was promoted.

The use of the recommended doses was shown to be effective in the microbiological control of the wine.

Future work will entail following up of this wine for a year. The application of this treatment to white wine is also intended.

We are grateful to the tasters for their availability and commitment, namely Carmen Santos (Wtejo), Carlos Eduardo (Enoport), João Sardinha (Adega Cooperativa de Alcanhões), Maria Vicente (Casa 1927), Martta Simões (Quinta da Alorna) and Pedro Gil (Adega Cooperativa do Cartaxo).

References

[1] M. du Toit, I.S. Pretorius. S. Af. J. Enol. Vitic., **21**, 74–96 (2000)
[2] M. Malfeito-Ferreira. Ann Microbiol **61**, 95–102 (2010)
[3] E.J. Bartowsky, P.A. Henschke, Int. J. Food Microbiol. **125**, 60–70 (2008)
[4] I.N. Fredericks, M. du Toit, M. Krügel, Food Microbiology, **28**, 510–517 (2011)
[5] P. Ribereau-Gayon, D. Dubourdie, B. Doneche, A. Lonvaud, *Handbook of enology* (Vol. I). Chichester, West Sussex, England: John Wiley & Sons, Ltd. (2006)
[6] E.J. Bartowsky, Letters in Applied Microbiology, **48**, 149–156 (2009)
[7] C.M. Oliveira, A.C.S Ferreira, V. De Freitas, A.M.S. Silva, Food Research International, **44**, 1115–1126 (2011)
[8] M.C. Santos, C. Nunes, J.A. Saraiva, M.A. Coimbra, European Food Research and Technology, **234**, 1–12 (2012)
[9] H. Vally, N.L.A. Misso, V. Madan, Clin Exp Allergy **39**, 1643–1651 (2009)
[10] H. Vally, P.J. Thompson PJ, Addict Biol **8**, 3–11 (2003)
[11] T. Bjørndal, J. Fernandez-Polanco, A. Lappo, A. Lem, *Consumer trends and prefences in demand for food.* BERGEN: Centre for Applied Research at NHH. (2014)
[12] L. Rizzotti, N. Levav, F. Fracchetti, G.E. Felis, S. Torriani, Food Control, **47**, 407–412 (2015)
[13] M. Costanigro, C. Appleby, S.D. Menke. Food Quality and Preferences, **31**, 81–89 (2014)
[14] T. Garde-Cerdan, A.R. Marselles-Fontanet, M. Arias-Gil, C. Ancin-Azpilicueta, O. Martin-Belloso. Eur Food Res Technol **227**, 401–408 (2008)
[15] P. Piyasena, E. Mohareb, R.C. McKellar. Int J Food Microbiol **87**, 207–216 (2003)
[16] V. Falguera, M. Forns, A. Inarz. LWT-Food Science and Technology **51**, 59–64 (2013)
[17] M. Lorenzini, F. Fracchetti, V. Bolla, E. Stefanelli, F. Rossi, S. Torriani. *International Organization of vine and Wine – 33rd World Congress of Vine and Wine, 8th General Assembly of the OIV* (2010)
[18] H.A. Nel, R. Bauer, G.M. Wolfaardt, L.M.T. Dicks. Am J Enol Vitic 53, 191–196 (2002)
[19] F. Sonni, M.J. Cejudo-Bastante, F. Chinnici, N. Natali, C. Riponi. J. Science Food Agriculture, **89**, 688–695 (2009)
[20] D. Ferreira, D. Moreira, E.M. Costa, S. Silva, M.M. Pintado, J.A. Couto. J. Chitin and Chitosan Science, **1**, 240–245
[21] F. Chinnici; N. Natali, C. Riponi, J. Agric. Food Chem. **62**, 9868–9875 (2014)
[22] L. Medina, O. Pascual, F. Fort, Canals, J.M.F. Zamora, *In Enologia 2.015. Innovation en vitivinícola*,430–343 (2015)
[23] P. Comuzzo, F. Battistutta, M. Vendrame, M.S. Páez, G. Luisi, R. Zironi. Food Chemistry, **168**, 107–114 (2015)
[24] T.K. Gachovska, S. Kumar, H. Thippareddi, J. Subbiah, F. Williams, Journal of Food Science, **73,** M412–M417 (2008)
[25] T. Koutchma, Food and Bioprocess Technology, **2**, 138–155 (2009)
[26] C.M.A.P. Franz, I. Specht, G. Cho, V. Graef, M.R. Stahl, Food Control, **20**, 1103–1107 (2009)
[27] E. Gayán, M.J. Serrano, S. Monfort, I. Álvarez, S. Condón, Food Bioprocess Technology, **6**, 3006–3016 (2012)
[28] E. Gayán, M.J. Serrano, S. Monfort, I. Álvarez, S. Condón, Journal of Food Engineering, **113**, 598–605 (2012)
[29] M. Guevara, M.S. Tapia, V.M. Gómez-Lopez, Food and Bioprocess Technology, **5**, 803–807 (2012)
[30] M. Gouma, E. Gayán, J. Raso; S. Condón, I. Álvarez, Innovative Food Science & Emerging Technologies, **32**, 146–155 (2015)
[31] G. Lu, C. Li, P. Liu, H. Cui, Y. Yao, Q. Zhang, Food Control, **21**, 1312–1317 (2010)
[32] J.A. Guerrero-Beltrán, G.V. Barbosa-Canovas, **10**, 137–148 (2004)
[33] J.A. Guerrero-Beltrán, J. Welti-Chanes, G.V. Barbosa-Cánovas, J. Food Process Eng. **32**, 916–932 (2009)
[34] Alves, M., Grácio, J., Simões, M, Mira, H. (to be published)
[35] Organization International de la Vigne e du Vin. Methods of analysis of wines and must. `http://www.oiv.int/oiv/info/enmethodinternationalwsenvin`. (2014)
[36] P. Ribéreau-Gayon, E. Stonestreet, *Bull. Soc. Chim.*, **9**, 2649–2652 (1965)

Caracterization of phenolic composition of altitude tropical wines in the Brazilian Northeast

Antonio Mendes de Souza Nascimento[1], Joyce Fagundes de Souza[1], Ayrlan Oliveira Costa[2], Sabrina de Freitas Santos[1], Gildeilza Gomes Silva[1], and Giuliano Elias Pereira[3,a]

[1] Master Student, University of Bahia Estate, zip code 48900-000, Juazeiro – BA, Brazil
[2] Enology Laboratory, Embrapa Semiarid, zip code 56302-970, Petrolina – PE, Brazil
[3] Enology Laboratory, Embrapa Grape & Wine/Tropical Semiarid, zip code 56302-970, PO Box 23, Petrolina, PE, Brazil

Abstract. The main goal of the study was to evaluate the phenolic composition of red wines from grapes cultivated in a tropical of altitud regíon at 1,100 m, in the Northeast of Brazil, called Chapada Diamantina, in Morro do Chapéu city. The región is located in Bahia Estate at 11° 33′ 11″ S and 41° 09′ 27″ W. Vineyard was planted in 2011 in randomized blocks, spaced 2.5 m between rows and 1 m between plants. Vines were grafted onto Paulsen 1103 rootstock and irrigated by drip. Pinot Noir, Cabernet Franc, Malbec and Cabernet Sauvignon (*Vitis vinífera L.*) cultivars were vinified separately, in the Laboratory of Enology at Embrapa in Petrolina, Pernambuco Estate, Brazil. Means evaluated for color intensity (420 nm + 520 nm + 620 nm), total anthocyanins (by different pH), total polyphenol index (at 280 nm), total phenolics (Folin-Ciocalteau) and antioxidante capacity (DPPH) were compared by Tukey testa t 5% probability. Wines showed different phenolic composition, and can be used to elaborate different quality wines.

1. Introduction

The vitiviniculture potential of a determined region is obtained by many factors, as climate conditions (temperature, pluviosity and luminosity), soil characteristics (depht, mineral, physical and chemical composition), and human choices (rootstocks, varieties, harvest date, for example), changing the grape and wine composition and typicality [1].

However, vine cultivation in regions outside traditional winegrowing zones is possible due to the development of new technologies, as vine management, irrigation, nutrition, and tests with variety adaptation for each region, as well as for particular enological winemaking. Thes characteristics can influence phenolic composition of the wines, in particular for organoleptic sensations, as color, astringency and bitterness [2–4].

Diversity of the factors cited above can influence grapes and its enological potential, in flavors and in colors, linked to the phenolic profile of the wines [5].

In this contexte, the aim of this work was to evaluate the phenolic composition of red wines elaborated from grapes cultivated in a new winegrowing region, in the Northeast of Brazil.

2. Material and methods

Vineyard was installed in Morro do Chapéu – Bahia Estate, at 380 km from Petrolina. Region is located in a tropical of altitude climate, at 1,100 m, in Morro do Chapéu, Chapada Diamantina, Bahia Estate, at 11° 33′ 11″ South of latitude and 41° 09′ 27″ West of longitude [6]. Vines were planted in January 2011, in an observation unity, to evaluate variety adaptation to the local edapho-climatic conditions.

[a] Corresponding author: giuliano.pereira@embrapa.br

The observation unity was impanted in a ramdomized block, where each variety is a block, with three replicates, and each one with 30 plants spaced of 2.5 between rows and 1.0 m between vines, all varieties were grafted onto Paulsen 1103 rootstock, trellising in espalier-double cordon downward and irrigated by drip.

In this study, grapes were harvested in September 2014, being harvest date decided individually for each cultivar, according to the enological potential of each one, to elabored fine quality red wines, taking in account total soluble sugars (°Brix), total acidity (g L^{-1} of tartaric acid) and phenolic tasting of berries.

Pinot Noir, Cabernet Franc, Malbec and Cabernet Sauvignon (*Vitis vinífera L.*) grapes were harvested at morning and sent immediatelly to Petrolina and Embrapa, in a refrigerated truck at 16°C. Wines were elaborated according to traditional red winemaking with controlled temperature (25°C for alcoholic and 18°C for malolactic fermentations) and using sulphur dioxide to prevent oxidation [7]. After fermentations, wines were stabilized at 0° for 30 days, then were bottled and analysed 30 days after bottling. It was determined color intensity (420 nm + 520 nm + 620 nm) [8], total anthocyanins (by different pH) [9], total polyphenol index (at 280 nm) [10], total phenolics (Folin-Ciocalteau) [11], and antioxidante capacity (DPPH) [11], and results obtained were compared by Tukey testa at 5% probability.

3. Results and discussion

Results of wines analysed are presented in Table 1.

According to the color intensity, values changed from 3.35 (Pinot Noir) to 12.40 (Malbec). Even showing intermediate values, Cabernet Sauvignon presented the

Table 1. Chemical analysis of the phenolic compounds determined in red wines elaborated from Pinot Noir (PN), Cabernet Franc (CF), Malbec (MA) and Cabernet Sauvignon (CS) grapes, cultivated in Morro do Chapéu city, Chapada Diamantina – Bahia Estate, in the Northeast of Brazil, harvested in September 2014.

	Wines evaluated			
Parameters	PN	CF	MA	CS
Color intensity	3.35d	7.87c	12.40a	8.50b
Anthocyanis ($mg\,L^{-1}$)	100.36d	201.81c	28.47a	260.92b
TPI (I280 nm)	27.00d	41.47c	58.23b	59.33a
Total phenolics (mg galic acid L^{-1})	1024.21d	1516.65c	2503.69b	2958.96a
DPPH (mM TEAC L^{-1})	6.71d	10.68c	18.91b	19.63a

Means with same letters do not differ significatively ($p \leq 0.05$), according to Tukey test. TPI: total polyphenol index.

highest values in this work, as compared to the results showed by Freitas [12], with wines from the South of Brazil. As expected, Pinot Noir presented the lowes values as compared to the others [7]. Malbec wines presented the highest values, because winemaking process allowed to macerate grapes few days more than others.

Values found in total monomeric anthocyanins for all four wines presented higher than 100.00 mg L^{-1}, and Malbec wine presented the maximum value found (328.47 mg L^{-1}). According to total polyphenol index (TPI), values ranged from 27.00 (Pinot Noir) to 59.33 (Cabernet Sauvignon). For total phenolics, presented in mg of galic acid per liter of wine (mg galic acid L^{-1}), Cabernet Sauvignon (CS) wine presented the highest values (2958.96 mg EAG L^{-1}), more concentrated as compared with results showed by Li et al. (2009) [13], evaluating CS in China.

Antioxidant capacity is strongly linked to the phenolic content [5, 14, 15]. This activity is attributed mainly to resveratrol [16], vitamine C [17], and to the anthocyanins content [18]. In general it representes the bioactive capacity of wine components. Results found in this work presented lower antioxidant capacity (mM TEAC L^{-1}) in samples with lesser values in total phenolics (PN, CF, MA – Table 1), than wines presenting the highest values (CS), in agreement to Abe et al. (2007) [5], that observed the highest antioxidant capacity in wines with high values of total phenolics, as compared to other results, in table wines (*Vitis labrusca*). Cabernet Sauvignon wine presented the highest values (19.63 mM TEAC L^{-1}), and Pinot Noir wine the lowest values (6.71 mM TEAC L^{-1}) in this study.

Wines presented different enological potential, and could be indicated, for example, for different wine types. Pinot Noir and Cabernet Franc wines could be used for young wines at this moment, while Malbec and Cabernet Sauvignon wines could be used for guard wines. But vines are very young and other works need to be carried out, to evaluate variety adaptation to this new winegrowing region, in the Chapada Diamantina. Another practices that could be used is the blend beween different sold as varietal or blend wines.

4. Conclusion

Wines in this study presented different enological potential of phenolic profile. All wines presented interesting phenolic contentes, someones most indicated for young and others most indicated for red wines.

Cabernet Sauvignon and Malbec presented the highest values of anthocyanins, color intensity, total phenolic index, total phenolics and antioxidante activity, as compared to Pinot Noir and Cabernet Franc wines.

Referencias

[1] J. Tonieto, A. Carbonneau, *IX Congres. Bras. de Vit. e Enol.* **1999. ed.** 75–90 (1999)
[2] G. E. Pereira, J. O. Santos, C. C Guerra, L. A. Alves, *VIIème Congrès International des Terroirs Viticoles* (2008)
[3] M. De A. Regina, E. L. Do Carmo, A. R. Fonseca, E. Purgatto, T. M. Shiga, F. M. Lajolo, A. P. Ribeiro, R. V. Da Mota, Rev. Bras. Frutic., **32 (1)**, 143–150 (2010)
[4] G. E. Pereira, A. J. B. Araújo, J. Santos, R. Vanderlinde, L. L. A. Lima, Acta Horticulturae, **(910)**, 135-140 (2011)
[5] L. T. Abe, R. V. da Mota, F. M. Lajolo, M. I. Genovese, Ciênc. Tecnol. Aliment. **27(2)**, 394–400 (2007)
[6] A. P. Torres, J. B. Oliveira, L. Berron, J. Vaz, O. Gomes, T. R. Menezes, L. R. V. Morais, P. F. Silva, A. C. T. Biasoto, G. E. Pereira, Ciên. Técn. Vitivin. **28**, 260–265 (2013)
[7] E. Peynaud, Editora Dunod, Paris, 341p. (1997)
[8] Y. Glories, Conn. Vigne Vin. **18 (4)**, 253–271 (1984)
[9] J. Lee, R. W. Durst, R. E, Wrolstad. Journ. of AOAC International, **88 (5)**, 1269–1278 (2005)
[10] V. Cheynier, M. Moutounet, P. Sarni-Manchado. Ediciones Mundi-Prensa. **1.ed**, 783p. (2000)
[11] M. S. Lima, I. S. V. Silani, I. M. Toaldo, L. C. Corrêa, A. C. T. Biasoto, G. E. Pereira, M. T. Bordignon-Luiz, J. L. Ninow, Food Chemistry, **161**, 94–103 (2014)
[12] D. M. De Freitas, UFSM, **Tese**, 56 p. (2006)
[13] H. Li, X. Wang, Y. Li, P. Li, H. Wang, Food Chemistry, **112,** 454–460 (2009)
[14] V. Katalinic, M. Milos, D. Modun, I. Music, B. Boban, Food Chemistry.**86**, 593–600 (2003)
[15] W. C. Gallice, I. Messerschmidt, P. P. Zamora, Química Nova, **34 (3)**, 397–403 (2011)
[16] M. Arenhart, A. O. Fogaça, B. B. Oliveira, In: Conbran, Anais (2012)
[17] J. Sun, J. of Agri. and Food Chem. **50 (25)**, 7449–7454 (2002)
[18] N. F. S. Vaccari, M. C. H. Soccol, G. M. Ide, Rev. de Ciênc. Agoveter. **8 (1)**, 71–83 (2009)

Application of Wine Pomace seeds as finning agent during production of red wines and its effects over colour parameters

Hatice Kalkan Yıldırım[1], Burçak İşçi[2], and Ahmet Altındişli[2]

[1] Department of Food Engineering, Ege University, 35100 Bornova, Izmir, Turkey
[2] Department of Horticulture, Agriculture Faculty, Ege University, 35100 Bornova, Izmir, Turkey

Abstract. During production of wines are used different fining agents with animal origin for preventing later presipitation and reducing harshenss of wines. Even these positive properties they may cause some allergic reactions in consumers with allergic predispositons. Due to health concern wine pomace seeds could be a new alternative as fining agent with plant origin. In this study were evaluated preliminary effects of seeds over wine qulity expecially wine colour. As the next stage will be considered thier health effects.
Grapes of *Vitis vinifera* L. cvs. "Cabernet Sauvignon" were manually harvested at optimum maturity (25°Brix) and transported to the Experimental Winery at the Department of Food Engineering, Ege University, Izmir, Turkey. Wine production were done according to the accepted wine production procedures with exeption of SO_2 (it was not added). Obtained grape seeds flour (drying and milling) were used as fining agent with different values (2/4/6/8/10 gram/100 ml). In all wines basic wine chemical parameters and some spesific colour parameters were determined %D280, %D420, %D520, %D620, CD: Colour density, CI: Colour intensity, T: Tint value, dA %: Proportion of red colour produced by flavylium cations , %Y: Proportion of yellow colour, % R: Proportion of red colour and % B: Proportion of blue colour.
The results demonstrated the possibility of using wine pomace grape seeds as fining agent. Conciclering colour parametrs of obtianed wines the best results were deterrmined with 8 g/100 ml application. Futher studies are needed in order to evaluate other wine parameters.

1. Introduction

An important step in winemaking is the addition of fining agents to adsorb undesirable products of fermentation such as odour and to aid wine stability. Polymerized tannins and heat-unstable proteins are removed by fining agents. Common fining agents include bentonite, egg white, gelatin, carbon and polyvinylpolypyrrolidone (PVPP).

Bentonite is a negatively charged clay with complex hydrated aluminium silicate components. It adsorbs positively charged molecules, such as protein and anthocyanins, and aided by gravity, particles sink to the bottom of the container. Bentonite is not reactive towards small phenolic compounds but binds large phenolic compounds such as anthocyanins and may also bind phenolic compound complexes with protein.

Egg white is an example of a fining agent with a positive surface charge that removes excess negatively charged tannins. The albumen of egg white is composed of peptide linkages that form hydrogen bonds with the hydroxy groups of tannins. Upon neutralization, the particles agglomerate and settle to the bottom due to increased mass.

Gelatins are also positively charged and are used for the removal of excess tannins from wine. They bind with larger molecules with more phenolic groups that allow more hydrogen bonding sites. Subsequent counter fining with a silica solution such as Kieselsol is recommended to prevent haze formation.

Kieselsol also forms a network of fibres that aid in the removal of tannins and negatively charged particles. This interaction depends on particle size, particle shape, surface characteristics and particle size distribution within the suspension.

PVPP is a synthetic polymer that complexes with phenolic and polyphenolic wine components by hydrogen bond formation. It has an affinity for low molecular weight phenols due to the rigidity of the crosslinked PVPP structure.

Isinglass is a positively charged fining agent derived from the air bladder of the sturgeon. It is available as a liquid, sheet or flocculated isinglass [1].

The aim of this study was to find an new more economical and healthy finning agent.

2. Materials and methods

2.1. Winemaking

Grapes of *Vitis vinifera* L. cvs. "Cabernet Sauvignon" were manually harvested at optimum maturity (25°Brix) and transported to the Experimental Winery at the Department of Food Engineering, Ege University, Izmir, Turkey. Wine production were done according to the accepted wine production procedures.

After alcohol fermentation (sugar content below 1.5 g/L), the wines were racked and prepared for fining. Grape seeds flour (drying and milling) were used as fining agent with different values (2/4/6/8/10 gram/100 ml).

After filtration (filter plate: Seitz, D.6800 – Manheim) and bottling, wines were stored at 5°C.

DOI: 10.1051/bioconf/20160702015

Table 1. Application.

	nm value	Absorbance value
Control	420 nm	0,439
	520 nm	0,496
	620 nm	0,256
2 g	420 nm	0.430
	520 nm	0.486
	620 nm	0.239
4 g	420 nm	0.434
	520 nm	0.486
	620 nm	0.236
6 g	420 nm	0.431
	520 nm	0.480
	620 nm	0.235
8 g	420 nm	0.440
	520 nm	0.479
	620 nm	0.243
10 g	420 nm	0.472
	520 nm	0.507
	620 nm	0.251

Table 2. Colour analysis.

	Control			2g			4g			6g			8g			10g		
	L	a*	b*	L	a*	b*	L	a*	b*	L	a*	b*	L	a*	b*	L	a*	b*
Avg	0.30	0.42	0.29	0.16	0.33	0.11	0.75	0.63	0.25	0.19	0.55	0.16	0.30	0.68	0.21	0.50	1.24	0.45
Stdv	0.05	0.10	0.12	0.01	0.09	0.02	0.06	0.33	0.34	0.02	0.10	0.05	0.05	0.13	0.09	0.03	0.20	0.15
P-P	0.11	0.23	0.26	0.02	0.20	0.05	0.14	0.72	0.73	0.05	0.23	0.11	0.13	0.26	0.18	0.08	0.43	0.31
4/4	0.30	0.47	0.21	0.15	0.39	0.09	0.77	0.74	0.51	0.17	0.44	0.13	0.28	0.58	0.27	0.53	1.36	0.53
3/4	0.26	0.54	0.20	0.16	0.21	0.08	0.67	0.75	0.23	0.19	0.59	0.16	0.31	0.56	0.27	0.50	1.27	0.22
2/4	0.37	0.36	0.46	0.16	0.31	0.12	0.81	0.14	0.48	0.17	0.49	0.12	0.37	0.82	0.23	0.51	1.38	0.51
1/4	0.29	0.32	0.28	0.17	0.40	0.13	0.76	0.87	−0.22	0.22	0.67	0.22	0.24	0.75	0.09	0.45	0.95	0.53

2.2. Standard chemical analysis

Titratable acidity, pH and density values were determined in must [2] Additionally, the density, ethanol content, pH, total acidity, volatile acidity, dry matter, ash, reducing sugar and protein content were determined in wines [3].

2.3. Spectrophotometric colour analysis

Absorbance measurements were done on a spectrophotometer (Pharmacia LKB, Novaspec® II, Uppsala, Sweden) with a 1.0 mm path lenght glass cells. The samples were clean and contained no CO_2. Absorbance (A) values at 420, 520 and 620 nm were measured and Glories parameters were determined from these absorbance values:

(CD) Colour Density $= (A420 + A520)$

(CI) Colour Intensity $= (A420 + A520 + A620)$

(T) Tint value $= (A420/A520)$

(dA %) Proportion of red colour produced by flavylium cations $= \left(\dfrac{A520 - \frac{A420-A620}{2}}{A520} \times 100 \right)$

(Y%) Proportion of yellow colour $= \left(\frac{A420}{CI} \times 100 \right)$

(R%) Proportion of red colour $= \left(\frac{A520}{CI} \times 100 \right)$

(B%) Proportion of blue colour $= \left(\frac{A620}{CI} \times 100 \right)$

2.4. Statistical evaluation

The data were evaluated by two-way analysis of variance (ANOVA) to test the influence of the main factors (fermentation time and temperature) and interaction of them. Significant differences between averages were obtained at the 95% significance level. By using a Post-Hoc test, the least significant differences (LSD) test was performed.

2.5. Results and discussion

Colour is a perceptual phenomen that depends on the observer and the conditions in which the colour is observed. It is a characteristic of light, which is measurable in therms of intensity and wavelength. The selective adsorption of different amounts of the wavelengths within the visible region determines the colour of the object.

Hue is a quality by which one colour is distinguished from other another. It is a attribute corresponding to whether the object is red, orange, yellow, blue or violet. This perception of colour results from differences in absorption of radiant energy at various wavelenghts. If the shorter wavelennghts of 425 nm to 490 nm are reflected to a greater extend than the other wavelengths, the color is described as blue. Maximum reflection in the medium wavelength range results in green or yellow colour. Maximum reflectance at the longer wavelengths of 640–740 nm indicates red objects. Hue is defined on the Munsell colour tree in the circumferential direction by five principal (R: red, Y: yellow, G: green, B:blue, P:purple) and five intermediates [4,5].

Chroma is the quality that distinguishes a pure hue from a gray shade. The chroma (saturation or purity) axis extendeds from the value (lightness) axis towards the pure hue. A pastel tint has low saturation while pure color is said to have high saturation [4].

Concidering colour parametrs of obtained wines the best results were determined with 8 g/100 ml application (Tables 1, 2).

3. Conclusions

The results demonstrated the possibility of using wine pomace grape seeds as fining agent. Futher studies are needed in order to evaluate other wine parameters.

References

[1] Threlfall, R. T., Morris, J. R. and Mauromoustakos, A., Effects of fining agents on trans-resveratrol concentration in wine. Aust. Journal of Grape and Wine Research (1999)

[2] OIV, Compendium of International Methods of Wine and Must Analysis, Paris: International Organization of Vine and Wine (1990)

[3] OIV, Compendium of International Methods of Wine and Must Analysis, Paris: International Organization of Vine and Wine (2005)

[4] Sahin, S. & Sumnu, S.G., Physical Properties of Foods, Springer, 257. pp. (2006)

[5] Hatice K. Yıldırım, Effects of Fining Agents on Antioxidant Capacity of Red Wines. Journal of The Institute of Brewing, **117:** 55–60 (2011)

 DOI: 10.1051/bioconf/20160702016

Comparison between the contribution of ellagitannins of new oak barrels and one-year-used barrels

María Navarro[1], Nikolaos Kountoudakis[1], Sergio Gómez-Alonso[2], Esteban García-Romero[3], Joan Miquel Canals[1], Isidro Hermosín-Gutíerrez[2], and Fernando Zamora[1]

[1] Departament de Bioquímica i Biotecnologia, Facultat d'Enologia de Tarragona, Universitat Rovira i Virgili, C/Marcel.li Domingo, s/n. 43007 Tarragona, Spain
[2] Universidad de Castilla-La Mancha, Instituto Regional de Investigación Científica Aplicada, Campus Universitario s/n, 13071 Ciudad Real, Spain
[3] Instituto de la Vid y el Vino de Castilla-La Mancha, Ctra. Toledo-Albacete s/n, 13700 Tomelloso, Ciudad Real, Spain

Abstract. The influence of the botanical origin (French oak: *Quercus petraea* and American oak: *Quercus alba*), toasting level and if the barrel were new of previously used during one year have been studied. Results indicate that French oak released significant higher amounts of ellagitannins than American oak. Toasting level also exert a great influence. The higher the toasting level the lower the ellagitannin concentration in wines. Finally, the use during one year of the barrels drastically decreases the ellagitannin concentration in wines. Consequently, it can be concluded that the origin of oak, the toasting level and especially the previous use of the barrels have a very significant influence on the final ellagitannin concentration in wine, and probably on its sensory impact.

1. Introduction

High-quality red wines are traditionally aged in oak barrels to improve their sensorial characteristics. Oak aging causes some interesting changes in red wines, leading to color stabilization, lower astringency, and the disappearance of excess vegetative notes [1–4]. The contact with oak wood also enriches the wine in many volatile substances that improve the intensity and complexity of the wine's aroma [5] and also in some non-volatile substances like ellagitannins [6], which contribute to wine texture sensations such as astringency and mouthfeel [7].

The interest of wineries and cooperages in how the botanical origin and the toasting level affect wine's composition and quality has led to numerous studies [8–10]. However, most of them are related with the aromatic aspects and only a few have targeted the study of the ellagitannin release [11,12]. Moreover, these latter studies were performed only with new barrels, which entail a lack of information about what happens with used barrels. For that reason, the aim of this study was to compare the contribution of ellagitannins of new oak barrels and one-year-used barrels in order to know the depletion rate of oak wood in these substances.

2. Materials and methods

Six American oak (*Q. alba*) and six French oak (*Q. petraea*) barrels were used in this study. For each type of oak, three toasting levels were used, light, medium and heavy so that there were two barrels for each experimental group. The experience was performed during two years with two red wines of 2012 and 2013 vintages (Cabernet Sauvignon, AOC Tarragona, Spain) which were maintained in the barrels for 12 months. In this way, the first wine was aged in new barrels whereas the second wine was aged in the same barrels which have already been used for a year. After the experience, ellagitannins were analyzed by HPLC [13]. The ellagitannins were identified by matching the retention time and spectral data (DAD-UV–vis and MS/MS) with those of authentic standards.

3. Results and discussion

Figure1 shows the total and individual ellagitannin concentrations after 12 months of barrel aging in new and 1-year used American and French barrels.

This figure graphically illustrates what really happens after the most common time period for wine aging. These graphics clearly show the importance of the selection of the characteristics of the barrel in terms of their contribution of ellagitannins to wine. Overall, French oak release a significant higher amount of ellagitannins than American oak. The toasting level also exerts a great influence on ellagitannin levels in wine. Specifically the higher the toasting level the lower the ellagitannin content. Finally, the use of the barrel during one year drastically decreases its contribution in ellagitannins to wine during aging in all experimental conditions.

The theoretical sensory impact of the ellagitannins present in the different wines ($\sum$Ei/Ti) was calculated using the individual threshold of the different ellagitannins previously reported [14] in order to show the hypothetic importance of the contribution of the different barrels with regard to this family of phenolic compounds

Figure 2 shows the theoretical contribution of new and used French and American barrels in terms of ellagitannin release.

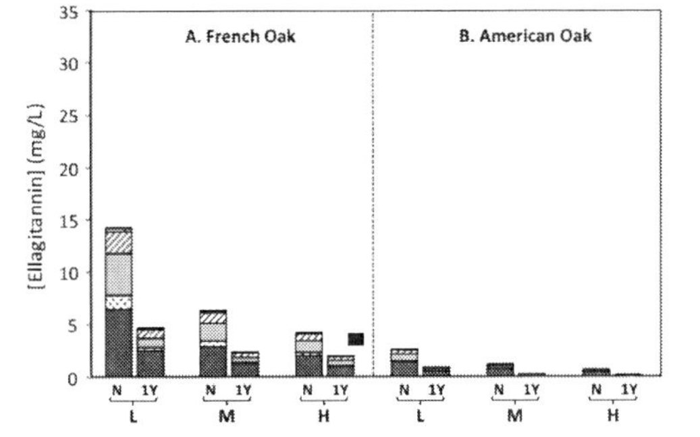

All data is the mean of two barrels. ■: Roburin D; ▨: Roburins A, B and C; ▨: Roburin E; ▢: Grandinin; ▢: Vescalagin; ■: Castalagin; N: New barrels; 1Y: one year used barrels; L: Light toasting level; M: Medium toasting level; H: heavy toasting level.

Figure 1. Ellagitannin content of red wine after 12 months of oak aging.

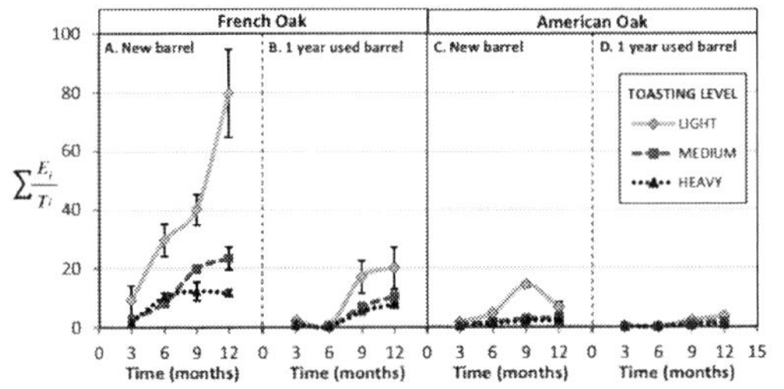

All data are expressed as the average values of two barrels ± standard deviation. The theoretical sensory impact of the ensemble of all ellagitannins ($\sum E_i/T_i$) was obtained by applying the summation of all the quotients of the individual ellagitannin concentrations by their corresponding threshold.

Figure 2. Theoretical sensory impact of ellagitannins in the decolored white wine.

Once again, these results confirms that the sensory contribution of ellagitannins released by French oak are significant higher than in American oak and decrease when the toasting level is higher. Moreover, it seems that the use of the barrels, even by only one year drastically reduce the contribution of ellagitannins during wine aging.

In short, it can be concluded that the origin of oak, the toasting level and especially the previous use of the barrels have a very significant influence on the final ellagitannin concentration in wine, and probably on its sensory impact.

We would like to thank CICYT (Projects AGL2014-56594-C2-1-R and AGL2014-56594-C2-2-R) for its financial support.

References

[1] Singleton, V. L. (1995). Maturation of wines and spirits: Comparisons, facts, and hypotheses. *Am. J. Enol. Vit.*, **46**, 98–115

[2] Garde-Cerdán, T., & Ancín-Azpilicueta, C. (2006). Review of quality factors on wine ageing in oak barrels. *Trends Food Sci. Tech.*, **17**, 438–447

[3] Chira, K., & Teissedre, P.L. (2013a). Extraction of oak volatiles and ellagitannins compounds and sensory profile of wine aged with French winewoods subjected to different toasting methods: Behaviour during storage. *Food Chem.*, **140**, 168–177

[4] Pérez-Juan, P. M., & Luque de Castro, M. D. (2015). Use of Oak Wood to Enrich Wine with Volatile Compounds. In V.R. Preedy (Ed.), processing and impact on active components in food (pp. 471–481). London: Academic Press

[5] Garde-Cerdán, T., Rodríguez-Mozaz, S., & Ancín-Azpilicueta, C. (2002). Volatile composition of aged wine in used barrels of French oak and of American oak. *Food Res. Int.*, **35**, 603–610

[6] Chira, K., Zenga, L., Le Floch, A., Péchamat, L., Jourdes, M., Teissedre, P.L. (2015). Compositional and sensory characterization of grape proanthocyanidins and oak wood ellagitannin. *Tetrahedron*, **71**, 2999–3006

[7] Chira, K., Teissedre, P.L. (2013b). Relation between volatile composition, ellagitannin content and sensory perception of oak wood chips representing different toasting processes. *Eur. Food Res. Tech.*, **236**, 735–746

[8] Díaz-Maroto, M.C., Guchu, E., Castro-Vazquez, L., de Torres, C., & Pérez-Coello, M.S. (2008). Aroma-active compounds of American, French, Hungarian and Russian oak woods, studied by GC–MS and GC–O. Flav. Fragr. J., 23, 93–98

[9] Fernández De Simón, B., Martínez, J., Sanz, M., Cadahía, E., Esteruelas, E., & Muñoz, A.M. (2014). Volatile compounds and sensorial characterisation of red wine aged in cherry, chestnut, false acacia, ash and oak wood barrels. *Food Chem.*, **147**, 346–356

[10] Rodríguez-Rodríguez, P., & Gómez-Plaza, E. (2012). Volatiles in Barrel-Aged Wines. *Food Tech. Biotech.*, **50**, 59–65

[11] Jourdes, M., Lefeuvre, D., Quideau, S. (2009). C-Glycosidic ellagitannins and their influence on wine chemistry. In Quideau, S. (Ed) Chemistry and Biology of Ellagitannins. An Underestimated Class of Bioactive Plant Polyphenols (pp 320–365). World Scientific

[12] Navarro, M., Kontoudakis, N., Gómez-Alonso, S., García-Romero, E., Canals, J.M., Hermosín-Gutíerrez, I., Zamora, F. (2016) Influence of the botanical origin and toasting level on the ellagitannin content of wines aged in new and used oak barrels. *Food Res. Int.*, **87**, 197–203

[13] Navarro, M., Kontoudakis, N., Giordanengo, T., Gómez-Alonso, S., García-Romero, E., Fort, F., Canals, J.M., Hermosín-Gutíerrez, I., Zamora, F. (2016) Oxygen consumption by oak chips in a model wine solution; Influence of the botanical origin, toast level and ellagitannin content. *Food Chem.*, **199**, 822–827

[14] Glabasnia, A., & Hofmann, T. (2006). Sensory-Directed Identification of Taste-Active Ellagitannins in American (Quercus alba L.) and European Oak Wood (Quercus robur L.) and Quantitative Analysis in Bourbon Whiskey and Oak-Matured Red Wines. *J. Agric. Food Chem.*, **54**, 3380–3390

The influence of pre-fermentative treatments on the volatile, chromatic features, organic acids and phenolic content of Fetească albă Romanian wine

Ana-Maria Moroşanu[1], Valeriu V. Cotea[1,a], Camelia Elena Luchian[1], Marius Niculaua[2], Cintia Colibaba[1], and Alexandru Cătălin Tarţian[1]

[1] Faculty of Horticulture, University of Agricultural Sciences and Veterinary Medicine Iaşi, 700490 Iaşi, Romania
[2] Oenological Research Center – Romanian Academy – Iaşi Branch, 700505 Iaşi, Romania

Abstract. The present study evaluates the influence of some pre-fermentative treatments on the volatile content, the chromatic parameters, the total polyphenol index and Folin-Ciocâlteu index of experimental wines obtained from Fetească albă grape variety. Five experimental samples were produced: FA V0 (control sample), FA V1 (sodium bentonite treatment), FA V2 (glutathione treatment), FA V3 (tannin treatment), FA V4 (oenological coal treatment). The use of pre-fermentative treatments show lower values of Folin-Ciocâlteu index and total polyphenol index, excepting sample treated with tannin. Major color differences are found in the sample treated with tannin and oenological coal. Gas-chromatographic analysis reveals the presence of common wine esters, such as: hexanoic acid ethyl ester, ethyl caprylate, ethyl lactate, ethyl caprate, ethyl myristate, ethyl palmitate, that contributes at the accomplishment of the wines from the sensorial point of view. Diethyl malonate, a compound that occurs naturally in grapes has an apple-like odor and it was identified in the control sample and in the samples treated with tannin and oenological coal, being found n greater quantity in the control sample (0.02 mmol/L)and the sample treated with coal (0.03 mmol/L). Another ester, methyl oleate that offers a mild-fatty odor wasn't identified in the control sample, but it was detected in the samples treated with clay, tannin and oenological coal. Using the HPLC method it was also analysed the presence of some organic acids in wine samples.

1. Introduction

The quality of a typical wine depends not only on the features of the raw material (grapes), but strongly depends on winemaking process and especially the treatments applied.

Wine is a product of both vineyard and the techniques the winemaker uses and occasionally, aspects of the future wine need to be refined or adjusted. In this case pre-fermentative treatments are used on wines in order to soften a harsh or astringent character, to improve clarity and to create heat stability.

The literature suggests that the use of fining agents should be maintained at the lowest possible dosage in order to achieve the desired effect, but due to the complexity of the chemical structures in wine, different fining agents will more or less effective.

In addition, pre-fermentative techniques may increase the wine's texture, depth of aromas and flavors and age worthiness [1]. The usage of the fining agents at the right time and in the right doses will increase the probability of obtaining a higher quality product [2] and will decrease the necessity of harsh interventions on the future wine.

A major problem encountered particularly in the white wines is the protein stability and represents the most common non biological defect in commercial wines. The removal of both stable and unstable protein is achieved by using bentonite as a fining agent.

The studies made on the using of bentonite as a fining agentin wine, showed that this treatment reduced with 13% the total number of volatile compounds of the analyzed wines [3]. However, bentonite fining of musts seems to remove compounds associated with negative wine attributes while it intensifies positively associated compounds [4].

Glutathione is a tripeptide which contains three constitutive amino acids: glutamate, cysteine and glycine. Its biological importance is mainly related to its free sulfhydryl moiety of cysteine residue, which confers unique redox and nucleophilic proprieties [5].

The major functions can be summarized as being an antioxidant, immunity booster and detoxifier. The concentration of glutathione in grapes and later in wines depends on grape varieties, vintage, location and technological practices [6].

However, the treatment of musts with purified glutathione is not allowed by current wine regulation.

Some treatments such as oenological tannin treatment is considerate an "additive" one because instead of removing the offending element, it works by coating to the molecular structure that are responsible for creating the perception of harshness in the wine. While this may seem counterintuitive, the oenological tannin treatment is often

[a] e-mail: vvcotea@yahoo.com

able to modify the aggressive/harsh character of the treated wine so that the need for further fining can be reduced or even unnecessary. Furthermore the literature supports the idea of using oenological tannins as a help to round out a thin or an aggressive wine and as a layer of protection against oxidation.

Another clarifying agent is the activated coal, which can be used to correct organoleptic issues of wines, to eliminate possible contaminants, to correct the color problems such as excessive browning or pinkness, thanks to his effectiveness at removing non-polar substances, but remains a weak agent concerning the removing water soluble components such as sugar and amino-acids [7]. However, the use of activated coal is avoided because it can strip wine of both desirable and undesirable components.

The aim of the present study is to evaluate the influence of some oenological treatments on the chromatic futures, phenolic indexes, organic acids and principal aroma compounds found in the wines obtained from the Fetească albă grape variety.

2. Materials and methods

2.1. Grape samples

The present study was carried out for a two years experimental period and it was done on 10 samples of wines obtained from Fetească albă variety.

Fetească albă is an old Romanian grape variety which has always been used for the production of quality white wines. This variety is considerated to be a clonal variation of Fetească neagră.

From the sensory/organoleptic point of view the wines obtained after the winemaking process are characterized by citrus, lime tree-blossom flavors and also by wild flowers, newly mown hay and ripe apricot flavors. Fetească albă wines stand out not only due to their flavors but also because they are characterized by finesse and a special balance.

Regarding the present study, the grapes of Fetească albă were harvest in 2014 and 2015 at full maturity from Copou-Iaşi vineyard. The grapes composition was optimal for obtaining dry quality wines.

2.2. Wine samples

The wine samples taken in the experiment were produced in the micro-winery belonging to the Oenological department of the University of Agricultural Sciences and Veterinary Medicine of Iaşi.

Healthy ripe grapes of *Vitis vinifera* var. Fetească albă were destemmed, crushed and the obtained must was homogenized and divided into five glass vessels of 25 L for the alcoholic fermentation.

Before fermentation started were used four oenological products: V0-control sample (no pre-fermentative treatment applied), V1-bentonite pre-fermentative treatment, V2-gluthatione pre-fermentative treatment, V3-oenological tannin pre-fermentative treatment, V4-oenological coal pre-fermentative treatment.

The glass vessels were deposited in a controlled temperature room (18°C), where the must fermented for 10 days. For the alcoholic fermentation process commercial yeasts were used. After completion of alcoholic fermentation process, the wines obtained were filtered using a filtration device (filter Grifo) and sterile boards.

Then, the wines were treated with sulphur dioxide to preserve the samples from microbiological damage and were transferred in 750 ml glass bottles. Bottling was done with a semi-automatic device.

2.3. Reagents for pre-fermentative treatments

For the fermentation process were used commercial yeasts (Fermactive AP®) and fermentation activators (FermoplusIntegrateur®). For the pre-fermentative treatments were used the following agents: bentonite Clarit 360®, glutathione, Tanivin Blanc®, Enoanticromos – active coal.

After the decarbonisation operation, each sample of wine was submitted to the following analyses: sulfur dioxide, volatile acidity, total acidity, alcoholic strength, reducing substances, total dry matter and non reducing substances. The analyses were done according to OIV methods and the specific literature [7].

2.4. Folin- Ciocalteu index and total polyphenols index

The indexes of total polyphenols and Folin-Ciocâlteu were determined by the spectroscopic methods using a Spectrophotometer Analytic Jena S 200.

Folin-Ciocâlteu Index (IFC) is a specific method for the phenolic compounds analysis with reducing properties.

The determination of Folin-Ciocâlteu index is based on the oxidation of phenolic compounds in wine by the Folin–Ciocâlteu reagent. This reagent consists of a mixture of phosphotungstic acid ($H_3PW_{12}O_{40}$) and phosphomolybdic acid ($H_3PMo_{12}O_{40}$). The blue coloration produced has a maximum absorption around 750 nm (visible light) and it is proportional to the total amount of phenolic compounds OIV - MA- AS2-10).

The index of total polyphenols (IPT) or D280 index is a parameter that describes the content of total phenolic compounds (phenolic acids, tannins, anthocyanins, flavones, etc.) of the wines. The method is based on the strong absorption of ultraviolet light by the benzenic cores, characteristic for the phenolic compounds, with a maximum absorption wavelength at $\lambda = 280$ nm.

2.5. Evaluation of chromatic characteristics

In order to evaluate the chromatic features of the analyzed samples a spectrophotometer Analytic Jena S was used.

The color CIELab 76 is the most complete color model used to describe the colors of the visible spectrum because it allows the specification of the largest number of shades of color that a person could perceive with CIELab values a* b*. Therefore, the range of colors based on this model is described as the widest range of reproducible colors of the visible spectrum [8].

Basically the CIELab 76 colour or space system is based on a sequential or continuous Cartesian representation of three orthogonal axes: *L*, *a*and *b*. *L* represents the clarity, *a* represents the green/red shades of color and *b* represents the blue/yellow shades of color.

Table 1. Physico-chemical parameters of wines obtained through different pre-fermentative treatments.

Sample	Alc. (% vol.)	Total acidity (g tartaric ac./L)	Volatile acidity (g acetic ac./L)	Reducing subst.(g/L)	T.D.E (g/L)	N.E (g/L)	Free SO_2 (mg/L)	Total SO_2 (mg/L)	Relative density (g/L)	pH	Conductivity χ (μS/cm)
V0	12.18	6.55	0.23	0.77	19.6	18.8	38	91	0.9915	3.07	1398
V1	12.11	5.99	0.23	0.68	18.0	17.3	36	89	0.9910	3.17	1546
V2	11.78	6.61	0.30	0.89	19.0	18.1	48	107	0.9918	3.04	1515
V3	12.20	5.63	0.25	1.49	21.6	20.1	30	97	0.9925	3.34	1681
V4	11.83	6.58	0.26	1.02	17.7	16.6	38	92	0.9912	3.01	1508
A0	11.83	5.68	0.46	1.16	21.6	20.4	13	72	0.9927	3.20	1528
A1	10.28	6.01	0.57	1.08	18.5	17.4	20	85	0.9933	3.22	1590
A2	10.40	6.29	0.63	1.18	19.0	17.8	9	75	0.9934	3.18	1620
A3	9.48	5.36	0.38	1.11	17.5	16.3	9	53	0.9939	3.24	1694
A4	9.57	5.93	0.38	1.21	14.5	13.2	22	70	0.9926	3.12	1424

V0, V1,..., V4- 2014 Fetească albă wine samples.
A0, A1,..., A4- 2015 Fetească albă wine samples.

2.6. Gas-chromatographic analysis of volatile compounds

In order to conduct the determination of the aroma fraction, a HS20-GC-MS was used. The system uses as carrier gas the nitrogen and the adsorption material for the stationary phase is the type of resin 2, 6-diphenylene oxide (ITEX).

For the concentrating process of the samples was used a method that takes volatile compounds from the vapor atmosphere and performs the concentration of the vapors on the stationary phase. In this case 7 ml of wine were added in a vial for analysis of vapors (headspace).

The separation column used is a Phenomenex® type FFAP 50 cm × 0.32 mm ID × 0.5 μm which is contained in a temperature – controlled oven capable of maintaining temperatures ranging from ambient temperature to temperatures equivalent with a value of 300°C. For the present study, the working schedule in the oven lasted a total of 41 minutes, reaching a maximum temperature of 240°C. The injection mode of the sample was a direct one, ensuring a constant carrier gas linear velocity of 18 cm/s. The operating pressure in the column was 78 kPa and the carrier gas flow rate was a constant of 2 ml/min.

2.7. HPLC-analysis of the acids

The analysis of the acids was carried out using a high performance liquid chromatography technique. In this sense a liquid chromatograph Shimadzu series Proeminence LC20 was used.

The chromatographic column presents a pre-column type Security-Guard Ultra cartige UHPLC C18 for the column that have a 4.6 mm diameter. The mobile phase was given by:

- eluent A: 0.1% solution of methanol (CH_3OH) acidified with trifluoracetic acid (TFA) at a pH of 2.17;
- eluent B: 50% solution of methanol (CH_3OH) acidified with trifluoracetic acid (TFA) at a pH of 2.22.

At the temperature of 20°C, 10 ml of sample previously filtered through a nylon filter with size pore of 0.45 mm was injected into the system. Separation was achieved through a Phenomenex® column type Kinetex having the following characteristics: length (L) × diameter (ID) 150 × 4.6 mm, which is loaded with particles of silan grafted with 2.4 μm with a octadecil 96 Å pore column, having a graft capacity of 3 μmol/m^2.

3. Results and discussion

The general physico-chemical parameters of the analyzed wine samples are presented in Table 1. Comparing the wine samples obtained from Fetească albă variety in the year 2014 and those obtained in the year 2015 were found important differences concerning the values of alcoholic concentration.

So if in the case of 2014 Fetească albă wine samples the values of alcoholic strength parameter were superior than the 11% volume alcohol, in the case of Fetească albă 2015 the values of this parameter were minor than 11% volume alcohol. Most likely these differences are due to the differenciated climatic conditions of the two years of study: rainfals, solar radiation, temperatures, heat-stroke.

Concerning volatile acidity it is considerated that if a winemaker has done a properly job the finished wines will have a level of acetic acid that varies between 0.3 and 0.5 g/L, meaning that the bacteria are contributing with 200–400 mg/L acetic acid [7].

In the case of Fetească albă wine samples obtained in 2014 it can be observed that the parameter varies between a minimum of 0.23 g/L acetic acid for the sample treated with bentonite and a maximum of 0.3 g/L acetic acid for the sample treatead with glutathione. For the 2015 Fetească albă wine samples the volatile acidity varies between 0.38 g/L acetic acid for the samples treated with coal active and tannin and 0.6 g/L for the sample treated with glutathione. The literature specificates that the level of detection known as the aroma threshold, of acetic acid depends on the wine and the sensitivity of the person snifing, but is generally situated between 0.6 and 0.9 g/L acetic acid [9]. That being said it can be stated that in the case of 2015 Fetească albă wine sample treated with glutathione there is the probability of perceving the presence of acetic acid.

Total acidity values calculated for the 2014 wine samples were higher than the values calculated for the 2015 wine samples. Thus, the higher value for the 2014 samples was registered for the sample treated with tannin

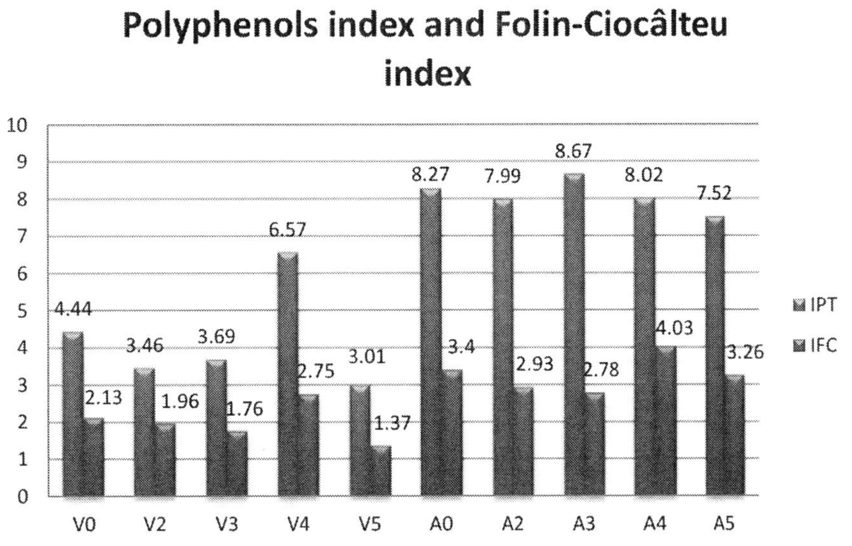

V0, V1,..., V4- 2014 Fetească albăwine samples.
A0, A1,..., A4- 2015 Fetească albă wine samples.

Figure 1. Total polyphenols index (IPT) and Folin – Ciocâlteu index (IFC).

(5.63 g/L tartaric acid) and for the 2015 wine sample the higher value was registered for the sample treated with glutathione (6.29 g/L).

The active coal treatment had a bigger influence on the non-reductive extract and on the total dry extract values in the sense of reducing them. Regarding the sugars or the reducing substances values, the Fetească albă wine samples 2014 and 2015 can be included in the dry cathegory wines.

The real acidity of the wine or the pH has impact on almost every aspect of the wine.Thus, it influence the flavor of the wine, the stability, the precipitation process of tartrates, the absorbtion of carbon dioxide and the rate of the fermentation process. Also, the pH is involved in many of the chemical reactions that take place during and after the alcoholic fermentaion. Refering to the samples of wine under discussion the values of pH were situated between a minimum of 3.01 and a maximum of 3.34, which doesn't allow the growth of microorganisms due to the release of fatty acids antimicrobial proprieties.

Observing the values of the total acidity and the values of pH it can be noticed that in the majority of the wine samples a growth of total acidity determines a decrease of pH, therefore an inverse relation.

The conductivity of the wine is a macroparameter which is influenced not only by the acids present in the analysed environment, but also by others compounds such as: the concentrations of various anionic species, various proteins or enzymes with colloid protective role and the concentration of metal ions which serve the complexing processses. Refering at the analysed samples, the highest values were registered for the samples treated with tannin (1681 μs/cm – 2014; 1694 μs/cm – 2015).

The values of the Folin-Ciocâlteu index and the polyphenol index can be examined in the Fig. 1. The pre-fermentative treatments determined two notable variations: the addition of tannin determined a growth of the indexes and on the other hand the treatment with active coal and bentonite determined a decrease of the two indexes.

Table 2. Chromatic parameters of the analyzed samples.

Samples	Clarity (L)	Chromaticity		Crome C	ΔE	ΔH
		a	b			
V0	98.53	–0.20	3.63	3.63	–	–
V1	99.62	–0.39	2.36	2.39	4.47	4.37
V2	99.79	–0.33	2.44	2.47	4.55	4.43
V3	98.76	0.05	4.44	4.44	5.01	4.81
V4	100.49	–0.51	2.51	2.56	4.55	4.25
A0	98.12	–0.48	4.51	4.53	–	–
A1	97.88	–0.38	4.97	4.99	4.90	4.38
A2	98.66	–0.52	4.80	4.83	4.60	4.23
A3	97.07	0.22	7.65	7.66	7.04	4.98
A4	97.75	–0.15	5.19	5.19	5.22	4.61

The chromatic parameters: L (brighteness coordinate or pshychromatric clarity), a (red-green coordinate), b (yellow-blue coordinate) and C (chromaticity or saturation) were calculated according to the CieLab 76 method and to the registered absorption spectrum of each wine sample. The values are presented in Table 2. In addition to these parameters were calculated other two variables: ΔE (the differences of sensations) (10) and ΔH (the difference in tonality between two colors), the control sample being the reference sample.

The values of L parameter show that the wine samples submitted to the bentonite and active coal treatments are the most clear (Table 2). Major color differences were found in the sample 2014 wine sample treated with tannin and in the 2015 control sample were prevailed the red-yellow shades of colors instead of green-yellow shades of colors as in the case of others samples. Color saturation values (C) were maintained in small limits of variation from a minimum of 0.77 and a maximum of 3.52. With the increase in C parameter, changes occur in the color visually inspected, so the samples V3 (treated with tannin) and the 2015 control sample which have the highest saturation values also have distinct shades of colors.

Regarding the values of ΔE and ΔH parameters, major differences were found in the samples treated with tannin.

Concerning the volatile component of the analyzed wine samples, it will be taking into discussion only the esters and the terpenes. For the volatile compounds analysis it was used GC-MS method and the quantitative expression were made in mmol/L according to the standard solution of 4-metil 2-pentanol, determined for each sample.

The esters are the largest qualitative constituents of wines and the formation is strongly dependent upon the yeast strains, the fermentation temperature and the treatments applied [11, 12].

Referring to the analyzed wine samples, a number of 29 esters were identified both in the samples processed in 2014 and also in the year 2015. The esters are presented in Table 3. Furthermore, analyzing Table 3, it can be observed that the majority of the esters found in the wine samples are responsible for the "fruity" and "floral" wine odors.

Among the esters that were identified, some of them were detected in bigger concentrations such as: ethyl caprylate, ethyl lactate, ethyl caprate, diethyl succinate, ethyl laurate, ethyl myristate, ethyl palmitate. Ethyl caprylate an ester characterized by a waxy aroma with sweet, fruity, pineapple, apricot odors was detected in bigger quantities in the samples submitted to the pre-fermentative treatments than in the control samples. Ethyl lactate an ester resulting in the cell carbon metabolism process was present in higher concentrations in the samples obtained in 2014. This ester is usually considerated a wine fault, but in the right concentration it has a positive impact and brings to the wine a strawberry, fruity odor. Ethyl caprate an ester resulted in the degradation process of decanoic acid and characterized by a fruity aroma with sweet, apple, grape odors was identified in larger quantities in the wine samples treated with bentonite.

The coal active treatment is considered a non-selective treatment which has a harsher impact on wine. However, the GC-MS analysis of wine samples demonstrated that the concentration of some esters increased after applying the coal active treatment, such as: ethyl hexanoate, ethyl 2-hydroxy 4-methylpentanoate, diethyl succinate, diethyl malonate, ethyl carbonate.

The concentrations of ethyl caprate, ethyl stearate, ethyl docosanoate, ethyl saycilate, ethyl phenyl acetate were higher in the samples treated with bentonite and the tannin treatment determined higher concentrations of ethyl heptanoate and ethyl pelargonate.

Analyzing Table 3 it can be observed that some esters such as: isoamylacetate, ethyl heptanoate, isopentyl-hexanoate, proprylоctanoate, ethyl pelargonate, ethyl 2-hydroxicaproate, methyl caprate, were present only in the 2015 wine samples and others such as: ethyl cinnamate, diethyl malonate, ethyl stearate, were identified only in the 2014 wine samples. This fact could be a proof that even if the variables of the winemaking process haven't been changed the aroma profile of the wine samples is different due probably to the raw material characteristics (grapes) and chemical changes that take place in the fermentation process which cannot be fully controlled.

Generally, after the GC-MS analysis it can be established the prevalence of the esters resulting in the fatty acid degradation process and the fatty methyl esters resulting in the trans-esterification process of fatty acid esters with methanol. Furthermore, important quantities of esters resulting in the amino-acid degradation process and in the cell carbon metabolism process were identified.

The literature underlines the fact that the terpenic compounds play a significant role in varietal wine aroma because of their characteristic fruity-flowery odor [13,14,15]. Profiles of these compounds in the grape are mainly dependent on the variety and their presence in wines depends in winemaking process. Referring to the Fetească albă wine samples analyzed there were found several terpenoids compounds, mainly (Table 4): acyclic monoterpenes (linalool, citronellol, nerol, geraniol, lavandulol), acyclic sesquiterpennes (nerolidol), monocyclic monoterpenes (α-terpenoids such as isomyrcenol and derivates (nerolidyl acetate, geranial diethyl acetal). As in the case of esters the presence of terpenes in the analyzed wine samples was quantified in mmol/L. Some terpenoid compounds such as: isomyrcenol and lavandulol were present only in the 2014 wine samples and others such as: nerol, geraniol, α-terpineol, geranial diethyl acetal were identified only in the 2015 wine samples.

The additive treatment with tannin determined higher concentrations of linalool and citronelol in the analyzed wine samples. Nerol and isomyrcenol, two terpenoids characterized by a floral aroma with citrus, green, lemon flavors, were identified only in the 2015 control sample, meaning that the treatments applied influenced in a negative way their presence in the wines.

Curiously is the fact that even if the coal active treatment is known as a harsher, non-selective treatment that "strips" the wine from his varietal aroma, in the present study this hypothesis is not completely validated. Thus, α-terpineol an monocyclic monoterpene characterized by an lilac, citrus, woody odor-like was identified only in the 2015 wine sample treated with coal active and another terpene such as nerolidol and geraniol were identified in bigger quantities in the samples treated with active coal.

The presence of the acetals in wine contributes at the modulation and at the smoothing process of wine aroma [16]. Geranial diethyl acetal a derivate characterized by a citrus aroma with fresh, lemon, green odors was identified only in the 2015 control sample (0.01 mmol/L). Nerolidyl acetate an derivate characterized by an floral aroma with sweet, citrus, woody, freesia odors was detected in the control samples and in bigger quantity in the 2015 wine sample treated with tannin (0.10 mmol/L).

Acid determination it is an important point for the characterization of wine composition evolution with implication in chemical and biochemical processes. The grape contains most of the acids involved in the glycolitic and shikimic acid pathways as well as in Krebs and glyoxylic acid cycles, the rest remaining unmodified, being transmitted in wine [7].

In Table 5 are presented the values of the organic acids obtained using the HPLC analysis. Natural acids have the freshest, purest tastes, tartaric acid and malic acid being

DOI: 10.1051/bioconf/20160702017

Table 3. Esters identified in the analyzed wine samples (**mmol/L**).

Esters	V0	V1	V2	V3	V4	A0	A1	A2	A3	A4
Ethyl hexanoate	–	0.01	–	–	0.01	0.05	0.05	0.07	0.08	0.09
Ethyl caprylate	0.10	0.31	0.29	0.11	0.25	8.82	14.58	11.11	13.19	14.80
Ethyl lactate	1.92	2.98	3.71	2.19	3.13	1.72	0.00	0.69	2.36	8.59
Pentanoic acid, 2-hydroxy-4-methyl-, ethyl ester	–	–	0.04	0.02	0.07	–	0.01	–	0.01	0.02
Ethyl caprate	0.09	0.31	0.18	–	0.11	4.83	10.57	–	7.22	7.89
Ethyl benzoate	0.15	0.15	0.18	0.16	0.11	0.22	0.18	0.17	0.18	0.22
Diethyl succinate	0.59	0.44	0.75	0.43	1.35	0.23	0.08	0.13	0.24	0.29
Ethyl laurate	0.03	0.07	0.06	0.05	–	0.32	0.74	0.55	3.33	3.08
Ethyl nicotinate	0.02	0.03	0.02	0.02	–	0.04	–	–	0.01	0.04
Isoproprylmyristate	–	0.04	–	0.02	–	–	–	0.04	0.31	–
Ethyl myristate	0.09	0.18	0.32	0.20	0.19	0.9	0.52	1.24	2.37	1.09
Ethyl heptadec-9-enoate	0.07	0.02	0.06	–	0.06	0.04	–	0.09	–	–
Diethyl malonate	0.02	–	0.01	0.01	0.03	–	–	–	–	–
Ethyl palmitate	0.09	0.83	0.29	1.78	1.17	1.60	0.59	1.91	0.82	2.00
Ethyl cinnamate	0.01	–	0.01	–	0.01	–	–	–	–	–
Methyl palmitate	0.35	0.01	0.9	–	0.04	–	–	–	–	–
Ethyl stearate	0.03	0.08	0.07	0.07	0.06	–	–	–	–	–
Ethyl carbonate	–	–	–	–	1.4	–	–	–	–	–
Isoamyl acetate	–	–	–	–	–	–	–	0.46	0.35	0.42
Ethyl heptanoate	–	–	–	–	–	0.02	–	–	0.04	0.01
Isopentylhexanoate	–	–	–	–	–	–	–	0.11	0.08	0.03
Propryloctanoate	–	–	–	–	–	0.02	0.01	0.02	–	0.04
Ethyl pelargonate	–	–	–	–	–	0.33	–	0.30	0.46	0.35
Butyl caprylate	–	–	–	–	–	0.03	–	0.03	0.06	0.08
Methyl caprate	–	–	–	–	–	–	–	4.65	–	–
Octanoic acid, 3-methylbutyl ester	–	–	–	–	–	0.16	0.15	0.28	0.28	0.47
Ethyl 9-decenoate	–	–	–	–	–	0.11	0.01	–	0.01	–
Ethyl pHenyl acetate	–	–	–	–	–	0.06	0.27	0.15	0.12	–
Ethyl salycilate	–	–	–	–	–	0.03	0.04	0.02	0.02	0.03

V0, V1,..., V4- 2014 Fetească albă wine samples.
A0, A1,..., A4- 2015 Fetească albă wine samples.

Table 4. Terpenic compounds found in the analyzed wine samples (**mmol/L**).

Terpenes	V0	V1	V2	V3	V4	A0	A1	A2	A3	A4
Isomyrcenol	0.04	–	–	–	–	–	–	–	–	–
Linalool	0.01	0.01	–	0.02	0.01	0.04	0.03	0.03	0.08	0.07
Citronellol	0.01	0.01	–	0.01	–	0.01.	0.02	0.02	0.03	0.02
Nerolidyl acetate	0.02	–	–	–	–	0.02	–	–	0.10	–
Nerolidol	–	0.01	0.01	–	–	–	–	–	–	0.04
Lavandulol	–	0.02	–	–	–	–	–	–	–	–
Nerol	–	–	–	–	–	0.01	–	–	–	–
Geraniol	–	–	–	–	–	–	–	–	0.01	0.03
Geranial diethyl acetal	–	–	–	–	–	0.01	–	–	–	–
α-terpineol	–	–	–	–	–	–	–	–	–	0.13

V0, V1,..., V4- 2014 Fetească albă wine samples; A0, A1,..., A4- 2015 Fetească albă wine samples.

the major grapes acids, with citric acid being among the minor ones.

Tartaric acid is a specific acid for grapes and an important one because together with his potassium and calcium salt controls the effective acidity (pH) and finally contributes to a wine's color, aseptic stability and taste. Referring to the wine samples analyzed, it has been observed that the tannin treatment determined the lowest values for the tartaric acid (3.90 mg/L – 2014; 5.39 mg/L–2015) and the active coal treatment determined the highest values (7.13 mg/L–2014; 7.39 mg/L–2015).

Malic acid was identified in higher concentrations in the 2014 wine samples where the values varied between a minimum of 2.22 mg/L (bentonite treatment) and a maximum of 2.79 mg/L (tannin treatment). In the 2015 wine samples this acid varied between a minimum of 1.20 mg/L (active coal treatment) and a maximum of 1.98 mg/L (glutathione treatment). The concentration of citric acid did not vary within wide limits for the analyzed samples.

Ascorbic acid naturally present in lactone form constitutes a redox system assaying in this way the

DOI: 10.1051/bioconf/20160702017

Table 5. Organic acids found in the analyzed wine samples.

Acids	V0	V1	V2	V3	V4	A0	A1	A2	A3	A4
oxalic acid (mg/L)	nd	nd	nd	0.06	nd	0.06	0.05	0.05	0.06	nd
tartaric acid (mg/L)	6.40	6.55	6.86	3.9	7.13	5.66	5.92	5.62	5.39	7.39
malic acid (mg/L)	2.44	2.22	2.26	2.79	2.48	1.62	1.73	1.98	1.93	1.20
ascorbic acid (mg/L)	0.02	0.02	0.01	0.01	0.01	nd	nd	nd	nd	0.01
shikimic acid (μg/L)	24.00	24.00	24.00	42.00	24.00	12.00	12.00	12.00	12.00	18.00
lactic acid (mg/L)	0.48	0.50	0.47	0.50	0.50	0.71	0.53	0.56	0.62	1.60
acetic acid acetic (mg/L)	0.60	0.34	0.32	0.26	0.39	0.27	0.27	0.27	0.47	0.30
citric acid (mg/L)	0.52	0.42	0.42	0.43	0.46	0.55	0.55	0.57	0.57	0.51
succinic acid (mg/L)	1.05	1.06	1.06	1.13	1.07	1.12	1.05	1.07	1.08	1.22
fumaric acid (μg/L)	10.00	10.00	10.00	10.00	10.00	10.00	10.00	10.00	10.00	10.00

nd – not detected; V0, V1,..., V4- 2014 Fetească albă wine samples; A0, A1,..., A4- 2015 Fetească albă wine samples.

protection of phenols from oxidation. In the analyzed samples this acid was found in minor concentrations and in some samples was missing.

Oxalic acid was present only in the 2014 wine sample treated with tannin and almost in all the 2015 wine samples, excepting the sample treated with active coal. The active coal treatment determined higher concentrations of lactic acid in the wine samples. The concentrations of acetic acid were minor in the 2014 wine samples submitted to pre-fermentative treatments than the 2014 control sample.

The shikimic acid was identified in higher concentrations in the 2014 wine samples and the fumaric acid an natural acid present in the majority of the fruits and vegetables and a part of every living cell metabolism didn't suffer fluctuations being found in concentration of 10 mg/L in each sample wine.

4. Conclusion

Following the results of the physico-chemical characteristics, the considered samples could be included in the category of white dry wines. Furthermore, it could be stated that the tannin treatment and the coal active treatment had the highest influence on the pH and on the conductivity of the wine samples. Thus, the treatment with tannin determined the highest values of the two parameters and the coal active treatment determined the lowest ones.

Comparing with the control sample, the values of the phenolic indexes increased after applying the treatment with tannin and glutathione. As expected compared to the control sample tone difference were observed in the case of tannin addition.

The GC-MS analysis revealed in the analyzed wine samples the predominance of the esters resulting from the fatty acid degradation process. Also it was observed the presence of the fatty acid methyl esters resulting in the trans-esterification process of acid esters with methanol. In addition, it was observed the presence in higher quantities of the acyclic monoterpenes.

As expected, a correlation between the presence of tartaric acid and pH was found, so the lowest values of tartaric acid were determined on the samples with the highest values of pH (tannin treatment) and highest values of tartaric acid were found in the samples with the lowest pH values (coal active treatment).

References

[1] G. Chieppa, R. Lovino, M. Savino, P. Limosani, S. Suriano, G. Ceci and R. Scazzariello, The 31-st Congresse Mondiale OIV, Verona, 15–20 june, (2008)
[2] D.V. Cotea, C. Zănoagă, V.V. Cotea, Tratat de oenochimie, Bucureşti, Editura Academiei Romane **1**, (2009)
[3] A.L.,Falqué, Eur. Food Res. Technol. **225**, 553 (2007)
[4] J.F. Harbertson, G.P. Parpinello, H. Heymann, M.O. Downey, Food Chem. **131**, 999–1008 (2011)
[5] M.J. Penninckx, Enzyme Microb. Technol. **26**, 737–742 (2000)
[6] V.F. Cheynier, J.M. Souquet, M. Moutounet, Am. J. Enol. Vitic. **40**, 320–324 (1989)
[7] P. Ribereau-Gayon, Y. Glories, A. Maujeanand, D. Dubourdieu, *Handbook of enology. The chemistry of wine: Stabilization and treatments vol. 2*, (Ed Chichester Wiley, U.K., 2006)
[8] H. Gernot, *CieLab Color Space*, (Website book, 2013)
[9] R.S. Jackson, *Wine tasting: A professional handbook*, (Ed. Elsevier Academic Press, U.K., 2002)
[10] G. Odăgeriu, C. Zamfir, V.V. Cotea, I. Buzilă, Horticulture Series Journal, **48**, 339–346 (2005)
[11] E. Killian, C.S. Ough, Am. J. Enol. Vitic. 301–305 (1979)
[12] I. Papathanasiou, R. Selvagini, M. Servili, A. Vaughan-Martini, I.G. Roussis, Food Sci. Technol. Res. **12**, 194–198 (2006)
[13] J.S. Camara., P. Herbert, J.C. Marques, M.A. Alves, Anal. Chim. Acta, **513**, 203–207 (2004)
[14] A. Rapp, H. Mandery, Experientia, **42**, 873–884 (1986)
[15] P.J Williams, C.R. Strauss, B. Wilson, J. Agric. Food Chem. **28**, 766–771 (1980)
[16] H. Maarse, *Volatile compounds in food and beverages*, (Ed. Marcel Dekker Inc., New York, 1991)

DOI: 10.1051/bioconf/20160702018

Determination and elimination of rotten grape aroma by filter layers with selective adsorbers

Reinhard Eder and Stefan Nauer

Höhere Bundeslehranstalt und Bundesamt für Wein- und Obstbau, Wiener Straße 74, 3400 Klosterneuburg, Österreich

Abstract. The most important mould associated substances like geosmine, 2-methylisoborneol, 1-octen-3-ol in wines of different grape varieties from Austria and also from other foreign countries were analysed by a HS-SPME GC-MS method. These substances were also determined in healthy and rotten grapes. All together, 391 wine-samples and 69 grape samples were examined.
The study of rotten and healthy grapes found out a level of geosmin up to 20 ng/L, 1-octene-3-ol concentration up to 700 μg/L and 2-heptanol level up to 9 μg/L. The geosmin concentration of the 391 analyzed wines extended from 1-44 ng/L. The detected level of 1-octene-3-ol ranged from 1 μg/L to 23 μg/L. The determined concentration of 2-heptanol ranged from 1 μg/L up to 38 μg/L. The test with the filter layer Fibrafix TX-R was performed with nine layers á 20 × 20 cm (3.6 m^2) and a quantity of 625 liters wine. The filtering achieved a significant reduction of the start concentration of 60 ng/L geosmin down to only 6 ng/L (average value of 600l).

1. Aromen gefaulter Trauben

Die Anwesenheit von einigen Fehlaromen (off-flavours) in Trauben oder Weinen ist eine Folge der Entwicklung von pflanzenpathogenen Pilzen auf Trauben, die in der Literatur schon seit längerer Zeit beschrieben sind. (Semichon, 1905; Ribereau-Gayon und Peynaud, 1964). Auffällig ist aber, dass während der letzten zehn Jahre das Auftreten aromatischer Defekte mit pilzigem, schimmeligem, medizinischem oder erdigem Charakter verstärkt festgestellt wurde.

Folgende Verbindungen gelten als Leitsubstanzen für dieses Schimmel- bzw. Muffaroma im Wein und Trauben: Geosmin, 1-Octen-3-ol, 2-Methylisoborneol, 1-Octen-3-on, 1-Nonen-3-on. Geosmin, aus dem Griechschen übersetzt, bedeutet Erdgeruch (geo = Erde osme = der Geruch) [Gerber und Lechevalier, 1965]. Es handelt sich dabei um eine organische Verbindung, die durch ihren eindeutigen und unverwechselbaren erdigen Off-Flavour, welcher vermutlich durch verschiedene Bakterien und Pilze produziert wird, erkennbar ist. Diese nach Erde riechende Verbindung wurde zum ersten Mal 1891 identifiziert, 1965 von Gerber und Lechevalier aus verschieden Actinomycten Arten isoliert und im Jahre 1968 erstmals synthetisiert [Cotton, 2008]. Laut Amon et al. (1989) wurde Geosmin erstmals 1989 in Wein und im Jahr 2000 im Most (Darriet et al., 2000) nachgewiesen. Dieser Nachweis im Most verdeutlichte, dass nicht nur die Mikroorganismen im Fass und bei der Gärung die verantwortlichen Produzenten von Geosmin sein können. Darriet et al. (2001) erbrachten den Beweis, dass von Trauben isolierte Mikroorganismen (Streptomyces sp. und Penicillium sp.,) Geosmin produzieren können. LaGuerche et al. (2007) konzentrierten sich darauf, warum mit Botrytis infizierte Weintrauben nicht mit Geosmin kontaminiert wurden. Sie stellten fest, dass für die Geosminproduktion sowohl bestimmte Botrytis-Pilze wie auch Penicillium expansum vorhanden sein müssen. Von Wnuk et al. (1983) wird 1-Octen-3-ol als die Hauptaromakomponente von Pilzen und hauptverantwortlich für den typischen Pilzgeruch genannt. Lee und Simpson (1993) stellten fest, dass 1-Octen-3-ol neben dem Pilzgeruch auch einen schimmelähnlichen Geschmack in Wein verursachen kann. Auch Simpson (1990) fand, dass Octenol in unsauberen Weinen einen Pilzgeruch (19%) verursachen kann.

Medsker et al. (1969) und Gerber (1969) identifizierten bei Tests von natürlichem Wasser eine muffige riechende Verbindung, nämlich 2-Methylisoborneol (2-MIB). 2 Paterson et al. (2007) beschreiben, dass Methylisoborneol ein Metabolit von B. cinerea, Penicillium und Streptomyces ist, und einen ähnlichen Geruch wie Geosmin hat. Bei Darriet et al. (2007) ist zu lesen, dass Botrytis fähig ist, 2-Methylisoborneol mit einem erdigen und kampferartigen Geruch zu produzieren. Außerdem weisen auch Paterson et al. (2007), darauf hin, dass Methylisoborneol in faulen Weintrauben der Sorte Merlot nachgewiesen wurde. Schließlich wurde die Verbindung dann in Wein mit erheblicher Korkbelastung wahrgenommen; dies ist eine wichtige Beobachtung für Korkerzeuger wie zum Beispiel Portugal (Paterson et al., 2007). Der Geruchschwellenwert im Wein für 2-Methylisoborneol liegt bei 30 ng/L (Amon et al., 1989).

2. Maßnahmen zur vermeidung und reduzierung vonSchimmeltönen

Bisher übliche Maßnahmen um Schimmelton vorbeugend zu begegnen:

- Effizienter Pflanzenschutz im Weinberg zur Vermeidung von Infektionen

- Aussortierung fauler, pilzbefallener Trauben
- Sauberkeit im Keller (Reinigung und Desinfektion)
- Kohlebehandlung im Most-Stadium.

Neben diesen praktikablen Maßnahmen existieren noch weitere Möglichkeiten die Schimmelmufftöne, allen voran die Verbindung Geosmin zu reduzieren. Lisanti et al. (2009) fanden dass die Behandlung mit Traubenkernöl eine effiziente Verringerung des Erdgeruches in Rot- und Weißwein bewirkt (ca. 70%).

Übliche Schönungsmittel wir Gelatine, Albumine und Kaseinate. Silikate und Bentonit zeigen nur eine geringe, unspezifische Wirkung gegenüber schimmelassozierten Aromen. Ähnliche, nicht zielgerichtete Effekte lassen sich auch mit der sogenannten Tiefenfiltration erzielen.

Bei der Schönung mit Aktivkohle handelt es sich um das am stärksten adsorptiv wirkende Weinbehandlungsmittel. Farkaš et al. (1988) erwähnt, dass Aktivkohle am häufigsten für die Korrektur von verschimmelten Weinen oder Weine mit einem schlechten Geschmack eingesetzt wird. Falls der Wein mit starken Adsorptionsmitteln, wie beispielsweise mit Aktivkohle behandelt wird, können die unerwünschten Aromakomponenten (TCA, muffigen Ton usw.) in den meisten Fällen entfernt werden.

Neben Aktivkohle sind auch Polyethylen und die Milchprodukte in der Behandlung von muffigen Wein relativ erfolgreich. Vor einigen Jahren wurde von der Schweizer Firma Filtrox Tiefenfilterschichten mit eingebetteten Zeoliten entwickelt, die Korkgeschmack entfernen können. Die Tiefenfilterschichten FIBRAFIX® TX-R bietet eine wirksame Methode zur Entfernung von TCA (2, 4, 6-Trichloranisol) aus Wein und anderen Getränken. Im Gegensatz zu anderen Methoden der TCA-Entfernung wird der ursprüngliche Geruch und Geschmack durch die TX-R Schichten nicht zerstört. Die Eignung des Produktes Fibrafix TX-R zur Entfernung von TCA und TBA aus Wein wurden von JUNG et al. (2008) beschrieben.

Zu ähnlichen und weiter reichenden Erkenntnissen über diese Spezialfilterschichten gelangten auch EDER et al. (2008).

3. Inhalt der präsentation

- Vorkommen von Geosmin und weiteren schimmelassoziierten Verbindungen wie 1-Octen-3-ol, 2-Methylisoborneol, 2-Octanol, 3-Octanol in verschiedenen Trauben bzw. Weinen unter Berücksichtigung des Gesundheitszustandes und der Sorte geklärt werden. Quantifizierung mittels SPME- GC- MS Technik.
- Bestimmung der Kapazität einer Tiefenfilterschicht mit Zeolite (FibrafixTX-R, Fa. Filtrox) zur Entfernung schimmelassoziierter im großtechnischen Maßstab.

4. Material und methoden

Es wurden 69 Proben von gesunden und geschimmelten Trauben sowie 391 Weinproben, die bei der amtlichen Verkostung als korkig, muffig oder schimmelig beanstandet wurden, analysiert.

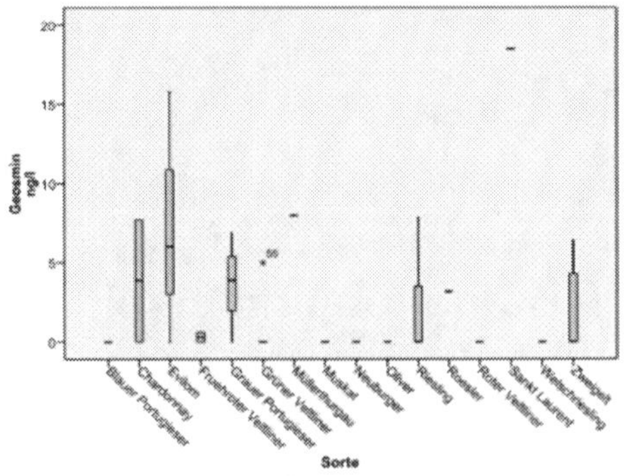

Abb. 1. Geosmingehalte in gefaulten Trauben.

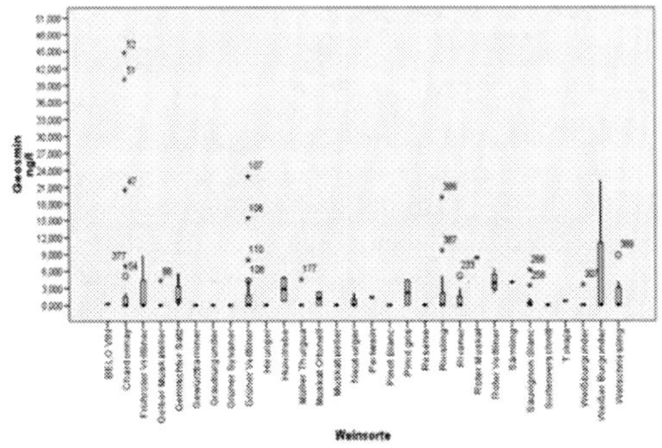

Abb. 2. Geosmingehalte in Weißweinen.

Vor der Analyse wurden die Zielsubstanzen mittels Festphasenmikroextraktion (SPME mit 100 μm Polydimethylsiloxan-PDMS) aufgereinigt. Die Bestimmung erfolgte mittels Gaschromatographie gekoppelt mit Massenspektrometer (GC-MS).

5. Ergebnisse

Die Geosmingehalt in den 69 Proben von geschimmelten Trauben (Abb. 1) zeigen Medianwerte im Bereich bis zu 6 ng/l und einzelne Höchstwerte bis 18 ng/l.

Von den Ergebnissen der Weinproben werden beispielshalt die Ergebnisse der Weißweine dargestellt (Abb. 2), aus der man ersieht, dass nur in wenigen Weinen Geosmin gefunden wird. Diese Proben waren aber zum Teil erheblich mit Werten bis zu 45 ng/l kontaminiert.

Den für die Testung der Tiefenfilterschichten mit Zeolith Fibrafix TX-R verwendeten Weißwein wurden vor der Filtration 60 ng/L Geosmin zugesetzt. Während der Filtration wurde in Abständen von 25 L Fraktionen gezogen und deren Konzentration an Geosmin mit HS-SPME GC analysiert.

Zu Beginn der Filtration wurde die zugesetzte Geosminkonzentration zu praktisch 100% reduzierten. Erst nach rund 150 L begann ein äußerst langsamer Anstieg an Geosmin in den Fraktionen, augenscheinlich wo die ersten aktiven Stellen der Filterschichten abgebunden wurden. Trotzdem schreitet die Zunahme von Geosmin sehr zögerlich voran, sodass nach der gesamten Filtrationsmenge von 625 Liter nur eine Geosminkonzentration von 15 ng/L erreicht wurde. Dies bedeutet am Ende der Filtration eine Reduzierung vom ursprünglichen Startwert um 75%. Es konnte damit deutlich bestätigt werden, dass dieser Spezialfilter nicht nur zur ursprünglichen Entfernung von TCA geeignet sind sondern auch Geosmin in größerem Maßstab entfernen können. Dies bestätigen die publizierten Versuche im Labormaßstab von Eder et al. (2008).

Literatur

J.M. Amon., J.M. Vandepeer and R.F. Simpson : Australian and New Zealand Wine Industry Journal 4, 62–69 (1989)

P. Darriet, M. Pons; S. Lamy and D. Dubourdieu: J. Agric. Food. Chem. 10 (2000). pp 4835–4838

R. Eder,. M. Hütterer, G. Weingart, W. Brandes: Mitt. Klosterneuburg. 58/2 (2008). 12–14

J. Farkas, und Z. Procházka: Technology and biochemistry of wine Gordon and Breach Science Publ., New York ISBN:2-88-124-069-0 (1988). 744

N.N. Gerber, and H.A. Lechevalier: Appl. Environ Microb (1965). 935–938

R. Jung, V. Schaefer, M. Chistmann, M..Hey und S. Fischer and D. Rauhut: Mitt. Klosterneuburg. 2 (2008). 58–67

S. LaGuerche, L., Senneville; D., Blancard and P. Darriet: Anton Leeuw Int. 92(3) (2007). 331–341

H. Lee, and R.F. Simpson: In: G.H. Fleet, Editor, Wine Microbiology and Biotechnology, Harwood Academic Publisher, Chur, Switzerland (1993), pp. 353–372

T. Lisanti, P. Piombino, A. Gambuti, A. Genovese, and L. Moio:. Bulletin de l'OIV vol. 82, no. 935–937 ISSN 0029-7127 (2009). pp. 71–82

L. Medsker L., D. Jenkins; J.F. Thomas and C. Koch Environ Sci Technol, 3 (5), (1969). 476–477

J. E. Ribéreau-Gayon, et E. Peynaud: Traité d'Oenologie – Tome 1 : Maturation du raisin, fermentation alcoolique, vinification., Béranger et Dunod éditeurs, Paris (1964)

Semichon: Traité des maladies des vins Masson éditeur, Paris (1905)

S. Wnuk, S. Kinastowski and E. Kaminski: Nahrung 27(5): (1983). 479–486

Evolution of aromatic compounds during the second fermentation and aging of Brazilian sparkling wine

Andrelise Verzeletti[1], Sergio Echeverrigaray[1], Alejandro Cardoso[2], Regina Vanderlinde[1,3], and Ana Paula Longaray Delamare[1]

[1] Institute of Biotechnology, University of Caxias do Sul, 95070-960 Caxias do Sul, Rio Grande do Sul, Brazil
[2] Vinícola Cia. Piagentini, 95020-183 Caxias do Sul, Rio Grande do Sul, Brazil
[3] Ibravin/Laren, 95084-470 Caxias do Sul, Rio Grande do Sul, Brazil

Abstract. In this work, we evaluate the physic-chemical characteristics and volatile compounds during the second fermentation and aging of typical Brazilian sparkling wines. For this purpose, second fermentations were conducted by the traditional method using a base wine elaborated with Pinot Noir, Chardonnay and Riesling Italic, and fermented with *S. cerevisiae vr. bayanus* EC1118 strain. Samples were collected from 0 to 360 days, and evaluated with respect to the basic physic-chemical characteristics, yeast population, and the concentration of volatile compounds. The results showed that the second fermentation, other than an increment in the alcohol concentration leads to a small increase in volatile acidity, where total acidity decreased during fermentation, and increase again during aging. Yeast population declined rapidly after fermentation, but autolysis initiated just after 9 month of aging. Based on the concentration of volatile compounds, three profiles could be defined: (1) a fermentation profile defined by higher concentrations of acetates and lower concentrations of ethylates and fatty acids; (2) a post-fermentation profile with intermediary concentrations of acetates, and increased concentrations of fatty acids, and their ethyl esters; and (3) a mature profile with higher concentrations of diethyl succinate, fusel alcohols, volatile fatty acids, and their ethyl esters, and lower concentrations of acetates.

1. Introduction

The production of sparkling wines by the traditional method or "Champenoise" involves two fermentative and different steps. The first fermentation transforms the grape must into a base wine, in a process that is very similar to that used for high quality white wines. The second fermentation, "prise de mousse", occurs in the bottles after the addition of a "tirage solution" that includes yeast, sucrose, nutrients, and sometimes bentonite [1–3], and is followed by a biological aging in contact with lees in anaerobic conditions for 6–12 months [4–6].

The sensorial quality of sparkling wines is based on several organoleptic factors (visual, olfative, and gustative). The sparkling wine flavor are the result of a complex interactions between three factors: grape varietal aromas, yeast derived fermentative compounds, and enological methods adopted during the first and second fermentation, and aging processes [3,7,8].

Volatile compounds in wine have three origins: the grape (pre-fermentative aroma), the yeast during the first and second fermentation (fermentative aroma), and the aging during settling (post-fermentative aroma) [2,5,9]. Although several aromatic compounds are initially found in the grape, the dominant, and most important volatile compounds that contribute for the peculiar characteristics of sparkling wine (higher alcohols, fatty acids, acetates, ethyl esters, ketones, aldehydes, among others) are formed or transformed during fermentation and the post-fermentative process [3,10].

Representing just 1% of the alcohol mass (0.8 g L^{-1} to 1.2 g L^{-1}), the concentration of individual volatile compounds, as well as the equilibrium between them, have strong impact on wine bouquet [8]. The chemical and enzymatic reactions that occur during fermentation and aging are responsible for modifications on the concentration of volatile constituents, aromatic evolution, and can have important impact on the organoleptic characteristics of the final product.

Studies on sparkling wines aging on their lees showed that the wine develops a more complex aromatic profile. This behavior has been associated non-well defined chemical and enzymatic reactions, as well as the liberation of mannoproteins, peptides, amino acids, and other compounds by yeast autophagy and autolysis. Some authors consider the autophagic/autolytic process one of the most important factors affecting the sensorial quality of the aged sparkling wine [4,5,11]. However, the evaluation of volatile, olfative active compounds (OAV), along second fermentation and aging are scace.

In this context, the present research aimed to study physicochemical parameters, aromatic compounds, and yeast population, through the fermentation process and aging during a period of 360 days (one year).

2. Material and methods

2.1. Wine fermentation

The commercial base wine (Chardonnay –70%, Pinot Noir -20%, and Riesling Italic –10%) was elaborated at

Vinícola Cia. Piagentini (Caxias do Sul, Brazil). Briefly, grapes were destemmed, and pressed. The resulting musts were sulfited by the addition of 20 mg L^{-1} of potassium metabisulfite, and fermented at 18°C in steel less tanks with the *Saccharomyces cerevisiae* yeast strain Zymaflore X5®. After fermentation and assemblage, base wine was submitted to proteic stabilization for 8 days with 0.5 g L^{-1} of bentonite (Pentagel, Pedomini IOC), and tartaric stabilization for 10 days at −3°C. Base wine was filtered (0.4 μm) just before second fermentation.

For second fermentation, base wine was supplemented with 20 g L^{-1} of sucrose, and yeast assimilable nitrogen was corrected to 180 mg L^{-1} by the addition of ammonia phosphate. The commercial *S. cerevisiae* vr.*bayanus* yeast strain Lalvin EC 1118® was rehydrated in a 0.3 g L^{-1} Superstart (Laffort) activator solution for 4 hous at room temperature. Yeast inoculation was performed following traditional enological methods, with an inoculum of 5×10^6 cells mL^{-1} determined by microscopic counting. After inoculation, the wine was immediately bottled, and second fermentation and aging were conducted in a dark acclimatized chamber at 14 ± 1°C.

2.2. Sampling

Samples were collected at 0, 7, 15, 30, 60, 90, 135, 180, 270 and 360 days during second fermentation and aging. Three different bottles were used for each period tested. Bottles were opened, homogenized, and a small aliquot collected for the evaluation of yeast population. Wine were then centrifuged at 3200 × g at 4°C for 15 minutes, and the supernatants stocked in 100 ml aliquots at −80°C for chemical analysis.

2.3. Yeast population monitoring

The number of viable yeasts was determined by serial dilutions and plating on YEPD medium (2% glucose, 2% peptone, 1% yeast extract, 2% agar). Colonies were counted following an incubation period of 48 h at 28°C, and viable yeasts expressed as colony forming units per ml (UFC mL^{-1}).

2.4. Analytical methods

Total acidity (meq L^{-1}), volatile acidity (meq L^{-1}), free SO_2 (mg L^{-1}), dry extract (g L^{-1}), dry extract (g L^{-1}), residual sugar (g L^{-1}), alcohol (% v/v) and density (20/20) were determined according to the International Organization of Vine and Wine methods [12].

The analysis of volatile compounds was performed on a gas chromatograph HP 6890 Agilent Technologies, with a flame ionization detector. The compounds were identified by comparison to authentic standards purchased from Sigma–Aldrich.

Determination of higher alcohols, acetaldehyde, ethyl acetate, and methanol: 70 μL of 4-methyl-2-pentanol solution (5 g L^{-1}, internal standard) were added into 5 mL of a distilled sample. The injection (1.0 μL) was performed in split mode to 60 mL min^{-1} at 220°C. It was used a capillary column CPWax 57CB (60 m, 250 μm and 0.25 μm). The carrier gas was hydrogen 5.0 at 2.0 mL min^{-1}, and the nitrogen as auxiliary gas at 37 mL min^{-1}. The oven temperature was 40°C for 5 min, 40–90°C at 3°C min^{-1}, 90–200°C at 10°C min^{-1}, 200°C for 5 min. The combustion was maintained with synthetic air at 350 mL min^{-1} and hydrogen at 35 mL min^{-1}. The detector temperature was 230°C.

Determination of esters, acetates, alcohols, and volatile acids: It was added 2 mL of 3-octanol (40 mg L^{-1}) and 2 mL of heptanoic acid (50 mg L^{-1}), as internal standards, and 0.3 mL of phosphoric acid (1:3) to 50 mL of sparkling wine degassed in ultrasound. The sample was subjected to three liquid/liquid row extractions (4:2:2) with a mixture of diethyl ether/n-hexane (1:1). The injection (2.0 μL) was performed in splitless mode at 60 mL min^{-1} at 240°C. It was used a capillary column CP Inowax (30 m, 250 μm and 0.25 μm). The carrier gas was the hydrogen 5.0 at 2.0 mL min^{-1} and the nitrogen as auxiliary gas at 37 mL min^{-1}. The oven temperature was 40°C for 5 min; 40–230°C at 3°C min^{-1}; 230°C for 20 min. The combustion was maintained with synthetic air flow at 350 mL min^{-1}, and hydrogen at 35 mL min^{-1}. The detector temperature was 230°C.

2.5. Statistical analyses

All analyses were carried out in triplicate for each of the five bottles of sparkling wine sampled at each time period, and the results expressed as mean values ± standard deviation. The SPSS 20.0 software for Windows (Chicago, IL, USA) was used for the analysis of variance (ANOVA), Tukey test ($p < 0.05$), and principal component analysis (PCA).

3. Results and discussion

Figure 1 shows the kinetics of ethanol production and total sugar consumption (Fig. 1A), and the evolution of total and volatile acidity (Fig. 1B), during the second fermentation and aging of a typical Brazilian sparkling wine. The initial ethanol concentration of base wine 11.89% (v/v) increased to 12.82% (v/v) during second fermentation (60 days), where the total sugar concentration felt from 22.2 g L^{-1} to 5.0 g L^{-1}. As expected, after 60 days both ethanol and sugar concentrations remained constant. Ethanol final concentration was higher than the average reported in Brazilian sparkling wines [13, 14].

The total acidity of base wine (100.2 meq L^{-1}) was higher than that Spanish cava base wines [3], but is typical of Brazilian sparkling wines [13,14], reflecting the peculiar edaphoclimatic characteristics of Brazilian highlands. As can be observed in Fig. 1B, total acidity felt down rapidly after 30 days, and increasing again to 92.2 meq L^{-1} (360 days). Conversely, volatile acidity increased linearly during second fermentation and the first month of aging, and stabilized at approximately 9.5 meq L^{-1} after 120 days. The final volatile acidity was within the range reported for Brazilian sparkling wines [13], and below acetic acid threshold (16 meq L^{-1}). Volatile acidity is associated with the production of acetic acid by yeasts during fermentation and the hydrolysis of acetate esters through the maturation of sparkling wine [15].

Yeast population increased from 6×10^6 CFU/ml to 7.8×10^7 CFU/ml during second fermentation (0 to

 DOI: 10.1051/bioconf/20160702019

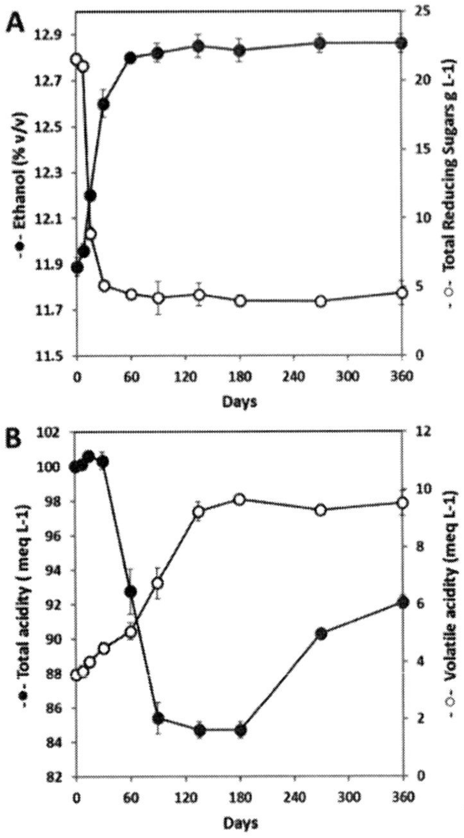

Figure 1. Fermentation parameters during second fermentation and aging of a typical Brazilian sparkling wine: (A) ethanol and total reducing sugars concentration, (B) total and volatile acidity. Data represent mean values of three replications.

30 days). After this period, viable yeast population rapidly decreased to approximately 1×10^6 UFC/ml (90 days), and showed a drastic reduction during aging, attaining less than 1×10^4 UFC/ml, 0.1% of the maximum population at 360 days. This reduction was accompanied by an increase of soluble peptides/proteins on wines after 240 days, indicating yeast autolysis.

Volatile profile analysis of Brazilian sparkling wine along second fermentation and aging led to the identification of twenty-seven compounds comprising aldehydes, alcohols, esters, and acids. Twenty compounds varied significantly along the evaluation period, but seven (2-methyl-1-butanol, hexanol, cis-3-hexen-1-ol, isobutyric acid, butyric acid, isovaleric acid, and 2-phenylethanol) did not show significant differences during the 360 days of observation. Among these compounds, butyric acid and 2-phenylethanol were above their olfative threshold values, and can contribute to the overall organoleptic characteristics of sparkling wine.

Acetaldehyde concentration increased during the first stages of second fermentation, and decreased right after, stabilizing in approximately 70 mg L^{-1} after 270 days. Acetaldehyde, an intermediary product of ethanol fermentation, decreased during wine maturation as it combines with polyphenols and other wine compounds [8]. At the observed concentration is considered a favorable aromatic compound [16].

The concentrations of higher alcohols in the sparkling wines assessed are within the inferior limits reported in wines [15], and consistent with those reported on Brazilian sparkling wines [13]. As expected, considering the low concentration of free amino acids in base wines [16], variation in higher alcohol content during second fermentation was relatively low, but in general, their concentration increased during second fermentation, and gradually declined during aging. The concentrations of 1-propanol and 2-methyl-1-propanol, produced as sub-products of the catabolism of threonine and valine, exhibited slight variation, and never surpassed the corresponding threshold values. Conversely, 3-methyl-1-butanol (isoamyl alcohol) derived from leucine catabolism, showed significant variation, and with OAV ranging between 3.75 (90 days) and 2.67 (360 days) may contribute with its typical marzipan aroma to the organoleptic characteristics of sparkling wine.

The isoamyl acetate, described as fruity aroma (banana and pear), showed a significant reduction throughout the 360 days period, falling from 88 to 17.6 OAV. Similarly, it was detected a significant reduction in the concentration of hexyl acetate (pear e fruits) and 2-phenylethyl acetate (roses, honey and tobacco). Together, these reductions can be responsible for the well document reduction of floral and fruity notes in aged sparkling wines [3, 15].

The concentration of the seven volatile fatty acids identified in the samples were consistent with those previously reported [13, 17], and most of them exceeded their respective olfative threshold values. Fatty acids are related to creamy, cheese and rancid notes, and at low concentrations give pleasant notes and contribute to the overall complexity of wines. In general, volatile fatty acids concentration increased during second fermentation, declined during the first months of aging, and increased again after nine months. Conversely, the concentration of ethyl esters of fatty acids which are described as fruity and pleasant aromatic compounds significantly decreased after nine month of aging, contributing to the overall loss of "fresh", "fruity" and "flowery" notes on aged wines [18]. This peculiar behavior of fatty acids and ethyl esters can be attributed to the adsorption by the lees [6], and the release during autolysis [1, 19].

Diethyl succinate, the product of a spontaneous esterification reaction between succinic acid and ethanol, showed a constant and almost linear increase during the 360 days evaluation period. This volatile compound is post-fermentative being formed during the aging in contact with the lees, and has be considered an aging marker [5].

To obtain an overall vision of the evolution of volatile compounds during second fermentation and aging of a Brazilian sparkling wine, a principal component analysis (PCA) was carried out using a matrix that include the concentration of the 27 compounds analyzed. The plot of the two principal components which explained 76.37% of the total variance and the contribution of the variables are showed in Fig. 2 and Table 1, respectively.

As can be observed in Fig. 2, samples collected through second fermentation and aging were grouped in three clusters. The first group included base wine and the sparkling wine collected during second fermentation

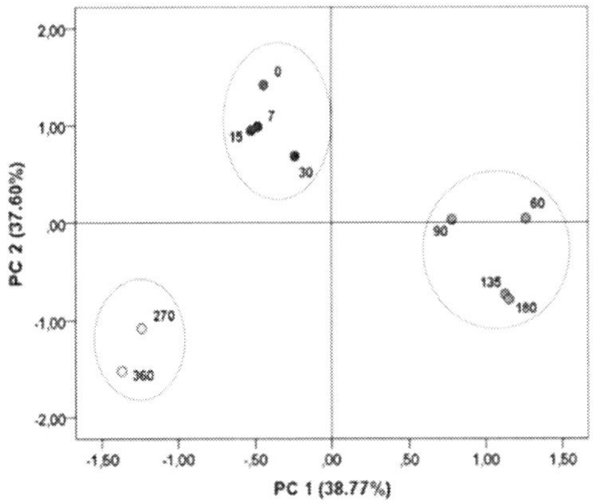

Figure 2. Principal components analysis based on the concentration of volatile compounds through the second fermentation and aging of Brazilian sparkling wines.

Table 1. Correlation between principal components and the concentration of volatile compounds.

	PC 1	PC2	PC 3
Variance Explained (%)	38.77	37.6	11.35
Acetaldehyde	−0.334	0.898	0.056
Methanol	−0.638	0.668	0.156
1-propanol	0.661	0.531	0.380
2-methyl-1-propanol	0.167	0.759	−0.109
2-methyl-1-butanol	0.823	0.487	0.139
3-methyl-1-butanol	0.875	0.411	−0.083
2-phenylethanol	−0.805	−0.009	0.349
Hexanol	−0.065	−0.963	0.042
Cis-3-hexen-1-ol	0.788	−0.529	−0.015
Trans-3-hexen-1-ol	0.802	−0.523	−0.174
Isobutyric acid	0.434	−0.695	0.306
Butyric acid	−0.392	−0.492	0.651
Hexanoic acid	−0.559	−0.049	0.819
Octanoic acid	−0.035	−0.279	0.924
Decanoic acid	0.808	0.270	0.416
Dodecanoic acid	0.946	0.168	0.017
Isovaleric acid	0.717	−0.574	0.312
Isoamyl acetate	0.286	0.923	0.202
Hexyl acetate	−0.520	0.804	0.196
2-phenylethyl acetate	−0.163	0.959	0.208
Ethyl butanoate	0.182	0.907	−0.012
Ethyl hexanoate	0.453	0.816	0.043
Ethyl octanoate	0.950	−0.222	0.045
Ethyl decanoate	0.616	−0.289	0.476
Ethyl dodecanoate	−0.990	−0.024	0.083
Ethyl acetate	0.613	0.237	0.141
Diethyl succinate	−0.393	−0.906	−0.089

(0 to 30 days). This group is clearly separated from the other groups by PC2, and was characterized by higher concentrations of methanol, 2-methyl-1-propanol, ethyl butyrate, isoamyl acetate, ethyl hexanoate, hexyl acetate, and 2-phenylethyl acetate, and lower concentrations of hexanol, isobutyric acid, isovaleric acid, and diethyl succinate. In general, these results confirm the graded loss of esters, particularly acetates, during the aging of the sparkling wines [15].

Groups 2 and 3, represented by the period between 60 to 180 days, and 270 to 360 days, respectively, showed a clear separation by the PC 1 (Figure 2). The compounds which determined the separation between these groups were mainly: 1-propanol (69.76 and 62.83 mg L^{-1}); 2-methyl-1-butanol (15.28 and 11.96 mg L^{-1}); 3-methyl-1-butanol (147.18 and 111.2 mg L^{-1}); ethyl octanoate (1.36 and 0.86 mg L^{-1}); diethyl succinate (1.14 and 3.08 mg L^{-1}); ethyl dodecanoate (0.01 and 0.14 mg L^{-1}); 2-phenylethyl acetate (12.23 and 13.77 mg L^{-1}); decanoic acid (1.74 and 0.85 mg L^{-1}), and dodecanoic acid (0.31 and 0.16 mg L^{-1}).

In summary, the results indicate that the composition of volatile compounds significantly change during second fermentation and aging. Three profiles defined by the concentration of specific volatile compounds can be detected: (1) a fermentation profile (0 to 30 days) defined by higher concentrations of acetates and lower concentrations of ethylates and fatty acids, (2) a post-fermentation profile with intermediary concentrations of acetates, and increased concentrations of fatty acids and their ethyl esters, and (3) a mature profile (>9 months) with higher concentrations of diethyl succinate, lower concentrations of acetates, fusel alcohols, and volatile fatty acids. This behavior allowed to produce different products: more fresh and fruity wines (just after second fermentation), and more "ripe", complex, and less fruity products after 9 month of aging.

References

[1] H. Alexandre, M. Guilloux-Benatier M., Aust. J. Grape Wine Res. **12**, 119 (2006)

[2] J.M. Barcenilla, P.J. Martín-Álvarez, A. Vian, R. Gonzalez, Food Sci. Technol. Int. **9**, 95 (2003)

[3] J. Torrens, P. Urpí, M. Riu-Aumatell, S. Vichi, E. López-Tamames, S. Buxaderas, Int. J. Food Microbiol. **124**, 48 (2008)

[4] M. Riu-Aumatell, J. Bosch-Fusté, E. López-Tamames, S. Buxaderas, Food Chem. **95**, 237 (2006)

[5] J. Bosch-Fusté, M. Riu-Aumatell, J.M. Guadayol, J. Caixach, E. López-Tamames, S. Buxaderas, Food Chem., **105**, 428 (2007)

[6] J.J. Gallardo-Chacón, S. Cichi, E. López-Tamames, S. Buxaderas, J. Agr. Food Chem. **58**, 12426 (2010)

[7] M. Lilly, M.G. Lambrechts, I.S. Pretorius, Appl. Environ. Microbiol. **66**, 744 (2000)

[8] J.A. Regodón-Mateos, F. Pérez-Nevado, M. Ramírez-Fernández, Enzyme Microb. Technol. **40**, 151 (2006)

[9] S. Torresi, M.T. Frangipane, G. Anelli, Food Chem. **129**, 1232 (2011)

[10] V. Webber, S.V. Dutra, F.R. Spinelli, A.R. Marcon, G.J. Carnieli, R. Vanderlinde, Food Chem. **159**, 391 (2014)

[11] S. Francioli, J. Torrens, M. Riu-Aumatell, E. López-Tamames, S. Buxaderas, Am. J. Enol. Vitic. **54**, 158 (2003)

[12] Compendium of International Methods of Analysis of Wine and Musts. Vol. 2 (2015)

[13] V. Caliari, V.M. Burin, J.P. Rosier, M.T. Bordignon, Food Res. Int. **62**, 965 (2014)

[14] M. Gabbardo, E. Celotti, Ciência Tecn. Vitiv. **30**, 94 (2015)

[15] P. Ribéreau-Gayon, D. Dubourdieu, B. Donèche, A. Lonvaud, *Handbook of Enology Volume 1 The Microbiology of Wine and Vinifications.* (John Wily & Sons., England, 2006)
[16] V. Moreno-Arribas, E. Pueyo, M.C. Polo, P.J. Martin-Álvarez, J. Agr. Food Chem. **46**, 4042 (1998)
[17] L. Louw, A.G.J. Tredoux, P. Van Rensburg, M. Kidd, T. Naes, H.H. Nieueoudt, S. Afr. J. Enol. Vitic., **31**, 213 (2010)
[18] M.C. Díaz-Maroto, R. Schneider, R. Baumes, J. Agr. Food Chem. **53**, 3503 (2005)
[19] P. Comuzzo, L. Tat, A. Tonizzo, F. Battistutta, Food Chem. **99**, 217 (2006)

DOI: 10.1051/bioconf/20160702020

Physicochemical characterization of wines obtained of cultivar Isabel (hybrid of *Vitis vinifera* x *Vitis labrusca*) from different Brazilian states

Marcio Paulo Czepak[1,a], Amanda Costa[1], Giuliano Elias Pereira[2], Reginaldo Teodoro de Souza[3], Lucas Caetano Gonçalves[1], and Edilson Romais Schmildt[1]

[1] Universidade Federal do Espírito Santo, 29.932-540, São Mateus ES, Brasil
[2] Embrapa Semi-Árido, 56.302-970, Petrolina PE, Brasil
[3] Embrapa Uva e Vinho, 15.700-000, Jales SP, Brasil

Abstract. The cultivar of hybrid grape Isabel (*Vitis vinifera* × *Vitis labrusca*) is one of the main raw materials for table wine preparation in Brazil. It is be very adapted to the environmental conditions, has a high productivity capacity and low susceptibility to major fungal diseases that attack the vine. Wines made from grapes of the *Vitis labrusca* species and hybrids have the preference of the majority of Brazilian consumers and a considerable market. Although imparts "foxiness" for wine and therefore receive many objections of winemakers, this wine is gaining the characteristics of each region where it is produced. This study aimed to characterize the wines produced with the cultivar Isabel four states of Brazil. The experimental design was in split plots and plots were the states (ES, PE, RS and MG) and the subplots were the vintages (2014–2015), the treatments consisted of 3 repetitions each. The variables analyzed were: alcohol (°GL) and total volatile acidity (g L^{-1}), dry extract (g L^{-1}), free and total SO_2, color index, the tone (420 nm + 520 nm), polyphenols, anthocyanins content (mg L^{-1}), phenolic compounds (mg L^{-1}) and organic acids. The state of MG vintages 2014 and 2015, received the highest averages in the most of the variables analyzed.

1. Introduction

Among the grapes, the cultivar Isabel is one of the main raw materials for the preparation of table wine in Brazil. This is better adapted to environmental conditions and a high production and low susceptibility to major fungal diseases that attack the vine. The wines produced with *V. labrusca* grapes are differentiated from fine wines by their aroma and flavor. Specific molecules, such as methyl anthranilate, and the oaminoacetofenona 2.5-dimethyl-4-hydroxy-Furan-3-one (furaneol) are responsible for specific aromas typical of these varieties, and these characteristics are preferred for many Brazilian consumers, there is considerable market enjoying wine made from these grapes [1,2].

The Brazilian wine is distinguished from other markets by the particularity of the acceptance of products originating in the American varieties (*Vitis labrusca*) and hybrid, unlike the foreign market in which only products originating in the European varieties (*Vitis vinifera* L.) are accepted [3]. The main tropical viticulture centers in Brazil are the Vale do São Francisco, the northwest of São Paulo state and the north of Minas Gerais state. In recent years, the tropical viticulture has expanded throughout several other states, as Espírito Santo, Mato Grosso do Sul, Mato Grosso, Goiás, Rondônia, Ceará and Piauí [3]. The objective of this work is demonstrate the different characteristics of red wine cv. Isabel of each region studied (Espírito Santo, Minas Gerais, Pernambuco and Rio Grande do Sul state), and the different characteristics between vintage 2014/2015 for each state.

2. Material and methods

The wine samples produced with the cultivar Isabel (*V. labrusca*), vintages 2014 and 2015 were from states of Pernambuco, Rio Grande do Sul, Espírito Santo and Minas Gerais, being designated as PE samples, RS, ES and MG respectively. All samples are commercial and were collected at random, and the same batch manufacturing process. Samples were identified as follows: Pernambuco (vintage PE 2014 / PE vintage 2015), Rio Grande do Sul (RS vintage 2014 / RS vintage 2015), Espírito Santo (ES vintage 2014 / ES vintage 2015), and Minas Gerais (MG vintage 2014 / MG vintage 2015). The chemical analyses were performed in triplicate (3 bottles) and held in oenology laboratory of Embrapa Semi-Arid located in Petrolina-PE, Brazil.

The microvinification was conducted in oenology laboratory of Universidade Federal do Espírito Santo (UFES), and the first phase for microvinification was the harvest of grapes (cv. Isabel), in June of 2015, in the city of Mountain - ES, which has an altitude of 180 meters, and is located at latitude 18°07 '33 "S and longitude 40 °21′ 46″ W. The harvest was done according to the grapes ripening and transportation was carried out in 20 kg boxes. Initially, the cleaning of the bunches was done by washing them with a solution of water and sodium hypochlorite and rinsed with pure water. Soon afterwards,

 DOI: 10.1051/bioconf/20160702020

the berries were separated from the rachis, and smashed up. The mash was placed into 20 L acrylic carboy, adapted to brew valve (airlock) and fermented in a room with a temperature of 23 to 25°C. Each container had a total of 15 kg of grapes.

The fermentation period was 10 days, with two daily remounting. After this time, racking was made (separation of solid and liquid part of the must). The racking occurred 15, 30 and 45 days after racking, where, in the end, another dose of potassium metabisulfite $K_2S_2O_5$ (0.33 g L^{-1}) was added. The stabilization was done during 10 days and after this period the wine was filtered and bottled. With 15 L of must was generated 10L of wine. The chemical analyzes were performed in triplicate (3 bottles) and held in oenology laboratory of Embrapa Semi-Arid, located in Petrolina-PE.

2.1. Relative density, alcohol content (°GL), and dry extract (g L^{-1})

The relative density, alcohol content (°GL), and dry extract (g L^{-1}) were determined through analyses adapted by the enology laboratory of Embrapa Semi-Arid, based on the analysis described by AOAC (1998) and Ministério da Agricultura, Pecuária e Abastecimento – MAPA [4]. To determine the density hydrostatic balance (Gilbertini model Super Alcomat) was used, obtaining the value of the parameter from the reading 80 mL of each sample with the temperature at 20°C. The alcohol content of the wines was determined after the distillation of wine by drag steam distiller in Super DEE (Gilbertini R). To this, 100 mL of sample, 10 mL of calcium oxide and 12% and 3 drops of antifoam agent in a volumetric flask were added. After cooling the distillate obtained from each sample, we proceeded to the measurement of alcohol content from the reading thereof in hydrostatic balance (Gilbertini R), a temperature of 20°C and the result was obtained by scanning 100 ml of the sample and expressed in% V/V [5].

The dry extract was determined by the difference between the reading of pure wine sample and reading the dealcoholized sample by steam distillation [5]. For this, we used the reading Module AlcoMat-2 of Hydrostatic balance Densi-Mat, which determines the value of the total dry extract of wines or musts with a density between 0.990 and 1.160 at a temperature between 15 and 25°C in g L^{-1}.

2.2. pH

The pH (potential of Hydrogen), was measured with the aid of pH meter (Tecnal, Tec model-3MP), previously calibrated with pH 4.00 buffer solution pH 7.00 and temperature 20°C.

2.3. Volatile acidity

For the determination of volatile acidity, the methodology adapted from the Ministério da Agricultura, Pecuária e Abastecimento – MAPA, according: *Métodos de Análises de Bebidas e Vinagres* [4] and procedures of the OIV were used. 20 mL of wine sample was distilled with the Oenochemical Distilling Electronic Unit (Gilbertini model Super DEE) until 240 ml of distillate, with 100 ml of distillate titrated with 0.1N NaOH and phenolphthalein indicator and the remainder was used to corrections, titrating the same with 0.02N iodine and starch indicator to discount the free SO_2 and total. The volatile acidity was calculated and corrected in grams per liter expressed as acetic acid.

$$\mathrm{VAC}(\mathrm{g}\cdot\mathrm{L}^{-1}) = \{[10.(\mathrm{n}1 - (\mathrm{n}2.0.1) - (\mathrm{n}3.0.005)]\cdot 006\}$$

where:
VAC: Volatile acidity corrected;
N1: volume in mL of sodium hydroxide used in the first titration;
N2: Volume in mL of iodine used in the second degree;
N3: Volume in ml of iodine used in the third degree.

2.4. Total acidity

The determination of the total acidity of the wine was performed using the methodology of [4], which is the titration of the acid with a standardized solution of sodium hydroxide 0.1N to reach pH 8.2, at which point occurs the neutralization of acids. Aliquots of 5 mL of wine were diluted in 50 mL of deionized water for analysis. A mini magnetic stirrer (Tecnal, TE-0853 model) and pH meter (Tecnal, Tec-3MP model) previously calibrated according to manufacturer's recommendations were used.

$$\text{Total acidity } (\mathrm{g\,L^{-1}}) = V_{\mathrm{NaOH}}\cdot 1.5.$$

2.5. Free and total sulfur dioxide

For the determination of free sulfur dioxide was added to 25 mL of sample, 2.5 mL of sulfuric acid 1:3 (v:v) and 2 mL of 1% starch solution (indicator) was titrated with Solution 0.02N iodine to the turning point. The determination of total sulfur dioxide was done by pipetting up 25 mL of the sample, adding 12.5 mL of sodium hydroxide 1N and leaving at rest for 15 minutes. After this time was added 5 mL of sulfuric acid 1:3 (v:v) (diluted in distilled water) starch solution and 2 mL of 1% and titrating with 0.02N iodine solution to the turning point. To determine the total or free sulfur dioxide concentration (mg L^{-1}) present in the samples was the calculation by the equation:

$$\mathrm{SO_{2\,free\,or\,total}}(\mathrm{mg\,L^{-1}}) = V_{\mathrm{used}}\cdot \mathrm{N}\cdot \mathrm{fc}\cdot 32\cdot 100/V_{\mathrm{sample}}$$

where:
V_{used} – volume in mL of iodine solution used in titration;
N: Normality of the iodine solution (0.02N);
Fc: correction factor of iodine solution;
V_{sample}: Sample volume used (1 mL).

2.6. Total polyphenols index (TPI)

The total polyphenol content is characterized by measuring the absorbance of the blue color of the benzene cycles the majority of tannins by spectrophotometer [6]. To measure the TPI diluted wine 1:100 with distilled water and held reading the absorbance at 280 nm in a quartz cuvette of 10 mm optical path in a spectrophotometer UV/VIS, wherein the polyphenol content was the expression calculated as follows:

$$\mathrm{TPI}(\mathrm{I}\ 280\,\mathrm{nm}) = \text{Reading} \times \text{dilution}.$$

DOI: 10.1051/bioconf/20160702020

2.7. Total monomeric anthocyanins

The methodology used in the determination of total anthocyanins in wines was the pH difference. Two buffer solutions were prepared, a 0.025 M potassium chloride P.A with hydrochloric acid until the pH reach 1.0, the other sodium acetate added to 0.4M P.A hydrochloric acid to pH 4.5. The wine samples were diluted (1/10) with the buffer solutions and the reading was made at 520 nm and 700 nm, in the buffer pH 1.0 and pH 4.5. The reading was performed at 700 nm to discount the turbidity of the sample. The value of the final absorbance (A_F) was calculated from the equation:

$$A_F = (A_{520\,nm} - A_{700\,nm})_{pH\,1.0} - (A_{520\,nm} - A_{700\,nm})_{pH4.5}.$$

The pigment concentration in the sample was calculated and represented as cyanidin-3-glucoside, according to the equation:

$$\text{Anthocyanin}(\text{mg L}^{-1}) = (A_F \cdot PM \cdot FD \cdot 1000)/(\varepsilon \cdot 1)$$

where:
PM = anthocyanin molecular weight (449.2);
DF = dilution factor (10);
ε = molar absorptivity of cyanidin 3-glucoside (26900).

2.8. Color and tone

The procedure used for determining the color intensity and hue of the wine was the spectrophotometric method described by Rizzon [1]. To do, a reading the absorbance of the wine samples held was made without dilution after centrifugation for 5 minutes at 3000 rpm by placing an aliquot of each sample in quartz cuvette with 0.5 cm light path at a wavelength of 420 (detected yellow tones), 520 (detect red tones) and 620 nm (detects purple tones / lilac) using spectrophotometer Biomol brand, SP-220 model. The result of the wines staining intensity was obtained from the sum of the absorbance of the samples for the three wavelengths and the color tone by the ratio of absorbance at wavelengths of 420 nm and 520 nm.

2.9. Chromatography (phenolic compounds)

Phenolic compounds were determined by HPLC on a chromatograph (Alliance e2695 model) equipped with quaternary solvent pump and autosampler coupled with DAD and fluorescence detection (FD), according to the methodology described by Natividadeet et al [7]. The data collection and analysis were performed using the Empower ^{TM}2 software (Milford, USA). In the DAD detection of compounds was performed at 280 nm for gallic acid, gallate epiacatequina and epigalatocatequina gallate; 360 nm for kaempferol-3-O-glucoside, isorhamnetin-3-O-glucoside, kaempferol-3-O-glucoside, quercetin piranosídeo, quercetin, cutin; 520 nm for Pelargonidin-3-O-glucoside, malvidin 3.5-di-O-glucoside, petunidin 3-O-glucoside, malvidin-3-O-glucoside, peonidin-3-O-glucoside, petunidin 3-O-glucoside clorídeo, cyanidin-3.5-di-O-glucoside, cyanidin-3-O-glucoside; 320 nm for caffeic acid, cinnamic acid, chlorogenic acid, p-coumaric acid, trans-resveratrol; and fluorescence with excitation at 280 nm and emission at 320 nm for catechin, epicatechin, procyanidin A2, procyanidin B1, procyanidin B2.

The limit of detection ranged from 0.001 to 0.19 mg L^{-1} and R^2 was always greater than 0.983 for all compounds tested. The column used was a Gemini-NX C18, 150 × 4.60 mm, 3 μm particle inside, and pre-Gemini-NX C18 column, 4.0 × 3.0 mm, both manufactured by Phenomenex. The oven temperature was maintained at 40°C, injection volume was 10 uL (wine previously filtered through a 0.45 uM membrane; Allcrom Phenomenex, USA) and the flow rate was 0.5 mL min^{-1}. The gradient used for the separation is 0 min: 100% A; 10 min: 93% A and % B 7; 20 min: 90% A and 10% B; 30 min: 88% A and 12% B; 40 min: 77% A and 33% B; 45 min: 65% A and 35% B, 55 min: 100% B, where solvent A is a phosphoric acid solution and 0.85% solvent B is acetonitrile.

2.10. Chromatography (organic acids)

Quantitation of tartaric, malic, citric, lactic, succinic, acetic acid was performed using chromatograph (model Alliance e2695) coupled with a diode array detector (DAD), following the methodology described by Rybka et al [8]. The samples were filtered through a 0.45 uM membrane and injected in triplicate. The wavelength of 210 nm was maintained for tartaric, malic, citric, lactic, succinic and acetic acid, with a 15 min run time, and flow rate of 0.6 mL min^{-1} at 26°C and injection volume of 10 uL. The column used was a Gemini-NX C18 column (150 × 4.60 mm, with internal particles 3 mM) and the guard column was a Gemini-NX C18 column (4.0 × 3.0 mm) both manufactured by Phenomenex®. The liquid phase was composed of a 0.025 M solution of KH_2PO_4 acidified with H_3PO_4 to pH 2.6.

2.11. Statistics

Analysis of variance was performed and means were compared by Tukey test (p 0.01) using the ASSISTAT software, version 7.7 beta [9].

3. Results and discussion

When held in wines, the physic-chemical analysis in addition to presenting a legal requirement for marketing guide the control of any fault detection and quality that can occur throughout the production chain [10]. These analyzes also inform important aspects such as color, structure, quality and possible changes caused by microbiological agents or the use of oenological practices and inappropriate products in wines [11].

The Brazilian law establishes the following standards for table wine: alcohol content of 8.6% to 14% by volume; maximum total acidity of 130.0 mEq L^{-1}, maximum volatile acidity of 20.0 mEq L^{-1}; maximum sulfur dioxide free of 0.35 g L^{-1}. For the classification of the total sugar content, dry wine are those with up to 5.0 g L^{-1} sugar; dried through maximum of 20 g L^{-1} and minimum of 5.1 g L^{-1}; and sweet or smooth wines are those with higher levels of 20.1 g L^{-1} [12]. Tables 1, 2 and 3 show the values obtained in enoquímicas analysis, and demonstrate that the wines sold in different study regions are within the standards required by the Brazilian law, compared to the analyzes.

Factors affecting the alcohol content can be divided as those which are not linked to the elaboration of the

Table 1. Density, alcohol content and dry extract of wine from cv. Isabel produced in different states of Brazil on 2 vintage.

States	Analysis					
	Density		(°GL)		Dry extract ($g\,L^{-1}$)	
	Vint. 2014	Vint. 2015	Vint. 2014	Vint. 2015	Vint. 2014	Vint. 2015
PE	$0.996^{bA} \pm 0$	$0.996^{aA} \pm 0$	$11.01^{bA} \pm 0$	$10.9^{bA} \pm 0.01$	$27.16^{bB} \pm 1.1$	$28.80^{aA} \pm 0.08$
RS	$0.996^{aA} \pm 0$	$0.9962^{aB} \pm 0$	$10.0^{cB} \pm 0.8$	$10.3^{cA} \pm 0$	$26.53^{bA} \pm 0.2$	$26.20^{bA} \pm 0.4$
ES	$0.995^{bB} \pm 0$	$0.9961^{aA} \pm 0$	$11.1^{bA} \pm 0.04$	$10.4^{cB} \pm 0.1$	$27.30^{abA} \pm 0.1.$	$26.13^{bB} \pm 0.1$
MG	$0.994^{cB} \pm 0$	$0.9955^{bA} \pm 0$	$12.2^{aA} \pm 0.01$	$11.9^{aB} \pm 0$	$28.56^{aA} \pm 0.1$	$29.36^{aA} \pm 0.2$

Means followed by the same letter in the column and capital in line do not differ by F and Tukey test at 1% probability of error.

Table 2. Total acidity, volatile acidity, and pH of wine from cv. Isabel produced in different states of Brazil on 2 vintage.

States	Analysis					
	Total acidity ($g\,L^{-1}$)		Volatile Acidity ($g\,L^{-1}$)		pH	
	Vintage 2014	Vintage 2015	Vintage 2014	Vintage 2015	Vintage 2014	Vintage 2015
PE	$7.55^{cB} \pm 0.1$	$8.65^{bA} \pm 0.07$	$0.72^{cB} \pm 0.03$	$0.89^{bA} \pm 0.02$	$3.50^{bB} \pm 0.01$	$3.67^{aA} \pm 0$
RS	$8.45^{bB} \pm 0.14$	$9.0^{bA} \pm 0.5$	$0.75^{cA} \pm 0.01$	$0.58^{dB} \pm 0$	$3.32^{cA} \pm 0.01$	$3.34^{cA} \pm 0.03$
ES	$10.1^{aA} \pm 0.07$	$10.30^{aA} \pm 0.07$	$1.24^{aA} \pm 0.01$	$1.23^{aA} \pm 0.01$	$3.56^{aA} \pm 0$	$3.45^{bB} \pm 0.02$
MG	$8.50^{bB} \pm 0.1$	$9.90^{aA} \pm 0$	$0.89^{bA} \pm 0$	$0.77^{cB} \pm 0$	$3.33^{cA} \pm 0.01$	$3.21^{dB} \pm 0.02$

Means followed by the same letter in the column and capital in line do not differ by F and Tukey test at 1% probability of error.

Table 3. Free SO_2 and total SO_2 of wines from cv. Isabel produced in different states of Brazil on 2 vintage.

States	Analysis			
	Free SO_2 ($mg\,L^{-1}$)		Total SO_2 ($mg\,L^{-1}$)	
	Vintage 2014	Vintage 2015	Vintage 2014	Vintage 2015
PE	$20.30^{dB} \pm 0.2$	$25.94^{bA} \pm 0.4$	$70.31^{bA} \pm 1$	$69.46^{aA} \pm 0.2$
RS	$31.06^{cA} \pm 0.4$	$18.60^{cB} \pm 0.4$	$64.34^{cA} \pm 0.4$	$64.51^{bA} \pm 0.4$
ES	$35.84^{bA} \pm 0$	$15.18^{dB} \pm 0.6$	$83.96^{aA} \pm 0.4$	$70.65^{aB} \pm 0.7$
MG	$38.05^{aB} \pm 0.4$	$40.27^{aA} \pm 0.4$	$51.37^{dB} \pm 0.2$	$57.34^{cA} \pm 0.4$

Means followed by the same letter in the column and capital in line do not differ by F and Tukey test at 1% probability of error.

wine such as weather and those that are linked to wine-making techniques such as sugaring. However, the weather is a determining factor in the outcome of the alcohol content in regions with extremely hot summers and rapid maturation, the grapes synthesis large amounts of sugar reaching high alcohol levels and other regions with less hot summers, the grapes cannot reach high alcohol levels. It can be observed in this study that the Minas Gerais state obtained the highest average for the variable alcohol in two vintage (12.14°GL vintage 2014 and 11.96°GL vintage 2015), however the RS state presented the lowest average (10.03°GL). and similar to the values found by Rizzon & Miele [13] studying the correction of the cv. Isabel grape must in Serra Gaucha (RS state) that showed average values between 9.34 and 10.81°GL also to the results found [14] to evaluate Cabernet Franc wines in the state of RS (9.65°GL).

As for the total dry extract. among the wines analyzed samples of ES state (27.30 $g\,L^{-1}$) and MG state (28.56 $g\,L^{-1}$) had higher averages for the 2014 vintage and 2015 vintage the PE state (28.80 $g \cdot L^{-1}$) and MG state (29.36 $g\,L^{-1}$) showed the highest values (Table 1). De Oliveira [15] found higher values on the dried extract to Cabernet Sauvignon wines of PE state (33.97 $g\,L^{-1}$), it points out that the perception of "body" is also related to the dry matter content Total wine and this parameter is increased to the amount of sugar added to wine during fermentation [16].

The pH has a great importance on physic-chemical, biological and sensory wine and may potentiate some defects, and the pH and titratable acidity the two most important properties in acid fruit juices, especially grape must [16]. The wine produced in MG and RS had the lowest pH 3.33 and 3.32 respectively, and these lower values with the average found by Silva [17] of 3.44 for the state of Minas Gerais and Rizzon et al. [18] of 3.42 for wines with Chardonnay grapes produced in the Serra Gaucha (RS state). The volatile acidity in wine is extremely important, because when present in high concentrations may denote a possible contamination of the drink since this parameter is related to the presence of acetic acid [19]. As for volatile acidity levels, samples ES state vintage 2014 (1.24 $g\,L^{-1}$) and 2015 (1.23 $g\,L^{-1}$) had higher averages (Table 2), however, none of the samples exceeded the established limit Brazilian law 20 $mEq\,L^{-1}$ or 1.2 $g\,L^{-1}$ acetic acid. The normal volatile acid is 0.6 to 0.7 $g\,L^{-1}$ in acetic acid [12]. For the total SO_2 content, minimum values of 51.37 $mg\,L^{-1}$ for the state of MG in 2014 vintage and maximum 83.96 $mg\,L^{-1}$ (Table 3) were observed. All values were below the maximum allowed by law, which is up to 350 $mg\,L^{-1}$. As current recommendations, the amount of added SO_2 should be reduced due to its allergenic characteristics, or low health quality grape or process vinification leading to rapid consumption of SO_2. The use of sulfur dioxide should take into account the health status of grapes, the acidity, whereas in high acidity (low pH) the sulfur dioxide efficiency is higher [20].

The Table 4 shows the values for anthocyanins and total polyphenol index, where, for variable anthocyanin, MG state sample stood out in two seasons with the highest average 2530.15 mg L^{-1} (vintage 2014) and 2960.71 mg L^{-1} (vintage 2015). Souza [11], studying the oxidative process in American grapes, found similar

 DOI: 10.1051/bioconf/20160702020

Table 4. Anthocyanins and total polyphenols, from cv. wines Isabel, produced in different states of Brazil on 2 vintage.

States	Analysis			
	Anthocyanin ($mg\,L^{-1}$)		Polyphenol ($g\,L^{-1}$)	
	Vintage 2014	Vintage 2015	Vintage 2014	Vintage 2015
RS	1757.8^{bB} ± 14.32	2470.0^{bA} ± 104.07	67.2^{cA} ± 0.66	64.46^{cB} ± 1.44
PE	511.82^{cB} ± 16.54	1354.83^{cA} ± 39.14	52.6^{dA} ± 0.63	47.70^{dB} ± 0.57
ES	375.44^{dB} ± 0.78	502.07^{dA} ± 2.75	115.7^{aB} ± 0.30	118.5^{aA} ± 1.07
MG	2530.15^{aB} ± 3.43	2960.71^{aA} ± 4.14	84.56^{bB} ± 0.32	96.8^{bA} ± 0.29

Means followed by the same letter in the column and capital in line do not differ by F and Tukey test at 1% probability of error.

Table 5. Color Index and hue (tone) wines from cv. Isabel produced in different states of Brazil on 2 vintage.

States	Analysis			
	Color index		Hue	
	Vintage 2014	Vintage 2015	Vintage 2014	Vintage 2015
RS	8.25^{bA} ± 0.45	7.76^{bA} ± 0.22	7.5^{bA} ± 0.41	7.09^{bA} ± 0.20
PE	5.97^{cA} ± 0.28	6.29^{cA} ± 0.21	5.41^{cA} ± 0.25	5.68^{cA} ± 0.19
ES	4.57^{dA} ± 0.14	4.81^{dA} ± 0.04	4.21^{dA} ± 0.12	4.21^{dA} ± 0.03
MG	13.22^{aB} ± 0.02	17.69^{aA} ± 0.01	11.88^{aB} ± 0.01	15.97^{aA} ± 0.01

Means followed by the same letter in the column and capital in line do not differ by F and Tukey test at 1% probability of error.

Table 6. Organic acids determined by high-performance liquid chromatography (HPLC) coupled with DAD cv. Isabel wine samples produced in different regions of Brazil.

State	Acids ($g \cdot L^{-1}$)					
	Acetic		Citric		Lactic	
	2014	2015	2014	2015	2014	2015
PE	308.2 ± 25.0^{abB}	402.6 ± 11.2^{aA}	270.6 ± 164.0^{bA}	195.2 ± 15.7^{cA}	3575.3 ± 88.7^{aB}	6879.2 ± 12.1^{aA}
RS	293.0 ± 22.9^{abA}	257.26 ± 22.5^{bA}	66.6 ± 3.9^{bB}	434.33 ± 41.2^{bA}	1566.6 ± 58.4^{bB}	2061.6 ± 40.1^{bA}
ES	369.2 ± 27.1^{aA}	356.5 ± 24.9^{aA}	786.0 ± 68.1^{aA}	669.4 ± 83.7^{aA}	757.9 ± 40.3^{dA}	818.6 ± 33.4^{cA}
MG	287.13 ± 36.0^{bB}	346.8 ± 35.0^{aA}	100.86 ± 0.67^{bA}	ND	1405.2 ± 84.4^{cB}	2182.1 ± 25.8^{bA}
	Acids ($g \cdot L^{-1}$)					
	Malic		Succinic		Tartaric	
	2014	2015	2014	2015	2014	2015
PE	ND	37.66 ± 8.4^{bA}	1360.5 ± 121.4^{cB}	1874.0 ± 52.83^{aA}	2642.0 ± 383.0^{bcA}	2371.4 ± 236.4^{bA}
RS	ND	ND	835.6 ± 121.7^{dA}	619.3 ± 86.4^{cA}	3172.7 ± 100.6^{bB}	3720.2 ± 320.3^{aA}
ES	3367.2 ± 24.8^{aB}	3223.0 ± 56.5^{aB}	1781.0 ± 107.3^{bA}	1507.6 ± 121.9^{abB}	2319.8 ± 433.4^{cA}	2125.1 ± 336.5^{bA}
MG	ND	ND	2275.3 ± 248.6^{aA}	1287.4 ± 37.1^{bB}	4736.6 ± 202.5^{aA}	3929.2 ± 49.5^{aB}

ND: Not Detected. Means followed by the same letter between states in the same crop and capital to the same state between crops do not differ by F and Tukey test at 5% probability of error.

averages ranging from 2748 $mg\,L^{-1}$ till 707 $mg\,L^{-1}$. The ES state had the lowest averages in relation to anthocyanins 375.44 $mg.L^{-1}$ (vintage 2014) and 502.07 $mg\,L^{-1}$ (vintage 2015), results higher than those found by Sousa [10], which found 150.93 $mg\,L^{-1}$ in Isabel wines in ES state. It can be seen that for all samples the anthocyanins values decreased from one harvest to another. Queiroz [21], studying the evolution of Porto wine observed a tendency to decrease the values of all anthocyanins which is generally indicative of the formation of more stable compounds, which originally formed. The total polyphenols index shows a wide variation between the samples of each state and between vintages and the Espírito Santo state presented the highest average 115.7 (vintage 2014) and 118.5 $g\,L^{-1}$ (vintage 2015). Rizzon et al. [1] evaluated the wine produced with different cultivar Isabel and identified polyphenols in different yields ranging from 13.6 $g\,L^{-1}$ to 30.4 $g\,L^{-1}$. These levels were low according to the authors, showing reduced content of these components in grapes, they explain that this variation may be due to the difficulties to control the various factors involved as the genetic characteristics of the grapes, the winery location, soil and climatic conditions, winemaking process, aging. Freitas [22], evaluating the evolution of phenolic compounds in the conservation of red wines of RS state, found that the concentration of total polyphenols ranged between cultivars being Cabernet Sauvignon 2329.8 $mg\,L^{-1}$, Merlot 2209.7 $mg\,L^{-1}$ and Tannat 1448.8 $mg\,L^{-1}$.

In American group of grapes, the anthocyanin is generally connected to two glucose molecules in the form of diglycoside, and these are red pigments responsible for the coloration of red wines [1]. As well as polyphenols, anthocyanins values resulted in differences between vintage and between states (Table 4) and to this variable, the MG state sample obtained the highest average in the vintage of 2014 (2530.15 $mg\,L^{-1}$) and vintage 2015 (2960.71 $mg\,L^{-1}$). Consequently, the color intensity (13.22/17.69 and 2014/2015) and the pitch (11.88/15.97 and 2014/2015) were higher in those samples indicating a greater amount of the natural pigment in wines (Table 5). Rizzon & Miele [13], evaluating wine from cv. Isabel from Serra Gaucha (RS state), found differences between vintage for anthocyanin variable (from 104.5 to 203.6 $mg\,L^{-1}$) and consequently also found differences in the intensity of color and hue, the same as when the authors

DOI: 10.1051/bioconf/20160702020

Table 7. Concentration of phenolic compounds[1] determined by high-performance liquid chromatography (HPLC) of cv. Isabel wine samples produced in different regions of Brazil.

Phenolic compounds mg · L^{-1}	Samples							
	PE 2014	PE 2015	RS 2014	RS 2015	ES 2014	ES 2015	MG 2014	MG 2015
Flavonoids								
1 Epicatechin Gallate	1.73 ± 0.26^{ns}	1.2 ± 0.14^{ns}	1.23 ± 0.09^{ns}	3.1 ± 0.28^{ns}	5.36 ± 1.49^{ns}	1.06 ± 0.33^{ns}	5.1 ± 3.53^{ns}	1.3 ± 0.1^{ns}
2 Epigallocatechin Gallate	2.5 ± 0.0^{ns}	6.36 ± 0.16	1.7 ± 0.14^{ns}	2.4 ± 0.08^{ns}	3.83 ± 0.3^{ns}	4.6 ± 1.06^{ns}	10.23 ± 6.97^{ns}	3.86 ± 1.2^{ns}
Total de flavonoids	4.23	7.56	2.93	5.5	9.19	5.66	15.33	5.15
Flavonoids								
3 Kaempferol-3-O-glucosid	0.5 ± 0^{ns}	2.73 ± 0.3^{ns}	4.16 ± 0.1^{ns}	4.8 ± 0.16^{ns}	0.3 ± 0.2^{ns}	0.2 ± 0.09^{ns}	4.06 ± 3.77^{ns}	1.86 ± 0.4^{ns}
4 Isorhamnetin-3-O-glucoside	3.76 ± 0.37^{ns}	2.66 ± 0.2^{ns}	12.93 ± 0.7^{ns}	17.6 ± 0.7^{ns}	2.06 ± 0.3^{ns}	2.03 ± 0.1^{ns}	20.5 ± 15.2^{ns}	10.4 ± 1.8^{ns}
5 Myricetin-3-O-glucoside	1.6 ± 0.14^{ns}	1.4 ± 0.14^{ns}	6.23 ± 0.2^{ns}	7.96 ± 0.1^{ns}	0.76 ± 0.3^{ns}	1.16 ± 0.2^{ns}	11.7 ± 9.12^{ns}	5.06 ± 0.26^{ns}
6 Quercetin Pyranose	0.43 ± 0.04^{ns}	2.86 ± 0.12^{ns}	1.4 ± 0.14^{ns}	1.5 ± 0.04^{ns}	0.73 ± 0.1^{ns}	1.73 ± 0.4^{ns}	4.56 ± 2.99^{ns}	1.73 ± 0.4^{ns}
7 Quercetin	0.5 ± 0.08^{ns}	0.2 ± 0.04^{ns}	0.3 ± 0^{ns}	0.2 ± 0.04^{ns}	0.46 ± 0.1^{ns}	0.83 ± 0.1^{ns}	1.06 ± 0.51^{ns}	0.83 ± 0.1^{ns}
8 Rutin	0.36 ± 0.04^{ns}	0.36 ± 0.1^{ns}	0.6 ± 0.09^{ns}	0.93 ± 0.0^{ns}	0.56 ± 0.1^{ns}	0.7 ± 0.08^{ns}	3.46 ± 3.13^{ns}	1.33 ± 0.5^{ns}
Total of flavanois	7.15	10.21	25.62	32.99	4.87	6.65	45.34	21.21
Anthocyanins								
9 Pelargonidin-3-O-glucoside	ND	0.66 ± 0.08^{ns}	1.3 ± 0.36^{ns}	3.73 ± 0.04^{ns}	0.73 ± 0.04^{ns}	2.4 ± 0.92^{ns}	43.13 ± 38.7^{ns}	12.1 ± 2.4^{ns}
10 Malvidin 3.5-di-O-glucoside	1.46 ± 0.04^{bB}	8.1 ± 0.16^{bA}	6.4 ± 0.16^{aB}	12.36 ± 0.32^{aA}	5.53 ± 0.04^{aA}	1.3 ± 0.57^{cB}	3.33 ± 3.08^{abA}	1.3 ± 0.21^{cA}
11 Petunidin-3-O-glucoside	1.2 ± 0.14^{bB}	22.36 ± 0.46^{aA}	8.33 ± 0.23^{abA}	14.2 ± 0.45^{abA}	7.43 ± 0.18^{abA}	2.1 ± 0.94^{bA}	13.76 ± 12.26^{aA}	4.53 ± 0.9^{bA}
12 Malvidin-3-glucoside	1.03 ± 0.12^{bA}	2.13 ± 0.04^{bA}	2.86 ± 0.18^{bB}	7.36 ± 0.26^{bA}	3.73 ± 0.09^{bA}	1.9 ± 0.74^{bA}	49.82 ± 10.56^{aA}	43.1 ± 8.1^{aB}
13 Peonidin-3-O-glucoside	ND	0.4 ± 5.55^{ns}	ND	0.53 ± 0.04^{ns}	0.6 ± 0^{ns}	0.7 ± 0.29^{ns}	14.4 ± 13.03^{ns}	4.5 ± 0.94^{ns}
14 Petunidin-3-O-glucoside chloride	0.43 ± 0.04^{ns}	0.53 ± 0.04^{ns}	1.46 ± 0.30^{ns}	3.66 ± 0.04^{ns}	0.46 ± 0.04^{ns}	0.2 ± 0.04^{ns}	3.73 ± 3.32^{ns}	0.7 ± 0.12^{ns}
15 Cyanidin-3.5-di-O-glucoside	ND	14.06 ± 0.3^{aA}	1.23 ± 0.04^{bB}	1.56 ± 0.04^{bA}	8.1 ± 0.14^{aA}	ND	ND	ND
16 Cyanidin-3-O-glucoside	6.2 ± 1.63^{bB}	44.36 ± 0.74^{bA}	116.0 ± 4.18^{aB}	182.3 ± 4.58^{aA}	13.8 ± 0.24^{cA}	ND	ND	ND
Total of anthocyanins	10.32	92.6	137.58	225.7	40.38	8.6	128.17	66.23
Phenolic acids								
17 Gallic acid	21.2 ± 0.48^{ns}	17.53 ± 0.3^{ns}	16.06 ± 1.53^{ns}	26.26 ± 0.23^{ns}	9.86 ± 0.16^{ns}	3.93 ± 1.6^{ns}	22.2 ± 20.57^{ns}	10.16 ± 1.79^{ns}
18 Caffeic acid	1.66 ± 0.09^{bA}	3.9 ± 0.14^{aA}	3.76 ± 0.20^{bA}	4.50 ± 0.24^{aA}	3.90 ± 2.48^{bA}	4.83 ± 1.12^{aA}	9.8 ± 4.66^{aA}	2.56 ± 0.86^{aB}
19 Cinnamic acid	5.13 ± 0.32^{ns}	1.1 ± 0^{ns}	6.36 ± 0.49^{ns}	3.13 ± 0.04^{ns}	0.16 ± 0.04^{ns}	0.6 ± 0.37^{ns}	8.93 ± 7.82^{ns}	1.16 ± 0.2^{ns}
20 Chlorogenic acid	34.3 ± 1.04^{bA}	20.70 ± 0.53^{aB}	73.43 ± 1.32^{aA}	22.83 ± 0.46^{aB}	22.43 ± 0.38^{cA}	8.50 ± 2.99^{bB}	10.43 ± 8.46^{dA}	8 ± 1.57^{bA}
21 P-coumaric acid	24.1 ± 1.48^{ns}	14.33 ± 0.4^{ns}	15.9 ± 0.08^{ns}	8.16 ± 0.16^{ns}	7.2 ± 0.14^{ns}	3.36 ± 1.09^{ns}	6.4 ± 5.37^{ns}	6.36 ± 1.59^{ns}
Total of phenolic acids	86.39	57.56	115.51	64.88	43.55	21.22	57.76	28.24
Stilbenes								
23 Trans-Resveratrol	0.86 ± 0.12^{ns}	0.4 ± 0.05^{ns}	1.16 ± 0.04^{ns}	1.1 ± 0^{ns}	0.3 ± 0^{ns}	0.56 ± 0.09^{ns}	0.83 ± 0.4^{ns}	0.5 ± 0.14^{ns}
Total of stilbenes	0.86	0.4	1.16	1.1	0.3	0.56	0.83	0.5
Total	108.96	168.33	282.8	330.17	98.29	42.69	247.43	121.33

[1] DAD: 280 nm (compounds 1. 2 and 18); 320 nm (compounds 19 to 23); 360 nm (compounds 4 to 9); 520 nm (compounds 10 to 17). ND: Not Detected. Averages followed by the same letter states between the harvest and uppercase table for the same state of crops do not differ by F and Tukey test at 5% probability of error.

evaluated Cabernet Sauvignon wine anthocyanin found values ranging from 361-430 mg L^{-1} [14]. Once extracted for wine, anthocyanins, catechins and tannins are gradually converted, including pigmented tannins; these reactions are responsible for color and flavor changes observed during aging wine [23].

The results for the organic acid content of the analyzed wines are shown in Table 6. The principal acids found in the samples were the tartaric and lactic acids, the MG state obtained the highest values of tartaric acid for both vintage 2014 (4736. 6 g L^{-1}) as the vintage 2015 (3929.2 g L^{-1}). The ES state had the lowest averages were observed 2319.8 g L^{-1} vintage in 2014 and 2125.1 g L^{-1} in vintage 2015. Related to the lactic acid the highest averages were observed for PE state (3575.3 and 6879.2 g L^{-1}) and the lowest for the ES state (757.9 and 818.6 g L^{-1}) vintage 2014 and 2015 respectively. Malic acid was not detected in samples of Pernambuco vintage 2014. Rio Grande do Sul and Minas Gerais vintage 2014 and 2015. Representing a large part of total acids, the tartaric and malic acids are the two main acids found in grapes, the concentrations of these acids are linked to maturation of grape variety and the manufacturing process [24,25]. Studies by Lima et al. [26], with grape juice showed total amounts of organic acids ranging from 8.64 to 12.04 g L^{-1}.

In relation to acetic acid, the values were between 287.13 g L^{-1} (MG) to 369.2 g L^{-1} (ES) for vintage 2014 and 257.13 g L^{-1} to 402.6 g L^{-1} vintage 2015. The acid acetic is not desirable in high concentrations; it can refer the contamination and a lack of care during handling of raw materials or lack of hygiene during the wine making process [27]. Phenolic acids (especially cinnamic acid) are the main phenolic compounds in grape pulp in juices and wines. Anthocyanins located in the grapes skins. flavonols are constituent of the skins, stems and leaves, as well as catechins and tannins, which are also present in seeds and need to pass through a maceration phase to be, extracted [28].

In relation to total polyphenols (Table 7) found, the values are different for all states, and the Rio Grande do Sul state samples had the highest values (330.17 and 282.6 mg L^{-1}), and samples of the Espírito Santo state had the lowest values (42.69 and 98.29 mg L^{-1}). Seruga et al [29], evaluating wines made from *Vitis vinifera* grapes grown in different geographical region of Croatia, noted variations in the amount of polyphenols to the different places, the same correlated antioxidant activity with high content of polyphenols total, this suggests that the antioxidant activity is derived of different phenolic compounds present in wine.

For trans-stilbene resveratrol samples did not differ significantly, however, the highest value was 1.16 mg L^{-1} in the sample of the Rio Grande do Sul state. Nixdorf and Gutiérrez [30], studying wine cultivar Isabel found values for oxidizing activity between 2.5 to 6.25 mmol L^{-1} and rated a low value in the medium compared with other red wines, where values ranging from 1.2 to 25.5 mmol L^{-1}. Souto et al. [31] analyzed 36 samples of wines produced in the south region of Brazil and found that resveratrol concentrations ranged from 0.82 to 5.43 mg L^{-1}. Lucena et al. [32] evaluated different wines and found values of 0.69 mg L^{-1} for wine Syrah, 0.04 mg L^{-1} to grow Cabernet Sauvignon and 1.26 mg L^{-1} for Merlot. According to Goldberg et al. [33], resveratrol synthesized by vine has higher concentrations in the berry skin, being extracted and transferred to the wine during fermentation and maceration processes, the low levels can be explained by the time of fermentation and maceration during the winemaking.

Regarding the anthocyanins, the Rio Grande do Sul state obtained the highest total values for the two analyzed vintage (137.58 and 225.7 mg L^{-1}) being the cyanidin-3-O-glucoside compound was the anthocyanin presented the highest value 116.0 mg L^{-1} vintage 2014 and 182.3 mg L^{-1} vintage 2015. To the compound malvidin-3-O-glucoside, the Minas Gerais state stood out and found 49.83 mg L^{-1} for vintage 2014 and 43.1 mg L^{-1} for vintage 2015 (Table 7). Nixdorf and Gutiérrez [30] found total anthocyanins values for Isabel cultivar wines from 149.76 to 212.78 mg L^{-1} to the Rio Grande do Sul state and from 14.41 to 2.65 mg L^{-1} for Parana state. Castilhos et al. [34], studied the influence of the pre-drying under the phenolic compounds in wine made from grapes of BRS Carmen and Bordô, and found that the total number of anthocyanins varies in accordance with procedures for the production of wine when compared the traditional procedure with pre-drying found that the BRS Carmen ranged from 301.2 to 199.6 mg L^{-1}, and wine from cv. Bordô 415 to 273.5 mg L^{-1}.

Quercentin, the more common flavonol in the grapes, abundant in the leaves and is also present in the skin and stems. Its concentration may be increased in the grape berries exposing them to sunlight. Catechin and quercetin can increase the color stability of new wines and also have antioxidant properties similar to resveratrol [23]. The groups of phenolic compounds flavonols and flavanols showed no significant differences in any treatment (Table 7). Ruiz-García et al. [35], studying wines produced from grapes cultivar L. Monastrell (*Vitis vinifera*) in 2009 and 2010 in Spain, identified a total of anthocyanin 431.5 mg L^{-1} for the year 2009 and 257.5 mg L^{-1} to 2010 in relation to flavonols identified whose the values were 54.5 mg L^{-1} (2009), 51.7mg L^{-1} (2010). The authors report that this difference occurred because the precipitation was higher in 2010 which could have reduced the concentration of phenolics in the skin.

4. Conclusion

It is concluded that the wines produced from the cv. Isabel in the Espírito Santo state, have physicochemical characteristics very close to those of the wines produced in other table wine-producing regions of Brazil.

The wine showed physic-chemical differences between the crops in the same region, probably due to extrinsic factors to the winemaking process.

References

[1] L. A. Rizzon, A. Miele, J. Meneguso, Cienc. e Tec. Alim, **20** (2000)
[2] F. M, Tecchio, A. Miele, L.A. Rizzon, Cienc. Rural, **37** (2007)
[3] U. A. Camargo, Cong. Lat. Am. Vit. En, 195–199 (2005)
[4] Brasil, *Inst. Norm.*, DOU **24**, (1988)
[5] O.I.V, *Vine and Wine Outlook 2006–2012* **18**, (2012)

[6] V. Cheynier, M. Moutounet, P. Sarni-Manchado, *Enologia: Fundamentos científicos y tecnológicos*, 783p. (2000)
[7] M.M.P. Natividade, L.C. Corrêa, S.V.C. Souza, L.C.O. Lima, Microch. J, *Microch. J*, **110** (2013)
[8] A.C.P. Rybka, E.G. Pereira, A.C.T. Biasoto, L.C. Corrêa, *Livro de resumo*, `http://iufost.org.br/sites/iufost.org.br/files/anais/05609.pdf`
[9] F.A.S. Silva, *Assistat Prog. Anal. Est*, `http://assistat.com/indexp.htlml`
[10] M.I.L. Souza, U.F.V, Tese (2014)
[11] L.A. Rizzon, *Embrapa* (2010)
[12] Brasil, *Lei n 7.678 nov.* 1988 DOU, (2005), `http://www.planalto.gov.br/ccivil_03/leis/1980-1988/L7678.htm`
[13] L.A. Rizzon, A. Miele, Cienc. Tec. Alim. **20** (2002)
[14] L. Manfroi, A. Miele, L.A. Rizzon, C.I.N. Barradas, Cienc. Tec. Alim. **26** (2006)
[15] L.C. De Oliveira, S.O. De Souza, M.E.O. Mamede, Rev. Inst. Adolfo Lutz, **70** (2011)
[16] B.T. Onsi, *Inst. Fed. Ed. Cienc. Tec.* (2010)
[17] T.G. Silva, M.A. Regina, J.P. Rosier, L.A. Rizzon, N.N.J. Chalfun, Cienc. Agrot. **23** (1999)
[18] L.A. Rizzon, A. Miele, G. Scopel, Cienc. Rural, **39** (2009)
[19] B.A.C. Santos, *Unicamp*, Tese (2006)
[20] M.R. Sobrinho, *Unicamp*, Tese (2013)
[21] M.J.G. Queiroz, *Univ. do Porto*, Tese (2015)
[22] D.M. Freitas, *Univ. Fed. S. Maria*, Tese (2000)
[23] J. Robinson, *The Oxford Comp. to Wine,* (2006)
[24] H.F. Liu, B.H. Wu, P.G. Fan, S.H. Li, L.S. Li, J. Sc. Food and Ag, **86** (2006)
[25] T.P. Ribeiro, M.A.C. Lima, R.E. Alves, Pesq. Agrop. Bras. **47** (2012)
[26] L.A.A. Lima, *Univ. Fed. Pern.*, Tese (2010)
[27] K.M.F. Ali, Y. Choi, R. Verpote, *Phytoch. Reviews*, **9** (2010)
[28] C.R. Malacrida, S. Motta, Rev. Cienc. Tec. Al., **26** (2005)
[29] M. Seruga, I. Novak, L. Jakobek, Food Chem. **124** (2011)
[30] S.L. Nixdorf, I. Hermosín-Gutiérrez, Analyt. Chim. Acta, **659** (2010)
[31] A. Souto, M.C. Carneiro, M. Seferin, M.J.H Senna, A. Conz, K. Gobbi, *J. Food Comp. Analys.* **14** (2001)
[32] A.P.S. Lucena, R.J.B. Nascimento, J.A.C. Maciel, J.X. Tavares, J.M. Barbosa-Filho, E.J. Oliveira, J. Food Comp. Analysis, **23** (2010)
[33] D.M. Goldberg, J. Yan, E.P. Diamandis, A Karumanchiri, G. Soleas, A.L. Waterhouse, Am. J. Enol. Vit, **46** (1995)
[34] M.B.M. De Castilhos, O.L.D. Correa, M.C. Zanus, J.D.G. Maia, S. Gomez-Alonso, E. Garcia-Romero, V.L. Del Bianchi, I. Hermosin-Gutierrez, Food R. Int. **76** (2015)
[35] Y. Ruiz-Garcia, I, Romero-Casales, R. Gil-Muñoz, J.I. Fernández-Fernández, J.M. Lópz-Roca, E. Gómez-Plaza, J. Agr. Food Chem. **60** (2012)

Physical and chemical analyzis of chardonnay wine with different periods of skin contact

Pedro Pohlmann Giriboni[1], Angélico Xavier[1], Valeska Roque[2], Graziani Vargas[1], Filipe Souza[1], and Vagner Brasil Costa[1]

[1] Universidade Federal do Pampa – UNIPAMPA Dom Pedrito, Brazil
[2] Universidade Federal do Rio Grande do Sul – UFRGS, Brazil

Abstract. Aromatic precursors are precisely in the skin of grapes and nearby cells, and therefore there is a greater expression of the varietal aromas and aromatic precursors when the wine passes through this skin contact, as well as changes in product color. The aim of this study was to evaluate the physical and chemical characteristics of Chardonnay wine that has gone through different periods of skin contact. Chardonnay grapes, grown in vineyards located in the town of Bagé, in Campanha Gaúcha, were de-stemmed, crushed and a sulfur dioxide (50 mg/L^{-1}) was addeded. The experimental design was a 4 × 3 factorial of 4 treatments with 3 repetitions: T1, the wine obtained directly from pressing machine; T2, skin contact for 2 days; T3, skin contact for 4 days and T4, skin contact for 6 days. After the end of malolactic fermentation wines went under −2°C for the tartaric stabilization. There were analyzed the variables alcohol, total acidity, volatile acidity, total polyphenols, glycerol, gluconic acid and 420, 520 and 620 colors by infrared spectroscopy method by Fourier transform and the means were compared by 5% Tukey test. There was a significant differencein variables alcohol, volatile acidit, glucanic acid and color index of 420 nm (yellow).

1. Introduction

Viticulture in Campanha Gaucha, Rio Grande do Sul, Brazil,has expanded in the last decade and is currently the second largest producer of fine wines in this country. The region, situated in the parallel 31° South, is characterized by hot summers and with good sunlight, good thermal amplitude and favorable soil for quality viticulture (Giovannini & Manfroi, 2009). In addition, technological advances and the correct management in the vineyards allows the obtainance of high quality products that can compete in the domestic market. Currently, there re produced in the region red, white and rosé wines.

Still not widely produced in Brazil, a new product type that have received attention are the macerated along the alcoholic fermentation white wines. Its production process differs from white wines mainly by the existence of a time of maceration of the skins of grapes with wine / wine during alcoholic fermentation. This process phenolic compounds in wines and improves the beneficial antioxidant effect on human health related to these molecules (Ruzic, Skerget & Knez, 2001; Darias-Martín et al., 2000).

The aroma of wine depends on several factors, such as the development of the plant in the vineyard, oenological practices, farming, the usage of determined yeast in wine making, among others, but white wines pre-fermentation maceration has shown to be important for the increase in floral and fruity aromas (Selli, 2006).

Furthermore, Ribéreau-Gayon et al. (2003) stated that varietal aromas and other aromatic precursors are precisely located in the skin of grapes and in nearby cells, leading to greater intensity in wines made using this technique. This may explain the higher aromatic concentrations in orange wines, even if they are produced with neutral grapes.

There is little literature about this winemaking technique in Brazil, which leaves open space for research to determine the best cultivars to be used, the optimal production technology and the correct steeping time for the product to be interesting from a consumer point of view.

The objective of this study was to determine the optimal time of contact between wine and skin and evaluate its physic and chemical characteristics.

2. Methodology

Chardonnay grapes, grown in vineyards located in the tpemof Bage, in campanha Gaucha, were harvested at full maturity, on the morning of 11/2/2016, and transported in plastic boxes to Universidade Federal doPampa, where they were kept in cold storage under the temperature of 5 °C for 24 hours.

The grapes were separated in boxes and labeled in accordance with the treatment to which correspond, and 27 kg were used per treatment. The grapes were destemmed, crushed and added sulfur dioxide (50 mg /L^{-1}). It was inoculated 30g / hL^{-1} of *Saccharomyces cerevisiae*, 30 g hL^{-1}. The treatments were packed in glass bottles with 14L capacity. Treatment 1 (T1) is obtained by direct pressing wine; T2, wine with maceration for 2 days; T3, maceration for 4 days and T4, maceration for six 6 days. Fermentations took place under controlled temperature (20 °C). Final pressing was performed in manual pressing equipment. Treatments were replicated three times, a total of 12 glass bottles with

DOI: 10.1051/bioconf/20160702021

Table 1. Análises Físico-químicas de vinhos Chardonnay com diferentes tempos de contato com as cascas. Dom Pedrito, RS, 2016.

Variáveis/Tratamentos	T1	T2	T3	T4
Álcool	$12{,}79^{a}$	$12{,}41^{ab}$	$12{,}16^{bc}$	$11{,}97^{c}$
Acidez Total	$5{,}76^{a}$	$4{,}90^{a}$	$5{,}20^{a}$	$5{,}33^{a}$
Acidez Volátil	$0{,}36^{b}$	$0{,}50^{a}$	$0{,}53^{a}$	$0{,}57^{a}$
IPT	$16{,}10^{a}$	$18{,}50^{a}$	$19{,}83^{a}$	$17{,}70^{a}$
Glicerol	$7{,}80^{a}$	$7{,}27^{a}$	$7{,}43^{a}$	$6{,}97^{a}$
Ác. Glucânico	$0{,}03^{b}$	$0{,}13^{ab}$	$0{,}29^{a}$	$0{,}30^{a}$
420	$0{,}038^{b}$	$0{,}070^{ab}$	$0{,}082^{a}$	$0{,}077^{ab}$
520	$0{,}002^{a}$	$0{,}014^{a}$	$0{,}021^{a}$	$0{,}020^{a}$
620	$0{,}002^{a}$	$0{,}012^{a}$	$0{,}017^{a}$	$0{,}016^{a}$

* Resultados seguidos de mesma letra na linha não diferiram entre si ao nível de 5% de probabilidade utilizando o teste de Tukey;

** Resultados seguidos de diferentes letras na linhas, diferiram entre a nível de 5% de probabilidade utilizando o teste de Tukey.

capacity of 14L-1.After this. repetitions were racked for bottles of 4,5 L^{-1}. At the end of the alcoholic fermentation, there was occurrence of malolactic fermentation, already underway.

After the end of malolactic fermentation the wines were racked and taken to the cold storage under negative temperatures to pass through tartaric stabilization. Samples were analyzed in Winescam FOSS FTIR by evaluating the following variables: volatile acid, gluconic acid, color indices (420, 520 and 620 nm), glycerol, total polyphenol content, total acidity and alcohol.

3. Results and discussion

In the variable alcohol, T1 statistically different compared to T3 and T4, showing the highest value of 12.79 v.v, It is noticeable a decrease in alcohol content according to the increased contact time with skin, probably related to a possible oxidation of the alcohol. Cabaroglu et al., (1997) shows that juice macerated white cultivars during fermentation are more alcoholic and have higher volatile acidity, in addition to having greater quantity of phenols and other molecules In this case, this work just confirms the higher concentration of volatile acidity, since T1 differed from the other samples in this variable, having the lowest value, with $0.36 g \cdot L^{-1}$. This may be related to the lesser amount of alcohol, recently discussed.

In the variable glucanic acid, T1 showed the lowest concentration (0:03 $g \cdot L^{-1}$) and T4 the higher ($0.30 g \cdot L^{-1}$), being statistically different. This acid is related to poor preservation of wine over time and appears to be associated with the maceration period.

The variable glycerol did not differ statistically, which can be explained by the fact that all wines get in contact with the lees for the same period;

It was expected statistical differences in the variable Index of Total Polyphenols, which in fact is reported by Arnold & Noble (1979). This result was not found despite the prolonged contact with the skins for a white wine. A larger maceration for more days would probably increase the ITP.

As for color, the T3 differed from T, showing more intense yellow color (A420). The other shades, responsible for the red and blue colorations showed no statistical difference,as were expected since chardonnayis a white grape cultivr.

4. Conclusions

According to the results (Table 1), there was a significant differencein variables alcohol, volatile acidit, glucanic acid and color index of 420 nm (yellow). For othervariables analyzed, there is no significant difference between treatments. Other tests should be performe , particularly to discuss the flavor profile of these wines and confirm the results herein. Obtaining quality wines boost the sector, allowing the use of the white grape skin in the production of a second product.

References

Arnold, R. A., Noble, A. C., 1979: Effect of pomace contact on the flavor of Chardonnay wine. Amer. J. Enol . Viticult . 30, 179–181

Cabaroglu, T., Canbas, A., Baumes, R., Bayonove, C., Lepoutre, J.P., Günata, Z. Aroma composition of a White wine of Vitis vinifera L. cv. Emir as affected by skin contact. Journal of Food and Science. v 62. n 04. p 180–183, 1997

Darias-Martín, J., Rodríguez, O., Díaz, E., Lamuela Raventós, R. M. Effect of skin contact on the antioxidant phenolics in white wine. Food Chemistry. V 71. Issue 4. p 483–487, 2000

Giovanini, E., Manfroi, V. Viticultura e Enologia: Elaboração de grandes vinhos nos *terroirs* do brasileiros. IFRS, Bento Gonçalves, 2009

Ruzic, I., Skerget, M., Knez, K., Phenolic content and antioxidant potential of macerated white wines. Europeand food research and technology. V 233. issue 3. p 465–472, 2011

Selli, S., Canbas, A., Cabaroglu, T., Erten, H., Lepoutre, J.P., Gunata, Z. Effect of skin contact on the free and bound aroma compounds of the white wine of Vitis vinifera cv. Narince. Food Control. V 17, p 75–82, 2006

Prevention of the appearance of light-struck taste in white wine / Prevenzione della comparsa del gusto di luce nel vino bianco

Daniela Fracassetti[1,a], Mario Gabrielli[1], Jordi Encinas[1], Maria Manara[2], Luisa Pellegrino[1], and Antonio Tirelli[1]

[1] Università degli Studi di Milano, Department of Food, Environmental and Nutritional Sciences, 20133 Milan, Italy
[2] Research & Developments, Dal Cin Gildo SpA, 20863 Concorezzo (MB), Italy

Abstract. The light-struck taste is a defect of bottled white wine due to the light exposure and involving the riboflavin (RF), as a photosensitizer, and methionine. The reaction pathways lead to the formation of volatile sulfur compounds, methanethiol and dimethyldisulphide, conferring cabbage-like aromas. The development of this defect is limited at low RF concentrations. In this study, the yeast-mediated release of RF, RF degradation kinetics in model solution and white wine, and RF removal by using insoluble adjuvants were investigated. The results showed the RF release was a strain-dependent property and the fermentation rate did not affect the RF synthesis. The RF degradation followed a 1st order kinetic in both model solution and white wine in which the degradation rate was halved. Among the adjuvants tested, bentonite and active charcoal were the most effective in RF removal and higher concentrations were needed for effectively treating white wine. The selection of low RF-producing yeasts and the treatment with active charcoal could represent useful tools to avoid the white wine spoilage during the shelf-life.

Sintesi. Il gusto di luce è un difetto del vino bianco causato dall'esposizione alla luce e che coinvolge la riboflavina (RF), un composto fotosensibile, e la metionina. Le reazioni implicate portano alla formazione dei composti solforati volatili metionale e dimetil disolfuro, olfattivamente descritti come cavolo cotto. La comparsa del difetto può essere controllata riducendo la concentrazione di RF. In questo studio è stato indagato il rilascio di RF da parte dei lieviti, è stata valutata la cinetica di degradazione di RF in soluzione simil-vino ed in vino bianco, sono stati testati diversi coadiuvanti al fine di rimuovere la RF. I risultati mostrano che il rilascio di RF è una caratteristica ceppo-dipendente e la velocità di fermentazione non influisce sulla sintesi di RF. La degradazione di RF segue una cinetica del 1° ordine sia in soluzioni modello simil-vino che nel vino bianco in cui la velocità di degradazione è dimezzata. Tra i coadiuvanti testati, bentonite e carbone attivo hanno mostrato essere i più efficaci nella rimozione della RF il trattamento del vino richiede maggiori concentrazioni. La scelta appropriata del lievito e il trattamento con carbone attivo potrebbero essere utili per impedire il deterioramento del vino durante la shelf-life.

1. Introduzione

La shelf-life del vino bianco è fortemente influenzata sia dal mantenimento dei composti aromatici sia dalla protezione del vino per impedire la comparsa di note aromatiche sgradevoli. L'esposizione del vino alla luce può portare al difetto noto come gusto di luce che può avvenire in vini bianchi imbottigliati in vetro incolore ed esposti a luce con intensa emissione a lunghezze d'onda comprese tra 370 nm e 450 nm [1–3]. Tale difetto può essere percepito dopo qualche ora o pochi giorni di esposizione.

Il deterioramento dell'aroma del vino è stato principalmente imputato ai composti solforati volatili, metantiolo e dimetil disulfuro (DMDS), che sono responsabili della nota aromatica associata al descrittore di cavolo cotto. [4,5]. Molti vini bianchi hanno mostrato la tendenza a sviluppare il difetto che viene ricondotto alla presenza della riboflavina (RF), un composto fotosensibile [6,7]. Questa vitamina subisce una fotoriduzione attraverso l'assorbimento di due elettroni dalla metionina che è convertita a metionale [5]. Il metionale è un composto estremamente instabile e sensibile alla luce che, attraverso la reazione di Michael, si decompone in metantiolo ed acroleina. La reazione di due molecole di metantiolo porta alla formazione di dimetil disolfuro (DMDS) [5]. Il metantiolo è altamente volatile, ha una bassa soglia di percezione (0.3 a 3 μg/L in vino) e conferisce aromi descritti come uova marce o cavolo. Il dimetil disolfuro è meno volatile, ma la soglia di percezione è ancora bassa (30 μg/L) ed è responsabile degli aromi descritti come cavolo cotto o cipolla.

Nonostante metantiolo e DMDS sembrino essere i composti maggiormente responsabili dell'aroma di cavolo cotto in seguito all'esposizione alla luce del vino bianco, è stata riportata la presenza anche di idrogeno solforato [5]. L'esposizione alla luce può influenzare la presenza anche di altri composti aromatici indesiderati, tra cui il furfurale [8] che è positivamente associato con il descrittore di vegetale cotto nei vini bianchi [9]. Non solo, è stato riportato anche il sentore di acetaldeide [10] e studi eseguiti in soluzione modello suggeriscono che l'esposizione alla luce può incrementare la velocità di ossidazione dell'etanolo ad acetaldeide [11].

La presenza di RF nei vini è principalmente dovuta al metabolismo di *Saccharomyces cerevisiae* [12] nonostante non siano stati riportati dati relativi al rilascio di RF nel corso della vinificazione. Precedenti studi riportano che il rischio della comparsa del gusto di luce sia limitato per una concentrazione di RF inferiore a 100 μg/L. Tuttavia, la comparsa del difetto diminuisce con il diminuire della concentrazione di RF [6].

Gli scopi di questo studio sono stati valutare (i) il rilascio di RF da parte di differenti ceppi commerciali di *Saccharomyces*; (ii) le cinetiche di degradazione di RF in soluzione modello e vino bianco; (iii) l'efficacia di differenti coadiuvanti insolubili nella rimozione di RF dal vino bianco.

2. Materiali e metodi

Le prove di fermentazione sono state eseguite con mosto ottenuto da uve Chardonnay mantenuto a 18 °C. Sono stati impiegati 15 ceppi commerciali di lievito (9 ceppi di *Saccharomyces cerevisiae*, 5 ceppi di *S. bayanus* e 1 ceppo di *S. uvarum*). È stato monitorato l'andamento della fermentazione alcolica (FA), al termine della quale è stata determinata la concentrazione di RF.

Le cinetiche di degradazione della RF sono state monitorate sia in una soluzione di simil-vino (acido tartarico 5 g/L, etanolo 12% (v/v), pH 3.2) addizionata di RF (400 μg/L), che in vino bianco contenente RF (175 μg/L). Per l'esposizione alla luce sono state utilizzate lampade a fluorescenza ad alta intensità. Il simil-vino ed il vino bianco sono stati illuminati per otto ore ed i campionamenti sono stati eseguiti dopo 30, 60, 120, 240 e 480 minuti di illuminazione.

La rimozione di RF è stata valutata in una soluzione di simil-vino contenente 350 μg/L di RF. Sono stati testati differenti coadiuvanti tra cui bentonite, carbone attivo, zeolite, polivinilpolipirrolidone (PVPP), caolino, una sospensione colloidale di silice pura e albume da uovo. I coadiuvanti che hanno mostrato essere più efficaci nella diminuzione di RF in simil-vino, sono poi stati saggiati in vino bianco.

3. Risultati e discussione

I ceppi di lievito indagati sono stati impiegati per fermentare un mosto ottenuto da uva Chardonnay il cui contenuto di RF era inferiore a 5 μg/L. È stato corretto il contenuto di azoto prontamente assimilabile a 270 mg/L al fine di consentire il regolare svolgimento delle fermentazioni. Tutti i ceppi hanno completato la FA in 14-18 giorni. La produzione di RF è risultata una caratteristica ceppo-dipendente e due ceppi di *S. bayanus* sono risultati tra i maggiori produttori di RF ($102 \pm 6\,\mu g/L e 116 \pm 7\,\mu g/L$). Ad eccezione di un ceppo che ha mostrato buona capacità di sintesi (169 ± 8 μg/L), i ceppi di *S. cerevisiae* indagati hanno prodotto livelli di RF < 50 μg/L. Tale concentrazione è inferiore al livello di RF che è stato riportato come sicuro (100 μg/L di RF) per impedire la comparsa del gusto di luce [6]. Tuttavia, le caratteristiche compositive del vino stesso possono influire sulla comparsa del gusto di luce [7]. Di conseguenza, minore è la concentrazione di RF nel vino, minore è il rischio che tale difetto possa comparire. Non è stata osservata una correlazione tra la velocità di fermentazione e il rilascio di RF.

Le cinetiche di degradazione sono state indagate sia in soluzione di simil-vino che in vino bianco. In entrambi i casi, non è stata rilevata RF dopo 2 ore di illuminazione. La degradazione della RF ha seguito una cinetica del 1° ordine come precedentemente riportato da Maujean e Seguin [5]. La velocità di degradazione era doppia nel caso della soluzione simil-vino rispetto al vino bianco, come evidenziano i coefficienti angolari delle rette ottenute e corrispondenti a −0.039 e −0.021, rispettivamente per il simil-vino ed il vino bianco. Questa differenza potrebbe essere dovuta all'effetto matrice dal momento che i flavan-3-oli possono impedire la formazione del gusto di luce [5, 13].

Alcune tipologie di bentonite ed carbone attivo hanno mostrato possedere un effetto importante nel ridurre la concentrazione di RF. Tali coadiuvanti sono stati saggiati a differenti livelli di concentrazione. Per la bentonite l'efficacia aumentava proporzionalmente con la concentrazione fino a determinare il 58% di rimozione per 100 g/hL. Per il carbone attivo decremento di RF era pari al 100% per le aggiunte di 2 e 5 g/hL, 94% per 1 g/hL e quasi il 70% per 0.5 g/hL. Nel vino bianco il carbone attivo ha determinato una diminuzione pari al 70% di RF per un'aggiunta pari a 10 g/hL, quantità 20 volte superiore a quella che ha determinato lo stesso effetto nel simil-vino.

Prove preliminari di sniffing, condotte utilizzando diversi composti e preparazioni tra cui glutatione, acido ascorbico, fenilalanina, e fenoli da legno, di galla, di vinaccioli e di bucce d'uva suggeriscono che gli estratti polifenolici e il glutatione potrebbero limitare l'insorgenza di questo difetto.

4. Conclusioni

L'utilizzo di un ceppo di lievito basso-produttore di RF può limitare il rischio della comparsa del gusto di luce dal momento che il rilascio di RF sembra essere una caratteristica ceppo-dipendente.

Nelle condizioni sperimentali adottate, la degradazione della RF ha avuto luogo dopo due ore di illuminazione e più lentamente nel caso del vino bianco rispetto al sistema modello.

Il carbone attivo è risultato il coadiuvante più efficace per la rimozione della RF limitando, di conseguenza, il rischio di deterioramento del vino.

I composti fenolici sembrano essere efficaci contro la comparsa del difetto di luce, ma sono necessari ulteriori dati sperimentali a conferma delle indagini preliminari.

Referenze

[1] M. Bekbölet. *J. Food Protec.* **53**, 430 (1990)
[2] A. Maujean, M. Haye, M. Feuillat. *Conn. Vigne Vin*, **12**, 277 (1978)
[3] A.C. Clark, D.A. Dias, T.A. Smith, K.P. Ghiggino, G.R. Scollary. *J. Agric. Food Chem.*, **59**, 3575 (2011)
[4] B. Haye, A. Maujean, C. Jacquemin, M. Feuillat, *Conn. Vigne Vin*, **11**, 243 (1977)

DOI: 10.1051/bioconf/20160702022

[5] A. Maujean, N. Seguin. *Sci. des Alim.*, **3**, 589 (1983)
[6] U. Pichler. *L'Enotecnico*, **32**, 57 (1996)
[7] F. Mattivi, A. Monetti, U.Vrhovšek, D.Tonon, C.Andrés-Lacueva. *J. Chromatogr. A*, **888**, 121 (2000)
[8] R. Jung, M. Hey, D. Hoffmann, T. Leiner, C.D. Patz, D. Rauhut, C. Schüssler, M. Wirsching. *Mitt. Klosterneuburg*, **57**, 224 (2007)
[9] A. Escudero, E. Asensio, J. Cacho, V. Ferreira. *Food Chem.*, **77**, 325 (2002)
[10] D.A. Dias, A.C. Clark, T.A. Smith, K.P. Ghiggino, G.R. Scollary. *Food Chem.*, **138**, 2451 (2013)
[11] A.C. Clark, P.D. Prenzler, G.R. Scollary. *Food Chem.*, **102**, 905 (2007)
[12] M.A. Santos, J.J. García-Ramírez, J.L. Revuelta. *J. Biol. Chem.*, **270**, 437 (1995)
[13] A. Maujean, N. Seguin. *Sci. des Alim.*, **3**, 603 (1983)

Comprehensive chemical study of the acidification of musts in Sherry area with calcium sulphate and tartaric acid

J. Gómez[1,a], C. Lasanta[1], L. M. Cubillana-Aguilera[2], J. M. Palacios-Santander[2], R. Arnedo[3], J.A. Casas[3], B. Amilibia[4], and I. LLoret[5]

[1] Department of Chemical Engineering and Food Technology, Faculty of Sciences. University of Cadiz, 11510 Puerto Real, Spain
[2] Department of Analytical Chemistry, Faculty of Sciences, University of Cadiz, 11510 Puerto Real, Spain
[3] Bodegas González-Byass, C/Manuel María González, 12, 11403 Jerez de la Frontera, Spain
[4] Grupo Estévez S.A. Carretera Nacional IV. Km 640, 11408 Jerez de la Frontera, Spain
[5] Fundación Jerez, Control y Certificación, Avda, Alcalde Álvaro Domecq, 2, 11402 Jerez de la Frontera, Spain

Abstract. Calcium sulphate addition has traditionally been used in Sherry winemaking to reduce the necessary dose of tartaric acid. It is not easy to predict the final pH of a mixed tartaric acid and calcium sulphate addition and to determine the necessary doses to reach the final pH required by the winemaker because there are several interrelated chemical equilibra implied (tartaric acid dissociation, calcium tartrate and potassium bitartrate precipitation etc.). To predict the effect on pH, several chemical modeling approaches have been described in the literature. It is noteworthy to mention the simplified model where the acidity of wine is considered to be due to a monoprotic acid. In this work the prediction of pH at industrial scale was confirmed and its practical application was facilitated by linear regression lines prepared with pilot scale data. Additionally, sensory analysis of wines acidified with calcium sulphate and tartaric acid alone and mixed indicates that there are great differences among them in taste and that mixed acidification is the preferred by the tasters. That confirms the good comprehension of the chemical equilibria involved in this practice and supply very useful information for its final approval in OIV.

1. Introduction

The acidification of musts during winemaking is made to reduce their pH to suitable values in order to inhibit bacterial activity, stabilize the color and improve the sensorial characteristics of the resulting wines. Furthermore, the intensity of the acidic taste of wines is directly related to the pH and its length with the buffering power [1]. Acidification of musts is more necessary in warm areas where high temperatures during ripening accelerate breathing combustion of tartaric acid and, in particular, malic acid in the berries [2]. L(+)-tartaric acid has traditionally been the only acidification agent used to date but the latest regulations of the OIV and European Union also authorize the use of L-malic acid, D,L-malic acid and lactic acid [3–5]. The maximum authorized doses are 1.5 g/L in grape juice and 2.5 g/L in wine, expressed as tartaric acid. The use of calcium sulphate ($CaSO_4 \cdot 2H_2O$) is authorized in the European Union as a complementary acidifier in generous and generous liquor wines from Spain provided that the residual sulphate content in the wine does not exceed 2.5 g/L expressed as potassium sulphate. Calcium sulphate is also authorized in the United States for the production of wines aged under yeast veil although residual sulphate cannot exceed 2 g/L [6]. Calcium sulphate has traditionally been used in Sherry [7–10] and Port winemaking [11]. More recently, Gómez et al. [12] recommended a combined acidification with 2 g/L of calcium sulphate and sufficient tartaric acid to achieve a pH of 3.25. In this way, the necessary dose of tartaric acid does not exceed 1.5 g/L, the maximum authorized level in UE, and the final concentration of sulphates is lower than 2.5 g/L. Several chemical modeling approaches have been described with the aim of predicting the effect of acidification on pH and the general acid-base properties and ionic strength in white and red wines. Boulton [13] proposed a simple model in which the pH is expressed as a function of the titratable acidity, the potassium and sodium contents and the tartrate to malate ratio. Moreno and Peinado [14] updated and improved the model proposed by Usseglio-Tomasset [15] and developed a simple and easy to apply model. In this model the acidity of wine is considered to be due to a monoprotic acid and has been previously developed in [16,17]. In this model the effect on pH of adding X meq/L of tartaric acid can be predicted with the following equation

$$pH = pK_v + \log \frac{AA_f}{TA_f} = pK_v + \log \frac{AA_i - X}{TA_i + X} \quad (1)$$

where *Kv* is the acidity constant, *AA* is the ash alkalinity that can be calculated through the buffering power and TA is the total acidity. The subscripts "i" and "f" denote initial and final states respectively. In this model it is considered that the medium is saturated in tartrate and, as a consequence, the addition of tartaric acid as an acidifying agent will introduce the common ion HT^- (bitartrate) and this will precipitate naturally or during cold stabilization as

[a] e-mail: juangomez.benitez@uca.es

potassium bitartrate. In this way, one can consider that all of the HT^- added will precipitate as potassium bitartrate and this does not contribute to the titratable acidity [14].

The effect of $CaSO_4$ in grape must is based on the displacement of the ionic equilibrium produced by the Ca^{2+} ion. The different ionic reactions considered give rise to the following global reaction:

$$Ca^{2+} + H_2T \rightarrow CaT\downarrow + 2H^+. \quad (2)$$

The release of these two protons leads to a decrease in the pH of the must.

The addition of Y meq/L of $CaSO_4$ removes Y meq/L of tartrate and AA and TA will also decrease to the same extent. Therefore:

$$AA_f = AA_i - Y \quad (3)$$

$$TA_f = TA_i - Y \quad (4)$$

and the final pH will be calculate with the following equation:

$$pH = pK_V + \log\frac{AA_f}{TA_f} = pK_v + \log\frac{AA_i - Y}{TA_i - Y}. \quad (5)$$

In the combined acidification with X meq/L of tartaric acid and Y meq/L of calcium sulphate the final pH will be calculated with the equation:

$$pH = pK_V + \log\frac{AA_f}{TA_f} = pK_v + \log\frac{AA_i + Y - X}{TA_i + X}. \quad (6)$$

The aim of the work described here was to confirm at industrial scale the results previously obtained at pilot scale and facilitate its application at industrial scale by linear regression lines obtained with pilot scale date. At the same time, a deep analysis of the sensory effects of the different acidifiers will be made.

2. Materials and methods

2.1. Description of the winemaking process

The must for pilot scale tests was obtained in a previous harvest in a winery in the Jerez area from Palomino Fino variety grapes pressed at less than 1.0 bar. Tests were carried out in 25 L stainless steel tanks, where the must was acidified with calcium sulphate and/or tartaric acid and mixed with a paddle stirrer for 5 min. After a settling period of 12 h musts were clear decanted to glass bottles of 16 L and inoculated with active dry yeast of *S. cerevisiae*, previously rehydrated. Musts were fermented in a thermostatic chamber at 25 °C.

Industrial scale tests were conducted in three different wineries during the harvest of 2014 and 2015. These musts were stored in stainless steel tanks of 22.000 L, and acidified after filling the tanks. Acidified musts were stirred with mechanical systems to ensure a good mix of acidifying and settled for at least 18 h at a controlled temperature, then fermenting in stainless steel tanks at 20 °C with selected dry yeast of *S. cerevisiae* inoculum. It must be emphasized that the harvest of 2014 was unusual because of the mild summer, which produced musts with low pH that needed dose of acidifier lower than usual, while 2015 was a normal harvest, from this point of view.

2.2. Sample preparation

Samples before fermentation were taken of settled clear musts. Samples after fermentation were taken fifteen days after the end of alcoholic fermentation. An additional sampling was carried out 2 months after the end of fermentation. All samples were centrifuged and filtered through 8 μm membrane before analysis and the fermented ones were also ultrasound degassed to remove CO_2. All tests and analysis were performed in duplicate and average values are given in the tables.

2.3. Analytical methods

The pH, total acidity, potassium, calcium and sulphates were analysed by the official European Union analysis methods [18]. Buffering power was determined by titration until pH = 3.0 with HCl 0.1 N. The results are expressed in meq/L pH unit. Tartaric acid was determined by colorimetric method [19].

2.4. Equipment

pH-meter: Metrohm 780 pH Meter. Atomic absorption spectrophotometer: Perkin-Elmer Model Analyst 100. Multiparametric: I. S. E. Group Miura One 15.

2.5. Reagents

All laboratory reagents were of analytical grade. The water for the preparation of solutions and controls was Milli-Q® (Type I). Calcium sulphate and tartaric acid were food quality and were added directly to the must and stirred until they were dissolved.

2.6. Sensory analysis

Sensory analysis of samples was made two months after fermentations and carried out by the tasters panel of Jerez-Xérèz-Sherry Regulator Council, composed by 21 tasters and trained with ISO 8586:2012 criteria [20]. Two different sensory tests were made, a triangle test to find differences among acidifiers and a preference test to determine which acidifier was preferred. The triangle test was made according [21] and in the preference test tasters had to range the samples according their preference from 1 (the best) to 3 (the worst).

2.7. Statistical treatment of data and modelling

The initial processing of data, as well as the modelling were performed using Microsoft Excel 2013® (for further details, see reference [19]). Statistical analyses and linear regression lines were performed using Statgraphics Centurion version 2.16.04 (StatPoint Technologies, USA).

3. Results and discussion

3.1. Acidifier behaviors at pilot scale

Considering the good pH predictions at pilot scale tests [16, 17], linear regression lines were calculated for every acidifier. For acidification with calcium sulphate the regression line equation is:

$$\text{Predicted pH} = 0.0753 + 1.0258 \times \text{Real pH}. \quad (7)$$

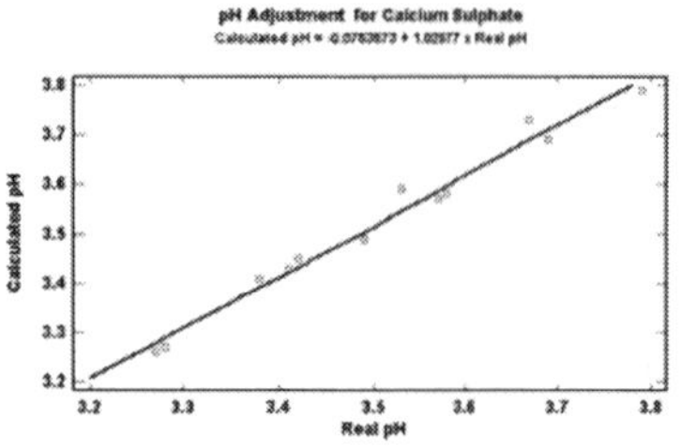

Figure 1. Real and calculated pH for acidification with calcium sulphate.

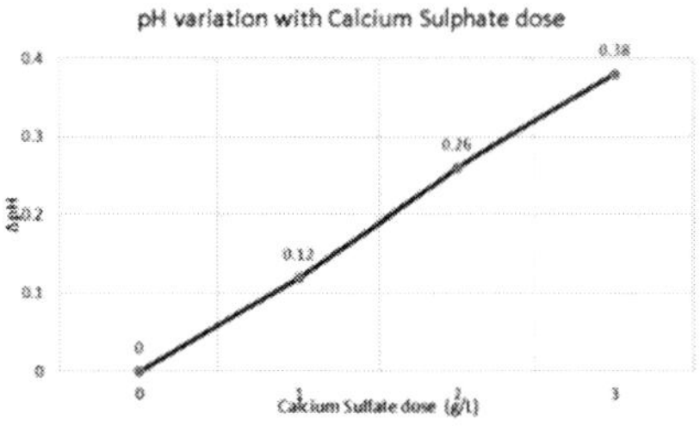

Figure 2. Acidifying effect of calcium sulphate.

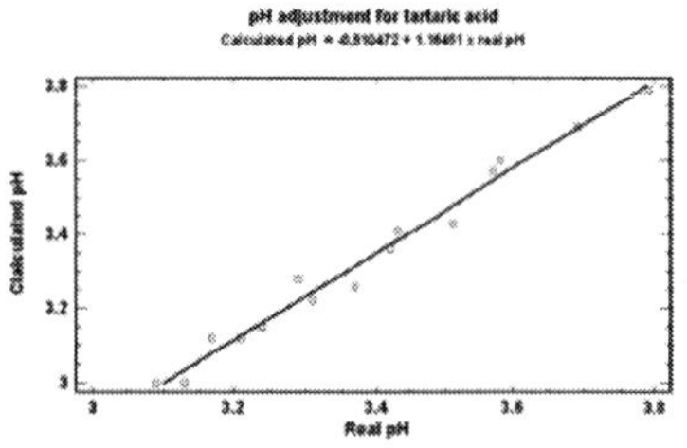

Figure 3. Real and calculated pH for acidification with tartaric acid.

Figure 1 shows real and predicted pH for calcium sulphate acidification. As can be seen, this model provides a good prediction of the experimental values of pH during all stages of winemaking. The agreement between actual and predicted values is very good and mistakes are lower than 0.1 pH units.

The acidifying effect of different doses of calcium sulphate is shown in Fig. 2. This effect and can be estimated at 0.13 units/g calcium sulfate/L and remains constant with increasing dose.

The adjustment of pH for acidification with tartaric acid is shown in Fig. 3 where it is again observed good agreement between experimental values and calculated pH. In general, errors are very low, less than 0.15 pH units, what can be considered a very good result. The linear regression line equation is:

$$\text{Predicted pH} = -0.6105 + 1.1645 \times \text{real pH}. \quad (8)$$

Furthermore, as shown in Fig. 4, the effect of tartaric acid on the pH of the must can be estimated as an average of 0.17 g/L and it seems to decrease as the dose increases.

In the combined acidification with calcium sulphate and tartaric acid different doses were added to provide a decrease in the pH to about 3.25 and shown in Fig. 5. In this case, the linear regression line equation is:

$$\text{Predicted pH} = -0.4034 + 1.1143 \times \text{real pH}.$$

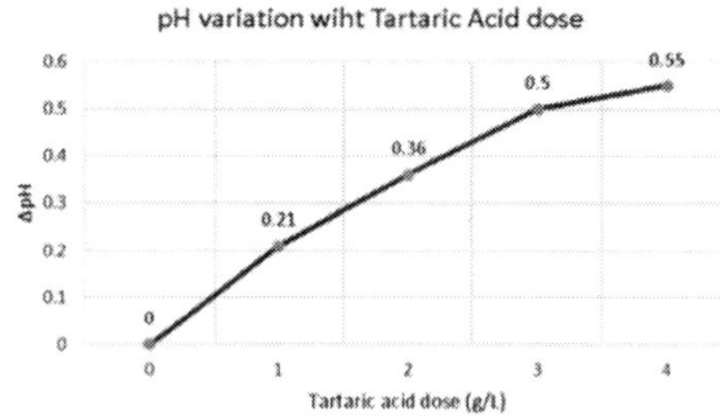

Figure 4. Acidifying effect of tartaric acid.

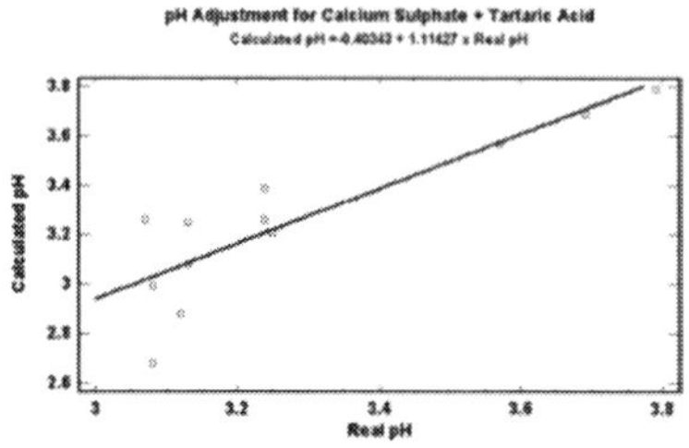

Figure 5. Real and calculated pH for acidification with calcium sulphate and tartaric acid.

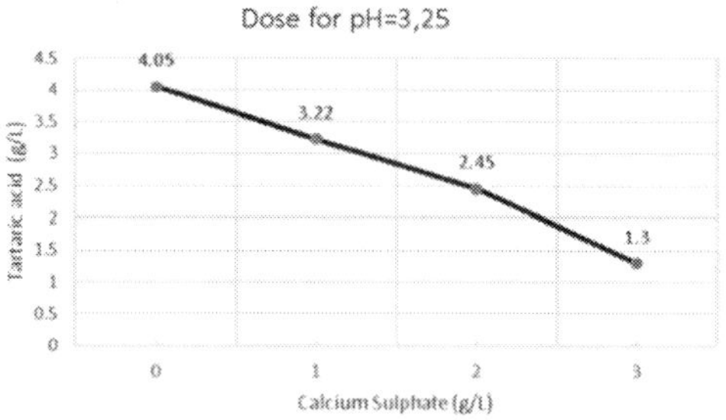

Figure 6. Necessary doses of calcium sulphate and tartaric acid to reach pH = 3.25.

As it can be seen the results for the pH prediction are not as good as in the cases of single acidification, the errors being less than 0.2 pH units with only two main exceptions for higher doses of tartaric acid. This fact may be justified because the pH values are very close to the pK_{a1} (3.03), which could be considered as a critical point in the balance of acid dissociation. But errors occur after fermentation and not before fermentation, when they are really necessary to acidify from a practical point of view.

Figure 6 shows graphically the dose of calcium sulphate and tartaric acid needed to reach a pH of 3.25.

3.2. Acidifier behavior of calcium sulphate and tartaric acid at industrial scale

The study at industrial scale was carried out in two different wineries in the harvests of 2014 and 2015. The doses of acidifiers and the real and calculated pH values are shown in Tables 1 and 2. As it can be seen from the results shown in both tables, average errors in pH predictions were 0.07 units before fermentation, 0.10 units after fermentation and 0.21 units two months after fermentation, what implies an excellent behavior, especially before fermentation, despite the difficulties of applying the methodology described at industrial scale.

Table 1. Acidification with calcium sulphate and tartaric acid at industrial scale. Harvest 2014.

STAGE	Cellar	Dose: $CaSO_4$ (g/L)	Dose: H_2T (g/L)	Real pH	Calculated pH	Absolute Error
BEFORE AF[1]	1	0	0.4	3.22	3.18	0.04
	1	1.0	0.4	3.12	3.12	0.00
	2	1.0	1.17	3.37	3.32	0.05
	AVERAGE			**3.25**	**3.21**	**0.04**
AFTER AF[1]	1	0	0.4	3.14	3.08	0.06
	1	1.0	0.4	3.13	3.22	0.09
	2	1.0	1.17	3.17	3.12	0.05
	AVERAGE			**3.16**	**3.15**	**0.07**
2 MONTS LATER AF[1]	1	0	0.2	3.29	3.24	0.05
	1	1.0	0.4	3.21	3.31	0.10
	2	1.0	1.17	3.25	3.21	0.04
	AVERAGE			**3.22**	**3.25**	**0.06**

[1] AF: Alcoholic fermentation.

Table 2. Acidification with calcium sulphate and tartaric acid at industrial scale. Harvest 2015.

STAGE	Cellar	Dose: $CaSO_4$ (g/L)	Dose: H_2T (g/L)	Real pH	Calculated pH	Absolute Error
BEFORE AF[1]	1	2.0	—	3.61	3.63	0.02
	2	2.0	—	3.46	3.34	0.12
	1	—	1.20	3.54	3.41	0.13
	2	—	1.50	3.36	3.10	0.26
	1	1.0	1.35	3.54	3.45	0.08
	2	2.0	1.50	3.22	3.22	0.00
	AVERAGE			**3.45**	**3.36**	**0.10**
AFTER AF[1]	1	2.0	—	3.28	3.00	0.28
	2	2.0	—	3.27	3.26	0.01
	1	—	1.20	3.24	2.94	0.30
	2	—	1.50	3.24	3.12	0.12
	1	1.0	1.35	3.21	3.06	0.14
	2	2.0	1.50	3.05	3.06	0.01
	AVERAGE			**3.21**	**3.07**	**0.14**
2 MONTS LATER AF[1]	1	2.0	—	3.42	3.00	0.42
	2	2.0	—	3.28	2.43	0.85
	1	—	1.20	3.36	3.09	0.27
	2	—	1.50	3.27	2.70	0.57
	1	1.0	1.35	3.28	3.15	0.13
	2	2.0	1.50	3.01	3.01	0.00
	AVERAGE			**3.27**	**2.90**	**0.37**

[1] AF: Alcoholic fermentation.

Table 3. Sensory Analysis. Triangular test.

Acidifiers		Different	Probability
$CaSO_4$	**TH_2**	Yes	>99 %
$CaSO_4$	**$CaSO_4$ + TH_2**	Yes	>99 %
TH_2	**$CaSO_4$ + TH_2**	Yes	>99 %

Table 4. Preference test Preference levels 1 > 2 > 3.

$CaSO_4$ + TH_2	$CaSO_4$	TH_2
1.29	**1.95**	**2.76**

3.3. Sensory analysis

The results of triangle test in Table 3 show that all acidifiers can be clearly differentiated by tasters.

The results of preference test in Table 4 show that the combined acidification with calcium sulphate and tartaric acid is the preferred option because gives softer acid taste meanwhile tartaric acid alone gives very acidic profile taste.

4. Conclusions

The prediction of pH of acidification at industrial scale can be made using the linear regression lines obtained with the results obtained at pilot scale with excellent results, especially before fermentation when acidification is normally made. It has also been verified that there are clear differences in sensory characteristic of wines acidified with different acidifiers and that tasters prefer the mixed acidification with calcium sulphate and tartaric acid.

DOI: 10.1051/bioconf/20160702023

In consequence, it can be concluded that the use of calcium sulphate is still of great interest for must acidification in warm regions, and its use should be approved by the OIV.

References

[1] R.A. Plane, L.R. Mattick, L.D. Weirs, Am. J. Enol. Vitic. **31(3)** 265–268 (1980)

[2] J.M Harris, P.E. Kriedermann, J.V. Possingham, Vitis **9** 291–298 (1971)

[3] OIV. International Code of Oenological Practices. Issue (2016). Chemical acidification. Resolutions Oeno 3/99 and Oeno 13/01

[4] European Community. Council Regulation (EC) N° 479/2008 Official Journal of the European Union **L148** 1–61 (2008)

[5] European Community. Commission Regulation (EC) N° 606/2009 Official Journal of the European Union **L153** 1–59 (2009)

[6] e-CFR.Electronic Code of Federal Regulations. (2010). Title 27: Alcohol, Tobacco and Firearms PART 24 WINE Subpart L Storage, Treatment and Finishing of Wine §24.246 Materials authorized for the treatment of wine and juice. Available on line at `http://www.ecfr.gov/cgi-bin/text-idx?SID=5a39ba6737562446636a5b54a87b3961&node=27:1.0.1.1.19.12&rgn=div6#27:1.0.1.1.19.12.343.7`, last accessed 5 September 2016

[7] Plinius Maior. (1st Century). Naturalis historiae, Book XIV, Chapter XIX

[8] G. Fernández de Bobadilla, J.M. Quirós, J.J. Serrano. Journal of the National Institute of Agronomic Research (INIA) **31** 411–416 (1954)

[9] M.M. Gonzalez-Gordon. Sherry. The Noble Wine. (1972)

[10] J. Jeffs. Sherry (3rd ed.). London (1982)

[11] M. A. S. Pato. De Vinea et vino Portugaliea Documenta, Serie II Enology,, Vol. 5(N° 5) (1971)

[12] J. Gómez Benítez, M.M. Grandal Delgado, J. Díez Martín. Am. J. Enol. Vitic. **44(4)** 400–404 (1993)

[13] R. Boulton Am. J. Enol. Vitic.**31(2)** 182–186 (1980)

[14] J. Moreno Vigara, R.A. Peinado Amores. Oenological Chemistry (1st ed.). San Diego CA. (USA): Academic Press (2010)

[15] L. Usseglio-Tomasset, Chimica Enologica. Brescia. Italy: Ed. AEB(1995)

[16] J. Gómez, C. Lasanta, J.M. Palacios-Santander, L.M. Cubillana-Aguilera, Food Chem. **168** 218–224 (2015)

[17] J. Gómez, C. Lasanta, L.M. Cubillana-Aguilera, J.M. Palacios Santander, R. Arnedo, J.A. Casas, L. Arroyo. 38 World Congress of Vine and Wine. BIO Web of Conferences 5, 02007 (2015). DOI: 10.1051/bioconf/20150502007

[18] European Community. Council Regulation (EEC) N° 2676/90 Official Journal of the European Community **L272** 1–192 (1990)

[19] J. Trossais, C. Asselin, Vigne Vin **19 N° 4** 249–259 (1965)

[20] ISO 8586:2012. Sensory analysis. General guidelines for the selection, training and monitoring of selected assessors and expert sensory assessors

[21] ISO 4120:2004 Sensory analysis. Methodology. Triangle test

Effect of sequential inoculation (Torulaspora delbrueckii/Saccharomyces cerevisiae) in the first fermentation on the foam properties of sparkling wine (Cava)

Laura Medina-Trujillo[1], Elena González-Royo[1], Nathalie Sieczkowski[2], José Heras[2], Francesca Fort[1], Joan Miquel Canals[1], and Fernando Zamora[1]

[1] Departament de Bioquímica i Biotecnologia, Facultat d'Enologia de Tarragona, Universitat Rovira i Virgili, C/Marcel.li Domingo, s/n. 43007 Tarragona, Spain
[2] Lallemand BIO S.L. C/ Galileu 303, 1ª planta, 08028-Barcelona, Spain

Abstract. In a previous study we reported that sequential inoculation of *Torulaspora delbrueckii* and *Saccharomyces cerevisiae* during the first fermentation increased the protein concentration and improved the foaming properties of a base wine. Since effervescence and foam of sparkling wines are key quality factors, the interest of this practice for sparkling wine industry is obvious. In this paper we study whether the foaming properties of the sparkling wines produced from the base wines obtained by sequential inoculation with *T. delbrueckii* and *S. cerevisiae* remains better than those of their controls produced from base wines fermented only with S. cerevisiae. The obtained results confirmed that sequential inoculation in the production of the base wine originated sparkling wines with significantly higher maximum heights of foam than conventional inoculation, probably because autolysis of the *T. delbrueckii* cells in the base wine released higher amounts of proteins, especially of the low molecular weight fraction.

1. Introduction

The quality of sparkling wines depends on several factors. Among them, effervescence and foam are probably some of major determinants of the quality of this kind of wines [1]. For that reason, one of the main concerns of sparkling wine industry is find new procedures to improve the foamability and the foam persistence. The foaming properties of sparkling wines depend largely on its chemical composition which, is closely related to their varietal origin, grape maturity and winemaking conditions [2,3]. In this sense, it has been described that foam stability is favored by the presence of surfactant agents such as proteins, mannoproteins and polysaccharides which stabilize the bubble's interface because of their surface properties [4,5]. In fact, it has been reported that all winemaking treatments that decrease protein concentration affect drastically the foam properties of the wine [6,7]. Consequently, sparkling wine industry use to be very careful with all the factors that affect to protein levels of musts, base wines and sparkling wines.

It is also well know that the development of some non-Saccharomyces yeast such as Torulaspora delbrueckii during alcoholic fermentation can improve wine quality as well as their complexity [8,9]. Recently, our research group has proposed the use of T. delbrueckii as a tool for improving the foam properties in sparkling wine production [10]. The use of a sequential inoculation of T. delbrueckii and S. cerevisiae during the first fermentation increased the protein concentration as well as the maximal height of the foam (HM) of the base wine by the method Mosalux [11]. However, it has not been verified yet if this effect remains in the sparkling wine after the second fermentation. For that reason, the aim of this work was studying if the sparkling wines elaborated from the base wines obtained by sequential inoculation with of T. delbrueckii and S. cerevisiae present better foaming properties than its corresponding controls elaborated from base wines fermented only with S. cerevisiae.

2. Materials and methods

Sparkling wine production (Cava) was carried out with both base wines (conventional inoculation and sequential inoculation) six months after alcoholic fermentation was finished following the traditional method. Nine months later all sparkling wines were disgorged, analyzed and tasted. Foam properties were measured with the Mosalux [9] method . Proteins were measured by HRSEC-DAD [12]. Polysaccharides were determined by HRSEC-RID [13].

3. Results and discussion

Figure 1 shows the foam properties of the base and sparkling wines. As expected, the maximal height of the foam (HM) was significantly lower in both sparkling wines than in their corresponding base wines. This diminution, which has previously been reported [14], can be attributed to the increase in ethanol content, which exerts a negative effect on wine foamability, and to the absorption of proteins by bentonite added as a riddling agent [7].

Figure 2 shows the protein fractions of the base wines and the sparkling wines.

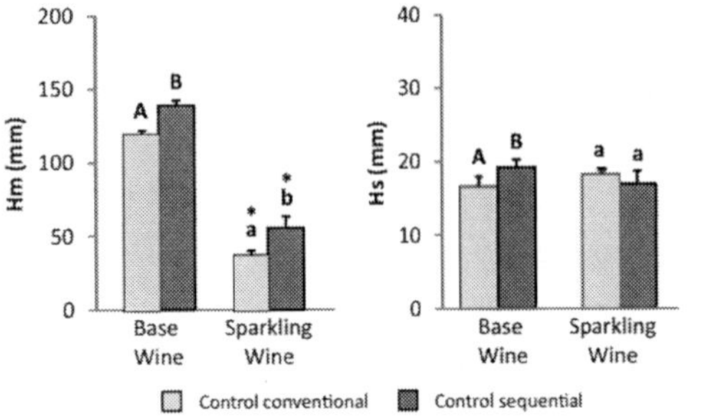

All data are expressed as the arithmetic mean ofthree replicates ± standard deviation. Hm: maximal height ofthe foam; Hs: stable height ofthe foam. Different capital letters indicate the existence of statistically significant differences ($p < 0.05$) between base wines. Different lowercase letters indicate the existence of statistically significant differences ($p < 0.05$) between sparkling wines. *: indicates the existence of statistically significant differences ($p < 0.05$) between base wines and sparkling wines

Figure 1. Influence of sequential inoculation (*Torulaspora delbrueckii/Saccharomyces cerevisiae*) in the first fermentation on the foam properties of base wine and sparkling wine.

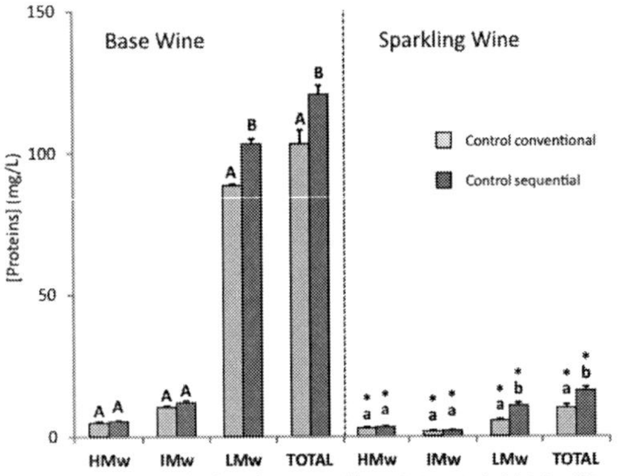

All data are expressed as the arithmetic mean ofthree replicates ± standard deviation. HMw: High molecular weight protein fraction (Mw > 80 kDa); Imw: Intermediate molecular weight protein fraction (80 kDa > Mw > 60 kDa); LMw: Low molecular weight protein fraction (Mw < 60 kDa). Different capital letters indicate the existence of statistically significant differences ($p < 0.05$) between base wines. Different lowercase letters indicate the existence of statistically significant differences ($p < 0.05$) between sparkling wines. *: indicates the existence of statistically significant differences ($p < 0.05$) between base wines and sparkling wines

Figure 2. Influence of sequential inoculation (*Torulaspora delbrueckii/Saccharomyces cerevisiae*) in the first fermentation on the protein fraction of base wines and sparkling wines.

As expected, the total protein contents of the base wines were far higher than those of the sparkling wines. This sharp decrease in the total protein content of the sparkling wines was significant in both (conventional and sequential) wines and all molecular weight fractions, especially the low molecular weight fraction (LMW). It has previously been reported and largely attributed to the absorption of proteins by the bentonite used as a riddling agent [7]. Also, it is probably one of the main reasons why HM is lower in sparkling wines than in their corresponding base wines.

Figure 3 shows the polysaccharide fraction of base wines and sparkling wines. Again the concentration of polysaccharides in sparkling wines was significantly lower than in their corresponding base wines and this was true in all molecular weight fractions.

Similar results have been reported by other authors [15,16], who have attributed this decrease to precipitation. Since ethanol decreases the solubility of some polysaccharides, the increase in ethanol concentration caused by the second fermentation may explain this phenomenon.

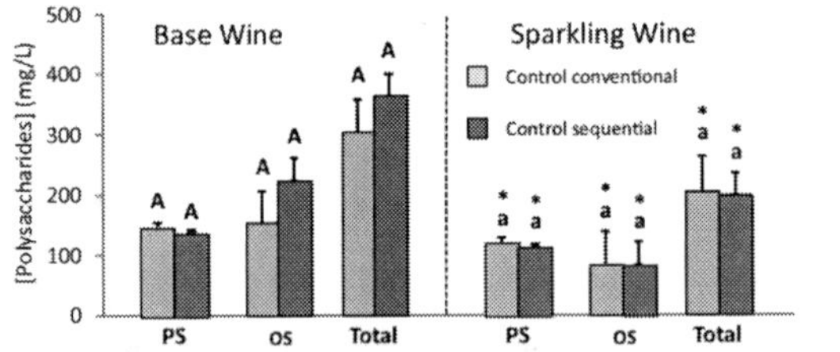

All data are expressed as the arithmetic mean ofthree replicates ± standard deviation. PS: Polysaccharides (MW > 5 kDa); OS: Oligosaccharides:(MW: < 5 kDa). Different capital letters indicate the existence of statistically significant differences ($p < 0.05$) between base wines. Different lowercase letters indicate the existence of statistically significant differences ($p < 0.05$) between sparkling wines. *: indicates the existence of statistically significant differences ($p < 0.05$) between base wines and sparkling wines

Figure 3. Influence of sequential inoculation (*Torulaspora delbrueckii/Saccharomyces cerevisiae*) in the first fermentation on the polysaccharides and oligosaccharides of base wine and sparkling wine.

Another possible explanation is the absorption of some polysaccharides by the bentonite used as riddling agent or even by the dead yeast cells.

It can therefore be concluded that sequential inoculation with *T. delbrueckii* and *S. cerevisiae* may be useful for obtaining sparkling wines with better foaming properties. Specifically, sequential inoculation produced base wines with significantly higher maximum heights of foam (HM) than conventional inoculation, probably because autolysis of the *T. delbrueckii* cells in the base wine released higher amounts of proteins, especially of the low molecular weight fraction. This trend of higher protein concentration and better HM was maintained in the sparkling wines from sequential inoculation though, logically, both values were reduced by the *prise de mousse*.

This work has been funded by CDTI (Program CIEN) "Nuevas estrategias vitivinícolas para la sostenibilidad y el incremento de la competitividad del sector en el mercado internacional (VINySOST 2014)". Authors also want to thank Juvé & Camps SA winery for providing the grapes and wines.

References

[1] Cilindre C, Liger-Belair G, Villaume S, Jeandet P, Marchal R (2010) Foaming properties of various Champagne wines depending on several parameters: Grape variety, aging, protein and CO_2 content. *Anal. Chim. Acta,* **660**, 164–170

[2] Coelho E, Reis A, Domingues, M.R.M, Rocha S.M, Coimbra M.A (2011) Synergistic Effect of High and Low Molecular Weight Molecules in the Foamability and Foam Stability of Sparkling Wines. *J. Agric. Food Chem.*, **59**, 3168–3179

[3] Kemp B, Alexandre H, Robillard B, Marchal R (2015) Effect of Production Phase on Bottle-Fermented Sparkling Wine Quality. *J. Agric. Food Chem.*, **63**, 19–38

[4] Brissonnet F, Maujean A (1993) Characterization of foaming proteins in a Champagne base wine. *Am. J. Enol. Vitic.*, 44, 297–301

[5] Vanrell G, Esteruelas M, Canals JM, Zamora F (2005) Influence du type de clarification du vin de base et des adjuvants de tirage sur la qualité de la mousse des vins effervescents. *Revue des Œnologues,* **114**, 28–30

[6] Pocock K.F, Salazar F.N, Waters E.J (2011) The effect of bentonite fining at different stages of white winemaking on protein stability. *Aust. J. Grape Wine Res.*, **17**, 280–284

[7] Vanrell G, Canals R, Esteruelas M, Fort F, Canals JM, Zamora F (2007) Influence of the use of bentonite as a riddling agent on foam quality and protein fraction of sparkling wines (Cava). *Food Chem.*, **104**, 148–155

[8] Jolly N.P, Varela C, Pretorius I.S (2014) Not your ordinary yeast: non-Saccharomyces yeasts in wine production uncovered. *FEMS Yeast Res.*, **14**, 215–237

[9] Benito S, Hofmann T, Laier M, Lochbühler B, Schüttler A, Ebert K, Fritsch S, Röcker J, Rauhut D (2015) Effect on quality and composition of Riesling wines fermented by sequential inoculation with nonSaccharomyces and Saccharomyces cerevisiae. *Eur. Food Res. Technol.*, **241**, 707–717

[10] GonzálezRoyo E, Pascual O, Kontoudakis N, Esteruelas M, EsteveZarzoso B, Mas A, Canals JM, Zamora F (2015) Oenological consequences of sequential inoculation with non-Saccharomyces yeasts (Torulaspora delbrueckii or Metschnikowia pulcherrima) and Saccharomyces cerevisiae in base wine for sparkling wine production. *Eur. Food Res. Technol.*, **240**, 999–1012

[11] Maujean A, Poinsaut P, Dantan H, Brissonet F, Cossiez E (1990) Étude de la tenue et de la qualité de mousse des vins effervescents II. Mise au point d'une technique de mesure de la moussabilite, de la tenue et de la stabilité de la mousse des vins effervescents. *Bulletin de l'OIV*, **711–712**, 405–426

[12] Canals JM, Arola L, Zamora F (1998) Protein fraction analysis of white wine by FPLC. *Am. J. Enol. Vitic.*, **49**, 383–388

[13] Ayestarán B, Guadalupe Z, León D (2004) Quantification of major grape polysaccharides (Tempranillo V.) released by maceration enzymes during the fermentation process. *Anal. Chim. Acta*, **513**, 29–39

[14] Esteruelas M, González-Royo E, Kontoudakis N, Orte A, Cantos A, Canals JM, Zamora F (2015) Influence of grape maturity on the foaming properties of base wines and sparkling wines (Cava). *J. Sci. Food Agric.*, **95**, 2071–2080

[15] Moreno-Arribas V, Pueyo E, Nieto F.J, Martin-Alvarez P.J, Polo M.C (2000). Influence of the polysaccharides and the nitrogen compounds on foaming properties of sparkling wines. *Food Chem.*, **70**, 309–317

[16] Martínez-Lapuente L, Guadalupe Z, Ayestaraín B, Ortega-Heras M, Peírez-Magarino S (2013). Changes in polysaccharide composition during sparkling wine making and aging. *J. Agric, Food Chem.*, **61**, 12362–12373

DOI: 10.1051/bioconf/20160702025

Evaluation of different co-inoculation time of non-*Saccharomyces*/*Saccharomyces* yeasts in order to obtain reduced ethanol wines

María Victoria Mestre[1,2,*,a], Yolanda Paola Maturano[1,2,*], Laura Mercado[3], María Eugenia Toro[1], Fabio Vazquez[1], and Mariana Combina[2,3]

[1] IBT-FI-UNSJ. San Martín 1109 (O) Capital-San Juan, Argentina
[2] Consejo Nacional de Investigaciones Científicas y Tecnológicas (CONICET), Argentina
[3] Centro de Estudios Enológicos-EEA-Mendoza-INTA, San Martín 3853 Luján- Mendoza, Argentina

Abstract. Decreasing ethanol content in wines has become one of the main objectives of winemakers in different areas of the world. The use of selected wine yeasts can be considered one of the most effective and simple tools. The aim of this study was to evaluate the effect of co-inoculation times of selected non-*Saccharomyces*/*Saccharomyces* yeasts on the reduction of ethanol levels in wines. *Hanseniaspora uvarum* BHu9, *Starmerella bacillaris* BSb55 and *Candida membranaefasciens* BCm71 were co-inoculate with *Saccharomyces cerevisiae* under fermentative conditions. Treatments assayed were: pure fermentations of *S. cerevisiae* BSc203 and non-*Saccharomyces* yeasts BHu9, BSb55 and BCm71; -co-fermentations: A-BHu9/BSc203; B-BSb55/BSc203 and C-BCm71/BSc203. These co-inoculations were carried out under mixed (simultaneous inoculation), and sequential conditions (non-*Saccharomyces* yeasts inoculated at initial time and *S. cerevisiae* at 48, 96 and 144 h). Lower fermentative efficiencies were registered when BHu9 and BSb55 remained pure more time. Conversely, the conversion efficiency was reduced in co-inocula of BCm71/BSc203, when both yeasts interact more time. Metabolites produced during all vinification processes were within acceptable concentration ranges according to the current legislations. Conclusion Time interaction during fermentation processes of non-*Saccharomyces* and *Saccharomyces* yeasts showed influence on ethanol production, and this effect would be dependent on the co-inoculated species.

1. Introduction

Decreasing ethanol content in wines has become one of the main objectives of winemakers in different areas of the world. The problem of high alcohol levels in wine is related in part to global warming, which results in faster grape ripening, as well as an imbalance between sugar accumulation and the phenolic maturity of berries [1]. Numerous viticultural and engineering strategies have been proposed to achieve this purpose [2–5]. The use of selected non-*Saccharomyces* wine yeasts can be considered one of the most effective and simple tools. It is known that several non-*Saccharomyces* yeasts have different respiro-fermentative regulatory mechanisms compared to *S. cerevisiae* [6]. These microorganisms can divert consumption of carbon sources toward products other than ethanol. In this context, the use of non-*Saccharomyces* wine yeasts could be attractive to reduce alcohol content in wine. However, most non-*Saccharomyces* yeasts are not able to consume all sugars present in grape must and, therefore, they need to be used as part of sequential, mixed or multistarter inoculation with *S. cerevisiae* strains [7–10]. For this reason, it is interesting to analyze the interval between the first and the second inoculation (sequential culture) and inoculation proportions (mixed cultures) due to possible interactions between *Saccharomyces* and non-*Saccharomyces* yeasts. Therefore, the aim of the present study was to evaluate the effect of co-inoculation times of non-*Saccharomyces*/*Saccharomyces* yeasts to the reduce ethanol in wines.

[a] e-mail: victoria_mestref@hotmail.com
* Both authors contributed equally to this work

2. Materials and methods

2.1. Microorganisms

Saccharomyces cerevisiae BSc203, *Hanseniaspora uvarum* BHu9, *Starmerella bacillaris* BSb55 and *Candida membranaefasciens* BCm71 isolated from different oenological environments were assayed. Strains were obtained from the Culture Collection of Autochthonous Microorganisms at the Biotechnology Institute (IBT), Faculty of Engineering-National University of San Juan, Argentina, and were identified by conventional morphological, physiological and biochemical procedures according to [11]. Furthermore, molecular identification was determined by 5.8S-ITS-RFLP analysis [12].

2.2. Fermentations

Pre-inoculum of all yeast strains were obtained by growing them in sterile 13° Bx grape juice at 26 ± 1 °C during 24 h, under aerobic conditions (shaking at 130 rpm). These yeasts were inoculated at 1×10^6 cells/mL in 250 mL Erlenmeyer flasks with 175 mL of sterile grape juice (24° Bx, pH 3.8, total acidity 5.5 g/L, fructose: 121 g/L and glucose 117,2 g/L, nitrogen 200 mg /L) and incubated at 24 ± 1 °C under static conditions. Fermentation performance was monitored by CO_2 released, measuring weight loss every 24 h during 21 days.

Treatments were: pure fermentations of non- *Saccharomyces* yeasts BHu9, BSb55 and BCm71 and *S. cerevisiae* BSc203 was used as control; -co-fermentations: – BHu9/BSc203; – BSb55/BSc203 and – BCm71/BSc203. These co-inoculations were carried out under mixed conditions (simultaneous inoculation 99% non- *Saccharomyce* yeasts/ 1% *S. cerevisiae*): T1, and sequential conditions: non-*Saccharomyces* yeasts inoculated at initial time and *S. cerevisiae* at 48 h: T2, 96 h: T3 and 144 h: T4 (Table 1). Samples were taken at day 21. Ethanol, pH, volatile acidity, total acidity, density, glycerol, residual sugars, glucose, fructose, sucrose, lactic, malic, citric and tartaric acid were determined with a Bruker Wine-Scan infrared Fourier-transform spectrometer with Opus 7 software Version (ALPHA FT-IR Wine Analyzer).

2.3. Statistical analysis

Each assay was performed independently in triplicate and the results represent the average of the three determinations with the corresponding standard deviation (±SD). Experimental data obtained during fermentations were analyzed by repeated analysis of variance (ANOVA) measurements. Significant differences were determined by Tukey's test and the results were considered significant if the associated p value was below 0.05. Spearman's correlation coefficients were calculated to determine statistical significance between ethanol and glycerol values of fermentation trials. SPSS version 19.0 was used for all tests.

3. Results and discussion

The use of non-*Saccharomyces* starters together with Saccharomyces cerevisiae in grape must fermentations has been investigated for more than 20 years [13–17] In this way, these studies have demonstrated that using non-*Saccharomyces- S. cerevisiae* yeasts represent a feasible way towards improving wine complexity and enhancing particular and specific characteristics of a wine [18] Therefore, these co-inoculation strategies provide better results than fermentations only inoculated with *S. cerevisiae*.

Recent studies have reported lower ethanol yields using co-cultures of non-*Saccharomyces – S. cerevisiae* yeasts [19–21]. However, possible interactions between different yeast species in mixed fermentations could influence on final ethanol levels and oenological traits in wines.

In previous experiments we have analyzed the oxidative-fermentative metabolism of 114 native non-*Saccharomyces* yeasts and their oenological traits in order to reduce ethanol in wines, when musts with high alcoholic potential are used. *H. uvarum* BHu9, *S. bacillaris* BSb55 and *C. membranaefasciens* BCm71

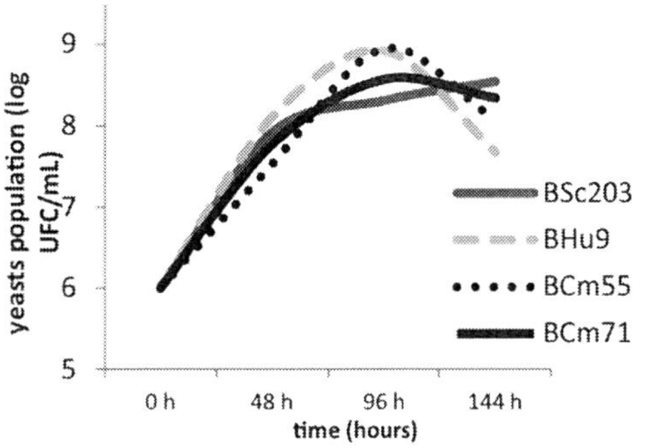

Figure 1. Evolution of non-Saccharomyces yeasts population (log CFU/mL) previous to inoculation with Saccharomyces cerevisiae in treatments 4. BSc 203 was used as control.

were selected to design co-culture starters together with an autochthonous *S. cerevisiae* in lab-scale micro-vinification trials. Furthermore, we previously determined the killer phenomenon between non *Saccharomyces* and *S. cerevisiae* selected yeasts. All yeasts isolates showed neutral phenotype.

Analytical data from pure, mixed and sequential cultures of non- *Saccharomyces/ Saccharomyces* yeasts after 21 days of fermentation are presented in Table 2. We calculated conversion efficiency of sugars into ethanol (sugars consumption (g/L) / ethanol produced (%)) and we observed some trends. In the cases of BHu9-BSc203 and BSb55-BSc203 co-cultures, when non-*Saccharomyces* yeasts remained pure more time (T4: inoculation delays 144 h), lower fermentative efficiencies were registered with values of 19.17 g/% and 20.87 g/%, respectively. Furthermore, these co-inocula under mixed conditions showed similar efficiency conversion than *S. cerevisiae* control (Table 2). Several authors reported that a reduction in the alcohol level was achieved in fermentations using sequential inoculations [18–21]. In turn, these sequential inoculations showed better results when delay timing between non- *Saccharomyces* and *S. cerevisiae* yeasts was higher.

On the other hand, by the cases of BHu9 and BSb55 previous to inoculate with *S.cerevisiae* in treatments T4, their population started declining from the 96 hours (14% and 10% respectively) (Fig. 1). This fact can be clearly related to nitrogen limitation, as was reported by Medina et al [22] who informed that non-*Saccharomyces* yeasts have an increased demand for nitrogen compared with *S. cerevisiae*. Therefore, we suggest to determinate the optimum time of supplementation of must with assimilable nitrogen source in order to allow the permanence of non-*Saccharomyces* yeasts and their consequent interaction with *S.cerevisiae* yeast inoculated.

Conversely, a different behavior was observed in the BCm71/ BSc203 co-inocula. The conversion efficiency was reduced (20, 28 g/%) when both yeasts interact during longer time (Table 1). While in co-inocula with high delays (T3 and T4), we registered similar conversion efficiency than Saccharomyces cerevisiae BSc203 in pure conditions. Therefore, these results suggest that the products obtained during the fermentation process depended on possible interactions between co-participants yeasts.

Table 1. Time inoculation (h) of non-*Saccharomyces* and *S. cerevisiae* co-cultures assayed.

	YEASTS ISOLATES						
				BSc203			
Treatment	**BHu9**	**Sb55**	**BCm71**	**t0**	**t48**	**t96**	**t144**
T1	1×10^6	1×10^6	1×10^6	1×10^6			
T2	1×10^6	1×10^6	1×10^6		1×10^6		
T3	1×10^6	1×10^6	1×10^6			1×10^6	
T4	1×10^6	1×10^6	1×10^6				1×10^6

References: *Hanseniaspora uvarum* BHu9, *Starmerella bacillaris* BSb55, *Candida membranaefasciens* BCm71, *Saccharomyces cerevisiae* BSc203 t0, t48, t96, t144: inoculation time of *S. cerevisiae* yeast (hours).

Table 2. Metabolic parameters of pure, mixed and sequential conditions of *Hanseniaspora uvarum* BHu9, *Starmerella bacillaris* BSb55 and *Candida membranaefasciens* BCm71 and *S. cerevisiae* BSc203

		Treatment	Efficiency conversión sugar (g/L)/ ethanol (%)	ethanol production (%v/v)	residual sugars (g/L)	glycerol production (g/L)	acetic acid production (g/L)
PURE		BSc 203	17,04	13,9	0,5	9,2	0,62
PURE		BSb 55	19,92	11,9	1,1	10,4	0,57
PURE		BCm 71	19,92	11,9	1,1	9,4	0,55
PURE		B Hu9	18,00	12,2	18,6	9,3	0,57
BHu 9/BSc203	T1	99.1	17,47	13,2	7,6	8,3	0,65
BHu 9/BSc203	T2	48 H	16,93	13,4	8	8,4	0,6
BHu 9/BSc203	T3	96 H	19,53	12	3,8	9,4	0,7
BHu 9/BSc203	T4	144 H	19,17	12,3	2,4	10,4	0,61
BSb55/BSc203	T1	99.1	17,98	13	4,4	8,3	0,59
BSb55/BSc203	T2	48 H	19,14	12,4	1,1	9,6	0,55
BSb55/BSc203	T3	96 H	17,05	13,2	13,1	9,1	0,58
BSb55/BSc203	T4	144 H	20,89	11,4	0,9	9,7	0,5
BCm71/BSc203	T1	99.1	20,28	11,7	0,9	9,8	0,55
BCm71/BSc203	T2	48 H	19,50	12,1	2,2	9,2	0,51
BCm71/BSc203	T3	96 H	19,24	12,3	1,6	9,1	0,54
BCm71/BSc203	T4	144 H	17,52	13,3	5,2	8,8	0,56

Specific antagonistic and synergistic interactions between different microorganisms may be found in food fermentations.

These interactions also play an important role in the succession of microbes in fermentation ecosystems. The work by Nissen [23] suggests that Quorum Sensing interactions may play a role in the interactions between yeast species in fermentation (possibly by cell-cell contact–mediated signaling or a diffusible signal). They demonstrated that the presence of a high concentration (107 cfu ml−1) of viable Saccharomyces arrested growth of Kluyveromyces thermotolerans and Torulaspora delbrueckii. According to these authors, the presence of ethanol and nutrient depletion was ruled out, but the cause of early growth arrest of non-Saccharomyces yeasts in mixed cultures was by a cell cell contact mechanism [23,24]. However, in the present study, at time inoculation of *S.cerevisiae* we detected higher levels population of non- *Saccharomyces* yeasts than *S.cerevisiae* (between $2 \times 10^7 - 3 \times 10^8$ *vs.* 1×10^6 in sequential cultures and $9,9 \times 10^5$ *vs.* $\times 10^4$ in mixed conditions). In this context, we expected that *S.cerevisiae* no arrested the growth of non- *Saccharomyces* yeasts (BHu9, BSb55 and BCm71), which gives them a competitive edge that allows their presence and permanence during alcoholic fermentation.

We evaluated the relationship between glycerol production and ethanol formation in the co-inoculated fermentations assayed. Results showed an inverse correlation between both final products (Spearman's coefficients of −0, 74, $p = 0.005$). Thus, those treatments that registered less ethanol values present more glycerol values. Therefore, we could infer that under these conditions, non- *Saccharomyces* yeasts assayed divert its metabolic pathway toward glycerol-pyruvic fermentation. In spite of that glycerol and acetic acid are produced by the same metabolic pathway [25], all treatments registered low acetic acid values (lower than 0.7 g/L). In turn, acid acetic content of all treatments did not present significative differences ($p = 0.12$) (Table 2).

In Table 3 we reported the analytical data of the 3 treatments selected. As we can observe, these treatments registered metabolites concentrations and values within acceptable ranges according to the current legislations.

Table 3. Final wine parameters of 3 selected treatments.

	TREATMENTS		
ARAMETERS	9/203-T4	55/203-T4	71/203-T1
ethanol (g/L)	12.3	11.4	11.7
glycerol (g/L)	8.3	8.3	9.7
acetic acid (g/L)	0.61	0.5	0.55
fructose (g/L)	1.3	0.9	1.5
glucose (g/L)	1.3	1	1
citric acid (g/L)	0.48	0.41	0.25
density	0.9952	0.9998	0.9962
malic acid (g/L)	1.3	0.8	1.5
lactic acid (g/L)	0.42	0.55	0.54
tartaric acid (g/L)	1.68	1.52	1.77
pH	3.13	3.22	3.14
total acidity (g/L)	5.6	4.6	5.5

In conclusion, non-*Saccharomyces* and *Saccharomyces* yeasts time interaction during fermentations showed influence on ethanol production and this effect would be dependent on the co-inoculated species. These interactions between the two species during grape must/ wine fermentation should be further studied and deepened. As the industry moves toward using more mixed cultures, the understanding of how these cultures interact and how one strain contributes to fermentation and another does not will be important to future research.

References

[1] A.J. Rodrigues, T. Raimbourg, R. Gonzalez, P. Morales. LWT-Food Sci. Technol 65, 1038 (2016)
[2] K. Bindon, C. Varela, J. Kennedy, H. Holt, M. Herderich. Food Chem **138** 1696–1705 (2013)
[3] L. M. Schmidtke, J. W. Blackman, S. O. Agboola. J Food Sci **77**, 25–41 (2012)
[4] H. R. Schultz & M. Stoll. Aust. J. Grape Wine Res **16** 4–24 (2010)
[5] S. Heux, J. M. Sablayrolles, R. Cachon, & S. Dequin. Appl Environ Microbiol **72** 5822–5828 (2006)
[6] M. Quirós, V. Rojas, R. Gonzalez, P. Morales. Int J Food Microbiol **181** 85 (2014)
[7] M. Ciani, F. Comitini, I. Mannazzu, P. Domizio. FEMS Yeast Res, **10**, 123–133 (2010)
[8] T. Herraiz, G. Reglero, M. Herraiz, P. J. Martin-Alvarez, M. D. Cabezudo. Am J Enol Vitic **41** 313–318 (1990)
[9] N. P. Jolly, O. P. H. Augustyn, I. S. Pretorius. S Afr J Enol Vitic **24** 55–62 (2003)
[10] R. Zironi, P. Romano, G. Suzzi, F. Battistutta, G. Comi. Biotechnol Lett **15**, 235–238 (1993)
[11] S. A. Meyer, R. W. Payne, D. Yarrow, C. P. Kurtzman, J. W. Fell. *The yeasts: a taxonomic study* (1998)
[12] B. Esteve-Zarzoso C., Belloch, F. Uruburu, A. Querol. Int J Syst Bacteriol **49**, 1, 329–337 (1999)
[13] M.E.Toro, F. Vazquez.World. J Microbiol Biotechnol **18**, 4 (2002)
[14] M. Ciani, L. Beco, F. Comitini. Int J Food Microbiol **108** 239–245 (2006)
[15] Y.P. Maturano, L.A. Rodriguez Assaf, M.E. Toro, M.C. Nally, M. Vallejo, L.I Castellanos de Figueroa, Vazquez F. 2012. Int J Food Microbiol **155**, 43–50 (2012)
[16] Y. P. Maturano, M. V. Mestre, B. Esteve-Zarzoso, M. C. Nally, M. C. Lerena, M. E. Toro, M. Combina. Int J Food Microbiol **199**, 23–32 (2015)
[17] M. Ciani & F. Comitini. Ann Microbiol. **61**,1 25–32 (2011)
[18] V. Englezos, K. Rantsiou, F. Cravero, F. Torchio, A. Ortiz-Julien, V. Gerbi, L. Cocolin). Appl Microbiol Biotechnol, 1–12 (2016)
[19] A. Contreras, C. Hidalgo, S. Schmidt, P. A. Henschke, C. Curtin, C. Varela. Int J Food Microbiol **205**, 7–15 (2015)
[20] S. Di Maio, G. Genna, V Gandolfo, G. Amore, M. Ciaccio, &, D. Oliva. S Afr J Enol Vitic, **33**, 80–7 (2012)
[21] M. Ciani, L. Canonico, L. Oro, F. Comitini. BIO Web of Conferences **3**, 02015 (2014)
[22] K. Medina, E. Boido , E. Dellacassa, &, F. Carrau. Int J Food Microbiol **157**, 245–250 (2012)
[23] P. Nissen, D. Nielsen, N. Arneborg. Yeast **20**, 331–341 (2003)
[24] P. Nissen & N. Arneborg. Arch Microbiol **180**, 257–263 (2003)
[25] P. Ribéreau-Gayon, D. Dubourdieu, B. Donèche, A. Lonvaud. *The Microbiology of Wine and Vinifications* **1**, 1–51 (2006)

Yeast biodiversity from *Vitis vinifera* L., subsp. sylvestris (Gmelin) Hegi to face up the oenological consequences of climate change

Anna Puig-Pujol[1], Núria Ferrando[1], Fina Capdevila[1], Rafael Ocete[2], and Eugenio Revilla[3]

[1] Department of Enological Research, Institute of Agrifood Research and Technology-Catalonian Institute of Vine and Wine (IRTA-INCAVI), Plaça Àgora 2, 08720 Vilafranca del Penedès, Barcelona, Spain
[2] Faculty of Biology, University of Sevilla. Avda. de la Reina Mercedes, s/n, 41012 Sevilla, Spain
[3] Department of Agricultural Chemistry and Food Science, Autonomous University of Madrid, 28049 Madrid, Spain

Abstract. The impact of climate change in the viticulture is affecting the quality of grapes and their wines. As consequence, climatic variations are producing a mismatch between technological and phenolic maturity and are affecting the microbiota's ecology, biodiversity and their metabolism in vineyard, grape, must and wine. However, there are natural resources that can help to mitigate the effects of global warming. It has been noticed that grapes from female plants of wild vines (*Vitis vinifera* subsp. *sylvestris*) have very appropriate characteristics to face up this problem: later maturing, high acidity, high polyphenol content,...A molecular study of 819 strains isolated at the end of spontaneous fermentations of grapes of *Vitis vinifera* subsp. *sylvestris* grapevines from 30 locations in northern of Spain revealed 8 different genera and 18 different species. 71,5% of the yeasts were classified as non-*Saccharomyces* and 28,5% were identified as *Saccharomyces cerevisiae*. This latter specie was characterized at strain level, classifying 30 different groups, 6 of which as the majority from 2 up to 4 different locations. These findings demonstrate a wide diversity of yeast microbiota in wild grapes that will allow a yeast selection for the wine industry in a scenario of climate change.

1. Introduction

There is an almost global agreement within the scientific community that climate change is a fact that today cannot be ignored. Climate change is exerting an increasingly profound influence on vine phenology and grape composition and ultimately affects vinifications, wine microbiology and chemical and sensory aspects [1]. From the point of view of the plant, global warming will involve a major water shortage and high salinity in soil that might affect their growth. Concerning oenological microbiology, forecasted variations in the environmental conditions (temperature, water stress...), in the composition of the substrate (higher grape berry sugar, lower acidity and higher pH values) are likely to affect the microbiota's ecology, biodiversity and their metabolism [2]. Natural genetic diversity present in the grapevine allows to look for new genotypes (plants and microorganisms) adapted to new climate conditions. This might be an appropriate strategy to cope with changes generated by climate change.

Related to this fact, wild grapevines represent a unique, invaluable genetic resource for cultivated grapevines. *Vitis vinifera* subsp.*sylvestris* is the wild subspecies of *V. vinifera* L. wich includes the largely cultivated *V. vinifera* subsp. *vinifera*. The species disperses seeds through birds and colonised a broad range of habitats and soils in the Mediterranean basin [3]. In Spain, natural populations of *V. vinifera* ssp. *sylvestris* can still be found along river banks and coasts [4]. It has been described some interesting oenological and phenotypic characteristics of grapes from these populations such as high acidity and low pH and a high intensity of colour [5,6]. These features might be used to mitigate the potential effects of global warming on grape production, using a natural resource to adapt the Viticulture to the new climate conditions.

As far as we know, few or not studies have been published about yeast microflora that is present on *V. vinifera* ssp. *sylvestris*. The aim of this work has been to analyse the yeast biodiversity in this type of wild grapes in order to select indigenous strains and create a yeast collection that could allow cellars to produce wines using new yeasts and varieties adapted to climate change.

2. Materials and methods

V. vinifera L. ssp. *sylvestris* grape samples were harvested from female vines in 24 locations of the North of Spain during October and November, 2015 (Fig. 1).

The grapes were collected in each location in sterile bags and transported to the laboratory. Black berries were crushed under aseptic conditions using a stomacher machine.

Fermentations were carried out with indigenous yeasts, with skin maceration and without addition of sulphur dioxide, at 22°C. The kinetics of the process was monitored by measuring the residual sugar. When it was less than 2 g/L (final fermentation), sample was taken for yeasts isolation.

Serial diluted samples (in Ringer solution) of each fermentation were plated on Wallerstein Laboratory Nutrient (WLN) medium (Oxoid), which is able to differentiate yeast populations on the basis of the colour and morphology of the colony [7]. Plates were incubated at 28°C for 4 days. After counting yeast concentration, at least 20 colonies were selected and isolated on the basis of their appearance. Streaking was carried out on WLN and pure cultures were stored at 4°C until molecular analysis.

For the molecular analysis, two different approaches were carried out in order to identify yeasts at genus or specie level [8]. Prior to identification, genomic DNA of each isolate was extracted from 1,8 ml of an overnight culture in YPD broth, according to Querol et al. [9]. First, all isolates were analyzed by restriction fragment length polymorphism (RFLP) of the region ITS1-5.8S rRNA-ITS2. The DNA fragments were amplified using primers ITS 1 and ITS4, and PCR conditions were carried out as described by Esteve-Zarzoso et al. [10]. The amplified fragments were digested with endonucleases *HinfI* and *HaeIII* (New England Biolabs), according to the supplier's instructions. The *DdeI* enzyme was adopted in order to discriminate species of the genus *Hanseniaspora* [10]. Both PCR products and restriction fragments were separated by electrophoresis in 1.4 and 3.0% agarose gels respectively and stained with ethidium bromide (Sigma). The approximate lengths were determined by the use of molecular weight ladder (100 bp, Roche). PCR and RFLP fragment lengths were used for identification of yeasts by comparison of the restriction bands with those available in literature [10–13]. Several groups appeared on the basis of their RFLP of the ITS region.

Yeast identification was confirmed by analyzing the D1/D2 region of the 26S rRNA gene. At least two strains of each group were amplified with NL1 and NL4 primers, as reported by Kurtzman and Robnett [14]. PCR procedure and subsequent visualized steps were done as described by Wang and Liu [15]. PCR amplicons were purified by the QIAquick PCR purification kit (Qiagen) and were sent to a commercial facility (Secugen, Madrid, Spain) for sequencing, using the primer NL1 employed for PCR amplification. Resulting sequences were aligned in GeneBank database using the Blast method of NCBI (`http://www.ncbi.nlm.nih.gov/blast`).

In order to be identified at strain level, interdelta sequence amplifications of all *Saccharomyces cerevisiae* isolates were carried out using delta 12 and delta 21 primers according to Legras and Karst [16]. The PCR products were separated by electrophoresis on 2.0% agarose gels, which was applied with 100 V for 3 h in 1x TBE buffer, stained with ethidium bromide and photographed under UV light. Different patterns (strains) were obtained by comparing the bands distribution of each *S. cerevisiae*.

3. Results and discussion

The consequences of global warming in Viticulture, with advanced harvest times, increased grape sugar concentrations, lower acidities and higher pH values involves changes in microbial ecology of musts and wines and increase the risk of spoilage and organoleptic degradation. For this reason, there is a growing demand for new and improved wine yeast strains adapted to these new conditions. The results of the present study show a first approach to the yeast diversity that can be found in a natural resource as wild vines (*V. vinifera* L. ssp. *sylvestris*), that have interesting oenological traits that could be used to counteract the effects of climate-change related variables.

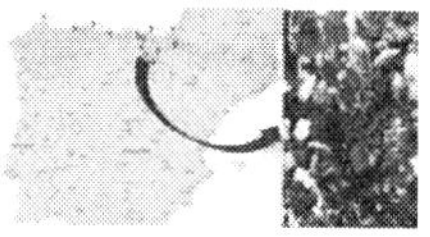

Figure 1. Locations where grapes were collected.

Figure 2. Examples of the size of the samples and grapes.

Table 1. Range of main oenological parameters in musts of *V. vinifera* L. *sylvestris* used for yeast isolation.

Variable	Minimum value	Maximum value
Probable alcoholic degree (% vol)	5.3	13.2
Gluc + Fruct (g/L)	44.8	222
Titratable acidity (g/L tartaric acid)	5.6	27.7
Malic acid (g/L)	2.7	21.7
pH	2.91	3.80
Acetic acid (g/L)	0.10	0.34
Gluconic acid (g/L)	< 0.1	0.8

Grapes were collected at 30 locations in the North of Spain (Fig. 1). Due to the different soil and climatic conditions of these environments, the maturity of bunches were variable, an inherent characteristic of wild grapevines populations [5]. The number of bunches per plant and the berries per bunch was also highly variable. Red berries had a small size, with a diameter less than 1 cm (Fig. 2). As a consequence, the weight of the samples and the amount of the must obtained were also different in each location: it ranged from 44 g to 560 g.

A summary of the main oenological variables of the musts where yeasts were isolated are shown in Table 1.

Fermentation process at 22°C was performed between 5 and 26 days, depending on the batch of must. During this period yeasts population reached concentrations up to $2.7 \cdot 10^8$ cfu/ml.

A total of 819 purified colonies isolated from the end of the 30 fermentations of sylvestris grape samples were subjected to PCR-RFLP analysis of the 5.8SITS rDNA region. PCR products varying in length from 390 to 880 bp were digested with *Hinfl*, *Hae*III and *Dde*I enzymes, and the molecular mass of the restriction products obtained was compared with those described previously in the literature [10–13]. In general, we observed 18 different profiles of the ITS-5.8S rDNA region. Two randomly selected strains for each pattern obtained were analysed by the D1/D2 region of the 26S rRNA gene and sequenced to confirm species assignation, performed by comparison with sequences available at the NCBI database (GenBank) using the standard nucleotide_nucleotide homology

Table 2. Percentage frequencies and n° of locations where *Vitis vinifera* L ssp *sylvestris* yeast species were isolated.

Specie	Frequency (%)	N° of locations
Hanseniaspora uvarum	44.08	17
Saccharomyces cerevisiae	28.57	15
Candida californica	7.69	5
Pichia anomala	4.76	4
Hanseniaspora valbyensis	4.52	4
Pichia manshurica	2.81	2
Lachancea thermotolerans	1.71	3
Hanseniaspora osmophila	1.47	2
Zygosaccharomyces bailii	1.34	1
Pichia membranifaciens	0.98	1
Pichia kudriavzevii	0.85	1
Kluyveromyces marxianus	0.37	1
Metschnikowia fructicula	0.24	2
Hanseniaspora vineae	0.12	1
Kloeckera lindneri	0.12	1
Lachancea fermentati	0.12	1
Pichia occidentalis	0.12	1
Zygosaccharomyces florentinus	0.12	1

search Basic Local Alignment Search Tool (BLAST, (`http://www.ncbi.nlm.nih.gov/blast`). The yeast species identified and their isolation frequencies obtained at the end of spontaneous fermentations and the number of different locations where they were found is shown in Table 2.

Non-*Saccharomyces* yeast biodiversity

A wide variety of non-*Saccharomyces* yeasts were found: 71.5% of the strains analysed, that were included in 8 genera and 17 different species. The most abundant was *H. uvarum,* isolated in more or less frequency in 17 of the 30 fermentations analysed. Three additional *Hanseniaspora* species: *H. valbyensis*, *H. osmophila* and *H. vineae* and the related species *Kloeckera lindneri* [17] were detected in the wines. The apiculate yeasts represent often the dominant microbial population of the early stages of grape must fermentation. Even if the growth of these yeasts is limited only to the first days of fermentation, the activity of *Hanseniaspora* (*Kloeckera*) wine strains can influence significantly the chemical composition of the final wine. Although *H. uvarum* is known as high producer of acetic acid [18], the large variability among *H. uvarum* wine strains, could allow the identification of strains suitable to be used as starter culture in mixed fermentation with *S. cerevisiae* [19]. Several studies have shown the impact of *Hanseniaspora* species on the analytical composition and sensory characteristics of wine. Viana et al. [20] suggested the potential of using *H. osmophila* in mixed cultures with *S. cerevisiae* to increase the levels of 2-phenylethyl acetate (fruity and flowery aroma) in wines. And similar results were obtained by Viana et al [21] and Lleixà et al [22] when strains of *H. vineae* were used in co-culture with *S. cerevisiae*. Although in this study samples for yeasts isolation were taken at the end of fermentation, when concentration of residual sugars was less than 2 g/L, the alcohol content in all samples where *Hanseniasposa* sp. was detected was low (less than 5% vol). Thus could explain the high frequency of presence of these species.

Other genus quite abundant in grapes of *V. vinifera* L. ssp *sylvestris* is *Pichia* sp. We identified 5 different species (9.52% of the total isolates), some of them in low ratio (Table 2): *P. anomala* (*Hansenula anomala or Wickerhamomyces anomalus*), *P. manshurica*, *P. membranifaciens*, *P. kudriavzevii* and *P. occidentalis* (*Issatchenkia occidentalis*). *P. anomala* and *P. membranifaciens* have been suggested for the production of low–alcohol wines [23] and some strains of *P. anomala* have β-glucosidase activity with aroma-enhancing capabilities in wine [24]. And recently *P. kudriavzevi* has been described as representative yeast of North Patagonian winemaking terroir [25].

The genus *Zygosaccharomyces* sp. included two species: *Z. bailii* and *Z. florentinus* were detected in two spontaneous fermentations, with 1,34% and 0.12% of presence, respectively. Some literature considers this genus to be winery contaminants producing high quantities of acetic acid and is specially a problem in wineries producing sweet and sparkling wines due to its capacity to referment bottled wines. However, it has been described that some *Z. bailii* strains produces high levels of ethyl esters as a mixed starter with *S. cerevisiae*, increasing the aromatic complexity of wine [26].

A species isolated in this work and also relevant in technological terms is *Lachancea thermotolerans* (*Kluyveromyces thermotolerans*), found in 1.71% frequency in 3 different locations. This yeast has the interesting property of being able to metabolize sugar into lactic acid and thereby decreasing the level of ethanol produced from grape must and enhance acidity [27,28].

Kluyveromyces marxianus were isolated three times, representing 0.37% of the yeasts. This species is able to ferment sugars in high temperature environments (up to 45°C), including grape juice. It is also present in some commercial preparations to contribute flavour complexity [29].

Two strains of *Metschnikowia fructicola* (0.24% of frequency), close relative of *M. pulcherrima*, were found in two distinct locations. It has been described to possess antifungal activity, suggesting that the presence of *Metschnikowia* species, specifically *M. pulcherrima* and *M. fructicola* may play a protective role against the growth of filamentous fungi on grapes during withering [30].

Although detected in fairly high frequency (7.69%) in 5 different locations, no relevant information related to improve wine quality have been found for *Candida californica*.

Thus, in general, wine makers and wine researchers have come to realize that non-*Saccharomyces* yeasts contribute in significant measure to the flavour and quality of wine than previously thought. Currently, fermentation trials are performed with all the species isolated from wild grapes to find someone that exhibits promising phenotypic traits suitable for wine-making.

Saccharomyces cerevisiae strains community in wild grapes

S. cerevisiae is the most important yeast for wine production and the conversion of sugar in ethanol, it being the main yeast at the end of spontaneous fermentation and also as commercial starter culture [31].

Table 3. Classification of *S. cerevisiae* strains and locations where they were isolated.

S. cerevisiae genotypes	Location (n°isolates/location)	Total strain isolates
B1	FR4 (9); LR1 (11); FR1 (17); NA1B (20)	57
B2	NA1A (19)	19
B3	LR1 (1)	1
B4	LR1 (1)	1
B5	BU1A (3); AL1B (11)	14
B6	BU1A (2); AS5A (13); SA1B (1)	16
B7	BU1A (4)	4
B8	BU1A (3); AL4A (7); BU2A (17); AL1A (3)	30
B9	BU1A (5)	5
B10	BU1A (1)	1
B11	BU1A (2)	2
B12	BU1A (3); BU1B (1)	4
B13	BU1A (2)	2
B14	BU1A (1)	1
B15	BU1A (1)	1
B16	BU1A (1)	1
B17	BU1A (1)	1
B18	BU1A (1)	1
B19	BU1B (9)	9
B20	AL4A (1)	1
B21	AL4A (1)	1
B22	AL4A (1)	1
B23	AL4A (1)	1
B24	AL4A (2)	2
B25	AL4A (1)	1
B26	BU2A (16)	16
B27	AL6A (1)	1
B28	AL7A (10)	10
B29	AL1A (17); AL1B (7)	24
B30	AL4A (1)	1

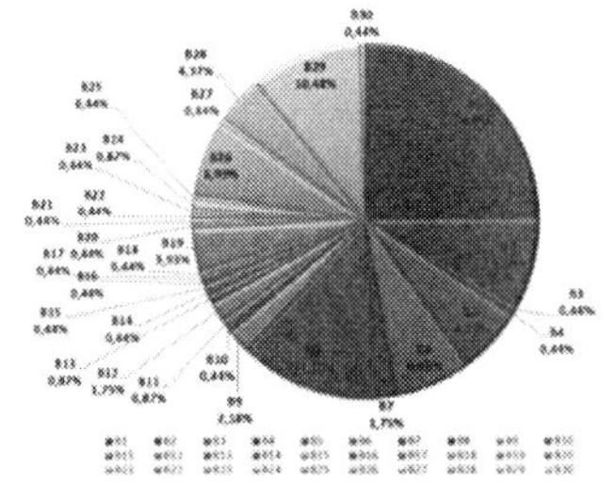

Figure 3. Frequencies of *S. cerevisiae* strains isolated from spontaneous fermentations of *V. vinifera* L. *sylvestris* grapes.

A wide strain diversity has been observed for *S. cerevisiae* wine yeasts isolated from wild grapes. 229 pure *S. cerevisiae* isolates from the end of spontaneous fermentations of 15 *V. vinifera* ssp *sylvestris* grape samples were characterized by the profile of interdelta sequence amplification. According to the results, *S. cerevisiae* yeasts were classified in thirty genotypes or strains: B1 to B30 (Table 3). Collection of *S. cerevisiae* wine strains from natural fermentations has demonstrated the existence of such strong polymorphism within this specie [32].

Six strains: B1, B5, B6, B8, B12 and B29 were isolated from 2 up to 4 different locations. In some cases, the distance between sampling points where the same strain was found was more than 250 km (e.g. strain B6 isolated in grapes from BU1A and AS5A), proving an ecological niche in this area. In two locations, BU1A and AL4A, a high heterogeneity of strains was found: 14 and 8 different strains were found, respectively. Figure 3 shows the percentage of isolation of each *S. cerevisiae* strain. The most abundant strains were B1 (24.9%), B8 (13.1%), B29 (10.5%), B2 (8.3%), B6 and B26 (7.0% each one) and B5 (6.1%).

At present, we are screening the different strains for their suitability for must fermentation (data not shown). Most of them are able to consume high amounts of sugar, achieving alcohol concentrations more than 14% vol, without increasing volatile acidity. Additional studies are being made on the ability of these strains to produce secondary products that contribute to the sensory properties of wines.

4. Conclusion

Yeasts are found throughout nature. However, they not occur randomly, but are found in specific habitats where different species form communities. In this sense, this is the first report about the native yeast diversity present in grapes of wild vines (*V. vinifera* L., ssp *sylvestris*), a natural resource with oenological traits that might help to deal with the changes that climate change is producing in the vineyards. This work might provide supportive information for future studies on the contribution of these isolated yeast species to wine quality. We have identified some non-*Saccharomyces* species and several *S. cerevisiae* strains that have promising perspectives for its oenological use to improve wine quality. Further trials with these isolated strains, including the suitability of individuals and mixed cultures of non-*Saccharomyces* and *S. cerevisiae* strains at laboratory scale and in semi-pilot vinifications on different musts are in progress.

Spain's Ministry of Economy and Competitiveness, Project RTA2014-00016-C03-03, MINECO-INIA-CCAA.

References

[1] R. Mira de Orduña. Food Res. Int. **43**, 1844–1855 (2010)
[2] A.D. Coulter, P.A. Henschke, C.A. Simos, I.S. Pretorius. Australian and New Zealand Wine Ind. J. **23**, 26–30 (2008)
[3] F. Grassi, M. Labra, S. Imazio, R. Ocete Rubio, O. Failla, A. Scienza, F. Sala. Conservation Genetics **7**, 837–845 (2006)
[4] M. De Andrés, A. Benito, G. Pérez-Rivera, R. Ocete, M.A. López, L. Gaforio, G. Muñoz, F. Cabello, J.M. Martínez-Zapater, R. Arroyo-García. Mol. Ecol. **21**, 800–816 (2012)
[5] R. Ocete, R. Arroyo-García, M.L. Morales, M. Cantos, A. Gallardo, M.A. Pérez, I. Gómez, M.A. López. Vitis **50**, 11–16 (2011)
[6] R. Ocete, M. Cantos, A. López-Gallardo, A. Pérez-Troncoso, M. Lara, O. Failla, F.J. Ferragut, J. Liñán. Caracterización y conservación del recurso fitogenético vid silvestre en Andalucía. Ed. Falcor. Sevilla (Spain) (2007)

[7] R. Urso, K. Rantsiou, P. Dolci, L. Rolle, G. Comi, L. Cocolin. FEMS Yeast Res. **8**, 1053–1062 (2008)A.
[8] OIV Resolution OIV-OENO 408 (2011)
[9] A. Querol, E. Barrio, D. Ramón. Syst. Appl. Microbiol. **15**, 439–446 (1992)
[10] B. Esteve-Zarzoso, C. Belloch, F. Uruburu, A. Querol. Int. J. Syst. Bact. **49**, 329–337 (1999)
[11] J.M Guillamón, J. Sabaté, E. Barrio, J. Cano, A. Querol. Arch. Microbiol. **169**, 387–392 (1998)
[12] L. Granchi. M. Bosco, A. Messini, M. Vincenzini. J. Appl. Microbiol. **87**, 949–956 (1999)
[13] J. Sabaté, J. Cano, B. Esteve-Zarzoso, J.Mo. Guillamón. Microbiol. Res. **157**, 267–274 (2002)
[14] C.P. Kurtzman, C.J. Robnett. Antonie Van Leeuwenhoek **73**, 337–371 (1998)
[15] C.X. Wang, Y.L. Liu. Food Microbio. **33**,172–177 (2013)
[16] J.L. Legras, F. Karst. FEMS Microbiol. Lett. **221**, 249–255 (2003)
[17] N. Cadez, P. Raspor, A.W.A.M. de Cock, T. Boekhout, M.Th. Smith. FEMS Yeast Res. **1**, 279–289 (2002)
[18] N.P. Jolly, O.P.H. Augustyn, I.S. Pretorius. S.Afr.J.Enol.Vitic., **27**, 15–39 (2005)
[19] P. Romano, C. Fiore, M. Paraggio, M. Caruso, A. Capece. Int. J. Food Microbiol. **86**, 169–180 (2003)
[20] F. Viana, J.V. Gil, S. Vallés, P. Manzanares. Int. J. Food Microbiol.**135**, 68–74 (2009)
[21] F. Viana, C. Belloch, S. Vallés, P. Manzanares. Int. J. Food Microbiol. **151**, 235–240 (2011)
[22] J. Lleixà, V. Martín, M.C. Portillo, F. Carrau, G. Beltran, A. Mas. Front. Microbiol. 7:338 (2016)
[23] H. Ertin, I. Campdell. J. Inst. Brew. **107**, 207–215 (2001)
[24] J. Swangkeaw, S. Vichitphan, C.E. Butzke, K. Vichitphan. Ann. Microbiol.,**59**, 335–343 (2009)
[25] S.M. del Mónaco, M.E. Rodríguez, C.A. Lopes. Int. J. Food Microbiol. **230**, 31–39 (2016)
[26] J. Garavaglia, R. C. de Souza-Schneider, S.D. Camargo-Mendes, J.E. Welke, C. Alcaraz-Zini, E. Bastos-Caramao, P. Valente. Microbiol. Res. **173**, 59–65 (2015)
[27] M. Gobbi, F. Comitini, P. Domizio, C. Romani, L. Lencioni, I. Mannazzu, M. Ciani. Food Microbiol. **33**, 271–281 (2013)
[28] A. Benito, F. Calderón, F. Palomero, S. Benito. Molecules **20**, 9510–9523 (2015)
[29] J.P. Morrissey, M.M.W. Etschmann, J. Schrader, G.M. de Billerbeck. Yeast **32**, 3–16 (2015)
[30] C.P. Kurtzman, S. Droby. Syst. Appl. Microbiol. **24**, 395–399 (2001)
[31] G.H. Fleet. FEMS Yeast Res. **8**, 979–995 (2008)
[32] I.S. Pretorius. Yeast **16**, 675–729 (2000)

BIO Web of Conferences 7, 02027 (2016) DOI: 10.1051/bioconf/20160702027
39th World Congress of Vine and Wine

The effect of the fungicide captan on *Saccharomyces cerevisiae* and wine fermentation

Fernando J. Scariot, Luciane M. Jahn, Ana Paula L. Delamare, and Sergio Echeverrigaray

Instituto de Biotecnologia, Universidade de Caxias do Sul, 95070-650 Caxias do Sul, Brazil

Abstract. Fungicides, particularly those used during grape maturation, as captan, can affect the natural yeast population of grapes, and can reach grape must affecting wine fermentation. The objective of the present work was to study the effect of captan on the viability and fermentative behavior of *S. cerevisiae*. *S. cerevisiae* (BY4741) on exponential phase was treated with captan (0 to 40 μM) for different periods, and their cell viability analyzed. Cell membrane integrity, thiols concentration, and reactive oxygen species (ROS) accumulation was determined. The fermentation experiments were conducted in synthetic must using wine yeast strain Y904. The results showed that under aerobic conditions, 20 μM of captan reduce 90% of yeast viability in 6 hours. Captan treated cells exhibited alteration of membrane integrity, reduction of thiol compounds and increase in intracellular ROS concentration, suggesting a necrotic and pro-oxidant activity of the fungicide. Fermentative experiments showed that concentrations above 2.5 μM captan completely inhibited fermentation, while a dose dependent fermentation delay associated with the reduction of yeast viability was detected in sub-inhibitory concentrations. Petit mutants increase was also observed. In conclusion, the captan induces yeast necrotic cell death on both aerobic and anaerobic conditions causing fermentation delay and/or sucking fermentations.

1. Introduction

Captan (N-cyclohex (trichloromethylthio)-4-ene-1, 2-di carboximide) is a broad spectrum fungicide of the phtalimide class, widely used to control several grapevine diseases, as downy mildew, phomopsis, black rot, ripe rot, and bitter rot. With a pre-harvest interval of 24 h to 30 days depending on specific national legislations, experimental data showed that Captan residue in grapes varies between 0.74 to 22 mg/kg [1], and can reach grape must, and decline but persist during fermentation [2].

Captan reaction with thiol groups has been pointed as the main mode of action on phytopathogenic fungi, been responsible for the reduction of enzymatic activities, respiration, physiological changes, and fungal death [3]. In the presence of exposed thiol groups, captan oxidize thiols and is hydrolyze to its reactive thiophosgene ($SCCl_3$) moiety, and the 1,2,3,6-tetrahydrophthalimide ring [4]. In vitro genotoxicity studies indicated that phtalimide fungicides were associated to point mutations, and gene conversion [5,6], been classified as potential human carcinogen. However, based on *in vivo* and molecular analysis in mammals they were re-classified as non-genotoxic [7].

As other broad-spectrum fungicides, captan can affect non-target microorganisms, among which epiphytic and wine yeasts [8–11]. A comparison of the toxicity of 25 vineyard pesticides on the growth of wine yeast (*Saccharomyces cerevisiae*) showed that captan one of the more toxics [8]. Moreover, the presence of captan in grape must can drastically reduce yeast viability causing fermentation delay, wine cloudiness, and stuck fermentations [12]. Although used for more than 60 years, the mechanism of action and the effect of captan on both target and non-target organisms is poor and most studies just describe its toxicity on mammals.

Considering that captan is used to control grape diseases with a pre-harvest interval as low as 24 h, depending on specific national legislations, and consequently reach wine must, the aim of the present study was to determine captan minimal inhibitory concentration, and evaluate the effect of captan on *S. cerevisiae* under actively aerobic growth and wine fermentation.

2. Material and methods

2.1. Yeast strains and media

Saccharomyces cerevisiae BY4741 (MATa his3Δ1 leu2Δ0 met15Δ0 ura3Δ0) reference strain (Euroscarf,, Frankfurt, Germany), and Y904 wine strain (ABB, Brazil) were used. Other wine yeast strains were used to determine minimum inhibitory concentration under fermentative conditions: EC1118, QD145, CY3079 (Lalvin, Denmark), Rouge (Fermol, France), and BP725 (Maurivin, Australia). Yeasts were cultured at 28°C with orbital shaking (150 rpm) in YEPD broth (1% yeast extract, 2% peptone, 2% glucose, pH 6.5). Captan (Pestanal®) was purchased from Sigma-Aldrich, and stock solutions (10 mM in dimethylsulfoxide, DMSO) were prepared just before each experiment.

2.2. Yeast growth and fermentations

For aerobic experiments, yeasts from overnight cultures were inoculated in YPD broth, and grown to mid-exponential phase (OD_{600} ~0.7) at 28 °C with orbital shaking (150 rpm). Cells were harvest by centrifugation, washed twice with 0.9% NaCl, and cell density adjusted to 10^7 cells/ml in minimal medium (0.67% Yeast Nitrogen Base without aminoacids, 2% glucose, with 20 mg/L histidine, methionine, and uracil, and 60 mg/L leucine, pH 6.5). Control and captan-treated cultures were incubated for 6 hours at 28 °C with shaking (150 rpm).

For fermentation experiments, yeasts were grown to stationary phase on YEPD broth for 48 hours at 28 °C with shaking (150 rpm), collected by centrifugation, washed with 0.9% NaCl. Yeast inoculation was standardized at 5×10^6 cells/ml in 100 ml of MS300 medium [13] in 250 ml Duran flasks with Müller valves. Fermentation were conducted at 24 °C with periodical agitation, and monitored by CO_2 release.

2.3. Analytical techniques

The viability of Captan-treated and untreated yeasts was determined by spot assay. Cultures were diluted at 10-fold series, and aliquots (10 μl) of each dilution were spotted onto YEPD plates. Colony were enumerated after 48 h incubation at 28°C, and expressed as percentage of colony forming units (CFU) compared with the control (untreated cells).

Respiration deficient yeasts (petit) were determined by plating on YEPD and YEPG (1% yeast extract, 2% peptone, 3% glycerol, 2% agar, pH 6.5) media, and confirmed by sticking YEPD colonies on YEPG medium.

Total, protein and non-protein thiols were measured by the DTNB (5,5'-dithiobis-(2-nitribenzoic acid)) according with [14]. Total proteins were quantified by the Bradford method.

Cell membrane integrity and ROS accumulation were determined with LIFE/DEAD FungalLight Yeast Viability kit (Invitorgen), and the dihydroethidium and dihydrorhodamine 123 oxidant sensitive dyes, respectively, using a flow cytometry FACSCalibur (Becton-Dickinson) instrument equipped with an argon-ion laser emitting at 488 nm.

Wine total acidity (g tartaric acid/L), volatile acidity (g acetic acid/L), residual sugar (g/L), alcohol (% v/v), and density (20/20) were determined according to the International Organization of Vine and Wine methods [15]. Glycerol concentration was quantified by an enzymatic method (Megazyme).

2.4. Statistical analyses

All analyses were carried out in triplicate, and the results expressed as mean values ± standard deviation. The SPSS 20.0 software for Windows (Chicago, IL, USA) was used for the analysis of variance (ANOVA), and means comparison.

3. Results and discussion

Initial experiments showed that captan minimal inhibitory concentration (MIC) for aerobic exponential growing cells of *S. cerevisiae* on SD medium was 40 μM, but a 6 hours treatment with 20 μM captan resulted in 97.7% reduction in yeast viability (Table 1). This concentration and time exposure was adopted to analyze captan effect on the reference strain *S. cerevisiae* BY4741.

A comparison between control (untreated) and captan-treated cells (Table 1) showed a significant reduction of

Table 1. Viability, thiol content, membrane integrity, and ROS accumulation on control and 20 μM captan treated (6 hours) exponential growing yeast cells.

	Control	Captan	Difference
Viability (%)	100.00	5.30**	−97.7%
NP-SH[1]	54.17	7.37**	−86.4%
P-SH[1]	7.14	2.91**	−59.2%
Membrane integrity[2]	97.2	18.3**	−78.90%
DHE fluorescence[3]	14.7	70.4**	4.8 ×
DHR fluorescence[3]	13.2	39.4**	3.0 ×

[1] μM cysteine/μg protein; [2] percentage of cells (10000 cells evaluated); [3] median fluorescence; ** significantly different (> 0.01) from control.

both cellular protein and non-protein thiol groups. This result confirms captan non-specific thiol reactivity as one of the most important direct effects of the phtalimide fungicides [3]. Moreover, captan-treated cells exhibited a drastic loss of membrane integrity, a typical necrotic behavior [16], which can be the result of the modification of membrane protein structures by protein sulfhydryl-disulfide transitions, and consequent increase in membrane permeability [17].

As previously observed in another thiol-reactant fungicide Mancozeb [18], captan-treated cells exhibited an important increase in ROS concentration. ROS accumulation can be related to the reduction of glutathione, the most important reducing compound in yeasts [19]. Moreover, ROS accumulation can induce apoptotic cell death, which in turns can be responsible for the difference between the percentage of necrotic cells (78.9%) and loos of culture-ability (97.7%).

Captan MIC determined in synthetic must (MD300) on seven *Saccharomyces* strains was 5 μM, except for BP725 (2.5 μM) and F15 (10 μM). This values are similar to those reported by Cabras et al [2] that observed complete inhibition of *S. cerevisiae* and *Kloeckera apiculata* by 6.7 μM Folpet, a sister molecule of captan.

Captan MIC values under fermentation conditions are lower than those defined for aerobic active growing cells. Evaluation of pH and osmotic effect on captan MIC values, showed that where glucose concentration (2–20%) has not effect, the reduction of pH values directly affect captan toxicity varying from 20 μM at pH 6.5 to 5 μM at pH< 5.0. Acidity and pH affects the dissociation of captan on their thiophosgene and tetrahydrophtalic acid moieties [20].

Fermentation experiments with different concentrations of captan were conducted in MD300 medium using the wine strain Y904. The results showed that 10 μM captan completely inhibited fermentation, but in lower dosages the fungicide determined a dose dependent delay effect with an increase of 1, 3 and 9 day in the presence of 1.25, 2.5 and 5 μM of captan, respectively (Fig. 1). Conversely, the maximum fermentation rate increased from 1.04, in the control, to 1.39 gCO_2/100ml/day in the 2.5 μM captan treatment. Fermentation delay, inhibition of cell development and reproduction, and modification of wild yeasts population dynamics during wine fermentations, by low concentrations of phtalimide fungicides was previously reported [12].

The evaluation of viable yeast population (UFC/ml) and fermentation behavior in control, 0.625 and 2.5 μM captan confirmed a fermentation delay, particularly evident

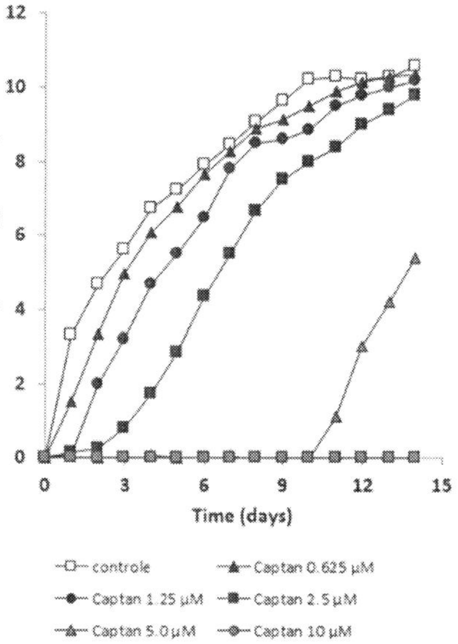

Figure 1. Fermentation behavior in increased concentrations of captan. Values are mean of three replications.

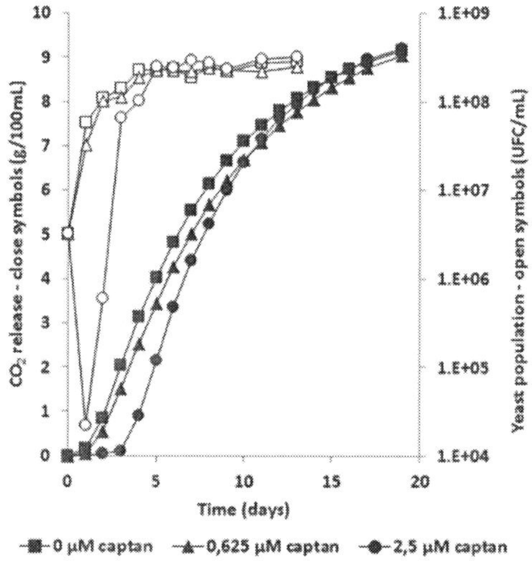

Figure 2. Yeast population and fermentation kinetics in sub-inhibitory concentrations of captan. Values are mean of three replications.

on the highest captan concentration (Fig. 2). The delay to begin fermentation in 2.5 μM captan treatment was associated to a drastic initial decrease in the overall viable yeast population, which fall from 5×10^6 to 2.2×10^4 CFU/ml (99.6%) in the first 24 hours. However, the cells that remain viable rapidly adapted and grew, reaching 5×10^8 CFU/ml, the same population of the control, at the fifth day. Yeast adaptation to stress depends on the mode of action of the stressing agent. Studies on *S. cerevisiae* adaptation to the thiol-reactive and pro-oxidant fungicide Mancozeb led to the identification of 286 genes that provide protection, most of which involved in oxidative stress response, protein degradation, and carbohydrate/energy metabolism, and

Table 2. Wine fermentation parameters, cell mass and cellular thiols in the absence and presence of captan.

Parameter*		Captan	
	Control	0.625μM	2.5μM
Density	1.0050^A	1.0055^A	1.0023^A
pH	3.59^A	3.62^A	3.60^A
Ethanol (% v/v)	12.27^B	12.10^B	13.20^A
Glycerol (mg/L)	4.74^B	4.79^B	5.01^A
Residual Sugar (g/L)	17.71^A	16.62^A	9.42^B
Cellular T-SH[1]	4.69^B	5.32^B	11.57^A
Cell mass (gdw/L)[2]	2.47^B	$2,69^{AB}$	$3,25^A$
Total acidity[3]	7.55^B	7.75^{AB}	7.92^A
Volatile acidity[4]	0.82^A	0.72^B	0.58^C

* Values are the means of three replicates, and different letters in each line are significantly different at the 0.05 level according to ANOVA by Tukey's test. [1] Total thiol groups (mg cysteine/mg protein); [2] g dry weight/L; [3] g tartaric acid/L; [4] g acetic acid/L.

controlled by the major yeast oxidative stress regulator, Yap1p [21].

A large number (24.5%) of small colonies were observed at the end of fermentations with 2.5 μM of captan. These colonies were unable to grow on glycerol as only carbon source and confirmed as petite (respiratory deficient) mutants. The highest frequency of petite mutants can be attributed to the direct mutagenic action of the tiophosgene moiety of the captan molecule [4], to high ROS accumulation, and the adaptive advantage of mitochondrial defective petite yeast under the stress condition imposed by the fungicide [22].

A comparison of fermentation parameters in the absence and presence of captan showed non-significant differences in wine density and pH (Table 2). However, wines obtained from 2.5 μM captan treatments exhibited significantly higher concentrations of ethanol, glycerol, and total acidity, lower concentration of residual sugar, and a dose dependent decrease of volatile acidity. Yeast cells from 2.5 μM captan treatments recovered at the end of fermentation showed higher concentration of total thiol groups, mainly glutathione. This increase may be part of the adaptation of yeast to glutathione (G-SH) depletion by the captan, as well as a response to ROS accumulation in the presence of the fungicide. In this sense, it is important to note that although progressively degraded in must and wines, phtalimide fungicides and their degradation products can remain at the end fermentation[2], and affect yeast behavior.

In summary, the data reported in this study showed that 20 μM of captan drastically reduce the viability of aerobic active growing cells of *S. cerevisiae* in just 6 hours treatments. Captan treated cells exhibited loss of membrane integrity, reduction of protein and non-protein thiol compounds and increase in intracellular ROS concentration, indicating necrotic and pro-oxidant activity. Under wine fermentation condition, pH stimulated fungicide dissociation resulting in a 4× reduction of MIC values. Fermentation delay caused by 2.5 μM captan was associated to the reduction of yeast viability. However, those cells that survived the initial shock adapted to the fungicide, reassumed growth, and finished fermentation. Wines obtained from 2.5 μM captan treatments showed higher concentrations of ethanol, glycerol, and total acidity, and lower volatile acidity. Moreover, yeast cells from 2.5 μM captan treatments recovered at the end of fermentation showed higher concentration of total thiols, and almost 25% of them were respiratory deficient petite mutants.

References

[1] FAO Report, www.fao.org/fileadmin/templates/agphome/documents/Pests_Pesticides/JMPR/Reports_1991--2006/Report97.pdf (1997) Accessed on July 2016
[2] P. Cabras, A. Angioni, V.L. Garau, M. Melis, F.M. Pirisi, G.A. Farris, C. Sotgiu, E.V. Minelli, J. Agric. Food Chem. **45**, 476 (1997)
[3] R.J. Lukens, *The chemistry of fungicidal action.* (Springer-Verlag, New York, 2013)
[4] G.T. Arce, E.B. Gordon, S.M. Cohen, P. Singh, Crit. Rev. Toxicol. **40**, 546 (2010)
[5] V.F. Simmon, A.D. Mitchell, T.A. Jorgenson, US Environmental Protection Agency. Report n°EPA-600/1-77-028. MRID 132582 (1997)
[6] M. Bertoldi, M. Griselli, M. Giovannetti, R. Barale, Environ. Mutagen. **2**, 359 (1980)
[7] E. Zeiger Environ. Mol. Mutagen. **44**, 363 (2004)
[8] A.J. Conner, Am. J. Enol. Vitic. **34**, 278 (1983)
[9] M. Chiba, A.W. Brown, D. Danic, Can. J. Microbiol. **33**, 157 (1987)
[10] N. Cadez, J. Zupan, P. Raspor, FEMS Yeast Res. **10**, 619 (2010)
[11] R. Vadkertiova, E. Slavikova, Z. Naturforsch **66**, 588 (2011)
[12] P. Caboni, P. Cabras, Adv. Food Nutr. Res. **59**, 43 (2010)
[13] J.M. Salmon, P. Barre, Appl. Environ. Microbiol. **4**, 3831 (1998)
[14] P.D. Demasi, G.A.G. Pereira, L.E.S. Netto FEBS J. **273**, 805 (2006)
[15] Compendium of International Methods of Analysis of Wines and Musts. Vol.2 (2015)
[16] D.M. Wloch-Salomon, A.E. Bem, J. Appl. Microbiol. **114**, 287 (2012)
[17] C. Yang, C. Hamel, V. Vujanovic, Y. Gan, ISRN Ecology 2011, Article ID 130289 (2011)
[18] F.J. Scariot, L.M. Jahn, J.P. Maianti, A.P.L. Delamare, S. Echeverrigaray, Apoptosis **21**, 866 (2016)
[19] G.G. Perrone, C.M. Grant, I.W. Dawes, Mol. Biol. Cell, **16**, 218 (2005)
[20] A. Angioni, V.L. Garau, A. Aguilera del Real, M. Melis, E.V. Minelli, C. Tuberoso, P. Cabras, J. Agric Food Chem. **51**, 6761 (2003)
[21] P.J. Dias, M.C. Teixeira, J.P. Telo, I. Sá-Correia, OMICS **14**, 211 (2010)
[22] E. Casalone, E. Bonelli, M. Polsinelli, Folia Microbiol. **55**, 593 (2010)

New challenges in the application of biocompatible silver nanoparticles in enology: Antimicrobial capacity, digestibility and potential cytotoxicity

I. Gil-Sánchez[1], M. Monge[2], A. Bernáldez[1], A. Tamargo[1], C. Cueva[1], D. González de Llano[1], B. Bartolomé[1], and M.V. Moreno-Arribas[1,a]

[1] Instituto de Investigación en Ciencias de la Alimentación (CIAL), CSIC-UAM, c/ Nicolás Cabrera 9, 28049 Madrid, Spain
[2] Universidad de La Rioja, Dpto. de Química, c/ Madre de Dios 51, 26004, Logroño, La Rioja, Spain

Abstract. In the search for new substitutes to the use of sulfur dioxide (SO_2) in oenology, a new line of research based on nanotechnology has been launched. Within this line, this paper evaluates the suitability of two new biocompatible silver nanoparticles (Ag-NPs) to control microbial growth in wine as well as their stability and potential risks at intestinal level. Antimicrobial activities against spoilage wine microorganisms were carried out in both culture media and wines. In addition, *in vitro* simulations (static and dynamic) were conducted to monitor the passage of Ag-NPs through the buco-gastrointestinal tract and also to assess their effects on the gut microbiota and intestinal epithelial cells. Both Ag-NPs proved to be highly efficient for the control of wine undesirable bacteria in culture media and microvinification assays, and to a lesser extent, for reducing *Brettanomyces* populations in wine. Furthermore, undigested Ag-NPs as their corresponding digests after gastrointestinal simulation were not toxic to intestinal microbiota either epithelial cells, at least at the conditions used in these experiments.

1. Introduction

Sulfur dioxide (SO_2) is one of the most efficient additives used in winemaking due to its two important roles. Firstly, SO_2 is able to selectively inhibit the growth of wine undesirable microorganisms, mainly lactic acid bacteria (LAB), and, secondly, it acts as an antioxidant, safeguarding the integrity of the wine and protecting it against browning.

However, several studies have reported that high exposures to this additive can produce organoleptic alterations in the final product and can cause health adverse effects in sensitive people [1]. Because of this, the sulfating practice is actually strictly controlled in musts and wines.

A general concern for the development of new alternatives that can replace or complement the action of SO_2 has been currently promoted. Recent proposed alternatives include the addition of "natural antimicrobial agents" such as bacteriocins, lysozyme and polyphenols as well as the application of physical methods, such as pulsed electric field, ultrasound, ultraviolet radiation, low electric current and high pressure [2,3]. Another potential alternative to the use of SO_2 are silver nanoparticles (Ag-NPs) [3,4].

The antimicrobial effects of silver have been known for years, however, it is now when its use has gained prominence in the agro food industry [4]. Some recent papers have evaluated the effects of antiseptic kaolin-silver complex for substituting the use of sulfites in winemaking [5,6].

In the case of the silver nanoparticles, these biomaterials are much more active and soluble than a similar bulk amount of silver. Nevertheless, so far, studies on the use silver nanoparticles in the field of oenology as antimicrobial agents are very scarce, and, there is no information available on the effect of these nanomaterials on healthy human [3]. Thus, the aim of the present study was to assess the ability of two new biocompatible silver nanoparticles to control the microbial growth in wines as well as to evaluate the potential digestive risks related to their intake.

2. Materials and methods

2.1. Silver nanoparticles

The two biocompatible silver nanoparticles (coating by polyethylenglycol and glutathione) were synthetized following the methodology described by García-Ruíz et al. [3].

The polyethylene glycol-stabilized silver nanoparticles identified as PEG-Ag NPs had a final content of silver of 20% and an average size between 5–25 nm, whereas the glutathione-stabilized silver nanoparticles designated as GSH-Ag NPs had a final concentration of silver of 0.197mg/mL and an average size between 10–50 nm.

Both Ag-NPs were characterized by transmission electron microscopy (TEM) and inductively coupled plasma (Fig. 1).

[a] e-mail: victoria.moreno@csic.es

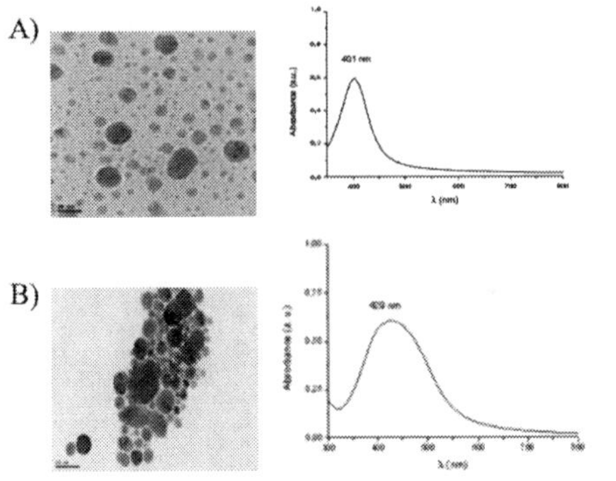

Figure 1. Transmission Electron Microscopy images of PEG- Ag NPs (A) and GLU-Ag NPs (B).

2.2. Bacteria, culture media and antibacterial activity assay

The antibacterial assays were determined by microtiter dilution method [3].

Eleven lactic acid bacteria (LAB) strains belonging to *P. pentosaceus* (n = 4), *L. casei* (n = 3), *L. plantarum* (n = 1), *O. oeni* (n = 3) (Table 1) were selected from the bacterial culture collection of CIAL (Instituto de Investigación en Ciencias de la Alimentación, CSIC-UAM). In addition, two acetic acid bacteria (AAB) strains belonging to Spanish Type Culture Collection (CECT), *A. aceti* CECT-298 and *G. oxydans* CECT-360 were also selected for this study. *Lactobacillus, Pediococcus* and *O. oeni* strains were grown at 30°C in MRS medium. AAB were cultivated at 30°C in GY medium.

The antimicrobial activity of silver nanoparticles was evaluated as inhibition of bacterial growth during the stationary phase, and was expressed as the IC_{50} value (concentration of silver required to reduce 50% of cell growth). IC_{50} was determined using a non-linear regression model based on the equation for a sigmoid dose-response curve (R2 > 0.9) (GraphPadPrism v.4.03, GraphPad, La Jolla, USA).

2.3. Antibacterial activity assay in microvinification conditions

The wine used in this study was a young white wine (var. Airén, vintage 2014), kindly provided by a winery (La Mancha Designation of Origin). This wine was selected because of its low SO_2 content (free $SO_2 \leq 1$ mg/L).

The wine was divided into four glass flasks (50 mL), which were subjected to different treatments. These treatments consisted in adding: (a) PEG-Ag, (b) GSH-Ag, and (c) SO_2 and (d) none antimicrobial agent (control wine). The tested silver nanoparticles concentrations were calculated from IC_{50} of *L. plantarum* (Table 1), whereas, in the case of SO_2 was used at the maximum dosage authorized (160 mg/L). All treated wines were incubated at 25°C for 30 days. Samples were collected at 0, 1, 3, 7, 14, 21 and 30 days of incubation to perform bacterial counts (LAB and AAB).

2.4. Determination of antimicrobial activity of silver nanoparticles against *Brettanomyces* in wines

A red wine was contaminated with *Brettanomyces bruxellensis* using a strain previously isolated from a spoiled wine. Wine, previously filtered (20 μm), was inoculated with *B. bruxellensis* (5–20×10^6 UFC/mL) and distributed in bottles of 125 mL. Each bottle was subjected to different treatments that consisted in adding to the wine: (a) PEG-Ag NPs, (b) GSH-Ag NPs, (c) chitosan, (d) SO_2 and (e) none antimicrobial agent (control wine). The concentration of chitosan used in this experiment, was 10 g/hL. To the rest of antimicrobial agents were used the same concentrations mentioned in above experiment.

Wine samples were collected at 15 and 30 days to perform *Brettanomyces* counting in BrettAllert medium (Agrovin S.A, Ciudad Real, Spain). Analyses were done in duplicate.

2.5. *In vitro* buco-gastrointestinal static simulation of silver nanoparticles and cytotoxicity assays

The oral-gastrointestinal simulations of biocompatible silver nanoparticles were conducted following the harmonized static digestion method developed within the COST Action INFOGEST [7]. This method is comprised to three stages that mimic the oral, gastric and small intestinal phases of digestion *in vivo*, by addition of synthetic fluids (salivary fluid, gastric fluid and intestinal fluid).

Serial dilutions of undigested and digested silver nanoparticles [from 0.44 mg/mL to 688 μg/mL for PEG-Ag NPs, and from 0.309 mL/mL to 483μ L/mL for GSH-Ag NPs] were used for cytotoxicity testing on proliferative and differentiated Caco-2 cells, using the colorimetric 3-(4,5-dimethylthiazol-2-yl)-2,5- diphenyltetrazolium bromide (MTT) assay [8]. The Caco-2 cells were obtained from American Type Culture Collection (ATCC). The results were expressed as percentage of cell viability relative to control. The optical density of control was established as the maximum viability (100%).

2.6. *In vitro* gastrointestinal dynamic simulation of silver nanoparticles and effect on gut microbiota

With the aim to investigate the possible effects of silver nanoparticles on gut microbiota, a dynamic gastrointestinal tract model, registered as simgi®, was used. The simgi® is a multi-compartmental dynamic model controlled by a central computer, which led simulate jointly the conditions of the stomach, small intestine and three colon regions (ascending, transverse and descending colon) [9, 10]. In addition, this model allows developing and maintaining a stable and colon specific microbial ecosystem.

Two independent assays were carried out using fecal samples from the two healthy volunteers. The operation of the model was optimized previously [10]. Briefly, the simgi® was inoculated with faecal solution and, next, and after a 2-week stabilization period the system was fed with a single dose of GSH-Ag NPs. The system was monitored during one week after which it was considered that the system returned to initial conditions.

Table 1. IC_{50} data of silver nanoparticles and potassium metabisulphite against the bacteria studied (adapted from García-Ruíz et al., 2015 [3]).

	IC_{50} (μg Ag/mL)		
	PEG-Ag NPs	**GSH-Ag**	**$K_2S_2O_5$**
LAB			
P. pentosaceus CIAL-16	120	62	590
P. pentosaceus CIAL-49	86	70	610
P. pentosaceus CIAL-85	470	50	550
P. pentosaceus CIAL-86	410	69	600
L. casei CIAL-51	232	65	540
L. casei CIAL-52	380	46	310
L. casei CIAL-92	370	17	820
L. plantarum CIAL-121	88	61	540
O. oeni CIAL-117	208	1.7	360
O. oeni CIAL-118	202	1.2	440
O. oeni CIAL-119	210	2.4	560
AAB			
A. aceti CECT-298	30	29	480
G. oxydans CECT-360	32	30	470

During the course of the experiments, samples from the stomach, large intestine and the three colon compartments were collected before (day 0) and after of GSH-Ag NPs feeding (days 2, 3, 4, 5, 8 and 10), to perform further analyses.

To assess changes in gut microbiota after the GSH-Ag NPs feeding, simgi® samples from the colon compartments were decimal-diluted and plated on different types on selective media [Trypticase Soy Agar (BD) fortotalaerobes; Wilkins Chalgrenagar (BD) fortotalanaerobes; MacConkeyagar (BD) for *Enterobacteriaceae* spp.; *Enterococcus* agar (BD) for *Enterococcus* spp.; MR Sagar (Pronadisa) for lactic acid bacteria and Manitol (BD) for *S.aureus* spp]. All plates were incubated at 37°C for 48h in an anaerobic cabinet (BACTRON Anaerobic/Environmental Chamber, SHELLAB), except Manitol and TSA that were incubated in aerobic conditions.

3. Results and discussion

3.1. Antimicrobial activity of PEG-Ag NPs and GSH-Ag NPs in culture media

As shown in Table 1, both silver nanoparticles were able to inhibit the growth of the main wine LAB and AAB in culture media. PEG-Ag NPs resulted in being more effective (lower IC_{50} values) against Gram-negative strains (AAB) than against Gram-positive strains (LAB), whereas glutathione-stabilized GSH-Ag NPs resulted in being extraordinarily effective against *O. oeni* strains ($IC_{50} \sim 1$ μg/mL, Ag concentration) [3].

It is important to remark that, in general, the tested bacterial populations were more sensitive to Ag-NPs action than $K_2S_2O_5$, thus confirming their antimicrobial effects in wine microbiota.

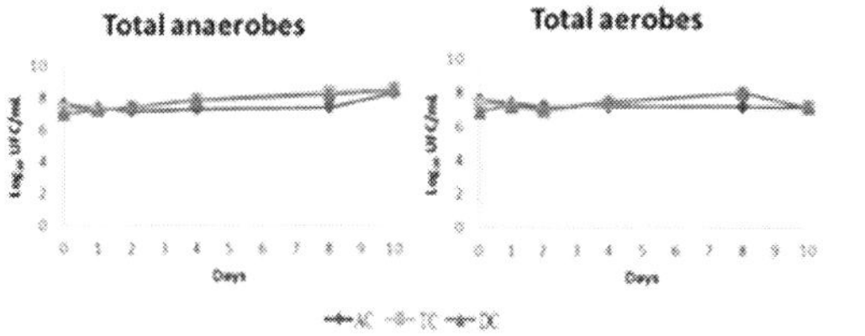

Figure 2. Total anaerobes and aerobes bacteria counts performed in ascending colon (AC), transverse colon (TC), and descending colon (DC), before (day 0) and after of feeding of simgi® with silver nanoparticles (days from 1 up to 10) for volunteer #1.

3.2. Evaluation of antimicrobial activity of silver nanoparticles in microvinification trials

Results from the microvinification trials showed that wines treated with both Ag-NPs completely inhibited the LAB and AAB populations, while that, control wine practically maintained the initial bacterial counts (data not shown).

Besides, it is important mention that after the first 24 hours in contact with wine, the PEG-Ag NPs were able to almost completely reduced LAB and AAB populations, providing an effect slight higher than the SO_2.

3.3. Evaluation of the susceptibility of *Brettanomyces* to silver nanoparticles in wines

Silver nanoparticles, unlike SO_2 and chitosan, were not able to completely remove *Brettanomyces* populations in wines. However, it is worth highlighting that, after 30 days of treatment, both PEG-Ag and GSH-Ag NPs decreased the *Brettanomyces* counts almost two log units, respect to wine control (data not shown).

3.4. Evaluation of cytotoxicity of silver nanoparticles on Caco-2 cells

After demonstrating the effectiveness of both Ag-NPs as antimicrobial agents in wines, the next step was to assess the safety of these nanomaterials for humans, in particular, on intestinal epithelium.

The results showed that none of the undigested Ag-NPs proved toxic to Caco-2 cells, at microbiologically active concentrations. In addition, these results were confirmed with the data obtained after oral-gastrointestinal simulation.

Previous studies also have discarded cytotoxicity effects on the Caco-2 cells by undigested silver nanoparticles [11].

3.5. Effect of GSH-Ag NPs on gut microbiota using a dynamic gastrointestinal model

With the purpose of deepening our understanding of the safety of silver nanoparticles at digestive level, the effects of the Ag-NPs stabilized with glutathione on gut microbiota were assessed using a dynamic gastrointestinal model.

In general, the counts of major microbial groups remained stable, over whole experiments, detecting changes log10 UFC≤1. As an example, Figure 2 shows the counts of total anaerobes and aerobes bacteria after feeding with silver nanoparticles for volunteer #1.

These results demonstrated that GSH-Ag NPs, at the concentration tested, produced no significant changes in the viability of microbiota present in the gastrointestinal tract.

In conclusion, these finding confirmed the potential of silver nanoparticles to control microbial processes in winemaking. They also seemed to discard toxicological effects of these nanoparticles on gut microbiota and intestinal epithelial cells *in vitro*, at least at the conditions tested. Nevertheless, further studies are required to ensure food security of these biomaterials *in vivo*.

This work was funded by the Spanish Ministry of Economy and Competitiveness (PRI-PIBAR-2011-1358 and AGL2015-64522-C2-R Projects), Comunidad de Madrid (ALIBIRD-CM S2013/ABI-2728), the Spanish Ministry of Education, Culture and Sport (grant FPU14/05760) and the 'Garantía Juvenil' Program (MINECO, CSIC).

References

[1] H. Vally, N.L. Misso, V. Madan. Clin. Exp. Allergy. **11,** 1643–1651 (2009)
[2] A. García-Ruiz, B. Bartolomé, A.J. Martínez- Rodríguez, E. Pueyo, P.J. Martín-Álvarez, M.V. Moreno-Arribas. Food Control. **19**, 835–841 (2008)
[3] A. García-Ruiz, J. Crespo, J.M. López-de-Luzuriaga, M.E. Olmos, M. Monge, M.P. Rodríguez-Álfaro, P.J. Martín-Álvarez, B. Bartolome, M.V. Moreno-Arribas. Food Control. **50**, 613–619 (2015)
[4] M. Monge, M.V. Moreno-Arribas. *Wine safety, consumer preference, and human health.* 51–69 (2016)
[5] P.M. Izquierdo-Cañas, E. García-Romero, B. Huertas-Nebreda, S. Gómez-Alonso. Food Control. **23**, 73–81 (2012)
[6] T. Garde-Cerdán, P. López, R., Garijo, L. González-Arenzana, A.R. Gutiérrez, I. López- Alfaro, P. Santamaría. Aust. J. Grape Wine. **20**, 51–61 (2003)
[7] M. Minekus, M. Alminger, P. Alvito, W. Weitschies, A. Brodkorb Food and Function. **5**, 1113–1124 (2014)
[8] T. Mosmann. J. Immunol. Methods. **65**, 55–63 (1983)
[9] E. Barroso, C. Cueva, C. Peláez, M.C. Martínez-Cuesta, T. Requena LWT Food Sci. Technol. **61**, 283–289 (2015)
[10] C. Cueva, A. Jiménez-Girón, I. Muñoz- González, A. Esteban-Fernández, I. Gil- Sánchez, M. Dueñas, P.J. Martín-Álvarez, M.A. Pozo-Bayón, B. Bartolomé, M.V. Moreno- Arribas Food Res. Int. **72**, 149–159 (2015)
[11] L. Böhmert, M. Girod, U. Hansen, R. Maul, P. Knappe, B. Niemann, S.M. Weidner, A.F. Thünemann, A. Lampen. Nanotoxicology. **8**, 631–642 (2014)

DOI: 10.1051/bioconf/20160702029

Change in Kinetic parameters of commercial yeast in the presence of copper fungicides

Angelo Gava, Evandro Ficagna, Simone B. Rossato, Bruno Cisilotto, Shana P.S. Miotto, and Henrique T. Gabbi

Instituto Federal de Educação, Ciência e Tecnologia do Rio Grande do Sul, Campus Bento Gonçalves, Brasil

Abstract. The Serra Gaucha has a high rainfall occurrence during the ripening and harvest. It results in higher use of fungicides, being the copper-based ones, the most commonly used. High levels of this metal can cause stress to the yeast, thus, influencing on the fermentation kinetics. The aim of this study was to evaluate the fermentative behavior of oenological yeast in the presence of copper content in the must. The experiment used the following fungicides: Copper Sulfate, Copper Oxychloride and Copper Hydroxide. Samples were inoculated with *S. cerevisiae, S. cerevisiae* var. *bayanus* and *Torulaspora delbrueckii* and the fermentation was plotted for carbon dioxide production by time. The fermentative kinetics were assessed by the following kinetic parameters: the lag phase time, maximum rate of CO2 production and maximum production of CO2. The study showed that *T. delbrueckii* had higher sensitivity to copper regarding the lag phase. Copper oxychloride promoted greater latency period in yeast *T. delbrueckii* and *S. cerevisiae*. All copper fungicides decreased maximum rate of fermentation, and *T. delbrueckii* was the most affected. The maximum CO2 production during the fermentations significantly differed only in the presence of copper sulphate.

1. Introduction

The Hill Top Northeast Sierra (Sierra Gaucha) is the main wine-growing region of Rio Grande do Sul State and Brazil. This region, although considered climatically viable for the processing of grapes [1], has high rainfall occurrence during the ripening and harvest periods. The viability of the grape cultivation in this region requires preventive and frequent application of chemicals for the control of fungal diseases on the aerial part of the plant. Spraying fungicides and the use of resistant cultivars are some of the methods usually recommended for the management of some fungal diseases such as downy mildew [2]. The control method most frequently adopted by manufacturers is spraying contact and systemic fungicides [3], which require multiple applications during the growth and production cycle of the vine [4]. Moreover, in order to avoid damage caused by the rain, the harvest is, many times, anticipated and the fruit does not get to the ideal commercial ripening. The applications are even more frequent for *Vitis vinifera* grapes because those varieties are more susceptible to diseases and they are the most valued grapes in the market [5].

Since the late seventeenth century, copper has been used to fight fungal diseases of the vines, and its use was intensified at the end of the nineteenth century [6]. Since then, grape growers have continuously and repeatedly applied it to the vines in the form of spray. Copper-metal-containing substances are highly efficient against pathogens that can attack vines, mainly against downy mildew, commonly found in the Serra Gaucha region, powdery mildew and other varieties of pests and pathogens [7–9].

Copper (Cu) is an essential micronutrient for plants, animals and humans as a constituent of numerous enzymes and as a catalyst for redox reactions in various metabolic pathways [10]. However, its optimal concentration range is very narrow, and when higher than it, the metal can be inhibitory. For yeast cells, especially *Saccharomyces cerevisiae*, different levels of this metal in adverse conditions can cause stress. Therefore, it can influence cell growth and fermentative kinetics. The stress may compromise the plasma membrane and stop cell growth and reproduction, resulting in cell death [11]. Thus, there may be changes in the duration of the lag phase, the maximum rate of fermentation and complete degradation of sugars.

Studies show that the yeast has certain absorption capacity of heavy metals, especially yeast of the species *Saccharomyces cerevisiae*, which have significant results in the absorption of heavy ions. Different yeast species have different absorption rates of the Cu^{+2} metal and consequently different resistance to it [12–15].

The residual concentration in musts resulted from fruit, or use of fungal treatments, is related to copper rate applied throughout growing season, the quantity of the applications, and the amount of rainfall between application and harvest [16]. The current legislation in South Africa considers in the legal parameters any concentration up to 20 mg L^{-1} Cu^{2+} in the grape berries [17]. According to [18] metal concentrations found in wine are around 6 to 19 times lower than doses observed in the fruit itself, so it can be assumed that much waste is disposed over the winemaking process. According to [19], Cu concentrations can reach up to 3 mg L^{-1} in the must. However, the value found from this metal may be much higher, reaching values up to 15 mg L^{-1} and 26 mg L^{-1} [20–22] observed the presence of metal in musts of Concord and Isabel varieties, finding maximum values of 9.28 and 12.89 mg L^{-1}, respectively. [23] analyzed musts from eight different vineyards of Cabernet Franc in Serra Gaucha and found an average of 5.4 mg L^{-1}, and a range of 2.3 to 13.4 mg L^{-1} of Cu^{2+}, which was related to the amount and time of the application.

Thus, this study aimed to assess the sensitivity of different oenological commercial yeast *Saccharomyces* and *non-Saccharomyces* copper content present in wine.

2. Materials and methods

2.1. Must

It was used 6L of must, homogenized with 20% of fermentable sugars at pH 3.15. The juice was obtained from grapes of Isabel and Bordô varieties (hybrids and *Vitis labrusca*). They were harvested from the IFRS experimental station – Campus Bento Gonçalves, and the plants had known and controlled phytosanitary treatments during the growing season. The juice was obtained from the processes of destemming, crushing, pasteurization (85 °C/2 min), enzyme addition (commercial pectinase 20 mg L^{-1}, two hours at about 45° C), filtration, pasteurization (85°C/1 min) and packaging in glass containers. We chose to use these varieties to be widely disseminated and adapted to the climate and soil of the Serra Gaucha, representing a significant portion of the grapes processed in the region [24]. Moreover, they are hardy varieties whose needs of phytosanitary treatments are smaller than the varieties Vitis vinifera [25], reducing risks of interference must in the experiment.

2.2. Microorganisms

The samples were inoculated with three different commercial yeast: *Saccharomyces cerevisiae var. cerevisiae* (Zymaflore X5, Laffort, France), *Saccharomyces cerevisiae var. bayanus* (La Claire SP 665/P, Perdomini-IOC, Italy), e *Torulaspora delbrueckii* (Zymaflore Alpha, Laffort, France). The yeast was acclimatized and hydrated with distilled water at 35 °C for 15 minutes, except *Torulaspora d.* 30 °C, as recommended by the suppliers. After acclimation, the yeast was inoculated to the juice using the same dose for all the different yeasts (30 g hL^{-1}).

2.3. Cupric fungicides

The added copper levels were established based on a previous biography, so the experiment aimed concentrations of 6 and 12 mg L^{-1} of the metal. The following were used fungicides: Copper Sulfate Pentahydrate [Molecular Formula: $CuSO_4.5H_2O$] (Commercial name: Microsal); Copper Oxychloride [Molecular Formula: $Cu_2Cl(OH)_3$] (Commercial name: Recop) and Copper hydroxide [Molecular Formula:$Cu(OH)_2$] (Commercial name: Ellect).

2.4. Fermentation

The fermentations were conducted in quadruplicate in containers of 45 mL at 25 °C, and they were plotted by the production of carbon dioxide (CO_2) as a function of time, due to loss of mass daily. The fermentation was monitored by measuring the mass balancing static on containers every 12 hours, over approximately 6 days. The fermentation was considered complete when evolution of CO_2 (mass loss) stopped.

Table 1. - Interference from copper fungicides on the lag phase (hours) of yeast.

	Copper hydroxide	Copper Sulfate	Copper oxychloride
S. cerevisiae	22.44 cB	23.03 cAB	23.40 cA
T. delbrueckii	54.74 aB	54.27 aB	58.87 aA
S. cerevisiae var. bayanus	27.32 bA	27.21 bA	27.39 bA

Values with different capital letters in the single columns (fungicides) and different small letters in the single rows (yeast) are statistically different. Tukey's test ($p < 0.05$).

2.5. Kinetic parameters

The fermentative kinetics were assessed by the following kinetic parameters according to [26]: Time of lag phase (hours) by production of CO_2, the maximum rate of CO_2 production (g $L^{-1} h^{-1}$) and maximum CO_2 production (g L^{-1}). Those parameters were obtained through the nonlinear sigmoidal fit of the modified Gompertz equation (equation 1) according [27], which importance for the activity in oenological research has been reported by [28,29].

$$y = Aexp\left\{-\exp\left[\frac{\mu_m \cdot \epsilon}{A}(\lambda - t) + 1\right]\right\}. \quad (1)$$

It was used Software "Predictive Modelling Program Integrated Tools" USDA [30] for evaluation of the model and obtaining parameters.

2.6. Experimental design and statistical analysis

The experiment was designed in a full factorial arrangement (3 × 3 × 3) with three factors: 3 pesticides, 3 contents copper present in the must (0, 6 and 12 mg L^{-1}) and 3 commercial yeast. The results were evaluated by analysis of variance (ANOVA) at 1% probability followed by Tukey test ($p < 0.05$) through software Assistant [31].

3. Results and discussion

The study showed effect of different cupric products on the duration the lag phase, and *T. delbrueckii* presented the greatest sensitivity. There was also differentiation between products. Copper oxychloride promoted longer lag phase in *T. delbrueckii* and *Saccharomyces cerevisiae*, but it did not affect *S. bayanus* (Table 1). For all yeasts there was no significant difference between the control and the dose of 12 mg.L^{-1} Cu present in the must. [32] stated that there was no inhibition for activity at a dose of 16 mg L^{-1} copper in the first 100 hours of fermentation.

All copper fungicides caused decrease on the values of maximum rate of fermentation for all species. *T. delbrueckii* was the most affected species by the presence of the products. [33] stated that musts containing 20 mg L^{-1} added copper reduced their fermentative activity drastically. There were significant differences in

Table 2. Interference of cupric fungicides on Fermentation Maximum Rate (g L^{-1} h^{-1}) of the yeasts.

	Copper hydroxide	Copper Sulfate	Copper oxychloride
S. cerevisiae	2,01 bA	2,00 bA	2,00 bA
T. delbrueckii	1,91 bA	1,47 cB	1,33 cC
S. cerevisiae var. bayanus	2,27 aA	2,18 aA	2,20 aA

Values with different capital letters in the single columns (fungicides) and different small letters in the single rows (yeast) are statistically different. Tukey's test ($p < 0.05$).

Table 3. Effects of fungicides and their doses applied on the maximum rate of fermentation.

	0 mg L^{-1}	6 mg L^{-1}	12 mg L^{-1}
Copper hydroxide	2,19 aA	2,08 aA	1,92 aB
Copper Sulfate	2,18 aA	1,87 bB	1,59 bC
Copper oxychloride	2,16 aA	1,83 bB	1,51 bC

Values with different capital letters in the single columns (concentration) and different small letters in the single rows (fungicides) are statistically different. Tukey's test ($p < 0.05$).

Table 4. Interference of Fungicides cupric dose on the studied kinetic parameters.

	Lag (h)	μ_{max}(g $L^{-1}h^{-1}$)	CO_{2Max} (g L^{-1})
0 mg L^{-1}	32,4 b	2,19 a	99,98 a
6 mg L^{-1}	36,96 a	1,93 b	99,5 a
12 mg L^{-1}	36,72 a	1,67 c	96 b

Values with different letters in the single columns are statistically different. Tukey's test ($p < 0.05$).

sensitivity to cupric products in the following decreasing order: copper oxychloride > Copper sulfate > copper hydroxide (Table 2).

Among the products, the oxychloride and sulfate copper showed a higher effect on fermentation than copper hydroxide. The hydroxide had effect only at a dose of 12 mg L^{-1}, while the other products showed effects also at the dose of 6 mg L^{-1} (Table 3) on all the yeasts except for *S. cerevisiae*.

It was observed that the dose of 12mg L^{-1} of copper caused interference at the maximum carbon dioxide production (CO_2Max) compared to control (Table 4). [34] found similar results in their work. The fermentation rate (μmax) was decreased whenever the dose of 12mg L^{-1} was used in comparative to the dose 6 mg L^{-1}.

The maximum CO_2 production during the fermentations significantly differed only in the presence of copper sulphate to *T. delbrueckii* (Table 5). Whereas treatment with other products in different concentrations did not differ from the control treatment. [35] reported a decrease of approximately 80% of CO_2 production in the first 10 days when using copper sulphate at a dose of 32 ppm of copper.

4. Conclusions

The effect of copper on yeasts is dependent on the fungicide that gives rise to the metal in the must. Different yeasts behave differently in the presence of copper in the must, and the yeast *T. delbrueckii* demonstrated greater sensitivity to copper compared the yeast *Saccharomyces*.

Table 5. Interference of cupric fungicides for producing carbon dioxide Maximum (g L^{-1}).

	Copper hydroxide	Copper Sulfate	Copper oxychloride
S. cerevisiae	101,17 aA	100,54 aA	100,66 aA
T. delbrueckii	99,28 aA	91,88 bB	96,18 bA
S. cerevisiae var. bayanus	99,16 aA	99,90 aA	98,54 abA

Values with different capital letters in the single columns (fungicides) and different small letters in the single rows (yeast) are statistically different. Tukey's test ($p < 0.05$).

References

[1] Westphalen, S. L., and J. R. T. Maluf. Caracterização das áreas bioclimáticas para o cultivo de Vitis vinifera L.: regiões da Serra do Nordeste e Planalto do Estado do Rio Grande do Sul. Embrapa Comunicação para Transferência de Tecnologia/Bento Gonçalves (2000)
[2] Amorim, L., et al. "Doenças da videira (Vitis spp.)." Kimati, H.; Amorim, L.; Rezende, JAM; Bergamin Filho, A, 639–651 (2005)
[3] Sônego, O. R., L. da R. Garrido, and A. Grigoletti Júnior. Principais doenças fúngicas da videira no Sul do Brasil. **Vol. 38**. Embrapa Uva e Vinho (2005)
[4] Madden, L. V., et al. "Evaluation of a disease warning system for downy mildew of grapes." Plant Disease. **84.5**, 549–554 (2000)
[5] Chadha, K. L., and S. D. Shikhamany. The grape: improvement, production and post-harvest management. Malhotra Publishing House (1999)
[6] Komárek, Michael, et al. "Contamination of vineyard soils with fungicides: a review of environmental and toxicological aspects." Environment international **36.1**, 138–151 (2010)
[7] Boubals, D. "Copper in the control of grapes in France." Vignevini, **28.5**, 45–47 (2001)
[8] Ferreira, J. C., Strecht, A., Ribeiro, J. R., Soeiro, A., & Cotrim, G. Manual de Agricultura Biologica. Lisboa: Agrobio (1998)
[9] Morando, A., Morando, P., Bevione, D., & Lembo, S. Vite e rame: l'impiego del rame fra pregi e difetti; Il controllo della peronospora in vigneto con rameici a dosaggi ridotti. Vignevini, **24(7–8)**, 53–57 (1997)
[10] Devez A, Gomez E, Gilbin R, Elbaz-Poulichet F, Persin F, Andrieux P, et al. Assessment of copper bioavailability and toxicity in vineyard runoff waters by DPASV and algal bioassay. Sci Total Environ: **348**, 82–92 (2005)
[11] Brandolini, V., P. Tadeschi, A. Capece, A. Maietti, D. Mazzotta, G. Salzano, A. Paparella and P. Romano. Saccharomyces cerevisiae wine strains differing in copper resistance exhibit different capability to reduce copper content in wine. World Journal of Microbiology and Biotechnology, **18**, 499–503 (2002)
[12] Chen, C., Wen, D., & Wang, J. Cellular surface characteristics of Saccharomyces cerevisiae before and after Ag(I) biosorption. Bioresource Technology, **156**, 380–383 (2014)
[13] Vasudevan, P., Padmavathy, V., & Dhingra, S. Kinetics of biosorption of cadmium on baker's yeast. Bioresource Technology, **89**, 281–287 (2003)

[14] Suh, J., Kim, D., Yun, J., Song, S., Kim, D., Yun, J., et al. Process of Pb2+ accumulation in Saccharomyces cerevisiae. Biotechnology Letters, **20**, 153–156 (1998)

[15] Brady, D., & Duncan, J. Bioaccumulation of metal cations by Saccharomyces cerevisiae. Applied Microbiology and Biotechnology, **41**, 149–154 (1994)

[16] García-Esparza, M. A., Capri, E., Pirzadeh, P., & Trevisan, M. Copper content of grape and wine from Italian farms. Food Additives & Contaminants, **23**, 274–280 (2006)

[17] Nel, A., Krause, M. and Khelawanlall, N. A Guide for the Control of Plant Diseases. (National Department of Agriculture, Republic of South Africa), **2** (2003)

[18] Provenzano, M. R., El Bilali, H., Simeone, V., Baser, N., Mondelli, D., & Cesari, G. Copper contents in grapes and wines from a Mediterranean organic vineyard. Food Chemistry, **122(4)**, 1338–1343 (2010)

[19] Amerine, Maynard Andrew. The technology of wine making, **4**, 794 (1980)

[20] Wurdig, G. "Methodes d'elimination des metaux dans le mout et le vin." Office Int Vigne Vin Bull (1971)

[21] Chervaneva, V. V., S. T. Tiurin, and I. N. Okolelov. "On iron and copper content in wines." Vinodelie Vinogradarstvo Sssr (1971)

[22] Miele, A. Teores de manganês e de cobre no mosto das uvas 'Isabel' e 'Concord'. Pesquisa Agropecuária Brasileira, **22 (09–10)**, 897–901 (1987)

[23] Manfroi, L., Miele, A., Rizzon, L. A., & Barradas, C. I. Composição química do mosto da uva Cabernet Franc conduzida no sistema lira aberta. Ciênc. Agrotec., Lavras,**30(4)**, 787–792 (2006)

[24] Debastiani, G., Leite, A. C., Junior, C. A. W., & Boelhouwer, D. I. Cultura da Uva, Produção e Comercialização de Vinhos no Brasil: Origem, Realidades e Desafios. Revista Cesumar–Ciências Humanas e Sociais Aplicadas, **20(2)** (2016)

[25] Amorim, L., Kuniyuki, H., Kimati, H., Amorim, L., Rezende, J. A. M., Bergamin Filho, A., & Camargo, L. E. A. Doenças da videira (Vitis spp.). Kimati, H.; Amorim, L.; Rezende, JAM; Bergamin Filho, **A**, 639–651 (2005)

[26] Chaves López, C., Boselli, E., Piva, A., Ndaghijimana, M., Paparella, A., Suzzi, G., & Mastrocola, D. Influence of quinoxyfen residues on Saccharomyces cerevisiae fermentation of grape musts. Food Technology and Biotechnology, **42(2)**, 89–97 (2004)

[27] Zwietering, M. H., Jongenburger, I., Rombouts, F. M., & van't Riet, K. Modelling of the bacterial growth curve. Applied and Environmental Microbiology, **56**, 1875–1881 (1990)

[28] Rinaldi, S.; Tiano, A.; Serban, S.; Pittson, R.; Lajic, Z.; Politi, H.; El Murr, N.; Armani, A.; Cavazza, A. Monitoring wine quality and fermentation kinetics with innovative technologies. In: XXIX Congreso mundial de la viña y el vino: 4a asamblea general de la O.I.V.. Madrid: Ministerio de agricultura, pesca y alimentación: p. 10 (2006)

[29] O'Neill, B., van Heeswijck, T., & Muhlack, R. (2011). Models for predicting wine fermentation kinetics. Chemeca 2011: Engineering a Better World: Sydney Hilton Hotel, NSW, Australia, 18–21 September 2011 (1956)

[30] Huang, L. Integrated Pathogen Modeling Program. USDA Agricultural Research Service, Eastern Regional Research Center, Wyndmoor, PA (2013)

[31] Silva, F. A. S. ASSISTAT-Assistência Estatística, versão 7.6. Universidade Federal de Campina Grande-PB (2013)

[32] Ferreira, J., Toit, M., & Toit, W. D. The effects of copper and high sugar concentrations on growth, fermentation efficiency and volatile acidity production of different commercial wine yeast strains. Australian Journal of Grape and Wine Research, **12(1)**, 50–56 (2006)

[33] Cavazza, A., Guzzon, R., Malacarne, M., & Larcher, R. The influence of the copper content in grape must on alcoholic fermentation kinetics and wine quality. A survey on the performance of 50 commercial Active Dry Yeasts. VITIS-Journal of Grapevine Research, **52(3)**, 149 (2015)

[34] Sun, X., Liu, L., Zhao, Y., Ma, T., Zhao, F., Huang, W., & Zhan, J. Effect of copper stress on growth characteristics and fermentation properties of Saccharomyces cerevisiae and the pathway of copper adsorption during wine fermentation. Food chemistry, **192**, 43–52 (2016)

[35] Brandolini, V., Tedeschi, P., Capece, A., Maietti, A., Mazzotta, D., Salzano, G., ... & Romano, P. Saccharomyces cerevisiae wine strains differing in copper resistance exhibit different capability to reduce copper content in wine. World Journal of Microbiology and Biotechnology, **18(6)**, 499–503 (2002)

DOI: 10.1051/bioconf/20160702030

Autochthonous yeast populations from different brazilian geographic indications

Gildo Almeida da Silva, Bruna Carla Agustini, Loiva Maria Ribeiro de Mello, and Jorge Tonietto

EMBRAPA, 95701-008, Bento Gonçalves, RS, Brazil

Abstract. Yeasts are versatile microorganisms which show heterogeneity in their abilities of aromatic molecules formation. The metabolic conversions may improve the production of a particular compound already formed by the microorganism or promote the production of a completely new biochemicals. These conversions depend on the environment. The microbiome of terroir is unique. If the term terroir is a set of physical properties of a vineyard that contribute to the specific characteristics of its wine, the microorganisms will undoubtedly form an integral part of this concept. There are yeasts, filamentous fungi and bacteria that can affect the quality of the wine. The aim of the present study was to identify the autochthonous yeast populations of grape berries collected from regions with Geographic Indications or under construction. The identification was carried out by an approach, combining Maldi-Tof-MS, PCR-RFLP of the internal transcribed spacer with 5.8S ribosomal DNA (rDNA) (ITS1-5.8S-ITS2) and sequences of the D1/D2 domain of the 26S rRNA gene. Some species are common to different GIs and in some of them other species are completely absent, besides some places are contiguous areas. In some areas, *Hanseniaspora opuntiae, Saccharomyces cerevisiae, Pichia myanmarensis and Hanseniaspora uvarum* were the predominant species.

1. Introduction

For several decades, it has been established that the microorganisms responsible for wine fermentations are yeasts present on the grapes and, given its importance to winemaking, the species *Saccharomyces cerevisiae* has been the spotlight for quite a long time. The autochthonous microflora is composed of several genus and species that also play an important role in the vinification process.

The must contains the natural flora of the grapes along with the flora harboured by the wine cellar and its equipment. This biological complexity can alter the wine quality [20]. The composition of the natural microflora depends on several factors like the grape variety, the state and the health of the grapes at harvest, the environmental conditions such as temperature, rainfall, and soil, the phytosanitary treatments as application of insecticides and fungicides, and several other related viticultural practices [50]. Herbicides also have impact on yeasts [11].

The microorganisms can even alter relevant items in the gustative and mouth-feel profile as well as the colour and astringency of wine [52]. It was observed that the autochthonous yeasts were able to trigger and complete the alcoholic fermentation leaving low level of residual sugar and that the content in polyphenols, flavonoids and anthocyanins was increased compared to that obtained with commercial strains [65]. The interaction among yeasts can also affect not only the content of phenolic compounds in wine [65] but also the viability of the yeast cells [1,2,17,19,31,53,54,57–59,61,82].

The use of selected starter cultures of *Saccharomyces* may not necessarily inhibit the metabolic activity of autochthonous yeast. For this reason, it has been stated that it becomes essential within the framework of the ecological study to promote taxonomic surveys to maintain, discover and exploit the hidden oenological potential of the untapped wealth of yeast biodiversity in the wine-producing regions [50].

This requires yeast microbiologist groups to continue to isolate and characterize new yeast species and strains, and these groups should also have the duty of developing improved identification techniques to differentiate individual strains.

Although strains of *Saccharomyces cerevisiae* dominate the wine fermentations, several non-*Saccharomyces* can be present during all process of wine production [16,30]. After one week of fermentation, were collected several species of non-*Saccharomyces* such as *Metschnikowia pulcherrima*, *Starmerella bacillaris*, *Pichia kudriavzevii*; *Lachancea thermotolerans*, *Hanseniaspora uvarum*, and *Pseudozyma aphidis* [5]. The yeasts isolated at the end of fermentation were all identified as *Saccharomyces cerevisiae*. Several non-*Saccharomyces* die off as soon as the ethanol concentration increases [20]. The low, if not negligible, presence of non-*Saccharomyces* at the end of fermentation may be due to high cell number of *Saccharomyces cerevisiae*. The high concentration of *Saccharomyces cerevisiae* can mask the presence of other yeast species [30]. The same can be said regarding to the presence of *Saccharomyces cerevisiae* on the grapes.

Due to the yeast biodiversity in the wine-producing regions, the winemakers should take into account the concept of "microbial terroir". The use of selected yeast strains best suited to a particular grape must provides a better exploitation of existing biodiversity in a specific "terroir" [10,14,26,43,74]. The use of selected autochthonous yeast has been proposed for regional wine production [24]. Genetic factors between yeast communities from regions to regions [25,40] or even from vineyard to vineyard and from variety to variety are distinct. The strains can be influenced by the climate, age and size of the vineyard [76] and year of isolation [80]. The yeasts can affect the wine quality by transformation of must components in aroma or flavour, and by conversion of grape precursors in flavour and aroma-active compounds [11,27–29,36–39,45,47,55,60, 64,67–69,84].

Geographical indications of wines seek to value the origin and identity of regional products through a production in the defined geographical area based on a collective know-how, within the concept of wine terroir. The selection of indigenous yeasts of the geographical environment sets up a technological innovation with the potential to expand the quality and characteristics of wine, strengthening the typicality of them. From this perspective, the indigenous yeast selection program for geographical indications of Brazilian wines has been prioritized to differentiate the production of domestic wines in the different producing regions. The aim of this study was to identify, at the species level, the yeast biodiversity associated with wine grapes from distinct Brazilian Geographic Indications and those regions currently working towards achieving Geographical Identification certification. The aim of this study was to identify, at the species level, the yeast biodiversity associated with wine grapes from distinct Brazilian Geographic Indications and those regions currently working towards achieving Geographical Identification certification.

2. Material and methods

2.1. Isolation of yeasts

All necessary precautions were taken to avoid any contamination of samples by yeasts not present on the grapes. The grape bunches were dropped directly into sterile plastic bags and transported to the laboratory.

The grapes from vineyards of Urussanga, Pinto Bandeira, Campo Belo do Sul, Vale do Rio São Francisco, Santana do Livramento and Farroupilha were crushed by hand in the sealed bags and the resulting must was serially diluted. Aliquots (100 μl) of appropriate dilutions were spread onto must medium agar [17] without methylene blue and incubated at 24°C for 4 days to allow colony formation. From count plates presenting between 30 and 300 colonies, 50 colonies were randomly picked up, transferred to test tubes containing agar must solid medium and incubated at 24°C for 4 days. The strains were preserved in a mixture of 37.5% glycerol and 5% sucrose at –80°C. The preserved yeasts were used for further identification.

The grapes from Vale dos vinhedos were also harvested in sterile plastic bags directly from the vineyards and transported to the laboratory but the must was allowed to ferment for two or three days before the isolating process. The yeasts from Monte Belo do Sul were isolated from the lees of Merlot wine that had been inoculated with a regional *Saccharomyces cerevisiae*.

The samples were diluted and aliquots (100 μl) of appropriate dilutions were spread onto Grape Must agar (1% yeast extract (Acumedia, USA); 25% grape must; and 2% agar (Alphatec, Brazil); pH 4 - 5). The must agar medium plates with yeast cells were transferred to an incubator (Lab-Line – Imperial II, USA) at 24°C for 4 days to allow colony formation.

Most of the genera were abbreviated as described elsewhere [78] and others have been abbreviated as follows: *Kodamaea* (*Kod.*), *Kwoniella* (*Kw.*), *Meyerozyma* (Meyer.), *Starmerella* (*Star.*) and *Zygoascus* (Z.).

2.2. Characterization of the geographic regions

Secondary data were used to characterize the areas of the Geographical Indications. The information of the areas occupied by permanent and temporary crops and livestock were obtained from the IBGE database [33]. Information regarding the vineyards of Rio Grande do Sul has been taken from the database of the Viticultural Register [46].

Many of the wine producing regions already have Geographical Indication (GI), one ascended to the Appelation of Origin (AO) and others are in the process of receiving the GI certificate. The municipality of Campo Belo do Sul was also included in this study because it is not a wine producing region but with potential to viticultural development. Yeasts were isolated from grapes of the following wine-producing regions:

GI Vales da Uva Goethe
Vineyards: Goethe, Cristal (GC), Goethe Traditional (GT) and Goethe Primo (GP)
GI Pinto Bandeira
Vineyards: Cabernet Sauvignon (CSPB), Merlot MPB), Ancellotta (APB), Tannat (TPB), Cabernet Franc (CFPB)
AO Vale dos Vinhedos
Vineyards: Cabernet Franc, Riesling Italico
GI Farroupilha
Vineyards: Malvasia de Cândia, Moscato Giallo, Malvasia Bianca, Moscato Bianco clone R2, Moscato Bianco Tradicional, Moscato Branco
GI Monte Belo
Lees of the tank with Merlot wine
Vale do Rio São Francisco
Vineyards: Cabernet Sauvignon, Sauvignon Blanc, Chenin Blanc, Syrah
Campanha Gaúcha
Vineyards: Tannat, Merlot, Cabernet Sauvignon
Campo Belo do Sul
Vineyards: Sauvignon Blanc (a) (SBCBSa), Sauvignon Blanc (b) (SBCBSb), Malbec (MCBS).

2.3. Identification of yeast cultures

Matrix-assisted laser desorption/ionization time-of-flight mass spectrometry-based identification

All strains were identified by matrix-assisted laser desorption/ionization time-of-flight mass spectrometry. The microorganisms were evaluated by the cell extraction method as described previously [3]. MALDI-TOF MS analysis of all strains was performed on a MicroFlex LRF mass spectrometer (Bruker Daltonics, Bremen, Germany). The spectra were recorded in the linear positive mode at a laser frequency of 60 Hz within a mass range from m/z 2,000 to 20,000. For each spectrum, 240 laser shots in 40-shot steps from different positions of the target spot were collected and analyzed. The spectra were externally calibrated by using *Escherichia coli* ribosomal proteins (Bruker Daltonics, Bremen, Germany).

To identify an unknown microorganism, the spectrum acquired was loaded with a database and analyzed by the use of a standard pattern-matching algorithm (Biotyper, Bruker Daltonics, Bremen, Germany), which compared the spectrum acquired with those present in the library. FlexAnalysis Software (Bruker Daltonics, Bremen, Germany) was also used for visual inspection and mass spectra processing such as smoothing, normalization, baseline subtraction, and peak picking.

For Supplementary Database implementation, the Main Spectra Projection (MSP) was created using four replicates of six separated colonies from each species to be included. The main spectra were generated considering the 24 spectra obtained and are saved apart from the Biotyper database (Bruker Daltonics, Bremen, Germany). The addition of a given reference strain was made using the "MSP creation" function of the MALDI Biotyper software (version 3.0) comprising Bruker's default parameters (Max. Mass Error of each single spectrum: 2000; Desired Mass Error for the MSP: 200; Desired Peak Frequency Minimum: 25%; Ma. Desired Peak Number for the MSP: 70). This supplementary database can be found on Mass Spectrometry Laboratory of Genetic Resources and Biotechnology Unit of EMBRAPA (Brasília, DF, Brazil). The MALDI-TOF mass spectra was transformed in pseudo gel-view by mMass software (version 5.5.0) [66]. This software was also used to search for biomarkers peaks by comparing m/z signal list of the species analyzed, employing an mass deviation of ± 5Da.

Molecular biology identification

Strains unsuccessfully identified by MALDI-TOF MS analysis were investigated through RFLP technique realized after amplicons were obtained from ribosomal region spanning the ITS1 (internal transcribed spacer), the 5.8S rRNA gene, and the ITS2. DNA extractions were carried out using the freeze-thawing process [18]. The primer pairs used were ITS1 and ITS4 described elsewhere [81]. The Polymerase Chain Reaction (PCR) was performed in 25 μL reaction volume containing 100 μM of each dNTP, 1× PCR buffer, 2.5 mM MgCl2, 0.8 μM of each primer, 1.5 U Taq polymerase and 1 μL DNA template. Amplifications were carried out in Proflex PCR System (Applied Biosystems, California, USA) using the following PCR condition: 94°C for 5 min followed by 40 cycles of 94°C for 30 s, 60°C for 45 s, 72°C for 30 s, and a final step at 72°C for 5 min. The endonucleases used were *Cfo*I, *Hae*III, *Hin*fI, *Mbo*II and *Dde*I. Digestion reactions contained 1.0 μL 10× digestion buffer (specific for each enzyme), 3 μL ultra-pure water, 1 μL restriction enzyme, and 5 μL PCR product. The temperature and incubation time followed the manufacturer recommendations for each enzyme. PCR products were resolved in 10 g.L^{-1} agarose gel electrophoresis while restriction fragments were resolved in 30 g.L^{-1} agarose gel electrophoresis. The gels were stained with ethidium bromide (0.5 μg.mL^{-1}) and the stained DNA was visualized under UV light on the Eagle Eye Image II (Stratagene, La Jolla, CA, USA). The fragments size were estimated by comparisons with a 100-bp DNA ladder.

To assess the taxonomic identity of the resulting groups of ITS-RFLP used to create the Supplementary Database, the PCR product of the D1/D2 region of the large subunit (LSU) of the 28S ribosomal RNA gene of at least one isolate of each group was sequenced. The sequencing primers employed were NL-1 and NL-4 [41]. Sequences were analyzed using Blast search at NCBI (`http://www.ncbi.nlm.nih.gov/blast`) and were deposited on GenBank.

Table 1. Identification and frequency of autochthonous yeasts isolated from grape Goethe Traditional-GT, Goethe Primo-GP and Goethe Cristal-GC during the 2015 and 2016 vintages. GI Vales da Uva Goethe, Santa Catarina.

Vineyards	GTGMU		GPEpU		GPEpU	
Species/year	2015	2016	2015	2016	2015	2016
C. diversa	0	0	0	2	0	5
H'spora opuntiae	46	43	42	35	38	36
H'spora uvarum	1	0	1	0	3	0
I. terricola	3	2	1	5	1	4
K. ohmeri	0	0	0	1	0	0
S. crataegensis	0	2	0	0	8	0
NI[1]	0	1	6	2	3	4
Identified Species	3	3	3	4	4	3

[1] NI- Not identified neither by Maldi-Tof-MS nor by PCR-RFLP of ITS1-5.8S-ITS2 amplicon and not yet sequenced.

3. Results and discussion

3.1. GI Vales da Uva Goethe

Yeasts were isolated from samples of wine grapes collected from the vineyards GTGU, GTRU, GTEpU, GTGMU, GPEpU and GCEpU located in Urussanga (Santa Catarina State), during the 2015 and 2016 vintages (Tables 1 and 2). *Hanseniaspora opuntiae* and *Issatchenkia terricola* were present in all vineyards regardless of the year of harvest and the number of strains recovered per site varied. The highest frequency was found to the species *Hanseniaspora opuntiae* in all vineyards, reaching 93.9% in the GTGMU during the 2015 vintage (Table 1). The species *Hanseniaspora vineae*, *Pichia galeiformis* and *Pichia occidentalis* were isolated only in the vineyard GTGU. The distribution of the yeasts within the vineyards seems to present differences in species composition and concentration levels among vintages [56,63,76,83]. The species *Candida diversa*, when present, have only been found during the 2016 vintage (Tables 1 and 2), suggesting that the year of isolation is a factor that affects the biodiversity of the yeast species. A three year survey on the wine yeast biodiversity carried out in Franciacorta and Oltrepò Pavese (Italy) showed that the vintage (year of isolation) cause important impact on yeast biodiversity [80] and it has also been shown that the yeast species can be altered according to grape ripeness stages [15,32]. *Saccharomycopsis crataegensis* strains in turn were only found in the vineyards GTGMU in 2016 and GCEPU in 2015. Strains of *Kodamaea ohmeri* was only isolated from grapes of the vineyard GPEpU in 2016 (Table 1). Contrary to what was expected, *Saccharomyces cerevisiae* was not isolated from these vineyards. The high concentration of non-*Saccharomyces* yeasts on the surface of the grapes is probably masking the presence of *Saccharomyces cerevisiae*, due to its low concentration level of this species on this kind of grape varieties.

DOI: 10.1051/bioconf/20160702030

Table 2. Identification and frequency of autochthonous yeasts isolated from grape Goethe Traditional-GT during the 2015 and 2016 vintages. GI Vales da Uva Goethe, Santa Catarina.

VINEYARDS	GTGMU		GPEpU		GPEpU	
SPECIES/YEAR	2015	2016	2015	2016	2015	2016
C. diversa	0	ND[1]	0	2	0	3
H'spora opuntiae	30	ND[1]	38	36	32	42
H'spora uvarum	0	ND[1]	6	8	0	1
H'spora vineae	1	ND[1]	0	0	0	0
I. terricola	11	ND[1]	6	1	3	3
P. galeiformis	1	ND[1]	0	0	0	0
P. occidentalis	5	ND[1]	0	0	0	0
NI[2]	2	ND[1]	1	2	14	1
Identified Species	5	ND[1]	3	4	2	4

[1]ND- Not done. The vineyard was not available.
[2]NI- Not identified neither by Maldi-Tof-MS nor by PCR-RFLP of ITS1-5.8S-ITS2 amplicon and not yet sequenced.

The GI Vales da Uva Goethe is located in the state of Santa Catarina and has a delimited area of 458.9 km^2. This area is located between the slopes of the Serra Geral and the Santa Catarina south coast and comprises the cities of Urussanga, Pedras Grandes, Cocal do Sul, Morro da Fumaça, Treze de Maio, Orleans, Nova Veneza e Içara [34]. In these municipalities are cultivated 239 hectares of grapevines, including the cultivars Goethe, Niagara Rosada, Niagara Branca and Bordo. The two municipalities of most wine-growing area are Pedras Grandes (122 ha) and Urussanga (74 ha). Other fruits like peach (118 ha) and banana (90 ha) are also planted. The annual crops of greatest expression are: corn (3,080 ha), beans (2,350 ha), tobacco (1,800 ha), sugarcane (435 ha), potatoes (290 ha) and cassava (250 ha). There are also livestock farming activities with 19,749 head of cattle, 39,344 pigs, 345 sheep and 1,689,412 chickens.

3.2. GI pinto bandeira

The samples were collected from Cabernet Sauvignon (CSPB12), Cabernet Franc (CFPB12), Merlot (MPB12), Tannat (TPB12) and Ancellotta (APB12) varieties located in Pinto Bandeira (Rio Grande do Sul) during the 2012 vintage (Table 3). Contrary to what was observed in biodiversity of the Goethe vineyards (Tables 1 and 2), strains of *Saccharomyces cerevisiae* were isolated from Ancellotta grapes, strains of *Hanseniaspora uvarum* predominated in all the vineyards and strains of the species *Hanseniaspora opuntiae* were only found in two of them (Table 3).

Strains of *Saccharomyces cerevisiae*, *Meyerozyma guilliermondii*, *Pichia kluyveri*, *Candida diversa*, *Candida californica* and *Issatchenkia hanoiensis* were only isolated from one of the varieties. The highest biodiversity was observed with the Tannat variety with five different species but the grapes of Merlot had exclusivity regarding to the species *Meyerozyma guilliermondii*, *Pichia kluyveri* and *Candida diversa*. Similar results were observed with Chardonnay of four different regions of South Africa with respect to *Candida albicans*, *Candida guilliermondii*, *Candida pelliculosa*, *Candida valida* and *Zygosaccharomyces* spp. [35]. Strains of *Candida californica* and *Issatchenkia hanoiensis* were only isolated from grapes of Cabernet Sauvignon and

Table 3. Identification and frequency of autochthonous yeasts isolated from grapes Cabernet Sauvignon (CSPB12), Cabernet Franc (CFPB12), Merlot (MPB12), Tannat (TPB12) and Ancellotta (APB12) during the 2012 vintage. GI Pinto Bandeira, Rio Grande do Sul.

SPECIES	CSPB12	CFPB12	MPB12	TPB12	APB12
C. californica	1	0	0	0	0
C. diversa	0	1	2	0	2
C. inconspicua	1	0	0	1	0
H'spora opuntiae	0	2	0	1	0
H'spora uvarum	16	24	15	33	2
I. hanoiensis	0	0	0	1	0
I. terricola	4	0	0	4	0
Meyer. guillermondii	0	0	4	0	0
P. kluyveri	0	0	1	0	0
Sacch. cerevisiae	0	0	0	0	18
NI[1]	0	13	12	0	18
Identified Species	4	3	4	5	3

[1]NI- Not identified neither by Maldi-Tof-MS nor by PCR-RFLP of ITS1-5.8S-ITS2 amplicon and not yet sequenced.

Tannat varieties, respectively (Table 3). It seems that cultivars of the vineyards of Campo Belo do Sul harbour strains of *Candida diversa* that shows, to a certain extent, incompatibility regarding to the species *Candida californica* and *Candida inconspicua*, since when the former is present the two latter strains are absent (Table 3).

The strain *Saccharomyces cerevisiae* 38APB12 was selected to be used by only those winemakers of this specific GI Pinto Bandeira.

The GI Pinto Bandeira has an area of 81.38 Km^2 [73] and most of this GI is located in Pinto Bandeira county. In this municipality, the area planted with permanent crops in 2014 was 2,670 ha and the grape held 54.12% of this area. The peach was the second most important product with a planted area of 1,020 ha, followed by persimmon with 100 ha. Temporary crops occupied an area of 319 ha. Corn covered most of the area, with 225 ha. There is also production of meat, milk and eggs. In 2014, there were 1,950 head of cattle, 1,300 pigs, 700 sheep, 95,000 chickens and 3.570 quails. In the delimited area of this GI, 1,435.91 ha are covered by grapevines, accounting for 17.64% of the total area. The 487 local producers explore 457.28 ha of *Vitis vinifera* L. In that GI, 64 wine grape varieties are grown. These vineyard areas were georeferenced.

3.3. AO Vale dos Vinhedos

The yeasts were isolated from grapes of vineyard of Cabernet Franc (T84, VVT97, VVT99) during the 1984, 1997 and 1999 harvest seasons, from Riesling Italico (VVB97 and B84) vineyards during the 1984 and 1997 harvest seasons and from vineyards of Cabernet Franc during the 1984 and 1999 harvest seasons (Table 4). The number of identified species ranged from 4 to 9. *Saccharomyces cerevisiae* was the unique species present in all samples. The largest number of identified species was obtained with Cabernet Franc in 1999 (VVT99). The species of *Candida* found in 1997 were not the same encountered in 1999. Distinct species of yeasts were also isolating from seven fermentations of different red wines and identified as *Saccharomyces cerevisiae*, *Wickerhamomyces anomalus* (*Pichia anomala*), *Pichia kluyveri*, *Wickerhamomyces pijperi* (*Pichia pijperi*), *Hanseniaspora uvarum* and *Candida rugosa* [82]. *Saccharomyces cerevisiae* and *Hanseniaspora uvarum* were the only species presented in Table 4 that coincide with yeast strains isolated from fermentations of the red wines 'Refosík' and 'Teran' produced in the southwestern part of Slovenia [82]. The strain *Saccharomyces cerevisiae* 1VVT97 was selected to be used by only those winemakers of this specific AO Vale dos Vinhedos.

The yeasts were also isolated from grapes of vineyards of Riesling Italico and Cabernet Franc during the 1984 harvest (Table 4). The large number of *Saccharomyces cerevisiae* found in both samples was due to the fact that the yeasts were isolated during the tumultuous stage of the wine production. Strains of *Saccharomyces cerevisiae* is rarely found on unblemished berries but its cell number increases when the grape is physically damaged [7]. It should be stressed that all process was carried out with all necessary precautions to avoid any contamination of samples by yeasts not present on the grapes and thus to ensure their regional identity. In 1984, the yeasts *Candida californica* and *Candida diversa* were only isolated from must of Riesling Italico (B84) while yeasts such as *Pichia myanmarensis*, *Pichia occidentalis* and *Zygoascus meyereae* were only isolated from must of Cabernet Franc (T84). Yeast species of *Hanseniaspora*, *Candida* [4], *Metschnikowia pulcherrima* and *Hanseniaspora uvarum* [75] genus dominate the early stages of the grape must fermentation. However, as the results show, not always these species are present (Table 4) or they do not remain throughout the process of winemaking. *Saccharomyces cerevisiae* and *Meyerozyma guilliermondii* are shared by both vineyards of 1984 harvest (B84 and T84).

The AO Vale dos Vinhedos has a delimited area of 72.45 km^2 [72] and almost all of the area of this AO is located in Bento Gonçalves. In this municipality, in 2014, the occupied area with permanent crops was 5,292 ha and the vineyards accounted for 90.72% of this area. There are plantations of peach (125 ha), tangerine (123 ha), orange (120 ha) and persimmons (55 ha). The temporary crops occupied an area of 1,358 ha, and the corn as the activity of higher occupancy, with 900.00 ha, followed by bean (165 ha), onion (70 ha), cassava (65 ha), sweet potato (54 ha). There is also involvement with the production of meat, milk and eggs. In 2014, there was a herd of 2,147 cattle, 919 pigs, 1,762 sheep and 428,463 chickens. The grape production is distributed in 1,754.56 ha of vine, which is equivalent to 24.22% of the total area. In this AO, 83 varieties of vines are cultivated and the *Vitis vinifera* L. varieties totaled 452.66 ha. These vineyard areas were georeferenced.

Table 4. Identification and frequency of autochthonous yeasts isolated from grapes Cabernet Franc (VVT97) and Riesling Italico (VVB97) during the 1997 harvest, Cabernet Franc (VVT99) during the 1999 harvest, Riesling Italico (B84) and Cabernet Franc (T84) during the 1984 harvest. AO Vale dos Vinhedos, Rio Grande do Sul.

SPECIES	VVT97	VVB97	VVT99	B84	T84
C. akabanensis	0	0	5	0	0
C. californica	0	0	0	1	0
C. diversa	0	0	22	4	
H'spora opuntiae	3	5	0	0	0
H'spora uvarum	0	9	1	0	0
I. hanoiensis	0	0	2	0	0
I. orientalis	0	8	0	0	0
I. terrícola	4	0	15	0	0
Meyer. guilliermondii	0	1	1	1	42
P. myanmarensis	0	2	10	0	20
P. occidentalis	1	0	0	0	5
Sacch. cerevisiae	25	3	3	81	274
Star. bacillaris	0	0	4	0	0
Z. meyereae	0	0	0	0	1
NI[1]	0	0	13	1	8
Identified Species	4	6	9	4	5

[1]NI- Not identified neither by Maldi-Tof-MS nor by PCR-RFLP of ITS1-5.8S-ITS2 amplicon and not yet sequenced.

3.4. Campanha Gaúcha

The yeasts were isolated from grapes of vineyards of Tannat (TASL15), Merlot (MSCSL15) and Cabernet Sauvignon (CSSCSL15) during the 2015 harvest in Santana do Livramento – RS (Table 5). The predominant species found in these samples was *Hanseniaspora uvarum*. The highest species heterogeneity was encountered in the vineyard TASL15 with 13 different species. The yeasts *Candida akabanensis*, *Candida apicola*, *Candida californica*, *Candida diversa*, *Hanseniaspora opuntiae* and *Zygosaccharomyces bisporus* were the only yeast species found in the vineyard TASL15. The yeast *Candida akabanensis* was encountered on grapes of the vineyards TASL15 (Table 5) and VVT99 (Table 4), although the isolation methods had been distinct. In just one of the vineyards, Merlot (MSCSL15), the species *Sporidiobolus pararoseus*, *Saccharomycopsis crataegensis* and *Saccharomyces cerevisiae* were detected.

The strain *Saccharomyces cerevisiae* 29MSCSL15 will be available to Campanha Gaúcha and can be used for wine production across the border region. It has been stressed that the farming systems impact on microbial diversity and that there is high species heterogeneity between samples in the same vineyard [62]. If this is true with respect to the same vineyard, imagine when it comes to different vineyards.

In the Campanha Gaúcha, also located in the state of Rio Grande do Sul, the GI is still under construction. This region has an area of approximately 45 thousand km^2 and belongs to a region of large estates of farming and livestock, whose municipalities of most wine-growing areas are Santana do Livramento, Candiota, Bagé and Dom Pedrito. In these municipalities, the annual crops occupied, in 2014, 222,926 ha, soybean being the main crop with 139,000 ha. Rice occupied an area of 65,768 ha, corns 6,768 ha, wheat 5,300 ha, sorghum grain 4,000 ha and watermelon 1,500 ha. With regard to livestock, these municipalities had a cattle herd of 1,356,372 head, sheep herd of 731,535 head and horse herd of 63,583 head. In 2014, there was also production of poultry (144,072 head), pigs (12,694 head), goats (9,277 head) and buffalo (3,547 head). Permanent crops are of little significance

Table 5. Identification and frequency of autochthonous yeasts isolated from grapes Tannat (TASL15), Merlot (MSCSL15) and Cabernet Sauvignon (CSSCSL15) during the 2015 harvest. Campanha Gaúcha, Rio Grande do Sul.

SPECIES	TASL15	MSCSL15	CSSCSL15
C. akabanensis	1	0	0
C. azyma	6	2	0
C. apicola	1	0	0
C. californica	2	0	0
C. diversa	1	0	0
H'spora opuntiae	4	0	0
H'spora uvarum	11	26	14
H'spora vineae	4	1	0
I. terricola	3	6	4
Meyer. guilliermondii	0	0	1
P. galeiformis	6	0	12
Sacch. cerevisiae	0	1	0
S. crataegensis	0	1	0
Sporid. pararoseus	0	1	0
Z. meyereae	6	0	5
Zygosacch. bailii	5	0	2
Zygosacch. bisporus	3	0	0
NI[1]	0	4	5
Identified Species	13	8	7

[1]NI- Not identified neither by Maldi-Tof-MS nor by PCR-RFLP of ITS1-5.8S-ITS2 amplicon and not yet sequenced.

in these municipalities. Only 1,502 ha were planted, in 2014. The grapes accounted for 80.62% of this area. In 2015, the preliminary delimitation area of the Campanha Gaúcha had 1,542.80 ha covered by vineyards and almost all varieties belonged to the species *Vitis vinifera* L. (1,533.63 ha), since 51 out of 59 varieties belonged to *Vitis vinifera* L.. A single company had more than 500 ha. These vineyard areas were georeferenced.

3.5. GI Farroupilha

The yeasts were isolated from grapes of vineyards of Moscato Branco site (F3) and site F2 13 during the 2013 harvest and Malvasia de Cândia (MCF14) harvested in 2014 (Table 6). The yeasts *Hanseniaspora vineae* and *Issatchenkia hanoiensis* were only present on grapes of the vineyard F3 13. This last species, originally isolated from litchi fruit borer [70], is hardly related to the wine-making process [32]. Besides this vineyard, the species *Issatchenkia hanoiensis* was also found on surface of grapes Tannat and Malbec collected from GI Pinto Bandeira and Campo Belo do Sul, respectively (Table 3 and Table 8).

The yeasts *Zygoascus meyereae* and *Sporidiobolus pararoseus* were present on the grape surface of the vineyard F2 13 and was also encountered on grapes surface of the vineyards MSCSL15 (Table 5). *Sporidiobolus pararoseus* was also found on grape surfaces of the variety Bordeaux from a vineyard in the region of Jales (São Paulo, Brazil) [9], on wine grapes taken from vineyards of the wine growing region Württemberg, Germany [12], on grapes collected from Goriska Brda wine-growing region, Slovenia [13] and on surface of grapes collected from Wuwei, China [42]. Strains of *Sporidiobolus pararoseus* can be involved in the production of extracellular beta-glucosidases, in the hydrolysis of the glycosidic terpenes, and in the release of free terpenols [6].

Table 6. Identification and frequency of autochthonous yeasts isolated from grapes Moscato Branco vineyards (F3 13) and F2 13 during the 2013 harvest and from grapes Malvasia de Cândia in 2014 (MCF14). GI Farroupilha, Rio Grande do Sul.

SPECIES	F3 13	F2 13	MCF14
C. californica	0	0	5
C. diversa	0	0	5
H'spora opuntiae	8	0	15
H'spora uvarum	12	1	16
H'spora vineae	3	0	0
I. hanoiensis	1	0	0
I. terricola	2	0	1
Sporid. pararoseus	0	6	0
Star. bacillaris	1	0	2
Z. meyereae	0	1	0
Zygosacch. bailii	0	0	3
NI[1]	0	0	0
Identified Species	6	3	7

[1]NI- Not identified neither by Maldi-Tof-MS nor by PCR-RFLP of ITS1-5.8S-ITS2 amplicon and not yet sequenced.

The yeasts *Candida californica*, *Candida diversa* and *Zygosaccharomyces bailii* were only isolated from grapes of the vineyard MCF14. These last three yeasts and *Zygoascus meyereae* were not detected in vineyard in the region of Jales (São Paulo, Brazil) [9]. Information about yeast ecology of grapes is important to produce wine with higher quality and typical and regional attributes.

Yeasts were also isolated from the vineyard Malvasia Bianco Tradicional (MBTF14) of the 2014 harvest (Data not shown) and three strains of *Saccharomyces cerevisiae* were detected inhabiting the surface of the grapes of this cultivar. Just one of those strains, *Saccharomyces cerevisiae* 39MBTF14, showed oenological skill. Therefore, it was selected for wine production and it is now available to be used by only those winemakers of this specific GI Farroupilha.

The GI Farroupilha has 379 km^2 [21] and most of this GI is located in Farroupilha. That GI has the particularity of presenting, within the delimited geographical area, a defined region of Muscatel grape production (DRMP), focused on the traditional grape-producing region moscatos grapes. The DRMP has 129 km^2 and it should provide at least 85% of all grapes for wines production in the GI Farroupilha. The municipality of greater area is Farroupilha. In 2014, the occupied area with permanent crops was 4,984 ha and the grapevine was 79.28% of this area. There are peach plantations (610 ha), persimmon (220 ha), among other fruit of smaller area. Farroupilha, although it does not appear in Brazilian official statistics, is the leading producer of quiwi of the State, with about 130 ha. Temporary crops occupied an area of 879 ha and maize was planted on 600 ha followed by the onion (90 ha) and garlic (60 ha). There is also production of meat, milk and eggs. In 2014, Farroupilha had a herd with 8,996 head of cattle, 2,352 pigs, 2,492 sheep, 2,675,723 chickens and 38,000 quails. In this GI, 76 wine grape varieties are planted in 2,345.74 ha, which represents 28.25% of the total area. *Vitis vinifera* L. is grown in 406.44 ha. These vineyard areas were georeferenced.

DOI: 10.1051/bioconf/20160702030

3.6. Vale do Rio São Francisco

The yeasts were isolated from grapes of vineyards of Cabernet Sauvingon (VSFCS10), Suvignon Blanc (VSFSB10), Chenin Blanc (VSFCB10), Italia (VSFI10) and Syrah (VSFSY10) during the 2010 harvest in the Vale do Rio São Francisco (Table 7). The vineyard Italia (VSFI10) (Table 7) along with GTEpU in 2015 (Table 2) exhibited the lowest biodiversity. The grapes of vineyards Tannat (TASL15) (Table 5) and Cabernet Franc (VVT99) (Table 4 presented the highest yeast heterogeneity. This yeast heterogeneity was not influenced by the state of health of the grapes since the yeasts were isolated from sound grape berries. It is well known that damaged berries may attract insects and thus cause a shift in yeast heterogeneity [8]. The grape berries of vineyard VSFI10 harboured only the species *Hanseniaspora opuntiae* and *Issatchenkia terricola*. The yeasts *Cryptococcus laurentii* and *Pichia galeiformis* were only isolated from Sauvingon Blanc, while *Pichia occidentalis* were only detected on the surface of wine grape Syrah. *Saccharomyces cerevisiae* was isolated from grape berries of only two vineyards, Cabernet Sauvignon (VSFCS10) and Syrah (VSFSY10). The yeast *Saccharomyces cerevisiae* was not the most frequent species found. The strain *Saccharomyces cerevisiae* 45VSFCS10 was selected and it is now available to be used by only those winemakers of this specific region of the Vale do Rio São Francisco.

In the Vale do Rio São Francisco, the GI of wines, although still under construction, will cover 8 municipalities, whose area is approximately 35,000 km^2. The municipalities with the highest production of grapes are Petrolina in Pernambuco and Juazeiro and Casa Nova in Bahia. In 2014, there were 31,162 ha occupied by permanent crops. Almost half of this area was used for the production of mango (15,010 ha). At that time, the grapes occupied 7,418 ha, which corresponds to 23.73% of the area of permanent crops. There is also production of coco-da-bahia (2,920 ha), guava (2,827 ha) and banana (2,265 ha). Annual crops cover an area of 28,920 ha with emphasis on sugarcane 16,498 ha, onion 4,880 ha, bean 2,617 ha, corn (2,043 ha), watermelon (1,132 ha) and melon (866 ha). In these municipalities there are also livestock farming activities with 730,104 head of goats, 612,747 head of sheep, 58,148 head of cattle and 115,506 chickens.

3.7. GI Monte Belo

The yeasts were isolated from Merlot wine lees during the 2012 harvest in Monte Belo do Sul – RS. Merlot grape must had already been inoculated with a locally selected yeast *Saccharomyces cerevisiae* 24MB06 isolated from Cabernet Sauvignon during the 2006 harvest. A total of 21 yeasts was isolated and 20 yeasts were identified as *Saccharomyces cerevisiae*. The remaining strain is still to be identified. It was observed that samples of five out 13 sites in the Western Cape region (South Africa) yielded no *Saccharomyces cerevisiae* after fermentation [77]. This shows that the high incidence of *Saccharomyces cerevisiae* obtained from Merlot wine lees was not so obvious. The yeasts lees at the end of alcoholic fermentations utilize oxygen at different rates [23], showing fully metabolic activity and can reduce thiol concentration of wine [79]. One strain of *Saccharomyces cerevisiae* 2MBS12 showed skill for wine production. It was therefore selected to be used by only those winemakers of this specific GI Monte Belo.

Table 7. Identification and frequency of autochthonous yeasts isolated from grapes Cabernet Sauvignon (VSFCS), Suvignon Blanc (VSFSB), Chenin Blanc (VSFCB), Italia (VSFI) and Syrah (VSFSY) during the 2010 harvest. Vale do Rio São Francisco, Pernambuco and Bahia.

SPECIES	VSF CS10	VSF SB10	VSF CB10	VSF I10	VSF SY10
Cr. laurentii	0	0	5	0	0
H'spora opuntiae	0	0	0	1	0
I. terricola	0	0	22	4	
Kw. heveanensis	3	5	0	0	0
Meyer. guillermondii	0	9	1	0	0
P. galeiformis	0	0	2	0	0
P. occidentalis	0	8	0	0	0
Sacch. cerevisiae	4	0	15	0	0
Sporid. ruineniae	0	1	1	1	42
NI[1]	0	2	10	0	20
Identified Species	1	0	0	0	5

[1]NI- Not identified neither by Maldi-Tof-MS nor by PCR-RFLP of ITS1-5.8S-ITS2 amplicon and not yet sequenced.

The total area GI Monte Belo is 50.49 km^2 [71]. Most of this GI is located in Monte Belo do Sul county. In this municipality the area planted with permanent crops in 2014 was 2,624 ha and 94.51% of this area is occupied with grape wine varieties. Orange (60 ha) and tangerine (40 ha) among other fruit with smaller area are also planted. Temporary crops occupied an area of 400 ha. Corn occupies 700 ha, onion and peanuts are planted on 85 ha each. There is also production of meat, milk and eggs. In 2014, there were also livestock farming activities with 874 head of cattle, 364 pigs, 138 sheep and 90,000 chickens. In the delimited area there are 600 producing properties of grapes, in which are grown 59 grape wine varieties. In 2015, the vineyards occupied 42.50% of the total delimited geographical area. The grapes *Vitis vinifera* L. occupied 558.14 ha and the American and hybrid wine grape varieties were planted in 1,587.49 ha. These vineyard areas were georeferenced.

3.8. Campo Belo do Sul

The municipality of Campo Belo do Sul was included in this study because it is not a Brazilian wine producing region, and also because it is far from the wine producing areas. The yeasts were isolated from grapes of a vineyard of Malbec (MCBS) and from two vineyards of Sauvignon Blanc (SBCBSa and SBCBSb) during the 2016 harvest in Campo Belo do Sul – State of Santa Catarina (Table 8). *Candida diversa*, *Hanseniaspora uvarum* and *Hanseniaspora opuntiae* were present in all samples but among these three species *Hanseniaspora uvarum* was the most abundant species. The surface of healthy grapes has a predominance of different species and difference between them will depend in particular on stage of grape maturity. *Aureobasidium pullulans*, *Metschnikowia*, *Hanseniaspora* (*Kloeckera*), *Cryptococcus* and *Rhodotorula* are the dominant species on the surface of healthy grapes [22]. The vineyard with higher species heterogeneity was SBCBSb16, although

Table 8. Identification and frequency of autochthonous yeasts isolated from grapes Malbec (MCBS16), Sauvignon Blanc site "a" (SBCBSa16) and Sauvignon Blanc site "b" (SBCBSb16) during the 2016 harvest. Campo Belo do Sul, Santa Catarina.

SPECIES	MCBS16	SBCBSa16	SBCBSb16
C. diversa	2	1	2
H'spora opuntiae	7	2	6
H'spora uvarum	35	28	28
H'spora vineae	0	0	1
I. hanoiensis	1	0	0
I. terricola	0	0	5
P.occidentalis	0	1	0
S. crataegensis	0	0	1
Star. bacillaris	0	4	3
NI[1]	2	10	1
Identied Species	4	5	7

[1]NI- Not identified neither by Maldi-Tof-MS nor by PCR-RFLP of ITS1-5.8S-ITS2 amplicon and not yet sequenced.

these vineyards are mounted spatially very close to each other, specially the vineyards SBCBSa16 and SBCBSb16. *Saccharomyces cerevisiae* could not be isolated from the grape surface of these vineyards. The yeast *Starmerella bacillaris*, although is frequently isolated from grape and wine environments [44], was only found on surface of grapes collected from Sauvignon Blanc in the vineyards SBCBSa16 and SBCBSb16. *Starmerella bacillaris* can be found on both healthy and Botrytis-infected grapes [49, 48]. Mixed culture of *Saccharomyces cerevisiae* and *Starmerella bacillaris* seems to be advantageous since this last yeast species has the ability to reduce the amount of acid in a finished wine [51].

References

[1] J. Abranches, P. B. Morais, C. A. Rosa, L. C. Mendonça-Hagler, and A. N. Hagler. Can. J. Microbiol. **43**, 328–336 (1997)
[2] M. Agnolucci, S. Scarano, S. Santoro, C. Sassano, A. Toffanin, and M. Nuti. Lett. Appl. Microbiol. **45**, 657–662 (2007)
[3] B. C. Agustini, L. P. Silva, C. Bloch, T. M. B. Bonfim, and G. A. da Silva. Appl. Microbiol. Biotechnol. **98**, 5645–5654 (2014)
[4] W. Albertin, C. Miot-Sertier, M. Bely, P. Marullo, J. Coulon, V. Moine, B. Colonna-Ceccaldi, and I. Masneuf-Pomarède. Int. J. Food Microbiol. **178**, 87–97 (2014)
[5] M. Aponte and G. Blaiotta. Front. Microbiol. **7**,1–11 (2016)
[6] M. A. Baffi, T. Tobal, J. Henrique, G. Lago, R. S. R. Leite, M. Boscolo, E. Gomes, and R. Da-Silva. J. Food Sci. **76**, C997–1002 (2011)
[7] A. Barata, M. Malfeito-Ferreira, and V. Loureiro. Int. J. Food Microbiol. **153**, 243–259 (2012)
[8] A. Barata, S. C. Santos, M. Malfeito-Ferreira, and V. Loureiro. Microb. Ecol. **64**, 416–430 (2012)
[9] C. Bezerra-Bussoli, M. A. Baffi, E. Gomes, and R. Da-Silva. Curr. Microbiol. **67**, 356–361 (2013)
[10] N. A. Bokulich, J. H. Thorngate, P. M. Richardson, and D. A. Mills. Proc. Natl. Acad. Sci. USA **111**, E139–E148, Jan (2014)
[11] D. Braconi, M. Sotgiu, L. Millucci, A. Paffetti, F. Tasso, C. Alisi, S. Martini, R. Rappuoli, P. Lusini, A. R. Sprocati, C. Rossi, and A. Santucci. J. Agric. Food Chem. **54**, 3163–3172 (2006)
[12] M. Brysch-Herzberg and M. Seidel. Int J. Food Microbiol. **214**, 137–144 (2015)
[13] N. Cadez, J. Zupan, and P. Raspor. FEMS Yeast Res. **10**, 619–630 (2010)
[14] V. Capozzi, C. Garofalo, M. A. Chiriatti, F. Grieco, and G. Spano. Microbiol. Res. **181**,**75**–83 (2015)
[15] A. Clavijo, I. L. Calderón, and P. Paneque. Int. J. Food Microbiol. **143**, 241–245 (2010)
[16] M. M. B. Couto and J. H. H. in't Veld. J. Appl. Bacteriol. **78**, 327–334 (1995)
[17] G. A. da Silva. Appl. Microbiol. Biotechnol. **46**, 112–121 (1996)
[18] G. A. da Silva, T. L. Bernardi, P. D. C. Schaker, M. Menegotto, and P. Valente. Braz. Arch. Biol. Technol. **55**, 319–327, jun (2012)
[19] G. A. da Silva, J. S. Poli, C. M. Poletto, P. D. C. Schaker, and P. Valente. Braz. Arch. Biol. Technol. **54**, 601–612 (2011)
[20] M. du Toit and I. S. Pretorius. S. Afr. J. Enol. Vitic. **21**, 76–96 (2000)
[21] EMBRAPA. Embrapa, URL `https://www.embrapa.br/busca-de-noticias/-/noticia/6875950/reconhecida-a-indicacao-de-procedencia-farroupilha-para-vinhos-finosmoscateis` (2015)
[22] G. H. Fleet. Int. J. Food Microbiol. **86**, 11–22 (2003)
[23] C. Fornairon-Bonnefond, E. Aguera, C. Deytieux, J.-M. Sablayrolles, and J.-M. Salmon. J. Biosci. Bioeng. **95**, 496–503 (2003)
[24] C. Garofalo, M. El Khoury, P. Lucas, M. Bely, P. Russo, G. Spano, and V. Capozzi. J. Appl. Microbiol. **118**, 1395–1408 (2015)
[25] C. Garofalo, M. Tristezza, F. Grieco, G. Spano, and V. Capozzi. World J. Microbiol. Biotechnol. **32**, 59 (2016)
[26] J. A. Gilbert, D. van der Lelie, and I. Zarraonaindia. Proc. Natl. Acad. Sci. USA, **111**, 5–6 (2014)
[27] M. J. Harsch, F. Benkwitz, A. Frost, B. Colonna-Ceccaldi, R. C. Gardner, and J.-M. Salmon. J. Agric. Food Chem. **61**, 3703–3713 (2013)
[28] M. J. Harsch and R. C. Gardner. Appl. Microbiol. Biotechnol. **97**, 223–235 (2013)
[29] M. J. Harsch, S. A. Lee, M. R. Goddard, and R. C. Gardner. FEMS Yeast Res. **10**, 72–82 (2010)
[30] G. M. Heard and G. H. Fleet. Appl. Environ. Microbiol. **50**, 727–728, Sep (1985)
[31] G. M. Heard and G. H. Fleet. Appl. Environ. Microbiol. **53**, 2171–2174, Sep (1987)
[32] N. Hierro, A. González, A. Mas, and J. M. Guillamón. FEMS Yeast Res. **6**, 102–111 (2006)
[33] IBGE. INSTITUTO BRASILEIRO DE GEOGRAFIA E ESTATÍSTICA - IBGE URL `http://www.sidra.ibge.gov.br/` (2016)
[34] IGP. URL `http://www.progoethe.com.br/igp.php?id=1` (2010)
[35] N. P. Jolly, O. P. H. Augustyn, and I. S. Pretorius. S. Afr. J. Vitic. Vitic. **24**, 35–42 (2003)
[36] E. S. King, R. L. Kievit, C. Curtin, J. H. Swiegers, I. S. Pretorius, S. E. Bastian, and I. L. Francis. Food Chem. **122**, 618-626, (2010)

[37] E. S. King, J. H. Swiegers, B. Travis, I. L. Francis, S. E. P. Bastian, and I. S. Pretorius. J. Agric. Food Chem. **56**,10829–10837 (2008)
[38] M. I. Kinzurik, M. Herbst-Johnstone, R. C. Gardner, and B. Fedrizzi.J. Agric. Food Chem. **63**, 8017–8024 (2015)
[39] M. I. Kinzurik, M. Herbst-Johnstone, R. C. Gardner, and B. Fedrizzi. Food Chem. **209**, 341–347 (2016)
[40] S. Knight, S. Klaere, B. Fedrizzi, and M. R. Goddard. Sci. Rep. **5**, 1–10 (2015)
[41] C. P. Kurtzman and C. J. Robnett. FEMS Yeast Res. **3**, 417–432 (2003)
[42] S.-S. Li, C. Cheng, Z. Li, J.-Y. Chen, B. Yan, B.-Z. Han, and M. Reeves. Int. J. Food Microbiol. **138**, 85–90 (2010)
[43] C. A. Lopes, M. van Broock, A. Querol, and A. C. Caballero. J. Appl. Microbiol. **93**, 608–615 (2002)
[44] I. Masneuf-Pomarède, E. Juquin, C. Miot-Sertier, P. Renault, Y. Laizet, F. Salin, H. Alexandre, V. Capozzi, L. Cocolin, B. Colonna-Ceccaldi, V. Englezos, P. Girard, B. Gonzalez, P. Lucas, A. Mas, A. Nisiotou, M. Sipiczki, G. Spano, C. Tassou, M. Bely, and W. Albertin. FEMS Yeast Res. **15**, 1–11 (2015)
[45] I. Masneuf-Pomarède, C. Mansour, M.-L. Murat, T. Tominaga, and D. Dubourdieu. Int J Food Microbiol. **108**, 385–390 (2006)
[46] L. M. R. d. Mello. EMBRAPA. URL `http://cadastro.cnpuv.embrapa.br/cadastro/` (2016)
[47] M. L. Murat, I. Masneuf, P. Dariet, V. Lavigne, T. Tomigaga, and D. Dubourdieu. Am. J. Enol. Vitic. **52**, 136–139 (2001)
[48] A. A. Nisiotou and G.-J. E. Nychas. Appl. Environ. Microbiol. **73**, 2765–2768 (2007)
[49] A. A. Nisiotou, A. E. Spiropoulos, and G.-J. E. Nychas. Appl. Environ. Microbiol. **73**, 6705–6713 (2007)
[50] S. Pretorius, T. van der Westhuizen, and O. Augustyn. S. Afr. J. Enol. Vitic. **20**, 61–70 (1999)
[51] K. Rantsiou, P. Dolci, S. Giacosa, F. Torchio, R. Tofalo, S. Torriani, G. Suzzi, L. Rolle, and L. Cocolin. Appl. Environ. Microbiol. **78**, 1987–1994 (2012)
[52] A. Rinaldi, G. Blaiotta, M. Aponte, and L. Moio. Food Microbiol. **53**, 128–134 (2016)
[53] N. Rodríguez-Cousino, P. Gómez, and R. Esteban. Appl Environ. Microbiol. **79**, 4661–4674 (2013)
[54] N. Rodríguez-Cousino, M. Maqueda, J. Ambrona, E. Zamora, R. Esteban, and M. Ramírez. Appl. Environ. Microbiol. **77**, 1822–1832 (2011)
[55] M. Roncoroni, M. Santiago, D. O. Hooks, S. Moroney, M. J. Harsch, S. A. Lee, K. D. Richards, L. Nicolau, and R. C. Gardner. Food Microbiol. **28**, 926–935 (2011)
[56] J. Sabate, J. Cano, B. Esteve-Zarzoso, and J. M. Guillamón. Microbiol. Res. **157**, 267–274, (2002)
[57] M. P. Sangorrín, C. A. Lopes, M. R. Giraudo, and A. C. Caballero. Int. J. Food Microbiol. **119**, 351–357 (2007)
[58] M. P. Sangorrín, I. Zajonskovsky, M. van Broock, and A. Caballero. World J. Microbiol.Biotechnol. **18**, 115–120 (2002)
[59] M. P. Sangorrín, I. E. Zajonskovsky, C. A. Lopes, M. E. Rodríguez, M. R. G. de van Broock, and A. C. Caballero. J. Basic Microbiol. **41**, 105–113 (2001)
[60] M. Santiago and R. C. Gardner. FEMS Yeast Res. **15**, fov034 (2015)
[61] M. J. Schmitt and F. Breinig. Yeast viral killer toxins: lethality and self-protection. Nat. Rev. Microbiol. **4**, 212–221 (2006)
[62] M. E. Setati, D. Jacobson, U.-C. Andong, F. F. Bauer, and F. Bauer. PLoS One, **7**, e52609 (2012)
[63] L. Settanni, C. Sannino, N. Francesca, R. Guarcello, and G. Moschetti. J. Biosci. Bioeng. **114**, 606–614 (2012)
[64] M. Sipiczki, P. Romano, G. Lipani, I. Miklos, and Z. Antunovics. Antonie Van Leeuwenhoek **79**, 97–105 (2001)
[65] A. Sorrentino, F. Boscaino, R. Cozzolino, M. G. Volpe, E. Ionata, and F. L. Cara. Chem. Eng. Trans. **27**, 211–216 (2012)
[66] M. Strohalm, M. Hassman, B. Kosata, and M. Kodícek. Rapid Commun. Mass Spectrom. **22**, 905–908 (2008)
[67] G. Styger, B. Prior, and F. F. Bauer. J Ind. Microbiol. Biotechnol. **38**, 1145–1159 (2011)
[68] J. H. Swiegers, R. L. Kievit, T. Siebert, K. A. Lattey, B. R. Bramley, I. L. Francis, E. S. King, and I. S. Pretorius. Food Microbiol. **26**, 204–211 (2009)
[69] J. H. Swiegers and I. S. Pretorius. Appl Microbiol. Biotechnol. **74**, 954–960, Apr (2007)
[70] V. N. Thanh, A. H. Dao, and M.-A. Lachance. FEMS Yeast Res. **4**, 113–117 (2003)
[71] J. Tonietto, C. C. Guerra, F. Mandelli, G. A. da Silva, L. M. R. de Mello, M. C. Zanus, R. Hoff, C. A. Flores, I. Falcade, H. Haseanck, E. Weber, A. A. Calza, and R. Faé. Circular Técnica **76**, 1–16 (2008)
[72] J. Tonietto, M. Zanus, I. Falcade, and C. Guerra. Documentos 83, 1–34 (2013)
[73] J. Tonietto, M. Zanus, I. Falcade, and C. O. Guerra. Documentos 84, 1–35 (2013)
[74] M. J. Torija, N. Rozès, M. Poblet, J. M. Guillamón, and A. Mas. Antonie Van Leeuwenhoek **79**, 345–352 (2001)
[75] M. Tristezza, C. Vetrano, G. Bleve, G. Spano, V. Capozzi, A. Logrieco, G. Mita, and F. Grieco. Food Microbiol. **36**, 335–342 (2013)
[76] E. Valero, B. Cambon, D. Schuller, M. Casal, and S. Dequin. FEMS Yeast Res. **7**, 317–329 (2007)
[77] T. van der Westhuizen, O. Augustyn, and I. Pretorius. S. Afr. J. Enol. Vitic. **21**, 3–9 (2000)
[78] N. J. W. K. van Rij, editor. The yeasts a taxonomic study. Elsevier – Amsterdam, P.O. Box 211, Amsterdam, The Netherlands (1984)
[79] Y. Vasserot, V. Steinmetz, and P. Jeandet. Antonie Van Leeuwenhoek **83**, 201–207 (2003)
[80] I. Vigentini, G. De Lorenzis, V. Fabrizio, F. Valdetara, M. Faccincani, C. A. Panont, C. Picozzi, S. Imazio, O. Failla, and R. Foschino. Microbiology **161**, 362–373 (2015)
[81] T. White, T. Bruns, S. Lee, and J. Taylor. In: M. A. Innis and D. H. Gelfand and and J. J. Sninsky and T. J. White. PCR protocols. A guide to methods

and applications, chapter 38, pages 315–322. Academic Press, Inc. Harcourt Brasce Jovanovich, 24–28 Oval Road, London NW1 7DX (1990)

[82] T. Zagorc, A. Maráz, N. Cadez, K. P. Jemec, G. Péter, M. Resnik, J. Nemanic, and P. Raspor. Food Microbiol. **18**, 441–451 (2001)

[83] K. Zott, C. Miot-Sertier, O. Claisse, A. Lonvaud-Funel, and I. Masneuf-Pomarède. Int J Food Microbiol. **125**, 197–203 (2008)

[84] K. Zott, C. Thibon, M. Bely, A. Lonvaud-Funel, D. Dubourdieu, and I. Masneuf-Pomarède. Int. J. Food. Microbiol. **151**, 210–215 (2011)

Use of glutathione during white wine production – impact on S-off-flavors and sensory production

Pascal Wegmann-Herr[a], Sebastian Ullrich, Hans-Georg Schmarr, and Dominik Durner

Institute for Viticulture and Oenology, DLR Rheinpfalz, Breitenweg 71, 67435 Neustadt/W, Germany

Abstract. Recently two OIV resolutions (OENO 445-2015 and OENO 446-2015) were adopted, defining the use of glutathione (GSH) up to a maximum level of 20 mg/L in must and wine. Various studies have shown the benefits of GSH addition, especially in Sauvignon blanc wines. On the other hand, the formation of hydrogen sulfide (H_2S) and other S-off-flavors favored by GSH addition are reported. To investigate the effect of glutathione on the color development, the sensory expression and the formation of sulfide off-flavors, Riesling, Sauvignon Blanc and Chardonnay grapes were processed under different conditions and musts were obtained with different phenolic contents. By the addition of GSH as a pure substance or the use of GSH-rich inactivated yeast preparations, the GSH concentration in the musts was varied. Bottled wines showed generally lower GSH levels than the corresponding musts. However, higher GSH concentrations after yeast aging could be determined, which may explain increased protection against oxidation during further storage. The sensory analysis after bottling showed that the fruity character of Riesling and Sauvignon blancs was enhanced at moderate GSH addition. Overuse of GSH in musts with low phenolic content, however, can lead to sensory perceptible S-off-flavors in the later wines.

1. Introduction

The use of 20 mg/L glutathione (GSH) has been legitimated in 2015 by the OIV [1,2]. Oxidative browning of must and wine is said to be prevented, aroma compounds, such as volatile thiols, are preserved, and the development of ageing flavours, such as sotolon and 2- aminoacetophenone, is impeded [3]. Researchers have proposed the hydroxycinnamic acid to GSH ratio (HGR) as an indicator of oxidation susceptibility of must. It was shown that lower ratios yielded lighter musts [4]. In contrast to the advantages of GSH, other researchers found that GSH can foster the formation of H_2S and other sulfide off-flavours during fermentation [5]. Besides the proposed protective effect against chemical oxidation resulting in the glutathione disulfide (GSSG) [6] the protective effects against enzymatic oxidation during grape processing with subsequent formation of the Grape Reaction Products (GRP1 and GRP2) are reported [7]. On the other hand glutathione is affecting the yeast metabolism, supporting the detoxification of the cells and a major role in the S-, and N-metabolism is attributed to glutathione [8].

2. Materials and methods

2.1. Experimental winemaking

In vintage 2015 in total 70 wines in repetition (140 fermentations) have been produced in the experimental pilot winery of the DLR Rheinpfalz, Institute for viticulture and oenology, under controlled conditions. By applying different treatments the ratio of hydroxycinnamic acid to GSH was modulated prior fermentation using Chardonnay, Sauvignon blanc and Riesling grapes of the palatinate region. The GSH concentration was furthermore varied by direct GSH addition prior fermentation (10 mg/L or 20 mg/L) or GSH-enriched inactive dry yeast (IDY) at 40 g/hL either before or after fermentation. The resulting wines were either racked of the lees or submitted to *sur lies* aging for 4 month. The different treatments are given in Table 1.

2.2. Chemical and sensory analysis

High performance liquid chromatography (HPLC) analysis was used to quantify both hydroxycinnamic acids (including GRP) and glutathione. Whilst GRP, caffeic acid, p-coumaric acid, ferulic acid and caftaric acid could be determined at a wavelength of 320 nm after separating the sample with a RP-18 column (Phenomenex Gemini NX), a derivatization step was necessary to detect glutathione. After adding o-phthalaldehyde and ethanolamine to the wine sample, the glutathione formed a fluorescent imidazole derivative used for its quantification after separating the sample with a polar embedded RP-18 column (Phenomenex Synergi Fusion- RP). Sulfide off-flavors were monitored using solid phase microextraction followed by gas chromatography coupled with a pulsed flame photometric detector (HS-SPME- GC- PFPD). Furthermore, a stable isotope dilution assay (SIDA) without any mass-selective detection was applied for quantification using isotopic (deuterated) internal standard compounds synthesised in-house. Separation between labelled and non-deuterated compounds could be realized with a 60 m fused silica column (0.32 mm i.d.) coated with an apolar stationary phase of 100% dimethyl polysiloxane (1 μm film thickness), utilizing the inverse isotope effect

[a] e-mail: pascal.wegmann-herr@dlr.rlp.de

 DOI: 10.1051/bioconf/20160702031

Table 1. Applied variations during experimental winemaking vintage 2015.

	technological / oenological variation					
variety	ascorbic acid must (100 mg/L)	ascorbic acid wine (100 mg/L)	sur lies	skin contact (8h)	free run	press fraction
Riesling I (n=20)	x	x	x			
Riesling II (n=20)				x	x	x
Sauvignon blanc (n=20)	x	x	x			
Chardonnay (n= 10)		x	x			

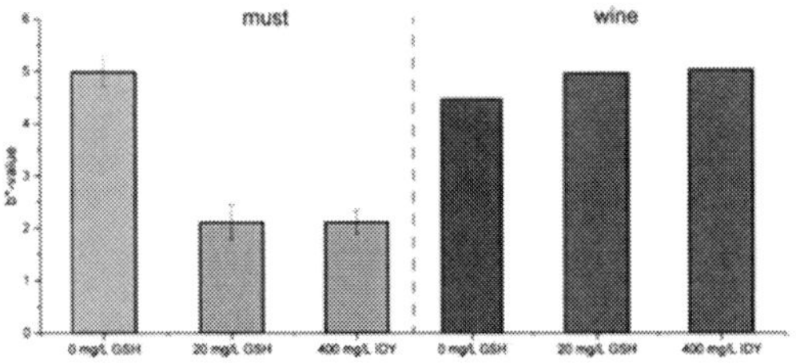

Figure 1. b*-values (yellow color) in Sauvignon blanc musts and wines for different GSH additions.

[9]. The extraction step was carried out by using a 50/30 μm DVB/CAR/PDMS fibre from Supelco which was 2 cm in length. Analysis of 3- Mercaptohexanol (3-MH) was done by Sarco (Bordeaux, France). Descriptive sensory analysis was performed by a trained panel of 15 judges; all the wines were tasted in duplicates in a randomized order.

3. Results and discussion

Following some of the results are shown and discussed exemplarily.

Adding GSH or IDY, respectively, to fresh grape juice yielded lighter musts which is in accordance with the hypothesis mentioned earlier. However, no difference in yellow colour was observed in the bottled wines. Obviously, GSH was not able to prevent oxidative browning during winemaking (Fig. 1). Compared to the protective effect of ascorbic acid against must browning the addition of GSH was more powerful (data not shown).

The ability of GSH to preserve 3-Mercaptohexanol (3- MH) in Sauvignon blanc wines is shown in Fig. 2. For storage trials all variants haven been pooled according to the GSH modalities and then analyzed for their 3-MH concentration. Both, GSH and IDY addition to the must resulted in higher 3-MH contents in the young wines. However, the addition of IDY after fermentation does lead to higher concentrations ranging on the same level as the control. This suggests that the GSH addition prior fermentation might influence the yeast metabolism increasing the capacity of the yeasts to transform odorless precursors into the potent aroma compound.

On the other hand, as it can be seen in Fig. 3, the addition of GSH either as pure substance or in form of IDY can lead to the formation of hydrogen sulfide. In case of this Riesling the control variant was vinified without any skin contact or press fractions showing a HGR of 2.74, therefore to be considered as medium sensitive to oxidation. The yeast assimilable α-amino nitrogen

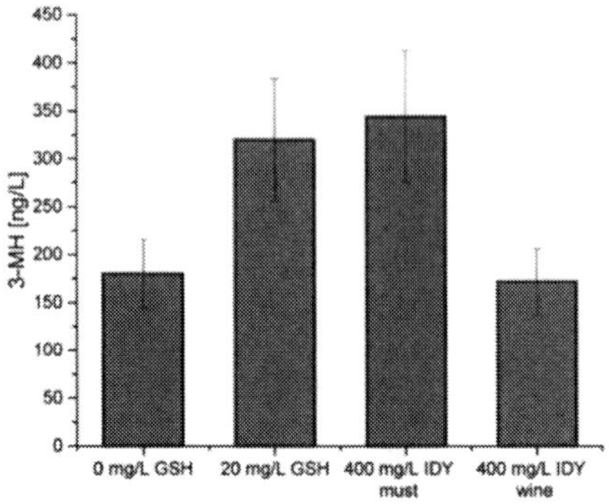

Figure 2. Influence of GSH on the 3-Mercaptohexanol (3-MH) concentration in Sauvignon blanc wines.

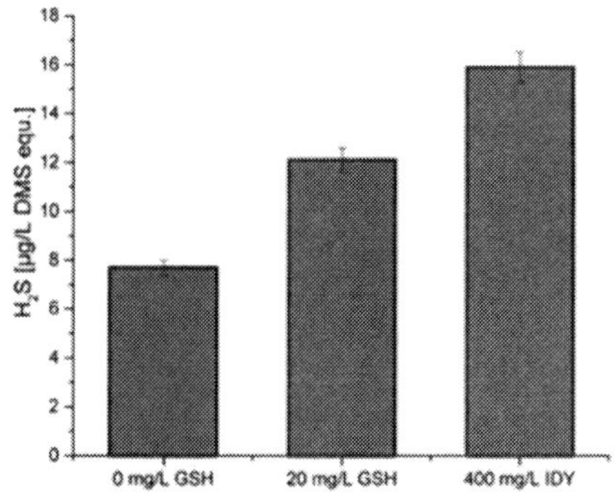

Figure 3. Influence of GSH on the formation of hydrogen sulfide (H2S) in Riesling wines.

of 92 mg/L NOPA was very low. There might be two explanations for the observed increase in H_2S formation due to GSH addition. First under N-stress the yeast might have metabolized the added GSH with subsequent H_2S production, second the free sulfhydryl moiety of GSH can react with *o*-quinones evolving from phenolic compounds. Hence, these quinones loose their ability to trap mercaptans, which are responsible for sulfide off-flavors.

Regarding the sensory impact, adding GSH as a pure substance prior fermentation significantly increased the intensity of sulfide off-flavors in Sauvignon blanc wines. At the same time, these wines were rated with the highest colour intensity. The control as well as the IDY treated wines appeared to have stronger fruity and banana intensities. A conclusive effect of GSH additions on other attributes was not observed (Fig. 4).

DOI: 10.1051/bioconf/20160702031

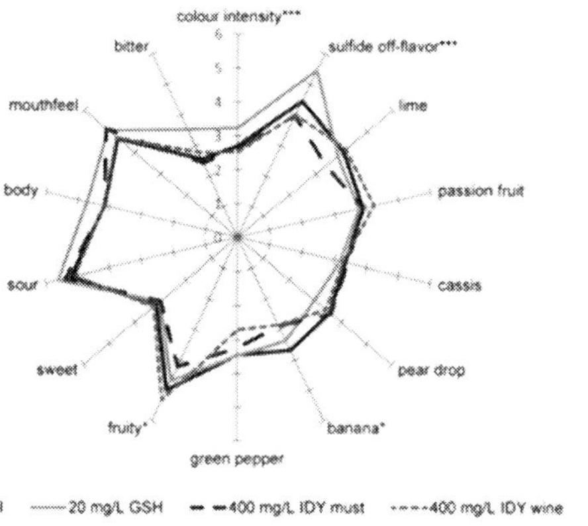

Figure 4. Sensory profile of Sauvignon blanc wines with different GSH additions. (*$p<0.05$, **$p<0.01$, ***$p<0.001$).

This contradicting result compared to some published positive effects regarding the impact of GSH during Sauvignon blanc production might be explained with the synergistic effect of ascorbic acid addition to the young wines. Here 100 mg/L ascorbic acid had been added to the wines prior the first SO_2 addition. But even if the perception of sulphide off-flavors can be explained by the reductive conditions due to combined application of GSH and ascorbic acid the increase in colour intensity is inconsistent. It is well known that wines treated very reductive till bottling are very sensitive to oxygen uptake and tend therefore to faster oxidative browning whereby the sensory perception of sulphide off-flavors remains stable. Regarding all the results of the descriptive sensory analysis of all varieties no pattern of a predictable sensory influence of GSH addition could be detected. In some cases GSH addition showed no effect at all, led in other cases to an increased perception of fruity attributes such as lime and in most cases to reduced fruitiness due to stronger off-flavor expression. No systematic difference to classify type of product (pure GSH or IDY) or time of addition could be observed but the tendency of 20 mg/L GSH added to must with low phenolic content leading to sensory perceptible S-off-flavors can be stated.

4. Conclusion

Using GSH and IDY in winemaking prevented the oxidative browning of musts, but this observation was not related to the colour of the later wines. Desirable aroma compounds, such as 3-MH, were preserved by GSH addition to musts, but at the same time mercaptan trapping seemed to be inhibited due to the formation of GSH-phenol adducts. As a consequence, wines showed higher concentrations in sulfide off-flavors. No predictable benefits on sensory characteristics of young Riesling, Chardonnay and Sauvignon blanc wines were observed. More research is necessary to investigate GSH effects with regard to different enological practises and for longer term storage scenarios.

This work was supported by the Federal Ministry for Economic Affairs and Energy (via AiF) and the FEI (Forschungskreis der Ernährungsindustrie e.V., Bonn) Project AiF 18645 N.

Special thanks to Benedikt Grein and Florian Schraut for help during the experimental winemaking.

References

[1] OIV-OENO 445-2015
[2] OIV-OENO 446-2015
[3] V. Vamakis and I.G. Roussis. Food Chem. **57** (1996) 419–422
[4] W. du Toit, J. Marais, I.S. Pretorius and M. du Toit. S. Afr. J. Enol. Vitic. **27**, 76–94 (2006)
[5] M. Ugliano, M. Kwiatkowski, S. Vidal, D. Capone, T. Siebert, J.B. Dieval, O. Aagaard and E.J. Waters. J. Agric. Food Chem. **59**, 2564–2572 (2011)
[6] E.C. Kritzinger, F.F. Bauer and W. J. du Toit. J.Agric.Food Chem. **61**, 269–277 (2013)
[7] E.C. Kritzinger, W.J. du Toit and M.A. Stander. Food Addit. Conta. Part A. **30**, 80–92 (2013)
[8] A. Pastore, G. Federici, E. Bertini and F. Piemonte. Clin. Chim. Acta. **333**, 19–39 (2003)
[9] H.G. Schmarr, P. Slabizki, S. Müntnich, C. Metzger, E. Gracia-Moreno. J. Chromatogr. A. **1270**, 310–317 (2012)

DOI: 10.1051/bioconf/20160702032

Effect of the addition of different types of oenological commercial tannins on phenolic and sensorial red wine characteristics evolution

António M. Jordão[1,a], Sara Muxagata[2,3], Luísa Fontes[1], Ana C. Correia[1], Fernando M. Nunes[2], and Fernanda Cosme[3]

[1] Instituto Politécnico de Viseu (CI&DETS), Escola Superior Agrária, Ranhados, 3500-606 Viseu, Portugal
[2] CQ-VR – Centro de Química de Vila Real, UTAD – Escola de Ciências da Vida e do Ambiente, Departamento de Química, 5000-801 Vila Real, Portugal
[3] CQ-VR – Centro de Química de Vila Real, UTAD – Escola de Ciências da Vida e do Ambiente, Departamento de Biologia e Ambiente, Edifício de Enologia, 5000-801 Vila Real, Portugal

Abstract. The main objective of this work was to understand the effect of the addition of different commercial types of oenological tannins on red wine phenolic compounds and sensorial characteristics evolution. So, six different commercial oenological tannins obtained from different sources at an average dosage recommended by the manufactures were added to a red wine. During 120 wine aging days several phenolic parameters were analyzed (including several individual phenolic compounds by HPLC) and also the sensorial characteristics of the wines. Wines treated with oenological tannins showed higher total phenols and flavonoid phenols and lesser color degradation during the aging time considered. After 120 aging days, wines aged with oenological tannins showed more total and individual anthocyanins and significantly more red color that induced significantly color differences in relation to the untreated wine (especially for the wines treated with condensed tannins). From a sensorial point of view it was also possible to detect a clear differentiation between the wines.

1. Introduction

In recent years there have been changes in consumer's perception around the world regarding wine quality. Consumers continue to enjoy great wines that require a considerable aging time. However, consumers search for wines with a good quality and cheap price; so winemakers need to produce red wines that are appreciated by these consumers with a competitive price. In this perspective, for red wine production, winemakers have been looking for alternatives such as the use of commercial oenological tannins. Initially proposed as coadjuvants to prevent the wine protein instability and officially authorized by the International Oenological Codex [1], the commercial oenological tannins have recently been introduced into winemaking and also during the wine aging process, especially for red wines.

Oenological tannins are generally classified according to their origin into two groups: hydrolyzable tannins, derived mainly from oak wood or other plant species (composed by glucosides from gallic or ellagic acid), and condensed tannins mainly from grapes but also from quebracho and wood (composed by flavan-3-ol monomer subunits, such as (+)-catechin, (-)-epicatechin, and their gallates).

According to several authors [2–4], there are numerous positive effects by the use of oenological tannins, namely in wine color stabilization, wine structure improvement, laccase activity, and elimination of reductive odors. However, while many winemakers have practical experience with commercial oenological tannins addition and tannin suppliers report color enhancement, oxidative protection, flavor and mouthfeel improvements as a consequence of addition of oenological tannins, there are several experimental works that reported contradictory results about the potential benefits of these products. Thus, some authors [2,3,5] reported several evidences of the benefits to wine color from tannin preparations added during red wine vinification and aging while other authors [6,7] reported that they may not always improve the wine characteristics or has a little effect. In addition, it is important to note that the majority of the studies analyze the addition of oenological tannins during the pre-fermentation and not after the malolactic fermentation and also don't make an evaluation of the wine during a long aging period.

Thus, the aim of this work was to verify the impact of the addition of different commercial types of oenological tannins available in the Portuguese market on the evolution of phenolic and sensorial characteristics of a red wine produced in Dão region and made from one of most important Portuguese red grape variety (Touriga Nacional). Furthermore it is important to note that in general, research on the effect of tannins application has been conducted in wines made with international red grape varieties (such as Cabernet Sauvignon and Merlot) and not by the use of Portuguese red grape varieties.

[a] e-mail: antoniojordao@esav.ipv.pt

 DOI: 10.1051/bioconf/20160702032

Table 1. General characteristics of oenological tannins used and identifying wine codes.

Oenological tannins	Source	Wine code
Condensed tannins	Grape skin	TPA
		TPB
Hydrolyzable tannins	Quebracho	TGA
		TGB
	Oak wood	TEA
		TEB

2. Material and methods

2.1. Material

At the end of the malolactic fermentation, 15.0 g/hL of six different commercial types of oenological tannins were added separately to a wine sample (in a laboratory scale for each essay) according to the codes reported in Table 1. Each oenological tannin was prepared as described by the technical information supplied by the manufacturer. All, treatments were done in duplicate.

2.2. Methods

During 120 wine aging days after oenological tannins application, several general phenolic parameters were quantified in wines: total phenols, flavonoid and non-flavonoid compounds [8], total anthocyanins [9], total and polymeric pigments [10], and color intensity and hue [11]. Chromatic characteristics were obtained by calculation of several parameters: $L*(\%)$ (lightness), $a*$ (redness), $b*$ (yellowness), using the CIElab method. To distinguish the color more accurately, the color difference was also calculated ($\Delta E = [(\Delta L^*)^2 + (\Delta a^*)^2 + (\Delta b^*)^2]^{1/2}$) according to the OIV method [11]. Color differences can be distinguished by the human eye when the differences between ΔE values are greater than one units [12]. For (+)-catechin, phenolic acids and individual anthocyanin analysis a HPLC chromatographic system was used following the conditions described by Guise et al. [13] All laboratory measurements were performed in quadruplicate.

Each red wine sample was stored for 24 hours at room temperature (20°C) before sensorial analysis, which was in a sensorial analysis room with individual booths for each expert. Six expert judges with extensive wine tasting experience, evaluated the red wine samples. The wines were evaluated using different visual, aroma, flavor and taste descriptors. The judges were asked to evaluate the samples on a 1–5 quality point scale (1 being less intense and 5 more intense) for each attribute.

2.3. Statistical analysis

The data are presented as mean ± standard deviation. To determine whether there is a statistically significant difference between the data obtained for the diverse parameters quantified in the red wines, an analysis of variance (ANOVA, one-way) and comparison of treatment means were carried out using the Tukey test ($p < 0.05$). This analysis was performed using SPSS (version 23) software. Principal component analysis (PCA) was also used to analyze the data and study the relations between the red wines with different oenological tannins and their sensorial characteristics. This analysis was performed using Statistica (version 7) software.

3. Results and discussion

Table 2 shows the evolution of general phenolic compounds of red wines aged with different oenological tannins during 120 aging days. In general during the aging time considered, red wines where oenological tannins were added showed the highest total phenolic content. However, it was evident that the highest total phenolic content was quantified in red wines where hydrolyzable tannins were added (TGA, TGB, TEA and TEB wines), especially in last aging weeks. For example, after 120 aging days, the content of total phenols varied from 506 (TGA wine) to 529 mg/L (TEA wine) while for the other wines the values varied from 483 mg/L (TPA wine) to 496 mg/L (TPB wine). Similar tendency was detected for flavonoid phenols. It is also important to note that the differentiation between the wines aged with hydrolyzable tannins and the other wines (aged with condensed tannins and standard wine) was more marked between 85 and 120 aging days. Regarding to non-flavonoid phenols evolution it was not possible to detected a clear influence of the use of different oenological tannins. Our results are consistent with previous reports [2,3,14]. However, according to Canuti et al. [3], timing of oenological tannins addition and grape characteristics had a significant effect on phenolic parameters results. For these authors, oenological tannins addition during pre-fermentation had also a more significant influence on phenolic parameters than did addition during post-fermentation.

Regarding to total and polymeric pigments content, in general, the addition of the oenological tannins used had only a little effect on wines. It was only possible to detected a significantly impact of the addition of the oenological tannins by the use of hydrolyzable tannins (TEA and TEB wines) after 20 aging days for polymeric pigments. In addition, during the aging time considered, the impact of the use of these hydrolyzable oenological tannins especially in polymeric pigments content, was only significant in TEB wine, especially between 85 and 120 aging days.

Finally, the effects of exogenous tannin addition on the total anthocyanins, color intensity and hue evolution is also shown in Table 2. Thus, for total anthocyanins it can be observed that during the aging time considered, a tendency for a decrease of the values in all red wines (including for standard wine). However, the oenological tannins addition had a positive impact on evolution of these pigments because the wines with oenological tannins showed a less pronounced decrease of the total anthocyanins values over the aging time. This result was independently of the oenological tannin type used. After 120 aging days the total anthocyanins content showed in descending order the following sequence: TGA (558 mg/L) >TPA (533 mg/L) >TEB (530 mg/L) >TPB (522 mg/L) >TEA (438 mg/L) >TGB (419 mg/L) >SW (240 mg/L). Regarding to color intensity, an increased after different oenological tannin addition was detected. However, the color intensity increase

DOI: 10.1051/bioconf/20160702032

Table 2. Effect of the addition of different commercial oenological tannins on red wine phenolic parameters evolution during 120 aging days.

Phenolic parameters	20 aging days							55 aging days						
	SW	TPA[1]	TPB	TGA	TGB	TEA	TEB	SW	TPA	TPB	TGA	TGB	TEA	TEB
Total phenols (mg/L)[2]	427 ± 4^{a}	423 ± 5^{a}	419 ± 3^{a}	424 ± 8^{a}	425 ± 3^{a}	433 ± 4^{ab}	454 ± 24^{b}	436 ± 5^{ab}	428 ± 2^{a}	437 ± 2^{ab}	454 ± 3^{bc}	519 ± 20^{d}	460 ± 2^{c}	464 ± 3^{c}
Flavonoid phenols (mg/L)[2]	338 ± 15^{a}	337 ± 3^{a}	329 ± 3^{a}	326 ± 7^{a}	322 ± 5^{a}	336 ± 3^{a}	317 ± 16^{a}	289 ± 6^{abc}	270 ± 3^{a}	287 ± 3^{abc}	279 ± 4^{ab}	364 ± 20^{d}	312 ± 2^{c}	297 ± 20^{bc}
Non flavonoid phenols (mg/L)[2]	89 ± 12^{a}	86 ± 2^{a}	90 ± 1^{a}	98 ± 2^{a}	103 ± 7^{ab}	98 ± 2^{a}	137 ± 39^{b}	147 ± 2^{a}	158 ± 1^{abc}	150 ± 2^{ab}	175 ± 7^{c}	155 ± 2^{ab}	147 ± 1^{a}	167 ± 18^{bc}
Total pigments (a.u.)	57.3 ± 3.4^{c}	57.4 ± 1.8^{c}	47.0 ± 2.9^{ab}	52.3 ± 3.7^{bc}	57.3 ± 0.6^{c}	43.1 ± 0.2^{a}	51.4 ± 4.2^{bc}	41.5 ± 4.1^{a}	38.8 ± 0.7^{a}	48.7 ± 1.2^{b}	40.1 ± 0.1^{a}	39.7 ± 1.2^{a}	42.6 ± 3.8^{a}	38.6 ± 0.7^{a}
Polymeric pigments (a.u.)	1.31 ± 0.08^{a}	1.45 ± 0.16^{ab}	1.45 ± 0.13^{ab}	1.77 ± 0.14^{b}	1.46 ± 0.12^{ab}	2.63 ± 0.36^{c}	2.81 ± 0.22^{c}	1.14 ± 0.04^{a}	1.49 ± 0.09^{b}	1.34 ± 0.08^{ab}	1.36 ± 0.13^{ab}	1.57 ± 0.10^{b}	1.44 ± 0.12^{b}	1.45 ± 0.15^{b}
Total anthocyanins (mg/L)[3]	921 ± 16^{a}	959 ± 44^{a}	937 ± 21^{a}	941 ± 14^{a}	915 ± 24^{a}	940 ± 20^{a}	924 ± 8^{a}	843 ± 20^{a}	863 ± 14^{ab}	865 ± 23^{ab}	891 ± 5^{bc}	908 ± 6^{c}	869 ± 18^{ab}	847 ± 11^{a}
Color intensity (a.u. x 10)	21.9 ± 0.1^{a}	23.5 ± 0.5^{c}	23.1 ± 0.2^{bc}	22.6 ± 0.4^{ab}	22.2 ± 0.1^{a}	22.5 ± 0.6^{ab}	23.0 ± 0.1^{bc}	26.4 ± 0.0^{abc}	26.3 ± 0.1^{ab}	26.5 ± 0.2^{cd}	26.1 ± 0.1^{a}	26.3 ± 0.1^{a}	26.5 ± 0.1^{bcd}	26.9 ± 0.1^{d}
Color hue	0.560 ± 0.008^{a}	0.577 ± 0.003^{cd}	0.571 ± 0.007^{bc}	0.583 ± 0.001^{d}	0.577 ± 0.002^{cd}	0.585 ± 0.004^{d}	0.566 ± 0.004^{ab}	0.582 ± 0.003^{a}	0.607 ± 0.006^{b}	0.630 ± 0.023^{c}	0.593 ± 0.003^{ab}	0.600 ± 0.003^{ab}	0.606 ± 0.002^{b}	0.598 ± 0.005^{ab}

Phenolic parameters	85 aging days							120 aging days						
	SW	TPA	TPB	TGA	TGB	TEA	TEB	SW	TPA	TPB	TGA	TGB	TEA	TEB
Total phenols (mg/L)[2]	448 ± 12^{a}	463 ± 4^{a}	525 ± 24^{bc}	500 ± 3^{b}	522 ± 8^{bc}	516 ± 4^{bc}	535 ± 2^{c}	492 ± 18^{a}	483 ± 1^{a}	496 ± 2^{a}	506 ± 3^{ab}	532 ± 17^{c}	529 ± 13^{bc}	522 ± 34^{bc}
Flavonoid phenols (mg/L)[2]	346 ± 12^{a}	357 ± 2^{ab}	410 ± 32^{cd}	381 ± 2^{bc}	396 ± 9^{cd}	398 ± 2^{cd}	420 ± 3^{d}	390 ± 17^{ab}	375 ± 1^{a}	387 ± 2^{ab}	386 ± 5^{ab}	418 ± 22^{c}	417 ± 12^{c}	411 ± 4^{bc}
Non flavonoid phenols (mg/L)[2]	102 ± 1^{a}	106 ± 2^{a}	115 ± 8^{b}	119 ± 1^{bc}	126 ± 3^{c}	118 ± 1^{b}	115 ± 1^{b}	102 ± 1^{a}	108 ± 1^{b}	108 ± 2^{b}	120 ± 7^{d}	114 ± 5^{c}	112 ± 1^{bc}	111 ± 18^{bc}
Total pigments (a.u.)	38.3 ± 1.2^{abc}	40.5 ± 1.1^{c}	37.6 ± 0.3^{ab}	41.1 ± 0.3^{c}	37.7 ± 0.1^{ab}	39.2 ± 2.4^{abc}	36.2 ± 2.0^{a}	38.3 ± 1.2^{abc}	40.5 ± 1.1^{bc}	37.6 ± 0.3^{ab}	41.1 ± 0.3^{c}	37.7 ± 0.1^{ab}	39.2 ± 2.4^{abc}	36.2 ± 2.0^{a}
Polymeric pigments (a.u.)	3.50 ± 0.11^{bc}	2.96 ± 0.28^{a}	3.28 ± 0.10^{b}	3.60 ± 0.05^{cd}	3.55 ± 0.04^{bc}	3.47 ± 0.12^{bc}	3.86 ± 0.06^{d}	4.27 ± 0.09^{e}	2.81 ± 0.20^{a}	3.28 ± 0.10^{b}	3.60 ± 0.05^{c}	3.55 ± 0.04^{c}	3.47 ± 0.12^{bc}	3.86 ± 0.06^{d}
Total anthocyanins (mg/L)[3]	639 ± 17^{b}	708 ± 28^{d}	698 ± 5^{d}	680 ± 3^{cd}	655 ± 7^{bc}	639 ± 15^{b}	539 ± 4^{a}	240 ± 3^{a}	533 ± 5^{d}	522 ± 2^{cd}	558 ± 8^{d}	419 ± 85^{b}	438 ± 44^{bc}	530 ± 10^{d}
Color intensity (a.u. x 10)	27.3 ± 0.3^{b}	26.0 ± 0.0^{a}	26.0 ± 0.1^{a}	26.3 ± 0.2^{a}	26.4 ± 0.1^{a}	26.4 ± 0.1^{a}	27.2 ± 0.2^{b}	24.9 ± 0.3^{bc}	24.1 ± 0.4^{b}	24.3 ± 0.1^{b}	25.9 ± 0.2^{cd}	26.2 ± 0.3^{cd}	26.8 ± 1.2^{d}	27.9 ± 0.2^{e}
Color hue	0.595 ± 0.001^{a}	0.630 ± 0.012^{bc}	0.642 ± 0.002^{c}	0.620 ± 0.009^{b}	0.631 ± 0.005^{bc}	0.625 ± 0.007^{b}	0.602 ± 0.005^{a}	0.607 ± 0.003^{a}	0.684 ± 0.026^{c}	0.691 ± 0.001^{c}	0.650 ± 0.003^{b}	0.644 ± 0.004^{b}	0.635 ± 0.027^{ab}	0.637 ± 0.009^{ab}

SW – Standard wine; a.u. – absorbance units; (1) Wines codes legend see Table 1; (2) values expressed as gallic acid equivalents; (3) values expressed as malvidin-3-monoglucoside equivalents; data points derived for each aging day and phenolic parameter showing the same letter are not significantly different (Tukey, $p < 0.05$); ± standard deviation.

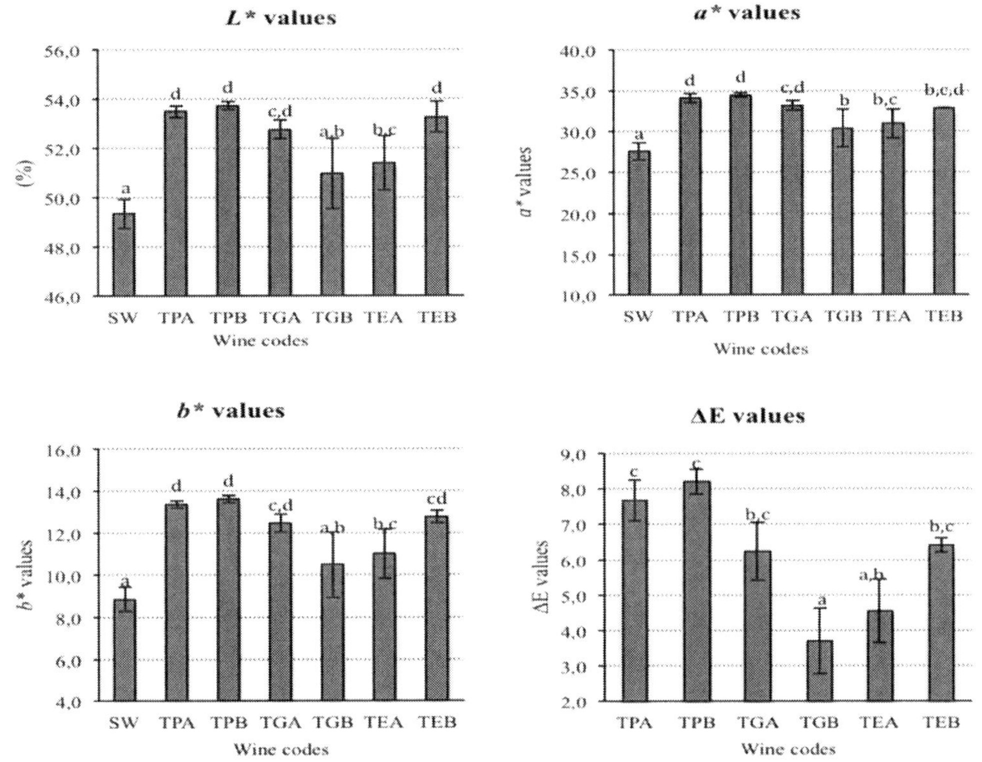

Figure 1. Chromatic characteristics of red wines containing different oenological tannins after 120 aging days. SW – Standard wine; Wines codes legend see Table 1; Data points showing the same letter are not significantly different (Tukey, $p < 0.05$).

was particularly detected after 20 aging days, especially in wines with oenological tannins containing condensed tannins (TPA and TPB wines) and one of the hydrolyzable tannin used (TEB wine). Several authors [5, 15] reported benefits to color intensity in Syrah and various red and rosé wines with the addition of grape-derived tannins. According to Bertrand et al. [16], an increase in red color soon after tannin addition has been attributed to co-pigmentation effects. During the aging time the impact of the addition of the mentioned oenological tannins reduced but the wines containing oenological tannins with hydrolyzable tannins increased significantly the color intensity values. Thus, considering to the results obtained after 120 aging days, the best color intensity results were obtained for TEB and TEA wines (27.9 and 26.8 a.u., respectively).

Finally, for color hue values, in general the application of condensed tannins (TPA and TPB wines) induced during the aging time an increase of the values in the wines compared to the standard wine (without tannin addition) and the wines with hydrolyzable tannins. This result was particularly evident after 120 aging days.

The results obtained with the CIElab method for the chromatic characteristics of red wines after 120 aging time are shown in Fig. 1. Thus, the addition of all oenological tannins (except for TGB wine) induced a significantly increase in wine lightness (L^*) in all red wines after the aging period considered.

Regarding to a^* values (redness), a significantly increased of the values was also obtained as a consequence of the oenological tannins addition. This result was independently of the tannin source used and corresponding to a general improvement of the red color that was also observed in color intensity values (except for TPA and TPB wines) after 120 aging days.

According to the results obtained by Canuti et al. [3], in general the oenological grape seed and gallnut tannins addition improved the red wine color, as a result of higher reactivity with anthocyanins, compared with other onenological tannins. The lowest increase in the a^* values for TGB and TEA wines might be explained by the low reactivity of these oenological tannins, as a result of a potential low concentration of tannin and low reactivity and concentration of proanthocyanidins present in these oenological tannins (especially for TEA that is obtained from oak wood). For b^* values (yellowness), all oenologocial tannins adition induced a significantly increased of the values with respect to the standard wine. However, between them, TGB and TEA wines showed the lowest increase in $b*$ values. It is important to note that both oenological tannins added has a potential high content of hydrolyzable tannins, especially ellagitannins (in particular TEA wine) that can function as oxidation regulators quickly reacting dissolved oxygen and facilitating the hydroperoxidation of wine constituents and the limited oxidation of wine phenolic compounds prevents the development of yellow color. However, it is relevant to consider that the addition of tannins used in our study did not imply a reduction of yellow color in wines as expected and desirable.

 DOI: 10.1051/bioconf/20160702032

Table 3. Individual phenolic compounds of red wines containing different oenological tannins after 120 aging days.

Phenolic compounds (mg/L)	Wines (1)						
	SW	TPA	TPB	TGA	TGB	TEA	TEB
Gallic acid	27.0 ± 0.7^{a}	$36.0\pm 3.4^{b,c}$	$30.7\pm 0.1^{a,b}$	38.9 ± 2.9^{c}	89.5 ± 2.8^{d}	26.9 ± 1.7^{a}	$30.3\pm 0.1^{a,b}$
(+)-Catechin	10.5 ± 5.0^{a}	10.9 ± 0.5^{a}	22.9 ± 4.5^{b}	21.9 ± 3.9^{b}	8.6 ± 1.2^{a}	7.8 ± 1.03^{a}	10.9 ± 0.8^{a}
Trans-caftaric acid (2)	43.1 ± 6.4^{a}	53.8 ± 4.2^{a}	53.8 ± 5.8^{a}	50.2 ± 8.4^{a}	53.5 ± 3.0^{a}	55.5 ± 0.5^{a}	53.9 ± 1.1^{a}
Coutaric acid (3)	12.3 ± 1.6^{a}	16.0 ± 1.3^{a}	15.5 ± 1.7^{a}	14.6 ± 2.6^{a}	15.3 ± 0.4^{a}	14.7 ± 1.6^{a}	15.5 ± 0.7^{a}
Caffeic acid	24.6 ± 6.3^{a}	19.9 ± 4.1^{a}	16.9 ± 6.8^{a}	23.3 ± 6.7^{a}	19.9 ± 2.9^{a}	14.5 ± 3.0^{a}	10.1 ± 0.5^{a}
Ethyl-caffeic acid (2)	1.1 ± 0.5^{a}	0.7 ± 0.0^{a}	0.7 ± 0.2^{a}	1.3 ± 0.8^{a}	0.7 ± 0.1^{a}	0.7 ± 0.0^{a}	0.73 ± 0.1^{a}
4-Hydroxycoumaric acid	0.06 ± 0.01^{a}	0.07 ± 0.03^{ab}	0.11 ± 0.01^{b}	0.10 ± 0.00^{ab}	0.09 ± 0.04^{ab}	0.06 ± 0.01^{a}	0.05 ± 0.00^{a}
Ferulic acid	2.2 ± 0.06^{abc}	2.4 ± 0.02^{bc}	2.4 ± 0.10^{bc}	2.5 ± 0.08^{c}	2.3 ± 0.12^{abc}	2.1 ± 0.25^{ab}	1.9 ± 0.02^{a}
Ellagic acid	nd	nd	0.03 ± 0.00^{b}	0.07 ± 0.01^{c}	0.02 ± 0.00^{ab}	0.02 ± 0.00^{ab}	0.01 ± 0.00^{a}
Cya-3-monogluc (4)	1.2 ± 0.4^{a}	10.1 ± 1.5^{b}	9.8 ± 0.6^{b}	10.0 ± 0.7^{b}	6.1 ± 3.2^{ab}	4.9 ± 1.9^{ab}	0.1 ± 0.0^{a}
Pet-3-monogluc (4)	1.7 ± 0.4^{a}	15.8 ± 2.3^{c}	15.7 ± 1.1^{c}	15.6 ± 0.6^{c}	9.9 ± 2.7^{bc}	8.6 ± 2.3^{b}	0.4 ± 0.1^{a}
Peo-3-monogluc (4)	1.2 ± 0.2^{a}	11.5 ± 0.5^{cd}	13.5 ± 0.7^{d}	12.0 ± 1.4^{cd}	7.4 ± 1.7^{bc}	5.6 ± 1.7^{ab}	nd
Malv-3-monogluc (4)	8.9 ± 1.8^{ab}	72.8 ± 5.5^{d}	69.8 ± 2.3^{d}	68.5 ± 2.9^{d}	37.9 ± 11.2^{c}	35.4 ± 12.9^{bc}	1.7 ± 0.3^{a}
Cya-3- acetylgluc (4)	5.5 ± 0.3^{ab}	5.6 ± 0.3^{ab}	5.4 ± 0.0^{ab}	8.3 ± 1.5^{b}	7.7 ± 1.2^{b}	4.5 ± 1.6^{ab}	3.5 ± 0.2^{a}
Malv-3- acetylgluc (4)	1.4 ± 0.6^{a}	15.8 ± 1.3^{d}	15.1 ± 1.0^{cd}	14.9 ± 0.8^{cd}	10.2 ± 1.6^{bc}	7.7 ± 2.5^{b}	0.1 ± 0.0^{a}
Peo-3-*p*-coumarylgluc (4)	1.1 ± 0.4^{a}	1.4 ± 0.3^{a}	1.4 ± 0.1^{a}	1.3 ± 0.2^{a}	0.7 ± 0.3^{a}	0.5 ± 0.2^{a}	nd
Malv-3-*p*-coumarylgluc (4)	0.6 ± 0.2^{a}	7.4 ± 0.6^{c}	7.2 ± 0.3^{c}	6.7 ± 0.5^{c}	3.8 ± 1.2^{b}	2.3 ± 0.9^{ab}	0.2 ± 0.1^{a}

SW – Standard wine; (1) Wines codes legend see Table 1; (2) expressed as caffeic acid equivalents; (3) expressed as 4-hydrocynamic acid equivalents; (4) individual anthocyanins expressed as malvidin-3-monoglucoside equivalents; data points derived for each individual phenolic compound showing the same letter are not significantly different (Tukey, $p < 0.05$); ± standard deviation; nd – not detected.

The values obtained for color difference (Fig. 1) between the wines aged with oenological tannins and standard wine showed that all wines showed values higher than 1 CIElab units, indicating that the color differences obtained could be detected by human eyes. The highest differences were detected for the wines where condensed tannins were added (TPA and TPB wines). In addition, TGB and TEA wines showed the significantly lowest differences.

Table 3 shows the individual phenolic compounds quantified in red wines containing different oenological tannins after 120 aging days. As expected the significantly highest values of gallic acid was quantified in wines containing hydrolyzable tannins from quebracho (TGA and TGB wines) that usually has high levels of gallic acid in their composition. In addition, high (+)-catechin content was quantified in one of the wines containing oenological condensed tannins (TPB wine) and also in wine containing hydrolyzable tannins from quebracho (TGA wine). Ellagic acid content was similar in all wines except in standard wine (ST wine) and TPA wine. All of these results (except for ellagic acid content in some wines) are in general expected considering the botanical origin of these products. Considering to the results obtained for the phenolic acids, the addition of the different oenological tannins didn't have any effect in their content in all red wines.

Regarding to individual anthocyanins, in general after 120 aging days, significantly higher values of monoglucosides were detected in wines treated with oenological tannins (except for TEB wine). Monoglucosides derivatives forms are the major quantitiative anthocyanin group and are stable molecules and their presence gives stability to the wine, because these compounds are relatively resistant to oxidant process. Thus, the addition of oenological tannins incresead also the resistence of red color against degradation during the aging time. In general, these results for individual anthocyanins are in line with the results obtained for the levels of total anthocyanin concentration, color intensity and $a*$ values quantified in the various wines.

Finally, to highlight the relationship between red wine aged with different oenological tannins and their sensorial profile, principal component analysis (PCA) was carried out using the data obtained from the sensorial analyses after 85 aging days (Fig. 2) in order to study the main sources of variability and the relationship between the impact of the different oenological tannins. Thus, Fig. 2 shows the corresponding loading plots that established the relative importance of each variable.

The PCA obtained, showed that the first two PCs explained 73.67% of the total variance. The first PC (PC1, 55.72% of the variance), was positively correlated with the variable AQ, FF, ST, AP and RFF and negatively correlated with CI, VF, VA and WA. The second PC (PC2, 17.95% of the variance) was positively correlated with CL and TP and negatively correlated with NFF. After cluster analysis, two groups are formed by the wine aged with tannins TPB, TPA, TEA and TEB; these wines are positioned in the left side of the PCA. The other group is formed by wine

 DOI: 10.1051/bioconf/20160702032

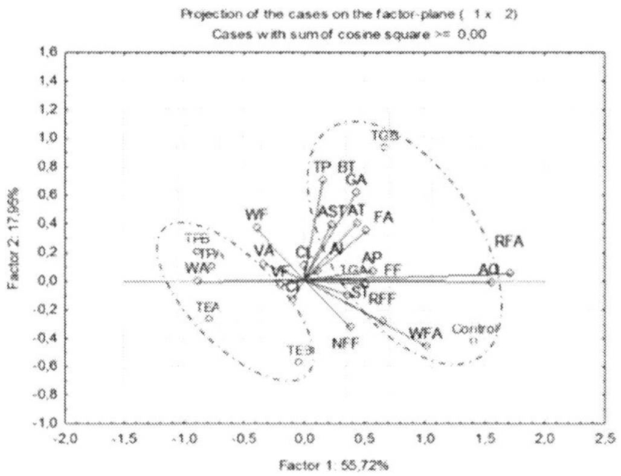

Figure 2. Principal component analysis score plot for sensorial parameters of wines aged with different commercial oenological tannins after 85 aging days. Control – Standard wine; Wines codes legend see Table 1; sensorial parameters: CI- Color intensity; CL- Color limpidity; AI- Aroma intensity; WFA- Wild fruits aroma; RFA- Red fruit aroma; WA- Wood aroma; FA- Floral aroma; VA- Vegetal aroma; AP- Aroma persistence; AQ- Aroma quality; GA- global appreciation; AT- Acidity taste; ST- Sweet taste; BT- Bitter taste; TP- Persistence taste; AST- Astringency taste; VF- Vegetal flavor; FF- Floral flavor; WF- Wood flavor; RFF- Red fruit flavor; WFF- Wild fruit flavor.

aged with TGA, TGB and the wine without tannin addition (standard wine); these wines are positioned in the right side of the PCA.

4. Conclusions

This study has identified the potential impact of the addition of the different commercial oenological tannins studied during the red wine aging process. In general, red wines treated with oenological tannins showed during the aging time higher resistence to red color degradation. However, it was not possible to detected a clear differenciation between condensed and hydrolyzable tannins. From the sensorial characteristics point of view, different characteristics were evident between the wines treated with the different oenological tannins.

We hope that further studies will be able to elucidate more specific impacts of the use of these oenological products in wine characteristics and try to explain the potential relationship among grape characteristics, tannin addition (including different concentration added), and wine chemical and sensory properties.

FCT – Fundação para a Ciência e Tecnologia, I.P., under the project UID/Multi/04016/2016. Furthermore we would like also to thank the Instituto Politécnico de Viseu (CI&DETS), Chemical Research Centre of Vila Real (CQ-VR) and University of Trás-os-Montes and Alto Douro (School of Life Sciences and Environment) for their support.

References

[1] OIV 2009. International Oenological Codex. Organisation Internationale de la Vigne et du Vin. Paris, France
[2] A. Crespy, Rev. des Œnol. **30**, 38–39 (2003)
[3] V. Canuti, S. Puccioni, G. Giovani, M. Salmi, I. Rosi, M. Bertuccioli, Am. J. Enol. Vitic. **63**, 220–231 (2012)
[4] H. Fulcrand, M. Dueñas, E. Salas, V. Cheynier, Am. J. Enol. Vitic. **57**, 289–297 (2006)
[5] L. Lurton, M. Laurent, C. Garnier, Rev. des Œnol. **104**, 27–28 (2002)
[6] D. Obradovic, Grape-derived tannins and their application. Aust. N. Z. Grapegr. Winemaker, **509**, 66–73 (2006)
[7] E. Revilla, J.M. Ryan, V. Kovac, J. Nemanic, *In Food Flavours: Formation, Analysis and Packaging Influences* (E.T. Contis et al. editors, 1998)
[8] T.E. Kramling, V.L. Singleton, Am. J. Enol. Vitic. **20**, 86–92 (1969)
[9] P. Ribéreau-Gayon, E. Stronestreet, Bull Soc. Chim. **9**, 2649–2652
[10] T.C. Somers, M.E. Evans, J. Sci Food and Agric. **28**, 279–287 (1977)
[11] OIV (2012). International Oenological Codex. Edition Officielle, Paris
[12] J.F Gonnet, Food Chem. **63**, 409–415 (1998)
[13] R. Guise, L. Filipe-Ribeiro, D. Nascimento, O. Bessa, F.M. Nunes, F. Cosme, Food Chem. **156**, 250–257 (2014)
[14] M. Parker, P.A. Smith, M. Birse, I.L. Francis, M.J. Kwiatkowski, K.A. Lattey, B. Liebich, M.J. Herderich, Aust. J. Grape Wine Res. **13**, 30–37 (2007)
[15] A. Crespy, Rev. Fr. Œnol. **195**, 23–28 (2002)
[16] A. Bertrand, R.M. Canal-Llaubéres, M. Feuillat, G. Hardy, F. Lamadon, A. Lonvaud-Funel, P. Pellerin, N. Vivas, *In Produits de traitement et auxiliaires d'élaboration des mouts et des vins* (Eds. Féret, 2000)

DOI: 10.1051/bioconf/20160702033

Influence of supplementation with different oenological tannins on malvidin-3-monoglucoside copigmentation

Jordi Gombau[1], Adeline Vignault[2], Olga Pascual[1], Joan Miquel Canals[1], Pierre-Louis Teissedre[2], and Fernando Zamora[1]

[1] Departament de Bioquímica i Biotecnologia, Facultat d'Enologia de Tarragona, Universitat Rovira i Virgili, C/Marcel.li Domingo, s/n 43007 Tarragona, Spain
[2] Unité de recherche Oenologie. Institut des Sciences de la Vigne et du Vin. Université de Bordeaux. 210, chemin de Leysotte. CS 50008, 33882 Villenave d'Ornon Cedex, France

Abstract. The effect as copigment of (-)-epicatechin and five different oenological tannins has been measured in a model wine solution containing malvidine-3-monoglucoside. The results show that all oenological tannins exert a positive effect on the color of the malvidine solution, increasing the global absorptivity spectrum and changing the Cielab coordinates. Specifically, supplementation with oenological tannins increase a* and b* and decreases L*. Overall, the effect as copigments of all oenological tannins was higher than that of (−)-epicatechin.

1. Introduction

The use of oenological tannins is nowadays a very common practice in winemaking, not only as a technological aid for wine clarification but also for many other aims. However, the use of oenological tannins is only authorized by the OIV to facilitate the clarification of wines and musts [1]. Nevertheless, it is unquestionable that oenological tannins are also currently used for many other purposes.

In fact, the literature has attributed to oenological tannins several other features such as antioxidant activity (protection of wines against oxidation) [2], direct consumption of dissolved oxygen [3], ability to scavenge peroxyl radicals [4], ability for chelating iron (II), preventing the oxidative damage mediated by Fenton-based reactions [5], antioxidasic activity (anti-laccase activity) [6], improvement of structure and mouthfeel of wines [7], color improvement and stabilization of red wines [8], copigmentation effect [9], direct formation of new pigments [10], elimination of reduction odors [7] and even bacteriostatic effects [11].

Among them it can be mainly highlight the following: protection of grape juice or wine against oxidation, improvement of structure and mouthfeel of wines, and specially the improvement of color intensity and stability.

With the aim of verifying the effectiveness of the different types of oenological tannins on some of their attributed functions a study about the influence on copigmentation of malvidin-3-monoglucoside has been performed.

2. Materials and methods

A model wine solution (ethanol 13%; tartaric acid 4 g/l; pH 3.5) containing 50 mg/l of malvidin-3-monoglucoside/l was prepared. This solution was also supplemented with 0.1, 0.2 and 0.4 g/l of five different commercial tannins: Ellagitannins from oak, Gallotannins from gallnuts and condensed tannins (proanthocyanidins) from quebracho, grape seeds and grape skins. This solution was also supplemented with (−)-epicatechin to compare the obtained copigmentation effect with previously published data.

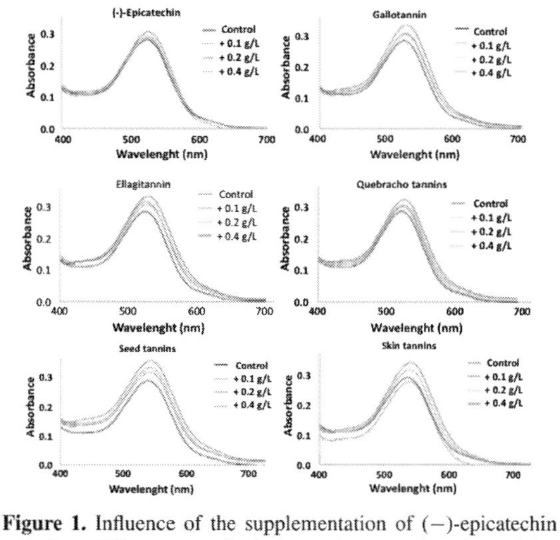

Figure 1. Influence of the supplementation of (−)-epicatechin and five different oenological tannins on the absorptivity spectrum.

The control solution and the tannin supplemented solutions were maintained in airtight conditions (closed Eppendorf). A week later, the full absorbance spectrum in the visible range (400–800 nm) was measured in order to determine the CIELAB coordinates [12].

3. Results and discussion

Figure1 shows the absorptivity spectrum of the malvidine solution with and without supplementation with oenological tannins.

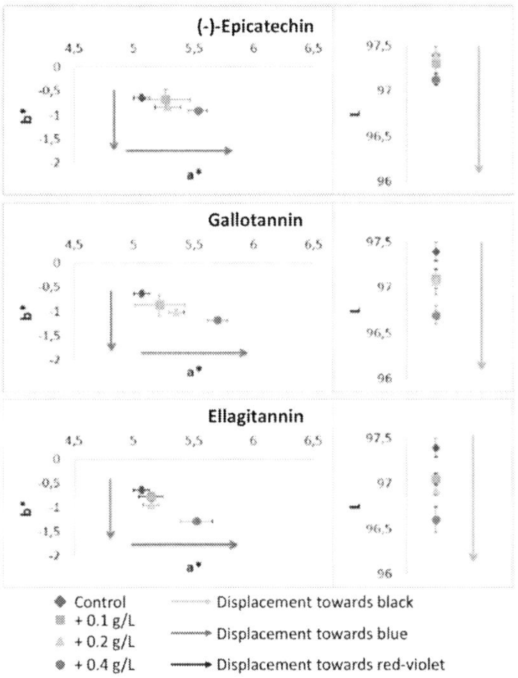

Figure 2A. Influence of the supplementation of (−)-epicatechin and hydrolysable tannins, gallotannins and ellagitannins, on the Cielab coordinates.

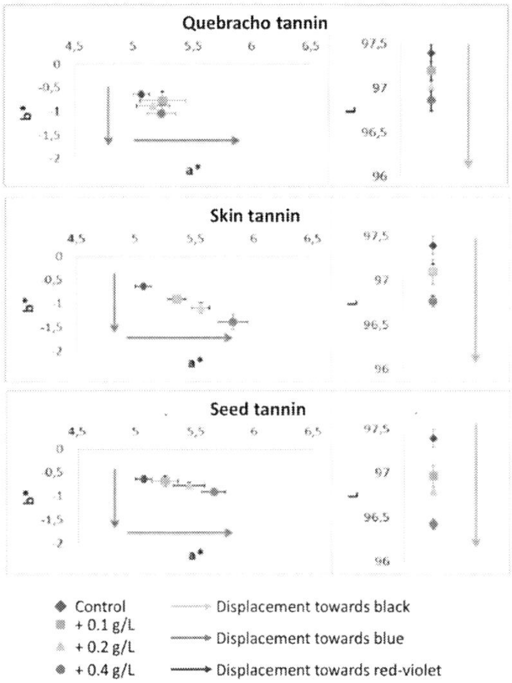

Figure 2B. Influence of the supplementation with condensed tannins, quebracho tannins, skin tannins and seed tannins, on the Cielab coordinates.

The results are very clear and confirm that (-)-epicatechin and all the oenological tannins originated an increase in the color of the malvidine solution and that increase was in all the visible rang spectrum.

Cielab coordinates were determined to better parametrize which is the real effect of the different oenological tannins as copigments. Figures 2A and 2B show the obtained results. Overall the results indicate that all oenological tannins have a clear positive effect on the color inasmuch as their supplementation to a malvidine solution originates an increase in a* (green−red component) and b* (blue−yellow) Cielab coordinates and a decrease in L* (Lightness). In general, the enhancing effect on color of all oenological tannins was higher than that exerted by (−)-epicatechin.

It can be concluded that supplementation with oenological tannins can really improve the color of red wines because of their effect as copigments. Further studies are needed to determine the long term effect of oenological tannin supplementation in real wine conditions.

We would like to thank CICYT (Projects AGL2014-56594-C2-1-R and AGL2014-56594-C2-2-R) for its financial support.

References

[1] International Oenological Codex-INS N°181. `http://www.oiv.int/public/medias/4093/e-coei-1-tanins.pdf`

[2] Hagerman, A. E., Riedl, K. M., Jones, G. A., Sovik, K. N., Ritchard, N. T., Hartzfield, P. W., & Riechel, T. L. (1998). High molecular weight plant polyphenolics (tannins) as biological antioxidants. *J. Agric. Food Chem.*, **46**, 1887–1892

[3] Navarro, M., Kontoudakis, N., Giordanengo, T., Gómez-Alonso, S., García-Romero, E., Fort, F., Canals, J.M., Hermosín-Gutíerrez, I., Zamora, F. (2016) Oxygen consumption by oak chips in a model wine solution; Influence of the botanical origin, toast level and ellagitannin content. *Food Chem.*, **199**, 822–827

[4] Magalhães, L.M., Ramos, I.I., Reis, S., Segundo, M.A. (2014) Antioxidant profile of commercial oenological tannins determined by multiple chemical assays. *Aust. J. Grape Wine Res.*, **20**, 72–79

[5] Pérez, C.A., Wei, Y.B. and Guo, M.L. (2009) Iron-binding and anti-Fenton properties of baicalein and baicalin. *J. Inorganic Biochem.*, **103**, 326–332

[6] Obradovic, D., Schulz, M., Oatey, M. (2005) Addition of natural tannins to enhance the quality of red wine. *Aust. NZ. Grapegrow. Winemaker.*, **493**, 52–54

[7] Vivas, N. (2001) Les tanins oenologiques, d'hier à ajourd'hui: une révolution discrète que nous devons assimiler dans les pratiques de chais. *Rev. Œnol.*, **98**, 11–14

[8] Canuti, V., Puccioni, S., Giovani, G., Salmi, M., Rosi, I., Bertuccioli, M. (2012) Effect of oenotannin addition on the composition of sangiovese wines from grapes with different characteristics. *Am. J. Enol. Vitic.*, **63**, 220–231

[9] Neves, A.C., Spranger, M.I., Zhao, Y., Leandro, M.C., Sun, B. (2010) Effect of Addition of Commercial Grape Seed Tannins on Phenolic Composition, Chromatic Characteristics, and

Antioxidant Activity of Red Wine. *J. Agric. Food Chem.*, **58**, 11775–11782

[10] Versari, A., du Toit, W., Parpinello, G.P. (2013) Oenological tannins: a review. *Aust. J. Grape Wine Res.*, **19**, 1–10

[11] Lempereur, V., Blayteyron, L., Labarbe, B., Saucier, C., Klebek, H. et Glories, Y. (2002) Groupes National de travail sur les tanins œnologiques: premiers résultats. *Rev. Fran. Œnol.*, **196**, 23–29

[12] Ayala, F., Echávarri, J.F. and Negueruela, A.I. (1997) A new simplified method for measuring the color of wines. I. Red and rosé wines. *Am. J. Enol. Vitic.*, **48**, 357–363

 DOI: 10.1051/bioconf/20160702034

The use of dextrose in winemaking

Matthias Schmitt[a] and Monika Christmann

Hochschule Geisenheim, University von Lade Straße 1, 65366 Geisenheim, Germany

Abstract. In this work the benefit of using dextrose instead of sucrose was investigated. Trials with stuck fermentation could show the potential of compensating glucose / fructose imbalances by adding dextrose. Trials on sparkling wine production showed that under stressful conditions the second fermentation started earlier and finished more complete, when dextrose was used instead of sucrose in the tirage liqueur. In general the sensory property of the later product was not changed when dextrose was used as alternative to sucrose. Several trials on must chaptalization showed in general no clear differences in terms of fermentation kinetics. The aroma analysis showed as well, that the fermentation aroma was not clearly different when dextrose used as sugar source.

1. Introduction

Alcohol increase is a common practice in many winemaking countries worldwide. Either the addition of sugar in form of sucrose, must concentrate or rectified must concentrate is applied or subtractive methods that concentrate the must are used to increase the potential alcohol content. In sparkling wine production, the second fermentation is most commonly facilitated by the targeted addition of sugar and yeast. The so called tirage liqueur is used in enology worldwide.

Approximately 10% of the global wine production is influenced by stuck and sluggish fermentation (Gafner 2012). That means the yeast (mainly saccharomyces cerevisiae or bayanus strains) is not fermenting the sugar completely.

Low quality wines and significant financial losses often result from incomplete fermentations. Residual sugar is often a source for spoilage microorganisms that generate products which have a negative effect on wine quality (e.g. acetic acid/volatile acidity). This spoilage can range from small sensory defects to complete loss of the wine where it cannot be marketed anymore. Furthermore, some products, such as premium red wines, should not have residual sugar.

The misbalance in the fructose/glucose ratio is a primarily reason for fermentation problems (Gafner 2012). In a normal must, fructose and glucose are present in similar ratio. During fermentation glucose is metabolized more efficiently by the yeast compared to fructose (Bertels et al. 2004). Especially in stressful conditions i.e. lack of nutrients, high alcohol contents (end of fermentation) or high pressure (during sparkling wine production), the fermentation of dextrose instead of fructose is more efficient. At the last part of the fermentation, when the stress on the yeast is very high, there is mainly fructose left.

The addition of dextrose could help to overcome fermentation problems due to imbalances in the fructose/glucose ratio. By adding dextrose the fructose/glucose ratio becomes more balanced and the yeast's vitality might rise again.

For the production of sparkling wine a complete fermentation is necessary to reach the targeted pressure. Low nutrient supply and high alcohol content in combination with high pressure make the second fermentation very stressful and a complete fermentation is not ensured.

The common strategies to solve fermentation problems are very costly and labor intensive (Bisson 1999). A restart of a stuck fermentation by adding new and more robust yeast cultures is time consuming and harms the later wine quality and a complete fermentation is still not guaranteed.

The use of very robust yeast is also a hazard for other wines that should not undergo a complete fermentation. These cultures often have higher SO_2 tolerances. New strains that are selected for their ability to ferment better under high fructose levels, such as Zygosaccharomyces bailii, show elevated resistance towards preservatives to avoid unwanted fermentations. As the wine industry is generally forced to reduce sulfur dosages, it should not be an option to use these very robust yeasts. The spoilage of a wine that should have residual sugar by such very robust strains is a very realistic scenario. In that case, a recall of bottled wine is the worst possible case. All winemakers worldwide would prefer a gentle, easy and safe method curing stuck fermentations, before severe problems might occur.

2. Material and methods

Since 2014 several trials have been conducted at the Hochschule Geisenheim University to assess the potential of dextrose being used in enology.

The trials concerning stuck and sluggish fermentation had a setup comparing four different variants. Different wines with residual sugar mainly consisting of fructose were inoculated by different yeast cultures. In the first trial variant a robust yeast strain (Vitileuvre DV 10 / Lallemand, Montréal, Canada) was added in a dosage of 30 g/hl. In comparison to that the second trial variant

[a] e-mail: Matthias.Schmitt@hs-gm.de

Chart 1. Trial overview 2014.

Sample	Initial Alcohol content	Free sulfur	Sugar source
1	13.3% vol.	15 mg/l	Sucrose
2	13.3% vol.	30 mg/l	Sucrose
3	13.3% vol.	15 mg/l	Dextrose
4	13.3% vol.	30 mg/l	Dextrose
5	11.8% vol.	15 mg/l	Sucrose
6	11.8% vol.	30 mg/l	Sucrose
7	11.8% vol.	15 mg/l	Dextrose
8	11.8% vol.	30 mg/l	Dextrose

was inoculated by a fructophilic yeast strain (Lalvin W33 / Lallemand, Montréal, Canada) The third variant was combining a robust yeast strain (Vitileuvre DV 10 / Lallemand, Montréal, Canada) with the addition of dextrose in the same amount of the present fructose. Due to that, the fructose/glucose ratio was balanced again to finish the fermentation with new yeast. The fourth trial variant was a modification from the variant 3. Here the yeast was put for three days in a medium with dextrose as the only sugar source. Then the yeast starter was added to the wine to finish the fermentation.

The trials with sparkling wine fermentation were done according to the traditional bottle fermentation.

In 2014 the trials were done with varying stress factors. The initial base wine was a 2012 Pinot Blanc.

As shown in chart 1 the alcohol level was 13.3% vol. in the first 4 variants. The variants 5–8 had a reduced alcohol content. Here the initial base wine was treated by osmotic distillation to reduce the alcohol level under the same parameters as explained in Schmitt et al. 2014.

The trials in 2015 were conducted with base wines that had more common and suitable parameters for sparkling wine production. Two Rieslings with 12.6% vol. each and a Pinot Noir with 12,1% vol. were used for the sparkling wine trials.

To test the suitability of dextrose compared to sucrose, the tirage liqueur was containing either 24 g/l of dextrose or sucrose. Furthermore the tirage liqueur was containing:

30 g/hl Vitileuvre DV 10 (Lallemand, Montréal, Canada).

Phosphaté compose 5 g/hl (Oenotechnic de Champagne, Magenta, France).

Sekt Clar Plus (Erbslöh, Geisenheim, Germany).

Vitadrive F3 (Erbslöh, Geisenheim, Germany).

The base wine was homogenized with the tirage liqueur and was bottled. Each lot contained 40 bottles that were closed by crown caps. The fermentation intensity in terms of pressure increase was monitored by aphrometers. Furthermore, a sugar analysis was done once a week.

After nine months of storage, the riddling was carried out. The disgorging was performed by hand. The lees were frozen before in a cooling bath at −30°C. To homogenize the lot, the bottles were emptied in a keg, 70 mg/l of SO_2 was added and the pressure was adjusted to six bar. After 3 days the homogenized sparkling wine was bottled under counter pressure and closed by crown caps.

Chart 2. Tasting 2014 Sparkling Wine Trial.

Test	Without answer	Answers take	Answers right	Significance (Risk)
Sample 5 / 7	2	11	6	0.1221
Sample 5 / 7	2	11	0	>0.9999
Sample 6 / 8	2	11	9	0.0014**
Sample 6 / 8	2	11	7	0.0386*

The chaptalization trials were conducted with fermenting must. The must was clarified by settling for 18 hours and 40 mg/l of SO_2 were added. Furthermore a pasteurisation was conducted for 20 seconds at 82 °C. Then the must was cooled to 15 °C and the fermentation was started by adding 30 g/hl of yeast (Oenoferm Freddo / Erbslöh, Geisenheim, Germany). The fermentation intensity was supervised by temperature, density and cell number.

The analysis of the basic wine parameters were done by WineScan SO_2 (Foss, Hillerod, Denmark).

Several triangle tests were conducted according to ISO 4120:2004 and ISO 8589:1988 (iso.org) to check if there is a significant difference between the control and the two wines treated in different scenarios (chart 2).

Aroma analyses were conducted to evaluate if there is a change in fermentation aromas due to a differing sugar sources. The analysis were done by the Insitute of microbiology and biochemistry of the Hochschule Geisenheim University according to Rapp et al. (1994) modified by Fischer and Rauhut.

3. Results and discussion

The trials concerning stuck fermentations showed similar fermentation results for all samples. The robust yeast, the fructophilic yeast and the variants with balanced glucose/fructose ratio fermented to dryness without clear differences.

The sparkling wine trials in 2014 showed that the fermentation under stressful conditions in terms of high sulfur and alcohol levels started earlier and was more complete when dextrose was used instead of sucrose in the tirage liqueur. The trials in 2015 confirmed these results. The start of the fermentation appeared, like in 2014, earlier, the pressure increase was faster and the fermentation was more complete when dextrose was utilized instead of sucrose.

The sparkling wines from the 2014 trials were also assessed by sensory evaluation. As the trials with the high alcohol levels did not all complete fermentation a complete sensory evaluation could not be done due to differences in residual sugar. The variants with moderate alcohol contents were assessed by triangle tests.

The dextrose and sucrose samples with moderate alcohol and sulfur levels showed a clear significance. Nevertheless, none of the samples was clearly preferred by the panelists. The variants 6 and 8 could not be differed from each other by the panelists. A final ranking test of the samples 5 – 8 showed no significant difference in the panelist's preference.

Chart 3. Aroma Analysis Chaptalization trials.

Sample	Pinot Blanc Sucrose	Pinot Blanc Dextrose	Δ in %	Riesling Sucrose	Riesling Dextrose	Δ in %	Rosé Sucrose	Rosé Dextrose	Δ in %	
i–Butanol (mg/L)	26	21	−27.78	42	39	−9.79	34	38	11.71	
Isopentyl alcohol (mg/l)	105	96	−8.99	123	117	−4.73	131	112	−16.67	
2–methylbutanol (mg/l)	29	27	−4.53	34	29	−16.66	38	30	−27.67	
Hexanol (μg/l)	1041	1652	36.99	762	634	−20.14	956	711	−34.42	
Phenylethyl Alcohol (mg/l)	12	15	16.85	15	14	−13.18	21	15	−36.00	
Ethyl acetate (mg/l)	70	54	−29.16	80	59	−35.15	75	71	−6.29	
Ethyl propionate (μg/l)	69	62	−12.15	119	107	−10.54	108	110	2.14	
Ethyl butyrate (μg/l)	400	345	−16.07	437	419	−4.44	378	441	14.33	
Ethyl L–lactate (mg/l)	23	9	−147.32	14	13	−11.12	12	14	10.93	< 25 mg/L outside the calibration
Isoamyl acetate (μg/l)	1666	1302	−27.94	1538	1803	14.72	2696	3023	10.84	> 2500 μg/L outside the calibration
2–Methylbuylacetate (μg/l)	113	104	−7.97	102	114	10.39	232	258	10.14	> 250 μg/L outside the calibration
Ethyl hexanoate (μg/l)	1282	1189	−7.78	917	1033	11.31	875	959	8.83	
Hexyl acetate (μg/l)	372	329	−13.13	176	215	18.26	308	321	4.11	
Diethyl succinate (μg/l)	102	48	−114.22	151	91	−65.91	13	11	−11.28	
Caprylic acid ethyl ester (μg/l)	1643	1518	−8.24	1220	1418	13.96	1310	1481	11.53	> 1500 μg/L outside the calibration
Alpha–Terpineol (μg/l)	nd	nd		18	18	−1.58	nd	nd		
Ethyl phenylacetate (μg/l)	nd	nd		nd	nd		nd	nd		
Phenethyl acetate (μg/l)	155	134	−15.92	134	149	10.17	321	316	−1.58	
Ethyl decanoate (μg/l)	605	599	−1.06	455	603	24.52	627	699	10.29	>550 μg/L outside the calibration
Hexanoic acid (mg/l)	10	10	−0.82	8	8	1.92	8	7	−4.97	
Octanoic acid (mg/l)	10	9	−12.94	9	9	3.67	7	8	8.39	> 10 mg/L outside the calibration
Decanoic acid (mg/l)	3.5	3.3	−6.10	2.8	3.3	15.36	2.7	3.2	14.29	
trans Linalool oxide (μg/l)	nd	nd		8	8	−4.70	nd	nd		< 10 μg/L outside the calibration
Cis Linalool oxide (μg/l)	nd	nd		3	3	−14.12	nd	nd		< 10 μg/L outside the calibration
Linalool (μg/l)	3	3	7.00	25	26	3.04	4	4	−8.51	< 10 μg/L outside the calibration

nd – not detected.

In 2015 no significant difference could be found between the samples fermented with sucrose and dextrose. That was the case for both Riesling sparkling wines and the Pinot Noir sparkling wine.

The chaptalization trials showed in 2014 and 2015 similar fermentation kinetics. The samples were dextrose was applied did not differ in terms of sugar reduction and fermentation temperature from the samples were sucrose was used. There was only one exception in 2014. In that case all samples from the Pinot Blanc got stuck and did not finish the fermentation completely. Here the samples that were chaptalized with dextrose could ferment further than the samples where sucrose was used. The tasting of the chaptalized wines showed no significant difference between the particular trial pairs.

The aroma analyses showed that there was no severe change of the fermentation aroma when dextrose was used instead of sucrose. In general, there were no clear differences between the samples were dextrose was used instead of sucrose. These measurements confirm the results of the sensory tests

4. Conclusion

The use of dextrose in enology shows great potential to solve or avoid stuck and sluggish fermentations. Especially under stressful conditions like sparkling wine fermentation, dextrose is a senseful alternative to sucrose. The fermentation starts earlier and under extreme conditions, the fermentation is more complete when dextrose is used instead of sucrose.

The sensory analysis showed no clear significant difference between dextrose and sucrose being used for chaptalization or for tirage liqueur. The aroma analysis could confirm that, as the fermentation aroma generally was not affected by dextrose as sucrose alternative.

References

[1] M. Schmitt, M. Murgo, S. Prieto, Does osmotic distillation change the isotopic relation of wines?, 37th world congress of vine and wine, Mendoza, Argentina (2014)
[2] Berthels, N.J., Cordero Otero, R.R., Bauer, F.F., Thevelein, J.M., Pretorius, I.S. (2004) Discrepancy in glucose and fructose utilization during fermentation by Saccharomyces cerevisiae wine yeast strains, FEMS yeast research, 4, 683–689
[3] Bisson, L.F. (1999) Stuck and Sluggish Fermentations, American Journal of Enology and Viticulture, 50, 107–119
[4] Gafner, J. (2012) Der Einsatz fructophiler Weinhefen zum Verhindern und Kurieren von Gärstockungen, 13. Fachsymposium Lebensmittemikrobiologie, Hohenheim, Germany

Criteria used in the specifications for geographical indications of fine wines in Brazil / Critères utilisés dans les cahiers des charges des indications géographiques des vins fins au Brésil

Jorge Tonietto[1,a], Rafaela Vieira Pereira[2], Mauro Celso Zanus[1], Celito Crivellaro Guerra[1], et Ivanira Falcade[3]

[1] Embrapa Grape and Wine, Rua Livramento, 515, 95701-008 Bento Gonçalves, RS, Brazil
[2] Universidade Federal Fluminense, 27255-250 Volta Redonda, RJ, Brazil
[3] Universidade de Caxias do Sul, Alameda João Dal Sasso, 800, 95705-266 Bento Gonçalves, RS, Brazil

Abstract. The Brazilian legislation on geographical indications (GI) are the Law 9.279 and INPI Normative Instruction 25/2013, establishing the conditions for the registration of GI, whether in modality of "*Indicação de Procedência*" (IP) or "*Denominação de Origem*" (DO). Brazil has recognized some GI of fine wines - IP *Vale dos Vinhedos*, *Pinto Bandeira*, *Altos Montes*, *Monte Belo* and *Farroupilha*, and DO *Vale dos Vinhedos*. Others are in structuring process - *Campanha Gaúcha*, *Vale do São Francisco* and *Altos de Pinto Bandeira*. Even without detailing, by INPI, the elements that must be in the specification document, the GI already recognized include, among others: delimited geographical area; varieties of *Vitis vinifera* authorized; grape production in the delimited area; training systems; maximum productivity; quality of grapes for wine making; authorized wines; oenological practices; physicochemical characteristics for each type of wine and mandatory sensory analysis; elaboration, aging and bottling in the delimited area; labeling standards. In addition, for each GI there is a specific plan of control. It is possible to observe that the specifications for Brazilian GI of wines have some similarity to those adopted in the European Community, and are more specific and demanding than most of the existing GI in the New World.

1. Introduction

La législation brésilienne sur les indications géographiques (IG) a été créée par la Loi de la Propriété Industrielle n. 9.279, de 1996 [1]. L'Instruction Normative n. 25/2013 de l'Institut National de la Propriété Industrielle - INPI [2], établie les conditions pour le registre des indications géographiques, que ce soit pour la « *Indicação de Procedência* » (IP) ou pour la « *Denominação de Origem* » (DO). Depuis 2002, ont été reconnues quelques indications géographiques des vins fins brésiliens, les IP *Vale dos Vinhedos*, *Pinto Bandeira*, *Montes Altos*, *Monte Belo* et *Farroupilha*, et la DO *Vale dos Vinhedos*. Autres IG sont en processus d'structuration - IP *Campanha Gaúcha*, IP *Vale do São Francisco* et DO *Altos de Pinto Bandeira*.

L'objectif de l'article est d'analyser les spécifications de contenu technique des cahiers des charges des IG de vins fins brésiliens reconnues, avec les normatives légales exigés pour le registre d'une IG au Brésil.

2. Exigences pour le registre d'une IG au Brésil

Tout d'abord, la loi brésilienne établie que constitue indication géographique la « *Indicação de Procedência*» et la « *Denominação de Origem* » [1], avec les définitions suivantes :

On considère « *Indicação de Procedência*» le nom géographique de pays, ville, région ou localité de son territoire, qui est devenue connu comme centre d'extraction, production ou fabrication d'un produit déterminé ou de prestation d'un service déterminé;

On considère « *Denominação de Origem* » le nom géographique de pays, ville, région ou localité de son territoire, qui désigne produit ou service dont les qualités ou caractéristiques sont dues exclusivement ou essentiellement au milieu géographique, inclus les facteurs naturels et humains.

Pour la demande de registre d'une IG, l'Instruction Normative n. 25/2013 de l'Institut National de la Propriété Industrielle - INPI [2], exige la présentation du cahier des charges de l'IG, appelé « *regulamento de uso*», sans spécification de son contenu.

D'autres éléments doivent intégrer le dossier de demande de registre comme, entre autres : le nom géographique de l'IG, la description du produit ou service, l'instrument officiel de délimitation de l'aire géographique, document de preuve de l'existence d'une structure de contrôle sur les producteurs ou prestataires de services que auront le droit d'usage exclusif de l'IG, bien que sur le produit ou la prestation du service distingué avec l'IG ; documents de preuve que les producteurs ou prestataires de services soient bien établies dans l'aire géographique démarqué et en exercent, effectivement, les activités de production ou prestation du service.

En plus, pour une IP est exigé : des documents de preuve que le nom géographique est devenu connue (renommé) comme centre d'extraction, production ou fabrication du produit ou de la prestation de service.

[a] e-mail: `jorge.tonietto@embrapa.br`

En plus, pour une DO est exigé : les éléments qui identifient l'influence du milieu géographique sur la qualité ou caractéristiques du produit ou service, qui soient dues exclusivement ou essentiellement au milieu géographique, inclus les facteurs naturels et humains ; la description du processus ou méthode d'obtention du produit ou service, lesquels doivent être locales, loyales et constants.

3. Les spécifications des cahiers des charges des IG des vins fins brésiliennes

Une analyse a été réalisée sur les cahiers des charges des IG de vins fins brésiliens reconnues : IP *Pinto Bandeira, Montes Altos, Monte Belo* et *Farroupilha*, et DO *Vale dos Vinhedos* [3–7].

Tous les cahiers des charges spécifient les éléments suivants :

- le nom géographique de l'IG et la description précise de l'aire géographique délimitée ;
- les cépages de *Vitis vinifera* autorisés - dans certaines IG sont spécifies les cépages par type de produit et composition, en pourcentage, maximale ou minimale de chaque cépage par type de produit ;
- la production du raisin dans la zone délimitée – entre 85 à 100 % pour les IP et 100 % pour la DO ;
- le (s) système (s) de conduite autorisés - pour les IP, parfois ce sont l'ensemble des systèmes de la zone, parfois est autorisé un seul système (espalier, par exemple, dans le cas de la DO) ;
- la productivité maximale/hectare – toujours présente, la limite maximale de productivité par hectare est établie parfois avec des particularités liées au cépage autorisée et/ou type de produit ; pour la DO, en plus de la limite par hectare, il y a également une limite de production par plante et par type de produit ;
- la qualité du raisin pour la vinification – spécification liée surtout à la teneur en sucres minimale ou au potentiel alcoolique naturel du vin ;
- les produits vinicoles autorisés – relation du ou des produits autorisés (ex. : vin fin blanc sec, vin fin rouge sec) ;
- les pratiques œnologiques – qui spécifient quelques pratiques autorisées ou interdites pour les vins IG, dans ce dernier cas, interdites même si elles sont autorisées par la loi nationale du vin ;
- les caractéristiques physico-chimiques des vins – en plus d'obéir aux caractéristiques physico-chimiques définies de la loi nationale du vin, il existe quelques caractéristiques physico-chimiques plus restreintes établies par type de vin dans chaque IG, pour assurer une qualité différentielle au vin ;
- les caractéristiques sensorielles du vin - en plus d'obéir les caractéristiques sensorielles de la loi nationale du vin, il y a des analyses sensorielle obligatoires sur 100 % des vins IG, pour vérifier si les vins n'ont pas des défauts visuels, olfactifs ou gustatifs, si les caractéristiques sont présents pour les vins de cépage et si les caractéristiques sensoriels de typicité sont présentes dans le cas des vins avec DO ;
- l'élaboration, la maturation et l'embouteillage de vins dans l'aire géographique délimitée - établie comme obligatoire pour les IP reconnues, avec éventuels exceptions pour quelques types de vins, en ce qui concerne une ou autre pratique dans la zone de proximité immédiate pour les IP ; obligatoire en cas de DO ;
- les normes d'étiquetage – présentes pour toutes les IG, avec l'indentification, dans l'étiquette principale du vin, plus avec un signe de chaque IG, avec une numérotation unique pour chaque bouteille envisageant d'assurer la traçabilité du produit IG ;
- les contrôles - chaque cahier des charges possède des éléments du système de contrôle et de la normative de contrôle pour assurer le respect du cahier des charge, l'attestation de la conformité du produit ou les sanctions.

Chaque IG possède également un plan de contrôle spécifique [8]. Dans les IG reconnues actuellement, le système comprenne l'autocontrôle et le contrôle interne qui est géré par de « *Conselho Regulador*» de chaque association qui est chargé de la gestion et défense de l'IG.

Les IG de vins fins brésiliennes reconnues ont y les projets d'structuration coordonnés par l'*Embrapa Uva e Vinho* - institution neutre de recherche technologique et développement, qui adopte, par une manque de spécifications plus précises pour les IG de vins et, même sans valeur normatif obligatoire, une charte institutionnelle d'orientation, qui comprenne également des recommandations pour les cahiers des charge [9]. Cela explique en partie pourquoi les IG ont une certaine uniformité de contenu dans les cahiers des charges, tout en valorisant les originalités de chaque IG. Les cahiers des charges sont disponibles sur le site d'*Embrapa Uva e Vinho* [10].

4. Des points communs entre les cahiers des charges des IG de vins du Brésil et de la CE

Une analyse comparative des éléments de contenu des cahiers des charges des IG de vins fins du Brésil et les éléments définies comme minimales au niveau de la Communauté Européenne [11,12], permet de conclure qu'il existe une certaine ressemblance de contenu. Une partie des exigences des cahiers des charges de la CE (éléments du milieu géographique, qualité et caractéristiques des produits, lient de causalité entre les deux, renommé), au Brésil font partie de la documentation de demande de reconnaissance, pas forcément inclus dans les cahiers des charges. L'inclusion en 2007, de la part de la CE de l'IG *Vale dos Vinhedos* dans la relation des pays tiers avec IG de vin, déjà, un niveau d'équivalence.

De cette analyse, on conclue également que les exigeantes et spécifiques des cahiers des charges des IG au Brésil sont plus strictes que celles adoptées dans la plupart des IG des pays du Nouveau Monde.

Références

[1] Brasil, *Lei n° 9.279, de 14 de maio de 1996,* (Diário Oficial [da] República Federativa do Brasil, Brasília, DF, **15 maio 1996**. (Seção 1, p. 8353–8366, 1996)

[2] INPI, Instituto Nacional da Propriedade Industrial. *Instrução Normativa n.° 25/2013 de 21 de agosto de 2013.* (INPI, Rio de Janeiro, 2013)

[3] Embrapa, *Regulamento de uso da Indicação de Procedência região de Monte Belo,* (Embrapa Uva e Vinho, Bento Gonçalves, 2012). (Nota técnica. Parte do projeto SEG 02.05.0.15.00.00, Convênio Finep Ref. 0452/2008 com a sigla APL Vinhos)

[4] Embrapa, *Regulamento de uso da Indicação de Procedência Farroupilha,* (Afavin, Farroupilha, 2014). (Parte do projeto Embrapa SEG 04.08.08.001.00.00, Edital 08/2008, Macroprograma 4, Sigla IG Vinhos)

[5] J. Tonietto, M. C. Zanus, I. Falcade, C. C. Guerra, *O regulamento de uso da indicação geográfica Pinto Bandeira: vinhos finos tranquilos e espumantes* (Embrapa Uva e Vinho, Bento Gonçalves, 2013). (Embrapa Uva e Vinho. Documentos, 83)

[6] J. Tonietto, M. C. Zanus, I. Falcade, C. C. Guerra, *O regulamento de uso da denominação de origem Vale dos Vinhedos: vinhos finos tranquilos e espumantes* (Embrapa Uva e Vinho, Bento Gonçalves, 2013). (Embrapa Uva e Vinho. Documentos, 84)

[7] J. Tonietto, M. C. Zanus, I. Falcade, C. C. Guerra, *O regulamento de uso da indicação geográfica Altos Montes: vinhos finos tranquilos e espumantes* (Embrapa Uva e Vinho, Bento Gonçalves, 2013). (Embrapa Uva e Vinho. Documentos, 85)

[8] Embrapa, *Normas, de controle da Denominação de Origem Vale dos Vinhedos* (Embrapa Uva e Vinho, Bento Gonçalves, 2010). (Resultados do projeto código SEG 02.05.0.15.00.00, Convênio Finep 01.09.0494.00, Sigla: APL Vinhos)

[9] Embrapa, *Projetos de indicações geográficas de vinhos: referenciais do "IG padrão Embrapa Uva e Vinho"* (Embrapa Uva e Vinho, Bento Gonçalves, 2014)

[10] Embrapa, *Indicações geográficas de vinhos finos do Brasil* (Embrapa uva e Vinho, Bento Gonçalves, 2013) (Disponível em: `http://www.cnpuv.embrapa.br/tecnologias/ig/`. Acesso em: 17 ago. 2016)

[11] União Europeia, *Regulamento (CE) n° 479/2008 de 29 de abril de 2008,* Jornal Oficial da União Europeia, n. L **148**, p.1-61, 06 jun. (2008)

[12] União Europeia, *Regulamento (CE) N° 607/2009 Da Comissão de 14 de Julho de 2009*, Jornal Oficial da União Europeia, n.L **193 p.** 60–139, 24 jul. (2009)

BIO Web of Conferences 7, 03002 (2016)
39th World Congress of Vine and Wine
DOI: 10.1051/bioconf/20160703002

Champagne, Cognac, Rioja, Jerez and Vales dos Vinhedos: Conflicts between trademarks and geographical indications of wines and spirits in Brazil

Patrícia Maria da Silva Barbosa[1], Luiz Claudio Dupim[2], Kelly Lisandra Bruch[3], and Patrícia Pereira Peralta[4]

[1] Instituto Nacional da Propriedade Industrial, Diretoria de Marcas, Rio de Janeiro, Brasil
[2] Instituto Nacional da Propriedade Industrial, Diretoria de Contratos, GI e Registros, Rio de Janeiro, Brasil
[3] Universidade Federal do Rio Grande do Sul, Centro de Estudos e Pesquisas em Agronegócios, Faculdade de Direito, Porto Alegre, Brasil
[4] Instituto Nacional da Propriedade Industrial, Academia de Propriedade Intelectual, Inovação e Desenvolvimento, Rio de Janeiro, Brasil

Abstract. The world wine trade generated around 30 billion Euros in 2015. The wine consumer appreciates attributes such as tradition, quality and distinctiveness, characteristics that are associated with the *terroir*. In this segment, trademarks and geographical indications (GI) are relevant distinctive signs for the consumers' choice. Issues involving the protection of these signs have become increasingly stronger in the same proportion of the trade growth. Wine GIs hold a long tradition in the international scenario, particularly the European. In Brazil, the trademarks have a broader protection history, and the GIs were only acknowledged with the 1996 Industrial Property Law. Nevertheless, Brazil stands out as an emergent market for wines. The databank of the National Institute of Industrial Property (INPI-Brazil) shows that 30% of all applications for GI protection are for wines and spirits. Such figures indicate the growing importance of the GI for the segment. The purpose of this paper is to analyze the applications for trademarks and GIs for wines and spirits, based on the INPI databank. For such, some foreign GIs have been chosen, for their historic and commercial importance, as well as one national GI, the first acknowledged in the segment. Among the results, several applications for trademarks from different applicants containing the searched terms have been found. From these results, it is believed that the coexistence and overlap of trademarks and GIs indicate the need for a review of the national legislation.

1. Introdução

The trade distinctive signs have a long tradition of use in view of the need for producers to mark their production, differentiating it from its competitors (SERENS, 2007).

However, the theme is marked by controversial issues related to the protection and coexistence of these signs. GI and marks, as distinctive signs, play an important role in the marketing of products such as wine and spirits in world trade. It is a sophisticated trade involving high numbers where the marks and GI are often decisive in the consumer's purchasing decision. Due to the high added value, such industrial property assets require an efficient protection system aimed at their integration in the markets in order to avoid the vulgarization and the loss of distinctiveness. Conflicts involving the use of these distinctive signs, such as the use of marks evoking producing wine regions, homonymous indications and terms considered generic, are intensified in proportion to the advancement of international trade.

Brazil is considered an emerging market in wine consumption. In this segment the GI enjoy international arena reputation, especially European. In Brazil these are now recognized positively only to the Industrial Property Law, Federal Law n. 9279/1996 (LPI). On the other hand, in Brazil the brands have a positive protection history dating from the nineteenth century. Brazil has strong influence of European settlement, especially in the regions of wine production, resulting in references to regions names of old wine world.

Research at the National Institute of Industrial Property (INPI) of Brazil database revealed that 30% of all GI applications for protection in Brazil are for the wines and spirits sector.

However, it presents a contradictory scenario in GI protection in Brazil. Many, when requesting the recognition of the INPI are faced with marks already registered.

On the other hand, the LPI allows the use of indicative terms such as "type", since the source is true except for similar products from the GI. This is achieved without any exception pair wines and spirits, which is contrary to TRIPS.

In this context, the aim of this study is to characterize this scenario by collecting and examining the applications for trademarks and GI applications for wines and spirits, based on the INPI database, including GI were considered not recognized in Brazil for this analysis. In order to attain the goal, the chosen methodology is qualitative.

This article does not address translations and graphic and phonetic variants of the terms that make up the GI.

This analysis - stands out - does not reflect the institutional position, but rather reflections of the authors. Search is also confronting the existing literature on the subject with the content of decisions and procedures adopted by the INPI, so that such literature assist in the understanding of the cases.

2. Wines and origin

After the fall of the Roman Empire, Europe's regions more influenced by the Greco-Roman culture perfected the wine techniques. In the middle ages, the Catholic Church assimilated into its liturgy wine symbolism contributing to the development of vineyards and winemaking techniques. At this time, important locations like monasteries in *Bourgogne*, *Citeaux*, *Clairvaux Eberbach*, and *Champagne* region became famous for wine production.

With the advance of trade between nations and the European colonization of the Americas, also increases the consumption of wine, which is now widespread throughout the world. At the time of discovery and colonization expeditions, the vines reached other continents, adapted and began to provide good wines, especially in North America (United States), South America (Argentina, Chile and Brazil), Africa (South Africa) and Oceania (New Zealand and Australia).

The emergence of the Industrial Revolution and the rise of international trade, added to the importance of wine production and export of various European countries item, provided the need for protection of distinctive signs in the marketing of wines due to the increase in forgeries and counterfeits in the market.

Initially, concerned with protecting the indications of provenance, producers and wine exporting countries begin to invest in the promotion of typicality and product distinction characterized by its geographical characteristics. Come the denomination of origin (DO), which means the products whose qualities and characteristics were due to the geographical environment. Equally important, the producers of the regions that have achieved great notoriety began to invest in the promotion and protection of their brands acquired great value as intangible assets of companies. According to statistics of the International Organisation of Vine and Wine - OIV (2015), the global trade in wine moves a year, a figure close to 30 billion euros, of which approximately 40% of wine is consumed outside their country of origin. This fact denotes the value of factors related to the origin of the product in international trade in wine.

2.1. Wine in Brazil

In Brazil, wine production is established with the coming of German and Italian settlers to the south of the country in the nineteenth century. Initially, production was intended to meet domestic consumption needs, with a typical handicraft production with varieties *Vitis labrusca* and hybrid varieties called in Brazil "table wines". These still account for about 80% of the total volume of wine produced in the country (MELLO, 2013).

Later, with the growth of the internal market and the introduction of *Vitis vinifera* varieties, it went to wine production in Brazil called "fine wines", which began to compete directly with imported products (MELLO, 2013).

According to Mello (2013), the largest production of wine grapes is concentrated in the *Serra Gaúcha* of the Rio Grande do Sul state region, with great diversity of cultivated grapes and produced wine. This region accounts for about 90% of production of Brazilian wines.

With a strong influence of European colonization in the Brazilian wine industry, it is natural to use European references in the marketing of wine. Such references are with reference to brands or foreign GI may represent conflicts related to the signs distinctive the wine and spirits market in Brazil.

3. The provisions of the LPI on the GI and its relationship with the brands

The LPI innovated by allowing the positive protection of the GI in Brazil, through its recognition by the INPI. About the trademarks, the protection established by LPI is for products, service, collective and certification marks. All four types of marks can cause conflict with GI.

Although both are distinctive signs, these have similar, but different functions. The trademark is the distinctive sign more used by companies to distinguish their products and services on the market with the intention of attracting custom. Already, the GI aim to differentiate products that have a specific geographical origin of others who do not belong to the same geographical origin.

According to the LPI, the GI comprises e geographic name that has become known as a centre of production, extraction or production of a product (indication of provenance - IP) or the geographical name designating a product or service whose qualities or characteristics are due to through geographical (denomination of origin- DO).

As established in the paragraph of article 1 of the Instruction INPI n. 25/2013, the GI registration at INPI has a declaratory nature and involves the recognition of the GI. Therefore, according to Barbosa (2014), it is the recognition of a pre-existing right that allows holders the power to exclude others from the distinctive sign of use.

The relationship between GI and trademarks may be one of the main reasons to demand the GI registration by local producers who meet the LPI settings. From the official recognition of the GI, the marks requests analyst now has legal recourse at the administrative level for refusing requests containing GI elements. Including those that are referenced in the region, in view of the provisions of section IX of Article 124 of LPI 9279/96 (BRAZIL, 1996), as discussed in specific topic.

Thus, the GI registration gives holders to take legal action in order to exclude any third acts of "manufacture, import, export, sale, display or offer for sale or have in stock a product that presents a false GI" (DUPIM 2015).

However, despite offering some level of protection to GI, the LPI has some limitations in its scope of protection. In his article 180, LPI has a more flexible protection to the indication (in this case, the geographical name) when that became a common use. The article does not excepts the GI related to wine products as provided for in article 4, 1891 Madrid Agreement (with revisions in 1911, 1925 and 1958) relating to the use of false indications of provenance. This is observed a concern to provide additional protection to names applied to wine products which could not be regarded as generic in the signatory countries to the Agreement. The Brazil is a signatory of this originating.

Another important issue, which eases the use of GI as a brand element is contained in article 181, LPI. This enables the use of (geographic names) as characteristic marks element, provided it does not suggest a false source.

In relation to the latter legal provision, it is interesting to report that, in many countries of both the European as Anglo-Saxon law, geographical names are considered poor terms of distinctiveness, not being eligible for registration as a trademark, exactly because indicate the origin geographic product or service.

In Brazil, the LPI does not insert the geographical name as an absolute prohibition for trademark registration purposes. Depending on the LPI does not seal, it is not possible refuse protection of geographical names as trademarks. Examination procedures in place for this issue will be discussed in specific topic.

At Title IV of LPI, referring to crimes against industrial property, Chapter V refers to crimes against the GI and other indications. It is established in the LPI that is prohibited:

> "Art. 192- Manufacturing, import, export, sale, display or offer for sale or have in stock a product that presents a false GI. "
> Penalty - detention of 1 (one) to 3 (three) months or a fine. "
> "Art. 193 - Using, on a product, container, casing, belt, label, invoice, circular, poster or other means of disclosure or advertisement, indicative terms such as "type", "kind", "gender", "system" "like", "substitute", "identical", or equivalent, without making clear the true origin of the product.
> Penalty - detention of 1 (one) to 3 (three) months or a fine. "
> "Art. 194- Use trademark, trade name, title of establishment, insignia, advertising expression or sign or any other form that indicates that not true, or sell or expose for sale a product carrying such signs.
> Penalty - detention of 1 (one) to 3 (three) months or a fine" (BRAZIL, 1996).

Thus, by allowing the use of indicative terms, the LPI eases again, the protection of the GI in that it allows the use of GI, or registered accompanied by terms like or equivalent, emphasizing their true origin.

This is also true in article 49, paragraph 2 of the Federal Law n. 7,678 / 1988, which regulates the wine in Brazil. Such flexibility in the scope of protection conflicts with the provisions of the TRIPS, where there is in its item 1 of article 23 an additional protection of GI identifying wines and spirits, even as regards the use of indicative terms.

As can be seen from the above reports, issues related to the use of GI for wines as a distinctive sign are diluted to the extent that the law allows their use in some cases, as a brand element or accompanied by indicative terms in the domestic market.

4. Analytical overview of marks containing the geographical names study according to the Brazilian INPI

As pointed by Barbosa, Dupim and Peralta (2016, p.180):

> "Regarding the examination and granting IG, LPI is silent with regard to preventing the recognition of a GI when a previously recorded mark. Thus, to the INPI, the existence of trademarks or required prior to the application for recognition of a GI are no impediments to the recognition of the latter. Part of it is assumed that, because it is declaratory record, the evidence of the reputation or influence of the geographical environment on the characteristics and qualities of the products or services are related to the location and sediment over time. INPI only recognizes a pre-established situation." (BARBOSA, DUPIM and PERALTA, 2016, p. 180).

However, the corporate position is different when it comes to protection under trademark. This is because the registration prohibitions of a trademark containing or consisting of GI or indicative terms of false provenance or origin are arranged in sections IX and X of article 124, LPI. That is, they are not registrable as trademarks:

> [...] IX - geographic indications, imitations thereof likely to cause confusion or signs that might falsely suggest a GI; [and]
> X - signs that suggest a false indication as to the origin, source, nature, quality or utility of the product or service to which the trademark [...]. (BRAZIL, 1996)

In addition, other registrability criteria for the application of these clauses is to make sure the suspicious names being GI are recognized or not in Brazil, as well as the trade mark applicant belongs to the locality of the GI.

Such analysis procedures are adopted for all brands, regardless of the nature and requested presentation. In addition, examination of the registrability of a mark is based on the principle of specialty, that is, there is a requirement to be verified marketing affinity between what is recognized as IG and being asked to be marked as a trademark.

Thus, inexistent legal obstacle to the granting of indicative sign composed of GI as a trademark in the case of the products or services are for different market segment. It is important to highlight that the marks are recorded as the International Classification (NICE) Products and Services for the Registration of Marks (NCL), which is divided according to the market segment. The GI, in turn, is protected according to the product or service, regardless of class and segment.

All applications for trademark registration and GI required at the INPI receive advertising through the Journal of Industrial Property (RPI). Weekly published, RPI discloses the requests made by the INPI, aiming to make possible the opposite manifestation of third parties, which may feel hurt. After the publication of the application, third parties have 60 days to present their objections, following the publication in the mentioned magazine.

Willing this overview on the subject of this work, let us analyse the scene found the bench marks and the INPI GI that are available in your Portal. As time criterion, it has been the month of June 2016.

4.1. *Champagne* case

The name "*Champagne*" began to be used to designate wines from the sixteenth century. Progressively, "*Champagne*" has established itself as the names of wines produced in the region.

Since the sixth century, local marketers seek to protect the name and engaged in numerous legal proceedings to prohibit other regions using that name.

The product is characterized by being a sparkling wine in which gasification takes place in a second elapsed fermentation directly into the bottle. This system became known as "*méthode champenoise*".

On August 4, 2011 the *Committee Interprofessionnel du Vin de Champagne* deposited the request for recognition *Champagne* as a GI in the kind of DO, in order to protect the geographical name in Brazil.

Under the IG201102 process, aimed at protecting sparkling wines. This process was opposed demonstration of the company "Winery Armando Peterlongo S.A". The protester claimed previously used the term in *Champagne* sparkling wine manufacture, and claimed that it should be considered in common use to describe the sparkling product in the domestic market, according to art. 180, LPI. At Brazilian Wine Federal Law n. 7.678/1998 is still used *Champagne* to designate a sparking wine.

The applicant contested the event, presenting proof of registration requirements and documents evidencing the acceptance of recognition of the *Champagne* designation by producers of domestic sparkling, except the opposition.

As established in Resolution 75/2000 (replaced by Instruction INPI n. 25/2013), the INPI decided by the approval of the application for registration in December 2012. However, it also recognized the prior use in good faith protester determining that it would not be hampered by the term protection, a fact that could lead to the cessation of the use of the same, ie, the protester could continue using it in their products.

In 2013 the same company, formerly opposing party, the Winery Armando Peterlongo SA, required examination on appeal against the granting of registration. Despite this fact, the recognition of the geographical name *Champagne*, such as designation of origin, was maintained.

The search for the INPI database for brands showed that there were 156 marks applied to the term "*Champagne*" for various classes until the end of the month of June 2016. That is, marks were found meant to designate various products such as cosmetics, clothing, jewelry and costume jewelry, as well as for food and events services. It is noteworthy that none of these deposits was carried out by the holder of the GI registration.

It is interesting to name the trademark for *Guaraná* "*Guaraná Antartica Champagne*" belonging to Companhia Brasileira de Bebidas, which has long been very popular in the country, that is now extinct.

To refine the search and focus only on the class comprising alcohol, or NCL (10) 33, there are 71 orders containing trademark term analysis. Of these, 18 brands belonging to different holders still are in the registration status in force, and only two records are owned by Armando Winery Peterlongo SA The earliest record was requested in October 1974. Ten cases still are pending examination, with the last application was recently filed: June 2016.

4.2. *Cognac* case

In March 1998, the *Bureau National Interprofessionnel du Cognac* deposited in INPI the application for registration for the geographical name "Cognac" as a GI in the species designation of origin.

Following, the Brazilian Association of Beverages (ABRABE) filed an opposition against the registration of the GI in INPI. He claimed that the term "*conhaque*" used in Brazil, referred to the drink derived from fermented juice of distillation of sugar cane, plus tar, honey and ginger. And though many producers of national drinks used on their labels the term "*conhaqu*" there are long dates, citing as examples the traditional brands in Brazil, such as Straw, Dreher, São João da Barra, Don Bosco and Presidente. It stated further that it was a different drink, considering that the product designated by the term Cognac claimed came from the distillation of wine, despite the phonetic similarity.

The demonstrator, based on case law and legislation: Law 549/37, Decree 2499/38, Decree 3582/41, Decree 4327/42, Decree 39976/56, Law 7678/88, Law 8918/94, Decree 2314/97, requested the application of art. 180 of the LPI, arguing that "*conhaque*" in Brazil, had become common use and therefore "*Cognac*" could not be regarded as GI.

According to INPI, it is striking the absence of competition between French vinous distilled *Cognac* and the national product consists of the distillate from the fermentation of sugarcane with honey, ginger, tar and other products.

Thus, INPI recognized the *Cognac* denomination of origin for vinous distillate produced in the eponymous region. And preserving the rights previously acquired in good faith, authorized the use of the word brandy expressly in national alcohol.

The search for the INPI database for brands showed that there were 19 marks applied to the term "*Cognac*" for various classes until the end of the month of June 2016. Again appeared deposits marks to mark cosmetics (2) and apparel (1) as for the case "*Champagne*" described above. But it was also located an order to mark sails for boats. Counter point, no marks for service found. The vast majority of applications, that is, 16 cases (84%) were noted for alcoholic beverages.

Again, none of these deposits was carried out by GI registration holder in his country of origin, as the case found in "*Champagne*" described above.

Three cases of different applicants filed by June 2016 are still pending examination.

Only four records are in force, two for the alcoholic beverage segment, one for non-alcoholic beverages and clothing.

Considering the particularity of the court decision was made search in the class related to alcohol for the term "*conhaque*", in exception to the procedure adopted for the other terms. 74 makes deposits were found. And of those, 20 are records belonging to different holders.

4.3. Rioja case

The search criterion in temporal database with June 2016 demonstrated the existence of 35 cases filed with the term "*Rioja*" in different classes. Such a request, filed in March 1999 requested by the *Consejo regulator denominator calificada origin "RIOJA"* even requesting that years later, in 2012, required the recognition of the GI in Brazil.

This application for registration as a trademark was dismissed in 2002 by items IX and X, as noted by the examiner that it was brand containing GI recognized in their country of origin (Spain). We had the interpretation that the item IX of article 124, LPI, expressed absolute prohibition to be no exception about different treatment to residents in the protected area. It should be noted that such a restrictive interpretation of the clause in question remains in force at the INPI until the time of completion of this study.

Almost a decade later, in 2012, the same trade mark applicant, requested the INPI recognition of "Rioja" name as a designation of origin, but recognition has not happened because the request is taken pending on demand function held the technical sector. However, while still pending decision, the recognition request can already be considered an impediment to the grant of the term as a trademark. This is because the INPI's procedure defer trademark applications containing the name required as GI, pending examination.

According to Barbosa, Dupim and Peralta (2016):

> "For registrability purposes trademarks containing imitation or reproduction of IG with recognition requested the INPI is still pending decision, the municipality, through its brands Board is elected to maintain the application halted trademark registration by decision request IG. As in previous cases, this procedure is being applied independently to be the applicant for the mark the same IG." (BARBOSA, DUPIM and PERALTA, 2016, p. 175).

The same authors point out that this procedure is adopted by INPI because it is considered that the registration of the GI is the recognition of a fact of law. Thus the application for trademark registration is kept halted until completion of the GI registration application of the procedure.

Regarding the time criterion, required marks were observed prior to request recognition as a GI, the first request dated record of September 1948. The same is now extinct.

Eight trademark registrations containing the word Rioja are in force, and only two for alcoholic beverages and Spanish entitlements. Only one is for cargo transportation service (from Brazil holder), while others are intended to point out fruit, vegetables and cereals, condiments, spices and food essences, as well as its trade and belong to the same holder Brazilian origin.

4.4. Caso Jerez

The name "*Jerez*" is the oldest Spanish IG. However, this GI differs from the others, since the recognition of the geographical term has not yet been requested in Brazil.

As done with other GI discussed so far, we sought to identify whether the term "*Jerez*" composed some mark. They were located 8 marks made by that term. Of these, only one is not directed to products or food service, for it tried to point out garments.

Four were intended for alcoholic beverages segment, with all four of Spanish origin. Of these only one met the former record, with the three remaining in force at the time of closing of this study and all having been requested in June 2005 by the same Spanish company. It stresses that the said company is not the owner of the GI of the right to use "*Jerez*" recognized as IG in the European Union.

Currently when the registrability of marks containing GI not recognized in the country, the INPI guides the decision of the examination by observing whether the brand applicants are established in the locality of GI or not. This is because if the applicant find yourself actually in the region, granting the required sign as a trade mark is possible. When the trademark applications were claimed by the applicant in a different region, such signs may be denied on the basis of item X of article 124, LPI. This is considered a false source.

However, for the rejection occurs is necessary that the GI is identified in any way. This is because, according to LPI 9279/96, the sign is liable to be registered as a trademark when it is composed of geographical name devoid of reputation for being requested, provided they do not incur other legal prohibitions as art. 181 LPI.

It is noteworthy, therefore, it is crucial that GI holders be attentive to make known by the means provided by the municipality. I.e. filing opposition demonstration to the registration of the mark when the first examination or filing administrative nullity proceedings, after registration, which is analysed by the second administrative level. In the example "*Jerez*" GI have been recognized in the regional bloc of origin, but not national and therefore liable to be registered as a trademark, which, in fact, happened. There are three registered trademarks by third parties in Brazil today, which are made by that term.

4.5. Vale dos Vinhedos case

The first Brazilian GI is an interesting case study. The term is present in 16 marks applied into several classes, the same having been found in the search performed in the INPI trademarks database. Of these, two have been requested by the representative of GI in Brazil, both for alcohol. The first deposit occurred in April 1991 and the second in January 2000. Both are no longer in force because the first record had not required its extension and the second suffered withdrawal even before became a registration by your applicant. One can therefore conclude that the Association of fine wine producers in the *Vale dos Vinhedos* - APROVALE, considered that the most appropriate course of their wishes was to ask for protection as indication of origin of the name "*Vale dos Vinhedos*". Thus, they declined brands under their ownership after the recognition of IP, opting for yet require the same expression as designation of origin a few years after the recognition of IP.

For Barbosa (2003), LPI presents a treatment of the two figures as being parallel and with different concepts: in the case of IP, it is related to the place which has become known, and in the case of this is related the product designated by the local name whose characteristics are due to the geographical environment. Barbosa, Dupim and Peralta (2016) discuss:

> "This definition through two parallel species enables the occurrence of some cases of overlapping records, such as in cases of '*Vale dos Vinhedos*' and '*Cerrado Mineiro*.' Both were recognized as and IP by the INPI. Because it is an acknowledgment, the record is not subject to withdrawal or expiration. Therefore, by failing to provide limitations or overlapping, the coexistence of these two types of GIs, ie the same geographical name be recognized as IP and DO, can cause double protection. Considering the lack of these figures by the consumer public, questions the effectiveness of this protection. This without considering also the possibility of overlap with brands [...]." (BARBOSA, DUPIM and PERALTA, 2016, p.183).

No trademark registration is in force on the INPI containing the geographical name "*Vale dos Vinhedos*". Fifteen applications have been filed or extinct and one is still pending examination, it is recent, it has been filed in March 2016.

Fifteen of these applications, only one, the own APROVALE, was intended to alcohol. The others were distributed to the various classes being one to mark cosmetics seven to mark food products such as dairy products, meats, eggs, pastries, fruit and vegetables, among others. The remaining deposits were intended to point out several services that comprised from holding events trade services, business administration, advertising and even food services, among others. It was also observed that most of these deposits were made by a single company resident in the area protected by the GI. The reasons for filing were not raised.

Table 1. GI and trademarks correlation related with the application of that at INPI BR. Source: Authors.

GI		Trademark			
		Required by a third part		Required by the same applicant of the GI	
		application	current trademark	application	current trademark
CHAMPAGNE	Recognized by INPI BR	156	18	-	-
COGNAC	Recognized by INPI BR	18	4	-	-
RIOJA	Recognized by INPI BR	35	8	1	-
JEREZ	Not Recognized by INPI BR	8	3	-	-
VALE DOS VINHEDOS	Recognized by INPI BR	14	-	2	-

5. Discussion

To facilitate the visualization of the results found here and discussed, the Table 1 was elaborated, provides an overview of the situations, correlating GI with brands found:

Table 1 analysis identifies the existence of several trademark applications from different applicants containing the names in the study. *Champagne* with the largest number of marks applied reached 156 deposits marks.

At Second place was to *Rioja*, with 35 deposits. At this juncture, it is believed that the coexistence between trademarks and GI, as well as records of the same geographical name such as IP and DO contribute to cause confusion among consumers as to the signs with which they are faced, as well as dilution of the same signs in the market.

It was noted that the registration as a geographical impediment brand name protected as a GI done more effectively when the GI is recognized in the INPI. Jerez is an example because, although GI recognized in the European Union, the term in question is an integral part of three registered trademarks by third parties in Brazil.

6. Final considerations

GI and marks as distinctive signs are of great importance in the differentiation and aggregation of intangibles in the wine and spirits market, as consumers identify qualities and characteristics depending on the origin of goods, whether geographic or business.

It was found in research that the concept of GI was first developed in Europe, from the wine industry. Multilateral and bilateral agreements agreed over the years sought to ensure the right to exclusive use of these distinctive signs from its recognition as a GI protected in international trade.

The concept of GI, in the case of Brazil, only consolidated in the national legislation from the LPI 9279/96, which is a result of the internalization of the TRIPS Agreement in Brazil. Despite the commitment to the country's accession to the agreement of the World Trade Organization, the national legislation does not internalized the definition of GI present in TRIPS in its entirety by restricting the protection only to geographical names, as defined in Chapter IV of the LPI n. 9279 / 96.

Despite having brought innovation in the field of distinctive signs, the LPI leaves questions still not pacified regarding the interaction between brands and GI and the use of the latter in a market with strong influence of European settlement, as is the case of Brazil.

This study allowed several situations could be identified. They found examples from brands granted before the recognition of the GI in the country (or even their classification in law) to cases where the recognition of the GI may come across the earlier trademark protection. INPI, for examination of trademark signs, is mainly based on GI recognition of existence in Brazil to prohibit the registration as a brand name consisting of GI. Therefore, the internal recognition of the GI by that institute entails the protection of the geographical name more effectively by allowing such a name to be identified as GI at the exact moment of the trademark examination, invalidating it. In the absence of recognition in Brazil, the holder of GI risks to the identification name as GI does not occur, allowing the term or expression to be registered as a trademark.

This behaviour on the part of the GI holders allows the existence of the scenery found in this study. Trademarks containing geographical names registered prior to the recognition of a particular place and GI remain living with the GI registration, providing confusion by consumers in view of the functions of these signs are very close.

Besides the confusion pointed out that the coexistence of these signs can generate, the coexistence of both protections for the same sign can lead to dilution of this distinctive sign, causing emptying.

Although the protection of the brand tradition is more consolidated in Brazil, recognizing the latest GI, they enjoy a significant economic importance in the segment discussed here in relation to the international scene. Therefore, it is emphasized that it is for the GI holders are attentive to the defence, the Brazilian market, these valuable signs in the international market.

References

BRASIL, Ministério do Desenvolvimento, Indústria e Comércio Exterior (MDIC), Instituto Nacional da Propriedade Industrial. Resolução 142/2014 de 27 de nov. de 2014. Dispõe sobre a criação do Manual de Marcas. Disponível em: `http://www.inpi.gov.br/manualdemarcas.inpi.gov.br/.../ RES_ 142/2014_Manual_de_Marcas.pdf` Acesso em: 12 jan. de 2016

——a. Ministério do Desenvolvimento, Indústria e Comércio Exterior (MDIC), Instituto Nacional da Propriedade Industrial. Instrução Normativa 25/2013 de 12 de nov. de 2013. Estabelece as condições para o Registro das GI. Disponível em: `http://www.inpi.gov.br/legislacao-1/in_25_21_de_agosto_de_2013.pdf`. Acesso em: 12 jan. de 2016

——. Decreto 2314/97, de 4 de Setembro de 1997 - Regulamenta a Lei n°8.918, de 14 de julho de 1994, que dispõe sobre a padronização, a classificação, o registro, a inspeção, a produção e a fiscalização de bebidas. *Diário Oficial [da] República Federativa do Brasil.* Seção 1. 05/09/1997. p. 19549

——. Lei n°. 9.279, de 14 de maio de 1996. Regula direitos e obrigações relativos à propriedade industrial. *Diário Oficial [da] República Federativa do Brasil,* Brasília, DF, 15 mai. 1996. Disponível em: `http://www.planalto.gov.br/ccivil_03/leis/l9279.htm`. Acesso em: 12 de jan. de 2016

——. Lei 8918/94, de 14 de Julho de 1994 - Dispõe sobre a padronização, a classificação, o registro, a inspeção, a produção e a fiscalização de bebidas, autoriza a criação da Comissão Intersetorial de Bebidas e dá outras providências. *Diário Oficial [da] República Federativa do Brasil.* Seção 1. 15/07/1994. p. 10661

——. Lei 7678/88, de 8 de novembro de 1988 - Dispõe sobre a produção, circulação e comercialização do vinho e derivados da uva e do vinho, e dá outras providências. *Diário Oficial [da] República Federativa do Brasil.* Seção 1. 09/11/1988. p. 21561

——. Lei n° 5.772, de 21 de dezembro de 1971. Instituiu o Código da Propriedade Industrial, e dá outras providências. *Diário Oficial [da] República Federativa do Brasil,* Brasília, DF, 31 dez. 1971. Disponível em: `http://www.planalto.gov.br/ccivil_03/LEIS/L5772.htm` Acesso em: 12 jan. de 2016

——. Decreto 39976/56, de 12 de Setembro de 1956 - Aprova o regulamento para a fabricação e comércio de vinhos seus derivados e bebidas em geral, a que se refere a Lei n° 2.795, de 12 de junho de 1956. *Diário Oficial [da] República Federativa do Brasil.* Seção 1. 17/09/1956. p. 17666

——. Decreto-Lei n° 4.327/42, de 22 de Maio de 1942 - Dispõe sobre o uso da denominação "conhaque". *Diário Oficial [da] República Federativa do Brasil.* Seção 1. 25/05/1942. p. 8481

——. Decreto 2499/38 de 16 de março de 1938 - Aprova o regulamento da fiscalização da produção, circulação e distribuição do vinho no Brasil. *Diário Oficial [da] República Federativa do Brasil.* Seção 1. 28/03/1938. p. 5790

——. Lei 549/37 de 20 de outubro de 1937 - Dispõe sobre a fiscalização da produção, circulação e distribuição de vinhos e derivados. *Diário Oficial [da] República Federativa do Brasil.* Seção 1. 26/10/1937. p. 2149

BUREAU NATIONAL INTERPROFESSIONNEL DU COGNAC - Pedido de registro para o nome geográfico COGNACs na espécie Denominação de Origem. IG980001, INPI - 12 de mar. 1998

COMITÉ INTERPROFESSIONNEL DU VIN DE CHAMPAGNE - Pedido de registro para o nome geográfico CHAMPAGNE na espécie Denominação de Origem. IG201102, INPI - 04 de ago. 2011

D. B. BARBOSA, Introdução à Propriedade Intelectual. Revisão dos textos anteriores de 1996 e 2003. Disponível em: `http://www.denisbarbosa.addr.com/arquivos/200/propri edade/da_titularid ade_multipla.pdf`. Acessado em dezembro - 2014

——Uma introdução à propriedade intelectual: introdução, aspectos constitucionais, direito internacional, teoria da concorrência, Patentes, segredo industrial, cultivares, topografia de semicondutores, proteção de conhecimento e criações tradicionais, conceito de propriedade industrial e transferência de tecnologia. 2.ed. Rio de Janeiro: Lumens Júris, 2003. EMBRAPA Uva e Vinho – Disponível em: `www.embrapa.br/uva-e-vinho`. Acessado em novembro de 2014

J. HUGH. *The Story of Wine*, Ed. Mitchell-Beazley, Londres 1989

J. O. ASCENSÃO, "Direito intelectual, exclusivo e liberdade". *Revista da ABPI.* Rio de Janeiro, n.59, p.40–49, jul/ago. 2002

L. C. DUPIM, - *GI e desenvolvimento local: estudo exploratório e comparativo das GI Vale dos Vinhedos, Região do Cerrado Mineiro e Paraty*. Tese (doutorado) – Universidade Federal do Rio de Janeiro, Instituto de Economia, Programa de Pós-Graduação em Políticas Públicas, Estratégias e Desenvolvimento, 2015

L.M. R. MELLO– Vitivinicultura Brasileira: Panorama 2012. Embrapa Uva e Vinho, *Comunicado Técnico 137*. ISNN 1808-6802, Bento Gonçalves/RS, junho de 2013

M. C. N. SERENS. *A monopolização da concorrência e a (re) emergência da tutela da marca*. Coimbra: Almedina, 2007

OIV – International Organization of Vine and Wine. Disponível em: `http://www.oiv.int/en/databases-and- statistics/statistics`. Acessado em : 12 jul. 2016

P. M. S BARBOSA, L. C. DUPIM, P. P. PERALTA, Marcas e GI: conflitos de registrabilidade nos 20 anos da LPI. In: LOCATELLI, L. (Org). *GI: desafios e perspectivas nos 20 anos da Lei de Propriedade Industrial*. Rio de Janeiro: Editora Lumen Júris. 2016

p. 157–188. Disponível em: `https://www.researchgate.net/publication/306097468_MARCAS_E_INDICACOES_GEOGRAFICAS_CONFLITOS_DE_REGISTRABILIDADE_NOS_20_ANOS_DA_LEI_DA_PROPRIEDADE_INDUSTRIAL_LPI?ev=prf_pub`

Vitiviniculture in the State of São Paulo (Brazil): Governance and technological strategies meeting market challenges

Adriana Renata Verdi[1] and Malimíria Norico Otani[2]

[1] APTA, Gabinete do Coordenador, CEP: 01037-912 - Praça Ramos de Azevedo, 254, São Paulo, Brasil
[2] APTA, Instituto de Economia Agrícola, CEP: 01037-912 - Praça Ramos de Azevedo, 254, São Paulo, Brasil

Abstract. The viticulture in the State of São Paulo is expressive in the Brazilian context, as it holds the second place in planted area and third in production. Considering that the main practice is table viticulture, a good proportion of the grapes processed at the most relevant wine producer counties, come from the State of Rio Grande do Sul. The objective of this work is to characterize the current context of the vitiviniculture sector in the State of São Paulo, based on the main strategies of governance and technological strategies of governmental and private agents. For that, the work is fundamented on the results of the projects financed by FAPESP: "Revitalization of the vitivinicultural productive chain in the State of São Paulo: competitiveness, governance and sustainability" (2006/51949-7) and "The Territorial Governance Modalities in the State of São Paulo: coordination, territories, public policies and development" (2011/50837-9), besides following the Chamber for the Grape and Wine Sector and interviews with leaders of the sector. Therefore, the work approaches the major improvements of the more favorable governance of the vitiviniculture sector: formation of cooperatives, technological innovation, policies, public and private investment focused on building the identity of the wine from the State of São Paulo.

1. Overview of viticulture in the State of São Paulo: Position in the national production, challenges and strategies

The viticulture in the State of São Paulo is expressive in the Brazilian context, as it holds the second place in planted area and third in production. Considering that the main practice is table viticulture, a good proportion of the grapes processed at the most relevant wine producer counties, notably Jundiaí and São Roque, come from the State of Rio Grande do Sul.

Despite the current importance of wine bottling in the State of São Paulo and historical pioneering of the state in the Brazilian vitiviniculture, the wine production based on local grapes is relatively small, being a good part of the producers unaware of the current technological developments and maintaining their dependence to the southern grape production.

The focus the production of grapes suitable for *in natura* consumption, the lack of man power and knowledge about adaptation and vinification of new varieties, particularly *vitis viniferas* for processing, constitute the main reason for the lack of local grapes for winemaking.

Nevertheless, a handful of aspects such as a possible scarcity of southern grapes due to bad weather, the Intensification of wine tourism in the State of São Paulo and the emergency of a new category of capitalized wine makers allow us to foresee changes in the vitiviniculture scenario of the state.

1.1. Position of the State of São Paulo's production in the Brazilian context

Considering the prospect of Brazilian viticulture, the State of São Paulo holds the second place in planted area and third in grape production, mainly for the fact that the State of Pernambuco has a larger number of harvest seasons (Table 1).

In spite of the recent geographic expansion of the grape production in the national territory, to Mid-West and other South-East states, more than 80% of the 958 thousand tons of the Brazilian 2016 production is still concentrated in 3 states: Rio Grande do Sul, Pernambuco and São Paulo (Table 1).

According to the information present on IBGE Systematic Survey of Agricultural Production, from 2015 to 2016, the Brazilian grape production decreased −36%, and the State of Rio Grande do Sul presented the worst decrease, −52, 5% (Table 1).

This reduction in the volume of grape production at national level was not followed by the State of São Paulo, which registered an increase of 0.6%.

The positive dynamics of the State of São Paulo in comparison with the negative national context allowed the improvement of the state production in the national scale. In fact, the state production reversed a previously continued decline in its participation in the total national production, evidenced during the 2013–2015 period. In 2013, the participation of the state production was 12,2% of total national production, 10,2% in 2014 and 9,5% in 2015, improved, however, to 14,9% in 2016. On the other

DOI: 10.1051/bioconf/20160703003

Table 1. National grape production and production of the most relevant states. 2013–2016 (ton).

Estado	2013	2014	2015	2016
RS	808 267	812 537	876 286	415 739
PE	228 727	236 767	237 367	237 367
SP	**172 868**	**146 790**	**142 063**	**142 967**
PR	79 052	80 910	64 806	42 750
BA	52 808	77 504	77 401	57 240
SC	57 985	66 106	69 118	37 344
SubTotal	1 399 707	1 420 614	1 467 041	933 407
Total Br	**1 417 677**	**1 436 074**	**1 492 138**	**958 676**

Table 2. Production of grapes in the State of São Paulo. Relevant regions – 2015 (ton).

Regions	Common Table Grape	Fine Table Grape	Grape Industry	Total
Campinas	41 733	2 390	22	44 145
Itapetininga	18 108	20 945	-	39 053
Jales	5 090	18 966	5	24 061
Sorocaba	3 884	10 485	768	15 137
Sub Total	68 816	52 786	795	122 396
Outras	5 184	3 845	520	9 028
Total	73 999	56 631	1 315	131 945

hand, the participation of the State of Rio Grande do Sul decreased from 57% in 2013 to 43% in 2016 (Table 1).

According to the Subjective Survey of Institute of Agricultural Economics - IEA and Coordination of Integral Technical Assistance – CATI of Secretary of Agriculture and Supplies the State of São Paulo – SAA-SP, in 2015 the production of grapes in the state was 132 thousand tons, 56% of this volume being common varieties of table, 43% being fine varieties of table and just 1% represented varieties for industrial use (Table 2).

Concerning the spatial features of the viticulture area in the State of São Paulo, there are four traditional and important viticulture regions, presenting singular characteristics. Altogether, the regions of Campinas, Itapetininga, Jales and Sorocaba are responsible for the production of approximately 93% of the total state production of grapes (Table 2).

The region of Campinas is the most important producer of grapes in the state, with 44 thousand tons, amount that represents 33,5% of the total 2015 harvest. This region includes Jundiaí and consists in a traditional zone of production of grapes for table, especially Niagara Rosada. This variety is responsible for 94,5% of the grape production in the region of Campinas. Producing the total of 41 700 tons, the region holds 56,4% of total production of grapes for table in the state.

The region of Itapetininga holds the second position with a total production of 39 thousand tons and a share of 29,6% of the total state production of grapes. In this region common varieties for fresh consumption are also predominant. However, there is a larger participation of fine varieties, with 54%, while the common ones total 46% of the regional production of grapes.

The region of Jales is the third one in total production, with 24 thousand tons, representing 18,2% of the grapes harvested in São Paulo in 2015. The region is historically engaged in the production of fine grapes for

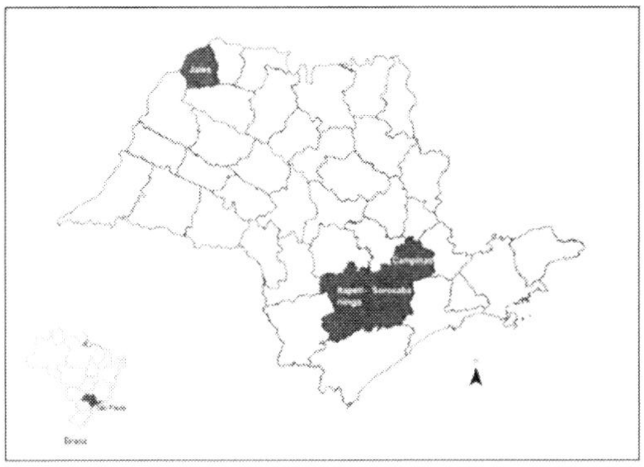

Figure 1. Most relevant Grape Production Regions in the State of São Paulo.

fresh consumption. Despite the fast growing tendency of common grape production, the fine varieties are still responsible for 79% of the total production in the region.

The region of Sorocaba holds the fourth position, with 15 137 tons of grapes produced, representing 11,5% of the state total. There is a predominance of fine varieties, responsible for 69% of the region's production. Despite the relatively small volume of 767 tons, the region of Sorocaba stands out for producing 60% of the total of grapes produced for industrial use in the State of São Paulo.

The production of common and fine grapes for fresh consumption presents dense spatial concentration. The regions of Campinas, Itapetininga, Jales e Sorocaba are responsible for 93% of the grapes produced in the State of São Paulo, both common and fine varieties (Fig. 1).

The production of grape for the industry, spatially less concentrated, is not significant in the state.

1.2. Major challenges for Vitiviniculture in the State of São Paulo

Among the major bottlenecks for the production of grapes in the State of São Paulo, identified by the development of the vitivinicultural census within the project "Revitalization of the vitivinicultural productive chain in the State of São Paulo: competitiveness, governance and sustainability" financed by São Paulo Research Foundation - FAPESP (2006/51949-7), stand out: the scarcity of specialized professionals and the competition for space with other activities at the traditional grape production zones.

In fact, both aspects are associated, the emergency of other uses for agricultural areas within the traditional viticultural zones, located around the metropolitan area of the state, has contributed to an increase in land prices and to the emergency of new job offers in the industrial and service sectors. Therefore, the main grape productive zones are positioned on important urban and industrial expansion axis in the state.

The bigger economic return provided by the production of grapes for fresh consumption instead of industrial varieties, added to the specialization and quality achieved by the grape producers in São Paulo consist in the main reasons for the predominance of the farming for table grapes.

Therefore, while farmers managed to negotiate prices around R$5,00 for a Kg of Niagara Rosada in the region of Jundiaí in the 2015/16 harvest, the varieties for processing were bought by winemakers for R$ 2,80 the KG in the south of the country, including the costs with transportation and considering the tendency of falling in the production volume at national level.

Officially, the Industrial Grape Specific Norms – Harvest 2015/16, published on January 15th, 2016 by the National Supply Company – CONAB, the minimum price to be paid for the Kg of the variety Isabel was fixed in R$0,78 while the variety Bordô had its price fixed in R$0,93 considering 15 grades Babo. Even the finer varieties, considering as reference the threshold of 18 grades Babo, the red varieties Merlot, Cabernet Sauvignon, Pinot Noir and Cabernet Franc had their minimum price fixed in R$1,75.

The threaten of lacking southern grapes, due to the bad weather, the growing demand for wine juice production, the intensification of wine tourism in the State of São Paulo and the emergency of a new category of capitalized wine makers point to a new scenario for the grape production focused on varieties for industrial use.

In spite of this tendency of changes in the grape production scenario in the State of São Paulo, the lack of information about the adaptability of varieties for processing, as well as the compatibility between rootstock and scion varieties, associated to the lack of information about these variables and about the final product have been inhibiting investments in grapes for the industry in the state.

Another aspect that has contributed to the lack of strategy and slow decision making in favour of industrial viticulture is the weakness of the governance of the vitiviniculture chain in the state. This broader question has hampered the better operationalization of the productive chain in the state.

Although the governance of the sector has been improving over the last years, the lack of representatives of some chain rings at the Chamber of Grape and Wine Sector of the State of São Paulo, the most articulated forum of leaders in the sector, compromises the proposition of strategies and collective projects to develop the sector and the areas. The frailty of the governance is a bottleneck that deserves attention from decision makers and entrepreneurs. Politically, the vitiviniculture in the state has much yet to develop.

The Pro-Wine Project, financed by FAPESP and coordinated by APTA, consolidated an institutional environment more favorable to the development of the vitiviniculture chain in the state, as it provides room for the articulation of the involved agents, essential stage to the creation of the Chamber of Grape and Wine Sector of the State of São Paulo by Secretary of Agriculture and Supplies the State of São Paulo. The more favorable governance stimulated the formation of cooperatives of wine producers and justified state investments in technical formation focused on the sector.

However, the results of the development of another FAPESP project "The Territorial Governance Modalities in the State of São Paulo: coordination, territories, public policies and development" (11/50837-9) recognized the poor balance between the representatives of the chain rings, which has led to "truncated governances" besides the geographic proximity between the agents which, allied to the tradition of the production in the joints, brought competition on between the main productive zones in the state [1].

This last aspect disclose the importance of the territorial dimension in this modality of sector governance and the need of establishing a plan for the vitiviniculture in the state in accordance with two approaches: a broader, the sector in the scale of the state; and another more specific, in the region scale, based on natural and human characteristics, particular for each of the different regions in the state.

2. Overview of the viniculture in the State of São Paulo: Governance, public and private investment

The first vitiviniculture census in the State of São Paulo, developed by the Pro-Wine Project in the period of 2008–2010, registered 123 wine producers and 16 bottling houses, spread among the four towns considered in the project: Jarinu, with 14 producers; Jundiaí with 95 producers and 3 bottling houses; São Roque with 13 bottling houses and São Miguel do Arcanjo with 14 producers [2].

In general, the 123 registered wine makers were small "artisanal" and responsible for approximately 400 thousand annual liters, while the bottling houses bottled 42 million liters per year [2].

Despite the classification, both wine producer and bottling house groups bear entrepreneurs with varied characteristics and strategies. Therefore, among the bottle houses, there is one which has made important investments in the production of grapes for processing, through tests with varieties and partnership research institutes. By farming 17 ha of grapes for processing, the bottling house grows only 4% of the raw material bottled in the house, but the quality of the product genuinely produced in the State of São Paulo has already stood out in the national wine market, taking part in the list of best Brazilian red wines at the XXII National Wine Assessment. This higher commitment to the production in the state of raw material from some bottling houses confirms how heterogeneous the group is.

In general, what connects this category is the predominant character of wine bottling, the strong organization among them, plus the aim of reducing the taxes over transport and distribution of goods (ICMS) to the wine of the state. In many cases, agents participate in more than one professional association, such as ANEV-National Association of wine bottle houses, Unions linked to FIESP – Federation of Industries in the State of São Paulo and ABRABE – Brazilian Beverage Association.

However, the most heterogeneous group is the wine producer one, mostly amassing "artisanal" wine makers. This category gathers agents at different technological levels, with different perspectives and investment capacity [3].

The majority is of small scale producers, at low technological level, resistant to innovation and non-formalized once not yet adequate to the norms. This category of producer manufactures artisanal "table" wines from american and hybrid varieties, especially common red wine, which represents, in average, more than 80% of the sales per productive unit. In general, the winemaker

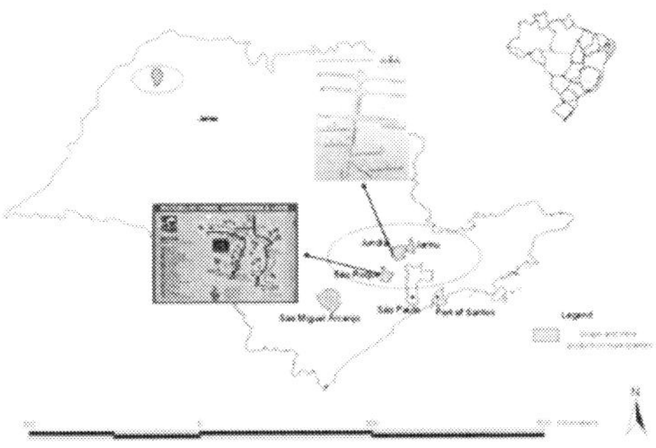

Figure 2. Main wine related tourism routes: Towns of Jundiaí e São Roque.

creates the blend of different kinds of wine, unique for each family, according to the taste of the traditional clientele, local and regional loyal customers.

Another group that stands out among the wine producers, already identified in the Pro-Wine Project, is made of small wine makers, generally part of the rural and wine related tourism routes (Fig. 2).

These start to organize associations and cooperatives and notice the oscillation in the price of southern grapes, the absence of contracts for the purchase and low quality of the grapes after the long transportation. This group is made of producers generally part of the rural and wine related tourism routes, aspect that stimulates association and cooperation initiatives.

The growing touristic demand enhances the commercialization of wine and, consequently, the vitiviniculture business potential, with new investments in the productive structure. Due to the conditions of informal and small, familiar production, the need for expansion and new markets has to overcome formalization and the organization of cooperatives.

Therefore, a new category of small wine producers emerges, bearing a high entrepreneurial potential, connected to the wine related tourism strategies and to local and regional cuisine, inherited from European colonization.

In the last five years, there has been the emergency of two cooperatives: the first, coming from the Cooperative of Artisanal Wine Producers of Caxambu/Jundiaí – AVA and, the second one coming from the Association of vitiviniculture producers from Vinhedo – AVIVI. Therefore, the wine cooperatives had been through different forms of prior organizations, generally by association.

More recently, emerges another category of producer in the vitiviniculture field on the state: producers with no tradition, high investment capacity, including for the farmimng of fine wine grapes, especially concentrated in the region of Serra da Mantiqueira, a traditional coffee production area. For its geographic proximity, practically an extension of the State of Minas Gerais, this wine makers buy seeding and have technical support from EPAMIG – Agricultural Research Company of Minas Gerais, besides, they can rely on the consultancy from highly internationally experienced professionals.

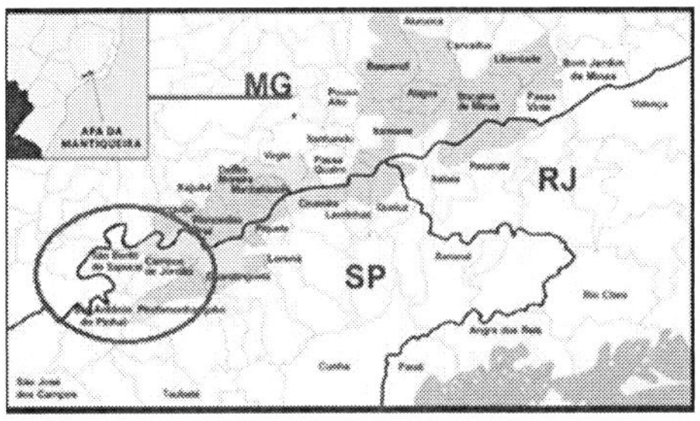

Figure 3. São Paulo's part of Mantiqueira: area privileged by the new wine entrepreneurs.

2.1. New entrepreneurs in the vitiviniculture of the state: A change in the paradigm

Undoubted ly, a paradigmatical change in the vitiviniculture of the state in process: the production of fine wine made from grapes grown in the state.

This new category of winemaker gathers producers with no tradition but high technological level, excellent technical assistance and investment capacity to develop high quality products made from their own fine grapes.

The new entrepreneurs of the vitiviniculture in the state are located at the south-eastern portion of the state, mainly composed of the mountains and hills of Serra da Mantiqueira. Two aspects explain the expectative about the region: 1– the harvest in the winter, possible due to double pruning: a formation pruning, after the harvest and another production pruning. 2 – The second aspect is related to the altitude climate – 1100 to 1300 meters high – which contributes to the thermal amplitude providing positive influence over the grape cycle (Fig. 3).

The pioneers of this new model are: the winemakers Guaspari, from Espírito Santo do Pinhal, Casa Verrone, from Divinolândia, Entre Vilas and Villa Santa Maria, from São Bento do Sapucaí.

The Guaspari winemaker, founded in 2006, financed by capitals from the mining sector, earned its first commercial harvest in 2012. The property of 800 ha of agricultural land concentrates vineyards of 50 ha: Vista da Serra, Vista do Vale and the highest one, Vista do Chá, more than 1300 meters high. The vineyards were divided in 12 different terroirs, delimited by their specific microclimate, being the main varieties: 17 ha of Syrah, 8,5 ha of Sauvignon Blanc, 8 ha of Chardonnay, 6 ha of Pinot Noir, 5 ha of Cabernet Sauvignon, 4 ha of Viognier, 2,5 ha of Cabernet Franc.

At Casa Verrone, the investments were financed by the agricultural input sector capitals. The wine house holds two vineyards of total 20 ha: in the town of Itobi are grown the red wine varieties, mainly Syrah, Cabernet Sauvignon and Cabernet Franc, with summer harvest and altitude of 860 meters, while in the town of Divinolândia are grown the varieties Sauvignon Blanc for the production of white wine and the varieties Chardonnay and Pinot Noir for the production of Sparkling Wine, through summer harvest and altitude of 1300 meters.

Casa Verrone relies on the support from EPAMIG and Brazilian Sommelier Association - ABS. The wine making, held at EPAMIG, was awarded as the best Chardonnay at the Brazil great wine tasting. According to an interview published by Gazeta do Rio Pardo on

07/Feb./11, Verrone aims the production of 300 thousand bottles per year, with the farming of new areas [4].

The wine house "Entre Vilas" adopted the organic system of farming for the varieties: Cabernet Sauvignon, Cabernet Franc, Syrah, Malbec and Pinot Noir. Its wines do not use pesticides, sulfites and do not go through chaptalization (sugaring), therefore they are considered natural wines, an important market distinction.

In this new context, brought by the new investors of Serra da Mantiqueira, it is valid to mention the recent investments of the Carbonari in the town of São Bento do Sapucaí.

3. Recent public and private strategies

Considering the challenges of the vitiviniculture in the State of São Paulo, mainly the lack and high cost of man power, the lack of knowledge about the adaptation of varieties for industrial use as well as about the compatibility between scion and rootstock, besides the lack of socioeconomic information about the grape and wine producers, it is valid to highlight public and private efforts aiming de development of activities in the state.

In a certain way, the agent's strategies demonstrate their perspectives in relation to the vitiviniculture in the state.

3.1. Private and public research

The two projects in which this work is based on, financed by FAPESP, neared public research institutions around the state's vitiniculture sector challenges and brought important contributions.

Aiming to develop the register of the vitiviniculture in the state, the structure of the wine productive chain, new experiments with varieties of grapes for industrial use and the classification of the produced wines according to the current norms, the project "Revitalization of the Vitiviniculture Chain of São Paulo" was developed. The project amassed researchers from Institute of Agricultural Economics - IEA, Agronomic Institute - IAC and Institute of Food Technology - ITAL of Agency Paulista Agribusiness Technology – APTA and from Campinas State University – UNICAMP.

Another collective project financed by FAPESP "The Territorial Governance Modalities in the State of São Paulo: coordination, territories, public policies and development" had researchers from Universidade Estadual Paulista – UNESP/Campus de Rio Claro and from APTA's IEA. The project contributed to the knowledge about the governance of the vitiviniculture sector in the State of São Paulo.

In relation to the challenges of lack and cost of specialized manpower for the viticulture in the state, it is valid to highlight the studies developed by CEA/IAC/APTA - Agricultural Engineering Centre of Agronomic Institute of Agency Paulista Agribusiness Technology. This research line has achieved improvements focused on the paradigm change in the production of raw material for vitiviniculture.

This way, the work of Santos suggests an expansion of the farming frontiers and the use of partially or totally mechanized processes of vine tree management, as a way of facilitating and turning viable the local production a lower cost, able to supply the already existent industrial demand. When considering the benefits of adopting mechanized pruning on the cost of production and pace of operation, CEA/IAC/APTA invested in the assessment of the impact of this innovation on the behavior of the varieties and on the quality of the final product. Besides the development of a vine-tree pruner for application, researchers were concerned with the analysis of the parameters for a correct mechanization based on the local, the plant condition, the soil and the social profile of producers [5].

For that, were implemented experiments with the European varieties Cabernet Franc, Merlot and the hybrids IAC-138–22 "Maximo", IAC-166–31 "Rainha" and IAC 21-14 "Madalena" in Jundiaí in 2011 and 2012. The varieties were established over four different rootstock trees: IAC 766-Campinas, IAC 572-Jales, Ripária do Traviú e SO4 and grown on espalier (2, 3 × 1,5 m) [5].

To the present day, the analysis of two harvests provided positive results, that is, the application of mechanized pruning in traditional vineyards cause minor oscillation in the quality of grapes [5].

Another research line, developed by APTA units has aimed at detecting climate tendencies in series of air temperature and rain precipitation at three localities in the east of the State of São Paulo, mainly Campinas, Jundiaí and Monte Alegre do Sul, with the objective of assessing the impact of this variation on agrometeorological indexes frequently used to indicate favorable areas for the production of wine grapes [6].

Beyond these lines of research, it is valid to highlight the studies aimed at assessing the influence of rootstock trees "IAC 766 Campinas" and "106-8 Mgt Ripária do Traviú" over the physical-chemical features of the wine must and the wine from grapes "IAC 116-31 Rainha," "IAC 21-14 Madalena" and "BRS Lorena" [7].

More specifically focused on the predominant variety in the region of Jundiaí, with a high market potential and potential for winemaking, stand out the studies about the norms for the DRIS - integrated system for diagnosis and recommendation, and the critical nutrient levels for the vine tree "Niagara Rosada" [8].

In addition to the more contemporary strategies, the creation of the AGROPOLO of Campinas, this involves partnerships with research institutes from the AGROPOLIS from Montpellier, France. The first project at AGROPOLO level, approved by FAPESP, involves the realization of a workshop for the discussion of the vitiviniculture context in the state, together with the most important leaders in the sector.

From this perspective, also stand out the tests with varieties developed by producers in partnership with research institutes APTA and EPAMIG. Among the main results related to the adaptation of varieties for industrial use in the state, it valid to mention:

- in the traditional locations: fine wine varieties Syrah in Louveira and Cabernet Franc in São Roque, plus hybrid BRS Lorena in São Roque.
- in the recently occupied locations: the fine wine varieties Syrah, Pinot Noir and Chardonnay in Divinolândia and Santo Antônio do Pinhal.

Figure 4. New investments in the Vocational School Benedito Storani – Jundiaí/SP.

Figure 5. AVA Cooperative Mobile Bottling – Jundiaí/SP.

3.2. Public and private investments

Since 2010, Federal and State governments have intensified the investments, mostly in technical and higher formation in oenology at the the traditional regions of Campinas and Sorocaba, notably in the towns of Jundiaí, Campinas and São Roque. Such investments contribute to the set-up of Vitiviniculture Productive Arrangement.

At national level, the IFSP – Education, Science and Technology Federal Institute of São Paulo, federal educational autarchy, Campus São Roque, open in August, 2008 offers vocational courses and four higher degree courses: Bachelor degree in Business Administration, Degree in Biological Science, Technology in Environmental Management and Technology in Viticulture and Oenology.

The course "Technology in Viticulture and Oenology" is one of the most recent ones at the unit and is based on four technological axes: basic formation; viticulture with oriented theoretical and practical soil management and conservation, grape farming, management of plagues and diseases; oenology which is related to the processing of the raw material focused on the wine making, and harmonization; at last, management with lessons focused on business administration, commercialization and logistics.

The state administration has also made significant investments in the vitiviniculture in the region of Campinas.

Founded in 1959, in Jundiaí, the Vocational School Benedito Storani has been through significant transformations, being currently connected to Paula Souza Center and to the Secretariat of Economic Development, Science and Technology and Innovation of the State of São Paulo. There are expectations for the creation of the courses on Oenology and Viticulture. To operationalize these courses, in 2014 began the process of construction of two big structures, the laboratorial part and the industrial part, with both market-oriented and professionalization-oriented objectives. The investment from the state administration is already over R$ 8 million (Fig. 4).

Beyond the technical qualification of manpower focused on the state and regional vitiviniculture, the higher expectations are that the vocational school operationalize the production of small scale producers at low technological level and become a reference at the dissemination of innovation for the commercial use of wine grape processing leftovers and the production of juice.

The Government of the State of São Paulo, via the Watershed Program developed by CATI/SAA-SP, financed by the World Bank, contributed with financial resources for the realization of the mobile filling of AVA - Cooperative of Artisanal Wine Producers of Caxambu/Jundiaí. The recent cooperative comes from the Association of Artisanal Wine Producers of Caxambu/Jundiaí created 12 years ago and currently counts on 20 cooperates. AVA mobilized actions from public institutions and had as main achievements the formalization of production and regularization of mobile bottling along MAPA, plus the resources of Watershed for the purchase of the necessary equipment.

The effective regularization and operationalization of the mobile bottling took place in two stages:

–the first one dealt with the formal demand within the Chamber for the Grape and Wine Sector in the State of São Paulo and, consequently within the Federal Chamber for the sector. The pioneering of the demand deserved special attention from the Ministry – MAPA.

–as a cooperative, the secong stage dealt with the project presentation within CATI/SAA-SP aiming at earning finance for the Program Watersheds II "Access to the Market", through World Bank resources.

Further to the authorization from the Ministry – MAPA, AVA earned the finance of around R$ 400 thousand from the Program Watersheds for the purchase of the lorry and the necessary equipment needed to the operationalization of mobile bottling (Fig. 5).

Considering total investment, AVA contributed with 30% of the budget as counterpart. The capacity of production of the system, pioneer in Brazil, is of 700 bottles per hour. In the referred structure, AVA has already included the equipment necessary to produce sparkling wine from the variety Niagara Rosada, an important mid-term bet of the cooperative.

Another recent investment in infrastructure for the sector was the installation of the Laboratory of Beverage Testing, from School of the National Service of Industrial learning - SENAI Professor Euryclides de Jesus Zerbini, which stands in 278 square meters, in the town of Campinas. Launched in 2014, the enterprise was projected to meet the needs of companies' producers of fermented, alcoholic, non-alcoholic, distillate beverages and vinegar. Equipped with highly technological infrastructure, the lab offers technical and technological specialized support to producers. Its creation was brought up after a demand from the Union of Grape and Wine from Jundiaí and São Roque.

4. Final considerations

The viticulture in the State of São Paulo is important in the national context, yet it mostly focused on the production of non-fine varieties, being most of the processed grapes from the State of Rio Grande do Sul.

DOI: 10.1051/bioconf/20160703003

Among the main factors that justify the focus on the production of grapes for *in natura*, there are: the better profitability of these varieties, the lack of specialized manpower and the lack of knowledge about the adaptation and winemaking of new varieties.

The movement articulated by the Wine Institute SPV-INHO in favor of the development for the vitiviniculture productive chain in the State of São Paulo, mostly the Pro-Wine Project, financed by FAPESP, consolidated a more favorable institutional environment to the development of the vitiviniculture productive chain in the State of São Paulo by providing the base for the creation of the Chamber for the Grape and Wine Sector.

On the one hand, the more favorable governance stimulated the formation of cooperatives and generated new investments from the producers in the state. On the other hand, it stimulated new research and justified state investment in the technical formation and generation of knowledge for the sector.

However, the results of the development of the project "The Territorial Governance Modalities in the State of São Paulo: coordination, territories, public policies and development" also financed by FAPESP, recognized the development of "truncated governances" between the members of the Chamber for the Grape and Wine Sector and revealed the importance of the territorial dimension in this modality of sectorial governance.

Among the groups of producers recognized for researches in the current scenario, stand out the new entrepreneurs of Serra da Mantiqueira. These new wine entrepreneurs, allied with the potential return from the public investment during the last five years outline a new paradigm for the vitiviniculture in the state.

However new actions are made necessary:

a) Considering the weaknesses of the current sectorial governance and the imbalance between participations, it is necessary to stimulate the representatives of the rings not-participating the Sectorial Chamber and strengthen the role of less prepared and organized agents.
b) Considering the competition between productive regions, it will be necessary to strengthen the territorial governances of the main vitiviniculture groups, through a plan focused on different scales, according to a broad view on time and space.

References

[1] A.R. Verdi, M.N. Otani, M.C.M De Souza. Territorial governance of sectorial chambers in São Paulo State. *VI Congresso SIAL*. Florianópolis - SC (2013)
[2] A.R. Verdi, M.N. Otani, M.L. Maia, C.E. Fredo, A.L. R. De Oliveira, J.L. Hernandes. Panora da vitivinicultura paulista, Censo 2009. Rev. Informações Econômicas, SP, **v. 41**, n. 11, nov. (2011)
[3] M. N Otani, A.R. Verdi, C.E. Fredo, M.L. Maia, M.C.M De Souza. Processo de consolidação da vinicultura artesanal: um estudo de caso no entorno metropolitano de São Paulo e Campinas. Informações Econômicas, SP, **v. 43**, n. 4, jul./ago. (2013)
[4] Gazeta do Rio Pardo. Enfoque `http://gazetadoriopardo.com.br/vcolunas/169/Enfoque.html` (2011)
[5] A.O. Santos, S.E. Pereira, C.A. Moreira. Qualidade físico-química da uva e perfil sensorial vínico para diferentes cultivares de videira submetidas à poda mecanizada. Rev. Bras. Frutic. Jaboticabal –SP, **v.37,** no.2, Abril./Junho (2015)
[6] L. Bardin-Camparotto*; G.C. Blain; M.J. Pedro Júnior; J.L. Hernandes; P. Cia A. Climate trends in a non-traditional high quality wine producing region Tendências climáticas em uma região não tradicional de produção de vinhos de alta qualidade. Bragantia. **vol.73,** no.3, Campinas Julho/Set. (2014)
[7] M.J.R. da Silva, M.A. Tecchio, M.F. Moura, L.T.brunelli, U.M. Imaizumi, W.G. Venturini Filho. Composição físico-química do mosto e do vinho branco de cultivares de videiras em resposta a porta-enxertos. Pesq. Agropec. Bras. Brasília, **v. 50**, n. 11, p 1105-1113, nov. (2015)
[8] L.A.J. Teixeira, M.A. Tecchio, M.F. Moura, M.M. Terra, E.J.P. Pires. Normas DRIS e níveis críticos de nutrientes para videira 'Niagara Rosada' cultivada na Região de Jundiaí-SP. Rev. Bras. Frutic. Jaboticabal - SP, **v. 37**, n. 1, p. 247-255, Março (2015)

BIO Web of Conferences 7, 03004 (2016)
39th World Congress of Vine and Wine DOI: 10.1051/bioconf/20160703004

The results of the vine varieties reconversion measures in the North-Eastern Romania / Résultats de la mesure de reconversion des cépages dans le Nord-Est de la Roumanie

Florin-Alexandru Enia[1,2]

[1] Laboratory UMR ARTeHIS, University of Burgundy, 21000 Dijon, France
[2] Laboratory Geomatics, University A. I. Cuza, 700506 Iaşi, Romania

Abstract. The vine varieties reconversion measure is one of the many benefits that the Romania's integration to the European Union brings to the wine sector. This study aims to analyze the results of this measure during 2007–2015 in the Romania's North-East Region. From the Vineyard Plantation Register, the plots noble vine parcels of each department were divided into two groups: those who existed in the field in before and those converted during the period. The surface of each group was classified first, based on the color of the grapes and secondarily, based on the pair international varieties – non international varieties. The conversion affected 3 of 6 departments. In Iaşi, where the proportion of the surface of white grapes approach to 90% in 2006, the conversion was made whit white grapes (81.3% of the surface), and particularly whit 4 local varieties corresponding to the traditional assortment of the Cotnari vineyard. In Vaslui, the conversion was made particularly with white grape varieties, but below the proportion held in 2006, because the conversion was made whit a large area of rosé varieties (19.2% of the surface) following the consumer demand. With the exception of Bacău, in the other two departments, the non-international and local varieties were used for the conversion.

1. Introduction

La Région de développement de Nord-Est est la plus entendue région de Roumanie, occupant une surface de 36850 km2, soit 15,46 % de la surface du pays. De point de vue administratif et territorial, la région est divisée en 6 départements : Bacău, Botoşani, Neamţ, Iaşi, Suceava et Vaslui (Fig. 1). La population d'à-peu-près 3,7 millions d'habitants (17,25 % de la population du pays) vive principalement dans le milieu rural (56,6 %). La population occupée travaille plutôt dans le secteur agricole (42,7 %), suivi par le secteur des services (37,9 %) et par l'industrie (19,4 %) [1]. Le relief de la région comprend des montagnes (30 % de la surface totale), des sous-montagnes (30 % de la surface totale) et le plateau (40 % de la surface totale). A l'ouest il y a des montagnes ayant des altitudes de plus de 2000 mètres. Au nord-est il y a la Plaine Collinaire de la Moldavie, tandis qu'au sud-est de la région il y a le Plateau de Bârlad [2].

Au développement de la pratique viticole dans la région ont contribué les conditions favorables de l'environnement, mais également la tradition de la population de valoriser les versants impropres aux autres cultures [3]. La pratique de la viticulture date d'avant de l'époque des Daces. La première attestation documentaire des vignes sur ce territoire date de 1384. Le document appartenant au voïévode Petru Muşat fait référence aux vignes près de la localité de Hârlău du vignoble de Cotnari [4].

En ce qui concerne les conditions physico-géographique, au nord et au centre il y a des marnes, des grès calcaires et des calcaires qui construisent des plateaux de 400–500 mètres. Au sud il y a du sable et du lœss disposés dans des collines de 200–450 mètres et des plaines tabulaires de 50–200 mètres. Le climat tempérée-continental peut donner approximativement 120 jours avec des températures moyens au-dessous de 0° C et même des températures minimales au-dessous de −18° C pouvant poser des problèmes à la vigne. Dans la partie nord-ouest de la région, la température moyenne annuelle est de 7,5° C et les précipitations arrivent à 600 mm par an. Dans la partie sud-est, la température moyenne annuelle est de 10° C et les précipitations arrivent à 400 mm par an. Les sols font partie de la classe des luvisols et des tchernozioms [3].

Les plus importantes vignobles de la Région de Nord-Est sont situés dans la moitié est. Dans le département de Iaşi il y a les vignobles de Cotnari et de Iaşi. Dans le département de Vaslui, il y a le vignoble de Huşi. A l'exception des vignobles, il y a aussi des centres viticoles indépendants comme Hlipiceni, Plugari, Probota et Vaslui [5] (Fig. 2).

L'article présent propose une analyse sur les résultats de la mesure de reconversion des cépages dans la Région de Nord-Est, pendant la période 2007–2015.

La structure de cet article comprend 4 parties : introduction, données et méthodologie, résultats de l'analyse, conclusion.

2. Données et méthodologie

Il a été utilisé les données sur les parcelles en vignes nobles, dans les départements de la région. Ces données ont été extraites et fournies du Registre des Plantations Viticoles (R.P.V.) qui est sous la gestion de l'Office

DOI: 10.1051/bioconf/20160703004

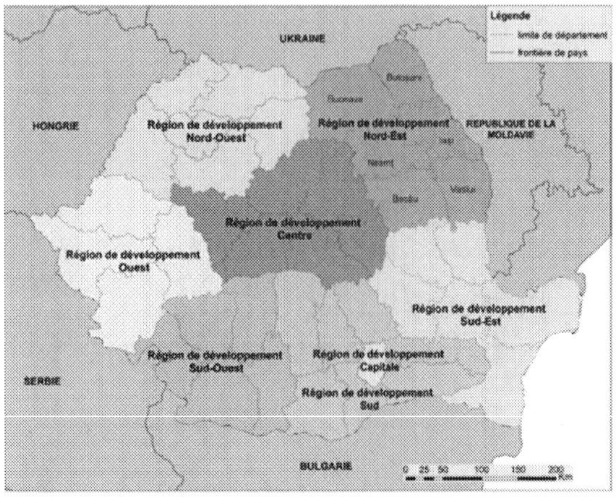

Figure 1. L'encadrement géographique de la Région de Nord-Est (carte d'auteur).

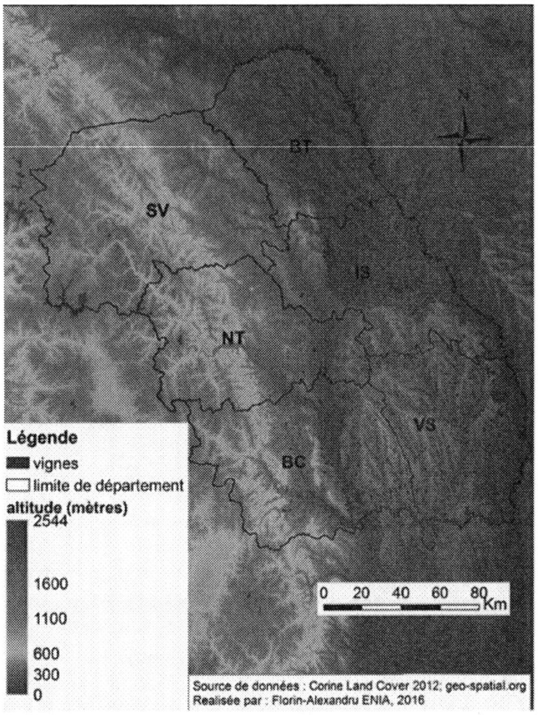

Figure 2. Dispersion des vignes dans les départements de la Région de Nord-Est en 2012.

National de la Vigne et des Produits Vitivinicoles (O.N.V.P.V.) de Roumanie. Le R.P.V. est créé à la demande de l'Union Européenne et devient fonctionnel en 2007. À la base, il y a les déclarations des propriétaires de parcelles viticoles collectées entre l'année 2003 et l'année 2006. Chaque parcelle viticole se caractérisait d'un code d'identification unique, de la surface (en hectares), de la date de la plantation (mois et année), de(s) cépage(s) cultivé(s) et de l'emplacement de la parcelle par localité, commune et département.

Pour les départements où il y a eu de la reconversion de cépages, il a été distingué deux groupes de parcelles

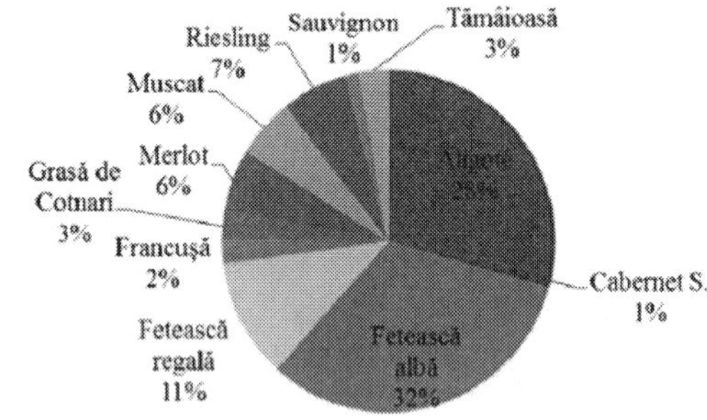

Figure 3. La structure de la surface des 10 premiers cépages cultivés dans la Région de Nord-Est en 2006 (Auteur : ENIA F. ; Données : ONVPV).

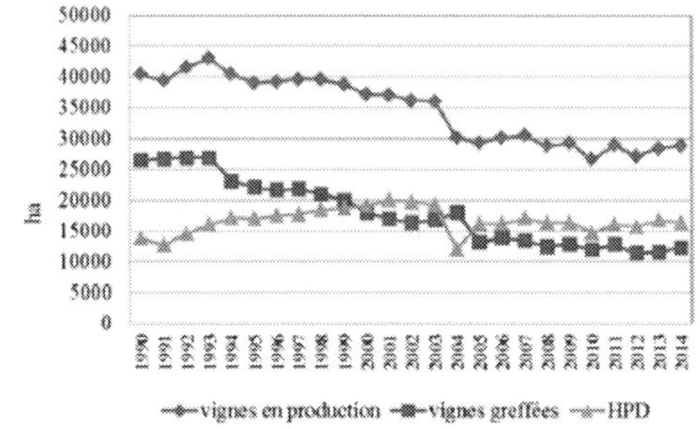

Figure 4. Evolution des surfaces en vignes greffées et en HPD dans la Région de Nord-Est pendant la période 1990–2014 (carte d'auteur ; Source de données : Institut National de Statistique).

pour chaque département : les parcelles existantes en terrain au niveau de l'année 2006 et les parcelles qui ont été reconverties pendant la période 2007–2015. Dans un premier temps la surface totale par cépages des deux groupes de parcelles a été classée en fonction de la couleur de la bais du raisin. Ensuite, pour chacune des classes il a été mis en évidence les cépages. Pour vérifier la couleur de la bais du raisin, la base de données de l'Organisation Internationale de la Vigne et du Vin (O.I.V.), sur la Roumanie, a été interrogée [6]. Dans un deuxième temps, la surface totale par cépages des deux groupes de parcelles a été classée en surface détenue par les cépages internationaux, respectivement en surface détenue par les cépages non-internationaux. Pour chacune des 2 dernières classes on mettra en évidence les cépages. Ayant comme modèle la définition donnée par Claude Gilois en mars 2016, le groupe des cépages dits internationaux correspond à « un groupe de sept cépages (Cabernet sauvignon, Merlot, Syrah, Pinot noir, Grenache, Chardonnay, Sauvignon blanc) choisis par les pays du Nouveau Monde pour développer leur viticulture et qui constituent 28 % de l'encépagement mondial » [7]. En ce qui concerne la parcelle cultivée avec deux ou plus de deux cépages, le calcul de la surface pour chaque cépage a supposé l'application du pourcentage détenue de la surface totale de la parcelle. Dans le cas où, la somme des pourcentages détenus par les cépages de la parcelle dépassaient ou était sous 100 %, la parcelle était exclue de l'étude. Pour la parcelle viticole contenant des hybrides et de la vigne noble, en même temps, seulement la surface en vigne noble a été prise en compte. Les résultats sortis de la comparaison entre les

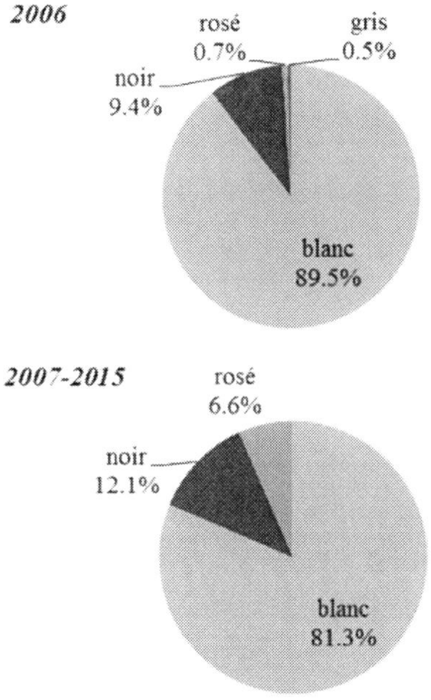

Figure 5. Iaşi- Structure de la surface viticole en fonction de la couleur de la baie en 2006 (en haut) et pour les parcelles nouveau plantées avec la mesure reconversion entre 2007–2015 (en bas) (Source de données brutes : ONVPV).

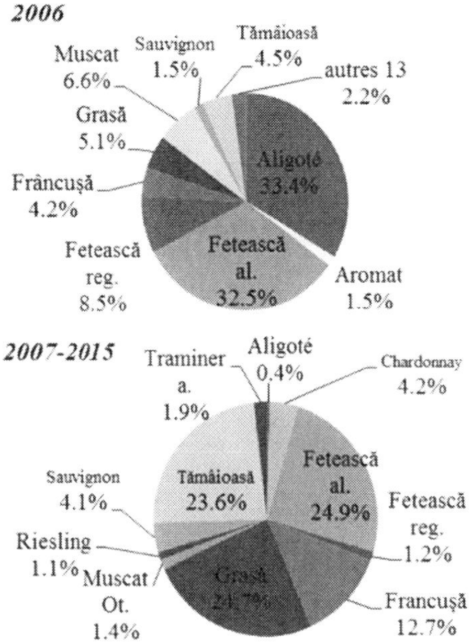

Figure 6. Iaşi- Structure de la surface viticole pour les cépages à baie blanc en 2006 (en haut) et pour les cépages à baie blanc plantées avec la mesure de reconversion entre 2007–2015 (en bas) (Source de données brutes : ONVPV).

deux groupes ont été analysées à l'aide des entretiens avec des viticulteurs et avec des chercheurs, des données appartenant à l'Agence des Paies et d'Intervention pour l'Agriculture (A.P.I.A.) de Roumanie et des données sur les paramètres météorologiques de la Région de Nord-Est.

3. Résultats

La production de vins de la région se dirige principalement vers les vins blancs et de façon exceptionnelle vers les vins rouges [5] obtenus des cépages autochtones comme par exemple : Grasă de Cotnari, Fetească albă, Frâncuşă, Busuioacă de Bohotin, Zghihară de Huşi, Fetească neagră etc. Des cépages européens sont présents aussi : Aligoté, Riesling italien, Sauvignon, Cabernet Sauvignon, Merlot etc [3]. Les vins y obtenus sont en mode naturel des vins doux et couvrent une large variété, en commencent avec les vins de table et en finissant avec les vins à dénomination d'origine contrôlée. Les vins sont légers avec un contenu alcoolique modéré et avec une acidité qui peut arriver à 11–12 g/l d'acide tartrique. La production de raisins de table est faible [5] et utilisée pour satisfaire les besoins de la marchée locale. Parmi les cépages cultivés, il y a Chasselas doré et Perla de Csaba [3].

La figure 3 montre la structure des 10 premiers cépages comme surface dans la région, en 2006. Ces-ci couvrent plus de 8000 ha. En surfaces importantes sont cultivés la Fetească albă et l'Aligoté. Ces-ci sont suivis à distance par Fetească regală. Les cépages avec la baie noire sont représentés seulement par Cabernet Sauvignon et par Merlot qui donnent des vins supérieurs pour la région. Il est à remarquer la présence des cépages qui peuvent donnée des vins avec beaucoup d'arômes : Tămâioasă et Muscat Ottonel.

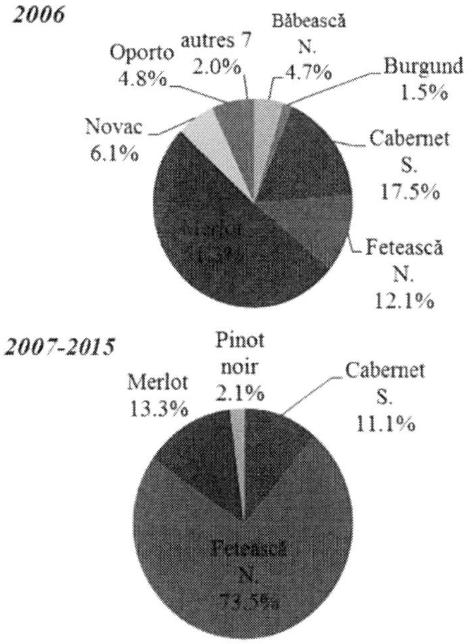

Figure 7. Iaşi- Structure de la surface viticole pour les cépages à baie noir en 2006 (en haut) et pour les cépages à baie noir plantées avec la mesure de reconversion entre 2007–2015 (en bas) (Source de données brutes : ONVPV).

Après la chute du régime communiste en 1989, le secteur vitivinicole de Roumanie, aussi comme autres secteurs d'activité, a connu beaucoup des changements. Par la Loi no. 18 de 1991 du Fond Foncier, on redonne aux anciens propriétaires les terrains prises pendant le processus de collectivisation de l'agriculture commencé

DOI: 10.1051/bioconf/20160703004

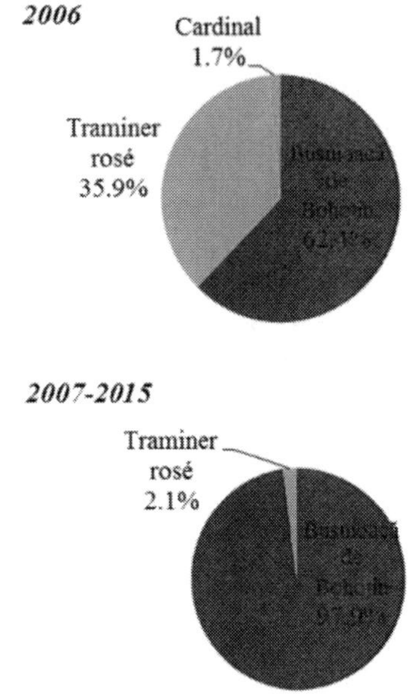

Figure 8. Iaşi- Structure de la surface viticole pour les cépages à baie rosé en 2006 (en haut) et pour les cépages à baie rosé plantées avec la mesure de reconversion entre 2007–2015 (en bas) (Source de données brutes : ONVPV).

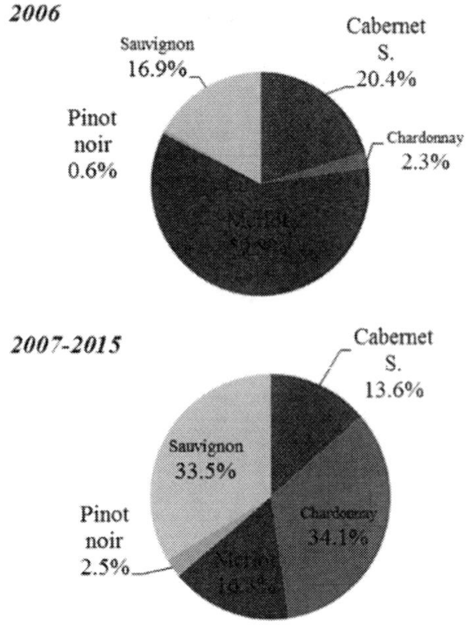

Figure 10. Iaşi- Structure de la surface viticole en cépages internationaux en 2006 (en haut) et pour les cépages plantées avec la mesure de reconversion entre 2007–2015 (en bas) (Source de données brutes : ONVPV).

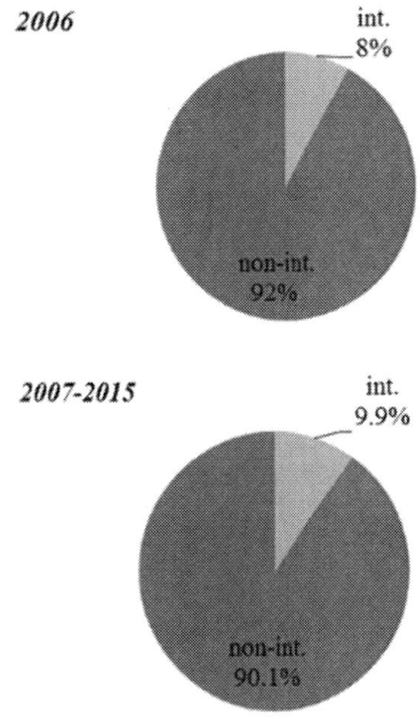

Figure 9. Iaşi- Structure de la surface viticole en cépages internationaux et non-internationaux en 2006 (en haut) et pour les cépages plantées avec la mesure de reconversion entre 2007–2015 (en bas) (Source de données brutes : ONVPV).

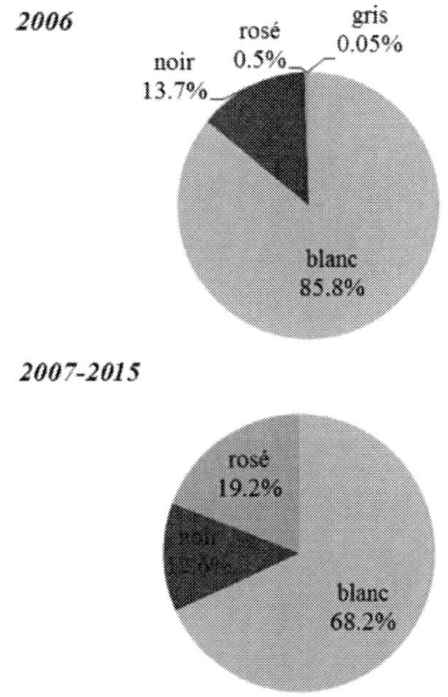

Figure 11. Vaslui- Structure de la surface viticole en fonction de la couleur de la baie en 2006 (en haut) et pour les parcelles nouveau plantées avec la mesure reconversion entre 2007–2015 (en bas) (Source de données brutes : ONVPV).

en 1949. Des importantes surfaces en vignes nobles des coopératives agricoles de production ou des entreprises agricoles d'état sont divisées et passent dans la propriété des petits propriétaires. La période d'après 1989 se caractérise par une augmentation importante des prix pour les traitements phytosanitaires et une baisse du prix du kilogramme de raisin. Les conditions économiques difficiles et la perte partielle des connaissances vitivinicoles conduisent à la dégradation des vignes nobles qui des fois sont remplacées avec des hybrides producteurs directs. La détérioration du patrimoine en vignes nobles peut-être observée dans la Fig. 4.

La mesure de restructuration et reconversion des vignobles est stipullée à l'Article 103 octodecies du Règlement (CE) no. 1234/2007 « portant organisation

DOI: 10.1051/bioconf/20160703004

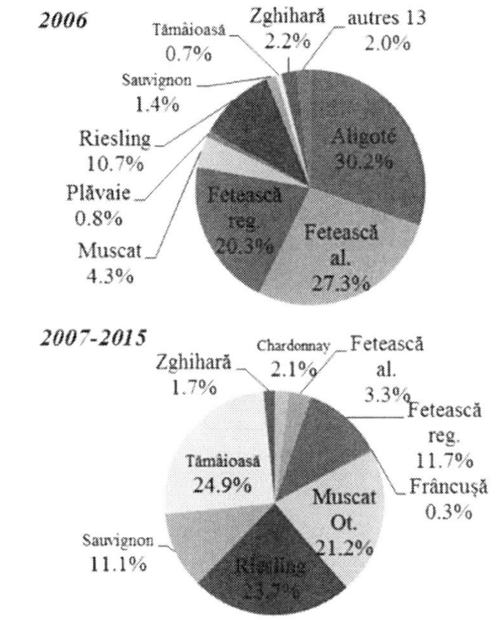

Figure 12. Vaslui- Structure de la surface viticole pour les cépages à baie blanc en 2006 (en haut) et pour les cépages à baie blanc plantées avec la mesure de reconversion entre 2007–2015 (en bas) (Source de données brutes : ONVPV).

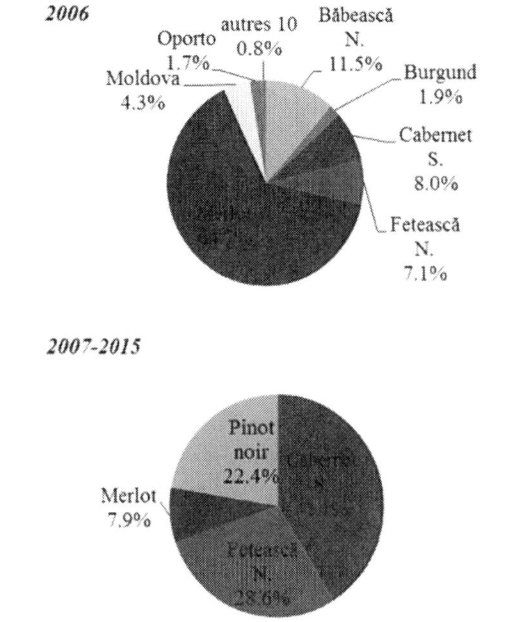

Figure 13. Vaslui- Structure de la surface viticole pour les cépages à baie noir en 2006 (en haut) et pour les cépages à baie noir plantées avec la mesure de reconversion entre 2007–2015 (en bas) (Source de données brutes : ONVPV).

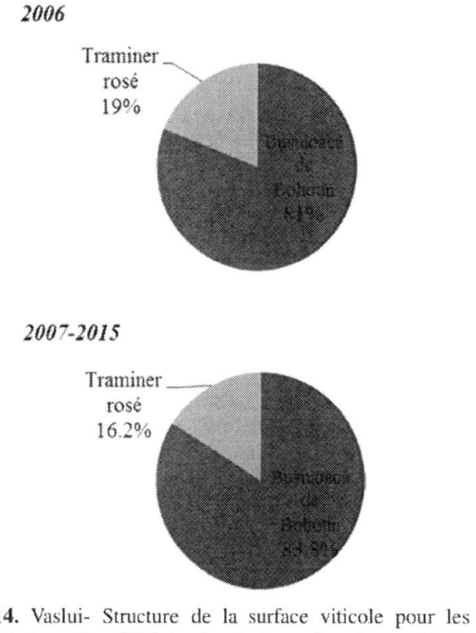

Figure 14. Vaslui- Structure de la surface viticole pour les cépages à baie rosé en 2006 (en haut) et pour les cépages à baie rosé plantées avec la mesure de reconversion entre 2007–2015 (en bas) (Source de données brutes : ONVPV).

commune des marchés dans le secteur agricole et dispositions spécifiques en ce qui concerne certains produits de ce secteur» [8] et dans le Réglement (UE) no. 1308/2013 « portant organisation commune des marchés des produits agricoles » [9]. Ayant comme objectif d'accroître la competitivité entre les viticulteurs, la mesure peut-être accédée seulement par les états qui sumissent un « inventaire de leur potentiel de production ». Cet inventaire qui doit être envoyé annuellement, concerne les pays ayant plus de 500 ha de vignes des variétés à raisins de cuve ([8], Article 185 bis, [9] Article 145), considérées appartant à l'espèce Vitis vinifera ou provient d'un croisement entre ladite espèce et d'autres espèces du genre Vitis ([8], Article 120 bis).

En Roumanie, la mesure est transcrite à partir de 2009 dans le Plan National de Support de la Roumanie dans le Secteur Vitivinicole (PNSRSV). Ceci contient aussi des autres mesures pour lesquelles la Roumanie a appliqué à partir de 2007 : l'assurance de la récolte, l'investissement dans des entreprises, la distillation des sous-produits et la promotion des vins, le système de payement unique (non-disponible à partir de 2014), la récolte avant le murissement (non-disponible à partir de 2014), les fonds mutuelles (non-disponible à partir de 2014) [10]. Conformément au PNSRSV, « la reconversion des cépages consiste en changer les cépages existantes dans la culture avec des cépages supérieurs de point de vue qualitatif ou avec des clones des mêmes cépages ». La plantation peut être faite seulement avec des cépages nobles à raisins de cuve. La plantation peut-être choisie sur le même emplacement ou sur un emplacement équivalent en surface. Le support financière ne peut pas dépasser 75 % des coûts et la base de calcul est fournie par le devis de dépenses pour chaque catégorie de travaux [11]. La mesure de reconversion et de restructuration des vignoble comprend 3 autres activités : le remplacement des parcelles, la modernisation des exploitations viticoles, la replantation des parcelles viticoles si l'arrachage a à la base des raisons sanitaires ou phytosanitaires [10].

Des 6 départements de la Région de Nord-Est il y a eu de la reconversion de cépages dans 3 départements : Bacău, Iaşi et Vaslui.

3.1. Les vignobles de Iaşi

Dans le département de Iaşi, les vignes se trouvent plutôt dans les deux vignobles, Cotnari et Iaşi. Il y a aussi deux

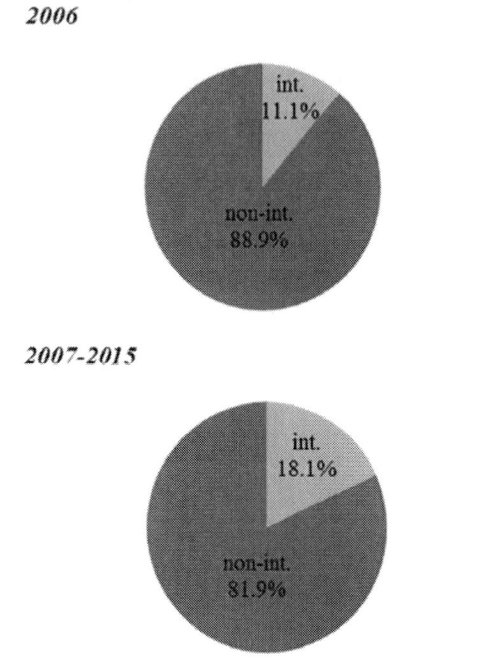

Figure 15. Vaslui- Structure de la surface viticole en cépages internationaux et non-internationaux en 2006 (en haut) et pour les cépages plantées avec la mesure de reconversion entre 2007–2015 (en bas) (Source de données brutes : ONVPV).

centres viticoles indépendants, Plugari et Probota et des nombreuses plantations petites dans les cours des citoyens à la campagne, à l'extérieure de ces vignobles et centres viticoles. Les dénominations d'origine contrôlées sont en nombre de trois : Cotnari, Iaşi et Bohotin. La surface totale des cépages nobles, sauf cépages à raisin de table, dépassait 4700 ha en 2006. Pendant la période 2007–2015, la mesure de reconversion a été appliquée pour un peu plus de 1672,3 ha.

3.1.1. *Profil des vignobles*

See Figs. 5–8

3.1.2. *La présence des cépages internationaux*

See Figs. 9 and 10.

3.2. Les vignobles de Vaslui

Les vignes de ce département font partie du vignoble de Huşi, de la petite vignoble Les Collines de Tutova (deux centres viticoles sur trois) et du centre viticole indépendant Vaslui. À l'extérieur de ces-ci se trouvent des petites surfaces en vignes (plutôt des hybrides) dans les cours des citoyens de la campagne. Huşi, c'est la seule dénomination d'origine contrôlée. Sauf la surface des cépages donnant des raisins de table, la surface viticole en cépages nobles dépasse 2700 ha, en 2006. La conversion de cépages a été appliquée pour 959,3 ha.

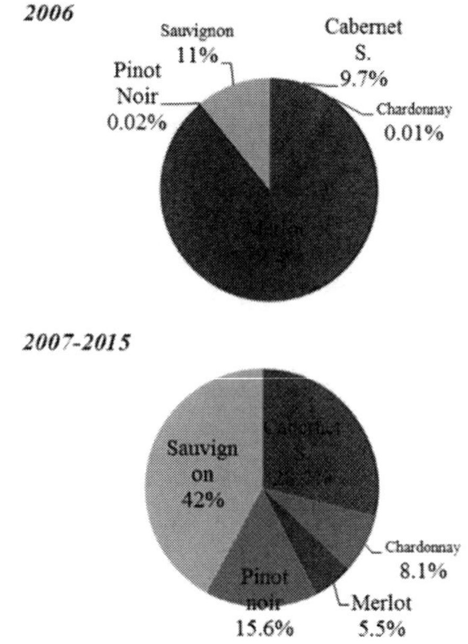

Figure 16. Vaslui- Structure de la surface viticole en cépages internationaux en 2006 (en haut) et pour les cépages plantées avec la mesure de reconversion entre 2007–2015 (en bas) (Source de données brutes : ONVPV).

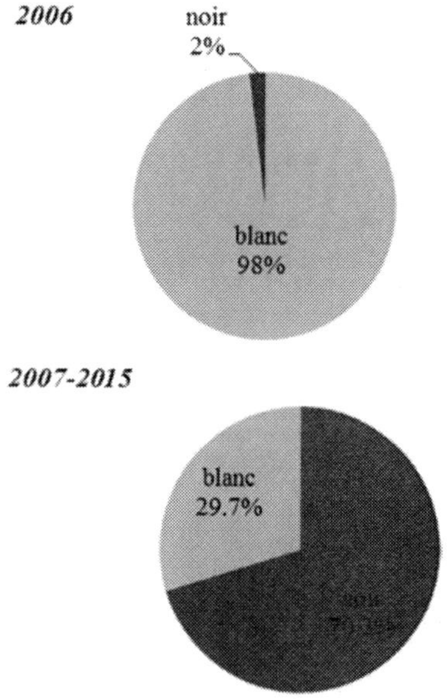

Figure 17. Bacău- Structure de la surface viticole en fonction de la couleur de la baie en 2006 (en haut) et pour les parcelles nouveau plantées avec la mesure reconversion entre 2007–2015 (en bas) (Source de données brutes : ONVPV).

3.2.1. *Profil des vignobles*

See Figs. 11–14.

3.2.2. *La présence des cépages internationaux*

See Figs.15 and 16.

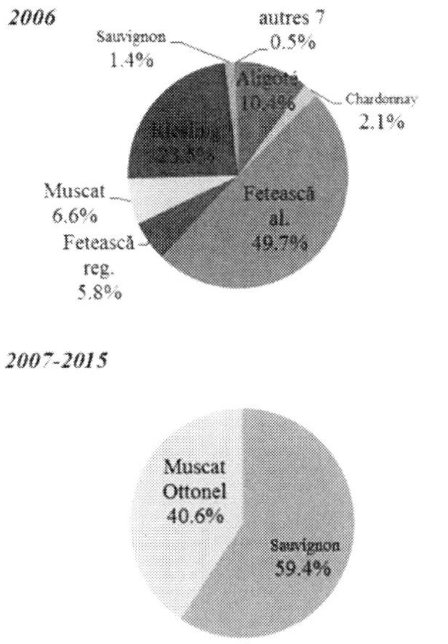

Figure 18. Bacău- Structure de la surface viticole pour les cépages à baie blanc en 2006 (en haut) et pour les cépages à baie blanc plantées avec la mesure de reconversion entre 2007–2015 (en bas) (Source de données brutes : ONVPV).

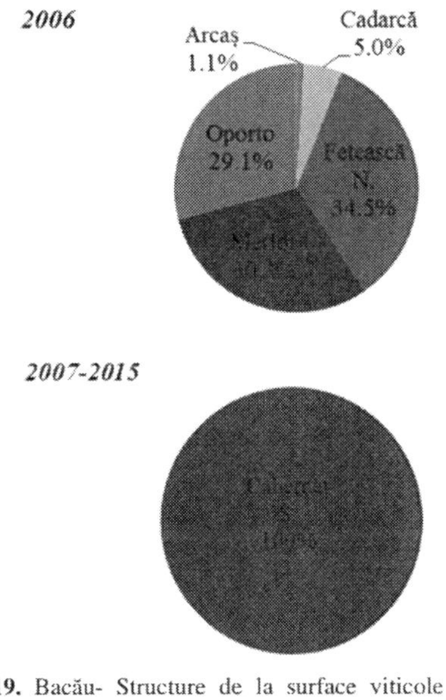

Figure 19. Bacău- Structure de la surface viticole pour les cépages à baie noir en 2006 (en haut) et pour les cépages à baie noir plantées avec la mesure de reconversion entre 2007–2015 (en bas) (Source de données brutes : ONVPV).

3.3. Les vignobles de Bacău

La surface en vignes noble dans le département de Bacău était d'à peu près 1000 ha en 2006. La surface qui a été soumise à la conversion de cépages a été la plus petite des trois départements, en arrivant à 28,4 ha seulement.

3.3.1. Profil des vignobles

See Figs. 17–19.

3.3.2. La présence des cépages internationaux

See Figs. 20 and 21.

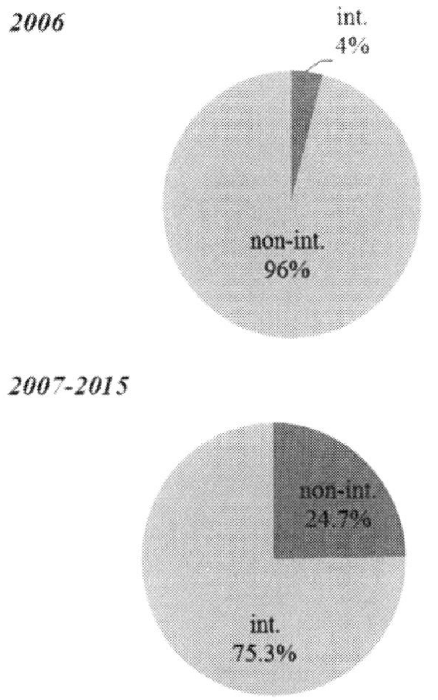

Figure 20. Bacău- Structure de la surface viticole en cépages internationaux et non-internationaux en 2006 (en haut) et pour les cépages plantées avec la mesure de reconversion entre 2007–2015 (en bas) (Source de données brutes : ONVPV).

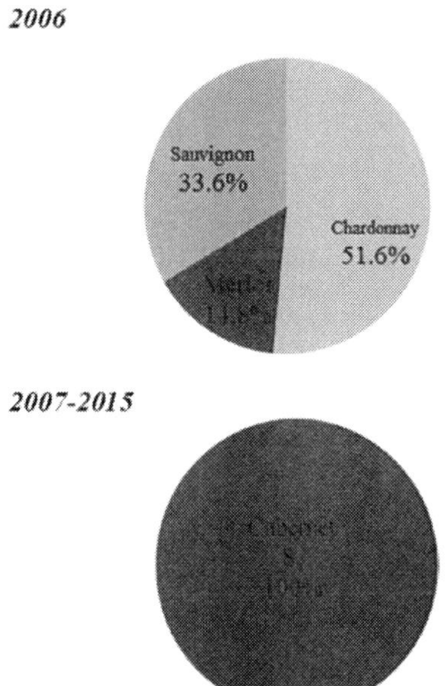

Figure 21. Bacău- Structure de la surface viticole en cépages internationaux en 2006 (en haut) et pour les cépages plantées avec la mesure de reconversion entre 2007–2015 (en bas) (Source de données brutes : ONVPV).

4. Conclusion

La mesure de conversion des cépages amène des nombreux bénéfices à la viticulture de la Région de Nord-Est de la Roumanie en aidant à mieux répondre aux demandes du consommateur du vin. Même si la conversion en cépages à baie blanche a été plus importante, les cépages à baie rouge et rosée occupent de plus en plus de surface et annoncent un possible début de l'échange de profil soutenu par le climat qui est plus doux. Quand même, la conservation des cépages traditionnelles est observée dans le cas du département de Iaşi où dans le Vignoble de Cotnari la conversion a été faite plutôt avec les quatre cépages : Grasă de Cotnari, Frâncuşă, Fetească albă et Tămâioasă. Egalement, les propriétaires de vignes ont choisi des cépages reconnus de donner des vins doux naturels, sauf que, à partir de ces cépages, ils font plus souvent des vins secs ou demi-secs avec beaucoup d'arômes. Dans tous les départements, un ou plusieurs des cépages suivants a connu des augmentations de surface : Tămâioasă românească, Muscat Ottonel, Busuioacă de Bohotin etc. En continuation, les cépages non-internationaux et dans la plupart des cas, les cépages locaux sont préférés dans les départements à longue tradition viticoles, Iaşi et Vaslui.

References

[1] Ministère de l'Agriculture et du Développement Rurale (MADR) – *La Région de Développement de Nord-Est* http://www.mdrl.ro/_documente/regiuni/1.NE_ro.pdf
[2] OIRPOSDRU NORD-EST - *Plan de Développement Régional 2007-2013 Nord-Est* http://www.fsenordest.ro/Download/doc_prog/Planuldedezvoltareregionala-analizaecNE.pdf
[3] V. D. Cotea, *Vignobles et vins de Roumanie*, (2003)
[4] ONVPV, *Cahier des charges pour la production et la commercialisation du vin à dénomination d'origine contrôlée " Cotnari "* - http://www.onvpv.ro/sites/default/files/pdfs/caiet_de_sarcini_doc_cotnari_238ro_0.pdf
[5] ONVPV, *Cahier des charges pour la production et la commercialisation du vin à indication géographique « Les collines de la Moldavie »* - http://www.onvpv.ro/sites/default/files/pdfs/caiet_de_sarcini_ig_dealurile_moldovei_282ro.pdf
[6] *OIV, Base de données et statistique* http://www.oiv.int/fr/bases-de-donnees-et-statistiques/bases-de-donnees§bdd=Cepage
[7] C. Gilois, *Peut-on faire des grands vins dans les cépages internationaux ?*, 2016 http://voyagesvinsdumonde.20minutes-blogs.fr/archive/2016/02/26/cepages-internationaux-partie-1-de-2.html
[8] RÈGLEMENT (CE) No 1234/2007 DU CONSEIL http://eurlex.europa.eu/LexUriServ/LexUriServ.do?uri=CONSLEG:2007R1234:20100501:FR:PDF
[9] RÈGLEMENT (UE) No 1308/2013 DU PARLEMENT EUROPÉEN ET DU CONSEIL lex.europa.eu/LexUriServ/LexUriServ.do?uri=OJ:L:2013:347:0671:0854:fr:PDF
[10] Ministère de l'Agriculture et du Développement Rural - Programme National de Support de la Roumanie dans le secteur vitivinicole 2014 – 2018 http://www.madr.ro/horticultura/viticultura-vinificatie.html
[11] Ministère de l'Agriculture et du Développement Rural, *Le dépôt du Programme National de Support de la Roumanie dans le secteur vitivinicole 2014 – 2018*

The cycles of Argentine wine exports / Los ciclos de las exportaciones de vino argentinas

Juan Manuel Cerdá[1] and y Ricardo Hernández Duarte[2]

[1] Investigador del CONICET y del Centro de la Argentina Rural, Universidad Nacional de Quilmes, Argentina
[2] Becario CONICET y del Centro de la Argentina Rural, Universidad Nacional de Quilmes, Argentina

Resumen. Este trabajo explora los diferentes episodios por los cuales transitó la industria vinícola argentina durante el periodo 1980–2012, en el marco de la globalización del sector. En particular, se estudia la importancia que tuvieron algunos bodegueros en dicho proceso así como el efecto que tuvo el tipo de cambio y los mercados receptores del vino argentino en la expansión de las exportaciones en los últimos años. La hipótesis de este trabajo es que, a partir de los años 80, los bodegueros vieron en las exportaciones una salida a la crisis más importante que atravesó el sector en la Argentina. Esto implicó, necesariamente, una transformación del mismo para producir vinos de calidad que pudieran ser vendidos en el mercado internacional. Así, los bodegueros sumaron a una tradición vitivinícola centenaria nuevas prácticas y estrategias de desarrollo. Por otro lado, a lo largo de 30 años, diversas políticas macroeconómicas influyeron en la expansión del sector en general y en las exportaciones en particular. En síntesis, en este trabajo intentamos demostrar que el crecimiento de las exportaciones de vinos argentinos tuvo un camino sinuoso y diferente a lo que la bibliografía hasta el momento ha encontrado para los países exportadores del "nuevo mundo". El trabajo se basa en diferentes fuentes de información cuantitativas brindadas por el Instituto Nacional de Vitivinicultura (INV), en las estadísticas de la Bolsa de Comercio de Mendoza y la Organización Internacional de la Viña y el Vino (OIV), así como también en entrevistas recogidas en fuentes secundarias a informantes claves del sector.

Abstract. This paper analyses the different episodes that the Argentina wine industry transited between the years 1980 to 2012, within a context of globalization of the wine-grape industry. In particular, we study the significance that some winemakers had in the process and the effect of the exchange rate and recipients of Argentine wine in the expansion of exports in recent years. The hypothesis of this article is that, from the 80 s, the winemakers observed in exports as a solution to face their most important crisis. This required a transformation of the industry to produce quality wines that could be sold on the international market. Thus, winemakers added to a century-old winemaking tradition new practices and strategies. On the other hand, over 30 years, various macroeconomic policies affect the overall industry growth, especially in exports. On balance, in this paper we propose to show that the growth of exports of Argentine wine was a sinuous and different path to the literature has been found for the "new world" exporters countries. The data was obtained from Instituto Nancional de Vitivinícultura (INV), Bolsa de Comercio de Mendoza and International Organisation of Vine and Wine (OIV) as well as interviews collected on primary and secondary sources.

Résumé. Cet article explore les différents épisodes pour lesquels transitaient l'industrie du vin en Argentine pendant la période 1980–2012, dans le contexte de la mondialisation du secteur. En particulier, l'importance qu'ils avaient certains fabricants de vin dans ce processus et l'effet qui avait le taux et les bénéficiaires du marché du vin argentin échange dans l'expansion des exportations au cours des dernières années est étudiée. L'hypothèse de ce travail est que depuis les années 80, les exportations de vignerons ont vu un moyen de sortir de la plus grande crise que le secteur en Argentine. Cela implique nécessairement une transformation du secteur pour produire des vins de qualité qui pourraient être vendus sur le marché international. Ainsi, les vignerons ont rejoint une tradition viticole nouvelles pratiques centenaires et stratégies de développement. D'autre part, plus de 30 ans, différentes politiques macroéconomiques ont influencé le développement du secteur en général et les exportations en particulier. Bref, dans cet article, nous essayons de montrer que la croissance des exportations de vins argentins avait une façon sinueuse et différente de ce que la littérature jusqu'à présent été trouvée pour les pays exportateurs du « nouveau monde ». Le travail est basé sur différentes sources d'informations quantitatives fournies par l'Institut National de Viticulture (INV), les statistiques de la Bourse de Mendoza et l'Organisation Internationale de la Vigne et du Vin (OIV) ainsi que dans les interviews recueillies sur des sources secondaires à des informateurs clés du secteur.

DOI: 10.1051/bioconf/20160703005

1. Introducción

Desde los inicios de la década de 1990 el sector vitivinícola argentino se ha destacado por un crecimiento sostenido de sus exportaciones. En cierta medida, los estudios han hecho especial énfasis en que ello se debió a la entrada de capitales durante la "convertibilidad"[1] que permitió la incorporación de tecnología y la reconversión del sector. Sin embargo, los trabajos científicos no han explorado con suficiente cuidado otros tres factores fundamentales que influyeron sobre las ventas al exterior de vinos. En primer lugar, el cambio engendrado por los productores y las estrategias que éstos diseñaron en las décadas previas al despegue de las exportaciones; en segundo lugar, el papel que jugó el tipo de cambio y, en tercer lugar, el grado de concentración de los mercados y de las empresas exportadoras del sector vitivinícola. El objetivo de este trabajo es demostrar que el crecimiento exportador del sector ha estado asociado a la una conjunción de factores asociados que permiten entender de una manera más compleja su evolución, en un mercado caracterizado por la globalización y la elevada competencia internacional.

La Argentina es un país vitivinícola por historia y por volumen de producción, con importantes niveles de consumo *per cápita* y que ha comenzado a exportar recién en las últimas décadas. Esta característica lo diferencia de los "nuevos productores" de vino del mundo y explicaría, en parte, por qué el "gigante dormido" (así se la ha denominado por años a la vitivinicultura Argentina) aún tiene un potencial de crecimiento exportador significativo. Las exportaciones de vino se incrementaron entre 1990 y 2015 en 500% en términos de volumen y en 5.276% en términos de valor [1]. Asimismo, mientras que las exportaciones representaban el 2% de la producción total a comienzos de la década de 1990 en los últimos años aquella representa el 20% del total [2]. A pesar de este desarrollo espectacular la vitivinicultura argentina mantiene al mercado interno como el principal mercado, al menos en términos de volumen.

Si bien gran parte de la bibliografía ha puesto el acento en estas transformaciones, aquí intentaremos mostrar que la reconversión argentina tuvo origen un poco más atrás, por lo menos, a principios de la década de 1980 a partir de una reconversión silenciosa realizada por bodegueros y productores vitivinícolas.

En medio de la crisis más grande que afectó al sector durante toda la década de 1980 algunos bodegueros comenzaron un proceso de modernización que se prolonga hasta nuestros días. Como veremos, éstos fueron favorecidos por políticas económicas que permitieron, en primer lugar, la reconversión del sector en los años noventa y, en segundo lugar, la expansión de las exportaciones de forma significativa a partir de la devaluación de enero del 2002. Pero, nada de todo esto hubiese sido posible sin un cambio en la producción primaria que comenzó en la década de 1980, desarrollada por *entrepreneur* que visualizaron en la exportación una salida a la crisis. Para ello debían transformar su producto, convertirlo en un bien que sea atractivo para los consumidores internacionales y afrontar los riesgos de un mercado cada vez más competitivo. Este último elemento (el riesgo) es importante ya que como veremos las políticas del Estado argentino no tuvieron una clara definición de largo plazo que permitiera a los productores tomar decisiones en base a un horizonte de mediano plazo.

En general, se postula desde la teoría económica que hay una influencia positiva del tipo de cambio sobre las exportaciones de un bien transable como lo es el vino, ésta no parece tener la misma intensidad a lo largo del tiempo. Por el contrario, es posible identificar distintas etapas por las cuales tuvo que atravesar el sector y que, en algunos casos, las exportaciones crecieron a pesar de que el tipo de cambio no los beneficiaba y viceversa. A lo largo de los últimos 40 años, diversas políticas macroeconómicas influyeron en la expansión del sector en general y en las exportaciones en particular. Por lo tanto, parece haber cierto grado de independencia entre el tipo de cambio, los comportamientos de los empresarios y los cambios en la regulación del mismo, aspecto que pretendemos explicar.

En otro sentido, intentaremos mostrar cómo el proceso de concentración de los mercados de destino y de las empresas exportadoras también contribuye a entender las particularidades de la expansión del sector.

El presente trabajo tiene carácter analítico-descriptivo sobre desempeño de las exportaciones de los vinos argentinos, con el fin de captar aquellos factores que estarían explicando dicho proceso con una perspectiva histórica de largo plazo. En esta dirección, se analiza fundamentalmente tres factores: las transformaciones previas al crecimiento de las exportaciones y al origen de las mismas, la influencia del tipo de cambio y el nivel de concentración de los mercados y de las empresas. Asimismo, estos aspectos son indicadores básicos de comercio exterior que proporcionan información sobre una medida de dinamismo comercial [3]. Sin embargo, somos concientes que existen una multiplicidad de otras variables que podrían aportar a la discusión pero que exceden los objetivos de este trabajo, como por ejemplo son: las preferencias del consumidor, acuerdos comerciales, costos de transporte, impuestos al comercio, aumento de costos internos, entre otras.

En particular, se analiza la relación entre las exportaciones con el tipo de cambio como variable *proxy* de la competitividad de la economía en general y del sector en particular. Es por ello que aquí hemos decidido estudiar la evolución de las exportaciones [1] a la luz del Tipo de Cambio Real (TCR) a partir de la serie realizada por el Banco Central de la República Argentina (BCRA) [4]. También, se analiza la evolución y el cambio de la composición de las exportaciones de vino en términos de valor y volumen a lo largo del período en estudio. Por último, para medir el nivel de concentración de los mercados y de las empresas se utilizó en todos los casos es el Índice de Concentración (IC) [5].

El IC es un indicador básico de comercio exterior que mide el grado de participación de una muestra desagregada en porcentajes. Matemáticamente, es una proporción de un valor entero o decimal entre cero y uno, que puede ser expresado en porcentajes (Durán-Lima, 2008). Para medir el nivel de concentración de destinos de las exportaciones

[1] La Ley de Convertibilidad en Argentina (Ley N° 23.928) fue sancionada el 27 de marzo de 1991 por el Congreso de la República Argentina, durante el gobierno de Carlos Menem. Establecía a partir del 1 de abril de 1991 una relación cambiaria fija entre la moneda nacional y la estadounidense que duró hasta el 6 de enero del 2002. El objetivo central de dicha política, donde el tipo de cambio fue usado como ancla nominal de precios, era frenar los altos niveles de inflación que había soportado la economía argentina durante toda la década de 1980.

de vino está dado por la siguiente fórmula:

$$IC(n) = \sum_{n} \frac{X_i}{X_t} \tag{1}$$

donde:
n = cantidad de destinos
X_i = Exportaciones de vino al i-ésimo destino (en hl)
X_t = Exportaciones totales (en hl).

Para el caso de concentración de las empresas exportadoras la fórmula es la siguiente:

$$IC(n) = \sum\nolimits_{n} \frac{X_j}{X_t} \tag{2}$$

donde:
n = cantidad de empresas
X_j = Exportaciones de la j-ésima empresa (en hl)
X_t = Exportaciones totales (en hl).

En ambos casos, el IC está dividido en tres medidas el IC1, IC5 e IC10, los cuales miden el grado de concentración acumulado del principal, cinco y diez primeros destinos o empresas, respectivamente.

La construcción de las series de datos se han utilizados diversas fuentes, como son: los informes estadísticos anuales del Instituto Nacional de Vitivinicultura (INV), la información disponible en la página del Observatorio Vitivinícola Argentino (OVA) y del BCRA.

La delimitación temporal (1980–2015) se debe a dos factores fundamentales. Por un lado, en dicho período se presentan los principales cambios en el sector vitivinícola argentino como resultado de la inserción del sector al mercado mundial y las transformaciones internas que debió hacer para ello. Por otro lado, los estudios sobre el sector se han concentrado en el análisis de la década de 1990 identificándosela como el momento de la reconversión de la vitivinicultura argentina. Sin embargo, se ha obviado un análisis de largo plazo que incluya los años de la mayor crisis del sector en toda su historia –la década de 1980- y el desarrollo más reciente.

2. Los orígenes de la inserción de los vinos argentinos en el mercado mundial

Como ha sostenido Anderson et. al. (2001) [6] y Anderson (2004) [7], desde finales de los años '60 del siglo pasado se incorporaron al mercado mundial de vinos productores provenientes de países sin tradición vitivinícola: Estados Unidos, Chile, Nueva Zelanda, Australia o Sudáfrica. Estos "nuevos productores" han impulsado el aumento de las exportaciones de vinos dándole forma a un mercado mucho más dinámico y complejo en las últimas décadas. Pero, también, desde comienzos de la década de 1980, el mercado del vino se vio afectado por una caída del consumo a nivel mundial y, especialmente, de los habitantes de los países consumidores de Europa como son Francia, España o Italia. Estos dos procesos empujaron a los productores tradicionales de vino -llamados también del "viejo mundo"- a buscar nuevos mercados, como por ejemplo: Estados Unidos, Australia, Inglaterra o, más recientemente, China, lo que ha ampliado el intercambio, haciendo así aún más complejo el mercado que en el pasado.

En este marco, algunos trabajos recientes han analizado las diferentes estrategias que desarrollaron los bodegueros del "viejo mundo" con relación a los del "nuevo mundo" o del hemisferio sur ([8–10]). Según estos autores, la característica sobresaliente de los bodegueros de los "nuevos países" –entre los que incluyen a la Argentina-, es que fueron mucho más dinámicos y tuvieron un perfil orientado a la exportación mayor que los europeos. Sin embargo, a nuestro entender, la vitivinicultura argentina es un caso excepcional dentro de los productores calificados como del "nuevo mundo" debido a tres factores fundamentales: en primer lugar, a diferencia del resto de estos países, la producción vitivinícola en la Argentina tiene varios siglos de existencia [11, 12]. En segundo lugar, como se analizará más adelante, la exportación fue una alternativa a un modelo de desarrollo agotado basado en vinos de baja calidad orientado al mercado interno y no una estrategia productiva explícita orientada al comercio internacional. Por último, más allá del salto cualitativo y cuantitativo que experimentó el vino argentino en el mercado mundial en las últimas décadas, el mercado interno sigue siendo el pilar fundamental para el sector.

En este sentido, si bien el consumo de vino en la Argentina ha caído significativamente en las últimas cuatro décadas –pasando de 92 litros *per cápita* en 1970 [13] a 24 litros en 2015 [14]- el mercado interno representa aún hoy entre el 75% / 80% de la producción total [2]. Esto les permite a los bodegueros manejar alternativas comerciales y estrategias de desarrollo más allá de la producción de vinos para el mercado mundial. A nuestro entender, estos elementos son lo suficientemente importantes como para diferenciar a la vitivinicultura argentina del resto de los productores del "nuevo mundo".

Desde finales del siglo XIX y hasta finales de la década de 1970 la vitivinicultura argentina se había desarrollado exclusivamente basada en el mercado interno. Una producción destinada a un mercado consumidor masivo, con poca competitividad y con alta protección arancelaria, donde el sector realizaba su producto a partir de nociones más prácticas que "científicas", tanto en los aspectos enológicos como agronómicos. La desgravación impositiva de las décadas de 1960 y 1970 junto a un proceso especulativo por parte de algunos grupos económicos importantes potenció la sobreproducción de vinos comunes en el marco de un proceso de caída del consumo a escala nacional. Mientras que el consumo interno se desplomaba la superficie implantada no cesó de crecer a un promedio de 2% anual entre 1945 hasta 1978. Durante los trece años que duro la crisis (1977–1990) se perdieron aproximadamente 140.000 hectáreas de vides en todo el país, de las cuales 106.000 correspondieron a la provincia de Mendoza. Asimismo, la elaboración de vino disminuyo 9.183.886 *hl*, de los cuales 7.331.257 *hl* dejaron de ser producidos en dicha provincia. La crisis representó una caída de 40% tanto del área cultivada como de la producción de vino en tan solo una década [13]. La transformación del sector comenzó en este contexto, a partir de la acción individual de *entrepreneurs* que exploraron nuevos mercados como una alternativa a la crisis.

Esto requirió de investigación, transformación empresarial y desarrollos productivos y comerciales que fueron abriendo las puertas de los mercados internacionales

 DOI: 10.1051/bioconf/20160703005

a los vinos argentinos. En algunos casos fueron emprendimientos nuevos, en otros había experiencia y tradición familiar que sólo necesitaba *aggiornarse*, mientras que otros aprovecharon la tradición del vino argentino para apostar a su transformación. Pero todos tenían algo en común: importantes volúmenes de capital económico, social y cultural para invertir en un momento dominado por la incertidumbre. Así, la decisión de algunos bodegueros fue crucial. El rediseño organizacional de las firmas, la adopción de tecnología moderna – tanto en las bodegas como en el sector primario–, la importación de clones de diversos varietales, la ampliación de la frontera vitícola así como la incorporación del marketing para promocionar vinos en el exterior fueron partes constitutivas de este proceso de transformación vitivinícola. Esto fue acompañado por una política del INV que acompaño dicho proceso.[2] Las investigaciones sobre mercado internacionales buscando los países más adecuados para los vinos argentinos tienen antecedentes desde finales de los años 70.

Los volúmenes de exportación pasaron de 71.348 *hl* en el año 1980 a 445.536 *hl* en el año 1990 [1], lo que representaba tan sólo el 0,7% y 3,17% de la producción total [1,2], respectivamente. Si bien estos valores eran insignificantes, muestran que algunos productores comenzaron a ver a las exportaciones como una válvula de escape a la crisis. Se debe recordar que los vinos argentinos tenían una mala reputación y ello impedía la entrada a los mercados internacionales. Por lo tanto, no sólo se necesitó de un cambio en la calidad sino también de la reversión de dicha imagen.

Estos cambios se dieron en el marco de la crisis y como parte de un proceso de modernización. Esta nueva vitivinicultura se orientó en búsqueda de la calidad, basada en el perfil de los vinos varietales del nuevo mundo. Los conocimientos desarrollados en otras latitudes fueron adaptados a las necesidades y características locales y, en gran medida, esto fue hecho a partir de la sistematización y estudios realizados por los propios productores. Así, la utilización de clones, la maceración prefermentativa en frío, la fermentación maloláctica, la utilización de barricas -que reemplazaron o complementaron la utilización de las piletas de hormigón y toneles tradicionales-, el deshoje, el cambio en la conducción de las vides, el estudio sistemático del clima, el reconocimiento del *terroir*, el estrés hídrico y el *marketing*, pasaron a formar parte del discurso de la transformación vitivinícola, originando un cambio copernicano para el sector.

En efecto, durante la década 1980 se implantaron 19.000 hectáreas nuevas en todo el país, lo que representaba el 9% de las vides existentes en 1990, de las cuales más del 60% correspondieron a la provincia de Mendoza [15]. Esto indica que, más allá de la crisis, se dio una reconversión productiva importante en el sector vitícola que era fundamental para producir el cambio hacia la calidad [16].

Los bodegueros que optaron por la exportación debieron enfrentarse con la imagen negativa que tenía el vino argentino en el exterior y un consumidor mucho más exigente. La característica predominante de los vinos argentinos -alta graduación alcohólica y baja calidad

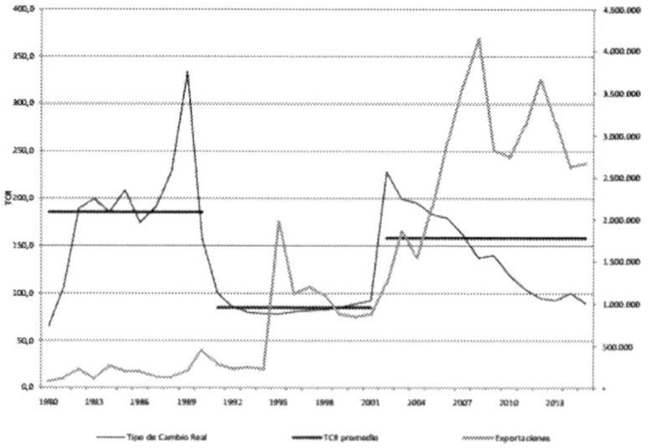

Gráfico 1. Evolución de las exportaciones de vinos argentinos (en *hl*) y del Tipo de Cambio Real (1991 = 100).

enológica-, hacía que su inserción en el mercado mundial sea muy difícil. El mercado norteamericano fue el elegido por los primeros exportadores, en general, no sólo porque se presentaba como el mercado más dinámico sino también porque se acercaba a las características del vino argentino: vinos jóvenes, más aromáticos y con poco paso por barrica.

A continuación, se analiza la evolución de las exportaciones, teniendo en cuenta el tipo de cambio real y el grado de concentración de las mismas.

3. Fortalecimiento y concentración de las exportaciones del vino argentino

3.1. Factores asociados a la dinámica exportadora

El proceso de expansión de las exportaciones vitivinícolas de los años 90 ha sido explicado, en general, por la modernización del sector y por el aumento de la competitividad asociado a un Tipo de Cambio Real (TCR) elevado. Por otro lado, también, la pérdida de competitividad, producto de una apreciación del TCR en los últimos años, ha sido el argumento más utilizado para explicar la desaceleración de las exportaciones. Sin embargo, deberíamos decir que estos son sólo dos aspectos que explican en parte dicho proceso.

Asimismo, debe considerarse que el ciclo productivo de la vitivinicultura dura un año y que las decisiones en términos de inversión no pueden ser medidas en función del corto plazo. A diferencia de otros productos primarios el costo de implantación de la vid es relativamente alto y el retorno de la inversión necesita de al menos cinco años.[3] Por otro lado, como ya fue señalado, el crecimiento de las exportaciones de vino comenzó tímidamente a finales de los años '80, registra un salto importante a mediados de los años '90, y se hizo mucho más dinámico a partir de la devaluación del año 2002 (gráfico 1).

En general, desde la teoría económica, se plantea que existe una relación positiva entre un tipo de cambio real elevado y las exportaciones netas [17]. Sin embargo, como se observa en el gráfico 1, a pesar de haber tenido un tipo de cambio elevado durante toda la década de 1980 las exportaciones de vino en esos años fueron

[2] El INV es un instituto público creado en 1959 con el fin de controlar y regular el sector.

[3] Esto se debe a que la vid comienza a producir recién a los tres o cuatro años de ser implantada y que sus resultados dependen en gran medida de las condiciones climáticas.

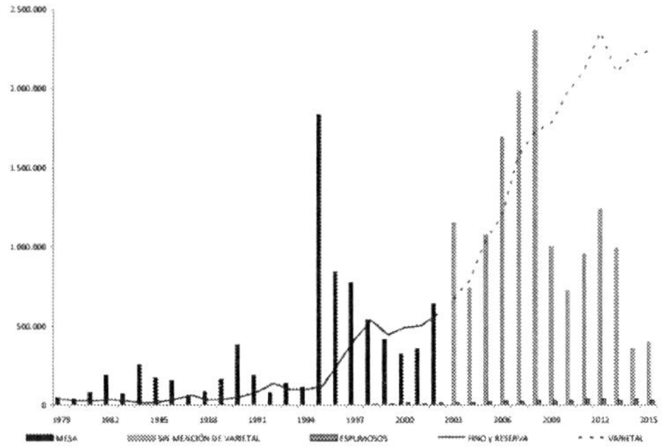

Gráfico 2. Evolución de las exportaciones según clase de vinos, en *hl*.

insignificantes. Esto se debió a la mala imagen (y calidad) que hacía poco probable su colocación en el mercado internacional. Esto comenzó a revertirse hacia final de la década y comienzos de la siguiente, aún antes de la implementación del tipo de cambio fijo en 1991. De hecho, durante los años 80, los volúmenes exportados se multiplicaron por seis y se triplicaron en términos de valores. Si bien parece poco con relación a lo que sucedió con posterioridad, podemos afirmar que marca el comienzo del proceso de exportación. Fue, entonces, durante estos años y el primer quinquenio de los noventa donde los nuevos vinos argentinos se insertaron en el mercado mundial y comenzaron, lentamente, a revertir su imagen negativa.

A partir de marzo de 1991, la apreciación de la moneda junto a la eliminación de los aranceles para la importación de bienes de capital y la caída del precio internacional del acero permitieron que gran parte del sector comenzara a importar bienes de capital destinados a modernizar las bodegas y los viñedos. Como lo han señalado Azpiazu y Basualdo (2000) [18], estas medidas favorecieron la importación de tanques de fermentación, levaduras, barricas y clones, y aceleró la entrada de capitales nacional y extranjero al sector vitivinícola. A su vez, una coyuntura particular -la sequía que afectó a la vitivinicultura española de 1995 produjo una demanda extraordinaria de los vinos argentinos que lo posicionó en un nivel superior a los registros históricos- explica el salto cuantitativo de las exportaciones en 1995. Más allá de esta coyuntura, las exportaciones se sostuvieron en torno al millón de hectolitros a lo largo de toda la segunda mitad de los años noventa. Este aumento benefició particularmente a los vinos de mesa (vinos "comunes") aunque, también, impulsó a los vinos finos y reserva, como analizaremos con mayor detalle en el próximo apartado (gráfico 2).

A lo largo de los casi once años que duró la convertibilidad (desde marzo de 1991 a diciembre de 2001) con un TCR muy bajo las exportaciones casi se triplicaron en términos de volumen y se multiplicaron casi por ocho en términos de valor. A partir de este momento los nuevos vinos argentinos empiezan a ser conocidos en el mundo, ya no sólo por los especialistas –que los comenzaron a premiar-, sino también por el consumidor casual que busca probar nuevos varietales. Sin embargo, la expansión más significativa de las exportaciones todavía estaba por producirse.

Como era de esperar, la devaluación de enero de 2002 tuvo efectos positivos sobre la vitivinicultura, al igual que resto de los bienes transables. A pesar de algunos primeros análisis pesimistas [19], el sector reaccionó de forma positiva y el mercado mundial mostró un creciente interés por el vino argentino. En menos de dos años, los volúmenes exportados se volvieron a duplicar y llegaron a su nivel máximo en 2008 (gráfico 1). O sea, en el período comprendido entre 2002 y 2008, las exportaciones crecieron de forma significativa, aumentado a una tasa anual de 19% en términos de volumen y de 25% en términos de valor. Sin embargo, el año 2008 parece haber marcado un techo en las exportaciones de vino argentino. A partir de 2009 los volúmenes exportables disminuyen y su tendencia aparece menos clara. Durante el período 2008–2015 las exportaciones cayeron 35% en volumen, pero crecieron 32% en términos de valor (gráfico 1 y cuadro 1).

La crisis internacional del 2008 y la caída de las ventas a Rusia parecerían ser las razones más importantes detrás de la caída de los volúmenes exportados. En este sentido, este país había sido el mayor destino de las ventas de vino desde el 2005 y cede su lugar a Estados Unidos quien llega a concentrar más del 40% de las exportaciones en el 2011, como veremos en el próximo apartado. Un hecho interesante a destacar es que, en medio de la crisis internacional, la caída en términos del volumen fue superada por un aumento en términos de valor. Esto indica que, en promedio, las exportaciones aumentaron crecieron en calidad durante este período aún con un tipo de cambio que siguió apreciándose, apenas por encima de la década de 1990.

En síntesis, en una perspectiva de largo plazo las exportaciones crecieron desde finales de la década de 1980; muy lentamente al comienzo pero, luego, con mayor intensidad a mediados de los años 90 y de forma espectacular desde la devaluación del 2002. Por lo tanto, las exportaciones han estado aumentando desde hace más de 30 años, tanto bajo en períodos de tipo de cambio apreciado -como en la convertibilidad o durante los últimos años-, o con un tipo de cambio alto como fue durante gran parte de la primera década del siglo XXI.

Con esto, no se pretende negar la incidencia que puede tener esta variable en algunos momentos específicos sino que se intenta matizar el poder explicativo de ésta sobre las ventas al exterior. Para entender mejor la evolución de las exportaciones analizaremos a continuación el perfil de vino y la composición de los mercados externos durante estos últimos treinta años, lo que influyó, en alguna medida, sobre la evolución de las exportaciones.

3.2. Cambios en la composición de las exportaciones y los nuevos mercados

Brevet et al. (2014) [20] señalan que en el año 2011 el 86% del volumen y el 76% del valor de las exportaciones de vino argentino fraccionado en botella correspondían al segmento Premium (USD FOB 14 – USD FOB 60) y que sólo el 2% del valor de las exportaciones se constituía de segmentos de valores inferiores. De la misma manera, estos autores indican la creciente presencia y notoriedad que ha alcanzado el malbec argentino en el mundo, posicionándose como el varietal insignia de la industria nacional. En efecto, la comercialización de vinos de calidad pasó a asumir un papel protagónico en las exportaciones de los últimos años, tanto en precio como en

Cuadro 1. Evolución de las exportaciones de vino.

	1990–2015	1990–2001	2001–2015	2001–2008	2008–2015
Volumen	500,38%	97,88%	203,41%	369,65%	−35, 40%
Valor	5276,50%	876,55%	450,56%	318,10%	31,68%

volumen. Debido al cambio en la clasificación de los vinos establecida por el Instituto Nacional de Vitivinicultura en el 2003 no es posible hacer un análisis comparativo de todo el período pero, a pesar de esto, es posible observar cómo la composición de las exportaciones ha ido cambiando en el tiempo.[4]

En el gráfico 2 se aprecia cómo los vinos "de mesa", en el contexto de bajos volúmenes de exportaciones totales, constituyeron dos tercios de los volúmenes exportados durante la década de 1980 y comienzos de 1990. Por su parte, los vinos denominados "finos y reserva" comenzaron lentamente a crecer desde inicios de los años 1990 pero recién pudieron igualar en volumen a los "vinos de mesa" en la segunda mitad de la década. En este sentido, sólo en el período 1999–2001 los vinos "finos y reservas" superaron en volumen a los vinos de mesa. Para el año 2000 la Argentina exportó 843.023 *hl* de los cuales el 58,4% eran de "finos y reserva" y 38,8% de vino de mesa, lo que estaría indicando un cambio en el perfil de los vinos argentinos exportados.

Si observamos la composición de las exportaciones en volumen a partir de la nueva denominación implementada en el año 2003, los vinos varietales representaron el 36,4% mientras que los no varietales 62,3% para dicho año, imponiéndose una tendencia durante toda la década hacia la preferencia de estos últimos. Estos llegaron a representar más del 80% de las exportaciones en los años 2014–2015, mientras que los vinos no varietales explican apenas entre el 10–15% de las mismas (gráfico 2).

Sin embargo, si se analizan las exportaciones en términos de valor (gráfico 3), se puede observar que si bien los vinos "de mesa" y los "no varietales" crecieron, lo hicieron a un nivel muy inferior al de los "vinos finos" y "varietales". Mientras que los vinos de mesa representaban el 45% del valor de las exportaciones en 1990, para el 2002 sólo lo hacían en 13%. Por su parte, los vinos no varietales que representaban el 25,5% del valor de las exportaciones en el 2003 redujeron su participación a tan sólo el 7% en el 2015. Por el contrario, las exportaciones de vino varietales han crecido de forma sostenida desde el 2003 hasta el 2015, sin registrar efecto alguno de la crisis internacional. Esto se explica por un aumento del valor promedio de estos vinos, lo que lleva a pensar que el aumento del precio

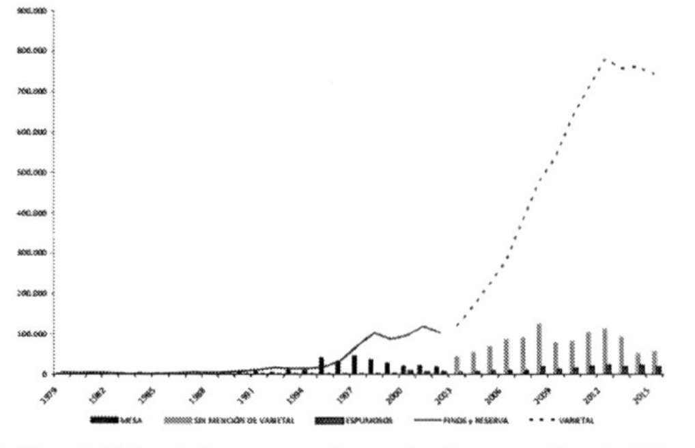

Gráfico 3. Valor de las exportaciones de vinos en miles de dólares corrientes.

unitario de los vinos exportados ha compensado la caída en los volúmenes.

Por último, si nos concentramos en la evolución de los últimos años, podremos observar que lo vinos no varietales tuvieron una retracción más notoria que los varietales a partir 2008, tanto en volumen como en valor. Esto permite afirmar que hay un cambio cualitativo en la composición de los vinos que la argentina exporta al exterior. Esto, en parte, parece estar asociado a los mercados de destino que, como veremos a continuación, se han concentrado en países donde la preferencia por el consumo de vinos varietales ha sido mayor en los últimos años, dejando atrás otros mercados como Rusia o China donde predominaban las exportaciones de vinos sin mención varietal.

En síntesis, como fue mencionado en el apartado anterior, el tipo de cambio ha tenido una importancia relativa –y no lineal- en la evolución de las exportaciones. En este sentido, parecería que el tipo de cambio tuvo una mayor incidencia sobre los no varietales que en los varietales, ya que éstos han podido mantener su posicionamiento en el mercado internacional. Sin embargo, hay otros factores que también explican el desarrollo del sector como, por ejemplo, los cambios impulsados por los productores, transformaciones en el conocimiento y su implementación práctica así como también cambios en los hábitos y gustos de los consumidores, aspecto que excede ampliamente este trabajo. A continuación veremos cómo fue la evolución de las exportaciones según el grado de su concentración (1).

Esta concentración en los mercados de destino está fortalecida por la entrada al mercado estadounidense. Mientras que en 1996 los vinos argentinos que llegaban al país del norte representaba el 4% del volumen de las exportaciones totales –ocupando la séptima posición como país destino de los vinos argentinos-, a partir del año 2004 se convirtió en el principal importador, representando el 15% del volumen total de las exportaciones, alcanzando su máxima participación en el 2012 con el 47% del total y en los últimos años está en torno del 40%. El resto de países que componen los cinco principales destinos (IC5) varían su participación año a año sin un patrón claro. En la última

[4] La resolución N° C12/2003 del INV determinó que a partir de la liberación al consumo de los vinos de la cosecha 2004 los vocablos "de mesa" y "fino" quedan sin validez para utilizarse como indicativos de calidad diferencial de los mismos, de esta manera, la denominación legal que rige en la identificación del producto es el término "vino" seguido de la característica cromática. Debido a lo anterior, la comparación de la producción y exportación según tipo de vinos en todo el periodo 1990–2012 se ve limitada. A pesar de la tendencia que se observa entre los vinos denominados "finos y reserva" con vinos identificados como "varietales" no es posible establecer que se esté hablando del mismo tipo de producto. Algo similar sucede entre los vinos denominados "de mesa" y los "no varietales".

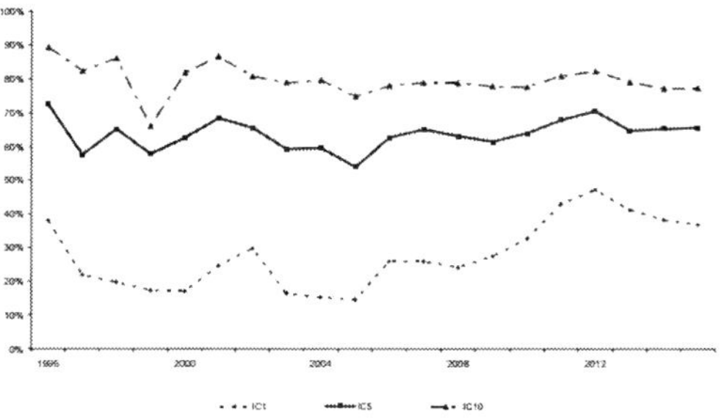

Gráfico 4. IC de exportaciones de vino.

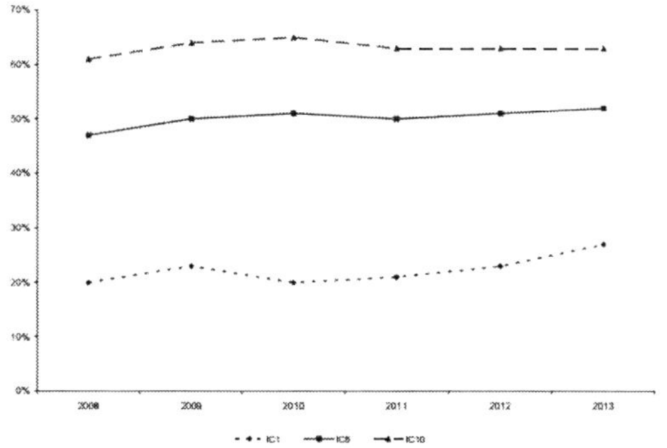

Gráfico 5. Evolución del IC de las empresas exportadoras de vino argentinos.

década, se han consolidado como destino Canadá, Rusia, Reino Unido y Paraguay, que para el 2012 representaban el 8%, 6%, 5% y 4%, respectivamente, del total del volumen de las exportaciones. Cabe agregar que, para el mismo año, el 82% de las exportaciones tenían como destino 10 países (IC10). O sea, se agregan a los anteriores: Brasil, Países Bajos, Japón, Dinamarca y Alemania, que con la participación de cada uno del 4%, 3%, 2%, 1%, 1% del total de las exportaciones de vino (INV, 1997, 2000, 2005, 2012). Esta evolución de las exportaciones hacia los mercados más competitivos confirma la existencia de un mayor acercamiento al gusto de los consumidores y permite suponer que ha sido la demanda de estos países los que ha sostenido las exportaciones de vinos varietales en contraposición a los no varietales en los últimos años.

Por otro lado, un proceso similar al de concentración de los mercados se observa a nivel de las empresas y/o grupos exportadores (2), tal como se muestra en el gráfico 5. La principal empresa y/o grupo exportador (IC1) pasó de concentrar el 20% del volumen de las exportaciones de vino en el año 2008 al 27% en el año 2013. Por su parte, 10 empresas (IC10) explican más del 60% de exportaciones totales de vino de la Argentina. En una agroindustria que contaba en dicho año con 950 bodegas podemos afirmar que las exportaciones estaban fuertemente concentradas en un número pequeño de grupos y/o empresas.

Cuando se analiza el IC empresaria sólo para el caso del principal destino –Estados Unidos-, se observa que si bien disminuyó la concentración en el IC1, aumentó de forma proporcional la participación de IC5 (gráfico 6). Esto estaría indicando una mayor participación de las cinco empresas exportadoras de vinos a los Estados Unidos,

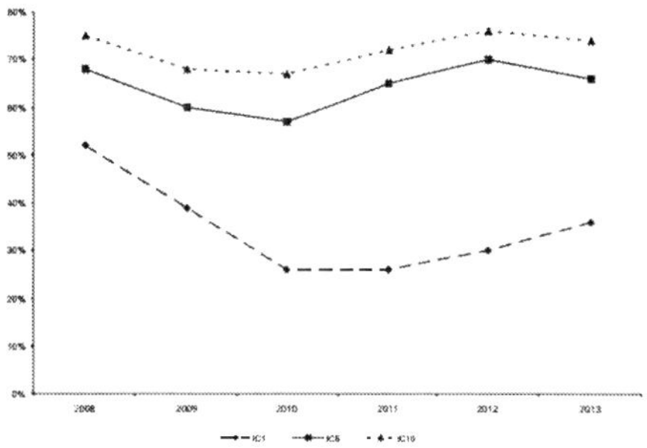

Gráfico 6. Evolución de la IC de las empresas exportadoras de vinos argentinos en los Estados Unidos.

aún cuando la primera sigue dominando el 30% de las exportaciones totales a dicho país. Esta preferencia (o concentración) de los exportadores por colocar sus vinos en el mercado estadounidense implica cierta dependencia que, en un contexto de crisis como fue la del 2008–2009, pudo haber tenido incidencia sobre el comercio exterior.

En síntesis, esto también estaría reforzando la idea que la apuesta al mercado norteamericano que comenzaron algunos exportadores a finales de los años 80 se ha intensificado en los últimos años, como fue el caso de la bodega Catena Zapata entre otras.

4. Conclusiones

El objetivo de este trabajo ha sido analizar el proceso de crecimiento de las exportaciones que se dio en forma de episodios en los últimos 35 años en la Argentina, intentando captar aquellos factores que estarían explicando dicho proceso. Se ha llegado a la conclusión que el aumento de las exportaciones fue el resultado de un proceso de causalidad múltiple y compleja. El primer "episodio" se dio con la reconversión productiva impulsada por algunos empresarios innovadores en el marco de la mayor crisis del sector en la década de 1980 en la Argentina y de la gran expansión de las exportaciones a nivel mundial.

El modelo desarrollado que sostuvo al sector vitivinícola argentino desde finales del siglo XIX hasta mediados de la década de 1970 se había basado en la producción de vinos comunes destinados a un mercado interno que estaba altamente protegido. La crisis de finales de los años '70 no sólo provocó la eliminación de 140.000 ha. de vides en todo el país sino que también fue el comienzo de un fuerte proceso de reconversión productiva. Algunos bodegueros optaron por la exportación como una salida a la crisis pero necesitaban transformarse y adaptarse a la demanda del mercado internacional para poder lograrlo. El bajo precio de los viñedos argentinos en términos internacionales en la década de 1980 y 1990 se planteó como una clara oportunidad para invertir, considerando que en el país se contaba con viñedos de alta calidad enológica, con capital cultura y social importante y con una infraestructura que, aunque desactualizada, permitiría proyectar cambios y sumarse al proceso de globalización de la vitivinicultura.

La estrategia de algunos productores fue sumar a su experiencia y tradición vitivinícola centenarias técnicas de producción y *marketing* adquiridas en el extranjero -en particular en los Estados Unidos-, y adaptarlas a las características y posibilidades locales. Para estos bodegueros las exportaciones de vino operaron como el horizonte que guio la reconversión del sector pero sin que ello se convierta en el principal destino de su producción. En cierta medida, esto fue producto de la mala imagen que tenía el vino argentino y la poca experiencia que tenían los bodegueros para exportar su producto, lo que no les permitió aprovechar plenamente la ventaja competitiva que el bajo valor real de la moneda vigente durante esta década generaba para los bienes transables. En síntesis, en la década de 1980, parecería que la decisión microeconómica de salir al mercado internacional fue una válvula de escape de la crisis, con el fin de revertir el ciclo más negativo que tuvo el sector en todo el siglo XX.

El segundo episodio, se corresponde con el período de la convertibilidad (1991–2001) donde se produjo una fuerte entrada de capitales al sector y un incremento de las exportaciones. Como se ha demostrado, una paradoja de este período es que aún con un TCR bajo las exportaciones crecieron y, en promedio, fueron más elevadas que las de la década anterior. Esto da por tierra la idea de que las exportaciones dependen exclusivamente del tipo de cambio y permite observar que las transformaciones previas comenzaron a dar sus resultados cambiando la imagen del vino argentino y, por lo tanto, generando una mayor demanda del mercado mundial.

Luego de la devaluación del 2002, la historia parece repetirse. Durante los primeros años luego de la salida de la convertibilidad el TCR fue alto (2002–2008) y las exportaciones de vino aumentaron de forma significativa. Luego de ello 2008–2015) el TCR comenzó a retrasarse y las exportaciones comenzaron un sendero de menos claro. Por un lado cayeron los volúmenes pero por otro lado se incrementaron las exportaciones en valor. Por tanto, no parece sería ser el tipo de cambio el único causante de dicho freno.

A nuestro entender, la crisis internacional del 2008 hizo que las exportaciones tuvieran un pequeño retroceso. Como hemos visto esto podría estar asociado a una fuerte concentración –por mercados y por empresas- de las exportaciones de vinos argentinos hacia el mercado estadounidense y la pérdida del mercado ruso. Los vinos varietales muestran una menor elasticidad frente a estos hechos lo que estaría indicando que los exportadores siguen apostando a mercados externos a pesar de la caída de la competitividad. Nuevamente, como durante la convertibilidad, parecería que los exportadores una vez que ganan mercados resisten retirarse de ellos debidos a los costos de entrada y al efecto reputación.

En síntesis, la dinámica exportadora de largo plazo sugiere que el tipo de cambio no alcanza para explicar por si sólo todo el proceso y que otros factores como la imagen, el tipo de producción o las estrategias microeconómicas impactan sobre las posibilidades de desarrollo del sector. La capacidad de imponer un producto específico como el vino en un mercado globalizado y tan competitivo implica un esfuerzo importante por parte de las empresas. De todas maneras, con niveles más estables y previsibles del tipo de cambio real debería esperarse que las condiciones mejoren para un sector que, por las características del cultivo y de la producción, requiere un horizonte más estable en el mediano y largo plazo.

Por último, no debemos olvidar que la vitivinicultura argentina sigue basada en un mercado interno que representa hoy el 70% del total de la producción. Esto le permite al sector no depender exclusivamente de las exportaciones y tener una red de contención que es el mercado interno -que sigue estando fuertemente protegido-, con niveles de consumo *per cápita* elevados en términos internacionales.

Referencias

[1] INV, *Anuarios de exportaciones años 1990–2015*, `http://www.inv.gov.ar/index.php/men-estadisticas/men-estadisticas-vitivinicolas/16-cat-estadisticas/63-est-menu-anual-exporta`, acceso en: feb. 2016

[2] INV, *Síntesis básica de estadísticas vitivinícolas argentinas. Años 1993-2015*, `http://www.inv.gov.ar/inv_contenidos/pdf/estadisticas/tespeciales/2016/SINTESIS_B%C3%80SICA_1993_-_2015.pdf`, acceso en: feb. 2016

[3] J. Durán-Lima, *Indicadores de comercio exterior y política comercial: generalidades metodológicas e indicadores básicos* (CEPAL, Santiago de Chile, 2008)

[4] BCRA, *Estadísticas: ITCRM*, `http://www.bcra.gov.ar/PublicacionesEstadisticas/Indice_tipo_cambio_real_multilateral.asp`, acceso en: abril 2016

[5] OVA. *Dinamismo comercial: una medida de diversificación/concentración de mercados y actores*, `http://www.observatoriova.com/informes/dinamismo.html`, acceso en: feb. 2016

[6] K. Anderson, D. Norman, and G. Wittwer, CIES, 0143 (2001)

[7] K. Anderson, *The World's Wine Markets. Globalization at work* (Edward Elgar, Cheltenham, 2004)

[8] K. Anderson y S. Nelgen, *Global wine markets, 1961 to 2009: a statistical compendium* (Adelaide, 2011)

[9] J. Martínez Carrión y F. Medina Albaladejo, SEHA, **12**-03 (2012)

[10] F. Medina Albaladejo, J. Martínez Carrión y J. Ramon-Muñoz, Am. Lat. Hist. Econ., **21**, 2 (2014)

[11] P. Lacoste, *El vino del inmigrante. Los inmigrantes europeos y la industria vitivinícola argentina: su incidencia en la incorporación, difusión y estandarización del uso de topónimos europeos 1852-1980* (CEM, Mendoza, 2003)

[12] P. Lacoste, *Mendoza, Cultura y economía*, (Caviar Bleu, Mendoza, pág. 57-114, 2004)

[13] OVA, *Datos y estadísticas de superficie, cosecha y elaboración de vinos de Argentina, con aperturas para Mendoza y San Juan. Evolución desde 1960 hasta 2001*, `http://observatoriova.bolsamza.com.ar/BOE/OpenDocument/1203201241/OpenDocument/opendoc/openDocument.jsp`, acceso en: feb. 2016

[14] Instituto Nacional de Vitivinicultura, *Salidas de vino autorizadas para consumo interno*, `http://www.inv.gov.ar/inv_contenidos/pdf/estadisticas/anuarios/2015/Cuadros_salidas_definitivas_2015.pdf`, Acceso en: feb. 2016

[15] INV, V Censo Vitícola Nacional, Mendoza (1990)

[16] J. M. Cerdá y R. J. Hernández-Duarte, *Sujetos sociales del agro argentino. Configuraciones históricas*

DOI: 10.1051/bioconf/20160703005

y procesos de cambio (Prohistoria, Rosario, pág. 249-271, 2013)
[17] R. Frenkel, Rev. Econ. Pol. BA, **3 y 4**, (2008)
[18] D. Aspiazu y E. Basualdo, *El complejo vitivinícola argentino en los noventa: Potencialidades y restricciones* (CEPAL, Buenos Aires, 2000)
[19] D. Aspiazu y E. Basualdo, *Terceras Jornadas de Estudios Agrarios y Agroindustriales*, (Buenos Aires, 2003)
[20] X. Brevet; J. E. Orrego and A. Gennari, AAWE, 166 (2014)

DOI: 10.1051/bioconf/20160703006

Organic wine production in Brazil: Challenges and limitations / La production de vin biologique au Brésil – défis et limitations

Marcos -Vinícius Araujo[a], Kelly Lissandra Bruch, et Daniela Callegaro de Menezes

Centre of Studies and Researches in Agribusiness – Federal University of Rio Grande do Sul, Av. Bento Gonçalves, 7712 Porto Alegre, RS, Brazil

Abstract. From the consumer pressure to healthier and sustainable food, and the search for quality of life, companies in various activities have reinvented to meet this demand. Organic products that have features to meet this trend, also took their place in the Brazilian wine industry, that is entered in this field to stay competitive. On the other hand, they found limiting factors that inhibiting the growth in supply of this product. In this perspective, the objective of this study is to describe and analyze what are the limiting factors for organic wine production in Brazil. To this end, an exploratory research was conducted from in-depth interviews, secondary data and direct observation. The collected data were crossed between companies and theory. The results are presented in the following chain of organic wine, based on primary resources - production - distribution - marketing and stakeholders. For conclusion, it is notable that wineries holding a major concern to maintain the certification, but the biggest challenge is to produce goodorganic grapes. On the other hand, it still requires marketing efforts, so that the product value can reach the end consumer

Résumé. A partir des pressions des consommateurs à des aliments plus sains et durables, ainsi que la recherche pour la qualité de vie, des entreprises de diverses activités se sont réinventées pour répondre à cette demande. Les produits biologiques, qui ont des caractéristiques pour répondre à cette tendance, ont pris leur place également dans le secteur vinicole brésilien, qu'est entré dans ce domaine pour rester compétitif. Par contre, ils ont trouvé des facteurs limitatifs qu'inhibent la croissance de l'offre de ce produit. Dans cette perspective, l'objectif de cette étude est de décrire et analyser quels sont ces facteurs limitatifs pour la production de vin biologique au Brésil. À cette fin, une recherche exploratoire a été menée à partir d'entretiens approfondis, des données secondaires et l'observation directe. Les données récoltées ont été croisées entre les entreprises et la théorie. Les résultats sont présentés en suivant la chaîne du vin biologique, basé sur les ressources primaires - fabrication - distribution – marketing et les parties prenantes. Par conclusion, il est notable que les établissements vinicoles maintien une préoccupation majeure pour maintenir la certification, mais que le défi le plus grand est de produire de bons raisins biologiques. D'autre côté, il faut encore des efforts marketing, de sorte que la valeur du produit puisse atteindre le consommateur final.

1. Introduction

Les consommateurs sont de plus en plus préoccupés par la qualité des aliments consommés, l'origine, les matières premières utilisées ainsi que leurs impacts environnementaux et sociaux. Dans ce contexte, les entreprises se tournent vers une production plus durable afin de minimiser ces impacts.

Ce changement est vu dans la prédisposition du consommateur pour des aliments durables, sains, non-artificiels ainsi que sur des aspects visuels [1]. Cette conscience sur l'environnement génère une pression du consommateur vers les attitudes des entreprises. Le consommateur qui est toujours plus exigeant et conscient de l'impact de ses actions, adoptent un mode de consommation plus responsable, car ils portent de plus en plus d'informations qui vont collaborer dans la réflexion sur les problématiques sociales et environnementales [2], ces changements sont nommés de politisation de la consommation [3].

En réponse à cela, les produits biologiques ont des caractéristiques qui satisfont cette tendance mondiale, vu leurs valeurs sociales et environnementales. Dans cette optique, les établissements vinicoles brésiliens ont aperçus cette conduction du marché vers la consommation durable et s'est adapté pour fournir des produit pour y répondre. De cette façon, les entreprises se sont approprié de cette forme de production pour en rester compétitif.

L'État de Rio Grande do Sul, dans la Région Sud du Brésil, est le principal producteur brésilien de raisins, principalement la « Serra Gaúcha » [4], en 2003 cela représentait 93 % de toute la production brésilienne [5]. C'est la région * pionnière dans la production de raisin biologique pour la production de vin, en 1997 [6].

Le premier producteur de raisin biologique pour la production de vin a débuté dans ce domaine à cause de ses inquiétudes * environnementales, vu qu'aujourd'hui ils utilisent encore beaucoup de produits chimiques pour la production de raisin, à cause des problèmes climatiques et d'humidité de la région, que ne sont pas si favorables à production de raisin.

Par la suite, d'autres vignobles ont ressentis aussi la pression des consommateurs pour des aliments plus sains,

[a] Auteur de Correspondance : `araujomacros@gmail.com`

plus durables et les actions visant le bien-être et la qualité de vie, ce qui obligeât différentes entreprises à prendre en compte cette demande de plus en plus forte.

Toutefois, certains établissements ont trouvé des facteurs limitant qui inhibent la croissance de l'offre de vin biologique. Dans cette perspective, l'objectif de cette étude est de décrire et d'analyser quels sont ces facteurs limitant pour la production du vin biologique par les secteurs vinicoles brésilien.

1.1. La production biologique

La production biologique des aliments représentent pour les consommateurs un moment de dégustation plaisant et agréable [7]. D'autres attributs présentés par Lee et Yun [7] sont qu'ils trouvent des caractéristiques sensorielles, une valeur nutritive, un bien-être écologique, ainsi que la valeur de la crédibilité de ces produits. La demande croissante pour des produits biologiques sont données par l'inquiétude du consommateur et aussi l'offre du produit dans le marché et par la disponibilité dans les magasins [8].

Alors que pour être considéré biologique, il faut que le produit suive une réglementation, de manières qu'au Brésil est considéré biologique les produit dont la production respecte les ressources naturelles et socio-économiques en considérant l'intégrité culturelle des communautés rurales, utilisant des méthodes culturelles, manque un mot ici biologique en opposition aux produits synthétiques (agrochimie et produit phytosanitaire) et les organismes génétiquement modifiés, quel que soit le niveau du processus de production, de traitement, de stockage, ou de distribution et commercialisation [9].

De ce point de vue, pour être un produit biologique, il faut re-penser toute la filière productive, pour Porter (1989) y compris par toutes les activités qu'ajoutent de la valeur au produit. D'un autre côté, ceci comprend aussi une filière pour les matières premières, les fournisseurs, la fabrication (traitement), la distribution, commercialisation (points de ventes) et les consommateurs [11]. En effet, pour analyser les défis et les limitations dans la production biologique de vin au Brésil, on va utiliser l'ordre suivant : matières premières et fournisseurs – processus de production – distribution et commercialisation – consommation.

2. Matériel et méthode

Pour répondre à cet objectif, une enquête exploratoire a été menée à partir d'entretiens approfondis, de données secondaires et d'observations directes. Les critères de sélection des établissements vinicoles étaient : (1) être certifiés par l'audit, en suivant la loi de l'agriculture biologique brésilienne ; et (2) produire du vin et du jus de raisin biologique. D'après ces critères, le premier établissement vinicole qui a produit du vin biologique au Brésil a été pris en compte, pour illustrer la difficulté de la production de vin à partir de raisin vitis vinifera, les raisons qui ont faits qu'il a arrêté la production de vin biologique. L'analyse portera sur l'ensemble des données collecté dans les entreprises, pour ne pas les identifier.

Les données collectées dans les établissements vinicoles ont été analysées à la lumière de la théorie des chaînes (filières), par l'analyse de contenu simple, en croisant les données collectées entre répondants et la théorie de base. Les résultats sont présentés en suivant la chaîne du vin biologique, basé sur les ressources primaires – la fabrication – la distribution – la commercialisation et les parties prenantes.

2.1. L'échantillon de recherche

Cinq entreprises ont été interviewées, les trois premières entre mai et juillet 2015, et les deux dernières en août 2016. Par ordre de visite et d'interview, l'entreprise 1 est une cave à vin fin située à Caxias do Sul – RS, elle était la première à cultiver des raisins biologiques au Brésil, ils ont arrêté d'être certifié en 2007.

L'entreprise 2 est une Coopérative Vinicole situé à Bento Gonçalves-RS, elle a une gamme complète de produit et produisait du vin de table et du jus de raisin biologique, mais elle vient d'arrêter la commercialisation de produit biologique dans ce portefeuille.

L'entreprise 3 est aussi une Coopérative Vinicole, située à Garibaldi-RS et elle a une gamme complète des produits dérivés du raisin. Elle a été la première productrice de vin de table et jus de raisin biologique - 2001. Elle est aujourd'hui la plus grande productrice vinicole du Brésil.

L'entreprise 4 est un petit établissement vinicole situé à Bento Gonçalves-RS, il commercialise ses produits dans les grands réseaux de distribution au Brésil, il ne produit pas une gamme complète (vin fin et de table, rouge et blanc) mais leur production est concentrée dans le jus de raisin biologique ainsi que conventionnel.

L'entreprise 5 est un grand établissement vinicole situé à São Marcos-RS. Il a une gamme complète de produit et a été le premier vignoble à produire du jus de raisin « fortifié» c'est-à-dire, un produit plus riche en fibres alimentaires pensé pour un public plus exigent sur la qualité alimentaire.

3. Résultats

Au-delà des questions environnementales, les motivations de l'établissement 1 pour commencer à produire du vin biologique, après quelques années, d'autres vignobles ont vu les produits biologiques comme une opportunité de marché et ont profité de leurs structures productives pour produire du vin biologique, toutefois de vin de table, fabriqué à partir de raisins de cépages américains.

Toutefois, l'établissement 1 a décidé en 2007 d'abandonner la certification biologique, cependant il a continué à suivre une production « naturel » nom qu'il a donnée à la production biologique sans la certification. Pour autant, il a trouvé beaucoup de difficultés dans le processus, comme le prix de la certification biologique et l'acceptation du marché au prix du vin en comparaison des autres produits de la boutique.

En tout cas, d'autres établissement ont aussi commencé à produire du raisin biologique, initialement pour la production du vin, ensuite plus fortement pour la production de jus de raisin biologique, car les cépages américains, comme l'isabelle, a une qualité gustative très appréciée pour le jus. Tous les établissements ont relaté des difficultés dans le processus, ce qu'a fait qu'ils se concentraient leur production dans le jus et aussi repenser la façon de produire. Dans ce contexte-là, l'analyse se portera sur les étapes de la chaine productive.

3.1. Motivations

Un élément important pour analyser les défis de la production du vin biologique dans au Brésil, ce sont les motivations, suivie de la tendance pour des produits durables, qu'est aperçu l'intensification à la fin du siècle dénier [12].

Cette tendance a été aperçue par les établissements, sauf l'établissement 1 et le 3 qu'ont eu des motivations internes, comme la décision de la direction et dans le cas 3, la pression de la part des producteurs de raisin, associés à la coopérative, qui ont décidé de migrer leur production vers le système biologique, ce qu'a forcé la coopérative à traiter ces raisins.

Certains établissements vinicoles ont suivies par cette tendance mondiale à la recherche de produits sains et à faible impact pour l'environnement [13]. L'établissement 4 et 5 ont adopté cette positionnement. L'établissement 4 rapporte qu'aujourd'hui ses produits, même les conventionnelles, sont généralement considérés comme durable par les consommateurs qui visitent l'entreprise, à cause de son positionnement vers la production biologique.

D'autre part, l'établissement 5 a adopté d'autres produits sains, au-delà des habitudes dans le processus d'autres produits qui répondent à cette perspective, comme les aliments fonctionnels. L'établissement 2, a cherché à répondre que la demande et compléter sa gamme de produit, cependant, vu l'absence de perception de la valeur sur ce produit, cela l'a fait arrêter d'y commercialiser, étant donné qu'ils ne produisaient plus de vin biologique en interne dans l'entreprise, le produit était fabriqué par un tiers et commercialisée avec son étiquette.

3.2. Ressources primaires et fournisseurs

Cela a été l'étape qu'ils ont eue la plus grande difficulté et celle que présente plus limitations à la production. La région de la « Serra Gaucha », où est situé les établissements étudiés, en dépit d'être la plus grande productrice brésilienne de raisin pour traitement-industrialisation, y a encore de difficulté à produire cela. Les producteurs de cette région ont encore besoin de l'utilisation intensif de produits agrochimiques. Cela a été rapporté par tous les établissements vinicoles, étant donnée l'établissement 4 présente les nouvelles frontières vinicoles du pays comme l'alternative, comme la région de la « Campanha Gaúcha, » à l'État de Rio Grande do Sul.

Les établissements montrent que les facteurs climatiques de la région sont les plus difficiles, tels que l'humidité, de fortes pluies, le gelés et la grêle. Ils montrent que ces facteurs limitent la production, principalement en ce qui concerne la production de raisins du type vitis vinifera.

Toutefois, l'établissement 1, qui fabriquait du vin fin biologique, produisait leur raisin dans la région de la « Campanha Gaúcha ». Dans cet établissement la production de raisin n'était pas un facteur limitant, alliant à la rencontre de cela que l'établissement a rapporté, que la région de la « Campanha Gaúcha » a un bon terroir pour le vin fin biologique.

Pour l'établissement 1, les ressources financières ont été la principale limitation, puisque l'investissement dans l'usine a été élevée, ainsi que le prix de la certification, car au moment de l'audit était nécessaire de prélever des échantillons vers des laboratoires d'ailleurs, ce qu'a augmenté le coût final du produit, au-delà de la valeur aperçue.

Les établissements 2, 3 e 5 ont dû former son assistance technique pour être en mesure de se rencontrer et apprendre à leurs fournisseurs pour produire les vignes biologiques et ont eu comme limitant la confiance dans les producteurs de raisins qui ont eu besoin d'être constamment surveillé, car il a encore des difficultés, par les restrictions que la production biologique présente.

Les établissements 2, 3, 4 et 5 montrent que l'organisme de contrôle et certification contribue à remédier à cette difficulté. D'autres institutions apportent également des contributions à la production et commercialisation, comme EMATER (Entreprise d'assistance technique et de développement rural de Rio Grande do Sul), qu'a donné l'assistance dans la conversion à la production biologique à l'établissement 1, SEBRAE (Service brésilien d'appui aux micro entreprises) qu'a donné de cours à l'établissement 4 pour gérer mieux la commercialisation de produits biologiques.

A l'EMBRAPA (Entreprise brésilienne de recherche agricole) a été citée par tous les établissements, elle développe des recherches des cépages plus résistantes, des techniques pour développer cette production et encore d'essais au champ dans les nouvelles frontières.

Les établissements 1, 2, 3 et 4 montrent la situation sanitaire des matières premières dont la grande limitation, puisque le facteur climatique et la non-utilisation de produits agrochimiques provoquent la pourriture dans les raisins, aussi que la situation sanitaire compromise par d'autres facteurs. Le risque encouru fait que de nombreux fournisseurs abandonnent la production de raisins biologiques.

3.3. Fabrication

Dans la fabrication, seulement l'établissement 1 a montré les limitations. En ayant une petite usine de production, il a fallu adapter les réservoirs et aussi l'usine. Cependant, les autres vignobles ont signalé que leur structure pour la production conventionnelle était déjà consolidée, cela a facilité ce processus.

Pour eux, lorsque les raisins arrivent, seulement ils doivent être traités dans différents moments que les conventionnelles. Typiquement, les raisins biologiques sont reçus et traités au début de la matinée, pour ensuite traiter les conventionnelles, pour n'avoir aucun contact entre eux autant que risques de contamination.

N'étant pas un facteur limitant, mais les soins nécessaires. Il est nécessaire de stocker et séparer le produit dans l'usine, outre d'identifier les produits et aussi garder l'équipement aseptisé, qui est une exigence sanitaire pour tous les produits.

Les difficultés dans la formation et le partage de l'industrie entre conventionnelle et biologique, ont fait l'établissement 2 à arrêter de produire, puisque l'attention n'est pas la production biologique.

3.4. Commercialisation, distribuition et consommation

Tous les établissements ont montré que le produit biologique est très important pour leur marque institutionnelle. En commençant par le vin, bien que ne sont pas négociés dans les grands réseaux, les produits font partie du portefeuille de la société, ainsi que leurs positionnements. L'établissement 1, au-delà d'arrêter de produire et commercialiser les produits biologiques, montre toujours son souci de l'environnement dans la production de conventionnelle.

L'établissement 2, lors qu'il s'est rendu compte que les produits biologiques n'étaient pas l'objet de la société et aussi à cause des difficultés, il s'est concentré sur les produits conventionnelles, en laissant cette année la commercialisation des biologique.

Les établissements, sauf le 1, disent que le produit a encore peu d'importance sur le marché, car le type de vin biologique produit par eux est un produit peu apprécié dans le reste du pays, car le Brésil n'est pas assez un consommateur traditionnel de vin, donc les consommateurs cherchent par la qualité du produit [14].

Les établissements 3, 4 et 5 montrent que le vin représente très peu de leurs revenus, ils le produisent pour avoir dans le portefeuille de produits et satisfaire le marché régional, puisque le but de la production biologique se concentre sur la production biologique de jus de raisin, qui est commercialisé dans tout le Brésil.

La distribution n'est pas un facteur limitant, puisque les produits après être emballés, doivent qu'être suivi et contrôlés, en suivant les mêmes procédures de distributions conventionnelles, même pas d'empaquetage et des moyens de transport différent ou qui s'approche à la durabilité. Le prix est la limitation la plus visible dans la commercialisation, ce qui, en raison des difficultés rencontrées dans la production de raisins biologiques, conduit à une augmentation significative du prix par rapport au produit conventionnel.

En outre, selon la loi 10.831, qui régit la production biologique au Brésil [9], les produits doivent être exposés dans des endroits spécifiques et marqués, ce qui n'arrive pas toujours dans les supermarchés, qui sont également à proximité des conventionnelles, ce qui peut conduire les consommateurs à confusion.

La limitation majeure à cet égard est de fournir des vins fins aux consommateurs, en plus d'établissements vinicoles se concentrent sur la production de jus de raisin. Selon les établissements vinicoles, les consommateurs ne savent toujours pas le sens réel du produit, l'amenant à ne pas payer plus pour cela.

3.5. Partie prenante et l'avenir

Les parties prenantes sont des importants facteurs pour l'avenir de la production de vin biologique au Brésil. Les principaux parties prenantes cité par les établissements vinicoles étaient EMBRAPA, qui cherche des nouvelles façons de produire les raisins biologiques au Brésil, encore pour développer des variétés (*cultivars*) résistantes au climat. Cité par l'établissement 4, le SEBRAE a aussi eu un rôle important, principalement dans le processus de commercialisation.

En ce qui concerne à la commercialisation et l'organisation du secteur, ainsi que dans la production conventionnelle, l'IBRAVIN (Institut brésilien du vin et de la vigne) a un rôle important dans l'avenir et est une partie prenante importante, puisqu'ils ont commencé avec des campagnes publicitaires et actions marketing pour promouvoir le vin brésilien et le jus, mais c'est visible que manque des efforts pour les produits biologiques, puisque les établissements ont reporté que dans le système de contrôle de la production vinicole brésilien, où se déclare toute la production nationale de vin et jus de raisin, il n'y a pas une séparation entre les produits conventionnel et celui biologique.

Les établissements ont montré qu'elles ont été mieux vues par la communauté à cause de la production biologique, à cause des avantages environnementales et sociales que la production biologique apporte.

Quant à la production future, beaucoup d'établissements se sont déjà positionné pour production de jus de raisin biologique, car les cépages cultivés aujourd'hui ont de bonnes caractéristiques gustatives au jus. D'autre part, l'établissement 4 a rapporté que, donnée les caractéristiques de la région de la « Campanha Gaúcha », ce serait une alternative à la Région de la « Serra Gaucha » pour la production de raisins de la variété vitis vinifera et dans l'avenir, les établissements tend à produire d'autres produits vinicoles biologique.

L'établissement 5 a également signalé qu'envisage augmenter leurs produits biologiques offerts par l'eux, comme il l'a déjà intégré dans ses propres produits sous-traités du point de vente.

L'établissement 1 a arrêté de certifier en raison du coût. L'établissement 2 n'ayant plus de production de vin biologique depuis quelque temps, commercialisait avec son étiquette, le produit était sous-traité d'autre producteur de la région. Celui-là a continué uniquement avec du jus de raisin biologique, qui a également retiré son portefeuille de produits aussi que le vin de table biologique.

Cependant, les établissements vinicoles croient qu'ils devraient y envisager des alternatives pour produire de tels produits, puisque la tendance de la consommation des produits biologiques augmente de plus en plus, selon eux, mais des difficultés, en particulier dans la production de raisins biologiques, doivent être pris en compte.

4. Discussion

Il est notable que les établissements sont devant à une difficulté d'un climat favorable à la production de raisins. Cela est déjà une question en recherche d'alternatives non seulement par l'EMBRAPA, mais aussi par d'autres établissements vinicoles qui ont migré vers les régions moins humides avec moins de problèmes climatiques, comme la région de la « Campanha Gaúcha».

D'autres régions pourraient également présenter des solutions possibles aux limitations actuelles, il est nécessaire de connaître la culture, en tant que régions sèches, comme la région centrale du Brésil, qui a un climat sec, mais par contre chaud. Un autre point qui a été trouvé comme solution aux vignobles, est de produire du vin de table biologique (variétés américaine) pour la région sud du Brésil, qui valorise le produit et le jus de raisin biologique à grande échelle (national), vu que le jus de raisin est très apprécié, même que dans certains cas les consommateurs ne parviennent pas à différer les significations entre celui conventionnel et biologique [14].

De toute façon, il est possible de conclure que même ayant une préoccupation de s'adapter à la certification, d'avoir de raisin de qualité et aussi de fournisseurs, il y a encore des efforts de marketing, de sorte que la valeur du produit atteint le consommateur final, car les vignobles reportent qu'il ne les faut plus d'effort pour faire que le produit soit connu et valorisé par le consommateur.

Ainsi, les vignobles pourraient inclure de nouvelles solutions qui ajoutent plus de valeur au produit, tel que la distribution et la commercialisation, l'utilisation des ressources renouvelables, les approches de marketing pour mieux transmettre cette valeur au consommateur final et des parties prenantes. De cette façon, la valeur agrée dans le système de valeur serait plutôt pour toute l'image de l'entreprise, comme une valeur de durabilité.

De plus, il est possible d'identifier que le produit apporte une valeur ajoutée à d'autres produits et qu'il faut encore des efforts pour trouver des nouvelles technologies pour la production de variétés vitis vinifera, puisque, jusqu'au présent, les vins biologiques sont produits qu'à partir de variétés américaines.

Enfin, il est possible de noter l'importance des institutions comme le SEBRAE, l'EMBRAPA et l'IBRAVIN pour le développement et l'avenir de cette production, autant que l'importance du jus de raisin dans cette chaine productive, qui a démontré un agrandissement de la production et de la demande de la part du consommateur. Ces défis ont fait que les établissements concentrent leurs productions dans le jus.

Références

[1] MINTEL, "Global Food & Drink Trends 2016," 2015

[2] E. Ulusoy, "Experiential responsible consumption," *J. Bus. Res.*, vol. 69, pp. 284–297, 2016

[3] F. PORTILHO, *Sustentabilidade ambiental, consumo e cidadania*, 1st ed. São Paulo: Cortez, 2005

[4] J. C. Nachtigal, M. Botton, H. P. dos Santos, L. da R. Garrido, F. Hillebrand, G. Onsi, and V. Bellé, "Recomendações para produção de uvas de mesa em cultivo protegido na região da Serra Gaúcha," *Documentos*. Embrapa Uva e Vinho, Bento Gonçalves, p. 29, 2010

[5] L. M. R. de Mello and J. F. da S. Protas, "Uvas Viníferas para Processamento em Regiões de Clima Temperado," *Sistema de Produção, 4*, 2003. [Online]. Available: `https://sistemasdeproducao.cnptia.embrapa.br/FontesHTML/Uva/UvasViniferasRegioesClimaTemperado/mercado.htm#topo`. [Accessed: 20-Jan-2016]

[6] Planeta-Orgânico, "O mundo dos vinhos orgânicos," *Planeta Orgânico*, 2003 [Online]. Available: `http://planetaorganico.com.br/site/index.php/o-mundo-dos-vinhos-organicos-2/`. [Accessed: 25-Jun-2015]

[7] H. J. Lee and Z. S. Yun, "Consumers' perceptions of organic food attributes and cognitive and affective attitudes as determinants of their purchase intentions toward organic food," *Food Qual. Prefer.*, vol. 39, pp. 259–267, 2015

[8] C. Hempel and U. Hamm, "How important is local food to organic-minded consumers?," *Appetite*, vol. 96, pp. 309–318, 2016

[9] BRASIL, "LEI N. 10.831 - Agricultura orgânica," 2003. [Online]. Available: `http://www.planalto.gov.br/ccivil_03/leis/2003/L10.831.htm`. [Accessed: 04-Sep-2016]

[10] M. E. Porter, *Vantagem competitiva – Criando e sustentando um desempenho superior*. Rio de Janeiro: CAMPUS, 1989

[11] C. C. Poirier and S. E. Reiter, *Supply chain optimization: building the strongest total business network*, 1st ed. San Francisco: Berrett-Koehler, 1996

[12] P. Kotler, H. Kartajaya, and I. Setiawan, *Marketing 3.0: As forças que estão definindo o novo marketing centrado no ser humano*. Rio de Janeiro: Elsevier, 2010

[13] FIESP-IBOPE, "Brasil Food Trends 2020," 2010. [Online]. Available: `http://www.abic.com.br/media/EST_PESQFoodTrends1.pdf`. [Accessed: 10-May-2015]

[14] L. M. R. De Mello, "Tendência de Consumo e Perspectivas do Mercado de Vinhos no Brasil." Embrapa Uva e Vinho, Bento Gonçalves, p. 7, 2002

Innovation based on value co-creation: An alternative for Brazilian wine?

Martiele Cortes Borges[1], Jéssica Moreira Maia Souto[1], Athos Ribeiro da Silva[2], Marcos Vinícius Araujo[3], and Daniela Callegaro de Menezes[4]

[1] Master's student of Agribusiness, Federal University of Rio Grande do Sul-Av. Bento Gonçalves, 7712, Brazil
[2] Institutional Scientific Initiation Scholar (PIBIC) at Federal University of Rio Grande do Sul, Rua Washington Luiz, 855, Centro Histórico, Brazil
[3] Master's student of Agribusiness, Federal University of Rio Grande do Sul, Av. Bento Gonçalves, 7712, Brazil
[4] Professor at Federal University of Rio Grande do Sul, Rua Washington Luiz, 855, Centro Histórico, Brazil

Abstract. The Brazilian wine industry has been facing obstacles such as competition and high tax rates. Innovation is an alternative towards this scenario being it a major factor for any company's survival and growth in the market. Besides this, technological advances and access to information provide consumers with a larger number of choices and knowledge for an informed decision making. Despite differentiation efforts consumers did not obtain satisfaction. Customer interaction provides another way to generate innovation from its involvement in the production process (co-creation of value). The research was held in an awarded winery located in Bento Gonçalves (Brazil) with the objective of understanding how the process of value co-creation between Brazilian award-winning wineries and consumers influences innovation generation. It is an exploratory and qualitative study collected through in-depth interviews with a semi-structured script. The winery identifies beneficial effects in the production process resulting from interactions because it narrows the bond with the consumer creating a better understanding of the consumers as well as develop a more tailored offer regarding value. The innovations generated based on co-creation can be taken as an alternative to imposed barriers in the current Brazilian wine sector.

1. Introduction

Seeking to create innovation and greater market acceptance, the wineries in *Serra Gaucha* have invested in infrastructure to deliver a different experience as opposed to the ones in shops and supermarkets in general. The wineries organize tastings in their properties with the support of wine tourism conducted by tour guides who show the consumer the production method and explain about essential techniques so that the consumers can have a better understanding of the wine. Also, some wineries began to offer other services such as courses, picnics and the grape harvest in which the consumer participates in the process in the vineyard. These wineries seek to approach customers in their process through experiences, not only the direct consumption of the beverage.

In this new context in which the experiences are fundamental to the development of a relationship between consumer and winery a co-creation four-element model arises. This model was named DART [1], (Dialogue, Access, Risk assessment, and Transparency). The continuous dialogue between both parties is necessary for a joined cocriation to happen. Furthermore, access is considered the access the client has to the product through an experience. Risk assessment is related to the consumer's requests for more information regarding product risks; on the other hand, the consumer's also take up more using responsibility. There must be transparency in the shared information to have trust between client and winery [2].

Understanding the flow of information is necessary to manage the productive chain, due to comprehending the final consumers and how relevant this experience is may result in a good future relationship. Moreover, it is important to understand how the wineries perceive the same relationship as opposed to the consumers to verify if the companies' intentions are indeed being attained as well as their clients'.

Given that the wineries of the *Vale dos Vinhedos,* Brazil's largest wine producing region needs to seek innovative solutions to compete with foreign fine wines - especially Chilean ones. As well as creating closer ties with its end consumer providing a different consumption experience this study proposes the question: **How does value co-creation between the Winery and its consumers influence innovation generation?**

This paper initially presents innovation and co-creation of value literature followed by the method used to develop the study. Further along the discussion and results and conclusions.

2. Innovation

Innovation has been a trending theme for the past few years this is due to it becoming a question of survival to many enterprises. According to [3], companies that do not innovate die. The reason behind it is that innovation is associated with competitive advantage. Because of economic growth, new businesses are created and with them new ideas. In this sense, innovation causes rupture of perfect competition [4] as companies that innovate are different from the ones that do not. Therefore, established companies have more difficulty, since they need to be always looking for innovation to continue in the market. On the contrary, companies wishing to enter the market find in innovation an opportunity to do so [5].

For many entrepreneurs, innovation is synonymous with creativity; this confusion can bring harm to businesses since it can be counterproductive to invest in creativity without considering other important aspects of innovation. [6]. Innovation can be perceived as "the implementation of a product (good or service) new or significantly improved, or a process, or a new marketing method, or yet a new organizational method in business practices, workplace organization or external relations [7]. This way innovation can be understood as an invention that has been brought to the [8].

There are four types of innovation: *product* (when a change occurs in the goods/ services' potential). *Process* (when you change the way to produce or distribute), *organizational* (when change is in business practices, workplace organization or external relations of the company). And *marketing* (when change is in the product's design and packaging, in product promotion and placement, and establishing methods of prices of goods and services) [7]. On the degree of novelty involved, it can be said that innovation is incremental, when significant improvements are implemented or radical, when there is a concept rupture [5]. For the degree to be perceived, it is necessary to know what is the object of comparison, as it can be considered within the firm, market-level or even worldwide [7].

Innovation requires change, directly associated with the idea of the uncertainty of the results involving investment. It is the product of the overflow of knowledge, requiring the use of new knowledge or the new use of existing knowledge and searching for performance improvement through competitive advantage [7]. For these changes to occur, knowledge and resources do not need to be within the company's limits. Open innovation adds the thought of sharing ideas generation involving other stakeholders, thus having access to innovation that would not be possible within the enterprise.

Open innovation believes in a different logic about the sources and uses of ideas. This approach understands that valuable ideas can arise within and outside the company, thus differentiating the closed innovation logic [8]. Table 1 shows the main contrasts between the two approaches:

Table 1. Closed and Open Innovation Contrasts.

Closed Innovation	Open Innovation
Most of the smart people in our field work for us.	Not all of the smart people work for us, so we must find and tap into the knowledge and expertise of bright individuals outside our company
To profit from R&D, we must discover, develop and deliver results	External R&D can create significant value; internal R&D is needed to claim some portion of that value
If we discover it, we will get it to market first	We do not have to originate the research in order to profit from it
If we are the first to commercialize it we will win	Building a better business model is better than getting to the market first
If we create the most and the best ideas in the industry, we will win	If we make the use of internal and external ideas we will win
We should control our intellectual property (IP) so that our competitors do not profit from our ideas	We should profit from others' use of our IP, and we should buy others' IP whenever it advances our own business model

Source: ...(.)..CHESBROUGH (2012, p.10).

The biggest barrier that companies need to overcome to an open innovation approach is the fear of sharing with other groups; the fear of losing their trade secrets and patents. Entrepreneurs should realize that they cannot endure the structure of their organizations and all existing capabilities to generate and implement new ideas, be them ideas, tools, knowledge or others.

The principles of closed innovation (Table 1) are based on natural resources the company has, on the assumption that it has sufficient conditions to generate new ideas and innovation developments from that. That is, the company has people responsible for all the necessary steps for innovation to be launched, being it necessary, in addition to human resources, financial resources and structure for research development. Companies working this way are concerned with trade secrets, so that other businesses cannot benefit from all investments they have made to achieve innovation.

Furthermore, the company that first launches an innovation in a given market tends to get advantages over its competitors in this market. Closed innovation only has internal resources and may need a lot of investment; on the other hand, those who can develop great ideas and protect using patents can use the results for a determined time.

However, open innovation (Table 1), has principles that go beyond the boundaries of the firm. In this concept, the resources are not necessarily within the company that is developing the innovation, and it does not pose a problem because relying on outside resources is part of the development of this innovation. Emerging research needs investment, so the alternative is to share and develop it cooperatively so that everyone can get their results.

Companies working with open innovation can rely on their suppliers, customers, competitors and other stakeholders to develop, for example, better-suited systems to all users facilitating the process. The companies can also develop deals that are more aligned with consumers' interests based on the shared information. The focus of this type of innovation is not the secret keeping, but the best possible use of the idea, be it a company plan or from the outside limits. Unlike closed innovation, patents take a different direction, in which third parties may use a particular company's patents to generate revenue, besides the purchasing and selling of patents, always keeping the company's business model best interests in mind.

As a way to gain competitive advantage, innovation has been the alternative for the Brazilian wine industry, which seeks to be established in the domestic market in competition with Chilean and Argentinean wines. Ten percent of the Brazilian population is considered rich and a survey was conducted with this population sample. Results show that the consumer does not perceive a significant difference in the Brazilian red wine compared to Chileans and Argentineans on a sensory aspect [9]. Therefore, this study indicates that the technical barriers are overcome, but for the national wine to be valued in the domestic market, marketing initiatives are needed. These initiatives have the intention of bringing the consumer of the product offered closer, thus, knowing these people and providing new features to meet their needs have become an alternative to the competitive wine market.

The Brazilian wine industry has adhered to the adoption of innovations in processes and products, which has been globally recognized through awards in contests that some wineries have acquired in recent years [10]. When considering the competition of domestic and foreign products in the internal market due to the problems faced in the industry, we see the need to seek alternatives to overcome these barriers. Strategy is responsible for generating differential which is based on market dynamics. Innovation is an essential factor to achieve this differential in the market [10]. Thus, in the *Gaucho* wine sector, the search for innovation is increasingly present because in addition to overcoming their competitors the wineries also seek to reach the *gaucho* public, even though these consumers do not yet value the product once they cannot realize its real value [9].

Innovations can be generated in various ways in business, to [11] incremental innovations occur more or less continuously, from a combination of demand pressure, sociocultural factors, technological opportunities and the professional career. Because it is not the result of a deliberate research, this type of innovation is part of the business process, so that ideas arise from daily work. On the other hand, radical innovation is discontinuous and requires deliberate research, which can boost technological advance, but nevertheless requires investments [10].

In the *Gaucho* wine scenario, radical innovations can become the most sophisticated alternative, because as [12], the launch of a new product (for example), may take from 1.5 to 9 years. Therefore, the sector should search for incremental innovations, as improvements suggested by users can generate innovation [11]. Thus, because it is a product whose dimensions evaluated for choice may involve intrinsic aspects (feelings) and extrinsic ("persuasive advertising") [9], the wine needs to be presented to its consumers in a way that emphasizes the dimensions they valued. Consequently, it is essential to understand more about this consumer, involving them in the process so that interactions can generate innovations with a value that is created together between them and the winery.

3. Co-creation and the DART model

With the changes in the approach of how value is created, and accepting the logic that presents the customer as a co-creator of unique experiences the DART model is discussed and introduces its four elements: dialogue, access, risk assessment and transparency [1].

The way that interactions occur between consumers and firms during the creation and delivery of services is essential for the existence of co-creation as the DART model. Co-creation value happens when at least one of the four elements is present in this relationship.

Dialogue means interactivity and propensity for action on both sides (both company and consumer). In addition to knowledge exchange [13] and the conversation between the two parties. It is the understanding of all the factors involved in this relationship, as the recognition of the emotional, cultural and social aspects involved in this experience. For there to be dialogue and excellent communication between the involved, there should be focused on issues that interest both parties [14]; it is necessary that meetings occur and follow rules (explicit or not) to maintain order and productivity of interactions [1]. This assumption is critical for the individual to have the opportunity to inject his vision of creating value process [13].

Access: Consumers want access to experiences, not necessarily have the ownership of the products. It is necessary to detach the idea of access to the concept of property. Access starts with the availability of tools and information needed for an experience to occur [1]. Moreover, there must be access to knowledge and expertise for individuals to build their experience [13].

Risk assessment: the likelihood of consumer harm. Entrepreneurs believe that companies can assess and better manage the risks of co-creation, so the question arises: can the firm unilaterally make risk management in co-creation? Besides, could the consumer assume the responsibilities of the risks involved in this process? Thus, risk assessment relates to co-assuming the responsibilities for decisions making during the process and the result [14]. Consumers demand more information about value co-creation risks. However, they take on more responsibility to deal with the risks involved [13].

Transparency: "the information about the products, technologies, and business systems become more affordable, creating new levels of transparency, therefore, becoming more desirable" [14]. Transparency is a way to give the consumer the necessary access to information but also involves the opening of customer information for firms to perform the activities satisfactorily. It is a two-way street. Traditionally companies have information benefits over the users; that must not occur in the value co-creation [1]. Transparency is a way to facilitate dialogue and the interactions between the parties involved in the co-creation process. It also enables a greater engagement of consumers in the process. Transparency of information is essential to the process of interaction as it creates trust between company and customer [13].

Some combinations of the blocks were also commented from this model [2]:

Access and transparency: It is possible to make better and more informed decisions through giving access to the consumer and being transparent in sharing information.

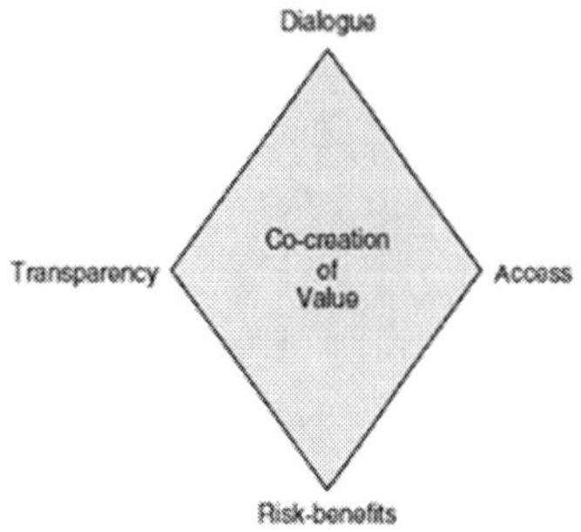

Figure 1. DART Model. Source: PRAHALAD; RAMASWAMY (2004a, p.9).

Dialogue and Risk Assessment: This combination improves the ability to develop public and private debates about policy choices.

Access and dialogue: Combined, these premises facilitate the development of thematic communities.

Transparency and Risk Assessment: This combination improves the ability to create trust.

4. Methods

This study is characterized as qualitative with exploratory purpose. Its primary objective is to better understand the research problem for further research [15]. This kind of the investigation is done when the subject is poorly explored, making it difficult to formulate hypotheses about a given fact [15].

Thus, we sought this goal through a case study approach, in an attempt to understand some aspects of an in-depth research problem [16]. A case study is an exhaustive study of one or more subjects to know it in depth and detail [15]. Research questions with the word "how" can be answered with the use of case studies, because these issues require operational links that are uncovered over time [17]. Moreover, this type of research is employed in contemporary cases, where no one can control the behavior of the variables involved [17].

In January 2016, an in-depth interview with the winemaker responsible for the management of the winery was carried out, from a semi-structured script. Data collection from interviews is an efficient technique to get information about human behavior [15]. Furthermore, the use of unstructured script gives greater flexibility to the researcher [15]. The interview was recorded and transcribed with permission of the interviewee to ensure the reliability of the data. Also, secondary data about the winery was sought to improve knowledge about its activities.

To analyze the data collected a comparison of the interview responses to the literature on the subject was carried out. The DART model (dialogue, access, risk assessment, and transparency) was used as the basis for construction of the instrument collection and data analysis. Regarding this model, the authors state that the presence of just one of its elements is enough for co-creation of value to existing.

5. Results and discussion

Winery A began its activities in 1974, seeking to maintain the traditions brought by Italian immigrants to the region in the XIX century. It is currently part of the Route of Historic Canteens, located in the city of Bento Gonçalves (Brazil).

The marketing of their products is carried out through various channels, mainly in the states of Santa Catarina, the Rio Grande do Sul, Rio de Janeiro and São Paulo. Sales to the final consumer are made mostly through telemarketing, accounting for about 50% of sales. This service is a channel where the consumer has proximity to its attendant, with personalized service.

Innovation and Co-creation of value in Winery A

The winery seeks to maintain open contact with its customers, identifying its telemarketing as the focal point for information exchange and interaction. The company realizes that this is where consumers give feedback about the products, and the service received, in addition to performing their purchases. Thus, promoting communication and sales through telemarketing was an innovation in marketing [7] which has brought many benefits to the winery, since about 50% of its products are sold through that channel.

Also, telemarketing attendants are responsible for customer service in the physical store, seeking to generate a relationship and leading the consumer to understand this relationship as a bond of friendship. The winery mentions that there are instances when customers invite attendants to their personal events. The winery realizes that its customers feel valued with these interactions, actively participating in the winery processes and bringing up new ideas.

Access

Currently, the winery has a museum, the Ecomuseum of Wine Culture, which aims to show consumers the wine tradition in *Serra Gaucha*, besides offering public exhibitions and events. The winery offers training to waiters, aid for tastings and other services that consumers may desire.

The actions are taken on Facebook (wine matching tips, recipes, news about wine), as well as the actions were taken in bars and restaurants (such as prize draws to visit the winery), contributed to consumers to keep in contact with the winery. All these actions are part of a new way to communicate with customers, as the wineries seek deeper interaction with stakeholders. Thus, Winery A believes that using digital platforms and providing resources so that interest groups acquire more knowledge to participate and bring new ideas with potential to generate innovations is necessary for the relationship to become profitable for both sides.

Risk Assessment

The winery understands that there is no risk in its engagement with its consumers. On the contrary, it believes that this relationship provides excellent results. The company seeks to meet as many demands as possible from consumers, however, it is not feasible to take them all into consideration, as far as the viability of the business goes [8]. presents open innovation as a characteristic in which the smartest people will not always be part of the company but the company may know that they may count on them. Thus, it is important to realize that in this case, the participation of consumers and suppliers is critical to the business of Winery A, for without trust these relations could not guarantee the service quality and sales' channels used. Knowing the risks and understanding them is a necessary step in this process of co-creation to generate innovation.

On the other hand, marketing across multiple channels arises a conflict between retailers and the winery, where the consumer can buy at lower prices. Retailers consider that there is unfair competition, whereas the winery believes that it does not compete with a shopkeeper who sells its products in other cities. To resolve this conflict discussion between the parties and negotiated prices are necessary. However, in some cases, one or more marketing channels might have to be given up in certain locations.

Transparency

The winery believes that its customers feel safe in sharing information, being open to provide it without difficulty. Also, this security is due to the trust in their relationship with the winery because customers realize that there is a bilateral exchange of information.

With a transparent relationship, consumers come to trust the winery and engagement increases. Thus, consumers can participate more in the process of generating ideas, and the winery can innovate responding to consumer demands from the very beginning.

The winery seeks loyalty, believing that it can improve their innovation generation process. The client finds greater satisfaction to be present not only in the purchase step but also in generating ideas.

6. Conclusions

DART model [1] shows that if at least one of the four elements is present, the company becomes a co-creator. Thus, from the analysis of these items' behavior in the winery, it was revealed that there is an active value co-creation process with consumers.

The process of generating ideas is where consumers are indispensable because the winery makes them part of this step and values what they request. Co-creation between the winery and consumers creates new ideas continuously; fostering innovation and making consumers feel like they are part of the change.

References

[1] V. Prahalad and C. K. Ramaswamy, *The Future of Competition: Co-Creating Unique Value with Customers*. Boston: Harvard Business School Press, 2004

[2] C. K. Prahalad and V. Ramaswamy, "Co-creating unique value with customers," *Strategy. Leadersh.*, vol. 32, no. 3, pp. 4–9, 2004

[3] H. Chesbrough, "Business model innovation: Opportunities and barriers," *Long Range Plann.*, vol. 43, no. 2–3, pp. 354–363, 2010

[4] J. A. Schumpeter, *Capitalism, Socialismo e Democracia*. Rio de Janeiro: Fundo de Cultura, 1961

[5] J. BESSANT, J.; TIDD, *Inovação e empreendedorismo*. Porto Alegre: Bookman, 2009

[6] F. T. De Bes and P. Kotler, *A Bíblia da Inovação: princípios fundamentais para levar a cultura da inovação contínua às organizações*. São Paulo: Texto Editores Ltda., 2011

[7] OCDE, *Manual de Oslo*, Terceira. OCDE e Eurostat, 2005

[8] H. Chesbrough, *Inovação Aberta: Como criar e lucrar com a tecnologia*. Porto Alegre: Bookman, 2012

[9] J. P. P. Révillion, S. H. Flôres, E. de O. Wilk, M. S. Badejo, G. D. Mercali, L. M. Gandolfi, M. J. L. Alles, R. F. Mariot, S. U. de Campos, A. Sampaio, and A. M. Romero, "Qualidade sensorial de vinhos tintos finos do Rio Grande do Sul comparados aos importados da Argentina e Chile," *Food Sci. Technol.*, vol. 27, no. 1, pp. 177–180, 2007

[10] A. C. M. Padilha, L. S. Severo, N. de A. Delgado, and T. N. da Silva, "Inovação Tecnológica Em Indústrias Competitivas Do Agronegócio: Uma Análise Na Cooperativa Vinícola Aurora Ltda. - Rs," *Estud. Debate*, vol. 17, no. 1, pp. 91–109, 2010

[11] C. Freeman and C. Perez, "Structural crises of adjustment, business cycles and investment behaviour," *Technical Change and Economic Theory*. pp. 38–66, 1988

[12] P. Hayashi-Junior, "Uso De Recursos Na Criação De Vinhos Ícones E a Cocriação De Valor," p. 199, 2011

[13] V. Ramaswamy, "Co-creating Experiences with Customers?: New Paradigm of Value Creation," *TMTC J. Manag.*, pp. 6–14, 2005

[14] C. K. Prahalad and V. Ramaswamy, "Co-creation experiences: The next practice in value creation," *J. Interact. Mark.*, vol. 18, no. 3, pp. 5–14, 2004

[15] A. C. Gil, *Métodos e Técnicas de Pesquisa Social*, 6. São Paulo: Editora Atlas S.A., 2008

[16] J. Bell, *Projeto de Pesquisa: guia para pesquisadores iniciantes em educação, saúde e ciências sociais.*, 4. Porto Alegre: ARTMED EDITORA S.A., 2008

[17] R. K. Yin, *Estudo de Caso. Planejamento e Métodos.*, Quarta. São Paulo: ARTMED EDITORA S.A., 2010

Flavoured Wine – Fad, Fashion or Trend?

Damien Wilson

Sonoma State University, Wine Business Institute, 1801 E Cotati Ave, 94928 Rohnert Park, CA, USA

Abstract. This project was initiated because of the increased diversity in demand across global wine markets. Traditional wine producing countries have experienced strong, recent growth in new categories like flavoured wines, while New world countries create publicity for such innovations and traditional categories like organic wines. Ironically, the amount of publicity afforded such categories is contradictory to market trends, which illustrate growth in categories like Prosecco and red wine blends. Categories like organic, natural and orange wine have numerous endorsers, but actual sales figures suggest such wines are yet to capture the interest of the greater market.

With this divergence between publicity and market behaviour being echoing across the globe, wine producers need to be able to determine whether a new category represents an opportunity to consider a strategic change in business direction. Although publicity has been shown to effect a change in wine consumer behaviour, the conditions surrounding a new wine category's growth from fad, trend and fashion are analysed for the purpose of strategic management. This study extends findings from historical narratives through the use of empirical evidence from both European and New World wine markets. The evidence is contrasted with a contemporary phenomenological experience expressed by influencers within both of those markets, as a means to illustrate the disparity between the contemporary appeal of popular publicity, and the challenges faced by wine producers having to respond to the market reality. This study illustrates that implementing strategic decisions on whether to engage in a new trend, depends on the innovative category being consistent with existing strategy and able to impact the market without reliance on external publicity.

1. Introduction

Wine markets experience rapid change in the modern era. While traditional wine producing countries suffer the dual challenges of declining domestic consumption and increased fragmentation of the wine offer, new world wine producing countries are struggling to produce the right types of wine, in the right volumes, for the right markets, at the right time. Modern markets are changing at a rapid rate as new wines enter the market, and consumers evaluate whether these new wines are worth attention. However, the pay-offs can be very handsome for the winery(ies) that offer a new wine that captures the market's attention. Examples abound, like the recent trend where Prosecco sales outstripped Champagne in the UK [1], the growth in Red blends in the US market [2], WineAustralia's indication that Sauvignon blanc now leads the Australian market [3] and even the discovery of flavoured wines in France [4]. Each of these wine styles becoming preeminent offers wine producers the opportunity to extract profit from these growing trends. As new wine styles progress from fad, through fashionable, to staple, the wine producer benefits from the market advantages of initially being able to command a price premium, before eventually settling on the benefit of being able to more reliably forecast product demand [5].

However, with these emergent wine styles comes a significant challenge to the typical wine producer. Without even considering the challenges facing wine producers in regions where the production of specific wine styles and grape varieties is controlled, even wine producers in regions of complete production liberty must struggle with the lag-time between changes in production strategy and market release. Accordingly, wine producers would benefit from the knowledge of whether a new category to the market is more likely to linger for an indefinite period, or whether the trend will die a quick death.

Wine producers would be well served with the knowledge of the conditions that contribute to innovations becoming established market trends, and when such trends progress to becoming predictable market behaviours. Following market data can be insightful, but is always conducted after trends have occurred. Forecasts can be made from historical data, but insights on market changes are random guesses, at best. Witness the recent trend in publicity for obscure wine styles like Natural [6], or orange wines [7]. A review of these topics' dedicated newspaper column inches would suggest that such trends are about to take over the market. However, a review of the history between forecasts, and subsequent market trends in the wine sector makes for uncomfortable reading for wine producers.

Consequently, this project utilises a comparative historical narrative method as a means to provide insight on the indicators that best result in an accurate forecast of market trends. This method compares both historical market data and forecasts made by authors on wine market trends. This project concludes with a discussion on global market trends in recent decades, and provides recommendations on how the world's wine producers can best respond to these potential market opportunities in order to implement sound wine production strategy for global wine markets.

1.1. Structure of this article

This article introduces the concept of market trends, and the considerations in forecasting, and responding to forecasts by global wine producers. The manuscript begins with a summary of global wine consumption. Part two of the first section defines the trends in wine consumption behaviour. Specifications are made for areas in which there are differences between the global trend and the regional difference. Explanations are made for explaining the differences, where these are available.

The second section of the manuscript focuses on the factors and influences that are perceived to affect trends in the wine market. Examples are posited in order to emphasise how trends are created, progress and continue or disappear depending on the market's response. This section concludes with a series of research questions on which this study responds.

The following section outlines the methodology used in this study. This project compares the narrative history on the forecast trends in wine consumption with the empirical data on wine consumption patterns. The insight gained from comparing empirical data with forecasts illustrates the differences between expectations and reality.

The final section draws on the implications from the differences between expectations and reality. Conclusions are made on the accuracy of forecasts, and the implications ascribed to wine producers. Shortcomings and further research round out this manuscript.

2. Market trends

In recent years, a brief overview of the global market illustrates that all wine markets have changed to a degree [8]. Western Europe has been forced to look at new market opportunities as traditional wine consumers have not proven to be as profitable as forecast, while new markets have opened up around the world.

Traditional wine producing countries have relied on the strategy where consumers actively search for information on wine and wine styles. However, even though wine consumers have expressed a keen interest in wines from traditional wine producing markets, the fact remains that there is a difference between what consumers say they do and what they actually do. Returning to their behaviours, a review of OIV statistics on wine consumption illustrates a substantial change in consumer behaviour in the past generation, and this continuing evolution in consumption patterns appears not to be waning [9].

In the late 1970s, the international wine market attained what is now referred to as 'peak wine'. Wine consumption almost reached the 30 billion Litre mark, and this amount was primarily due to Western Europe being the key market for wine consumption [10]. At that time, in addition to most wine consumers coming from that area, approximately 90% of global wine exports came from Western Europe [11].

This period wasn't only disappointing for Europe and her wine producers, but grape growers, wine distributors and restaurateurs also began to suffer as wine consumption plummeted across Europe [10]. Throughout the 1980s wine consumption also plummeted in new world markets. However by the early 1990s, wine consumption was already on the increase in New World markets while consumption continued to fall in traditional European markets.

The reasons for New World wine markets experiencing growth while traditional wine markets were declining is difficult to say. However, New World wine producers had had to find new ways to promote and communicate their wines to the global wine market, and there is evidence that restricting the potential growth of New World wine producers' markets had led to these producers adopting an innovative approach to wine business. On the back of the free trade agreement between new world wine producers and the European Union, traditional European labels relying on regions were no longer available to these new World producers. As such, wine producers in countries like United States, Australia and New Zealand were forced to adopt labelling practices that had to both identify the wine in the bottle as well as having to attract new consumers via a non-existent labelling protocol. As a result these wine producers substituted labels indicating the wine's style or the grape varieties used in the wine's production. This new labelling protocol meant the consumers had to learn about grape varieties instead of regions of production.

Over the same period wine consumption patterns in Europe continued to decline. Between 1980 and 2005 data captured on wine consumption in France illustrated a decline of almost 70% in volume. Where once the French were frequent consumers of wine their consumption patterns over a 25 year period had changed completely. Such a devastating decline in consumption was echoed across Europe. According to Euromonitor [12], not only has wine consumption in Italy, France and Spain declined substantially since the year 2000, but the value of wine produced those countries has fallen by a similar amount. In fact one of the few components of these countries' wine sectors to have grown over that same period is the number of regional indicators made available to wine producers. Taking France as an example, since the mid 1970s the number of appellations available for communicating the specific region in which a one was made has doubled [11]. So although wine consumption has fallen 70% and consumers has gone from being regular consumers to occasional consumers of wine, the number of regions from which consumers could choose a French wine became twice as difficult [11].

New World wine markets have not suffered to the same extent. Since the 1980s most wine producing countries outside of Europe suffered an initial decline in wine consumption until the early 90s. Due to this decline in wine consumption, and coupled with the ruling that new World wine producers were forced to drop their use of European regions as part of the labelling protocols used on the wine bottles, a new labelling protocol was born. New World wine producers recognised that they could not label their wines by unknown reasons so they used information about the wine that was common to them. By the mid 1980s new World wine producers were labelling their wines by the grape variety used in their wine's production.

By the early 1990s this new labelling protocol was starting to pay off. Pioneering wine producing countries like Australia, Chile and the United States began pushing their wines into new markets. The familiarity aided wine sales as consumers recognised common grape varieties as they began to discover wine from new countries. These pioneering wine producers introduced new consumers to the wine category. A great benefit of this era was that wine began to penetrate the consumer market. The great challenge was encouraging them to buy more wine or to spend more money on it over time.

These new consumers say they want to drink better, buy better, and enjoy better wines, the evidence presented by Euromonitor suggests that wine consumers may say they want to drink wines of better quality but evidence on behaviours illustrate otherwise [13]. Although the nominal value of wine consumed has increased in the past decade, the real value based on inflation and currency fluctuations has fallen over the last 15 years [12]. Consequently it is difficult to say that consumers have increased the amount of money they spend on wine when the evidence suggests that they are spending the same today as they did 15 years ago. All we know is that Global wine consumption is similar today as to how it was 30 years ago, but that we have more than twice the number of consumers today that we had back then. The question of how their consumption patterns change, and to what degree, is an essential part of adapting strategy for wineries to take advantage of that change.

3. Innovation and scope

Launching innovations is one way that change can be effected in the wine sector. Innovating to any degree takes time and cost money, and because wine producers tend to have businesses with modest cash flows, the level of innovation in the wine sector tends to be conservative. However because there are large numbers of wine producers in the global market, consumers can be led to believe that the wine sector is comparatively innovative.

Innovating is a way to attract the consumer's attention. In creating attention innovations often generate sales. Even though wine consumption has remained relatively static over the last 35 years, the number of innovations to have been released in the market is substantial. From the creation of new styles, new packaging, new uses, a new forms of distribution wine has seen more innovation in the last generation than for the 300 years prior.

To be categorised as an innovation the new product must be an improvement on the existing product [14]. Further, the innovation must be capable of being diffused to network [14,15]. Therefore for wine producers to be successfully innovative they need to understand how their products improve on existing products and they must also be capable of diffusing innovations through their distribution network.

As an example consider the innovations listed in Table 1 below.

These innovations are just an example for the purpose of this article. These examples illustrate both an improvement on existing offers in the market plus they illustrate how broadly they are diffused.

The natural wines category has emerged in recent years. As an innovation it offers benefits to consumers with chemical sensitivities. It also provides its advocates with support for the philosophical question around wine making as an art or science. Enthusiasts of the category are adamant that this wine style should be the destination for all wines.

Natural Wine as a category has a growing network of endorsers. This network suggests that natural wines are a

Table 1. Recent innovations in the wine sector.

Innovation	Improvement	Diffusion
Natural Wines	Ethical, Health	Celebrity Endorsement, Motivated advocates, On-premise sales
Screwcap closures	Technical, Convenience	Country Specific, Variety-Focused
Flavoured Wines	Convenience, New customer	Off-premise retail

fast growing category, as proposed in recent articles on the topic [6,16]. Although it's clear that there's a lot of interest in this innovation, and there's ample support for the category to be diffused broadly, it's less clear as to whether there is much scope for the category to be adopted by consumers.

This scepticism for the adoption of natural wines comes from the fact that there is scant data on the volume of natural wine made or sold across the wine sector. Even with a number of advocates and endorsers of this category, critics will argue that the lack of empirical evidence suggests that there is not great scope for this innovation.

Early adopters generated interest in the category through celebrity and iconography. When Noma, the world's top restaurant based in Denmark, was publicised as having only natural wines on the list the publicity for the natural wine movement increased substantially. However despite the support of a number of celebrities and this famous restaurant the lack of natural wine options in the market and consumer reluctance suggests that publicity got ahead of reality [17].

When a new category is unavailable when consumers look for it, there is a difference between the proposed scope of diffusion and latent consumer demand. Data captured by Euromonitor, Impact, and also taken from observations of supermarket shelves makes no reference to natural wine as a retail category. When publicity suggests a trend, but purchasing options are restricted to less than 1% of SKUs in a specialist retailer, then the scope of the market needs to be questioned.

Currently it's fair to say the category is innovation but the scope of the category is unclear. As to whether natural wines are merely a fad, or a fashion, or if they will indeed become a staple on the wine market, time has to pass in order for this judgement to be made.

Compare the Natural wine category to the screwcap as an innovation. The screwcap closure has already failed at least once as an innovation [18]. From that lesson the category has developed. The closure presents a technical and convenience benefit when compared to natural corks.

This closure has sceptics and endorsers, similarly to Natural wines. However, the scope of the market for the screwcap is much greater than that for natural wines at the moment. The reason is that a screwcap could be put on any bottle of wine. Thus, the size of the market is much greater than the market for natural wines. With screwcaps estimated to have captured between 12–15% of the global,

DOI: 10.1051/bioconf/20160703008

Figure 1. The extent of natural wines available at an independent wine retailer in Australia (Author's picture).

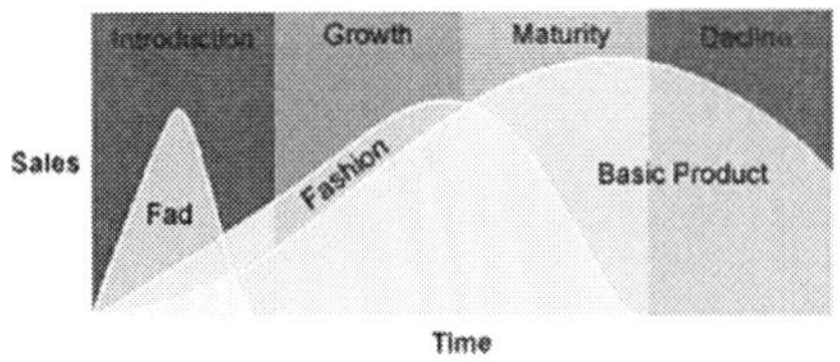

Figure 2. Illustration of trend durations across the product life cycle. Image taken from Istok Pavlovic.

bottled wine market over almost 20 years, there's evidence to suggest that this innovation is moving from fashionable to staple.

4. Fads, fashion and trends

The durability of an innovation can help determine how much profit a producer can make over the product life cycle [19,20]. Whilst the product life cycle has been researched for decades, since it was first proposed by Rogers, it has changed little in the ensuing period. The product life cycle classifies into components of time from when an innovation is released into the market. These components of time are classified based on the volume of sales that the innovation captures from that point in time. The product life cycle is marked by an introductory stage, across a period where sales are expected to grow rapidly, until demand for the new product plateaus. By overlaying the time over which specific trends endure, the description of a new product being classified as a fad, fashion or Basic product. The challenge in defining whether a new product could be classified as a fad, fashion or basic product is that the time axis in the image above has no element of scale attached to it. As such, evaluating the success of any innovation in the wine sector relies on having a skilled marketer working to analyse whether the product has progressed across product life cycle categories.

5. Discussion

With the above trends in mind, it's worth considering how current innovations in the wine market might be classified. As illustrated earlier, there is a lot of publicity surrounding the emergence of natural wine as a popular category. This style of wine is not clearly defined by its endorsers, and even though proponents decry the need of the wine sector to hark back to the way wine was first made, the classification of natural wine is relatively modern.

However, there is little empirical evidence to suggest that this category could currently be classified beyond a fad or fashion at this stage of its development. Even with the wealth of publicity provided the category, there is little evidence of it being supported on retail shelves. Similarly, even though the historically relevant, orange wines may have strong support in Georgia, in other wine markets throughout the globe, the category 'orange wine' scarcely exists. Classifying it even as a fad may be premature, given that the category has had scant time to emerge from its traditional home market.

The topic of this article, Flavoured wines, is more difficult to evaluate. Many flavoured wines in today's market are merely modern interpretations of a traditional beverage. With this category barely existing in 2010 in France, the growth in sales volume from 500,000 bottles, to 20,000,000 bottles in 2015 suggests that the category could be either a fad, or fashion. That the wine style has escaped into global markets, coupled with established growth suggests the wine is definitely fashionable. However, the recent plateauing of sales needs to be monitored over subsequent years in order to determine which classification is most appropriate in the long-term.

6. Conclusions

This study was concerned with answering the question about whether flavoured wines with classified as a fad, fashion or trend. As explained in text above, trends in the wine sector happen quickly and change rapidly. While early trends in the wind sector were concerned with can use in wine styles and the level of sweetness left the winds more modern trends I'm focused on emerging great varieties and historical wine styles. To ascertain whether a new trend is a fad, fashion or staple of the wine sector the geographic diffusion, time taken to diffuse, and pattern of sales determine the type of trend. As illustrated with the examples above, the scope in which each innovation is evaluated will help determine whether the product is a fad, fashion or staple. Applying these criteria to subsequent innovations will help determine the classification in due course.

References

[1] AFP, "Prosecco sales overtake champagne in Britain," 20-Aug-2015
[2] C. Huyghe, "The Wine Trend No One's Talking About (Yet): An Insider's View," *Forbes*, 26-Jan-2016. [Online]. Available: `http://www.forbes.com/sites/cathyhuyghe/2016/01/26/the-wine-trend-no-ones-talking-about-yet-an-insiders-view/`. [Accessed: 18-Sep-2016]
[3] WineAustralia, "Market in Focus - Australia v2.pdf," Wine Australia 2015 Production, Sales and Inventory Survey, Jan. 2016

[4] C. Dupin, "Fraise, pêche, et même Litchi, les fruits bousculent le marché du vin," *lesechos.fr*, 01-Sep-2015
[5] R. P. Bagozzi and Kyu-Hyun Lee, "Consumer Resistance to, and Acceptance of, Innovations," *Adv. Consum. Res.*, vol. 26, no. 1, pp. 218–225, 1999
[6] L. Chan, "Natural Wine Is The Hottest Trend In Winemaking Right Now: Here's Everything You Need To Know," *Tech Times*, 13-Feb-2016
[7] J. Clarke, "13 best orange wines," *The Independent*, 27-Jul-2015
[8] G. Wittwer, "The Global Wine Market in the decade to 2015 with a focus on Australia and Chile," Centre of Policy Studies, Monash University, General Working Paper G-166, 2010
[9] "2015 OIV report on the world vitivinicultural situation," *oiv.int*, 2016. [Online]. Available: `http://www.oiv.int/en/oiv-life/2015-oiv-report-world-vitivinicultural-situationnbsp`. [Accessed: 19-Sep-2016]
[10] OIV, "2012 Statistical report on global vitiviniculture." International Organisation of Vine and Wine, 04-Jun-2013
[11] ONIVINS. Office National Interprofessionnel des Vins. Paris (France), C. I. de H. E. A. M. I. A. M. CIHEAM-IAMM, I. N. de la R. A. INRA, and Ministère de l'Agriculture, de la Pêche et de l'Alimentation. SCEES. Service Central des Enquêtes et Etudes Statistique. Paris (France), *Panorama de la viticulture*. 2006
[12] Euromonitor, "Euromonitor International - Statis tics," *Market sizes and historic/forecasts*, 2013. [Online]. Available: `http://www.portal.euromonitor.com/Portal/Pages/Statistics/Statistics.aspx`. [Accessed: 17-Feb-2013]
[13] Euromonitor, "Alcoholic Drinks Overview: Thirst for Growth - Part 2 The Category Angle," 08-Nov-2015. [Online]. Available: `http://0-www.portal.euromonitor.com.iii.sonoma.edu/portal/statistics/tab`. [Accessed: 22-Nov-2015]
[14] C. K. Prahalad, "Bottom of the Pyramid as a Source of Breakthrough Innovations," *J. Prod. Innov. Manag.*, vol. 29, no. 1, pp. 6–12, Jan. 2012
[15] D. Wilson, M. Ingham, and S. Charters, "Innovation Management in the Wine Sector," in *Management Innovation, Entrepreneurship and Human Resource Management practices: a global perspective*, Chpt. 11., D. Vrontis, G. Sakka, and M. Amirkhanpour, Eds. Lady Stephenson Library: Cambridge Scholars Publishing, 2015, pp. 217–236
[16] R. Haskell, "Why Wild, Chemical-Free, 'Natural' Wines Are Taking the Industry by Storm," *Vogue*, 21-Apr-2016
[17] A. Rosengren, "My Thoughts on Natural Wine," *wine, etc.*, 26-Oct-2013
[18] D. Wilson, "Case Study on the Introduction of the Screwcap to the Wine Market |The Case Centre, for educators," The Case Centre, Case Study 516-5-1, 2016
[19] F. M. Bass, "Empirical Generalizations and Marketing Science: A Personal View," *Mark. Sci.*, vol. 14, no. 3, p. 14, 1995
[20] Goldsmith, "Price Sensitivity and Innovativeness for Fashion Among Korean Consumers," *J. Soc. Psychol.*, vol. 145, no. 5, pp. 501–508, 2005

Sustainability of processed foods supply chain: Social, economic and territorial performance

Caetano Beber[1], Martine Padilla[1], Maylis Razès[1], Fatiha Fort[2], and Jean-Louis Rastoin[2]

[1] CIHEAM-IAMM, 3191 route de Mende, 34090 Montpellier, France
[2] Montpellier SupAgro, UMR 1110 MOISA, Place Viala, 34000 Montpellier, France

Abstract. In a global market, food companies engaged in sustainable development must now integrate the economic and social component. However the tools to assess it are lacking. Several theoretical frameworks have been developed to define social sustainability and its implementation. The attributional approaches, pathways or capabilities methods have emerged, based on a functional unit of a good or service along the supply chain. This paper proposes a new method to assess social economic and territorial performances of a food chain as a whole on a Territory. It is divided into four components: (i) dignity and well-being of workers, (ii) contribution to local life, (iii) fairness and integrity of business practices, and (iv) creation of material and intangible wealth. 50 criteria are used according to international, national or sectoral references. This generic method applicable to any sector of processed food products aims to identify where are the areas of improvement to qualify the sector as socially sustainable. An application to the wine Beaujolais and Burgundy wine was performed from surveys of 35 production and trade operators in 2014. The results show that the sector is particularly effective for the promotion of the territory, local life participation, loyalty and integrity of business practices; some improvement is still possible for the welfare of workers and the creation of material wealth. This method can be coupled with the environmental performance determined by the life cycle analysis in order to assess the sustainability in its entirety.

1. Introduction

In the saturated food products market of nowadays, the competition between companies and sectors is first done by the economic performance shortly followed by the performance in terms of sustainability. The environmental component is now admitted as essential; for economic and social aspects, conceptualization and implementation are under discussion. Creating value and innovation, the social responsibility is now a real competitiveness challenge and a major strategic lever to meet the expectations of stakeholders.

During the last decade, efforts have been done to develop theoretical frameworks to define and study social sustainability and empirical research in terms of "sustainable development projects", "practice of sustainability" and "sustainable development initiatives" [1]. It brings out the social and societal (linked to the society) issues, which are increasingly taken into account in organizations. Measuring the social impact is becoming every time more important in the sphere of sustainable development. The Supreme Council of the Social and Solidarity Economy defines "social impact as all the consequences of activities of an organization both over its external stakeholders directly or indirectly from its territory and internal (employees, volunteers), and over society in general. Thus the term refers to the implementation of Corporate Social Responsibility (CSR). Social performance aims to promote the relationship between the result achieved and the means used to achieve it.

Aware of it, investors worried about the risk of impairment related to its negative impacts beyond the actions of extra-financial rating agencies and NGOs, and especially the legislative constraint, have certainly encouraged companies to produce indicators more sophisticated to improve information and transparency on their activities and externalities. The establishment of social performance indicators alongside environmental performance indicators represents that concern. Among the methodologies for measuring impacts, Life Cycle Assessment - LCA (regulated by the series ISO 14040) is the dominant approach for the evaluation of supply chains and adopted as the basis for eco-design policy and re-design of industrial products in Europe.

However, the Social LCA (SLCA) is still striving to attain its maturity [2]. It is at an early stage of development where general consensus still has a long way. The multitude of approaches developed show that the perception of social impacts is very variable. This might be caused by confusion on the goal and scope of SLCA and a lack of data and practical tools to experience the full breadth of what SLCA seeks to offer [3] (Norris, 2014). However, an agreement regarding the impacts that are most relevant to include in the SLCA to cover the social field seems essential if the SLCA intends to gain importance as a tool for decision making and not to be only a reporting or marketing tool ("social-washing") or just proof of proper allocation of funds but also to promote improvements.

Up to this point, the method does not allow accessing the real impacts of activities and presents many challenges

DOI: 10.1051/bioconf/20160703009

to adapt to the quantification and assessment the behaviors of such a variety of operators. Because today between too much or not enough criteria, between the quantitative or qualitative data, methodologies vary and there is no consensus on which is the most complete and the most relevant. Also arise issues of cost, good time to set them up (before, during, after), the external solution (more objective) or internal (more aware of the land), or shared among several organisms.

The existing methods SLCA refer to three schools. One measures social performance (mid-point attributes) that are integrated into the field of CSR [4–7]. The second measures the impacts (end-point, pathway), which seeks to assess the real social impacts and to establish causal and functional relationships [8–12]. The third being intermediate and focus on the effects (the capabilities of Amartya Sen) that is based on the Multiple Capital Model and seeks to measure the impact of corporate action on the transformation of individual endowments on additional operating capacity of actors [13]. The implementation of these concepts into operational methods is difficult; one of the main difficulties is to select the most explicit indicators from among the existing hundreds. The ANIA (National Association of Agrofood industries) in France tried to achieve this goal through the development of a user's guide of ISO 26000 to the Agrifood industry. It created a practical tool containing all fields of CSR into 31 themes on a scale of 5 levels scores; applied to an enterprise they allow to measure the social and economic performance. Thus all existing methods concern either an enterprise or a functional unit of a good or service along a chain of production-distribution-consumption. None can measure the economic and social performance of a given sector as a whole in a given territory [14].

This paper proposes a new bottom-up method to assess the social, economic and territorial performances of a supply chain on a Territory. It was developed in three French supply chains under indication of origin (wines of Burgundy and Beaujolais, Comté cheese and Southwest foie gras) as part of the ANR-ALID ACYDU[1] project. This method aims to provide companies and supply chains an operational tool that can be combined with environmental life cycle analysis, to describe their social practices, measure their socio-economic performance in a context of strong pressure on responsibility of the productive sectors vis-à-vis of society.

In this paper, we apply the methodology to Beaujolais and Burgundy wines sector in France. This includes particular features (location of operators in the appellation area and connection to territory; reasoning at the supply chain scale) that will be addressed over the steps detailed below. We do not aim to anticipate the consequences of a choice neither to classify alternatives. Our performance and effects evaluation should be taken in the sense that we seek to measure the contribution of a supply chain under geographical indication to the social, economic and territorial development.

[1] The ACYDU project (2013-2016) on socio-economic, territorial and environmental sustainability of processed food is a partnership between the CTCPA, BIVB, CIHEAM-IAMM, ENIL Mamirolle, IFV, ITERG, Montpellier SupAgro, UMR Théma (CNRS, Franche-Comté University) and UNGDA. It's funded by the French National Research Agency.

2. Methodology for measuring performances

The limitations of current methodologies and data available have led us to develop a hybrid method rather than stand behind an existing conceptual school. The following concerns have marked our thoughts:

- The decision of measure the practices and performances instead of impacts since impact models are under too much confounders;
- The desire to have references to judge/positioning the performance and the indicators measured;
- Our goal is not to verify the compliance with regulations or specifications but to identify areas for improvement
- The willingness of a sufficiently generic method to adapt to other sectors.

2.1. Performance scores

The SLCA methods described in the literature are called "social" but they include actually economy indicators as well. The boundaries between the social, economic and territorial considerations are blurred. So we have decided to organize the three areas of interest without partitioning social, economic and territorial aspects.

In practice, the different disciplines are combined and organized into four major categories of variables: Dignity and Welfare of Workers, Loyalty and Integrity of Commercial Practices, Territory Promotion and Integration in Local Life and Wealth Creation. The table 1 summarizes the proposed subcategories for each category. These sub-categories are further divided into 50 indicators.

For each subcategory, a series of indicators has been developed to assign a performance score that will characterize the operator according to the references adopted i.e. the references are the basis for the definition of performance scales. International references should be preferred, then national, followed by the ones of the sector or the Geographical Indication chain, and finally a collective agreement. The difficulty here falls on the existence of such references or studies to serve as a base.

Indicators scores ranges between 0 and 10 points, where 10 represents the best performance. The number of indicators varies between subcategories and categories, which assigns more importance to some than others. In short we made an indirect weighting. E.g.: The category "Dignity and welfare of workers (190 points)" has more importance on the overall impact that the category "Territory Promotion and integration in local life" (50 points). The categories are divided as shown in Fig. 1.

Not all companies are affected by all sub-categories. Indeed, some of them do not employ such statutes "precarious employees" (trainees, apprentices etc.) and / or does not involve subcontracting. In this case a weighting is made only with the involved companies.

2.2. Choice of scales and scores associated

For each indicator we have established a score scale. Several scales have been built on empirical data and research. The strength of this notation is to be able to compare the results of three very different sectors to build the scales. So we set up a scheme incorporating a wide

DOI: 10.1051/bioconf/20160703009

Table 1. Performance Assessment Grid.

CATEGORY OF PERFORMANCE	SUB-CATEGORIES	INDICATORS	SCORE	SCORE MAX/SUB-CATEGORY	SCORE MAX/ CATEGORY
Dignity and welfare of workers	Health and Safety	Severity rate of accidents and occupational diseases	0 – 5 - 10	/30	/185
		Difficult working conditions	0 - 7 - 10		
		Safety and security of wokers	0 – 7 - 10		
	Work environment	Organization of special events and facilities	0 -5 - 10	/25	
		Organization of working time	0 - 5 - 10		
		Availability of a social local	0 - 5		
	Benefits for workers	Benefits in kind	0 – 5	/30	
		Cultural and material benefits	0 – 5		
		Complementary retirement pension	0 – 2 -5		
		Complementary health insurance	0 – 2 – 5		
		Economic advantages	0 – 5 - 10		
	Employee Representation	Place for discussion managers/employees	0 – 5 - 10	/10	
	Fight against precarious status	Compliance with work schedules and rest	0 - 10	/40	
		Facilities made available for seasonal workers	0 -10		
		Continuity for seasonal workers	0 – 5 - 10		
		Limiting seasonal workers from third countries	0 - 10		
	Jobs Characteristics	Qualification	0 - 10	/50	
		Workers'remuneration	0 – 5 - 10		
		Executive remuneration	0 – 5 - 10		
		Equity man - woman among executives	0 – 5 - 10		
		Women representation	0 - 10		
Territory and local life	Integration in local life	Involvement in local events	0 – 5 - 10	/20	/60
		Nuisances	0 – 2 - 5 - 10		
	Promotion of territory	Promotion of territory identity	0 - 10	/40	
		Heritage Preservation	0 – 5 – 7-10		
		Institutional recognition	0 - 5- 10		
		Image of product	0- 5- 7-10		
Loyalty, integrity of business practices	Entreprises commitments	Commitment to CSR	0-2-6-10	/30	/105
		Safety and quality commitments	0-2-6-10		
		Environmental commitments	0-2-6-10		
	Subcontracting	Reasons	0-10	/35	
		Arduousness	0 – 5		
		Commitment to environment, social and health	0 – 10		
		Respect for working conditions	0 – 10		

Table 1. Continued.

CATEGORY OF PERFORMANCE	SUB-CATEGORIES	INDICATORS	SCORE	SCORE MAX/ SUB-CATEGORY	SCORE MAX/ CATEGORY
	Relationships with partners	Social and environmental practices of partners	0 – 2 - 10	/40	
		Loyalty to partners	0 – 5 - 10		
		Organisation of events with partners	0 – 5 -10		
		Involvement in a common project	0 -10		
Wealth creation	Material wealth	Added Value rate	0-5-10	/110	/130
		Burden of payroll	0-5-10		
		Economic efficacity	0-3-7-10		
		Investment rate	0-5-10		
		Net income in % of sales	0-5-10		
		Rate of dependence on aid and subsidies	0-10		
		Appropriation of net income	0-3-7-10		
		Cash flow	0-5-10		
		Profitability	0-3-7-10		
		Debt ratio	0-3-7-10		
		Financial balance	0-3-7-10		
	Immaterial wealth	Access rate to training	0 -10	/20	
		Relationships with Education and Research	0 – 5 -10		
				TOTAL	**480**

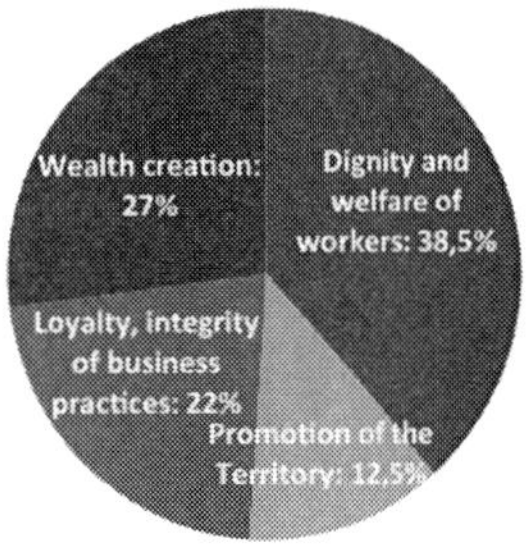

Figure 1. Distribution of performance categories.

variety of cases and quite applicable to the professional world. Indicators and references were discussed with the professionals of the 3 supply chains studied in ACYDU project.

The most common scale is 0 - 5 - 10 where "0" is an insufficient level, "5" a medium level and "10" an exemplary level. For some indicators we have implemented a four levels scale. Sometimes the difference between each level is disparate, such as for the "CSR Commitment" indicator whose scale is 0 - 2 - 6 - 10 In this case we judge more difficult for the company to move from the level "awareness about CSR (= 2)", to "the establishment of a formal policy (= 6)". We wanted to highlight this effort by putting a greater differential between level 2 and level 3 than from level 1 to 2. This will avoid any confusion and doubts in the placement of a company on a score and increases the scientific rigor of the analysis. Thus there would be fewer margins for error or bias of investigator.

The evaluation grid is the fundamental work of the socio-economic LCA. From it we can classify firms according to their individual performance. Ranking scales shall be as detailed as possible to separate the enterprises or regroup them according to their practices. Research and construction of references is made specifically for each supply chain. The availability of references can be more or less difficult depending on the sector. Indeed, although the establishment of the scale on empirical data is quite interesting, it would be necessary to combine them with reference data to increase the quality of the scale and robustness. The reference data may be at larger or smaller scales (country or sector), according to the objective assigned to the indicator.

2.3. Passage from operator data to the supply chain as a whole

To pass from the measurements taken at the level of individual operators (enterprise surveys) to the result of the entire supply chain we proceeded in two steps, creating "classes of operators".

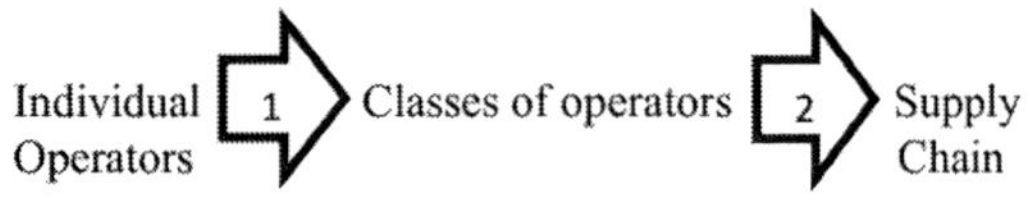

- Passage 1:

The score of the individual operator is multiplied by the volume of final product of the operator and brought to the volume of final surveyed operators of the same type. So we obtain a weighted score by type of operator. The weighting can be done on the produced or traded volume, or turnover or FTE. In this article we have made the choice of volume.

- Passage 2:

We assigned to each scale score "Operator type" a coefficient that represents the importance of this actor type in the supply chain. The coefficient is the part of the volume (or turnover or FTE) represented by our surveyed operators (for 1 same type of operator) to the total volume processed by the Operator type of the sector (data collected with the meta-sector institutions). Finally the final score of the supply chain is the weighted sum of the scores of the different operators type along the supply chain.

2.4. Economic impacts: Induced income and jobs created in the supply chain

To measure the economic impact of the supply chain on its territory, we have adopted the "method of multipliers" [15] that consists in applying a multiplier to the initial income generated by the activity. This allows establishing the primary, secondary and tertiary income of this production and thus the wealth and jobs created in the area. This meso-economic approach uses supply multipliers and demand multipliers. These two types of multipliers, which correspond, for the first, on effects of local production of companies, and for the latter the effects of household expenditure, must be articulated to help provide meaningful information on the consequences in terms of total activity created by an independent expenditure. Trivially, an activity generates wages that will be spent in another activity that will generate other wages etc. We also include a multiplier which captures the public expenditures on the territory.

Applying this technique to the economic evaluation of a supply chain, we must consider two injections of different nature: the production / investment (initial injection) and operation (recurring injection) to calculate the primary, secondary and tertiary income:

Primary Income (Direct Added Value / direct local spending): portion of expenditures spent locally with actors of the zone to the purchase of work or intermediate consumption. Primary income = (salary + staff costs) + (local intermediary consumption). We do not consider the income related to wine tourism because we are not able to quantify this amount.

Secondary Income (induced): includes household demand that will produce effects and the demand of companies. Secondary income = Income induced from household spending / employees (expenditures related to paid wages: permanent employees in the region, temporary employees, and immigrant employees) + Income induced from local production (Revenue induced by local intermediary expenditures).

Tertiary Income (induced Public spending investment): Primary and secondary income are factors that increase public spending due to the increased use of public services we can assume based on revenue increases. Tertiary income multiplier = Brute Fixed Capital Formation of Public Agencies, which represents in France = 3.0678% of GDP. *The Total Income* created *in the Area* is the sum of primary incomes and induced incomes (secondary and tertiary). Deducting the local subventions received *we obtain the Total Net Income Created on The Zone.*

To measure the jobs created by the supply chain, we use the ratio ***a*** = Jobs / GDP of Burgundy. This ratio must be applied to the total income. It remains that this measure is still very rough because the value of "a" is an average covering all categories of jobs. To measure the total income and jobs created by the supply chain in the territory we used the accounting data of the companies surveyed when they were provided. An estimate was made at the level of the entire chain using total sales of the sector.

3. Implementation to wines Beaujolais and Burgundy: Main results

3.1. Functional unit and boundaries

The methodology was applied to a product under protected geographical indication: the Beaujolais and Burgundy wines. One feature of the study is its position regarding the supply chain in a whole; so the functional unit used is the amount of wine sold by the supply chain during the wine year 2011–2012.

The appellation area covers 4 administrative departments distributed over two regions. It has various legal forms (sole proprietorship, agricultural family farms, company type SARL / EARL in different sizes, AS, subsidiaries of large cooperative groups etc.). The stakeholders were categorized as follows: the "Main chain operators" (Cooperative winery, Private winery and Traders), the "upstream and downstream stakeholders" (suppliers, service providers / subcontractors), the so-called "nearby environment" including operators which have a supporting role (Management and Defense Organizations, unions, interprofession, technical support and R&D, training and education, public services and local authorities) [16]. The boundaries of our system include the winemaking and the stage of commercialization. This limitation is imposed due to the already excessive extent scope of study. For the induced income and jobs created, we considered the only region Burgundy for reasons of feasibility.

3.2. Sample constitution and data collection

To reflect the diversity of organizational forms of the supply chain in the most accurate manner possible and to guide data collection, we have established the various circuits that co-exist in the chain. The overlap between the different structures is complex; indeed traders can market the products of private wineries and all or part of the products of cooperative wineries. A collection plan was formulated to represent the different types and sizes of firms by volume of production. The base year used for the collection is 2011–2012 since this is the last year of representative average crops why companies have the data. A total of 35 operators were interviewed: 4 cooperatives, 8 private wineries, 3 merchants among the Main chain operators; they account for 6% of the sector's turnover. 1 nursery, 1 distillery, 1 oil factory and 3 providers of products or services among the upstream and downstream stakeholders; 14 institutions from the nearby environment: MSA (Social Agriculture Workers Protection), CER France (Associative Network of Accountant Expertise and Consulting), CA (Agriculture Bureau), federations, syndicates, Inter-professions, consulting and training institutes, tourist offices, etc..

The inventory data relates to economic, social and territorial issues. Primary data were collected by a questionnaire and existing documents in the enterprises. Secondary data (general statistics, studies, etc.) were collected from "Nearby environment operators".

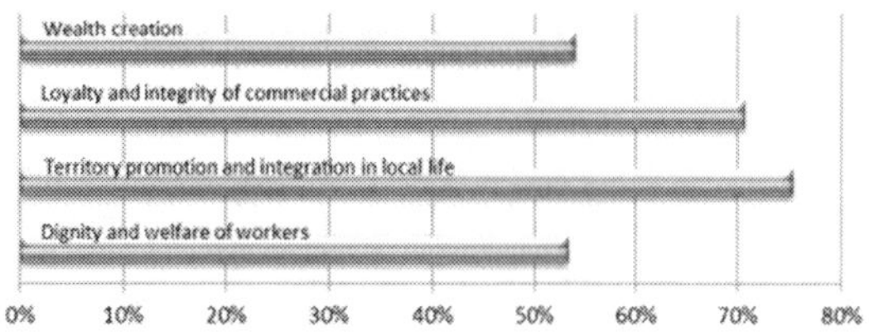

Figure 2. Performance of categories.

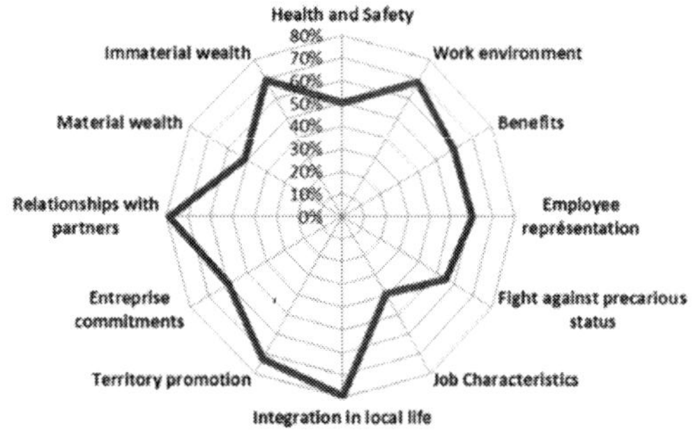

Figure 3. Performance of subcategories.

The first part of the results presents the results of the social performance of the Main chain operators by category and sub-categories of defined indicators, assessed with the evaluation grid and weighted by volume. The second part concerns the application of the regional multiplier method to characterize the total revenue generated by the whole supply chain activity in the territory and jobs created.

3.3. Socio-economic performance of the supply chain

In an overall assessment Beaujolais and Burgundy wines supply chain (private wineries, cooperatives wineries and traders) present a global performance of **59%**. This study shows that for a supply chain under GI, the values attached to Territory Promotion and Integration in Local Life and Loyalty of Commercial Practices are high. There is indeed a cohesive construction of a Territory. However, the Workers Dignity Welfare and Wealth Creation should probably be reconsidered. At the moment we have no points of comparison with other supply chains that have used this method of analysis. The two categories having the greatest weight on the total score are those where the sector is less efficient. "Dignity and welfare of workers" (53% of performance) and "Wealth Creation" (54%). The other two categories have higher scores with more than 70% (Fig. 2).

To know the details of the performance and what practices affect it most significantly, the Fig. 3 shows the performance of the sub-categories.

3.3.1. Category dignity and welfare of workers

The subcategory "Work environment" has a score of 68%. This score is mainly affected by the indicators of "Arrangements of working time" and "Provision of a convivial place" where companies are very efficient. The degree of integration of health and safety of workers is an indicator that lowers the performance of the supply chain. In general, the Single Document is not updated regularly and adapted; there is little particular consideration of these aspects, barely compliance with regulations. Difficult working conditions and compensatory measures decrease the performance of the sub-category. Despite this, the severity rate of accidents at work and occupational diseases are not very high, which increases the score positively.

Regarding the "benefits" offered to employees, pension and complementary health insurance are not routinely offered to all (often reserved for executives). However, the adopted collective agreements provide such complementary. Benefits in kind (wine) are often offered, benefits type "Works Council" (Discounts on vacation, shows, gift etc.) are less offered. A positive practice is quite common in the supply chain: the economic benefits to all employees (bonuses, 13th month, loans to employees, annuity payments). This raises the performance of this subcategory.

In the subcategory "representation of employees" the criterion of existence of a space for discussion on working conditions and company decisions is evaluated. Usually a collective space is not formalized, i.e. with representatives (staff delegates, syndicates, unique staff delegation, Works Council) and other (monthly team meetings, internal communications); collective or individual (individual interviews, satisfaction surveys etc.). The practice of only occasional meetings or daily discussions is recurrent.

Subcategory "fight against precarious status" (seasonal workers, temporary, trainees, and apprentices) was assessed through four indicators. Among these "respect for work and rest hours" is the most efficient. The Provision of facilities (accommodation, catering, transport, etc.), and the Perpetuation of seasonal workers (reemployed from one year to another or to other tasks) are the most fragile and least efficient criteria. Reducing costs explains the practices adopted, especially in cases where the grape harvest is mandatory manual (by GI specifications, pruning type, etc.) and wine prices are not high enough to offset these costs. Employment of foreigners for such tasks (considered as more difficult and without long-term contract of employment) is also one of the criteria considered in this subcategory; however it does not have a strong impact on its performance.

The "job characteristics" is the subcategory that most negatively impacts the performance of the "Dignity and welfare of workers". The comparison of wages of all employees (workers and executives) with those of the Sector Collective Agreements (SCA with 5,000 or more employees), managed by the Ministry of Labor, demonstrates that the wages of the workers and executives of the surveyed companies are generally lower than the convention. For the criterion of equality between men and women we have retained equality for the 'executives' and Board of Directors of companies. Equality between workers is not taken into account because there may be tasks that are specific to one gender, which would not be discriminating of equality. While 'executives' and 'Board of Directors (BOD)' have no gender specific tasks and are the highest positions in companies. For executives, there is a high level of gender equality in surveyed companies (compared to the wine sector and food industries), however in the 'BOD' the vast majority of men (50% threshold) lowers the performance. The ratio of executives / total employees compared to the

Sector Collective Agreement has a medium impact on the performance of the subcategory.

3.3.2. Territory promotion and integration in local life

The Territory Promotion and Integration in Local Life category shows that companies have good practices on their territory. In the subcategory "Integration in the local life" participation in local events is quite recurring, either financially or with human involvement. The villages organize many cultural events, sports and festivities and enterprises and their employees actively participate. Much of these events are also related to wine (a label of the territory) and therefore it involves local interests.

The criterion "complaints/comments" from neighbors about nuisances related to the activity (odors, noise, emissions, traffic, vibrations etc.) taken into account over the last 3 years show virtually no remarks and strong attention of companies not causing nuisance to local residents.

A third indicator should be considered in this sub-category, the "Professional Commitment" of companies on MDO's (Management and Defense Organizations), on Inter-professions and also on Trading Wine Federations. We were not able to evaluate it here; however, the lines for the creation of this indicator are included on the evaluation grid.

In the subcategory "Territory Promotion", the criterion "Identity of Territory" which measures participation in fairs, markets, saloons, receiving visitors, open doors etc. inside or outside of the supply chain area, has the best performance. As this is a supply chain under GI in addition to the reputation of French wine, companies regularly participate in promotional events. The landscapes of the zone are outstanding and nationally and internationally recognized. Burgundy (in the department of Côte D'Or more specifically) submitted its application to the UNESCO heritage. These territory features demonstrate the special effort to the preservation of buildings and landscape heritage. The supply chain is also performing on these criteria.

3.3.3. Loyalty and integrity of commercial practices

The environmental aspects are very popular in recent years, companies are more attentive to this criterion, and logically they are more engaged, making more effort in favor of the environment, and seeking to obtain certifications. Commitments in sanitary security and quality are also a major concern of companies. Mainly because of legislative constraints on food chains but also the requirements of importation companies, as the wine is a product with high exports. Standard Methods to sanitary/quality management (e.g. HACCP) are introduced or even certifications in sanitary safety and/or quality management (e.g. ISO 22000, ISO 9001, IFS / BRC, etc.). The commitments in the CSR field or the simple consideration of social aspects (formal or informal) are the weak points of the subcategory "Enterprise commitments". Very few companies have a formalized policy in social or societal terms. Generally only punctual actions are implemented in companies, which often simply follow the law. Again, the factor "company size" can influence the scores, because the actions of improvement in environmental, sanitary, quality and CSR are generally expensive and impacting more the costs of small companies.

The "relations with partners" is the best performing subcategory. Knowledge about competitors and its consideration to improve; the long-term partnerships with customers and suppliers (not only by volume and price aspects); and the involvement in joint projects (joint investment, joint purchasing, agricultural works company, sales group, etc.) increase the score in the subcategory. The organization of events with commercial partners is not regularly practiced by companies in the sector. The subcategory "subcontracts" is not analyzed here because subcontracting is not practiced by the majority of companies.

3.3.4. Wealth creation

The category "Wealth Creation" includes the subcategories "Immaterial Wealth" and "Material Wealth". About Immaterial wealth (staff training, relationship with research and training), the industry of wine is very organized, active and performing. Several research institutes and local and national councils implement participatory trials with companies in the chain. The enterprises also conduct internal tests with new products and processes. The "Innovation" aspect is not measured here as such because its assessment methodologies are fairly complex, but the sector is quite innovative and dynamic. A third indicator could be included in this subcategory to take into account the prestige of the supply chain, but that should be measured based on customer's analysis, which is not done in this study. The Beaujolais and Burgundy wines supply chain would probably have a good score, as many supply chains under GI.

However the composition of our approach gives greater importance to the criteria of material wealth, which in the short term, weight more in the sustainability of companies, especially on agricultural activity where instability of supply and market prices are determinant choices of commercial practices on all criteria over the years.

Among the indicators of material wealth, the economic efficacy of enterprises is quite low, despite the high rates of added value. The stocks weight of enterprises can affect the performance. The indicator "Wages/Added Value" is high, indicating that a large portion of the AV is paid in wages. This also explains the enterprise's low investments rate and the high burden of debt (debt ratio). This is an intense labor dependent supply chain and little mechanized in a country where wages are quite high. This implies a low margin for investment and the use of loans.

Subsidies as a percentage of Current Results before Taxes, shows that companies are quite dependent on subsidies.

Net income as a percentage of turnover, that is the income of the shareholders and managers/owners of farms, is a good performance indicator. However this result is fairly well distributed. Generally, farm managers and shareholders are the only ones rewarded. Only a few companies practice profit sharing for employees, still less the participation of employees in the capital. Despite this, companies have an average financial profitability

Table 2. Total wealth and jobs created on the area (under the Regional Multipliers Method [15].

Primary income	1.852.796.831 €
Secondary income	864.322.325 €
Tertiary income	29.137.943 €
Total revenue created on the Zone	**2.746.257.100 €**
Jobs created on the Zone (FTE)	**55.135**

(net income/capital) and also medium performance on the financial balance (liquidity).

Companies show a good cash flow. However, this indicator considers depreciation and net income which must compensate farm managers and shareholders. So companies have to use investments subsidies and loans in order to invest, which also explains the high rate of indebtedness.

3.4. Income and jobs created

Using the Regional Multipliers method, the total income generated by the Beaujolais and Burgundy industry on its territory is approximately €2.7 billion (see Table 2). Only the wealth that remains locally is taken into account i.e. the wealth which goes outside the territory is not counted. Overall each €1 of primary wealth created induces €0.50 of additional wealth (secondary + tertiary). Each hectoliter of wine produced on the industry creates approximately €800 of income that remain in the territory. According to the method, 55.135 FTE jobs are also created approximately. This number is certainly higher in terms of real jobs if considering jobs created by the wine tourism.

4. Conclusion and perspectives

The methodology proposed here shows a great ability to adapt to the local context, which captures the diversity of practices of local operators. It allows evaluating the performance, but also to go beyond the performance and capture its possible effects on the territory. It approximates to the "attributes method", which works in terms of performance measurement, but also the "effects method" where the potential effects of capacity (caught on companies practices) may allow the emergence of real effects of capacity (captured by comparisons between different operators and their performances). The aim of this method is not to predict the social impacts on populations caused by changes in the operation of a supply chain throughout its life cycle as the pathways method does.

The implementation of the "Regional Multipliers" is an asset to this method because it makes possible to estimate the total income and jobs created by the sector in a territorial assessment approach.

The methodology has also proved well suited to the analysis of a sector. We met operators that affect almost all life cycle of production of the supply chain over a year. Other operators that have not been met (transporters, service providers, consulting laboratories, vineyards) should be incorporated to improve the accuracy of results in the life cycle.

The first originality of this approach is to be based at the supply chain level and not the product, which brings significant methodological innovations, particularly in terms of system boundary, observation level, aggregation of the results from various operators at the step of characterization and representativeness. With this purpose different features are assessed: value creation, the welfare of workers, fair commercial relationships and involvement in the local territory and life. The second originality lies in the emphasis on the territorial impact: the study of geographical indications products is a particularly favorable framework for thinking about the regionalization of impacts. Beyond the inclusion of effects in a geographical territory, the analysis of the territorial impact will evaluate the contribution of the sector to build a lifestyle and a social link.

There are probably areas for improvement in the methodology that can be exploited and depth for future applications. But we believe that this methodology will help advance research on the Socio-Economic Life Cycle Analysis in a perspective of integration of environmental and socio-economic results for the analysis of sustainability in its entirety.

References

[1] M. Boström,. A missing pillar? Challenges in theorizing and practicing social sustainability: introduction to the special issue. *Sustain. Sci. Pract. Policy* **8**, 3–14 (2012)
[2] A. Jørgensen, L.C. Dreyer, A. Wangel. Addressing the effect of social life cycle assessments. *Int. J. Life Cycle Assess.* **17**, 828–839. doi:10.1007/s11367-012-0408-9 (2012)
[3] C.B. Norris. Data for social LCA. *Int. J. Life Cycle Assess.* **19**, 261–265. doi:10.1007/s11367-013-0644-7 (2014)
[4] L.C. Dreyer, M. Hauschild, J. Schierbeck. A Framework for Social Life Cycle Impact Assessment. *Int. J. Life Cycle Assess.* **11**, 88–97. doi:10.1065/lca2005.08.223 (2006)
[5] G.A. Norris. Social Impacts in Product Life Cycles - Towards Life Cycle Attribute Assessment. *Int. J. Life Cycle Assess.* **11**, 97–104. (2006). doi:10.1065/lca2006.04.017
[6] E. Andrews, P. Lesage, C. Benoît, J. Parent, G.A. Norris, J.-P. Revéret. Life Cycle Attribute Assessment: Case Study of Quebec Greenhouse Tomatoes. *J. Ind. Ecol.* **13**, 565–578. (2009). doi:10.1111/j.1530-9290.2009.00142.x
[7] S.A. Kruse, A. Flysjö, N. Kasperczyk, A.I. Scholz. Socioeconomic indicators as a complement to life cycle assessment—an application to salmon production systems. *Int. J. Life Cycle Assess.* **14**, 8–18. doi:10.1007/s11367-008-0040-x (2009)
[8] D. Hunkeler. Societal LCA Methodology and Case Study (12 pp). *Int. J. Life Cycle Assess.* **11**, 371–382. doi:10.1065/lca2006.08.261 (2006)
[9] B.P. Weidema. The Integration of Economic and Social Aspects in Life Cycle Impact Assessment. *Int. J. Life Cycle Assess.* **11**, 89–96. (2006). doi:10.1065/lca2006.04.016
[10] J. Parent, C. Cucuzzella, J.-P. Revéret. Impact assessment in SLCA: sorting the sLCIA methods according to their outcomes. *Int. J. Life Cycle Assess.* **15**, 164–171. (2010). doi:10.1007/s11367-009-0146-9

 DOI: 10.1051/bioconf/20160703009

[11] C. Gasnier, C. Macombe, S. Grimbuhler., Occupational health impact in life cycle organisations (2013)
[12] C. Macombe, P. Leskinen, P. Feschet, R. Antikainen. Social life cycle assessment of biodiesel production at three levels: a literature review and development needs. *J. Clean. Prod.* **52**, 205–216. (2013) doi:10.1016/j.jclepro.2013.03.026
[13] M. Garrabé, A and Pedamay. MCM-ASCV des Capacités. Application à la filière tomate industrielle en France. Rapport 5 du projet ANR Alia FLONUDEP (2012)
[14] J.E. Fensterseifer and J.-L. Rastoin. Cluster resources and competitive advantage. A typology of otentially strategic wine cluster resources. International Journal of Wine Business Research. 25, 4, 267–284. doi: 10.1108/IJWBR-04-2011-0007 (2013)
[15] M. Garrabé. Valeur d'activité totale (V.A.T.) d'une opération de développement. Séminaire 3 - UM1-IAMM (2014)
[16] V. Lempereur, S. Penavayre, G. Assogba, T. Majchrzak, C. Pernet, Méthodologie de description d'une filière. Application à la filière viti-vinicole du Beaujolais et de Bourgogne. *38ème Congrès Mondial de la Vigne et du Vin et 13ème Assemblée Générale de l'Organisation Internationale de la Vigne et du Vin* (2015)

 DOI: 10.1051/bioconf/20160703010

The new wave of wine brands

Breno Álvares de Faria Pereira

Organização Jaime Câmara, Goiânia-GO, Brazil

Abstract. Wine branding is a series of complex marketing propositions intended to sell wine as a 'brand' – a product marketed much more thanks to its individual name and image rather than to its original quality. Wine brands can be basically divided in two distinct groups: some have called them 'benign' (a.k.a 'historic' or 'classical' - as for Champagne and the Bordeaux châteaux, for ex.) and 'modern' brands. 'Modern' wine brands are usually built upon a base of elastic supply (to maintain consistency) and planned promotion, most are owned big multinational companies, are standardized and aimed at the international market taste and a determined price level, lacking in diversity and terroir tipicity. In this study, the author describes how these 'modern brands' are structured and what are their marketing tools, run through examples of successful wine brands, and describe about their ads and cons for international consumers.

1. Definition and importance of branding in the context of wine

Wine branding is a series of complex marketing propositions intended to sell wine as a 'brand' – a product marketed much more thanks to its individual name and image rather than on its original quality [1]. The modern world is full of such examples: when somebody buys a BMW™ car or asks for a Coke™ there is much more involved in that option than these products' inherent characteristics. The same happens in the world of alcoholic beverages.

It is hard to justify the price of a bottle of Château Lafite-Rothschild™ or of a Krug™ Champagne solely on its organoleptic sensations. These brands are a result of the images and experiences their respective producers created in people's collective unconscious - their essence, philosophy, symbol of social status and all the stories that come behind these [2,3] Wine branding has to do with creating consumer loyalty, about offering emotional and functional confidence [4].

It is important to register that wine brands can be basically divided in two distinct groups: some have called them 'benign' and 'modern' brands [5,6]. A classical example of the first ones is Champagne [7]. The word evokes all the symbols related to a successful wine brand, but its reputation was built throughout centuries and is not a victory of modern marketing techniques only. Moreover, Champagne is, by definition, related to a region, specific grape varieties and methods of production - like Port, Jerez and Madeira[1]. That loosen definition of brand may also include estates' produced wines, such as Bordeaux premiers crus, which still represent the top 10 most 'powerful' wine brands in terms of value share (Fig. 1 – '**Appendices**'). Giulio **Ferrari** started producing Chardonnay sparkling wine in northern Italy more than a century ago [8], as did Marchesi de **Frescobaldi** throughout that country [9] – two now recognized iconic Italian brands. Girard-Lagorce's 'vins de légende' are also legitimate examples of classical 'beningn' brands[10]. Another distinct type of such brands are the so called 'label only' premium wineries, such as Sean Thackery Orion™ wine, of top quality and high price, but with no specific geographical indication [5].

However, the relevant issue affecting the current global wine market is the rise of the 'modern' wine brands. They are usually built upon a base of elastic supply (to maintain consistency) and planned promotion, based on a wide range of marketing tools[1]. Most owners are big companies, like Barefoot™ and Gallo™ (E&J Gallo Winery), Casillero del Diablo™ (Concha y Toro) and Hardys™ (Accolade Wines)[11]. There are even some retailers who have created their own brands (like US Costco's Kirkland Signature™). Usually, they are standardized, aimed at the international market taste and a determined price level. With no specific geographical indication of origin, fruit supply is not a problem and they tend to be consistent in quality and availability, but lacking in diversity and terroir tipicity [5].

But historically branding has never been a characteristic of the global wine sector. One obvious reason for that is its base material. For beer and whisky, for example, barley's and/or other grains' influence in the final product is minimal – so much that, usually, there is no declared indication of their origin. Absence of geographical commitment makes vintage less of a problem, since base grains can come from a wide range of places. The result is that, in comparison with beer and spirits, the wine market is much more fragmented. Figure 2 shows that, as recently as in 2012, the top 5 wine companies represented less than 10% of the global wine market share, while Fig. 3 demonstrates that these numbers have not been changing lately.

In 2011, 63% of the beer sold in the world came from the 10 largest brewers while the top 10 wineries were responsible for only 13% of the all the global wine sales

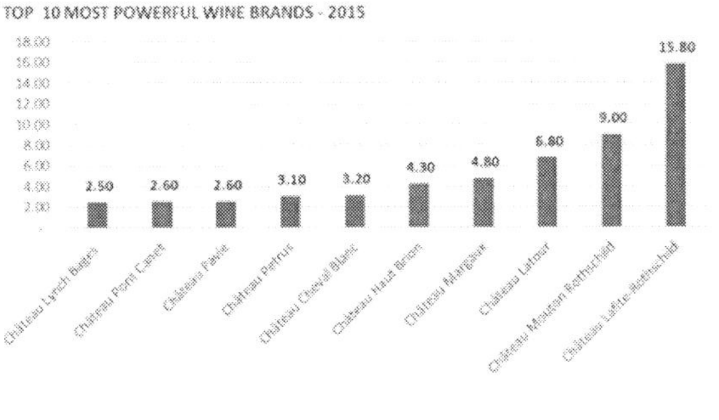

*all Châteaux are from Bordeaux, France
** figures traded on the exchange in the 12 months to Aug., 31st, 2104
*** value share is defined as the amount of money that a company makes selling its products or services compared to the amount of money that others make
**** figures taken from the 2014 Liv-ex Power 100 list - published by thedrinksbusiness.com
**** from: http://www.thedrinksbusiness.com/2015/02/top-10-most-powerful-fine-wine-brands/ - accessed 02 March 2016

Figure 1.

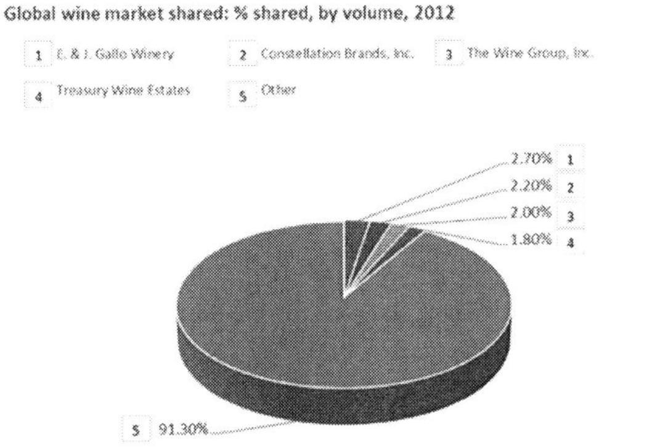

from: http://sites.duke.edu/social342d_001_s2014_wine/global-value-chains/market-fragmentation/ - accessed 16 March 2016

Figure 2.

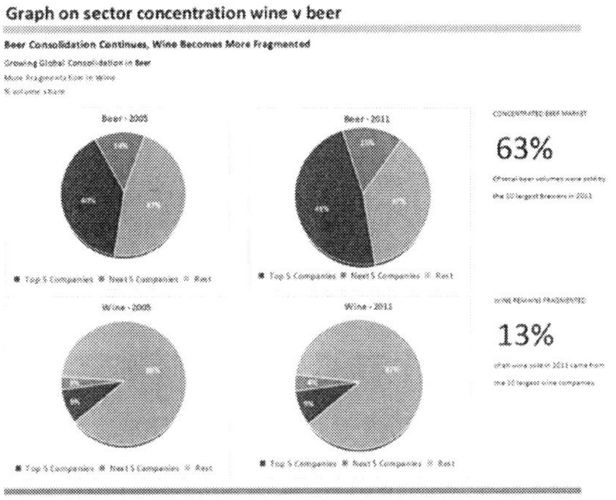

from: http://pt.slideshare.net/DamienWilson1/the-global-wine-market
accessed 18 March 2016

Figure 3.

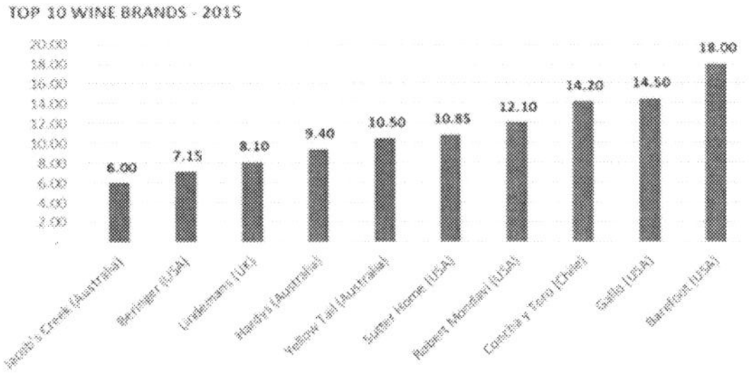

*referred country is head office address
** volumes sold in 2014
*** figures are a combination of data from the brand and industry estimates
**** from: http://www.thedrinksbusiness.com/2015/04/top-10-wine-brands-2015/ - accessed 02-03-2016

Figure 4.

(in volumes). Why is this important for producers and retailers? Well, the top 100 most valuable brands in the world are worth U$ 3.3 trillion and there is not one single wine in that club - compared to 40 beers! [4].

2. Successful wine brands and their marketing tools

Successful wine brands can be assessed by volume sales and Fig. 4 shows the top 10 world wine brands in 2015 accordingly.

Half of them have their home offices in the US - not coincidentally, in 2014 Americans overtook French as the world's biggest wine consumers (almost 30 million hectoliters/year) and there are estimates that the US market will grow by more than 10% in the next 3 years. Jacob's Creek™, Hardys™ and Yellow Tail™ are based in Australia. But look closer: Jacob's Creek™, Pernod Ricard's biggest selling wine brand, saw its parent company acquire Kenwood Vineyards in Sonoma (California) and, together with Australian winemaker Ehren Jordan, created Two Lands™, specially designed for the US market (it began retailing in March 2015 and is already a success). As for Yellow Tail™, around 95% of all its wines are sold in the US too! Hardys™ has historical links with the British market, which will somehow soon revert its recent decline in consumption (in 2014, the brand became a major sponsor of the England and Wales Cricket Board) [11]. Concha y Toro, the single South American in the list, has also been betting in the UK – and winning! Taking a more local approach ('developing specific brands for identified markets', as said Pedro Herane, CEO of the brand's VSPT group) [12], its Casillero del Diablo™ Cabernet Sauvignon grew by almost 20% in volume sales in the year to September 2015 to become the biggest selling brand of this grape variety in the UK [13].

Modern wine brands aim at even more immature markets as well. China is a very important emerging consumer nation (in spite of a recent consumption decline following an official ban on corruption). According to a survey by Fortune Character Magazine, almost 30% of Chinese wine buyers considered **'brand'** to be the most single important factor they took into account when deciding on what to purchase (another third also declared they knew nothing about wine [14]). Globally, only 2–5% considers themselves connoisseurs [3]. While many brands are struggling to adapt to Chinese culture (translation of brands' names is a mess, for ex.) [14], the country seems so promising that Castel Freres™, one of French largest wine companies (there known by the phonetic translation "Ka-si-te") is spending fortunes against counterfeit wines there[16]. News that Bordeaux wines (together with Cognac, Champagne and Napa Valley) received GI (Geographical Indication) status sounded stimulating [17]. Africa is the next (current?) stop: there are estimates of a 30% rise in consumption in the following 2–3 years [18].

In structured and more mature markets, "segmentation" – positioning the brand in a target segment – is an important marketing tool for modern brands[3]. Recent statistics show that wine buyers aged 18–34 represent just under 10% of the off-trade wine sector. They are the 'millennial generation', who drank approximately 40% of all the wine consumed in the US. Big companies have already started flirting with them. Pernod Ricard launched the Sun Craft™ wine, in versions with such names as Soft Rosé, Bold Red, Crisp White, Smooth Red and Fruity White. Frontera™ (a wine from Concha y Toro) sponsored the Brit Awards, Gallo started to bring fun to its labels (such as Barefoot™ and GFV Spritz™) and Accolade launched Echo Falls Fruit Fusions™ in a sweeter style [18]. Another recent phenomenon is the amount of celebrities who are attaching their names and/or becoming involved in wine production and marketing. Brad Pitt's Miraval Rosé™ 2012, from Provence, was a hit – but there are many others, such as actress Drew Barrymore, singer Fergie (Black Eyed Peas), and even football player Lionel Messi [19]! Alcohol-free and/or low alcohol or 'diet' wines are gaining popularity, as proved by the record sales of non-alcoholic Eisberg wines – more than 20,000 cases - in UK's "Dry January", the month's charity abstinence movement (one in six British participated in 2016) [20]. This movement towards the younger generation of consumers relies also on emphasizing a casual, informal personality. They want to sell brands as 'lifestyle' – Flip-Flop™ wine's labels and price points; as a "sensation" – Trinchero's Sea Glass™ white wines with labels of multicolored glass by the ocean; or as a "metaphor" – Layer Cake Syrah™ wine's memories of the aromatic sensations associated with the grape variety [21].

There are many marketing tools a company may use to promote its brands besides targeting emerging markets and new trends. One cannot neglect the issue of 'external appearance', the relevance of bottle and label aesthetics. Currently, there are even international agencies specialized in packaging design, like Australian 'The Collective' – who has a huge portfolio of clients, including the famous Penfolds™ [22] – and 'Vin Agency', consulting over 750 wine brands [23]. Aesthetics is just one of many opportunities to make contact with your customer, what branding consultant Sasha Strauss calls 'Touch Points' [24]. But in a world where modern graphic technology is highly available, focusing only on external 'looks' would place no one in considerable advantage. And, always, there is 'price'. But price is not a brand strategy, it is a complex result of production and market interactions. Mr. Strauss' "Touch Points" mean places where your target audience might contact your product for the first time: ads in a magazine, restaurants' wine menus, cooking TV shows, promotional signs on walls – chances where a relationship to your potential consumer may be built 'before, during and after a transaction' [3,24].

Bruce McGehan summarized the main strategies when planning to create and promote a brand: 'the 5 Ps of the marketing mix' [3]:

1. Product (inherent quality and packaging aesthetics (label, bottle, etc.);
2. Price (as a fair general indicator of quality for consumers)
3. Place (Mr. Strauss "Touch Points": restaurants' wine menus, supermarkets, liquor chains, etc. [21]
4. People (who are the people who will compose your target niche?)
5. Promotion (magazine ads, events, internet, shows).

But a shared characteristic of most successful wine brands is the fact they 'tell a story'. Customers have to connect to an idea, a legacy, they must become emotionally linked to your product. They have to be reassured that the liquid inside that bottle – that sells for the same price as hundreds of others in the same shop! – is distinct, unique. A brand has, firstly, to define who it is, what its origins are and how it differs from its neighbors. Most wine lovers, when asked about their favorite wines, will not start telling all descriptors of the WSET Systematic Approach to Tasting: they will tell you a story. According to Sebastian Aguirre, Concha y Toro marketing director, real wine brands are hard to find nowadays. Most are just labels and 'wine labels are commodities while wine brands actually mean something to consumers' [25]. Storytelling may have several distinct backgrounds. It can be about your family history, about how your wine came to be, its difficulties and triumphs along time. Casillero del Diablo™, for example, tells a story about how the company's founder, Don Melchor, spread the tale that his cellars were 'haunted by the devil' just to protect his best wines from thieves! But you can also tell your audience about such things as your grapes' origins, how you carefully cultivate and harvest it, creating an idea that your wine is exclusive for consumers who realize how important those details are. You can create an emotional connection between the consumer and the terroir. McDonald's™ do not sell sandwiches all around the world: it is actually selling an American way of life [26]. The same happens when someone buys a bottle of Champagne, Sauternes or Barolo wine – whole regions that became brands. No matter what story is chosen, a brand has to try not to be everything for everybody. Wine consumers are humans and what distinguishes us from all other species is that we have emotions, we like to care. You just have to give your consumers a reason to do it and your brand may become a success [3,25–28].

3. Advantages and disadvantages of wine branding for consumers

But do consumers benefit as much as producers and retailers from branding? Is branding as good for those who buy as it is for those who sell wine? On their favor, branding can indicate a familiar lifeline to new wine consumers, lost in an ocean of an infinite number of wine names. That's why brands are most popular in new unconsolidated markets, such as Australia and USA in the 1980s and parts of South Africa and South America currently [1]. The inability to build 'modern brands' by French producers is one of the main reasons they are striving to compete in more competitive markets [29]. By breaking the wall of strangeness between bottle and buyers, branding can 'create' new consumers and fuel a business that otherwise would be stagnated.

Price is an obvious extra benefit of the rise of modern brands. Since production is generally scalable and supply of grapes is not limited to a region (PDO / PGI), these wines are usually widely available and can be sold at cheaper prices. Many wine drinkers were and still are introduced to wine through a few brands, due both to familiarity and, obviously, low cost. And they are not necessarily bad wines! Their recent rise has actually improved the quality of cheaper, every-day wines: some are able to deliver, for example, good grape tipicity and/or high aromatic intensity. Australian brands like Lindemans™, Penfolds™, Rosemount™ and Hardys™ actually offer reliability and honest quality cheaply – as well as many South Americans, Californians and South Africans [5]. They are making fairly good wines more accessible to more people.

Modern brands also provide a sense of consistency to consumers. PDO and PGI wines, particularly those from marginal climates, frequently vary from year to year according to weather conditions during the growing and harvesting periods. Moreover, origin is not always what consumers are looking for when they buy wine. A poll started by the Wine Spectator in 2014 shows that about two thirds of consumers, when choosing a wine, want to 'try something new'– instead of opting for a wine they had tasted before and 'knew they liked it' [30]. And younger people, that promising niche, are indeed much more inclined to try new things. Fortunately or not, most consumers simply do not care that much – all they want is a wine that does not disappoint them and delivers what it promises for its price (no wonder more than 93% of all wine bottles sell for less than U$ 25) [31]. Continuity of supply and consequent consistency give these consumers confidence on what they will be getting for that much money.

Of course all those benefits do not come without a price. First, some even argue branding is not suitable for wine, a product that built its history on a basis of such things as a sense of place and vintage variations. Throughout centuries, wines have always expressed their cultural and geographical origins. The word terroir, for example, encompasses characteristics that can be applied only to wine production. Unlike beer, whisky and (worst of all) vodka - for which raw material assumes a tertiary position - people, grapes, regions and their histories have been making all the fame and nobility associated with wine.

Loss of diversity is another huge threat. Most cheap, commercial varietal wines taste almost the same. There is seldom any interest in making distinctive wines by the big companies because they aim at the average international consumer. While retailers promote the idea of diversity (showing off a huge number of different brand names on their shelves), their menus are often monotonous – homogenous, easy, young, fruity wines with no personality. Diversity is one of the most interesting aspects of wine and it has to do with distinct soils, climates, grapes, viticulture procedures, production methods... Remove all these from wine and it becomes a commodity [5] – you'll end up having the same fun as tasting different brands of milk, fruit juice or corn.

In the long term, unfair competition rarely favors consumers. And one can advocate the fight between classical, estate wines and the modern brands is far from fair. Wine's secular image of erudition has all to do with a beverage made and bottled by small village European producers. The modern wine brands are hitch-hiking in that millennial status. While they offer familiarity, consistency and accessibility, each bottle of its kind that is sold represents one bottle of genuine estate wine lost. As Jamie Goode says, they exist because "they are imitating the genuine thing" [5] (counterfeit wine is already an important issue in China [16,17]. But if they grow big enough as to become much more prevalent, what would they tell consumers they are pretending to be? In a few decades, we might end up with a generation that drink wine as we now drink Coca-Cola™ [18].

4. Concluding remarks

After all, there may be some space for optimism. Compare the recent rise of the modern wine brands with the arrival of the internet some decades ago! In the first years of the www, there was much concern for the risk of globalization and standardization. Critics foresaw the end of uniqueness, the funeral of distinction, the start of an infinite dictatorship of the 'pattern of the majority'. As years passed, it turned out that the web became quite the opposite: the internet made knowledge much more accessible to those who were far from it before. And, importantly, it became a new tool – powerful and with an incredible long range – for the diffusion of culture, actions, movements and demands of some minorities that wouldn't otherwise be listened by the world. Maybe this is what is going to happen to the wine industry. Branded "commodity" wines will rise to a point where the market will finally see them as a group of homogeneous, characterless alcoholic beverages and will, then, turn its attention back again to terroir and history. Hopefully, when this happens, estate wines will benefit from the popularity modern brands contributed to the wine industry – and from all the mass of consumers it brought along.

References

[1] Robinson, J., ed., 2006. *The Oxford Companion to Wine*. 3rd ed. New York: Oxford University Press Inc.

[2] Giavanti, C., 2016. What is your brand: the importance of branding and messaging for small wine producers. *The Grape Vine Magazine*, [online] Available at: <http://thegrapevinemagazine.net/article/what-is-your-brand-the-importance-of-branding-and-messaging-for-small-wine-producers/> [Accessed 02 March 2016]

[3] McGehan, B., 2011. The way a premium wine brand boosts profits through marketing. *Wine Marketing Pros*, [online] Available at: <http://www.winemarketingpros.com/winery-marketing/marketing-wine/> [Accessed 16 March 2016]

[4] Haros, R., 2015. Wine Branding: why it's important for the industry's growth. *Nomacorc*, [online] Available at: <http://www.nomacorc.com/blog/2015/11/wine-branding-why-its-important-for-the-industrys-growth/> [Accessed 16 March 2016]

[5] Goode, J., 2002. The two cultures. How the rise of the brands is changing the face of wine. *W^a wineanorak.com* [blog] October / November.

Available at: <http://www.wineanorak.com/twocultures.htm> [Accessed 13 March 2016]

[6] Duke University, 2014. *Market fragmentation.* [online] Available at: <http://sites.duke.edu/sociol342d_001_s2014_wine/global-value-chains/market-fragmentation/ >[Accessed 12 February 2016]

[7] Stevenson, T.; Arnold, R., eds., 2003. *World Encyclopedia of Champagne & sparkling wine.* 2nd ed. Bath: Absolute Press

[8] Zahar, J. ed., 2007. *Vinhos do mundo todo.* 3rd ed. Rio de Janeiro: Jorge Zahar Ed.

[9] Huyghe, C., 2014. Three lessons of luxury branding from Italian wines. *Forbes,* [online] Available at: <http://www.forbes.com/sites/cathyhuyghe/2014/04/25/three-lessons-of-luxury-branding-from-italian-wines/#72b04209883c/> [Accessed 03 February 2016]

[10] Girard-Lagorce, S. ed., 1999. *100 vins de légende.* 1st ed. Paris: Éditions Solar

[11] Stone, G., 2015. Top10 wine brands 2015. *thedrinksbusiness.com,* [online] Available at: <http:// www.thedrinksbusiness.com/2015/04/top-10-wine-brands-2015/> [Accessed 02 March 2016]

[12] Mileham, A., 2016. Wine brands need to be local, warns Chile producer. *thedrinksbusiness.com,* [online] Available at: <http://www.thedrinksbusiness.com/2016/02/wine-brands-needs-to-be-local-not-global-chile-producer-warns/> [Accessed 27 February 2016]

[13] Baker, N., 2015. Concha wine brands booming in UK. *thedrinksbusiness.com,* [online] Available at: <http://www.thedrinksbusiness.com/2015/10/concha-wine-brands-booming-in-uk/> [Accessed 28 February 2016]

[14] Huang, S., 2013. Wine knowledge extremely limited among China's wealthy elite. *thedrinksbusiness.com,* [online] Available at: <http://www.thedrinksbusiness.com/2013/09/wine-knowledge-extremely-limited-among-chinas-wealthy-elite/> [Accessed 02 March 2016]

[15] Schmitt, P., 2016. Too many wine brands not 'China-ready'. *thedrinksbusiness.com,* [online] Available at: <http://www.thedrinksbusiness.com/2016/01/too-many-wine-brands-not-china-ready/> [Accessed 27 February 2016]

[16] Mercer, C., 2015. Wine in China: Castel spending 'hundreds of thousands' to protect brand. *decanter.com,* [online] Available at: <http://www.decanter.com/wine-in-china-castel-spending-hundreds-of-thousands-to-protect brand-273038/> [Accessed 26 February 2016]

[17] Feng, N.F., 2015. Bordeaux wine gets Geographical Indication status in China. *decanter.com,* [online] Available at: <http://www.decanter.com/wine-news/bordeaux-wine-gets-geographical-indication-status-in-china-265413/> [Accessed 26 February 2016]

[18] Green, M., 2016. Wine trade must increase focus on millennials to preserve its future. *offlicencenews.co.uk,* [online] Available at: <http://offlicencenews.co.uk/news/printpage.php/aid/15517/Wine_trade_must_increase_focus_on_millennials_to_preserve_its_future.html/> [Accessed 13 March 2016]

[19] Shaw, L., 2013. What's in a name? Celebrity wine… *thedrinksbusiness.com,* [online] Available at: <http://www.thedrinksbusiness.com/2013/06/whats-in-a-name-celebrity-wine/> [Accessed 02 February 2016]

[20] Hook, S., 2016. Dry January fans drive record sales for Eisberg. *offlicencenews.co.uk,* [online] Available at: <http://offlicencenews.co.uk/news/fullstory.php/aid/15519/Dry_January_fans_drive_record_saes_for_Eisberg.html/> [Accessed 11 March 2016]

[21] Hayes, C., 2012. The rise of the modern wine brands. *winebusiness.com,* [online] Available at: <http://www.winebusiness.com/wbm/?go=getArticle&dataId=103111/> [Accessed 28 January 2016]

[22] Radic, K., 2013. Wine branding: it's all in the bottle. *brandingmagazine.com,* [online] Available at: <http://www.brandingmagazine.com/2013/10/02/wine-branding-the-collective/> [Accessed 28 February 2016]

[23] Vin Agency, 2016. *Vin Agency.* [online] Available at: <http://vinagency.com/contact/> [Accessed 02 March 2016]

[24] Strauss, S., 2013. Brand: identifying brand touch points. *winebusiness.com,* [online] Available at: <http://www.winebusiness.com/wbm/index.cfm?go=getArticle&dataId=109055> [Accessed 12 February 2016]

[25] Shaw, L., 2015. Successful wine brands 'tell a story'. *thedrinksbusiness.com,* [online] Available at: <http://www.thedrinksbusiness.com/2015/successful-wine-brands-tell-a-story/> [Accessed 02 March 2016]

[26] Strauss, S., 2013. How to create your own brand strategy. *winebusiness.com,* [online] Available at: <http://www.winebusiness.com/wbm/?go=getArticle&dataId=111064> [Accessed 02 March 2016]

[27] Maker, M.H., 2015. Storytelling is the new marketing: five lessons for wine brands shifting toward narrrative. *Nomacorc,* [online] Available at: <http://www.nomacorc.com/blog/2015/02/storytelling-is-the-new-wine-marketing-five-lessons-wine-brands-shifting-toward-narrative/> [Accessed 16 March 2016]

[28] Strauss, S., 2012. Brand: a reason to believe. *winebusiness.com,* [online] Available at: <http://www.winebusiness.com/wbm/?go=getArticle&dataId=107736> [Accessed 02 March 2016]

[29] Goode, J., 2002. French wine in crisis; an industry in need of pruning. *W^a wineanorak.com* [blog] October / November. Available at: <http://www.wineanorak.com/frenchwineincrisis.htm> [Accessed 13 March 2016]

[30] Wine Spectator, 2014. Polls. Wine stalwarts or strangers? [online] Available at: <http://www.winespectator.com/poll/results/id/42> [Accessed 13 March 2016]

[31] Boyer, D., 2014. Does wine brand loyalty exist? *thedrinksbusiness.com,* [online] Available at: <http://www.thedrinksbusiness.com/2014/09/does-wine-brand-loyalty-exist/> [Accessed 02 March 2016]

DOI: 10.1051/bioconf/20160703011

Digital wine marketing: Social media marketing for the wine industry

Natália Andrade Viana

University of Lisbon/Catholic University of Portugal, Portugal

Abstract. The wine industry recognizes the increasingly relevant role of digital marketing as a valuable and appropriate tool to reach (adult) consumers. This paper intends to trace a brief analysis about Digital Wine Marketing and Social Media Marketing contribution for the Wine Industry to increase brand awareness and sales and develop a short guidance to digital marketing as well. When consumers search for wine and wineries on internet they are bombarded with an massive volume of brand messages, meaning that delivering creative, polished content is key if a brand wants to capture people's attention. So, make a good wine is a important part of the work, but after this is necessary to give it the presentation it deserves, communicating accurately to consumers and have in mind that digital marketing activities are in a state of evolutionary development, where new trends are likely to occur rapidly and wineries have to adapt.

1. Internet

The world population exceeds 7 billion people where 42% actively use the Internet and 1,75 billion people use social networks through mobile phones. If we have a close look, this shows us the importance of wineries has online presence and responsive sites which allows a proper navigation through access from mobile devices.

1.1. Interaction with mobile phones

- 150 interactions per day.
- 177 minutes per day using mobile phones where each session lasts average 1.18 minutes.

2. Millenials

The millennials are the demographic cohort between Generation X and Generation Z. They are people of a generation with ages between 21–34 years. This is the largest generation in history, reach about 2.5 billion people, being that 90% use the internet, they are the "digital natives". Characterized by being confident people, well informed and want to make a difference in the world through their work.

This generation consumes wine, but introduces a new standard of consumption compared to the previous generation. They prefer information/ recommendations obtained through friends and familiars; give less attention to geography as a quality factor and brands are important as well as prizes and competitions medals. With strong aesthetic sense, they value the image/ design of labels. Aware of the new legislation and the health, they value the percentage of alcohol contained in the drink, verifying a preference for wines with lower alcohol content and organic wines also are highlighted (for health and environmental reasons).

2.1. Target – Millenials are the main target

Wineries have to deconstruct the formal stereotype of wine consumers, making the new generation identifies with the drink, maintain proximity to this new generation. In addition, the millennials consumes and learn differently about wine, whereby social networks will be increasingly important to impact these younger consumers.

Foodies: millennials are very interested in wine and food. A good technique will be publish wine pairings and wine suggestions to be served with gourmet dishes.

Diversity: millennials are not as committed to the brands, they want diversity and value, so they are open to know and test new products.

Drama: the physical spaces of the stores must be stated as a destination, bringing visual, social and intellectual stimulation. According to a survey by the University of Leicester in the UK, the mere fact of putting background music of a particular country has the power to increase sales of wine of this origin.

Values: millennials create stronger bonds with brands which they share values. One of the values most shared by this generation is sustainability and environmental responsibility, which is reflected in different aspects such as: organic grapes, wineries with a fair trade policy and environmentally friendly packaging (see the example of wine packaging of Bota Wines).

3. Wine digital marketing

Nowadays, consumers have many more quality wine choices. They can count with apps, blogs, and online product reviews to be informed about the products and brands. In this scenario, being fearless and adaptive, using new technologies to communicate your band is the way for independent family winery to succeed in this highly competitive global market.

3.1. Content

The wineries should create content that create interaction, lead consumers to share their experiences on social networks and position the brand as relevant to the target. Note that the contents created for millennials should have quality, good presentation, aesthetic sense, but may be simpler without so many big productions, may have a simpler and closer language. A more personal approach captures more attention and yields more interaction in social networks. Thus, if the objective of the campaign is to have more clicks, more action by consumers, the company should adopt the direct speaking to the camera, communicating directly with the consumer.

Man is a social animal, so the digital content should create a sense of community and customization. Consumers are online for "Be to see" – socialize, shop and have entertainment – and "be to be" – saving, reduce costs and save time without intermediaries. Note that currently the dimension that distinguishes more online of offline is the potential community. Consumers generate content, talk about brands and products, and we should give more power to consumers, allowing them to participate more in the creation and dissemination of content.

3.2. Types of content

Identify the subjects and themes that arouse more curiosity and interest of the public is fundamental to trace the content strategy to explore on social medias. Winemaking, viticulture, culinary, food pairings, hospitality and design are trend topics. The public used to like to learn more about people behind the wines, family stories, historic facts and food pairings through "when to drink" and "how to" videos.

Focus on consistency and quality content is very importante. Have a blog to post recipes, updates from the winemaker, harvest notes and something that's educational is a good way to reach the public and get more shares on social medias.

To create a digital brand essence, wineries should have their mission clarity, refuse to compromise quality, focusing on quality even on online approach, and be authentic. It will still be important to develop a content strategy, predefining topics and content schedule, defining brand tone and voice – what and what not to talk about – and determining what to do when negative comments arise.

3.3. Platforms

The Wine Digital Marketing can develop via the following platforms:

Online Advertising: online advertising can be a valuable choice for wineries looking to promote their brand to specific audiences or with specific keywords. We have several different types of digital advertising as: Search Engine Advertising (Google AdWords); Website Announcements (Slide-outs, Banners and Pop-ups); Social Media Advertising (Facebook, Twitter and Pinterest) and through association/ partnership with specific sites for ad placement.

Email Marketing: the common practice for most successful wineries in the world. The email marketing is a very powerful generator of online wine sales and a critical component of digital marketing because it reaches the perfect audience and save time and resources. It is worthwhile to create a database with consumers' emails to promote products, events, sales and keeping in touch occasionally building a good relationship.

Social Media Campaigns: consumers expect and demand wineries online interaction, so they should be using social media frequently. Wineries should create an editorial schedule, develop the content needed to make an impact on each post, ensure that social media management should originate from an authentic voice and have systems in place to leverage its functionality.

3.4. Media strategy management

Digital marketing is a strategy that requires ongoing campaigns incorporating all techniques from the online marketing tool kit and every action take on social networks should be a part of a larger social media marketing strategy.

Create a social media marketing plan will guide wineries online actions, but it will also be a measure by which they determine whether they're succeeding or failing at social media. This plan is a summary of what wineries expect to achieve for theirs business using social networks and serves to establish objectives and goals to achieve (which should be aligned with their broader marketing strategy) and prove the ROI.

The key is setting specific business goals, embracing new technologies and using data to understand what works and what you can do without. It is necessary to prepare your winery culture, rule which information would be online as a visit card and create or improve your social accounts with your broader goals and audience in mind.

Wineries need to create a social media content strategy that resonates with their audience and develop a plan determining the audience, frequency of online interaction, contents, approach and platforms is elementary before taking the first steps. To accomplish this task successfully is essential to hire or train skilled professionals with a multidisciplinary background and developing this function with a high quality so can compete on equal terms in the competitive global wine market.

To trace the media strategy is imperative wine companies determine basic principles to be followed in its strategy taking into account the regulation applied in this field, to know:

- Digital marketing communications are intended for adults of legal purchase age;
- Digital marketing communications on a site or web page controlled by the brand advertiser that involve direct interaction with a user should require age affirmation by the user prior to full user engagement of that communication to determine that the user is of legal purchase age;
- Digital marketing communications and product promotions must be transparent as brand marketing by being identified as such;
- Digital marketing communications on sites controlled by the brand advertiser must respect user privacy;
- Create content that people want to talk about. Notice that great content will be essential to succeeding at social media whereby your social media marketing plan should include a content marketing plan, comprised of strategies for content creation and content curation, as well as an editorial calendar.

TOP20 SOCIALPLATFORMS– MEMBERSHIP AND ACTIVE USAGE

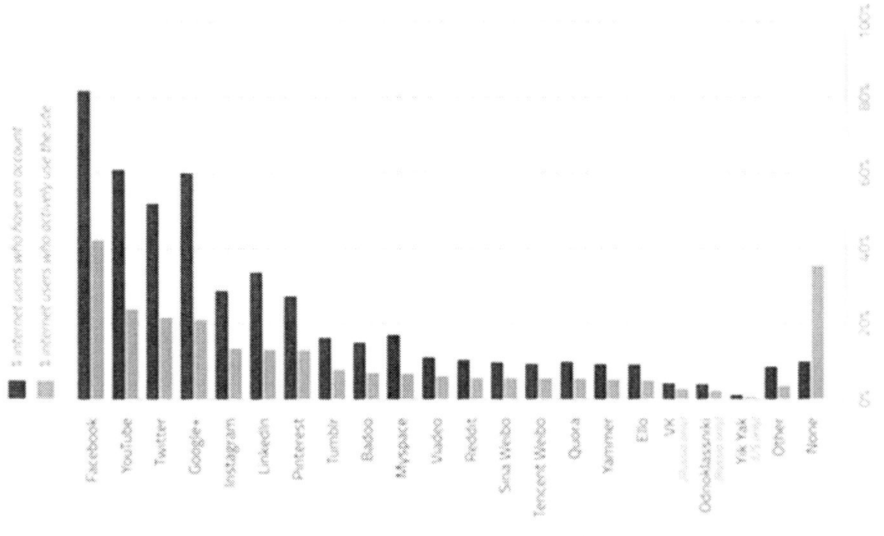

Account: On which of the following services do you have an account? / **Active users:** Which of the following services have you used or contributed to in the past month using any type of device? / **Source:** GlobalWebIndex Q1 2015 / **Base:** Internet users aged 16-64, exc. China.

- Use social media to listen to customers (consumers can also offer social media inspiration, only through the content that they share and in their messages. See how your target audience writes and also learn their habits, when they share and why, and use that as a basis for your social media marketing plan);
- Concentrate on increasing daily updates (ensuring that posts and updates have be seen by your target audience); and
- Use social media to discover how can you could distinguish yourself from competitors and appeal to consumers they might be missing.

3.5. Sales tools

It is a challenge to wineries to find a successful way to use social media with tangible results to their income. The wine sector should consider how to use social media strategically to offer customer engagement, grow brand awareness and draw consumers through sales funnel creating loyal customers, brand ambassadors and sales.

Actually, consumer expect to notice appealing photos of products and experiences they would love to purchase. Notice that platforms like Instagram, Pinterest, Twitter and blogs can make sales directly and make it straightforward with a link back to the e-commerce store or website.

Wineries face special challenges in promoting their business on social media because, in some countries – like in the USA-, national authorities considers social media as advertising and regulates what wineries can do online. The regulation mainly affect wineries in two different ways. First, they cannot run contest that give away wine and second, they must monitor user generated content for anything that might promote irresponsible drinking.

Certainly, wine companies should to take strict laws with alcohol in account before undertaking any social media or indeed, digital wine marketing, observing the laws of the land and also the social platforms guidelines. Although it is not so easy to make consumer wine directly sales through social media, it still should play a strong role in wine sales funnel.

As mentioned, the regulation in some countries prohibit wineries from giving away alcohol, avoiding standard tactics on social media for retail brands (as contests and giveways). To overcome this challenge wineries can identify complementary brands that fit with their objectives for collaborate and promote contest in partnering with them – investing in corkscrews, wine glasses, cookbooks and wine tasting notebooks, for instance – to reward loyal fans. In other words, the regulation cannot stop them from successfully use social media to foster brand loyalty. The wineries can also rewards fans informally by liking their photos on Instagram and giving shout-outs on Facebook and Twitter. In return, fans naturally share their contents.

It is also important to keep an eye on the quality of followers. The experience reveals that is better does not run contests on social media to get new followers (refer-a-friend type of contest) but run contests to reward existing fans, rewarding loyal fans. It is a way to collect email address of current fans for their database to send newsletter and product review, but respecting privacy polices. This strategy to attract genuine fans and quality is preferable than inflate follower numbers with people who are not true fans of the brand. When you have a genuine, an authentic fan, you do not even have to ask them to share your posting, because they will do it on their own.

Wineries, in addition to social publishing platforms, can also use distributor meetings, winemaking virtual tasting vídeos, QR Codes to give more information about the product and wine harmonization, digital wine lists as a sales tools. Promote the product in different contexts is promoting the consumption of the product as well and thus boost their sales.

DOI: 10.1051/bioconf/20160703011

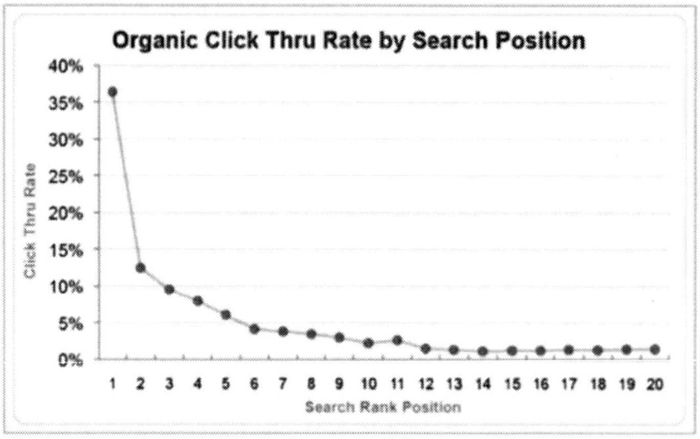

The Catalyst Google CTR Study

Figure 1. Research based on 10.000 keywords across 250 B2B and B2C companies.

3.6. Social media marketing

In this scenario, how can wineries use social media to promote their products and increase sales and brand loyalty as well?

First of all is necessary to have social media marketing concept. Social media marketing is building a social network of fans, followers and connections using proper and interesting content that allows business to reach and engage more people and drive more sales. It is getting people to talk about your brand, creating brand ambassadors will represent a brand in a positive way, promote the identity, philosophy, values and products, helping to create brand awareness and increase sales. Relationships sell wine and the digital wine marketing is the art of making wine sales and increase brand loyalty through communication vehicle.

Note that the wine industry has been one of the slowest industries to adopt social media, but it is relevant to recognize that is a big opportunity for wine brands to engage directly with those who drink the wine. Thus, the mainly social media marketing purpose in wine sector is expressing the wine brand unique value to customers and its digital presence should do it when producers are not talking personally to them.

3.7. Social media marketing is storytelling

Consumers expect more than just a product or service, they want a story to engage with. Notice that is a way of approaching the new generations and popularizing wine culture, so it is necessary to wineries have a dedicated marketing manager who creates and publishes content on social networks. It is also important to pay attention on which type of content it will be added value to the customer through tips and advices.

Note that storytelling is about consumers not about marks. Consumers wants to know the history and wine context, to know how is elaborated the wine – traditional methods, organic, biodynamic wines – and know the producers. So, labels can tell them a little bit more informations, telling them the history behind the product (e.g. Colli Ripani Collection).

Virtual experiences

Display videos to people reuse in social media and webcast tasting, explaining details about viticulture and wine.

Experiential content

Post contents that remind people of a positive memory and share videos/photos to attract attention and encourage customers to share their own experiences and spreading your brand online as well.

Wine tourism

The wine tourism is an important tool to visitors shares their own experiences on social medias, instigating other people to come to visit the wineries and a path to straight brand/customers relationship.

3.8. ROI – social media return on investment

Normally, producers need to expect 6–12 months to see an impact on sales, allowing time to grow their network. Think of building "social currency", the more good will you generate with fan, the more likely they will share your product.

Measuring social media ROI

- *Online purchases*: is relatively easy to track marketing sources to purchases and correlate which efforts are selling the most wine.
- *Offline purchases*: use a baseline method where you check sales before and after social media campaigns.

3.9. SEO – search engine optimization

SEO is the name given to activity that attempts to improve search engine rankings. It is the process of getting traffic from the "free," "organic," "editorial" or "natural" search results on search engines.

3.10. Search behavior

- 89% of researchers modify the search when they are not successful.

- 89% use another search engine when they have an unsuccessful search.
- 79% do multiple searches.
- 33% of users (aged 18 and 29) know the difference between organic search and paid search.

4. Wine industry specific strategies

4.1. Responsive templates

At the present time people use mobile devices to connect to Internet so it is important select a responsive template to use in wineries websites. Responsive Web Design makes web page look good on all devices (desktops, tablets and phones) and helps customers consult the websites and take off a doubt when they are selecting or buying a wine on a restaurant or wine store, for example.

There is a huge website template variety, but remember to give preference to elegant, contemporary, dynamic, interactive, efficient, attention-getting, high-quality and productive ones. It will help your online success.

4.2. Digital influencers

To telling story wineries can use high-definition videos on their websites or different platforms like digital magazine and blogs. Consider that number one reason people buy wine is based on recommendations and testimonials, revealing the bloggers, digital magazines and social media influence on sales.

Famous professional bloggers are opinion leaders and can influence their target audience turning into brand advocates, promoting the products, events and brand lifestyle. They create powerful content and represent a powerful group in the marketplace because they can impact consumers via word of mouth and brands are noticing it. So is common to find bloggers that signed a deal with famous wine brands to cooperate on campaigns and projects, developing synergies.

For this reason, the opinion leaders play an undeniably important role because they have significant influence on the pre and post-purchase behavior of customers. Through their own social media channels, they create an online community and spread the message to multi-strong- target audiences that are hungry for information. The influencing power of bloggers lies in the engagement with consumers. They produce conversations and are credible because they are "one of us", the similarity between reader and blogger makes a big impact on the final purchase decision. Professional critics no longer rule wine popularity, but a personal, uncomplicated and unpretentious approach has more effect on sales because it is closer to the average consumer opinion.

Wine brands pay to have bloggers presence in their events like wine tasting presentation and send them products to strengthen bloggers to test and evaluate. They add value and expertise because they discover, evaluate, compare and introduce products to a huge audience.

So we can conclude that bloggers hold the power to format and impact public impression of brands, challenging wine brands to determine how they will work with them and contribute to influencers frame their message honoring the brand to the public.

5. Conclusion

As preliminary results we can say that Digital Wine Marketing becoming a complex issue and very current. So, it is time to investigate and help the secular wine sector respond this great and modern challenge. Information is currency and a strong content marketing plan helps wineries engage website visitors and increase their sales.

The world has changed, communication rules have changed and today consumers have more power. To the extent that consumers create content they become the mark, forming opinion about it. The strategic marketing planning should start with a content strategy – this is the essence of strategic marketing planning – and just after setting the content is that we should choose the platforms to be used. The online has created the potential of community and nowadays everything is about relationships, having online presence becomes vital to survive the competitive global market.

References

Kaushik, Avinash (2010), **Web Analytics 2.0: The Art of Online Accountability and Science of Custormer Centricity**, 1st edition, Indiana – USA, Wiley

Ryan, Damian, Jones, Calvin (2012), **Understanding Digital Marketing: Marketing Strategies for Engaging the Digital,** 2nd edition, Philadelphia – USA, KoganPage

Kotler, Philip et al., Marketing 3.0: Do Produto e do Consumidor até ao espírito Humano, 2ºedição, Lisboa, Actual

Joris Merks-Benjaminsen, Online brand identity, 1st edition, September 2015, Adfo

www.kplibrary.com

www.socialbakers.com

www.alexa.com

www.similarweb.com

Strategies practices of outstandings national wineries in the Brazilian market

Maximiliano Raúl Germán Pisso

Universidade do Vale do Sinos. Av. Luiz Manoel Gonzaga, 744, CEP: 90.470-280, Porto Alegre, Brazil

Abstract. This work aimed to identify the strategies practices of outstanding national wineries on the Brazilian wine market from the perspective of *Strategy as Practice*. To conduct the survey, a multi-case study was developed in three Brazilian wineries, where the managers involved in strategic activities were interviewed and observed. Faithful to the recommendations of *Strategy as Practice* authors, this work sought to understand how context's forces, past experiences, and firms resources shape and guide the disposition of actors for a particular strategic choice that became ordinary practices.

1. Introduction

In recent decades, various theories and models were created for the study of phenomenon related to the field of strategy in business [1]. In this light, organizations are seen as objective entities that have a clear target that must adapt to the economic environment, play resources and gain competitive advantage over their competitors to survive [1]. Examples of such widespread analysis tools are SWOT, BCG and the Value Chain [1]. Despite the great appeal of these approaches, the structure of the discipline has been developed through concepts and analysis tools that neglected the practice of people involved in the strategy [2]. The main criticism raised from these models is that, because there is a predominance of a macro view of the organizations' strategy, this approach reduces the importance of micro processes involved in the development of strategies; marginalizing tools, activities and practices that are used by professionals on a daily basis [2]. In order to understand what people *do* in relation to the strategies and how that influences the organization and its context, arises the Strategy Practice theory [2]. In this sense, the strategy is something that people *do*, not something that the organization *has* [3]. While previous approaches tend to take on the behavior of those involved in the strategy, SAP seeks to understand how people interact and use tools for the formation of strategies in practice [2].

In this context, this study aimed to identify the strategies practices of outstanding companies in the Brazilian market from the perspective of *Strategy the Practices* theory with the intention of discussing the role of firm resources, past experience, and influence of the social context to generate a unique strategy practices process. The theoretical analysis was empirical multi-case study on three wineries companies located at the Serra Gaúcha region, in the state of Rio Grande do Sul, and focus on determining which practices generated competitive advantages on the Brazilian wine market. To achieve this purpose, four specific objectives were structured: to analyze the context of companies and their possible impacts on strategic practices; classify the strategic activities of the companies surveyed in practical dimensions to analyze how they impact on differentiation; describe the analytical and technological tools used by companies for the construction of strategies and their impact on practices; identify distinctive and common practices among the surveyed companies.

2. Theorical review

2.1. Practice: A socially constructed guide for action

The study of the strategists often focused in activities and management roles, disregarding the institutional forces of context. Thus, authors such as Whittington [3] argue the need for research into the institutions of the strategy, more specifically on the relationship between the conduct of social actors at the micro level and the institutions at the macro level. From these concepts, strategy's practices are understood as socially constructed. That means: the specific activities of actors cannot be separated from society, since the rules and the features they provide are essential for the action. Society is therefore the own producer of action. Social forces shape and guide the willingness of actors to a particular strategic choice. Thus, the individual is predisposed to behave in a particular way and react to strategic circumstances in a way that is congruent with their own sense of identity and education [4].

2.2. The internalization of practice

Social theorists have been concerned about how practices are internalized through social interaction. In this sense, learning plays a decisive role. According to Gherardi [5], learning is always related to a practice developed by a group working out an identity based on participation. From this perspective, the practice is always the product of specific historical conditions resulting from previous practices that become our present practice. The contribution of this approach is the view that the practice is an activity system in which *knowing* is not separate from *doing* considering learning a social event and not just a cognitive activity [6].

Much of the action and group interactions are not based on shared agreements, but were constituted around a set of tacit assumptions that are not fully explained or completely explainable, since they were absorbed tacitly. Thus, social action is closely linked to a moral condition that the actors recognize as correct, legitimate and appropriate to a specific context. Human beings act in relation to certain facts based on the meaning that these facts have for the group to which they belong [6].

Gherardi [5] defines a practice as a socially and accepted stable way of ordering heterogeneous elements into a coherent whole through time. The author explains that the activities acquire meaning depending on the context, the moment where the action takes place and that society recognizes this action as legitimate. Thus, practices are best understood when they are situated, in other words, when there is a context and a group of people that build practices collectively binding and giving identity to that group.

Bispo [6] interprets that from this perspective the reality does not exist *a priori*, but it is what people live and know. A practice is not understandable only to the agent that it practices, but it is also understandable for potential observers within the same culture [7]. In this sense, Bispo [6] explains that a practice is something that gives identity to a group that is organized from it. Learning occurs through interactions between social actors and human and non-human elements, and it is the result of tacit and aesthetic dimension of these interactions.

2.3. Elements of practice

The most important authors of SAP recognize three essential elements for the existence of practice: *praxis, practice* and *practitioners*. According to Reckwitz [7] *Praxis* is an emphatic term to describe any human action. *Practices*, on the other hand, refers to shared routines of behavior, including traditions, norms and procedures for thinking, acting and using things, this last in the broadest sense [3]. Finally, the *practitioners* are the actors; those individuals who interrelate with the *practices* and *praxis*.

The best way to understand a practice is observing the reciprocal relationships between the three key elements. A practice perspective on strategy should incorporate consideration of how strategy *practitioners* (managers, consultants, others) draw on more or less institutionalized strategic *practices* (routines, procedures, techniques and types of discourse at organizational and extra-organizational levels) in idiosyncratic ways in their strategy *praxis* (specific activities such as meetings, conversations, talk, interactions) to generate what is then conceived as strategy, constituting in the process both themselves as strategy practitioners, and potentially their own activities as the seeds for new strategy practices [8].

2.4. An integrative model of strategy as practice

Economists have recently built up a stream of research identifying best practices in management and determining the effect of their implementation. This work, primarily relying on survey methods and experimental manipulation of practice implementation, has highlighted the performance impacts of practice differences. In surveys across vastly different contexts of firms, industries, and countries, these scholars have shown that substantial gains in outcomes, such as profitability and sales growth, are correlated with best practice adoption. However, Jarzabkowski et al [9] argue that partial models that focus only on "best" practices in isolation are liable to misattribute performance effects. The aim of their work is to build an integrative model in which the complex links between practices, the ways in which they are engaged, who engages them, and their potential outcomes can be fully recognized [9]. It is important to note that the practice elements detailed in the previous section and those in the strategy-as-practice field call *praxis, practitioners*, and *practices* where replaced in by the authors model as "what," "who," and "how".

The model shows that without recognizing the status and backgrounds of those *who* transfer and apply practices, there is a risk of confusing effects arising from practices with effects arising from the legitimacy or skills of the practitioners involved. Practices are developed, transferred, and enacted by practitioners, for instance, senior and middle managers or strategy consultants. Practices and practitioners are entangled. Hence, the effect of practitioners may be an important omitted variable in the evaluation of the impact of practices. Therefore, when attributing outcomes, it is necessary to consider how practice effects are intertwined with practitioner effects [9].

Second, the model emphasizes the importance of *how* these practices are actually enacted in the field. The authors argue that without close attention to the situated enactment of practices, observers are liable to overvalue formal practices while undervaluing practice adaptations in context. Practices do not occur automatically and unproblematically. Rather, they are enacted in *context*, often in ways that vary considerably from their espoused pattern. Such variations are not necessarily failures of practice, but rather necessary adaptations or improvisations in changing circumstances. Sometimes, such adaptations of practices are also strategic, such as when firms deliberately decouple what they claim to do from what they actually do. These deviations can be enormously generative, enabling, for example, changes in firm strategy. In other words, there is often a gap between apparent practice and what happens on the ground, with improvisations and workarounds important for achieving desired outcomes [9].

As Figure 1 indicates, practices are strongly shaped by the practitioners who develop and advocate them. The specific characteristics of different types of practitioners—in terms of cognitive traits, roles, and organizational positions will have strong implications for practice use in different firms. Accordingly, inferences about the relationships between practices and performance are insecure if we do not account for the practitioners involved and the varying effects they can have. The same practice may have different performance outcomes when introduced by a prestigious consulting firm, by a powerful CEO or by a middle manager. Similarly, strategy practitioners may be more or less successful in their use of particular strategizing practices, according to their social skills and the contexts in which they operate [9].

The model also suggests certain feedback effects of the use of practices on practitioners in terms of their identities,

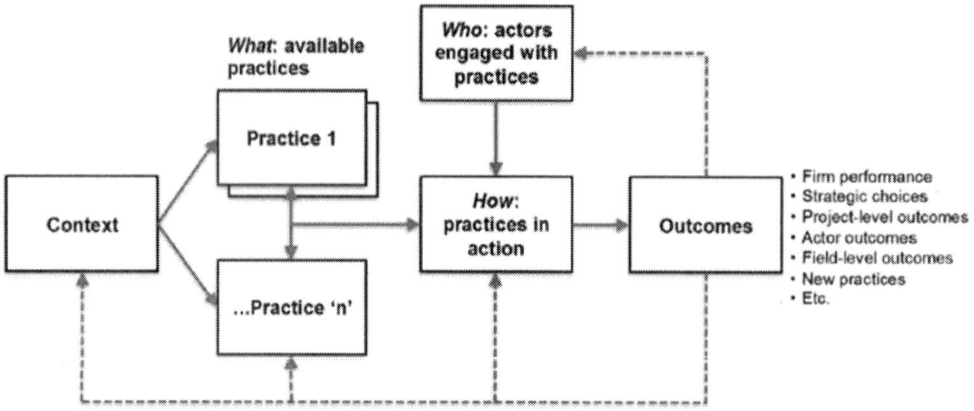

Figure 1. Integrative model of Strategy as Practice. Source: Jarzabkowski, et al. (2015).

skills, and career prospects. Practices are rarely blueprints that can simply be plugged into a context in unproblematic ways, as their use will be shaped by practical adaptations associated with specific contexts or practitioners needs. Moreover, close observation of practice adaptation may reveal sources of potential practice innovation. If we move beyond views of practices as largely transferred intact between contexts and actors, to understanding *how* those practices are enacted locally in practice, often in ways that make them barely recognizable to their originators, we may develop theories about the critical role of practice adaptation or even practice transformation in generating performance outcomes. Practice theory generally analyzes practices as *bundles* rather than singly. The model shows that effects of a practice will vary according to the presence or absence of other practices [9].

The model also would inform a wider approach to practice outcomes that would allow researchers to consider not just firm performance but also impacts on the practices themselves. So to speak, the enactment of practices feeds back on those practices [9].

A more integrated practice perspective holds that it is important to examine practices in context, attending to *who* engages them and *how* they work. Such a practice perspective also emphasizes that strategic outcomes depend on the interaction of the *what*, *who*, and *how* of practices. This lead the authors to propose the integrated model of strategy practice (Fig. 1).

In practice, the elements are highly entangled with each other: for example, practitioners are inseparably carriers of practices, while practices have only a virtual existence outside of praxis. However, this model shows that the relationship between practices and economic performance cannot be understood without taking into account not only "what" practices exist but also "who" implements them and "how." It is by integrating the *what*, *who*, and *how* of practices that can trace the links between firm practices and heterogeneous firm performance [9].

3. Methodology

In this research, the hypothesis came through the question: which are the strategies practices of outstanding national wineries in the Brazilian wine market?

Seeking to answer this question, a field survey was conducted from a qualitative and exploratory design method that used non-participant observation, in-depth interview with a semi-structured script and research documentary as data collection strategy.

Due to the unique characteristics presented by the context and the aim of the work, the most suitable working method for deep understanding of this phenomenon is the multi case study. This method is suitable because "[...] it can be useful in the discovery of factors that are common to all cases in the selected group; factors that are not common to all, but only in some subgroups; and factors that are unique to a particular case" [10]. In general, the multi case study allows a wider range of results, exceeding the limits of unity obtained when restricted to a company.

3.1. Research design

The companies surveyed were selected by convenience sampling and specificity. In this research, this technique was the most appropriate because it allowed the selection of sample components according to the necessary characteristics for obtaining typical cases considering the population [11].

For the sample definition, some specific criteria were adopted. The first selection criterion was that each company surveyed should have a superior performance than the sector media. Therefore, it was necessary to filter the sample avoiding companies that could receive financial support from a larger economic group, discarding any possibility of superior performance as a result of this advantage. In recent years owning a winery became object of desire for many entrepreneurs who make money in other sectors and fulfill the dream of developing their own wines redirecting capital from profitable companies to sustain economically unviable wineries. Those kinds of companies were excluded from the sample.

Finally, companies should be a) from Rio Grande do Sul; b) small or medium; c) administered by the owners. The first point is justified because the *gaucho* sector represents almost 90% of national wineries, thus, analyzing the market of Rio Grande do Sul it is possible to have a clear idea of the Brazilian wine industry as a whole. The second and third points are related to the concentration practices in few practitioners. This concentration helps to

DOI: 10.1051/bioconf/20160703012

identify a greater number of strategizing practices in one or two strategists.

3.2. Data collection procedure

A more integrated perspective of practice argues that it is important to examine the practices in context [9]. Scholars must be aware of how the context forces shape and guide the willingness of actors to a particular strategic choice [4]. Taking these recommendations, it was considered essential to conduct a thorough analysis of the sector to understand the social, cultural and economic context in which the strategies practices of the companies take place.

Aiming to understand the context at the macro level of the companies surveyed, data of the wine industry was looked up in books, magazines, newspapers, periodicals, dissertations, theses, conferences and institutions linked to the wine sector. Aiming to understand the context at the micro level of the companies and to answer the main question of this study, the primary research data were collected through non-participant observation and interviews with semi-structured script.

3.2.1. Interviews with semi-structured script

the interview has always been considered an appropriate way to lead a person to say what he think, to describe what he lived or what he saw, or what he witnessed [12]. The conduct of the respondent by certain tracks does not imply predictability of the conversation [13]. Therefore, the in-depth interview does not remain stuck to pre-established technical rules, but presents itself as a flexible method of data collection that can be adjusted at the time the interview is taking place to suit the needs of the problem investigated.

In order to disclose the companies' history and their strategies practices, interviews in-depth were conducted with the companies' owners in two rounds. Also, two employees or partners involved in the strategies practices dimensions were interviewed. The purpose of these interviews was to make a counterpoint to information received by the owners.

As a complement of secondary data about the context, the CEO of the Brazilian Institute of Wine (IBRAVIN) and the CEO of the Association of Wine Producers at the Wine Valley (APROVALE) were also interviewed. In order to complement the information researched and aiming to add other points of view about the micro and macro contexts, two experts on the topics covered in this study were personally interviewed. A semi structured script was used in all the interviews to delimit the answers within the desired information needs.

Table 1 shows the list of interviewees with positions and functions in each company. The interviews were conducted during the months of August, September and October 2015.

3.2.2. Non-participant observation

How practices are performed determines the results. Detailed observation elucidates what managers actually do in the field, and this observation is an essential complement to practice research [9]. Observation allows the researcher to find out how something works or actually occurs. Then,

Table 1. List of interviewees.

Interviewed	Function	Company / Institution
Owner	CEO / Winemaker	ALPHA winery
Owner	CEO	
Employee	Sommelier	
Owner	CEO	BETA winery
Owner	Winemaker	
Owner	Wine agronomist	
Owner	CEO / Winemaker	GAMMA winery
Employee	Wine agronomist	
Employee	Sales manager	
Sector representative	CEO	IBRAVIN
Sector representative	CEO	APROVALE
Consumer	Wine expert	Confraria do Sagu
Journalist	Wine reporter	Canal Rural

Source: elaborated by author.

practices must be observed, since interviews and narratives are just reports of practices, but not practices [14].

Regarding this study, data collection was performed in two kind of non-participant observations in each company. The first one was in the role of *mystery shopper* on the wineries retail stores. This observation had about two hours in each winery. The second one had place as a non-participation observer of the owners at their workplace. The purpose of these observations was to follow managers in their natural habitat; that is, making decisions in practice and interacting with customers, suppliers and staff.

3.3. Data analysis

There are few pre-established formulas for the analysis of information from a multi-case study, drawing on researchers to depend on their own style and vigor. The analysis was developed comparing the speeches of the surveyed public, grouping content obtained in interviews and document analysis, identifying thus the relevant factors of each case [15].

Following the recommendations of Strategy as Practice's authors about the necessity to understand how the context's forces shape and guide the willingness of actors to a particular strategic choice, this work began with a thorough analysis of the context in macro level of the firms. Evolution, consumption, and the current situation of the Brazilian market, were widely discussed. Next, the context at the micro level of the firms was deeply addressed. Here, a detailed description of the wineries and the practitioners of the strategy were discussed: history, origin, culture, location, products, generic strategies and financial results were introduced to situate the context in which the practices occur.

Subsequently, the practices identified were classified and grouped into seven large dimensions, considered as strategic for the results of companies in the wine market:

a) *human resources;*
b) *sales and distribution;*
c) *marketing;*
d) *wine tourism;*
e) *product and winemaking process;*
f) *price;*
g) *planning.*

The results of the analysis of the seven strategic dimensions of practice are presented in the next section of this paper, after a brief summary of the context's analysis.

4. Results

4.1. Context analysis

The firm's context analysis showed that the Brazilian wine industry faces an unfavorable reality. The 2008 global economic crisis, associated with the entry of other producer's countries in the market has resulted in an excess of quality wine supply in the world.

Over the last decade, the appreciation of the Real against the US Dollar and the increased purchasing power of Brazilians, facilitated the entry of imported wines in the Brazilian market. The Brazilian consumers became interested in higher quality wines; but national wineries could not follow the expansion of this new market, that was taken mostly by Chilean and Argentine wines [16]. In the last decade, imports of this type of wine more than doubled it, rising from 35 million liters to almost 80 million liters in the period 2004 to 2014. On the other hand, in the same period, domestics wines growth rate equal to zero. Here, there is a consumer prejudice against Brazilian wine, especially in comparison with imported wine, which brings a better quality image, brand strength and, especially, better cost-benefit ratio [17].

Despite the adverse scenario and stigma in relation to the national wine, sample wineries have positioned their wines in a level close of the imported ones, and still grow and profit in this market. Table 2 summaries the principal characteristics of the three firms of the sample described at the context's analysis at the Micro-Level of the wineries.

The following section identifies the strategies practices of the wineries surveyed, aiming to understand through the analysis dimensions which practices have led these firms to outstanding position in the market.

4.2. Aggregate analysis through the practice's dimensions

4.2.1. Dimension 1: Human resources practices

The three firms in the sample are managed by families in which one of the members is always the winemaker. By tradition, viticulture is usually delegated to the father. The members naturally assume others relative responsibilities towards a common goal.

Through deep analysis of the practices, it is concluded that those who make the strategy determine what will be done and how it will be implemented, that is, the skills and personal characteristics of the owners guide the strategic choices of companies to different paths. It is clear that the chosen strategy and practices depend on specific characteristics of different types of practitioners.

The ALPHA company, - in which the partners have excellent communication skills-, focused its strategy to exploit these resources thorough lectures, meetings with institutions, events, contests and wine judgments. The BETA company, -in which the owners manage an efficient cost control procedures-, focused its strategy on the production scale and cost-benefit product. Finally, the GAMMA winery, -in which the owner has an excellent network in the region of vineyards-, bets on tourism and regional sales. As shown in the model (Fig. 1), the *context* is the starting point and practitioners influence the choice of best practices, according to the situation and the resources available.

4.2.2. Dimension 2: Distribution and sales practices

The winery ALPHA – the one with the higher prices level - needs a direct sales force to compete with the imported wines. Higher prices results in better margin and value for distributors channel. However, wineries that choose this strategy must raise the quality and marketing of their products. Thus, better marketing practices and additional investments in product process are required. Then, the strategic choice of a practice determines the adoption of other practices to the first one achieves the desired results.

The wineries struggle to enter in the restaurant's wine lists. At restaurant consumers are willing to taste new wines, then, this is a great opportunity for the wineries to conquer a new customer for the brand. Driven by hefty margins, wine importers legitimized in the restaurant market a range of practices including offering gifts and prizes to the best selling waiters. None of the surveyed companies adopted this practice, appealing exclusively to a friendly relationship with the restaurant staff and to the idea of a superior national wine. In this case, the waiver of a practice determined the choice of another practice, supposedly more effective or advantageous to the winery, at the expense of the one legitimated by the market.

In general, those who do not adapt to the practices required by the market, can hardly maintain or enter it. But for different reasons and contexts, the practice based on a friendly relationship and a superior national wine works for ALPHA and GAMMA wineries. For ALPHA it works because wine critics and specializes media tends to commend their wines influencing the restaurants. On the other hand, for GAMMA the strategy works because the winery concentrates all its forces in regional restaurants, meaning that, establishments with natural demand for Brazilian wines and where the owner has an intimate relationship. Again, it is possible to recognize practices that look similar at a first glance, but when analyzed in detail, reveal that context, other business practices, and practitioner's skills, affect the implementation process of those practices, establishing serious difficulties in comparing or replicate them.

Another distinctive practice identified in the sample firms is a real interest in preserving lasting business relationships – mainly based on trust- with the distribution channel. All sample companies seek to respect the trade agreements and avoid conflicts of interest with the channel. This practice may seem obvious, but habitually demands the declination of short term profits; an effort that most of the industry's winery do not seem willing to do.

4.2.3. Dimension 3: Marketing practices

The use of prizes and endorsers points is a powerful legitimated practice in the wine market. ALPHA and BETA seek to win prizes in contests to improve the perceived value of their wines. However BETA wins major awards, the winery do not win proportionally the same amount of spontaneous media, or even reach a close relationship with the wine entities, as ALPHA does.

DOI: 10.1051/bioconf/20160703012

Table 2. Context analysis at micro-level.

Company	Members	Bottles p/year (type)	Price Level	Location	Principal Distribution	Strategy
ALPHA winery	Family: 4 Staff: 30	**250.000** 65% still + 35% sparkling	-Ultra Premium -Super Premium	Close to the center of the Wine Valley	National Restaurants and Wine Stores	Differentiation
BETA winery	Family: 5 Staff: 20	**500.000** 65% sparkling + 35% still	-Super Premium -Premium	35 km from the Wine Valley	National Wine Stores	Cost
GAMMA winery	Family: 2 Staff: 4	**60.000** 75% still + 25% sparkling	-Super Premium	Centre of the Wine Valley	Local Restaurants and Tourists	Focus

Source: elaborated by the author.

This is attributed primarily to the ALPHA pioneering – the company highlighted the specialized press at a time that few national wines were bandied as plausible to be great wines- and a better use of relationship skills of the ALPHA owners with the wine institutions. These factors have been influencing the wine's judgment from critics and specialists, who almost automatically attribute to these wines a higher quality level.

Different results obtained by ALPHA and BETA in the implementation of the same marketing practice show that the elements of the integrative model (cf. Fig. 1) rarely equal between different firms. Specific contexts or practitioners skills make the practices barely recognizable when compared. That is, the same practice may have different performance outcomes when introduced by two different companies.

On the other hand, GAMMA focused its marketing on its excellent relationship with the restaurants and hotels in the close tourist area. GAMMA's marketing practices are mainly based on wine tourism. Certainty the location company is a competitive advantage. But it is the owner relationship skills with the local establishments and his engagement in tourist development of the region that turns GAMMA a recognized and recommendable winery in the Wine Valley. GAMMA positioning does not begin in the consumer's mind, but in waiters and hotels staff mind; that is; those who, ultimately, recommend to the tourists which wineries to visit, or which wine they should try.

Regarding on common practices, none of the three companies in the sample invests in direct media or build a communication strategy on social networks, or develops its brand, packaging and labels with professionals; giving space to handmade marketing practices.

4.2.4. Dimension 4: Wine tourism practices

Among the practices identified in the survey, no other dimension provides a better example about the impact of *context* in the implementation process than the wine tourism practices dimension.

It was observed that the three companies of the sample adopt an identical *praxis*: the wineries receive tourists and offer tasting experiences to create a bond between the wine brand and consumers. But in this dimension, the weight of the location (*context*) is so significant, that practices implementations and practitioners' skills diminished their impact on the outcome. This conclusion is detached from the comparison between the practices of companies GAMMA and BETA.

In BETA tourists are always attended by the owners and the structure and landscapes are better, however the distant location of the winery from the tourist region affects the practice performance when compared to GAMMA.

In GAMMA implementation of *praxis* is not perfect; that is, because of its exceptional location the winery receive a high flow of tourists, then, the winery needs to charge the tastings and offers a less personalized service than BETA. Thus, in spite of receiving more tourists, GAMMA is not as good as BETA in the practice implementation. However, the weight of location determines relatively superior performance of the practice in GAMMA than in BETA.

The example above shows that to achieve superior results, *context, praxis, practice* and *practitioners* must be in line with the strategy; or at least not clash to the point of harming those elements in which the company has an advantage. This is the case of GAMMA that, without shining, the winery does not prejudice its location advantage by implementing a reasonable service for the tourists.

On the other hand, a company with a favorable *context*, but which does not reach an acceptable level of implementation of the practice, or place unprepared practitioners to implement the practice, may see its early advantage missed, as happens in ALPHA. Although ALPHA is much better located than BETA, the first one has a relatively inferior performance outcome in the tourism practice.

At this point, it is possible to observe the impact of a new practice on *context* or in other *practices* firm (cf. Fig. 1). ALPHA failed in tourism practice *(Practice 1)* implementation mainly for the lack of space, organization and cleanliness. The process takes place as follows: ALPHA decided to elaborate sparkling wines to serve a market demand (*Practice 2*). The adoption of this practice impacts *context* because it reduces the space and mess up the winery cellar, giving a bad impression to visitors. Thus, wine tourism practice (*Practice 1)* was affected by the production of sparkling wine (*Practice 2*).

Through this comparative analysis of the wine tourism practices, is possible to reach two important conclusions: first, the value of a resource does not depend on its existence, but of its use. Secondly, good results in a practice may adversely affect other practices. Companies must make choices, and these choices not only affect the results of the practice in question, but also impact on the environment, the practitioners and other organizational practices.

 DOI: 10.1051/bioconf/20160703012

4.2.5. Dimension 5: Product and winemaking practices

For the owners their wineries and their wines mean much more than a way to make money. To elaborate higher quality wines is not only a deliberate practice aiming success, but also a practice that confirms the identity of everyone involved in the winemaking process. Not making the best wine – or a wine out of the standards levels expected- is understood not only as a risk for the brand image, but also as betrayal to the practitioner's identity.

In this sense, it was revealed that there is a deviation from the local producer's social practice when compared to those from the sample. According to the wine experts interviewed, in general, local producer's practices prioritize short term profits over quality consistency through time. These national wineries social practices have been disappointed costumers and damaging the Brazilian wines image.

On the other hand, the sample companies share a real concern about high standard quality performance. But this shared value does not imply identical winemaking process. Far from it, the resources and contexts of the sample firms are as heterogeneous as the strategies chosen to achieve a competitive advantage with them.

BETA winery – the one that owns the largest vineyards, with great capacity and strong orientation to the product – specializes in industrial scale equipment, facility and operation controls, resulting in cost leadership strategy. ALPHA - a pioneer in quality enology in Brazil and excellent relationship skills in the wine world – launches attractive wines for the higher segments of the market that gets the endorsement from the specialized critics, creating differentiation value to similar competitors. Finally, GAMMA – the one that owns one of the most privileged locations in the Vineyards Valley and has a great influence in local restaurants and hotels- elaborates wines exclusively for the tourists. That is, a focus strategy.

In summary, each company chooses a winemaking process and a wine style that respects its identity and values their resources, aiming to achieve through them a competitive advantage in a specific segment.

4.2.6. Dimension 6: Price practices

The analysis shows that the sample companies do not follow a formal pricing model, but fix their prices through the experience gained over the years serving a specific market. In this sense, the combination of the target market chosen, the winemaking process, and others competitors prices, determines the prices of the wines. Actually, the target market is the starting point that determines not only the price's practices, but also the costs and practices required to provide value and an effective positioning for those customers. The companies of the sample choose the target markets according to their advantages and abilities, or to the lack of them.

ALPHA – the one that positioned their products on the top price segments - needs to invest in a specialized sales force to persuade sommeliers, waiters and wine critics about their wines qualities. This activity demands trained employees. That increases labors costs and, consequently, increases the products' prices. On the other hand, BETA selected a lower segment than ALPHA that requires no further skills on the sales channel. However, this target market demands to produce the same quality of many of the competitors, but pricing for less. Finally, GAMMA – the one who knows the prices that the middle tourist is willing to pay for a regional bottle- prefers not to confuse the visitors and fixes its portfolio on a single price level, facilitating positioning and avoiding mental exhaustion of those who just want to buy a nice regional wine.

4.2.7. Dimension 7: Planning practices

Planning is the dimension of analysis in which less practices were identified. It was noted that the owners do not believe that an external consultant or analytical models could improve company's strategies performance in any way, so they do not use them.

The wineries do not develop any activity in the planning area, at least not explicitly. The decision making process in wineries is built through daily contact between family members and close employees. Hence, is very difficult to recognize or identify strategy practices in this dimension. They certainly exist, but to follow the strategizing dynamics of these firms demands to be part of the group. Strategic issues are discussed among practitioners in the winery office, in a family lunch, or on a vacation trip.

As family firms, values and goals appear embedded in the practices tacitly. At this point, we can resume once again the concepts of Bishop (2013), who states that much of the action and group interactions constitute around a set of tacit assumptions that are not fully explained or completely explicable since they are absorbed tacitly. Tacit knowledge absorption and historical and cultural values within the family members turns formal planning dispensable.

Companies have resources and skills that guided them naturally to a strategic choice. ALPHA follows a differential strategy; BETA a cost leadership strategy; and GAMMA a focus strategy. But those choices did not happen smoothly. Rather, it is a trial and error process, in which survived the strategies that best explored the rare resources that achieved at the end, a competitive advantage in the market.

5. Final considerations

Although there are similarities between some practices, in general, the aggregate analysis determined that when studied in detail, the elements of the practices – context, skills of practitioners or the way they are implemented – differ, establishing serious difficulties in comparing or replicate them. Therefore the outstanding position of these wineries must be attributed to a combination of practices in the specific context of each company. The results showed that the impact of the practitioners is an important variable in the implementation of practices. Because of the sample companies are small businesses, the weight of the owners particular's skills influence the direction and the way in which the strategy takes place, transferring to practices a personality that make them virtually inimitable. The outstanding position is not related to a particular practice, a specific implementation, or a singular context; but to a very accurate alignment between the few available resources and a set of strategic practices chosen to exploit them.

The performance is the result of a complex combination of practices and elements that impact each other. This relationship between practices is so tangled, that it would be a huge mistake to attribute the success to an isolated practice.

Each firm surveyed has chosen a winemaking process, a style of product, a distribution channel, a market, and a way to promote their distinctive features; aiming to reach through them, a competitive advantage. But this advantage is not easily conquered. In these companies strategies' practices take place more as a strategic reaction to past experiences than as a deliberate strategic planning.

By analyzing practices, it was concluded that a company with a favorable *context*, but that it does not reach an acceptable level of implementation of the *practice*; or puts unprepared *practitioners* in the implementation process; may see its initial advantage missed. Then, the value of a distinctive feature not only depends on its existence but of its use. The study shows that to achieve superior performance the elements *-context, praxis, practice* and *practitioners-* must be in line with the strategy or at least not on clash at the point of harming the key element in which the company has a competitive advantage.

It is important to highlight the presence of certain values and shared criteria within the strategies practices of the three companies in the sample. First, it should be noted a real concern about strengthening a long-term trade relations with the distribution channels. Second, and not least, stands a real concern about the quality of products offered to the market. The latter may seem a minimum requirement for business success; however, arise from the analysis a clear dichotomy between the owners interviewed practices' and local producers practices. A high quality winemaking process requires not only to choose the best grapes and aging the wine in oak barrels, but mainly to give up revenue, volume, margin, and short term profits when the crops are not good in order to maintain a constant quality standard. These sacrifices are instinctive natural practices when identity and strategy are inextricably linked, as on the three companies in the sample. The fact that the owners are directly involved in the winemaking process, reaffirms the relationship between the owners identities and their wines. Not to make the best wine possible or a wine out of the standards expected for the brand would not only run the risk of burning the image of the product on the market, but hurt a strongly ingrained value in the practitioner's identity.

5.1. Managerial implications

From this work arise some important managerial implications that can be followed by firms and entrepreneurs that pretend to improve their performance in the Brazilian wine market.

First, companies must make a real commitment to quality and the market if they want to be part of the select group of successful wineries. The sample companies struggle obsessively for a superior wine. As discussed in the final considerations, to produce quality wines in the Brazilian climatic conditions requires a lot of perseverance and sacrifices.

Second, companies must abandon the idea of imitate or follow practices in which they not have the resources or skills required for a proper implementation. It is natural that producers feel tempted by external practices that work when implemented by other companies, or succeeded in other countries. However, as widely discussed, when adapted to a new context or implemented by other practitioners practices can hardly survive intact to the process, suffering different transformations and outcomes.

Finally, the wineries must identify their different resources and exploit them, aiming to achieve a competitive advantage. In this sense, the results of this work are encouraging. The survey revealed that even following very different generic competitive strategies, the three companies in the sample reached a prominent position in wine market. That is, there are different ways to achieve the same goal.

The Brazilians will legitimize the national wine when the peaks and troughs in quality that frustrate consumers were eliminated. This is what has happened in the sparkling wine national market, where favorable weather conditions and cost barriers to entry converged to a final product that rarely disappoints. Still, for the national wine it won't be easy to extirpate its stigma. Whether conditions are less favorable and the consumer cannot separate the wheat from the chaff. An organized and united wine industry that promotes a greater adherence of producers committed to quality and to preserve the domestic's wine image among consumers could be a starting point.

5.2. Limitations of the study and avenues for future research

Despite the implications presented, the study has some limitations. The strategic themes are strongly linked to the competitive advantages and the decision-making process within companies. This fact imposed limitations on the depth of detail that the owners may be willing to revel during the interviews. The information could be enriched by the vision of internal employees, video recordings and other techniques used by strategy as practice researchers that were impossible to implement in this work.

The seven dimensions used for the analysis of the results did not follow an academically proven model. The dimensions emerged over the research from the necessity to organize and classify the data collected during the survey.

It is recognized at the end of this research, that there are plenty avenues for future research in the strategy as practice study. For future research, it is suggested a survey that compares larger wineries. This perspective could reduce the strong influence of entrepreneurs in the strategies practices observed in this work.

The fact that companies choose the markets and strategies in which they have some skill or advantage to be exploited suggests a very close relationship with the concepts of Resource Based View (RBV). A survey that explores from the RBV perspective the impact of practice implementation or practitioner's characteristics as the main source of inimitable resources could be valuable for the theory of strategy.

References

[1] E. Bowman,; H. Singh; H. Thomas. *The Domain of Strategic Management: History and Evolution. The handbook of strategy and management.* A. M. Pettigrew, H. Thomas, and R. Whittington (eds), 31–51. London: Sage, 2002
[2] G. Johnson; A. Langley; L. Melin; R. Whittington. *Strategy as Practice: Research and Resourses.* Cambridge University Press, 2007
[3] R. Whittington. *Completing the practice turn in strategy. Organization Studies, 27*(5), 613–34, 2006
[4] R. Chia; B. Mackay. *Post-processual challenges for the emerging strategy-as-practice perspective: Discovering Strategy in the logic of practice.* Human Relations V 60(I): p 217–242, SAGE Publications, London, 2007
[5] S. Gherardi. *Organizational knowledge: the texture of workplace learning.* Oxford: Blackwell Publishing, 2006
[6] M. Bispo. *Aprendizagem Organizacional baseada no conceito da prática*: contribuições de Silvia Gherardi. RAM, VER ADM. MACKENZIE, V 14, N.6, São Paulo, 2013
[7] A. Reckwitz. *Toward a theory of social practices: a development in culturalist theorizing.* European Journal of Social Theory, v. 5, n. 2, p. 243–263, 2002
[8] C. Fenton; A. Langley. *Strategy as Pratice and the Narrative Turn.* Organization Studies 32: 1171, SAGE, 2011
[9] P. Jarzabkowski; S Kaplan; D. Seidl; R. Whittington. *On the risk of studying practices in isolation: Linking what, who, and how in strategy research.* SAGE, 2015
[10] H. Boyd; R. Westfall. *Pesquisa mercadológica: textos e casos.* Rio de Janeiro: Fundação Getulio Vargas, 1987
[11] C. Sellitz; M. Jahoda; M. Deutsch; S. Cook. *Métodos e pesquisas nas relações sociais.* São Paulo. Epu, 1974
[12] J. Poupart. *A pesquisa qualitativa: enfoques epistemológicos e metodológicos.* Tradução de Ana Cristina Nasser. Petrópolis, Rj: Vozes, 2008
[13] C. Godoi; P. Mattos. *Entrevista qualitativa: instrumento de pesquisa e evento dialógico.* In: SILVA, A. BETA.; GODOI, GAMMA. K.; BANDEIRA-DE-MELO, R.
[14] U. Flick. *Introdução à pesquisa qualitativa.* 3ª edição, Artmed Editora, 2009
[15] R. Yin. *Estudo de caso: planejamento e métodos* 2. Ed Porto Alegre: Bookman, 2001
[16] J. Protas.*A produção de vinhos finos: um flash do desafio brasileiro.* Artigos Técnicos. Site Embrapa. 2008
[17] G. Bellaguarda. *Posicionamento e comunicação: a receita do sucesso* – Brasília, DF : SEBRAE ; Bento Gonçalves: IBRAVIN, 2012

Classification of the wine sites "world heritage Unesco": Situational analysis and prospects / Classement des sites viticoles « Patrimoine mondial Unesco », état des lieux et perspectives

Joël Rochard

IFV (Institut Français de la Vigne et du Vin), 17 rue Jean Chandon Moët, 51200 Epernay, France

Abstract. The inheritance is the legacy of the past from which we profit today and who we transmit to the generations to come. UNESCO adopted in 1972 a convention concerning heritage protection world, cultural and natural. The cultural heritage relates to the monuments, whole of constructions and goods with historical values, esthetics, archaeological, scientific, ethnological or anthropological. The natural heritage relates to the formations physical, biological and geological remarkable, the surfaces of an exceptional value of the point of the sight of science, conservation or natural beauty and the habitats of threatened animal species and vegetable. The wine landscapes are generally recognized among the most remarkable forms of landscapes resulting from the human activity, at the same time by the mark which they print with the territory and by the cultural traditions which theirs are associated, which leads to the classification of fifteen European wine sites. This approach is integrated in a vision of patrimonial governance of the wine terroir which associate the orientations of the international organization of the vine and the wine opposite in particular of the concept of terroir and Viticulture. The objective of the communication is to establish an inventory of fixtures of the classified as wine sites "World heritage UNESCO" and to put in prospect the patrimonial approach for the world wine sector.

Résumé. Le patrimoine est l'héritage du passé dont nous profitons aujourd'hui et que nous transmettons aux générations à venir. L'Unesco a adopté en 1972 une convention concernant la protection du patrimoine mondial, culturel et naturel. Le patrimoine culturel concerne les monuments, ensembles de constructions et biens avec des valeurs historiques, esthétiques, archéologiques, scientifiques, ethnologiques ou anthropologiques. Le patrimoine naturel concerne les formations physiques, biologiques et géologiques remarquables, les aires d'une valeur exceptionnelle du point du vue de la science, de la conservation ou de la beauté naturelle et les habitats d'espèces animales et végétales menacées. Les paysages de vigne sont généralement reconnus parmi les formes les plus remarquables de paysages résultant de l'activité humaine, à la fois par la marque qu'ils impriment au territoire et par les traditions culturelles qui leurs sont associés, ce qui aboutit au classement d'une quinzaine de sites viticoles européens. Cette approche s'intègre dans une vision de gouvernance patrimoniale des terroirs viticoles qui associent les orientations de l'organisation internationale de la vigne et du vin vis-à-vis notamment du concept de terroir et de Vitiviniculture durable. L'objectif de la communication est d'établir un état des lieux des sites viticoles classés « Patrimoine mondial Unesco » et de mettre en perspective l'approche patrimoniale pour le secteur viticole mondial.

1. Introduction

L'œnotourisme prend une part grandissante dans la valorisation des territoires viticoles. C'est également un facteur qui participe à l'image et à la valeur ajoutée des vins de ces régions. Parallèlement à l'attrait culturel pour la vigne, le vin et la dégustation, « l'Œnotourisme » est souvent motivé par une approche écologique et patrimoniale des caves et des terroirs. Ainsi émerge le concept « d'éco-œnotourisme » qui associe notamment, en liaison avec le développement durable, les paysages, la biodiversité, ainsi que l'éco-conception des caves.

Parallèlement les viticulteurs ont intérêt à offrir un paysage de qualité, support emblématique de l'activité touristique de leur région, vecteur d'image de leur métier et de leurs produits. A propos de la valeur symbolique, émotionnelle, affective du terroir, S. Michel précise que « *Nous sommes ce que nous mangeons. La méconnaissance de ce que nous avons dans notre assiette ou notre verre conduit à une perte d'identité, mais heureusement le terroir restaure le lien entre le consommateur et l'aliment. Les valeurs symboliques de l'aliment sont celles du terroir mais attention, toute contamination du terroir ; qu'elle soit physique, chimique, biologique ou visuelle, contamine le produit dans l'esprit du client* ». Cette réflexion souligne que le terroir, et dans son prolongement la cave, sont des atouts, supports de valorisation, mais à l'inverse une dénaturation des paysages, ou une approche peu valorisante de la cave, peut dégrader la perception du terroir et indirectement l'image du vin et de la filière.

 DOI: 10.1051/bioconf/20160703013

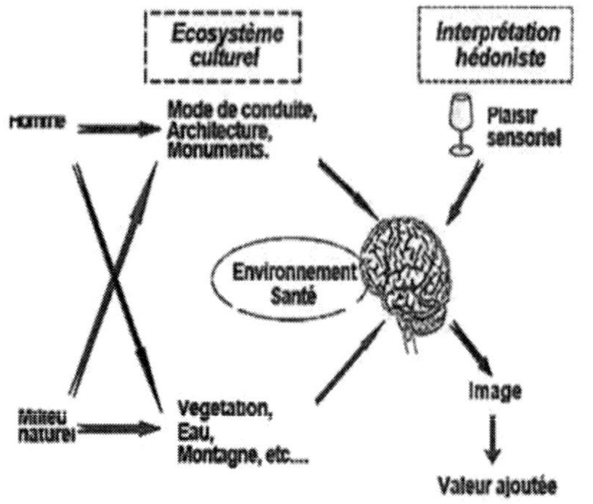

Figure 1. Composante de l'image d'un vin (Source : J. Rochard, Traité de Viticulture et d'œnologie durable, Editions Avenir Œnologie, 2005) [3].

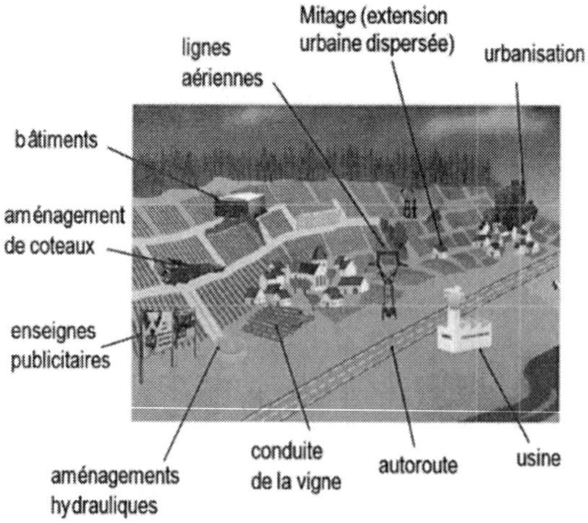

Figure 2. Sources d'agression des paysages viticoles (Source : J. Rochard, Traité de Viticulture et d'œnologie durable, Editions Avenir Œnologie, 2005).

La Convention européenne du paysage a défini en 2000 le paysage comme « *une partie du territoire telle que perçue par les populations, dont le caractère résulte de l'action de facteurs naturels et / ou humains et de leurs interrelations* » [1]. Au-delà de l'approche purement descriptive, le paysage est l'expression esthétique de l'écosystème culturel que constitue le terroir, patrimoine naturel domestiqué et valorisé par l'homme. Cette dimension, qui relie la terre à l'esprit, associe en premier lieu le savoir-faire technique du vigneron, à la fois architecte et jardinier, au sens noble du terme, du terroir. Ce savoir-faire est le fruit à la fois d'observations empiriques, acquises de génération en génération, et d'une recherche permanente associée notamment au mode de conduite de la vigne, à l'aménagement, à la gestion des sols et des coteaux. Parallèlement à la dimension purement viticole, les paysages s'enrichissent très souvent d'autres composantes, esthétiques en liaison avec le milieu naturel, l'architecture des caves et des villages viticoles (Fig. 1) [2].

Cependant, le paysage viticole est parfois menacé. En premier lieu, l'arrachage, l'abandon ou l'urbanisation constituent des risques définitifs de disparition de panoramas remarquables. Des sources d'agressions complémentaires peuvent également dénaturer ces paysages (lignes électriques, aménagements routiers, éoliennes, panneaux publicitaires) (Fig. 2) [3].

La filière viticole est parfois également à l'origine d'une dégradation esthétique des paysages. La restructuration des coteaux (suppression des murets), la mise en place d'un mode de conduite atypique par rapport aux pratiques traditionnelles, le choix de piquets inesthétiques, sont autant d'exemples, de nature à porter préjudice à la dimension paysagère d'un terroir viticole. Parallèlement, la construction des chais, au-delà des aspects strictement fonctionnels, s'inscrit très souvent dans une démarche originale d'architecture, expression d'une culture voire d'une philosophie, destinée à exprimer auprès du public une singularité, l'image d'un vigneron, négociant ou groupe de producteurs. Certaines caves ; traditionnelles ou modernes, sont de véritables œuvres d'art qui s'intègrent dans les valeurs patrimoniales du territoire.

Il est primordial d'éviter que le paysage soit un simple sous-produit des pratiques viticoles et territoriales, ce qui justifie de développer localement une « gouvernance patrimoniale » qui associe l'ensemble des acteurs du territoire (organisations viticoles, collectivités territoriales, office du tourisme et experts locaux) dans une approche pluridisciplinaire. La motivation des acteurs locaux pour s'intégrer dans une dynamique collective est souvent liée à un « retour image » pour le produit et la région associée à un processus de labellisation.

« *Nos patrimoines culturels et naturels sont deux sources irremplaçables de vie et d'inspiration. [...] Ce qui rend exceptionnel le concept de patrimoine mondial est son application universelle. Les sites du patrimoine mondial appartiennent à tous les peuples du monde, sans tenir compte du territoire sur lequel ils sont situés.* » Source Unesco, centre du patrimoine mondial [4].

L'Unesco, initialement créée pour « contribuer au maintien de la paix et de la sécurité en resserrant, par l'éducation, la science et la culture, la collaboration entre nations » s'est notamment impliqué pour conserver les biens dits culturels ou naturels d'importance pour l'héritage commun de l'humanité. Après avoir entrepris en 1964 les travaux de sauvetage des temples d'Abou Simbel contre la montée des eaux du lac Nasser, à la suite de la construction du Haut barrage d'Assouan en Égypte, l' Unesco a établi en 1972 une convention pour la protection du patrimoine mondial, culturel et naturel. Cette démarche s'est traduite en 1976 par la création du comité patrimoine mondial qui a pour mission de faire connaître et de protéger les sites que l'organisation considère comme exceptionnels avec la mise en place de critères de sélection Pour ce faire, et dans un souci d'objectivité, ont été mis en place des critères.

Scène de découpe des colosses de la façade du grand temple d'Abou Simbel lors du sauvetage de deux temples en 1967.

Dans les années 1960, alors que le président égyptien Gamal Abdel Nasser fait construire le haut barrage d'Assouan sur le Nil afin de produire de l'électricité, d'augmenter les surface cultivables et d'éliminer la crue du Nil en aval du barrage, l'Unesco entreprend de sauver ces deux monuments majeurs du patrimoine mondial, de la montée des eaux du lac Nasser. Ce chef-d'œuvre nubien de Ramsès II, situé à l'origine sur les collines sacrées de Méha et d'Ibshek, a été démonté entièrement et reconstruit plus haut, au bord du lac, sur une colline artificielle à l'abri de la montée des eaux. Cette approche de l'Unesco a initié la notion de patrimoine culturel, naturel puis immatériel qui a progressivement associé le secteur viticole (Fig. 3).

Figure 3. Découpe des colosses de la façade du grand temple d'Abou Simbel. Photo Per-Olow Anderson/wikipédia, 1967.

« *Le patrimoine est l'héritage du passé, dont nous profitons aujourd'hui et que nous transmettons aux générations à venir.* » Extrait de la Convention de 1972 de l'Unesco pour la protection du patrimoine mondial, culturel et naturel [4].

2. Présentation du patrimoine mondial Unesco

Le patrimoine mondial, ou patrimoine de l'humanité, désigne un ensemble de biens qui présentent une valeur universelle exceptionnelle justifiant leur inscription sur une liste établie par le comité du patrimoine mondial de l'Organisation des Nations Unies pour l'Education, la Science et la Culture (UNESCO).

Les principales motivations de la convention pour la protection du patrimoine mondial culturel et naturel (Unesco 1972).

- Constatant que le patrimoine culturel et le patrimoine naturel sont de plus en plus menacés de destruction non seulement par les causes traditionnelles de dégradation mais encore par l'évolution de la vie sociale et économique qui les aggrave par des phénomènes d'altération ou de destruction encore plus redoutables,
- Considérant que la dégradation ou la disparition d'un bien du patrimoine culturel et naturel constitue un appauvrissement néfaste du patrimoine de tous les peuples du monde,
- Considérant que la protection de ce patrimoine à l'échelon national reste souvent incomplète en raison de l'ampleur des moyens qu'elle nécessite et de l'insuffisance des ressources économiques, scientifiques et techniques du pays sur le territoire duquel se trouve le bien à sauvegarder,
- Considérant que les conventions, recommandations et résolutions internationales existantes en faveur des biens culturels et naturels démontrent l'importance que présente, pour tous les peuples du monde, la sauvegarde de ces biens uniques et irremplaçables à quelque peuple qu'ils appartiennent,
- Considérant que certains biens du patrimoine culturel et naturel présentent un intérêt exceptionnel qui nécessite leur préservation en tant qu'élément du patrimoine mondial de l'humanité tout entière,
- Considérant que devant l'ampleur et la gravité des dangers nouveaux qui les menacent il incombe à la collectivité internationale tout entière de participer à la protection du patrimoine culturel et naturel de valeur universelle exceptionnelle, par l'octroi d'une assistance collective qui sans se substituer à l'action de l'Etat intéressé la complétera efficacement,
- Considérant qu'il est indispensable d'adopter à cet effet de nouvelles dispositions conventionnelles établissant un système efficace de protection collective du patrimoine culturel et naturel de valeur universelle exceptionnelle.

L'objectif principal de la liste du patrimoine mondial est de faire connaître et de protéger les sites que l'organisation considère comme exceptionnels. Pour ce faire, et dans un souci d'objectivité, ont été mis en place une série de critères [5]. À l'origine, seuls existaient les sites culturels (1978), dont l'inscription sur la liste était régie par six critères. Puis, à la suite notamment d'un souci de rééquilibrage du patrimoine mondial entre les continents, sont apparus les sites naturels et quatre nouveaux critères.

En 2005, tous les critères ont été fondus en 10 critères uniques applicables à tous les sites :

- Représenter un chef-d'œuvre du génie créateur humain.
- Témoigner d'un échange d'influences considérable pendant une période donnée ou dans une aire culturelle déterminée, sur le développement de l'architecture ou de la technologie, des arts monumentaux, de la planification des villes ou de la création de paysages.
- Apporter un témoignage unique ou du moins exceptionnel sur une tradition culturelle ou une civilisation vivante ou disparue.
- Offrir un exemple éminent d'un type de construction ou d'ensemble architectural ou technologique ou de paysage illustrant une ou des périodes significative(s) de l'histoire humaine.
- Être un exemple éminent d'établissement humain traditionnel, de l'utilisation traditionnelle du territoire ou de la mer.

- Être directement ou matériellement associé à des événements ou des traditions vivantes, des idées, des croyances ou des œuvres artistiques et littéraires ayant une signification universelle exceptionnelle.
- Représenter des phénomènes naturels ou des aires d'une beauté naturelle et d'une importance esthétique exceptionnelles.
- Être des exemples éminemment représentatifs des grands stades de l'histoire de la Terre.
- Être des exemples éminemment représentatifs de processus écologiques et biologiques en cours dans l'évolution et le développement des écosystèmes.
- Contenir les habitats naturels les plus représentatifs et les plus importants pour la conservation in situ de la diversité biologique.

Parallèlement en 2003, l'Unesco a également établi une convention sur la sauvegarde du patrimoine immatériel. « *Le patrimoine culturel immatériel ne comprend pas seulement les traditions héritées du passé, mais aussi les pratiques rurales et urbaines contemporaines, propres à divers groupes culturels. On entend par « patrimoine culturel immatériel » les pratiques, représentations, expressions, connaissances et savoir-faire – ainsi que les instruments, objets, artefacts et espaces culturels qui leur sont associés – que les communautés, les groupes et, le cas échéant, les individus reconnaissent comme faisant partie de leur patrimoine culturel. Ce patrimoine culturel immatériel, transmis de génération en génération, est recréé en permanence par les communautés et groupes en fonction de leur milieu, de leur interaction avec la nature et de leur histoire, et leur procure un sentiment d'identité et de continuité, contribuant ainsi à promouvoir le respect de la diversité culturelle et la créativité humaine* » (UNESCO 2003).

L'importance du patrimoine culturel immatériel ne réside pas uniquement dans la manifestation culturelle elle-même mais également dans la richesse des connaissances et du savoir-faire qu'il transmet d'une génération à une autre. Cette transmission du savoir a une valeur sociale et économique pertinente pour les groupes minoritaires comme pour les groupes sociaux majoritaires à l'intérieur d'un État et s'intègre dans une vision de développement durable.

« *Nous pouvons partager des expressions culturelles qui ont été transmises de génération en génération, ont évolué en réponse à leur environnement et contribuent à nous procurer un sentiment d'identité et de continuité...* » Source UNESCO, centre du patrimoine mondial.

La demande d'inscription d'un site sur la liste du patrimoine mondial doit provenir du pays lui-même à partir d'une liste indicative issue d'un inventaire des biens que chaque Etat a l'intention de proposer pour inscription au cours des années à venir. La demande doit inclure un plan exposant en détail la gestion et la protection.

Le comité du patrimoine mondial se réunit une fois par an et étudie les propositions d'inscription à partir d'évaluations techniques. Ces évaluations indépendantes des sites culturels et naturels proposés sont réalisées par deux organismes consultatifs, le Conseil international des monuments et des sites (ICOMOS) et l'union mondiale pour la nature (UICN) (Fig. 4).

Figure 4. Plaquettes de référence de l'Unesco (`http://whc.unesco.org`) [6–8].

Établir une proposition d'inscription sur la Liste du patrimoine mondial est une entreprise qui demande du temps et des efforts. Il faut compter en général au moins deux ans de travail parfois beaucoup plus. Être bien préparé et bien organisé permet de procéder aussi vite et aussi aisément que possible. Les études thématiques, lorsqu'elles existent, sont une très importante source d'information propre à faciliter l'établissement d'une proposition d'inscription. Par ailleurs, la Convention fait obligation aux États de présenter au Comité du patrimoine mondial des rapports périodiques sur l'état de conservation de leurs biens inscrits sur la Liste du patrimoine mondial.

Les différents sites classés « Patrimoine Mondial » par l'Unesco intègrent la notion de « paysage essentiellement évolutif ». Ce type de paysage résulte d'une exigence à l'origine sociale, économique, administrative et/ou religieuse et a atteint sa forme actuelle par association et en réponse à son environnement naturel. C'est un paysage vivant qui conserve un rôle social actif dans la société contemporaine étroitement associé au mode de vie traditionnel dans lequel le processus évolutif continue ; en même temps, il montre des preuves manifestes de son évolution au cours des temps. Une présentation synthétique des principaux sites viticoles figure ci-dessous. Elle a été établie à partir du site Internet de l'Unesco `http://whc.unesco.org/fr/list/` qui détaille les caractéristiques et les motivations du classement de chacune des régions. D'autres sites classés, non répertoriés dans cet article, peuvent également intégrer, pour une petite partie leur territoire, une zone viticole.

Suisse

Vignoble en terrasses de Lavaux en Suisse (Fig. 5)

Ce paysage s'étend sur environ 30 km le long du versant orienté au sud des berges du lac Léman, du château de Chillon, au cœur du canton de Vaud. Les étroites terrasses, soutenues par des murs en pierre, couvrent le bas des pentes fortement inclinées entre les villages et le lac. Bien qu'il y ait des preuves que les vignes ont commencé à être cultivées dans les environs au temps des Romains, les vignobles en terrasses actuels remontent au Xe siècle, quand les monastères bénédictins et cisterciens contrôlaient la région. Le site est un exemple exceptionnel de l'interaction pluriséculaire entre les hommes et leur environnement.

Figure 5. Paysage de Lavaux en Suisse.

Figure 6. Cinque Terre en Italie (Photo Anna Omelchenko/ Fotolia).

Figure 7. Paysage du Piémont en Italie.

Figure 8. Paysage du Douro au Portugal.

Italie

Paysage de Cinque Terre en Italie (Fig. 6)

Ce territoire côtier ligurien, qui s'étend des Cinque Terre à Portovenere avec les îles Palmari Tino et Tinetto, est un paysage culturel de grande valeur panoramique et culturelle. La forme et la disposition des petites villes et le modèle du paysage environnant avec quelques vignobles, surmontant les contraintes d'un terrain escarpé et irrégulier, marquent les jalons d'une occupation humaine continue dans cette région au cours du dernier millénaire.

Vignoble italien du Piémont : Langhe-Roero et Monferrato (Fig. 7)

Le paysage classé du piémont correspond à cinq vignobles distincts et au château de Cavour, dont le nom est emblématique tant du développement du vignoble que de l'histoire de l'Italie. Situé au sud du Piémont, entre le Pô et les Apennins de Ligurie, ce paysage culturel réunit l'ensemble des processus techniques et économiques liés aux vignobles et à l'élaboration du vin, une activité caractéristique de cette région depuis des siècles. Les vignobles de Langhe-Roero et Monferrato présentent un exemple éminent de l'interaction de l'homme avec son environnement naturel.

Portugal

Région Viticole du Haut-Douro (Fig. 8)

Ce paysage est un des fleurons des paysages viticoles mondiaux. La région élabore du vin depuis quelque deux mille ans et sa principale production, le vin de Porto, est célèbre dans le monde entier depuis le XVIIIe siècle. Cette longue tradition a façonné un paysage culturel d'une beauté exceptionnelle qui reflète en même temps son évolution technique, sociale et économique. Ce paysage culturel impressionnant est toujours exploité avec profit par des vignerons respectueux des traditions. Les composants du paysage illustrent toute la palette des activités associées à la viticulture : terrasses, quintas, villages, chapelles, etc.

Ile volcanique du Pico (Fig. 9)

Ce site de 987 ha, est situé sur, la deuxième île de l'archipel des Açores par la taille. C'est un remarquable réseau de longs murs de pierre largement espacés, courant parallèlement à la côte et remontant vers l'intérieur de l'île. Ces murs ont été érigés pour protéger du vent et de l'eau de mer des milliers de petits enclos (currais) rectangulaires,

Figure 9. Ile de Pico au Portugal (©Ko Hon Chiu Vincent/ Unesco).

Figure 10. Paysage de la région de Wachau en Autriche (©Ko Hon Chiu Vincent/Unesco).

accolés les uns aux autres. La présence de cette viticulture, dont les origines remontent au XVe siècle, est manifeste dans cet extraordinaire assemblage de petits champs, dans les maisons et les manoirs du début du XIXe siècle, ainsi que dans les caves, les églises et les ports. Ce paysage modelé par l'homme, d'une beauté extraordinaire, est le meilleur témoignage qui subsiste d'une pratique autrefois beaucoup plus répandue.

Autriche

Le paysage culturel de La Wachau (Fig. 10)

La zone classée est une partie de la vallée du Danube, entre Melk et Krems, dont le paysage conserve intactes de nombreuses traces de son évolution depuis les temps préhistoriques : traces architecturales (monastères, châteaux, ruines), urbanistiques (villes et villages) et liées à la culture de la vigne. L'architecture, l'habitat humain et l'utilisation agricole des terres de la Wachau illustrent de façon vivante un paysage essentiellement médiéval qui a évolué naturellement et harmonieusement à travers les âges.

Autriche et Hongrie

Le paysage culturel de Fertö et Neusiedlersee (Fig. 11)

A la frontière entre la Hongrie et l'Autriche, parmi tous les lacs salés du monde, cette zone est unique du point de vue de la relation organique, plurielle, ancienne et cependant toujours d'actualité entre l'homme et son milieu, typique du lac et de sa société. L'aspect traditionnel, en partie rural, de l'architecture des villages autour du lac, la structure de ces villages, l'unité des bâtiments disposés de façon homogène autour des places et le long des rues et plusieurs palais des XVIIIe et XIXe siècles qui s'inscrivent dans ce cadre paysager, sont les éléments caractéristiques, façonnés par l'homme, du paysage culturel. La culture de la vigne, la production vinicole et l'exploitation des roseaux, des activités séculaires, contribuent à pérenniser l'occupation des terres et l'utilisation de matériaux de construction traditionnels.

Figure 11. Paysage du site de Fertö et Neusiedlersee (©Ko Hon Chiu Vincent/UNESCO).

Allemagne

La Vallée du Haut-Rhin moyen, également connue sous le nom de Rhin romantique (Fig. 12)

Le classement correspond à une section de 65 kilomètres de long de la vallée du Rhin entre Bingen et Coblence en Allemagne. Cette vallée, avec ses châteaux, ses villes historiques et ses vignobles, illustre de manière vivante la pérennité de l'implication humaine dans un paysage naturel spectaculaire et bigarré. Ce paysage est intimement lié à l'histoire et à la légende et exerce, depuis des siècles, une puissante influence sur les écrivains, les peintres et les compositeurs.

Les roches du site sont de type sédimentaire et ont été constituées à la période géologique du dévonien. La gorge fut creusée à des périodes géologiques plus récentes, bénéficiant de l'effondrement du fossé rhénan. Le fleuve coule dorénavant dans un canyon atteignant par endroit 200 mètres de profondeur, comme au niveau du rocher de la Lorelei. La vallée bénéficie d'un climat doux qui a permis de développer dans cette zone septentrionale un

 DOI: 10.1051/bioconf/20160703013

Figure 12. Paysage de la vallée du Rhin moyen en Allemagne.

Figure 13. Paysage du Val de Loire.

vignoble aménagé en terrasses, majoritairement sur les versants exposés au sud.

France

Le Val de Loire entre Sully-sur-Loire et Chalonnes (Fig. 13)

C'est un paysage culturel exceptionnel, comprenant des villes et villages historiques, de grands monuments architecturaux, de nombreux châteaux, des terres agricoles et des vignes façonnées par des siècles d'interaction entre les populations et leur environnement physique. La vigne pousse sur des coteaux exposés au soleil, le long de la Loire et de ses affluents. Il existe une très grande diversité de sols et de paysages tout au long de la vallée.

La juridiction de Saint-Emilion (Fig. 14)

La viticulture a été introduite dans cette région fertile d'Aquitaine par les Romains et s'est intensifiée au Moyen Âge. Le territoire de Saint-Émilion a bénéficié de sa situation sur la route de pèlerinage vers Saint-Jacques-de-Compostelle et plusieurs églises, monastères et hospices y ont été construits à partir du XIe siècle. Le statut particulier de juridiction lui a été accordé

Figure 14. Paysage de Saint-Emilion (Source Nadiyka/Fotolia).

Figure 15. Cave de l'avenue de Champagne représentative du patrimoine historique de cette région, Copyright association paysages du Champagne. Photo Michel Jolyot/Copyright association paysages du Champagne/UNESCO.

au cours de la période du gouvernement anglais au XIIe siècle. Le vignoble de Saint-Emilion a été façonné par des générations successives de vignerons. Ceux-ci ont su faire évoluer la Juridiction, tout en préservant les témoignages remarquables de l'Histoire. Saint-Emilion déploie un patrimoine architectural spectaculaire, avec la cité médiévale et les églises romanes. Cet héritage du passé est également composé de grottes pittoresques, de moulins ou de pigeonniers que découvre le promeneur au bord des chemins.

La Champagne (Fig. 15)

Le site se compose de trois ensembles distincts : les vignobles historiques d'Hautvillers, Aÿ et Mareuil-sur-Aÿ, la colline Saint-Nicaise à Reims ainsi que l'avenue de Champagne et le Fort Chabrol à Épernay. Ces trois ensembles, soit le bassin d'approvisionnement que forment les coteaux historiques, les unités de production (les caves souterraines) et les espaces de commercialisation (les maisons de Champagne), reflètent la totalité du processus de production de champagne. Les coteaux, maisons et caves de Champagne sont des

 DOI: 10.1051/bioconf/20160703013

Figure 16. Paysage des climats de Bourgogne.

lieux où fut développée la méthode d'élaboration des vins effervescents, grâce à la seconde fermentation en bouteille, depuis ses débuts au XVIIe siècle jusqu'à son industrialisation précoce au XIXe.

Les coteaux, maisons et caves de Champagne, en particulier la colline Saint-Nicaise, avec ses carrières-caves monumentales et ses anciennes maisons de Champagne, et l'avenue de Champagne, avec les espaces de représentation des maisons de commerce, traduisent d'une manière exceptionnelle l'image symbolique unique au monde du champagne en tant que symbole de l'art de vivre à la française.

Les climats du vignoble de Bourgogne (Fig. 16)

C'est un ensemble de parcelles de vignes précisément délimitées sur les pentes de la côte de Nuits et de Beaune. Elles se distinguent les unes des autres par leurs conditions naturelles spécifiques (géologie, exposition, cépage...) qui ont été façonnées par le travail humain et peu à peu identifiées par rapport au vin qu'elles produisent. Ce paysage culturel est composé de plusieurs éléments : des parcelles viticoles et les unités de production associées, des villages et la ville de Beaune. Le site est un exemple remarquable de production viticole développé depuis le haut Moyen Âge avec une forte dynamique monastique.

3. Conclusion

De la diversité des reliefs et des climats naît une variété de paysages. L'esthétique de la vigne témoigne de cette subtile harmonie que l'homme a su établir avec la nature. Les paysages vignerons témoignent d'une diversité géologique unique et d'une histoire culturelle de la vigne et du vin sans égal.

Cette dimension, qui relie la terre à l'esprit, associe en premier lieu le savoir-faire du vigneron architecte et jardinier du terroir. Sa maîtrise technique est le fruit d'observations empiriques acquises de générations en générations et d'un esprit d'innovation permanent. L'ingéniosité de l'homme ne s'arrête pas à la vigne. L'architecture des chais, des caves mais également celle des villages, des églises, ou d'autres bâtisses historiques participe pleinement à l'harmonie et à la splendeur des paysages viticoles mondiaux.

Le label Réseau International Paysages Viticoles établi à partir de la Charte de Fontevraud témoigne de la qualité des démarches volontaires et concertées sur des terroirs viticoles, où tous les acteurs du territoire (collectivités locales, syndicats de producteurs, opérateurs économiques, culturels et touristiques, universités et laboratoires) sont engagés, à partir d'un diagnostic paysager et un plan d'action. L'objectif de cette démarche est d'optimiser la production viticole ainsi que la gestion paysagère et environnementale, avec des offres culturelles et touristiques innovantes dans une logique de développement durable (Fig. 3).

Figure 17. Logo du Réseau International Paysage Viticole établi sur la base de la charte de Fontevraud. `http://www.vignevin.com/recherche/territoires/paysages-viticoles/reseau-international-paysages-viticoles.html`

Le professionnel de la vigne, par son influence sur l'espace, est aussi un professionnel du paysage qui n'a pas pour autant conscience de la valeur esthétique et patrimoniale de son terroir. À l'image d'une dégustation, son paysage est l'expression conjuguée du plaisir des sens ; il doit apprendre à le connaître et le faire apprécier.

Vitrines des pratiques viticoles, les paysages sont aujourd'hui porteurs d'enjeux écologiques (bonnes pratiques environnementales, maintien de la qualité des eaux, contribution à la conservation des sols, valorisation d'une biodiversité « fonctionnelle et écologique »). Ils ont également une valeur économique pour l'exploitation et la région (image promotionnelle du vin, tourisme, foncier), sociale (cadre de vie, identité locale, médiation), culturelle et patrimoniale (rites, pratiques, sentiers, paysage et architecture). Ce sont des liens identitaires forts, supports de projets collectifs qui placent les vignerons au cœur du développement durable de leur territoire. Le paysage viticole présente l'intérêt de fédérer la profession autour d'un sujet identitaire qui doit associer les collectivités locales et l'ensemble des acteurs du territoire. C'est la base de la gouvernance patrimoniale mais également écologique des terroirs.

Mais, cet écosystème culturel est fragile. La modernité, dans son approche fonctionnelle a souvent occulté ces richesses patrimoniales léguées par les anciens, héritage parfois perçu comme une contrainte face aux évolutions technologiques et aux impératifs économiques. Sachons protéger et transmettre à nos enfants ce patrimoine esthétique, mémoire d'intelligence, de sensibilité, de sueur, et parfois de combats. C'est un capital qu'il convient de connaître, de préserver et de valoriser, si l'on veut pérenniser la culture du vin.

L'inscription au patrimoine mondial de l'Unesco contribue à une très forte dynamique collective interdisciplinaire qui associe l'ensemble des acteurs d'un territoire et permet d'initier une réflexion prospective sur ses atouts et faiblesses afin de mettre en œuvre des plans d'action adaptée à chaque contexte. Néanmoins toutes les régions viticoles ne pourront pas accéder à ce label, graal de la reconnaissance patrimoniale. Au-delà de la complexité du montage, de nombreuses régions dotées d'une valeur esthétique remarquable, en particulier dans les pays du Nouveau Monde, peuvent difficilement s'intégrer dans l'approche « patrimoine mondial » Unesco. Peut-être est-il utile de réfléchir à une forme de reconnaissance internationale qui pourrait notamment associer l'OIV, en liaison avec d'autres organisations internationales liées au patrimoine ou à l'écologie, sur la base d'une gouvernance des paysages en lien avec les autres composantes des terroirs, en particulier la biodiversité, en adéquation avec les définitions du terroir et de la viti-viniculture établies par l'OIV. Cette approche permettrait de mobiliser la plupart des régions viticoles du monde autour d'un projet collectif et interdisciplinaire, de nature à valoriser l'image globale de la filière viticole. Les travaux menés dans le cadre du Réseau International Paysages Viticoles, en lien avec la charte de Fontevraud, qui intègre une gouvernance globale, pourrait servir de support pour une telle approche.

Références

[1] J. Rochard, A. Lasnier, Application aux secteurs viticoles de la Convention européenne sur les paysages, revue des œnologues, 121 (2006)
[2] C. HERBIN, J. ROCHARD, Les paysages viticoles, éditions Féret (2005)
[3] J. ROCHARD, Traité de viticulture et d'œnologie durable, éditions Avenir œnologie (2005)
[4] UNESCO, Convention concernant la protection du patrimoine mondial culturel et naturel, Unesco. `http://whc.unesco.org/` (1972)
[5] P.M. TRICAUD, L'application aux paysages de vignobles des critères d'éligibilité au patrimoine mondial. ICOMOS. `www.icomos.org` (2001)
[6] UNESCO, Établir une proposition d'inscription au patrimoine mondial, Unesco. http://whc.unesco.org/ (2011)
[7] UNESCO, *Gérer le patrimoine mondial naturel*, Unesco. `http://whc.unesco.org/` (2012)
[8] UNESCO, *Gérer le patrimoine mondial culturel*, Unesco. `http://whc.unesco.org/` (2014)
[9] OIV, guide OIV pour une vitiviniculture durable : production, transformation et conditionnement des produits, OIV-CST 01-2008. `www.oiv.int` (2008)
[10] OIV, Définition du « terroir » vitivinicole : résolution OIV/VITI 333/2010. `www.oiv.int` (2010)

DOI: 10.1051/bioconf/20160703014

Risk management in wine industry: A review of the literature

Antonio Seccia, Fabio Gaetano Santeramo, and Gianluca Nardone

Department of Agricultural, Food and Environmental Sciences, University of Foggia, Foggia, Italy

Abstract. Wine industry is characterized by high added value, particularly for some segments. The quality of the final product is the result of the right combination of many variables which involve the choice of the suitable wine grape varieties to particular conditions of site location, soil, climate, landscape together with entrepreneurial right decisions in management. The globalization of the market with the increasing of competition among producers and the evidences of climate change, that has different effects on the vitivinicultural areas in the world, have led to the growth of frequency and intensity of risks that winegrowers have to cope with. Their behaviour and reactions in managing risky situations of different nature, often adopting instruments they are not familiar with, as insurance or derivatives, could result in relevant consequences on prices, costs of production, revenues and profits, in other words, on the value chain of the wine production. This paper aims to provide a general overview of the economic literature on risk management in the wine industry.

1. Introduction

Management of risks in wine production is reaching growing interest since there is widespread evidence that they have grown rapidly over the recent past in all categories of food production [1]. Like all the agricultural sectors, wine market is subjected to many risks originated by several factors: human behavior, climate, production processes, price fluctuations, institutional and policy framework, economic and financial risks [2,3]. Wine industry is characterized by added value which is higher compared to other sectors, with the production of diversified products, in some cases with very high unit value so, facing risks, producers can lose a part or the complete production in very short time, finding themselves in a serious financial situation. There is an increasing evidence that such risks affect several actors in the wine industry besides producers: insurers, consumers, traders, retailers, investors, government institutions and policy makers.

Scientific literature classifies risks in agricultural production on the basis of the origin of uncertainty (price, yield), the scale of the event (idiosyncratic and systemic risks), the frequency of it (rare or more frequent events) and the intensity of its consequences. Producers can cope with risks undertaking various risk management instruments, in some cases to prevent the negative effects of risky activities (ex ante) and in others to reduce their consequences (ex post). Such instruments imply either direct or opportunity costs and their application is limited by the presence and accessibility of their markets that can be missing or incomplete [4].

Empirical evidence shows that farmers are characterized by risk aversion when they deal with economic or production decisions [5]. However, despite such apparent need for risk management, it is evident a very weak use of financial coverage instruments (insurance, weather derivatives, forward contracts, etc.) because producers are reluctant in purchasing a financial solution, considered too expensive and complicated [6,7]. The modest development of financial tools is usually considered as a justification for the intervention of the government which takes on most agricultural risks, but opinions about the efficiency of policy interventions and government subsidies are divergent.

The purpose of this paper is to provide an overview of the economic literature on risk management in wine production paying attention to the broad range of typologies and severity of risks. In particular, the review will identify and discuss how scholars have analyzed these subjects covering different topics: the main sources and characteristics of risks, strategies (prevention, mitigation, adaptation), dispositions (informal, market based, public) and instruments. The review will provide useful insights for both practitioners and policy makers and indications for possible trajectories for future researches.

2. An overview of the economic literature on risk management in wine industry

2.1. Climatic risks

Grapevines are a geographically expressive crop, being grown in distinct climate regimes worldwide that provide the ideal conditions to produce high-quality grapes but, on the other hand, such very close association with the climate makes the crop very sensitive to the fluctuations in weather conditions. So, impacts of climate changes are reflected on yield and on the quality of grapes and wine, resulting in consequences on prices, costs of production, revenues and profits of growers and winemakers [8]. With rising interest in climate change and its consequences on wine production, a growing body of literature has been studying the different risks that grapes growers and winemakers are already facing or will face in the future.

With regards to responses of mitigation and adaptation to climate change in the wine industry, Galbreath [9] has introduced a model which considers risks in the two processes of grape producing and winemaking. The framework is built on the basis of the literature and the experts' opinions. Mitigative and adaptive responses have been shaped covering the technology and process concerns which wine producers can adopt to address risks sustainability. Actions are referred to three fields: market, regulatory/standards and operational. The framework has been applied to a big Australian wine producer, Treasury Wine Estates (TWE), showing that mitigative and adaptive reactions rely on the various technologies and processes at the different levels.

In most contexts, an effective tool to face risks is insurance but in the agriculture sector a specific instrument as weather insurance has had limited diffusion because of the complexity in defining the proper weather event and in determining the price of the product. Turvey et al. [10] have developed an innovative method to determine the price for weather insurance in circumstances where returns are influenced not only by the occurrence of the weather event but also by its timing. The authors developed a Monte Carlo method to estimate the insurance premium, considering the case of ice wine in the Niagara Peninsula of southern Ontario.

Besides traditional financial instruments as insurance, the use of innovative financial solutions must also be sought in order to deal with many of the financial risks arising from climate change. Among them, the market of weather derivatives is generally increasing even though in the case of the agricultural sector they have had a low diffusion, according some authors because of a lack of familiarity and a clear understanding of the benefits [11]. Studies about their use are very few and only recently scholars have devoted attention to them [12]. Among them, Cyr and coauthors have examined the adoption of weather contracts in different situations specific to the province of Ontario, Canada. The risk of hotter temperatures during the harvest of icewine grapes has been examined by Cyr and Kusy [13] while the risk of low temperatures in wintertime has been analyzed by Cyr et al. [14]. Considering the increasing variability of rainfall in the Northern Hemisphere consequently to climate change, Cyr et al. [15] have explored the adoption of weather contracts to hedge the financial risk consequential to the excess of rainfall during the grapes harvest period. Taking into account different contract hypothesis, they aimed to evaluate a range of benchmark call option value using rainfall data to develop a stochastic method for cumulative harvest rainfall with reference to the Niagara region. A case study regarding California has been considered by Cyr et al. [16] who used a stochastic method of a cumulative weather variable over a time period, and adopted a copula function technology to process a model for the pricing of a weather contract. The usefulness of weather derivatives in the wine industry, for covering climate risk considering bioclimatic indices to mitigate the risk of growing season temperatures, has been analyzed by Cyr et al. in the Niagara region of Canada [17] and by Zara in the Oltrepo Pavese area of Italy [18]. Zara [19] has also considered the potential design of weather contracts developing an appropriate temperature risk hedging strategy to reduce the unpredictability that affects grapes economic results. The strategy is based on the development of a risk definition process which includes the identification of a representative heat summation index ratio between temperature and yield. He applied the strategy to a case study referred to the Bourgogne Côte de Nuits Pinot Noir red grape. Simulations carried out demonstrate that the strangle strategy covers the climate risk in a better way reducing crop volatility. Results from the study prove that it is possible to hedge the winemaker's crop with weather derivatives which are more flexible and transparent compared to insurance policies.

2.2. Producers' perception of risks

A relevant concern related to climate change is the consequence on farmers' welfare which is affected by the perception they have of the agricultural risks. How they perceive impacts plays a fundamental role in responding to them engaging in mitigation or adaptation strategies. The research realized by Menapace et al. [20] considers risk perceptions for Italian producers related to risk of damages on production caused by climate events. To such purpose, they perform an elicitation of the median of the subjective beliefs cumulative distribution of crop losses risk, using the exchangeability method. Results show that growers' perceptions for the long-run are considerably higher than for short-run and the reason of such difference can be found in climate change individual convictions and personal experience with past production damages. Given the crucial role of past experiences, it would be useful to consider segments of growers with different climate change beliefs and to improve growers' awareness of potential risks proposing them a better assistance to adapt to climate fluctuations.

The conduct of wine producers under general risky circumstances has also been the subject of a field research conducted by Salk et al. [21] who have interviewed wine producers in the Maine-et-Loire department using a questionnaire about their perception of climate risks and their strategies to address them. Given the increase of costs as a consequence of climate change, the aim of the study was to understand the reasons of the very low diffusion of tools as insurance or weather derivatives. Results show that the behavior of the producers is paradoxical because, although they need to face risks, financial instruments are deemed costly and too difficult to understand and to manage.

The motivations behind grape growers purchase intentions regarding risk management insurance have been analyzed by Lobos et al. [22] who have realized an empirical study with the aim to find the determinants that affect the probability of subscribing insurance contracts in the Chilean wine industry. The authors have considered two discrete selection models (logit and probit) to detect the producer's individual characteristics and they can infer about the impact that a set of socioeconomic variables and the producers' own opinion have on the willingness to buy insurances. Results of the analysis show that the significant explanatory variables are associated mostly to the producers' perceptions in terms of getting access to prices and wine markets, awareness of sanitary risk and the opinion of an adequate management of risk. Among the socioeconomic variables, only the area planted with wine grapes resulted to be significant.

2.3. Markets and prices risks

Wine grape producers are aware that they have to face both production and market risks. An economic analysis realized by Folwell et al. [23] considered both kinds of risks with reference to three varieties grown in Washington State: Cabernet Sauvignon, Chenin Blanc and White Riesling. The production risk has been considered with reference to unexpected lower yields caused by less fruit buds flowering as a consequence of low temperatures in wintertime. The market risk has been considered in terms of prices fluctuations as result of changes in the market supply and demand. The authors realized a simulation model which includes both kinds of risk at the same time taking into account the costs of production and prices by the combination of weather effects on bud kills and yields; moreover, as a basic assumption, the producer did not take any risk management strategies.

Climate events and market unpredictability affect considerable revenue variability for winegrowers as a consequence of volatile prices and yields. Since the EU is going to reduce wine market subsidies, it could be helpful to explore more market-oriented risk management instruments. To such purpose, Ramirez et al. [24] have simulated actuarially fair premiums for revenue insurance contracts in the Spanish wine industry. These kind of contracts are a market-based risk management innovation that can support farmers to cover revenue losses that arise from adverse yields, prices or both. The authors have applied a contingent claims analysis valuation framework and Monte Carlo simulation. The model shows that revenue insurance premiums could have a lower cost than similar multi-peril insurance products and price supports programs; moreover, revenue insurance can provide Spanish wine grape producers with income stabilization that does not alter trade like current subsidy programs.

The rapid international expansion of the wine industry has increased the need to comprehend wine price risk and the strategies to reduce it. Prices are sensitive to climate variations and cannot be determined correctly prior to production since inelastic demand translates into high price uncertainty leading to widespread economic and financial implications. Kourtis et al. [31] have analyzed the risk arising from the fluctuations in fine wine prices evaluating the possibility for firms to diversify the production across countries and wine varieties. They focus on financial instruments that can be adopted to address the risk management and improve market completeness as derivatives, futures and options contracts.

2.4. Relevance of data and information availability in managing risk

In risk management a crucial role is played by information and availability of data. Agronomic data from observed crop yields have been used by a big insurance group, Groupama, to develop a simulation process to estimate the insurance premium. As reported by Phélippé-Guinvarc'h [25], data provided by a French wine cooperative were used to apply a general model of agronomic crop yield density function, already tested for other products. In the case of wine, the application of the model is disturbed by public regulations which limit yields (in the case of denominations of origin) and quality regulations applied by some cooperatives.

The management of disease and pests by growers has improved in consequence of the better accuracy of weather, pest and disease forecast information that are available for them as a useful tool for preventing risks and shaping their behavior. Given that the strategies adopted by farmers to prevent risks have implications at both local and social level, it should be necessary to know more how the availability of information influences producers' strategies. To such purpose Lybbert et al. [26] have conducted an empirical analysis concerning the effect of improved disease forecast information on grape growers' behavior and on the environment. Temporal and spatial data concerning treatments for powdery mildew in California were used to estimate models of producers' disease management procedure. Results show that responses differ according to location and product value.

2.5. Relevance of investments in knowledge and technology

Knowledge has relevant importance to address the different types of risks for an enterprise. In an empirical study Dutz et al. [27] have analyzed the links between Knowledge-Based Capital (KBC) investments and export for the wine industry in Chile. Such investments play a critical role in supplying enterprises with necessary competences to predict, take in and modify behavior to risks. The authors highlighted that for the Chilean wine industry KBC investments can be considered important assets for firms' risk management. The research gives a particular focus on the importance of KBC investments for addressing risks related to innovation and on the crucial linkages between investments in knowledge, protection/enabling and insurance and coping/leveraging assets.

The value of the wine is greatly influenced by quality and particularly by the preservation of it during storage when wine is highly sensitive to variables as temperature and humidity that could alter the quality. This is a critical concern for wineries and distributors which have to manage risk under storage facilities for maintaining wine quality and preventing the depreciation in value. So, it is crucial to control and monitor risk during wine storage to preserve wine quality. For monitoring real-time storage conditions of wine and for planning an immediate strategy for handling unpredicted events, Lam et al. [28] proposed a risk control and monitoring system (RCMS) which combines the technology of radio frequency identification (RFID) and case-based reasoning (CBR). The RFID tag has sensors for temperature and humidity which measure the actual storage condition of each stock keeping unit (SKU) of wine and all information about the wine and its location are available in order to find easily the product with anomalous measurements. The case-based reasoning (CBR) can generate, taking into account past similar event cases, a shortlist of critical control actions, on the basis of possible causes of incidents and subsequent activities. The adoption of the RCMS allows the development of effective operative plans and to reach the reduction in the wine damage of quality with the improvement in customer satisfaction.

2.6. Risks and transaction costs

A peculiar kind of risk concerns the market relationships between different enterprises and transaction costs. This issue has been considered by Franken and Bacon [29] who have analyzed the role of vertical coordination strategy in decreasing the risks concerned to the procurement of required quality grapes. They report a study realized in California highlighting that formal written contracts stipulated for grapes procurement are more reliable than informal agreements because of the risk associated to the purchase of the required quality grapes. Perishability of grapes, both physiological and unpredicted because of climatic events, could make difficult or uncertain, or sometimes costly, the procurement of desired quality grapes, so strategies of vertical integration are necessary using detailed written contracts. In some cases, when quality is very difficult to evaluate and the winemaker needs to check also production practices, could be necessary a complete vertical integration which leads to the ownership of consecutive stages in the supply chain. The issue of contracts as a strategy to face marketing and provision risks in the wine industry has also been studied by Steiner [30] who has considered that a relationship between a producer and a winery is characterized by a condition of moral hazard which involves both sides. He has developed a comparative static outcomes for optimal sharing rule in a principal-agent model where both principal (winery) and agent (grape producer) are considered to carry out multiple tasks. As basic assumption, the role of a grape grower to the final wine quality consists in production while the contribution of the winery is realized in processing and marketing stages. Both parties could act as opportunists since efforts of both sides are mutually imperfectly detected and their impact on final quality of the product can only be inaccurately evaluated. The model allows for asymmetric quality contributions of the contracting parties, and shows that, in case of risk-aversion for both parties, strict sharing can also be supported in bilateral moral hazard settings.

3. Conclusions

The present paper has provided a general overview of the economic literature on risk management in the wine industry. The interest of researchers on this field is recent so the scientific production is quite limited but growing. Most papers consider the risks arising from climate change and the strategies that winegrowers could adopt to address such risks, particularly financial instruments as insurances and weather contracts. Many of them are referred to specific areas so it should be useful to study the same issues and to apply the same methodologies considering more vitivinicultural areas in the world. Moreover, additional issues, not still covered for the wine industry, need to be considered. At farming level, it would be very interesting to study producers' decisions under risk and their choices to address different types of risks, taking in consideration costs and revenues, including cost-benefit analysis. According to the specificity of the region, growers should adopt measures to address risks that vary in their economic feasibility and barriers to implementation.

Future studies could analyze the experience in the formation of opinions about kinds of risks among winegrowers and the gap between their need to cope with risk and the adoption of proper instruments. A related issue is to understand the role of factors that might drive the implementation of such instruments in firms and its impacts on business outcomes.

A new field of study concerns social consequences of the management of different risks and their impact on the regional cultural identity considering that high-quality wine regions create unique physical and cultural landscapes that, through growing, processing, trade, and tourism, are crucial components of local economies.

At an international level, further studies should consider the management of risk in the conglomerate beverage companies with multinational landholding portfolios which have worldwide strategic investments.

The role of institutions and policy interventions should be analyzed in consideration of subsidies which, in some contexts, are given to farmers to address the risk of negative climatic events. The arising of risks of different typology, due to climate change, globalization of the market, fluctuation of prices, moral hazard of agents, underscore the need for flexible agricultural policies and requirements for grape growers and wine producers to adopt proper risk management schemes.

References

[1] OECD "Risk management in agriculture" – *A holistic framework. Paris* (2009)
[2] S. Kimura, J. Antón, C. LeThi, "Farm level analysis of risk and risk management strategies and policies (2010)
[3] A. Kourtis, R. N. Markellos, D. Psychoyios, "Wine price risk management: International diversification and derivative instruments", International Review of Financial Analysis, **22**, 30–37 (2012)
[4] F. G. Santeramo, J. Di Pasquale, F. Sgroi, "Analyzing risk management in Mediterranean Countries: the Syrian perspective", New Medit, **11**(3), 35–40 (2012)
[5] P. Sulewski, A. Kłoczko-Gajewska, "Farmers' risk perception, risk aversion and strategies to cope with production risk: an empirical study from Poland" Studies in Agricultural Economics, **116**(3), 140–14 (2014)
[6] EU Commission "Risk management tools for EU agriculture with a special focus on insurance", Working Document, Agriculture Directorate-General (2001)
[7] J. Viviani, "Protection against wine price risks: A real option approach", Journal of Wine Economics, **2**, 168–186 (2007)
[8] G.V. Jones, L.B. Webb, "Climate change, viticulture, and wine: challenges and opportunities", Journal of Wine Research, **21**(2-3), 103–106 (2010)
[9] J. Galbreath, "Response to the risk of climate change: A case study of the wine industry" (No. 231251), AAWE Working Paper No. 181 (2015)
[10] C. G. Turvey, A. Weersink, S. H. C. Chiang, "Pricing weather insurance with a random strike price: The Ontario ice-wine harvest", American Journal of Agricultural Economics, **88**(3), 696–709 (2006)

[11] J. Gedeon, "Wine industry is slow to warm up to weather derivatives: experts say various factors account for hesitation", Wine Business Monthly, 15 June (2008)
[12] D. Cyr, M. Kusy, A. B. Shaw, "The potential use of weather derivatives in the viticulture industry", Economia e Diritto Agroalimentare, **13**(3), 67–81 (2008)
[13] D. Cyr, M. Kusy, "Canadian icewine production: a case for the use of weather derivatives", Journal of Wine Economics, **2**, 1–23 (2007)
[14] D. Cyr, M. Kusy, A. Shaw, "Hedging the risks of vineyard winter injury with an OTC collar contract", Working paper, Brock University (2009)
[15] D. Cyr, M. Kusy, A. B. Shaw, "Climate change and the potential use of weather derivatives to hedge vineyard harvest rainfall risk in the Niagara region", Journal of Wine Research, **21**(2-3), 207–227 (2010)
[16] D. Cyr, R. Eyler, M. Visser, "The Use of Copula Functions in Pricing Weather Contracts for the California Wine Industry" (2013)
[17] D. Cyr, M. Kusy, A. B. Shaw, "Hedging adverse bioclimatic conditions employing a short condor contract", Journal of Wine Economics, **3**, 149–171 (2008)
[18] C. Zara, "La gestione dei rischi climatici nel settore vitivinicolo", Economia and Management, Vol. **5**, pp. 13–29 (2008)
[19] C. Zara, "Weather derivatives in the wine industry", International Journal of Wine Business Research, Vol. **22** Iss 3 pp. 222–237 (2010)
[20] L. Menapace, G. Colson, R. Raffaeli, "Farmers' Climate Change Risk Perceptions: An Application of the Exchangeability Method", *EAAE 2014 Congress 'Agri-Food and Rural Innovations for Healthier Societies' August* (Vol. **26**) (2014)
[21] S. B. Salk, S. Blondel, C. Daniel, C. Deffains-Crapsky, C. Jutard, B. Sejourne "Management of Climate Risks in the wine sector", *101st EAAE Seminar 'Management of Climate Risks in Agriculture', Berlin, Germany, July 5–6, 2007* (2007)
[22] G. Lobos, J. L. Viviani, B. Schnettler, N. Muñoz, A. Reyes, "Predicting probability to purchase insurance contracts in the Chilean wine industry: a logit and probit comparative analysis", Ciência Téc. Vitiv, **25**(2), 41–51 (2010)
[23] R. J. Folwell, B. Gebers, R. Wample, A. Aegerter, T. Bales, "Production and marketing risks associated with wine grapes in Washington", Washington State Univ., College of Agriculture and Home Economics Research Center (1997)
[24] A. Ramirez, M. Manfredo, D. R. Sanders, "Revenue Insurance for Spanish Wine Grapes", Journal of International agricultural Trade and Development, Vol.1 N. **2** pp.149-168-167 (2005)
[25] M. Phelippe-Guinvarc'h, "Weather Insurance of Wine-How Quantity and Quality Regulations Affect Risks", In *101st Seminar, July 5–6, 2007, Berlin Germany* (No. 9258). European Association of Agricultural Economists (2007)
[26] T. J. Lybbert, N. Magnan, W. D. Gubler, "Powdery Mildew Risk And Forecasting In Wine Grapes: Do Growers Change Risk Management Strategies" In *Response To Disease Forecasts?. In 2010 Annual Meeting, July 25–27, 2010, Denver, Colorado* (No. 61745). Agricultural and Applied Economics Association (2010)
[27] M. A. Dutz, S. D. O'Connell, J. L. Troncoso, "Public and private investments in innovation capabilities: structural transformation in the Chilean wine industry", World Bank Policy Research Working Paper, (6983) (2014)
[28] H. Y. Lam, K. L. Choy, G. T. Ho, C. K. Kwong, C. K. M. A. Lee, "A real-time risk control and monitoring system for incident handling in wine storage", Expert Systems with Applications, *40*(9), 3665–3678 (2013)
[29] J. R. Franken, K. J. Bacon, "Organizational structure and operation of the Illinois wine industry", Agricultural and Resource Economics Review, **43**(1), 104–124 (2014)
[30] B. Steiner, "The Extent and Nature of Contracting in the Wine Supply-Chain When Moral Hazard is Present", Department of Rural Economy, Faculty of Agricaltural, Life and Environmental Sciences, University of Alberta (2009)

DOI: 10.1051/bioconf/20160703015

Adaptation to the climate change: Interest of a prospective approach / Adaptation au changement climatique : l'intérêt d'une démarche prospective

Patrick Aigrain[1], Françoise Brugière[1], Eric Duchêne[2], Inaki Garcia de Cortazar-Atauri[3], Jacques Gautier[4], Eric Giraud-Héraud[5], Hervé Hannin[6], Nathalie Ollat[5], et Jean-Marc Touzard[7]

[1] Etablissement national des produits de l'agriculture et de la mer (FranceAgriMer) Montreuil, France
[2] Institut national de la recherche agronomique (INRA) Colmar, France
[3] INRA Avignon, France
[4] Institut national de l'origine et de la qualité (INAO) Montreuil, France
[5] INRA Bordeaux, France
[6] IHEV Montpellier SupAgro Montpellier, France
[7] INRA Montpellier, France

Abstract. The current challenges of the agronomic research and in particular the adaptation of agriculture to climate change, require a very broad disciplinary mobilization. To meet these challenges, which go beyond its disciplinary and territorial organization, the INRA initiated a new system of interdisciplinary piloting of research. Thus, the métaprogramme ACCAF is trying to understand the joint effects of the various modifications caused by climate change on terrestrial farming and natural environments, and to define adaptation strategies of adaptation as well as their environmental and socio-economic consequences. Within this framework, twenty-three research laboratories have been collaborating in the project LACCAVE and united their efforts in the project LACCAVE in order to examine the effects of climate change on the vine and wine sector. In addition to six disciplinary working groups, this project is made up of an interdisciplinary group including researchers and experts of public institution working with the sector, which has carried out a foresight exercise. By directing the reflection towards a medium-long term future (2030–2050), this prospective exercise authorizes us to leave the temporal horizon of the negotiation and the dictatorship of emergency. As the long-term future is neither known nor recognizable, the evolutions are considered as combinations of assumptions expressed in one potential form and its opposite. For the prospective in the LACCAVE program, four strategies of adaptation of viticulture for 2030–2050 were predefined and a collective and pluridisciplinary work made possible the writing of a plausible way of events leading to each strategy. These results will then be used to debate with the actors of the wine sector at various geographical levels, in order to contribute to the development and the consolidation of choices of strategies of adaptation of the vineyards to climate change. The presentation will focus on this original methodology and its specific implementation. Stories are detailed in another article "Work of prospective on the adaptation of the viticulture to climate change: which series of events could support various adaptation strategies?"

A l'horizon 2050, les vignobles français et leurs filières vont devoir s'adapter au changement climatique, qui modifiera à la fois les conditions de production des vins, leurs caractéristiques organoleptiques et leurs marchés. A cette échéance, d'autres facteurs tels que les évolutions des préoccupations de santé et d'environnement, les changements géopolitiques ou technologiques, les nouvelles conditions de consommation du vin ou encore les modifications de politique agricole affecteront le secteur vitivinicole.

Comment les acteurs de la vigne et du vin pourront-ils s'adapter à un contexte où le changement climatique va se combiner à des changements socio-économiques souvent incertains ? Les leviers d'adaptation envisageables sont multiples : nouveaux cépages, modifications des pratiques viticoles et œnologiques, stratégies de localisation des producteurs et négociants, réorganisation de la filière et de son cadre réglementaire, redéfinition des politiques de recherche et d'innovation... De telles actions sont déjà mises en œuvre ou envisagées, mais souvent sans vision très claire, sans réflexion collective sur des futurs possibles affectés par le changement climatique. Réfléchir et imaginer ces futurs possibles devient stratégique pour les acteurs de la vigne et du vin et pour la Recherche censée les accompagner.

Pour étudier les impacts du changement climatique et les adaptations potentielles du secteur viti-vinicole français, l'INRA a soutenu entre 2012 et 2016 le projet LACCAVE, au sein d'un programme plus large sur l'Adaptation au Changement Climatique de l'Agriculture et de la Forêt (métaprogramme ACCAF). Ce projet a associé des chercheurs de plusieurs disciplines (climatologie, génétique, agronomie, œnologie, économie, sociologie, ...), issus de vingt-trois équipes de l'INRA,

 DOI: 10.1051/bioconf/20160703015

du CNRS, d'universités et d'écoles d'ingénieurs. (Equipes de recherche des centres INRA de Bordeaux, Montpellier, Avignon, Colmar, Angers, Paris, du CNRS Rennes, de Bordeaux Sciences Agro, de Montpellier SupAgro, des Universités de Limoges, Dijon, Bordeaux.

Une des opérations phare du projet LACCAVE a été la conduite d'un exercice de prospective. Ses objectifs étaient :

- Identifier et explorer différentes stratégies d'adaptation pour la viticulture française dans un contexte de changement climatique, à l'horizon 2050 ;
- Tester une méthode pour élaborer des « chemins » favorisant la mise en œuvre de ces stratégies d'adaptation ;
- Développer une vision commune et des pratiques de travail en réseau entre chercheurs et organisations de la filière.

Cette prospective a été réalisée par une « cellule d'animation » réunissant des chercheurs et des experts d'organismes publics de l'accompagnement de la filière viti-vinicole française (INAO et FranceAgriMer). La cellule a travaillé à l'identification des stratégies d'adaptation envisageables pour le « système vignes et vins » français face au changement climatique, et à l'élaboration de chemins concourant à la mise en œuvre de ces stratégies.

1. Les impacts observés et attendus du changement climatique

Les scénarios d'évolution du climat proposés par le GIEC (Groupement Intergouvernemental d'Experts sur le Changement Climatique) prévoient d'ici la fin du XXIème siècle une augmentation de la température moyenne pouvant aller de 2 à 5 °C selon les hypothèses retenues pour les futures émissions de gaz à effet de serre, avec des variations en fonction des saisons et des régions. (Cf. Fig. 1) Cette augmentation de température va s'accompagner d'un changement du régime des pluies et des besoins en eau des cultures. La variabilité du climat et les événements extrêmes (vagues de chaleurs, pluies intenses…) devraient aussi s'accroître.

L'augmentation de la température enregistrée ces dernières décennies a déjà provoqué des changements observables sur la physiologie de la vigne : avancement de sa phénologie (floraison, véraison) et de la période de récolte (près de deux semaines en moyenne par rapport à la période avant 1980) ; augmentation du degré alcoolique ; baisse de l'acidité du raisin à la récolte ; modification des profils aromatiques et polyphénoliques ; évolution du rendement dans certaines régions…En plus de ces tendances, les viticulteurs ont dû faire face à des événements extrêmes : canicules de 2003 et 2006, printemps très chaud et très sec de 2011, gel en février 2012, été très pluvieux en 2013, hiver 2015–2016 très doux.

L'utilisation de modèles (Travaux réalisées dans le cadre des projets ANR CLIMATOR et ACCAF LACCAVE) permet de simuler les impacts du climat futur sur la vigne et le vin:

- l'avancée de la phénologie devrait se poursuivre, voire s'accélérer dans certaines régions ;

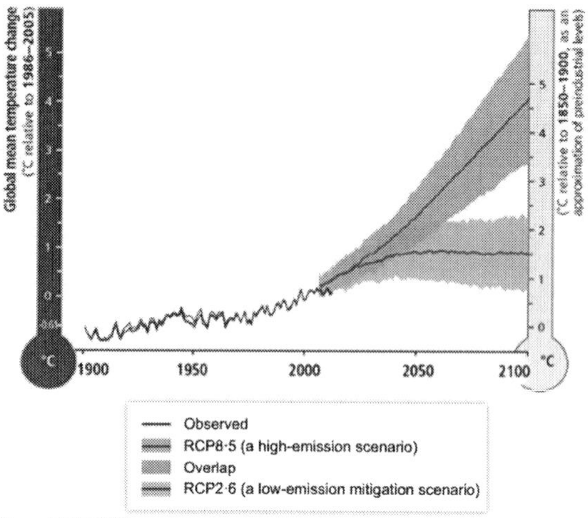

Rapport GIEC 2013

Figure 1. Global average surface temperature change.

- la typicité des vins pourrait changer dans plusieurs régions du fait des nouvelles conditions climatiques durant la période de maturité ;
- la modification du régime des pluies accentuerait les périodes de forte contrainte hydrique dans certaines régions, en particulier pour la partie sud de la France ;
- la production (rendement et composition des raisins) pourrait être affectée de manière très contrastée selon les régions ;
- une augmentation de la pression de maladies cryptogamiques est à envisager, notamment dans les vignobles septentrionaux.

2. Explorer les solutions pour l'adaptation

Depuis plus de 2000 ans les viticulteurs ne cessent d'adapter leurs pratiques culturales aux conditions climatiques, mais la vitesse des évolutions actuelles nécessite de nouvelles stratégies. Comme plante pérenne, la vigne apparaît vulnérable à des changements trop rapides. Les conditions et les risques futurs de production du vin doivent donc être largement anticipés.

Dans ce contexte, le projet LACCAVE a exploré plusieurs voies d'adaptation à diverses échelles de temps et d'espace :

- sélection variétale (création de génotypes adaptés aux nouvelles conditions) et changement de variété ou de porte-greffe,
- pratiques culturales à la parcelle (modification de la taille et du rapport feuille/fruit, introduction de l'irrigation, meilleure gestion du sol) ou à la cave (gestion des températures, méthode de désalcoolisation du vin, acidification, levures moins productives en alcool),
- voire relocalisation des parcelles au sein d'une petite région.

Des modifications d'organisation de la filière et de réglementation ont également été considérées, tout comme les investissements à réaliser en recherche, appui technique ou information. Enfin les perceptions des changements

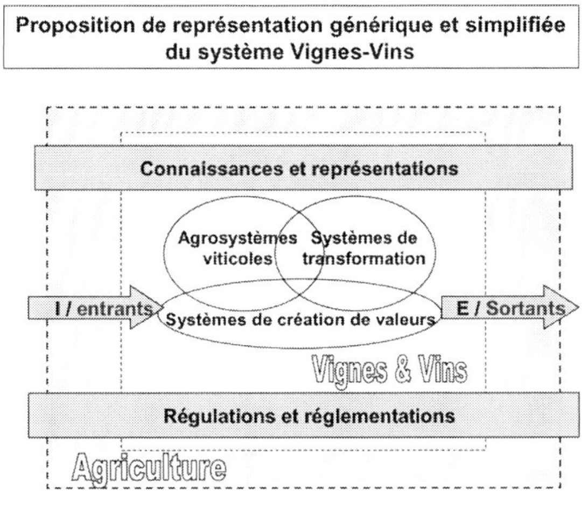

Figure 2. Le système vignes et vins – représentation simplifiée.

par les acteurs du secteur ont été prises en compte, qu'il s'agisse des consommateurs (le vin du « changement climatique » sera-t-il apprécié ?) ou des producteurs (quelles adaptations peuvent être mises en œuvre, et à quelle échéance ?).

3. Une méthode originale de prospective

Pour conduire cet exercice de prospective, la cellule d'animation a procédé en cinq étapes consistant successivement à :

1 proposer une représentation systémique du secteur vignes et vins ;
2 retenir un scénario climatique et fixer certaines évolutions du contexte ;
3 définir les principales stratégies d'adaptation ;
4 recueillir, sélectionner et combiner des hypothèses qui peuvent être liées à ces stratégies ;
5 décrire les chemins possibles permettant la réalisation des stratégies d'adaptation jusqu'en 2050.

1) Représenter le système vignes et vins

Au sein de l'agriculture, les activités et flux qui participent à la production et aux échanges du vin peuvent se représenter comme un système, lui-même organisé en trois sous-systèmes : les agrosystèmes viticoles conduisant à la production de raisins, les systèmes de transformation débouchant sur l'élaboration des vins, les systèmes de création de valeur incluant les acteurs économiques de la chaine de valeur, en particulier en aval (négoce, consommateurs, ...). Ces trois sous-systèmes sont dépendants des connaissances et représentations construites à propos de ces activités et de leurs produits. Ils sont également cadrés par les régulations et réglementations du secteur. Par ailleurs des acteurs ou des territoires peuvent entrer ou sortir de ce système. Cf. Fig. 2.

Ce système vignes et vins est doublement concerné par le changement climatique, (cf. Fig. 3) d'une part parce que ce changement agit directement ou indirectement sur ses activités, d'autre part parce que celles-ci contribuent à l'émission de gaz à effet de serre. L'objectif de

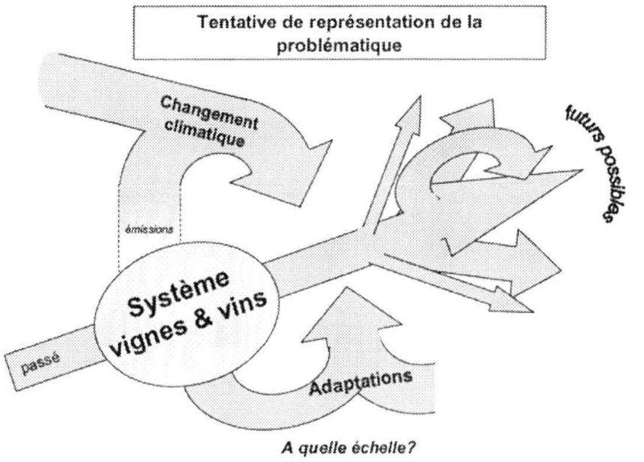

Figure 3. Tentative de représentation de la problématique.

ce travail est l'exploration de voies d'adaptation aux changements climatiques et ne prend pas en compte les possibilités d'atténuation de la contribution du secteur vignes et vins à ces changements climatiques, considérant ici implicitement que ces changements sont largement déterminés par des facteurs extra sectoriels. Ce système va évoluer dans le temps en suivant différents chemins possibles, selon la nature et l'intensité du changement climatique d'une part et d'évolutions socio-économiques – sur lesquelles les acteurs du système vignes et-vins ont quelque prise : par exemple la pression anti-alcool de l'OMS, l'extension des échanges mondiaux à de nouveaux pays, les révisions de la Politique Agricole Commune (PAC) ou encore l'acceptabilité des OGM par les consommateurs... pourraient modifier substantiellement le cadre actuel de production et commerce du vin.

2) Retenir un scénario climatique et des éléments du contexte socio-économique

Pour réduire la complexité du système et de ses évolutions, la cellule d'animation a retenu un seul scénario climatique pour 2050 et fixé certaines tendances du contexte socio-économique :

Le choix s'est porté sur un scénario climatique « médian » du GIEC en termes de températures à l'horizon 2050 : entre +1,5 et +2 °C d'augmentation de la température moyenne (par rapport à l'ère préindustrielle). Cela correspond à une prolongation des tendances récentes, un peu amorties, associées à une augmentation globale de la fréquence d'événements climatiques extrêmes.

Les effets de ce scénario climatique sont variables selon les régions, avec grossièrement un gradient nord-sud :

- dans le nord, si maturité et productivité sont le plus souvent favorisées, le problème réside soit dans l'arrivée de nouveaux bio-agresseurs, soit dans l'accroissement de virulence de bio-agresseurs connus, ce qui complexifie l'obtention d'une production assez stable quantitativement et de qualité aromatique satisfaisante ;
- dans le sud, sécheresse et manque de fraicheur constituent les principaux handicaps, en impactant la régularité du rendement et la viabilité économique. De plus, les vins présentant un degré élevé (naturellement

 DOI: 10.1051/bioconf/20160703015

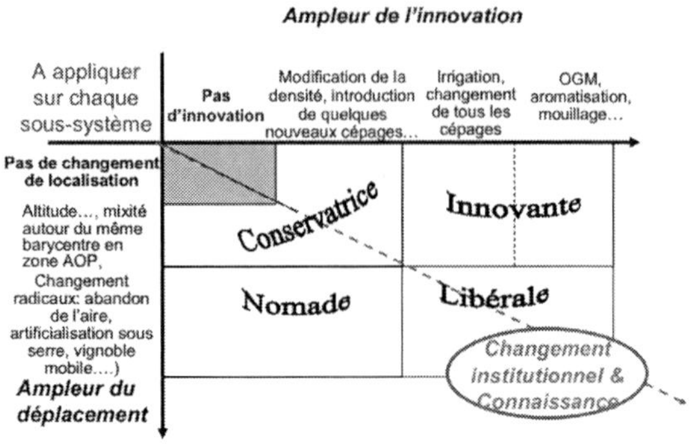

Figure 4. Les stratégies d'adaptation.

obtenu) se révèlent de moins en moins compatible avec les attentes de nombreux consommateurs et des autorités de santé publique.

Par ailleurs des évolutions du contexte socio-économique ont été fixées pour la période 2017–2050 : les vignobles français restent insérés dans un cadre politique national et européen ; des événements exceptionnels (catastrophe, crise majeure, boom économique fulgurant…) sont exclus ; les échanges internationaux et la globalisation restent un mouvement de fond, plus ou moins affirmé ; le vin reste une boisson bien identifiée, mais les pratiques viticoles et œnologiques, l'organisation de la filière, ses réglementations et politiques, les stratégies de ses acteurs ou les attentes de ses consommateurs peuvent fortement varier…

Rappelons que les mesures qui pourraient être prises pour atténuer la contribution à l'effet de serre du secteur vignes et vins au changement climatique n'ont pas été considérées ici.

3) Définir les stratégies d'adaptation

L'originalité de la méthode a été ensuite de définir des stratégies d'adaptation, en croisant deux axes d'actions, jugés structurants pour le système vignes-vins: (cf. Fig. 4).

a) le **choix de localisation** des vignes qui peut varier d'un maintien strict dans le périmètre des vignobles actuels, jusqu'à un déplacement important (abandon et création de régions viticoles), en passant par des relocalisations au sein ou aux frontières d'une aire de production.

   Cette mobilité permet de retrouver des conditions climatiques « plus favorables » ailleurs (selon l'altitude, la longitude, en tenant compte des types de sols, …) ;

b) **l'innovation technologique** (viticole et œnologique) pouvant avoir différentes intensités, depuis la prolongation d'innovations actuelles, jusqu'à des innovations de rupture (biotechnologies, OGM, association avec d'autres cultures voire avec des panneaux solaires, …). Les innovations techniques permettent de modifier le fonctionnement du système vignes et vins en atténuant les impacts ou tirant profit du changement climatique.

Les changements institutionnels et la construction de nouvelles connaissances, qui sont d'autres volets de l'adaptation, ont été considérés comme pouvant être associés à ces deux types d'action.

Le croisement de ces deux axes d'action permet de proposer quatre stratégies d'adaptation :

- **la stratégie « conservatrice »** qui n'intègre que des changements à la marge dans les vignobles actuels ;
- **la stratégie « innover pour rester »** qui ouvre les vignobles à une large gamme d'innovations techniques, permettant de maintenir globalement les localisations actuelles ;
- **la stratégie « vignobles nomades »** qui donne la priorité à la relocalisation des vignobles en fonction des nouvelles conditions climatiques ;
- **la stratégie « libérale »** qui permet de tester une situation où « tout est possible partout ».

Une stratégie d' « **adaptation 0** », qui ne ferait évoluer ni les pratiques, ni la localisation, a été écartée. Un système figé, sans réaction aux modifications climatiques, a été jugé trop caricatural, et invalidé par l'histoire viticole faite d'adaptations permanentes mises en œuvre à des rythmes variables.

4) Identifier et combiner les hypothèses

La cellule d'animation a collecté, sélectionné et organisé des hypothèses qui permettraient le développement de ces quatre stratégies d'adaptation. Les hypothèses correspondent à des processus ou des actions qui peuvent ou non se réaliser, et se décrivent par un énoncé (recto) et son contraire (verso).

Elles ont été constituées à partir de trois sources d'information :

- Les expertises des chercheurs du projet LACCAVE, couvrant de nombreux domaines et disciplines scientifiques
  - Exemple d'hypothèse : De nouvelles pratiques œnologiques sont développées et permettent de conserver les caractéristiques actuelles des vins. **Versus** *Il n'y pas d'innovations œnologiques qui permettent de conserver les caractéristiques actuelles des vins.*
- Les résultats d'une prospective antérieure de l'INRA sur la vigne et le vin (cf bibliographie).
  - Exemple d'hypothèse: En Europe, l'espace agricole est l'objet d'une planification poussée où les terres les plus fertiles sont réservées aux cultures vivrières, la vigne étant cantonnée dans des zones de moindre fertilité agronomique. **Versus** *En Europe, l'espace agricole n'est pas l'objet d'une planification poussée, la vigne pouvant être plantée sur les terres les plus fertiles.*
- Une série d'entretiens (en 2014 et 2015) avec des responsables du secteur, des négociants et viticulteurs dans trois régions (Bordeaux, Languedoc et Champagne).
  - Exemple d'hypothèse: Malgré la pression du changement climatique, l'intégration de l'innovation et l'évolution des pratiques en Appellation d'Origine Protégée (AOP) restent lentes et collectives. **Versus** *Le changement climatique conduit à une accélération de l'intégration des innovations en AOP et à la possibilité d'expérimentations individuelles.*

Soixante-dix hypothèses ont finalement été retenues, puis mises en relation les unes avec les autres dans une matrice d'influence-dépendance selon la méthode SYSPAHMM formalisée par M. Sébillotte (cf bibliographie). Le « modèle » central de la méthode SYSPAHMM est ainsi constitué par une matrice, qui vient consigner les influences de toutes les hypothèses retenues sur les autres, et par là-même alors également les dépendances les unes des autres. Ces influences peuvent être positives (la réalisation d'une hypothèse « H1 » favorise celle d'une autre « H2 ») ou négatives (la réalisation d'une hypothèse « H1 » défavorise celle d'une autre « H2 ») voire nulle (le plus souvent). Le degré d'influence / dépendance de ces hypothèses peut être analysé par un logiciel adapté, HClusterizer, qui en déduit pour l'ensemble des hypothèses une représentation sous la forme d'agrégats dans lesquels les hypothèses incluses sont davantage liées entre elles qu'avec celles des autres agrégats Ces agrégats esquissent alors les squelettes des futurs histoires. Une hypothèse de départ appelée hypothèse motrice, généralement la plus influente sur les autres hypothèses de l'agrégat, est choisie. Ensuite, on s'oblige à écrire une première histoire en la faisant débuter par le recto de cette hypothèse mais aussi une seconde qui commence par le verso de cette même hypothèse. Si on ajoute à cela que certains agrégats appellent deux voire trois hypothèses motrices, on conçoit qu'un agrégat puisse générer quatre ou huit histoires. Les histoires relevant d'agrégats distincts, ne comportent pas d'hypothèses communes.

Le traitement de cette matrice a permis d'agréger les hypothèses et d'écrire 16 « micro-histoires », correspondant à des « briques » pour construire les évolutions du système vigne et vin. La construction d'histoires met en évidence, plus que toutes prévisions, une intelligibilité du système et de ses principales clefs de voûte actuelles. Les micro-histoires sont aussi un moyen privilégié d'établir des ponts entre disciplines et de réduire les effets pernicieux de leur hyperspécialisation.

5) Ecrire une histoire pour chaque chemin

Ces micro-histoires ont été ensuite reliées de manière cohérente (approche morphologique guidée par l'expertise de la cellule d'animation) pour proposer finalement quatre chemins, conduisant chacun à une stratégie d'adaptation.

Les chemins ont été décrits en organisant un récit à partir des 16 micro-histoires et d'un canevas commun de quatre familles de questions :

- le **contexte général** du système vignes et vins avec en particulier la politique de santé publique vis-à-vis de l'alcool, les objectifs du financement de la recherche par l'Etat, l'existence ou non d'une gestion publique de l'espace agricole ;
- le **contexte viti-vinicole international** et plus particulièrement l'évolution de la définition internationale du vin, les règles internationales d'étiquetage de provenance des vins, la nature et l'évolution de l'intervention publique européenne sur le vignoble (y compris les plantations) ;
- le **contexte viti-vinicole local & national** avec les relations entre la filière et la recherche, les échelles de compréhension des impacts du changement climatique sur la vigne, la capacité structurelle d'adaptation des exploitations, l'attitude des consommateurs face à l'évolution du goût des vins, ou l'évolution de la demande en vins biologiques (en lien avec la dimension internationale) ;
- les **conséquences sur la filière**, incluant sa gouvernance (à l'échelle régionale notamment), le poids relatif des régions viticoles, l'évolution de ses performances économique notamment à l'export, le poids des AOP dans les échanges vinicoles.

Chacun des chemins correspond à une combinatoire unique de réponses apportées à ces familles communes de questions.

4. Conclusion

Ces stratégies d'adaptation et ces chemins ne sont pas des images prédictives de l'avenir. Ce sont avant tout des outils pour stimuler la réflexion et la concertation des acteurs du secteur vitivinicole, en permettant notamment la prise en compte des interférences entre changement climatique et les autres évolutions possibles du contexte vitivinicole.

Références

Quénol H. et al., 2014. Changement climatique et terroirs viticoles. Ed. Lavoisier, coll. Tech. & Doc. 444 p.

Ollat, N., Touzard, J.-M. 2014. Long-term adaptation to climate change in viticulture and enology: Journal International des Sciences de la Vigne et du Vin, numéro spécial LACCAVE

Escudier J.L., Garcia de Cortazar I., Giraud-Héraud E., Le Roux, Ollat N., Quenol H.,Touzard J.-M. (2016). Le vignoble français à l'épreuve du changement climatique, La Recherche, 513-514: 60–67, juillet-août 2016

Fuentes Espinoza, A., Giraud-Héraud, E., Pérès, S., Pons, A., Tempere, S. Darriet, Ph, (2016)., Réchauffement climatique et acceptabilité des vins par les consommateurs, Revue des Oenologues, 158, janvier 2016

Touzard J.-M., Ollat N. (2014). Stress hydrique et adaptation au changement climatique pour la viticulture et l'oenologie: le projet LACCAVE. Innovations Agronomiques, 38 (2014) : 131–140

Lebon E, Garcia De Cortazar Atauri I, 2014. Dans un contexte de changement climatique, quels sont les impacts de la sécheresse sur la vigne et sur le devenir des vignobles ? L'exemple du Languedoc. Innovations Agronomiques 38, 1–12

Ollat N, van Leeuwen C, Destrac Irvine A, Marguerit E, Duchêne E, Lebon E, Boursiquot JM, Torregrosa L, 2015. Changement climatique; quels seront les déterminants du choix du matériel végétal? Revue des Œnologues 157S, 37–40

Sebillotte, M., Aigrain, P., Hannin, H., Sebillotte, C. 2003. Prospective : Vignes et Vins. Scénarios et défis pour la recherche et les acteurs. Bilan et Prospectives, Inra Editions

Aigrain, P., Hannin, H., Vert J. 2013 Perspectives d'évolution de la filière vignes et vins dans la région Languedoc-Roussillon à l'horizon 2025 CEP Analyses n°55, Agreste

Aigrain, P., Brugière, F., Hannin, H., Touvron, Ch., 2014 Prospective ANIVIN de France. Les Etudes FranceAgriMer

Work of prospective on the adaptation of the viticulture to climate change: Which series of events could support various adaptation strategies? / Travaux de prospective sur l'adaptation de la viticulture au changement climatique : quelles séries d'événements pourraient favoriser différentes stratégies d'adaptation ?

Patrick Aigrain[1], Françoise Brugière[1], Eric Duchêne[2], Inaki Garcia de Cortazar-Atauri[3], Jacques Gautier[4], Eric Giraud-Héraud[5], Hervé Hannin[6], Nathalie Ollat[5], et Jean-Marc Touzard[7]

[1] Etablissement national des produits de l'agriculture et de la mer (FranceAgriMer) Montreuil, France
[2] Institut national de la recherche agronomique (INRA) Colmar, France
[3] INRA Avignon, France
[4] Institut national de l'origine et de la qualité (INAO) Montreuil, France
[5] INRA Bordeaux, France
[6] IHEV Montpellier SupAgro Montpellier, France
[7] INRA Montpellier, France

Abstract. A multidisciplinary group of researchers and experts of public bodies working on the French wine sector met together to elaborate a foresight exercice with the construction of the plausible ways leading to four different adaptation strategies to climate change of the French wine sector to climate change.
For the implementation of this work, the group, considered a single climatic scenario and
- difined four strategies of adaptation incorporating both geographical mobility and of integration of technological changes,
- used assumptions from three sources: assumptions from researchers of various disciplines in their own disciplinary field, pre-existing assumptions from former foresight works and assumptions defined according to the statements of actors of the sector on the impacts of climate change and on the possible methods of adaptation. All these assumptions were written in the form of simple sentences, giving one version and its contrary.
The various assumptions were selected and then combined between them in order to create a blend within the disciplinary fields, without however inferring of orientation.
The result of this work is the join-construction of four plausible ways each one leading to one of the four preselected strategies of adaptation: "conservative" strategy where the evolutions are limited, a "nomade" strategy where the relocalisation of the vineyards is the main vector of adaptation, an "innovating" strategy where the adaptation is the result of the systematic integration of innovations, and finally towards a "liberal" strategy largely opened to any kind of changes.
These ways and strategies are not supposed to give a predictive image of the future. However while proposing possible or plausible futures, this work provides material which could be debated within the sector, without immediate challenges that could possibly bias the discussion
From the expression of the challenges and consequences of the various ways and strategies in which they result, the actors of the French wine sector will be able to start a strategic reflection.
The presentation will be focused on the description of the four ways leading to adaptation strategies and their elaboration.
Methodology is specified in another article "**Adaptation to the climate change: interest of a prospective approach",** same authors.

A l'horizon 2050, les vignobles français et leurs filières vont devoir s'adapter au changement climatique, qui modifiera à la fois les conditions de production des vins, leurs caractéristiques organoleptiques et leurs marchés. A cette échéance, d'autres facteurs tels que les évolutions des préoccupations de santé et d'environnement, les changements géopolitiques ou technologiques, les nouvelles conditions de consommation du vin ou encore les modifications de politique agricole affecteront le secteur vitivinicole.

Comment les acteurs de la vigne et du vin pourront-ils s'adapter à un contexte où le changement climatique va se combiner à des changements socio-économiques souvent incertains ? Les leviers d'adaptation envisageables sont

DOI: 10.1051/bioconf/20160703016

multiples : nouveaux cépages, modifications des pratiques viticoles et œnologiques, stratégies de localisation des producteurs et négociants, réorganisation de la filière et de son cadre réglementaire, redéfinition des politiques de recherche et d'innovation, ... De telles actions sont déjà mises en œuvre ou envisagées, mais souvent sans vision très claire, sans réflexion collective sur des futurs possibles affectés par le changement climatique. Réfléchir et imaginer ces futurs possibles devient stratégique pour les acteurs de la vigne et du vin et pour la Recherche censée les accompagner.

Pour étudier les impacts du changement climatique et les adaptations potentielles du secteur viti-vinicole français, l'INRA a soutenu entre 2012 et 2016 le projet LACCAVE, au sein d'un programme plus large sur l'Adaptation au Changement Climatique de l'Agriculture et de la Forêt (métaprogramme ACCAF). Ce projet a associé des chercheurs de plusieurs disciplines (climatologie, génétique, agronomie, œnologie, économie, sociologie, ...), issus de vingt-trois équipes de l'INRA, du CNRS, d'universités et d'écoles d'ingénieurs[1].

Une des opérations phare du projet LACCAVE a été la conduite d'un exercice de prospective. Ses objectifs étaient :

- Identifier et explorer différentes stratégies d'adaptation pour la viticulture française dans un contexte de changement climatique, à l'horizon 2050 ;
- Tester une méthode pour élaborer des « chemins » favorisant la mise en œuvre de ces stratégies d'adaptation[2] ;
- Développer une vision commune et des pratiques de travail en réseau entre chercheurs et organisations de la filière.

1. Une méthode originale de prospective

Un groupe multi-disciplinaire de chercheurs et d'experts d'organismes publics de l'accompagnement de la filière viti-vinicole française (INAO et FranceAgriMer) s'est réuni pour travailler en prospective à la co-construction des chemins plausibles menant à quatre stratégies différentes d'adaptation de la filière viticole française au changement climatique.

Pour la réalisation de ses travaux, le groupe, à partir d'un scénario climatique prédéfini,

- a fixé quatre stratégies d'adaptation articulant plus ou moins de mobilité géographique et d'intégration d'évolutions technologiques,
- a accumulé un stock d'hypothèses à partir des trois sources suivantes : les hypothèses des chercheurs de différentes disciplines sur leur propre champ disciplinaire, les hypothèses préexistantes dans des travaux antérieurs de prospective et des hypothèses rédigées à partir des discours des acteurs de la filière sur les impacts du changement climatique et les modalités d'adaptation possibles. Toutes ces hypothèses sont rédigées sous la forme de phrases simples, exprimées en recto et en verso. Exemple d'hypothèse : La consommation de vin augmente Vs La consommation de vin diminue.

Les différentes hypothèses ont été sélectionnées puis combinées entre elles de façon à faire interférer les champs disciplinaires, sans toutefois inférer d'orientation.

Le résultat de ce travail est la construction de quatre chemins plausibles conduisant chacun à une des quatre stratégies d'adaptation présélectionnées : vers une stratégie « conservatrice » où les évolution sont limitées, vers une stratégie « nomade » où le déplacement des vignobles est le vecteur d'adaptation privilégié, vers une stratégie « innovante » où l'adaptation se fait par l'intégration systématique des innovations, et enfin vers une stratégie « libérale » largement ouverte aux changements de toutes natures.

Les chemins ont été décrits en organisant un récit à partir des seize micro-scénarios et d'un canevas commun de quatre familles de questions :

- le **contexte général** du système vignes et vins avec en particulier la politique de santé publique vis-à-vis de l'alcool, les objectifs du financement de la recherche par l'Etat, l'existence ou non d'une gestion publique de l'espace agricole ;
- le **contexte viti-vinicole international** et plus particulièrement l'évolution de la définition internationale du vin, les règles internationales d'étiquetage de provenance des vins, la nature et l'évolution de l'intervention publique européenne sur le vignoble (y compris les plantations) ;
- le **contexte viti-vinicole local & national** avec les relations entre la filière et la recherche, les échelles de compréhension des impacts du changement climatique sur la vigne, la capacité structurelle d'adaptation des exploitations, l'attitude des consommateurs face à l'évolution du goût des vins, ou l'évolution de la demande en vins biologiques (en lien avec la dimension internationale) ;
- les **conséquences sur la filière**, incluant sa gouvernance (à l'échelle régionale notamment), le poids relatif des régions viticoles, l'évolution de ses performances économique notamment à l'export, le poids des AOP dans les échanges vinicoles.

Chacun des chemins correspond à une combinatoire unique de réponses apportées à ces familles communes de questions.

2. Les chemins vers les stratégies d'adaptation

2.1. Le chemin vers la stratégie conservatrice

Résumé
Dans un contexte de pression des autorités sanitaires sur les boissons contenant de l'alcool et d'une gestion des terres et de l'eau en priorité destinées aux cultures alimentaires, la filière, peu liée avec la recherche,

[1] Equipes de recherche des centres INRA de Bordeaux, Montpellier, Avignon, Colmar, Angers, Paris, du CNRS Rennes, de Bordeaux Sciences Agro, de Montpellier SupAgro, des Universités de Limoges, Dijon, Bordeaux.

[2] L'objectif de ce travail est l'exploration de voies d'adaptation aux changements climatiques et ne prend pas en compte les possibilités d'atténuation de la contribution du secteur Vignes et Vins à ces changements climatiques, considérant ici implicitement que ces changements sont largement déterminés par des facteurs extra sectoriels.

perçoit le changement climatique comme une menace. Sur la base d'un contenu culturel et paysager mis en avant pour bien différencier le vin d'une boisson seulement alcoolisée, les IG et les régions qui les produisent constituent les flots de résistance d'une viticulture qui se rétracte.

Cf. tableau 1.

2.2. Des politiques publiques défavorables à la filière vignes et vins

La filière viticole n'est pas parvenue à proposer des orientations claires sur les pistes de recherche à explorer pour faciliter l'adaptation au changement climatique. Cela a facilité un désengagement de l'Etat dans le financement de la recherche sur la vigne et le vin.

La constitution de bases de données à l'échelle des parcelles s'est essoufflée faute de moyens et de mise en évidence de leur intérêt opérationnel par des utilisations pertinentes. La compréhension des effets de la variabilité du climat sur la phénologie de la vigne ou sur la répartition spatiale et temporelle des ravageurs n'a pas vraiment progressé. Les producteurs dont les compétences et la formation se sont maintenues, se trouvent confrontés aux aléas climatiques de plus en plus fréquents avec en moyenne une récolte « normale » sur quatre, sans pouvoir s'en protéger. Dans ce contexte le changement climatique est perçu globalement comme une menace. La production en bio, qui demande à la fois une accumulation d'observations et d'expériences et une forte technicité, n'est pas facilitée.

Les ressources en eau et en terre fertile sont préférentiellement destinées aux cultures alimentaires, notamment les plaines irrigables du Sud de la France où tout renouvèlement du vignoble est soumis à autorisation. Les producteurs qui ont une réserve foncière sur leur exploitation ou à proximité, se tournent vers des parcelles plus en altitude, moins bien exposées ou bénéficiant d'une réserve utile en eau plus importante. Les vignobles sont strictement circonscrits à leurs territoires historiques.

Sans alternative innovante, la filière se sécurise dans les traditions...

Dans ce contexte où volume et qualité de production tendent à être plus aléatoires, les opérateurs en aval du marché proposent des contrats aux producteurs afin de sécuriser leurs approvisionnements.

L'absence d'orientation stratégique et de moyens de recherche consacrés à la filière se fait sentir également en œnologie. Les pratiques correctives qui auraient permis de maintenir le profil gustatif et aromatique des vins malgré l'évolution des conditions de maturation des raisins n'ont pas été développées à grande échelle. Les technologies de désalcoolisation restent hors de portée de la majorité des producteurs. Sans pression d'innovation, la définition internationale du vin et la panoplie des pratiques œnologiques autorisées restent restrictives.

De son coté l'Organisation Mondiale de la Santé (OMS) renforce sa lutte contre les maladies non épidémiques et les boissons alcoolisées sont particulièrement ciblées. L'organisation fait tout son possible pour limiter la distribution des vins. La règle de « l'entièrement obtenu »[3] est finalement adoptée à l'Organisation Mondiale des Douanes car jugée défavorable au développement des échanges vitivinicoles, ce qui est cohérent avec le ban de l'OMS sur l'alcool. Les assembleurs internationaux restent marginaux. Le recul de la demande globale des pays importateurs conduit à maintenir un contrôle administratif des plantations et un niveau minimal d'interventions très éco-conditionnelles.

Néanmoins, la part de marché des vins français à l'export se maintient voire se développe du fait du poids des A.O. (considérées en partie comme des biens culturels et moins sensibles aux taxes à l'importation dorénavant autorisées sur les boissons alcooliques) et les régions productrices de vins à indication géographique protégée (IGP) ou sans indication géographique (sans IG) connaissent un recul important.

...pour un cercle restreint de consommateurs

Le vin conserve suffisamment de consommateurs qui mettent en avant l'hédonisme et la convivialité. La notion de terroir, l'enracinement géographique, la stabilité des pratiques, font partie des histoires que ces consommateurs aiment à se raconter. Le support narratif de la production permet de justifier l'évolution des profils aromatiques, rend acceptable certains défauts causés par les nouvelles conditions climatiques et permet des expérimentations individuelles. Rare et aléatoire, le vin devient cher et permet la rentabilité d'îlots de traditions mâtinées d'expérimentation.

Sur de nouveaux territoires désormais propices à la culture de la vigne, quelques amateurs expérimentent de nouveaux vins locaux et des investisseurs font étudier les possibilités d'y reproduire le modèle de création de valeur déjà en vigueur dans ce qui reste des vignobles traditionnels.

2.3. Le chemin vers la stratégie innovante

Résumé
Les enjeux environnementaux et sanitaires sont un moteur d'une évolution qui conduit à l'intégration d'un nombre croissant d'innovations de la vigne à la cave. Cette évolution est autorisée dans un contexte favorable à une certaine stabilité des régions viticoles françaises et au développement d'une politique contraignante en matière de zonage agricole dans l'UE et relativement libérale en matière de conditions d'élaboration des vins.

Cf. Tableau 2.

Le contexte économique général est favorable à une certaine stabilité des régions viticoles françaises en termes de surface et de volume. Au plan mondial un ban de l'OMS sur les boissons alcoolisées - dont le vin fait partie - et des règles douanières contraignantes visent à limiter la consommation de vin en freinant les échanges commerciaux internationaux et en entravant l'implantation d'assembleurs internationaux près des centres de consommation. L'UE souhaite

[3] Exigence d'une même provenance douanière non préférentielle des raisins et des vins qui en sont issus, pour pouvoir étiqueter l'origine douanière d'un vin.

Tableau 1.

Chemin conduisant préférentiellement à une stratégie d'adaptation conservatrice

Contexte général	Contexte viti-vinicole international	Contexte viti-vinicole local & national	Conséquences sur la filière et ses performances
Désengagement de l'Etat du financement de la recherche viti-vinicole Gestion planifiée et contraignante de l'espace agricole L'OMS cible l'alcool, le vin comme les autres (restriction de distrib...) Politique de préservation de l'environnement et notamment des réserves en eau	Pas d'évolution technique en œnologie et maintien de la définition internationale du vin « L'entièrement obtenu » dicte la provenance des vins Autorisation de plantation maintenue	Pas de demande claire de la filière à la recherche Pas de modélisation à la parcelle des effets du CC et pas de viti de précision Capacité structurelle d'adaptation au CC limitée à l'intra-zone (parcelle en altitude...) Gestion du risque par contractualisation avec l'aval Goût des consommateurs pour les histoires de terroirs conduisant à l'acceptation des effets du CC	Gouvernance de la filière viti-vinicole sans changement (sauf oenotourisme) Accroissement du poids relatif des régions fortement dotées en AOP Part de marché mondiale en valeur des vins français maintenue Le poids des AOP dans la filière s'accroît
	Production de vin biologique très risquée	Le CC est perçu comme une réelle menace par la filière	

Prospective Laccave Mars 2016

répondre à ces contraintes en libéralisant, sans aides publiques, les pratiques des assemblages intra-UE de Vins sans Indication Géographique (VSIG) issus de cépages sans autorisation nationale; elle espère ainsi augmenter le potentiel de production des vins « entièrement obtenus » dans les zones à IG et permettre l'émergence de marques intra-UE de vins sans IG. Des opérateurs européens améliorent de la sorte leur compétitivité sur les segments d'entrée de gamme et leur positionnement sur le marché intérieur UE au détriment des pays tiers.

En Europe les attentes sociétales associent de plus en plus à l'enjeu climatique, la préservation des ressources naturelles (eau, biodiversité), la protection de l'environnement et des citoyens et la sécurité alimentaire. Par conséquent, des choix politiques tranchés se traduisent par une planification poussée de l'espace agricole, qui réserve les terres les plus fertiles aux cultures vivrières, et limite la culture de la vigne aux zones de « moindre fertilité agronomique », en dépit d'une libéralisation affichée des plantations.

Innovations technologiques pour s'adapter à des zones et des conditions plus contraignantes

Cette politique favorise le maintien de la viticulture dans les zones traditionnelles ou à leur périphérie. Elle s'accompagne d'un soutien à la R&D publique et privée pour la mise au point d'innovations techniques qui permettent de relever ces défis. Notamment, l'intégration de plus en plus poussée des techniques associées à la viticulture de précision favorise le développement d'une ingénierie agro-climatique fondée sur des connaissances très fines, ce qui permet de mieux tirer parti du territoire et de ses contraintes climatiques et pédologiques. Cette dynamique des connaissances agro-climatiques permet aussi le développement de démarches agro-écologiques, d'une viticulture biologique avec plusieurs évolutions possibles. Ces viticultures peuvent se développer du fait de meilleures connaissance et gestion des risques, qui résultent certes de l'intégration de nouveaux savoirs, mais aussi de dispositifs d'assurances et de contrats.

Sur les territoires viticoles, les conflits possibles entre poursuite du développement viticole et préservation des ressources naturelles (eau, biodiversité) sont réduits, voire même dépassés. La vigne qui nécessite moins de traitements du fait d'une large utilisation de variétés résistantes, est reconnue comme contribuant positivement à l'environnement. Elle permet également de maintenir le cadre paysager et culturel, qui intègre harmonieusement l'adoption de nouvelles technologies tout à fait respectueuses de l'environnement. Econome en eau, elle joue aussi un rôle de barrière aux incendies dont les risques sont accrus avec le changement climatique.

Innovations de procédés et organisation de la filière pour un produit constant

Le maintien de la viticulture dans les zones actuelles conforte une gouvernance représentative des acteurs traditionnels de la filière, mais aussi de la société civile du fait de la préoccupation écologique. Elle intègre de nouveaux experts viticulteurs, entrepreneurs écologiques et numériques, qui dominent la filière en y construisant et y apportant des connaissances scientifiques et professionnelles très pointues. La bonne organisation de la filière est favorable à son développement ; sa gouvernance est en mesure de fixer des objectifs de production clairs qui visent notamment à soutenir et intégrer les innovations à la vigne et à la cave. L'objectif de ces innovations est multiple. Il s'agit en amont de maintenir une différenciation par le terroir et les standards des qualités organoleptiques des vins, et, en aval, de favoriser la bonne perception de la consommation de vin dans l'opinion publique, en la rendant compatible avec

Tableau 2.

Chemin conduisant préférentiellement à une stratégie d'adaptation innovante

Contexte général	Contexte viti-vinicole international	Contexte viti-vinicole local & national	Conséquences sur la filière et ses performances
Ingénierie agro-climatique performante	Définition internationale du vin assouplie car on peut répondre en connaissance de cause aux différentes contraintes	Coopération étroite de la filière avec la recherche sur vignes&CC	Gouvernance de la filière viti-vinicole ouverte à la société civile
		Compréhension du CC sur vigne permettant la viticulture de précision	
Gestion planifiée de l'espace agricole		Capacité structurelle d'adaptation au CC limitée (viticulture localisée en zone difficile)	Stabilité du poids relatif des différentes régions viticoles FR
L'OMS cible l'alcool, le vin comme les autres (restriction de distrib...) mais aussi les allergènes	« L'entièrement obtenu » comme contrainte au développement des échanges	Gestion du risque viticole éclairée (assurances possibles)	La performance globale des filières vinicole UE améliorée par la compétitivité de l'entrée de gamme
Politique forte de préservation de l'environnement (eau, biodiversité...)	Libéralisation des plantations (en espace restreint) et Assemblage UE de vins de cépage sans IG libéralisé	Les consommateurs souhaite conserver le goût des vins malgré le CC	Les AOP intègrent les innovations dans les cahiers des charges
		Evolutions positives de l'offre et de la demande en vin biologique	Perception positive du CC par les acteurs de la filière viticole

Prospective Laccave Mars 2016

les préoccupations de santé et d'environnement. La R&D, accompagnée par une politique de santé publique étatique efficace, vise notamment la réduction de la teneur des vins en alcool, en pesticides et en allergènes. Les AOC et IGP intègrent ces innovations - non sans certaines difficultés - dans leurs cahiers des charges. Profitant à la fois d'une connaissance accrue des mécanismes des liens au terroir, d'investissements en R&D et d'assouplissements de la définition du vin, la différenciation par le terroir peut s'étendre à de nouvelles zones. Ainsi une nouvelle carte des terroirs viticoles se dessine à partir de la géographie actuelle, mais sans bouleversement majeur.

3. Le chemin vers la stratégie nomade

Résumé
Dans un contexte marqué par une politique restrictive en matière d'alcool et une recherche focalisée sur la réduction des intrants, les consommateurs soucieux de retrouver le goût de l'origine de leurs vins, conduisent la viticulture, dépourvue des connaissances nécessaires permettant de maintenir même approximativement la constance qualitative espérée, à valoriser dans d'autres territoires la notoriété des grandes appellations et à descendre en plaine chercher l'eau.

Cf. Tableau 3.

Le contexte : libéralisation sectorielle sous contrôle des attentes sociétales (alcool, résidus, ...)

Le contexte général est marqué par une poursuite de la mondialisation, une démographie mondiale croissante, et une pression globale dans les pays développés pour la prise en compte par l'agriculture de deux types d'attentes majeures : la santé et l'environnement (alcool, résidus de pesticides, ...).

Après la mise à l'index du tabac, l'activité de l'OMS se focalise sur l'alcool sans aller toutefois jusqu'à contraindre de manière significative les échanges et la distribution du vin, quelque peu « protégé » par son statut « agricole » (tout le contenu du vin demeure comme devant être issu du raisin). Néanmoins, les aspects négatifs (alcool, pesticides, ...) de la consommation de vin dominent les aspects positifs (culture, hédonisme, convivialité, ...). La libéralisation se poursuit donc dans le secteur viti-vinicole sans remise en cause de la définition générale du vin.

Au plan international, les règles d'assemblage et de détermination de l'origine douanière non préférentielle du vin, ainsi que l'élargissement des pratiques œnologiques (notamment les pratiques de fractionnement et réassemblage des constituants du vin, mais aussi celles relatives à la diminution du degré alcoolique des vins) traduisent cette poursuite de la libéralisation sectorielle et permettent l'apparition d'assembleurs internationaux notamment près des nouveaux foyers de consommation.

Ces évolutions sont accompagnées dans l'UE d'une liberté totale de plantation, notamment pour résister à la concurrence internationale et faciliter une réimplantation rapide des vignobles, en particulier ceux dont l'activité est la plus handicapée par les effets du changement climatique.

Dans un tel contexte, et malgré les demandes des acteurs de la filière, l'Etat n'investit dans la R&D vitivinicole que dans les domaines socialement acceptables tels que la réduction des intrants (y compris l'eau) et de la teneur en alcool des vins.

La collecte d'informations géo-localisées sur les sols viticoles et/ou sur les réponses physiologiques de la vigne face au changement climatique se révèle insuffisante

Tableau 3.

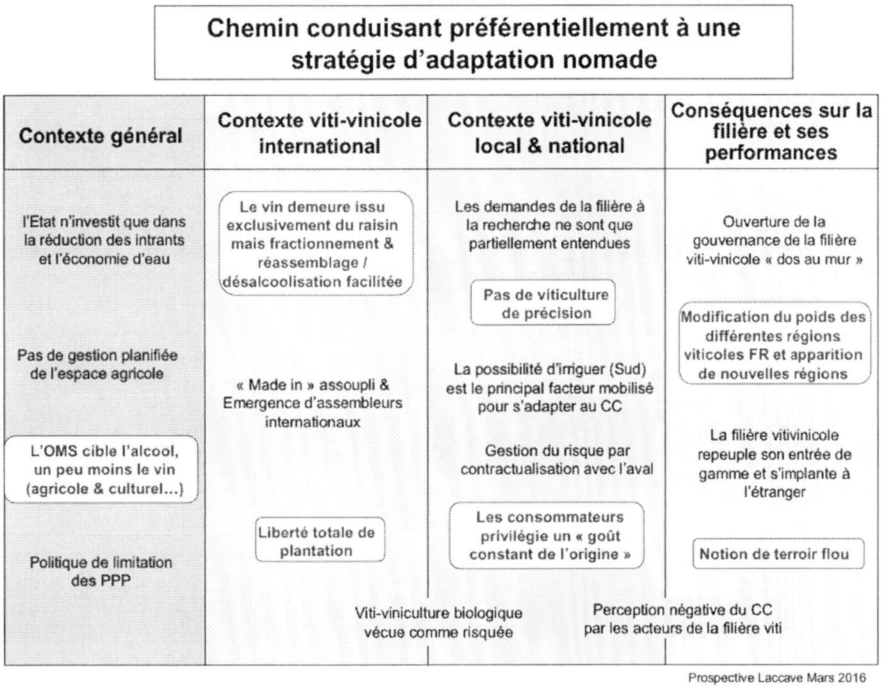

pour que la viticulture de précision puisse réellement se développer et que soient définis sur cette base de nouveaux itinéraires techniques permettant un maintien économiquement viable de l'exploitation et des pratiques viticoles socialement acceptables dans les zones les plus impactées par le changement climatique.

La réaction des acteurs de la filière

La notion de terroir demeure floue et ne diffuse pas dans le monde viti-vinicole et auprès des consommateurs. Les notoriétés historiquement acquises continuent de hiérarchiser les vins : origine, provenance, terroir, territoire, voire « made by » ou signes de qualité à connotation géographique (type Ruby ou vin de glace) se confondent dans l'esprit d'une grande majorité de ménages acheteurs. L'intérêt des consommateurs pour la notion d'un « vin d'ici » réside dans la volonté de réduire les risques pris à l'achat, un produit de cette nature se devant de garantir une certaine constance organoleptique (sauf dans le segment haut de gamme pour des consommateurs avertis qui acceptent la variabilité). Ce « goût de l'origine », qui est en fait un goût constant et reconnaissable, conduit à ce que la typicité soit de plus en plus définie par des caractéristiques analysables.

La volonté de constance du profil gustatif global des produits dans un contexte de confidentialité de la viticulture de précision, conduit à chercher à obtenir ce résultat par une mobilité progressive du vignoble, qui s'accompagne de l'apparition de nouvelles combinaisons sol-climat-matériel végétal (notamment avec des cépages économes en intrants).

En effet, dans ce contexte de liberté de plantation, alors que les consommateurs attendent une certaine constance des produits, les solutions techniques pour adopter « sur place » les itinéraires de production aptes à satisfaire même approximativement cette attente ne sont pas disponibles. Dès lors :

- dans le sud, même si le fait de disposer dans son exploitation, ou dans son aire d'appellation d'origine protégée (AOP), d'une réserve foncière en altitude (fraicheur) devient un levier d'adaptation au changement climatique, on assiste majoritairement à une descente en plaine du vignoble méridional pour accéder à l'irrigation. Si le potentiel AOP en coteaux est menacé, les IGP et les vins de cépage sans IG peuvent voir alors leur potentiel croître ;
- dans le nord, la saturation des zones d'AOP notoires induisant un coût d'accès élevé à la production, ainsi que les restrictions croissantes à l'usage des pesticides, défavorisées par un contexte de changement, conduit les investisseurs (anciens ou nouveaux) à créer des vignobles dans les nouvelles marges climatiques du « nord » de l'UE. Ils cherchent à transporter en termes d'image la notoriété préalablement acquise de ces vignobles.

Ces évolutions ne favorisent pas la généralisation des pratiques de l'agriculture biologique, jugées généralement trop risquées pour répondre de manière rentable aux aléas climatiques. Face à l'augmentation de ces aléas, la gestion du risque par les viticulteurs passe par une contractualisation avec l'aval, combinée, selon les régions, avec des mécanismes classiques d'assurances ou de mutualisation.

Le changement climatique est majoritairement vécu comme une contrainte par la filière viti-vinicole. Sa gouvernance n'accepte d'ouvrir son périmètre historique que « dos au mur » : dans le sud, c'est l'utilisation significative de l'irrigation qui est le principal vecteur de l'ouverture de la gouvernance ; dans le nord c'est la volonté de répondre aux attentes sociétales en lien notamment avec l'usage des pesticides et de préserver l'image des produits.

Les poids relatifs des vignobles sont modifiés et la France viticole voit le modèle AOP, dont elle se sent dépositaire, fortement interrogé entre les notions de terroir et les attentes de constance relative des produits de la part des consommateurs, dans un contexte d'arsenal technique réduit. Globalement, la filière ne tire pas particulièrement bien son épingle du jeu au plan international, même si sa nouvelle pyramide productive lui permet de redevenir productrice d'entrée de gamme, et si, parmi les investisseurs des nouvelles marges viticoles nord-européennes, se trouvent des investisseurs français « originaires » de la filière.

4. Le chemin vers la stratégie libérale

Résumé
Dans un contexte plus libéral et assez favorable au marché du vin, de nouveaux investisseurs, au niveau de la production et surtout du négoce, conduisent à un redéploiement de la viticulture entre des pôles irrigués, quelques terroirs de notoriété ancienne et de nouveaux vignobles bénéficiant du changement climatique. Des vins personnalisés ou de marques régionales se maintiennent, mais l'offre est majoritairement composée de vins technologiques contrôlés par quelques firmes d'aval. L'instabilité climatique, la concurrence entre vignobles, la dérégulation et la domination de quelques firmes finissent par fragiliser des entreprises viticoles désorganisées qui ne peuvent bénéficier pleinement de la R&D.

Cf Tableau 4.

Un contexte plus libéral

Dans un premier temps le secteur de la vigne et du vin poursuit son développement dans un contexte de mondialisation, d'intégration des économies européennes, d'alignement progressif des normes et règles des marchés du vin sur les produits agroalimentaires (primauté des marques, information du consommateur, ...), d'acceptation croissante de technologies maitrisées par des groupes privés, et de libéralisation des politiques agricole, économique et d'innovation.

En Europe, la gestion de l'espace agricole s'est assouplie, même si une planification se maintient localement selon les initiatives de collectivités (intercommunalités et régions). L'agriculture, comme la viticulture, sont « débarrassées » de normes et de contrôles administratifs jugés trop contraignants, pour laisser une place plus importante aux mécanismes de marché, mettant davantage en jeu la responsabilité des entreprises et des consommateurs. Les questions de santé et d'environnement sont toujours plus présentes et l'image du vin finit par en être affectée. Le système des protections des IG s'est affaibli et a évolué selon les pays vers des systèmes de marques individuelles ou collectives.

Un éclatement spatial

Les plantations de vigne sont devenues libres, donnant lieu à une diversité de stratégies spatiales et de produits :

i) des terres agricoles fertiles et irrigables (en plaine) sont plantées en vigne, utilisant largement la combinaison nouveaux cépages, irrigation et œnologie corrective pour limiter la variabilité climatique et s'adapter aux évolutions climatiques et de marché ;
ii) la viticulture est par contre en retrait dans de nombreux espaces difficiles et non irrigables (coteaux), y compris pour des zones d'appellation aujourd'hui reconnues. Quelques « spots » viticoles se maintiennent, soutenus par des investisseurs en quête d'authenticité (patrimoine bâti, nature) ou par des groupes de viticulteurs en résistance et ayant réussi à garder des prix élevés, en lien avec des stratégies œnotouristiques ;
iii) de nouvelles plantations de vignes se sont multipliées dans des zones aujourd'hui non viticoles (Bassin parisien, Bretagne, Normandie, Nord, espaces périurbains, ...) sans que toutefois de nouveaux vignobles importants et organisés ne s'affirment, du fait des risques climatiques et d'une concurrence sur le foncier.

Ainsi, la surface du vignoble s'est initialement maintenue puis s'est réduite par la suite. Mais elle s'est surtout éclatée, fragmentée avec une diversité de trajectoires régionales et une multitude de pôles en concurrence.

Une viticulture conquérante et rentable, puis fragilisée

La viticulture est restée globalement un secteur rentable sur une première partie de la période (une quinzaine d'années), soutenue par une croissance de la consommation à l'échelle mondiale et la valorisation de connaissances et d'innovations, permettant de gérer à moyen terme l'adaptation des vignes dans des contextes climatiques variés et pour différents types de vins (vignes hybrides puis OGM, résistantes aux maladies, à la sécheresse). Cette viticulture d'abord conquérante a été soutenue par de nouveaux investisseurs, au stade de la production, mais surtout du négoce. Le pouvoir de ce dernier s'est accru du fait de sa capacité à répondre (par son marketing) aux évolutions des consommateurs des métropoles (goût, santé), à contrôler l'élaboration du vin par des techniques œnologiques plus souples, mais aussi à gérer les risques climatiques par un approvisionnement diversifié et des stratégies d'assemblage, dans le cadre d'une contractualisation avec les producteurs des vignobles irrigués. Toutefois, la position renforcée de ces opérateurs d'aval, l'instabilité climatique croissante, les concurrences accrues entre « pôles viticoles » (anciens et nouveaux) et la dérégulation du secteur finissent par fragiliser une grande partie des entreprises viticoles françaises, dont l'organisation collective s'est affaiblie dans la plupart des régions.

Des vins sans complexe face àdes niches de vins de terroir ou « new art »

Quelques vins de terroirs se maintiennent soutenus par des logiques individuelles ou des stratégies « haut de gamme » de groupes continuant d'investir dans l'industrie du luxe, mais ils sont devenus marginaux. Des vins personnalisés jouant une différenciation « artistique » grâce à l'innovation et/ou de nouvelles localisations ont également

Tableau 4.

Chemin conduisant préférentiellement à une stratégie d'adaptation libérale

Contexte général	Contexte viti-vinicole international	Contexte viti-vinicole local & national	Conséquences sur la filière et ses performances
L'Etat finit par ne plus investir dans la R&D viti-vinicole Gestion de l'espace agricole souple Politiques publiques de santé et de préservation de l'environnement contraignantes	Pratiques œnologiques ouvertes Emergence d'assembleurs internationaux Plantations libres, marché dérégulé	La filière viti-vinicole exploite les innovations disponibles (nouveaux cépages -OGM-, irrigation, œnologie corrective...) Pas de viticulture de précision La possibilité d'irriguer est le principal facteur mobilisé pour s'adapter au CC La question de la gestion du risque est centrale (assurance, contractualisation...) Le marketing permet aux consommateurs d'accepter les vins issus du CC	La gouvernance de la filière viti-vinicole penche en aval Concurrence fragmentée entre de nombreux bassins viticoles historiques et récents La performance globale de la filière vinicole FR est décevante Des AOP marginales confinées au très haut de gamme, les vins techno élaborés par l'aval dominent le marché
	Evolution peu favorable au développement des vins biologiques		D'abord stimulant le CC devient perçu négativement par l'amont de la filière

Prospective Laccave Mars 2016

développé des marchés de niches, du local à l'international (« new art wines », vins bretons ou des terrils, vin du quartier...). Ils réussissent même dans des conditions *a priori* difficiles du point de vue climatique. Mais l'essentiel de la production est constitué par des « vins sans complexes », issus soit d'anciens vignobles d'appellation (IGP et AOP) reconstitués autour de pôles irrigués, soit de nouveaux vignobles implantés dans de nouvelles régions sans passé viticole. L'essentiel du marché du vin est constitué par des produits industrialisés, assemblés, voire aromatisés, visant à la fois :

i) le respect d'exigences environnementales et de santé,
ii) la limitation des impacts du changement climatique (plus que l'atténuation).

Des vins sous marque régionale ont aussi pu se maintenir, jouant sur des notoriétés historiques encore valorisantes (Champagne, Bordeaux, ...) et des accords avec certains négociants. Mais ces marques ne sont plus aussi fortes. La concurrence est vive au plan international et la France ne tire pas bénéfice de cette évolution de l'offre.

Des innovations technologiques discriminantes, ciblées et limitées face à la montée des risques

Dans un secteur fragilisé (après une période plutôt prospère), où l'amont est désorganisé et sans stratégie, et où l'image du vin est devenue plus négative, l'Etat n'investit plus en R&D. Des innovations font donc défaut pour continuer à s'adapter au changement climatique dans tous les vignobles. La R&D et l'accumulation d'informations géo-localisées sur les sols viticoles ou sur les réponses de la vigne au climat est contrôlée par des entreprises privées, donnant lieu à des innovations plus ciblées sur la génétique, l'irrigation et l'œnologie (corrective, aromatisante, ...). Ces investissements de R&D se révèlent à terme insuffisants pour que la viticulture de précision ne soit réellement utilisée à une large échelle (hors groupes privés) et pour qu'une nouvelle viticulture de terroir se développe en intégrant les enjeux de l'adaptation au changement climatique.

Face à la fragmentation et à la fragilisation des vignobles, à l'émergence de crises accentuées par le changement climatique, la gestion du risque devient un enjeu majeur, pouvant combiner contractualisation avec l'aval, recours aux assurances privées, intervention publique d'urgence et retrait ou diversification des vignobles.

5. Conclusion

La prospective est une «machine à raconter des histoires», pour avancer collectivement dans des réflexions les plus partagées et les plus interdisciplinaires possibles sur le devenir du système étudié, et pour aider à ce qu'émergent des stratégies d'actions partagées. La véracité ou la probabilité d'apparition des scénarios n'ont pas forcément d'intérêt... Ils sont évalués avant tout au regard de leur caractère attirant ou a contrario repoussoir, stimulant et appelant l'action dès maintenant ou a contrario appelant préparation et attention...

Les stratégies d'adaptation présentées ci-dessus et les chemins qui y mènent ne sont pas des images prédictives de l'avenir. Ce sont avant tout des outils pour stimuler la réflexion et la concertation des acteurs du secteur vitivinicole, en permettant notamment la prise en compte des interférences entre changement climatique et les autres évolutions possibles du contexte vitivinicole.

Références

Quénol H. et al., 2014. *Changement climatique et terroirs viticoles*. Ed. Lavoisier, coll. Tech. & Doc. 444 p.

Ollat, N., Touzard, J.-M. 2014. Long-term adaptation to climate change in viticulture and enology: *Journal International des Sciences de la Vigne et du Vin*, numéro spécial LACCAVE

Escudier J.L., Garcia de Cortazar I., Giraud-Héraud E., Le Roux, Ollat N., Quenol H., Touzard J.-M. (2016). Le vignoble français à l'épreuve du changement climatique, *La Recherche*, 513–514: 60–67, juillet-août 2016

Fuentes Espinoza, A., Giraud-Héraud, E., Pérès, S., Pons, A., Tempere, S. Darriet, Ph, (2016)., Réchauffement climatique et acceptabilité des vins par les consommateurs, *Revue des Oenologues, 158, janvier* 2016

Touzard J.-M., Ollat N. (2014). Stress hydrique et adaptation au changement climatique pour la viticulture et l'oenologie: le projet LACCAVE. *Innovations Agronomiques*, 38 (2014) : 131–140

Lebon E, Garcia De Cortazar Atauri I, 2014. Dans un contexte de changement climatique, quels sont les impacts de la sécheresse sur la vigne et sur le devenir des vignobles ? L'exemple du Languedoc. Innovations Agronomiques 38, 1–12

Ollat N, van Leeuwen C, Destrac Irvine A, Marguerit E, Duchêne E, Lebon E, Boursiquot JM, Torregrosa L, 2015. Changement climatique; quels seront les déterminants du choix du matériel végétal? Revue des Œnologues 157S, 37–40

Sebillotte, M., Aigrain, P., Hannin, H., Sebillotte, C. 2003. Prospective : Vignes et Vins. Scénarios et défis pour la recherche et les acteurs. Bilan et Prospectives, Inra Editions

Aigrain, P., Hannin, H., Vert J. 2013 Perspectives d'évolution de la filière vignes et vins dans la région Languedoc-Roussillon à l'horizon 2025 CEP Analyses n° 55, Agreste

Aigrain, P., Brugière, F., Hannin, H., Touvron, Ch., 2014 Prospective ANIVIN de France. Les Etudes FranceAgriMer

Environmental and economic comparatives assessments of wine making processes: Application to the enrichment of wines

Sophie Penavayre[1], Valérie Lempereur[1], Peio Elichiry-Ortiz[1], Philippe Cottereau[2], et Denis Caboulet[3]

[1] Institut Français de la Vigne et du Vin (IFV), Pôle Bourgogne-Beaujolais-Savoie-Jura, 69661 Villefranche-sur-Saône, France
[2] Institut Français de la Vigne et du Vin (IFV), Pôle Rhône-Méditerranée, 7 avenue Yves Cazeaux, 30230 Rodilhan, France
[3] Institut Français de la Vigne et du Vin (IFV), Pôle Rhône-Méditerranée, Domaine de Pech Rouge, 11430 Gruissan, France

Abstract. The project *Enrichment*, managed by the French Institute for Vine and Wine (IFV) from 2013 to 2015, aimed to joint assessments of the potential environmental impacts and the costs for the cellars of two new enrichment methods, compared to methods commonly used. A "life cycle" approach has been chosen. Actually, the potential environmental impacts has been assessed following the recommendations from the normalized method of the Life Cycle Assessment (LCA). The method of the Life Cycle Cost Assessment (LCCA) has been linked to the LCA in order to assess the costs of the different techniques. The method and the developed tool seem adapted to achieve to goals of the project: the comparison of environmental and economic impacts of the enrichment of 1 hl of must by 1% vol. using different techniques, whether additive or subtractive. Beyond, the project gives a framework for the environmental and economic comparison of different techniques for any other industrial process.

1. Introduction

La conception d'outils, de méthodes, ou encore de procédures, nécessite d'évaluer la faisabilité technique et organisationnelle de l'*objet* conçu. Le coût de la conception et de l'utilisation de l'*objet* est également estimé. La généralisation de l'éco-conditionnalité (i.e. subordonner ses achats au respect de principes et critères environnementaux) dans le domaine des achats mais également dans celui des aides publiques, amène le besoin d'une évaluation des impacts de l'*objet* étudié sur les ressources naturelles et plus généralement sur l'environnement. Cette évaluation des impacts environnementaux doit alors pouvoir être réalisée *a priori* i.e. au moment de la conception de l'*objet*.

La méthode de l'Analyse de Cycle de Vie (ACV) répond à ce besoin. Il s'agit d'une méthode d'évaluation des impacts environnementaux potentiels d'un bien ou d'un service. L'ACV est multi-étapes (étudie les impacts de la fabrication d'un produit tout au long de son cycle de vie, de la conception à la gestion des déchets, en passant par la fabrication et la phase d'utilisation) et multi-critères (exprime les dommages potentiels sur la santé humaine, les écosystèmes ou encore les ressources naturelles). Elle peut être utilisée pour évaluer un *objet* au moment de sa conception, avant même sa mise en œuvre. Utilisée pour des évaluations comparatives, elle permet d'identifier les points critiques et d'évaluer les impacts d'une modification de l'*objet*, tout en veillant à éviter les transferts de pollutions (méthode multi-critères). Développée au début des années 1990 pour les besoins de l'industrie de la chimie, l'ACV a depuis été appliquée à d'autres secteurs, notamment agroalimentaires, dont le secteur vinicole. L'ACV dispose d'une série de normes définissant ses principes et les conditions de son utilisation (ISO 14040 à 14044 [1]).

Développée en suivant les principes de l'ACV, la méthode plus récente de l'Analyse des Coûts du Cycle de Vie (ACCV) entend évaluer les coûts de l'*objet* étudié [2]. Les données nécessaires à la réalisation d'une ACV et d'une ACCV sont proches : alors que la première nécessite d'identifier les flux physiques entrants et sortants à chaque étape du cycle de vie de l'*objet* (ex : quantité d'eau consommée pour la fabrication, quantité de déchets produits lors de la phase d'utilisation…), la seconde se base sur les flux financiers intervenants sur l'ensemble du cycle de vie (ex : remboursement d'un prêt bancaire lié à un investissement pour la fabrication, facture d'électricité consommée lors de la phase d'utilisation…).

Le couplage des méthodes ACV et ACCV pourrait alors permettre l'évaluation environnementale et économique d'un *objet* au moment de sa conception. ACV et ACCV couplées semblent ainsi répondre en partie aux objectifs du projet *Enrichissement*.

L'enrichissement consiste à augmenter la teneur en sucres du moût, par ajout de sucres fermentescibles ou par retrait de l'eau des grappes ou du moût. Ces techniques entraînent une hausse du titre alcoométrique volumique probable, TAVP, et ainsi du degré final des vins (titre alcoométrique volumique, TAV). La nécessité d'enrichir dépend de la maturité des raisins et est étroitement liée aux conditions météorologiques du millésime. La pratique de l'enrichissement est très encadrée sur le plan réglementaire tant communautaire que Français [3].

DOI: 10.1051/bioconf/20160703017

Celui-ci s'inscrit dans le contexte de la réforme de l'OCM vitivinicole de 2008 qui a mis fin au dispositif d'aides à l'utilisation de moût concentré et de moût concentré rectifié à partir de la campagne 2012 [4]. A la demande des professionnels concernés par la fin de la mesure, une réflexion a été engagée par les pouvoirs publics français. Une expertise des différentes voies alternatives a souligné la nécessité d'encourager le développement de deux nouvelles méthodes d'enrichissement des vins : l'utilisation du sous-produit issu du traitement œnologique consistant en la réduction de la teneur en sucre des moûts (rétentat de RTS), et l'utilisation d'un nouveau produit qualifié de « moût concentré de qualité » obtenu par électrodialyse (ajout de MCQ).

Le projet *Enrichissement*, coordonné par l'Institut Français de la Vigne et du Vin (IFV) de 2013 à 2015, a pour objectif l'évaluation des deux nouvelles méthodes d'enrichissement sur les critères de la faisabilité technique, du coût pour l'opérateur et de l'impact environnemental. Les volets économique et environnemental sont traités conjointement, via une ACV et une ACCV comparatives couplées. En effet, les impacts environnementaux potentiels et les coûts pour la cave des deux nouvelles méthodes d'enrichissement sont évalués en comparaison aux méthodes habituellement utilisées (ajout de saccharose, ajout de Moût Concentré Rectifié-MCR et auto-enrichissement par osmose inverse-OI).

Au-delà de l'évaluation des impacts environnementaux et des coûts des différentes techniques d'enrichissement, l'objectif du projet est de proposer une méthode et un outil permettant d'évaluer des points de vue économiques et environnementaux des itinéraires de vinification, voire tout itinéraire de transformation agroalimentaire.

2. Matériels et méthode

L'évaluation environnementale et économique a été réalisée en suivant les principes de l'ACV et de l'ACCV. L'étude s'est déroulée en quatre étapes : la définition des objectifs et des frontières du système étudié, la constitution de l'Inventaire de Cycle de Vie (ICV), l'analyse environnementale et économique, l'interprétation des résultats.

2.1. Techniques d'enrichissement

Parmi les cinq techniques d'enrichissement étudiées, trois sont autorisées : l'ajout de saccharose, l'ajout de moût concentré rectifié (MCR) et l'Osmose Inverse (OI). Les conditions d'ajout de saccharose dépendent de la région viticole [3]. La méthode d'élaboration du MCR et sa composition sont encadrées [5]. L'OI fait partie des techniques soustractives d'enrichissement utilisables sur moût [6].

Pour les deux nouvelles méthodes à l'étude, le moût concentré de qualité, MCQ, et le retentât obtenu après réduction de la teneur en sucre, nommé retentât de RTS, les hypothèses d'élaboration de ces produits ont été définies sur la base des expérimentations réalisées dans le cadre du volet faisabilité technique et organisationnelle du projet *Enrichissement*. Le MCQ est élaboré à partir de raisins blancs ou de raisins rouges, dont le moût est filtré, stabilisé par électrodialyse puis transporté jusqu'à une distillerie

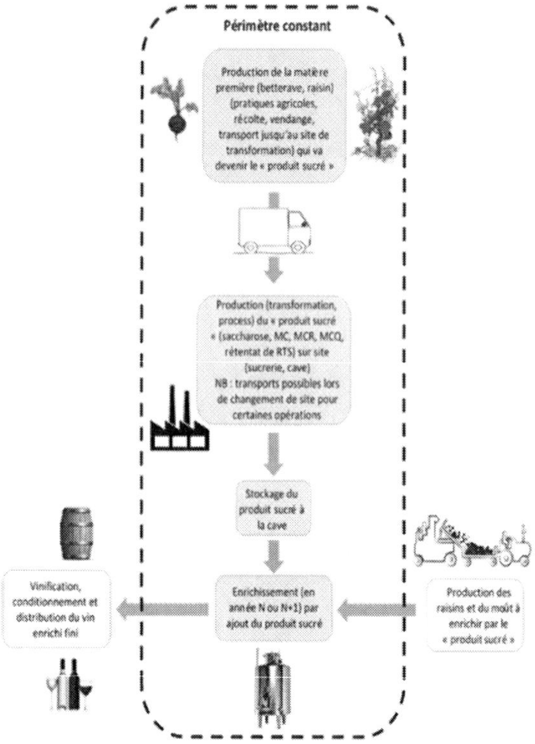

Figure 1. Périmètre défini pour l'évaluation environnementale et économique comparée des différentes techniques d'enrichissement.

afin d'y être concentré par évaporation sous vide. Il est produit l'année N puis stocké en vue de son utilisation en année N+1. Pour l'élaboration de MCQ rouge, les raisins rouges subissent une étape de thermovinification suivie d'un pressurage puis d'un débourbage. La teneur en sucre du MCQ s'élève à environ 800 g/l.

Le retentât de RTS est le retentât obtenu après la technique de desucrage des moûts par technique membranaire. Le rétentat de RTS est quasi incolore, sa teneur en sucre s'élève à environ 400 g/l.

2.2. Périmètre de l'étude

L'étude ayant un but comparatif, les frontières du système étudié (i.e. le périmètre) doivent être constantes entre les différentes techniques étudiées. Le périmètre retenu est : **de la fabrication du *produit sucré*** (saccharose, MCR, MCQ, rétentat de RTS) **à son utilisation pour enrichir**. La production du moût (viticulture, récolte et pressurage) ainsi que les étapes suivant l'enrichissement (préparation au conditionnement, conditionnement, distribution, consommation...) sont exclues du périmètre d'étude (cf. Fig. 1).

2.3. Unité fonctionnelle

L'ACV évalue les impacts environnementaux potentiels de la fonction d'un produit ou d'un service. En effet, un produit pouvant avoir plusieurs fonctions, il est important

DOI: 10.1051/bioconf/20160703017

Tableau 1. Caves types étudiées.

Critères	Sud > 20 000 hl	Sud < 20 000 hl	Nord > 20 000 hl	Nord < 20 000 hl
Nombre de salariés pendant les vinifications	24	3	16	2
Temps horaire journalier pendant les vinifications (h)	8	8	8	8
Surface en production (ha)	1 050	30	520	9.6
Volume total produit (hl)	80 000	18 000	25 900	620
Distance entre la cave et la distillerie (km)	10	–	400	–
Distance moyenne entre la cave et les prestataires (km)	50	50	50	50

de définir celle qui est à l'étude. Une Unité Fonctionnelle (UF) doit donc être définie. L'UF choisie pour le projet Enrichissement rend compte du service rendu par chaque méthode d'enrichissement : **enrichir 1 hl de moût de 1% vol.**

2.4. Caves types

Les flux physiques, les coûts, les techniques d'enrichissement autorisées ... varient en fonction de la configuration de la cave (localisation, taille, types de produits ...). Le caractère comparatif de l'étude nécessite d'étudier chaque technique au sein d'une même cave. Afin de prendre en compte à la fois les réalités de caves produisant des volumes plus ou moins importants, et les contraintes liées à la règlementation (les techniques autorisées pour l'enrichissement des vins varient en fonction des zones viticoles), **4 caves types** ont été définies. Deux caves se situent dans un bassin de production viticole situé au nord de la France, bassin « nord », où l'ajout de saccharose est autorisé ; les deux autres caves se situent dans un bassin de production viticole situé au sud de la France, bassin « sud », où la technique habituellement employée pour l'enrichissement des vins est l'ajout de MCR. Dans chaque région, une cave produit moins de 20 000 hl et l'autre produit plus de 20 000 hl de vin. Les critères définis pour chaque cave-type sont (pour une année) : le nombre de salariés pendant les vinifications et la durée de travail quotidienne, la surface en production, le volume total de vin produit et le pourcentage de vin rouge et de vin blanc ou rosé, la distance entre la cave et les prestataires intervenant dans le process (cf. Tableau 1).

2.5. Hypothèses

Les **processus** mis en œuvre pour chacune des techniques étudiées ont été dessinés précisément. Des **hypothèses** générales sont définies. Elles concernent le TAVP des moûts à enrichir (11% vol.) et le TAVP des vins enrichis (12% vol.) ; les concentrations finales en sucre du MCR, du MCQ (800 g/l) et du rétentat de RTS (400 g/l) ; le niveau d'équipement des caves (seul l'achat des équipements nécessaires à l'enrichissement par les deux nouvelles méthodes est pris en compte) ; ou encore le volume de

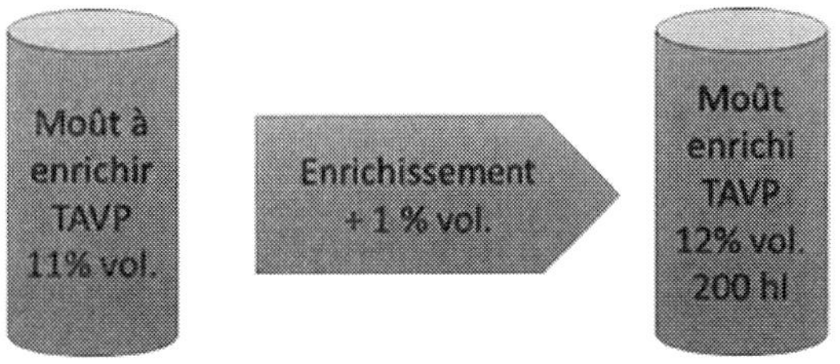

Figure 2. Hypothèse préalable à l'étude.

moût enrichi (quelles que soit la cave type ou la méthode d'enrichissement, on considère un volume de 200 hl de moût enrichi) (cf. Fig. 2). Afin de comparer les charges environnementales et économiques supportées par la cave pour les différentes techniques, l'hypothèse que chaque cave élabore son propre MCQ et rétentat de RTS, à partir de sa vendange, a été formulée.

Deux **modèles économiques** différents ont été définis afin de prendre en compte les différences induites par le choix d'internaliser ou d'externaliser certaines opérations, notamment liées à la fabrication du produit sucré.

Des **scenarii** sont définis en regroupant une méthode d'enrichissement (ex : ajout de MCQ), une cave type (ex : cave produisant plus de 20 000 hl, bassin « sud ») et un modèle économique (ex : prestation). 36 scenarii ont ainsi été étudiés.

2.6. Construction des Inventaires de Cycle de Vie

Un **ICV environnemental et un ICV économique** sont établis pour chaque scenario, en suivant le périmètre prédéfini : de la fabrication du *produit sucré* à son utilisation pour enrichir.

Pour la phase viticole (production des raisins qui seront transformés en MCQ, en rétentat de RTS ou en moût enrichi par Osmose Inverse), l'ICV environnemental a été constitué à l'aide des ICV présents dans la base de données AGRIBALYSE® [7]. Cette base de données d'ICV contient en effet deux ICV répondants aux besoins de l'étude : un ICV de production de raisins de cuve selon un itinéraire AOP, dans la région du Beaujolais, et un ICV de production de raisins de cuve selon un itinéraire IGP, dans la région Languedoc-Roussillon. L'ICV économique a été établi à partir de données de coûts de production définis par FranceAgriMer dans le cadre de l'Observatoire viticole 2009–2010 [8] : 3 995 € /ha pour le bassin « sud » (avec un rendement de 60 hl/ha) et 6 775 € /ha pour le bassin « nord » (avec un rendement de 64 hl/ha).

Pour les phases de transformation du raisin en *produit sucré* et d'enrichissement, les ICV ont été construits à partir de données collectées auprès d'experts. Les quantités de flux entrants et sortants pour chaque étape constituent l'ICV environnemental : consommations d'énergie et d'eau, intrants œnologiques et de nettoyage, déchets... L'ICV économique a été construit conjointement : identification des coûts liés aux charges fixes (acquisition de matériels et maintenance) et aux charges variables (consommations d'énergie et d'eau, achats d'intrants ...).

Les ICV de l'enrichissement par ajout de saccharose et de MCR ont été construits différemment. L'ICV environnemental de l'enrichissement par ajout de saccharose

Tableau 2. Indicateurs d'impacts retenus.

Indicateur	Méthode de caractérisation	Description
Changement climatique	Impact 2002 +	Potentiel d'effet de serre additionnel engendré par le cycle de vie
Ressources	Impact 2002 +	Quantité totale des énergies fossiles et minérales consommées au cours du cycle de vie
Eutrophisation des eaux douces	CML-IA baseline 2013	Potentiel de pollution organique de l'eau induit par l'introduction de nutriments azotés et phosphatés dans les milieux aquatiques. Dégradation de la qualité des milieux et prolifération d'algues
Ecotoxicité des eaux douces	USEtox	Potentiel de toxicité apporté aux milieux aquatiques (eaux douces de surface) par l'émission de substances toxiques. Déstabilisation et menace de la qualité et de la variété des écosystèmes

a été construit à l'aide de la base de données Ecoinvent (v2.2) [9]. Cette base contient en effet un ICV de production de sucre intégrant la production de la betterave (phase agricole) et sa transformation en sucre. L'ICV de l'opération d'enrichissement par ajout de saccharose a été construit selon la méthode présentée préalablement pour l'enrichissement par MCQ, rétentat de RTS et OI i.e. collecte de données auprès d'experts. L'ICV économique est composé du coût d'achat du sucre (estimé par dire d'expert à 0,66 € /kg) et des coûts liés à l'utilisation au chai pour enrichir un moût, estimés en suivant la méthode employée pour les autres techniques.

L'enrichissement par ajout de MCR n'a pas pu faire l'objet d'un ICV environnemental en raison d'absence de données au moment de la réalisation de l'étude. L'ICV économique est construit selon le modèle employé pour l'enrichissement par ajout de saccharose : coût de l'achat du MCR estimé à 3,60 € /L et coût liés à l'utilisation au chai pour enrichir, estimés par collecte de données auprès d'experts.

2.7. Indicateurs d'impact environnementaux

L'ACV est une méthode multi-critères i.e. qui exprime les dommages potentiels du système étudié sur la santé humaine, les écosystèmes ou encore les ressources naturelles. Pour l'expression de ces dommages, de nombreux indicateurs sont disponibles, définis à partir de méthodes caractérisation des impacts différentes. Pour le projet *Enrichissement*, les indicateurs ont été choisis en fonction de leur pertinence avec les enjeux environnementaux de la filière vitivinicole (cf. Tableau 2).

3. Résultats

Seuls les résultats obtenus pour l'enrichissement de 1 hl de moût de 1% vol dans une cave produisant plus de 20 000 hl située dans un bassin de production « sud » sont présentés ci-dessous. Les 10 scenarii étudiés sont l'ajout de MCQ blanc (achat et prestation), l'ajout de MCQ rouge (achat et prestation), l'ajout de rétentat de RTS (achat et prestation), l'ajout de saccharose, l'osmose inverse (achat et prestation) et l'ajout de MCR (volet économique uniquement).

3.1. Impacts environnementaux potentiels

Bien que s'appuyant sur la norme ISO 14040 [1], l'évaluation environnementale n'a pas fait intervenir de revue critique externe et indépendante, condition à la publication de résultats comparatifs d'études se réclamant ACV normée ISO 14040.

La Fig. 3 présente les impacts environnementaux potentiels. Pour chaque indicateur, l'impact de chaque scenario est exprimé par rapport au scenario le plus impactant, positionné à 100%.

Les scenarii avec le modèle économique « Prestation » sont plus impactants que leur variante « Achat » sur les 4 indicateurs d'impact. La prestation entraîne en effet des transports de matières vers les sites de transformation (moût, MCQ) ou de matériels vers la cave (osmoseur, filtre ...).

Les scenarii d'enrichissement par ajout de MCQ (rouge ou blanc) sont les plus impactants sur les indicateurs de changement climatique, d'eutrophisation et d'écotoxicité aquatique. Pour l'enrichissement par ajout de MCQ blanc, les étapes du process les plus contributrices sont la filtration, l'électrodialyse et la concentration du moût. Pour le MCQ rouge, la thermovinification est également responsable d'une part importante des impacts. Ces étapes supposent une importante consommation d'électricité, d'eau et d'intrants de nettoyage, qui explique les impacts.

Les scenarii d'enrichissement par ajout de rétentat de RTS ont un impact important sur l'indicateur de Ressources (100 % pour le modèle en prestation et 82 % pour le modèle achat). Cette technique consomme une quantité importante d'électricité pour réduire la teneur en sucre de la cuvée à dé-sucrer. Le rétentat obtenu ne permet pas d'enrichir autant que le MCQ (la concentration en sucre du rétentat est de 400 g/l alors que celle du MCQ s'élève à 800 g/l). L'impact de la méthode est alors aussi expliqué par l'Unité Fonctionnelle choisie : enrichir 1 hl de moût de 1 % vol.

Le scenario d'enrichissement par ajout de saccharose présente des impacts faibles (inférieurs à 2 %) sur l'ensemble des indicateurs.

L'impact des scenarii d'enrichissement par osmose inverse est relativement faible sur l'ensemble des

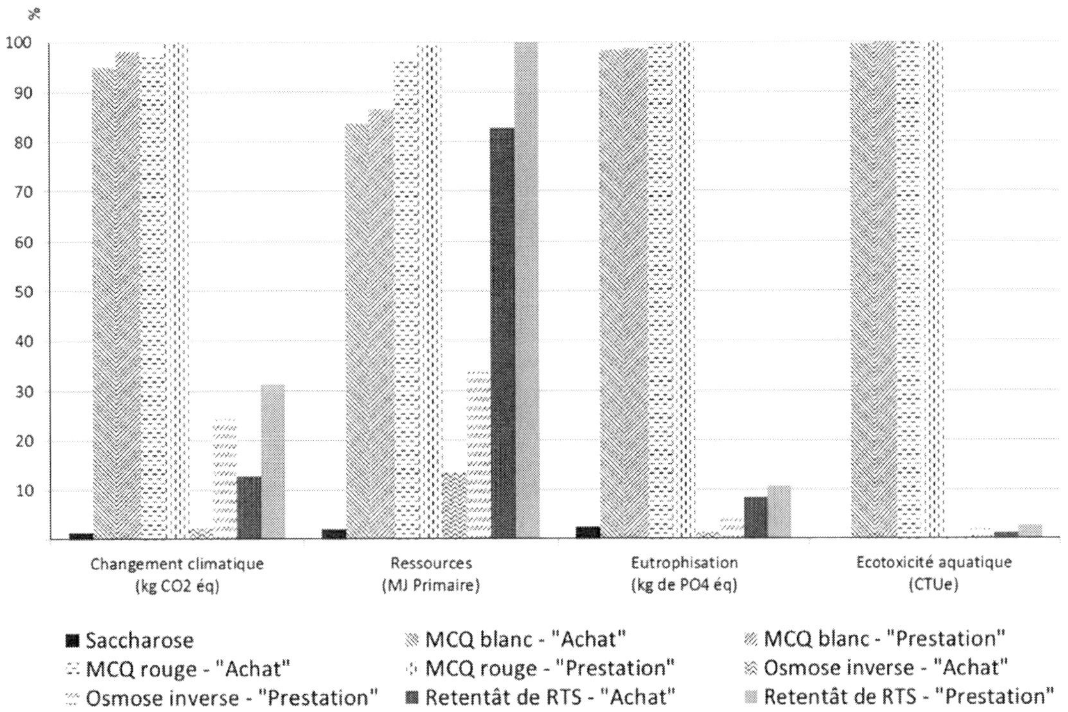

Figure 3. Impacts environnementaux potentiels comparés de l'enrichissement de 1 % vol. d'1 hl de moût par différentes méthodes d'enrichissement, pour une cave produisant plus de 20 000 hl, située dans un bassin de production « sud ».

indicateurs, mis à part sur les Ressources et le Changement climatique pour le modèle prestation (respectivement 34 % et 24 %), du fait des transports de matières et de matériels.

3.2. Analyse économique

La Fig. 4 présente, pour chaque scenario étudié, le coût de l'enrichissement d'1 hl de moût de 1 % vol., et la répartition des coûts par poste de charge.

Les scenarii avec le modèle économique « achat » sont plus onéreux que leur variante « prestation ». Le prix des équipements nécessaires (électrodialyseur, concentrateur, osmoseur...), rapporté au volume de 200 hl de moûts enrichis, est en effet élevé.

Le scenario le plus onéreux est l'enrichissement par ajout de rétentat de RTS (modèle économique achat). Il s'élève à près de 100 € pour 1 hl enrichi. L'achat de l'équipement est le principal contributeur au prix global.

Les scenarii d'enrichissement par ajout de MCQ (rouge et blanc) avec achat, ajout de rétentat de RTS en prestation et par osmose inverse avec achat s'élèvent à environ 20 € à 28 € pour 1 hl de moût enrichi.

Les scenarii MCQ (rouge et blanc) en prestation et ajout de MCR s'élèvent à environ 10 € à 12 € pour 1 hl de moût enrichi.

Les scenarii d'enrichissement par osmose inverse en prestation et par ajout de saccharose sont les moins onéreux : environ 1,4 € / hl de moût enrichi.

Comme expliqué précédemment, l'une des hypothèses formulées pour la réalisation de cette étude est l'enrichissement en vue de l'obtention de 200 hl de moût enrichi. Cependant, on observe qu'à partir d'un certain volume de moût à enrichir, certains scenarii semblent plus pertinents (cf. Fig. 5).

L'enrichissement par ajout de saccharose reste le plus économique quel que soit le volume de moût traité. La courbe du scenario Osmose inverse – Achat est celle qui tend le plus vers celle du scenario Saccharose, signifiant qu'avec un volume important de moût à enrichir, l'acquisition de l'osmoseur est rapidement amortie.

4. Discussion

Les résultats sont influencés par la méthode choisie pour la construction des ICV et par les hypothèses formulées *a priori*.

Les ICV des deux nouvelles méthodes à l'étude ont été construits à partir de données collectées lors des expérimentations menées dans le cadre du volet faisabilité technique et organisationnelle du projet. Malgré la volonté de réalisation d'expérimentations en « grand volume », les contraintes règlementaires n'ont pas permis de mettre en œuvre des volumes de moûts supérieurs à 200 hl. Les installations mobilisées étaient alors configurées pour des volumes supérieurs. Les coûts et charges environnementales sont ainsi certainement surestimés. La Fig. 5 montre en effet que l'augmentation du volume traité diminue les coûts de traitement.

De plus, le caractère comparatif de l'étude nécessitant d'étudier chaque technique au sein d'une même cave, des caves-types ont été définies. Ce principe méthodologique influence la collecte de données qui ne peut pas être réalisée auprès d'un échantillon de caves reconnues

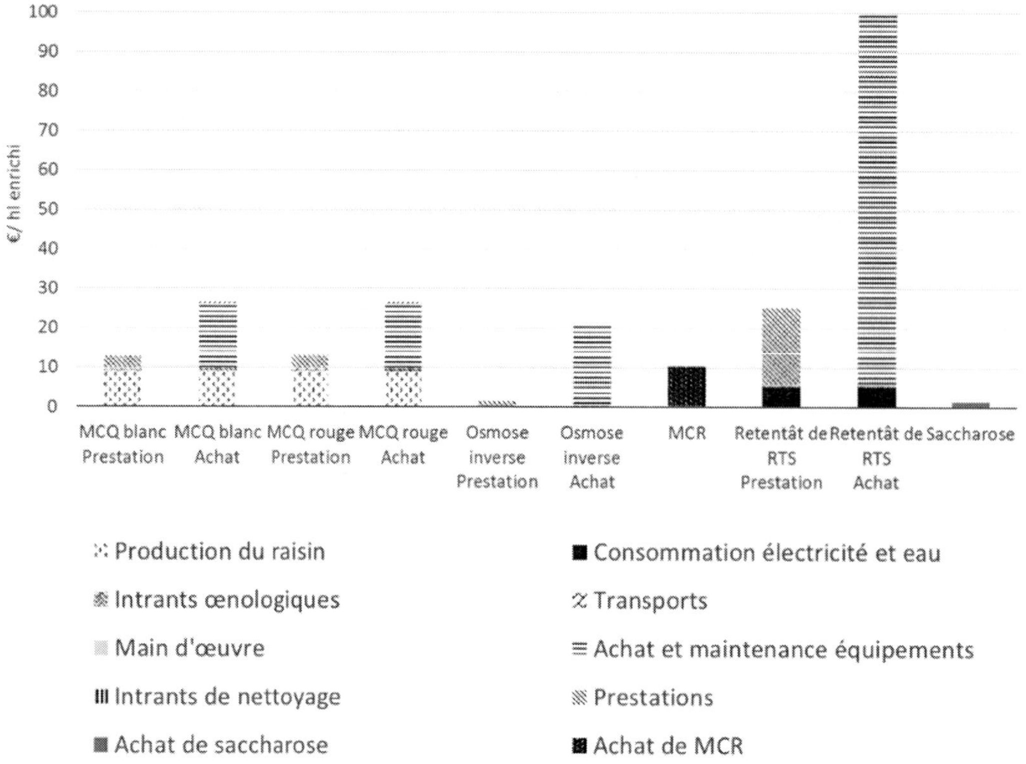

Figure 4. Répartition des coûts de l'enrichissement de 1 % vol. d'1 hl de moût par différentes méthodes d'enrichissement, pour une cave produisant plus de 20 000 hl, située dans un bassin de production « sud ».

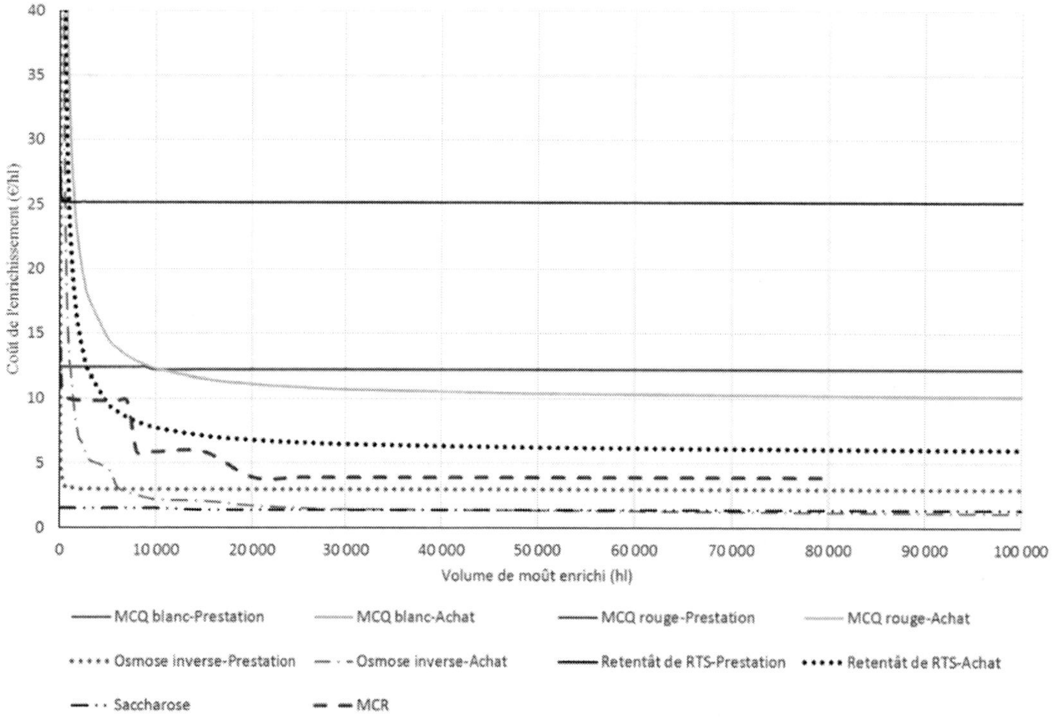

Figure 5. Coût de l'enrichissement de 1 % vol. d'1 hl de moût par différentes méthodes d'enrichissement, pour une cave produisant plus de 20 000 hl, située dans un bassin de production « sud ».

comme représentatives mais auprès d'experts formulant des hypothèses.

Le périmètre d'étude a été défini comme : de la fabrication du *produit sucré* à son utilisation pour enrichir. Il intègre ainsi la phase agricole : production des raisins et du moût transformé en MCQ, rétentat de RTS ou MCR ; production de la betterave transformée en saccharose. L'ICV de la phase viticole a été basé sur un itinéraire de production de raisins en AOP ou IGP. Les coûts de production des raisins pour l'élaboration du produit sucré sont alors élevés (34 % à 72 % du coût global de l'enrichissement par ajout de MCQ pour une cave produisant plus de 20 000 hl dans un bassin « sud »). Il serait intéressant d'étudier une solution intégrant pour la phase viticole un vignoble dédié à l'élaboration du produit sucré, produisant des rendements élevés à de faibles coûts de production.

Cette solution pourrait être collective, permettant ainsi de réduire également les charges environnementales. En effet, l'hypothèse que chaque cave élabore son propre MCQ a été formulée. Les volumes mis en œuvre (40 hl de MCQ obtenus à partir de 200 hl de moût) sont cohérents avec cette hypothèse. Cependant, l'augmentation du volume de MCQ produit par une même installation permettrait de réduire les charges environnementales du fait d'économies d'échelle sur les transports et les consommations d'énergie et d'eau.

La méthode de couplage des principes de l'ACV et de l'ACCV a permis d'étudier dans une perspective de comparaison des méthodes d'enrichissement additives et soustractives. Alors que les techniques additives (MCQ, rétentat de RTS, MCR, saccharose) augmentent le volume de moût enrichi (de 1,2 % pour le saccharose à 8,5 % pour le rétentat de RTS, selon les hypothèses formulées pour le projet *Enrichissement*), les techniques soustractives (osmose inverse) ont pour conséquence la diminution du volume de moût enrichi (de 8,6 % selon les hypothèses formulées pour le projet *Enrichissement*). L'utilisation de l'Unité Fonctionnelle « enrichir 1 hl de 1 % vol. » à laquelle se rapportent les résultats tant économiques qu'environnementaux, a permis de comparer les différentes techniques tout en prenant en compte les modifications de volume.

5. Conclusion

L'évaluation environnementale et économique de scenarii prospectifs pour l'enrichissement, comparés aux solutions existantes, est possible en suivant les principes et recommandations de l'ACV et de l'ACCV. Les résultats doivent cependant être analysés en ayant connaissance des hypothèses formulées, et des limites de la méthode employée pour la collecte des données environnementales et économiques.

La méthode définie pour les besoins du projet *Enrichissement*, ainsi que l'outil excel mis au point pour faciliter le traitement des données collectées, semblent pouvoir être utilisés pour l'évaluation environnementale et économique comparée, *a priori*, d'itinéraires de vinification, voire de tout itinéraire de transformation agroalimentaire. La prise en compte de l'amont agricole semble cependant plus difficile à mettre en œuvre.

Les résultats présentés sont issus d'une collecte de données effectuée en 2015. Ils reflètent les prix observés au cours de ce millésime (coûts d'achat du saccharose, du MCR, montant des prestations d'électrodialyse, concentration…). Si des tensions devaient apparaître sur certains marchés, le fait de produire soit même son *produit sucré* et de pouvoir le stocker d'une année sur l'autre pourrait engendrer une diminution de la dépendance des entreprises vinicoles aux fluctuations des cours du marché.

Références

[1] ISO, *ISO 14040 – environmental management – life cycle assessment – principles and framework* (2006)

[2] G. REBITZER, "Integrating Life Cycle Costing and Life Cycle Assessment for Managing Costs and Environmental Impacts in Supply Chains", *Cost Management in Supply Chains* (2002)

[3] Règlement (CE) n° 479/2008 du Conseil du 29 avril 2008, Annexe V

[4] Règlement (CE) n° 555/2008 du 27 juin 2008, article 33

[5] Règlement (CE) n° 479/2008 du Conseil du 29 avril 2008, Annexe IV

[6] IFV, *Techniques soustractives d'enrichissement des moûts*, Cahier Itinéraire n° 14 (2007)

[7] P. Koch, T. Salou, V. Colomb, S. Payen, S. Perret, A. Tailleur, S. Willmann, *Agribalyse: rapport méthodologique,* Version 1.2 (2015)

[8] FranceAgriMer, CER France, *Observatoire viticole 2009–2010* (2012)

[9] R. Frischknecht, N. Jungbluth, H.-J. Althaus, G. Doka, R. Dones, T. Heck, S. Hellweg, R. Hischier, T. Nemecek, G. Rebitzer and M. Spielmann, The ecoinvent database: Overview and methodological framework, *International Journal of Life Cycle Assessment*, **Vol. 10**, 3–9 (2005)

BIO Web of Conferences 7, 03018 (2016)
39th World Congress of Vine and Wine
DOI: 10.1051/bioconf/20160703018

BaccuS: A framework for sustainability in the wine industry / BaccuS : un framework pour le développement durable dans la vitiviniculture

Shana Sabbado Flores[1,a] et Rosa Maria Vieira Medeiros[2]

[1] Federal Institute of Education, Science and Technology of Rio Grande do Sul (IFRS) – campus Restinga, Rua Alberto Hoffmann 285, CEP 91791-508, Porto Alegre, RS, Brazil
[2] Federal University of Rio Grande do Sul – Postgraduate Program of Geography (PosGea), Av. Bento Gonçalves, 9500/43113/203, CEP 91540-000, Porto Alegre, RS, Brazil

Abstract. The BaccuS is a proposal of framework intended to support the internalization of sustainability principles in the wine industry, enhancing the actors' performance in this sense. The framework was built from two exploratory studies in Brazilian wine regions of Campanha Gaúcha (RS) and Vale do São Francisco (BA/PE) and preliminary studies which involved technical visits in three countries (France, Italy and Spain) and frameworks' observations in another five (South Africa, Australia, New Zealand, USA and Chile). The BaccuS is structured on a matrix basis, with an axis corresponding to dimensions and other to guidelines, both in ascending order of complexity and development. The five sustainability dimensions (environment, economic, social, political- institutional and territorial) and the four guidelines (management, articulation and cooperation, innovation and learning and sustainability) are articulated by eighteen topics that represent areas to act to promote the sustainability in the wine territories. Each topic was unfolded in indicators. Additionally, ten synthesis indicators specify initiatives or programs that can be implemented to impact positively on several indicators. The BaccuS framework can be applied in several scales, in the winery or the territory.

1. Du développement durable à la viticulture durable

Le développement durable est un approche complexe qui nécessite de repenser nos activités, outils et bases méthodologiques. Même si l'urgence de cette question est un consensus relatif, vue la dégradation de l'environnement et ses implications sociales, il peut être observée une manque en termes de propositions concrètes.

La répercussion internationale dans le contexte contemporain date des années '60, soulignant le travail de Rachel Carson et son livre « Silent Spring », qui discute sur l'intensification de l'utilisation des technologies chimiques et mécaniques et ses effets sur la santé humaine et sur la biodiversité [1]. Plus tard, le travail de Ignacy Sachs a défini le concept de l'écodéveloppement [2]. Le concept le plus populaire a été introduit dans les années '80 par le rapport intitulé « Our Common Future », appelé aussi le rapport de Brundtland, définissant le développement durable comme « [...] un développement qui répond aux besoins du présent sans compromettre la capacité des générations futures à répondre à leurs propres besoins »[3]. Cette approche a lancé la notion de développement durable fondée sur les aspects environnementaux, sociaux et économiques.

En termes de base théorique, les chercheurs soulignent une approche interdisciplinaire pour soutenir les propositions du développement durable. Par exemple, Leff discute que la dimension de l'environnement, de la même manière que les catégories société ou nature, n'est pas un sujet d'un seul domaine d'étude et nécessite l'acceptation et l'articulation du travail interdisciplinaire et à multi-échelle, en respectant les connaissances construites dans des cadres conceptuelles spécifiques [4,5]. Egalement, Morin recommande une vue interdisciplinaire (ou transdisciplinaire) pour soutenir l'éducation environnementale et l'approche du développement durable, afin de comprendre le tout et ses parties, en utilisant la complexité comme directive principale.

Un autre point de convergence est l'échelle: même si les problèmes sont globaux, c'est au niveau local que les effets sont perçus et les mesures peuvent être prises – ce qui mettre en évidence le territoire. La conviction dans l'échelle territoriale a des raisons objectives, économiques et pragmatiques [6], en soulignant l'importance de considérer les spécificités et les contextes locales dans les propositions par rapport au développement durable. Dans un autre point de vue, la crise environnementale n'est pas une crise de nature elle-même, mais une crise dans la relation entre l'homme et la nature, liée à la production de territorialités, donc une crise du territoire [7]. Cette approche est significative dans les activités où la dimension territoriale est importante, ce qui est le cas de l'industrie du vin, en considérant la notion de *terroir*, par exemple.

La discussion sur le développement durable arrive à de nombreux secteurs de la société, motivés par les pressions de la société et des *stakeholders*, l'engagement des consommateurs dans les questions environnementales, les normes de qualité, les exigences légales, la vision à

[a] e-mail : shana.flores@restinga.ifrs.edu.br

long terme ou même la réduction des coûts et des enjeux liés à la compétitivité. Dans l'industrie du vin, il doit être considéré aussi que les vignobles sont des cultures avec un impact environnemental importante. Pour illustrer cela, en 2002, les vignobles représentaient 15,6 % du marché des pesticides français, avec seulement 3,2 % de la surface agricole du pays [8]. Ainsi, les enjeux du développement durable peuvent intégrer l'industrie du vin de différentes façons.

Regardant les définitions, la FAO (l'Organisation pour l'Alimentation et l'Agriculture des Nations Unies) a adopté, à partir de 1989, le concept de « l'agriculture durable et de développement rural »sur la base de l'équilibre entre les dimensions environnementale, sociale et économique, soulignant la conservation de l'environnement (sol, eau et ressources génétiques animales et végétales), la viabilité économique et l'acceptation sociale [9]. Pour les vins, l'OIV a défini la viticulture durable comme un « [...] approche globale à l'échelle des systèmes de production et de transformation des raisins, associant à la fois la pérennité économique des structures et des territoires, l'obtention de produits de qualité, la prise en compte des exigences d'une viticulture de précision, des risques liés à l'environnement, à la sécurité des produits et à la santé des consommateurs et la valorisation des aspects patrimoniaux, historiques, culturels, écologiques et paysagers » [10]. Dans cette définition, il peut être noté que les questions environnementales et économiques sont prises en compte, mais également les aspects immatériels, qui mettent en évidence cette caractéristique particulière des vins et ses enjeux liés au *terroir* et à l'identité.

Au-delà des définitions, de nombreuses propositions ont été faites afin de systématiser les initiatives de développement durable dans différents domaines. Ils prennent en général la forme de cadres, des lignes directrices, des programmes nationaux, locaux ou sectoriels, des labels ou des certifications, des empreintes et des auto-évaluations. Également, l'agriculture a des méthodes spécifiques, telles que la agriculture biologique et biodynamique ou de l'agriculture raisonnée. Pour les régions viticoles, les guides de développement durable et les évaluations sont de plus en plus d'importantes, soit comme un moyen de positionnement de la région viticole en relation avec les enjeux du développement durable, pour le marché de l'exportation, soit comme un outil pour aligner la *supply chain* et de promouvoir la compétitivité du produit et les processus d'innovation. Les principaux producteurs se tournent pour adopter des directives et normes liées au développement durable, comme on peut le voir dans le Tableau 1.

Cet article vise à présenter BaccuS [22], un cadre pour internaliser le développement durable dans l'industrie du vin. Le nom BaccuS a été choisi pour rappeler le Dieu romain du vin et de mettre en évidence le « S », de *sustainability*. Le cadre répond à trois enjeux dans l'évaluation de performance vis-à-vis du développement durable: l'échelle, les questions territoriales et le parcours d'apprentissage. En termes d'échelle, BaccuS peut être appliqué dans la cave ainsi que le territoire du vin, fournissant une évaluation individuelle et / ou une perspective collective. En outre, le cadre considère la participation locale avec les associations et les parties prenantes, ainsi que la gouvernance de la région. L'approche territoriale contribue à une perspective transversale et de synthèse.

Le chemin d'apprentissage était considéré un facteur essentiel pour permettre aux caves ou aux producteurs avec une échèle plus petite de production à introduire des cadres liés au développement durable. La plupart des méthodologies ou certifications dans le contexte international sont complexes et ont besoin d'une structure importante, en termes de connaissances, de formation et de gestion de l'information, pour être appliqués, ce qui est une barrière pour sa diffusion, surtout pour celle publique mentionnée au-dessus. En ce sens, BaccuS a été construit dans une base matriciel qui permet démarrer à partir d'un seul thème (comme l'eau, les pratiques agricoles, système de gestion ou de gouvernance, par exemple) et d'identifier les liens avec les autres thèmes et dimensions. En outre, dix indicateurs de synthèse sont proposés et peuvent être utilisés comme des programmes pour introduire le développement durable, car ils agissent comme des « multiplicateurs »dans le sens qui peuvent impacter sur différents thèmes et dimensions.

Le cadre a été construit à partir des deux études exploratoires dans des régions viticoles et des études préliminaires qui impliquaient des visites techniques dans trois pays (France, Italie et Espagne) et les observations des cadres dans cinq autres (Afrique du Sud, Australie, Nouvelle-Zélande, États-Unis et le Chili). Les matériaux et les méthodes utilisées pour développer la recherche sont présentées dans la Sect. 2 et la Sect. 3 est consacrée à présenter le cadre BaccuS.

2. Matériels et méthodes

La structure da la recherche a été construite sur une base qualitative de nature exploratoire. La recherche a eu lieu entre 2012 et 2015, avec le support de la CAPES, dans le cadre du programme « Sciences sans Frontières », de la Chaire-UNESCO « Culture et Traditions du Vin » et de l'Institut Fédéral du Rio Grande do Sul (IFRS).

La recherche a compté avec trois phases : (1) des concepts et des contextes de la viticulture durable; (2) la systématisation des données et l'identification des potentiels ; et (3) la proposition du BaccuS. La première phase a compris la recherche théorique sur le thème, ainsi que des études préliminaires sur les cadres pour la viticulture durable et des exemples des pratiques au vignoble et aux caves. Pour cela, des visites techniques ont été faites dans trois pays (France, Italie et Espagne), ainsi que la recherche documentaire et bibliographique dans cinq autres (Afrique du Sud, Australie, Nouvelle-Zélande, États-Unis et le Chili). Le choix des pays a considéré ceux indiques par des experts contactés et les principaux dans les publications internationales [23, 24].

Le référentiel empirique principal sont deux régions viticoles brésiliennes considérés émergents : la Campanha Gaúcha et la Vale do São Francisco. Le choix de ces régions (et non la Serra Gaúcha, la principale région viticole du Brésil) est justifié par plusieurs raisons, parmi lesquelles : les deux sont des régions en expansion, favorables pour l'application des techniques nouvelles, avec disponibilité de terrain, ce qui rendrait possible un meilleur choix du terrain et l'implantation des vignobles alignés avec des pratiques de viticulture durable. Par rapport au Brésil, le pays a une bonne tradition de

Tableau 1. Principaux cadres de Viticulture Durable dans le contexte international.

Pays	Cadre	Escope
Afrique du Sud	Sustainable Wine South Africa (SWSA)	Initiative qui intègre les programmes IPW et BWI et les institutions responsables. Le label « Integity & Sustainability » identifie le respect aux critères de IPW et il est un outil de traçabilité [11].
	Integrated Production of Wine (IPW)	Établie en 1998, ce programme inclut la traçabilité, la production intégrée et les pratiques de viticulture durable pour les caves et les vignobles [12, 13]. Environ 95 % du volume total de production du pays est certifié IPW et 75 % des producteurs [14].
	Biodiversity & Wine Initiative (BWI)	Partenariat entre l'industrie et WWF pour la conservation du Cape Floral Kingdom et ses surfaces naturels [15].
Nouvelle Zélande	Sustainable Winegrowing New Zealand (SWNZ)	Programme national, depuis 2002, c'est un guide que fait la proposition d'un modèle de meilleures pratiques dans les vignobles et dans les caves [16].
	CarboNZero	Premier standard de certification pour la neutralisation des gazes à effet de serre sous la norme ISO14065. Le cadre comprend un outil pour identifier l'empreinte de charbon et l'option d'achats des crédits pour neutraliser des émissions [17].
Australie	McLaren Vale Sustainable Winegrowing Australia (MVSWGA)	Programme lancé en 2009 qui est basé sur auto-évaluation et sur la proposition d'amélioration constante. Le programme compte avec environ 35 % des producteurs et 40 % de la surface de la McLaren Vale [18].
Chili	National Code of Sustainability for Chilean Wine Industry	Supporté par le consortium Vinos de Chile, depuis 2011, le programme certifie en trois axes : le vignoble, la cave et les pratiques de gestion [19].
Etats-Unis (Californie)	California Sustainable Winegrowing Alliance (CSWA)	Le programme comprend un guide détaillé (California Code of Sustainable Winegrowing Workbook), avec 15 chapitres, ainsi qu'un programme d'entrainement et la certification (Certified California Sustainable Winegrowing – CCSW) [20].
France	Terra Vitis	Reconnue par le Ministère de l'Agriculture de la France, le programme utilise les directives de l'agriculture raisonnée ; il est structuré dans une fédération avec les associations locales de : Bourgogne-Beaujolais, Loire, Bordeaux, Champagne et Rhône-Méditerranée [21].

discussion et des propositions méthodologiques par rapport au développement durable. Cela peut être illustré, par exemple, par la présence des discussions internationales (comme la Rio 92 et le Forum Social Mondial), la participation pour l'élaboration de la ISO26000 (norme pour Responsabilité Sociale) ou les importants indices de recyclage de l'aluminium et des emballages des produits agricoles chimiques, que le pays occupe la première position. Par contre, en ce qui concerne la viticulture durable, le Brésil a des initiatives isolées et non des propositions systématisées.

La deuxième phase a été dédiée à l'organisation des données. Les principales techniques étaient : l'analyse statistique descriptive, l'analyse des discours et la production de cartes thématiques et conceptuelles. La troisième phase comprend la proposition du cadre et sa validation avec l'application dans les deux régions viticoles recherchées. Plus d'information sur le méthode utilisée dans la recherche peut être trouvée dans les documents de la bibliographie [22].

3. BaccuS

Le BaccuS a été conçu pour être un outil flexible et adaptable à des contextes différents – pouvant représenter différents territoires, ou des acteurs avec différents degrés d'avancement dans les pratiques de viticulture durable. Le cadre est structuré sous une forme matricielle, mettant en rapport les cinq dimensions du développement durable et quatre lignes directives, qui sont articulées par thèmes, comme on le voit dans la figure ci-dessous (Fig. 1). Cette structure permet d'observer individuellement les enjeux, les relations et les impacts.

Les dimensions du développement durable – environnemental, économique, social, politique-institutionnel, territorial – peuvent être considérées comme des perspectives de lecture de la réalité, ou d'appropriation de la notion de durabilité dans un contexte donné. Les directives sont des orientations pour l'action. À l'origine, les directives sont des principes généraux qui peuvent être appliquées dans différents contextes ; cependant, la

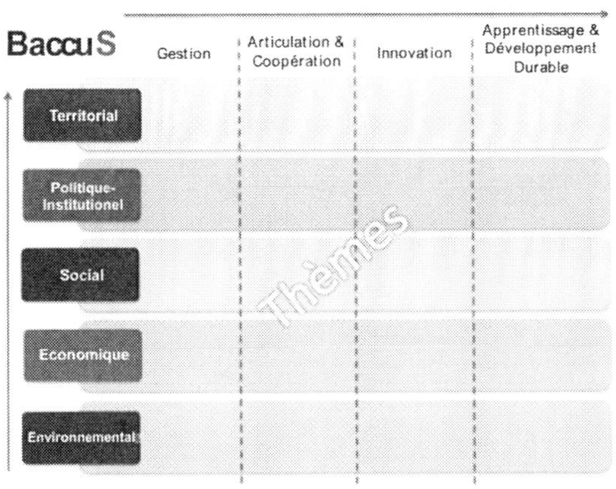

Figure 1. Schéma du cadre BaccuS. Source : Elaborée par S.S. Flores.

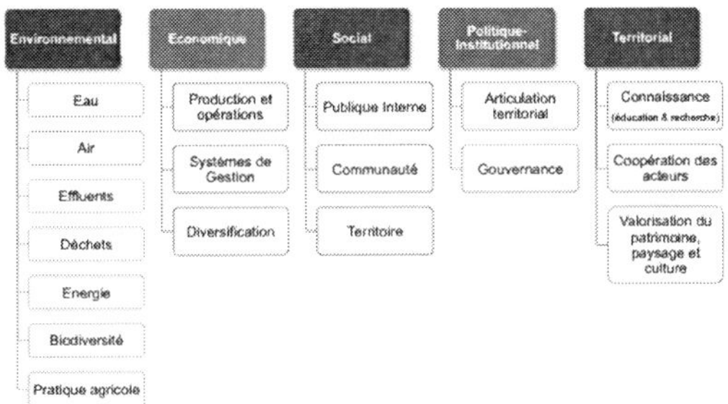

Figure 2. Les dimensions et les thèmes du BaccuS. Source : Elaborée par S.S. Flores.

recherche a montré que le parcours pour internaliser les principes de développement durable et de faire progresser le traitement du sujet, au sens large, passe par l'application de ces quatre lignes directrices – gestion, articulation et coopération, innovation, apprentissage et développement durable.

Pour articuler les dimensions et les directives, 18 thèmes sont proposés, organisés à partir des dimensions (Fig. 2). Les thèmes peuvent être compris comme une « vision pratique »: ils sont autant d'enjeux dans lesquels les dimensions et les lignes directives peuvent être matérialisées et transformées en actions. Aussi, les thèmes mettent en rapport la théorie et la pratique, dans la mesure où ils transforment des orientations générales en initiatives concrètes et des indicateurs de contrôle, ou des facteurs qui doivent être considérés pour établir des initiatives envisageant le développement durable. Encore, les thèmes contextualisent les dimensions et les directives dans le(s) territoire(s) en question. Le format permet une vision d'ensemble et, en même temps, une lecture simplifiée en ordre croissant de complexité des dimensions et des lignes directrices, indiquée par les flèches dans le diagramme (Fig. 1), ce qui implique une fonction didactique suggérant un parcours pour renforcer la performance en matière de développement durable.

3.1. Directives : processus pour le développement durable

Souvent, les protocoles liés au développement durable utilisent des dimensions (ou des chapitres, axes) qui sont détaillées en indicateurs – aussi, les indicateurs peuvent être mieux spécifiés en paramètres. Dans le BaccuS, l'objectif est d'avancer et d'identifier : des facteurs qui serraient déterminants pour le succès dans l'intégration des principes du développement durable ; ou des éléments dont l'absence serait configurée comme une barrière pour y avancer. Dans ce sens, les directives ont été pensées comme des « conditionnes d'existence », ou un guide pour que les acteurs et les territoires se développent pleinement, à la recherche de la durabilité dans un sens large, compte tenu de la continuité et de l'équilibre. Les directives sont organisées dans un ordre croissant de complexité.

Le processus démarre avec la *gestion*, ce qui comprend l'organisation et les opérations, surtout à l'échelle des caves. La gestion implique dans la formalisation des processus, l'établissement des contrôles pour l'évaluation et le suivi, ainsi que la promotion de la planification, de la professionnalisation et de la communication avec les parties prenantes. Ces principes sont des bases pour une performance plus efficace vers des objectifs de développement durable envisagés.

Dans un deuxième niveau, la directive d'*articulation et de coopération* implique d'autres acteurs, soit des caves, soit des institutions de support, dans l'établissement des initiatives communes ou les simples échanges d'information. Elles reflètent la construction des liens et des relations qui sont à la base de la consolidation des territoires du vin. La directive peut faire référence à l'acteur lui-même, dans sa relation avec d'autres agents, ou au territoire, ce qui touche à la fois son organisation interne, ainsi que les relations avec les acteurs externes. Au niveau initial, il apparaît l'échange d'informations, en outre, la coopération peut évoluer vers des initiatives de formation et de qualification, de promotion des produits, du territoire ou de l'œnotourisme, dans le développement ou l'amélioration des produits et des processus, ainsi que l'optimisation de l'infrastructure de production. La coopération est institutionnalisée dans les Associations. Les réseaux formés contribuent à la dynamisation du territoire en favorisant la mise à jour des informations et en créant une synergie qui contribue à la résilience, ainsi que leurs perspectives de développement, en termes quantitatifs ou qualitatifs.

La directive de l'*innovation* favorise une réflexion sur les produits, les processus et l'activité des acteurs, sur les moyens possibles de faire les choses, ce qui incite un changement de paradigmes. La structuration des acteurs et des territoires, ce qui implique la gestion, ainsi que l'articulation et la coopération, sont les bases pour promouvoir l'innovation. Si l'innovation favorise le développement durable, ce dernier favorise les processus d'innovation, en niveau des acteurs ou des territoires, et elle est considérée comme une nouvelle frontière pour l'innovation. Il est important de considérer que l'innovation n'est pas seulement technique, mais peut être aussi organisationnel et/ou sociale.

Finalement, la directive de *apprentissage et développement durable* reflète l'idée que le développement durable est un concept et une approche en constante

DOI: 10.1051/bioconf/20160703018

évolution, comme les territoires eux-mêmes. L'apprentissage et le développement durable sont considérés comme indissociables. L'apprentissage se fait à la fois individuellement et aussi dans la perspective du territoire. L'apprentissage peut se produire en termes techniques ou dans d'articulation des réseaux, ainsi que dans sa gestion [25]. Dans tous les cas, l'apprentissage devrait se traduire par un changement de comportement des acteurs, qui se reflète dans les produits, les processus, la gestion et les relations sur le territoire ou à l'extérieur. Il est une conséquence des directives précédentes et également une garantie que les progrès réalisés continueront en tant que un processus individuel ou collectif, qu'impact sur le territoire et sur les territorialités établis. Dans un sens plus large, la construction de la durabilité territoriale passe par un apprentissage collectif, y compris l'alignement des pratiques et la participation des parties prenantes.

3.2. Dimensions et thèmes

Dans le même sens que les directives, les dimensions sont aussi organisées par rapport à un ordre de complexité. Chaque dimension a des thèmes qui sont responsables de l'articulation avec les lignes directrices, en établissant un dialogue avec le territoire et ses enjeux. Les indicateurs ont été choisis en tenant compte à la fois des programmes et des protocoles de viticulture durable analysés, mais aussi des initiatives déjà en cours.

Le format matriciel adopté permet de visualiser les dimensions dans son ensemble, montrant les principales relations entre les indicateurs. Les relations sont exprimées sous la forme de flèches, reliant les indicateurs au sein de la même directive, ou vers les directrices plus complexes. L'option est justifiée par le fait que les lignes directrices indiquent un processus ou une manière dont les progrès sont assurés par le renforcement des directives précédentes.

L'analyse a identifié aussi des indicateurs de synthèse pour chaque dimension (soulignés en orange dans les diagrammes suivants). Les indicateurs de synthèse systématisent les enjeux et les thèmes pour chaque dimension ; en même temps ils ont le potentiel d'établir un dialogue avec d'autres dimensions. Les indicateurs de synthèse représentent, donc, des enjeux centraux, que peuvent motiver des programmes spécifiques et avoir un effet transversal, avec des répercutions dans d'autres thèmes. Dans ce moment, la construction du protocole était jusqu'au niveau des indicateurs, et les paramètres n'ont pas été définis. La perspective est que les paramètres sur chacun des thèmes et des indicateurs peuvent être développés à l'avenir, à partir de bases techniques et d'une plus grande participation des parties prenantes, de manière à être alignés avec des objectifs des territoires et des acteurs.

3.2.1. La dimension environnementale

Placer le point de vue de l'environnement dans la base se justifie par plusieurs raisons, parmi lesquelles figurent le besoin de prioriser les enjeux liés à la problématique de l'environnement et la possibilité de générer des indicateurs objectifs pour le suivi et l'évaluation. Sans surprise, la dimension environnementale est souvent citée

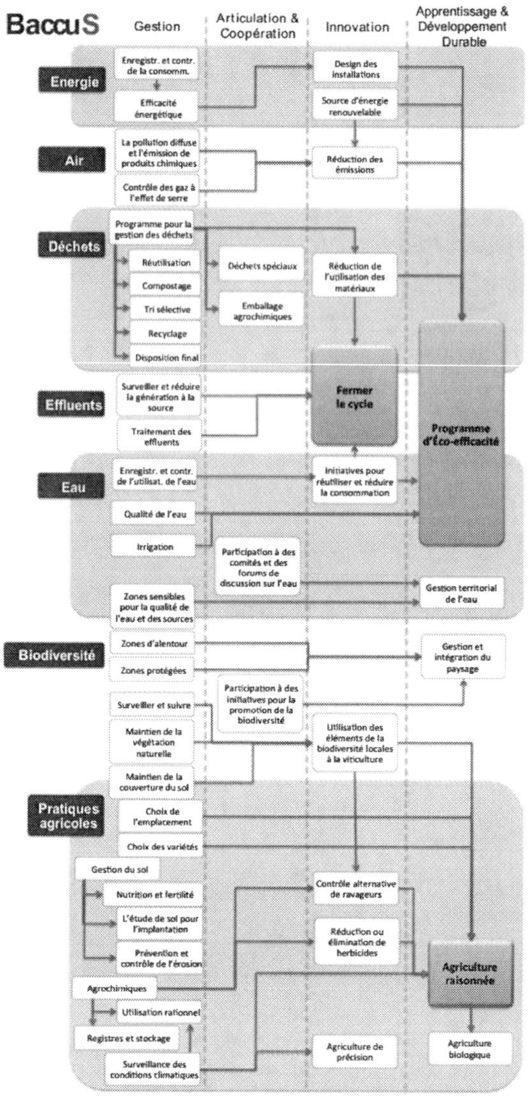

Figure 3. Thèmes et indicateurs dans la dimension environnementale. Source : Elaborée par S.S. Flores.

et joue un rôle prédominant dans les protocoles liés au développement durable.

À partir de l'approche territoriale utilisée, la dimension environnementale du développement durable est liée à la réduction de l'empreinte écologique, en réduisant la consommation des ressources naturelles (tels que l'eau et l'énergie), améliorant la qualité du produit (par rapport à l'environnement et la culture) et restaurant l'écosystème local. Les indicateurs pour cette dimension sont en général liés à l'utilisation des ressources naturelles et à l'impact environnemental (comme par exemple : l'eau, l'énergie, la biodiversité, les déchets et la pollution). Dans le contexte de la viticulture, d'autres possibilités sont les zones alentours, l'utilisation des engrais chimiques et la qualité du produit. Dans le diagramme suivant (Figure 3), il est possible d'observer les indicateurs proposés dans le BaccuS.

DOI: 10.1051/bioconf/20160703018

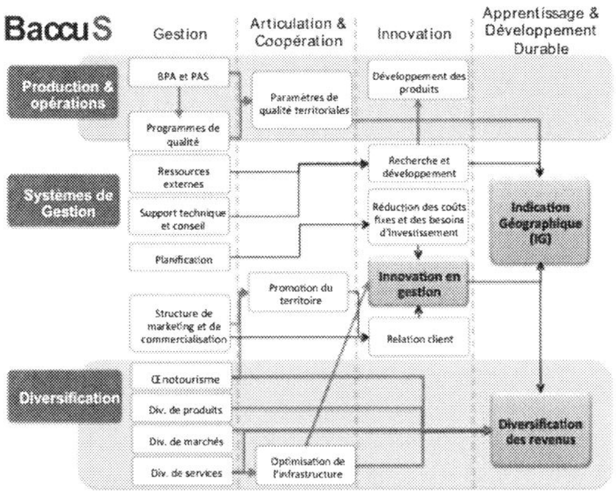

Figure 4. Thèmes et indicateurs dans la dimension économique. Source : Elaborée par S.S. Flores.

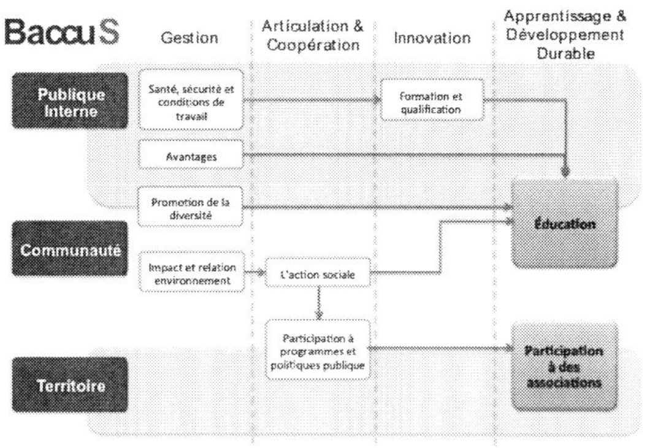

Figure 5. Thèmes et indicateurs dans la dimension sociale. Source : Elaborée par S.S. Flores.

3.2.2. *La dimension économique*

Le facteur économique, comme la dimension environnementale, occupe une position importante dans les discours des acteurs, même si, en général, les protocoles liés au développement durable, sont fragiles dans la dimension économique, et se finissent par être parties des autres types de rapports. Dans le BaccuS, l'option était de mettre en évidence cette dimension étant donné son importance surtout si l'on veut bien considérer pour les territoires du vin émergents.

Concernant l'approche utilisée dans cette recherche, la dimension économique fait référence à la production de valeur ajoutée territoriale, en valorisant le territoire et l'identité qui alimentent le système économique local. En outre, la dimension fait référence à la capacité des producteurs en termes de potentialités locales, en conférant de la typicité aux produits et permettant la différentiation de la communication. Des indicateurs possibles dans cette dimension sont des produits de terroir, qui font référence à des caractéristiques locales, des labels et des marques locales, générant des emplois et de la diversification au sens large du terme. Dans le diagramme suivant (Fig. 4), il est possible d'observer les indicateurs proposés pour la dimension économique dans le BaccuS, organisés selon trois thèmes : production-opération, systèmes de gestion et diversification.

La production et les opérations (P&O) viennent en premier, car le thème est considéré comme l'étage initial pour l'organisation des activités et des ressources, en favorisant une gestion de l'environnement plus efficace. Le thème des systèmes de gestion doit être vu en synergie avec celle de la production et les opérations ; alors que la P&O focalise le processus productif, les systèmes de gestion se concentrent sur la planification et les enjeux qui ont une interface externes, concernant l'allocation des ressources et des décisions stratégiques allant de la promotion du territoire et des produits aux investissements et à la gestion des coûts. Dans ce sens, l'Indication Géographique (IG) est importante pour l'articulation et la planification vis-à-vis du territoire.

3.2.3. *La dimension sociale*

La dimension sociale du développement durable représente à la fois la qualité de vie et les indicateurs sociaux qui passent par l'établissement des relations éthiques avec les *stakeholders*, de la micro-échelle à la macro-échelle. Aussi, la dimension comprend la question de la participation dans les associations du territoire. Dans ce sens, en valorisant les enjeux sociaux eux-mêmes, la dimension a un rôle important de transition pour discuter des questions plus liées au territoire et ouvre la discussion par rapport à la prochaine dimension, la politique-institutionnelle.

Dans le diagramme (Fig. 5), il est possible d'observer les indicateurs proposés pour la dimension sociale dans le BaccuS. La dimension propose trois thèmes qui sont en réalité des échelles d'action. La première est le publique interne, qui comprend les conditions de travail et la promotion de la diversité. Dans un deuxième niveau, la communauté représente les relations avec l'environnement et aussi l'action sociale. L'éducation est un indicateur de synthèse qui considère les actions par rapport aux employés et aussi le support à des initiatives et à des institutions dans le territoire.

Dans le troisième niveau, le territoire souligne la participation et le support des programmes et politiques publiques, ainsi que l'implication dans les associations locales. Dans ce sens, la participation comprend les institutions qui représentent les territoires du vin, mais aussi des associations professionnels, des clubs et des services, entre autres.

3.2.4. *La dimension politique-institutionnelle*

La dimension politique-institutionnel met l'accent sur l'action des associations et des instances représentatives par rapport à des enjeux et des contextes externes. C'est la capacité des acteurs du territoire de s'organiser et de prendre des décisions, concernant des influences externes, sur des questions telles que la planification et l'appropriation des ressources. Aussi, la dimension comprend des enjeux liés à l'organisation institutionnelle du territoire par les réseaux des relations, mais aussi des syndicats, des coopératives et des associations. Les indicateurs proposés pour la dimension politique-institutionnelle dans le BaccuS peuvent être observés dans le diagramme suivant (Fig. 6).

Les deux thèmes sont la gouvernance et l'articulation territoriale. Dans le BaccuS, il est observé d'abord la gestion et l'organisation familiale, car le secteur compte

DOI: 10.1051/bioconf/20160703018

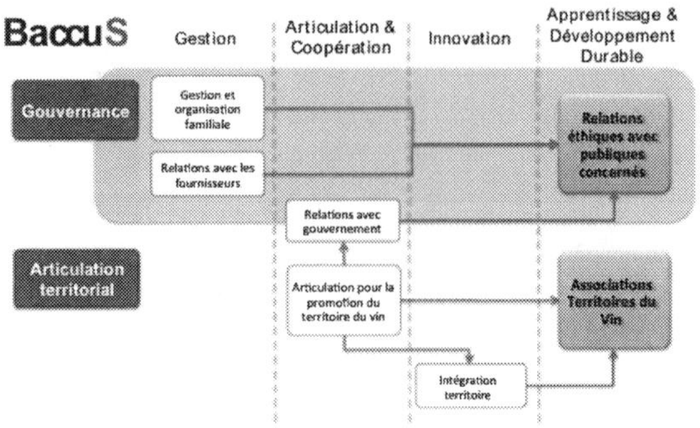

Figure 6. Thèmes et indicateurs dans la dimension politique-institutionnelle. Source : Elaborée par S.S. Flores.

avec une participation importante des entreprises de base familiale. L'indicateur de synthèse des relations éthiques avec les publics concernés systématise le thème et peut être considéré comme un synonyme de l'approche de la responsabilité sociale. De plus, il y a une relation directe avec l'indicateur des relations avec le gouvernement, ce qui inclut la participation dans la gestion publique et les forums de discussions, le support à des politiques publiques, ainsi que des pratiques anti-corruption.

3.2.5. La dimension territoriale

La dimension territoriale a été choisie en dernière place dans le BaccuS en raison de ses caractéristiques. D'une part, la dimension peut être considérée la plus complexe dans l'approche et la systématisation des indicateurs, d'autre part la dimension territoriale a une nature transversale et d'intégration, qui nécessite notamment le développement des autres dimensions pour sa propre évolution. La dimension est liée à la capacité de promouvoir la reproduction et le développement de l'identité, en respectant des conditions locales. Dans ce cas, il y a un lien direct à la capacité de la viticulture de s'intégrer au local et à illustrer les liens entre les caractéristiques des produits et l'identité du territoire. Cette dimension systématise et crée des relations avec les dimensions antérieures. Ainsi, la dimension territoriale ne peut pas être travaillé de manière isolée, mais les thèmes ont la tendance à induire un regard transversal sur les autres dimensions, après tout, le territoire est à la base, mais aussi l'articulation.

Les indicateurs proposés pour la dimension territoriale sont dans le diagramme suivant (Fig. 7). L'articulation des thèmes dans le BaccuS donne la priorité à une réflexion sur les facteurs qui contribuent au développement des acteurs et à leur capacité de reproduction dans le territoire. Parmi les cinq indicateurs de synthèse, quatre reprennent d'autres dimensions, ce qui renforce le caractère transversal des thèmes travaillés.

Le premier thème met en évidence la (re)connaissance du territoire, dans le sens de la promotion des recherches, ainsi que des initiatives pour encourager la génération des connaissances sur le territoire. Encore, le thème comprend la systématisation des informations et sa disponibilité au niveau des acteurs, mais aussi au niveau du territoire. Il est souligné le rôle de l'éducation du territoire pour son développement. Parallèlement, la coopération entre les acteurs apparaît dans les sens des échanges des informations, qui peuvent évoluer par des

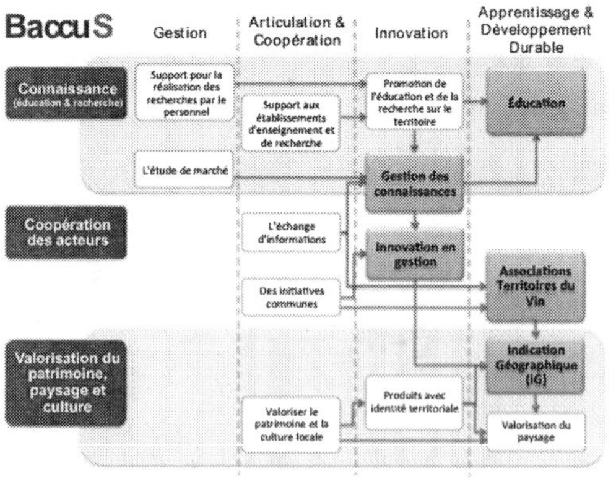

Figure 7. Thèmes et indicateurs dans la dimension territoriale. Source : Elaborée par S.S. Flores.

initiatives communes. Ces démarches vont demander des compétences de gestion supérieures, ce qui doit impliquer dans l'innovation en gestion.

Finalement, la valorisation du patrimoine, du paysage et de la culture peut apparaître dans des initiatives individuelles, à partir de la promotion des produits qui représentent l'identité territoriale. Par contre, son application effective passe pour l'articulation des acteurs et les initiatives collectives, envisageant la valorisation des ressources territoriales et du patrimoine dans un sens large – en considérant l'environnement, mais aussi, les personnes, la culture et l'identité. Une synergie qui est synonyme du développement durable, vu à partir du territoire.

4. Considérations

Le développement durable est en enjeu important qui exige, en même temps, l'avancement avec nos propositions théoriques et méthodologiques, ainsi que dans les outils et indicateurs d'évaluation et contrôle. C'est un défi et une condition pour la maintenance des territoires. La motivation principale pour le développement du cadre BaccuS était de fournir un outil pour promouvoir l'amélioration de la performance des vignerons et des caves vis-à-vis les principes du développement durable, en aidant aux acteurs dans la prise de décision et à éclairer le concept dans les activités quotidiennes.

Le cadre BaccuS a deux contributions principales en considérant les autres protocoles étudiés : la structuration en lignes directrices et la perspective territoriale. Tandis que la plupart des protocoles sont structurés en dimensions (ou chapitres), qui sont détailles en indicateurs et paramètres, le BaccuS articule les dimensions avec les directives, qui proposent un processus d'apprentissage et de développement dans les producteurs et/ou dans les territoires. Ainsi, chaque indicateur est travaillé dans une échelle de complexité, dans l'indicateur lui-même, mais aussi en considérant les directives. Encore, la structure adoptée peut être utilisée pour des acteurs de grande ou de petite structure et de niveaux différents de formalisation dans les processus de gestion ; il contribue non seulement à une auto-évaluation, mais avec l'action de la vue des perspectives c'action afin d'assurer sa pérennité.

La perspective territoriale a guidé le développement de la recherche et elle est présente dans BaccuS en termes d'échelle, de champ et de structure. Considérant l'échelle, le protocole peut être utilisé pour évaluer le niveau du producteur ou du territoire, permettant une vision multi-échelle, mais aussi d'examiner les synergies dans les initiatives proposées. D'autre part, plusieurs indicateurs dans toutes les dimensions du développement durable guident la relation entre l'acteur et le territoire, allant de la participation à des projets locaux, à des Associations, à la coopération entre les acteurs pour promouvoir le territoire du vin. Dans le même temps, l'articulation et la coopération sont considérées comme des conditions pour évoluer dans les thèmes, ce qui intègre la structure du protocole. Cet approche apporte une contribution au développement durable du territoire du vin, à partir de sa territorialisation et reproduction de l'identité, qui ne se limite pas à la dimension territoriale, mais qui intègre les dimensions environnementales, économiques, sociales et politiques-institutionnelles.

Le cadre présente des limites en ce qui concerne sa portée et sa profondeur. Même avec un référentiel empirique pertinent, la recherche a examiné seulement deux territoires du vin au Brésil, donc, les conclusions ont une portée limitée puisqu'il manque les régions viticoles brésiliennes comme la Serra Gaúcha, ou le Planalto Catarinense. Par rapport à la profondeur, le BaccuS a avancé dans la proposition de la structure et des thèmes, mais il n'a pas détaillé les indicateurs dans des échelles ou des indices qui permettaient une évaluation quantitative, par exemple. Dans ce cas, il est considéré que le développement des indicateurs nécessite la participation d'une équipe multidisciplinaire, qui fournit une expertise technique pour aider les décisions prises. En plus, l'avance du protocole et de son application effective passe par l'implication des acteurs concernés.

Plus qu'une réponse fermée, pensez viticulture durable peut être la recherche d'un idéal plus lointain, ou aussi, un repère à l'horizon qui indique la voie à la durabilité du territoire. Une réflexion qui doit nécessairement être accompagnée par des initiatives d'action, par l'amélioration des pratiques existantes et par la proposition des paramètres et des pratiques alternatives, afin de consolider les territoires de vin et d'assurer son développement durable dans un sens large – en considérant ses dimensions environnementale, économique, sociale, politique-institutionnelle et territoriale.

Références

[1] R. Carson, *Silent spring* (Mariner Book, 1962)

[2] I. Sachs, Environnement et styles de développement. *Ann. Économies, Sociétés, Civilisations. 29e année* **3**, 553–570 (1974)

[3] United Nations. *Our Common Future: Report of the World Commission on Environment and Development.* (1987) at <http://conspect.nl/pdf/Our_Common_Future-Brundtland_Report_1987.pdf>

[4] E. Leff, *Epistemologia ambiental.* (Cortez, 2010)

[5] E. Leff, *Racionalidade ambiental* (Civilização Brasileira, 2006)

[6] J. Theys, in *Développement durable Territ.* (ZUINDEAU, B.) 9–12 (Presse Universitaires Septentrion, 2010)

[7] A. Magnaghi, *The urban village?: a charter for democracy and local self-sustainable development* (Zed Books, 2005)

[8] Ministeère de l'Agriculture e la Peche et de la Ruralité. *Guide pour une protection durable de la vigne: stratégie de protection pour une utilisation raisonnée et durable des intrants phytosanitaires en viticulture* (2005)

[9] FAO. World Summit on Sustainable Development - Welcome. (2013) at <http://www.fao.org/wssd/sard/index-en.htm>

[10] OIV. *Resolution CST 1/2008 - OIV guidelines for sustainable vitiviniculture: production, processing and packaging of products* (2008)

[11] SWSA. SWSA: sustainable wine South Africa. (2013) at <http://www.swsa.co.za>

[12] IPW. *IPW certification policy.* 4 (2008) at <http://www.ipw.co.za/index.php>

[13] IPW. *IPW manual for biodiversity.* 14 (2006) at <http://www.ipw.co.za/index.php>

[14] IPW. The integrated production of wine scheme (IPW). (2013) at <http://www.ipw.co.za>

[15] WWF. Biodiversity and wine initiative: WWF South Africa (2013) at <www.bwi.co.za/?>

[16] SWNZ. *Sustainable Winegrowing New Zealand Standards.* (2013) at <nzwine.com/sustainability>

[17] NZWC. *Summary of carboNZero certification?: the New Zealand Wine Company Limited.* (2013) at < http://www.carbonzero.co.nz/documents/disclosure_nzwc_0809.pdf>

[18] MVSWGA. McLaren Vale Sustainable winegrowing Australia system (MVSWGA). (2013) at <http://www.sustainablewinegrowing.com.au>

[19] Vinos de Chile. Código nacional de sustentabilidad de la industria vitivinícola chilena. (2014) at <http://www.sustentavid.org>

[20] CSWA. *California Code of Sustainable Winegrowing Workbook.* (California Sustainable Winegrowing Alliance (CSWA), 2012) at <www.sustainablewinegrowing.org/swpworkbook.php>

[21] TVBB. *Cahier des charges production viticole durable et oenologie: Terra Vitis Beaujolais - Borgogne* (2012)

[22] S. S. Flores, Vitivinicultura sustentável no contexto do Brasil: uma proposta de abordagem (2015)

[23] I. Pierot, J. Rochard, Développement durable viticole: état de lieux. *IFV Lett. Electron. oct 2013* 1–8 (2013) at < http://www.vignevin.com/fileadmin/users/ifv/actualites/lettre_avril_2013/Lettre_Juillet13/2013-057_Etat_des_lieux_du_durable.pdf>

[24] M. A. Pratt, Comparison of sustainability programs in the wine industry. in *Proc. Int. Conf. Innov. Trends Wine Manag* (Burgundy School of Business, 2012)

[25] M. Barbier, B. Elzen, System innovations knowledge regimes and design practices toward transitions for sustainable agriculture (2012) at <http://www4.inra.fr/sad_eng/Publications2/Free-e-books/System-Innovations-for-Sustainable-Agriculture>

 DOI: 10.1051/bioconf/20160703019

For better integration of the principles of agroecology in the specifications of French wine geographical indications / Pour une meilleure intégration des principes de l'agro-écologie dans les cahiers des charges des indications géographiques viticoles françaises

Jacques Gautier

INAO (Institut national de l'Origine et de la Qualité), France

Abstract. The French wine production is mainly produced under Geographical Indication (GI), with 378 PDO and 74 PGI wine, spread over its entire territory.
The concept of AOC, set up un 1936 by french Authorities, is entrusted to the INAO, public organization whose one of the missions is to validate the proposals of conditions of production developed jointly by producers within structures called organizations of defense and management. Compliance with these conditions is required to develop these products with a strong and not reproducible link with their terroir.
However it appears difficult to develop these wines without worrying about the preservation of this terroir, which is the main tool for producers.
This concern, which seems at present more and more obvious, however, was difficult to accept until recent years by the various components of the governance of the AOC, the producers, but also in some cases the public authorities.
A first reflection to the integration of agri-environmental measures in the rules of AOC started in the early 2000s, and was suspended without being able to lead to significant changes in conditions of production contained in the rules of AOC.
With the challenge of societal expectations and particularly the pressure of environmental expectations, the INAO has defined early 2016 innovative agro-ecological targets for all official signs of quality and origin, including wine geographical indications, inviting producers to move towards the ambitious guidelines that will apply to all producers of the GI.
For the wine sector 5 main themes were selected by the INAO:

- The preservation and development of biodiversity,
- The control of fertilization and in particular mineral nitrogen fertilization,
- The reducing the use of pesticides in particular by developing the use of bio-control,
- Looking for a better water management by operators,
- Using a genetic most suited to the challenges of agro-ecology.

This list is not exhaustive and can be completed according to local situations.
For each theme a set of standard measures will be proposed by the INAO. The integration of these measures in the specifications will be almost automatic, if requested by the producers.
Factsheet of these measures will be provided to defense organizations and management of GIs.
Very soon, the ODG will have the opportunity to collectively define the measures they consider most appropriate, which will then be integrated into their specifications.
All the proposed measures will make a response to the challenge of the expectations of society, in particular to strengthen an environmental approach, to enhance the credibility of a system based on the link between the product and its terroir, while preserving the collective heritage of GI French wine.

La production viticole française est très majoritairement produite sous indication géographique (IG), avec 378 AOC (appellation d'origine contrôlée) et 74 IGP viticoles (indications géographiques protégées).

Ces indications géographiques, réparties sur la quasi-totalité du territoire national, représentent en effet plus de 90 % de la production viticole française, le solde de la production française étant commercialisé en vin sans indication géographique (VSIG).

 DOI: 10.1051/bioconf/20160703019

1. Les indications géographiques, AOC et IGP, sont des dénominations basées sur une qualité des produits liée à leur origine

1.1. Les produits bénéficiant d'une AOC sont très fortement liés à leur terroir

Lors de la mise en place en France du système des AOC viticoles en 1935, les Pouvoirs Publics français ont souhaité instaurer un système permettant une différenciation significative de ces produits d'AOC d'avec les produits courants rencontrés sur le marché.

Une différenciation significative contribue notamment à une meilleure rémunération des producteurs, le consentement à payer des consommateurs pour ce produit différent du produit standard étant significativement plus élevé.

Le système des AOC s'est appuyé sur des productions présentant préalablement une forte notoriété développée collectivement par les acteurs locaux, et dont les qualités substantielles des produits étaient liées à un terroir délimité précisément.

Au vu de la multiplication des définitions retenues pour le « terroir », amenant par voie de conséquence une très forte 'hétérogénéité des « produits de terroir » s'y référant, il a été nécessaire de retenir au niveau international une définition du terroir.

La définition du terroir viticole votée par l'OIV en 2010 a permis de se référer à une définition unique : « ***Le « terroir » vitivinicole est un concept qui se réfère à un espace sur lequel se développe un savoir collectif des interactions entre un milieu physique et biologique identifiable et les pratiques vitivinicoles appliquées, qui confèrent des caractéristiques distinctives aux produits originaires de cet espace. Le « terroir » inclut des caractéristiques spécifiques du sol, de la topographie, du climat, du paysage et de la biodiversité.*** »

Il est important de rappeler que si bien évidemment les caractéristiques du milieu naturel (sol, climat notamment) ont une contribution essentielle dans un terroir, la notion de terroir comprend **également** les pratiques vitivinicoles mises en œuvre durant l'ensemble du cycle de production par les opérateurs.

La mise en oeuvre des pratiques culturales inscrites dans les dispositions du cahier des charges de chaque AOC permet au produit d'acquérir les caractéristiques fondamentales de l'AOC.

1.2. Les produits bénéficiant d'une indication géographique protégée (IGP) présentent également des caractéristiques particulières liées à leur origine géographique

La définition des IGP s'applique à des produits originaires d'une aire géographique de production définie et dont une qualité déterminée, la réputation ou d'autres caractéristiques particulières peuvent être attribuées à leur origine géographique.

En 2010 les travaux de reconnaissance des IGP françaises se sont largement appuyés sur la catégorie des vins de table commercialisés préalablement en « vins de pays », et qui répondaient à la définition des IGP.

L'organisation existant pour les AOC a été reconduite pour les IGP, avec le même système de cogestion existant entre les opérateurs (également regroupés dans une structure collective dénommée organisme de défense et de gestion), les Pouvoirs Publics français et l'INAO.

En 2016 74 IGP françaises viticoles ont été reconnues, représentant environ 20 % de la production française.

1.3. Un système original de cogestion pour les indications géographiques, AOC et IGP

Depuis la création du système des AOC en 1935, la gestion des indications géographiques a été confiée à l'INAO, organisme public dont une des missions est de valider les propositions de condition de production élaborées collectivement par les producteurs regroupés dans des structures collectives. Longtemps dénommées syndicat de défense de l'appellation, ces structures sont dorénavant reconnues par l'INAO comme étant les organismes de défense et de gestion (ODG) des indications géographiques.

Les éventuelles propositions d'évolution des dispositions contenues dans les cahiers des charges sont donc de la seule compétence de l'ODG.

Une fois le dossier transmis à l'INAO, l'examen et la validation des propositions des ODG est assurée par le comité national des appellations d'origine, structure majoritairement composée d'acteurs professionnels (notamment producteurs et négociants) de la filière viticole française concernée, AOC ou IGP.

Les décisions prises par le comité national de l'INAO sont ensuite transmises au Ministère français de l'Agriculture, pour publication du cahier des charges de l'AOC au Journal Officiel. Par la suite interviendra la procédure d'enregistrement auprès des autorités communautaires.

Le respect de l'ensemble des conditions de production est une condition nécessaire pour bénéficier de l'IG, contribuant à l'obtention d'un produit présentant les caractéristiques spécifiques ayant permis la reconnaissance de l'indication géographique par les Pouvoirs Publics.

Ce lien des produits avec leur terroir, issu du milieu naturel et des pratiques mises en oeuvre, ne peut être reproduit hors de la zone de production.

Le système de cogestion mis en place depuis 80 ans pour les AOC a associé les producteurs (via leur ODG), les Pouvoirs Publics et l'INAO. Le pouvoir de proposition dans l'établissement des conditions de production de leur AOC est de la seule responsabilité des ODG : qui connait le mieux les règles de production vitivinicoles permettant d'aboutir à un produit d'exception, si ce n'est les producteurs eux-mêmes ?

Ce même système a été étendu aux IGP viticoles depuis leur mise en place en 2010.

2. Vers une nécessaire évolution des conditions de production des indications géographiques

L'élaboration de vins liés à leur terroir d'origine sous-entend en particulier une préoccupation permanente préserver ce terroir, qui constitue l'outil de travail principal des producteurs.

Cette préoccupation, qui parait à l'heure actuelle de plus en plus évidente, a toutefois été difficile à

DOI: 10.1051/bioconf/20160703019

faire accepter jusqu'à ces dernières années par les différentes composantes de la gouvernance des indications géographiques, producteurs mais également dans certains cas Pouvoirs Publics.

Ainsi une première réflexion visant à l'intégration des mesures agro-environnementales dans les règles de production des AOC engagée au début des années 2000, avait été suspendue sans avoir pu se traduire par des évolutions significatives des conditions de production contenues dans les cahiers des charges des AOC.

Durant la dernière décennie 2005/2015 les attentes sociétales ont considérablement évoluées, et se traduisent notamment par une recherche de produits de plus en plus respectueux de l'environnement.

Début 2016, suite à la levée d'un certain nombre d'interrogations réglementaires par le Ministre de l'Agriculture, l'INAO a invité les ODG à s'orienter clairement et fermement vers une démarche d'intégration des principes agro-écologiques dans les cahiers des charges de l'ensemble des signes officiels de qualité et d'origine.

Cette orientation répondait à une revendication déjà ancienne des ODG de pouvoir intégrer de telles dispositions environnementales dans les cahiers des charges.

Cette orientation est ambitieuse, puisqu'elle s'appliquera à l'ensemble des producteurs de l'indication géographique concernée et ce dès l'incorporation des mesures dans les cahiers des charges. Elles devront toutefois, pour pouvoir être acceptées et mises en oeuvre par l'ensemble des producteurs, faire l'objet d'un rythme adapté à chaque IG, qui tiendra compte des différentes situations.

Cinq thématiques ont prioritairement été retenues pour les productions végétales et la production viticole :

- la préservation et le développement de la biodiversité,
- la maitrise de la fertilisation, et notamment de la fertilisation azotée minérale,
- la réduction de l'usage des produits phytosanitaires notamment par le développement de l'usage du biocontrôle,
- la recherche d'une meilleure gestion de l'eau par les opérateurs,
- le recours à une génétique plus adaptée aux enjeux de l'agro-écologie.

Cette liste n'est pas exhaustive, et pourra être complétée par les ODG pour tenir compte des contextes particuliers spécifiques à chaque IG.

Pour ces cinq thématiques un catalogue de mesures-types est en cours d'élaboration par l'INAO en concertation avec les instituts techniques de chaque filière. Ce catalogue, qui décrira les mesures par le biais de fiches descriptives, sera ensuite présenté aux comités nationaux pour approbation.

L'inscription de ces mesures au catalogue permettra leur intégration simplifiée et rapide dans les cahiers des charges, sous réserve de l'existence d'une demande déposée par l'ODG de l'IG concernée.

Avec d'autres méthodes de certification environnementales existant déjà par ailleurs (HVE, ...), les ODG et les opérateurs disposeront d'un ensemble élargi d'outils pour construire leurs ambitions agro-écologiques.

Chaque ODG pourra évoluer au rythme qu'il aura lui-même défini avec l'ensemble des opérateurs, rythme qui tiendra compte des situations, des moyens, des pressions extérieures, ... Durant la mise en place de cette réflexion l'INAO a toujours précisé que l'intégration de critères agro-écologiques serait une démarche volontaire pilotée par chaque ODG.

Il serait toutefois paradoxal que les indications géographiques françaises et notamment celles du secteur viticole, qui ont régulièrement démontré être à la pointe de l'innovation, ne soient pas à l'avant-garde de cette démarche. Dans le cas contraire elles risqueraient de se voir imposer de nouvelles normes environnementales par la distribution, voire d'être contraintes de respecter une nouvelle réglementation encore plus contraignante.

3. En conclusion

Dès la fin 2016 les ODG auront l'opportunité de retenir collectivement les mesures qui leur paraissent les plus opportunes, qui seront alors intégrées dans leurs cahiers des charges.

L'ensemble de ces orientations va permettre d'apporter une réponse au défi des attentes sociétales, et notamment de conforter une approche éco-citoyenne et environnementale, tout en permettant de renforcer la crédibilité d'un système basé sur le lien fort et non reproductible du produit avec son terroir d'origine, et de préserver le patrimoine collectif que constituent les IG viticoles françaises.

Jacques GAUTIER
INAO
Inspecteur national
1 Quai Wilson
33 130 BEGLES - BORDEAUX
j.gautier@inao.gouv.fr

Energy balance and cost analysis for raisin production in Aegean Region in Turkey

Hülya Uysal[1] and Gamze Saner[2]

[1] Viticulture Research Institute, Department of Agricultural Economics, Manisa, Turkey
[2] Aegean University, Department of Agricultural Economics, Faculty of Agriculture, Izmir, Turkey

Abstract. The aim of this study is to determine energy consumption of input and output used in raisin production and making a cost analysis in Aegean Region. Energy output-input analysis is generally done to determine the scope of environment and energy efficiency of agricultural production. In this study the cost of raisin production was calculated by Manisa Viticulture Research Institute's records in 2015. Costs of inputs and prices of raisin were obtained from various sources such as Turkish Statistical Institute, Aegean Exporters' Association and Turkish Ministry of Food, Agriculture and Livestock. The total energy input necessity for raisin production was 39,066.91 MJ/ha. The research results indicated that the total energy input used for raisin was mainly dependent on non-renewable energy forms (%97). The high ratio of non-renewable energy in the total used energy inputs causes negative effects on the sustainability in agricultural production. Among input energy sources, diesel oil, chemical fertilizers and electricity contained highest energy shares with 34.30%, 26.96%, and 22.50% respectively. The energy ratio and energy productivity were found to be 6.04 and 0.51 kg/MJ. Gross production value and total variable costs for raisin were $ 8,600 and $ 4,528.25, respectively. As a result of cost analysis, gross margin was calculated as $ 4,071.75.

1. Introduction

A wide variety of grapes can be grown in Turkey because of its climatic conditions and good soil structure. The most important grape variety grown in Turkey is Sultana (seedless white grape variety). Sultana variety is the main variety for raisin. It is grown in Aegean Region especially in Manisa, Alaşehir, Salihli, Turgutlu, Akhisar, Menemen, Kemalpasa, Cal and Civril. Turkey's raisin production is 196,000 tons in 2015 and with this figure 17% of total world raisin production. Turkey is the largest raisin exporter in the world with 175,000 tons [1].

The relation between agriculture and energy is very close. Agriculture itself is an energy user and energy supplier in the form of bio-energy. Efficient use of energy resources is vital in terms of increasing production, productivity, competitiveness of agriculture and sustainability of rural living. Improving the energy efficiency not only helps in improving competitiveness through cost reduction but also results in minimized energy-related environmental pollution, thus positively contributing towards sustainable development.

The energy input-output analysis is usually made to evaluate the efficiency and environmental impacts of production systems. In recent years, many researchers have investigated the energy use for agricultural production. In some studies the effect of farm size on energy use efficiency of agricultural production was investigated; Esengun et al. examined the dry apricot production in different farm sizes in terms of energy use efficiency and economic analysis [2]. They reported that, both the total energy input and output energy in apricot production decreased when farm size increased; while, the energy use efficiency and energy productivity increased when farm size increased. Yilmaz et al. investigated the effect of farm size on energy use and input costs for cotton production in Turkey; from this study it was found that large farms were more successful in energy productivity, use efficiency and economic performance; also, it was concluded that energy management at farm level could be improved to give more efficient and economic use of energy [3]. Cetin and Vardar investigated the energy consumption in small, medium and large size of tomato farms; they concluded that large size farms were more successful in terms of energy use and economic performance [4].

2. Materials and methods

The amount of inputs used in the production of raisin and output (grape yield) were calculated per hectare and then multiplied by the coefficient of energy equivalent. Energy equivalents of inputs and output were converted into energy per unit area (Table 1).

Energy equivalents of inputs and outputs for raisin were obtained from a number of different studies about relevant subjects. [5–8].

Energy equivalent for machinery was calculated using Eq.

$$ME = \frac{EG}{T} \qquad (1)$$

where:
ME is the machinery energy (MJ/h)
E = (62.7 MJ/kg) is the equivalent energy for machinery production
G is the weight of machine (kg)
T is the economic life of machine (h).

Table 1. Energy equivalents of inputs and output in agricultural production.

Inputs (unit)		Energy equivalent (Mj/unit)	Reference
Human Labour (h)		1.96	Sing et al. (2002)
Machinery (h)		13.06	Özkan et al. (2004)
Chemicals [fertilizers (kg)]	Nitrogen	6060	Sing et al. (2002)
	Phosphorus	11.1	Sing et al. (2002)
	Potassium	6.7	Sing et al. (2002)
Chemicals (Pesticide [kg])	İnsecticide	199	Helsel (1992)
	Fungicides	92	Helsel (1992)
	Herbicides	238	Helsel (1992)
Diesel-oil (lt)		56.31	Sing et al. (2002)
Electricity (kwh)		10.59	Acaroğlu and Aksoy (2005)
Water for irrigation (m^3)		0.63	Yaldız et al. (1993)
Output (Grape-kg)		11.8	Sing (2002)

Table 2. Amounts of inputs and output with their equivalent energy in raisin production.

INPUTS		Quantity per unit area (ha)	Total energy equilavent (MJ)	%
Human labour (h)	Land preparation	32	62.72	0.16
	Cultural practises	319.2	625.63	1.60
	Harvesting	160	313.60	0.80
	Drying practises	180	352.80	0.90
	Total	**691.2**	**1354.75**	**3.47**
Machinery (h)	Land preparation	32	417.92	1.07
	Cultural practises	80	1044.80	2.67
	Transportation	16	208.96	0.53
	Total	**128**	**1671.68**	**4.28**
Chemical fertilizers (kg)	Nitrogen	140	8484	21.72
	Phosphorus	100	1110	2.84
	Potassium	140	938	2.40
	Total	**380**	**10532**	**26.96**
Chemical Pesticide (kg)	Insecticide	7	1393	3.57
	Fungucides	6	552	1.41
	Herbicides	1	238	0.61
	Total	**14**	**2183**	**5.59**
Diesel oil (l)		238	13401.8	34.30
Electricity (kwh)		830	8789.7	22.50
Water for irrigation (m^3)		1800	1134	2.90
Total energy input (MJ)			**39066.9**	**100.00**
Yield (kg)		20000	236000	
Energy output-input ratio			6.04	
Specific Energy (MJ/t)			1953.35	
Energy productivity (kg/MJ)			0.51	

The energy inputs were divided into direct and indirect with renewable and non-renewable energy forms Direct energy consisted of human labour, diesel oil and electricity; whereas, indirect energy included machinery, chemical fertilizers and pesticide. On the other hand, renewable energy consists of human labour and non-renewable energy includes machinery, diesel oil, chemical fertilizers, pesticides and electricity [6,9].

In this study, output–input ratio, specific energy and energy productivity for raisin production were also calculated using the following equations in addition to exploring output–input energy and different forms of energy [10,11].

$$Energy\ ratio = \frac{Energy\ output\ (MJ/ha)}{Energy\ input\ (MJ/Ha)} \quad (2)$$

$$Energy\ productivity = \frac{Grape\ output\ (MJ/ha)}{Energy\ input\ (MJ/Ha)} \quad (3)$$

$$Energy\ ratio = \frac{Energy\ input\ (MJ/ha)}{Raisin\ output\ (MJ/Ha)}. \quad (4)$$

Variable costs of raisin production were calculated. This cost included labour, machinery and material costs. Variable costs were paid directly by farmers. To calculate of total gross production value of raisin production, the sale price of raisin received by farmers was multiplicated with total raisin amount. In the calculation of the gross margin of raisin, total variable costs were subtracted from total gross production value [11].

3. Results and discussion

Table 2 shows the amounts of inputs and output with their equivalent energy in raisin production. The total energy requirements for producing the raisin were 39,066.91 MJ/ha. Use of the diesel oil was 13,401.8 MJ/ha. Of all the inputs, the diesel oil have the highest share of 34.30% in the total energy. The second highest share in energy consumption belongs to the chemical fertilizers (26.96%). Chemical fertilizer is followed by electricity (22.50%), and chemical pesticide (5.59%), respectively. The consumption of human labour and water for irrigation were 3.47%, and 2.90%, respectively, of the total energy input used for raisin production. The energy (output-input) ratio, energy productivity, and specific energy for Sultana production were calculated to be 6.04 MJ, 0.51 kg/MJ and 1953.35 MJ/t, respectively.

The average total energy consumed for raisin production was calculated as 39067 MJ per hectare.

The direct energy ratio in raisin production is very high (60.27%).

Based on energy sources, diesel oil was the main contributor of direct energy with 13401.78 MJ/ha (34.30%), and fertilizer recording the highest indirect energy consumption of 10,532 MJ/ha (26.96%), as shown in Table 3.

Similar results can be seen in Koctürk and Engindeniz found that share of direct, indirect and non-renewable energy used in the total energy was 57.2%, 42.8% and 97.03%, respectively. In a study carried out in Iran related with grapes, fertilizer rank first in energy usage [12]. In another study about in Berisso Region, Argentina, energy

Table 3. Total Energy Consumption Distributed by Energy Sources.

		Total energy input (MJ/ha)	%
Energy forms (MJ/ha)	Direct energy	23546.232	60.27
	Indirect energy	15520.68	39.73
	Total	39066.912	100.00
Energy forms (MJ/ha)	Renewable energy	1354.752	3.47
	Non-renewable energy	37712.16	96.53
	Total	39066.912	100.00

efficiency (energy-output- input ratio) was determined in vineyard system which was planted in a different way depending on the old and new system. Total energy usage in old and new vineyard systems varied between 2,740.43 and 6,133.26 MJ/ha [13]. In a study carried out in Iran related with grapes, fertilizer ranks first in energy usage energy value of used factors and input in grape gardens of Urmia and Sardasht were 6,417,773 and 862,570 kcal/ha, respectively. Energy efficiency values (output/input ratio) were 3.99 and 11.7 respectively [12].

4. Gross margin of raisin production

The variable costs and gross production value of raisin production is given in Table 4. The results reveal that the variable costs for raisin production is 4528.25 US$/ha. The biggest share for variable costs are labour and machine (73.33 %), soil tillage (19.98%), drying operations (16.23), pesticide (9.28%) and fertilizer (7.73 %). However, these figures can change depending on the climatic conditions and variation in input prices each year. The average price received by the producer is 1.72 US$/kg and average yield of raisin for hectare is 5000 kg. Therefore, gross production value of raisin production is 8600 US$/ha. Then by subtracting variable costs from gross production value, gross margin from raisin production was calculated. Gross margin of raisin production was determined as 4071.75 US$/ha.

Costs of raisin production and gross production values were put forward with a number of preceeding studies. For example, a study done in Antalya of Turkey, showed that the total costs for grape production was 3,368.60 US$/ha. Variable costs have 41.82% of the total cost. In the same research, gross production value of grape production was found to be 7,460.60 US$/ha [14]. In another research in Izmir and Manisa of Turkey, total costs for grape production was 879.30 US$/ha [15].

5. Conclusion

The total energy consumption in raisin production was 39066.91 MJ/ha. Diesel oil, chemical fertilizers and

Table 4. Variable costs and gross margin for raisin production (US$/ha).

Operations	Operation time and numbers	Unit cost	Total Cost ($/ha)	% of costs
Culturel Operations				
Soil tillage	December-July (6)	150	900	19.88
Prunning	December-February (1)	300	300	6.63
Transport of prunning waste	December-February (1)	175	68.25	1.51
Branch binding	December-February (1)	175	87.5	1.93
Green prunning	May-June (1)	175	131.25	2.90
Fertilizing	November-March (2)	175	43.75	0.97
Spraying	February-July (8)	75	600	13.25
İrrigation	May-July (3)	175	105	2.32
Harvesting	August-September	175	350	7.73
Drying Oper-ations	August-September	300	735	16.23
Total			**3320.75**	73.33
Inputs				
Fertilizer (500 kg)		0.7	350	7.73
Pesticide + Fungucides + Herbicides		30	420	9.28
K2CO3		2.5	125	2.76
Olive oil		3.5	35	0.77
Water		75	75	1.66
Electricity (kwh)		0.27	202.5	4.47
			1207.5	26.67
Total variable costs			4528.25	100.0
Average yield of raisin (kg/ha)			5000	
Producer price of raisin $/kg			1.72	
Gross production value			8600	
Gross margin			4071.75	

electricity were found the highest energy consumers among all energy sources. Energy ratio was calculated as 6.04, indicating the efficiency use of energy in the raisin production. The share of non-renewable energy for raisin production was 96.53%. As a result, a reduction in the total non-renewable energy ratio, specifically in fertilizer usage would have positive effects on the sustainability of raisin production as well as other positive environmental effects.

References

[1] http://www.faostat.fao.org (2015)
[2] K. Esengun, O. Gunduz, G. Erdal, Conversion & Management, **48**(2), 592–598 (2007)
[3] I. Yilmaz, H. Akcaoz, B. Ozkan, Renew. Energy **30**(2), 145–155 (2005)
[4] B. Çetin, A. Vardar, Renew. Energy **33**(3), 428–433 (2008)
[5] O. Yaldiz, H. H. Ozturk, Y. Zeren, A. Bascetincelik, 5th International Congress of Agricultural Machinery and Energy, 12–14 October, Kusadası. Turkey (1993)
[6] J.M. Singh, *On farm energy use pattern in different cropping systems in Haryana India, Master of Science Thesis (Unpublished),* International Institute of Management University of Flensburg, Germany (2002)
[7] B. Ozkan, H. Akcaoz, C.F. Karadeniz, Energy Conversion & Management. **45**: 1821–1830 (2004)
[8] M. Acaroglu, A.S. Aksoy, Biomass Bioenergy; **29**(1): 42–48 (2005)
[9] K.G. Mandal, K.P. Saha, P.K. Ghosh, K.M. Hati, K.K. Bandyopadhyay, Biom. Bio energy. **23**: 33–45 (2002)
[10] S.A. Hatirli, B. Ozkan, C. Fert, Renew Energ, **31**:427–438 (2006)
[11] M. Koctürk, S. Engindeniz, African Journal Agric Res; **4** (10):938–943 (2009)
[12] A.G. Hassanzadeh, N.O. Nemati, F. Faghenaby, F. Talat, M. Mojarrad, R. Amirnia, H. Salhzadeh, J. Biol. Sci. **3**: 1090–1093 (2008)
[13] E.A. Abbona, S.J. Sarandon, M.E. Marasas, M. Astier, Ecosyst. Environ. **119**: 335–345 (2007)
[14] B. Ozkan, A. Kuklu, H. Akcaoz, Energy. **32**: 1500–1504 (2007)
[15] Z. Bayramoğlu, E. Gundogmus, J. Agric. Res. **6**: 3–11 (2008)

Ningxia update: Government policy and measures for promoting a sustainable wine industry

Linhai Hao[1], Xueming Li[2], Kailong Cao[2], and Huiqin Ma[3]

[1] Ningxia International Federation of Vine and Wine of Helan Mountain's East Foothill, Ningxia Hui Autonomous Region 750000, China
[2] Bureau of Grape Industry Development, Ningxia Hui Autonomous Region 750000, China
[3] China Agriculture University, Beijing 100193, China

Abstract. The rapidly growing wine industry in the Ningxia region of north-central China had 35,300 ha of wine grapes and 184 registered wineries as of mid-2016. Ningxia's mission is to develop a sustainable wine industry based on small-scale producers and high-quality products in order to distinguish itself from other key regions in China. Government measures over the last two years have included diversifying grape varieties, encouraging vineyard mechanization, awarding cash to medalists in renown wine competitions, subsidizing international wine cooperation and education programs, and promoting local producers through Ningxia wine centers in major Chinese cities. These efforts have significantly improved wine quality, lowered costs and raised Ningxia's image as a region. The good reputation of Ningxia wine is now spreading from the trade to general consumers.

Résumé. L'industrie du vin en plein essor dans la région de Ningxia au nord-centre de la Chine compte 35300 ha de raisins de cuve et 184 établissements vinicoles enregistrés mi-2016. La mission de Ningxia est de développer une industrie de vin durable en base de petits producteurs et des produits de haute qualité afin de se distinguer des autres régions clés en Chine. Les mesures gouvernementales au cours des deux dernières années ont inclu la diversification des cépages, l'encouragement de la mécanisation des vignobles, l'attribution de l'argent aux médaillés des concours de vin renommés, les subventions aux programmes de coopération internationale sur le vin, la communication et éducation, la promotion des producteurs locaux par l'intermédiaire des Centres de vin Ningxia dans les grandes villes chinoises. Ces efforts ont considérablement amélioré la qualité du vin, abaissé les coûts et réhaussé l'image de Ningxia en tant qu'une région. La bonne réputation du vin Ningxia se répand désormais du commerce au grand public de consommateurs.

1. Introduction

China is both an important wine producer and wine market. According to OIV statistics for 2015, China ranked ninth worldwide in production, with 11 million hl, and fifth as a market [1]. Wine imports in China have sharply risen over the past decade, averaging double digit annual growth. In 2015, import volume reached 5.5 million hl, including bottled and bulk wine, while value totaled just over USD2 billion (China Alcoholic Drinks Association, 2016).

Wine acceptance has grown significantly in China in recent years. Led by the example of central government leaders, consumers increasingly use wine for dinners, celebrations and daily use. Wine distributors, writers and consumers in China are becoming more knowledgeable and confident about wine. The Wine and Spirit Education Trust reported that over 9,000 mainland Chinese took its courses during the 2015–2016 school year—up 38% from the previous period—making China its second biggest market [2]. Meanwhile, the rapid growth of Chinese-language wine magazines, apps, websites and forums has made information easy to find for consumers. Imported wine has proliferated far beyond traditional sources such as five-star hotels and Western restaurants and is increasingly bought as more than an expensive present to be displayed or re-gifted. The price of imported wine has dropped remarkably in recent years and younger consumers, particularly in big cities and rich coastal areas, are drinking more for pleasure. There is also more imported wine available in the so-called third- and fourth-tier cities, due in part to the rise of large online retailers that deliver a wide range of choices at reasonable prices throughout the country.

The Chinese wine industry faces challenges from evolving consumer tastes and competitively priced imports. It also faces challenges in terms of growing conditions. China has a continental climate with a short autumn that affects ripening potential and harvest options. This situation, and traditional sales strategies focused on heavy marketing and personal connections rather than product quality, resulted in wines that were typically poor by international standards. In addition, the cold dry winters of northern China necessitate burying vines in the autumn and uncovering them in the spring, tasks that represent about 30% of production costs and can damage the plants. These quality and cost issues, paired with low brand recognition on Chinese wine in general and the competitivness of imports, have given Chinese wines an unfavorable market position.

The Ningxia wine industry is determined to establish a niche in this market. After evaluating the general Chinese wine sector, the Ningxia government created a strategy of encouraging small-scale wineries and focusing on wine quality, in contrast to other regions in China that have a greater commitment to scale. The mission is to become a world-renowned wine region.

2. Material and methods

This paper is based on documents from the Ningxia regional government, Bureau of Grape Industry Development and other relevant departments from 2012 to 2016. It also draws on government statistics and interviews with industry leaders. The government documents used are listed in the reference section below.

3. Results and discussion

3.1. Ningxia wine industry 2016

The Ningxia wine industry has quickly developed over the past decade and reached 35,300 ha of wine grapes by the end of 2015. The number of wineries sharply increased from 130 at the end of 2014 to 184 by mid-2016.

After years of quick expansion, vineyard growth is now slowing. From 2010 to 2015, 4,000 ha of new wine grapes were planted per year on average, whereas 1,300 ha is expected for 2016. Ningxia has 3,000 ha of vines aged 11 years or older and 17,000 ha aged five to ten years. Improving existing vineyards ranks among the top tasks on the Ningxia government's agenda for 2016–2020. The aim is for 60% of vineyard coverage to reach international standards for quality wine grapes [3,4].

Two policies were also announced for new plantings. First, only virus-free and traceable vine material is to be used. Before a batch of vines is planted, sampling will be done under the supervision of the Bureau of Grape Industry Development. In cases where viruses are detected, the material is to be destroyed [5]. Second, farmers will receive support for new wine grape vineyards only when they have a contract with a winery. Wineries are encouraged to plant and grow vineyards by contracting with farmers and by following the Bureau of Grape Industry Development standard created with the support of grape and wine experts [6]. This policy is meant to reduce the risk of chaotic vineyard development and, in turn, large wine grape surpluses.

3.2. Encouraging grape variety diversification

At present, 75% of the wine grapes in Ningxia are Cabernet Sauvignon and typically used to emulate Bordeaux-style wines. Although these wines are responsible for most of the medals won by Ningxia in contests, diversification of grape varieties and wine styles could help the region better cope with the evolving market. If more than 13 ha of a wine grape variety beyond Cabernet Sauvignon, Cabernet Gernischt, Merlot and Chardonnay has been planted, and a new marketable wine is made from that variety, the government will award USD 15,000 to the winery [6]. At present, the 40-plus varieties under evaluation include Riesling, Petit Verdot, Marselan and Shiraz as well as Beihong and Beimei, two Chinese-bred varieties with a V. amurensis background.

3.3. Cost control by mechanization and viticulture

China's harsh northern winters require burying vines each fall, often in a very short time, and uncovering them each spring. Given this represents 30% or more of wine grape production costs, and that there are growing concerns about labor scarcity, mechanization is the future for Ningxia's vineyards. To encourage mechanization, and thus improve efficiency, control costs and potentially lower wine prices, standardized vineyard designs are being promoted. The vineyard features include widened lanes to facilitate tractors, supporting poles made of wood and metal, rather than cement, and aligned using GPS, and a shift from vertical training systems to modified cordon or Guyot ones. Standardizing vineyards is a precondition for mechanization.

Most grape farmers and wine producers are small-scale and do not possess all of the necessary equipment, thus creating a need for vineyard machine services. To meet this need, machine service stations are being encouraged, with up to 30% of the purchasing cost or a maximum of USD 40,000 being reimbursed by the government [6]. At present, equipment services are mainly used for burying vines, pulling vines and spraying for disease control. Smart viticulture strategies using cutting-edge technology can also help control costs and boost environmental friendliness. The most recent effort is an app developed to provide meteorological information for vine burying, vine pulling, frost warning and plant disease risk forecasts.

3.4. Encouraging international cooperation

Ningxia sees imported wines not as foes but as healthy competitors in a market dominated by spirits and beer. In 2015, Chinese consumed 471.6 million hl of beer, 131.3 million hl of hard liquor (calculated at an alcohol content of 65%), and 27.3 million hl of Chinese rice wine (China Alcoholic Drinks Association, 2016). The joint efforts of the domestic and imported wine trades will help increase wine consumption and its share of the alcoholic drink market. Improving wine quality and encouraging consumption based on taste rather than simply for "face" or status reasons is important for creating a sustainable industry.

China's modern wine industry is relatively new and its production chain requires fine-tuning, including in areas such as quality grape growing, winemaking technology, wine business management, and brand promotion and marketing. To quickly fill the knowledge gap, the Ningxia government is strengthening its outreach efforts. Learning from wine regions with international reputations is crucial to quick quality improvement, stronger results in competitions, and perfecting unique wine styles, including those that reflect Ningxia's *terroir*. Following the success of the first Ningxia Wine Challenge from 2012 to 2014, 48 international winemakers were recruited last year for a second challenge that partners each with a local winery. Diverse wine styles and personal stamps

DOI: 10.1051/bioconf/20160703021

are expected from these partnerships. As in the first challenge, Chinese assistant winemakers work with the visiting winemakers. Moreover, Ningxia wine delegations are visiting "Old World" and "New World" wine regions to gather information and exchange ideas. And new education programs focused on the wine business are being planned in cooperation with several of the world's leading universities.

3.5. Regional promotion and wine tourism

Quality wines are the foundation of Ningxia's wine industry and require consistent promotion to generate the cash flow needed for sustainability. Given this, wine region promotion is an important government focus. The airport in the regional capital of Yinchuan has a shop, supported by the Ningxia Bureau of Grape Development, with local wines that have won medals in major international contests or the annual Ningxia Wine Competition.

Medals gained in renown contests are helpful for facilitating trust with consumers. To encourage wine quality and brand building, the Ningxia government is awarding USD 50,000 to wines that win gold medals in the Concours General Agricole Paris, Concours Mondial de Bruxelles or Decanter World Wine Awards, and that have been covered at least once by the Chinese media [6].

Ningxia wine centers were established in Beijing, Shanghai and Guangzhou in 2016. Upon completing one year of smooth operations, and fulfilling a list of promotion tasks, each center will receive USD 150,000 over two years from the Ningxia government.

Wine tourism is yet another important way to raise regional recognition as well as fortify the winery-consumer relationship and promote direct sales for small producers. Ningxia has heavily invested in roads, public service facilities and environmental protection in areas with the highest concentrations of wineries [7,8]. A 25-km long wine route has been built that includes a tourist center and road signs [9]. Wineries are also encouraged to develop their own tourist services. Official winery ratings are based on the establishment of a minimum level of facilties [10]. Ningixia has a U.S.-China tourism year this year and wine will play a signficiant role, with 350,000 wine tourism visits expected in 2016.

4. Conclusions

The Ningxia government has made significant efforts to build a sustainable wine industry, pursuing a general policy of "small wineries and big wine region." Wineries are encouraged to have their own vineyards or to make long-term contracts with farmers. Efforts are being made to produce high quality wines from standardized vineyards with optimized cost control practices. And the region's wines are being supported through Ningxia wine centers, exhibitions in major Chinese cities and tourism development. Ningxia is continuing on its path of making policies and undertaking measures to realize the sustainable development of its wine region and to ultimately harvest the fruits of its "small is big" mission.

The authors appreciate the support of China Alcoholic Drinks Association. This document was edited by Jim Boyce.

References

[1] International Organisation of Vine and Wine. 2016. http://www.oiv.int/en/
[2] Wine and Spirits Education Trust. 2016. https://www.wsetglobal.com/
[3] Bureau of Grape Industry Development, Ningxia Hui Autonomous Region People's Government. 2015. Notification on launching quality vineyards contest of Ningxia Wine Region. (In Chinese)
[4] Management Committee of Ningxia Helan Mountain East Foothill Grape Industry Park. 2015. Guide on strengthening the management of the wine grape base. (In Chinese)
[5] Department of Forestry, Ningxia Hui Autonomous Region People's Government. 2016. Notification on releasing the regulation on grapevine materials of the Helan Mountain East Foothill Wine Region. (In Chinese)
[6] Management Committee of Ningxia Helan Mountain East Foothill Grape Industry Park. 2016. Notification on the release of methods of new financial support to enhance the development of the grape industry and measures for implementation. (In Chinese)
[7] Department of Environmental Protection, Ningxia Hui Autonomous Region People's Government. 2012. Suggestions of the General Office of Ningxia Autonomous Region People's Government on strengthening the environmental protection work for wine origin of geographical indications of Helan Mountain East Foothill. (In Chinese)
[8] Ningxia Hui Autonomous Region People's Government. 2012. Regulations of Ningxia Hui Autonomous Region on the protection of Helan Mountain East Foothill wine region. (In Chinese)
[9] Ningxia Hui Autonomous Region People's Government. 2012. Suggestions of Ningxia Autonomous Region People's Government on the promotion of development of the grape industry and cultural corridor of Helan Mountain East Foothill. (In Chinese) General Office, Ningxia Hui Autonomous Region People's Government. 2014. Guidelines on strengthening the quality supervision, brand protection and market regulation of wines of the Helan Mountain East Foothill. (In Chinese)
[10] General Office, Ningxia Hui Autonomous Region People's Government. 2016. Notification on regulations of winery classification assessment. (In Chinese)

DOI: 10.1051/bioconf/20160703022

An optimal control model of crop thinning in viticulture

Guenter H. Schamel and Stefan F. Schubert

Free University of Bozen-Bolzano, Faculty of Economics and Management, 39100 Bozen-Bolzano, Italy

Abstract. We develop an economic model of cluster thinning in viticulture to control for grape quantity harvested and grape quality, applying a simple optimal control model with the aim to raise grape quality and related economic profits. The model maximizes vineyard owner profits and allows to discuss two relevant scenarios using a phase diagram analysis: (1) when the initial grape quantity is sufficiently small, thinning grapes will not be optimal and (2) when the initial grape quantity is high enough, it is optimal to thin grapes from the beginning of the relevant planning horizon and to reduce the quantity over time until the stock of grapes arrives at its optimum. Depending on the model's parameters, the "stopping time" for thinning grapes is reached sooner or later. After the stopping time, grape quantity evolves solely according to natural decay. The results relate to observed dynamics in viticulture and for other horticultural crops.

1. Introduction

Crop thinning (i.e. yield management) is a standard instrument to maximize economic returns derived from arable land use. In agriculture, horticulture, and forestry, we find different ways and methods to do crop thinning. In horticulture, for example, excessive fruit (e.g. apples, peaches) is removed from trees in order to raise the overall quality of the remaining fruit and thus economic returns from an orchard [1]. Thinning and pruning is also used in silviculture in order to optimize the growth rates and wood quality of the remaining trees [2]. In agriculture, sugar beets are thinned in order to provide enough space for the remaining beets to flourish and for wheat, the literature reports positive thinning effects on kernel weight up to 20% [3].

In viticulture, crop thinning is typically referred to as cluster thinning and it is well known that higher grape yields may have a negative impact on grape and wine quality [4,5]. Because vines have limited productive capacities, excess grapes are removed from the vine in order to raise the quality of the grapes harvested. The vast majority of high quality / high priced wines around the world are produced from low yielding vineyards. Site specific characteristics such as soil fertility and weather conditions will of course also have a significant impact on yields. For example, steep vineyard sites (e.g. on the Mosel river in Germany) are known to have very little organic material. Such vineyard sites often have very low yields but their grapes develop extreme flavours, tannins, and levels of sugar and acidity which will turn into high quality crafted wines. More fertile soils can also produce excellent wines, but vineyard managers often have to engage in a number of corrective measures including cluster thinning to make it happen. Besides pruning new shoots and excess leaves to guarantee proper exposure to sunlight, it is often necessary to also cut excess grapes during the growing season in an effort to correct otherwise high yields and to harvest higher quality grapes later in the season.

From an economic point of view, cluster thinning (or crop thinning in general) can be regarded as trading-off quantity for wine quality with substantial economic implications. While high yields may produce quantities at lower wine qualities which can also be economical within certain price ranges, producers may need to meet specific quality standards at least partially through lowering yields due to regional wine quality regulations (e.g. AOC or DOC). Producers must find the correct balance between quantity, quality and the ensuing prices obtainable in the market. This paper aims to develop a simplified theoretical model to analyse this relationship optimizing the economic outcome using a dynamic optimal control model.

2. Literature review

As a starting point for our modelling approach, a large number of economic applications related to optimal thinning can be found in the forest literature. Schreuder [6] is an early application of optimal control theory (calculus of variations) to problems of optimal thinning and rotation length for forests. Medhurst [7] found that "more frequent, less severe pruning of Acacia melanoxylon (a highly adaptive tree species) may be preferable in terms of maintaining ... vigour", and that "intensive management is required to maximise Acacia melanoxylon growth and optimise stem form." Sourcy [8] points out that thinning of forest stands is often assumed to improve overall stand profitability. Lu and Gong [9] develop a model of optimal stocking level and harvest decisions for even-aged trees under uncertain future timber prices. They show that optimal thinning depends on stand age and other factors, and that there is an optimal time of final harvest.

When examining the literature, we find that there is a considerable amount of empirical field research done to show that thinning is very useful in order to improve the overall quality of specific crops and that it can optimize the economic returns pertaining to growers. This practical research is available for a variety of agricultural crops, fruits, and also in viticulture.

In horticulture, crop thinning is primarily used to raise overall fruit quality. Martín [1] found that thinning of peach crops may be necessary to obtain high yields, and that there is an optimal balance between yield and fruit size, which may depend on factors like the initial crop load, fruit size potential, time of thinning, date of harvest, and on the price of the crop. They also found that crop thinning costs may be considerable and will depend on the thinning technique used (hand, mechanical, or chemical). Meland [10] analysed thinning at first bloom and at 20 mm fruit size, comparing fruit growth and colour of Elstar apples in Norway and found that thinning at first bloom resulted in significantly higher fruit weights and improved background fruit colour. Lang and Ophardt [11] report that flower bud thinning in cherries prior to bloom although decreasing total yield up to 25% increased average fruit size up to 43%.

In viticulture, field research has shown that there is a relatively strong link between cluster thinning and grape quality. For example, it has been shown that cluster thinning, its intensity and water (irrigation) conditions influences the quality of Tempranillo grapes [12,13]. In addition, it has been shown recently that cluster thinning also affects the subsequent quality of wine from Syrah grapes under Mediterranean climatic conditions [14].

Inserting economic considerations, research has shown that there is also a strong link between crop load, grape quality and resulting prices, which has significant implications for overall returns from a vineyard and attainable wine prices [15]. Ough and Nagaoka [4] found that the quality of California Cabernet Sauvignon was slightly higher when the crop was thinned in at least two out of three years. Sun et al. [5] found that wine growers implementing specific cluster thinning practices would have to receive higher bottle prices (between \$0.02–\$0.41) to compensate for additional labour costs and lost yield in order to maintain their economic welfare. In an applied technical brief, Preszler et al. [16] develop a static model allowing grape growers to quantify optimal yields and prices in order to enhance the decision-making accuracy and the economic sustainability of vineyard operations. Moreover, they apply this framework and show that cluster thinning may reduce the economic viability of Riesling production in New York State [17].

We note that a model of crop thinning seems to be highly relevant in viticulture as a lot of empirical studies have been applied in this field to evaluate the relationship between crop load and quality. However, to the best of our knowledge there is no theoretical model analysing the economic relationships between crop load, quality and optimal economic outcomes using a dynamic optimal control approach. We propose a first model to close this gap in the literature. While our approach is more general, we frame it in terms of viticulture and winemaking due to the prevalence of applied scientific studies in this field.

3. Optimal control model

To study how crop or cluster thinning can be done in an optimal way, we apply a dynamic model, based on optimal control theory. We would like to point out that our model differs from thinning models applied to forestry problems. Unlike in the case of timber, our model assumes that the planning horizon is fixed by nature (i.e. the problem of optimal rotation length does not emerge), there are no different aged crops in the field and the crop load which is thinned away is not marketable and has to be thrown away. For a more detailed discussion of the forestry literature on harvesting and rotation lengths, see Newman [18]. Moreover, for the sake of simplicity we will assume that there is no uncertainty about demand conditions at terminal time T. Our model is therefore deterministic.

The land owner's problem is to maximize the profit from selling the crop, grown on a given and fixed land area, facing a downward sloping demand curve for crop at the end of the growing period. In other words, the crop owner has some price setting (monopoly) power. Reasons for this monopoly power can be that the crop owner is able to influence the quality perception of his product making it a particular varietal expression of the crop, that can be distinguished from other producers (monopolistic competition). For example, such a market is certainly given for high quality wine grapes or regional origin denominated horticultural products. The demand for the crop, x, depends negatively on the price and positively on the crops' quality. x measures the quantity of crop (i.e. the number of berries), not its size, weight or quality. It is exogenous and equal to the quantity that can be harvested under optimal growing conditions (i.e. without natural decay). The inverse demand function for the crop is

$$p(x,q); \quad p_x < 0, p_q > 0.$$

Crop quality q is a function of crop quantity, and we reasonably assume that after some amount of crop, the more crop is grown on the given area of land, the lower the crop's quality. Formally, we introduce the crop quality function

$$q = f(x) \quad f'(x) \gtreqless 0, f''(x) < 0.$$

The owner has the possibility to cut crop in an attempt to increase its quality. Denoting s the rate at which crop is cut, and δ the rate of natural decay of crop, the stock (quantity) of crop, δ, evolves according to

$$\dot{x} = -(s+\delta)x.$$

Cutting crop and maintaining the crop field causes costs. The cost function is given as

$$C(x,s); \quad C_x > 0, C_s > 0.$$

At the end of the planning/crop growing period, achieved at time T, the crop is sold at the market. The crop owner's problem to maximize profits Π by choosing the time path of the cutting rate s, i.e.

$$\Pi = p(x, f(x))x(T)e^{-rT} - \int_0^T C(x,s)e^{-rt}dt, \quad (1)$$

where r is the interest rate applied to discount future costs and revenues, subject to

$$\dot{x} = -(s + \delta)x \tag{2a}$$

$$x(t) \geq 0 \tag{2b}$$

$$s(t) \geq 0 \tag{2c}$$

$$x(0) = x_0. \tag{2d}$$

The inequalities (2b) and (2c) state that both the stock of crop on the field and the cutting rate cannot become negative. Equation (2d) is the initial condition, that is the amount of crop given at time 0.

To be able to perform a qualitative analysis, we apply the following functional forms for the inverse demand function, the crop quality function and the cost function

$$p(x, f(x)) = f(x) - bx;\ b > 0 \tag{3a}$$

$$f(x) = k + mx - nx^2; k > 0,\ m > 0,\ n > 0 \tag{3b}$$

$$C(x, s) = \frac{\alpha}{2}x^2 + \frac{\beta}{2}xs^2;\quad \alpha > 0,\ \beta > 0 \tag{3c}$$

where α, β, b, k, m and n are positive constants. The inverse demand function (3a) has an ordinate intercept (i.e. a prohibitively high price) which depends on grape quality. Grape quality (3b) is modelled as a concave quadratic function. Grape quality first increases with the amount of crop and eventually decreases when crop quantity is above a certain threshold

$$\breve{x} = \frac{m}{2n}.$$

Finally, the cost function is quadratic in the amount of crop grown on the given area of land, and the cutting costs depend on crop quantity and increase quadratically with the cutting rate, s. Note that Martín et al. (2010) found a close relationship between cost and field capacity, which, in our model, is approximated with crop quantity, x.

Using Eqs. (3a) and (3b), we can calculate the crop owner's marginal revenue as

$$MR(x) = k + 2(m - b)x - 3nx^2. \tag{4}$$

Marginal revenue is a concave quadratic function of crop quantity. Using the functional forms (3), the Hamiltonian of the crop owner is

$$H \equiv -\frac{\alpha}{2}x^2 - \frac{\beta}{2}xs^2 - \lambda(s + \delta)x + \gamma_1 x + \gamma_2 s$$

where λ is the shadow value of crop, and γ_1, γ_2 are the Lagrange multipliers attached to the non-negativity constraints on the stock of crop on the field and on the cutting rate, respectively. The first order conditions of the crop owner's problem are

$$-\beta xs - \lambda x + \gamma_2 = 0 \tag{5a}$$

$$\dot{\lambda} - r\lambda = \alpha x + \frac{\beta}{2}s^2 + \lambda(s + \delta) - \gamma_1 \tag{5b}$$

together with the complementary slackness conditions

$$x \geq 0,\ \gamma_1 \geq 0,\ \gamma_1 x = 0;\quad s \geq 0,\ \gamma_2 \geq 0,\ \gamma_2 s = 0$$

and the terminal condition

$$\lambda(T) = MR(x(T)) = k + 2(m - b)x(T) - 3nx(T)^2. \tag{5c}$$

Note that as long as the cutting rate s and the stock of crop x are positive, the multipliers γ_1, γ_2 are zero. Equation (5a) equates the marginal cutting cost to the marginal value of cutting γ_2. Equation (5b) is a dynamic no-arbitrage condition, requiring that along an optimal path the rate of return on crop has to be equal to the interest rate. This can be seen by rewriting (5b) as

$$\frac{\dot{\lambda}}{\lambda} - \frac{1}{\lambda}\left(\alpha x + \frac{\beta}{2}s^2 - \gamma_1\right) - (s + \delta) = r.$$

The left hand side represents the rate of return on crop, where the first term is the "capital gain," the second term is a "dividend yield" and the third term a loss due to cutting and decay. Note that as long as the stock of crop is positive, $\gamma_1 = 0$.

4. Optimal thinning

Assume that the cutting rate s is initially positive (otherwise the problem would degenerate). Hence, $\gamma_2 = 0$. Also, let the initial stock of crop be positive, such that $\gamma_1 = 0$. In this case, we can solve Eq. (5a) for the cutting rate

$$s = -\frac{\lambda}{\beta} \tag{6}$$

and insert this into (5b), yielding the equation of motion for the shadow value.

$$\dot{\lambda} = \alpha x + \lambda(s + \delta) - \frac{1}{2\beta}\lambda^2. \tag{7a}$$

Substituting the cutting rate (6) into the equation of motion for crop (2a) gives

$$\dot{x} = \left(\frac{\lambda}{\beta} - \delta\right)x. \tag{7b}$$

Equations (7a) and (7b) form the dynamic system, given the assumption that both the stock of crop and the cutting rate are positive. System (7) can be shown to have three steady-states, the values of which are denoted by a tilde:

$$\tilde{x} = 0,\ \tilde{\lambda} = 0 \tag{8a}$$

$$\tilde{x} = 0,\ \tilde{\lambda} = 2\beta(r + \delta) \tag{8b}$$

$$\tilde{x} = -\beta\delta(r + 0.5\delta)/\alpha,\ \tilde{\lambda} = \beta\delta \tag{8c}$$

none of which, of course, will be actually achieved, if one follows the optimal policy, because a zero terminal stock of crop would imply zero revenues, and a negative terminal stock of crop would violate the non-negativity condition on crop, Eq. (2b).

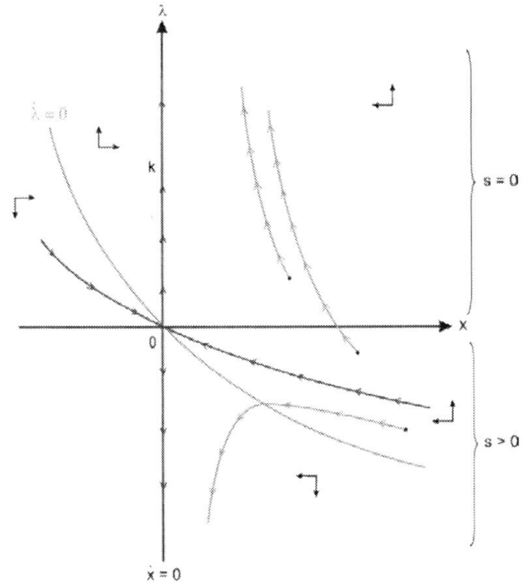

Figure 1. Phase Diagram with Paths.

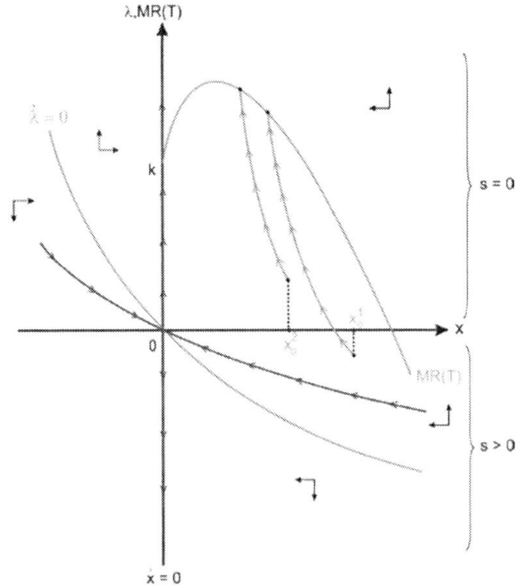

Figure 2. Phase Diagram with MR.

In case that, say during transition, the cutting rate, s, becomes zero, while the stock of crop, x, remains positive (implying $\gamma_1 = 0$), Eqs. (5a) and (5b) become

$$\lambda x = \gamma_2 \tag{9}$$

$$\dot{\lambda} = \alpha x + \lambda(r + \delta) \tag{10a}$$

and the equation of motion for the stock of crop is simply

$$\dot{x} = -\delta x \tag{10b}$$

implying an exponential decay of crop. Then equation (9) simply determines the shadow value of cutting, γ_2. Equations (10a) and (10b) are a system of linear differential equations, the roots of which are $\mu_1 = -\delta < 0$, $\mu_2 = r + \delta > 0$. Hence the unique steady-state

$$\tilde{x} = 0,\ \tilde{\lambda} = 0 \tag{11}$$

is saddle point stable. Taking the information provided by systems (7) and (10) together, we can construct a phase diagram for the relevant space, shown in Fig. 1. For the sake of clarity, we have not drawn in the other two steady-states (8b) and (8c), because they are irrelevant.

The red arrowed curves are the stable and unstable branches of systems (7) and (10). We have drawn some trajectories. Any starting point located below the stable saddle going through the origin is unfeasible, as the shadow value of crop remains negative (note if there is some cutting ($s > 0$), the shadow value must be negative [see equation(6)] and the system's relevant steady state is given by equation (8a), which is the origin). Thus, a candidate for a starting point, given the initial stock of crop $x(0) = x_0$ has to be located above the stable branch (positions on the stable branch are not optimal, as it is not the goal to achieve the steady-state with a zero stock of crop). Hence, we have to determine the initial value of the jump variable λ, and thus we have to figure out which path the crop owner should follow, we have to implement the terminal condition (5c), requiring that the shadow value of crop is equal to its marginal revenue. Adding the marginal revenue curve to Fig. 1 results in Fig. 2.

The terminal condition (5c) requires that at terminal time T, the trajectory has to meet exactly the marginal revenue curve. From Fig. 2, we can identify two possible outcome scenarios:

a) If the intial quantity of the crop, e.g. $x(0) = x_0^2$, is sufficiently small, it is optimal not to thin it, but to simply let it evolve over time and to harvest and market it at time T. In this case, the shadow value of crop must be positive right at time zero, such that stocks of the crop simply evolve according to Eq. (10b) and decay exponentially at rate δ. The correct initial shadow value λ (0) is determined by the condition such that the trajectory meets the marginal revenue curve at terminal time T. Not thinning in turn keeps the crop owner's costs as low as possible, thus contributing to his intertemporal profit.
b) If the initial stock of crop is high, e.g. $x(0) = x_0^1$, then the owner's optimal policy has two stages. In the first stage, at the beginning of the planning horizon, it is optimal to cut crop, however at a decreasing rate, as the trajectory confirms. Together with natural decay, the stock of crop shrinks over time and its shadow value becomes less negative. At some point in time, the trajectory crosses the horizontal axis, and the shadow value of crop becomes zero. At that point, the second stage begins. It is now optimal to stop cutting and let the crop simply shrink according to nature. The shadow value of crop becomes positive and increases over time. Eventually, at terminal time T, the trajectory reaches the marginal revenue curve. The crop is then harvested and sold on the market.

There is a third, but less interesting possibility. It may turn out that both scenarios above, even though they maximize the crop owner's intertemporal profit, result in an overall loss. In this case, vineyard owners would simply shut down their operations and leave the land idle. In this case, intertemporal profits would be zero.

It is important to note that the case actually prevailing depends on the model's parameters. For example, if the quality function does not sufficiently strongly depend on quantity x, (in other words, the consumers' willingness to pay is not strongly affected by quality), it may turn out that cluster thinning is never optimal.

5. Conclusions

Developing a simple optimal control model for the crop owner's profit maximization problem, we found three possible outcomes for the decision whether a crop should be thinned or not. First, if the initial crop quantity is sufficiently small, then it is optimal not to thin the crop, but simply to let it evolve over time and to harvest and market them at time T. Second, if initial crop quantity is high, then it is optimal to cut crop at the beginning of the planning horizon and to reduce cutting (i.e. the cutting rate s falls) over time until the stock of crop has arrived at its optimum. Depending on the model's parameters, this "stopping time" is reached sooner or later. From thereon, quantity evolves solely according to natural decay. Third, and less relevant, if intertemporal profits are negative, it is optimal to shut down the production.

In this paper, we have developed a general optimal control model of crop or cluster thinning. It fits observed behavior in viticulture but also for other horticultural crops (e.g. apples, peaches, cherries). Our results may be linked to a number of papers in the science literature, which underscores the applicability of our dynamic model. For example, both Preszler et al. [17] as well as our outcome scenario b) indicate that thinning may not be profitable. Moreover, Chapman et al. [19] show that quality (i.e. aromas and flavours) respond significantly to thinning, but "only when yield is altered early in fruit development," a result that can be linked to our outcome scenario b) which indicates that thinning is to be done at the beginning of the planning horizon. In addition, incremental changes as in our dynamic model directly relate to the Gil et al. study [20], indicating that small changes in crop size due to individual berry thinning instead of whole cluster thinning may yield significant and more pronounced improvements in wine quality and profitability.

A limitation of the theoretical model is that it is in continuous time rather than in discrete time. However, its general conclusion to reduce thinning over time to arrive at an optimal stock of the crop would remain valid. Another limitation of this model is that it is deterministic in nature. Introducing uncertainty would be an interesting extension to the model. Moreover, as the model is simplified and demand for the crop x is given and only varies due to thinning and natural decay, it seems worthwhile to generalize this in the future. Finally, the model implicitly imposes the requirement that all of the existing crop at terminal time T has to be sold on the market. A possible extension would be to allow for the possibility to sell only part of the crop and to discard the remaining crop, aiming at "riding the demand curve." Moreover, future research employing dynamic optimal control modelling should also empirically validate our results beyond the links to previous scientific research in viticulture that we established in this paper.

References

[1] B. Martín, A. Torregrosa, J. Garcia Brunton (2010): Post-bloom thinning of peaches for canning with hand-held mechanical devices, Sci. Hortic. **125**, 4 658–665
[2] L.A. Jozsa, H. Brix (1989): The effects of fertilization and thinning on wood quality of a 24-year-old Douglas-fir stand. Can. J. For. Res. **19**, 9: 1137–1145
[3] R.A. Fischer, D.R. Laing (1976): Yield potential in a dwarf spring wheat and response to crop thinning. J. Agr. Sci. **87**: 113–122
[4] C.S. Ough, R. Nagaoka (1984): Effect of Cluster Thinning and Vineyard Yields on Grape and Wine Composition and Wine Quality of Cabernet Sauvignon. Am. J. Enol. Vitic. **35**, 1: 30–34
[5] Q. Sun, G.L. Sacks, S.D. Lerch, J.E. Vanden Heuvel (2012): Impact of Shoot and Cluster Thinning on Yield, Fruit Composition, and Wine Quality of Corot noir. Am. J. Enol. Vitic. **63**, 1: 49–56
[6] G.F. Schreuder (1971): The simultaneous determination of optimal thinning schedule and rotation for an even-aged forest, For. Sci. **17**, 3: 333–339
[7] J.L. Medhurst, E.A. Pinkard, C.L. Beadle, D. Worledge (2003): Growth and stem form responses of plantation-grown Acacia melanoxylon (R.Br.) to form pruning and nurse-crop thinning, For. Ecol. Manage. **179**, 1: 183–193
[8] M. Sourcy (2011): Influence of wood value on optimal type of thinning, Paper prepared for the 34th Council on Forest Engineering, Quebec City, Canada
[9] F. Lu, P. Gong (2003): Optimal stocking level and final harvest age with stochastic prices, J. For. Econ. **9**, 2: 119–136
[10] M. Meland (2009): Effects of different crop loads and thinning times on yield, fruit quality, and return bloom in Malus x domestica Borkh. 'Elstar'. J. Hortic. Sci. Biotechnol. **ISAFRUIT** Special Issue: 117–121
[11] G.A. Lang, D.R. Ophardt (2000): Intensive crop regulation strategies in sweet cherries. Acta Horticulturae **514**, Proc XXV IHC – Part 4
[12] L.G. Santesteban, C. Miranda, J.B. Royo (2011): Thinning intensity and water regime affect the impact cluster thinning has on grape quality. Vitis: **50**, 4: 159–165
[13] E. Gamero, D. Moreno, I. Talaverano, M.H. Prieto, M.T. Guerra, M.E. Valdés (2014): Effects of irrigation and cluster thinning on Tempranillo grape and wine composition. S. Afr. J. Enol. Vitic. **35**, 2: 196–204
[14] C. Condurso, F. Cincotta, G. Tripodi, A. Sparacio, D.M.L. Giglio, S. Sparla, A. Verzera (2016): Effects of cluster thinning on wine quality of Syrah cultivar (Vitis vinifera L.), Eur. Food Res. Technol. **242**, 10: 1719–1726
[15] A. Calderon-Orellana, M.A. Matthews, W.M. Drayton, K.A. Shackel (2014): Uniformity of ripeness and size in Cabernet Sauvignon berries

from vineyards with contrasting crop price, Am. J. Enol. Vitic. **65**, 1: 81–88

[16] T. Preszler, T.M. Schmit, J.E. Vanden Heuvel (2010): A model to establish economically sustainable cluster thinning practices. Am. J. Enol. Vitic. **61**, 1: 140–146

[17] T. Preszler, T.M. Schmit, J.E. Vanden Heuvel (2013): Cluster thinning reduces the economic sustainability of Riesling production. Am. J. Enol. Vitic. **64**, 3: 333–341

[18] D.H. Newman (2002): Forestry's golden rule and the development on the optimal forest rotation literature, J. For. Econ. **8**: 5–27

[19] D.M. Chapman, M.A. Matthews, J.-X. Guinard (2004): Sensory Attributes of Cabernet Sauvignon Wines Made from Vines with Different Crop Yields. Am. J. Enol. Vitic. **55**, 4: 325–334

[20] M. Gil, M. Esteruelas, E. González, N. Kontoudakis, J. Jiménez, F. Fort, J.M. Canals, I. Hermosín-Gutiérrez, F. Zamora (2013): Effect of two different treatments for reducing grape yield in vitis vinifera cv Syrah on wine composition and quality: Berry Thinning versus Cluster Thinning, J. Agric. Food Chem, **61**, 20: 4968–4978

 DOI: 10.1051/bioconf/20160703023

Calculating the purchasing power of tourists in a wine region – a case study from Germany / Kaufkraft von Touristen in einer Weinregion – eine Fallstudie aus Deutschland

Gergely Szolnoki

Geisenheim University, Institut für Betriebswirtschaft und Marktforschung, Von-Lade-Str. 1, 65366 Geisenheim, Germany

Abstract. The main purpose of this consumer study was firstly to calculate the economic importance, in term of purchasing power, of visitors in the German wine growing region Rheingau, and secondly to examine their demographic and behavioural characteristics, as well as their the motivation using segmentation approach. In the framework of a face-to-face survey, conducted between April and May 2015, a total of 1,555 tourists were interviewed at 18 different locations in the Rheingau. Four wine tourist types were identified by using cluster analysis: 1) Wine and Rheingau lovers, who have a high interest in wine and visit the region several times a year; 2) wine-oriented tourists, who use the culinary offerings of the Rheingau with pleasure but do not come to the region very often; 3) new visitors, who come to the region mainly because of the nature and history; and 4) foreign tourists, who have less knowledge about the Rheingau and buy less wine in the region. With the help of the purchasing power calculation, we can state that approximately 18 % of the total production is purchased directly in the region by tourists.

Zusammenfassung: Ziel dieser Studie war es, zum einen die wirtschaftliche Bedeutung von Besuchern eines deutschen Anbaugebietes – Rheingau – in Form von Kaufkraft zu errechnen und zum anderen die demographischen bzw. verhaltensbezogenen Merkmale sowie die Motivation der Touristen mithilfe eines Segmentierungsansatzes zu analysieren. Im Rahmen einer face-to-face Befragung im April-Mai 2015 wurden insgesamt 1.555 Touristen an 18 Standorten im Rheingau interviewt. Mithilfe einer Cluster-Analyse konnten insgesamt vier unterschiedliche Besuchertypen identifiziert werden: 1) Wein- & Rheingau-Liebhaber, die regelmäßig den Rheingau besuchen und hohes Interesse an Wein haben; 2) Weinaffine-Touristen, die gerne das kulinarische Angebot des Rheingaus in Anspruch nehmen, allerdings weniger regelmäßig die Region besuchen; 3) Neubesucher, die hauptsächlich wegen Natur und Tradition die Region besuchen; und 4) Ausländische Touristen, die am wenigsten Weinwissen aufweisen und am wenigsten Wein im Rheingau kaufen. Bei der Modellierung der Kaufkraft hat sich herausgestellt, dass ca. 18% der Gesamtproduktion in der Region vor Ort von Touristen gekauft wird.

1. Einleitung und methode

Die Symbiose von Wein & Tourismus im Rheingau ist ein Phänomen, das sich nur mit wenigen anderen Weinregionen der Welt vergleichen lässt. Das war der Anlass einer größeren regionalen Studie, im Rahmen derer rund 60 Studierende die Verbindung von Tourismus und Wein in der Region aus der Perspektive der Touristen und der Produzenten untersuchten.

Vom Mitte März bis Mitte Mai 2015 wurden an 18 Standorten insgesamt 1.555 Touristen zu ihrer Meinung über den Rheingau, dessen Angebot und natürlich zu seinem Wein befragt.

Als Befragungsstandorte für die Besucher wurden touristisch relevante Punkte im mittleren Rheingau mit unterschiedlicher Frequentierung in Assmannshausen, Rüdesheim, Geisenheim, Oestrich-Winkel, Hattenheim und Eltville ausgewählt. Die Befragungen wurden sowohl in deutscher als auch in englischer Sprache durchgeführt. Ziel des Projektes war es zu erfahren, woher und aus welchen Gründen Menschen den Rheingau besuchen, zu welchen Anlässen sie kommen und wie lange sie bleiben. Es wurde versucht zu eruieren, inwiefern der Rheingau als Weinbauregion wahrgenommen wird und wie stark der Tourismus mit dem Ab-Hof-Verkauf der Winzer zusammenhängt. Des Weiteren ergab sich ein umfassendes Bild von der Meinung des durchschnittlichen Rheingautouristen, die Häufigkeit seiner Besuche, seinen Freizeitaktivitäten während des Urlaubs und der gewählten Unterkunft. Letztendlich strebte das Projekt neben der detaillierten Analyse der Besucher an, Schwächen der Region zu erkennen und Lösungsvorschläge oder Handlungsalternativen aufzuzeigen, um die Popularität des Rheingaus weiter zu steigern sowie Tourismus und Weinverkauf anzukurbeln.

2. Literaturüberblick

In den letzten Jahrzehnten ist eine große Anzahl von Artikeln über Weintourismus veröffentlicht worden. Carlsen und Charters (2006), Grybovych et al. (2013) sowie Molina et al. (2015) haben in ihren Papers eine gute Zusammenfassung der bisher publizierten Studien, deswegen verzichten wir in diesem Kapitel auf eine

Table 1. Überblick der Weintourismus-Studien mit Segmentierungsansatz.

Autor	Lund	Segmentationsansatz
Hall und Macionis (1998)	Australien, Neuseeland	Interesse
Charters und Ali-Knight (2000)*	Australien	Interesse und Wissen
Bruwer (2003)*	Südafrika	Interesse
Brown et al. (2006)	Kanada	Interesse
Cullen et al. (2006)	Kanada	Interesse
Houghton (2008)*	Australien	Interesse
Gatti und Maroni (2004)	Italien	Motivation
Piscitelli et al. (2005)	Italien	Motivation
Bitsani und Kavoura (2012)	Italien	Motivation
Marzo-Navarro und	Spanien	Interesse und Wissen
Pedraja-Iglesias (2009)	Spanien	Interesse und Wissen
Nella und Christoui (2014)	Griechenland	Involvement
Di-Gregorio und Licari (2006)	Italien	Interesse
Molina et al. (2015)	Spanien	Interesse und Wissen
Alebaki und Iakovidou (2011)	Griechenland	Interesse und Motivation
Williams und Dossa (2003)	Kanada	Eistellung und Verhalten
Simpson und Bretherton (2004)	Neuseeland	Lifestyle
Chen und Sasias (2014)	Taiwan	Kulturelle Werten und Lifestyle
Galloway et al. (2008)	Australien	Sensation-suchendes Verhalten
Cho et al. (2014)	USA	Psychografische Eigenschaften
Dodd und Bigotte (1997)	USA/Texas	Alter und Einkommen
Tassiopoulos et al. (2004)	Südafrika	Besuchs-häufigkeit
Alonso et al. (2007)	Neuseeland	Nationalität

detaillierte Beschreibung von bereits existierenden Studien und geben eher eine kurze Fazit von Arbeiten, welche Weintouristen segmentiert haben.

Ziel dieses Kapitels ist es, einen Überblick über die unterschiedlichen Segmentierungsansätze, die andere Autoren bis jetzt verwendet haben, zu geben (Table 1).

Tabelle 1 macht es deutlich, dass die meisten Studien Interesse und Motivation als Segmentierungskriterium verwendet haben.

3. Ergebnisse

3.1. Deskriptive beschreibung der besucher

Ein Viertel der Befragten sind Erstbesucher im Rheingau, die die Region weiterempfehlen und so durch Mundpropaganda den potentiellen Besucherkreis erweitern. Weitere 30% gaben an, den Rheingau ein bis vier Mal pro Jahr zu besuchen. Die meisten Touristen reisten dabei mit dem Auto an, allerdings übernachtete nur knapp ein Drittel im Rheingau, bevorzugt in Hotels.

Das Veranstaltungsangebot spielt im Rheingau eine wichtige Rolle. Am beliebtesten waren die Schlemmerwoche, Rhein in Flammen und der Rüdesheimer Weihnachtsmarkt. Auf die Frage hin, wie groß die Zufriedenheit mit dem Freizeitangebot sei, war die Resonanz durchweg positiv. Vor allem das Weinangebot, die Gastronomie bzw. der Rheingau als Ausflugsziel wurden gelobt. Wie auch aus Abb.1 ersichtlich, sahen die Besucher allerdings noch Defizite bei den Einkaufsmöglichkeiten und den Angeboten für Familien und Kinder. Bei der Frage nach Begriffsassoziationen mit dem Rheingau waren über zwei Drittel der Antworten weinbezogen, die anderen bezogen sich auf die Umgebung und die Natur des Rheingaus.

3.2. Segmentierung der besucher

Alonso et al. (2007) haben in ihrer Studie den Unterschied zwischen einheimischen und ausländischen Besuchern analysiert, während Tassiopoulos et al. (2004) bzw. Molina et al. (2015) untersuchten u.a. die Besuchshäufigkeit von Touristen. Basierend auf diese Ergebnisse wurde eine Segmentierung mit den Faktoren Besuchshäufigkeit, Nationalität und Anzahl der durchschnittlich gekauften Flaschen durchgeführt.

Es konnten insgesamt vier unterschiedliche Besuchertypen identifiziert werden: 1) Wein- & Rheingau-Liebhaber gehören zu der Gruppe der Häufig-Trinker, besuchen regelmäßig den Rheingau und kaufen im Schnitt mehr als 16 Flaschen Wein im Rheingau; 2) auch weinaffine Rheingau-Touristen konsumieren überdurchschnittlich viel Wein, allerdings besuchen sie weniger regelmäßig die Region und kaufen weniger Wein; 3) Neubesucher konsumieren im Vergleich zu den ersten zwei Segmenten deutlich weniger Wein, sind zum ersten Mal oder seltener als einmal pro Jahr im Rheingau und kaufen durchschnittlich 6 Flaschen Wein in der Region; 4) Ausländische Touristen, von denen mehr als die Hälfte zum ersten Mal den Rheingau besuchen und die gar keinen oder sehr wenig Wein hier kaufen.

Auffällig war, dass die Wein- & Rheingau-Liebhaber zur Hälfte aus Hessen kamen und jeder Zweite ein abgeschlossenes Studium hatte. Diese Gruppe bevorzugte trockene, deutsche Weißweine, am liebsten direkt vom Winzer und beteiligte sich am meisten an den Veranstaltungen, auch wenn viele nur Tagesbesucher waren. Dieses Segment fühlte sich mit am besten über anstehende Veranstaltungen informiert und gab als Reisegrund hauptsächlich Weinreise und Erholung an. Analysiert man die Zahl der gekauften Flaschen in der Region, bezog dieses Segment den meisten Wein. Auch besuchten

DOI: 10.1051/bioconf/20160703023

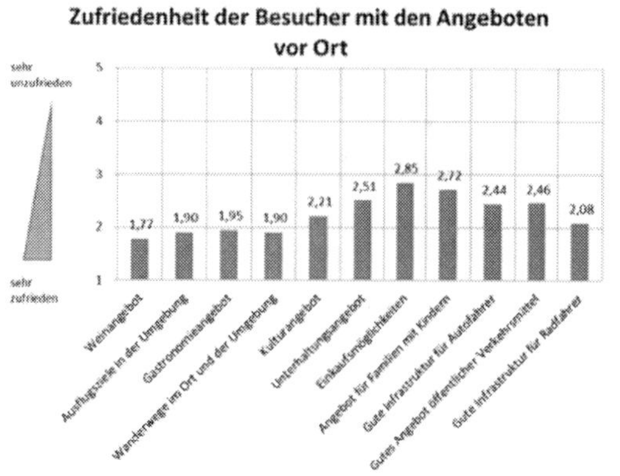

Abb 1. Analyse der Zufriedenheit der Besucher.

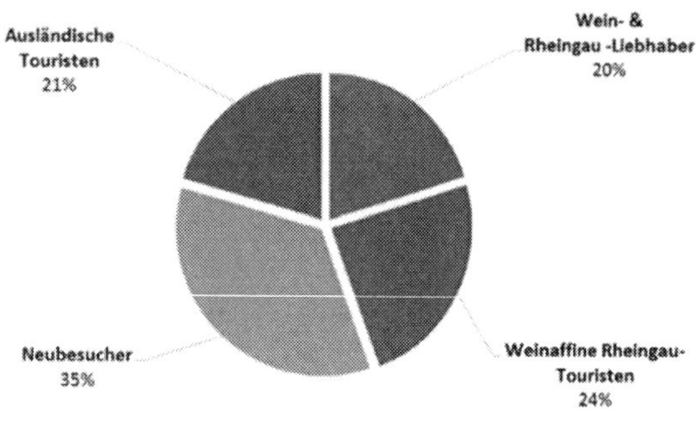

Abb 2. Besuchersegmente der Besucher.

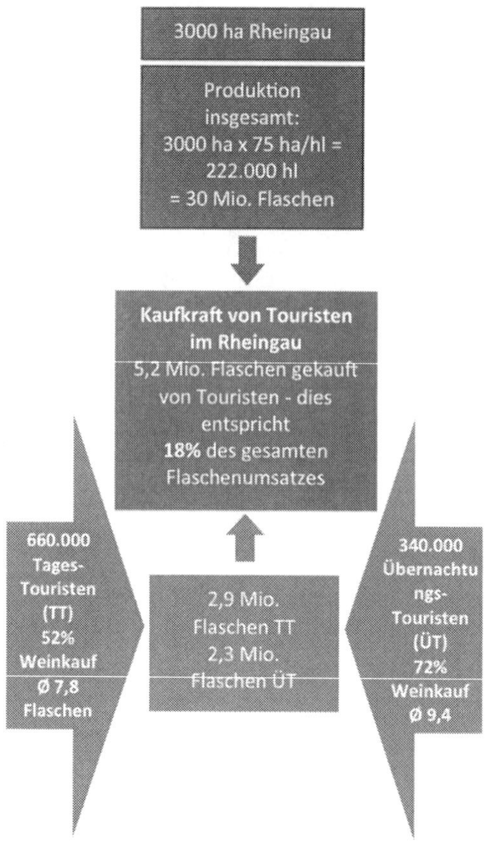

Abb 3. Modellrechnung von Kaufkraft.

sie die meisten Weingüter über die sie Informationen hauptsächlich aus dem Internet und über Mundpropaganda erhielten. Zusätzlich wurden das Weinangebot und die Weinqualität der Region im Gesamten von diesem Segment am besten bewertet.

Unter den weinaffinen Besucher waren vor allem Häufig- oder Gelegentlich-Trinker vertreten. Hier kam jeder Dritte aus Hessen und etwas mehr als zwei Drittel hat ein abgeschlossenes Studium. Bevorzugt wurden auch von ihnen trockene Weine direkt vom Winzer. Die verwendeten Bezugswege dieser Gruppe zeichnen sich durch eine signifikante Nutzung des Weinfachhandels aus. Dieses Segment bewertete das Angebot für Familien und Kinder mit am schlechtesten, auch die Infrastruktur für Autofahrer wurde kritisch angemerkt. Die am meisten besuchte Veranstaltung dieses Segments war das Rheingau Musikfestival.

Neubesucher kamen zu gut einem Fünftel aus Rheinland-Pfalz und zeichneten sich als Selten- bis Gelegentlich-Trinker aus. Diese Besuchergruppe nutzt am meisten das Freizeitangebot des Rheingaus in Form von Radurlauben, Wanderungen bzw. Schifffahrten, bewertet allerdings das Kulturangebot im Schnitt schlechter. Auch die Infrastruktur für Autos und der Informationsfluss wurden von dieser Gruppe kritisiert.

Im letzten Segment – ausländische Touristen – war der größte Anteil der Nicht- und Selten-Trinker zu finden, welche, falls sie Wein konsumierten, internationale Weine bevorzugten. Diese Besucher bleiben oft länger, kommen verstärkt mit Reisebussen oder Schiffen und nutzen am häufigsten die Touristeninformation. Auch bei dieser Touristengruppe stehen Erholung und Weinreise als Grund an erster Stelle, allerdings spielen auch Kultur- und Bildungsreise eine wichtige Rolle. Als Übernachtungsmöglichkeit wurde hier verstärkt das Hotel genutzt. Die am meisten besuchte Veranstaltung dieses Segments war der Rüdesheimer Weihnachtsmarkt.

3.3. Kaufkraft von touristen im rheingau

Speziell die Weinwirtschaft profitiert im Rheingau vom Tourismus und erfährt weiterhin Zulauf. Wie hier eine Modellrechnung zeigt (Abb 3), die mithilfe der gesammelten Daten und öffentlicher Statistiken errechnet werden konnte, ist die Kaufkraft der Besucher im Rheingau nicht zu unterschätzen und umfasst mit ca. 5 Mio. Flaschen beinahe ein Fünftel des gesamten Flaschenumsatzes.

Der Rheingau hat insgesamt 3.000 ha Rebfläche und wenn mit einem durchschnittlichen Ertrag von 75 hl/ha gerechnet wird, kommt man auf eine Gesamtproduktion von ca. 30 Mio. Flaschen. Laut offizieller Statistiken von Hessisches Statistisches Bundesamt (2015) besuchen die Region jährlich 660.000 Tages- und 340.000 Übernachtungs-Touristen. Aus der Befragung war es zu entnehmen, dass 52% der Tages-Touristen und 72% der Übernachtungs-Touristen im Rheingau Wein kaufen und der Weinanteil 7,8 bzw. 9,4 Flaschen/Kopf beträgt. Auf diese Weise kaufen Touristen in der

Region insgesamt 5,2 Mio. Flaschen Wein, was 18% der Gesamtproduktion entspricht.

4. Fazit

Der Rheingau ist, verglichen mit anderen deutschen Anbaugebieten relativ klein, hat trotzdem eine große Anzahl an Touristen, welche die Region besuchen. 52% der Tages-Touristen und 72% der Übernachtungs-Touristen kaufen während ihres Aufenthalts regionale Weine ein. Durch die Hochrechnung von Kaufkraft kann es bestätigt werden, dass Tourismus für die Rheingauer Weinwirtschaft ein wichtiges Standbein ist – lokale Produzenten vermarkten 18% ihrer Weine direkt Ab-Hof an Touristen.

References

[1] Alebaki, M. & Iakovidou, O. (2011). Market segmentation in wine tourism: A comparison of approaches. Tourismos, 6(1), 123–140
[2] Alonso, A. D., Fraser, R. A. & Cohen, D. A. (2007). Investigating differences between domestic and international winery visitors in New Zealand. International Journal of Wine Business Research, 19(2), 114–126
[3] Bitsani, E. & Kavoura, A. (2012). Connecting oenological and gastronomical tourisms at the wine roads, Veneto, Italy, for the promotion and development of agrotourism. Journal of Vacation Marketing, 18(4), 301–312
[4] Brown, G. P., Havitz, M. E. & Getz, D. (2006). Relationship between wine involvement and wine-related travel. Journal of Travel and Tourism Marketing, 21(1), 31–46
[5] Bruwer, J. (2003). South African wine routes: Some perspectives on the wine tourism industry's structural dimensions and wine tourism product. Tourism Management, 24(4), 423–435
[6] Charters, S. & Ali-Knight, J. (2000). Wine tourism-a thirst for knowledge? International Journal of Wine Marketing, 12(3), 70–80
[7] Chen, H-J. & Sasias, M. (2014). Tourist segmentation in Taiwan's wineries: A cultural perspective. Social Behavior and Personality, 42(2), 223–236
[8] Cho, M., Bonn, M. A. & Brymer, R. A. (2014). A constraint-based approach to wine tourism market segmentation. Journal of Hospitality and Tourism Research. DOI:10.1177/1096348014538049
[9] Cullen, C.W., Kaciak, E., Bramble, L.,Wright, B., Seaman, A. E. & Williams, J. J. (2006). Winter wine tourists in Canada's Niagara Region. Proceedings of 3rd International Wine Business Research Conference, July 6–8. 2006, Montpellier, France
[10] Di-Gregorio, D. & Licari, E. (2006). Rural development and wine tourism in Southern Italy. Proceedings of 46th Congress of the European Regional Science Association, August 30–September 3. 2006, Volos, Greece
[11] Dodd, T. & Bigotte, V. (1997). Perceptual differences among visitor groups to wineries. Journal of Travel Research, 35(3), 46–51
[12] Galloway, G., Mitchell, R., Getz, D., Crouch, G. & Ong, B. (2008). Sensation seeking and the prediction of attitudes and behaviours of wine tourists. Tourism Management, 29(5), 950–966
[13] Gatti, S. &Maroni, F. (2004). A profile of wine tourists in some Italian region vineyards: An application of the multiple correspondence analysis. Proceedings of Vineyard Data Quantification Society (VDQS), May 21–22. 2004, Dijon, France
[14] Hall, C. M. &Macionis, N. (1998). Wine tourism in Australia and New Zealand, In R.W. Butler, C. M. Hall, & J. M. Jenkins (Eds.). Tourism and recreation in rural areas (pp. 197–224), Chichester: John Wiley
[15] Hessisches Statistisches Bundesamt (2015). Statistische Berichte – Gäste und Übernachtungen im hessischen Tourismus im Dezember 2014. Wiesbaden: HSB
[16] Houghton, M. (2008). Classifying wine festival customers: Comparing an inductive typology with Hall's wine tourist classification. International Journal of Culture, Tourism and Hospitality Research, 2(1), 67–76
[17] Marzo-Navarro, M., & Pedraja-Iglesias, M. (2009). Profile of a wine tourist and the correspondence between destination and preferred wine: A study in Aragón, Spain. Journal of Travel and Tourism Marketing, 26(7), 670–687
[18] Molina, A., Gómez, M. González-Díaz, B. & Esteban, A. (2015). Market segmentation in wine tourism: strategies for wineries and destinations in Spain. Journal of Wine Research. DOI:10.1080/09571264.2015.1051218
[19] Nella, A., & Christou, E. (2014). Segmenting wine tourists on the basis of involvement with wine. Journal of Travel and Tourism Marketing, 31(7), 783–798
[20] Piscitelli, A., Pomarici, E. &Tedesco, R. (2005). Wine tourism in Campania region (Italy): Supply potential and demand expectations. Proceedings of International Wine Marketing Symposium, July 8. 2005, Rohnert Park, CA, Sonoma State University, USA
[21] Simpson, K. & Bretherton, P. (2004). Market segmentation by consumer lifestyle in a wine tourism setting, Proceedings of New Zealand Tourism and Hospitality Research Conference, 8–10. December 2004
[22] Tassiopoulos, D., Nuntsu, N. & Haydam, N. (2004). Wine tourists in South Africa: A demographic and psychographic study. Journal of Wine Research, 15(1), 51–63
[23] Williams, P. W., & Kelly, J. (2001). Cultural wine tourists: Product development considerations for British Columbia's resident wine tourism market. International Journal of Wine Marketing, 13(3), 59–76

BIO Web of Conferences 7, 03024 (2016) DOI: 10.1051/bioconf/20160703024
39th World Congress of Vine and Wine

Competitive and innovation factors in wine tourism clusters: A comparative study between consolidated and emerging regions in Brazil and Uruguay / Factores de competitividad e innovación en clusters enoturísticos: Un estudio comparativo entre las regiones consolidadas y emergentes en Brasil y Uruguay

Shana Sabbado Flores[1,a], Claudio Farias[2], Gabriel Andrade[3], and Maria Teresa Russi[4]

[1] Federal Institute of Education, Science and Technology of Rio Grande do Sul (IFRS) – *campus* Restinga, Rua Alberto Hoffmann 285, CEP 91791-508, Porto Alegre, RS, Brazil
[2] Federal Institute of Education, Science and Technology of Rio Grande do Sul (IFRS) – *campus* Porto Alegre, Rua Coronel Vicente 281, CEP 90300-041, Porto Alegre, RS, Brazil
[3,4] Catholic University of Uruguay (UCU), Av 8 de Octubre 2738, CP. 11600, Montevideo, Uruguay

Abstract. The purpose of this article is to establish a cross-country analysis of the structure and organization of wine tourism clusters in consolidated and emerging wine regions in Brazil and Uruguay, looking for identifying the key factors for competitiveness and innovation. The regions chosen for analysis are: Vale dos Vinhedos, Campanha and Vale do São Francisco, in Brazil, and sites on Montevideo and Canelones, in Uruguay. The study analyze competitive factors in each region, including: the structure and density, support institutions at national and regional level, educational and research institutions, organization process for the geographical indication and the relationship between wine tourism and the promotion of wine and region. Further than comparing the two countries, the research also puts stop regions according to their stage of development in each assessed factor. Thus, the study suggests strategies that can be adopted at regional level or in cooperation between regions (in the country or bi-national cooperation) to strengthen and develop the tourist areas of the wine as a whole.

1. Introducción

El tema de las estrategias competitivas a pesar de su intenso debate de los años 80, todavía constituye un tema reciente en el campo de la Economía. Por lo tanto, las estrategias innovadoras, el uso de la tecnología y la competitividad son elementos recurrentes, y ampliamente utilizados para entender el desarrollo económico.

Se puede añadir a eso, también, los efectos cada vez más presentes de la globalización (en sus múltiples aspectos y entendimientos), que si por un lado se muestra como una oportunidad, a través de la reducción de las barreras y los límites geográficos entre las empresas, los mercados y países, por otra pone al descubierto las crecientes y aceleradas dinámica del negocio, que requieren las empresas y regiones "hacer mejor y más barato" cada vez más intensa.

Este artículo tiene como objetivo presentar algunas consideraciones sobre las condiciones sistémicas de competitividad y procesos innovadores presentes en la infraestructura turística en las regiones emergentes reciente de la producción de vino en Brasil y Uruguay, el análisis de los impactos de algunas innovaciones organizativas en la búsqueda de una mayor competitividad del sector en los últimos veinte años. Cabe destacar que las organizaciones envueltas con el turismo del vino (también conocido como enoturismo) van más allá de las estructuras productivas de uvas y vinos, conformando una especificidad del "rol turístico" – restaurantes, posadas hoteles, agencias de viajes. Tales organizaciones, tanto en las regiones brasileñas cuanto uruguayas, en su extrema maioría, se caracterizan por ser de pequeño porte, prevaleciendo las empresas familiares, y eso ocurre tanto entre productores de uva y vino convencionales, tanto con aquellas empresas más recentemiente asociadas a las actividades turísticas [1].

El objetivo es entender cómo la esfera pública, las asociaciones, las bodegas, agentes y operadores turísticos, restaurantes, artesanías y la hospitalidad se organizan para promover el enoturismo, destacando las diferencias y similitudes, así como los elementos de identificación y componentes de éxito en los modelos adoptados por estas regiones y su impacto en el desarrollo local. El análisis es parte de un proyecto de investigación desarrollado por instituciones de ambos países que buscan un enfoque académico que pueda contribuir al fortalecimiento de las relaciones y el intercambio de información entre las regiones.

[a] e-mail: shana.flores@restinga.ifrs.edu.br

Este trabajo tiene como eje central y de forma exploratoria, lograr tres objetivos: (a) caracterizar, en líneas generales, el sector enoturístico en las dos regiones, en el Brasil y en el Uruguay, su surgimiento, sus instituciones representativas, su dinámica particular en los años; (b) directamente derivado del anterior, verificar los padrones de interacción entre las distintas organizaciones que dan apoyo al desarrollo del sector en cada región; (c) identificar en largos rasgos, los factores de competitividad y de innovación presentes en el sector, en cada una de las regiones.

El artículo se estructura en una primera sección, que abarca una breve discusión sobre la competitividad sistémica y formas e influencias sobre las actividades enoturísticas; una segunda sección que buscará caracterizar el ecosistema que sostiene a las actividades del turismo en regiones productoras de vino en Brasil (en especial en la Serra gaúcha) y en Uruguay (especialmente en la región de Canelones); y una tercera en que se pretende sistematizar las similaridades y diferencias, mostrando algunas consideraciones en relación a la estructura institucional que da la sustentación al enoturismo en las regiones analizadas. Por lo tanto, se llevó a cabo entrevistas con expertos de la industria, y con una revisión de la literatura y datos estadísticos recientes.

2. Competitividad sistémica Y enoturismo

Aunque frecuente, los estudios de competitividad presentan disonancias conceptuales en las metodologías empleadas en estas evaluaciones. Sob el punto de vista interno a la empresa, la competitividad presenta una diversidad de conceptos. Para efectos de las análisis presentadas en este trabajo, se llevó en cuenta el concepto utilizado en el Estudio de la Competitividad de la Industria Brasileña (ECIB), que presenta la competitividad como siendo "la capacidad de la empresa de formular y implementar estrategias competitivas, que les permitan ampliar o conservar, de manera durable, una posición sustentable en el mercado" [2]. Ese concepto introduz el carácter dinámico en el análisis de la competitividad, entendiendo por competitiva la empresa que modifica continuamente la propia estructura, la adaptación a una mayor o menor medida, el contexto del mercado en el que está instalado o piensa instalar.

El término competitividad no posee un concepto ampliamente empleado, sea en la academia, sea en los medios empresariales o gobernamentales. Se utiliza la palabra competitividad, de manera amplia y general, para expresar la comparación, la competencia o benefícios. Por último, la competitividad expresa un conjunto de factores de gestión, la innovación, la producción y los recursos humanos que pertenecen a la misma realidad dinámica. La dificultad de definir un concepto único de competitividad es mencionada por Barbosa [3], que dice que diferentes autores hacen en diferentes aspectos y en ocasiones con la competitividad conceptos totalmente singulares y únicos. También se dice que el problema es decidir qué aspectos cualitativos y cuantitativos deben ser destacados. Comenta, también, que el problema es decidir cuáles aspectos cualitativos y cuantitativos deberían ser enfatizados. Para algunos autores, competitividad es una cuestión de aumentar el índice de vida de una nación; para otros, el concepto está arraigado con la habilidad de una empresa en competir y negociar con éxito sus productos y servicios en escala mundial.

El éxito de la competitividad pasa a depender de un conjunto de factores que influencian el desempeño de las empresas. De acuerdo con Coutinho e Ferraz [2], la noción de competitividad sistémica parece adecuada como modo de expresar que el desempeño empresarial depende y es también resultado de los factores externos al ámbito de las empresas y de la estructura industrial; depende de los factores sistémicos relacionados a las políticas macroeconómicas adoptadas por un país, de los factores estructurales relativos a las políticas sectoriales y de los factores internos de cada empresa, denominados factores empresariales, relacionados a las prácticas adoptadas y controladas por la empresa.

Según Lapolli et al. [4], combinación interactiva de varios factores que actúan en el sentido de que la competitividad sea su resultado. Entre los factores determinantes de la competitividad, Lapolli, et al. destacan:

(a) Factores internos el precio, a su vez, debido a los costos; la calidad, entendida en un sentido ajustado a un mercado en particular con su venta y consumo normal correspondiente; la productividad; la tecnología; estrategia competitiva, buscando las condiciones de la eficiencia global de la empresa y lo que implica decisiones en varias áreas.
(b) Factores Externos: ambiente macroeconómico, que consta de varios componentes, tales como la tasa de inversión, el mercado de trabajo, la productividad, el equilibrio de la balanza comercial, la disponibilidad y el costo de los fondos, las organizaciones y las empresas a la cooperación empresarial, la organización y las relaciones laborales, el nivel de salario y calificación de los recursos humanos; infraestructura económica; infraestructura técnico-científica y educacional; estructura sectorial; uso de instrumentos de política económica y dimensión institucional. Para Coutinho y Ferraz [2], el desarrollo competitivo de una empresa, industria o de una nación depende de una amplia gama de factores internos de la empresa, la estructura (sectorial) y de la naturaleza sistémica.

El enfoque sugerido por Ferraz et al. [5], se enfatiza como determinantes de la competitividad de un número de factores, además de ser en gran número, trascender el nivel de la empresa, y también están relacionados con la estructura de la industria y del mercado y también del sistema de productivo en su conjunto como un todo. Los factores determinantes de la competitividad, de acuerdo con Ferraz et al.... [5], fueron definidos en tres grandes grupos: factores empresariales, los factores estructurales y factores sistémicos.

Los factores empresariales, como muestra Ferraz et al. [5] son aquellos que, perteneciendo a la empresa, sobre los cuales la empresa detiene el poder de decisión y pueden ser controlados o modificados mediante un comportamiento activo asumido, lo que corresponde a las variables en el proceso de tomada de decisiones. Estos se refieren a las cuatro áreas de competencia de la empresa: Gestión, Innovación, Producción y Recursos Humanos.

Los factores estructurales, según los mismos autores, son aquellos en los que la capacidad de la empresa para intervenir se limita midiendo el proceso de concurrencia y, por tanto, sólo son parcialmente bajo su área de influencia. Estos se refieren tanto a la organización de la producción intra-sectorial y las relaciones entre proveedores y productores en las cadenas productivas.

Los factores sistémicos a Ferraz et al. [5] son aquellos que constituyen externalidades, estrictamente hablando, para la empresa productiva sobre las que la compañía tiene poco o ningún poder para intervenir, constituyendo parámetros de la toma de decisiones. Estos factores pueden determinar ventajas competitivas para las empresas en relación con los competidores de otros países. De este modo, se pueden agrupar: macro-económicos, político-institucionales, legales-regulatorios, infraestructurales, sociales y internacionales.

Uno de los modelos analíticos más ampliamente utilizados es el modelo de "diamante", por Michael Porter. El modelo tiene como objetivo presentar un marco analítico, de las zonas (clusters) con especial desarrollo económico.

2.1. MODELO DE PORTER: la idea de cluster y los factores determinantes de la competitividad

A pesar del concepto de cluster no ser exclusivo de Porter, es inevitable reconocer que se le da un significado particular al concepto. Porter [6] trata el término como un agrupamiento de industria competitivas, entendidas como un éxito, ya que por lo general se conectan a través de verticales (comprador / proveedor) u horizontales (clientes, tecnologías, canales comunes, etc.).

El autor señala que este agrupamiento deriva de la naturaleza sistémica de lo que llamó "diamante", una expresión utilizada para referirse a los factores determinantes de la ventaja nacional como un sistema. Así que para Porter [6], las empresas de un país tendrán éxito si los cuatro atributos principales que dan forma al ambiente en el que compiten las empresas y promover la creación de ventajas competitivas, a saber: 1) Condiciones de factores (tales como mano de obra especializada y la infraestructura necesaria para la competencia); 2) las condiciones de demanda (la naturaleza de la demanda interna de productos); 3) las industrias y el apoyo (la presencia de apoyo a las industrias que son competitivos a nivel internacional) relacionados; 4) Estrategia, estructura y rivalidad de las empresas (las condiciones que rigen la manera en que se crean las empresas, organizadas y dirigidas). Además de los cuatro atributos enumerados anteriormente, Porter [6] identifica dos variables, el azar y el gobierno, como una contribución a la formación de la mayoría de las industrias exitosas.

El acaso son ocurrencias aleatorias, que tiene poco que ver con las circunstancias de un país o región, y están fuera del alcance de las empresas, ya menudo demasiado lejos de los gobiernos nacionales. Porter [6] cita los siguientes ejemplos: los actos de pura invención; principales discontinuidades tecnológicas (como la biotecnología y la microelectrónica); discontinuidades en los costos de las materias primas (por ejemplo, los choques del petróleo); cambios significativos en los mercados financieros internacionales y tipos de cambio; los aumentos repentinos de la demanda mundial o regional; las decisiones políticas de los gobiernos extranjeros; guerras.

El papel de los gobiernos, o de las políticas del gobierno, el autor confiesa la tentación de adoptarlo como un factor determinante en sí, dada su importancia en la construcción de la competitividad de las industrias nacionales. Sin embargo, Porter [6] admite que el verdadero papel del gobierno en la ventaja competitiva es influir en los cuatro diamantes y al mismo tiempo ser influenciado por ellos. Por lo tanto, Porter [6] identifica los principales potenciales interacciones entre los gobiernos y los cuatro diamantes, que son:

a) las condiciones de los factores se ven afectados por las subvenciones, las políticas hacia los mercados de capitales, etc. políticas educativas;
b) modelar la demanda de las condiciones locales;
c) las normas de los establecimientos o la normativa local sobre productos, que afectan o influyen en las necesidades de los compradores;
d) el gobierno es también, en muchos segmentos, un fuerte comprador de muchos productos;
e) el gobierno puede dar forma a las circunstancias de las industrias relacionadas y de apoyo de muchas otras maneras, como el control de los medios de publicidad y regulación de los servicios de apoyo;
f) Las políticas del gobierno pueden influir en las estrategias de negocio y la rivalidad, a través de características tales como la regulación de los mercados de capitales, la política fiscal y las leyes antimonopolio;
g) la política del gobierno puede ser, a su vez, la influencia de los factores determinantes. Las determinaciones de las inversiones en políticas educativas específicas, una mayor regulación y subsidios son ejemplos comunes de formas de influir en las políticas gubernamentales, llevadas a cabo por empresas o sus representaciones.

Por lo tanto, a partir de una lectura preliminar del autor, uno puede entender los clusters como concentraciones geográficas de compañías e instituciones interconectadas en un área de especialización. Los clusters incluyen proveedores especializados de insumos tales como componentes, maquinaria, servicios y proveedores de infraestructura. Los racimos se extienden la cadena de producción para incluir canales y fabricantes de productos complementarios de marketing, llegando a empresas relacionadas por la cualificación de los recursos humanos, tecnologías o insumos locales. Por último, las agrupaciones incluyen gubernamentales y de otro tipo, tales como universidades, instituciones de control de calidad, centros de investigación, y las asociaciones de empleadores y los sindicatos, que ofrecen una serie de servicios técnicos especializados para la industria.

Porter [7] cita como un ejemplo exitoso de clúster el caso de la industria del vino de California. La idea de cluster desborda la simple relación entre viticultores y la industria del vino. Esta relación se consolida geográficamente, incluidos los organismos gubernamentales (responsables de la formulación de políticas públicas) y educativas y centros de investigación, así como el tráfico de órganos. Al mismo tiempo, una serie de segmentos industriales se juntan alrededor

 DOI: 10.1051/bioconf/20160703024

de la prestación de servicios y entradas de marketing a los productores de uva; También, un centenar de empresas ofrecen servicios especializados e insumos para la producción de vinos.

Cabe, por lo tanto, comprender y analizar la estructura del turismo del vino en Brasil y Uruguay, desde la concepción de los factores sistémicos que hacen parte de que cada una de las regiones. Para el análisis de este estudio, empleamos el concepto de determinantes sistémicos de la competitividad del turismo del vino de las regiones analizadas, Brasil y Uruguay. Se señala que se va a utilizar el modelo de Porter, para entender cómo las políticas y acciones de apoyo han actuado como factores determinantes del turismo del vino en ambas regiones.

2.2. Enoturismo

La idea del enoturismo está en la práctica de las actividades de ocio relacionadas con el mundo del vino. Hall et al. [8] explican que el enoturismo puede estar motivado por la región de vino en sí, por las actividades relacionadas con el vino (como degustaciones, por ejemplo), o en ambos casos. Al mismo tiempo, el concepto de turismo incluye una serie de situaciones que puede implicar, por ejemplo, actividades recreativas, excursiones y/o visitas.

Técnicamente hablando, la actividad sería una variación o contextualización, de prácticas muy presentes en la economía. Sin embargo, el enoturismo es considerado especial y diferenciado, ya que ofrece un conjunto de atributos estéticos y regionales [8]. Sommers [9] señala que pocas actividades poseen una relación tan estrecha entre el pueblo y el cultivo como la vitivinicultura; en consecuencia, este tipo de turismo acaba por traer a los visitantes, ideales rurales que os conecta con la tierra y con la gente local. La actividad no está vinculada a una herencia de turismo industrial, pero se refiere a los aspectos históricos y culturales. En la medida en que ponen de relieve el vínculo con la naturaleza, las actividades relacionadas con el enoturismo animan a los visitantes a sumergirse y quieren aprender más sobre el mundo del vino [9].

El enoturismo acaba por unir dos industrias, las dos ambas con implicación sustancial en el territorio [8,9]. Del punto de vista de las vinícolas y de los productores de vino, las principales vantajes experimentadas provienen de una mayor proximidad con el cliente. Así que, en la medida en que los visitantes pasan a tener un mayor contacto y conocimiento de los productos, la percepción y fidelidad pueden mejorar, posibilitan por su vez, también, vínculos subjetivos entre producto y consumidor. Ese contacto directo es una oportunidad de comercialización, sobretodo para los productores de pequeño porte, que tendrían mayor dificultad de inserción de venta al por menor, además de la eliminación de los intermediarios, lo que aumenta los márgenes. Por otra parte, la iniciativa trae aumento de los costos y complejidad en las operaciones, ya que requiere un nuevo perfil de acción, que se diferencia de la industria del vino puro y simple, que requiere nuevas habilidades. En este sentido, es de destacar la inversión en una estructura específica para atender a los turistas [8].

En un panorama internacional, se observa que el enoturismo es un pilar importante en los territorios de los vinos del "Nuevo Mundo". Para tener una idea, se estima que las actividades de visita y turismo del vino en general están presentes en el 90% de las bodegas en Australia y el 60% en Nueva Zelanda. Napa Valley (California / EE.UU.), por ejemplo, uno de los principales exponentes de la zona, recibe alrededor de 5 millones de visitantes al año, que manejan 600 millones de dólares (Cambourne et al., 2000). En Brasil, el área principal es el Vale dos Vinhedos, que recibió 283.000 visitantes en 2013. A partir del proceso de la Indicación Geográfica, que mejora el desarrollo de la región del vino en su conjunto y su organización para el turismo del vino, la zona ha sufrido una serie de transformaciones.

La intensificación de la actividad tornó el Vale dos Vinhedos en la región con la mayor concentración de vinícolas del país, con 21 establecimientos, distribuido unos 30 de ellos 81 km^2 de la región demarcada [10]. Los impactos del enoturismo en el caso del Vale está más allá de la escala económica, tocando aspectos sociales y ambientales, tales como la mejora de la producción y la propiedad o la aparición y el desarrollo de las distintas actividades productivas y comerciales, la generación de empleos e ingresos. En el plano de la infraestructura, se destaca la pavimentación de caminos rurales, la instalación de casas de huéspedes y hoteles, el crecimiento del consumo de electricidad y teléfono, además de la modernización de las condiciones de vivienda. Todo esto también genera una mayor carga de residuos domésticos e industriales, el aumento del tráfico de automóviles y autobuses, y la pérdida de diversidad de especies de plantas [11].

3. Enoturismo en Brasil y en Uruguay: factores competitivos e innovaciones

Para analizar las regiones vitivinícolas del Brasil y de Uruguay, fueron elegidos 5 factores fomentadores de la competitividad y la innovación: (1) la estructura y densidad, (2) instituciones de apoyo a nivel nacional y regional, (3) instituciones educativas, (4) procesos de organización de investigación para la indicación geográfica y (5) la relación entre el turismo y promoción del vino y la región. En la estructura del artículo y la densidad se observa la estructura de la cadena en general, incluidos los principales productores de concentración de bodegas y viñedos, así como la presencia de la estructura de soporte del enoturismo, tales como: agencias, bares y restaurantes, hoteles, así rutas organizadas. Un punto importante en este sentido es la densidad en términos de las atracciones turísticas y enoturísticos, que pueden contribuir directamente a la promoción de las rutas.

Con relación a las instituciones de apoyo, se separaron en dos factores que deben ser analizados, el primero en las instituciones de investigación y apoyo en general, incluidas las asociaciones locales para el turismo y la promoción de la región vinícola, los organismos nacionales para la promoción de la industria del vino como un todo. Además, se hizo hincapié en las instituciones educativas, la comprensión que contribuyen directamente a la formación de profesionales y trabajan con la investigación en las regiones y temas de interés. Por otra parte, la presencia de instituciones de educación superior se relaciona con los procesos de innovación y empreendedorismo en una serie de contexto de la investigación internacional, tales como el Informe GEM (Global Monitor de Entrepreneuship).

DOI: 10.1051/bioconf/20160703024

Ya las indicaciones geográficas (IG) corresponden a una temática intrínsecamente relacionada con el mundo del vino. El proceso termina por formalizar la región del vino, el reconocimiento de los actores involucrados, y el establecimiento de normas de calidad de los productos. Aunque en su origen no estar directamente relacionado con experiencias del enoturismo, como el Vale dos Vinhedos muestran que el proceso contribuye a la proyección de la región, con el potencial de estimular a otros segmentos unidos a la cadena de vinos, entre los cuales, se destaca el enoturismo. Por último, se destaca como un factor de la relación entre el enoturismo y la promoción del turismo en la región en su conjunto. En este sentido, el objetivo fue evaluar la relación entre el turismo relacionado al mundo de los vinos y otras iniciativas relacionadas con la región, la organización sectorial y si el turismo relacionado con los vinos serían la atracción principal o actuaría de manera complementaria en la realidad local. Por lo tanto, se hará un análisis de la sección transversal de cada factor para las regiones seleccionadas.

3.1. Estructura y densidad

La estructura del artículo y la densidad se evaluó en dos aspectos principales: estructura y densidad de los viñedos, la concentración de la producción y el enoturismo. Considerando que el enoturismo trae la unión de dos industrias, la producción de vino y del turismo, se consideró que el análisis del enoturismo debería considerar de la producción de vino, junto con las estructuras para el turismo en sí.

Los viñedos brasileños hoy ocupan un área de 83,7 mil hectares, de los cuales 60% en vitis vinífera [12]. La provincia del Rio Grande do Sul es el principal productor nacional, con safra anual entre 600 e 700 millones de toneladas, es responsable por el cultivo de las uvas de 90% de la producción nacional de vinos y jugos (Ibravin, 2013a; b). En la Serra Gaúcha, principal región productora, se destaca el Vale dos Vinhedos (en los departamentos de Bento Gonçalves, Garibaldi, Monte Belo do Sul), con aproximadamente 81 Km^2 son 8 emprendimientos entre hoteles y posadas, 20 restaurantes y 24 vinícolas. La Serra Gaúcha fue el escenario de la real consolidación de la vitivinicultura en Brasil, que empezó con la llegada de los inmigrantes en el siglo XIX, en especial los alemanes, más tarde, italianos, a eso de 1875, responsables por el grande impulso de la vitivinicultura en el país [13].

Los viñedos emergentes tratados aquí se hicieron sobre una base diferente y son parte de la última expansión en el sur y noreste del país, precisamente, a partir de la década de 1980, en una convergencia de la inversión extranjera, las iniciativas locales e inversiones de las bodegas de la Serra Gaúcha, que amplió sus áreas de producción en las regiones de la Campaña (RS) y el Valle de San Francisco. Hoy en día, ambas regiones tienen viñedos, bodegas, asociaciones industriales, instituciones educativas y de investigación en el área, las iniciativas de turismo del vino, así como los proyectos en curso para la indicación geográfica, en un movimiento de consolidación, que se intensificó a partir de 2010. La Campaña cuenta con 11 departamentos con un total, de casi 100 productores y cerca de 1600ha; 7 departamentos poseen alguna propuesta en términos de enoturismo. Los principales productores son: Santana do Livramento, Candiota, Bagé y Dom Pedrito.

A su vez, el Valle de São Francisco, una región situada entre las provincias de Pernambuco y Bahía, es la principal región tropical de vino de Brasil, con cerca de 11 hectáreas de viñedos [14]. Alrededor del 95% del área plantada de viñedos es para la producción de uva de mesa, destinada principalmente al mercado de exportación. La región representa casi la totalidad de la producción de uva de mesa de exportación. En cuanto a los vinos, la región es el principal exponente de la viticultura tropical, con el diferencial de producir hasta cinco cosechas a cada dos años. La región ha llegado a producir 7 millones de litros por año, ahora tiene cerca de 360 ha y cinco bodegas. La producción de vino ha aparecido en el Estanque Grande, con tres bodegas y el volumen más grande de la región, que se distribuye en los vinos tintos, blancos y espumosos. Casa Nova ya concentra el 80% de su producción en el brillante, especialmente la variedad moscatel. También se destaca la preparación de brandy. Los dos departamentos tienen las iniciativas del eno turismo.

En Uruguay, la región de Canelones concentra la mayor parte del cultivo vitícola con el 67% de los viñedos, que ocupan el 64% de la superficie del departamento y el 74% de la producción de uva con respecto al total nacional. Cuenta con cerca de 150 establecimientos de los cuales solo unos pocos se dedican al enoturismo. Montevideo es el segundo productor vitivinícola del país, contando con el 14,9% de los viñedos, que ocupan el 12,5% de la superficie del departamento y el 13,2% de la producción de uva con respecto al total nacional. Cuenta con cerca de 90 establecimientos de los cuales, al igual que en Canelones, solo unos pocos se dedican a la actividad del enoturismo.

Con relación a la representatividad del vino en el territorio, es posible percibir que la viticultura tiene un papel más central en el Vale dos Vinhedos (y Serra Gaúcha) y en Canelones. Las regiones poseen en común el facto de que representan la mayor parte de la producción vitivinícola nacional, con una buena densidad de viñedos y establecimientos vitivinícolas. En el caso de Montevideo, aunque tenga una representación más pequeña de que Canelones hacia el país, la región tiene una buena estructura y densidad de propiedades. En los territorios emergentes de Brasil, es posible ver que la propia viticultura es una actividad más reciente y no predominante, incluso en el contexto del territorio. En el caso de VSF, uvas de mesa tiene un papel importante en la economía local y representa casi la totalidad de la producción nacional para exportación, pero la producción de vinos tiene una escala bien menos representativa.

Otro punto a considerar con respecto a la estructura y la densidad es el tamaño de las propiedades y la concentración de la producción. Cabe señalar que en algunas regiones la producción tiende a ser más distribuida en más puntos de venta, con concentraciones más bajas de producción y superficie cultivada. En el siguiente diagrama (Fig. 1) se puede observar con respecto a la concentración de la producción y del área del cultivo. Mientras que la producción en el Vale dos vinhedos, Canelones y Montevideo están distribuidos en el territorio en varios establecimientos en el otro extremo que es el Valle del São Francisco, con la producción concentrada en cinco bodegas. Este aspecto se refiere al tamaño medio de las propiedades, sino que también indica la presencia de la agricultura o la empresa familiar en la zona. La Campaña estaría en una posición intermediaria. Este análisis no

Figura 1. Escala de las regiones con relación a los criterios de estructura y densidad. Fuente: los autores.

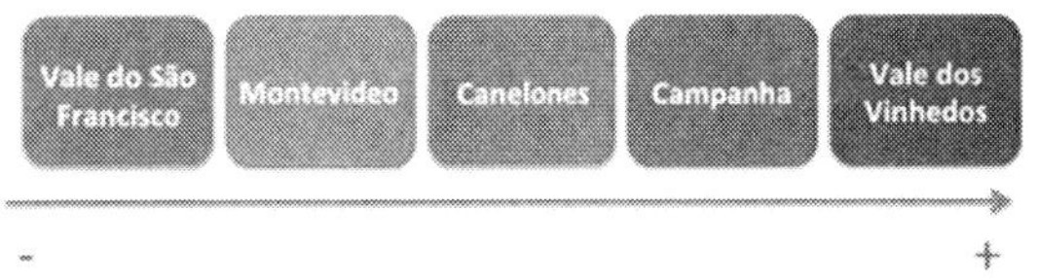

Figura 2. Escala de las regiones con relación a los criterios de instituciones de apoyo. Fuente: los autores.

quiere decir que los territorios son uniformes: por supuesto que existen los establecimientos más grandes en el Vale dos vinhedos y de las regiones del Uruguay. Sin embargo, la densidad de la mayoría de los establecimientos también indica una mayor distribución de la producción en el territorio.

En cuanto a la estructura y densidad al turismo del vino, las regiones de Brasil son más estructurados, con iniciativas a nivel de la región vinícola de promover excursiones o vino de forma individual. Incluso en las regiones con menor densidad en términos de producción, o una concentración más alta, se puede observar en términos relativos, el enoturismo es una actividad importante para las bodegas de la zona y la mayoría de ellos tienden a ofrecer propuestas concretas o integrarse en itinerarios con otros segmentos. En Uruguay, está claro que las bodegas sólo se han centrado en la producción y la exportación, mientras que en Brasil el enoturismo es una herramienta importante no sólo para la promoción del vino, pero termina por convertirse en una importante fuente de receta relevante. Cabe señalar que Uruguay gasta un esfuerzo importante en la industria del turismo en su conjunto, y en este caso, tiene la más larga tradición y la condición de la competencia, especialmente en el análisis de la "captura" de turistas internacionales, en comparación con Brasil. Por lo tanto el enoturismo es otra variante del "rol" turístico del Uruguay.

3.2. Instituciones de apoyo a nivel nacional y regional

Las instituciones de apoyo son un pilar importante para impulsar la competitividad de la región vinícola. En apoyo de las instituciones se consideran las instituciones gubernamentales o de la industria del turismo de soporte del vino, asociaciones profesionales o industriales, y los institutos de investigación y extensión. En Brasil, las instituciones de apoyo para la uva y el vino se concentran en la Serra Gaúcha. Hay un apoyo directo a las instituciones y el turismo del vino indirecta en la región de los cuales destacamos el Instituto Brasileño del Vino (IBRAVIN), la Unión Brasileña de Vitivinicultura (Uvibra) y Embrapa Uva y el Vino en el plano nacional. Aún así, se destaca la Innovación Red Centros en Viticultura, promovido por IBRAVIN y vinculada al Sistema de Tecnología de Brasil (SIBRATEC), el Ministerio de Ciencia y Tecnología, que opera con fondos de la FINEP (MCT, 2010). Para Serra Gaucha soportar la Asociación Gaucha de Enólogos (AGAVI) y la Asociación de Viticultores de Garibaldi (AVIGA), mientras que la Asociación de Bellas Productores de Vino del Valle de los Viñedos (Aprovale) es la principal fuente de apoyo en el Vale dos Vinhedos que tiene papel clave en la región, su organización y en el proceso de la indicación geográfica [15].

Con relación a la Campaña, para reunir y representar a las bodegas de la zona, el territorio tiene la Asociación "Campaña Vino", que ha desempeñado un papel importante en la promoción de acciones en la región, más allá del proceso de la Indicación Geográfica. Se formó la Asociación inspirada en el modelo de la Aprovale y reúne a las bodegas locales y asociaciones de productores de vino. Además, la región cuenta con asociaciones locales se centraron en la viticultura o la fruta (que incluyen la presencia de viticultores), las principales asociaciones son la Asociación de productores de Santana do Livramento uva (ASPROUVA) Asociación de Productores de Frutas Quariense (AQUAFRUTI) Asociación Bageense de la fruta (ABEFRUT) y la Asociación de fruta de Uruguaiana (AFRUG). El Vale do São Francisco cuenta con una unidad de la Embrapa Uva y Vino, vinculada localmente con la Embrapa Semiárido, para el desarrollo de pesquisas y apoyo técnico. Para reunir y representar las bodegas locales, el territorio posee el Instituto del Vino del Vale do São Francisco (VinhoVASF).

En Uruguay se cuenta con un importante apoyo del Instituto Nacional de Vitivinicultura (INAVI), la Asociación Los Caminos del Vino, Uruguay XXI en promoción de exportaciones de bienes y servicios, las Intendencias Departamentales y del Ministerio de Turismo del Uruguay. Dadas las características geográficas de Montevideo y Canelones, en general el tema del vino se trabaja en conjunto, las Intendencias departamentales tienen un fuerte rol local, pero las asociaciones privadas incluyen establecimientos de los dos departamentos.

3.3. Instituciones educativas

En el tema de las instituciones de educación se resaltan las instituciones que tienen influencia en las regiones encuestadas, actúan localmente en la formación profesional o de investigación en el área, incluso sin cuartel en las regiones.

En Serra Gaúcha, las principales instituciones son la Universidad de Caxias do Sul (UCS), el Instituto Federal de Educación, Ciencia y Rio Grande do Sul Tecnología (IFRS) y la Universidad Federal de Rio Grande do Sul (UFRGS). La UCS tiene su historia ligada al desarrollo de la industria del vino de la tierra, con una actividad significativa desde el punto de vista de la investigación y la extensión. El UCS contribuyó directamente en la investigación que llevó a la IG Vale dos vinhedos, y apoyar el reconocimiento de otros soldados en la Serra Gaúcha (por ejemplo, Pinto Bandeira, Monte Belo y Farroupilha);

 DOI: 10.1051/bioconf/20160703024

hoy la universidad tiene una maestría en biotecnología centrada en los estudios de la uva y del vino. IFRS fue la primera institución brasileña a ofrecer cursos de enología y viticultura en los años 60, en la vieja Escuela Agrotécnica y en la actualidad es el campus de Bento Gonçalves del IFRS; actualmente la institución ofrece una formación técnica, superior y especialización; un título de maestría profesional en el campo está para comenzar en 2017. La UFRGS no tiene la sede en la Sierra, está en curso la implementación de un campus avanzado; sin embargo, la universidad está trabajando en la investigación relacionada con la uva y el vino en la provincia en su conjunto y en particular en la región, especialmente en el nivel de posgrado.

En la Campaña, que pone de relieve la Universidad Federal del Pampa (UNIPAMPA) que tiene la primera y única Licenciatura de Enología del país, en el campus de Dom Pedrito. Además, el campus Pelotas del Instituto Federal de Rio Grande del Sur (IFSul) ofrece el curso de Viticultura y Enología tecnólogo. Se destacan en las inversiones federales, que la región recibió en los últimos 10 años. La región también tiene Polos de Educación a Distancia (EAD). Este movimiento dio lugar a la calificación en el nivel superior y técnica, en varias áreas, incluyendo la industria del vino. Otras instituciones involucradas en la investigación en la región son la Universidad Federal de Santa María (UFSM) y la Universidad Federal de Pelotas (UFPel), que también contribuyen a la formación de profesionales en el área de nivel de posgrado.

En el Valle del São Francisco, el Instituto Federal de Pernambuco (IFSertãoPE) alberga la "Escuela del Vino" y proporciona formación en el área del tecnólogo en Enología y Viticultura incluso los cursos de corta duración, como Operador de la producción Vitinícola y, más recientemente, Sommelier. Junto a esto, el campus de la Universidad de Juazeiro Estadual de Bahía (UNEB) tiene curso de Agronomía, especializaciones y maestrías, lo que abre la posibilidad de la asignatura en el ámbito de la fruticultura y vitivinicultura de irrigación.

En Uruguay existe una oferta de formación técnica que aporta cursos de corta duración. La formación técnica depende de la facultad de Química con un curso de profissional de Sommelier y por otro lado, la Escuela Superior de Vitivinicultura "Pte. Tomás Berreta", perteneciente a Universidad del Trabajo del Uruguay (UTU), en Canelones, ha sido la responsable de la formación de los Enólogos - su fundación data del año 1939 y es la precursora de las buenas prácticas vitivinícolas. A nivel Universitario la Universidad Católica del Uruguay (UCU) cuenta con la Licenciatura en Dirección de Empresas Turísticas. Ninguna propuesta aún está especializada en el tema vitivinícola. La Escuela de Enología y la Facultad de Química son las únicas propuestas técnicas vinculadas al sector.

Para hacer el análisis comparativo de las regiones estudiadas, se utilizó como criterio la presencia y densidad de las instituciones educativas que ofrecen cursos para apoyar el turismo del vino, así como su integración con el arreglo productivo local. La escala puede verse a continuación en la Figura 3. Se puede observar que las regiones brasileñas tienen un mayor vínculo con la disposición de turismo del vino, que se produce tanto en la organización de cursos y en propuestas concretas

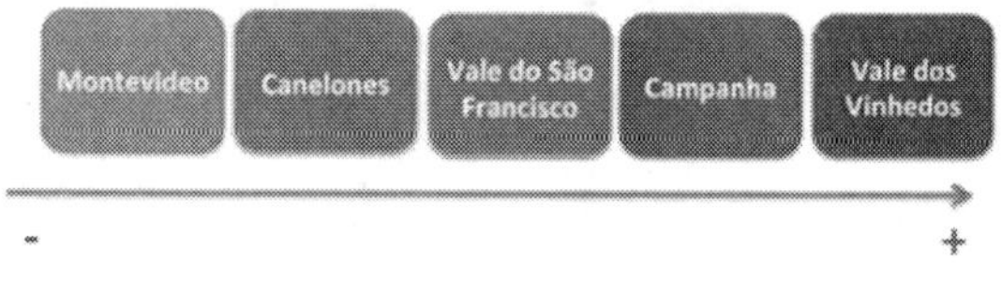

Figura 3. Escala de las regiones con relación a los criterios de instituciones de educación. Fuente: los autores.

de turismo del vino o enogastronomia. El Vale dos vinhedos tiene una serie de instituciones de enseñanza y de investigación que actúan de manera decisiva en los procesos importantes de mejora técnica y la estructuración de las regiones, como indicaciones geográficas. Incluso en las regiones emergentes de Brasil, que dependen de las instituciones para menores, ya se puede ver una preocupación con el enoturismo y la participación en este proceso. Por otro lado, las instituciones uruguayas tienen una tradición con formación técnica en el área de cultivo de la viña, lo que contribuye de manera significativa al desarrollo de la viticultura en la región. Al mismo tiempo, hay una formación en turismo y gastronomía; pero este tipo de formaciones terminan interactuando menos con el enoturismo, que se dirige más a otras áreas.

3.4. Indicación geográfica

El proceso de la indicación geográfica es muy importante en el contexto de Brasil, ya que además de reconocer y proyectar la región, que en última instancia contribuye a una mayor articulación de los actores, que tiene repercusiones en otras esferas. En este sentido, los vinos también han desempeñado un papel central en el desarrollo de las indicaciones geográficas en Brasil, fueron los precursores de este proceso y siguen siendo una referencia para las indicaciones geográficas en otras áreas.

En el vale dos vinhedos, el proceso de IG se inició en 1995 por iniciativa de los productores locales, con la creación de la Asociación de Bellas Productores de Vino del Valle de viñedos (Aprovale). La indicación de procedencia para la región do vale dos vinhedos (IPVV) se delimitó en 1999 y se estableció en noviembre de 2002, la primera IG Brasil (Falcade 2007). A partir de 2012 IG Denominación de Origen (DO) que implica el nivel más específico y más alto de calidad para la producción de vinos y espumantes.

En la Campaña, la indicación geográfica proceso está ligado a la Red de Centros de Innovación en Viticultura, siendo coordinado por la Embrapa Uva y el Vino y conectado a SIBRATEC, el Ministerio de Ciencia y Tecnología, con fondos de la FINEP. La investigación se inició oficialmente en 2013, y la previsión es de reconocimiento en 2016. El proceso de IG ha contribuido a una mayor coordinación de los actores y jugó un papel decisivo en la formación de la Campaña de la Asociación de vino. En el Valle del São Francisco el proceso de IG ha estado en curso desde 2015, coordinado por Embrapa Uva y el Vino y con una estructura similar a los procesos de IG que tienen lugar en la Serra Gaúcha. Se pone en destaque que la Campaña y el Vale do São Francisco son las únicas áreas fuera de la Serra Gaúcha que iniciaron el proceso de indicación geográfica.

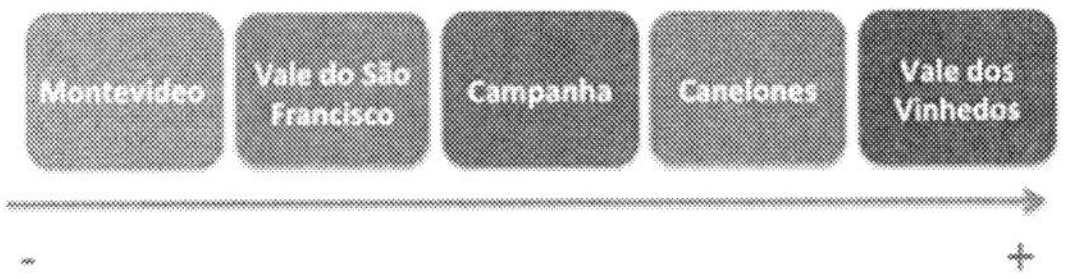

Figura 4. Escala de las regiones con relación a la Indicación Geográfica. Fuente: los autores.

Figura 5. Escala de las regiones con relación al turismo y promoción del vino y de la región. Fuente: los autores.

En Uruguay existe una iniciativa del Ministerio de Turismo del Uruguay para generar referencias geográficas de establecimientos productivos y atractivos turísticos en general. Para los vinos, segundo el INAVI, la región de Canelones cuenta con tres IGs: Juanicó, desde 1994, Canelón Chico y Atlántida, desde 2002. No hay todavía una articulación entre la indicación geográfica de la región vinícola y los actores para la promoción del enoturismo.

La Figura 4 muestra un diagrama con la escala de desarrollo en lo que respecta a la indicación geográfica. En este sentido, es importante que los países tienen diferentes marcos legales, y diferentes procesos para el reconocimiento de las indicaciones geográficas, por lo que es difícil establecer una escala de comparación. Para establecer la escala se consideró la existencia de las indicaciones geográficas y la profundización en el primer lugar. Por lo tanto, el Vale dos vinhedos aparece en primer lugar porque, a pesar de haber reconocido por primera vez después de IG Canelones, el proceso se ha convertido en la categoría de origen. Al mismo tiempo, el caso del Vale dos vinhedos que contribuye directamente sólo a la articulación de la región y la promoción del turismo del vino. Luego vinieron las regiones brasileñas que ya tienen GI en curso, seguido de Montevideo.

3.5. Turismo y promoción del vino y de la región

En ese tópico se evalúa la relación entre el vino y el enoturismo y la promoción de las regiones. En la Serra Gaúcha está aumentando la participación del turismo en la promoción del vino de la tierra. Fuerte tendencia de las bodegas para adoptar los proyectos de turismo programas / vino. El turismo del vino también ha sido una estrategia importante para las pequeñas bodegas que producen vinos y zumos de uva coloniales, la diversificación de las actividades rurales, con el fin de ampliar los ingresos familiares y la apreciación del producto regional. Al mismo tiempo, el vino, históricamente ha sido utilizado para promover la región de Serra Gaucha y su industria; por citar un ejemplo, la historia de la Fiesta de la Uva en Caxias do Sul está relacionado principalmente con la idea de promover la industria metalúrgica y metal-mecánica en la región, y no de sus uvas y vinos [10].

Tras la tendencia de inversión en enoturismo, las bodegas de la Campaña han estado trabajando para establecer rutas regionales, combinando las propuestas con elementos de la cultura gauchesca o con compras en el turismo fronterizo. El enoturismo es un importante canal para la venta directa de vino. Una curiosidad es que algunas bodegas han invertido en enoturismo (o planes de inversión) en otras regiones turísticas de Brasil, como la Serra Gaúcha o incluso el estado de São Paulo. Otro punto es la proximidad con Uruguay, al igual que en el caso de la festividad Bi-Nacional de Enogastronomía en Santana do Livramento.

El turismo en el Valle de San Francisco tiene dos públicos: el del ocio y de los negocios. El turismo de negocios se centra en Petrolina directamente relacionada a la irrigación del polo de las frutas. En términos de placer, el punto turístico principal es el río San Francisco; las agencias locales ofrecen rutas y programas, incluyendo paseos en bote y visitar la presa de Sobradinho. En términos de turismo del vino, las bodegas están proponiendo rutas relacionadas con el río San Francisco, incluyendo otros lugares, como las industrias de frutas, comida o vino. El turismo del vino está creciendo en importancia y se está convirtiendo en una actividad clave para algunas bodegas en términos de marketing, sino también para poner de entrada. Al mismo tiempo, el turismo del vino se está convirtiendo en una atracción para la región; una encuesta a los turistas que visitaron la región Casa Nova mostró que el 57% de los turistas de ocio fueron motivados por el enoturismo [16].

En Uruguay, el enoturismo y el turismo rural son dos aspectos que se están trabajando y a los cuales se les da una importancia particular. Sin embargo permanece como una situación excepcional ya que sigue siendo la actividad principal la viticultura o la bodega. Cambios en la cultura del consumo del vino hace que se necesite un proceso de reposicionamiento del producto en el mercado local.

Canelones y Montevideo ocupan la región metropolitana, por lo cual muchas de las estrategias de desarrollo están integradas, e incluso, las bodegas integrantes de la Asociación Los Caminos del Vino, son de ambos departamentos. Esta cercanía geográfica, facilita algunos de los procesos de abordaje integral de la propuesta de enoturismo. Un destaque importante ha sido la celebración del "Día de Enoturismo", que tiene lugar en el segundo fin de semana de cada año. Este evento, que se concentra la actividad bodegas, el turismo, la gastronomía y el valor cultural y patrimonial, es único en América Latina y está vinculado a proyectos desarrollados por Red Europea de Ciudades del Vino (RECEVIN). Las actividades se desarrollan en cuatro departamentos (Montevideo, Colonia, Maldonado y Montevideo). Las celebraciones del Día Enoturismo tienen el apoyo del Gobierno Federal (a través del Ministerio de Turismo y INAVI) y los Departamentos.

4. Considerations

Los análisis de este artículo han permitido evaluar, de forma exploratoria, las condiciones de competencia presentes en las áreas de la actividad reciente enoturística en ambos países considerados de estar surgiendo en la producción mundial de vino: Brasil y Uruguay. En términos generales, era posible establecer un marco analítico para las dos realidades, que en el futuro será ampliado y profundizado. El turismo del vino, como fue explicado claramente, es un sector económico importante en las regiones analizadas, y su papel ha sido cada vez más importante para la comprensión de la dinámica del "negocio del vino" en la actualidad.

La creciente oferta de productos de mayor calidad ha cambiado todas las regiones analizadas. Hasta la década de 1970 se hizo hincapié en la producción de uvas y vinos en territorios más analizados, desde finales de 1980 el vino asumió un papel de liderazgo en la cadena de producción de la uva y el vino en ambos países. Y a partir de finales de la década de 1990, un valor creciente movimiento, el suministro asociado de vino con el turismo local y la gastronomía añadió, ha dado lugar a una nueva forma de relación con sus consumidores cadena: el turismo del vino. Este movimiento, presente tanto entre los pequeños productores y entre las bodegas más grandes, permite el desarrollo de un "turismo/economía de experiencia." Las experiencias son considerados como diferentes ofertas económicas, y diferentes servicios, debido a que el concepto de experiencia presupone una forma de agregar valor en la prestación de servicios.

En gran medida, estas iniciativas relacionadas con el turismo del vino están surgiendo, sobre todo en la región de la Sierra del Río Grande del Sur (Brasil) de los proyectos de las indicaciones geográficas (IG), que comenzó en la región desde la década de 2000. El IG se caracterizan como una posibilidad para facilitar estrategias de inclusión social y económica (Niederle; VITROLLES, 2010), que actúa como refuerzo de los instrumentos de los territorios. Según Farias . . . [1], el fortalecimiento de las marcas de la IG despejar una característica cada vez más presente en la industria del vino: la dependencia de los agricultores tienen centros urbanos.

El crecimiento del turismo del vino supone la búsqueda de los turistas que vienen, sobre todo en las zonas urbanas. El clima, la cultura y el imaginario vinculado a la producción de vino ayuda a crear una "atmósfera de vino" en sí. En este sentido, se demuestra el argumento Wanderlei [17], que con respecto a "nuevas ruralidades brasileños", es la dificultad de distinguir a la población rural de las zonas urbanas, con más bien un "continuo rural-urbano". Esta característica se presenta también por otros autores con respecto a los cambios en la vida rural en otros países [18,19]. Por lo tanto, las directivas que tengan la intención de fortalecer el turismo del vino, especialmente entre los pequeños productores deben pasar necesariamente por la creación de guiones y la viabilidad de acceso de turistas urbana a las zonas rurales.

Por medio del marco analítico utilizado, fue posible verificar las similitudes y diferencias entre las regiones enoturísticas en ambos países, en particular, los elementos que componen los factores de competitividad e innovación. Se puede observar que las regiones brasileñas acaban teniendo papel importante, ya que atraer a los principales actores institucionales, incluidas las organizaciones educativas y de investigación. Por otro lado, las regiones uruguayas tienen una densidad y estructura importante, lo que puede dar todo su apoyo al desarrollo del turismo del vino, especialmente de manera complementaria a la disposición de turismo existentes en el país. Por lo tanto, se puede decir que el turismo del vino elaborado en Uruguay está más vinculado a la visita de las unidades de producción (bodegas y sus viñedos), mientras que el turismo del vino brasileña está más asociada con la experiencia y la vida al turista con la "atmósfera" de vino involucrando así a un mayor número de empresas e instalaciones turísticas. En parte, este comportamiento turista brasileño es debido al conocimiento incipiente que esto tiene sobre el vino, que puede ser determinada por el consumo per cápita de menos de 2 litros (IBRAVIN).

Es interesante destacar que Uruguay y Brasil ya tienen una trayectoria de aproximación para el enoturismo, a través de acciones tales como el 5°Congreso Latinoamericano de Enoturismo Montevideo, promovido en el año de 2015 por AENOTUR (Asociación de Turismo del Vino) y ATEU (Asociación de Enoturismo de Uruguay), cuando se discutió la creación de grupos de trabajo y el intercambio de experiencias. Otro ejemplo es el Festival Binacional de Enogastronomía que ocurre en Santana do Livramento y Rivera, una región que también tiene una iniciativa de formación técnica binacional, una colaboración entre el Instituto Federal Sul Riograndense (IFSul) y la Universidad del Trabajo del Uruguay (UTU); la carrera técnica en los alimentos/cocina ocurre en la Escuela Técnica de Rivera. En este sentido, se pueden vislumbrar las perspectivas de cooperación entre Brasil y Uruguay para intensificar, lo que podría generar una sinergía y fortalecer los factores de competitividad en ambos países. El enoturismo puede ser un elemento complementario, lo que permite una ampliación de las relaciones comerciales y la cooperación existentes entre los dos países.

Referencias

[1] Farias, C. V. S. O papel das instituições na formação e transformação da vitivinicultura da Serra Gaúcha: possibilidades de interpretações do desenvolvimento rural pela nova economia institucional (2016)
[2] Coutinho, Luciano G.; Ferraz, J. C. *Estudo da competitividade da indústria brasileira.* (Papirus. Editora da Universidade Estadual de Campinas, 1994)
[3] Barbosa, F. V. in *Compet. alianças estratégicas e gerência Int.* (Rodrigues, S. B.) 21–40 (Atlas, 1999)
[4] Lapolli, J. N. et al. *A competitividade da viticultura brasileira: análise setorial e programa de ação com destaque para o Rio Grande do Sul.* (Banrisul/EMBRAPA - CNPUV/SEBRAE, 1995)
[5] Ferraz, João Carlos; Kupfer, David; Haguenauer, L. *Made in Brazil: desafios competitivos para a indústria.* (Campus, 1997)
[6] Porter, M. E. *A vantagem competitiva das nações.* (Campus, 1993)
[7] Porter, M. E. Cluster and the new economics of competition. *Harv. Bus. Rev.* 77–99 (1998)
[8] Hall, C. M., Sharples, L., Cambourne, B. & Macionis, N. *Wine tourism around the world: development, management and markets.* (Routledge, 2000)
[9] Sommers, B. J. *The Geography of Wine: How Landscapes, Cultures, Terroir, and the Weather Make a Good Drop.* (Penguin Group US, 2008)
[10] Falcade, I. in *Abordagens teórico-metodologicas em Geogr. agrária* (Marafon, G. J., Rua, J. & Ribeiro, M. A.) 225–253 (EdUERJ, 2007)
[11] Falcade, I. & Medeiros, R. M. V. Transformações no vale dos vinhedos: dinâmicas urbanas no rural? in *An. do I Simpósio Nac. o Rural e o Urbano no Bras.* (USP) (Edusp, 2006)

DOI: 10.1051/bioconf/20160703024

[12] OIV. *OIV Vine and Wine Outlook 2010-2011*. (OIV, 2014)
[13] Falcade, I. A Paisagem como Representação Espacial: A paisagem Vitícola como Símbolo da Indicação de Procedência de vinhos das regiões Vale dos Vinhedos Pinto Bandeira e Monte Belo do Sul (Brasil) (2011)
[14] IBGE (Instituto Brasileiro de Geografia e Estatística). Sistema IBGE de Recuperação Automática - SIDRA. *Banco Dados Agreg.* (2015). at <http://www.sidra.ibge.gov.br/>
[15] Flores, S. S. Desenvolvimento territorial sustentável a partir da vitivinicultura: o caso dos 'Vinhos da Campanha' (2011)
[16] Bahia (Brasil). *Caracterização do turismo receptivo na Bahia, 2011: Casa Nova*. (2012). at <http://observatorio.turismo.ba.gov.br/pesquisas-de-segmentos/enoturismo/2011-2/>
[17] Wanderley, M. N. B. A emergência de uma nova ruralidade nas sociedades modernas avançadas?: o rural como espaço singular e coletivo. *Estud. Soc. e Agric.* **15,** 87–145
[18] Cloke, P. in *Handb. Rural Stud.* 126–147 (Sage Publications, 2006)
[19] Ploeg, J. D. van der et al. Rural development: from practices and policies towards theory. *Sociol. Ruralis* **40,** 391–408 (2000)

An institutional approach to the history of wine in brazil

Carolina Miranda Cavalcante[a]

Federal University of Rio de Janeiro, Brazil

Abstract. The history of wine in Brazil dates back to 1532, when Brás Cubas tried to cultivate the vine on São Paulo coast. As we can imagine, it was not a very successful venture. Later, other efforts were made by Jesuits in the seventeenth century. In 1739 Portugal prohibited the production of grapes and wine in the colony and this prohibition lasted until the Independence of Brazil in 1822. Although it is interesting to mention those fledgling efforts to produce wine in Brazil, the decisive impetus for the Brazilian wine industry only began with the Italian immigration of the late nineteenth century. These immigrants from Veneto and Trentino Alto Adige settled in the Serra Gaucha and received land from the government, for which they had to pay later. Some of today famous Brazilian wineries, like Miolo and Casa Valduga, began as small canteens initiated by Italian immigrants. These immigrants had not the intention to build a wine industry when they arrived in Brazil. The primary intention was to make wine for their own consumption provided that wine was considered as a food, a part of Italian culture and tradition, not simply an alcoholic beverage. Therefore, wine industry in Rio Grande do Sul emerged to supply a cultural demand of the Italian immigrants. A different motive can be identified in the reasons of the implementation of a wine industry in São Francisco Valley, backcountry of Northeast Brazil. We could say that the region became economically interesting since the development induced by investments in irrigation, conducted mainly by CODEVASF. Therefore, the drive for wine production in Serra Gaucha was culture, while the drive for São Francisco Valley wine industry was the business opportunities engendered by institutional policies conducted on the region. In this article, I will consider the history of wine industry in Serra Gaucha and in São Francisco Valley through the lens of Institutional Economics, initiated by Thorstein Veblen in the late nineteenth century, reworked by new institutionalists like Douglass North, and continued today by authors like Geoffrey Hodgson and others. I suggest three institutional dimensions that are usually considered by the seminal authors of Institutional Economics: (i) rules of the game, they are the formal and informal rules that structure human interaction; (ii) mental models, consistent of ideologies, habits of thought and all the internalized rules of the game; (iii) organizations, that are groups of individuals acting together with an at least temporary common purpose. The objective of this article is to tell the history of wine in Brazil and to compare the different motives for wine production in those two Brazilian regions. The question proposed in this article is: which institutional dimension was more important for the emergence of a wine industry in Serra Gaucha and São Francisco Valley? The hypothesis is that not only government policies in the São Francisco Valley were important for the emergence of a wine industry in Brazilian backcountry, but also the know-how acquired in winegrowing in Serra Gaucha. This article is divided in five parts. The first section introduces the topics proposed in the article. In the second section, the institutionalist theory will be presented, based on the idea of the three institutional dimensions. In the third section, the history of wine in the Serra Gaucha will be told. In the fourth section, the motives for a wine industry in São Francisco Valley will be presented. Finally, the fifth section concludes the article.

Resumen. La historia del vino en Brasil se remonta a 1532, cuando Brás Cubas trató de cultivar la vid en la costa de Sao Paulo. Como podemos imaginar, que no era una empresa muy exitosa. Más tarde, otros esfuerzos se hicieron por los jesuitas en el siglo XVII. En 1739 Portugal prohibió la producción de uva y el vino en la colonia y esta prohibición duró hasta la Independencia de Brasil en 1822. Si bien es interesante mencionar los esfuerzos incipientes para la producción de vino en Brasil, el impulso decisivo para la industria del vino brasileña sólo comenzó con la inmigración italiana de finales del siglo XIX. Estos inmigrantes de Veneto y Trentino Alto Adige se establecieron en la Serra Gaucha y recibieron tierras por parte del gobierno, para lo cual tenían que pagar más tarde. Algunos de hoy famosa bodegas brasileñas, como Miolo y Casa Valduga, comenzaron como pequeñas cantinas iniciadas por inmigrantes italianos. Estos inmigrantes no tenían la intención de construir una industria del vino cuando llegaron a Brasil. La primera intención era hacer el vino para su propio consumo, una vez que el vino era considerado como un alimento, una parte de la cultura italiana y la tradición, y no simplemente una bebida alcohólica. Por lo tanto, la industria del vino en Rio Grande do Sul surgió para abastecer a una demanda cultural de los inmigrantes italianos. Un motivo diferente puede ser

[a] e-mail: `cmcavalcante@gmail.com`

identificado en las razones de la implementación de una industria del vino en el Valle del San Francisco, sertón del nordeste de Brasil. Podríamos decir que la región se convirtió interesante desde el desarrollo inducido por las inversiones en riego, llevados a cabo principalmente por la CODEVASF. Por lo tanto, el impulso inicial de la producción de vino en Serra Gaucha fue la cultura, mientras que el impulso inicial para la industria del vino del Valle del São Francisco era las oportunidades de negocio generadas por las políticas institucionales llevadas a cabo en la región. En este artículo, voy a considerar la historia de la industria del vino en Serra Gaucha y en el Valle del San Francisco a través de la lente de la economía institucional, iniciada por Thorstein Veblen a finales del siglo XIX, reelaborado por los nuevos institucionalistas como Douglass North, y continuó hoy por los autores como Geoffrey Hodgson y otros. Sugiero tres dimensiones institucionales que generalmente son considerados por los padres fundadores de la economía institucional: (i) reglas del juego, que son las reglas formales e informales que estructuran la interacción humana; (ii) los modelos mentales, consistente de las ideologías, hábitos de pensamiento y todas las reglas internalizadas del juego; (iii) las organizaciones, que son grupos de personas que actúan junto con un propósito común, aunque sea temporalmente. El objetivo de este artículo es para contar la historia del vino en Brasil, y comparar los diferentes motivos para la producción de vino en esas dos regiones de Brasil. La pregunta propuesta en este artículo es: ¿qué dimensión institucional era más importante para el surgimiento de una industria del vino en Serra Gaucha y en el Valle del San Francisco? La hipótesis es que no sólo las políticas del gobierno en el Valle del São Francisco eran importantes para el surgimiento de una industria del vino en el sertón del nordeste, sino también el know-how adquirido en la viticultura en Serra Gaucha. Este artículo se divide en cinco partes. La primera sección presenta los temas propuestos en el artículo. En la segunda sección, se presentará la teoría institucionalista, basado en la idea de las tres dimensiones institucionales. En la tercera sección, se le dirá la historia del vino en la Serra Gaucha. En la cuarta sección, se presentarán los motivos de la industria del vino en el Valle del San Francisco. Por último, la quinta sección concluye el artículo.

Zusammenfassung: Die Geschichte des Weins in Brasilien stammt aus dem Jahr 1532, Als Brás Cubas versucht, die Reben auf São Paulo Küste zu pflegen. Wie wir uns vorstellen können, es war kein sehr erfolgreiches Unternehmen. Später andere Bemühungen wurden von den Jesuiten im siebzehnten Jahrhundert. Im Jahre 1739 Portugal die Produktion von Trauben und Wein in der Kolonie verboten und dieses Verbot dauerte bis zur Unabhängigkeit von Brasilien im Jahre 1822. Obwohl es interessant ist, diese noch junge Bemühungen zu erwähnen Wein in Brasilien, der entscheidende Impulse für den brasilianischen Weinindustrie zu produzieren nur Begann mit der italienischen Einwanderung des späten neunzehnten Jahrhunderts. Diese Einwanderer aus dem Veneto und Trentino-Südtirol ließen sich in der Serra Gaucha und erhielten Land von der Regierung, für die sie hatte später zu zahlen. Einige von heute berühmten brasilianischen Weingüter, wie Miolo und Casa Valduga begann die kleine Kantinen von italienischen Einwanderern eingeleitet. Diese Einwanderer hatten nicht die Absicht, die Weinindustrie zu bauen, wenn sie in Brasilien angekommen. Die primäre Absicht war es, Wein für den Eigenverbrauch zur Verfügung gestellt dass machen wurde der Wein das Essen gilt als der Teil der italienischen Kultur und Tradition, nicht nur ein alkoholisches Getränk. Daher Weinindustrie in Rio Grande do Sul, die kulturelle Nachfrage der italienischen Einwanderer zu liefern entstanden. Ein anderes Motiv kann in der Begründung der Umsetzung der Weinindustrie in São Francisco-Tal, Hinterland von Nordosten Brasilien identifiziert werden. Könnte man sagen dass die Region von der Entwicklung durch Investitionen in Bewässerung, durch CODEVASF Hauptsächlich Leitung induziert interessant geworden ist. Daher war der Antrieb für die Weinproduktion in Serra Gaucha Kultur, während der Fahrt São Francisco-Tal Weinindustrie ist die Geschäftsmöglichkeiten war auf die Region erzeugt durch institutionelle Politik durchgeführt. In diesem Artikel werde ich die Geschichte der Weinindustrie in Serra Gaucha und in São Francisco-Tal durch die Linse der Institutional Economics, initiiert von Thorstein Veblen im späten neunzehnten Jahrhundert, nachbearbeitet durch neue Institutionalisten wie Douglass North und fuhr fort, die heute von Autoren betrachten wie Geoffrey Hodgson und andere. Ich schlage vor, drei institutionellen Dimensionen sind que der Regel durch Sie gilt als die Gründungsväter der Institutional Economics: (i) Regeln des Spiels sind sie die formelle und informelle Regeln que Struktur den Menschen; (Ii) mentale Modelle, im Einklang von Ideologien, Gewohnheiten des Denkens und alle verinnerlicht Regeln des Spiels; (Iii) Organisationen, que sind Gruppen von Individuen wirken zusammen mit einer zumindest temporären gemeinsamen Zweck. Das Ziel dieses Artikels ist es, die Geschichte des Weins in Brasilien zu erzählen und die verschiedenen Motive für die Weinproduktion in den beiden brasilianischen Regionen zu vergleichen. Die Frage in diesem Artikel Vorgeschlagen wird: die institutionelle Dimension wichtiger für die Entstehung der Weinindustrie in Serra Gaucha und São Francisco-Tal war? Die Hypothese ist, que nicht nur die Regierungspolitik in São Francisco-Tal für die Entstehung der Weinindustrie in der brasilianischen Hinterland wichtig waren, sondern auch das Know-how in den Weinbau in Serra Gaucha erworben. Dieser Artikel ist in fünf Teile gegliedert. Der erste Abschnitt stellt die Themen in dem Artikel vorgeschlagen. Im zweiten Abschnitt wird die institutionalistischer Theorie vorgestellt, basierend auf der Idee der drei institutionellen Dimensionen. Im dritten Abschnitt wird die Geschichte des Weins in der Serra Gaucha erzählt werden. Im vierten Abschnitt werden die Motive für die Weinindustrie in São Francisco-Tal präsentiert. Schließlich wird in der fünften Abschnitt des Artikels.

DOI: 10.1051/bioconf/20160703025

1. Introduction

In this article I intend to tell, from an institutionalist point of view, a brief history of wine production in Brazil since its early efforts in sixtieth century. Although the production of wine exists in many of the Brazilian states, I choose the two most important regions, in volume of production, of fine wine, namely, the state of Rio Grande do Sul and São Francisco Valley region in the backcountry of Northeast Brazil. Of course, we have good fine wines produced in Santa Catarina, for example, but its production is restricted to small canteens. For the sake of comparision, in this article, I will concentrate in the comparision between Rio Grande do Sul and São Francisco Valley, although some aspects of Santa Catarina wine production are occasionally mentioned throughout the article.

The history of wine in Brazil dates back to 1532, when Brás Cubas tried to cultivate the vine in São Paulo coast. As we can imagine, it was not a very successful venture. Later, other efforts were made by Jesuits in the seventeenth century. In 1739 Portugal prohibited the production of grapes and wine in the colony and this prohibition lasted until the Independence of Brazil in 1822. Although it is interesting to mention those fledgling efforts to produce wine in Brazil, the decisive impetus for the Brazilian wine industry only began with the Italian immigration of the late nineteenth century. These immigrants from Veneto and Trentino Alto Adige settled in the Serra Gaucha and received land from the government, for which they had to pay later. Some of today famous Brazilian wineries, like Miolo and Casa Valduga, began as small canteens initiated by Italian immigrants. These immigrants did not have the intention to build a wine industry when they arrived in Brazil. The primary intention was to make wine for their own consumption provided that wine was considered as a food, a part of Italian culture and tradition, not simply an alcoholic beverage. Therefore, wine industry in Rio Grande do Sul emerged, although not intentionally, to supply a cultural demand of the Italian immigrants.

A different motive can be identified in the reasons of the implementation of a wine industry in São Francisco Valley, backcountry of Northeast Brazil. We could say that the region became economically interesting since the development that was induced by investments in irrigation, conducted mainly by CODEVASF. Therefore, the drive for wine production in Serra Gaucha was culture, while the drive for São Francisco Valley wine industry ware the business opportunities engendered by institutional policies previously conducted on the region.

In this article, I will consider the history of wine industry in Serra Gaucha and in São Francisco Valley through the lens of Institutional Economics, initiated by Thorstein Veblen in the late nineteenth century, reworked by new institutionalists like Douglass North, and continued today by authors like Geoffrey Hodgson and others. I suggest three institutional dimensions that are usually considered by the seminal authors of Institutional Economics: (i) rules of the game, they are the formal and informal rules that structure human interaction; (ii) mental models, consistent of ideologies, habits of thought and all the internalized rules of the game; (iii) organizations, that are groups of individuals acting together with an at least temporary common purpose.

The objective of this article is to tell the history of wine in Brazil and to compare the different motives for wine production in those two Brazilian regions. The question proposed in this article is: which institutional dimension was more important for the emergence of a wine industry in Serra Gaucha and São Francisco Valley? The hypothesis is that not only government policies in the São Francisco Valley were important for the emergence of a wine industry in Brazilian backcountry, but also the know-how acquired in winegrowing in Serra Gaucha.

This article is divided in five parts. The first section introduces the topics proposed in the article. In the second section, the institutionalist theory will be presented, based on the idea of the three institutional dimensions. In the third section, the history of wine in the Serra Gaucha will be told. In the fourth section, the motives for a wine industry in São Francisco Valley will be presented. The second section is based on Cavalcante (2014). The third and the fourth section are based on Cavalcante (2010). Finally, the fifth section concludes the article.

2. Institutionalist framework: The three institutional dimensions

Usually institutional economics is divided in two branches, the old institutional economics (OIE) and the new institutional economics (NIE). Thorstein Veblen is considered the father of American Institutionalism, which latter received the denomination of old institutionalism in an attempt of the new institutionalists to differentiate themselves from the Veblenian branch of institutional economics. In 1898 Veblen published the article "Why is Economics not an Evolutionary Science?", in which orthodox economics is considered as non-evolutionary and an evolutionary economic science is suggested to take its place. Veblen was considered a radical critique of orthodoxy of the late nineteenth century, but in this particular aspect he was not followed by his recognized disciples, namely, Wesley Mitchell and John Commons (Backhouse, 1985)

Veblen's radical ideas called attention in the American Academy in the interwar period, declining after the Second World War. Several factors may be identified as causes of the American Institutionalism decline, like the abandonment of an instinct/habit approach by psychologists, the separation of sociology from economics, the rise of Keynesianism and the appearance of new institutionalism itself. In 1937 Coase published an article entitled "The Nature of the Firm", which gave impetus to this new branch of institutionalist thinking, namely, the new institutional economics. Coase developed the idea that the use of market mechanism had its costs, which he called transaction costs. Williamson developed further this idea in the context of the theory of the firm and North conjugated this idea with other concepts – like bounded rationality, ideology, a theory of the State and institutions – to build an institutionalist approach to economic history and economic growth. Of course, institutional economics is not limited to these two simple branches and those couple of authors, but what has been said is enough to give a quick overview of institutionalism in economics.

Now I am going to define what I understand by the three institutional dimensions – rules of the game, mental

 DOI: 10.1051/bioconf/20160703025

models and organizations. It is through those dimensions that I will present, in the two following sections, a comparative history of wine in the two major producers of fine wine in Brazil, namely, Rio Grande do Sul and São Francisco Valley.

Veblen advocated an evolutionary approach based in another comprehension of human nature based on a theory of instincts. The idea is that instincts would drive individuals for action and this action involves an interchange with material life, moreover the repeated action creates patterns that crystallize into habits of thought. Then, Veblen defines institutions as habits of thought:

> The institutions are, in substance, prevalent habits of thought with respect to particular relations and particular functions of the individual and of the community; and the scheme of life, which is made up of the aggregate of institutions in force at a given time or at a given point in the development of any society, may, on the psychological side, be broadly characterized as a prevalent spiritual attitude or a prevalent theory of life (Veblen, 1899, p. 88).

Further, Veblen continues:

> Any community may be viewed as an industrial or economic mechanism, the structure of which is made up of what is called its economic institutions. These institutions are habitual methods of carrying on the life process of the community in contact with the material environment in which it lives (Veblen, 1899, p. 89).

Veblen is defining institutions as ways of thinking and doing things inherited from the past, so, we have patterns of behavior that became habitual, in other words, habits of thought. In the conception of habits of thought we can observe two dimensions of institutions: (i) mental models: ways of thinking and doing things, where this dimension can be said to live inside the mind of individuals; (ii) rules of the game: patterns of behavior previously engendered by past actions, where this dimension rests outside the mind of individuals provided that individual present action take those rules as given.

North also suggested an alternative conception of human nature based on the idea of bounded rationality, elaborated by Herbert Simon.

> Bounded rationality is simply the idea that the choices people make are determined not only by some consistent overall goal and the properties of the external world, but also by the knowledge that decision makers do and don't have of the world, their ability or inability to evoke that knowledge when it is relevant, to work out the consequences of their actions, to conjure up possible courses of action, to cope with uncertainty (including uncertainty deriving from the possible responses of other actors), and to adjudicate among their many competing wants. Rationality is bounded because these abilities are severely limited (Simon, 2000, p. 25).

It is important to note that an individual driven by instincts is different from an individual driven by some principle of rationality. In North's conception, institutions are defined as the rules of the game of society, where the institutional matrix provides incentives to individual rational choices. These rules of the game are clearly outside the mind of individuals.

> Institutions are the humanly devised constraints that structure political, economic and social interaction. They consist of both informal constraints (sanctions, taboos, customs, traditions, and codes of conduct), and formal rules (constitutions, laws, property rights). Throughout history, institutions have been devised by human beings to create order and reduce uncertainty in exchange (North, 1991, p. 97).

So institutions deliver a set or rules of the game where individuals can interact. North (1990, p. 4) compares this institutional framework where human interactions takes place with the "rules of the game in a competitive team sport". In the game of society we have, likewise in soccer, a judge – the state –, the players – economic agents – and the teams – organizations. The state has the function of guaranteeing the respect of the rules of the game, punishing those that do not comply with those rules. The state is at this position because it is "an organization with a comparative advantage in violence" (North, 1981, p. 21). Note that here the state is not an institution, but an organization, and institutions and organizations are different kinds of elements in the social world in North's perspective[1].

Another feature of North's theory is the concept of ideology. North recognizes that sometimes individuals will not behave opportunistically and it is not irrational. They do so, because sometimes the individuals' conceptions about the world prevent them from acting opportunistically, even if it is not rational do so.

> By ideology I mean the subjective perceptions (models, theories) all people possess to explain the world around them. Whether at the microlevel of individual relationships or at the macrolevel of organized ideologies providing integrated explanations of the past and present, such as communism or religions, the *theories* individuals construct are *colored* by normative views of how the world should be organized (North, 1990, p. 23).

Thus, ideology refers to a self-policing set of conceptions that individuals possess about the world. In this sense, we can understand ideology as mental models. In a more recent book, North (2005) embraces the developments of cognitive science, considering more closely the idea of mental models. But as we can note, the idea of a cognitively apprehended reality already existed in North's thinking through the concept of ideology. If we understand these mental models as selectively internalized rules of the game, once ideas cannot come from nowhere, and ideology as a mental model provides restrictions to human behavior, we can also understand ideology as a kind of institution. Furthermore, ideology are the rules inside the mind of individuals, they are mental models.

[1] In a recent dialogue with Hodgson (2006), North clarifies his point of view, establishing that although he uses the idea of an organization as a player, an organization can also be seen as an institution.

Dequech (2002) pointed out that a demarcation between the old and the new institutional economics has become more and more difficult; one reason is that the idea of mental models in North approximates his theory from Veblen's idea of habits of thought, although these conceptions are not quite the same. The dimensions of mental models and rules of the game seem to be more entangled in Veblen's conception, while in North this separation between these two dimensions of institutions appears more clearly. In Veblen it is possible to observe what Hodgson (2003) denominated as "reconstitutive downward causation". The patterns of behavior that may become rules are not absolute restrictions to human action, but they are temporally seem as constraining in the sense that individuals cannot voluntary and instantly alter crystallized habits of thought. It takes time and the result is not identical to what individuals had intended at first.

Commons is also considered a member of the American Institutionalism, but he has an alternative comprehension of institutions. The ideas of scarcity and transaction made him the most important American Institutionalist in new institutionalists' point of view (Furubotn; Richter, 2005, p. 41). Commons (1931) takes the Humean idea that scarcity is the source of the conflict of interests and without restrictions to individual action those conflicts would be solved by use of physical force. Those restrictions to individual action are provided by the institutions, defined as the "collective action in control, liberation and expansion of individual action" (Commons, 1931, p. 648).

> Collective action ranges all the way from unorganized custom to the many organized going concerns, such as the family, the corporation, the trade association, the trade union, the reserve system, the state. The principle common to all of them is greater or less control, liberation and expansion of individual action by collective action (Commons, 1931, p. 649).

Institutions have working rules that are "expressed by the auxiliary verbs of what the individual can, cannot, must, must not, may or may not do" (Commons, 1931, p. 650). Thus, working rules impose restrictions to human action in dispute for scarce resources, making institutions an instance of conflict resolution, or a mechanism of conflict resolution in this struggle for scarce resources. On this institutional mediated struggle, the idea of transaction is central, and Commons (1931, p. 652) made the transaction the "ultimate unit of economic investigation". A transaction is an original agreement between individuals and is closely related to property rights, being defined as "the alienation and acquisition, between individuals, of the *rights* of property and liberty created by society, which must therefore be negotiated between the parties concerned before labor can produce, or consumers can consume, or commodities be physically exchanged" (Commons, 1931, p. 652). Further, every transaction has three implicit social relations, namely, conflict, dependence and order; wherein what makes the order possible are the working rules established by the institutions.

This distinct comprehension of institutions implied a different view on the nature of social conflicts. In Veblen's conception, the conflict between individuals emerges because they have different habits of thought and, in Commons' conception, the conflict emerges because the economic environment consists of scarce resources and it engenders conflicts of interests between individuals struggling for these scarce resources. Furthermore, the association of a transaction with property rights and the idea of institutions as mechanisms of conflict resolution, a conflict that ultimately emerges from scarcity, makes his comprehension of institutions closer to new institutionalists like Coase than to American Institutionalists like Veblen.

Coase (1937, p. 390) suggests "that there is a cost of using the price mechanism". Those "marketing costs", defined as "the cost of carrying out a transaction by means of an exchange on the open market" is also named as "transaction costs" in the literature (Coase, 1990, p. 6). Transaction costs are all those costs involved in an economic transaction, like price survey, contracts and the knowledge of the market itself. The existence of positive transaction costs implies that the market is not the only mechanism of resource allocation, leaving to individuals the choice between competing mechanisms of resource allocation, namely, the market, the firm or the state (Coase, 1937, 1960). The author also identifies markets with institutions, "that exist to facilitate change, that is, they exist in order to reduce the cost of carrying out exchange transactions" (Coase, 1990, p. 7). Therefore, it is possible to define an institution as a mechanism of resource allocation, where firms, state and markets are all institutions.

Williamson (1985, p. 15) also comprehends institutions as firms, markets and contractual relations, agreeing with Commons' suggestion of the transaction as the basic unit of analysis of economics and developing Coase's idea of transaction costs in the theory of the firm. The author also adopts Simon's idea of bounded rationality, alongside the idea of opportunism, defined as "a deep condition of self-interest seeking that contemplates guile" (Williamson, 1993, p. 92). Bounded rationality does not imply that individuals are irrational; it means that individuals have computational limitations to process the information available in the economic world.

In Coase and Williamson, and also in Commons, we can see a comprehension of institutions as organizations – firms, the state, corporation, trade union, etc. We can understand an organization as a group of individuals acting under some common rules of the game and, in some sense, shared mental models. Hodgson (2006, p. 8) defines organizations based on three aspects: "(a) criteria to establish their boundaries and to distinguish their members from nonmembers, (b) principles of sovereignty concerning who is in charge, and (c) chains of command delineating responsibilities within the organization".

To summarize, the three dimensions of institutions found in the seminal authors of institutional economics are: rules of the game, mental models and organizations. The rules of the game are those rules that are outside the mind of individuals, referring to the level of social framework, structuring individual interaction. The mental models are those rules that are inside the mind of individual, referring to an individual level, molding individuals' perceptions about the world, where those perceptions can be shared or not with other individuals. Finally, organizations are made of a group of individuals engaged in a commons purpose,

DOI: 10.1051/bioconf/20160703025

where the organization has its internal rules of the game and shared mental models.

3. First steps towards a Brazilian wine industry

Winegrowing is in great part the outcome of migration, once it is an activity embedded in the culture of people that takes the habit of cultivating the grape and drinking the wine when they are moving geographically. Many consider wine as a food. Then, wine culture is part of the mental models of some individuals, being transmitted from one generation to another through informal rules that guides the production and consumption of wine. It was through European immigration that wine culture arrived in Brazil.

Although some attempts to cultivate *vitis vinifera* in Brazilian soil has been made since sixteenth century, those attempts were marginal and without much success provided that modern technologies, that make possible the production of quality wines in Brazilian soil and climate conditions, were not available. After a series of mishaps, Italian immigration that took place at the end of the late nineteenth century provided the decisive impetus to winegrowing in Brazil. The Italian immigrants who settled in southern Brazil intended to reproduce their way of life, and the wine culture were strongly embedded in their mental models. Wine was part of the culture of Italian immigrants, it was a memory of their life in homeland; it was part of their feeding habits. As Blume and Specht (2008) said, they not only brought vines seedlings, they also brought "the spirit of the wine".

In 1875 immigrants from Veneto and from Trentino Alto Adige arrived in Brazil, bringing with them Italian grapes varieties like Barbera, Bonarda, Moscato and Trebbiano. They also used a grape variety called Isabel, a kind of American grape variety brought from the USA by an English dealer, Thomas Messiter. One characteristic of Isabel grape is that it has good adaptability to Brazilian soil and climate, being resistant to plagues. As a negative point, Isabel grape is not from the *vitis vinifera* specie, producing wines without the organoleptic characteristics of a wine made from *vinits vinifera* grapes. But that is what Italian immigrants had available at that time, and they made wine from Isabel grape, naming it as "*vinho de colônia*"[2]. Thereafter other varieties of non-wine grapes were brought to Brazil, like Catawba, Concord, Martha and Delaware.

In the late nineteenth century wineries like Casa Valduga (1875) and Miolo (1897) came into place; today they are two important wineries in Brazil. Upon arriving in Brazil, each settler received a lot of 20 hectares from Brazilian government and each lot had a number; later they had to pay for this land (Dalcin, 2008, p. 57). One of the most famous wines produced by Miolo is called "Lote 43", in honor of the 43 lot that Giuseppe Miolo bought with his economies when he arrived in Rio Grande do Sul.

Thus the production of grapes and wine in Brazil began to consolidate, initially for own consumption, then the surplus began to be sold in other Brazilian states, like Rio de Janeiro and São Paulo. In the 1960s the first export experiences took place. In the following table we can observe the phases that Brazilian wine industry has experienced.

[2] In English, something like "wine of the colony".

Table 1. Evolutionary stages of winegrowing in Brazil (1870–2010).

Period	**1870–1920**	**1930–1960**	**1970–1990**	**2000–2010**
Stage	Implementation of winegrowing	Product diversification	Quality improvement	Identity to Brazilian wine
Wines	Wines made from American grape varieties	Wines made from hybrid grapes and *vitis vinifera*	Varietal wines made from *vitis vinifera*	Quality wines produced in demarcated regions

Source: Table drawn from the information obtained in TONIETTO (2003) *apud* Blume; Specht(2008).

The production of wine using non-wine grapes was not a choice but instead an imposition of the environment. Today, the so called "*vinhos de colônia*" are recognized in the Brazilian wine legislation[3] as "table wines", meaning those wines made from non-wine grapes. Brazilian legislation determines that to be called "fine wine" the wine must be produced using only *vitis vinifera* grapes. According to EMBRAPA's statistics[4], Brazil produced, in 2010, 321,410,393 liters of wine and other by-products of grape like grape juice, grape spirits, etc. Of this total, table wines are about 60% (195,267,980 liters) and fine wines are just over 7% (24,805,713 liters); sparkling wines did not represented even 1% (713,518 liters). Grape juice represents about 15% (50,125,944 liters) of this total. Although Brazilian table wines are not the same kind of wine produced from the *vitis vinifera*, it has a quantitative significance in Brazilian wine production.

In the attempt to improve the quality of Brazilian wine, the government of Rio Grande do Sul imported seedlings of European vine. The government also founded the *Estação Experimental de Agronomia*, which conducted the first analysis of the wines produced in the region, instructing the settlers about the correction of the must and wine conservation measures (Farias, s.d., p. 12). This organization remained active until 1910. In 1921 was created the *Estação Experimental de Viticultura e Enologia* (EEVE) in Caxias do Sul. These governmental actions intended to encourage the permanence of the settler in their lands, once immigration was aimed at the settlement of land in Southern Brazil. This combination of the wine culture brought by immigrants and the organizational support of the Southern government turned a subsistence activity into the largest production center of wine in Brazil.

[3] The so called wine law, or "lei do vinho", is the law 7.678 from 08/11/1988. It suffered some modifications through time, but nothing which concerns the distinction between "fine wine" and "table wine".

[4] EMBRAPA is a Brazilian organization aimed at the promotion of research and data about agriculture. Source: `http://www.cnpuv.embrapa.br/prodserv/vitivinicultura/producao/2010_2014_rs.html` (access in 29/08/16).

DOI: 10.1051/bioconf/20160703025

Besides governmental organizations, the settlers also came together in organizations. The first one was the *Sindicato Vinícola*, a union that in 1926 became the *Instituto Riograndense do Vinho*, which aimed to improve the quality of wine (Farias, s.d., p. 13). This organization also intended to establish a minimum price to the grapes used in the wine production (Cassiolato; Vargas, 2005, p. 9). The cooperatives was also present, mainly in the 1930s wine producers joined around the first wine cooperatives, receiving support from the Rio Grande do Sul government (Rosa; Simões, 2004, p. 74). Date from this time important cooperatives like *Cooperativa Vinícola Forqueta* (in 1929), the *Cooperativa Vinícola Garibaldi* (in 1939) and the *Cooperativa Vinícola Aurora* (in 1931). Until recently Aurora was one of the major wine producers in Brazil and pioneered in exporting wine in bulk to the USA. In 2009 Miolo Wine Group brought Almadén winery and became the Brazilian's largest winery.

The first steps in business terms were given by Mônaco winery in 1908, Salton in 1910, Dreher in 1910 and Armando Peterlongo in 1915. Those wineries were focused on the quantity over quality. At that time the so called "*vinhos de garrafão*" were largely produced[5]. Wine production was no longer only for own consumption, from now on wine production became an economic activity capable of generating income. According to Farias (2009, p. 66), the organizational presence of the State was essential to the growth of the wine industry in Rio Grande do Sul. Grando (1987) mentions the case of Pelotas, where French settlers was unsuccessful in developing a wine production because of the lack of organizational mechanisms to defend their interests. They also faced a strong competition of more developed wine regions besides the relatively better transport conditions in the northeast of Rio Grande do Sul. Thus many factors determined the concentration of wineries in the northeast of Rio Grande do Sul, like the presence of organizations, as well as a better distribution channels to the Brazilian Southeast.

The wine quality at that time was not comparable to what we have today. Modern technologies that enabled the adaptation of European vines to Brazilian climate and soil conditions were not available. An important step towards the improvement of the quality of Brazilian grapes, and consequently the quality of wines, was the foundation of the *Colégio de Viticultura e Enologia de Bento Gonçalves*, created by the federal law 3646 of 22/10/1959. In 1985 this organization changed its name to *Escola Agrotécnica Federal Presidente Juscelino Kubtschek* and in 2002 the name was changed again to its current denomination as *Centro Federal de Educação Tecnológica de Bento Gonçalves* (CEFET-BG). Today, CEFET-BG and EMBRAPA UVA E VINHO develop research together, aiming at the better adaptation of *vitis vinifera* to Brazilian climate and soil, also investing in the formation of trained personnel like winemakers to improve the quality of the product. Another organization dedicated to the development of wine sector in Rio Grande do Sul was the *União Brasileira de Vitivinicultura* (UVIBRA), created in 1967 the organization has more than a thousand wineries associated.

The 1970s were marked by a massive entry of international wineries in Brazil. In 1973 the Uruguayan winery Carrau settles in Caxias do Sul, producing the Château Lacave. In this year Dreher is bought by the American enterprise Heublein, cultivating their vineyards in Pinheiro Machado. In the next year the most significant investments are made with the arrival of four multinationals, namely, the Italian winery Martini Rossi producing the wine Baron de Lantier, the French winery Moët & Chandon producing the sparkling wine Chandon in Caxias do Sul, the Canadian winery Seadram's producing the wine Forestier in Garibaldi and the American winery Almadén producing the wine Almadén in Santana do Livramento.

The arrival of multinationals spurred a movement towards investments in the quality of wines by the national wineries in response to competition. In this decade Miolo winery planted its first European varieties. Other small wineries like Miolo begun to expand their business. In 1975 a special unit of EMRBAPA was created, the *Unidade Experimental de Pesquisa de Âmbito Estadual* (UEPAE) that received the denomination *Centro Nacional de Pesquisa de Uva e Vinho* (CNPUV) in 1985[6]. This organization was essential in the improvement of wine quality through the implementation of better equipment, better technology in the processing of grapes and the introduction of new grape varieties (Cassiolato; Vargas, 2005, p. 9).

In the 1980s small canteens arise, like Miolo which previously sold wine in bulk for other wineries and now produced their own wine. The small canteens that took place in this decade are engaged in producing quality wines from European grapes and committing to the *terroir*. As we shall see in the next section, in this decade the first wineries came up in São Francisco Valley. Also in this decade we had the emergence of the *Associação Gaúcha de Vinicultores* (AGAVE). This organization participated in the discussions that preceded the creation of the *Fundo de Desenvolvimento da Vitivinicultura* (FUNDOVITIS) and the *Instituto Brasileiro do Vinho* (IBRAVIN) – created in 1990 –, being part of the deliberative Council of these organizations.

The 1990s represented an important turn in Brazilian economy. The two major economic events of this decade were the trade liberalization and the *Plano Real*. The opening of the market for imported products raised the competitiveness faced by national industries, including wineries. The *Plano Real* is considered the most successful monetary stabilization plan in Brazilian economy; with the control of inflation families had a relative raise in their income, previously swallowed by inflation. The increase in credit facilities also encouraged consumption. Besides, with dollar below 1 real the imported good became relatively cheaper. All that increased competitiveness in Brazilian market, which would have encouraged national wineries to invest in the improvement in the quality in order to face the competition of imported wines[7]. In the

[5] The "*vinhos de garrafão*" are wines sold in large bottles of 4.6 liters. They are wines produced from non-wine grapes, they are cheaper and have not the same quality of a fine wine.

[6] Today the CNPUV is known as EMBRAPA UVA E VINHO.

[7] See Aguiar (2000), Blume; Specht (2008), Campos; Brigatte (s.d.), Rosa; Simões (2004), Souza (2009) and Franco (2007, p. 19).

DOI: 10.1051/bioconf/20160703025

1990s also came into scene researches that proved fine wine benefits to health[8], changing slightly the consumer preferences in favor of fine wines. First specialized publications about wine also helped in changing consumer preferences.

From the twenty-first century wine industry can be characterized by an effort to increase the quality of wines, with some wineries focusing only in the production of fine wines, some of them winning national and international awards. In 2002 the so called *Vale dos Vinhedos* obtain an Indication of Origin, the *Indicação de Procedência Vale dos Vinhedos* (IPVV), and in 2012 the first Designation of Origin to a wine producing region in Brazil is granted to *Vale dos Vinhedos* by INPI[9].

The region of *Serra Gaúcha* in Southern Brazil gave rise to a national wine industry, producing most of the wine – both table wine and fine wine – elaborated in Brazil. *Vale dos Vinhedos* is the only wine producing region that has the Designation of Origin stamp in Brazil. All of that was the result of the efforts of local winegrowers, originally oriented by mental models that saw wine as part of their culture, allied to governmental support. From the beginning the organizational aspect was important to the construction of a wine market in Rio Grande do Sul. Nowadays the vine is cultivated in six Brazilian states, namely, Rio Grande do Sul, Santa Catarina, Paraná, Pernambuco and Bahia (São Francisco Valley), São Paulo and Minas Gerais, being the fine wine produced only in some regions of Rio Grande do Sul, Santa Catarina and São Francisco Valley. In the next section we will see how wine production has expanded to other Brazilian regions, where our attention will be concentrated on the case of the São Francisco Valley.

4. The expansion of winegrowing in Brazil

The expansion of fine wine production to other regions is related to a market strategy of exploring a new *terroir* and also the search for cheaper costs in wine production. The expansion to São Francisco Valley and Santa Catarina are examples of this strategy advanced in this century. The search for a new *terroir* is related to business strategies of product differentiation but also concerns the existence of good conditions to the production of grape and wine.

Likewise the Rio Grande do Sul case, the winegrowers in Santa Catarina also built organizations, founding the *Associação Catarinense dos Produtores de Vinhos Finos de Altitude* (ACAVITIS) in 2005. Winegrowing in Santa Catarina takes place in areas with altitudes of 900 and 1400 meters in São Joaquim, Campos Novos e Caçador; the wines produced in these regions are known as "*vinhos de altitude*" (altitude wines)[10]. The winegrowing in São Joaquim started with the research on wine grapes conducted at the *Estação Experimental da Empresa de Agropecuária e Extensão Rural de Santa Catarina*. According to Cordeiro (2006), São Joaquim is the largest wine producer and the third apple producer of Santa Catarina. There we have wineries like Villa Francioni, Quinta da Neve and Sanviti. The cold weather, with the possibility of frost, and the stony ground makes the production costs in region around 30% higher than in other regions (Blume; Hoff; Pedroso, 2007, p. 16).

The vineyards of Santa Catarina are located thousands of kilometers from the São Francisco Valley vineyards. While the Southern vineyards are located between parallels 26 and 28 south the Northeast vineyards are located in parallel 8 south. In the backcountry of Northeast Brazil the weather is warm all year round, with irregular rainfall, standing 300 meters above sea level. With the correct application of the available technology it is possible to produce 2.5 crops per year. In 2003 was created the *Intituto do Vinho do Vale do São Francisco* (VINHOVASF), aimed at the development of research, teaching and technological innovations, as well as actions aimed at preserving the environment (Maciel, s.d.).

The history of wine in the São Francisco Valley[11] began in the 1970s with the initiative of some local winegrowers associated to technicians from Rio Grande do Sul, subsequently receiving Rio Grande do Sul wineries in expansion like Miolo, for example. At that time, Cinzano produced vermouth in Floresta, a former federal deputy – Milvernes Cruz Lima – produced grapes, the Spanish José Molina was producing grapes in Coripós, today Santa Maria da Boa Vista and the Pérsico-Pizzamiglio group was cultivating vines in 185 hectares at the Milano Farm in Santa Maria da Boa Vista, in Pernambuco. Only grapes for fresh consumption were produced in the São Francisco Valley at that time. An impulse to winegrowing in Brazilian backcountry had place after the establishment of the *Companhia de Desenvolvimento dos Vales do São Francisco e do Paraíba* (CODEVASF) in the 1970s, the cration of EMBRAPA Semi-Árido in 1975 and the inaguration *Faculdade de Ciências Aplicadas e Sociais de Petrolina* (FACAPE) in 1976. The development of irrigation by CODEVASF and the improvement in research and development of new technologies in the region allowed, in the 1980s, the cultivation of European grapes.

Some attempts to cultivate the *vitis vinifera* are conducted at Milano Farm, which initiated the production of fine wines in 1984 in partnership with Maison Forestier. In 1986, José Molina produced the first Botticelli wines[12]. In the 1990s came into scene two new wineries, the *Vinícola Lagoa Grande*, owned by Jorge Garziera, and the *Vinícola Bianchetti Tedesco*. In the 2000s, the São Francisco Valley is established as an important wine producing region. In addition to the modernization of the wineries established in the region – Garziera, Bianchetti Tedesco and Bianchetti –, new wineries settled in the region, namely, Vinícola Ducos, Vinícola Ouro Verde

---

[8] See Rosa; Simões (2004) and Nique; Freire (2002).

[9] In Brazil, the *Intituto Nacional da Propriedade Industrial* (INPI) is responsible for granting Indication of Origin to Brazilian products. More information about Indication of Origin and the Designation of Origin to wines from *Vale dos Vinhedos* can be found on INPI website – `www.inpi.gov.br` – and on *Vale dos Vinhedos* website – `www.valedosvinhedos.com.br`.

[10] See ACAVITIS website: `http://www.acavitis.com.br/artigo7.html` (access: 08/30/2016).

[11] About winegrowing in the São Francisco Valley see Crisóstomo; Sicsú (2009), Lima (s.d.), Oliveira; Rigo; Carvalho (2009), Ferreira (2003), Santos (2005), Souza; Corrêa; Melo (2009) and Carneiro; Coelho (2007).

[12] See VINHOVASF website: `http://www.vinhovasf.com.br/site/internas/historico.php` (access: 08/30/2016).

and Vinibrasil. These wineries are located at Lagoa Grande (Pernambuco), except the Vinícola Ouro Verde, that is located at Casa Nova (Bahia); they are about 60 kilometers from Petrolina (Pernambuco), the most developed city of the Northeast backcountry region. The mentioned wineries had different objectives and strategies when they decided to start their business in the region.

The history of Botticelli wines began with the Vinícola Vale do São Francisco that produced the Milano wine within the first irrigation project in the São Francisco Valley. In 1986 the winery launches the brand Botticelli, a line of varietal wines. This winery pioneered the production of grapes and wines in the region, having been benefited by the first irrigation projects of the 1970s. This winery originated from the projects of local agents politically connected to the government.

Bianchetti Tedesco winery is owned by a couple of winemakers from Rio Grande do Sul, the Italian descendants Ineldo Tedesco and Izanete Bianchetti Tedesco. Ineldo Tedesco graduated in Oenology and has worked at the Maison Forestier winery, participating in the production of the Milano wine. With experience in the grape growing and wine production, Ineldo Tedesco and his wife bought some land in the São Francisco Valley and started to elaborate the Bianchetti wine. This winery was born through the initiative of a couple of winemakers that found an opportunity to raise their own winery in the region.

The Ducos winery was born of the initiative of the Italian Lorenzo Ramolini and the French winemaker Hubbert Pommier. This winery was focused only in the production of fine wines using grape varieties like Syrah, Cabernet Sauvignon and Petit Verdot. The Lagoa Grande winery, owned by Jorge Garziera, produces fine wines and table wines, distributing its products mainly in the region.

The largest wineries in the region are the Vinibrasil and Fazendo Ouro Verde, having greater national visibility. The history of Vinibrasil began in 2003 when the Portuguese winery Dão Sul joined the Raymundo da Fonte group, from Pernambuco. In 2005 Dão Sul bought the part of the business owned by Raymundo da Fonte group and joined the Expand Store, an importing company in the wine sector. In 2008 Dão Sul takes control of the entire company. The winery produces the Rio Sol and Paralelo 8 wines, amongst others.

The history of Fazenda Ouro Verde began in the 1970s when Mamoro Yamamoto was trying to cultivate tropical fruits in his farm, at that time denominated Solar do São Francisco. Yamamoto was also trying to cultivate grapes in his farm, but he faced the lack of tradition in winemaking on the region. Financial problems lead the farm to be auctioned by Banco do Brasil in 1992. The property was bought by a partnership between Miolo and Lovara wineries, starting the history of Miolo Wine Group in the São Francisco Valley. Fazenda Ouro Verde produces the brandy Osbourne in a partnership with the Spanish Osbourne, the wine Terranova, amongst other products. Miolo Wine Group expansion to the São Francisco Valley aimed the development of the project of *terroir* expression, which concerns the production of wine in distinct producing regions, letting the soil and climate aspects of the region to be expressed in the organoleptic characteristics of wine.

5. Conclusion

The history that has been told about winegrowing in Rio Grande do Sul, Santa Catarina and São Francisco Valley can be interpreted in the institutionalist terms suggested in the first section of this article. Brazil is a country that merges the lack of tradition in wine consumption with adaptability problems concerning the cultivating of European grapes. Despite those problems many efforts has been made to increase the production of quality wines, especially by those wineries committed to the production of fine wines. Foreign companies also played an important role in the investments and the modernization of winemaking techniques in the 1970s. Besides, the organizational capacity was fundamental not only in the raise of a wine industry in Rio Grande do Sul but also in the development of a wine industry in the backcountry of Northeast Brazil. Organizations like EMBRAPA have an important role in developing research and new technologies in wine production and in the adaptation of European grapes to Brazilian soil and climate. The specialized media also plays an important role in the education for the consumption of wine.

The history of wine in Brazil shows the role of formal and informal rules in the development of the national wine industry. The first attempt to produce wine in the Rio Grande do Sul was guided by a desire to reproduce a homeland culture in Brazil. Italian immigrants brought the culture of wine with them, launching the foundations of the current Brazilian wine industry. The wine production spread to other Brazilian regions like Santa Catarina and the São Francisco Valley. Unlike the South experience, the wine industry in São Francisco Valley was induced by other reasons, like the opportunity to start its own business, the opportunities generated by the irrigation projects and also business strategies related to the *terroir* expression. While in Rio Grande do Sul we had an endogenous drive to winemaking, in the São Francisco Valley there was an exogenous drive to the production of wine in the region. In the backcountry of Brazilian Northeast we can observe primarily a private interest in winemaking, but all the agricultural activities carried out in the region was possibly only in virtue of the irrigation projects conducted mainly by CODEVASF.

Institutions play an important role in social life, in which production is embedded. It was not different in the wine production. Wine production and consumption as a culture, or simply as merchandise, involves the knowledge of the product. To build a wine industry from nothing is not an easy and simple task provided it is not only a question of developing production technologies, but also it is a matter of building a certain kind of consumer. As Galbraith (2012, p. 42–49) emphasizes, advertising can create tastes that we have not even dreamed of. Therefore, the wine industry in Brazil has not only the problems of the competition with imported wines and the high taxes, mainly it faces the matter of building a consumer market, that is also potentially high.

References

Aguiar, Fernando Bianchi de. A internacionalização do mercado vitivinícola. Fevereiro de 2000. Available at: <http://www.agroportal.pt/a/baguiar.htm> Access at: 08/30/2010

Backhouse, Roger. *A History of Modern Economic Analysis*. Oxford: Basil Blackwell, 1985

Blume, Roni; Hoff, Débora Nayar; Pedroso, Eugenio Avila. Potencialidade competitiva e recursos essenciais à produção de vinhos finos: um estudo da vitivinicultura em São Joaquim, SC. In: XLV CONGRESSO DA SOCIEDADE BRASILEIRA DE ECONOMIA E SOCIOLOGIA RURAL. Londrina (PR), 22 a 25 de julho de 2007

Blume, Roni; Specht, Suzimary. O uso da noção de *terroir* para a valorização dos vinhos e promoção do desenvolvimento da região da serra gaúcha, Rio Grande do Sul – Brasil. In: IV CONGRESSO INTERNACIONAL DE LA RED SIAL. Mar Del Plata, Argentina, 27 a 31 de outubro de 2008

Campos, Antônio Carvalho; Brigatte, Henrique. Demanda de importação de vinho no Brasil no período 1995–2007. s.d. (Mimeo)

Carneiro, Wendell Márcio Araújo; Coelho, Maria do Carmo Silveira Gomes. A Vitivinicultura no Nordeste Brasileiro: características e perspectivas da atividade para a região. In: XLV CONGRESSO DA SOBER. Londrina, 22-25 de julho, p. 1–21, 2007

Cassiolato, José Eduardo; VARGAS, Marco Antonio. Technological upgrading, learning and innovative strategies in the wine productive system of Serra Gaúcha in the South of Brazil, 2005. (Mimeo)

Cavalcante, Carolina Miranda. A Vitivinicultura no Vale do São Francisco: evolução institucional no sertão nordestino. Tese de Doutorado. Niterói, 2010. Disponível em: `http://www.ppge.uff.br/index.php/producao-academica/teses/2005-2010` (acesso em: 30/03/16)

——. As três dimensões das instituições. *Revista de Economia Contemporânea*, v. 18, n. 3, p. 373–392, set.-dez., 2014

Crisóstomo, Antonio Pires; Sicsú, Abraham Benzaquen. Inovação tecnológica competitiva no semiárido do Vale do São Francisco: um estudo das empresas vinícolas. In: I CONGRESSO DE DESENVOLVIMENTO REGIONAL DE CABO VERDE. Cabo Verde, 6 a 11 de julho de 2009

Dalcin, Maria Stefani. *Vale dos Vinhedos*: história, vinho e vida. Bento Gonçalves: MSD Empreendimentos Culturais; Gráfica Pallotti, 2008

Farias, Claudio Vinícius Silva. A indústria vitivinícola e o desenvolvimento regional no RS: uma abordagem neoinstitucionalista da imigração italiana aos dias atuais. *Revista Brasileira de Gestão e Desenvolvimento Regional*, v. 5, n. 2, p. 64–93, mai.-ago., 2009

Farias, Claudio Vinícius Silva. Formação da indústria vitivinícola do RS: da imigração italiana aos dias atuais. (Mimeo) s.d.

Ferreira, Amós Garcia. A Produção da Uva e do Vinho em Lagoa Grande – Pernambuco. Profissionalizante (Economia). Fortaleza: Universidade Federal do Ceará, 2003

Franco, Saulo Henrique de Azevedo. Análise e perspectivas da produção, comercialização e exportação de vinhos no Brasil. Trabalho de Conclusão de Curso. Juiz de Fora: UFJF, 2007

Galbraith, John Kenneth. *Galbraith Essencial*: os principais ensaios de John Kenneth Galbraith. São Paulo, Saraiva, 2012

Grando, Marinês Zandavali. Evolução e decadência da vitivinicultura em Pelotas. *Ensaios FEE*, Porto Alegre, vol. 2, n. 8, p. 121–129, 1987

Hodgson, Geoffrey. What are Institutions? *Journal of Economic Issues*, vol. 40, n. 1, mar., 2006

Lima, João Policarpo Rodrigues. Cachaça artesanal e vinhos finos no Nordeste: desafios, potencialidades e indicações de políticas. (Mimeo) s.d.

Maciel, Gabriel Alves. Instituto do Vinho do Vale do São Francisco – VINHOVASF. Material para o *folder* institucional. s.d. (Mimeo)

Nique, Walter Meucci; FREIRE, Karine de Mello. A preferência dos consumidores de vinhos tintos finos determinada por testes cegos de degustação. *REAd*, ed. 26, vol. 8, n. 2, mar.-abr., 2002

Oliveira, Abdinardo Moreira Barreto de; RIGO, Ariádne Scalfoni; CARVALHO, Daniela Moreira de. Financiamento e gerenciamento de capital de giro em empresas de fruticultura irrigada: um estudo de caso no Vale do São Francisco. *Revista Eletrônica de Gestão*, vol. 2, n. 2, mai.-ago., p. 7–24, 2009

Rosa, Sérgio Eduardo Silveira da; SIMÕES, Pedro Martins. Desafios da Vitivinicultura Brasileira. *BNDES Setorial*, Rio de Janeiro, n. 19, p. 67–90, mar., 2004

Santos, Jobson Alves dos. Da água para o vinho, uma transformação sócioespacial (a geografia vitivinicultura em Lagoa Grande e Santa Maria da Boa Vista – PE: um novo elo na rede global da produção de uvas nobres e vinhos). Dissertação de Mestrado (Geografia). Recife: Universidade Federal de Pernambuco, 2005

Souza, Sinval Oliveira. A internacionalização como estratégia para o incremento da competitividade da cadeia vitivinícola gaúcha. *Internext – Revista Eletrônica de Negócios Internacionais*, vol. 4, n. 1, jan.-jul., p. 1–19, 2009

Souza, Angela Cristina Rocha de; Corrêa, Maria Iraê de Souza; Melo, Sérgio Carvalho Benício de. Os desafios da constituição de uma rede organizacional no setor de vitivinicultura do Vale do São Francisco. In: V COLLOQUE DE L"IFBAE. Grenoble, 18 a 19 de maio de 2009

City, architecture and wine: Wine tourism in the contemporary society

Douglimar Meireles de Oliveira[1] and Antonio Ferreira Colchete Filho[2]

[1] Architecture graduate student, Federal University of Juiz de Fora, FAU/UFJF, CEP 36.036-330, Brazil
[2] Doctor in Social Sciences, Associated Professor, Federal University of Juiz de Fora, FAU/UFJF, CEP 36.036-330, Brazil

Abstract. In the last decades, the growth of activities related to wine tourism is a potent driver of transformations in territories and societies. Wine landscapes of ancestral regions such as La Rioja in Spain, Bordeaux in France or also in the so-called "New World", such as the Napa Valley in the United States, Mendoza in Argentina and many others around the world, demonstrate a new age where the wine tourism is essential for affecting their economies and leaving a mark in the contemporary society, in which architecture plays a major role to achieve these goals. In Brazil, an emerging country in wine production, the Valley of the Vineyards is one of the most traditional areas of production and it has been through major changes over the past decades. The countless vineyards, wine cellars, tourist establishments and the growing urbanization are redefining the landscape of the region. Using bibliographic revision to explore different perspectives on the theme, this article aims at highlighting the social, cultural and technical implications related to this kind of tourism. Moreover, both positive and negative effects reflect the identity and the characteristics of each area, along with cultural and architectural elements that are disposed in each wine cellar, time and place.

1. Cities, architecture and tourism

Tourism is a phenomenon that has ancestral roots. It characterizes contemporary societies, mainly occidental and industrial ones. Over the last years, tourism has assumed different aspects because of contrasting realities around the world. The broad concept around tourist activities currently refers to the act of traveling, implying a displacement with the intention of returning to the place of origin and permanent housing [1].

The first tourism definitions started in 1910, with the Austrian economist Herman Von Schullard, who wrote about the influence and the changes that the concentration of tourists caused to the economy of a certain place or country [2]. In 1970, Boyer, a theorist in the field of sociology, defined tourism as an act of mobility with the intention of using leisure as a tool to reach the cultural needs of the industrial civilization, placing it in the sphere of economy, society, leisure and culture [3]. Over the years, several other authors pointed different definitions for tourism, due to numerous factors in contemporary society that can assume different forms and configurations according to the context.

Despite its previous association with the elite, tourism nowadays is a common and essential activity in many societies. Such accessibility is due to social, cultural and economic aspects.

According to Mayo [4], Rojek and Urry [5], the tourist destination and its image the main factors that influence tourists in their choice, which relates directly to the information that they have about the place, usually presented by the media or their own researches. These images consist of not only landscapes, but also architecture and cities that, according to Vargas, [1] play an important role in the development of tourism.

Within this subject, the city, the architecture and the history, as well as the image made of all these associations, compose the base for the tourist potential of a certain place. Between different tourist possibilities, we can highlight rural tourism, which has gained great attention in recent years. It involves various aspects, with new values and new relations between man and rural areas. Some of these relations are directly involved in daily rural life, valuing and recognizing local culture, while others manifest themselves in the form of large hotel complexes with a variety of activities that may or may not relate to the environment.

According to Roque, activities related to visits and recreation in the rural environment [6] date back to ancient times, when emperors and warriors moved to the countryside fleeing the daily life of Rome. After, in the Middle Age, noblemen also moved to the countryside in search of leisure and rest. Throughout history, the industrial revolution provokes the migration in great scale from the countryside to the city. However, many people still returned with the objective of visiting family and leaving the urban centers [6].

Zimmermann [7] characterizes rural tourism as a product designed to meet a certain tourist clientele which is attracted by the rural environment. Such place can acquire different forms and types according to various rural activities.

Within the new concepts and modalities of tourism that the rural world offers, wine tourism has been growing and standing out in the last decades. It brings the possibility of exploring the world of the wine, deeply altering its

Figure 1. City of Wine Civilization, Bordeaux, France.

dynamics and its development in countries with a long history of production or countries from the "New World" where the production is more recent, just like Brazil.

2. Wine tourism

As a phenomenon that stands out in the contemporary civilization, wine tourism appears as the result of the development of wine production facilities and tourists themselves. The quest for knowledge about wine cultivation, production and tasting has fostered the growth of tourism in this sector, turning the activity into a source of knowledge and pleasure [8].

In spite of the great bond with the rural activities, wine tourism can also grow and take place in urban spaces. Both environments can complement and relate to each other. The "City of Wine Civilizations", in Bordeaux, is a great example. Inaugurated in 2016, it is a museum completely dedicated to the history of wine in the civilizations, along with wine tasting. Despite its location in the urban space of Bordeaux, it is strongly connected to the traditional producing area around the city.

Wine tourism shows itself as an activity that includes several factors, which contributes to enrich every involved aspect. The capacity of associating several tourist modalities gives space for new possibilities of this activity. Despite its existence for many years, the definition of wine tourism started in the nineties, because of the studies conducted by several authors who were interested in a new tourist activity that is still growing.

Hall [9] was one of the pioneers in defining wine tourism, affirming that "visiting the vineyards, wine cellars and festivities of wine constitute the main motivation factors for visitors" ([9], p. 3). The author's point of view highlights the importance of using visits to production sites as a source of attractiveness to tourists. It also points out, as previously mentioned, the existence of wine tourism in urban areas, since the festivities, events or even some wineries cannot be a part of the rural environment, as they are inserted in urban contexts.

Getz [10] comments on the connection of wine tourism and gastronomy, along with the importance of developing a rich and engaging experience.

Focusing on the tourist, Peters [11] classifies the wine tourism's scenario as a work landscape, which for many offers more than that, being a synonymous for civilized pleasure. The European Charter of Wine Tourism [12] points out a definition very similar to the ones given by the previous authors, connecting the development of tourism and leisure activities to the discovery and enjoyment of the wine-making culture, which includes the vineyard, the wine and its territory.

Some authors highlight the emergence of wine tourism. Novelli [13] mentions that the development of wine tourism is because of the tourist's higher levels of education and knowledge, which results in the association of various forms of tourism, like gastronomy and wine. Cavaco [14], believes that the development of wine tourism is connected to the interest in environmental issues. To Hall [15] such development occurs due to the pursuit of outdoor leisure activities and the benefits of moderate wine consumption. In addition to these issues, other authors suggest the return to the nature as a search of serenity and peace that, usually, rural areas can offer.

Wine tourism is becoming more and more associated to marketing, which configures an important strategy for the development of the wine-producing industry. Even in countries with a tradition in wine production, wine tourism is a strategy to narrow the relationship with the consumer. It goes beyond tasting, as it involves creating positive bonds regarding information and sales of products.

3. Wine tourism in the world

Although its little tradition, the "New Word" has also experienced changes and innovations in wine tourism. In fact, many producers have much of their income from tourist activities, which are an essential element for the maintenance of some productions. With this, the investment in technology and spaces for receiving visitors is even higher.

One of the great examples of the rapid development and growth of wine tourism industry in the world is Australia. Since 1998, the country has been developing a "National Strategy of Wine Tourism" in order to strengthen the sector in the country. At the same year, they hosted the first world congress of wine tourism.

The United States, as one of the largest producers of wine in America, has the highest number of visits related to wine tourism in the region. The Napa Valley, in San Francisco, California, is 58 kilometers long and covers countless vineyards with more than 500 wineries, which receive millions of tourists every year. These tourists spend large amounts of money that moves the economy of the region. According to Gregory, [16] the success of the Napa Valley in wine tourism is due to several factors, starting with the quality of the wine produced in there, the location close to San Francisco and the various cultural and social activities introduced in there.

In the other countries of the "New World" wine tourism also relates to the economic restructure of rural regions, associated with the growth of consumption and requirements of quality demanded by consumers. In South America, Chile and Argentina have prominent wine tourism destinations, offering experiences in large, luxurious and technological wineries.

Within a distance of 1100 km of Buenos Aires, Mendoza stands out as the most important wine region in Argentina. The province produces around 70% of the country's grapes, with over 140,000 hectares of vineyards, and it is home to more than 700 wineries. With its landscape dominated by the Andes, Mendoza receives millions of tourists every year, who are seeking to experience the highest vineyards in the world [17].

Wine tradition has always been a part of European culture, but wine tourism has not developed in the same way and speed as in the "New World". According to Hall, [9] although the first wine routes emerged in Germany around 1920, the perception and recognition of wine tourism as a tool for brand development and activities did not occur quickly and immediately. It only took place at the end of the XX century. Currently, wine tourism is growing in the European wine routes.

Within this scenario, France, Spain, Italy and Portugal are the countries that stand out not only in their productions, but also in the incorporation of wine tourism. Wine tourism grows in each of these countries under different perspectives and influences, which in some cases gain strength with incentive programs and financing. Closely linked to the cultural heritage and history, these countries associate all these attractions with wine and gastronomy.

In France, wine tourism has been strongly related to features of tradition and prestige. The region of Bordeaux is an example of this reality in the country, receiving an average of 70,000 visitors a year in its *chateaux*, museums and structures connected to sector [18]. From the ancient chateaux architecture, wineries are part of the imaginary and the expectations of visitors who seek this region for tradition and quality.

In Spain, although there are similarities with France, the emphasis is on innovation. The various regions of the country, especially the Ribera Del Duero and Rioja, are strong examples of both tradition and innovation, which brings a cool and futuristic image to the industry. One of the most emblematic wineries is called Marqués de Riscal. Designed by the architect Frank O. Gehry, it has a contemporary design and combines gastronomy and hotel services.

Wine tourism in Spain is, nowadays, a clear profit strategy, which reinforces the potential for brands that aim at establishing emotional marketing strategies. In early 2016, the Wine Tech Forum, with the support of Microsoft, Tpisa and the Councils Regulators Wineries Conference, created a space for dialogue and learning the new capabilities that the digital transformation can offer to the wine industry. The use of communication technologies employs a new vision to wine tourism, addressing the young audience with an agile and direct language [19].

In Italy, wine tourism is growing since 1993, when the foundation "Wine Tourism Movement" motivated the opening to the public of about 100 wineries in Tuscany, through the dilemma "See what you drink," converting production sites in museums [9]. Currently, scenarios of Italian wineries combine traditional and contemporary architecture to build large complexes that resemble the ideas developed in Spain.

In Portugal, wine tourism has its maximum expression in the Douro region, with activities that evoke the culture and tradition in spaces that modernize and adapt to current needs. With a landscape classified as world heritage by UNESCO and a production of wine with renowned quality, wine tourism in Portugal follows a full development path by linking the cultural and architectural heritage of farms and homesteads.

Currently, the Great Wine Capitals (GWC) are being structured. It is one of the most important associations of wine tourism and brings the main wine capitals in the world together: Adelaide (South Australia), Bordeaux (France), Florence (Italy), Bilbao (Rioja Spain), Porto (Portugal), Mainz (Rhine-Germany), San Francisco (Napa Valley-USA), Cape Town (South Africa), Mendoza (Argentina) and Valparaiso (Chile). Through surveys in the participating cities, the data published by the GWC [20] notes a boom in wine tourism in recent years, and shows that the percentage of the revenue from the wine tourism in the interviewed wineries has reached 19,45%. Beyond this percentage, there has been an increase in the number of young people in the sector between 2012 and 2015.

4. Wine tourism in Brazil

Viticulture marks its presence in Brazil only with the arrival of the Portuguese. The *Vitis Vinifera* was brought by Martin Afonso de Souza in 1532, during the colonial period, and it was introduced in the captaincy of São Vicente, which currently corresponds to the state of São Paulo [21]. The grapes were brought from both Portugal and Spain, and after its introduction in São Vicente, an expansion took them to other regions of the country.

According to Valduga [22], the introduction of vines in Rio Grande do Sul is still a controversial topic. During the colonial period (1500–1822), due to wine production initiatives in Brazil, Portugal prohibited the establishment of industries in the colonies, along with the cultivation of certain fruits in temperate regions, in order not to compete with the internal market. In 1789 D.Maria I launched a license, the "Regias Letters in January 1789", prohibiting the cultivation of vines in Brazil and evoking the mercantilist character of colonization. Despite the ban, in Rio Grande do Sul, cultivation continued in the Jesuit Missions [22].

The prohibition of wine production in the country ended in 1808, with the arrival of the royal family in Brazil, bringing habits and cultures to introduce wine into daily life and religious festivities [23]. With the permission of Dom Pedro I, the Italian João Batista Orsi stayed in the Serra Gaúcha to grow European grapes, starting and fostering the development in this region, considering its geographical and climatic aspects, which happened to be the necessary conditions for production.

The large growth in the production of wine in the country happened with the arrival of European immigrants to the country, which brought traditions and production methods with them. According Valduga, [22] the migratory movements in Rio Grande do Sul tried to develop viticulture in the country. Just in the nineteenth century, more than a million immigrants came into the country, the majority of Italian descent, who occupied the region of the slope of plateau in Rio Grande do Sul, which soon was called the Italian colonial region. The wine in the region of Italian colonization became the main product from 1885, but logistical problems weakened its growth, which occurred only from 1910, when the railway linking the Italian colonial region with the capital of the state, Porto Alegre, was launched. Since then, the flow of production of wines and passenger becomes possible, which turns the region into an attractive tourist destination in the summer, due to its milder climate. In

DOI: 10.1051/bioconf/20160703026

1920, several hotels were built in the cities of Veranópolis, Bento Gonçalves and Caxias do Sul to receive tourists [22].

In 1899 the first State Agricultural exhibition took place, with wine producers from Pelotas. However, the first grape exhibition happened on February 26, 1913, with the presence of 133 grape exhibitors and 20 wine exhibitors. From that moment on, viniculture grew in the area, and soon the number of urban wine producers increased as they started to offer wines of better quality than the ones produced by the farmers in an artisanal way. As they found themselves being harmed, they began to use cooperatives to compete with the big urban producers, many of which remain until this day [22].

Until the 1960s, Brazilian viticulture was limited to the South and Southeast of the country, in the states of Rio Grande do Sul, Santa Catarina, São Paulo and Minas Gerais. However, in the recent decades, the breakdown of trade barriers made possible to expand wineries in the country. In addition, with the improvement of systems and production methods, planting also took place in the Northeast, in the Vale do Rio São Francisco, which covers part of the states of Bahia and Pernambuco [23].

The Serra Gaúcha is considered the main producing area of the country, and is divided among the areas of the Vale dos Vinhedos, Pinto Bandeira and Altos Montes, with favorable soil and climate. The Valley of the Vineyards is the first region to receive the designation of "Denominação de Origem", that ensures the quality of wines from this region.

The São Francisco Valley is one of the regions that gained visibility in the recent years. Located in the semiarid region of the states of Bahia and Pernambuco, is mainly specialized in the production of grapes for fresh consumption. This region is increasingly investing in production, reaching exportation standards. Currently, Brazil is the fifth largest wine producer in the southern hemisphere, with more than 1,400 international medals, having its wine exported to over 34 countries. In addition, according to IBRAVIN – Brazilian Wine Institute, domestic consumption is rising 30% by the end of 2016 [24].

Given the major growth of viticulture in Brazil, with more than 80,000 hectares of vineyards of distinct varieties, wine tourism has been gaining ground in the country, providing tourists with wine experiences that integrate cultural heritage, nature and landscape. It makes each producing region unique.

According to Flores [25], until 2012 the regions of wine tourism interest in Brazil were present in eight states. In Rio Grande do Sul, (Serra Gaucha, Santa Maria, Serra do Sudeste and Ilha dos Marinheiros), Santa Catarina (Vale do Rio de Peixe, Serra Catarinense, Vale da uva Goethe and Nova Trento), Paraná (the north, Bituruna, Colombo, Região Metropolitana and Santa Felicidade), São Paulo (São Roque, Circuito das Frutas, São Carlos and Espírito Santo do Pinhal), Minas Gerais (Andradas), Espírito Santo (Pedra Azul and Santa Teresa) and finally Bahia and Pernambuco (Eixo de Petrolina).

4.1. Vale dos Vinhedos

Rio Grande do Sul is responsible for most of the Brazilian production derived from grape. Several municipalities are producers, but the region that stands out for the number

Figure 2. Main wine production areas in Brazil.

of production and visitors in their wine tourism routes is the region of the Vale dos Vinhedos, consisted of the cities of Bento Gonçalves, which is the national capital of grape and wine, Monte Belo do Sul and Garibaldi.

The Valley of the Vineyards was named as a district after changes in the organization of the territory of Bento Gonçalves, in August 1990. The Valley of the Vineyards has its colonization dated from 1875, with the arrival of many Italian families who also settled in other parts of the country. Therefore, viticulture has gained strength and expression in the region, reaching its fullest development in the twentieth century, as it is considered a source of regional growth and the emergence of activities related to wine tourism [22].

During the twentieth century, small producers' cooperatives were created in the Serra Gaúcha in order to improve the marketing of their products. However, since there was no great lucrative success with these cooperatives, in the mid-1970, producers made their own wines forming several small wineries. Through the association of six producers seeking better competitiveness in the market, in 1995 APROVALE was established, an institution that aims at acting in the socio-economic and tourist development of the region. This institution opens the door to obtaining the indication of "Procedência de Origem" that was conquered in 2002 [26].

The "Indicação de Procedência" do Vale dos Vinhedos (IPVV) guarantees quality, reputation, tradition or other characteristics that reassure the geographical origin of the wine. In this particular region, multiple criteria must be strictly followed by the wineries to use the "IPVV" in their wines [27].

According Valduga, [22] wine tourism roots in the Valley of the Vineyards had its origins with the family wineries of the current Casa Valduga and the extinct Winery Fontanive, which initiated the marketing and the production of fine wines directly at the headquarters of the wineries. It attracted consumers of several neighboring regions that also visited the Aurora winery in Bento Gonçalves. In addition to these activities, many other wine festivals and parties helped in the consolidation of wine tourism in the region, with particular attention to Fernachamp in Garibaldi, the Fernavinho in Bento

Gonçalves and the feast of the grape in Caxias do Sul, which attract large audiences for their activities.

According to Falcade, [28] wine tourism in the Serra Gaúcha and the region of the Vale dos Vinhedos happens in parallel with the development of vineyards in the region, which began more than 100 years ago. Improving the quality, diversification of the producer and the attractions of the region, contributed to the development of wine tourism, which happens in three phases. The first phase corresponds to the establishment of wine tourism, beginning with the arrival of Italian immigrants in 1875 and extending to the mid-1960s. It is characterized by visits to relatives living in the region as well as agro-industrial exhibitions and events related to grape production. The second phase, called by the author as the expansion of wine tourism, covers the period between the years 1970 and 1990. It is characterized not only by festivities and exhibitions, but also by the beginning of visits to wineries in the area. Finally the third phase, called consolidation, corresponds to the periods between 1990–2004. It is characterized by tourist routes comprising large complexes that offer a range of activities related to wine tourism, such as accommodation and food in rural areas.

According to APROVALE [29], until 1995, the year correspondent to the entity's creation, only the founding wineries were associated and a little more than a dozen canteens in the Vale dos Vinhedos, which most did not have any structure to support the reception of tourists. In 2015, 26 wineries were associated with Aprovale. In addition to wine tasting, today the wine tourism's route in the Vale dos Vinhedos includes hotels, hostels, restaurants, cafes, tour operators, as well as art studios, crafts, and antique stores.

In 2001, according to data collected by APROVALE [30], the Valley of the Vineyards received 12,600 visitors. With the conquest of "Denominação de Origem" this number reached 115,000 in 2006. Nine years later, in 2015, that number increased to 397,529 tourists visiting the Vale dos Vinhedos.

The current wine tourism route in the Vale dos Vinhedos, with its many wineries, offers tourists a guided visit inside the wineries, wine tastings and grape juice, in addition to visits to vineyards. These visits enable a close relationship with customers, considering that the architecture of the wineries and the surrounding landscape create a unique experience.

5. Wine and rural landscapes: Identity and culture at risk

According to Correa Resendaahl, [31] the landscape is composed of a set of forms created both by the nature and the action of man. Its historical dimension has meanings, values and beliefs that influence the perception by the subject.

By the multiple aspects involved in wine tourism, rural landscapes have great potential, as long as they are preserved. Moreover, the enhancement of natural and cultural features of the area, along with agents, can ensure the maintenance of wine production practices and the landscape quality.

Within these statements, rural landscapes in the Vale dos Vinhedos are inserted as a result of the human

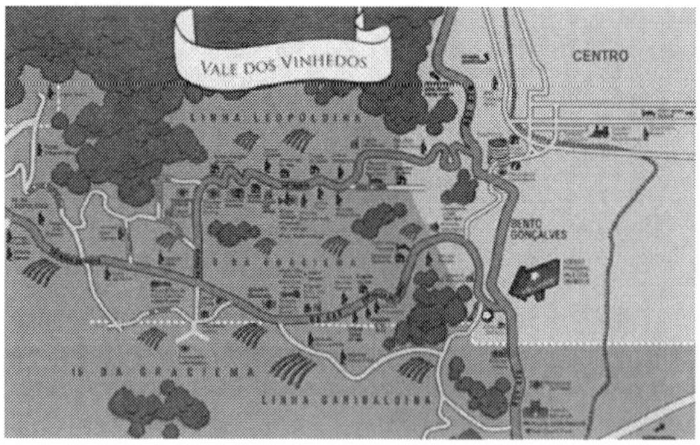

Figure 3. Wine tourism rout in the Vale dos Vinhedos.

modification in the territory, as a legacy of the cultivation and production of grape implanted by the Italian immigrants. They arrived in 1875 and have been leaving their cultural identity and history over the years. In the recent dates, Viticulture in the Vale dos Vinhedos has built in technology for production qualification, such as driving in the form of open trellis or espalier, which has changed the landscape wine. Moreover, the changes in this wine landscape are also related with the opening of commercial enterprises along the routes, the emergence of new economic activities and the paving of the main roads, among others, which are directly linked to the development of wine tourism in the valley.

According to studies conducted by Lavandoski, [27] in the case of the Vale dos Vinhedos, the perception of the rural wine landscape by the visitor in the area studied provided mainly by the wine culture. Therefore, the visitor notices a typicality in this landscape through its elements, such as the vineyards, the wineries, the architecture of the old houses, the relief, and thus the community's way of life. The studies of Lavandoski still show how the landscape involves an entire image that the tourist makes of a certain place. It indicates the need to show aspects that are valued by those visitors, such as the contact with nature and the rural area, cultural and traditional manifestations, religiosity, and all things and habits that are being forgotten by the new generations over time.

Lavandoski [27] also concluded in his studies that wine tourism has contributed to the development and preservation of the image and identity of the Vale dos Vinhedos, promoting the region as a whole, along with their historical and cultural aspects. However, it highlights the fact that the landscape should not be treated in isolation. On the contrary, it must be built and maintained in parallel with the development of wine tourism. It requires a joint action by government agencies, entrepreneurs and the local community in order to enable alternatives that contribute to the appreciation and preservation of this landscape.

Recent studies conducted by Giordani [32] point out the modifications of this historically productive landscape, currently being a certified wine territory where there is a gradual process of transformation. The study analyzes this process, showing how increasing urbanization, which was also determined by the value of the land, has led the Vineyards Valley to lose the cultural values of the territory. From the historical point of view, the author discusses all the process of transforming the landscape, which starts with the planting of the first vineyards and the arrival of Italian immigrants until the emergence of its first urban centers and the recent urbanization, which will add a new value to the territory. According to the author, these changes imply a risk to a legacy of years of history in the construction of this unique landscape.

Also according to Giordani, [32] the city's master plan has a specific legislation covering the rural area of the Vale dos Vinhedos. However, it has not been able to stop the process of change and growth from both urban and industries. Therefore, the Vale dos Vinhedos is committed to different deviations in land use. The most serious are the industrial areas and residential condominium complexes. At the moment when landscape becomes a value-adding factor to the territory, the question is how urbanization and architecture can lead to an identity loss.

The author also raises the question about the concept of "Denominação de Origem" of the Vale dos Vinhedos. According to her, it does not apply to the protection of the know-how, inserted into a wine landscape built with local materials and cultural events through a tradition repeated for generations. On the contrary, the "Denominação de Origem" in the Vineyards Valley proposes a new planting system, other than the one practiced in the territory since the arrival of Italian immigrants in 1875, which allowed the destruction of a territory to give space for new determinations to produce wines with "Denominação de Origem".

In the study, Giordani [32] considers that the certification of the Vale dos Vinhedos, to the geographical indication in 2002, was a positive factor. It provided an identity to the local wine production, but there were consequences in the territory. The valuation of the land reaches a level that leads to the urbanization's rapid growth, in addition to the abandonment of small producers who designed the land to other activities that are not related to viticulture.

6. Final considerations

Through the analyzed sources, it is possible to observe wine tourism as an activity with multiple possibilities. It promotes, at the moment, different values and alternatives to the environment, as long as there is this possibility in there. Its powerful economic influence is also remarkable to create a strong image of a product and place. The new capitals of wine show the growth and the importance of this activity, in which communication and technology are essential vehicles for its dissemination and maintenance.

In Brazil, the recent tradition in wine production is growing fast in the last years, reaching new regions and states, and strengthening the production and consumption of wine in the country. The Serra Gaúcha, with all its wine tradition, houses the most consolidated wine tourism destination in Brazil, attracting thousands of tourists each year, who are looking for the diverse experiences that this type of tourism can offer.

The Valley of the Vineyards reflects the cultural heritage that was established there, with vines and the following arrival of Italian immigrants in this region, which adds value and identity to this wine landscape. However, the growth of wine tourism during the last years comes along with deep modifications that put the validity of this region's cultural landscape at risk, by the level of commitment to preserve that identity. The rapid urban growth and the changes caused by the development of wine tourism need to be carefully dimensioned for the purpose of maintaining the best practices and also the landscape and culture of this place.

We verified that wine tourism achieves notoriety in various regions of the world, stimulating economic growth of private wine production, products and services associated with the whole production chain in which tourism plays a key role.

The great development that wine tourism has had in recent years requires a thorough attention and monitoring by the various agencies that govern this activity. That way, it is possible to avoid the most negative consequences and that will enhance and strengthen the identity and the culture of the Vale dos Vinhedos, which is expressed through the rural wine landscape, architecture, and cultural manifestations.

It is necessary and convenient to conduct a deeper study regarding the real implications of wine tourism in rural landscapes of regions such as the Vale dos Vinhedos. It is important to align the interests of different producers, consumers and general public, facing the risk of jeopardizing the region's potential because of the waste of cultural and natural resources.

References

[1] H.C. Vargas. *A complexidade do conhecimento;* Turismo, Arquitetura e Cidade. III Encontro da Associação Nacional de Pesquisa e Pós-graduação em Arquitetura e Urbanismo. Arquitetura, cidade e projeto: uma construção coletiva São Paulo (2014)

[2] J.V. Andrade. *Turismo. Fundamentos e Dimensões.* São Paulo: Ática (1997)

[3] G. Joaquim. *Turismo e Ambiente: complementaridade e responsabilidade.* Dissertação (Sociologia). Instituto Superior de Ciências do Trabalho e da Empresa, Lisboa (1994)

[4] E. Mayo. *Regional Images and regional travel consumer behavior.* p. 211–18, in TTRA Conference Proceedings, Idaho (1973)

[5] C. Rojek, J. Urry. *Touring Cutltures Transformations of Travel Theory.* London: Routledge (1997)

[6] A.M. Roque. *Turismo no espaço rural:* Um estudo multicaso nas regiões sul e sudeste de Minas Gerais. 2005, 102f. Dissertação (Administração rural). Universidade Federal de Lavras (2005)

[7] A. Zimmermann. *Turismo Rural: Um modelo brasileiro.* Florianópolis: Ed. do Autor (1996)

[8] A.I. Inácio. O Enoturismo: da tradição à inovação, uma forma de desenvolvimento rural. *Atas do III Congresso de Estudos Rurais,* Faro, Universidade do Algarve, p.1–16 (2007)

[9] C.M. Hall. et al. (Org.).*Wine tourism around the world*: development, management and markets. Oxford: Elsevier (2004)

[10] D. Getz. *Explore Wine Tourism – Management, Development & Destinations.* s.l.: Cognizant Communication Corp (2000)

[11] G.L. Peters. *American Winescapes:* The Cultural Landscapes of American Wine Coutry, s.l.: Westview Press (1997)

[12] Carta Europea del Enoturismo. Rede Europeia de Cidades do Vinho, Recevin (2006) Available in: `http://www.recevin.net/userfiles/file/Charte_ES.pdf`. Accessed in: 26 Apr. (2016)
[13] M. Novelli. (Eds.), *Niche Tourism – contemporary issues, trends and cases*, Oxford: Elservier Butterworth-Heinemann (2005)
[14] C. Cavaco. (Coord.). *Desenvolvimento Rural: desafio e utopia*. Lisboa: CEG (1999)
[15] C.M. Hall. et al. *Food Tourism Around the World – Development, management and markets*, Oxford: Butterworth-Heinemann (2003)
[16] C. Gregory. *Enoturismo en el Valle de Napa*. Terruños. Atenas, **1**, n.25, p.49–61, Abr. (2015)
[17] M. Eduardo. *Os cantos de Mendonza. Revista Adega*. Ed.68, June (2011) Available in: `http://revistaadega.uol.com.br/artigo/os-cantos-de-mendoza_3478.html` Accessed in: 10 Apr. (2016)
[18] J. Carlsen, S. Charters. *Global Wine Tourism: Research, Management & Marketing*. Oxon: Cabi International (2006)
[19] Wine Tech Forum 2016. Available in: `http://www.vinotec.net/contenidos-winetech-forum-2016`. Accessed in: 20 may (2016)
[20] Great Wine Capitals. Available in: `http://www.greatwinecapitals.com`. Accessed in: 15 Apr. (2016)
[21] R. Farias. *Curso para profissionais ciclo I*. Rio de Janeiro: Associação Brasileira de Sommeliers (2014)
[22] V. Valduga. *O processo de desenvolvimento do enoturismo no Vale dos Vinhedos*. 2007. 151f. Dissertação (Turismo). Universidade de Caxias do Sul, Caxias do Sul (2007)
[23] U.A. Camargo, J. Tonietto, A. Hoffmann. *Progressos na Viticultura Brasileira*. Revista Brasileira de Fruticultura, Jaboticabal, **33**, p. 144–149 (2011)
[24] Ibravim. Instituro Brasileiro do vinho. Available in: `http://www.ibravin.org.br`. Accessed in: 18 Apr. (2016)
[25] M.A.D. Flores, A. Flores. *Diagnóstico do enoturismo brasileiro: um mercado de oportunidades*. SEBRAE: Brasília, DF; IBRAVIN: Bento Gonçalves, RS (2012)
[26] H. Tonini. *Políticas públicas e turismo:* enoturismo no Vale dos Vinhedos/RS. Passos. Revista de Turismo y Patrimonio Cultural, El Sauzal, **6**, n.2, p.213–229 (2008)
[27] J. Lavandoski. A paisagem na rota enoturística Vale dos Vinhedos (RS), na perspectiva do visitante. Universidade de Caxias do Sul. Caxias do Sul. Dissertação (Mestrado em Turismo) (2008)
[28] I. Falcade. O espaço geográfico e o turismona Região da Uva e do Vinho no nordeste do Rio Grande do Sul. In: Encontro Estadual de Geografia, 21; Caxias do Sul: EDUCS, 2001. Anais...Caxias do Sul: Educs (2001)
[29] Aprovale, Informatico de inverno 2016. Available in: `http://www.valedosvinhedos.com.br/vale/index.php`. Acessed in: 13 Mar. (2016)
[30] Vale dos Vinhedos. Available in: `http://www.valedosvinhedos.com.br/vale/index.php`. Accessed in: 13 Mar. (2016)
[31] R. L. Correa, Z. Rosendahl. *Paisagem, Tempo e Cultura*. Rio de Janeiro: EdUERJ (1998)
[32] M.E.P. Giordani. Por trás dos parreirais. Embates da paisagem cultural vinícola e a urbanização, Vale dos Vinhedos, Bento Golçalvez, RS, UFRGS, Faculdade de Arquitetura, PROPUR; Master's dissertation (2013)

Grape and wine culture in Georgia, the South Caucasus

David Maghradze[1,a], Giorgi Samanishvili[1], Levan Mekhuzla[1], Irma Mdinaradze[1], George Tevzadze[1], Andro Aslanishvili[1], Paata Chavchanidze[1], David Lordkipanidze[2], Mindia Jalabadze[2], Eliso Kvavadze[2], Nana Rusishvili[2], Eldar Nadiradze[2], Gvantsa Archvadze[2], Patrick McGovern[3], Patrice This[4], Roberto Bacilieri[4], Osvaldo Failla[5], Gabriele Cola[5], Luigi Mariani[5], Nathan Wales[6], M. Thomas P. Gilbert[6], Laurent Bouby[7], Tina Kazeli[8], Levan Ujmajuridze[9], Stephen Batiuk[10], Andrew Graham[10], Lika Megrelidze[11], Tamar Bagratia[11], and Levan Davitashvili[12]

[1] National Wine Agency of Georgia, 6 Marshal Geloveni Ave., 0159 Tbilisi, Georgia
[2] National Museum of Georgia, 3 Purtseladze Str., 0105 Tbilisi, Georgia
[3] University of Pennsylvania Museum of Archaeology and Anthropology, 3260 South St., Philadelphia, PA 19104, USA
[4] INRA-CIRAD-SupAgro, UMR AGAP, 1334 Montpellier, France
[5] University of Milan, via Celoria 2, 20133 Milano, Italy
[6] University of Copenhagen, Øster Voldgade 5–7, 1350 Copenhagen, Denmark
[7] Institut des Sciences de l'Evolution, University of Montpellier, Place Eugène Bataillon, 22, 34095 Montpellier, France
[8] Georgian Wine Association, 12 Mtatsminda Str., 0108 Tbilisi, Georgia
[9] Scientific – Research Center of Agriculture, 6 Marshal Geloveni Ave., 0159 Tbilisi, Georgia
[10] University of Toronto, Dept. of Near & Middle Eastern Civilizations, 4 Bancroft Ave, Toronto, Canada
[11] Environmental Agency of Georgia, David Aghmashenebely Ave., 0112 Tbilisi, Georgia
[12] Minister of Agriculture of Georgia, Tbilisi, Georgia

Abstract. In 2014, the National Wine Agency of the Republic of Georgia initiated a three-year "Research Project for the study of Georgian Grapes and Wine Culture. Through collaborative research by Georgian and foreign institutions and researchers, the project aims to: stimulate research of Georgian viticulture and viniculture, through the lens of the country with the earliest tradition of grape domestication and winemaking; and to reconstruct the continuous development of viticulture and wine culture through time. The project advances the study of grape and wine culture by utilizing a multidisciplinary approach, including: archaeology, history, ethnography, molecular genetics, biomolecular archaeology, palaeobotany, ampelography, enology, climatology and other scientific fields. These studies are diachronic in their approach, beginning with the oldest Neolithic civilizations, to present day, creating a holistic understanding of the continuity and complexity of Georgian Wine Culture to help popularize Georgian Wine throughout the global wine market.

1. Introduction

The Republic of Georgia, a small country of the South Caucasus, located between Black and Caspian Seas, has a long and ample history of viticulture and winemaking.

The first domestication of grapevine (*Vitis vinifera* ssp. *sativa*) took place from its wild ancestor *Vitis vinifera* ssp *silvestris* probably in the Caucasian area [1] and the most ancient evidence of wine making activities date back to the Neolithic period in the mountainous region of the Near East, including the Caucasus, the eastern Taurus, and the northwestern Zagros where the earliest chemically attested wine jar discovered to date at Hajji Firuz Tepe, is located [2]. In the Caucasus, no indication of cultivation is currently available before the 6th–5th millennia BP; after which, carbonized pips, berries, pollen and wood remains are more frequently reported from sites located well outside the indigenous distribution area of *Vitis sylvestris* [3,4].

In this context, a valuable contribution can be obtained from paleoclimatology, because grapevine domestication and its expansion was carried out in the context of the relevant variability of the Holocene climate [5,6] which imposed strong limitations to the grapevine distribution zone.

Investigations into the history of the modern grapevine began in the 1960s, with the discovery in the territory of modern South Georgia, Northern Armenia and Western Azerbaijan of one of the earliest cultures of the South Caucasus, known as "Shulaveri-Shomu Tepe Culture dated between 6.000 – 4.000 BCE (Fig. 1) [7–9]. This archaeological culture is identified through its mudbrick architecture, ceramics, stone and bone tools, and advanced agriculture with the cultivation of several crops, among which it has been considered grapes – suggested by the discovery of a motif of four stylized grape bunches that somewhat frequently appears on the walls of clay jar, best exemplified by the example uncovered at "Khramis Didi Gora", now on exhibit in the Georgian National Museum (Fig. 2) [10–12]. This period can also be considered to be a starting point for Neolithic wine production based on a preliminary study by McGovern [2], when he reported possible traces of tartaric acid – the main biomarker for grapes and its byproducts (e.g., wine), in one of the Neolithic jars from "Shulaveris Gora" (see below).

[a] Corresponding author: david.maghradzer@georgianwine.gov.ge

DOI: 10.1051/bioconf/20160703027

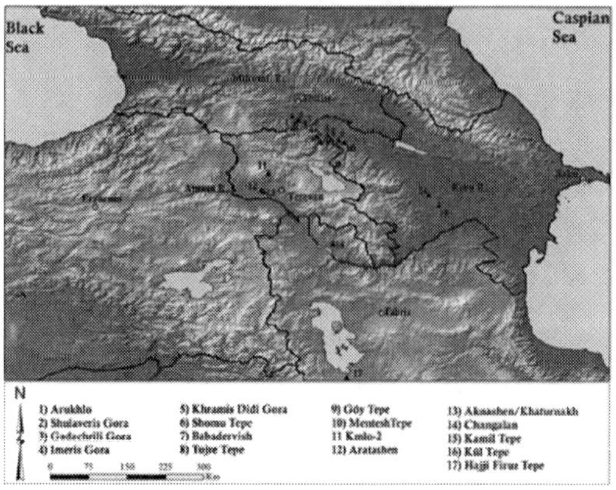

Figure 1. Map with the principal sites that preoduce the Neolithic 'Shulaveris-Shomu Culture', and Hajji Firuz in Iran which to date has the earliest definitive chemical evidence of ancient wine.

Following the "Shulaveri-Shomu Culture", the "Mtkvari (Kura)-Araxes culture" – also known as the "Early Trascaucasian Culture", ETC – (circa 4000-2000 BCE) emerged in Southern Caucasus and then spread across the Near East, along with a further development of livestock breeding, bronze metallurgy, and farming practices [13]. Multiple lines of evidence, including settlement patterns, ceramic analysis and textual records, along with the long recorded history in South Caucasia (commonly regarded as the place of origin of the ETC), are used to postulate an economic niche for the ETC in viti- and viniculture, which results in the spread of wine consumption across the Near East [14].

The "Trialeti culture", emerged in the first part of the 2nd millennium BC and reached its peak in 1500 BC in Eastern Georgia. Large burial mounds ('Kurgans') found at the site of Trialeti itself and other sites of the period have yielded marvelously ornate gold and silver goblets, often depicting drinking scenes or ceremonies, highlighting the importance of the vine to this culture [15].

In Western Georgia, a new and unique culture known as Colchian developed between 1300 and 700 BCE. According to Herodotus (5th cent. BCE) and Strabo (1st cent. BCE), winemaking prospered in the region: the "fizzing and sweet-as-honey wine of Colchis" are frequently mentioned in their works. The discovery of grapevine seeds from the settlement of Ergeta (Zugdidi district, VII-VI cc. BCE) and Gienos (Ochamchire district, VII-VI cc. BCE) belonging to *V. vinifera* ssp. *sativa* and to *V. vinifera* ssp. *sylvestris* [4] as well as other archaeological artefacts linked to viticulture and wine makings appear [16].

Viticulture and winemaking held a preeminent position during the Christian Age (4th to 9th centuries CE). St. Nino preached Christianity with a cross of grapevine canes – and the "Grapevine Cross", becomes a major symbol of the Georgian Orthodox Church by 337, when Christianity became the official religion of the Georgian Kingdom of Iberia. By the Medieval period (10th to 15th centuries CE) we have: "Marani" (wine cellars) with clay jars "Qvevri" and "Satsnakheli" (presses), as well as viticultural tools, fossilized grape seeds, and signs of irrigation systems and terraces for the cultivation of grapevine found all over Georgia. Additionally, imagery of grapes and grape vines proliferate and become a main Church ornament across Georgia [16]. Because of the identification of 525 varieties on grape in the region [17], as well as several original technologies for winemaking [18], such as making of wine in Qvevri jars, Georgian Wine was been recognized as an UNESCO Intelligible Heredity in 2013.

Since the beginning of the 19th century until the 1990's, Georgia was integrated in the Russian Empire and subsequently the Soviet Union, which resulted in a new and wide market for Georgian wines. Construction of new wineries began, the planted area of vineyards was expanded which gave a new impulse to the winemaking sector [17,19,20]. The 21st century started with various conditions of economic rise and crises which influenced the development wine sector of the Georgia.

The long history of grape growing and wine making activities had deep and significant influence on various aspects of economic and social life in Georgia; such as diet, architecture, music, art, literature, science, etc. [21]. We can say that the grape and wine became central to the identity of the Georgian nation.

Taking in note the importance of viticulture and winemaking for the country, the National Wine Agency of the Republic of Georgia initiated a three-year "Research Project for the study of Georgian Grapes and Wine Culture" in February 2014. Through collaborative research by Georgian and foreign institutions with researchers from the USA, Italy, France, Canada, Denmark, Israel, the project aims to develop research activities in a variety of research areas such as: new archaeological excavation of Neolithic settlements; the systematization analyses of and radiocarbon dating of the grape remains discovered on the territory of Georgia from various historical epochs; biochemical testing of archaeological artifacts for the purposes to discovery tartaric acid"s and other chemical compounds as markers for *Vitis vinifera* wines; the characterization of soil and agro climatic features of Georgia with regards to viticultural and winemaking practices, including the reconstruction of past "Holocene" climate; the study of ancient DNA from grape seeds from archaeological contexts for the purposes of their comparison to the modern DNA of the grape gene pool (varietal and wild grapevine); the presentation of enological and ethnographic heredity of Georgian viticulture and winemaking; and the analyses of modern fields of viticulture and winemaking for the purposes of their evaluation and argumentation in the historical background. The project aims to advance the study of grape and wine culture of Georgia by utilizing a multidisciplinary approach to help popularize Georgian wine throughout the global wine market

The aim of this paper is to provide basic information about this project and its main results to wide audience of researchers and policy-makers of the vini-viticultural sector, as well as to provide evidences of the rich culture of grape cultivation and wine making in Georgia.

2. Materials and methods

2.1. Structure

The project is organised into a system of five Working Groups: 1) Archaeology and History; 2) Ancient and modern DNA; 3) Biomolecular archaeology; 4) Georgian viticulture and winemaking; 5) Dissemination and public awareness. The scientific supervisor of the project is Prof. D. Lordkipanidze – Director of the National Museum of Georgia. The project started in January, 2014.

2.2. Archaeology and history

2.2.1. Archaeology

Recently excavations have been renewed at the Neolithic settlements of Gadachrili Gora and Shulaveris Gora located in the district of Marneuli, in Lower Kartli province [9]. These sites are a cluster of agricultural settlements that were populated by people known as being part of the "Shulaveri-Shomu Tepe" culture (6th Millennium BCE).

The purpose of these excavations is threefold; to provide a rich dataset of archaeological samples originating from the by-products of wine production and consumption during the Neolithic; to preserve and conserve excavated materials for site consolidation and presentation to the public; and to provide cross-cultural educational opportunities for local (Georgian) and foreign (Canadian) undergraduate students of archaeology.

As a result of these most recent efforts, 270 m^2 was excavated just in 2016 at Gadachrili Gora, including two major phases of occupation, and a small 1×5 m step trench and a section cleaning at Shulaveris Gora, which identified six layers of occupation, all dated to the Neolithic period. Amongst the well preserved remains include circular mud-brick architecture, which are typical of the culture. These efforts have been successful in providing a more expanded context with which to evaluate recovered samples. These samples consist of pottery (ceramic), lithic (stone tools), faunal (animal bone), paleobotanical (plants/seeds) and geological (soil) materials recovered from anthropogenic contexts revealed through careful excavation. The study and analysis of all these samples constitute the next phase of the biomolecular archaeological investigation. In addition, the paleobotanical samples have provided good materials for radiocarbon dating.

In conjunction with the archaeological excavations a program of architectural conservation activities has been initiated at "Gadachrili Gora" along with the development of a plan for an "Archeological park / museum" project for preservation and presentation of the "Shulaveri-Shomu culture" in the region.

2.2.2. Archaeobotany

Carbonized plant remains were collected by floatation sampling for further laboratory archaeobotanical and paleobotanical analysis and radiocarbon dating (N. Rusishvili, E. Kvavadze).

The samples were collected from the previously discussed two sites of "Gadachrili and Shulaveris Gora", as well as "Treligorebi" (village Dighomi, close to Tbilisi, the 4th–2nd centuries BCE), "Kapnistavi" (Khelvachauri district, early Middle Ages) and "Dekhviri" (Tsageri district, late Middle Ages).

The examinations of archaeological and modern seeds included: i) Twenty six samples of grape seeds from the National Museum of Georgia, discovered during various archaeological excavation over the past sixty years, were analyzed by radiocarbon C14 dating in the D-REAMS laboratory of Weizman Institute, Israel (supervisor E. Buaretto); ii) the examination of wood samples for speciation by the paleobotanists N. Miller at the University of Pennsylvania (USA) and L. Bouby.

Morphometry of ancient seeds

It was selected and the photography was captured for the archaeological seeds with the idea of their verification to modern seeds of Georgian and European varieties and wild grapes studded by the "Morphogeometric analyses" leaded by L. Bouby.

We are utilizing morphometric geometrics to characterize archaeological grape seeds in comparison to modern wild and domesticated grape samples. Our goal is to identify ancient seeds of the wild and domesticated types and compare these to modern cultivars from the Caucasus region and other areas across Europe and the Mediterranean world. The morphogeometric approach we are using is based on the elliptic Fourier transform analysis of dorsal and lateral seed outlines [22,23]. First we have inventoried the available samples of archaeological *Vitis* seeds and confirmed the chronology of most of them using radiocarbon dating of individual seeds.

2.2.3. Paleobotany

More than 100 samples were studied palynologically from the settlement of "Gadachrili Gora" (6th Millennium BC) during 2007–2015, obtained from 8 vessels, 9 farm pits, 6 repositories and 15 cultural layers.

2.3. DNA study

2.3.1. Modern DNA

A set of 41 cultivated and 77 wild grapes of Georgian origins were studied with DNA technologies and compared to a larger dataset available at INRA [24]. First, we carried out microsatellite (SSR) fingerprinting with the nine SSR used in the EU-Vitis database, so to check identities, possible synonyms, homonyms and misnomers, as well as parentages. Once the list of original genotypes was confirmed, we used a hybridization capture kit, defined by INRA and GeoGenetics to capture and sequence stretches of DNA corresponding to around 10.000 known DNA variations in grape (Single Nucleotide Variaton, or SNP). We also added to the sample 12 Asian *Vitis* and one *Muscadinia* species as outgroups.

2.3.2. Ancient DNA

A protocol for extraction of archeological plant remains for further study of ancient DNA was elaborated by the laboratory of "GeoGenetics" at the University of Copenhagen, Danmark (Supervisor T. Gilbert) and tasted by the National Museum of Georgia during archaeological expeditions.

A collection of 19 archaeological *Vitis* seeds and 2 ancient branches were processed using state-of-the-art techniques at the paleogenomics laboratory at the University of Copenhagen. Samples ranged in age from 4000 BC to 1750 AD, spanning many important stages in early grapevine cultivation and the historic era. DNA isolated from specimens was converted to Illumina

DOI: 10.1051/bioconf/20160703027

libraries for Next Generation Sequencing, and shotgun sequencing was performed. The origin of DNA in specimens was examined using NCBI's BLAST database, quantifying relative proportions of *Vitis*, bacterial, and fungal DNA. Samples exhibiting high levels of grape DNA were enriched for nuclear SNPs as described above for modern accessions.

2.4. Biomolecular archaeology

Twenty-two pottery sherds with seven corresponding soils samples from Neolithic Shulaveri culture Georgia were analysed for possible grape/wine residues in 2014 and 2015. The sites included "Gadachrili Gora," "Shulaveri Gora," and "Arukhlo," which was excavated under the auspices of Dr. Sved Hansen (Germany) and Dr. Guram Pirtskhalava (Georgia). Dr. Patrick E. McGovern of the Biomolecular Archaeology Project of the University of Pennsylvania Museum headed the project, in collaboration with Dr. Gretchen R. Hall of the Penn lab, Dr. W. Christian Petersen of the Winterthur Museum's Museum Conservation Laboratory, and Dr. Michael P. Callahan and Dr. Karen E. Smith of NASA's Goddard Space Flight Center.

The project enabled us to develop a new, sensitive approach to identifying all the main organic acids in wine, viz. tartaric, malic, citrus, and succinic. Further extraction refinements in our Gas Chromatography – Mass Spectrometry (GC-MS), Fourier-transform Infrared Spectrometry (FT-IR) and Orbitrap Liquid Chromatography Tandem Mass Spectrometric (LC/MS/MS) analyses were also made.

After macroscopic and low-power microscopic examination and photographing, the sherds were sampled for any potential interior residues and other characteristics of interest. Samples were divided up for analysis by FT-IR and GC-MS separately from those for LC/MS/MS with a linear ion trap-Orbitrap detector (Orbitrap LC/MS/MS).

1) Extraction: For FT-IR and GC-MS, the interior surfaces of the sherds were ground down to a depth of 1–3 mm after removing any glue and extraneous soil with distilled water. The powdered residues and accompanying soils were then further ground down by an agate mortar and pestle, as needed, and extracted by our standard chloroform/methanol procedure by boiling in glassware for 3 hr., combining the solutions, and evaporating to dryness.

2) FT-IR analyses, databases and searches: The FT-IR data were obtained on Thermo Nicolet spectrometers by diffuse-reflectance on samples mixed with KBr or on neat (unmixed) samples run using a diamond cell. The FT-IR spectra were searched for "matches" against large databases of relevant natural products and processed organic materials, synthetic compounds, modern wine samples, and "ancient wine reference samples". The latter are residues from ancient vessels which likely originally contained wine, based on strong archaeological criteria or exterior inscriptions which recorded their contents. Samples of special interest are those that provide matches to ancient and modern wine samples, to a high level of probability (90 or above on a scale of 100, according to Thermo Scientific's proprietary OMNIC algorithm).

3) GC-MS analyses, databases and searches: For our experimental methodology in running GC-MS analyses, see McGovern et al. [25] and McGovern et al. [26]. Compound identification was made by retention time and mass spectrum using NIST 05.

4) Orbitrap LC/MS/MS extractions and analyses. For our experimental methodology in running LC/MS/MS analyses, see McGovern et al. [26]. Tartaric acid, malic acid, succinic acid, and citric acid in the sample extracts are identified by (a) correlating sample compounds with known standards at the experimentally determined chromatographic retention times and (b) comparing accurate mass measurements with theoretical exact masses for the organic acids. Elemental compositions are calculated from the deprotonated molecule with introduced limits of carbon (0–30), hydrogen (0–60), nitrogen (0–10), and oxygen (0–15), with a mass tolerance of 2 ppm. Peak areas are obtained by either manual integration or by the ICIS peak algorithm in the Xcalibur software package.

5) Bioinformatics evaluation. A bioinformatics approach was key to identifying grape/wine and other natural products which may have been further processed by humans. Biomarkers should be specific to a given geographic area.

2.5. Viticulture and winemaking

2.5.1. Agroclimatology for viticulture

All biological cycles are driven by environmental variables. For this reason it is very important to analyze and characterize viticultural areas in terms of environmental resources and limitations for grapevine development and production taking into account climate variability and change.

About this matter, while the climate of Western Europe has been deeply affected by the abrupt climate change that took place in the late '80s of the 20th century [27, 28], a similar signal was detected for Georgia only few years later, in 1994. In fact the current climatic phase (1994–2013) shows an increase of 1.4°C in yearly temperature when compared with the previous phase (1974–1993).

For this reason it was particularly interesting to evaluate how deeply grapevine phenology was influenced by the climate of 1994.

In order to evaluate the effects of climate change on grapevine phenology, the availability of thermal resources in the two climatic phases for five altitudinal belts in the 0–1250 m range was analyzed.

Furthermore, a phenological model for Georgian varieties was calibrated on the base of phenological data collected in the two experimental sites of Koshkebi and Saguramo during 2012–2014 [29,30]. The model based on the Normal Heating Hours (NHH) approach [31], is able to predict BBCH phenological stages 61 (beginning of flowering), 71 (fruit set) and 81 (veraison) for four relevant Georgian varieties (Mtsvane Kakhuri, Rkatsiteli, Ojaleshi and Saperavi). The model, was validated on an independent three year dataset (2004–2006) gathered in Gorizia, Italy [32].

2.5.2. Ancient climate reconstruction

The present altitudinal limit of *Vitis vinifera* in West Georgia is about 500–800 m asl depending on morphological features like slope and aspect that influence solar radiation and temperature. Incidentally this limit is coherent with limits of thermophilous taxa like *Zelkova carpinifolia* Pall. and *Castanea sativa* L.

In the light of this we have adopted the tree line defined by Connor and Kvavadze [33] for Abkhazia region as a proxy of the altitudinal limit of wild and domestic grapevine (*Vitis vinifera* L.) in West Georgia. So, applying a coefficient of correction of −1100/−1300 m, we have obtained the Holocene evolution of altitudinal limit of grapevine (Figs. 4, 5) for the whole country.

2.5.3. Ethnography

National Museum of Georgia collected archaeological and ethnographic data linked to the viticulture and winemaking of the country on the web-site of the project to use those for "Archaeological Catalogue" and "Ethnographic Catalogue" for their systematization, research and further usage in the project activities.

2.5.4. Ampelography: Cultivars and wild grape

For the purposes to study the DNA of modern grape gene pool (Georgian local varieties and wild grape), 41 cultivar and 76 wild varieties were collected.

To investigate the wild grape *Vitis vinifera* ssp. *silvestris* an ancestor of cultivated grape, several expeditions were organized for its investigation in their natural ecosystems within the country. The discovered plants were described by ampelographic and GPS methods. The mature woody canes were collected for DNA study and for further propagation within a field repository established in the village of Jighaura in 2015 belonging to the Scientific – Research Center of Agriculture.

2.6. Dissemination and public awareness

Holding various public events and preparation of publications for demonstration and dissemination the obtained results of various aspects of Georgian grape and wine culture both inside the country as well for the international society is one of the objectives of the project.

In this vein, the National Wine Agency has published several scientific and popular publication in the framework of the project.

The information about our project's activities has been systematically provided to a wide audience by public demonstration days, as well as television and radio broadcasts.

3. Results and discussions

3.1. Archaeology and history group

New archaeological excavations of the early Neolithic agricultural settlments of "Gadachrili Gora" and "Shulaveris Gora", belonging to the "Shulaveri – Shomu Tepe Culture" of South Caucasia (the 6–5th Millennium BC) discovered new artefacts possibly linked to viticultural and winemaking activities – specifically ceramic wares.

The project aims to identify, collate and synthesize the currently available archaeological artifacts associated with viti- and viniculture into an "Archaeological Catalogue". Additionally, a robust chronology of the history of Georgian viniculture is also being reconstructed through

Figure 2. Clay store jar from the excavations of 'Khramis Didi Gora', in the Georgian National Museum.

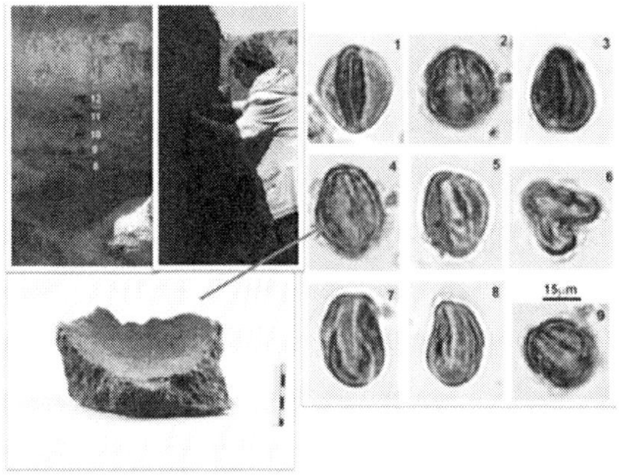

Figure 3. Palynological sampling from Gadachrili Gora and grape pollen identified from vessel base discovered in excavations.

systematic radiocarbon analyses and dating the grape remains (seeds, wood) and artifacts linked with wine making from across a wide variety of Georgian historical periods.

The presence of the oldest grape pollen has been identified in the deposits of buildings, storage pits and on the walls of the buildings from the site of "Gadachrili Gora"; and grape pollen and seeds have been identified at the site of "Treligorebi" as well. Carbonized seeds of other crops such as wheat, barley, bitter vetch, lentil, pea and additional weeds associated with agriculture were also discovered at "Gadachrili Gora", confirm the presence of agriculture in Lower Kartli 8.000 years ago.

Seed Morphometry. Presently we have been able to analyze 457 *Vitis* seeds from archaeological contexts, originating from 11 Georgian sites dating from the Early Bronze Age to Modern times. The domesticated morphotype is identified from the Iron Age onwards and is generally predominating in all the archaeological samples. There is a strong diversity of domesticated shapes in the samples. These types are close to modern cultivars from various geographical origins, especially from the Caucasian region and from Greece.

Paleobotanical research. The results of study of "Gadachrili Gora" samples demonstrates that 80% of those contains pollen grains of common vine *Vitis vinifera* L., as well as pollen of weeds characteristic of a vineyard.

The palynological spectra content of the pottery, strongly suggest the existence of wine in them, which are of special interest. The use of the palynological analysis for identification of wine residue in archeological vessels has just started to successfully be realized [34–36]. An international program of pollen monitoring (Pollen Monitoring Programme) implemented in England and Georgia [35,37–39], has significantly aided this investigation. Monitoring has shown that productivity of the Rkatsiteli cultivar pollen grains increases in a good climate conditions in Kakheti, i.e. when there are no drought and frosty winters there. More than 50 000 pollen grains of vine are accumulated in soil on 1 cm^2 under the vine per year. Significant pollen is deposited on leaves and grapes of vine, which get into pressed wine. The experiment has shown that about one thousand pollen grains get into the wine pressed in domestic conditions in a fruitful year [35].

New research also reveals that apart from pollen grains, starch and epidermal cells are also good indicators for existence of wine. Microscopic hairs of insects are also always found in wine as well. These are the result of the insects which always whirl around the vine fruits or vessels full of wine.

In the pottery found in the repositories and household pits of "Gadachrili Gora", particularly in the bottoms of which are preserved, pollen grains of vine, vine starch, microscopic cells of vine cane and hairs of flies are found. Pollen grains of *Vitis* are also found on the floors of dwellings, and in all farm pits and repositories. These discoveries confirms that humans grew vines in Neolithic era.

The fact that the remains of grape (*Vitis vinifera*) flower have also been identified in occupational layers is of great interest as well. We suggest several arguments to explain its occurrence. Either vines (*Vitis vinifera*) were planted near the building identified by our excavations, or its flowers were specially picked and stored in the repositories and pits of dwelling. It is known that leaves, seeds and the juice of grapes possess numerous medicinal properties. Moreover, humans used grapes for food, and therefore it should have been an important part of the local diet, which is confirmed by the identification of pollen of vine (*Vitis vinifera*) and acetic acid found on the walls and bottom of pottery [36].

Palynological researches have also revealed existence of other horticulture cultivars, indicating walnut and other nut were grown and stored in repository pits. Production of wheat was also very developed as well, as the palynological and paleobotanic studies have revealed several species of wheat. Additionally there is evidence of growing flax, from which textiles could be spun by loom [40].

Considering the palynological results and paleoecological information obtained in recent years, in conjunction with palynology of materials of "Gadachrili Gora" and "Shulaveri Gora" [35,36,40,41], it is possible to define that the landscape which would have been forested in antiquity. Evidence suggests forests of hornbeam and oriental hornbeam, as well as beech, oak, elm, zelkova, alder buckthorn, willow, box tree and juniper. Floodplain forests spread along the banks of rivers, where alder tree, willow and Caucasian wingnut (*Pterocarya fraxinifolia*) grew. Forest ferns should have been in present in significant amounts in these humid forests, as their spores are well present in nearly all palynological spectra of analyzed material. The following species of fern were identified – *Polypodium vulgare, Asplenium, Dryopteris, Cryptograma crispa,* and*Ophioglosum vulgatum*. The spores of *Lycopodium clavatum* are found. These taxa, as well as alder and Caucasian wingnut, require humid climate conditions. Forests of pine, fir and spruce should have been spread on higher slopes of nearly mountain.

Taxonomic list of identified plants and ecology of these taxa confirm that the climate of the region should have been much more humid and warm in the Neolithic period. It should be noted, that today Zelkova and the Caucasian Wingnut grow only in the Alazani and Kolkheti valleys. The forest reserve of Babaneuri in Kakheti is the place where the forest of Zelkova of high bonitet has survived since the Tertiary period, and wingnut grows only in Lagodekhi reserve and on the banks of river Alazani [5,42–44]. The palynological spectra of the examined soil and mosses of the Alazani forest reveals that there are also significant forest fern spores, which correspond to the spectra found in the cultural layers of Gadachrili Gora. As a result, the following conclusions might be drawn: the climate conditions in Kvemo Kartli 8.000 years ago should have been similar as to todays in Alazani valley, where annual amount of precipitations is 700–800 mm, and annual average temperature is 14°C–15°C. Today in Kvemo Kartli where steppe landscapes prevail, annual sum of precipitations does not exceed 350–400 mm, average annual temperature is lower than in Alazani valley and reaches 12°C–12,5°C. It should be also noted that palynological spectra of steppe landscapes of study region is of a significantly different type, where the afore mentioned forest ferns, pollen grains of Zelkova and Caucasian wingnut are not found there at all [45].

3.2. Ancient and modern DNA group

The DNA analyses of ancient grape seeds and plant remains from Georgia was undertaken to evaluates and assesses the DNA of ancient varietals against modern Georgian and European wild and domesticated varieties, in an effort to examine the phylogeny and taxonomic relationships and to infer hypothesis about grape domestication and the spreading of its cultivation around the Mediterranean basin. The genetic information obtained will be merged with already existing ampelographic characterization and cultivation data of genetic resources so to inform their distribution and use in the global setting.

Among the preliminary results provided by this study we obtained evidence that: i) most of the Georgian wild grapes are true-to-type as related to their wild sub-species status; ii) while it is still difficult to assign recent or ancient varieties to a precise country of origin, and the work on this aspect is still in progress (with the objective to be published in a scientific journal) the data indicate that Georgia, in the context of the Caucasian region and with its links with Central Asian countries, was a major initial contributor to grape domestication. Even as importantly, its local wine tradition used and bred this original material to create new cultivars, then spreading them to the World.

A total of sixty five genotypes of Georgian grape (wild and cultivated) were characterized with usage of new SNPs markers by the Vitis18kSNP array by the University of Milan, Italy [46].

We tested 19 samples of grape seeds and wood specimens from nine archaeological sites from around Georgia. As a result it has become possible to extract the DNA of four samples from the sites of Tsitsamuri (1435–1475 BCE), Borjomi (1644–1666 BCE) and Samtavro (1736–1778 BCE), developing a DNA library. Further molecular work, including various aspects of genome sequencing and statistical analyses has been undertaken. The results obtained have been compared to the database of modern samples available in the "GeoGenetics" laboratory with idea to check genetic relationship between old and new varieties, which have been successfully identified for some accessions.

3.3. Biomolecular archaeology group

The chemical detection of tartaric and other organic acids, which are markers of the Eurasian grape (*Vitis vinifera*) and its products, inside ancient vessels is crucial in establishing the original presence of wine in the vessels. The additional detection of other chemical compounds from botanicals and tree resins, such as diterpenoids and triterpenoids, are used to determine specific winemaking practices in the past, which distinguish the product as most likely wine.

The most notable result from the project to date is a more detailed analysis of Shulaveris-Goris 16a in conjunction with analyses of other Neolithic vessels. This is the sherd, which P. McGovern suggested was positive for tartaric acid (TA) many years ago [2] based on less exact methods, and which the media claimed as "proving" that the earliest wine came from Georgia. He cautioned that it was only one sample and more analyses and better methods were needed to be sure. This project has made that possible, and so far, we have another sherd from Gadachrili Gora (II-9) which appears to be positive for TA by Orbitrap LC/MS/MS. Its TA content is nearly an order of magnitude (10X) than the background soil from the site. Except for succinic acid, it's malic and citric acid contents–all acids associated with TA in grape/wine–were above the background soil contents.

Another sample (GG II-3) was marginally higher in TA, and the contents for the other acids were below or equal to the soil contents.Shulaveris-Goris 16a has now been shown to be "borderline positive". This may be a result of not yet having obtained actual background soil samples from Shulaveris-Goris to compare with the results from the sherd, but rather relying on those from Gadachrili Gora. We did this, because no Shulaveris-Goris samples were available and as a stopgap measure since geological maps show that Grey Cinnamonic Dark soil zone extends across both sites. But there could be differences in the microorganism populations at each site.

Shulaveris-Goris 782 was negative for TA, using the Gadachrili Gora soils as background. That assignment could change if soil samples from Shulaveris-Goris are used.

The new Phase III analyses in 2016 should definitively establish whether grape wine was being produced in Neolithic Georgia. If so, it will push back the date for the earliest wine production in the Near East some 1500 years (Hajji Firuz, Iran has held this distinction since the publication of McGovern, et al. [47].

3.4. Georgian viticulture and winemaking group

3.4.1. *Agroclimatology for viticulture*

This workgroup created a more holistic agronomic understanding of wine production in Georgia and how it might have changed over the millennia. Furthermore, by collecting soil aptitude descriptions and developing a study collection of the wild grapevine *Vitis vinifera sylvestris* from of the various regions in Georgia, and analyzing modern vineyards and winemaking practices, they will evaluate viti- and viniculture's role within the larger historical context of Georgian society and culture. Through the collection of modern and proxy environmental data, a characterization of the past as well as modern climatic patterns of Georgia is being established and mapped to reconstruct past climate patterns with an eye towards modern climate change and how it may affect Georgian viticulture.

After statistical elaboration of obtained climatic data and the development of agro climatic maps was undertaken, analyses of changing climate patterns in Georgia could be undertaken; calculating of agro climatic indexes for viticulture; characterization of viticultural regions according to location of the vineyards, soil and agro climatic parameters.

With reference to the development of phenological models for Georgian varieties ad to the analysis of how grpaveine phenology was affected by climate change,

The model performance in terms of prediction was quite satisfactory, with a Mean Absolute Error of 3.8 days in calibration and 3.2 in validation [48].

In the case of the Rkatsiteli variety, the model was applied to the 1974–2013 thermal daily fields in order to obtain phenological maps of the Georgian territory for the two climatic phases. Results show that after the climate change of 1994, Rkatsiteli showed an advance at higher altitude, the increase of temperature means that the plant spends more time under optimal thermal conditions and, as a consequence, the rate of growth is higher at lower altitudes, and the plant spend more time at over-optimal temperature so that the gorwth is faster than during the old climate but not as fast as it is at higher altitudes.

For instance the average advance of veraison was 5.9 days for 250–500 m asl belt and 18.1 days for 750–1000 m asl). On the other hand, at lower altitudes phenological advance was depleted by over-optimal temperatures.

3.4.2. *Ancient climate reconstruction*

A survey carried out in Georgia by Kvavadze and Connor [5] and by Connor and Kvavadze [33] on pollens of *Zelkova carpinifolia* Pall. highlighted six Holocene climatic optima (the main being located in 6000–5500 BP, 3800–2500 BP and 1350–800 BP). Moreover a survey of lake and lake-swamp sediments in the high mountains of Arkhyz region [49] highlighted an additional three main Holocene climate deteriorations (4300–4200 BP, 1300–1200 BP and 400–350 BP). The sediments of Lake Van – eastern Turkey [50,51] identified four major climatic phases: an arid phase (11000–8200 BP), a phase of gradual increase in rainfall (8200 – 6200 BP) and a thermal-pluviometric optimum (6000 – 4000 BP) which was closed by an abrupt transition to the present arid conditions.

CLIMATIC PHASE 1 - 8000 BP

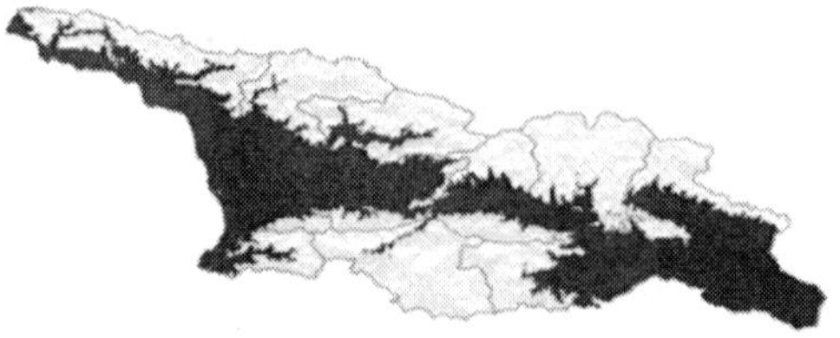

CLIMATIC PHASE 2 - 6700 BP

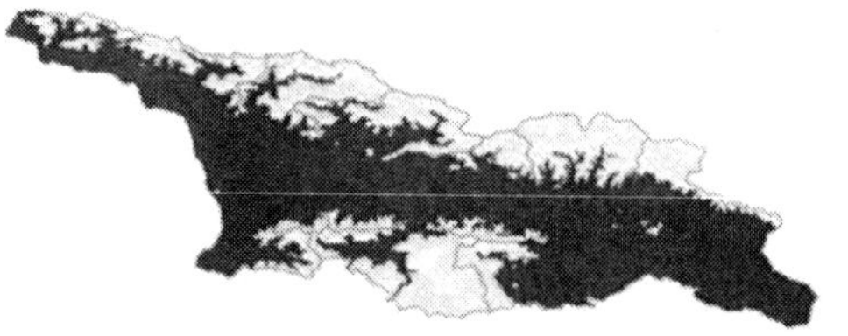

Figures 4, 5. Grapevine suitability (purple area) during first winemaking activity (8000 BP) and pea of the Holocene Climatic Optimum (6700 BP).

The climatic phases shown by the abovementioned studies are the result of macroclimatic changes whose main determinants are alterations in general circulation, probably driven by solar activity and modulated by mesoscale effects. So the abovementioned periodization can be a reasonable baseline for our work which is aimed to define a periodization of the relevant Holocene climate in order to justify the establishment and the evolution of viticulture in Georgia and to explain the migration of the center of gravity of world viticulture from the Caucasia to Europe observed between 6000 and 2000 years BP.

Based on data reported in Figs. 4, 5 and considering Southern aspect (the most favorable for grapevine cultivation), historical maps of potential suitability for vine were determined considering the nine relevant climatic phases:

1 – 8000 B.P. – First winemaking activity in Georgia
2 – 6700 B.P – Peak of the Holocene Climatic Optimum (HCO)
3 – 3400 B.P. – Micenean Climatic Optimum (MCO)
4 – 2900 B.P. – Iron Age Climatic deterioration
5 – 2100 B.P. – Roman Climatic Optimum (RCO)
6 – 1800 B.P. – Climatic deterioration
7 – 900 B.P. – Medieval Warm Period (MWP)
8 – 400 B.P. 0 – Little Ice Age (LIA)
9 – 0 B.P. – Current Warm Period (CWP).

For each period suitability maps were produced. Figs. 4–6 highlight the area of Georgia climatically suitable for viticulture oscillates between 40% and about the 60% of the whole territory. Lower values are reached during the cold periods (phases 1,3,4,8) while the higher ones are reached during warm periods (phases 2,5,7,9). During cold phases viticulture back to the plains and low mountains to expand into the higher altitudes during warm phases.

These results were presented on two international conferences in: i) The third International Conference "Phenology 2015" held in Turkey, Kuşadasi, October 5–8, 2015; ii) "Global Worming and Agrobiodiversity" conference held in Tbilisi, November 4–6, 2015.

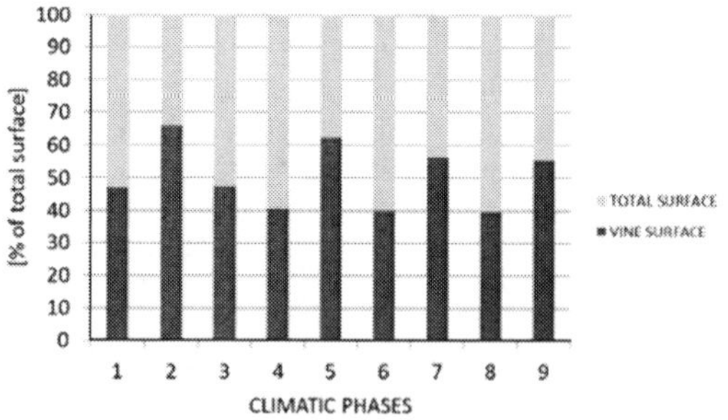

Figure 6. Variation of vine suitable surface in Georgia during the nine climatic phase expressed in percentage of total area.

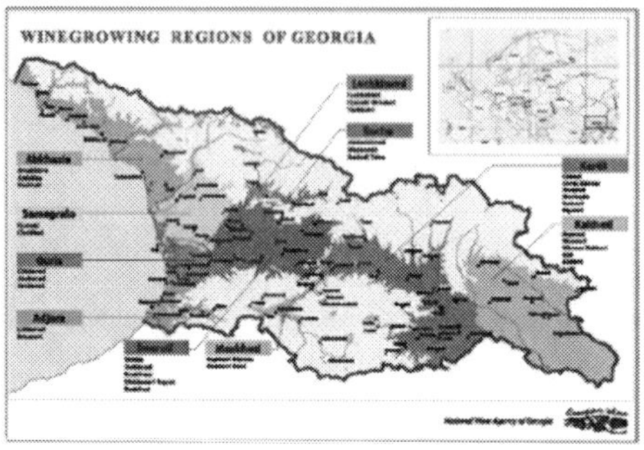

Figure 7. The map of winegrowing regions of Georgia.

3.4.3. Various aspects of viticulture

The results of this project have already begun to practical tools for the viticultural industry. An electronic version of a technical handbook has been prepared including agro climatic description of Georgian viticulture with practical recommendation for its management taking in consideration new climatic reality. Information about technical facilities and specialization of wineries and viticultural enterprises has also been collected for the characterization and analyses of wine and viticultural sectors of Georgia.

As a result of the expeditions five new populations of *Vitis silvestris* in the forest of Sagarejo and Dedoplistskaro districts have been identified and described. The matured woody canes were collected for DNA study, as well as for further propagation in the newly established filed collection repository, in which 98 genotypes of wild Georgian grape varieties have recently been preserved.

Additionally, a map of "The Regions of Viticulture of Georgia" (Fig. 7) and "The Distribution of wild grapevine in Georgia" has been designed. And the National Wine Agency has published a "Reference Book of Georgian Grape Varieties" [52] in the framework of the project.

3.5. Dissemination and public awareness group

This final group is tasked with publication and dissemination of these results to a variety of popular and scientific venues.

A manuscript has been prepared for a bilingual book entitled "Grape and Wine Culture of Georgia" by M. Mirvelashvili and D. Maghradze.

"National Geographic Magazine" published an online article by American writer, journalist and traveler Paul Salopek "Ghost of the Vine – In Georgia, science probes the roots of winemaking" in English and Georgian languages about our project in 2014. And Andrew Curry is finalizing an article to appear in the January 2017.

With the aim to publicize and underlining the importance of Georgian archaeological and ethnographic heredity of viticulture, as well as the systematization of available information, records for an "Archaeological Catalogue" and "Ethnographic Catalogue" – a total of 610 articles, interviews and photos have been collected. This data was used to prepare a 144 page manuscript entitled "Vines and Wines in Georgia according to archaeological and ethnographic data".

The National Museum of Georgia has organized three public exhibition days for the presentation of the results of the "Gadachrili Gora" archaeological excavations and newly discovered archaeological artifacts to the Mass Media with participation of local authorities such as the Ministry of Culture, Minister of Agriculture, Lower Kartli"s regional administration, Marneuli district's municipality; National Wine Agency and Wine Association and National Museum of Georgia.

Thanks to the joint activity of the experts of National Wine Agency and National Museum of Georgia, a new "Vine and Wine Museum" has been organized at the renewed office of the National Wine Agency in Tbilisi.

4. Conclusions

The results obtained in this research initiative demonstrate the effectiveness of the multi-disciplinary approach, as well as the importance of a robust investigation of the deep historical roots and rich diversity of the cultural heritage of the Republic of Georgia, especially as it relates to viti- and viniculture.

References

[1] D. Zohary, M. Hopf. *Domestication of plants in the Old World*, 3rd edn. New York: Oxford University Press, 151–159 (2000)

[2] P.E. McGovern. *Ancient Wine: The Search for the Origins of Viniculture*. Princeton: Princeton University (2007)

[3] L. Bouby, I. Figueiral, A. Bouchette, N. Rovira, S. Ivorra, et al. PLOS ONE, May 2013, **8**(5), 1–13 (2013)

[4] N. Rusishvili. *Grapevine culture in Georgia on basis of paleobotanical data*. 'Mteni Association', ISBN 978-9941-0-2525-9, 37 p. (2010)

[5] L. Wick, G. Lemcke, M. Sturm. Holocene **13**, 665–675 (2003)

[6] E. Kvavadze, S. Connor. Review of Palaeobotany and Palynology **133**, 69–89 (2005)

[7] O. Japaridze, A. Javakhishvili. *The oldest culture for farming of habitants on the territory of Georgia*. Tbilisi. 107p. (1971) (in Georgian)

[8] B. Lyonnet, F. Guliyev, L. Bouquet, G. Bruley-Chabot, A. Anaïck Samzun, L. Pecqueur, E. Jovenet, E. Baudouin, M. Fontugne, P. Raymond, E. Degorre, L. Astruc, D. Guilbeau, G. Le Dosseur, N. Benecke, C. Hamon, M. Poulmarc'h, A. Courcier. Quaternary International **395**, 170–183 (2016)

[9] C. Hamon, M. Jalabadze, T. Agapishvili, E. Baudouin, I. Koridze, E. Messager 2016. Quaternary International **395**, 154–169. (2016)

[10] T. Kighuradze. J. *Vazi da Ghvino*, 27–29 (2000) (in Georgian)

[11] L. Chilashvili. *The vine, wine and the Georgians*. Tbilisi. PETITE publisher. (2004)

[12] A. Decaix, E. Messager, M. Tengberg, R. Neef, B. Lyonnet, F. Guliyev. Quaternary International **395**, 19–30 (2016)

[13] K. Kh. Kushnareva. *The Southern Caucasus in prehistory: stages of cultural and socioeconomic development from the righth to the second Millennium B.C.* Tr. H.N. Michael. The University Museum University of Pennsylvania, Philadelphia. (1997)

[14] S.D. Batiuk. J. Anthropological Archaeology **32**, 449–477 (2013)

[15] P.E. McGovern. Georgia as homeland of winemaking and viticulture. In: *National Treasures of Georgia*. O. Z. Soltes. London, P. Wilson and Foundation for International Arts and Education. 58–59. (1999)

[16] I. Javakhishvili. Viticulture. Winemaking. In: *Economic history of Georgia*. Book 2. Tbilisi (1934) (in Georgian)

[17] N. Ketskhoveli, M. Ramishvili, D. Tabidze. *Ampelography of Georgia*. Georgian Academy of Sciences, Tbilisi. 439 (1960) (in Georgian and Russian)

[18] G.I. Beridze. *Le vins de Georgie*. Edition d'Etat "Sabctchota Sakartvelo". Tbilissi. 264p. (1962) (in Georgian and French)

[19] Anonimous. *Georgian Agriculture*. Statistical Abstracts, Tbilisi (2004) (in Georgian)

[20] D. Maghradze, L. Rustioni, J. Turok, A. Scienza, O. Failla (Eds). *Caucasus and Northern Black Sea Region Ampelography*. Vitis **(special issue)**. 489p. (2012a)

[21] T. Sharabidze (Ed.). *La vigne – l'arbre de vie (La vigne et le vin dans la culture géorgienne)*. Le recueil. Université d'Etat de Tbilissi Ivané Djavakhishvili. (In Georgian and French) 168p. (2010)

[22] J-F. Terral, E. Tabard, L. Bouby, S. Ivorra, T. Pastor, I. Figueiral, S. Picq, J-B. Chevance, C. Jung, L. Fabre, C. Tardy, M. Compan, R. Bacilieri, T. Lacombe, This P. Annals of Botany **105**, 443–455 (2010)

[23] C. Pagnoux, L. Bouby, S. Ivorra, C. Petit, S.M. Valamoti, T. Pastor, S. Picq, J-F. Terral. Vegetation History and Archaeobotany **24**, 75–84 (2015)

[24] V. Laucou et al. Theor. Appl. Genet. **122**, 1233–1245 (2011)

[25] P.E. McGovern, G.R. Hall, A. Mirzoian. Danish Journal of Archaeology **2**, 112–131 (2013a)

[26] P.E. McGovern, B.P. Luley, N. Rovira, A. Mirzoian, M.P. Callahan, K.E. Smith, G.R. Hall, T. Davidson, J.M. Henkin. *Proc. Natl. Acad. Sci. USA* (PNAS) **110(25)**, 10147–10152. (2013b)

[27] L. Mariani, S. Parisi, G. Cola, O. Failla. Int. J. Biometeorol. **56**, 1123–1134 (2012)

[28] European Environmental Agency, 2016. Global average air temperature anomalies (1850 to 2013) in degrees Celsius (°C) relative to a pre-industrial

baseline period, http://www.eea.europa.eu/data-and-maps/figures/global-annual-average-temperature-deviations-1850-2007-relative-to-the-1850-1899-average-in-oc-the-lines-refer-to-10-year-moving-average-the-bars-to-the-annual-land-and-ocean-global-average-9. (Accessed 15 August 2016)

[29] L. Rustioni, D. Maghradze, C.F. Popescu, et al. Vitis **53**, 219–226 (2014a)

[30] L. Rustioni, G. Cola, S. Fiori, et al. Acta Hortic. 1032: 253–260 (2014b)

[31] L. Mariani, R. Alilla, G. Cola, G. Dal Monte, C. Epifani, G. Puppi, O. Failla. Int. J. Biometeorol. DOI 10.10007/s00484-012-0615-x: 1–13 (2013)

[32] D. Maghradze, L. Rustioni, A. Scienza, O. Failla. J. Amer. Pom. Soc. **66(2),** 56–67 (2012b)

[33] S.E. Connor, E.V. Kvavadze. J. Biogeogr. **36**, 529–545 (2008)

[34] M. Rosch. Veg. Hist. Archaeobot, **14**, 179–188 (2005)

[35] E. Kvavadze, M. Chichinadze, I. Martkoplishvili. *Proceedings of 33-rd World Congress of Vine and Wine, 8-th General Assembly of the OIV*, 20–25 June 2010, Tbilisi, Georgia (2010a)

[36] E. Kvavadze, M. Jalabadze, N. Shakulashvili. *Proceedings of 33-rd World Congress of Vine and Wine, 8-th General Assembly of the OIV*, 20–25 June 2010, Tbilisi, Georgia (2010b)

[37] S.D. Turnen, A.G. Brown. Review of Palaeobotany and Palynology, **129**, 117–132 (2004)

[38] E. Kvavadze. *Abstracts of 5-th International Meeting of Pollen Monitoring Programme. Varna (Bulgaria).* 14 (2005)

[39] E. Kvavadze, M. Chichinadze. *Proceedings of the 6-th International Meeting of Pollen Monitoring Programme, Riga, 2007.* 45–47 (2007)

[40] M. Jalabadze, K. Esakia, N. Rusishvili, E. Kvavadze, I. Koridze, N. Shakulashvili, M. Tsereteli. Dziebani – Journal of the Georgian Archaeology **18**, 17–32 (2010) (in Georgian)

[41] E. Kvavadze, M. Jalabadze, I. Koridze, N. Rusishvili, M. Chichinadze, I. Martkoplishvili. *Proceedings of Natural and Prehistoric Section* **6**, 42–57 (2014) (in Georgian)

[42] L. Stuclik, E. Kvavadze. Acta Palaeobot. **38(1)**, 217–222 (1998)

[43] E. Kvavadze, L. Stuchlik. Acta Palaeobot. **36(1)**, 121–147 (1996)

[44] E. Kvavadze, M. Chichinadze, I. Martkoplishvili. *Abstracts of 10-th Pollen Monitoring Programme Conference, 20–21p., Istambul 12–16 May 2015* (2015)

[45] E.V. Kvavadze, L. Stuchlik. Acta Palaeobot. **33(1)**, 365–376 (1993)

[46] G. De Lorenzis, R. Chipashvili, O. Failla, D. Maghradze. BMC Plant Biology **15**, 154 (2015)

[47] P.E. McGovern, M.M. Voigt, D.L. Glusker, L.J. Exner. Nature **381(6)**, 480–481 (1996)

[48] G. Cola, O. Failla, D. Maghradze, L. Meghrelidze, L. Mariani, 2016. Int. J. of Biometeorology (accepted)

[49] E. Kvavadze, Y.V. Efrimov. Acta Paleobot. **36**, 107–119 (1996)

[50] G. Lemcke, M. Sturm. $\delta^{18}O$ and Trace Element Measurements as Proxy for the Reconstruction of Climate Changes at Lake Van (Turkey): Preliminary Results, in: *Dalfes N., Kukla G., Weiss H. (eds). Third Millennium BC Climate Change and Old World Collapse. Berlin, Springer*, 653–678 (1997)

[51] L. Wick, G. Lemcke, M. Sturm. Holocene **13**, 665–675 (2003)

[52] T. Kobaidze. *Reference book for Georgian local varieties*. Publisher: National Wine Agency. Tbilisi. 168p. (2014) (in Georgian)

 DOI: 10.1051/bioconf/20160703028

The geography of vine and wine industry in Brazil: Territory, culture and heritage / Géographie de la vigne et du vin Brésilien : territoire, culture et patrimoine

Ivanira Falcade[a]

University of Caxias do Sul, Master of Biotechology and Manegeman of Vine and Wine Industry, Rua Francisco Getulio Vargas, 1130, CEP 95070-560, Caxias do Sul, Brazil

Abstract. The Portuguese started in the sixteenth century, but the colonial system did encourage neither their growth nor the establishment of territories. The organization of regions where the grape and wine formed the economic dynamic is related to the nineteenth century colonization projects, especially Italians from 1875. These regions including the Serra Gaúcha of Rio Grande do Sul and other small areas. In the twentieth century, most of these regions have had important territorial transformations, however, viticulture elements remain in culture and regional identity. In recent years, the growing of vines expanded to other regions and also in other States. The cultivation of the vine and winemaking built a brand, both for the actors and for the regional society, whose viticultural landscape distinguishes and identifies regions, and the cultural expression of the grape and wine is present in numerous material and intangible elements. The material and the intangible cultural complex of the wine-growing regions are a diverse and dynamic heritage, more concentrated in Rio Grande do Sul, which contributes to the enhancement and preservation of cultural heritage and territorial wine in this State. The wine culture valued in the actions of patrimonialization depends on the importance that give them the actors involved.

1. Introduction et évolution de la viticulture au Brésil

Les Portugais ont commencé la culture de la vigne et du vin au Brésil au XVIe siècle ; en 1532, dans la capitainerie de São Vicente, actuelle São Paulo et dans les années 1550, elle a été introduite dans les capitaineries du Pernambuco et de Bahia. Le système colonial n'a pas encouragé leur croissance ou la création des territoires du vin, bien qu'il existe des indications qui ont eu lieu dans les vergers, même d'importance local, tels que décrits Gabriel Soares de Sousa « ... il n'y a pas en Bahia tant vin comment il y a dans l'île de Madère et comment produit la capitainerie de São Vicente ... qui récolte déjà trois ou quatre barils de vin chaque année... (1587, p. 166) » [1].

La viticulture a existé dans quelques lieu pour la consommation locale et par/pour l'église, basée sur des cépages *Vitis vinifera* L., qui cultivait dans les potagers et les vergers domestiques, sous la forme de *latada*. Les vignobles plus étendus existaient dans les provinces de São Paulo, du Pernambuco, du Minas Gerais, du Paraná, du Santa Catarina [2].

Dans l'ouest du Rio Grande do Sul les jésuites ont introduit des *Vitis vinifera* dans les régions espagnoles des Missions, aux XVIIe et XVIIIe siècles. À l'est, en 1732, les Açoriens introduisent des cépages portugais aux environs de Rio Grande et de Pelotas et, en 1773, à Viamão et Porto Alegre. À partir de 1824, les immigrants allemands cultivèrent de la vigne dans la région des vallées des rivières Sinos, Caí et Taquari. Pour Inglês de Sousa jusqu'à la moitié du XIXe siècle « [...] les vignobles « gaúchos » étaient tous des cépages *Vitis vinifera* L., d'abord espagnoles, puis portugaises, françaises ; italiennes et allemandes plus tard » (1996, p. 49). Entre 1839 et 1842, a été introduit le cépage Isabel qui s'est rapidement diffusée et aussi bien d'outres cépages de *Vitis labrusca* (américaines) et hybrides, plus résistantes et adaptées aux conditions environnementales, favorisant l'expansion de la vitiviniculture dans certaines régions [2] [3].

L'organisation des régions où la vigne et le vin ont formé la dynamique économique est liée aux projets de colonisation du XIXe siècle, en particulier les Italiens à partir de 1875, y compris la région Encosta Superior do Nordeste du Rio Grande do Sul, connu par Serra Gaúcha, dans la région de l'escarpement du plateau [4,5], et d'autres petits régions au tour de Urussanga et de la Vale do Rio do Peixe, dans l'État de Santa Catarina; dans la région de São Roque et Jundiaí, en São Paulo; la région de Santa Tereza, dans l'Espírito Santo; et la région de Caldas et Andradas, en Minas Gerais (Fig. 1).

1.1. La region de vigne et du vin Serra Gaúcha

La recherche sur l'évolution de l'agriculture avec la viticulture dans la commune de Bento Gonçalves [6], au coeur de la région Serra Gaúcha, a démontré qu'il a eu quatre périodes, que l'on peut appliquer à la culture de la

[a] e-mail : ifalcade@ucs.br

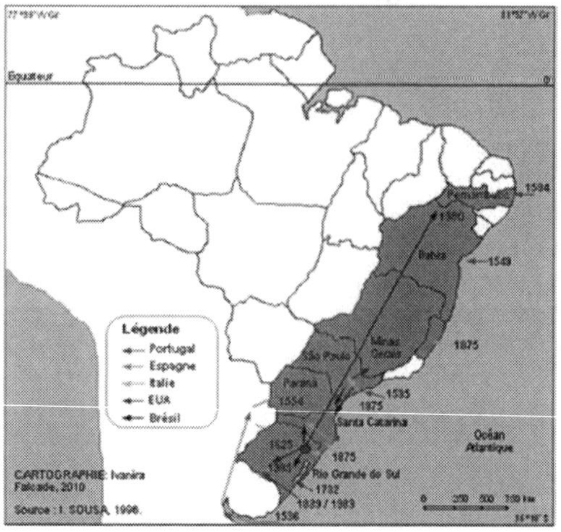

Figure 1. Brésil : dates de références, pays d'origine et états d'introduction et d'expansion de la viticulture, du XVIe au XXe siècle.

Figure 2. Vendange à Caxias do Sul, dans les années 1920, où s'identifie l'utilisation du système en pergola trentina et des paniers en osier (Photo : *Cinquentenário…* [4]).

vigne et du vin de la région Serra Gaúcha [7], de même que l'œnotourisme, tel que ci-dessus.

La première période commence en 1875 jusque fin des années 1920, qu'a été la période de la polyculture avec la viticulture (Fig. 2) et la vinification était réalisée dans la cave de la maison, mais ont été aussi fondées certaines caves commerciales, de lesquelles il y a encore peu, par exemple, Cave Salton à Bento Gonçalves et Cave Peterlongo à Garibaldi.

En outre, dans cette période ont été fondées des institutions techniques des recherche et extensions rural, nommées Stations de Viticulture et Œnologie, à Caxias do Sul, à Bento Gonçalves, entre d'autres, responsable de la difusion des vignes et améliorations du vin. La production du vin, qui a commencé par la consommation familiale, a généré rapidement un excédent, qui fut commercialisé dans des maisons de commerce dans les communautés, le village ou la ville, dont les propriétaires commercialisaient en centres plus grands.

La deuxième période a été de décennie1930 jusque fin des années 1960 : a été la période du développement de la culture de la vigne commerciale, de la spécialisation du travail et de la centralisation de la production de vin dans de grandes caves localisées dans les villes, comme

Figure 3. Caxias do Sul : à la Place Dante Aliguieri a été réalisée la Fête du Raisin, en 1934 (Photo : [9]).

Figure 4. Fête de Vandange réalisée à São Roque (São Paulo), en 1947 (Photo : [10]).

les caves cooperatives Aurora, à Bento Gonçalves ; Garibaldi, à Garibaldi et Aliança, à Flores da Cunha, qu'il y a encore aujourd'hui. Dans cette période a été crée la Fédération des Coopératives de Vin de Rio Grande do Sul (FECOVINHO), l'Union de Brésilienne de Vitiviniculture (UVIBRA) et la première École de Viticulture et Œnologie, responsable de la formation spécialisée pendant longtemps.

Dans la deuxième période l'œnotourisme, en général, a été développé à partir des expositions agro-industrielles et de grandes fêtes de raisin et de vin, pour deux ou trois semaines, à Caxias do Sul (Fig. 3) [8,9], à Bento Gonçalves, à Flores da Cunha et puis aussi à Garibaldi, entre outres. Les fêtes ont été réalisées avec plusieurs objectifs, dont l'un était de démontrer que les immigrants avaient surmonté la pauvreté et réalisé des progrès et, comme dit le refrain d'une chanson chantée jusqu'aujourd'hui, « ont créé des communautés et des villes ». Ces fêtes ont été réalisées aussi dans autres régions avec des Italiens, comme en Urussanga, Vale do Rio do Peixe et São Roque et Jundiai (Fig. 4) [10], où la culture de la vigne et du vin toujours est présent.

La troisième période a été des années 1970 jusque la moitié des années 1990 : a été la période de la spécialisation de la viticulture, avec l'expansion des vignobles des *Vitis vinifera* et l'élaboration des vins fins (au Brésil, dénomination des vins à partir des raisin de *Vitis vinifera*) avec la qualité beaucoup amélliorée ; l'entrée de capitaux multinationaux avec fondation des caves (Moët Chandon, Maison Forrestier, Martini Rossi,

Figure 5. Vignes cultivés dans le traditionnel système latada, soutenue par des tuteurs vivant, les *Platanus acerifolia*, dans la région Vale dos Vinhedos (Photo : Ivanira Falcade, 2008).

etc.) ; la fermeture de grandes caves brésiliennes traditionnelles (Caves Mônaco, Dreher, Mosele, Luiz Antunes, Riograndense, etc.). La crise dans le secteur a également été l'occasion de la fondation de petites caves dans les secteurs ruraux des quelques municipes, mais surtout à Bento Gonçalves.

Beaucoup d'élèves de l'École de Viticulture et d'Œnologie étaient fils d'agriculteurs et, à la fin des études, retournèrent dans leurs familles et commencèrent à opérer des changements dans la viticulture familiale. La culture de cépages communs (Fig. 5) a développé la production des vins de table et de jus de raisin ; puis à partir des années 1990, la culture de cépages viniferas a augmenté pour la production des vins de qualité, non plus seulement présents aux festivals, mais aussi à des concours internationaux.

Très important à cette époque a été la creation de l'Embrapa, institution liée au Ministère de l'Agriculture que, dans le centre de Bento Gonçalves, se dédie à la recherche sur la vigne et le vin. De même, a été crée des institutions sectorielles, comme l'Association Gaúcha de Viticulteurs (AGAVI) et l'Association National d'Œnologie (ABE). Dans cette période commencent à être réalisés des événements scientifiques et techniques, tel que l'Évaluation National de Vins, à partir de 1993, organisée pour l'ABE et l'Embrapa Uva e Vinho.

L'œnotourisme à partir d'expositions agro-industrielles ait maintenu ; mais est aussi la période que certaines caves commencent à recevoir des touristes pour un tour dans la cave avec des guides spécialisés pour les conduire, qui se finit par une dégustation de vins avec un passage par la boutique de vente. Les touristes sont importants pour le commerce direct, aussi bien à l'effet pour développer une culture du vin, de son imaginaire, de son identité, de sa consommation à l'échelle nationale. Ceci a impliqué d'autres secteurs dans les caves, dont la communication institutionnelle pour les promotions pour attirer les visiteurs et pour promouvoir leurs produits.

La quatrième période a commencé environ la moitié des années 1990 jusqu'à aujourd'hui (2016) : c'est la période de l'amélioration technique de la vitiviniculture et de la fondation de beaucoup de petites caves qui s'installent en zones rurales et qu'élaborent vins fins; aussi bien la période de la référence géographique des vins de qualité, qui a ancré le vin, explicitement, dans l'espace et dans le paysage avec l'adoption des indications géographiques (Figs. 6 et 7).

Figure 6. Vignes et cave dans la Appellation d'Origine Vale dos Vinhedos (Photo : Ivanira Falcade, 2012).

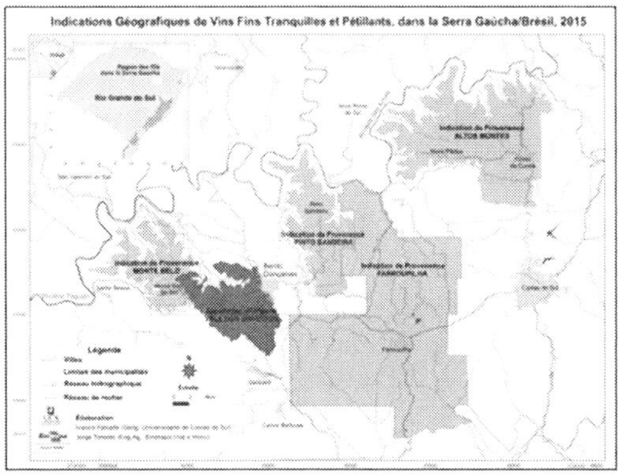

Figure 7. Régions des indications géographiques des vins fins dans la Serra Gaúcha.

Les petites caves s'ont organisé en associations et, entre 1995 e 2005, ont été crées les Associations de Producteurs de vin des régions Vale dos Vinhedos, Pinto Bandeira, Altos Montes, Farroupilha et Monte Belo, avec l'objectif de structurer des indications géographiques, l'œnotourisme, entre d'autres. La collaboration et le soutien des institutions de recherche a été essentiel pour struturer la base technique et pour l'enregistrement de ces régions par l'Institut National de la Propriété Industrielle.

Dans cette période l'œnotourisme était fort inducteur d'autres activités économiques dans la région Serra Gaúcha et, particulièrement, dans la région Vale dos Vinhedos. L'œnotourisme s'est diversifie beaucoup et a acquise une complexité très élevée.

Les projets de grandes fêtes organisés pour la filière sont maintenus, bien aussi les tours dans des caves dans les villes et des événements scientifiques et techniques ; mais surtout sont créés d'autres possibilités, comme des cours de dégustation dans des caves, programmes pour les consommateurs faire la vendange et élaborer son vin ; l'organisation des routes œnotouristiques dans les zones ruraux ; diverses installations d'hébergement (Fig. 8) ; il y a quelques caves qu'ont créés des restaurants et réalisent des évènements sociaux, comme fêtes de mariage ; l'organisation d'un calendrier incluent des évènements sportifs et des arts, entre d'autres.

L'œnotourisme dans la région Vale dos Vinhedos a croisé vraiment beaucoup depuis les années 1990 à les années 2010, d'un peut plus de 1000 jusqu'environ 350.000 touristes (2015), beaucoup d'entre eux ont visité la région à plusieurs occasions, comme a montré l'enquête réalisée en 2010. La recherche a mis en évidence

 DOI: 10.1051/bioconf/20160703028

Figure 8. Cave Don Giovani et son hôtel, à Pinto Bandeira (Photo : Ivanira Falcade, 2005).

également que les paysages viticoles et le vin sont les raisons principales pour les touristes visiter la région, en étant que l'image de paysage est le principal image associée au vin des régions (Graphique 1). Ainsi, l'image du paysage viticole peut être utilisé pour créer ou consolider l'image spatiale / territoriale d'un vin [7].

Graphique 1 – Œnotourisme dans les régions des Indications de Provenance Vale dos Vinhedos (IPVV), Pinto Bandeira (IPPB) et Monte Belo (IPMB) : image associée au vin (%) par les touristes, 2010.

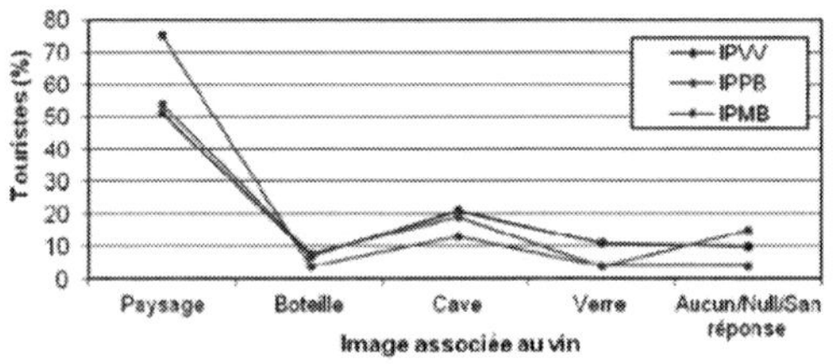

Source : Ivanira Falcade, 2010.

Les actions des associations de la filiere ont influencé, dans cette période, pour le changement et l'adecuation du systeme de normes concerné à la filière liées à la vigne, le vin et le territoire. Dans les années 1980 et 1990, des changements importants sont réalisés dans le cadre juridique brésilien relative à la production, au stockage et à la commercialisation des vins ; en outre on a défini des normes pour l'élaboration de vins dans les caves rurales familiales et les zones vitivinicoles. Le Brésil a participé de la création du Mercosul, de l'OMC et a été admis dans l'OIV, dont les normes sur les indications géographiques ont influencé ce thème dans le pays.

En 2002, dans le cadre de la Fédération des Industries du Rio Grande do Sul (FIERGS), un groupe de six caves a organisé un projet pour l'exportation appelé Wine from Brazil et en 2006, le Ministère de l'Agriculture a fixé, selon la Loi du Vin, trois zones de production de raisin pour les vins fins, très important pour l'exportation des vins : Zone de Production Vitivinicole Serra Gaúcha, Zone de Production Vitivinicole Fronteira, dans l'État de Rio Grande do Sul; et Zone de Production Vitivinicole de la Vale do São Francisco, dans les États de Bahia et Pernambuco. En 2010, le projet avait 34 caves, la majeure partie d'entre elles situées dans la région Serra Gaúcha. Elles avaient participé à diverses foires et expositions, et ont augmenté leurs participations de 15 % à 58 % dans les exportations de vins.

Dans la politique institutionnelle de la filière et de l'État du Rio Grande do Sul a été créé, en 1988, l'Institut Brésilien du Vin (Ibravin) et, en 2001, le Laboratoire de Référence Œnologique, le deux très important pour l'évolution de la région et de l'État, bien aussi que du Brésil vitivinicole.

L'organisation de l'espace est un processus [11], donc les dates établies pour le début et la fin des périodes servent de référence, parce que les changements ne se produisent pas avec la même intensité dans tous les lieux, donc il y a des vignerons, des caves et régions vinicoles dans la Serra Gaucha qui sont dans des périodes différentes, de même, quelques-unes encore dans la deuxième ou dans la troisième période.

On note que Tonietto et Mello [12] ont défini une périodisation centrée sur les vins produits, analogue à celle présentée ici. Les auteurs ont nommé de première génération les vins produits de raisins des cépages américains dans la phase de mise en place de la viticulture. La deuxième génération a été la phase d'expansion de la viticulture avec les vins produits de raisins des cépages hybrides et des vinifères. La troisième génération a été la phase de l'expansion de vignobles de cépages européens et d'amélioration de la qualité avec les vins variétales. La quatrième génération est la phase d'affirmation de l'identité régionale, avec les vins de qualités et les indications géographiques.

Au XXe siècle, la plupart des régions initiales de culture de vigne et du vin ont connu un changement territorial significatif et la dynamique économique actuelle, en général, a d'autres bases, cependant, la viticulture continue et les éléments de la viticulture restent dans la culture et l'identité régionale [7].

2. La géographie vitivinicole actuelle

Au cours des dernières décennies, la viticulture brésilienne a été élargie des traditionnelles régions viticoles pour autres régions liée, surtout, à la question foncière et à la diversification des investissements, telles que la Campanha Gaúcha et la Serra do Sudeste dans l'État du Rio Grande do Sul ; et le Planalto Catarinense dans l'État de Santa Catarina et, de même, dans la région de Vale do Rio São Francisco où si a structuré une région du vin tropical environ de Petrolina-Juazeiro. Dans toutes ces régions sont cultivées essentiellement avec des vignes *Vitis vinifera* pour l'élaboration du vin fin [13, 14].

L'expansion de la viticulture a également eu lieu dans d'autres régions du Rio Grande do Sul et bien aussi pour d'autres régions dans d'autres États, comme São Paulo, Paraná et Minas Gerais (Tableau 1 et Figs. 9 et 10). Dans tous les États sont cultivés cépages de diverses espèces (labrusca, burquina, silvestri, etc.) et hybrides, tant pour l'élaboration de vins, qui sont commercialisés principalement dans le marché national, comme aussi pour la consommation *in natura*. Entre les régions productrices des raisins de table mérite mention particulière la culture réalisée dans les périmètres irrigués dans le secteur sub-moyenne de la vallée São Francisco, dans les municipes de Petrolina, Lagoa Grande, Juazeiro, Casa Nova, entre d'autres. La majorité de cette production est destinée au marché international.

Tableau 1. Viticulture au Brésil : municipaux producteurs (n°), surface cultivée (ha, %) et production (tonnes, %), 2014.

États	Municipaux Producteurs sur le Total (N°)	Municipaux Producteurs sur le Total (%)	Surface Plantée (ha)	%	Production (tonnes)	%
Rio Grande do Sul	451/494	91	49.995	63	812.517	56
São Paulo	103/631	16	8.040	10	153.822	11
Pernambuco	10/183	6	6.797	9	236.719	16
Santa Catarina	192/292	66	4.897	6	68.743	5
Paraná	248/399	62	4.681	6	78.979	5
Bahia	12/416	3	2.862	4	77.504	5
Minas Gerais	130/849	15	784	1	11.557	1
D'autres 9 États + DF	69/1304	5	697	1	14.048	1
Total	1215/4568	–	78.753	100	1.453.889	100

Source : IBGE, 2016 [15]. Élaboration : Ivanira Falcade.

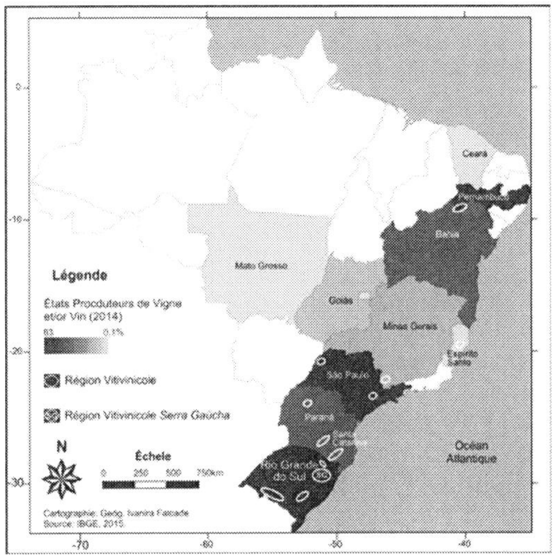

Figure 9. Brésil : les états et les principales régions productrices des vignes et vins, 2014.

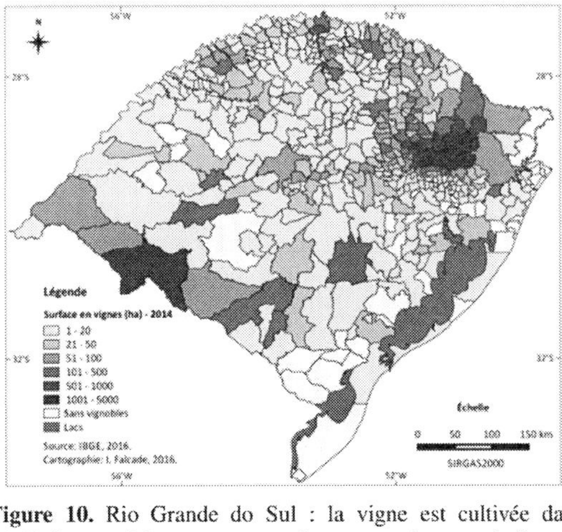

Figure 10. Rio Grande do Sul : la vigne est cultivée dans 91 % des municipaux, on peut dire que ceci est un indicateur d'une identité viticole pour l'État.

Les donnés dans le tableau et les figures montrent que la culture des vignes aujourd'hui existent dans divers États du Brésil, mais très concentrée dans quelques municipaux, tandis que dans les trois États du sud (Paraná, Santa Catarina et Rio Grande do Sul) la viticulture est présente dans beaucoup de municipaux, notamment au Rio Grande do Sul, présente en 91 %. Pour ça on peut dire que l'État du Rio Grande do Sul a une identite cultural liée au monde de la vigne et du vin.

D'accord les données d'Ibravin pour l'État du Rio Grande do Sul, en 2014, la majorité des raisins et vins produits ont été de cépages américaines et hybrides en étant 11 % de raisins pour l'élaboration de vin et de produits dérivés ont été de cépages *Vitis vinifera*, qu'ont produit 10 % des vins élaboré dans l'État [16], en incluant les vins produit dans les régions des indications géographiques dans la Serra Gaúcha (Fig. 7).

3. Culture et patrimoine du vin

La culture de la vigne et du vin a construit une marque, pour les sujets et pour la société des régions, dont le paysage viticole distingue et identifie les territoires. En outre, c'est sur quoi centaines de milliers de personnes ont construit sa vie.

L'expression culturelle de la vitiviniculture est présente toujours dans de nombreux éléments matériels et immatériels.

Dans les aspects tangibles des vignobles, on note comme les vignerons utilisent des *Platanus acerifolia* (les tuteurs vivant) autour des vignobles pour les soutenir, principalement à Monte Belo do Sul, Bento Gonçalves et Garibaldi, maintenant une connexion avec les Étrusques de plus de 2500 ans, qui a créé un paysage tout à fait unique dans le monde du vin (Fig. 5). Il a créé une identité particulièrement différente dans le Brésil, y compris d'autres régions avec l'utilisation de tuteurs vivants (Asprinio de Aversa, Vinhos Verdes et Los Cintis).

Il y a beaucoup de vignes que ont été modifiés, y compris le système de conduite, mais il y a des vignerons qui maintiennent l'utilisation du platane, élément emblématique de régions d'Indication de Provenance Monte Belo et Appellation d'Origine Vale dos Vinhedos, même que le système de conduite a été modifié de latada pour espalier (Fig. 11). Les transformations dans la viticulture montrent aussi que certains vignobles traditionnels ont été éliminés et les terrains ne sont pas plus utilisés. Les platanes qui ont soutenu de vignobles n'ont pas été taillés et ils grandissent librement. Ces platanes et le secteur aux alentours forment sites archéologiques qui

DOI: 10.1051/bioconf/20160703028

Figure 11. À Monte Belo vignes en espalier soutenues par le *Platanus acerifolia* (Photo : Ivanira Falcade, 2012).

Figure 12. Région Monte Belo : le platanes que soutient un vignoble traditionnel, le pin brésilien et le site archéologique (Photo : Ivanira Falcade, 2012).

Figure 13. Vignes et cactées dans la région semi-aride de la Vale do Rio São Francisco, à Petrolina-Juazeiro et aux alentours (Photo : Ivanira Falcade, 2014).

témoignent le système viticole et le travail matérialisé dans l'espace (Fig. 12).

Dans les régions de vignes et du vin sur le plateau au sud du Brésil on trouve le pin brésilien (*Araucária angustifolia*). Cette espèce est l'élément emblématique naturel plus importante dans les régions des vignes Serra Gaúcha, Campos de Cima da Serra et Planalto Catarinense (Fig. 12). En outre, dans la région tropical semi-aride, à côté des vignobles, on trouve des espèces du biome caatinga, comme les cactées (Fig. 13). Ces éléments sont importants pour caractériser les régions et pour les situer et identifier dans le monde du vin.

Figures 13 (à gauche) et 14 (à droite). Représentations symboliques immatériels/matériel liées à la culture.

Il y a beaucoup d'autres éléments matériels dans la région vitivinicole Sera Gaúcha, comme la formation de murs à roche pour soutenir le sol dans une forte pente ou pour former des terrasses. Il y a aussi des murs et des piliers en pierre que soutiennent quelques vignobles traditionnels qui ont été plantés dans les premières périodes de la viticulture. Un autre aspect de la culture est l'usage des osiers pour attacher les branches des vignes que peuvent être trouvés tant dans la viticulture traditionnel comme en quelques vignobles modernes.

Les outils et les machines, les barriques et bouteilles, les bâtiments des caves, avec des éléments constructifs, entre d'autres aspects, révèlent la créativité et la connaissance des vignerons et des industriels du vin pour solutionner leurs difficultés et problèmes. Ces gens sont parties et constructeurs des territoires du vin, avec les routes, villes, indications géographiques, etc..

Parmi les aspects intangibles, il y a les traditions des différentes formes de la consommation de vin, les fêtes, les toponymes, la littérature, la musique, les représentations symboliques et iconographiques, y compris religieuses (Fig. 14).

Le monde de la vitiviniculture a défini quelques toponymes au Brésil [17,18], puisque des nomes comme Commune « Vale dos Vinhedos » et Micro-region « Vitivinicultora de Caxias do Sul » ; les nomes des diverses municipaux comme Videira et Vinhedo ; le nome de la plus grande région de œnotourisme dans le Rio Grande do Sul « Raisin et Vin » ; ou le nom d'une route, la Route des Vignobles (Fig. 13). Entre les représentations symboliques et iconographiques, mérites mention particulière le monument en forme d'un grand tonneaux qui se trouve à l'entrée sud de la ville de Bento Gonçalves, l'Église de Saint Benoit aussi en forme d'un grand tonneaux or l'Église de Notre Dame de Niege où ont utilisé de vin par sa construction (Fig. 14) ; en plus les vitrages des églises ou les tuiles du trottoir au centre-ville de Bento Gonçalves avec des dessins de vrilles et de grappes de raisin, entre d'autres éléments.

Les éléments et les complexes culturelles des régions viticoles sont un héritage diversifié et dynamique. On note qu'il y avait une évolution dans la perception de l'importance de ce patrimoine culturel dans le Brésil: il y a de caves qui ont créée petits musées pour la préservation et la valorisation des vignes et des vins, des machines et des outils, des bâtiments, des photographies.

En outre, la filière vitivinicole et le gouvernement, en partenariat, ont délimité et enregistré des indications géographiques (Vale dos Vinhedos, Pinto Bandeira, Altos Montes, Monte Belo et Farroupilha) ; bien aussi ont défini

Figure 15. Musée du Vin dans la ville de Videira, Santa Catarina (Photo : [19]).

la Vale dos Vinhedos comme patrimoine historique et culturel du Rio Grande do Sul et ont créés le Jour du Vin du Rio Grande do Sul. En outre, il met en évidence la culture de la vigne et du vin dans les musées ou les archives historiques, en plus dans l'État du Rio Grande do Sul et dans l'État de Santa Catarina (Fig. 15) [19], qui contribue pour la valorisation et à la préservation du patrimoine culturel et territorial du vin.

4. Conclusions

La mise en place des régions et des territoires de vignes et du vin est plus récente au Brésil que dans d'autres pays, mais pour les personnes concernées est de la plus haute importance. L'évolution a montré que les limites de la viticulture sont relative et l'actuelle géographie de cette culture occupe des espaces en latitudes beaucoup varié, avec la possibilité de s'étendre et de se développer encore plus.

La valorisation et patrimonialisation de la culture du vin dans des actions collectives concrètes dépendra de l'importance qui les acteurs impliqués leur donnent – la filière productive, les institutions d'enseignement et de recherche, les gouvernements, les organisations de la société civile, entre autres.

Le Loi du Paysage Culturel Brésilienne, et d'autres règles du cadre juridique, peut soutenir des actions sur les paysages culturels en permanent évolutions, vers le sens de la Convention de l'UNESCO pour les paysages culturels de type II, deuxième catégorie, en particulier pour constituir le cadre sur lequel on peut patrimonialiser (mais pas cristalliser) le Paysage Viticole de la Serra Gaúcha comme patrimoine du Brésil.

Références

[1] G. S. de Sousa. *Tratado descritivo do Brasil.* (1587). Disponible sur: `www.dominiopublico.gov.br/download/texto/me003015.pdf`

[2] S. I. de Sousa. *Uvas para o Brasil.* São Paulo: ESALQ (1996)

[3] R. Dal Pizzol, L. V. E. Pastor. *Paisagem do vinhedo rio-grandense.* Bento Gonçalves: R.C.Dal Pizzol (2016)

[4] *Cinquentenario della Colonizzazione Italiana nell Rio Grande del Sud 1875–1925*, Roma/Porto Alegre: Ministero Degli Affari Esteri/Livraria do Globo (1925)

[5] E. Pellanda. Aspectos gerais da colonização italiana no Rio Grande do Sul. In: *Álbum comemorativo do 75ºaniversário da colonização italiana no Rio Grande do Sul*, Porto Alegre, Globo, p.33–64 (1950)

[6] I. Falcade. A organização do espaço agrário em Bento Gonçalves. In: *Anais do IV ENGA*, 1984. Santa Maria: EDUFSM, **v.2**, p.207–210 (1984)

[7] I. Falcade. *Le paysage comme représentation spatiale: le paysage viticole comme symbole des indications géografiques des régions Vale dos Vinhedos, Pinto Bandeira et Monte Belo (Brésil).* Thèse de doctorat. Porto Alegre/Dijon: UFRGS / UB (2011)

[8] C. M. P. J. Ribeiro. *Festa e identidade* : como se fez a festa da uva. Caxias do Sul: EDUCS (2002)

[9] Photo disponible en : `www.prati.com.br`.

[10] Photo disponible en : `http://andiamomemoriaitalianaemsr.blogspot.com.br/2012/01/os-italianos-e-vitivinicultura-em-sao.html`

[11] I. Falcade. *As indicações geográficas (IG's) e a reorganização do espaço rural brasileiro.* In: G. J. Marafon, J. Rua, M. A. Ribeiro. Abordagens teórico-metodológicas da geografia agrária. Rio de Janeiro : EDUERJ, p. 225–253 (2007)

[12] J. Tonietto, L. M. R. Mello. La quatrième période évolutive de la vitiviniculture brésilienne: changements dans le marché consommateur du pays. In: 26th Congress OIV, Adelaide, 2001. *Congress Proceedings.* **v.3**, Adelaide: OIV, p. 272–280 (2001)

[13] J. Tonietto, I. Falcade. *Regiões vitivinícolas brasileiras.* In: G. Kuhn. Uva para processamento – produção. v.34. Brasília: Embrapa, p. 10–14 (2003)

[14] I. Falcade, J. Tonietto. *Caracterização geográfica das regiões de vitivinicultura no Brasil.* In: Congresso Brasileiro de Viticultura e Enologia, 7, 1993, Bento Gonçalves. Anais... Bento Gonçalves: Embrapa Uva e vinho, p. 42–53 (1993)

[15] IBGE. *Produção das lavouras permanentes.* Disponible sur: `http://www.sidra.ibge.gov.br/bda/tabela/listabl.asp?c=1613&z=t&o=11`.

[16] IBRAVIN. Disponible sur : `http://www.ibravin.org.br/admin/arquivos/estatisticas/1473079559.pdf`

[17] I. Falcade; J. Tonietto. *A viticultura para vinhos finos e espumantes da Região da Serra Gaúcha*: topônimos e distribuição geográfica. Bento Gonçalves: EMBRAPA-CNPUV (1995)

[18] Disponible sur: `http://www.ibge.gov.br`

[19] Disponible sur: `http://www.valesdauvagoethe.com.br/ipvug.php?id=1`

DOI: 10.1051/bioconf/20160703029

Burgundy from the tropics: Images and references in Brazil / La Bourgogne vue des tropiques : images et références au Brésil

Ivanira Falcade[1,a] and Shana Sabbado Flores[2,b]

[1] University of Caxias do Sul (UCS), Master in Biotechnology and Viticultural Manegement, Rua Francisco Getúlio Vargas, 1130, CEP 95.070-560, Caxias do Sul, RS, Brazil
[2] Federal Institute of Education, Science and Technology of Rio Grande do Sul (IFRS) – *campus* Restinga, Rua Alberto Hoffmann 285, CEP 91791-508, Porto Alegre, RS, Brazil

Abstract. Relationships between Burgundy and Brazilian wine production are diverse, such as, the use of emblematic vine varieties or the fraternities and the wine tourism routes. The aim of this paper is to analyze how Brazilian experts and broad public perceive Burgundy, in order to identify influences of the Burgundy region in the Brazilian wine industry. The presence and the influence of Burgundy in the Brazilian wine industry were analyzed from an exploratory study based on the perception of experts was made using an electronic structured questionnaire, and publications available to the general public, observed from sites and blogs on the Internet using Google search, with two keywords in Portuguese and French: "Borgonha", "vinho + Borgonha", "Bourgogne" et "vin + Bourgogne". The results were analyzed and organized and it can be observed that, even in different historical and environmental contexts, Burgundy is present in the wine production of Brazil, as a territory of reference and inspiration.

1. Introduction

La vitiviniculture en Bourgogne et en France est une référence pour des nombreuses régions viticoles dans le monde depuis longtemps. Les relations entre la Bourgogne et la vitiviniculture au Brésil sont diverses, de l'utilisation des cépages emblématiques jusqu'à la création de confréries et des routes œnotouristiques. L'objectif de cette étude a été d'analyser comment les experts et le grand public brésilien perçoivent la Bourgogne viticole, autant que d'identifier des influences de la région bourguignonne à la filière vitivinicole brésilienne.

La vitiviniculture brésilienne a commencé avec les portugais, au XVIème siècle. Les caractéristiques du processus colonial n'ont pas stimulé le développement, ni la constitution des territoires du vin et la vigne est restée une culture domestique, principalement, aux États de São Paulo, de Bahia et de Pernambuco [1]. L'organisation des espaces et la constitution de territoires avec la vigne et le vin comme facteur principal est lié, surtout, à la colonisation italienne, à partir de 1875, comme par exemple dans la région Encosta Superior do Nordeste du Rio Grande do Sul, connu sur le nom de Serra Gaúcha, ainsi que Urussanga et Vale do Rio do Peixe dans l'Etat de Santa Catarina; São Roque et Jundiaí dans l'Etat de São Paulo; Santa Tereza dans l'Etat d' Espírito Santo; Caldas et Andradas dans l'Etat de Minas Gerais, où la vitiviniculture a eu aussi importance dans structure culturalle de ces régions. Tout au long du XXe siècle, plusieurs de ces régions ont vécu des changements territoriaux significatifs et, aujourd'hui, la dynamique économique a des bases différentes. Cependant, il y a encore des éléments de la vitiviniculture que se maintient dans la culture et dans l'identité régionale.

Dans les dernières décennies, l'expansion de la culture de la vigne et de la production du vin pour d'autres régions [2] est lié à la disponibilité foncière et/ou comme diversification des investissements, comme dans les cas des régions de la Campanha et de la Serra do Sudeste dans l'Etat du Rio Grande do Sul, le cas du Planalto Catarinense à Santa Catarina, ou de la Vale do São Francisco dans les Etats de Pernambuco et de Bahia. Cette expansion contribue aux processus de réorganisation territoriale de point de vue économique, mais également de point de vue culturel.

La Fig. 1 montre le panorama de la production vitivinicole brésilienne, par Etats et régions principales, en 2013.

2. L'organisation des territoires de la vitiviniculture bresilienne

Les activités économiques sont des pratiques sociales qu'occupent, organisent les espaces et structurent les territoires dans lesquels les différents acteurs de la filière établissent et maintient des relations, selon les règles que le pouvoir public a défini ou des règles propres. Cependant, ces pratiques sociales expriment aussi une culture et constituent des liaisons que manifestent l'identité territoriale [3].

Dans ce contexte, la vitiviniculture brésilienne a des éléments qui, en peu plus de 100 ans, ont configuré des territoires et des régions, aux différentes échelles. Jusqu'à la seconde moitié du XIXème siècle, les cépages de Vitis vinifera cultivées étaient principalement

[a] e-mail : ifalcade@ucs.br
[b] e-mail : shana.flores@restinga.ifrs.edu.br

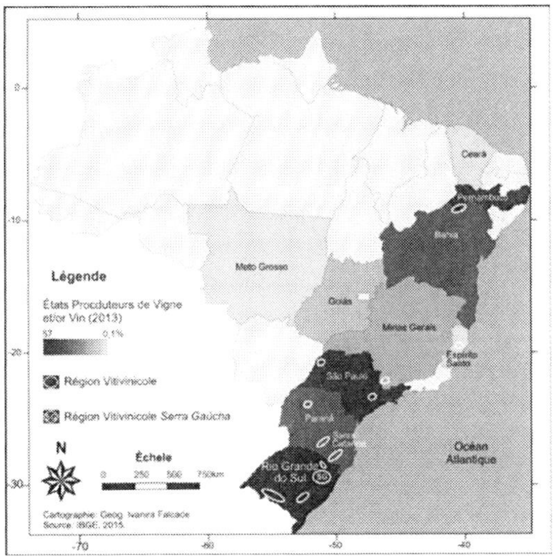

Figure 1. Brésil : vigne et vins, 2013.

d'origine portugaise ou espagnole [4]. La création des centres spécialisés, tels que l'Institut Agronomique de Campinas (São Paulo), en 1887, puis plusieurs Stations Expérimentales de Viticulture et Eonologie, dans la région Serra Gaúcha, dans les années 1920 [5] et de l'Embrapa Uva e Vinho, en 1975, entre autres, ont amené une contribution décisive pour le développement de la viticulture brésilienne. Ces institutions ont fait des recherches pour l'adaptation des cépages de différentes origines, comme Chardonnay, Cabernet Franc, Merlot, cultivées à l'échelle commerciale à partir de la seconde moitié du XXe siècle. Dans les années 1970, se sont installés dans la région de la Serra Gaúcha caves à capital français qui ont augmenté l'influence de la France dans la viticulture brésilienne [6].

L'approche culturelle de la vitiviniculture brésilienne avec la française a d'autres aspects importants, comme l'organisation de confréries et routes œnotouristiques, les études réalisées en France par chercheurs et professeurs, ainsi que la participation aux évènements scientifiques, entre autres. Il y a milliers des agriculteurs qui vivent de la culture de la vigne et des travailleurs dans les caves brésiliennes [7] ; en même temps, il y a centaines de milliers de touristes [8] qui voyagent pour vivre une expérience dans le monde de la vigne et du vin, en visitant des petites régions du Brésil, attirés par son identité culturelle.

L'internet se développe chaque jour, dans la vie quotidienne et aussi dans l'économie, que ce soit les médias, les plateformes de communication ou le commerce électronique. Selon l'IBGE, en 2014, le Brésil était le quatrième pays en nombre de utilisateurs d'internet, c'est-a-dire, plus que 54 % de la population. Le modèle d'exposition des brésiliens est considéré élevé: 76 % des utilisateurs sont à l'internet chaque jour avec 5 heures d'utilisation environ, principalement, pour la recherche des informations et pour loisir avec 67 % des utilisateurs [9].

Ainsi, comment la Bourgogne viticole est vue par les brésiliens ?

3. Matériels et méthodes

La présence et l'influence de la Bourgogne dans la vitiviniculture brésilienne ont été analysées à partir d'une étude exploratoire, basé sur la perception des experts et des publications disponibles pour le public en général.

La recherche de la perception des professionnels brésiliens liés à la filière viticole a été faite à l'aide d'un questionnaire électronique structuré, avec des questions à choix simples, multiples et des questions ouvertes à réponses courtes. Le questionnaire a été envoyé aux professionnels des institutions de recherche et d'enseignements (qui ont formation superior en œnologie), pour des œnologues de l'Association Brésilienne de Œnologie et pour les sommeliers des Associations de Sommeliers de plusieurs Etats. Le questionnaire a été complété par 48 experts [10].

Les informations sur l'opinion du public ont été retirées sur des sites et blogs sur l'internet en utilisant le moteur de recherche Google, en novembre de 2015. La recherche a utilisé deux termes en portugais et deux en français : « Borgonha », « Vinho + Borgonha », « Bourgogne » et « Vin + Bourgogne ». La première recherche a été faite sans utiliser filtres, en identifiant seulement le nombre de pages par comparaison et, dans un deuxième moment, la recherche a été fait avec l'insertion des filtres selon les critères : 1) pages classifiés comme d'origine au Brésil, 2) en portugais, 3) des années 2014 et 2015, 4) résultats par pertinence et 5) tous les résultats.

Pour analyser les informations des questionnaires, les données ont été organisées, sur laquellle ont été appliquées des techniques statistiques de traitement de données. Pour la recherche sur l'internet, après l'application des filtres, ont été utilisées les informations des 10 premières pages (ou les pages vues sur le premier écran). Les pages ont été vues et le contenu organisé comme un archive électronique de données textuelles, pour la classification et l'analyse de données. Les principaux résultats sont présentés ci-dessous.

4. La Bourgogne vue des tropiques

La perception sur la Bourgogne serrais présenté en deux moments : d'abord la vision du publique expérimenté dans le domaine de la vigne et vin, appelé les experts, pour après analyser les informations disponibles pour les consommateurs en général, le grand publique.

4.1. La Bourgogne vue par les experts

Le questionnaire a été complété par des experts avec un profil diversifié en termes de parcours professionnel et de formation : presque 96 % ont une formation universitaire en 9 différents carrières, tels qu'œnologie, agronomie, gestion, géographie, médecine et sommelier, entre autres. Ces professionnels travaillent, surtout, dans des caves (46 %) et des institutions d'enseignement (25 %) et de recherche (13 %), mais aussi dans le secteur de bars et restaurants. La plupart des réponses est provenu des hommes (79 %), entre 30 et 60 ans (68 %), qui habitent dans l'état Rio Grande do Sul (88 %).

Les experts ont connu la Bourgogne dans des études ou formations (67 %) et/ou à travers la littérature spécialisée

(54 %), et la considèrent une référence mondiale; Dijon et Beaune sont les zones les plus visités.

Même si les événements scientifiques ont été la raison le plus indiqué pour les voyages, ces occasions n'ont pas été aussi la raison de mieux connaître la région et ces vins, étant donné seule 4 % des experts ont affirmé avoir utilisé les évènements scientifiques pour une telle finalité. Aujourd'hui les principales sources d'information sur la Bourgogne sont les revues et les livres spécialisées en vitiviniculture (75 %) et l'internet (63 %), où les sites de recherche sont plus utilisés (29 %). La plupart des experts (88 %) ont déjà visité la Bourgogne, dont 50 % plusieurs fois, 68 % avec des visites à plus de 5 propriétés (vignes et caves), avec dégustation et achat de vins (en général, plus de 3 bouteilles). Les experts ont voyagé en Bourgogne, notamment, pour des visites techniques (50 %), des événements scientifiques (29 %) ou pour étudier (21 %), même parmi ces qui ont visité la région pour une seule fois.

Pour les experts, les vins de la Bourgogne sont pour les dégustateurs expérimentés. Ils ont utilisé 40 différentes expressions pour caractériser les vins, par exemple, « complexe » et « fin » (11 %), « cher » (6 %), « qualité », « personnalité », « minéral » (4 %) et, aussi, les experts sont d'accord que les vins de la Bourgogne sont élégants (79 %) et complexes (92 %) ; par contre 17 % des répondants ne connaissent pas le vin de Bourgogne pour le caractériser. Les experts ont fait référence à 33 vins comme représentatifs de la Bourgogne et le plus mentionnés sont Chablis (15 %), Romanée Conti (11 %), Côte d'Or et Côte de Nuits (6 %), Beaujolais, Clos-Vougeot, Vosne Romanée et Montrachet (4 %).

Dans la viticulture brésilienne, 92,5 % des experts ont associé les cépages Pinot Noir, Chardonnay et Gammay avec la Bourgogne, mais aussi Aligoté, Pinot Blanc et Cabernet Franc ; 84 % des experts associent à la France les cépages Merlot, Cabernet Sauvignon, Cabernet Franc et Sauvignon Blanc, et mais aussi Chardonnay et Pinot Noir, at autres 5 cépages. Parmi les activités dans la vitiviniculture brésilienne ont été évoqué 12 pratiques associées à la Bourgogne, comme le système de conduite/taille Guyot, la récolte manuelle, la macération carbonique et la maturation en tonneau de chêne.

Pour les experts, la Bourgogne occupe une position en premier plan et de référence dans le contexte international, par son patrimoine vitivinicole et par la notion de « terroir », mais ils ne sont pas d'accord si la Bourgogne c'est une référence pour les brésiliens. Entre les aspects observés, bien que la Bourgogne est liée au œnotourisme (62,5 %), pour les experts, le principal aspect attaché aux vins est la gastronomie (83,3 %) et avec les vins de Bourgogne pourraient être « harmonisés » avec la musique classique (46 %), jazz ou blues (42 %).

Entre six images de paysages présentées, les experts ont choisi comme les plus représentatives de la Bourgogne le paysage des vignobles de la Côte D'Or (33 %) et le Clos Vougeot (25 %), où les aspects d'identités sont les vignobles et le patrimoine construit. Les paysages les plus choisis dans les secondes et troisièmes places ont été les images que présentent un lien fort avec le monde de la vigne et du vin : les Hospices de Beaune et la côte avec le village et la plaine avec ses vignobles (Fig. 2).

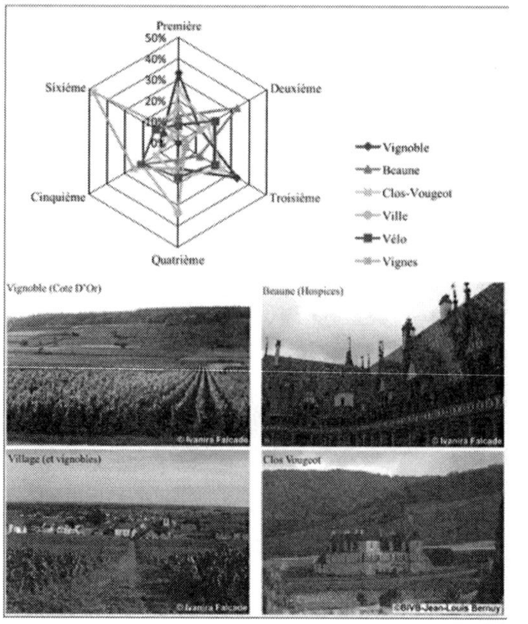

Figure 2. Paysages plus représentatifs de la Bourgogne, selon des experts, 2015. Source des auteurs.

4.2. La Bourgogne vue par le grand publique

Le résultat de la recherche sans filtre, sur Google, a identifié 57.200.000 pages pour le mot « Bourgogne » et 564.000 pour le mot « Borgonha », c'est-à-dire, les pages en portugais représentaient 1 % des pages en français. On a compté 7.820.000 pages pour l'expression « Vin + Bourgogne » et 182.000 pages pour « Vinho + Borgonha », ce qui correspond à 0,03 % de pages en français. Les résultats ont été ceux attendus, c'est-à-dire qu'il y a beaucoup plus de pages en français, pour le mot « Bourgogne » et l'expression « Vin + Bourgogne », qu'en portugais.

L'application des filtres a permis d'identifier des pages qu'étaient plus liés avec le thème de la recherche, c'est-à-dire, les informations sur la Bourgogne et ses vins disponibles au grand public. L'usage des critères, de temps et d'origine, a permis l'identification de 20.500 pages pour « Bourgogne » et 126.000 pages pour « Borgonha » ; c'est-à-dire, les résultats ont montré six fois plus des pages indexées en portugais que des pages indexées en français, au Brésil, en 2014–2015. En comparaison à la première recherche, le filtre a sélectionné 22 % des pages pour le mot « Borgonha », mais a sélectionné seulement 0,04 % pour le mot « Bourgogne ». La recherche a identifié 2.330 pages avec l'expression « Vin + Bourgogne » et 90.700 pages pour l'expression « Vinho + Borgonha », c'est-à-dire, les résultats ont montré 39 fois plus des pages indexées en portugais que des pages indexées en français, au Brésil, en 2014–2015. Par contre, le filtre a séparé presque 50 % des pages en portugais pour l'expression « Vinho + Borgonha ».

La Fig. 3 présente les résultats organisés par terme et classifiés par les catégories « vigne et vin », « tourisme », « commerce du vin », « interprofession », « université » et « autres » et la Fig. 4 présente un schéma avec l'ordre d'occurrence des catégories. Les illustrations montrent

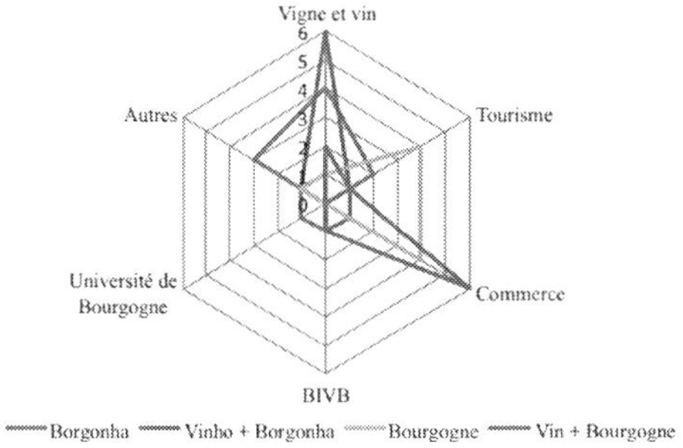

Figure 3. Résultats par catégorie et terme de recherche.

Ordre	Borgonha	Vinho + Borgonha	Bourgogne	Vin + Bourgogne
1	Vigne et Vin	BIVB	Tourisme	Commerce du vin
2	Outres	Vigne et Vin	Tourisme	BIVB
3	Vigne et Vin	Vigne et Vin	Tourisme	Commerce du vin
4	Vigne et Vin	Vigne et Vin	Commerce du vin	Tourisme
5	BIVB	Vigne et Vin	Commerce du vin	Commerce du vin
6	Vigne et Vin	Vigne et Vin	Commerce du vin	Vigne et Vin
7	Tourisme	Vigne et Vin	Outres	Vigne et Vin
8	Outres	Outres	Commerce du vin	Commerce du vin
9	Tourisme	Commerce du vin	Tourisme	Commerce du vin
10	Outres	Université de Bourgogne	Vigne et Vin	Commerce du vin

Figure 4. Schéma des résultats de la recherche. Source des auteurs.

qu'il y a différences entre les sites en portugais et en français. Il y a des pages que se répètent (six sur dix) pour la recherche des expressions « Borgonha » et « Vinho + Borgonha », ce qui n'est pas observé pour la recherche en français. Dans la liste de pages sélectionnées par le mot en français il y a aussi des pages en portugais.

Les termes en portugais ont indiqué des pages sur la vigne et le vin en général, tandis que la recherche en français fait plus de références aux pages sur le commerce du vin et sur le tourisme. Le mot « Borgonha » est peu utilisé pour la vente des vins au Brésil, la recherche ne présente pas sites de cette catégorie dans le premier écran et seulement 1 site avec l'expression « Vinho+ Borgonha ». Même si la recherche a été menée pour filtrer seulement les pages du Brésil, c'est possible de constater que ce filtre est relatif : les résultats ont présenté deux sites institutionnels, du BIVB et de l'Université de Bourgogne. Ces sites commencent en portugais, mais après se suivent des pages en français. Les sites liés au tourisme, aussi à l'œnotourisme, se trouvent avec tous les mots-clés de la recherche, mais sont plus fréquent pour le mot « Bourgogne ».

L'analyse des images dans chaque site trouvé dans la recherche, en synthèse, montre des paysages avec des vignobles, du patrimoine construit et aussi des bouteilles de vin, dans le site de commerce. Ce sont des images de l'identité de la Bourgogne (vins, patrimoine et paysages), que les publications électroniques identifient avec la vitivinicultur et la région de la Bourgogne.

5. Conclusions

La Bourgogne, classifié par l'UNESCO comme patrimoine de l'humanité, en 2015, est présente dans la vitiviniculture du Brésil, même dans des contextes historiques et environnementaux différents, et peut être un territoire de référence et d'inspiration. Les repères des inspirations bourguignonnes au Brésil sont mis en évidence, à partir des données primaires et secondaires. L'enquête avec des experts a identifiqué les perceptions sur la Bourgogne et ses vins, bien aussi des pratiques viticoles et des cépages bourguignonnes ou françaises dans la vitiviniculture brésilienne. Et la recherche sur internet a identifié les informations que les brésiliens ont disponible sur la Bourgogne et ses vins.

La perception générale sur le vin de la région de la Bourgogne est que les vins sont complexes, élégants et pour dégustateurs expérimentés. La vitiviniculture brésilienne retrouve un lien avec la viticulture bourguignonne, en ce qui concerne les cépages emblématiques et aussi le système de conduite et taille Guyot. Les paysages choisis par les experts comme significatifs pour représenter la Bourgogne sont similaires à ceux trouvés dans les sites analysés.

Egalement, il ressort l'importance de l'internet comme source d'informations, aussi bien pour les experts comme pour le public. Les pages en portugais sur les vins et la Bourgogne peuvent indiquer que le public brésilien utilise plus sa langue pour obtenir des informations et aussi pour les diffuser. Cela peut être pertinent pour les stratégies de communication en ligne, et aussi pour renforcer les liens des brésiliens avec la Bourgogne et ses vins.

Références

[1] S. Inglês de Sousa. *Uvas para o Brasil*. Piracicaba, ESALQ (1996)

[2] I. Falcade. Geografía de la vitivinicultura brasileña. In: A. Beretta C. [dir.]. *La vitivinicultura uruguaya en la región (1870–2000)*. Montevideo, Universidad de la República, p.271–297 (2010)

[3] I. Falcade. *Le paysage comme représentation spatiale: le paysage viticole comme symbole des indications géografiques des régions Vale dos Vinhedos, Pinto Bandeira et Monte Belo (Brésil)*. Thèse de doctorat. Porto Alegre/Dijon: UFRGS / UB (2011)
S. S. Flores. *Viticulture durable dans le contexte du Brésil: une proposition*. Thèse de doctorat. Porto Alegre/Dijon: UFRGS / UB (2015)
S. S. Flores; I. Falcade; R. M. V. Medeiros. Desenvolvimento territorial sustentável sob a perspectiva da vitivinicultura do Rio Grande do Sul. *VIII Congresso Latinoamericano da ALASRU*. Porto de Galinhas (2010)

[4] S. Inglês de Sousa, *Idem* (1996)

[5] *Cinquentenario della Colonizzazione Italiana nell Rio Grande del Sud 1875–1925*, Roma/Porto Alegre: Ministero Degli Affari Esteri/Livraria do Globo (1925)

E. Pellanda. Aspectos gerais da colonização italiana no Rio Grande do Sul. In: *Álbum comemorativo do 75° aniversário da colonização italiana no Rio Grande do Sul*, Porto Alegre, Globo, p. 33–64 (1950)

[6] I. Falcade, *Idem* (2011)

[7] L. R. Mello et al. *Cadastro Vitícola do Rio Grande do Sul*. Bento Gonçalves: Embrapa Uva e Vinho/Ibravin (2015)

[8] APROVALE. Disponible en ligne `http://www.valedos vinhedos.com.br`. Access en 30 nov. 2015

[9] IBGE. PNAD 2014: pesquisa suplementar de acesso à internet e posse de telefone móvel celular para uso pessoal. Disponible en ligne `http://www.ibge.gov.br/home/xml/suplemento_pnad.shtm`. Access en novembre 2015

IBGE. PNAD 2014: pesquisa suplementar de acesso à internet e posse de telefone móvel celular para uso pessoal. Disponible en ligne `http://www.ibge.gov.br/home/xml/suplemento_pnad.shtm`. Access en novembre 2015

BRASIL. Secretaria de Comunicação Social da Presidência da República. Pesquisa brasileira de mídia 2015: hábitos de consumo de mídia pela população brasileira. Disponible en ligne <`http://www.secom.gov.br/atuacao/pesquisa/lista-de-pesquisas-quantitativas-e-qualitativas-de-contratos-atuais/pesquisa-brasileira-de-midia-pbm-2015.pdf`>. Access en novembre 2015

[10] Nous remercions l'attention des experts qui ont répondu le questionnaire

In vino veritas: Cultura, educazione e enoturismo nel contesto d'innovazione

Eliane Schlemmer[1,a], Wagner dos Santos Chagas[1,a], Cleber Portal[1,a], et Bruno Cisilotto[2,b]

[1] Universidade do Vale do Rio dos Sinos Programa de Pós-Graduação em Educação, São Leopoldo, Brasil
[2] Instituto Federal de Educação, Ciência e Tecnologia do Rio Grande do Sul Departamento de Enologia, Bento Gonçalves, Brasil

Abstract. The paper presents In Vino Veritas – IVV, a hybrid, pervasive and ubiquitous game, developed in Bento Gonçalves, located in Serra Gaúcha, Southern Brazil. The goal is to discuss the cultural, educational and wine tourism potential of the IVV, in a context of innovation, including learning in the areas Enology, Gastronomy and History of Italian immigration. The conception and development methodology were inspired by the concept of Living Lab (William J. Mitchell) and the cartographic method of intervention-research (Virgínia Kastrup) As instruments were used participant observation, photographic records, audio, text, digital video and interviews. The data produced were analyzed and interpreted from the Actor-Network Theory (Bruno Latour). The results point to the innovation initiatives such as the IVV might contribute in the field of culture, education and wine tourism, articulated through a narrative able to engage tourists in experiences of knowledge, mixing geographical and digital spaces, valuing local culture.

Sommario. L'articolo presenta lo In Vino Veritas – IVV, un gioco ibrido, pervasivo e onnipresente, sviluppato nella comune di Bento Gonçalves, situata nella regione della Serra Gaúcha nel sud del Brasile. L'obiettivo di questo articolo è quello di discutere il potenziale culturale, educativo e enoturistico del IVV, nel contesto di innovazione, tra cui l'apprendimento nelle aree di enologia, gastronomia e storia dell'immigrazione italiana. La metodologia di progettazione e sviluppo sono stati ispirati dal concetto di Living Lab (William J. Mitchell) e il metodo cartografico della ricerca-intervenzione (Virginia Kastrup). Mentre gli strumenti, sono stati utilizzati, osservazione partecipante, documentazione fotografica, audio, testo, video digitale e interviste. I dati prodotti sono stati analizzati e interpretati dalla teoria Actor- Network (Bruno Latour). I risultati indicano l'innovazione che iniziative come il IVV può portare nel campo della cultura, dell'educazione, e dell'enoturismo, articolato attraverso una narrazione in grado di coinvolgere turisti in esperienze di conoscenza, mescolando gli spazi geografici e digitali, valorizzando la cultura locale.

1. Introduzione

Gli ambienti attuali in cui gli esseri umani vivono e convivono, ogni volta sono più come ibridi quanto riguarda la natura degli spazi (digitale e geografico), la presenza (fisica e digitale), la tecnologia (analogica e digitale) e cultura (analogico, digitale, *gamer, maker*, tra gli altri). Questo ibridismo è potenziato da multimodalità dove coesisti la presenza fisica e on- line; la pervasività e onnipresenza che consentono l'apprendimento situato, pervasivo, fornendo le informazioni al soggetto "sensibili" al proprio profilo, necessità, ambiente e altri elementi del contesto di apprendimento, ovunque si sia e in qualsiasi momento. Questo è possibile attraverso le tecnologie di posizionamento (GPS, sistemi di navigazione, di localizzazione di persone); tecnologie di identificazione (tag RFID e QR Code, marcatori); sensori, tra gli altri, che possono essere presenti in varie applicazioni, giochi e processi di **gamificazione** (ludicizzazione). È in questo contesto che gli attuali soggetti di apprendimento si sviluppano, formando la propria cultura, in congruenza con questo spazio-tempo storico- sociale.

Consapevoli di questa realtà, il gruppo di ricerca in educazione digitale – GPe-dU UNISINOS/CNPq e il *Instituto Federal de Educação de Bento Gonçalves*, sostenuta da CAPES, CNPq, FAPERGS e ABED, insieme *dell'Azienda Vinicola Aurora, Azienda Vinicola Dal Pizzol, Azienda Vinicola Larentis, Azienda Vinicola Miolo, Azienda vinicola Geisse, Ristorante Canta Maria, Casa da Erva Mate, Itallinni Biscotteria, Casa da Ovelha e Casa do Tomate e da Gasosa*, hanno costituito una collaborazione che ha reso possibile la costruzione del in Vino Veritas – IVV.

L'IVV nasce dalla necessità di esplorare nuove possibilità d'istruzione, cultura e turismo, attraverso la ricerca del potenziale d'ibridazione, multimodalità, pervasività e onnipresenza, in combinazione con i giochi e la **gamificazione**, includendo la città come uno spazio che integra l'apprendimento, favorendo esperienze di conoscenza. L'obiettivo è quello di discutere il potenziale culturale, educativo e enoturistico dell'IVV, in un contesto

[a] e-mail: `elianeschlemmer@gmail.com`; `tutorwagnergp@gmail.com`; `cleber.portal@gmail.com`
[b] e-mail: `bruno.cisilotto@bento.ifrs.edu.br`

di innovazione, che include l'apprendimento nelle aree di Enologia, Gastronomia e storia dell'immigrazione italiana.

2. Materiali e metodi

La ricerca, che dà luogo all'IVV è di naturalezza esplorativa e approccio qualitativo. La metodologia per la ricerca e lo sviluppo, è stato ispirato dal concetto di *Living Lab*, proposto da William J. Mitchell e, nello metodo cartografico di ricerca-intervento, proposto da Kastrup (2007, 2008), Passos et al. (2009), Passos et al. (2014), con cui abbiamo cartografato il processo costruito nello sviluppo dell'ARG e nella ricerca.

Living Labs è un concetto che nasce negli anni '90 e si riferisce a un ecosistema di innovazione aperta, collaborativa, che è concentrata nel soggetto nel contesto della ricerca pubblico-privato (imprese, governo, università, centri tecnologici), di solito legata a un contesto territoriale. L'idea principale è quella di co-creazione di processi di ricerca e innovazione, per i soggetti che vivono e convivono in dato contesto territoriale. Così, l'IVV comprende diversi attori umani nel quadro della ricerca pubblica-privata, in collaborazione di co-creazione del processo di ricerca e innovazione. Questa co-creazione ha coinvolto una squadra interdisciplinare a diversi livelli di processi di ricerca e innovazione, da esplorazione, a la sperimentazione e la valutazione di idee e concetti emergenti fino a partecipazione alla progettazione, sviluppo, monitoraggio e valutazione dell'idea, del concetto e dell'artefatto tecnologico. Il concetto coinvolge quindi i soggetti/comunità come attori nel processo di creazione della conoscenza e non solo come osservatori o utenti. Così, un laboratorio vivente è costituito da un ambiente esperienziale (sperimentale + empirico), in cui i soggetti sono immersi in uno spazio sociale creativo per concepire, progettare, monitorare e valutare il proprio futuro. Questo concetto è collegato al cambiamento e trasformazione sociale.

In questo contesto, abbiamo utilizzato il metodo di mappatura di ricerca-intervento (Passos et al., 2009) (Passos et al., 2014) destinato a seguire il processo. L'attenzione cartografica è definito come concentrato e aperta, caratterizzata da quattro movimenti che compongono l'attenzione del cartografo: il rintracciamento, il tatto, l'atterraggio e il riconoscimento attento, che ha coinvolto e hanno definito come il ARG doveva funzionare. L'obiettivo del cartografo.

è proprio la mappatura del territorio producendo conoscenza attraverso un percorso di ricerca, che coinvolge l'attenzione, e con essa, la creazione stessa del territorio di osservazione. (KASTRUP, 2007, p. 2007). Così, per essere ricerca-intervento, l'analisi avviene nel processo, nel movimento della mappatura, che consente di eseguire l'intervento mentre il processo è in corso.

Come gli strumenti sono stati utilizzati osservazione partecipante, registri di foto, audio, testi, video digitale e interviste semi-strutturate. I dati sono stati analizzati e interpretati dal quadro teorico presentato di seguito.

3. Giochi ibridi, pervasive e onnipresente

I giochi sono presenti nella vita quotidiana dei bambini, adolescenti, giovani, adulti, anziani, di entrambi i sessi, che contribuisce alla nascita della cultura *Gamer*. Secondo Schwartz (2015) uno studio sul settore dei giochi digitali in Brasile e nel mondo, guidati dal PGT-FEA- USP per il BNDES nel 2014, ha concluso che:

> Gli usi di giochi digitali hanno superato l'intrattenimento, incorporando attività di formazione, la ricerca scientifica, la formazione (a livello aziendale e anche per la difesa nazionale), e anche usufruire di formazione connesse alle cure sanitarie nella scelta e nello sviluppo di vocazioni, e l'architettura e la costruzione (p. 165).

Ma a chi si attribuisce la crescita di questa dimensioni? Cosa possiamo imparare dalla cultura *Gamer*? I giochi impegnano il soggetto in un mondo di finzione, immaginazione e fantasia, consentendo l'interattività, immersione, narrativa, agenzia, divertimento e trasformazione, tra gli altri elementi che contribuiscono a questo impegno. Diventa significativo per i giocatori, soprattutto perché permettono a loro di vivere un'esperienza (trasformare le informazioni in esperienza). Collegato a questo contesto sono movimenti come "Games for Change", il cui obiettivo è l'uso di giochi per il cambiamento sociale. Secondo McGonigal (2011) se i giocatori sono disposti ad intraprendere le sfide che coinvolgono gli ostacoli, spesso inutili, significa che hanno la capacità di mobilitare e potrebbero essere utilizzati come strumento di trasformazione sociale.

I giochi possono essere analogici, digitali, o ibridi. L'ibrido è capito da Latour (1994), mentre comprendente più matrici, miscele di cultura e natura e quindi nessuna separazione tra cultura/natura, umana/non umana, ecc. Cioè, è le azioni e le interazioni tra attori umani (presenti in forma fisica e digitale) e non-umani (in aree di natura geografica e digitali attraverso tecnologie analogiche e digitali) in un intreccio di culture diverse (pre-digitale e digitale – *gamer, maker*, tra gli altri), che costituiscono un fenomeno inseparabili, reti che collegano la natura, le tecniche e le culture. La pervasività e onnipresenza presumono che l'informazione sono disperse nello spazio e nelle cose/oggetti, che collega spazi geografici e spazi digitali, e si può accedere da dispositivi mobili, collegati alle reti wireless. Così, essi possono migliorare l'insieme di apprendimento situato, pervasivo fornendo al soggetto le informazioni "sensibili" al proprio profilo, le esigenze, l'ambiente e altri elementi del contesto di apprendimento, ovunque e in qualsiasi momento. Così, le tecnologie di posizionamento (GPS, sistemi di navigazione, di localizzazione di persone); tecnologie di identificazione (tag RFID e QR Code, marcatori); sensori, tra gli altri, possono essere presenti in varie applicazioni, giochi e processi di gamificazione. L'ubiquità (onnipresenza) collabora per integrare gli discenti di apprendimento e loro contesti circostanti, permettendo formare una rete fisica e virtuali digitale tra le persone, oggetti, situazioni o eventi. Relativi alla mobilità,

Pervasività e ubiquità ci sono anche la "realtà mista" (RM) e la "realtà aumentata" (RA), che combinano una scena di spazio geografico, visto da un soggetto con una scena digitale e, nel caso di realtà aumentata, le informazioni digitali aggiunge alla scena geografica ingrandendola, vale dire "aumentare la scena", migliorando la conoscenza degli oggetti, luoghi o eventi. Sia RM o RA sono concetti diversi e loro hanno diversi tipi di configurazioni, ma entrambi consistono principalmente nel riconoscimento di un oggetto, denominato "marcatore", progettato in un ambiente geografico, una fotocamera che cattura questo oggetto e un software specifico in grado di ricevere le informazioni inviate dalla telecamera, interpretarle e progettare le informazioni digitali sull'oggetto di spazio geografico.

È in questo contesto teorico che è stato sostenuto lo sviluppo di IVV, capito come un gioco ibrido, pervasivo e onnipresente, che può essere caratterizzato come un ARG.

4. IVV: Il Proggetto e il gioco nel contesto della cultura del enoturismo e innovazione

L'IVV, dal concetto di *Living Lab*, emerge da un processo di co-creazione interdisciplinare all'interno della ricerca pubblico-privato (aziende, associazioni e università), con la partecipazione di diversi attori umani in diversi momenti del processo di ricerca e innovazione, legati all'area territoriale della città di Bento Gonçalves. È in questo contesto che nasce la prospettiva del turismo culturale, che comprende le "attività turistiche legate alla esperienza del insieme di elementi significativi del patrimonio storico e culturale, e di eventi culturali, con la valorizzazione e promozione dei beni materiali ed immateriali della cultura" (MTur, 2006, p.13). Si propone di fornire ai visitatori esperienze positive con il patrimonio storico e culturale della regione. Queste esperienze avvengono nel contesto di interazione con gli elementi costitutivi del percorso turistico culturale di esperienze partecipative e contemplative che forniscono l'interpretazione, la comprensione e l'apprezzamento della cultura locale. Collegato al turismo culturale, nel contesto di Bento Gonçalves, ci sono anche i concetti di turismo gastronomico e del enoturismo.

Il turismo gastronomico, secondo il Ministero del Turismo (2010), corrisponde a l'itinerari di visita tra ristoranti e altri spazi che rappresentano le tradizioni culinarie della regione, dove è stabilito un legame emotivo con la cultura locale attraverso esperienze sensoriali risvegliate dai cibi caratteristici della regione. Così l'atto di degustare qualche prodotto gastronomico ha il potenziale per guidare il turista per un viaggio nel tempo e nello spazio di varie culture attraverso il loro repertorio alimentare. Già il enoturismo, secondo il Ministero del Turismo (2010), è l'attività turistica che mira a conoscere il processo di produzione del vino, spumanti e derivati, visitando le cantine e vigneti, dove i turisti possono degustare e acquistare i prodotti legati alla produzione di vino. In Brasile le prime iniziative che hanno esplorato la cultura della produzione di uva e vino come attrazione turistica è apparso nella regione sud del Brasile in cui le cantine hanno aperto i loro stabilimenti al pubblico. In queste visite i turisti percorrono l'itinerario di visita seguito l'intero processo di produzione del vino. Quindi, il turismo è alimentato dal movimento di riconoscimento e di apprezzamento della storia e della cultura delle comunità locali, aggiungendo valore alla intera catena di produzione del vino, così come la generazione di nuove opportunità per la creazione di reddito per gli abitanti di questa regione.

Il turismo culturale, gastronomico e lo enoturismo può essere migliorato attraverso l'IVV, istigando visite ai diversi punti di Bento Gonçalves. Queste visite rappresentano un "giro" turistico con la presentazione e la conservazione del carattere culturale degli oggetti, così come il monitoraggio delle attività quotidiane, eventi tradizionali della comunità locale, luoghi di interesse storico e culturale, ristoranti, aziende vinicole, e altri che rappresentano le tradizioni della regione.

Quindi, considerando questo concetto, il progetto IVV si è sviluppato dal problema e gli obiettivi espliciti precedentemente, con la collaborazione dei seguenti aziende: Casa da Ovelha, Casa da Erva-Mate, Casa do Tomate e da Gasosa, Cantina Canta Maria, Itallinni Biscotteria, Azienda Vinicola Aurora, Azienda Vinicola Dal Pizzol, Azienda Vinicola Larentis, Azienda Vinicola Miolo, Azienda Vinicola Geisse e a Azienda Vinicola do Instituto Federal de Bento Gonçalves. I collaboratori sono stati scelti in base alle potenzialità del turismo culturale e le caratteristiche specifiche (concetti) che hanno individualizzato e evidenziato la potenzialità di ciascun collaboratore, dove hanno servito anche come guida per la creazione delle missioni.

Dalla definizione e il contatto iniziale con i collaboratori, ha cominciato le visite per presentare il progetto ed effettuare lo invito. Nella misura in cui hanno accettato il progetto anche ha iniziato a comporre il metodo cartografico della ricerca intervento, con l'esplorazione dello spazio, dai quattro movimenti che compongono l'attenzione del cartografo

- lo tracciato, l'atterraggio, il tatto e il riconoscimento attento. Lo tracciato (esplorazione/scansione degli spazi geografici e on-line da ciascuna delle società-partner, alla ricerca di indizi – informazioni – per comprendere i processi), il tatto (selezione di indizi geografiche, tracce online e brani dal vivo, per comporre la narrazione e missioni), l'atterraggio (zoom sulle piste, scegliere/impostazione della narrazione e il concetto di ogni missione – differenziale rispetto ai processi e dei prodotti e la visita agli spazi locali) e il riconoscimento attento (come funzionerà il ARG?).

Gli indizi trovati e trasformati in missioni, dai movimenti che compongono l'attenzione del cartografo, costituite come l'integrazione di spazi di apprendimento nelle aree di Enologia, Gastronomia, chimica e storia, intesi come elementi per lo sviluppo della cultura e della cittadinanza. In questo contesto, gli strati informativi erano legati ai ricordi personali e collettivi o dell'immigrazione italiana, suscitate dai sensi, impegnando i soggetti in un mondo di sensazioni e scoperta culturale.

Fatto questo primo ciclo del metodo cartografico è stato avviato il processo di sviluppo dell'applicativo IVV (disponibile per il sistema operativo IOS e Android), un ARG che fa uso di meccaniche e dinamiche presente nei giochi di MMORPG – *Massive Multiplayer Online Role Play Game* e dispone di identità visiva e gli elementi caratteristici della storia dell'immigrazione italiana, gastronomia e produzione di uve e vino. Il giocatore può interagire in quattro lingue: portoghese, inglese, spagnolo e italiano.

L'IVV ha una narrazione iniziale, organizzata in tre atti: 1° Atto, Mitologia – Bacco, toccato dalla vita quotidiana dura degli esseri umani, regala alla umanità la capacità di produrre il vino; 2° Atto, Immigrazione

DOI: 10.1051/bioconf/20160703030

italiana – sfide e le difficoltà incontrate da immigrati italiani durante il processo di immigrazione per il Brasile; 3° Atto, Immigrati in Bento Gonçalves – Regalo di Bacco della produzione del vino e tutti gli elementi materiali e immateriali della cultura italiana a Bento Gonçalves. Questo racconto spinge i giocatori per realizzare le missioni, a cui si accede dalla mappa, presenti nel gioco, attraverso le icone vino e spazi gastronomici presenti nel gioco. Tre personaggi in 3D – Bacco, nona Francesca e lo italiano Guiuseppe continuano la narrazione, spingendo il giocatore a svolgere i compiti, che implica il movimento in città e l'interazione con la comunità locale, la costruzione di una rete di conoscenze, distribuita in undici missioni. Quando si sceglie un collaboratore (missione), il giocatore apre una schermata in cui ha la sintesi della missione, le informazioni del locale (orari di apertura, numeri di telefono, ecc.), posizione e un filmato – un video che mostra un poco del locale della missione. Oltre a queste informazioni, il giocatore ha la possibilità dicliccare sul "come arrivare", che si indirizza al Google Maps, che riceve le informazioni di percorsi per raggiungere il locale della missione prescelta.

Al suo arrivo presso il posto della missione, il giocatore ha bisogno di trovare i marcatori che contiene "Indizi Online" – RM e RA e "Indizi Vive" – le persone collegate al posto, riferimento alle conoscenze necessarie per sviluppare la missione. Quindi, per iniziare il percorso di gioco, il giocatore deve selezionare l'icona della lente di ingrandimento e punto al marcatore, rendendo la lettura. In quel momento uno dei personaggi presenti nel gioco interagirà con lui, guidando per lo cammino della missione. In questo cammino il giocatore può venire attraverso diverse possibilità che vanno da interagire con un Indizi Vive, trovare un prodotto specifico, assaggiare un cibo, fare qualche attività specifiche del locale, ecc. Mentre il giocatore sta svolgendo le missioni si espanderà il suo livello di EXP o XP, in altre parole, il livello di esperienza (conoscenza). Il gioco ha quattro livelli di esperienza: Umano, Eroe, Semidio e Dio. Per ogni tre missioni completate il giocatore aumenta il loro livello di esperienza.

Quando si eseguono le missioni i giocatori possono condividere esperienze, sensazioni, intuizioni, dare suggerimenti, fare critica e interagire con gli altri giocatori in un gruppo creato su Facebook, cioè come spazio collaborativo. Queste informazioni sono analizzate da un gruppo di esperti e può comporre nuovi versioni del gioco. Così l'IVV costituisce un gioco ibrido multimodale pervasivo e onnipresente, può anche essere cooperativo, in quanto i giocatori hanno l'opportunità di diventare co-autori, socializzando la conoscenza costruita sull'interazione con le aree geografiche e gioco digitale.

5. Resulalti e discussioni

I dati generati nella ricerca-sviluppo-ricerca sono stati sistematizzati ed organizzate sottosistemi di informazione (con l'aiuto di Excel) come contesto (progettazione, sviluppo, monitoraggio e valutazione – che coinvolge le prove, l'osservazione dei giocatori e interviste con i giocatori e imprese-collaboratrice), dal quale è emerso le categorie di analisi presentata al software di analisi dei dati NVivo. Le categorie sono state suddivise in teorica (attante, intermedio, traduzioni, iscrizione, scatola nera, lo spazio-tempo, polemiche, immersione, agenzia, la trasformazione, l'impegno) ed empirica (curiosità, novità, l'innovazione, la giocosità, l'interazione, l'apprendimento, la strategia, valutazione).

Le categorie di attante, intermedio, di traduzione, di iscrizione, scatola nera, spazio- temporali, controversia sono legati ai diversi contesti, mettendo in evidenza la robustezza del TAR per aiutare nella comprensione dei dati, per sottolineare la partecipazione di non umano

- oggetti e quasi oggetti (dispositivi mobili, il app IVV, oggetti diversi e aree geografiche), le relazioni sociali, dal momento che anche interferire negli eventi, e nella creazione di significato – che agisce sulla sfera riflettente e simbolica. Dal momento che i diversi attanti (AH - compresso come tutte le persone coinvolte nel processo del gioco, tra cui designer, sviluppatori, ricercatori, insegnanti, lettori, turisti, uomini d'affari, indizi vive, tra gli altri, e, ANH - compresso come gli oggetti , sistemi, linguaggi, luoghi, dispositivi mobili, marcatori, processi, tra gli altri) sono stati identificati come produttori del movimento associative (relazioni), generatori di azione, che "fatto fare", dunque, proprietari di agenzie, che mostrano il punto di vista della "vasta simmetria "o" ontologia piatta". Capire il punto di vista sociale, è stato dato a seguire gli attori (mappatura) nelle loro associazioni e **riassociazione** (stabilito come movimenti nomadi in ambienti ibridi, multimodali pervasivo e onnipresente) che formano le reti.

La categoria di immersione, agenzia, la trasformazione e l'impegno associati con la prospettiva d'ibridismo, multimodalità, pervasività e ubiquità, sono stati osservati in diversi contesti, tuttavia, in modo più efficace durante i test e, successivamente, in seguito di gruppi di turisti-giocatori, dove è stato possibile percepire che il gioco ha fornito un maggiore impegno dei turisti-giocatori con il luogo e la comunità, in base alla coerenza tra i diversi spazi che costituivano il gioco (applicativo, località geografiche, indizi vive), che sono stati tracciati dalla narrazione che ha fomentato la conoscenza e la vicinanza, sia con le tecnologie digitali, analogiche o persone stesse. In questo momento, che si stabilisce una affinità comune o *rapport*, un *continuum* è presentato, dove il turista-giocatore rimane completamente assorbito, immerso nella situazione cambiando la loro percezione del tempo – stato di *flow*. Questa prospettiva è stata confermata dai risultati trovati durante l'analisi d' interviste condotte con i giocatori, i turisti e con i collaboratori che hanno accompagnato il processo.

La categorie curiosità, novità, l'innovazione, la giocosità, l'interazione, l'apprendimento, la strategia, la valutazione, è emerso dall'empirismo, durante lo sviluppo dei diversi contesti di cui summenzionato, particolarmente evidente nei momenti di interazione con le aziende partner tra i registro in audio e video e nel interviste semi-strutturata, e nella comunità creata su Facebook per l'IVV, attraverso registro di testo.

Queste categorie hanno dimostrato la potenzialità del gioco, di pensare a nuove possibilità di coinvolgere meglio i turisti alla comunità e i luoghi visitati, in modo che possano dare più senso alle informazione, vivendo

DOI: 10.1051/bioconf/20160703030

l'esperienza di conoscenza che coinvolgono enologia, gastronomia, storia dell'immigrazione italiana, ridefinendo le forme di appropriazione delle zone turistiche della città.

I risultati mostrano che le azioni e le interazioni tra attori umani e non umani sono stati resi possibili dal IVV, attraverso l'ibridazione di spazi geografici e digitali, in un intreccio di culture diverse, con la loro legittimazione. In questo contesto, la multimodalità ha dato un carattere di continuità e l'estensione delle azioni e interazioni nel tempo e nello spazio, per consentire la costruzione della conoscenza che si sviluppa nella sovrapposizione di modalità presenziale con la modalità online attraverso il gioco pervasivo e onnipresente che coinvolti missioni giocate in diverse parti della città portando alla cattura di informazioni dall'ambiente/persone così come la cattura e/o produzione di geo-informazioni, utilizzando la RM e RA, nonché interazione nel gruppo creato su Facebook per la condivisione di esperienze tra i giocatori.

Questa costruzione ci aiuta a capire che ibridismo, multimodalità, la pervasività e ubiquità è stato favorevole a la creazione di spazi di convivenza che legittimano attori umani e non umani nel processo di apprendimento, tra cui la città e le sue socialità.

6. Conclusioni

L'IVV, dal momento del concepimento, ha avuto la preoccupazione di propiziare l'interazione della tecnologia con le aree geografiche e la comunità locale. Così, a partire dal obiettivo di questo articolo che è stato quello di discutere il potenziale culturale, educativo e enoturistico dell'IVV, in un contesto di innovazione, che include l'apprendimento nelle aree di Enologia, Gastronomia e storia dell'immigrazione italiana, possiamo dire che il gioco IVV ha fornito una riformulazione di itinerari turistici attraverso l'intreccio tra spazi geografici e digitali. Questo rete ha potenziato immersione turistico-giocatori nella cultura delle comunità, esperienze che valorizzano le radici storiche della colonizzazione italiana nella città di Bento Gonçalves. Questo apprezzamento delle radici storiche della cultura italiana permea dalla tavola con gli elementi del cibo, il processo di crescita dell'uva e la produzione di vino, spumante e succo d'uva; al riconoscimento dell'importanza della conservazione del patrimonio storico e culturale immateriale, presente nei racconti orali di persone che compongono queste comunità. Così il progetto IVV è un differenziato turistico alternativo di mobilità-giocatori intorno alla città che si trasforma in uno spazio esteso di apprendimento, in grado di sviluppare un nuovo rapporto tra il patrimonio materiale e immateriale storico e culturale e le persone che ricontestualizzano questo patrimonio. Con questo l'IVV potenzia lo sviluppo di esperienze coinvolgenti nella cultura locale attraverso il contatto con le attività tradizionali che fanno parte dell'atmosfera di itinerario enoturistico e turismo gastronomico.

Riferimenti Bibliografici

Bertoco, C., 2014. Sustentabilidade, planejamento urbano e instrumentos de gestão do patrimônio e da paisagem cultural em Bento Gonçalves/RS. 2014. Monografia. Universidade de Brasília, Brasília

Brasil, 2006. Segmentação do Turismo: Marcos Conceituais. Brasília: Ministério do Turismo

Brasil, 2010. Ministério do Turismo. Turismo Cultural: orientações básicas. 3.ed. Brasília: Ministério do Turismo

Kastrup, V., 2007. O funcionamento da atenção no trabalho do cartógrafo. Psicologia & Sociedade, 19 (1), p. 15–22. Disponível em: <`http://www.scielo.br/pdf/psoc/v19n1/a03v19n1.pdf`>

Kastrup, V., 2008. O método cartográfico e os quatro níveis da pesquisa-intervenção. In: Pesquisa-intervenção na infância e adolescência. Castro, L. R.; Besset, V. (orgs). Rio de Janeiro: Nau editora, p. 465–489

Latour, B., 1994. Jamais fomos modernos. Rio de Janeiro: Editora 34

Latour, B., 2012. Reagregando o social: uma introdução à teoria do ator-rede. São Paulo: EDUSC

Lemos, A., 2013. A comunicação das coisas: teoria ator-rede e cibercultura. São Paulo: AnnaBlume

Mcgonigal, J., 2012. A realidade em jogo. Rio de Janeiro: Best Seller

Passos, E. *et al.*, 2009. Pistas do método da cartografia: pesquisa-intervenção e produção de subjetividades. Porto Alegre: Sulina

Passos, E. *et al.*, 2014. Pistas do método da cartografia: a experiência da pesquisa e o plano comum. Porto Alegre: Sulina

Saccol A., *et al.*, 2011. M-learming e u-learning – novas perspectivas da aprendizagem móvel e ubíqua. São Paulo: Pearson

Schlemmer, E., 2014. Gamificação em espaços de convivência híbridos e multimodais: design e cognição em discussão. Revista Faeeba, v. 23, p. 73–89

Schlemmer, E., 2015. Gamificação em contexto de hibridismo e multimodalidade na educação corporativa. Revista FGV Online, v. 5, p. 26–49

Schlemmer, E., 2016. Gamificação em espaços de convivência híbridos e multimodais: uma experiência no ensino superior. Relatório Técnico de Pesquisa. Ciências Humanas, Sociais e Sociais Aplicadas

Schlemmer, E., Backes, L., 2015. Ambientes imersivos, realidade misturada, realidade aumentada, gamificação, ECODI e ECHIM. 1. ed. São Leopoldo: Unisinos. Schlemmer, E., Backes, L., 2015. Learning in Metaverses: Co-existing in Real Virtuality. 1. ed. Hershey: IGI Global, v.1

Schwartz, G., 2015. Cidade do conhecimento e a iconomia dos jogos com moedas criativas. Revista Organicom, p. 160–179, v. 12

 DOI: 10.1051/bioconf/20160704001

National approach for evaluation and control of wine safety: Guide to good hygiene practices for French wine industry

Aurélie Camponovo[1] and Christophe Riou[2]

[1] Institut Français de la Vigne et du Vin (IFV), Pôle Rhône-Méditerranée, Centre du Rosé, 83550 Vidauban, France
[2] Institut Français de la Vigne et du Vin (IFV), Siège, Domaine de l'Espiguette, 30240 Le Grau-du-Roi, France

Abstract. The adaptation of wines to the market requirements have involved changes in wine making processes. Improved methods of analysis now allow to detect traces of compounds injurious for consumers' health. In collective imagination, wines remain born from traditional methods, pathogen free and, by extension, free of any health concern. Consumers now access easily to detailed information, and various media allow them to get a hold on the subject of wine safety. The contents encountered are sometimes alarming and create many questions enable to damage the image of the product. In order to support French wine makers facing the rise of this theme and answer European regulation, IFV has developed with French professional organizations a guide to good hygiene practices (GGHP) including hazard analysis for wine industry. The aim was to provide all companies a reference document approved by the French authorities and pool most of the principles of HACCP to limit the task of smaller businesses. The GGHP details essential good practices that have to be implemented by every company of wine industry, regardless its size and the kind of wine produced. It also describes hazard analysis and specific recommendations for each one and gives recommendations and tools to manage them.

1. Introduction

The evolution of wine consumption and the necessary adaptation of styles of product to the market requirements have involved changes in wine making processes. New inputs, materials and oenological practices have emerged. At the same time, the improvement of methods of analysis and wine composition knowledge allowed to detect compounds injurious for consumers' health. However, in collective imagination, wines remain born from traditional methods. Therefore, they are considered as pathogen free and, by extension, free of any health concern.

The profusion of media information and the development of social networks now allows easy access to detailed information. Consequently, media and consumers increasingly get a hold on the subject of wine safety. The involved media contents announcements are sometimes alarming and create many questions enable to damage the image of the product.

Concomitantly, European regulation has evolved both on risk analysis in general food sector and on wine-specific requirements.

In order to support French wine makers facing the rise of food safety, IFV (French institute of vine and wine) has developed with French professional organizations a guide to good hygiene practices (GGHP) including hazard analysis for wine industry [1].

The guide is dedicated to the wine sector: vine growers, private cellars, cooperatives, wholesalers, bottlers, service providers... It should help each company to assess the hazards of its own, define control measures to implement and justify them. This guide outlines the essential elements of control while allowing flexibility for small businesses as well as adaptations to maintain traditional methods. This paper details the organization of the French wine sector to draft the document, the method used and the validation procedure. It summarizes the result of the hazard analysis and develops several examples. At least, it describes the proactive approach developed in the sector throughout this work and the next steps planed.

1.1. Products concerned

This work was limited to wines and spirits. It doesn't concern fruit juices, concentrated musts vinegars or wine-based drinks. Indeed, these products either have different chemical properties and stability or require different ingredients or processes.

The producers concerned may nevertheless apply the document to the steps included in the scope of the guide.The guide doesn't take more into account operators' safety.

This guide takes into account the hazards identified at the time of its publication date. Also, the wine-maker should be attentive to emerging potential hazards, including consulting the updates of the guide.

The identified hazards were validated by the French control authority after evaluation by the French food safety authority.

1.2. Regulations and references taken into account

The recital 18 of regulation EC n°178/2002 [2] states that "risk assessments should be undertaken in an independent, objective and transparent manner, on the basis of the available scientific information and data".

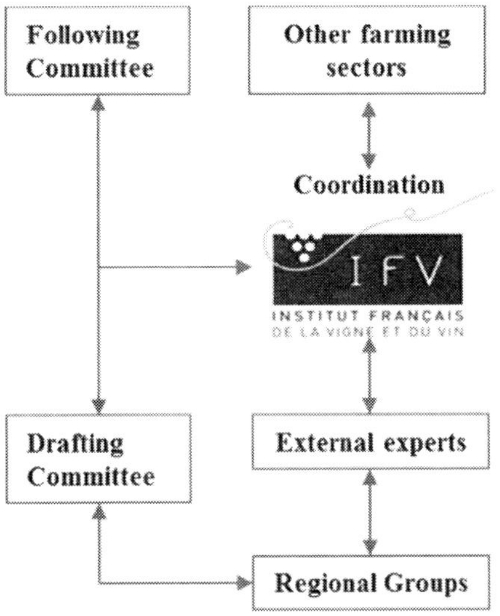

Figure 1. Consultation with the partners.

1.2.1. *Scientific and official documents*

This guide was written taking into account European Union regulations. Some specific French official references can also be encountered for regulations but also recommendations from ANSES (French food safety authority), DGCCRF (French control authority). In the absence of official reference or for additional information, OIV recommendations are also quoted.

1.2.2. *Technical documents*

The French technical institute, professional organizations, chamber of agriculture and other structures relating to wine sector make available many technical documents for producers. Some of them are quoted to help the reader to find examples or detailed and concrete information about precise subjects.

1.2.3. *Consumer's opinion*

Although the recital 18 preconize solid references the recital 19 précises that "It is recognized that scientific risk assessment alone cannot, in some cases, provide all the information on which a risk management decision should be based, and that other factors relevant to the matter under consideration should legitimately be taken into account including societal, economic, traditional, ethical and environmental factors...". In several cases as for plant product residues, the drafting committee chose to consider also consumer's opinion.

2. Method and organization

2.1. Partnership

In France, the wine sector's organization is very complex. IFV, the French Institute of Vine and wine had to form a group of experts of the sector (Fig. 1). We requested the participation of several regional professional organizations to cover different products and designations of origin in the drafting committee (Table 1). Some of these experts were also members of the OIV commissions. During the drafting, regional groups were also formed to focus on particular points and we exchanged with other agricultural sectors and external experts when necessary. This work was followed by a following committee of concerned organisms less technical such a way they could be informed all along the drafting and give an opinion at any time.

Table 1. Partnership.

Drafting committee	
BNIC	Bureau national interprofessionnel du Cognac
Castel	Société Castel
CIVB	Comité interprofessionnel des vins de Bordeaux
CIVC	Comité interprofessionnel des vins de Champagne
CNIV	Comité national des interprofessions des vins d'appellation d'origine
Johnson Diversey	Société Johson Diversey
MHCS	Société Moet Hennessy champagne services
UOEF	Union des oenologues de France
VIF	Syndicat des vignerons indépendants de France
Following committee	
CNAOC	Confédération nationale des producteurs de vin et eaux-de-vie de vin à appellations d'origine contrôlées
DGAL	Direction générale de l'alimentation
DGCCRF	Direction générale de la concurrence, de la consommation et de la répression des fraudes
FranceAgrimer	Etablissement national des produits de l'agriculture et de la mer
ICV	Institut coopératif du vin
INAO	Institut national de l'origine et de la qualité
Inter-Beaujolais	Union interprofessionnelle des vins du beaujolais
UMVIN	Union des maisons et marques de vin
VIF	Syndicat des vignerons indépendants de France

2.2. Hazard analysis method

Each wine-maker has to conduct a hazard analysis.

2.2.1. *Method*

He can conduct his own analysis. In this case, the winemaker will have to justify with his own data the reasons why he identifies some hazard. To do so, he can use the information provided in this guide to implement HACCP principles. Example: implementation of new

DOI: 10.1051/bioconf/20160704001

technologies, significantly modifying a process in response to customer requirements. This should allow all operators to adapt their safety organization to the oenological news and to the demands of their clients.

He can rely on the list of the hazards that should be controlled, given in this guide. This analysis was conducted by the national group to simplify the implementation of HACCP principles by companies.

A complete list of potential hazard based on scientific data but also media information or empiric knowledge was done and the level of risk was evaluated to get a list of compounds to monitor.

In this case, the operator will select the relevant hazards to his own farm, explaining his choice. If the winemaker can prove that he is not concerned with certain hazards, it will remove them from its list.

This should allow all operators to adapt the list of hazards to their own situation (process, organization, location ...).

2.2.2. "Hazard by hazard" approach

The hazard analysis is usually made step by step, by listing every potential hazard.

To facilitate the analyses, we choose to follow each hazard independently all along the process. This one that can vary depending on the region, the product or the wine-maker preference. This method allowed to take into account the diversity of processes for a national approach remaining readable. It was also a way to guide the discussions and to distribute the parts among the experts.

2.2.3. Multiples analysis

The hazard analysis was conducted on every potential hazard. For some of them, two analyses were done to take into account different kinds of consumers. It was the case for sulfites that can have both adverse effects on everyone over the acceptable daily intake [3] and potentially critical effects on allergic consumers [4].

2.3. Validation procedure

In France, the GGHPs are validated by the DGCCRF after opinion of the ANSES, The drafting is also corrected by the DGAL and the DGS. The final document is presented to the CNC before validation, and the official version is transmitted to European Union for information (Fig. 2).

3. Results, discussion

3.1. Structure of the document

The document contains three parts and many annexes. The first part describes the field of the guide and general recommendations as food safety management or traceability. The second part indicates the good hygiene practices that have to be applied by all the operators whatever their size or their kind of production. The third part describes the hazard analysis and critical control point (HACCP) principles applied to the wine sector and gives specific recommendations to control the risk. The annexes include toolboxes, examples of recording documents and technical sheets.

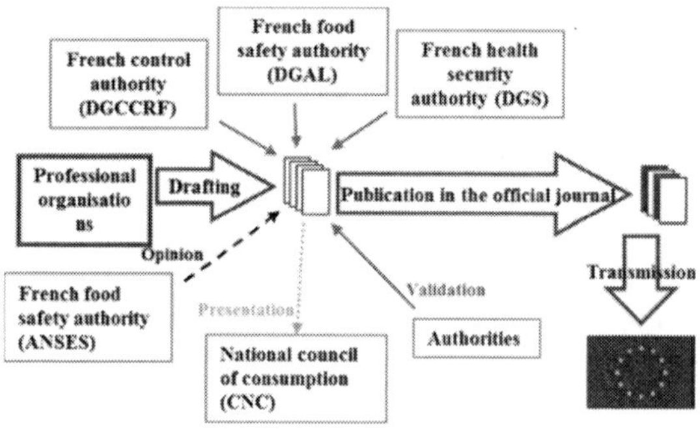

Figure 2. Official procedure of validation in France for guides to good hygiene practices.

Table 2. Compounds to monitor in wines according to the guide.

Chemical	Sulfites
	Cyanide derivatives
	Heath exchange fluids monoethylene glycol-based, diethylene glycol-based or treated water Maintenance products
	Lead
	Ethanal for intolerant consumers
	Plant-health products
Biological	Ochratoxin A
Physical	Broken glass
	Pressure containers
Allergens	Oenological practices and processes egg or milk-bases for allergic consumers
	Sulfites >10 mg/L

3.2. Result of hazard analysis

3.2.1. Compounds to monitor

The third part of the document gives the results of the hazard analysis and the list of the hazard that should be monitored (Table 2). For each of them, a detailed sheet and a toolbox containing examples of control measures is given in annex.

3.3. Preconizations and tools

3.3.1. Monitoring scales

Monitoring measures were preconized at different scales according to the hazard analyzed. For example, companies' scale for broken glass or collective scale for ochratoxin A or plant health-products.

3.3.2. Decision tree

A decision tree is proposed to help the reader to class the measures as good practices that should be applied before hazard analysis, operational good practices that allow to control a specific hazard, and critical control points for which apply more requirements of monitoring before the

 DOI: 10.1051/bioconf/20160704001

exit of the product. The guide specifies that the decision tree is indicative. In case of blocking, it doesn't replace an explanation that makes sense.

3.3.3. *Recording sheets*

Examples of recording sheets are given in annex. These documents have been chosen to be disseminated because they were already used on the field in some regions and have proved their efficiency.

3.4. Examples of approaches

3.4.1. *Environment of the site*

To answer to the exigency of the Regulation (EC) n°852/2004, recommendations were done about the environment of production sites that should be free from any contamination. In some cases the producer couldn't know the source of such contaminations and have no mean to control it. We can imagine for example the neighborhood of industries that could generate metallic trace element, dioxins or radioelements in case of accident. In these cases, a particular exceptional and global management applies and should be driven by the authorities. Such recommendations have been done in dialogue with the other agricultural sectors. For radioelements, a specific tool have been created in 2012 in the agricultural sector in cooperation with the nuclear safety institute of radioprotection.

3.4.2. *Pathogen survival and foodborne diseases transmission*

The first characteristic of wine sector when talking about food safety is the absence of pathogens and foodborne illness propagation.

Paradoxically, despite the evidence of this assertion and the unanimity of the scientific and technical round table, few data were immediately available on this point.

The best arguments in favor of wine safety are its alcohol content, its acidity and its content in phenolic compounds. Studies are still carried out on various pathogens [5–7].

In order to apply the same method as for the other potential hazards, we stove to explore specifically sources as Eurosurveillance that is the Europe's journal on infection disease epidemiology, prevention and control. Searching "wine" anywhere in the text of the articles of Eurosurveillance 19/07/2016 gives eight results. Seven are about foodborne diseases. In four of them [8–11], the wine is mentioned as an ingredient of the meal or as the associated beverage but wasn't responsible of the disease. In one study, it was reported as an agent limiting the negative health impact of the disease [12]. The three other cases are about diseases indirectly related to alcohol consumption threw impact on the behavior enhancing the risk of sexually transmitted disease [13–15].

3.4.3. *Ethanol*

In the hazard analysis, the issue of ethanol was also addressed. Maybe ethanol in wine should be considered as a chemical hazard? This question is pertinent for society but it makes no sense in the context of HACCP analysis because it is a part of the definition of the product and, as such, it can't and mustn't be avoided. Another factor distinguishing ethanol from contaminants is that the consumer is aware of its presence in wine and can even consider it as a qualitative element of the beverage. Therefore, a short paragraph specifies this point in the guide and gives a link to Vin et Société website information. This organization created by the French wine sector is engaged for information on alcoholic beverages and prevention against excessive consumption.

3.4.4. *Genetically modified organisms*

GMO have not been treated because they are forbidden in wine growing in France and in Europe.

3.4.5. *Mycotoxins*

Ochratoxin A was identified as a compound to monitor in French vineyards. For a proactive approach, the possibility of emerging mycotoxins is currently being studied by IFV in a project financed by the French agricultural ministry.

3.4.6. *Materials in contact*

The wine sector had previously had to deal with the subject of materials [16]. So, recommendations valid for every materials were given in the document. During the drafting, we observed the emerging of the question of materials in contact with food linked to endocrine disruptors as bisphenol A or phthalates.

The wine sector ought to adjust recommendations on these new subjects as soon as enough data is available for wine, following current experimentations.

Waiting for the next update of the GGHP, these elements will be provided to the producers on technical sheets diffused by IFV and its partners.

3.4.7. *Plant protection products residues*

A global hazard analysis was made on pesticides, taking into account the most toxic substances. On longer term, it should be desirable to rationalize this analysis applying it for each active substance. Today, analyses of plant protection residues levels, realized on marketed wines either by control authorities or wine professional organizations, are always lower than the European maximum residue limits (MRL's).

According to the first opinion of the French food safety agency (ANSES), the level of risk is low, but the consumer's opinion, who tends to worry about the presence of traces, even conform to regulation, must be considered. This decision also responds to the recital 19 of the regulation EC n°178/2002 [2]: "It is recognized that scientific risk assessment alone cannot, in some cases, provide all the information on which a risk management decision should be based, and that other factors relevant to the matter under consideration should legitimately be taken into account including societal, economic, traditional, ethical and environmental factors and the feasibility of controls".

4. Conclusions, prospects

4.1. Diffusion

The publication of this document will be formalized by the authorities in the French authenticated electronic official journal.

It will be disseminated online by IFV which also studies the relevance and the feasibility of an interactive version that would allow to explore the document containing more than 200 pages from an illustrated presentation of about 15 slides.

4.1.1. Specific adaptations

Several winemaking regions provide local adaptations in order to pool more information for their products in shorter documents and add specific recommendations.

Writing specific parts for organic farming was considered and it was decided to make no specifications. Indeed, the French technical institute of organic farming (ITAB) would be more competent to adapt the recommendations in a specific guide.

4.1.2. Update

The guide to good hygiene practices is an inventory at the date of its validation. To keep an efficient tool, the wine sector wishes to update the document every 3 years. Regulatory evolutions will be taken into account but also demands from the field following the publication of this new version. The results of current studies will also provide new recommendations.

4.2. Momentum generated

In parallel with drafting the guide, since 2006, a national network about wine safety, constituted of members of the different committees and other experts begun to form to talk about emerging compounds. These potential hazards (endocrine disruptors, nanomaterials…) quoted in media or last scientific publications and on which we don't have much background for wine have to be analyzed along the way. This led IFV to start experimentations to improve the knowledge on wines for some phtalates or mycotoxins.

Today, the national network has a proactive "bottom up" approach, collecting the questions from the field to analyze the associated risk. In complement, a scientific and media monitoring allows to cross technical interrogations with the scientific advances and current issues.

References

[1] Comité de rédaction du guide de bonnes pratiques d'hygiène, Guide de bonnes pratiques d'hygiène, filière vins, DILA, Direction de l'information légale et administrative, Paris, 218, To be published
[2] European Parliament & Council of the European Union, Regulation (EC) n°178/2002, European Commission, 02002R0178-20140630, 2002
[3] EFSA, *EFSA Journal*, **14**, 4438 (2016)
[4] D.A. Moneret-Vautrin, G. Kanny, L. Parisot, *Rev. Fr. Allergol.*, **41**, 696 (2001)
[5] E. Mingo, J.M. Silván, A.J. Martinez-Rodriguez, *LWT - Food Sci. Technol.*, **68**, 418 (2016)
[6] M. Daglia, A. Papetti, P. Grisoli *et al.*, *J Agric Food Chem*, **55**, 5038 (2007)
[7] N. Boban, M. Tonkic, D. Budimir *et al.*, *J Food Sci*, **75**, M322 (2010)
[8] Meusburger S., Reichert S., Heibl S. *et al.*, Euro Surveill., **11**, 3097 (2006)
[9] T. Inns, K. Foster, R. Gorton, Euro Surveill., **15**, 19704 (2010)
[10] M. Insulander, B. De Jong, B. Svenungsson, Euro Surveill., **13**, 19071 (2008)
[11] C. Hadjichristodoulou, E. Nikolakopoulou, K. Karabinis *et al.*, Euro Surveill., **4**, 69 (1999)
[12] A.M. Correia, G. Gonçalves, A. Gomes *et al.*, Euro Surveill., **7**, 2195 (2003)
[13] C. Larsen, G. Pialoux, D. Salmon *et al.*, Euro Surveill., **13**, 18888 (2008)
[14] K. Haar, V. Bremer, C. Houareau *et al.*, Euro Surveill., **18**, 20562 (2013)
[15] A. Tripathi, K. Rüütel, R.D. Parker, Euro Surveill., **14**, 19429 (2009)
[16] IOV, Scientific and technical notebook: lead, IOV, Paris, 142, 1995

New SPR-based methods for analysis of allergenic agents used in wine treatment

Hauke Wessels and Angelika Paschke-Kratzin

Institute of Food Chemistry, University Hamburg, Grindelallee 117, 20146 Hamburg, Germany

Abstract. The use of allergenic agents in wines needs to be monitored by both producers and supervisory authorities for the protection of sensitive individuals. Currently established as the gold standard is the ELISA-technique which relies on the affinity and specificity of antibodies. Since antibodies are produced in animals and current legislative developments demand the reduction of the use of animals for scientific purposes, the biosensor technology could be interesting for the quantification of allergens. By the combination of a technical device, the surface plasmon resonance, and a specific antibody it was possible to develop an antibody-based analytical method which is capable to detect lysozyme in quantities below 0.25 ppm. Since the biosensor is reusable multiple times, this approach can contribute to reduce the antibody consumption and therefore the use of animals for analysis. Furthermore, first insights in the use of new molecular receptors, aptamers were gained.

1. Introduction

An allergy is a reaction of the immune system to normally harmless substances, e.g. food components. Mostly proteins and glycoproteins are responsible for the adverse reactions like nausea, exanthema or in severe cases anaphylactic shocks [1]. After an initial contact, specific antibodies are produced by the immune system so that every following contact triggers the adverse reactions. Since a therapy is currently not available, the avoidance of the allergen is the only option for sensitive consumers [2]. So, to protect sensitive individuals, the EU legislation demands the labelling of food (including wine) which contains allergens listed in EU regulation 1169/2011 annex II, both as a trace or as an ingredient [3]. A labelling (use of terms or pictograms according to commission implementing regulation 579/2012) of ovalbumin and lysozyme in wine is therefore necessary since exceptions are no longer applicable [4]. According to EU regulation 1308/2013 in combination with OIV/OENO 427/2010 and OIV-COMEX 502-2012, an amount of allergens above 0.25 ppm requires a labelling [5–7].

The ELISA-method (enzyme-linked immunosorbent assay) is commonly used for analysis of allergens; especially the sandwich-technique is capable of low limits of detection and quantification (LOD and LOQ) [8, 9]. Neither PCR- (polymerase chain reaction) nor MS-methods (mass spectrometry) are capable to detect the immunogenicity of allergenic residues, which is only possible by the use of antibody-based methods [10]. However, by the EU directive 2010/63 the use of animals for research should be reduced as much as possible. As the production of antibodies is done in animals (polyclonal antibodies) or animal-dependent cell culture (monoclonal antibodies) a reduction or elimination of antibodies in analytics should be aimed for. An option for this is either the development of new analytical methods with a reduced consumption of antibodies or a complete substitution by equivalent molecular receptors.

The development of an antibody-based biosensor could be an opportunity to reduce the necessary amount of antibodies [11]. Biosensors are devices which combine a molecular receptor with an electrical device so that a biological interaction can be translated into an electrical signal [12]. In contrast to ELISA-methods, where the used antibody is only taken for a single run, biosensors can be used multiple times so that the amount of the molecular receptor can be reduced significantly. In the presented work a SPR-spectroscope (surface plasmon resonance) was used as device to quantify the molecular interaction between a receptor and lysozyme.

The SPR-spectroscopy is a method which is capable to visualize and quantify interactions between one immobilized partner and one partner which is injected into a flow system [13]. The immobilization takes place on a thin gold film, which is located on a glass prism. Linear polarized light enters the prism and at a certain angle (SPR-angle) total reflection at the interface of prism and gold film occurs (see Fig. 1). Part of the energy of the light stimulates an evanescent field above the gold film and protrudes into the flow system, which leads to a decrease in the reflected light intensity. An interaction between the immobilized and the injected binding partners takes place in the area of the evanescent field, which is therefore influenced by them. This leads to a shift of the angle of total reflection which can therefore be used for analysis.

The use of artificial receptors which can be generated without the use of animals or animal-dependent technologies could be an option to replace antibodies overall. A possibility for this could be the so-called aptamers, single-stranded nucleic acids [14,15]. Due to the missing complementary strand, the DNA- or RNA-molecules form defined secondary structures which are

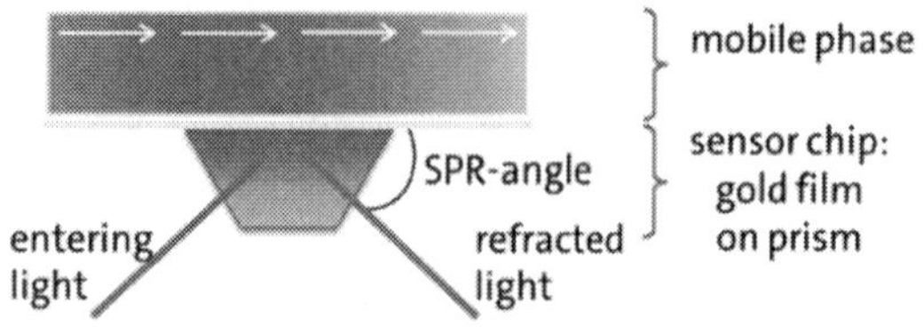

Figure 1. Assembly of SPR-sensor chip with the light path, gold film (between prism and mobile phase), mobile phase (on top with arrows), and prism (trapezoidal). The immobilized binding partner is located on the gold film in the mobile phase.

stabilized by ambient conditions like pH, ionic strength or temperature [16]. Following the lock and key model, the aptamers can exhibit high affinity and specificity towards a wide range of molecules. An identification of potential candidates is conducted through a SELEX (systematic evolution of ligands by exponential enrichment), which must be performed one time. A broad variety of different procedures have been described in the literature since 1990, but the basic principles remain the same [17, 18]. The starting point is always an aptamer library with a high number of nucleic acids which are composed of a randomized region flanked by constant primer regions. This aptamer pool and the target are incubated under the desired binding conditions so that a non-covalent bond between the potential binding partners can be established. Afterwards the non-binding respectively weak-binding aptamers are washed away. After this, the interaction between the promising candidates and the target is disrupted by harsher chemical conditions. After amplification, a new aptamer pool for the following round is generated. After 10–20 rounds, the diversity of aptamers is reduced to less aptamers and the final pool can be sequenced and the identified aptamers can be synthesized.

2. Material and methods

2.1. Preparation of sensor chips

The complete procedure was performed using a SPR-4 (Sierra Sensors GmbH, Hamburg, Germany). The immobilization of proteins on the chip was possible due to a carboxyl-modification of the gold film. Covalent coupling was realized with terminal amino groups so that stable carboxamide bonds were established.

2.1.1. Antibody-based biosensor

After activation of the sensor chips by an injection of EDC/NHS (1-ethyl-3-(3-dimethylaminopropyl)carbodiimide/N-hydroxysuccinimide), the antibody (rabbit anti-lysozyme) was injected. Remaining binding sites on the gold film were blocked by an injection of ethanolamine over the complete surface. The chip can be stored in PBS and airtight sealed at 4 °C for at least 8 weeks.

2.1.2. Aptamer-based biosensor

For the studies with an aptamer-based sensor recently published aptamers with an affinity towards lysozyme have been used [18]. The SELEX was conducted using a white wine simulating buffer whose ion composition and pH are comparable to white wine.

After activation of the sensor chip as described above, streptavidin was injected. Since the interaction between streptavidin and biotin is one of the strongest and very specific, it is possible to immobilize 5′-biotinylated aptamers strictly orientated. For this purpose, the aptamers were 5′-modified using BEAMing (see below). The resulting biotinylated aptamers were injected directly into the SPR-system on one of the four spots on the chip. Remaining binding sites on the gold film were blocked by an injection of ethanolamine and biotin over the complete surface.

2.2. Antibody-based biosensor measurement and data evaluation

During the measurements PBS-T (PBS + 0.05% Tween®20) was used as running buffer. Every measurement cycle starts with the injection of analyte solution followed by a dissociation time in which unspecific bound molecules dissociate. After that, the sensor needs to be regenerated for next measurement which is completed by a few injections of an alkaline buffer with high ionic strength. Evaluation of the obtained sensogramms was performed using Analyzer R2-software (Sierra Sensors GmbH, Hamburg, Germany). Every signal was referenced against ethanolamine (blocking reagent). For all calculations the average of three data points after the end of the injection (during the dissociation time) was used (see Fig. 3). Only curves with a stable progression parallel to the x-axis indicate a specific interaction between the binding partners. The calibrations curves were fitted with OriginPro 9.0G using four parameter regression.

2.3. Aptamer-based biosensor measurement and data evaluation

During the measurements white wine simulating buffer (0.05% Tween®20) was used as running buffer. Every measurement cycle starts with the injection of analyte solution followed by a dissociation time in which unspecific bound molecules dissociate. After that, the sensor needs to be regenerated for the next measurement which is completed by a short injection of an alkaline buffer with high ionic strength. The evaluation of the obtained sensogramms was performed using Analyzer R2-software (Sierra Sensors GmbH, Hamburg, Germany).

2.4. BEAMing

The modification of aptamers can be performed by a PCR with modified primers. Since the PCR-products are double-stranded, a strand separation needs to be performed to isolate the single-stranded aptamers. Both requirements can be fulfilled by the use of BEAMing (Beads, Emulsion, Amplification, Magnetic), a combination of emulsion-PCR and solid phase-coupling according to Diehl and Hünniger [18, 19]. Briefly, an according to the requirements modified Forward-Primer (5′-aminated or 5′-biotinylated), a Reverse-Primer coupled to magnetic beads and the other PCR components (polymerase, buffer, dNTPs, template and water) were mixed. After that, an emulsion was prepared by the addition of oil components so that various small reaction rooms with

Table 1. Properties of the investigated white wines.

alcohol content [vol.-%]	grapes
0.0	cuvee
9.5	cuvee
11.5	Müller-Thurgau

all necessary reaction components were created. After the amplification procedure, the double stranded PCR-products were immobilized via the Reverse-Primer at the magnetic particles. By a heat denaturation and magnetic separation, an isolation of the then modified aptamers can be realized (see Hünniger [18] for detailed information).

3. Results and discussion

3.1. Antibody-based biosensor

The gold standard for the detection of allergens is currently the ELISA. Due to the high affinity and specificity of the antibodies this method combines a high sensitivity with a direct proof of the allergenic epitopes. Recent developments in legislation require a reduction or relinquishment of antibodies. A possibility to achieve this is the development of techniques which enable a multiple use of antibodies. The SPR-technology is a flow-based system in which one of the binding partners, in this case the antibody, is immobilized on a sensor chip. This chip is reusable multiple times so that the overall consumption of the antibody is significantly reduced. Since the quantification is performed by a change of the SPR-angle, it is not necessary to implement a secondary antibody [13].

In the presented work, a previously generated antibody against lysozyme was immobilized on the sensor chip surface. At first, lysozyme was diluted with PBS and injected into the system to check if the antibody is biologically active. The typical curve characteristics respectively elements of a SPR-measurement are clearly distinguishable (association and dissociation), so that dilution series of lysozyme were injected. In Fig. 2 the resulting sensogramms are displayed (unspecific bondings to the sensor chip surface were eliminated by referencing). A concentration dependency is clearly recognizable, so that multiple options for evaluation are available. For recording of SPR-curves like in Fig. 2, it is necessary that the running buffer is equivalent to the sample medium. Under these conditions both association and dissociation phase can be used for data evaluation.

Since the goal is the measurement of real samples, which possess different chemical properties, it is more advisable to use parts of the dissociation time for data evaluation. For this purpose, the mean of three data points in the middle of the dissociation can be used. A stable interaction between antibody and analyte is indicated by a dissociation curve which is parallel to the x-axis.

After the binding of lysozyme in PBS by the immobilized antibody has been successfully completed, the next step is the examination of real samples. Therefore, commercially available wines have been spiked with decreasing amounts of lysozyme. As PBS was still used as running buffer and the used white wines differ substantially, not only but in particular, with regard to ion composition, pH, polyphenol content and carbohydrates,

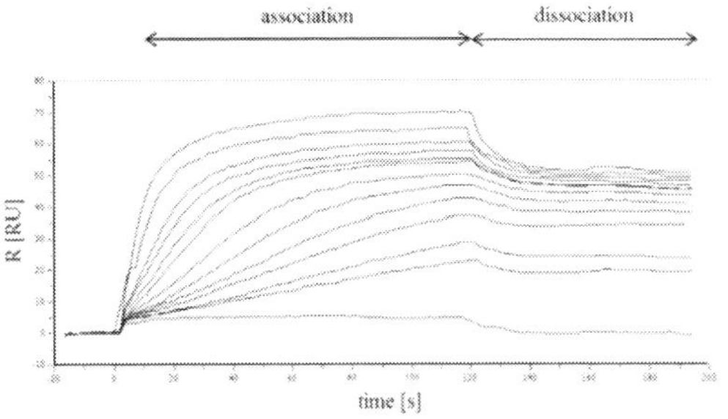

Figure 2. Antibody-based SPR-biosensor (immobilized lysozyme-antibody, running buffer PBS-T). Overlay of SPR-sensogramms, every injection referenced to the blocked sensor chip surface. Dilution series (0.013 ppm, 0.020 ppm, 0.025 ppm, 0.033 ppm, 0.050 ppm, 0.066 ppm, 0.100 ppm, 0.125 ppm, 0.160 ppm, 0.200 ppm, 0.330 ppm, 0.500 ppm) of lysozyme in PBS. The characteristic elements of SPR-sensogramm are clearly visible: Association phase (0-125 s) and dissociation phase (125-185 s). Subsequently followed by the regeneration phase. R [RU]= change of the SPR-angle.

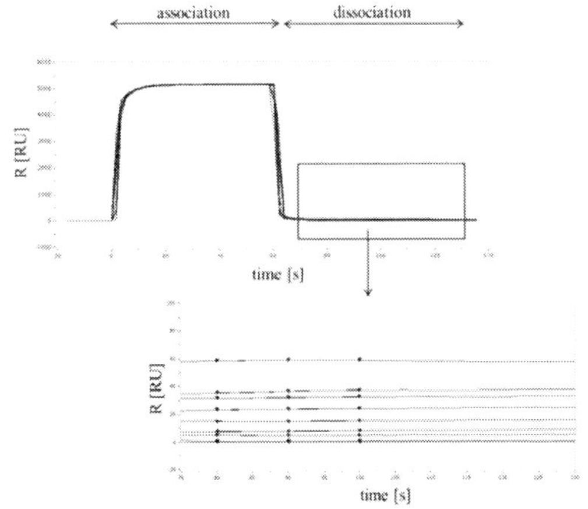

Figure 3. Visualization of real sample evaluation with antibody-based SPR-biosensor (25 μL white wine (9.5 vol.-%, cuvee), 60 s dissociation time, immobilized lysozyme-antibody, running buffer PBS-T). Samples spiked with lysozyme (0.05 ppm, 0.25 ppm, 0.5 ppm, 1 ppm, 2.5 ppm, 5 ppm, 10 ppm, 100 ppm) and referenced to blocked sensor chip surface. Top: SPR-sensogramms of spiked wine samples. During the injection of samples (association) the typical curve progression is not observable. Bottom: Magnified dissociation time with three data points whose mean is used for the calculations. Concentration dependency is observable. R [RU]= change of the SPR- angle.

the association phase does not result in an evaluable signal (Fig. 3, top). As described above, the mean of three data points during the dissociation time (Fig. 3, bottom) was used for all following calculations (referenced to blocked sensor chip surface).

The resulting data of three independent measurements were averaged and fitted using a four parameter logistic regression. This model is often used for calibration in immunoassays since it is both flexible and reliable [20]. To assess the quality of the method, the heteroskedasticity must be calculated for the whole curve progression

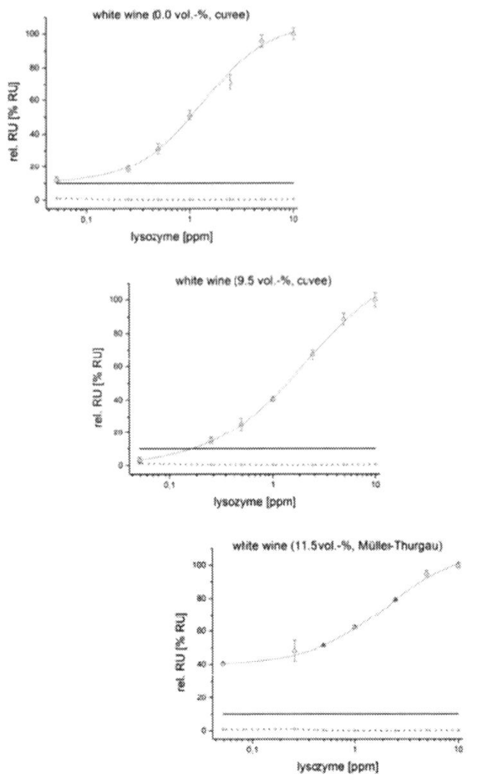

Figure 4. Matrix calibrations of three white wine samples spiked with lysozyme (0.05 ppm, 0.25 ppm, 0.5 ppm, 1 ppm, 2.5 ppm, 5 ppm, 10 ppm) and measured with antibody-based biosensor (immobilized lysozyme-antibody). For the evaluation was the mean of three data points during dissociation time used. Data (n > 3) were referenced to the blocked sensor chip surface and normalized to the highest concentration. Regression was performed using four parameter regression. Bold: maximum of 10% variance; dotted: variance over the whole curve progression, thin line: calculated regression. All data points with standard deviation.rel. RU [% RU]= relative change of the SPR-angle, normalized to maximum signal.

(a value less than 10% was chosen as acceptable). Due to the sigmoidal curve progression, a calculation of the LOD and LOQ using multiples of the standard deviation is not advisable, so that the LOD and LOQ were estimated [10, 21]. For three different wines (see Table 1) it was possible to calculate calibrations curves in a range from 0.05 ppm to 10 ppm, with a variance below 10% for the whole calibration range (see Fig. 4). This shows that the developed biosensor is capable to detect lysozyme in real samples even in amounts below the concentration of 0.25 ppm which requires a labelling. A detection of even lower concentrations seems definitely achievable, since only 25 μL sample were injected. With larger volumes results a longer injection time and therefore a longer time to build the antigen-antibody-bond.

The binding of other wine components than allergens should be avoided since this can lead to unnecessary labelling and therefore to limitations in the life of sensitive individuals. The developed biosensor was tested by various injections of different proteins (ovalbumin, caseins (alpha, beta, kappa), lactalbumines, ethanolamine).

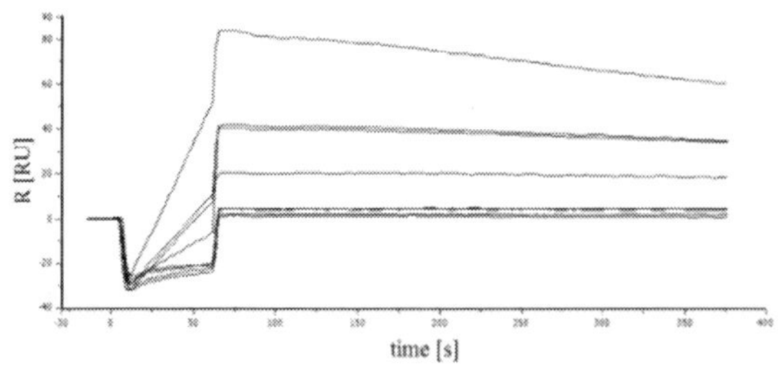

Figure 5. Aptamer-based SPR-biosensor (immobilized lysozyme-aptamer LysApt4 [18], running buffer white wine simulating buffer + 0.05% Tween-20) [18]. Overlay of SPR-sensogramms, dilution series of lysozyme (0.01 ppm, 0.03 ppm, 0.05 ppm, 0.08 ppm, 0.25 ppm, 0.5 ppm, 0.8 ppm, 1 ppm) in white wine simulating buffer.

After referencing to the blocked sensor chip, none of the other injections exhibited signal above zero. So, it can be concluded that the generated antibody-based biosensor is both sensitive and specific.

3.2. Aptamer-based biosensor

The next step to fulfill the requirements of the current legislation regarding the protection of animals for scientific purposes is the complete replacement of antibodies. Aptamers, single-stranded nucleic acids, could be an alternative to antibodies since the synthesis can be performed without the use of any animals or animal-derived products. In the presented work, recently published aptamers with an affinity towards lysozyme have been used. The SELEX-procedure has been conducted in a buffer system which is in terms of ion composition and pH-value comparable to white wine. As the secondary structure, and therefore also the affinity towards the target, is influenced by the surrounding medium, it is necessary to use the buffer also in the following investigations.

Starting point for the development of an aptamer-based biosensor was the immobilization of aptamers on the sensor chip surface. For this purpose, the commercially synthesized aptamers were modified by BEAMing to introduce a 5′-modification. The direct immobilization via an amine-modification was not successful since the aptamers do no longer show an affinity towards lysozyme. A more promising approach was the use of biotinylated aptamers and streptavidin so that the aptamers are more equally distributed over the surface. Furthermore, it seems reasonable to assume that no interactions between the aptamers can occur which would interrupt an aptamer-target interaction.

To test the developed aptamer-based biosensor, lysozyme in decreasing concentrations was injected into the SPR. Both as running buffer and for the dilution of the samples the white wine simulating buffer of the SELEX-procedure was used. The resulting sensogramms show that with higher concentrations an increase in the signal can be observed (Fig. 5). The analysis of real samples was not successful which is probably attributable to the dependence of the aptamer affinity on the buffer. Although the used buffer was designed to be in accordance with mean concentrations of ions in white wine, it is unlikely that the ion concentrations in the used wines comply exactly. So, it seems more constructive to select the aptamers in a buffer with high capacity, so that the influence of the individual sample can be reduced. In that approach, an ideal buffer composition for the stabilization of aptamers can be chosen since it is no longer necessary to align the conditions to white wine. Furthermore, it could be observed that the used aptamers do not show an absolute selectivity. The target, in this case lysozyme was preferably bound, but also other proteins of egg, e.g. ovalbumin, were retained by the immobilized aptamers. To increase the selectivity of the aptamers, it is necessary to improve the SELEX-procedure. Recent developments in this field of research indicate that a continuous monitoring of the SELEX-process by techniques like next-generation sequencing is advisable [17]. Moreover, the use of bioinformatics to identify binding motives and the subsequent enhancement of affinity by the introduction of additional features (artificial nucleic bases or directed extension of the motives) are promising developments [22].

4. Conclusion

In the presented work, two approaches to minimize the use of antibodies were shown. The development of biosensors using the SPR-technology could be a possibility to fulfill the requirements of the EU directive 2010/63.

Especially the developed antibody-based biosensor could be an alternative, since it is reusable multiple times so that the overall consumption of antibodies can be reduced in comparison to the established ELISA-technique. It is applicable in white wines and capable to detect lysozyme in concentrations which are even lower than demanded by the OIV (0.25 ppm).

The aptamer-technology is a quite promising approach to replace antibodies completely, but more experiences are necessary to improve this technology. Overall, it should be taken into account that the detection of immunogenic characteristics is part where antibodies will keep an advantage.

An approach to overcome the limitations of both antibodies and aptamers could be the combination, e.g. in an ELISA-like format. If the allergen detection is performed by an antibody, it seems possible to develop an aptamer with an affinity towards the detection antibody.

References

[1] B. Y. Patel, G. W. Volcheck, Mayo Clin Proc. **90**, 1411–1419 (2015)
[2] S. K. Sathe, C. Liu, V. D. Zaffran, Annu Rev Food Sci Technol. **7**, 191–220 (2016)
[3] Regulation (EU) No 1169/2011 of the European Parliament and of the Council of 25 October 2011 on the provision of food information to consumers, amending Regulations (EC) No 1924/2006 and (EC) No 1925/2006 of the European Parliament and of the Council, and repealing Commission Directive 87/250/EEC, Council Directive 90/496/EEC, Commission Directive 1999/10/EC, Directive 2000/13/EC of the European Parliament and of the Council, Commission Directives 2002/67/EC and 2008/5/EC and Commission Regulation (EC) No 608/2004
[4] Commission Implementing Regulation (EU) No 579/2012 of 29 June 2012 amending Regulation (EC) No 607/2009 laying down certain detailed rules for the implementation of Council Regulation (EC) No 479/2008 as regards protected designations of origin and geographical indications, traditional terms, labelling and presentation of certain wine sector products
[5] OIV/OENO 427/2010 Criteria for the methods of quantification of potentially allergenic residues of fining agent proteins in wine
[6] Regulation (EU) No 1308/2013 of the European Parliament and of the Council of 17 December 2013 establishing a common organisation of the markets in agricultural products and repealing Council Regulations (EEC) No 922/72, (EEC) No 234/79, (EC) No 1037/2001 and (EC) No 1234/2007
[7] OIV-COMEX 502-2012 Revision of the limit of detection and limit of quantification related to potentially allergenic residues of fining agent proteins in wine
[8] J. Costa, P. Ansari, I. Mafra, M. B. P. P. Oliveira, S. Baumgartner, Anal Biochem Chem. **406**, 2581–2590 (2014)
[9] R. M. Lequin, Clin Chem. **51**, 2415–2418 (2005)
[10] M. Deckwart, C. Carstens, M. Webber-Witt, V. Schäfer, L. Eichhorn, S. Kang, M. Fischer, K. Brockow, M. Christmann, A. Paschke-Kratzin, J Agric Food Chem. **62**, 6803–6812 (2014)
[11] R. Pilolli, A. Visconti, L. Monaci, Anal Biochem Chem. **407**, 3787–3797 (2015)
[12] A. P. F. Turner, Biosens Bioelectron. **65**, A1 (2015)
[13] R. Karlsson, J Mol Recogn. **17**, 151–161 (2004)
[14] A. D. Ellington, J. W. Szostak, Nature. **346**, 818–822 (1990)
[15] C. Tuerk, L. Gold, Science. **249**, 505–510 (1990)
[16] M. McKeague, A. Giamberardino, M. C. DeRosa, Advances in aptamer-based biosensors for food safety (2011)
[17] T. Schütze, B. Wilhelm, N. Greiner, H. Braun, F. Peter, M. Mörl, V. A. Erdmann, H. Lehrach, Z. Konthur, M. Menger, P. F. Arndt, J. Glökler, PloS one. **6**, e29604 (2011)
[18] T. Hünniger, H. Wessels, C. Fischer, A. Paschke-Kratzin, M. Fischer, Anal Chem. **86**, 10940–10947 (2014)
[19] F. Diehl, M. Li, Y. He, K. W. Kinzler, B. Vogelstein, Nat Methods. **3**, 551–559 (2006)
[20] C. Carstens, M. Deckwart, M. Webber-Witt, V. Schäfer, L. Eichhorn, K. Brockow, M. Fischer, M. Christmann, A. Paschke-Kratzin, J Agric Food Chem. **62**, 6247–6253 (2014)
[21] R. P. Ekins, Ligand Q. **4**, (1981)
[22] P. Li, J. Sun, M. Su, X. Yang, X. Tang, Org Biomol Chem. **12**, 2263–2272 (2014)

Microbiologically, wine is a low food safety risk consumer product[a]

Sara Azevedo, Tony Battaglene, and Greg Hodson

Secretary, FIVS, 18 rue d'Aguesseau, 75008 Paris, France

Abstract. Scientific studies indicate wine does not support the growth of pathogenic microorganisms such as *Clostridium botulinum*, *Bacillus cereus*, and *Clostridium perfringens*. Studies also show wine has anti-microbial properties due to its high acidity, polyphenol content, alcohol content, low redox potential, and preservative content. As a result, wine has been recognized as a consumer product with a low microbiological safety risk, and governments have issued guidance and employed proportionate regulatory frameworks from a food safety standpoint. Building complex food safety regulatory schemes which must be administered with scarce government resources is unnecessary for a product like wine, with a low microbial risk profile as identified by the general principles of risk management endorsed by the WHO and other international advisory bodies. Notwithstanding the inherent microbiological food safety of wine, at least from a bacterial standpoint, it remains essential that wine should be manufactured under appropriate good manufacturing practices.

1. Properties of wine which make it a microbiologically low safety risk consumer product

1.1. High acid & polyphenol content

In 2011, the U.S. Food and Drug Administration (U.S. FDA) published a table on Limiting Conditions for Pathogen Growth [1] (Table 1) detailing the pH ranges required for the growth of several pathogens. Of the fifteen pathogens listed, most require a pH greater than 4.0 in order to grow. Wine is a highly acidic product, with a pH typically ranging from 3.1 to 3.9 [2–4], which means that due to its high acid content (low pH) alone, most human pathogenic microorganisms cannot grow. As to their survival in wine, there is a large body of science that indicates *Salmonella*, *Listeria monocytogenes*, and *Escherichia coli* O157:H7 have the capacity to acclimate to acidic conditions, developing some level of resistance to acids [5]. However, research suggests that vegetative pathogens present at the pH levels of wine likely die-off quickly within a few hours to a few days at room temperature. In addition, while the survival or growth of human sporeforming pathogens such as Clostridium botulinum and Bacillus cereus may be uncertain, it is clear that the spores of these organisms do not germinate and outgrow at the pH levels typical of wines. Considering the wide consumption of wines globally, the lack of any known outbreaks of illness from bacterial sporeforming pathogens in wine is empirical evidence that the risk of illness is very low to negligible.

[a] *Microbiologically, wine is a low food safety risk consumer product* has been endorsed by the World Wine Trade Group, the International Wine Technical Summit Trade Barriers Working Group as well as the international wine and spirits trade association FIVS.

One study performed by the Department of Human and Environmental Sciences at the Ochanomizu University in Japan found, "food-borne bacteria were killed in both red and white wine within thirty minutes" [6]. Papadopoulou et al. explored the antimicrobial properties of phenolic compounds in wine and concluded, "The antimicrobial activity and the phenolic composition of the tested white and red wine extracts indicate that some phenolic acids have the potential to inhibit growth of certain pathogens such as *Staphylococcus aureus, E. coli* and *Candida albicans* strains" [7]. A study carried out in the Republic of Korea demonstrated that "Resveratrol among many polyphenol compounds of red wine exhibited notable antiviral effects against MNV-1 [murine norovirus-1] and FCV-F9 [feline calicivirus-F9]" [8] and another study published in the Journal of Food Science, examined the relative impacts of wine pH, organic acid content, ethanol content and potential sulphur dioxide content in the inactivation of *S. aureus* and *E. coli* 0157:H7. Although *S. aureus* was significantly more resistant to wine treatment than *E. coli* O157:H7, the study identified that wine pH was the most important characteristic in predicting inactivation for both organisms [9].

In short, these studies determined that important contributors to wine's antimicrobial properties include its high acidity (low pH) and content of polyphenolic compounds. However, these properties are enhanced in wine because of additional anti-microbial properties, such as its alcohol (ethanol) content.

1.2. Alcohol content

The World Wine Trade Group (WWTG) [10] comprises eight member countries and has defined 'wine' as a product containing not less than 7% alcohol by volume.

Table 1. Limiting Conditions for Pathogen Growth.

PATHOGEN	MIN. A_W (USING SALT)	MIN. pH	MAX. pH	MAX. % WATER PHASE SALT	MIN. TEMP.	MAX. TEMP.	OXYGEN REQUIREMENT
BACILLUSCEREUS	0.92	4.3	9.3	10	39.2° F 4° C	131° F[1] 55° C	facultative anaerobe[4]
CAMPYLOBACTER JEJUNI	0.987	4.9	9.5	1.7	86° F 30° C	113° F 45° C	micro aerophile[2]
CLOSTRIDIUM BOTULINUM, TYPE A, AND PROTEOLYTIC TYPES B AND F	0.935	4.6	9	10	50° F 10° C	118.4° F 48° C	anaerobe[3]
CLOSTRIDIUM BOTULINUM, TYPE E, AND NON PROTEOLYTIC TYPES B AND F	0.97	5	9	5	37.9° F 3.3° C	113° F 45° C	anaerobe[3]
CLOSTRIDIUM PERFRINGENS	0.93	5	9	7	50° F 10° C	125.6° F 52° C	anaerobe[3]
PATHOGENIC STRAINS OF ESCHERICHIA COLI	0.95	4	10	6.5	43.7° F 6.5° C	120.9° F 49.4° C	facultative anaerobe[4]
LISTERIA MONOCYTOGENES	0.92	4.4	9.4	10	31.3° F -0.4° C	113° F 45° C	facultative anaerobe[4]
SALMONELLA SPP.	0.94	3.7	9.5	8	41.4° F 5.2° C	115.2° F 46.2° C	facultative anaerobe[4]
SHIGELLA SPP.	0.96	4.8	9.3	5.2	43° F 6.1° C	116.8° F 47.1° C	facultative anaerobe[4]
STAPHYLOCOCCUS AUREUS GROWTH	0.83	4	10	20	44.6° F 7° C	122° F 50° C	facultative anaerobe[4]
STAPHYLOCOCCUS AUREUS TOXIN FORMATION	0.85	4	9.8	10	50° F 10° C	118° F 48° C	facultative anaerobe[4]
VIBRIO CHOLERAE	0.97	5	10	6	50° F 10° C	109.4° F 43° C	facultative anaerobe[4]
VIBRIO PARAHAEMOLYTICUS	0.94	4.8	11	10	41° F 5° C	113.5° F 45.3° C	facultative anaerobe[4]
VIBRIO VULNIFICUS	0.96	5	10	5	46.4° F 8° C	109.4° F 43° C	facultative anaerobe[4]
YERSINIA ENTEROCOLITICA	0.945	4.2	10	7	29.7° F -1.3° C	107.6° F 42° C	facultative anaerobe[4]

[1] Has significantly delayed growth (> 24 hours) at 131°F (55°C).
[2] Requires limited levels ofoxygen.
[3] Requiresthe absence ofoxygen.
[4] Grows either with or without oxygen.

This is the product that is the subject of this paper. Products with lower alcohol outside the normal range of alcohol contents would need to be considered separately. The antimicrobial properties of highly concentrated alcoholic solutions have been recognized since the 1800's [11] but historically it has been used for this purpose at high concentrations. Nevertheless, several studies have suggested that alcohol at lower concentrations contributes to the antimicrobial characteristics of wine [12]. For example, a study published in Applied and Environmental Microbiology cited ethanol as an effective antimicrobial at levels as low as 2.5% [13].

A second study focused on several different strains of food borne pathogens and found *Salmonella Typhimurium* most sensitive to the alcohol in wine [14]. Scientists wrote, "When different combinations of ethanol, organic acids, and acidity were tested against the pathogens, it was found that a composition of 0.15% malic acid, 0.6% tartaric acid, 15% ethanol, and pH 3.0 has a strong bactericidal effect". They further stated that, "The compounds in the mixture seemed to act synergistically against the pathogens." These conditions model those found in wine.

Referencing studies like the ones discussed above, the Food and Agriculture Organisation (FAO) [15] acknowledged that most pathogenic microorganisms cannot grow in either alcoholic or acidic environments. When vegetative pathogens do survive under acidic conditions in wine, they often die off within a few hours to days at room temperature during storage and therefore likely do not pose a safety hazard. This is especially the case since, in general, wine is consumed several months after its production, which is a factor against pathogen survival.

1.3. Additional anti-microbial properties of wine

1.3.1. Oxidation-Reduction potential

In aqueous solutions, the oxidation-reduction potential (also called the redox potential) expresses the equilibrium that exists in a solution, at any given time, between oxidized and reduced substances. Wine generally has a low redox potential (about 200 to 300 mV) which might favour microbiological stability through the corresponding low levels of oxygen and the maintenance of desired levels of free sulphur dioxide [16]. (Redox potential as it applies to wine is not well understood, and according to Danilewicz [17], some even argue that the measurement of this property for wine is of very limited value. In these circumstances it is difficult to say with certainty the extent to which the low redox potential of wine contributes to its array of other anti-microbial properties, but it is included in this discussion for completeness.)

1.3.2. Winemaking additions

The use of additional anti-microbial substances in winemaking is permitted and commonly practiced in most winemaking countries around the world, adding to wine another layer of protection from the growth or survival of vegetative pathogens, and providing a further assurance of safety to wine consumers.

Sulphur dioxide (SO2) and sulphites (INS 220-228). Although naturally produced in small amounts by wine yeast during alcoholic fermentation, most of the sulphites found in wine are added by the winemaker, for two main purposes. Firstly, they are anti-microbial agents, used to help control the growth of undesirable yeasts and bacteria. Secondly, they act as antioxidants, safeguarding the wine's organoleptic properties and protecting it against browning [18].

Potassium sorbate (INS 202) is another substance sometimes used in winemaking to prevent spoilage by non-pathogenic yeasts and moulds. It is commonly used in sweeter wines. While it will not stop a fermentation which is already in progress, it will stop fermentation from restarting in wine containing residual sugar.

1.4. Hurdle technology

In microbiological terms, a hurdle is an obstacle which a microorganism must overcome in order to remain active in the food. Hurdle technology has been defined as an intelligent combination of microbiological hurdles which secures the microbial safety and stability as well as the organoleptic and nutritional quality and the economic viability of food products [19]. In simple terms, hurdle technology is a method of ensuring pathogens in food products can be eliminated, rendered harmless or controlled through the deliberate use of hurdles in a final product [20].

Former Director and Professor of the Federal Centre for Meat Research, Kulmbach, Germany, Lothar Leistner recognized multiple hurdles that may play a role in food preservation, including: heating, chilling, water activity, acidification, redox potential, preservatives, competitive flora, vitamins and nutrients [21]. As previously discussed, wine naturally includes several of these hurdles: high acidity, low redox potential, and preservatives (whether from fermentation (alcohol) or added (e.g. sulphites)).

In addition to the number of individual hurdles in a product, it is recognized that there can be significant synergistic effects when hurdles co-exist in a given food. Thus it can be expected that wine benefits from an even greater protective effect due to the synergy between its hurdles. In fact, this is exactly what was observed by scientist W. Dietze back in 1936:

"... red wine, which had the highest alcohol content but the lowest H-ion concentration- that is, highest pH- was the least active. Comparison of these results with those obtained in the preliminary experiments with alcohol showed that in general the disinfectant activity of wine was about three times as great as could be accounted for by their alcohol content. This indicates that the acid of the wine must have played a considerable part in the destruction of bacteria. In practice the final outcome is probably determined by the joint alcohol and acid concentrations" [22].

2. Risk management for low safety risk consumer products

Codex Alimentarius members have agreed upon several Principles and Guidelines for the conduct of microbiological risk assessment. These affirm that risk assessment is a key element in assuring that sound science is used to establish standards, guidelines and other recommendations for food safety to enhance consumer protection and facilitate international trade [23]. Additionally, the World

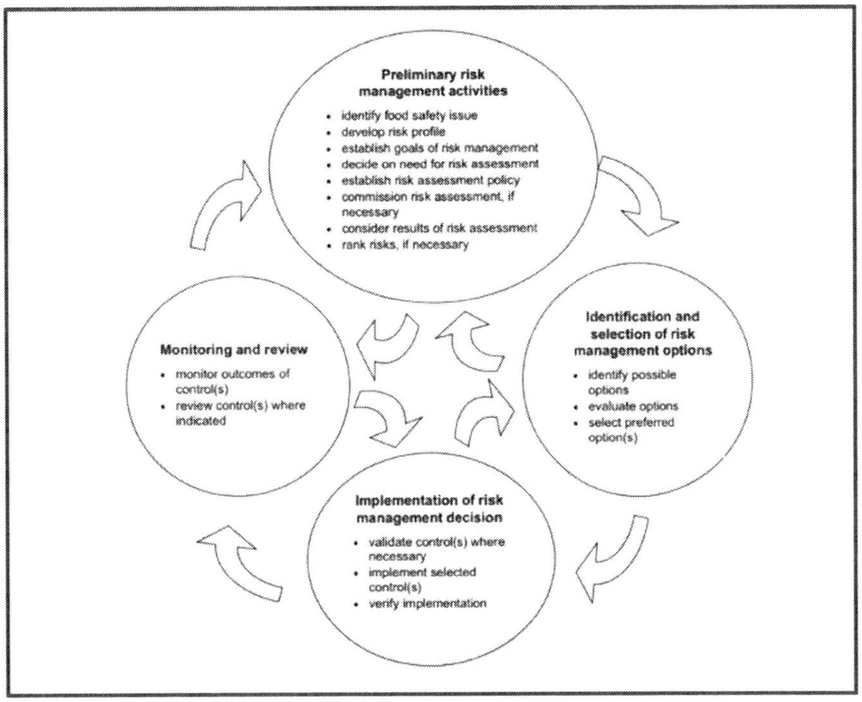

Figure 1. World Health Organization Risk Management Framework.

Health Organization (WHO) Food and Agriculture Organization of the United Nations (FAO) have carried out an expert consultation in which a generic framework for risk management was developed (Fig. 1) [24] in order to improve food safety regulators' understanding and use of risk management within their respective national food safety regulations.

According to this consultation, the primary goal of risk management associated with food is to protect public health by controlling such risks as effectively as possible through the selection and implementation of appropriate measures.

In the aforementioned expert consultation, 'risk ranking' is included in the preliminary risk management activities. The objective of risk ranking is the evaluation of the scientifically determined level of risk each issue presents to consumers, so that risk management resources can be optimally applied to reduce overall food related public health concerns [25]. This is commonly referred to as a 'risk-based' approach to public health protection. In other words, it means shifting government resources to more heavily regulate products which pose higher levels of food safety risk to consumer safety and streamlining approaches to other products which present a lower level of risk (i.e. wine).

2.1. Regulatory frameworks

Several countries have elaborated regulations and/or guidance on food safety which either specifically identify wine as having low microbial food safety risk, or else enable that conclusion to be deduced (based on the typical composition of wine) from the criteria established to enable risk characterization. This characterization of wine is, and should be, reflected in the control systems that are implemented for wine, and specifically in the nature and the extent of any testing that is required in connection with international trade in wine.

2.1.1. Food Standards Australia New Zealand

Standard 3.2.2 Food Safety Practices and General Requirements [26]. "Division 1- Interpretation and application" identifies potentially hazardous food as, "food that has to be kept at certain temperatures to minimise the growth of any pathogenic micro-organisms that may be present in the food or to prevent the formation of toxins in the food." Wine does not fit this definition as it does not require temperature-controlled storage for safety purposes, and would therefore not be considered a potentially hazardous food under this Standard.

2.1.2. Wine Australia

In the presentation entitled, "The Realm of the State Health Department," Slide 9 states: 'Wine is a LOW RISK food' [27].

2.1.3. Government of South Australia: Food Policy and Programs Branch

The South Australian Food Business Risk Classification [28]. has the following Definition on page 2: "Low risk foods are those that are unlikely to contain pathogenic organisms and will not support their growth, and will not introduce microbial, physical or chemical hazards to the foods they sell or handle." According to this definition, wine would be classified as a 'low risk food' from a microbial perspective.

DOI: 10.1051/bioconf/20160704003

2.1.4. Canadian Food Inspection System Implementation Group

Food Retail and Food Services Code, Supplementary Note, Appendix A (page iv) [29].

"High risk foods are non-acidic or slightly acidic, moist, and protein foods. These food products require a number of complex control steps to ensure product safety (i.e., proper temperature requirements at various stages of preparation). These foods include meat and meat products, milk and milk products, eggs, poultry, fish and shellfish, as well as gravies, puddings, custards, cream-filled baked goods, potato and other mayonnaise-based salads, cream-based soups and sauces.... Low risk foods are food products which do not pose significant health hazards by themselves."

Although wine is moist (liquid), it is a high acid food devoid of protein. It does not meet the criteria for a 'high risk food' according to the Canadian Food Inspection.

System Implementation Group definition and is more in line with the criteria outlined for a low risk food.

2.1.5. The United States Food and Drug Administration

The U.S. FDA publishes the Food Code, which represents the U.S. FDA's best advice for a uniform system of provisions that address the safety and protection of food offered at retail and in food service. The Food Code establishes criteria for the safe preparation, storage and display of foods that require time and/or Temperature Control for Safety (TCS Food) at retail. The Food Code definition of TCS Food specifies the intrinsic and extrinsic properties that can be used to determine if a particular food requires time and temperature control for safety. The Food Code recognizes that foods with a pH of less than 4.2 (that have not been heat treated or have been heat treated but not packaged) do not meet the definition of a TCS Food in terms of the control of both vegetative organisms and spores [30]. Such foods do not require further Product Assessment (PA) to establish that pathogen growth or toxin formation will not occur in the food and are not required to be stored and displayed at specified temperatures and times to prevent the growth of vegetative pathogenic microorganisms and their spores, where applicable. Since the pH of all wines falls in the range of 3.1 to 3.9, wine would be regarded as a non-TCS Food under the Food Code. Further, wine is usually packaged, is stable across typical storage temperature ranges over a long time periods and is commonly preserved with sulphur dioxide and sometimes with potassium sorbate, and scientific studies have confirmed that it does not support pathogen growth. While being considered a "non-TCS Food" does not automatically equate to a "low risk food", this approach confirms that wine will not support the growth of vegetative pathogenic microorganisms and spores of pathogenic microorganisms under normal storage and display conditions.

2.1.6. Republic of the Philippines Food and Drug Administration

In a 2014 the Republic of the Philippines Food and Drug Administration went one step further in their circular regarding procedures for electronic registration, where they specifically acknowledged wine's low-risk food categorization with the creation of a simplified registration process [31].

3. Summary

Wine is a complex product containing several components with antimicrobial properties. Its high acid content (pH 3.1 to 3.9), high polyphenol content, alcohol content (7% to 24%), low redox potential and sulphite content work synergistically to prevent the survival and growth of food-borne human pathogens. Research studies such as those cited in this paper show, and many regulatory frameworks recognize, that microbiologically, the "low risk food" category is appropriate for wine.

References

[1] Fish and Fishery Products Hazards and Control Guidance, (2011). U.S. Food and Drug Administration, 4: 420
[2] Waterhouse, A. L. (2002), Wine Phenolics. Annals of the New York Academy of Sciences, 957: 21–36
[3] Harbertson, Jim (2010), Managing High Acidity in Grape Must and Wine. Washington Viticulture and Enology Research and Extension
[4] Claudio Delfini, Joseph V. Formica (2001). Wine Microbiology Science and Technology, 103.
[5] Koutsoumanis, K.P. and Sofos, J.N. (2004), Comparative acid stress response of *Listeria monocytogenes, Escherichia coli* O157:H7 and *Salmonella Typhimurium* after habituation at different pH conditions. Letters in Applied Microbiology, 38: 321–326
[6] Yoshiko Sugita-Konishi, Yukiko Hara-Kudo, Tamami Iwamoto & Kazuo Kondo (2001), Wine Has Activity against Entero-pathogenic Bacteria in Vitro but not in Vivo. Bioscience, Biotechnology, and Biochemistry, 65: 954–957
[7] C. Papadopoulou, K. Soulti and I. G. Roussis (2005), Potential Antimicrobial Activity of Red and White Wine Phenolic Extracts against Strains of *Staphylococcus aureus, Escherichia coli* and *Candida albicans*. Food Technol. Biotechnol, 43 (1) 41–46
[8] Mi Oha, Ji-Hye Leeb, Seon Young Baea, Jong Hyeon Seok, Sella Kim, Yeon Bin Chung, Kang Rok Han, Kyung Hyun Kim, Mi Sook Chung (2015), Protective effects of red wine and resveratrol for foodborne virus surrogates. Food Control, 47: 502–509
[9] Waite JG, Daeschel MA (2007), Contribution of wine components to inactivation of food-borne pathogens. Journal of Food Science, 72(7):M286- 291
[10] World Wine Trade Group (2006), Initialling of English version of the Agreement on Requirements for Wine Labelling
[11] Yosef Ali, Michael J. Dolan, Eleanor J. Fendler, and Elaine L. Larson (2001), Alcohols. Disinfection, Sterilization, and Preservation, 229–249
[12] Ed. Mansel Griffiths (2005). Understanding Pathogen Behaviour Virulence, Stress Response and Resistance, 489–490

[13] Indranil Chatterjee, Greg A. Somerville, Christine Heilmann, Hans-Georg Sahl, Hans H. Maurer, and Mathias Herrmann (2006), Very Low Ethanol Concentrations Affect the Viability and Growth Recovery in Post-Stationary-Phase *Staphylococcus aureus* Populations. Applied and Environmental Microbiology, 72: 2627–2636

[14] T. Moretro and M.A. Daeschel (2006), Wine is Bactericidal to Foodborne Pathogens. Journal of Food Science, 69: M251-M257

[15] Mike Battcock, Dr. Sue Azam-Ali (1998), Fermented Fruits and Vegetables: A Global Perspective. Food and Agriculture Organization of the United Nations

[16] Claudio Delfini, Joseph V. Formica (2001). Wine Microbiology Science and Technology, 128–130

[17] John C. Danilewicz (2012), Review of Oxidative Processes in Wine and Value of Reduction Potentials in Enology. Am. J. Enol. Vitic. 63:1

[18] Pat Henderson (2009), Sulfur Dioxide. The science behind this anti-microbial, anti-oxidant wine additive. Practical Winery & Vineyard Journal, 2

[19] Leistner, Lothar (2000), Basic aspects of food preservation by hurdle technology. International Journal of Food Microbiology, 55(2000): 181–186

[20] H. Alakomi, E. Skytta, I. Helander & R. Ahvenainen (2002), The Hurdle Concept. Minimal Processing Technologies in the Food Industry ed. T. Ohlsson, N. Bengtsson. 175–195

[21] Leistner Lothar (1995), Principles and applications of hurdle technology. In Gould GW (Ed.) New Methods of Food Preservation, Springer, 1–21

[22] Dietze, W (1936), Anitmictrobial properties of wine. British Medical Journal, 1 (3920): 372–373

[23] Principles and Guidelines for the conduct of microbiological risk assessment. Codex, document CAC/GL 30-1999

[24] Food safety risk analysis a guide for national food safety authorities (2006). FAO Food and Nutrition Paper 87

[25] Scientific Opinion on the development of a risk ranking framework on biological hazards (2012). European Food Safety Authority

[26] Australia New Zealand Food Standards Code Chapter 3 (Australia Only), Standard 3.2.2 Food Safety Practices and General Requirements

[27] The Realm of the State Health Department (2013), Wine Australia

[28] The South Australian Food Business Risk Classification (2013), Government of South Australia Food Policy and Programs Branch Public Health Services

[29] Food Retail and Food Services Code (amended 2004), Canadian Food Inspection System Implementation Group

[30] Food Code 2013 Recommendations of the United States Public Health Service (2013). Food and Drug Administration, 339

[31] FDA Circular No. 2014-029 Procedure for the Use of Electronic Registration (E-Registration) System for Raw Materials or Ingredients and Low Risk Pre- Packaged Processed Food Products, Republic of the Philippines Food and Drug Administration

 DOI: 10.1051/bioconf/20160704004

Pesticide residues screening in wine by mass spectrometry

Andrea F. Machado, Suelen Militão, Magda M. Sarubbi, and Alexandre Brandelli

NSF Bioensaios, 94480-775 Viamão, Brazil

Abstract. Recently, a study (from PAN Europe) covered 40 bottles of wine – 34 conventional and six organic ones – purchased inside the EU. According to the results, the 34 bottles of conventional wine together contained 148 pesticide residues. All 34 bottles contained from one to ten pesticides, bringing the average per bottle to more than four. Of the six bottles of organic wine tested, one sample contained a low concentration of a possibly carcinogenic pesticide. According to PAN Europe, the "contamination of wines is a direct result of over-reliance on pesticides in grape production". This study, between others, to prove the importance of develop methods sensivity and confident for pesticide detection in wine. A multi-residue method was developed for the determination ca of 250 pesticide residues in wine using Quechers extraction, gas chromatography-tandem mass spectrometry (GC-MS-MS) and liquid chromatography-tandem mass spectrometry (LC-MS-MS). The method was validated with the evaluation of follow parameters: Linearity, Precision, Accuracy, Matrix effect, Limit of detection and Limit of Quantification. The method was approved and was able to quantify pesticide residues in more than 60 samples of wine.

1. Introduction

In this paper, we report a rapid modified QuEChERS method for multiresidue analysis for ca of 300 pesticides in wine with good selectivity, sensitivity, and cost effectiveness. In order to demonstrate the suitability of the method for routine regulatory purposes, the method was validated and the statistical parameters are discussed.

2. Experimental

2.1. Reagents and standards

The certificated analytical standards were purchased from Dr. Ehrenstorfer GmbH (Augsburg, Alemanha). All the solvents and chemicals used in the study were of HPLC grade.

2.2. Instrumentation

Ultra high-performance liquid chromatography UHPLC-MS/MS (liquid chromatography, Shimadzu and MSMS, API 4000 Applied Biosystems) equipped with Phenomenex Kinetex column (50 mm × 2.1 mm, 2.6 μm) was used for quantification of pesticides. The flow rate was 250 μL/min, the column temperature 30 °C, and the injection volume 5 μL. A binary gradient of 0.1% HCOOH and HCOONH 5 mM in water (A) and 0.1% HCOOH and HCOONH 5 mM in CHOH (B) was employed. The mobile-phase gradient was programmed as follows: 0 min, 20% B; 10 min, 80% B; 10.01 min, 90% B; 13 min, 90% B; 13.01 min, 20% B; and 16 min, 20% B. Mass spectral analyses were operated in the positive ion mode using a ESI interface. The electrospray ionization (ESI) needle spray voltage was 5000. The heated capillary was 500 °C. Collision Gas Pressure was 5. The pesticides were detected in MS/MS conditions, programming the chromatographic run in MRM mode (multiple reaction monitoring).

2.3. Method validation

2.3.1. Specificity

The specificity of the analytical method for pesticides detection was confirmed by obtaining positive results from honey containing the analyte, coupled with negative results from samples which do not contain it (negative controls). The matrix effect was assessed by preparing pesticide standards in blank matrix extracted from untreated honey. The matrix extracts were analyzed before spiking to confirm the absence of the test pesticides in them.

2.3.2. Linearity

The quantification of pesticide was based on a six-point matrix-matched calibration graph by plotting the detector response against concentration of the calibration standards within the range 2.5–50 μg/L making three replicates for each concentration. A linear regression of six calibration points for each component was used to determine the relationship with the analyte concentrations calculated for each component on the basis of their occurrence in the reference material.

2.3.3. Limit of Detection (LOD) and Limit of Quantification (LOQ)

The LOD and LOQ were determined by signal-to-noise approach.

2.3.4. Method Accuracy (Recovery) and Precision (Repeatability)

Method recovery studies were performed at two spiking concentration levels (10 μg/kg and 50 μg/kg).

2.3.5. *Determination of uncertainties*

Combined uncertainty in estimation was determined for all the pesticides at the two fortification levels studied (10 and 50 μg/kg) as the statistical procedure of the EURACHEM/CITAC Guide CG 4.

3. Results and discussion

3.1. Method validation

3.1.1. *Specificity*

The specificity of the method toward the studied analytes was good. No interferences due to matrixes were found. Hence, no further time-consuming concentration/cleanup pretreatments were required.

3.1.2. *Linearity*

The analytes showed linear behavior in the studied concentration range of 2,5–50 μg/L. The correlation coefficient (r^2) was found to be $\geq$ 0.99 for all pesticides.

3.1.3. *LOD and LOQ*

LOD and LOQ were estimated as the lowest concentrations of pesticide injected that yielded a signal/noise ratio of 3 and 10, respectively. The LOQs attained in the proposed method fit with maximum residue limits (MRLs) for grape. The limits were reported in Table 1.

3.1.4. *Recovery and precision*

The single-step extraction method adopted for wine samples provided satisfactory recovery. These data are in agreement with the criteria of document no. SANCO/12495/2011, that recommend general recovery limits of 70–120% within laboratory repeatability $\leq$ 20% [18]. Therefore, the method could be considered sufficiently accurate and precise for the purpose.

3.1.5. *Uncertainty of measurement*

The study of uncertainty was performed at 2 concentration levels (10 and 50 μg/kg), identifying and studying the most important parameters that determined the uncertainty of the analytical method. The parameters selected were point calibration, standard solution, weigh, volume, and precision; their contributions to method uncertainty were calculated as indicated in the experimental section. The different contributions of uncertainty for each concentration level, together with the relative combined standard uncertainty, are shown in Table 1.

3.2. Wine samples analysis

Sixty wine samples were analyzed between 2012 and 2015. The samples were from different wineries in the state of Rio Grande do Sul, Brazil. About 300 pesticides were analyzed and 30 were detected. 40 samples were determined at least one pesticide.

4. Conclusion

Based on these results, the methodology for the determination of pesticides in wine, described in this report, are validated and approved for execution.

Table 1. Results for LOQ, Recovery, Precision and Uncertainty of Measurement.

Pesticide	LOQ	Recovery	SD%	UM
3OHCarbofurano	0.01	76.62	3.41	0.0006
Acefato	0.01	82.82	6.78	0.0014
Acetamiprid	0.01	79.63	3.84	0.0008
Acrinatrin	0.01	86.37	7.00	0.0015
Aldicarb	0.01	84.07	5.43	0.001
AldicarbSulfone	0.01	78.10	4.83	0.0009
AldicarbSulfoxide	0.01	98.26	3.56	0.0009
Aletrina	0.01	73.38	4.31	0.0008
Ametrina	0.01	76.66	4.10	0.0008
Amicarbazone	0.01	86.39	6.91	0.0015
Azaconazole	0.01	96.63	4.33	0.0010
AzinfosEtil	0.01	84.89	6.80	0.001
AzinfosMetil	0.01	86.38	6.58	0.0014
Azoxistrobin	0.02	84.91	11.80	0.0025
Benalaxil	0.01	85.57	6.10	0.0013
Benfluralina	0.24	93.80	18.62	0.0249
Benfurocarb	0.02	97.09	8.73	0.0021
Bifentrina	0.01	81.91	3.68	0.0007
Bioaletrina	0.02	84.25	10.30	0.0022
Bitertanol	0.01	97.89	5.95	0.0014
Boscalide	0.02	87.39	9.69	0.0021
Bupirimato	0.01	91.68	5.13	0.0012
Buprofezin	0.01	85.86	6.13	0.0013
Cadusafos	0.01	82.20	3.55	0.0007
Carbaril	0.01	82.87	7.27	0.0015
Carbendazim	0.01	111.80	4.04	0.0011
Carbofenotion	0.01	94.27	5.32	0.0012
Carbofurano	0.01	85.51	5.19	0.0011
Carboxim	0.01	82.59	5.15	0.0011
Carpropamida	0.01	86.65	6.33	0.0014
CialofopPbutil	0.01	87.27	6.67	0.0014
Cianofenfos	0.01	81.22	6.47	0.0013
Cifenotrina	0.04	85.22	3.81	0.0040
Cimoxamil	0.01	88.61	5.28	0.0012
Cipermetrina	0.05	86.90	5.24	0.0056
Ciproconazol	0.03	85.41	13.68	0.0029
Ciprodinil	0.01	86.62	4.24	0.0009
Cletodim	0.01	102.43	5.64	0.0014
Clorfentezine	0.01	88.26	6.35	0.0014
Clorfenvinfos	0.01	85.74	7.27	0.0015
Clorfluazuron	0.01	92.12	5.56	0.0013
ClorimuromEtil	0.01	94.75	6.04	0.0014
Cloroprofan	0.01	88.52	6.92	0.0015
Clorpirifos	0.01	106.75	3.73	0.0010
ClorpirifosMetil	0.01	91.66	5.27	0.0012
Clortiofos	0.01	90.46	6.04	0.0014
Clotianidina	0.01	76.64	5.96	0.0011
Coumofos	0.01	90.80	5.01	0.0011
Cyazofamide	0.01	92.42	3.79	0.0009
Cyflutrina	0.25	94.80	15.75	0.0254
Cyromazine	0.01	79.56	5.54	0.0011

Table 1. Continued.

Pesticide	LOQ	Recovery	SD%	UM
Dazomete	0.01	91.45	5.28	0.0012
Deltametrina	0.06	87.60	5.28	0.0057
DemetonSmetil	0.01	88.41	4.28	0.0009
Diazinon	0.01	84.40	6.56	0.0014
Diclofluanid	0.01	88.32	5.89	0.0013
DiclofopMetil	0.01	80.41	5.56	0.0011
Dicloran	0.10	85.80	10.16	0.0108
Diclorvos	0.01	102.42	4.25	0.0011
Dicrotofos	0.01	74.14	4.38	0.0008
Difenoconazol	0.01	80.32	3.25	0.0006
Diflubenzuron	0.01	88.69	6.60	0.0015
Dimetoato	0.01	95.07	4.37	0.0010
Dimetomorf	0.02	97.24	8.48	0.0020
Diniconazol	0.01	92.81	5.23	0.0012
Dinocap	0.01	75.90	5.70	0.0011
Dinoterb	0.01	93.88	2.56	0.0006
DisulfotonSulfone	0.01	89.91	5.39	0.0012
DisulfotonSulfoxide	0.01	80.64	6.05	0.0012
Diuron	0.02	88.79	7.18	0.0016
Dodemorf	0.01	93.90	4.83	0.0011
EPN	0.01	89.27	3.35	0.0007
Epoxiconazol	0.01	87.79	5.77	0.0013
Etiofencarb	0.01	89.59	4.81	0.0011
EtiofencarbSulfone	0.01	88.13	5.54	0.0012
EtiofencarbSulfoxide	0.01	89.07	6.95	0.0015
Etion	0.01	81.64	5.31	0.0011
Etiprole	0.01	87.00	4.29	0.0009
Etofenprox	0.01	78.08	7.43	0.0014
Etoprofos	0.01	79.45	6.05	0.0012
Etoxisulfuron	0.01	77.72	7.66	0.0015
Etrinfos	0.01	89.74	6.84	0.0015
Famoxadone	0.02	91.24	7.93	0.0018
Fenamidone	0.01	92.50	6.59	0.0015
Fenamifos	0.01	87.67	6.66	0.0014
FenamifosSulfone	0.01	96.77	3.17	0.0008
FenamifosSulfoxide	0.01	87.90	7.01	0.0015
Fenarimol	0.02	88.04	9.60	0.0021
Fenazequin	0.01	92.67	5.14	0.0012
Fenbuconazol	0.01	91.22	4.37	0.0010
fenhexamid	0.01	87.00	5.23	0.0011
FenoxapopPetil	0.01	100.12	3.14	0.0008
Fenpiroximate	0.01	87.49	5.25	0.0011
Fenpoprimorf	0.01	80.88	3.21	0.0006
Fenpropatrina	0.04	87.74	3.68	0.0040
Fention	0.01	80.57	7.30	0.0015
FentionSulfone	0.01	88.90	5.67	0.0012
FentionSulfoxide	0.01	92.70	4.48	0.0010
Fenvalerato	0.02	74.26	2.46	0.0023
Fipronil	0.01	82.35	6.81	0.0014
FipronilSulfone	0.01	103.10	4.31	0.0011
Flazasulfuron	0.01	95.33	2.75	0.0006
Fluazifop	0.01	82.32	6.58	0.0013

Table 1. Continued.

Pesticide	LOQ	Recovery	SD%	UM
Fludioxonil	0.01	87.36	6.50	0.0014
Flufenacet	0.01	85.77	6.10	0.0013
Flufenoxuron	0.01	91.17	6.37	0.0014
Fluquinconazol	0.01	96.14	4.23	0.0010
Flusilazole	0.01	87.85	6.01	0.0013
Flutriafol	0.01	88.88	5.57	0.0012
Folpete	0.02	89.51	7.82	0.0017
Fostiazate	0.01	78.64	5.09	0.0010
Furatiocarb	0.01	82.58	5.54	0.0011
heptenofos	0.01	85.87	5.55	0.0012
Hexaconazol	0.01	80.70	5.64	0.0011
Hexazinona	0.01	80.06	3.16	0.0006
Hexitiazox	0.01	83.57	5.86	0.0012
Imazalil	0.01	84.93	5.82	0.0012
Imazapir	0.01	106.60	3.98	0.0011
Imibenconazole	0.01	90.69	5.74	0.0013
Imidacloprid	0.02	86.34	8.95	0.0019
Indoxacarb	0.02	88.54	9.08	0.0020
Iprovaliocarb	0.01	84.64	6.24	0.0013
Isocarbofos	0.00	94.30	1.63	0.0004
Isoxaflutole	0.01	84.04	7.09	0.0015
KresoximMetil	0.02	83.10	7.85	0.0016
LambdaCialotrina	0.04	84.32	3.69	0.0039
Linuron	0.01	88.29	4.74	0.0010
Lufenuron	0.01	84.25	6.33	0.0013
Malaoxon	0.01	81.94	4.80	0.0010
Malation	0.01	93.48	6.24	0.0014
Mepanipirim	0.01	88.54	6.30	0.0014
Mesotrione	0.02	71.01	10.86	0.0019
Metalaxil	0.02	87.78	11.02	0.0024
Metamidofos	0.01	74.31	4.31	0.0008
Meticonazol	0.01	79.50	6.44	0.0013
Metidation	0.01	89.60	6.81	0.0015
Metiocarb	0.01	86.63	6.96	0.0015
MetiocarbSulfone	0.01	91.07	3.77	0.0009
MetiocarbSulfoxide	0.002	96.04	0.97	0.0002
Metobromuron	0.01	90.39	5.71	0.0013
Metomil	0.01	79.63	5.63	0.0011
Metoxifenozide	0.02	78.95	8.88	0.0017
Metribuzim	0.02	87.65	7.51	0.0016
MetsulfuronMetil	0.01	82.32	6.16	0.0013
Mevinfos	0.01	76.26	4.34	0.0008
Miclobutanil	0.02	90.17	10.15	0.0023
Molinato	0.01	95.76	5.22	0.0012
Monocrotofos	0.01	74.38	6.73	0.0012
Monuron	0.01	83.13	3.87	0.0008
Napronamide	0.01	87.56	6.98	0.0015
Nitenpiram	0.01	103.73	3.80	0.0010
Nuarimol	0.01	88.85	6.78	0.0015
Ometoato	0.01	109.00	4.35	0.0012
Oxadixyl	0.01	109.70	4.12	0.0011
Oxamil	0.01	77.37	3.83	0.0007

Table 1. Continued.

Pesticide	LOQ	Recovery	SD%	UM
Oxasulfuron	0.01	87.33	6.58	0.0014
Oxicarboxin	0.01	78.08	4.12	0.0008
Paclobutrazol	0.01	90.82	6.36	0.0014
ParaoxonEtil	0.01	90.64	4.04	0.0009
ParaoxonMetil	0.01	92.17	4.84	0.0011
Penconazol	0.01	89.72	6.82	0.0015
Pencycuron	0.01	85.63	6.18	0.0013
pendimentalina	0.01	92.84	4.33	0.0010
Permetrina	0.03	75.66	3.12	0.0029
Phentoato	0.01	90.41	6.27	0.0014
Phorato	0.01	94.47	5.85	0.0014
Phosalone	0.01	81.96	6.90	0.0014
Phosfamidon	0.01	91.08	4.64	0.0010
Phosmet	0.01	93.78	4.62	0.0011
Picoxistrobin	0.01	85.13	3.83	0.0008
PiperonilButoxide	0.02	90.05	7.92	0.0018
Piraclostrobin	0.02	86.11	10.11	0.0022
Pirazofos	0.02	87.70	7.59	0.0016
Piridabem	0.01	104.04	4.42	0.0011
Piridafention	0.01	80.66	7.66	0.0015
pirimetanil	0.01	115.30	4.55	0.0013
Pirimicarb	0.01	91.07	4.64	0.0010
PirimifosEtil	0.01	87.26	7.04	0.0015
PrimifosMetil	0.01	86.15	5.75	0.0012
procloraz	0.01	82.78	7.32	0.0015
Profenofos	0.01	82.44	5.69	0.0012
promecarb	0.01	92.82	3.69	0.0008
prometrin	0.01	81.61	5.75	0.0012
Propargito	0.01	86.03	5.95	0.0013
Propiconazol	0.01	95.31	3.01	0.0007
propoxur	0.01	86.93	5.26	0.0011
Protiofos	0.01	88.49	5.95	0.0013
Pyretrins	0.01	90.07	4.57	0.0010
Pyrifenox	0.01	87.96	7.02	0.0015
Pyriproxifen	0.01	77.62	3.18	0.0006
Simazina	0.01	93.11	4.35	0.0010
Spirodiclofeno	0.01	89.87	6.08	0.0014
Spiroxamine	0.01	87.50	7.10	0.0015
Spnosad	0.01	80.82	4.15	0.0008
SulfometuronMetil	0.01	89.85	5.64	0.0013
Sulfotep	0.01	93.42	6.11	0.0014
Sulprofos	0.01	86.28	6.26	0.0013
tebuconazol	0.02	102.06	9.66	0.0024
Tebufenozide	0.01	81.97	6.96	0.0014
Tebufenpirad	0.01	80.02	7.32	0.0015
Terbufos	0.01	87.97	6.49	0.0014
Tetraconazol	0.02	93.36	8.76	0.0020
Tetradifon	0.01	84.54	3.65	0.0008
Thiacloprid	0.01	85.31	6.54	0.0014
Thiometon	0.01	86.53	7.04	0.0015
Thionazin	0.01	98.07	4.77	0.0012
Tiabendazol	0.01	81.40	6.62	0.0013

Table 1. Continued.

Pesticide	LOQ	Recovery	SD%	UM
Tiametoxam	0.01	84.07	4.75	0.0010
Tiobencarb	0.01	90.90	6.02	0.0014
Tiobencarb	0.01	90.90	6.02	0.0014
Tiodicarb	0.01	78.12	3.77	0.0007
TiofanatoMetil	0.02	97.39	7.13	0.0017
Tolclofosmetil	0.01	90.08	6.25	0.0014
Tolifluanid	0.01	85.61	6.14	0.0013
triadimefon	0.01	89.35	6.98	0.0015
Triadimenol	0.02	92.27	7.17	0.0016
Triazofos	0.01	86.20	6.17	0.0013
Triclorfon	0.01	83.62	5.52	0.0011
Tricyclazol	0.01	80.28	3.20	0.0006
Tridemorf	0.01	87.59	7.07	0.0015
Triflimizole	0.01	87.35	6.86	0.0015
Trifloxitrobim	0.01	86.30	7.15	0.0015
Triflumuron	0.01	89.89	4.15	0.0009
Triticonazol	0.01	90.50	6.72	0.0015
Vamidation	0.00	73.20	2.21	0.0004

References

[1] European Commission Regulation (EC), "No. 396/2005 of 23 February 2005 on maximum residue levels of pesticides in or on food and feed of plant and animal origin and amending Council Directive 91/414/EEC," Official Journal of the European Union, vol. L70, pp. 1–16
[2] Document No. SANCO/12495/2011, Method Validation and Quality Control Procedures for Pesticide Residues Analysis in Food and Feed, `http://ec.europa.eu/food/plant/protection/pesticides/docs/qualcontrol_en.pdf`

Raisins in human health: A review

Patrizia Restani[1], Gianfranco Frigerio[1], Francesca Colombo[1], Luis Peres de Sousa[2], Ahmet Altindişli[3], Raul Francisco Pastor[4], and Chiara Di Lorenzo[1]

[1] Dipartimento di Scienze Farmacologiche e Biomolecolari, Università degli Studi di Milano, via Balzaretti 9, 20133 Milan, Italy
[2] Instituto Politecnico de Beja, Rua Pedro Soares, Apartado 6155, 7800-295, Beja, Portugal
[3] Dept. of Agriculture, Ege University, Bornova, Izmir 35100, Turkey
[4] Cuarta Cátedra de Medicina Interna, Hospital de Clínicas "José de San Martín", Universidad de Buenos Aires, Av Córdoba 2351, Buenos Aires, Argentina

Abstract. In the last years, the scientific research in the field of non-alcoholic grape products has increased significantly. Raisins are often evaluated negatively from the nutritional point of view, mainly for their high sugar content. On the other hand, some *in vitro* and *in vivo* studies have suggested that raisins could have healthy effects due to their positive phytochemical profile. The aim of this work was the collection of scientific studies performed in humans to assess critically the health-promoting effects of raisins, as a part of the normal/Mediterranean diet. In most cases, the beneficial effects of raisins have been assessed in intervention studies focused on cardiovascular area, diabetes and oral health, where a decrease in postprandial glycemia and insulinemia both in diabetic and healthy subjects has been observed. The positive effects were generally evident after a short-term consumption of about 70 g/die of raisins in comparison to a similar quantity of snacks or glucose solution. Surprisingly, some positive findings were shown in oral health. On these bases several findings support the suitability of raisins as a source of healthy compounds for human diet, but limits in the data published till now clearly support the need of new specifically designed trials.

1. Introduction

Several epidemiological studies have shown that a moderate consumption of wine is associated with the reduction of specific risk factors for chronic pathologies, such as cardiovascular diseases, certain cancers, diabetes and dementia [1].

In particular, a J-shaped relationship has been described between the amount of wine consumed and the level of risk. Nevertheless, the wine market is suffering for a decreasing trend due to the frequent abuse/misuse of alcoholic beverages among both adults and young people. The social problem has been considered with special attention by international organizations, such as WHO [2], and OIV (strategic plan 2015–2019). The "new" social and economical situation has stimulated the scientific research in the field of non-alcoholic grape derivatives (table grapes, grape juices, grape extracts, raisins, etc.), as an alternative source of healthy molecules. Raisins are obtained by drying different cultivar/varieties of *Vitis vinifera* L.; the Thomson seedless variety (called usually sultana) covers approximately 95% of the market.

From the nutritional point of view, raisins are often considered negatively due to their high sugar content; as a consequence, their inclusion in the diet of children, obese and diabetic subjects is debated.

On the other hand, raisins have been included in the human diet since ancient times (probably 1400 BC) for their energetic value but also for the presence of specific nutritional compounds. In fact, raisins are rich in sugars (fructose and glucose), minerals (magnesium, iron, potassium, phosphorus, zinc), vitamins (ascorbic acid, pyridoxine, riboflavin and thiamin), dietary fiber, and other active molecules (flavonoids, hydrocinnamic acids, epicatechins, resveratrol, etc.) [3,4].

Some *in vitro* and *in vivo* studies have described beneficial effects associated with the consumption of raisins, but the strict causality is often object of discussion. The aim of this review was the collection of scientific papers describing studies performed in humans. When possible, a critical assessment will be elaborated to verify the correlation between the healthy effects considered and the consumption of raisins, as a part of the normal/Mediterranean diet.

2. Methods

Two among the most important scientific databases of references and abstracts on life sciences (PubMed/MEDLINE and Embase) were systematically searched (from database inception to June 2016) using the terms "dried grape", "raisins", "sultana" and "Thompson seedless" in combination with "beneficial effects", "health" and refining the results for "human studies".

3. Results

The papers reporting data of human studies performed with raisins are quite rare. Most of them describe results in the area of cardiovascular diseases, diabetes and oral health. The protocols used in the most interesting human trials collected and selected for this review are summarised in Table 1.

Table 1. Study protocols.

Trial type	Subject characteristics	Treatments	Ref
RCOS	10 healthy sedentary 11 trained, 10 pre-diabetic	69 g raisins vs. 50 g glucose in solution	[5]
RCS	46 M/F - adults BMI=25-35; fasting glycemia 90–150 mg/dL, BDBP: > 80 mm Hg; BSBP > 120 mm Hg	12w, 3 times/d 28 g raisins vs. equicaloric snack	[6]
RCS	19M, 27F with Type-2 Diabetes	12w, 3 times/d 28 g raisins vs. equicaloric snack	[7]
RCOS	4M, 4F endurance- trained cyclists age 18–40 y	1g/kg bw 45' before exercise raisins vs sports gel	[8]
RCS	Healthy 13M, 13F age 8–11 y	Water, grape raisins, mix raisins:almond (1:1)	[10]
RCS	Healthy 17M, 17F 50–70 y	1 cup raisins/day, increasing steps/day, combination of two	[11]
RCOS	Healthy 11M, 9F age 7–11 y	3 g raisins; 10 g raisins, bran flakes or raisins bran	[13]
RCS	46 M/F with pre-hypertension	12w, 3 times/d raisins vs equicaloric snacks	[15]
RCS	17M and 17 postmenopausal F	1 cup raisins/day, increasing steps/day, combination of two	[16]
RCOS	8M, 9F, BMI > 26 age 18–40 y	14 d/ period 90 g raisins vs. isocaloric placebo	[17]
RCOS	Healthy 15M BMI 20.1–31.7. 18–45 y	4w, 250g seedless grape, 50g raisins	[18]

RCS = Randomized Controlled Study.
RCOS = Randomized Crossover Study.
RPCS = Randomized Placebo- Controlled Study.
BDBP = Baseline Diastolic Blood Pressure.
BSBP = Baseline Systolic Blood Pressure.
M= males, F= female, y=year, w= week; d= day.

3.1. Raisins, Glycemic Index (GI) and Insulin Index (II)

Due to their high content of sugar, raisins have been object of debate about their suitability for the diet of pre-diabetic or diabetic subjects. Kim et al. [5] measured the glycemic index and the insulinemic response after the administration of 69 g of raisins or a solution containing 50 g of glucose. The trial included sedentary, trained and pre-diabetic subjects (Table 1). Results are illustrated in Fig. 1: in all groups the area under the curve (AUC) was higher after the administration of glucose solution. The calculated GIs were 49.4, 62.3 and 49.6 for sedentary, trained and pre-diabetic subjects, respectively. Similar results were observed in calculating AUC for serum insulin response (Fig. 2), The calculated Insulin Indexes were 47.1, 51.9 and 54.4 for sedentary, trained and pre-diabetic subjects, respectively. The authors concluded that GI of raisins should be considered from low to moderate so that, also considering the general nutritional properties, raisins should be considered a healthy snack food.

In another study, Anderson et al. [6] showed that 28 g of raisins administered 3 times/day for 12 weeks decreased significantly postprandial glycemia by 13.1 mg/dL, while no change was observed when common non-fruit snack was used (see Table 1 for protocol). Moreover, only raisins determined a significant reduction of glycated haemoglobin (gHb) level by 0.12%.

The same group of researchers performed a trial with the same protocol in patients suffering from type-2 diabetes mellitus [7]. A similar statistical significant reduction of post-prandial glucose level was observed; the decrease of gHb levels, even though present, was not of statistical significance.

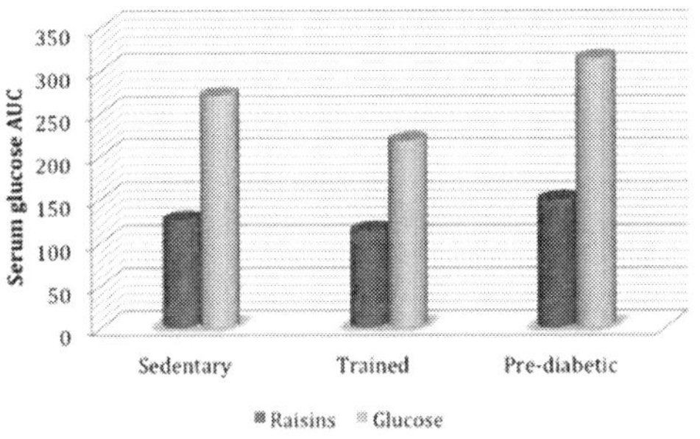

Figure 1. Serum glucose AUC (mmol/L min) after administration of raisins or glucose solution (modified from Ref. 5).

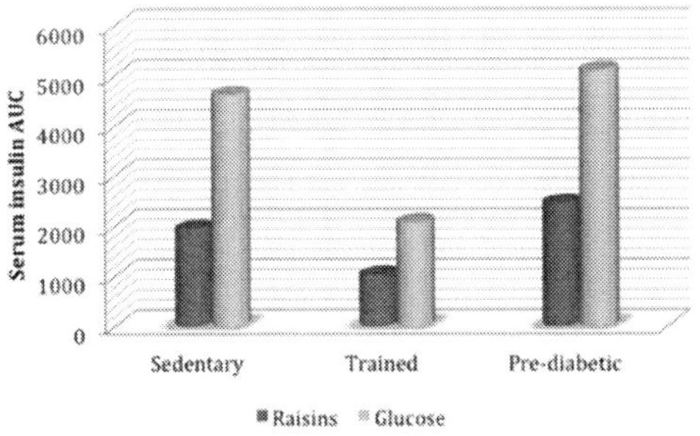

Figure 2. Serum insulin AUC (μUI/L min) after administration of raisins or glucose solution (modified from Ref. 5).

3.2. Raisins in metabolism and sport performance

Even though object of debate, some researchers showed that the consumption of a lower Glycemic Index (GI)

 DOI: 10.1051/bioconf/20160704005

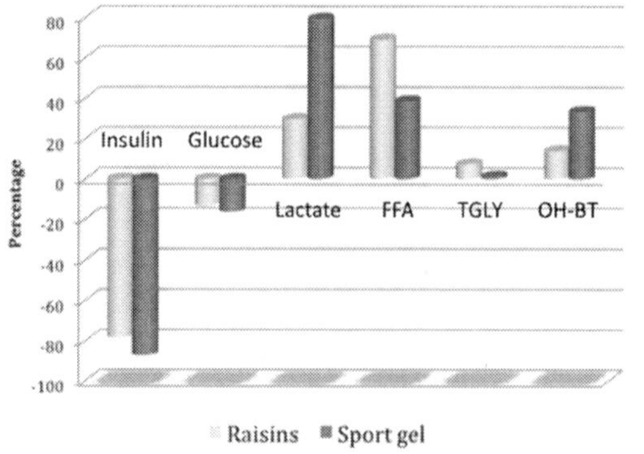

Figure 3. Changes in percentage between pre- and post-exercise on serum parameters (modified from Ref. 8). FFA = Free Fatty Acids; TGLY = Triglycerides; OH-BT = β-Hydroxy-Butirate.

food before sport activity was more effective than high GI food in improving performances. On these bases, Kern et al. [8] assessed the efficacy of a moderate GI food (raisins; GI=88) and a high GI food (a commercial sport gel; GI=117) in modulating the metabolism and performance in endurance-trained cyclists. Four males and four females were included in the study; they received 1 g/kg body weight of bioavailable sugars with raisins or with commercial sport gel (Table 1). After 45′ minutes in seated position, athletes started cycling for 45′. Each subject received both foods, in two trials separated by at least 7 days.

Some serum parameters were measured and their changes between pre- and post-exercise are illustrated in Fig. 8.

Although the foods studied determined different glycemic responses during rest (GI=66 and 88 for raisins and sports gel, respectively), few differences were observed in metabolism when raisins and sports gels were consumed before the cycling trial. The results of this study did not support the hypothesis at the origin of the study stating that the consumption of a lower GI food before the training could enhance performances when compared to high GI foods. In fact, minimal differences were observed in performance during the two trials. As a consequence the authors conclude: "*Raisins appear to be a cost- effective source of carbohydrate for pre-exercise feeding in comparison to sports gel for short-term exercise bouts*".

Similar results were published by Apfel and co-workers [9], who assessed the physical performance of 11 male athletes receiving randomly raisins, commercial sport chews and water. Interventions were administered during the physical activity based on 80-minute treadmill run, followed by 5 km timed trial. Compared to water, performances were similar when athletes received raisins or sport chews. On this bases and considering the nutritional quality, authors considered raisins a better energetic snack if compared to sport chew.

3.3. Raisins and food intake

Patel et al. in their study [10] assessed the effect of including dried fruit into the diet of children in term of energy and Food Intake (FI). A within subject, randomized, repeated-measures design was used to measure FI after consumption of an *ad libitum* or a fixed- calorie snack containing: 1) grape, 2) raisins, 3) 1:1 mix of raisins and almonds, or 4) *ad libitum* water as a control (Table 1). The overall conclusion of the complex study indicates that the consumption of a pre-meal snack containing raisins (but not those with grape or the mix raisins/almonds) reduces meal-time energy intake. This means that raisins could be consumed as an alternative source of valuable nutrients (fibre, antioxidants, etc.) for children.

Another study by Puglisi et al. [11] assessed the effects of: 1) a consumption of 1 cup raisins/day, 2) an increased number of steps walked, and 3) a combination of two interventions in modulating hunger and satiety in a group of adult subjects (Table 1). The parameters measured were: plasma apoliproprotein concentrations, cholesterol ester transfer protein activity, LDL receptor messenger RNA abundance, ghrelin and leptin concentrations. All interventions (raisins, walking or combination) modulated lipoprotein metabolism, which could reduce the risk for cardiovascular diseases. Raisins, but not walking, increased plasma level of leptin, which could modulate satiety and decrease caloric intake. The parallel increase in plasma ghrelin could be associated with a decreased intake of food due to the greater level of leptin. Moreover, a decreased expression of LDL receptor in mononuclear cells could be responsible for a reduction of LDL-cholesterol. Walking, but not raisins, reduced apo C-III, which could contribute in reducing plasma triglycerides. The conclusion of the authors was: "*Easily implemented lifestyle changes, such as increasing raisins consumption or walking additional steps each day may serve as effective interventions to promote weight control and lower CVD risk*".

3.4. Raisins and dental plaque

Dental decay is a significant source of pain in children and young people. Raisins have been usually considered a promoting food for caries, due to their sticky characteristics. Rose et al. used an *in vitro* method to monitor the effect of raisins on tooth enamel demineralisation [12]. Slices of caries-free human molars were inoculated with *Streptococcus mutants* for 2 hours to allow bacterial adhesion. Then, slices were exposed to saliva-like solution without (control) or with 10% raisin juice 15 minutes/day for 7 days. Authors concluded that raisin juice might promote bacteria activity, which is responsible for teeth demineralization. Important to underline that differences with control group were not statistically significant.

Utreja et al. studied the effect of raisin-containing cereals on plaque acidogenicity, a factor involved in the dental caries progression [13]. Twenty healthy children (7–11 years; 11 males and 9 females) were enrolled in a randomized, controlled, crossover study (Table 1). Subjects received 4 test foods once a week: raisins as such (3 g); commercial bran flakes (10 g); commercial and experimental raisin bran cereal mixtures (10 g containing 3 g of raisins). Sucrose and sorbitol solutions (10%) were used as a positive and a negative control, respectively. *In vivo* plaque pH was measured at baseline and 2, 5, 10,

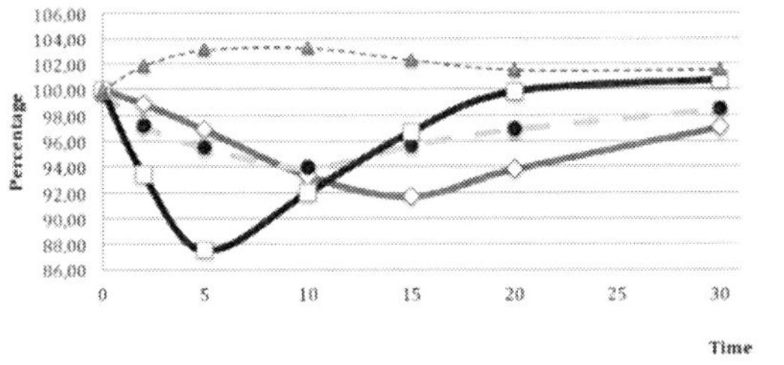

Figure 4. Changes in dental plaque pH in children after the consumption of bran (◇), raisins (•), or the rinsing with sucrose as a positive control (□) and sorbitol as a negative control (▲). Modified from Ref. 13.

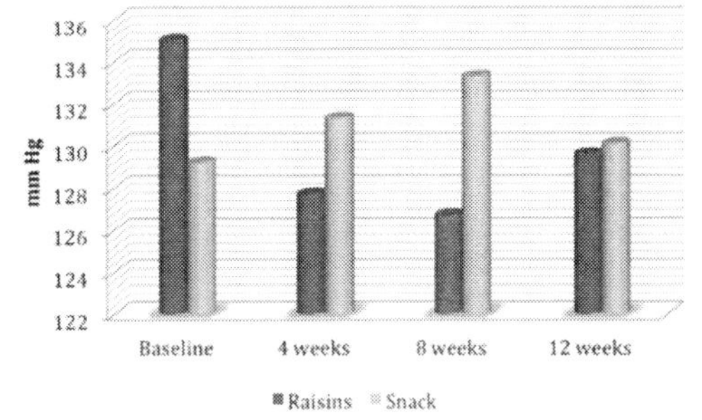

Figure 5. Mean values of the systolic blood pressure measured before and after the consumption for 4–12 weeks of raisins or an isocaloric snack (modified from Ref. 6).

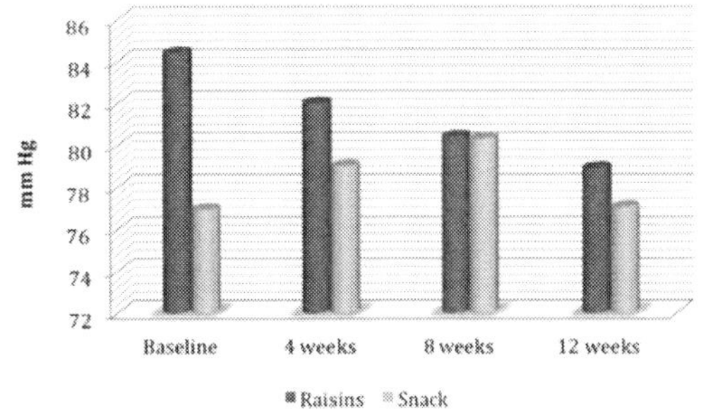

Figure 6. Mean values of the diastolic blood pressure measured before and after the consumption for 4-12 weeks of raisins or an isocaloric snack (modified from Ref. 6).

15, 20 and 30 minutes after food consumption or control solution application.

Figure 4 illustrates the pattern of plaque pH during a period of 30 minutes from the intake of food or the rinsing with control solutions.

Positive (sucrose) and negative (sorbitol) controls modified the plaque pH profile in opposite way; sucrose determined a fast reduction of pH with a negative peak after 5 minutes (−12.5%), while sorbitol did not interfere significantly with the same parameter during the whole period tested. Bran and raisins modified the plaque pH, reducing the value by only 8.3 and 6.1%, respectively. When the experimental mixture of bran and raisins was used, the effect on plaque pH was positively affected, allowing concluding that the consumption of bran, raisins or mixtures of them (without added sugar) does not represent a risk factor for dental decay.

Other authors [14] supported the positive role of raisins on oral health showing, by an *in vitro* approach, that raisins are reach in compounds with antibacterial activity versus *Streptococcus mutants* and *Porphyromonas gengivalis*, which are involved in dental decay. Among molecules capable of inhibiting oral pathogens there were: oleanolic acid, oleanolic aldehyde, linoleic acid, linolenic acid, betulin, betulinic acid, 5-hydroxymethyl-2- furfural, rutin, β-sitosterol, and β-sitosterol glucoside.

3.5. Raisins and cardiovascular diseases

3.5.1. Blood pressure

Cardiovascular diseases are associated with several risk factors and some of them were the objects of papers reporting the intake of raisins. In the same trial described above (see Table 1), Anderson et al. monitored the effect of the consumption of raisins on blood pressure compared to an isocaloric snack [6]. Raisins decreased the systolic blood pressure (SBP) by 6 to 10.2 mm Hg (statistically significant) and diastolic blood pressure (DBP) by 2.6 to 5 mmHg. Figures 5 and 6 illustrate changes in the values of SBP and DBP, respectively.

Comparing two groups receiving raisins or an isocaloric snack, Bays et al. [7,15] showed that raisins significantly reduced the systolic blood pressure in a group of patients with type-2 diabetes mellitus (−7.5%). On the other hand, no significant improvement of diastolic blood pressure was observed.

Similar conclusions were reached by Puglisi and co-workers [16] who enrolled 34 men and postmenopausal women in a trial where raisins (1 cup/day) was compared to physical activity (increased number of steps walked) or a combination of two (see Table 1). In fact, there was a significant reduction by 2.2% of systolic pressure in all intervention groups, while diastolic pressure was unchanged.

3.5.2. Plasma lipids

Total cholesterol, LDL-cholesterol and triglycerides are well-known risk factors for cardiovascular diseases. Puglisi et al in the trial cited above [16] observed a significant reduction of total cholesterol and LDL-cholesterol in all groups after 6 weeks from the beginning of the study. As shown in Fig. 7, the efficacy of intervention was: step walking > raisins > combination of two. No significant change was observed for HDL- cholesterol; only group of walking showed a reduction of serum triglyceride level.

Barnes and co-workers [17] measured the level of circulating oxidized LDLs, which is a risk factor for Coronary Artery Disease (CAD). Participants (n=32) were distributed randomly in three intervention groups, receiving daily 56, 99 and 157 g of raisins for 4 weeks. Blood samples were drawn at baseline, and after 2 and 4 weeks of raisin consumption. The intake of 99 g/day of raisins decreased significantly the concentration of circulating oxidized LDL after 4 weeks of intervention. Oxidized LDL level and plasma antioxidant capacity (FRAP assay) were significantly and positively modified after 2 weeks in the group receiving 157 g/day of raisins.

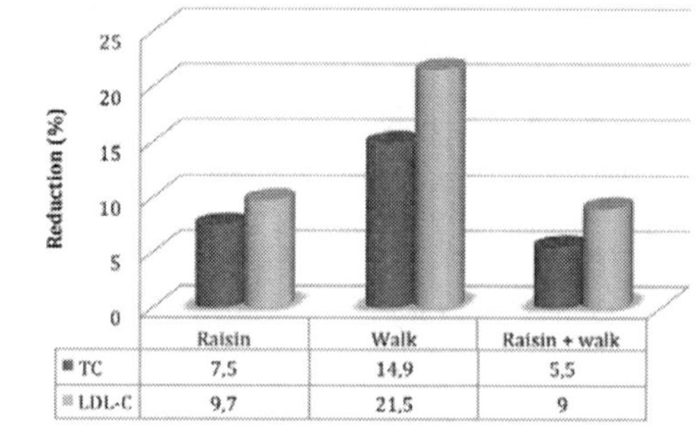

Figure 7. Mean reduction of Total cholesterol (TC) and LDL-Cholesterol (LDL-C) after 6 weeks from the beginning of intervention (modified from Ref. 16).

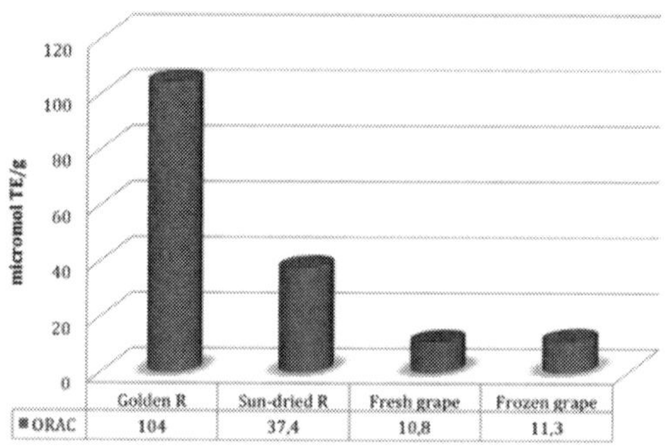

Figure 8. Mean ORAC values measured in raisin (R) and grape samples (modified from Ref. 19).

4. Discussion

Summarizing the data described in this review, it is possible to identify some positive effects associated with the consumption of raisins:

1. a positive modulation of postprandial glycemia and insulinemia, observed also in subjects with type-2 diabetes mellitus;
2. a modulation of hunger and satiety, with a possible contribution in the body weight control;
3. a possible role in reducing dental decay, due to its limited contribution to the plaque acidogenicity and to its content in active molecules capable of inhibiting oral pathogens;
4. a reduction of systolic pressure, total cholesterol and LDL-cholesterol, important risk factors for cardiovascular diseases.

Some biochemical mechanisms have been proposed for justifying the healthy effects of raisins and the most important scientific contributions indicate that antioxidant and antinflammatory activities could be responsible for the positive modulation observed in human studies.

Puglisi and co-workers [16] suggested an involvement of the antioxidant properties by raisin polyphenols and the positive modulation of antiinflammatory markers, such as cytokines and TNF-α. Following the protocol described before (see also Table 1), Authors showed a significant modification of some parameters, such as the plasma concentration of sICAM-1 in all intervention trials (raisins, walking or combination of two). The reduction of sICAM-1 could modulate positively the adhesion of monocytes to the vascular endothelium, preventing the progression of atherosclerosis. TNF-α, which is an important cell signalling protein involved in inflammation, was lowered significantly from 3.5 to 2.1 ng/L in the group receiving raisins.

These mechanisms are partially confirmed by other authors, who performed *in vivo*, *in vitro* or *ex vivo* studies. Rankin et al. [18] enrolled 17 subjects overweight for a trial, where the effects of raisins (90 g) were compared to those of an isocaloric placebo (Table 1). The study was performed as a randomized cross-over protocol based on 14-days periods in which subjects followed a diet poor in flavonoids, and received raisins, or placebo, associated with a daily diet distributed in 4 high-fat (53%) meals. Several biological activities and biomarkers were measured before and after the intervention/placebo period: urinary 8-isoprostaglandin- F-2α as a marker of oxidative stress; serum oxygen radical absorbance capacity (ORAC); serum C-reactive protein, interleukin-6 and Tumour Necrosis Factor- α (TNF- α), as inflammatory markers; serum soluble intercellular adhesion molecule-1 (sICAM-1) and soluble vascular cell adhesion molecule-1 as endothelial markers; free fatty acids, triacylglycerol, glucose and insulin response, as metabolic markers. This study showed that raisins were capable of increasing moderately the fasted serum total antioxidant capacity, without any significant alteration of oxidative stress or inflammatory markers. No significant difference versus control was observed on postprandial response to the high-fat meals. On the other hands, the controlled feeding modulated positively a number of biomarkers of oxidative stress and inflammation regardless of treatment.

Other studies based on *ex vivo* or *in vitro* approaches produced new insights on this complex topic. Parker and co-workers [19] compared the antioxidant capacity and phenolic profile of some Thompson grape-deriving samples: seedless grape, sun-dried raisins and golden-raisins (see Table 1 for subject characteristics). After 1 week free from any supplement or food containing phenolic compounds, participants (5M/group) received randomly for 4 weeks 250 g fresh Thompson seedless grapes, or 50 g of sun-dried raisins or 50 g of golden raisins. Blood samples were collected each week at baseline, 1 and 2 hr after the consumption of relative "treatment". After three weeks of washout period, participants were moved to a different treatment. The following parameters were measured and compared: serum antioxidant capacity (Oxygen Radical Absorbance Assay, ORAC); *ex vivo* copper-induced serum lipoprotein oxidation (spectrophotometric assay); total plasma phenolic concentration (Folin-Ciocalteu method); C- reactive protein assay (ELISA method).

Samples were tested for their antioxidant capacity by ORAC analysis and results are illustrated in Fig. 8. Golden raisins showed a very high ORAC value compared to sun-dried raisins; this could be due to the process applied to golden raisins, which determines the protection of antioxidant polyphenols: hot water and SO2 to inactivate polyphenol oxidase and to inhibit nonenzymatic browning. The serum ORAC showed a positive statistically significant increase for grapes after 2 weeks and golden raisins after 3 weeks. Serum oxidation change-lag time, a measure of slow/rapid onset of oxidation, was positively increased after 4 weeks of golden raisin intake. No significantly change was observed in: plasma total phenolic and C-reactive protein levels. The authors concluded that the daily consumption of grape or raisins, associated with a diet high in carbohydrate, might not be efficient enough in overcoming the oxidative stress observed in the postprandial period. On the other hands, their inclusion in the diet could have healthy antioxidant effects over time. One of the most important results of this paper is the identification of a very critical point, which could also represent the reason of conflicting results obtained in human trials: the lack of information on the variety and composition of samples included in the studies.

As showed by Di Lorenzo et al. [3] in their *in vitro* study, the biological activity of raisins can change significantly according to their botanical (presence or not of seeds) and chemical (polyphenol pattern) characteristics.

In that paper, the anti-inflammatory activity of 5 raisin samples (characterized for variety and chemical fingerprints) was compared at gastric level, focusing on interleuchin-8 (IL-8) and Tumour Necrosis Factor-Alfa (TNF-α) pathways. Samples included: seedless Early Gold sultana-like raisin from Portugal; sultana raisin with seeds from Turkey; three commercial seedless samples. Considering the anti-inflammatory properties, the most active raisin sample was the Turkish raisin, which significantly inhibited TNF-α-induced IL-8 release thanks to the impairment of corresponding promoter activity in human gastric epithelial cells. Although the main effect was associated to the presence of seeds, the fruit showed significant activity as well. The conclusion of the authors underlines the necessity to identify suitable raisin varieties to optimize the protection against gastric inflammatory disorders.

5. Conclusions

Overall, the conclusions deriving from data collected in this review are in agreement with those by Anderson et Waters [20]: the use of raisins could contribute in reducing some risk factors for developing oral decay, diabetes and cardiovascular diseases. In other words, the inclusion of raisins in a well balanced diet can contribute in promoting human health.

References

[1] M. Boban, C.Stockley, P-L. Teissedre, P. Restani, U. Fradera, C. Stein-Hammer, J-C. Ruf. Food Funct. 7, 2937 (2016)
[2] WHO. Global strategy to reduce the harmful use of alcohol. 2010. `http://www.who.int/substance_abuse/alcstratenglishfinal.pdf`
[3] C. Di Lorenzo, E. Sangiovanni, M. Fimagalli, E. Colombo, G. Frigerio, F. Colombo, L. Peres de Sousa, A. Altindisli, P. Restani, M. Dell'Agli. Int. J. Mol. Sci. **17**, 1156, 2016
[4] USDA Nutrient Database for Standard Reference, May 2016. Available at: `https://ndb.nal.usda.gov`
[5] Y. Kim, S.R. Hertzel, H.K. Byrne, C.O. Mattern. Nutrition Res. **28**, 304, 2008
[6] J.W. Anderson, K.M. Weiter, A.L. Christian, M.B. Ritchey, H.E. Bays. Postgraduated Medicine **37**, 2014
[7] H. Bays, K. Weiter, J. Anderson. Phys. Sportmed. **43**, 37, 2015
[8] M. Kern, C.J. Heslin, R.S. Rezende. J Strength Conditioning Res. **21**, 1204, 2007
[9] K.E. Apfel, J. Painter, A. Waters, B. Too, S. Cicia, K. Hockett, E. Applegate, B. Davis, G. Casazza. J. Academy of Nutrition and Dietetics **113** (suppl.), A21, 2013
[10] B.P. Patel, B. Luhovyy, R. Mollard, J.E. Painter, G. H. Anderson. Appl. Physiol. Nutr. Metab. **38**, 382, 2013
[11] M.J. Puglisi, G. Mutungi, P.J. Brun, M.M. McGrane, C. Labonte, J.S. Volek, M.L. Fernandez. Metabolism Clin. Exp. **58**, 120, 2009
[12] J.L. Rose, K.M. Hoffmann, B.D. Schmuck, S.H. Dickens, C.M. Carey. Abstract available at: `http://www.calraisins.org/wp-content/uploads/2014/01/34-Rose-2008-Raisin-Effects-on-in-vitro-Demineralization-of-Human-Teeth.pdf`
[13] A. Utreja, P. Lingstrom, C.A. Evans, L.B. Salzmann, C.D. Wu. Pediatric dentistry **31**, 498, 2009
[14] C.D. Hu. J Nutrition **139**, 1818S, 2009
[15] H.E. Bays, K. Schmitz, A. Christian, M. Ritchey, J. Anderson. JACC **59 (13 s1)**, E1721, 2012
[16] M.J. Puglisi, U. Vaishnav, S. Shrestha, M. Torres-Gonzales, R.J. Wood, J.S. Volek, M.L. Fernandez. Lipids in Health and Disease **7**, 14, 2008
[17] J.L. Barnes, D.D. Schramm, C. Keen, J.E. Painter, A.R. Waters. J Am Diet Assoc 111:A46, 2011. Available at: `http://www.andjrnl.org/article/S0002-8223(11)00872-8/pdf`
[18] J.W. Rankin, M.C. Andreae, C-Y. Oliver Chen, S.F. O'Keefe. Diabetes, Obesity and Metabolism **10**, 1086, 2008
[19] T.L. Parker, X-H. Wang, J. Pazmino, N.J. Engeseth. J. Agric. Food Chem. **55**, 8472, 2007
[20] J.W. Anderson, A.R. Waters.Journal of Food Science **78** (S1), A11-A17, 2013

Phenolic profile and antioxidant activity of different raisin (*Vitis vinifera* L.) samples

Chiara Di Lorenzo[1], Gianfranco Frigerio[1], Francesca Colombo[1], Luis Peres de Sousa[2], Ahmet Altindişli[3], Mario Dell'Agli[1], and Patrizia Restani[1]

[1] Dipartimento di Scienze Farmacologiche e Biomolecolari, Università degli Studi di Milano, via Balzaretti 9, 20133 Milan, Italy
[2] Instituto Politecnico de Beja, Rua Pedro Soares, Apartado 6155, 7800-295, Beja, Portugal
[3]Fakulty of Agriculture, Ege University, Bornova, Izmir 35100, Turkey

Abstract. In the last years, the interest in non-alcoholic grape products, aa potential alternative sources of phenolic compounds, has considerably increased. Raisins are dried grapes largely consumed in the Mediterranean area for the positive pattern of nutrients, and for recent data describing potential benefits on human health. Among the health-promoting substances contained in raisins, flavonoids seem the most interesting. The aim of this study was the application of *in vitro* methods for the characterization of the phenolic fraction of five samples of raisins, and, in parallel, the evaluation of their antioxidant activity. The methods were: 1) Folin-Cocalteau's assay for the quantification of total polyphenol content; 2) vanillin assay for the measure of flavan-3-ols content; 3) DPPH (1,1,-diphenil-2—picrylhydrazyl) spectrophotometric assay for the assessment of radical scavenging activity; 4) High Performance Thin Layer Chromatography for separation of phenolic substances and assessment of their antioxidant activity; 5) chromatographic separation and quantification of main active substances was performed by HPLC-DAD. Although raisins showed a high variability in their composition, they can be considered as a promising source of phenolic compounds with a significant antioxidant activity for the human diet.

1. Introduction

Since the first observations of the "French paradox" [1], several studies have demonstrated the antioxidant and the health promoting effects of phenolic compounds present in wine. At the same time, in epidemiological studies, the consumption of wine has been associated with the reduction, in a J-shaped relationship, of the risk factors for cardiovascular disease and certain cancers, as well as for diabetes and dementia [2]. Nevertheless, recently, the wine market has shown a decreasing trend due to the frequent abuse of alcoholic beverages also by young people; this social problem was faced in December 2009 by WHO with the paper "*Strategies to reduce the harmful use of alcohol: draft global strategy*". The market situation has stimulated a remarkable interest in non-alcoholic grape products, which could represent an alternative source of phenolic compounds. OIV, in its strategic plan 2015–2019, underlines the importance of "*evaluating, in collaboration with the FAO and the WHO, the health aspects, nutritional potential and socio-behavioural factors of all non-alcoholic vine derived products*". In fact, the reduction in risk of death from all causes observed with moderate wine intake seems comparable to that observed in consumers of certain fruits, grains and vegetables, which are similarly rich in phenolic compounds. Raisins are dried grapes obtained from different cultivars or varieties of *Vitis vinifera* L. and widely consumed in the Mediterranean area. About 95% of raisins are dried "Thomson seedless" (named also "Sultanina") grapes. They are an important source of nutrients such as potassium, magnesium, boron sugars, soluble and insoluble fibers [3]. In addition, raisins are rich sources of a wide variety of polyphenols that are particularly interesting for human health. Among them, the most abundant are flavonols (quercetin and kaempferol derivatives) and phenolic acids (mainly caftaric and coutaric acid). Most of the compounds present in raisins derive from the fresh grapes, but other compounds increase during processing, such as caffeoyl tartaric acid and some quercetin and kaempferol derivatives [3]. In literature, different studies have illustrated the potential health benefits of raisins, such as the increase of feeling of satiety and decrease of food intake, the reduction of low-density lipoprotein (LDL) cholesterol, oxidized LDL and gastric inflammation [5,6]. Furthermore, even though raisins have a long-standing reputation of a food promoting dental caries, new findings have shown that raisins consumption as such does not drop oral pH and inhibit some of the bacteria responsible for dental caries [7]. Most of the biological effects of raisins are associated to the antioxidant activity, due to the presence of flavonoids, as reported above. On these bases, the study of the phenolic profile and the relative abundance of active compounds is the first critical step in investigating the benefits coming from raisins consumption. The aim of the study was the characterization of the phenolic fraction of five samples of raisin and the assessment of their antioxidant activity by using *in vitro* fast screening methods.

Table 1. Raisin samples included in the study and code used

Samples analysed	CODE
Raisin from Portugal	P
Raisin from Turkey	T
Turkish raisins without seeds	Tws
Seeds from Turkey raisins	Ts
Commercial raisins 1	C1
Commercial raisins 2	C2
Commercial raisins 3	C3

2. Materials and methods

The methods developed for the characterization of the phenolic fraction of raisin samples were based both on spectrophotometric and chromatographic approaches. Fast screening methods included: 1) Folin-Ciocalteau's assay for the quantification of total polyphenol content; 2) vanillin assay for the measure of flavan-3-ols content; 3) DPPH (1,1-diphenyl-2-picrylhydrazyl) spectrophotometric assay for the assessment of radical scavenging activity; 4) HPTLC (High Performance Thin Layer Chromatography) for the separation and semi-quantitative evaluation of antioxidant property of active compounds. Quantitative analysis of the main flavonoids was performed by HPLC (High Performance Liquid Chromatography) coupled with a diode array detector (DAD).

2.1. Samples

Five raisins were included in the study; the corresponding abbreviations used in the paper are listed in Table 1.

Portuguese raisin (variety Early Gold) was a sultana-type seedless from Beja (Portugal) whereas Turkish raisin (variety sultana) was from Izmir, Turkey. Three brands of raisin were from Italian drugstores; the origin of C1 was not reported in the label, while C2 and C3 were from Australia and Turkey, respectively. Since the macroscopic evaluation of variety from Turkey showed the presence of seeds (Fig. 1), absent in other varieties, they were manually removed and processed at the same conditions of the other samples. Processing procedures were known only for raisins from Izmir and Beja. The former was prepared as follows: after being harvested, grapes were dipped into a solution for removing wax layer of berries. Solution was composed by water, potassium carbonate 5% (w/v) and olive oil 1% (v/v). Then, grapes were laid on polyethylene sheets and sun-dried for seven days. Portuguese raisins were allowed to dry on the plant for 5 weeks and then harvested.

Raisin were extracted by using hydro-alcoholic (HE) and water (WE) solutions. The investigation of water/ethanol extraction was due to the common occurrence of these extracts as ingredients of food supplements, while water extraction simulated the physiological conditions. About 2 g of raisins were added with 40 mL of water:ethanol mixture (1:1) or 40 mL of water. Samples were thoroughly homogenized and mixed under stirring for 4 h in dark conditions at room temperature. Then, the mixtures were filtered in a vacuum flask and 40 mL of hydro-alcoholic or water solution were added to the solid residue and incubated overnight, as described above. After

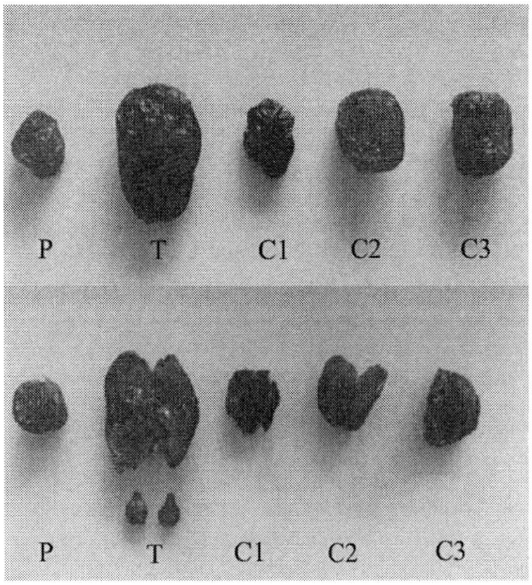

Figure 1. Raisins samples included in the study; P=Portuguese raisins; T=Turkish raisins; C1=Commercial raisins 1; C2=Commercial raisins 2; C3=Commercial raisins 3. T showed the presence of seeds (lower panel) [6]

this procedure, supernatants were combined, freeze-dried and stored at −20°C till the use.

2.2. Spectrophotometric assays

Three spectrophotometric assays were used in this study.

2.2.1. Folin-Ciocalteu's assay

Total polyphenol content (TPC) was determined according to Singleton and Rossi [8].

About 50 mg of freeze-dried samples prepared as described in 2.1 were solubilized in 1 mL of a 50:50 (v/v) water:methanol solution. Aliquots of 300 μL from samples, or water for blank, were mixed in test tubes with: 1.5 mL of Folin-Ciocalteau's reagent (Sigma Aldrich, Germany) diluted 10 times (v/v), and 1.2 mL of 7.5% sodium carbonate (Sigma Aldrich, Germany). After 30 minutes, the absorbance was measured at 765 nm (UV-visible spectrophotometer, Varian Cary 50 SCAN, Palo Alto, California, U.S.A.). Results were expressed as gallic acid (GA) equivalents (mg/g).

2.2.2. Vanillin assay

Total flavan-3-ols content of raisins was determined according to the method described by Price et al. [9]. Samples were prepared as described in 2.1 and diluted with methanol according to the analyte abundance. Catechin was used as a standard. Aliquots of 0.4 mL of standard catechin solution (50–300 μg/mL in methanol) or sample or methanol (blank) 1 mL of 1% vanillin solution in methanol (w/v) were mixed with 1 mL of 9M HCl in methanol. To correct the absorbance for the possible interference due to sample characteristics (colour, turbidity, etc.), the same solutions were prepared using

DOI: 10.1051/bioconf/20160704006

methanol instead of vanillin reagent. The reaction mixtures were incubated in a water bath for 20 minutes at 30 °C and the absorbance (A) was measured at 500 nm.

A of samples was obtained according to the following relationship (1):

$$A = (As - Ac) - (Ab - Ao) \quad (1)$$

As= Absorbance of 0.4 mL sample + 1mL 1% vanillin + 1 mL 9M HCl
Ac= Absorbance of 0.4 mL methanol (blank) + 1mL 1% vanillin + 1 mL 9M HCl
Ab= Absorbance of 0.4 mL sample + 1 mL methanol + 1 mL 9M HCl
Ao= Absorbance of 0.4 mL methanol (blank) + 1 mL methanol + 1 mL 9M HCl.

A calibration curve was prepared calculating A for each standard concentration. Results were expressed as catechin equivalents (mg/g).

2.2.3. Antioxidant activity by DPPH assay

The antioxidant activity (AOA) of raisin samples was measured spectrophotometrically, as a measure of radical scavenging activity, using 1,1-diphenyl-2-picryl-hydrazyl free radical (DPPH) [10,11]. Samples were prepared as described in 2.1. Aliquots of 1 mL of DPPH (Sigma Aldrich, Germany) in methanol (5 mg/100 mL) were mixed with 0.5 mL of each sample suitably diluted. The absorbance was measured after 30 minutes at 517 nm. Results were expressed as equivalents of Trolox (mg/g).

2.3. Fast chromatographic methods: High Performance Thin Layer Chromatography (HPTLC)

Thin Layer Chromatography (HPTLC) is a fast and suitable method for screening different classes of molecules, allowing the fingerprint characterization of several botanical products [12]. Furthermore, HPTLC technique can be used for the assessment of biological properties such as, for example, the semi-quantitative measure of antioxidant activity.

In this study, HPTLC technique was used to perform a screening of flavonoids contained in raisin samples evaluating in parallel the associated antioxidant activity.

2.3.1. Flavonoid profile and antioxidant activity of raisins

Aliquots of 5 μL of standard solutions (200 μg/mL) of the main flavonoids (epigallocatechin-3-O-gallate, epicatechin, catechin, procyanidin B1, procyanidin B2, caftaric acid, rutin, hyperoside, quercetin-3-O-glucoside, quercetin-3-O-glucuronide, kaemferol-3-glucoside) were applied on silica gel-plates 254F (10 x 20 cm, Merck, Darmstadt, Germany) by using a semi-automatic applicator. In the case of raisin samples (prepared as described in 2.1) volumes of 15 μL were loaded onto the plate. At the end of the chromatographic run, the plate was sprayed with a DPPH (Sigma Aldrich, Germany) methanolic solution (0.05%) and dried for 1 min at room temperature

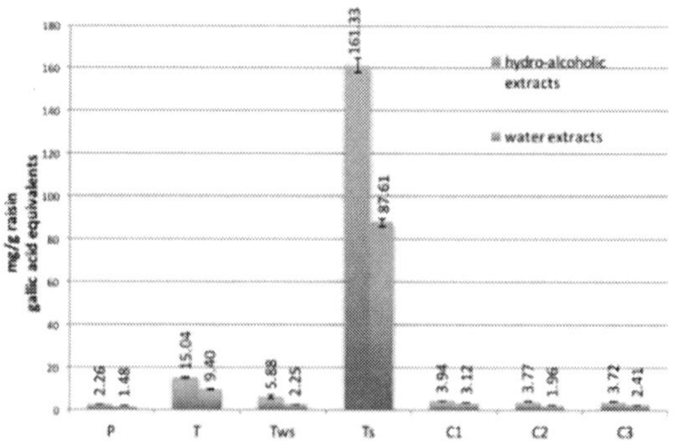

Figure 2. Total phenol content (mg/g of GA equivalents) of raisin hydro-alcoholic (blue bars) and water extracts (red bars). For abbreviations see Table 1.

in an extractor hood. The dried plate was wrapped with aluminium foil for 30 min and exposed at UV (366 nm) or at visible light. The images were achieved by using a specific software (VisionCats, CAMAG, Muttenz, Switzerland).

2.4. Quantitative analysis by High Performance Liquid Chromatography (HPLC)

HPLC equipment included a pump (P2000, Thermo Separation products, San José CA, USA), an interface (SN4000, Thermo Separation products, San José, CA, USA), a Diode Array Detector (6000 LP, Thermo Separation products, San José, CA, USA), an injection valve (Rheodyne, Cotati, CA, USA) with a 20 μL loop. The method was used for the separation and quantification of the main flavan-3-ols monomers (catechin, epicatechin, epicatechin-3-O-gallate), dimers (procyanidin B1,B2, B3) and trimers (procyanidin C1), phenolic acids (caftaric acid), and flavonols (rutin, hyperoside, quercetin-3-O-glucoside, quercetin-3-O-glucuronide, kaemferol-3-glucoside).

Stock solutions (Sigma Aldrich, Germany) were prepared in methanol:water (50:50, v/v) at the final concentration of 200 μg/mL. Solutions were diluted with 0.1 N HCl to obtain the working solutions ranging between 0.1 and 25 μg/mL.

The chromatographic column was a 4u Synergi MAX-RP 80A (250 × 2.0 mm, 4 μm; Phenomenex, Torrance, CA, USA).

The analysis was performed using a gradient elution at a flow rate of 0.3 mL/min, where A was a mixture of water:acetonitrile:formic acid 96.9:3:0.1 (v/v/v); and B a mixture of acetonitrile:water:formic acid 50:49.9:0.1 (v/v/v). The detection was at 360 nm for flavonols and at 280 for caftaric acid and flavan-3-ols.

The method was validated according to the FDA Guidelines on Bioanalytical Methods Validation [13] and recently published [3, 14].

3. Results and discussion

3.1. Spectrophotometric assays

Figure 2, Figs. 3 and 4 show the total polyphenol content, total flavan-3-ols content and the antioxidant activity of hydro-alcoholic and water raisin extracts, respectively.

 DOI: 10.1051/bioconf/20160704006

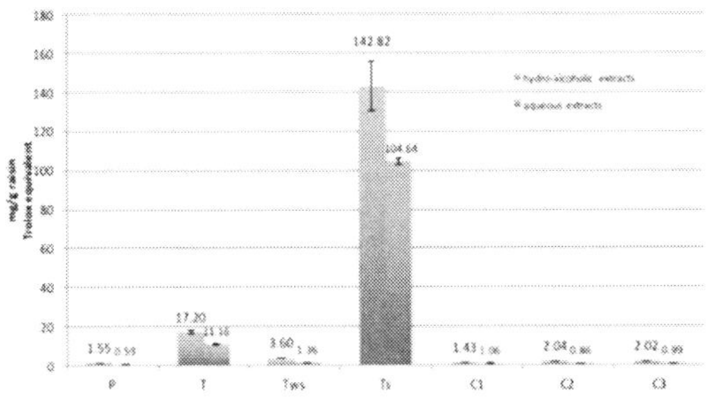

Figure 3. Antioxidant activity (mg/g of Trolox equivalents), of raisin hydro-alcoholic (blue bars) and water extracts (red bars). For abbreviations see Table 1.

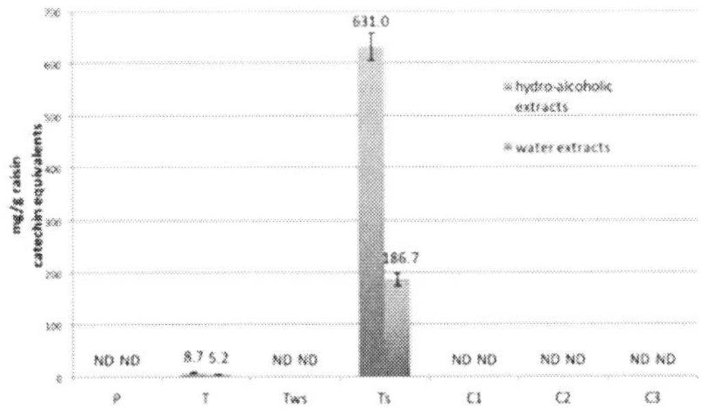

Figure 4. Total flavan-3-ols content (mg/g catechin equivalents), of raisin hydro-alcoholic (blue bars) and water extracts (red bars). For abbreviations see Table 1.

Figure 2 shows that the total phenolic content (TPC) of hydro-alcoholic extracts (HE) was higher than that measured in samples extracted in water (WE). It ranged between 2.26±0.12 and 161.33±3.63 mg GA equivalents/g raisins (mean±s.d.) for HE and 1.48±0.11 and 87.61±1.82 mg GA equivalents/g raisins (mean±s.d.) for WE. The highest TPC was found in raisin from Turkey, where the total phenol content was 3–6 fold higher than the other samples, while the lowest amount of phenols was detected in Portuguese raisin extract. This was due to the presence of the seeds, according to data from the literature [15].

Samples with the most abundant phenol content showed also the highest antioxidant activity (Fig. 3).

Both hydro-alcoholic and water extracts from Turkey showed the highest antioxidant activity (142.82± 12.52 mg/g and 104.64±1.54 mg/g Trolox equivalents, respectively), followed by commercial raisins C2 and C3 (2.04±0.13 mg/g and 2.02 ±0.10 mg/g Trolox equivalents, respectively). The high antioxidant activity of the seeds from Turkish raisins was attributed to the presence of significant amounts of flavan-3-ols, particularly procyanidins, as previously described [16]. The positive effects on human health of grapes and grape seeds extracts are mainly attributed to this class of compounds [5]. Another interesting result was the optimal linear relationship between the antioxidant activity and total phenol content of both hydro-alcoholic and water extracts (R^2 =0.99857 and R^2=0.99948, respectively). The presence of high amounts of flavan-3-ols was confirmed by the vanillin assay (Fig. 4), widely used for quantitative analysis of flavanols, thanks to its specificity and sensitivity. Total flavan-3-

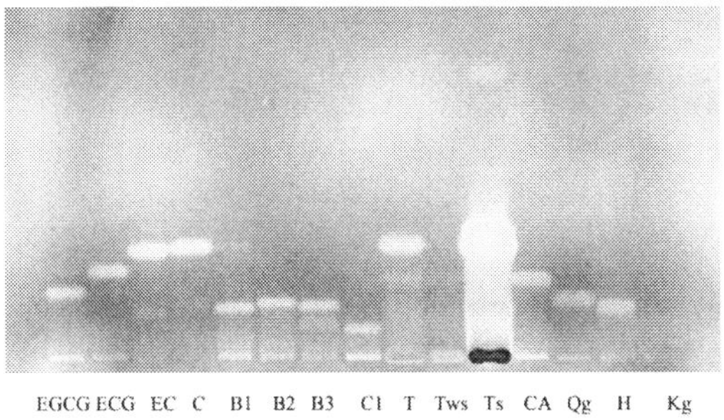

EGCG:	epigallocatechin3-O-gallate	T:	Turkish raisin extract (whole fruit)
ECG:	epicatechin-3-O-gallate	Tws:	Turkish raisin extract without seeds
EC:	epicatechin	Ts:	Turkish raisin extract from seeds
C:	catechin		
B1:	procyanidin B1	CA:	caftaric acid
B2:	procyanidin B2	Qg:	quercetin-3-O-glucoside
B3:	procyanidin B3	H:	hyperoside
C1:	procyanidin C1	Kg:	kaempferol-3-O-glucoside

Figure 5. HPTLC patterns of hydro-alcoholic extract samples of Turkish raisin.

ols content was calculated using the calibration curve based on catechin as a reference standard (y=0.0017x + 0.0208; R^2 =0.985). Results were expressed as catechin equivalents (mg/g).

The assay allowed to show that only the Turkish extracts, in particular those from the seeds, contained flavan-3-ols, not detectable in the other samples.

3.2. High Performance Thin Layer Chromatography (HPTLC)

The HPTLC technique allowed a parallel evaluation of antioxidant activity and flavonoid distribution in raisins samples.

3.2.1. Flavonoid pattern and antioxidant activity of raisins samples

The innovative approach of HPTLC technique allowed the correlation of flavonoid pattern of samples with the relative antioxidant activity. For the evaluation of the antioxidant activity, the plates were exposed at 366 nm or visible light after derivatization with the DPPH solution. As an example, Fig. 5 shows the flavonoid distribution and the associated antioxidant activity of Turkish raisins.

The derivatization with DPPH solution and exposure of the plate at visible light, showed that flavan-3-ols, (e.g. catechin and epicatechin) were the most abundant compounds (mainly in the seeds and in the whole fruit) with the highest antioxidant activity. Procyanidins were detectable both in T and in Ts, showing an important antioxidant activity as well. A similar pattern was observed in water extracts, although, as expected, they showed a lower abundance of flavonoids, probably due to the lower extraction efficiency of water (Fig. 6). Flavan-3-ols were not visible in the other samples (data not shown).

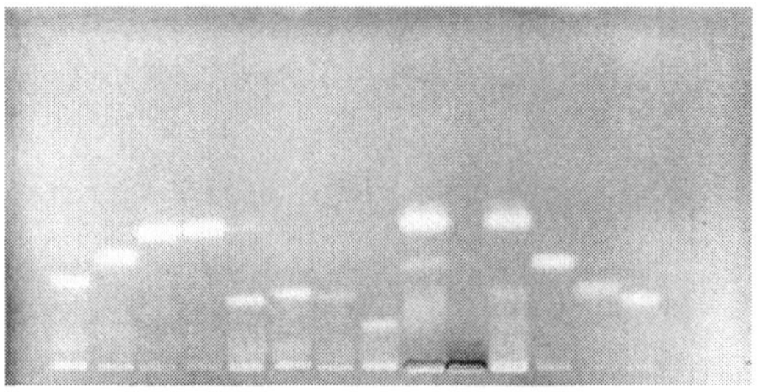

EGCG ECG EC C B1 B2 B3 C1 T Tws Ts CA Qg H Kg

EGCG:	epigallocatechin3-O-gallate	T:	Turkish raisin extract (whole fruit)
ECG:	epicatechin-3-O-gallate	Tws:	Turkish raisin extract without seeds
EC:	epicatechin	Ts:	Turkish raisin extract from seeds
C:	catechin		
B1:	procyanidin B1	CA:	caftaric acid
B2:	procyanidin B2	Qg:	quercetin-3-O-glucoside
B3:	procyanidin B3	H:	hyperoside
C1:	procyanidin C1	Kg:	kaempferol-3-O-glucoside

Figure 6. HPTLC patterns of water extract samples of Turkish raisin.

Table 2. Content of flavan-3-ols (μg/g ±s.d) in Turkish raisins (HE).

Flavan-3-ols	T (whole fruit)	Ts (seeds)
Catechin	615.33±42.84	10231.06±89.38
Epicatechin	148.14±13.43	3201.16±156.90
Epicatechin-3-O-gallate	10.86±0.34	300.50±7.11
Epigallocatechin-3-O-gallate	4.94±0.22	19.45±0.62
Procyanidin B1	345.46 ±15.43	1690.27 ±76.26
Procyanidin B2	41.82 ±2.16	579.60 ±51.79
Procyanidin B3	138.93 ±9.03	1684.81 ±34.85
Procyanidin C1	14.00 ±1.24	703.27 ±4.85

3.3. High Performance Liquid Chromatography (HPLC)

The HPLC-DAD method, developed to quantify the main flavonoids, was validated according to the FDA guidelines [12] and the main parameters have been recently published [6]. The results obtained show that the method is precise, sensitive and capable of separating satisfactorily the searched compounds. Flavan-3-ols were not detectable in raisin samples, apart from Turkish raisins (whole fruits and seeds), confirming the results obtained by HPTLC analysis. As an example, Fig. 7 illustrates the chromatograms of P and T hydro-alcoholic extracts after detection at 280 nm and 360 nm.

Tables 2 and 3 list the amounts of flavan-3-ols in hydro-alcoholic and water extracts of Turkish raisins (whole fruit and seeds), respectively.

As shown by HPTLC analysis, catechin and epicatechin were the most abundant compounds (particularly in the seeds), followed by procyanidins B1 and B3. As reported in the literature, all these compounds contribute to some positive effects on human health, such as antioxidant and anti-inflammatory activities [14,18]. Indeed, procyanidins have shown to inhibit Interleukin-8 release at gastric level [6]. Interestingly, also water extracts showed important levels of flavan-3-ols, suggesting that positive effects could occur after the consumption of raisins within the normal diet. Figures 8 and 9 show the HPLC pattern of the other phenol compounds.

Table 3. Content of flavan-3-ols (μg/g ±s.d) in Turkish raisins (WE).

Flavan-3-ols	T (whole fruit)	Ts (seeds)
Catechin	772.44±33.64	6163.67±411.75
Epicatechin	150.22±4.74	2169.05±161.91
Epicatechin-3-O-gallate	4.26±0.18	119.34±11.07
Epigallocatechin-3-O-gallate	71.19±0.70	154.89±16.72
Procyanidin B1	78.09±5.13	2249.84±178.76
Procyanidin B2	69.70±2.68	1076.34±116.16
Procyanidin B3	80.71±2.58	1073.98±21.83
Procyanidin C1	15.63±1.63	426.95±34.84

Caftaric acid, quercetin-3-O-glucoside and kaempferol-3-O-glucoside were the most abundant phenols present in the hydro-alcoholic extracts; in particular, caftaric acid ranged between 24.92±1.50 μg/g (C1) and 74.93±2.27 μg/g (C2). These results are consistent with other studies, reporting that, if compared with fresh grapes, raisins show higher levels of some flavonoids (such as organic acids and flavonols), due to the removal of water during drying [4,17]. It is noteworthy that Portuguese sample was particularly rich in quercetin-3-O-glucoside (21.68±0.91 μg/g) and kaempferol-3-O-glucoside (16.81±0.49 μg/g). This could be due to the unusual drying procedure of the raisin (on the plant) that may protect these classes of phenol compounds from oxidation processes [4]. Rutin is one of the bioactive compounds present in significant amount in plants. However, according to previous studies [3,4], the levels of rutin concentration in raisins was very low and ranged between not detectable (<Limit of Detection of 4.3±0.3 ng/mL) to 5.58±0.17 μg/g of raisins.

Water extracts showed a flavonoid pattern similar to hydro-alcoholic extracts; some compounds showed lower concentration, such as caftaric acid and rutin, mainly in the seeds, where only hyperoside was detectable. Interestingly, if compared with hydro-alcoholic extracts, quercetin-3-glucuronide was more represented, probably because of the higher solubility of this compound in aqueous medium.

4. Conclusions

This study describes the optimization of some analytical methods to characterize the phenolic fraction of raisins. These methods allowed a fast quantification of the main polyphenols and the evaluation of the associated antioxidant activity. Data obtained by spectrophotometric methods were compared with those deriving from chromatographic analysis in HPLC-DAD. Spectrophotometric methods, although not always specific, were useful to obtain preliminary information about phenolic composition of raisins samples, and were satisfactorily correlated with their antioxidant activity. The HPTLC showed interesting results not only for the screening of active compounds, but also for the evaluation of the antioxidant activity associated with each molecule (other *in vitro* antioxidant assays determine only the total activity).

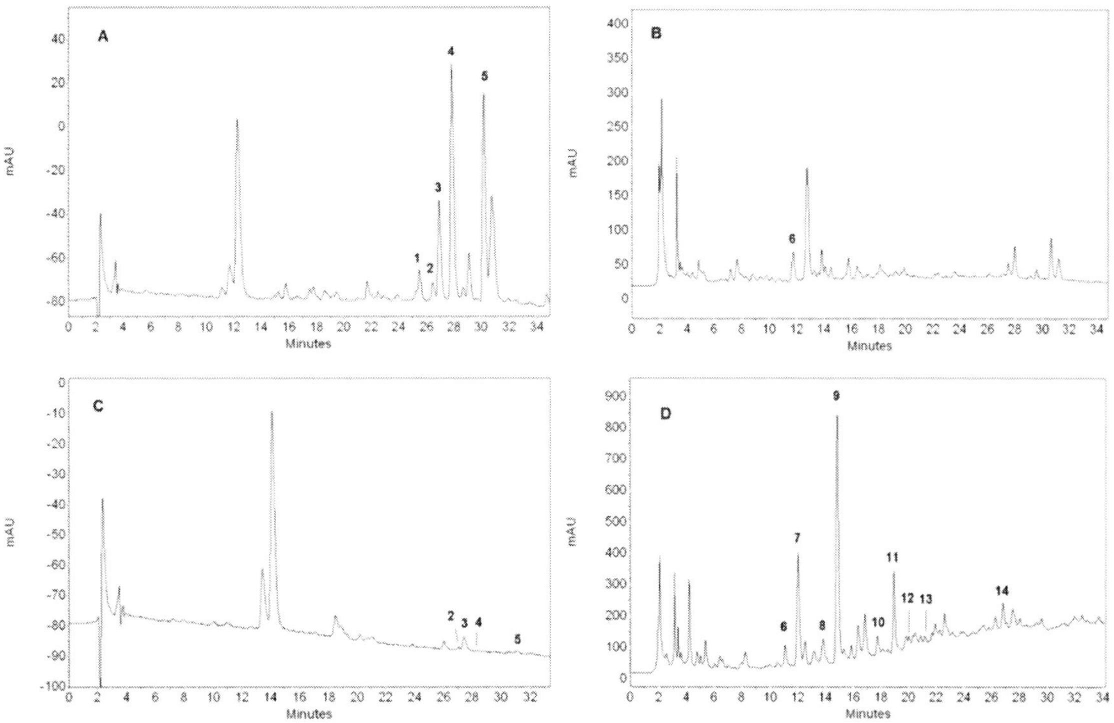

Figure 7. HPLC profile of Portuguese and Turkish HE extracts. Panel A: P raisins revealed at 360 nm; panel B: P raisins revealed at 280 nm; panel C: Turkish raisins revealed at 280 nm; panel D: Turkish raisins revealed at 280 nm. 1-rutin; 2-hyperoside; 3-quercetin-3-O-glucoside; 4-quercetin-3-O-glucuronide; 5-kaempferol-3-O-glucoside; 6-caftaric acid; 7-prcyanidin B1; 8-procyanidin B3; 9-catechin; 10-procyanidin B2; 11-epicatechin; 12-epigallocatechin-3-O-gallate; 13-procyanidin C1; 14- epicatechin-3-O-gallate.

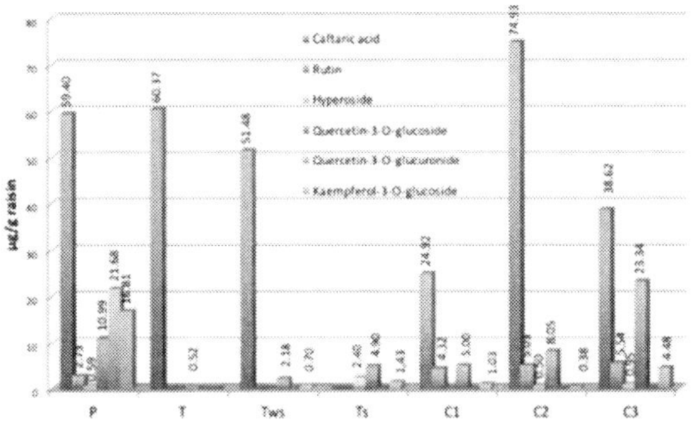

Figure 8. HPLC profile of caftaric acid and flavonols in raisin samples (HE). For abbreviations see Table 1.

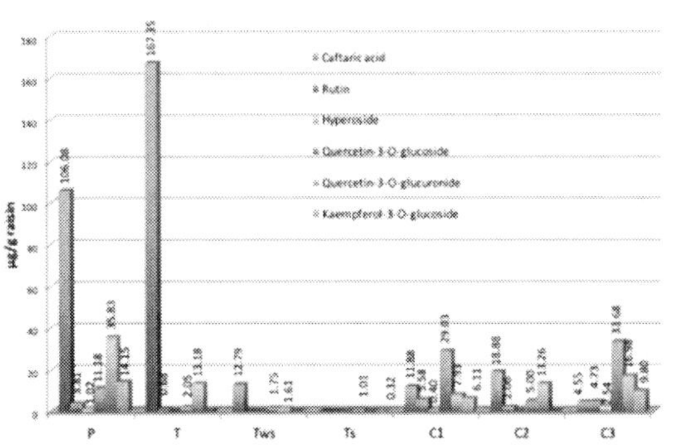

Figure 9. HPLC profile of caftaric acid and flavonols in raisin samples (WE). For abbreviations see Table 1.

HPLC-DAD analysis showed a wide variability in terms of qualitative/quantitative composition. Caftaric acid and quercetin-3-O-glucoside were present in all the varieties assayed, according to the literature data, where is reported that these compounds are not generally affected by drying [4]. The presence of the seeds in Turkish raisins made them particularly rich in catechins and procyanidins, compounds that generally are affected by oxidative reactions occurring during drying, independently of the kind of procedure used [4, 19]. In this study, only the processing procedures of Turkish and Portuguese raisins were known: the former were sun-dried after dipping processing, while the latter were dried on the plant. However, all the raisin samples showed an interesting phenolic profile. In particular, Turkish raisins could be used in food market as an ingredient of plant food supplements (hydro-alcoholic extract) or of snacks, mixed up with cereals, that could reduce the perceptions of the seeds. Taken together, these preliminary results confirm that raisins contain, in different amount, phenolic substances with significant antioxidant activity, supporting their positive role in the human diet.

The analytical methods described in this work were partially developed in the framework of the European Project PlantLIBRA, funded by the European Community's Seventh Framework Programme (FP7/2007–2013) under Grant agreement no. 245199. This paper does not necessarily reflect the Commission views of its future policy on this area.

References

[1] S.C. Renaud, M.De Lorgeril, Lancet **339**, 1523 (1992)
[2] N.C Briggs, R.S. Levine, L.D. Bobo, W.P. Haliburton, E.A. Brann, C.H. Hennekens, Am. J. Epidemiol. **156**, 454 (2002)
[3] A. Carughi, *Health Benefits of Sun-Dried Raisins*, health Research and Studies Center: Kingsburg, CA, USA, 2009
[4] F. Karendiz, R.W. Durst, R.E. Wrolstad, J. Agric. Food Chem. **48**, 5343 (2000)
[5] B.P. Patel, N. Bellissimo, B. Luhovvyy, L.J. Bennet, E. Hurton, J.E. Painter, G.H. Anderson, Appl. Physiol. Nutr. Metab. **35**, 475 (2011)
[6] C. Di Lorenzo, E. Sangiovanni, M. Fumagalli, E. Colombo, G. Frigerio, F. Colombo, L. Peres de Sousa, A. Altindişli, P. Restani, M. Dell'Agli, Int. J. Mol. Sci. **17**, 1156 (2016)
[7] A. Wong, D.A. Young, D.E. Emmanouil, L.M. Wong, A.R. Waters, M.T. Booth, J. Food Sci. **78**, A26 (2013)
[8] V. L. Singleton, J.A. Rossi, Am. J. Enol. Viticult. **16**, 144 (1965)
[9] M.L. Price, S. Van Scoyoc, L.G. Butler, J. Agric. Food Chem. **26**, 1214 (1978)
[10] W. Brand-Williams, M.E. Cuvelier, C. Berset, Food Sci. Technol. **28**, 25 (1995)
[11] L.P. Leong, G. Shui. Food Chem. **76**, 69 (2002)
[12] E. Reich, A. Schibli, 2006. *High Performance Thin-Layer Chromatography for the Analysis of Medicinal Plants* (CIC Edizione internazionale, 2006)
[13] FDA, Food and Drug Administration, Guide for Industry – Bioanalytical Method Validation (2013) `http://www.fda.gov/downloads/Drugs/GuidanceComplianceRegulatoryInformation/Guidances/UCM368107.pdf` last consultation September 2016
[14] E. Sangiovanni, C. Di Lorenzo, E. Colombo, F. Colombo, M. Fumagalli, G. Frigerio, P. Restani, M. Dell'Agli, Food Funct. **6**, 2453 (2015)
[15] Y. Yilmaz, Z. Goksel, S.S. Erdogan, A. Ozturk, A. Atak, C. Ozer, J. Food Process. Preserv. **39**, 1682 (2015)
[16] F. Grases, R.M. Prieto, R.A. Fernandez-Cabot, A. Costa-Bauza, A.M. Sanchez, M. Prodanov, Nutr. J. **14**, 94 (2015)
[17] S.H Adam, N. Giribau, N. Kassim, K.E Kumar, M. Brahmayya, A. Arya, N. Salleh, Biomed. Pharmacother **81**, 439 (2016)
[18] G. Williamson, A. Carughi, Nutr. Res. **30**, 511 (2010)
[19] S. Sèrio, M.D. Rivero-Pèrez, A.C. Correia, A.M. Jordao, M.L. Gonzàlez-San Josè, Cienc. Tèc. Vitivinic. **29**, 1 (2014)

Mineral analysis, anthocyanins and phenolic compounds in wine residues flour

Gabriela Datsch Bennemann[1], Clerissa Fabiele de Assis[1], Gabriela Caroline Rovea Costa Moreira[1], Luiz Henrique de Lima[2], Karolyne Kruger Carvalho[2], Yohandra Reyes Torres[3], and Renato Vasconcellos Botelho[2]

[1] Departament of Nutrition, University of Midwestern, Guarapuava, Paraná, Brasil
[2] Departament of Agronomy, University of Midwestern, Guarapuava, Paraná, Brasil
[3] Department of Chemistry, Universitly of Midwestern, Guarapuava, Paraná, Brasil

Abstract. This study analyzed the mineral content (N, P, K, S, Ca, Fe, Mg, Mn, Fe and Zn), anthocyanins and phenolic compounds in flours produced from residues of different grape cultivars from the wineries in the Southern region of Brazil. Mineral analysis showed a significant difference for all grape cultivar, with the exception for phosphorus content. Residues from cv. Seibel showed higher levels of N, Cu and Mg. The cultivars Ancelotta, Tanat and Bordô present higher contents of K, Zn, Mn, Fe and Ca. For the concentration of anthocyanins, cultivars Cabernet Sauvignon (114.7 mg / 100g), Tannat (88.5 mg / 100 g) and Ancelotta (33.8 mg/100 g) had the highest concentrations. The cultivars Pinot Noir (7.0 g AGE / 100 g), Tannat (4.3 g AGE / 100 g), and Ancelotta (3.9 g AGE / 100 g) had the highest content of phenolic compounds. Considering these results, it became evident the potential of using the residue of winemaking to produce flour for human consumption, highlighting the grapes 'Tannat' and 'Ancellotta'.

1. Introduction

Brazil is a country with an important wine industry, generating significant quantities of grape pomace. Currently, there is a growing interest in the exploitation of waste generated by the wine industry (Arvanitoyannis et al., 2006) [1]. The wine by-products are characterized as the pomace, which consists mainly of seeds and grape skins (Silva, 2003) [2].

The most part of this pomace are discarded, although having a high content of fiber, antioxidants and other substances that could be important to use as food for human consumption. One of the best applications of the pomace is the elaboration of grape flour, which could be used in the preparation of biscuits, bread, cereal bars, homemade pasta, vitamins and juices. This flour has a high fiber content as well as high amounts of flavonoids, anthocyanins , aromatic substances, acids and tannins and microorganisms, which are responsible for the fermentation of the must (Karakaya et al., 2001) [3].

These flours can be used in cooking practice (Perin, 2011) [4] and have considerable nutritional values, highlighting the significant amount of fiber, minerals, phenolic compounds and anthocyanins, and therefore exhibits a significant antioxidant potential, as the processing of this drink does not remove all the bioactive compounds.

In this context, this trial aimed to verify the differences in the content of the flour obtained from pomace generated by the winery industry of different grape cultivars, considering their potential for human consumption.

2. Material and methods

2.1. Preparation of flour

Flours were produced from pomace of nine grape cultivars (Bordô, Seibel, Malbec, Merlot, Ancelotta, Pinot Noir, Tannat, Cabernet Sauvignon and Cabernet Franc) obtained in two wineries, one located in Bituruna (Paraná State, Brazil) and other in Água Doce (Santa Catarina State, Brazil). Samples were collected soon after opening the fermentation tanks. They were dried in an oven with circulation and air exchange (Solab Co., Brazil) at 55 °C until the moisture of 14% w/w suited for the production of grape waste flour. After, the samples remained at room temperature (22 °C) to full cooling. Then, the peels and seeds were ground in a mill rotor (Marconi Co., Brazil) until obtaining grapes residues flour. This material was subjected to sieving in sieves type Tyler mesh with openings of 28 Tyler (Tamis®, Brazil).

2.2. Mineral content analysis

Mineral content analysis (N, P, K, S, Ca, Fe, Mg, Mn, Fe and Zn) were performed according to the methodology described by Silva (2009) [5]. The N concentrations in flour were determined by digestion using sulfuric acid and semimicro – Kjeldahl method. After digestion in nitric perchloric acid, phosphorus (P) was determined by molecular absorption spectrophotometry, sulfur (S) by turbidimetry barium sulfate, potassium (K) by photometry flame emission and calcium (Ca) and magnesium (Mg), by atomic absorption spectrophotometry.

 DOI: 10.1051/bioconf/20160704007

2.3. Content of anthocyanins

The analysis of the total content of anthocyanins was carried by the pH difference method (Giusti and Wrolstad 2001) [6], by means of potassium chloride buffer, pH 1.0 and sodium acetate buffer, pH 4.5.

2.4. Polyphenol contents

The total polyphenol content of each extract was valued spectrophotometrically according to the Folin- Ciocalteu method (Rossi & Singleton, 1965) [7], with the reading of the absorbances at 764 nm and the results expressed as equivalent grams of the gallic acid (GAE) per 100 g of dry extract.

2.5. Statistical analysis

The data were submitted to analysis of variance, and when significant, the means were compared by SNK test at 5% probability by SISVAR statistical program. All analyzes were performed in triplicate and the results presented as mean ± standard deviation.

3. Results and discussion

3.1. Mineral content in the samples avaluated

Table 1 shows the mineral content in the analyzed flours, and there was no significant difference for phosphorus content between grape cultivars. The grapes 'Tannat', 'Ancellotta' and 'Bordô', stand out for the higher content of P, Zn, Mn and Fe Potassium. For N content, cultivars Seibel and Bordô showed the highest values. For Mg a higher content was verified in the grapes 'Ancellotta', 'Bordô', 'Pinot Noir', 'Seibel' and 'Cabernet Franc', significant superior to the cultivars Malbec, Seibel and Cabernet Sauvignon. Significantly higher levels of Ca were identified in the varieties Pinot Noir, Tannat, Ancellotta and Seibel. Souza et al (2014) [8], in a study of grape pomace flour of 'Benitaka' grapes grown in Pernambuco, semi-arid region of the Brazilian Northeast, identified lower rates of assessed minerals when compared to those obtained in the present study (Calcium 0.44 mg / 100 g, Magnesium 0.13 mg / 100 g, Potassium 1.40 mg / 100 g, Iron 18.08 mg / 100 g, Manganese 0.817 mg / 100 g, Phosphorus 0.183 mg / 100 g, Sulfur 0.089 mg / 100g, Zinc 0 98 mg / 100 g.

A justification for this difference between the mineral content would be the difference in the composition of the soil and climate of the growing regions. Elements such as the soil and weather factors, especially temperature, humidity and solar radiation, exert great influence on the development, production and grape quality. The climatic characteristics of the Brazilian wine industry are very specific and different from those found in most wine countries. This situation gives the product a set of features and its own typicality. This typicality is due largely to the climate effect follows also the wide range of cultivars used.

Grape wines have typical characteristics that vary from region to region in the Brazilian conditions. The state of Santa Catarina is characterized by a set of vineyards for the production of fine wines, which altitude vineyards are called, and located in cold regions. In the Northeast of Brazil, specially the States of Pernambuco and Bahia, is the wine region of the San Francisco's Sub-Middle Valley. It is situated in an area of semi-arid tropical climate, between 09° and 10° South latitude. The viticultural climate of the region has intra-annual variability, which enables the production of grapes and wines throughout every month of the year.

The world viticulture destined for agribusiness is mainly concentrated between the latitudes 30 and 50° north and 30 and 45° South. The main occurring climates are temperate type of climate, Mediterranean type climates and with different levels of aridity. In Brazil types occurring climate in producing wine regions of fine wines with an annual harvest are temperate and subtropical (Embrapa Grape and Wine, 2003) [9]. Our results are similar to those obtained in the study of Rizzon and Miele (2012) [10] for Copper, Manganese and Magnesium. These authors evaluated grape juice samples from Bento Gonçalves – RS, Brazil, climate region and soil similar to those grown samples of this study, and which would justify a minor loss of these minerals in the products.

An adult has an average daily requirement of 8 to 18 mg Fe, 31 to 400 mg Mg, 700 mg P, Calcium 2500 mg, 4700 mg K. The data obtained in this study show that all cultivars have higher Fe content than the daily requirement for intake in 100 g of pomace flour (155 mg and 250 mg / 100 g). The contribution of minerals, copper, calcium, potassium, manganese and magnesium, also proved important in the composition of flours. Calcium, potassium and magnesium are present in the composition of muscles and bones, and are important for forming processes, contraction and energy metabolism. Copper is a cofactor in the formation of melanin, which plays a role in skin pigmentation, hair and eyes. Some copper dependent enzymes are responsible for many reactions essential for normal function of the brain and nervous system (Colli 2005) [12].

3.2. Phenolic compounds content

The analysis of phenolic compounds highlights significantly higher concentrations in the flour pomace of 'Pinot Noir' (AGE 7.0g / 100g), 'Tannat' (AGE 4.3 g /100 g) and 'Ancelotta' (AGE 3.9 g/100 g) grapes (Table 2). Rockenbach et al (2009) verified phenolic compounds concentrations of GAE.100 7.56 g g^{-1} dry weight for grapes cv. Ancellotta GAE.100 and 6.59 g g^{-1} dry for cv. Tannat. Regarding the difference obtained from several studies, Antolovich (2000) concluded that it is not an easy task to find a single method that is suitable for the analysis of a group of various phenolic compounds due to the diversity of chemical structures and variation in sensitivity of the compounds to the extraction conditions (Antolovich et al., 2000) [13].

3.3. Anthocyanins content

The content of phenolic compounds in grape pomace represents a wide variety of compounds including flavonoids. Among these, there are the anthocyanins (Orak, 2007) [14]. In Table 2 the levels of these compounds in the grape pomace flours are presented. The anthocyanin pigments are present in grape skins, and their levels may vary from 30 to 750 mg / 100 g of fruit, according to Bridle & Timberlake (1997) [15]. Among the cultivars, Cabernet

Table 1. Mineral content in grape pomace flour in southern Brazil.

Variety	Phosphor (mg/100g)	Nitrogen (mg/100g)	Sulfur (mg/100g)	Potassium (mg/100g)	Zinc (mg/100g)
			x± DP		
Cabernet Sauvignon	39.59 ± 1.3	21.83 ± 0.99^{a}	$52.27 \pm 1,64^{ab}$	13.77 ± 2.02^{a}	NS
Tannat	33.05 ± 0.99	22.09 ± 1.31^{a}	38.53 ± 2.5^{b}	23.52 ± 3.14^{b}	16.35 ± 0.44^{d}
Ancelotta	43.88 ± 1.33	22.09 ± 1.06^{a}	85.4 ± 4.32^{c}	25.82 ± 0.01^{b}	33.59 ± 1.66^{e}
Pinot Noir	49.76 ± 9.81	22.45 ± 0.59^{a}	56.49 ± 2.69^{ab}	13.44 ± 1.49^{a}	6.7 ± 0.50^{b}
Malbec	42.43 ± 2.01	26.17 ± 0.87^{b}	53.94 ± 3.07^{ab}	19 ± 0.94^{c}	9.84 ± 0.81^{c}
Merlot	39.96 ± 3.42	3.92 ± 0.72^{c}	54.92 ± 1.46^{ab}	10.84 ± 0.56^{a}	0.08 ± 0.02^{a}
Seibel	44.1 ± 1.77	30.93 ± 1.45^{e}	67.47 ± 0.58^{ab}	5.96 ± 1.12^{d}	6.29 ± 0.35^{b}
Bordô	35.65 ± 0.86	25.05 ± 0.91^{b}	87.88 ± 0.98^{c}	25.15 ± 0.69^{b}	17.47 ± 0.24^{d}
Cabernet Franc	45.14 ± 5.3	17.77 ± 0.74^{d}	63.12 ± 1.25^{ab}	18.66 ± 0.56^{c}	NS
Variety	**Copper (mcg/100g)**	**Manganese (mg/100g)**	**Magnesium (mg/100g)**	**Iron (mg/100g)**	**Calcium (mg/100g)**
			x ± DP		
Cabernet Sauvignon	86.52 ± 11.8ad	24.87 ± 5.3^{abc}	62.21 ± 1.96^{b}	209.78 ± 7.02^{ab}	284.22 ± 3.59^{b}
Tanat	63.97 ± 19.18^{ac}	36.64 ± 0.26^{d}	104.32 ± 3.03^{a}	286.5 ± 6.05^{c}	429.5 ± 4.74^{d}
Ancelotta	89.94 ± 0.71^{ad}	32.27 ± 1.25^{bd}	86.93 ± 1.75^{ac}	212.89 ± 8.48^{ab}	357.02 ± 4.2^{c}
Pinot Noir	52.95 ± 1.44^{abc}	25.84 ± 1.37^{abc}	105.51 ± 3.62^{a}	164.84 ± 4.71^{a}	$362.84 \pm 1,67^{c}$
Malbec	125.06 ± 2.57^{d}	19.91 ± 3.15^{c}	75.49 ± 1.95^{c}	250.06 ± 18.54^{bc}	312.13 ± 1.21^{b}
Merlot	9.25 ± 0.22^{b}	9.02 ± 1.25^{e}	58.73 ± 2.94^{b}	169.26 ± 11.66^{a}	158.04 ± 4.63^{a}
Seibel	296.42 ± 44.61^{e}	30 ± 6.58^{abd}	154.7 ± 20.42^{d}	166.36 ± 10.37^{a}	356.21 ± 13.68^{c}
Bordô	36.38 ± 1.11^{bc}	29.26 ± 2.32^{abd}	102.87 ± 5.70^{a}	241.54 ± 19.81^{bc}	308.8 ± 3.96^{b}
Cabernet Franc	42.64 ± 1.64^{abc}	21.09 ± 0.78^{ac}	101.36 ± 1.73a	155.3 ± 9.05^{a}	296.21 ± 7.84^{b}

[1] Means followed by different letters on the same column are significantly different according to NSK at $P < 0.05$. NS. Not significant.

Table 2. Anthocyanin content and phenolic compounds in grape pomace flour in southern Brazil.

Variedade	Phenolic compounds (g AGE/100g)	Anthocyanins (mg/100g)
Cabernet Sauvignon	1.7 ± 0.29^{a}	114.7 ± 0.15^{f}
Tanat	4.3 ± 0.18^{e}	88.5 ± 2.02^{e}
Ancelotta	3.8 ± 0.04^{d}	33.8 ± 2.4^{d}
Pinot Noir	7.0 ± 0.17^{f}	3.48 ± 0.35^{bc}
Malbec	2.3 ± 0.31^{b}	12.89 ± 0.51^{ac}
Merlot	1.7 ± 0.02^{a}	15.78 ± 0.38^{a}
Seibel	5.9 ± 0.39^{c}	18.35 ± 2.1^{a}
Bordô	2.4 ± 0.10^{b}	19.86 ± 6.46^{a}
Cabernet Franc	1.5 ± 0.12^{a}	0.9 ± 0.96^{b}

Sauvignon, Tannat and Ancellotta presented content in this range. The values found for the other varieties are similar to the results found by Pinheiro (2009) [16] in which the values for anthocyanins were 3.56 mg / 100 mL in grape juice in inicial analysis and 1.43 mg / 100 mL after 210 days storage. It is known that anthocyanin levels in grapes can be influenced by factors such method of cultivation, weather aspects and physicochemical factors such as pH and temperature (Souza et al., 2014) [8].

4. Conclusions

Mineral analysis showed a significant difference among cultivars, with the exception of phosphorus. Featured for higher levels of N, Cu and Mg grape cv. Seibel. The cultivars Ancelotta, Tannat and Bordô stood out higher content of K, Zn, Mn, Fe and Ca. When analyzed the concentration of anthocyanins, cultivar Cabernet Sauvignon (114,7 mg / 100 g), Tannat (88.5 mg / 100 g) and Ancellotta (33.8 mg / 100 g) had the largest and most significant concentrations of these antioxidants. The analysis of phenolic compound showed higher concentrations for the cultivars Pinot Noir (7.0 g AGE / 100 g), Tannat (4.3 g AGE / 100 g), and Ancellotta (3.9 g AGE / 100 g). Based this information there is the potential to use the residue of winemaking to produce flour for human consumption, highlighting the cutlivars Tannat and Ancellotta.

References

[1] Arvanitoyannis, I. S.; Ladas, D.; Mavromatis, A. International Journal of Food Science and Technology, Oxford, 41, 475–487 (2006)

[2] Silva, L. M. L. R. Revista do ISPV, 28, 12–17 (2003)

[3] Karakaya, S. Ell, S. N. Tas, A. S. International Journal of Food Sciences and Nutrition, 52, 6. (2001)

[4] Perin, E.C.; Schoo, I.B.; Universidade Tecnológica Federal do Paraná – UTFPR (2011)

[5] Silva, F.C. et al., Embrapa Informação Tecnológica, 1, 627–628 (2009)

[6] Giusti, M. M.; Wrolstad, R. E. New York: John Wiley & Sons, 2, 1–13 (2001)

[7] Rossi, J. A. J.; Singleton, V. L. American Journal of Enology and Viticulture, 16, 144–158 (1965)

[8] Sousa, E. C, Uchôa-Thomaz, A. M. A, Carioca, J. O. B, Morais, S. M. L, Martins, C.G, Alexandrino, C. D, Ferreira, P. A. T., Rodrigues, A. L. M, Rodrigues, S. P, Silva, J. N, Rodrigues, L. Food Science and Technology, 34, 135–142 (2014)

[9] EMBRAPA. Centro Nacional de Pesquisa de Uva e Vinho. EMBRAPA-CNPUV, 2003
[10] Rizzon, L. A., & Miele, A. Ciência e Tecnologia de Alimentos, **32**, 93–97 (2012)
[11] Bortolini, G. A.; Fisberg, M. Hematol. Hemoter, **32**, 105–113 (2010)
[12] Colli, C. Rev. Bras. Cienc. Farm., **41**, 120–124 (2005)
[13] Antolovich, M. et al. Analyst, **125**, 989–1009 (2000)
[14] Orak, H. H. Scientia Horticulturae,**111**, 235–241 (2007)
[15] Bridle, P., & Timberlake, C. F. Food Chemistry, **58**, 103–109 (1997)
[16] Pinheiro, E. S., Costa, J. M. C., Clemente, E., Machado, P. H. S., & Maia, G. A. (2009). Estabilidade físico-química e mineral do suco de uva obtido por extração a vapor. *Revista Ciência Agronômica, 40*(3), 373–380

DOI: 10.1051/bioconf/20160704008

Understanding the protective effects of wine components and their metabolites in the brain function

A. Esteban-Fernández[1], D. Gigorro del Coso[1], D. González de Llano[1], J. Spencer[2], B. Bartolomé[1], and M.V. Moreno-Arribas[1,a]

[1] Instituto de Investigación en Ciencias de la Alimentación (CIAL), CSIC-UAM. Nicolás Cabrera, 9, 28049 Madrid, Spain
[2] Department of Food and Nutritional Sciences, School of Chemistry, Food and Pharmacy, University of Reading, Whiteknights Campus RG6 6AP, Reading, UK

Abstract. Moderate wine consumption has been suggested to exert a positive effect in prevention of neurodegenerative process and cognitive impairment. With the ultimate aim of achieving a better understanding of the molecular mechanisms behind this benefit, we have investigated the role of certain wine-derived phenolic metabolites and aroma compounds in the MAPK cascade (including ERK1/2, p38), one of the routes directly related to inflammation in neuronal cells. Some of the tested phenolic compounds, especially in the case of 3,4-dihydroxyphenylacetic acid, showed a significant neuroprotective effect against SIN-1-induced neuronal death. Regarding their effect over MAPK phosphorylation, inmunoblotting technique revealed a beneficial and significant decrease on the phosphorylation of p38 and ERK1/2 kinases after incubation with wine constituents. In addition, activity of caspase3-like protease, an executor of neuronal apoptosis and a downstream signal of MAPK, was significantly diminished by 3-(3-hydroxyphenyl) propionic acid and linalool, counterbalancing the increase produced by SIN-1. Altogether, these results suggest that wine aroma, phenolic compounds and their gut metabolites could exert neuroprotective actions by modulating MAPK signalling and caspase-3 proteases activation, which are known to play a key role in oxidative/nitrosative stress-induced response.

1. Introduction

Oxidative and nitrosative stress play important roles in the development of neurodegenerative diseases such as Alzheimer's and Parkinson's [1]. Several epidemiology studies have suggested that moderate wine intake (250 mL per day) can be beneficial in delaying the onset of cognitive impairments in aging and neurodegenerative diseases [2,3]. In agreement with this, evidences from human randomized controlled trials based on acute supplementations with specific wine compounds reinforce this benefit [4]. Also animal *in vivo* studies confirmed the profit of moderate wine consumption on cognitive function [5,6].

Wine is a complex matrix rich in polyphenols and aroma compounds. After consumption, flavan-3-ols, a representative type of polyphenols in wine, are metabolized in the gut by microbial catabolism reactions (i.e. hydrolysis, oxidation), originating different metabolites that include propionic, phenylacetic and benzoic acids derivatives. When these forms reach the liver through blood circulation, they are partially conjugated into glucuronides, sulfates and O-methyl derivatives [7]. Furthermore, these compounds had been detected in human urine and faeces after moderate and regular wine consumption [8,9], meanwhile several evidences have suggested the capacity of these compounds to go through the blood-brain barrier (BBB) [10,11]. Mechanisms by which these compounds might affect neuronal function have not been established but different studies suggest an ability to interact with signalling pathways such as the nuclear factor-κB (NF-κB) or mitogen-activated protein kinase (MAPK) pathways [1]. MAPK family (mitogenic extracellular signal-regulated protein kinase (ERK1/2) and p38, among others) is involved in neuronal stress-induced apoptosis [12] and activates downstream signals, such as caspase-3 proteases expression, a pro-apoptotic marker of cell death. Additionally, to date the effect of phenolic acids in stress-induced injury is poorly understood, as well as the role of aroma compounds in neuroprotection remains still unclear.

With the aim of going deep into the molecular mechanisms involved on the protective effect derived from moderate wine consumption, in this work the dopaminergic neuronal cell line SH-SY5Y has been applied as an approach model for the study of the interaction of wine–derived human metabolites, mainly phenolic acids: (3,4-dihydroxyphenylacetic (3,4DHPA), 3-(4-hydroxyphenyl)propionic (4HPP), 3- hydroxyphenylacetic (3HPA), and 3-(3-hydroxyphenyl) propionic (3HPP), salicylic acid, and β-D-O-glucuronide of salicylic acid, and aroma compounds (linalool and 1,8-cineole), with MAPK signalling route (ERK1/2, p38) in a stress-induced situation created by SIN-1 peroxynitrite generator. Caspase-3 protein expression, a downstream process of this route, has been analyzed too.

[a] e-mail: victoria.moreno@csic.es

DOI: 10.1051/bioconf/20160704008

2. Material and methods

2.1. Cell culture

SH-SY5Y human cells (ATCC® CRL2266™) were routinely grown in 75 cm^2 flasks in a mixture of Dulbecco's modified Eagle Medium and Ham's F12 (1:1 v/v) supplemented with 10% foetal bovine serum, antibiotics (100 IU/mL penicillin and 100 μg/mL streptomycin) and 1% non-essential aminoacids (37°C and 5% CO_2).

2.2. Assessment of cell viability

Neuronal cells were seeded on 96-well plates 24 h prior to the incubation with the phenolic acids and aroma compounds (0.1–10 μM). After 18 h, neurons were exposed to freshly prepared 1 mM SIN-1 for 0–15 h. Then, MTT reagent (0.5 mg/ml) was added and plates were returned to the incubator (37°C, 5%CO_2) for 3 h. Formazan crystals were dissolved with pure DMSO before absorbance was measured (570 nm). Control was considered as maximum of percentage of viability (100%), and the sample values were calculated as: % viability = $Abs_{sample}/\mathrm{Abs}_{control}) \times 100$R. For MEK (PD98059), p38 (SB203580) and ERK (FR180204) inhibitors, the same procedure was applied with the exception that neurons were pretreated for 1 hour with different concentrations of inhibitor (0.5–50 μM) prior the exposition to freshly prepared SIN-1 (1 mM).

2.3. Western immunoblotting

2.3.1. Protein extraction

After pre-treatment with wine compounds and SIN-1 stimulation, neuronal cells were washed with ice-cold PBS with 200 μM EGTA and 200 μM EDTA, and lysed on ice using 50 mM Tris, 0.1% Triton X-100, 150 mM NaCl and 2 mM EGTA/EDTA, containing Protease Inhibitor Cocktail and Phosphatase Inhibitor Cocktail. Lysed cells were scraped, left on ice to solubilize for 45 min and total protein concentration was determined by BCA assay to normalize protein level.

2.3.2. Inmunoblotting

Samples (20 μg protein/lane) were run on 10% SDS-polyacrylamide gels and proteins were transferred to nitrocellulose membranes by semi-dry electroblotting. Blots were incubated overnight at 4°C, with the primary antibodies (pERK1/2, ERK1/2, p-p38, p38, GADPH) in Tris–Tween Buffered Saline (TTBS) containing 1% (w/v) skimmed milk powder antibody buffer, on a three- dimensional rocking table. Then, blots were washed with TTBS, incubated with goat anti-rabbit IgG conjugated to horseradish peroxidase (HRP) secondary antibody for 45 min, washed with TTBS and then exposed to ECL- reagent for 1.5 min and developed using ImageQuant™ LAS mini 4000 (GE Healthcare). Bands were analyzed using ImageQuant™ Software (GE Healthcare). Molecular weights of the bands were calculated from comparison with prestained molecular weight markers (MW 10–250 kDa), which were run in parallel with the samples. The equal loading and efficient transfer of proteins was confirmed by using GADPH as internal control.

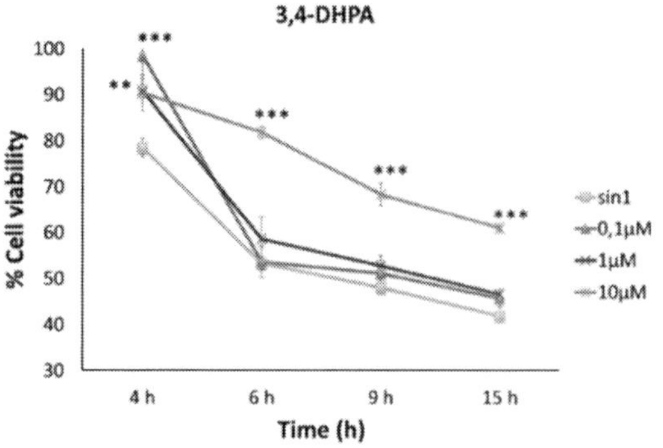

Figure 1. Neuroprotective effect of 3,4DHPA against SIN-1-induced damage in SH-SY5Y cells. **, *** indicates values significantly different ($p < 0.01$, $p < 0.001$, respectively) from sin- 1 group.

2.4. Caspase-3 activity

Cells were lysed and collected as previously described. The activity of caspase-3-like proteases in the lysates was determined using the caspase-3 colorimetric assay kit (Sigma-Aldrich) according to the manufacturer's protocol, with the exception that 30 μl of cell lysate was used in assays. Absorbance data (405 nm) obtained using the caspase-3 inhibitor, were subtracted from the absorbance obtained without caspase-3 inhibitor to correct for any non-specific hydrolysis.

2.5. Statistical analysis

Assays were carried out in triplicate, and data were expressed as the mean ± standard error (SEM). One-way ANOVA and post-Hoc Dunnett analysis test were performed. The STATISTICA program for Windows version 7.1 was used for data processing (StatSoft, Inc., 2005, `www.statsoft.com`).

3. Results and discussion

In the present work, we showed a protective effect on cell viability of wine-derived aroma compounds as well as wine phenolic compounds, and its gut derived metabolites, against SIN-1-induced stress neuronal death. Besides, an interaction of these compounds with ERK1/2 and p38 MAPK signalling route kinases, and also and with a downstream point of this stress-induced pro- apoptotic response, caspase-3 protein, has been reported. Although the obtained results do not let to establish a general trend of the protective behavior of these wine compounds on this situation, and further studies are required, the data presented here proposes the first evidences about the molecular mechanisms involved in the neuroprotective role of wine components, specifically in an oxidative process.

3.1. Neuroprotection against SIN-1-induced cell death

Pretreatment with 10 μM 3,4DHPA acid resulted in a significant increase in cell viability against SIN-1- induced neuronal death (Fig. 1) when compared to the SIN-1 control group ($p < 0.001 - p < 0.01$), meanwhile a weaker protective action was also described for the

 DOI: 10.1051/bioconf/20160704008

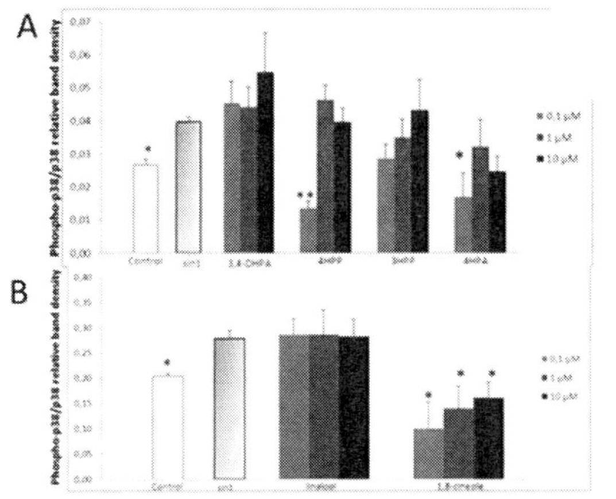

Figure 2. Inhibition of p38 phosphorylation in SIN-1-activated SH-SY5Y cells after pretreatment with A) 3,4DHPA, 4HPP, 3HPP and 3HPA and B) linalool and 1,8-cineole. *, ** indicates values significantly different ($p < 0.05$, $p < 0.01$, respectively) from SIN-1 group.

other assayed compounds at different concentrations and time points: glucuronide of salicylic acid (0.1 μM at 4h, $p < 0.001$; 1–10 μM at 4h, $p < 0.05$), 3HPP (10 μM at 6 h, $p < 0.05$; 0.1 μM at 15 h, $p < 0.05$), 3HPA (0.1 μM at 4 h, $p < 0.05$; 1 and 10 μM at 6 h, $p < 0.05$; 1 μM at 9 h, $p < 0.01$), 4HPP (1 μM at 6 h; $p < 0.01$), salicylic acid (1 μM at 4 h; $p < 0.05$), linalool (0.1 μM at 4 h; $p < 0.05$) and 1,8-cineole (1 μM at 9h; $p < 0.01$).

3,4-DHPA is a colonic metabolite derived from quercetin microbial metabolism and several beneficial roles in oxidative stress have been described for it. For instance, a preventing action against oxidative stress, apoptosis and mitochondrial dysfunction of this compound, have been described [13]. Furthermore, 3,4-DHPA is able to completely block the peroxynitrite nitration effect in tyrosine hydroxylase enzyme, process that uses to take place on the beginning of Parkinson's disease [14].

3.2. Effect of wine constituents on p38 phosphorylation

MAPK intracellular pathway is involved in the transduction of extracellular signals into cellular responses. When pro-inflammatory signals become triggered after an oxidative/nitrosative stress stimuli, MAPK kinases become phosphorylated, and therefore activated, leading to the subsequent activation of transcription factors [1]. These molecules affect gene induction, favouring the expression of proteins related to cellular damage, inflammation and apoptosis, as pro- apoptotic caspase-3 protein.

Among MAPK, p38 is related to neuronal stress and the control of cell death and survival [15]. Pretreatment of the cells with wine compounds (0.1–10 μM, 24 h) prior to exposure to SIN-1 resulted in a significant inhibition of p38 phosphorylation status for 4HPP ($p < 0.01$) and 3HPA ($p < 0.05$) at the lower concentration tested (0.1 μM) (Fig. 2A). The aroma compound 1,8- cineole also exerted a significant suppressive effect on p38 activation at all concentrations tested ($p < 0.05$) (Fig. 2B).

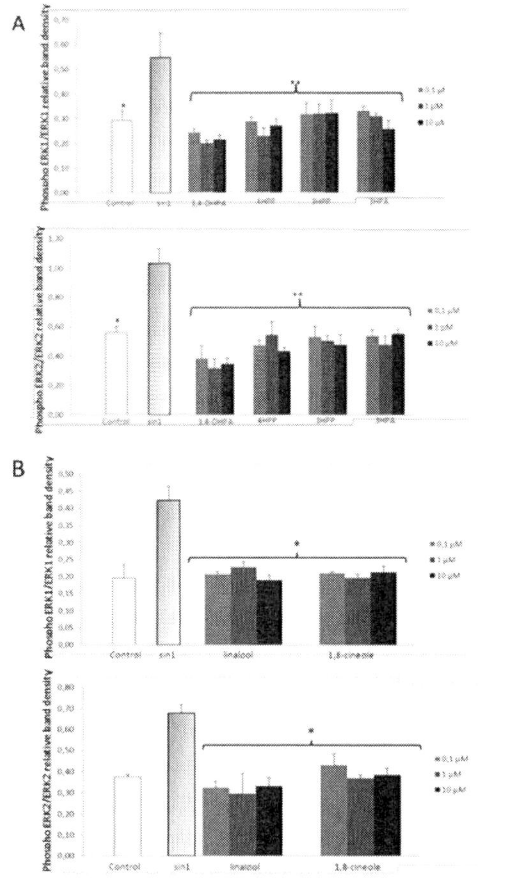

Figure 3. Inhibition of ERK1/2 phosphorylation in SIN-1-activated SH-SY5Y cells after pretreatment with A) 3,4DHPA, 4HPP, 3HPP and 3HPA, and B) linaool and 1,8-cineole. *,** indicates values significantly different ($p < 0.05$, $p < 0.01$, respectively) from SIN-1 group.

3.3. Effect of wine constituents on ERK1/2 phosphorylation

ERK1/2 activation has been generally associated with pro-survival signalling [16]. Nevertheless, several lines of evidence suggest that it also mediate oxidative stress-induced apoptosis [17]. Pretreatment with 3,4-DHPA, 4HPP, 3HPP and 3HPA resulted in a significant decrease of ERK1/2 phosphorylation, reaching levels of activation similar to the control condition (Fig. 3A) ($p < 0.01$). Both aroma compounds, linalool and 1,8-cineole exerted a significant reduction in ERK1/2 activation for all concentrations tested ($p < 0.05$) in comparison to the SIN-1 group (Fig. 3B). On the other side, not significant modulation of either ERK1/2 or p38 by salicylic acid or its glucuronide has been observed. This can be due to this compounds acting by other mechanisms or interaction with other related signalling routes, such as NF-κB.

3.4. Effect of wine constituents on Caspase-3 activation

The phenolic acid 3HPP at the highest concentration (10 μM) significantly ($p < 0.01$) reduces caspase-3

DOI: 10.1051/bioconf/20160704008

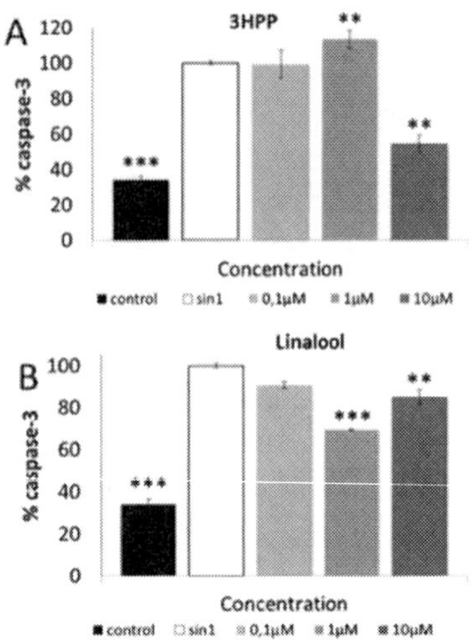

Figure 4. Relative expression of Caspase-3 protein (%) in SH- SY5Y cells after SIN-1-induced damage and pretreatment with A) 3HPP and B) linalool. Data are indicated as % of caspase-3, considering SIN-1 group expression of caspase-3 the maximum (100%). **, *** indicate values significantly different ($p < 0.01$, $p < 0.001$, respectively) from SIN-1 group.

activation, in spite of the significantly increasing trend that is observed at 1 μM concentration ($p < 0.01$) (Fig. 4A). The aroma compound linalool (1, 10 μM) also showed a significant reduction ($p < 0.01$ and $p < 0.001$, respectively) in the activation of caspase-3 in relation to SIN-1 treated cells (Fig. 4B).

Furthermore the use of specific MEK, p38 and ERK inhibitors with phenolic-like structure suggested a possible protective effect of these compounds based on ERK1/2, p38 and caspase-3 modulation (data not shown). Overall, this suggests that wine-derived phenolic acids might prevent neuronal death induced by SIN-1 by modulating the activation of ERK1/2 and p38 proteins. This is in agreement with previous results that indicated that both ERK and p38 were the MAPK involved in apoptotic cell death induced by peroxynitrite damage [18]. Both linalool and 1,8-cineole, significantly reduced ERK1/2 phosphorylation, in a similar manner to the wine-derived phenolics tested (Fig. 3A). 1,8-cineole also significantly modulates p38 phosphorylation, suggesting that this might be one potential mechanism by which it can exert a protective effect, in accordance with previous observations (Fig. 3B) [19]. Despite several of the phenolic compounds being able to modulate ERK and p38 phosphorylation, only 3HPP was effective at reducing caspase-3 activation (Fig. 4A). The fact of MAPK-mediated protection not being accompanied by caspase-3 decrease was also perceived in SH-SY5Y cells after induced-endoplasmic reticulum stress [20]. This suggest that the majority of these phenolics are not able of affecting this point, but also that caspase-3 can become activated by other related damage routes, since it is known that caspases expression can be stimulated in several scenarios, such as mitochondrial damage, and cytochrome c release [21]. Despite reported evidences, no trend can be inferred and future studies are suggested.

This work was funded by the Spanish Ministry of Economy and Competitiveness (AGL2015-64522-C2-R Project), Comunidad de Madrid (ALIBIRD-CM S2013/ABI-2728), and the MINECO FPI Internship programme.

References

[1] Spencer JPE, Vafeiadou K, Williams RJ, Vauzour D. Mol Aspects Me 2012; **33**:83–97
[2] Orgogozo JM, Dartigues JF, Lafont S, Letenneur L, Commenges D, Salamon R, Renaud S, Breteler M. Rev Neurol. 1997;**153**: 185–192
[3] Panza F, Capurso C, D'Introno A, Colacicco AM, Frisardi V, Lorusso M, Santamato A, Seripa D, Pilotto A, Scafato E, Vendemiale G, Capurso A, Solfrizzi V. J Alzheimers Dis. 2009;**17**(1):7–31
[4] Bell, L., Lamport, D. J., Butler, L. T., & Williams, C. M. (2015). Nutrients, **7**(12), 10290–10306
[5] Assunção M., Santos-Marques M. J., De Freitas A.V., Carvalho B F., Andrade C J. P., Lukoyanova A.N. V.,Paula-Barbosa M. M. Neuroscience (2007) **146**,1581–1592
[6] Wang J, Ho L, Zhao Z, Seror I, Humala N, Dickstein DL, Thiyagarajan M, Percival SS, Talcott ST, Pasinetti GM. FASEB J (2006) **20**, 2313–2320
[7] Monagas M, Urpi-Sarda M, Sánchez-Patán F, Llorach R, Garrido I, Gómez-Cordovés C, Andres-Lacueva C, Bartolomé B. Food Funct., 2010,**1**, 233–253
[8] Muñoz-González I, Jiménez-Girón A, Martín-Álvarez PJ, Bartolomé B, Moreno-Arribas MV. J Agric Food Chem. 2013 Oct 2;**61**(39):9470–9
[9] Boto-Ordóñez M, Urpi-Sarda M, Queipo-Ortuño MI, Corella D, Tinahones FJ, Estruch R, Andres-Lacueva C. J Agric Food Chem. 2013 Sep 25;**61**(38):9166–75
[10] Gasperotti M, Passamonti S, Tramer F, Masuero D, Guella G, Mattivi F, Vrhovsek U. ACS Chem Neurosci. 2015 Aug 19;**6**(**8**):1341–52
[11] Wang D, Ho L, Faith J, Ono K, Janle EM, Lachcik PJ, Cooper BR, Jannasch AH, D'Arcy BR, Williams BA, Ferruzzi MG, Levine S, Zhao W, Dubner L, Pasinetti GM. Mol Nutr Food Res. 2015 Jun;**59**(6):1025–40
[12] Spencer JPE. Genes Nutr. 2007 Dec; **2**(3):257– 273
[13] Carrasco-Pozo C, Gotteland M, Castillo RL, Chen C. Exp Cell Res. 2015 Jun 10;**334**(2):270–82
[14] Park S, Geddes TJ, Javitch JA, Kuhn DM. J Biol Chem. 2003 Aug 1;**278**(31)**:**28736–42
[15] Takeda K, Ichijo H. Genes Cells. 2002 Nov;**7**(11):1099–111
[16] Kolch W. Biochem. J. 2000;**351**:289–305
[17] Lee YJ, Cho HN, Soh JW, Jhon GJ, Cho CK, Chung HY, Bae S, Lee SJ, Lee YS. Exp Cell Res. 2003 Nov 15;**291**(1):251–66
[18] Oh-hashi K, Maruyama W, Yi H, Takahashi T, Naoi M, Isobe K. Biochem Biophys Res Commun. 1999 Sep 24;**263**(2):504–9
[19] Lee HS, Park DE, Song WJ, Park HW, Kang HR, Cho SH, Sohn SW. Biol Pharm Bull. 2016;**39**(6):946–52
[20] Arai K, Lee SR, van Leyen K, Kurose H, Lo EH. J Neurochem. 2004 Apr; **89**(1):232–9
[21] Hyman B.T. & Yuan J. Nature Reviews Neuroscience **13**, 395-406 (June 2012)

Antidepressant-like activity of red wine phenolic extracts in repeated corticosterone-induced depression mice via BDNF/TrkB/CREB signaling pathway

Ying Jia[1], Ziyuan Dong[2], Tingxu Yan[3], Bo Wu[3], Zhengzheng Liao[3], Kaishun Bi[4], Ping Gong[5], and Baoshan Suna[6,a]

[1] School of Functional Food and Wine, Shenyang Pharmaceutical University, Wenhua Road 103, Shenyang, PR China
[2] Seoul National University
[3] School of Traditional Chinese Materia Medica, Shenyang Pharmaceutical University, Wenhua Road 103, Shenyang, PR China
[4] The Engineering Laboratory of National and Local Union of Quality Control for Traditional Chinese Medicine, School of Pharmacy, Shenyang Pharmaceutical University, Wenhua Road 103, Shenyang 110016, China
[5] School of Pharmaceutical Engineering, Shenyang Pharmaceutical University, Wenhua Road 103, Shenyang 110016, China
[6] Polo Dois Portos, Instituto Nacional de Investigacao Agraria e Veterinaria, I.P., Quinta da Almoinha, 2565-191 Dois Portos, Portugal

Abstract. The aim of this study was to investigate the antidepressant-like effect of red wine phenolic extracts in mouse model exposed to exogenous corticosterone. The results showed that 3-week corticosterone injections caused depression-like behavior in mice, as indicated by the significant decrease in sucrose consumption and increase immobility time in the forced swim test. Red wine phenolic extracts treatment significantly reduced serum corticosterone levels. Moreover, it was found that red wine phenolic extract increased the brain-derived neurotrophic factor protein (BNDF) and Tropomyosin-related kinase B (TrkB) phosphorylation and cAMP-responsive element binding protein (CREB) phosphorylation levels in the hippocampus and prefrontal cortex. However, K252a, an inhibitor of TrkB, completely abolished those antidepressant-like effects. These results suggested that the red wine phenolic extracts produce an antidepressant-like effect in corticosterone-treated mice, at least in part, which is possibly mediated by modulating hypothalamic-pituitary-adrenal (HPA) axis, BDNF, TrkB and CREB phosphorylation levels in the brain region of mice.

1. Introduction

Major depression disorder (MDD) is one of the most common debilitating mood disorders worldwide and becoming the second leading disease contributing to the years lived with disability by 2013 (Cai, Huang, & Hao, 2015). The prominent and persistent low mood, mental retardation, cognitive impairment, volitional decline and somatic symptoms companied the patients lifelong and impaired their social functions. The lifetime and 12-month prevalence estimates for MDD were 5.8% and 2.2% in an Asian multi-racial population, respectively (Chong, Vaingankar, Abdin, & Subramaniam, 2012). And on the other aspect, diabetes, cardiometabolic disease, obesity and other comorbidity associated with MDD (Deschenes, Burns, & Schmitz, 2015; Gelaye et al., 2015), emerges as a serious health concern.

Despite its higher prevalence, the mechanisms associated with the pathogenesis of MDD have yet to be completely understood and current treatments remain ineffective in a large subset of patients (Menard, Hodes, & Russo, 2015). A growing literature has shown that the HPA axis plays a major role in the regulation of a variety of physiological disorders, such as depression (Kuepper, 2015; Wieczorek, Fish, O'Leary-Moore, Parnell, & Sulik, 2015). In this classic neuroendocrine circuit, limbic and hypothalamic brain structures coordinate emotional, cognitive, neuroendocrine and autonomic inputs, which together determine the magnitude and specificity of an individual's behavioral, neural and hormonal responses to stress. This response is mediated by glucocorticoid hormones (corticosterone in rodents and cortisol in humans) (Lucassen et al., 2014). Increased level of corticosterone has mostly been ascribed to impaired feedback regulation of the HPA axis, possibly caused by altered function of the glucocorticoid receptor and induced depressive disorder (Lee, Sur, Shim, Lee, & Hahm, 2015).

Moreover, BDNF and its receptor, TrkB downstream signaling are integral to a range of neural functions, including synaptic plasticity and exhibits activity-dependent regulation of expression. The neurotrophic model of depression hypothesizes that the level of BDNF is decreased during depression, which has been certified by the concentration of BDNF detected in the serum and hippocampus of postmortem in several publications (Buttenschon et al., 2015; Reinhart et al., 2015). Additionally, CREB signaling also can increase the transcription of BDNF in the soma or transportation

[a] e-mail: sun.baoshan@iniav.pt

to dendrites (Duman & Voleti, 2012), contributes to the actions of antidepressant treatments.

A depression animal model by repeated corticosterone treatment has been performed widely in mice, which resulted in depressive-like behavior marked by significant changes in behavioral traits, neurochemistry and brain (Ali et al., 2015). Corticosterone-induced depression model has advantages over the stress models (such as restraint stress exposure) that it avoid the possibility of potential habituation effects and variation in HPA axis response to stress stimuli (Gupta, Radhakrishnan, & Kurhe, 2015). Previous reports have shown that exogenous corticosterone administration develops depression-like behavior in mice during forced swim test, sucrose consumption test and tail suspension test (Fenton et al., 2015; Zhang, Zhao, & Wang, 2015). Therefore, these findings suggest that a chronic corticosterone treatment appears to model depression-like state in mice is suitable for evaluating the efficacy of potential antidepressant candidates and to explore the mechanism of action of antidepressants.

Recent studies have shown that plant polyphenols possess a number of beneficial properties, such as reducing the risks of cancer and heart diseases (Aravindan, Ramraj, Somasundaram, Herman, & Aravindan, 2015; Ko et al., 2015), green tea and grape powder have shown effects on alleviating cognitive impairments and leading to a lower prevalence of depressive symptoms (Mulero et al., 2015; Patki, Ali, Pokkunuri, Asghar, & Salim, 2015; Solanki, Alkadhi, Atrooz, Patki, & Salim, 2015). It has been recognized that red wines are one of the richest sources in polyphenols and thus possess beneficial effects on human health when drunk in moderation (Edmands et al., 2015; Urquiaga et al., 2015). However, it is unknown whether red wine has a potential effect on alleviating depressive disorder, and the impact of polyphenols content of antidepressant-like effect. Therefore, the objective of this study was to verify the antidepressant-like effects of red wine phenolic extracts in a mouse model of depression induced by repeated injections of corticosterone. Further investigate the direct link between BDNF signaling and the antidepressant-like effect of red wine phenolic extracts.

2. Methods and materials

2.1. Red wine phenolic extracts

The two tested red wine phenolic extracts, one from red wine at 2 days of maceration (TPx-MT2) and another from red wine at 7 days of maceration (TPx-MT7), were obtained as described in our previous work (Sun et al., 2011). Both red wine phenolic extracts present high purity in polyphenols (>91%; w/w) but TPx-MT2 (14.00%; w/w) contains more anthocyanins than TPx-MT7 (8.43%; w/w) while TPx-MT7 (4.61%; w/w) contains more proanthocyanidins than TPx-MT2 (6.17%; w/w) (Sun et al., 2011).

2.2. Animals

Adult male Kunming mice (weighing 20 ± 2g) were purchased from the Experimental Animal Center of Shenyang Pharmaceutical University (Shenyang, China). All of them were maintained under standard laboratory conditions of constant temperature (23 ± 1 °C), relative humidity (50 ± 10%) and a 12h light/dark cycle (light from 7:00 a.m. to 7:00 p.m.) with food and water available *ad libitum* and were allowed to habituate to the novel environment for 1 week prior to use in experiments. The experiment was carried out in compliance with the National Institutes of Health and institutional guidelines for the humane care of animals and was approved by the Animal Care Committee of Shenyang Pharmaceutical University. Every effort was made to minimize the number of animals used and any pain and discomfort experienced by the subjects.

2.3. Drug administration and experimental groups

The mice were randomly assigned 12 groups (n=8/group): control group, vehicle group, corticosterone groups: corticosterone only, TPx-MT2 (10 mg/kg), TPx-MT2 (10mg/kg) + K252a, TPx-MT2 (20 mg/kg), fluoxetine (10 mg/kg), TPx-MT2 (20 mg/kg) + K252a, TPx-MT7 (10 mg/kg), TPx-MT7 (10 mg/kg) + K252a, TPx-MT7 (20 mg/kg), TPx-MT7 (20 mg/kg) + K252a. Corticosterone (TCI, Japan) was dissolved in saline containing 0.1% dimethyl sulfoxide (DMSO) and 0.1% Tween-80. Corticosterone was injected subcutaneously once a day, between 09:00 and 11:30 a.m. (Sousa et al., 2015), at 40 mg/kg in a volume of 1 ml/kg as this dose reliably increases depression-like behavior in mice without altering the nonspecific motor activity (Fenton et al., 2015). Control mice received the same volume of saline. Mice in the vehicle group received only vehicle without corticosterone for the same period. TPx-MT2 and TPx-MT7, Castelao and Tinta Miuda red wine extract (INIA Dois Portos, Instituto Nacional de Recursos Biológicos, Portugal) and fluoxetine (Melone, China) was suspended in saline and administered by gavage 30 min prior to the corticosterone injection. K252a (Santa Cruz, USA), an inhibitor of BDNF receptor TrkB, was dissolved in 0.1% DMSO in saline and injected i.p. in a volume of 10 ml/kg before 30min of gavage administration (Luo et al., 2015). The dose of TPx-MT was chosen based on the results of preliminary experiment. The repeated drug treatment was performed once daily and continuously for 21 days. The behavioral tests were carried out 24 h after the last injection. One animal from each group was tested in sequence.

2.4. Sucrose preference test

Sucrose preference test was carried out 24h after the last injection as described previously (Chiba et al., 2012). Briefly, prior to testing, mice were trained to adapt to the sucrose solution (1%, w/v): two bottles of sucrose solution were placed in each cage for 24 h, and then one bottle of sucrose solution was replaced with water for 24 h. After adaptation, mice were deprived of water and food for 24 h. Sucrose preference test was conducted with mice housed in individual cage and free access to the two bottles, one containing 100 ml of sucrose solution (1% w/v) and the other 100 ml of water. After 1 h, the volumes of the consumed sucrose solution and water were recorded and the sucrose preference was calculated as the sucrose preference(%) = sucrose consumption/(sucrose consumption + water consumption) × 100%.

2.5. Forced swim test

FST was carried out on mice, according to the method of Kruk-Slomka et al. (Kruk-Slomka, Michalak, & Biala, 2015). Briefly, individual mouse was subjected to swimming stress session for 15 min (pre-test), in a vertical glass cylinder (25 cm high, 14 cm in diameter) containing 10 cm of water, maintained at $25 \pm 2°$. After 24 h, FST was carried out and the total duration of immobility (seconds) was recorded during the last 4 min of a single 6 min test session. A mouse was judged to be immobile when it ceased struggling and remained floating motionless in the water, making only small movements necessary to keep its head above water. The water in the container was changed after each trial.

2.6. Serum corticosterone measurement

After the behavioral test, mice were euthanized by decapitation and blood was collected (Yu, Zhang, Li, He, & Tai, 2015). Serum corticosterone level was measured using a commercially customized ELISA kit (Liyu Bioengineering Ltd., Shanghai, China) according to the manufacturer's protocol. Briefly, 50 μl of sample and standard solutions were added to the already precoated antibody plate provided with the kit and incubated for 30 min at 37°. The reaction was terminated and followed by washing, 50 μl of the TMB color reagent was added and incubated for 20 min without shaking. The reaction was stopped by adding 50 μl of stop solution and absorbance was read at 450 nm using a microplate reader (Varioskan flash, Thermoscientific, USA).

2.7. Tissue collection and biochemical analysis

24 hours after the completion of the behavioral test, the mice were sacrificed by decapitation. Whole brains were rapidly removed from the mice and chilled in an ice-cold saline solution. Brain regions of the hippocampus and prefrontal cortex were dissected on a cold plate and immediately frozen in liquid nitrogen. The tissue samples were stored at −80 °C until assay.

The level of BDNF, pCREB, CREB, pTrkB and TrkB were measured using commercially available enzyme-linked immunosorbent assay ELISA kits (Liyu Bioengineering Ltd., Shanghai, China) according to the manufacturer's instructions. Absorbance was measured at 450 nm using a microplate reader (Varioskan flash, Thermoscientific, USA).

2.8. Statistical analysis

All data were analyzed using one-way analysis of variance (ANOVA) with repeated measures, followed by Tukey HSD post-hoc test when significant main effects were indicated. All analyses were two-tailed and $^*p < 0.05$ was considered significant a priori.

3. Results

3.1. Sucrose consumption

As shown in Fig. 1, a 3-week corticosterone exposure significantly reduced the percentage of sucrose consumption in the stressed mice in comparison with the

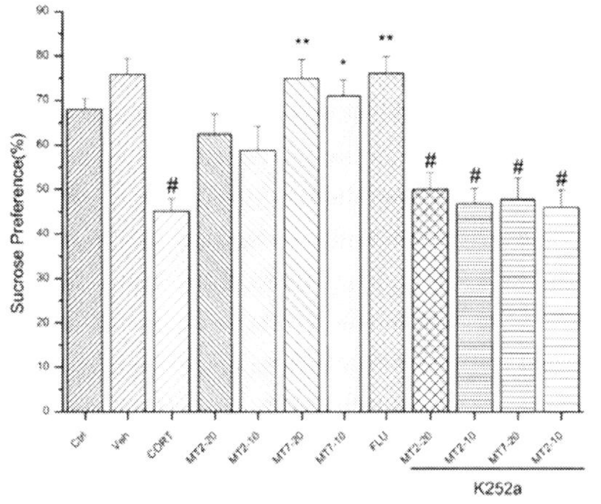

Figure 1. Effect of TPx-MT2 and TPx-MT7 on sucrose consumption. All the values are given as mean±SEM(n=8), $^*P < 0.05$ and $^*P < 0.01$ vs. CORT control; $^{\#}P < 0.05$ vs. control.

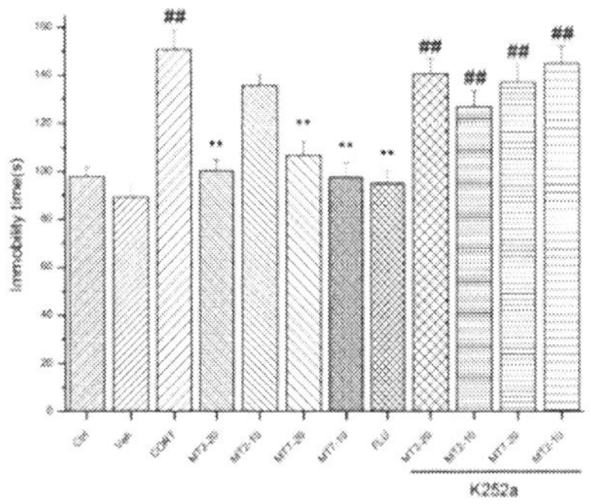

Figure 2. Effect of TPx-MT2 and TPx-MT7 on the immobility time in forced swimming test. All the values are given as mean±SEM(n=8), $^{**}P < 0.01$ vs. CORT control, $^{\#\#}P < 0.01$ vs. control.

control animals [$F(11, 84) = 2.981$, $p < 0.01$]. However, post-hoc analysis revealed that long-term treatment of corticosterone mice with TPx-MT7 (10, 20 mg/kg) and fluoxetine (10 mg/kg) increased sucrose preference, as compared to corticosterone-exposed mice (respectively, $F(11, 84) = 2.981$, $p < 0.05$; $p < 0.01$; $p < 0.01$). But with TPx-MT2 treatment, there are no similar results obtained. Chronic treatment with TPx-MT2 or TPx-MT7 showed no effects on sucrose preference of K252a-injected animals.

3.2. Immobility time in the FST

The effects of treatment with TPx-MT2 and TPx-MT7 on the immobility time were presented in Fig. 2. Fluoxetine (10 mg/kg), TPx-MT2 (20 mg/kg) and TPx-MT7 (10, 20 mg/kg) treatment significantly increased the immobility time of stressed animals compare to the corticosterone – treated only group [$F(11, 84) = 20.077$, $p < 0.01$]. On the contrary, the immobility time between K252a-treated groups and corticosterone -treated group is no considerable difference, also including TPx-MT2 (10 mg/kg) group.

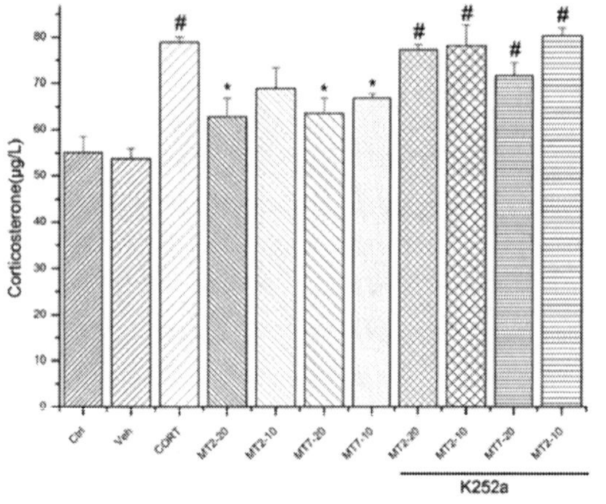

Figure 3. Effect of TPx-MT2 and TPx-MT7 on serum corticosterone concentration. All the values are given as mean±SEM(n=8), $*P < 0.05$ vs. CORT control; $^{\#}P < 0.05$ vs. control.

3.3. Serum corticosterone levels

As shown in Fig. 3, there was a significant effect of corticosterone exposure on serum corticosterone concentrations [F (10.77) = 10.092, p < 0.05]. The corticosterone-induced increases in serum corticosterone levels were significantly reduced in mice treated with TPx-MT2 (20 mg/kg) [F (10.77) = 10.092, p < 0.05] and TPx-MT7 (10, 20 mg/kg) [F (10.77) = 10.092, p < 0.05]. However, these reductions were robust by K252a injection. Chronic treatment with TPx-MT2 (10 mg/kg) showed no effect on the serum corticosterone level of corticosterone-treated animals.

3.4. BDNF levels

As shown in Fig. 4, exposure to corticosterone significantly decreased both hippocampal [F (10.77) = 9.531, p < 0.01] (Fig. 4A) and prefrontal cortex BDNF levels [F (10.77) = 9.416, p < 0.05] (Fig. 4B) as compared to the control animals. Treatment with a daily dose of TPx-MT2 (20 mg/kg) and TPx-MT7 (20 mg/kg) significantly attenuated the decrease in BDNF protein level [F (10.77) = 9.531, p < 0.05 and p <0.05, respectively] in the hippocampus as compared to the only corticosterone-treated mice. And this attenuated effect in the hippocampus was blocked by K252a. But the BDNF levels in prefrontal cortex of both TPx-MT2 and TPx-MT7 treatment groups have no alterations compare to the corticosterone-treated group.

3.5. Phosphorylation TrkB / TrkB

As shown in Fig. 5, the ratio of pTrkB/TrkB in the hippocampus [F (10.77) = 4.199, p < 0.05] (Fig. 5A) and prefrontal cortex [F (10.77) = 4.012, p < 0.05] (Fig. 5B) of the corticosterone-treated mice were significantly decreased as compared to the control mice. Chronic administration of TPx-MT2 (20 mg/kg) (p < 0.05) and TPx-MT7 (20 mg/kg) (p < 0.01) increased the ratio of pTrkB/TrkB in the hippocampus. TrkB expressions in the K252a-injected mice were similar to that in corticosterone-treated mice. However the ratio of pTrkB/TrkB in the

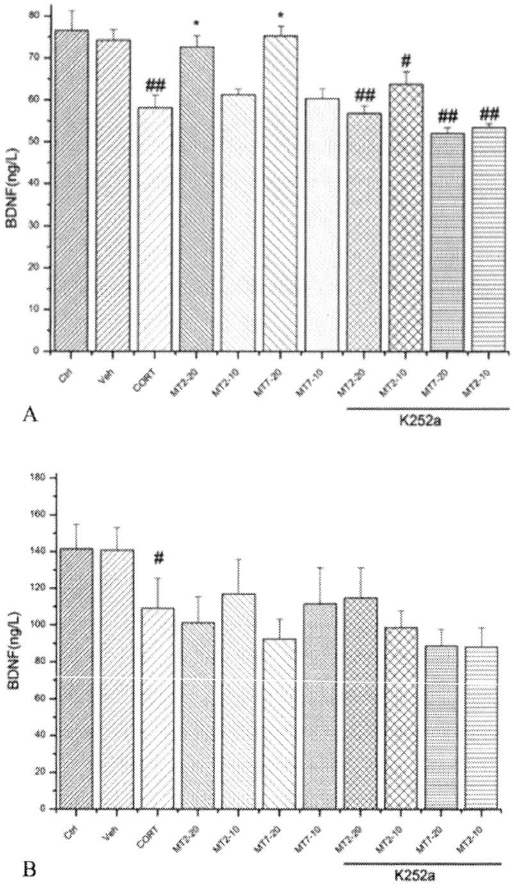

Figure 4. Effect of TPx-MT2 and TPx-MT7 on BDNF level of hippocampus (A) and prefrontal cortex (B). All the values are given as mean±SEM(n=8), $*P < 0.05$ vs. CORT control; $^{\#}P < 0.05$ vs. control; $^{\#\#}P < 0.01$ vs. control.

prefrontal cortex among all other groups was similar to the control group, despite TPx-MT2 or TPx-MT7 administrated or K252a treated.

3.6. Phosphorylation CREB / CREB

As shown in Fig. 6A, the ratio of pCREB/CREB in the hippocampus [F (10.77) = 5.472, p < 0.01] of corticosterone-treated mice was significantly decreased as compared to the control group. TPx-MT2 or TPx-MT7 up-regulated the ratio of pCREB/CREB, and K252a has not abolished it. Similar results were obtained in the prefrontal cortex, all treated groups were no difference compared to the control group.

4. Discussion

The sucrose preference test is an indicator of anhedonia-like behavioral change. Anhedonia, a core symptom of major depression among humans, is modeled by inducing a decrease in responsiveness to rewards, as reflected by the reduced consumption of and/or preference for sweetened solutions (Q. Q. Mao, Huang, Zhong, Xian, & Ip, 2014). In the present study, our data are in line with classical antidepressant fluoxetine showing

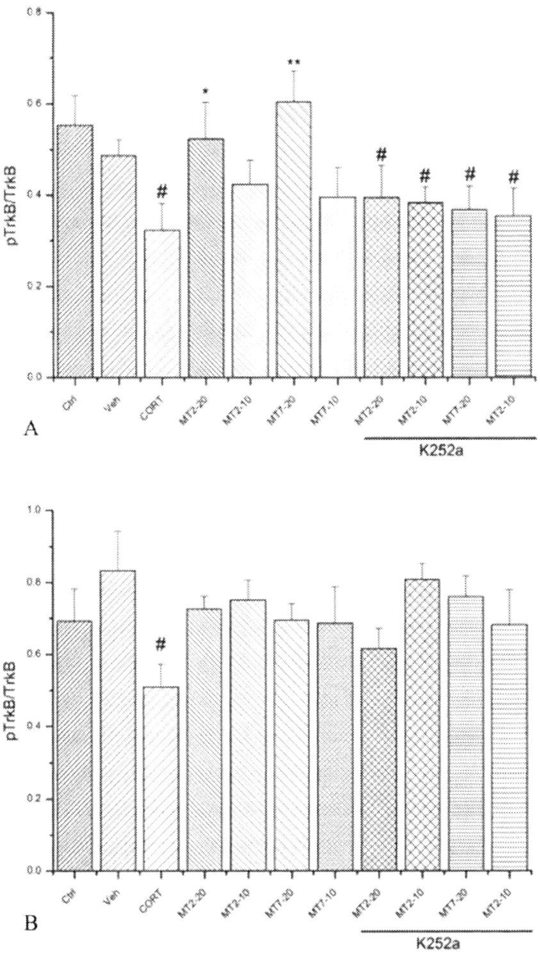

Figure 5. Effect of TPx-MT2 and TPx-MT7 on the ratio of pTrkB/TrkB of hippocampus (A) and prefrontal cortex (B). All the values are given as mean ± SEM(n = 8), $*P < 0.05$, $**P < 0.01$ vs. CORT control; $^{\#}P < 0.05$ vs. control.

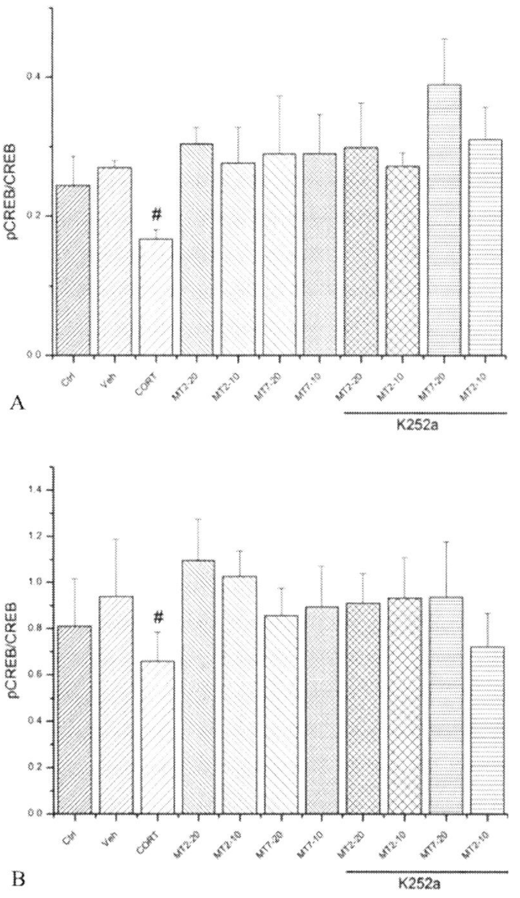

Figure 6. Effect of TPx-MT2 and TPx-MT7 on the ratio of pCREB/CREB of hippocampus (A) and prefrontal cortex (B). All the values are given as mean±SEM (n=8).

that a significant decrease in the percentage of sucrose consumption of mice (Wu et al., 2013). Red wine extract significantly reversed this behavioral change which suggested the antidepressant-like effect.

Further, the mice under 21-day corticosterone treatment exhibited significant behavioral despair, as shown by the significantly increased immobility time in the FST. FST is a behavioral despair test useful for probing the pathological mechanism of depression and for the evaluation of antidepressant drugs (Álvarez-Suárez, Banqueri, Vilella, Méndez, & Arias, 2015). This neurobehavioral alteration was also ameliorated by red wine extract, thereby underlining the effectiveness of red wine as an antidepressant candidate.

Nearly all psychiatric disorders present with circadian disruption, such as abnormalities in the timing of the sleep-wake cycle, core body temperature rhythms, and melatonin and cortisol secretion (Jones & Benca, 2015). Chronic CORT administration induces high emotionality, associated with a decrease in neurogenesis and altered pain sensitivity. And a flattened circadian rhythm and decreased activity in the home-cage observed in this model, especially during the dark phase (Le Dantec et al., 2014). Circadian rhythm is modulated by corticosteroids secretion, which is regulated by the hypothalamus-pituitary-adrenal gland axis (Llansola et al., 2013). It was observed in our study that repeated corticosterone treatment caused an elevation of serum corticosterone levels in mice, which was consistent with the previous studies (Sousa et al., 2015). This means that exogenous corticosterone results in an absolute increase in circulating serum corticosterone levels, an indicator of stress and depression in mice. Thus, the present study revealed that the behavioral consequences of repeated corticosterone administration were accompanied by dysregulation of the HPA axis.

The role of BDNF in the pathogenesis of depression and in the mechanism of action of antidepressants has been well appreciated. In humans, brain BDNF levels have been found to be reduced in postmortem samples from depressed patients, and antidepressant therapies restored brain BDNF level to the normal range (Matrisciano et al., 2009). As well as clinical studies, it has also been shown that BDNF expression was decreased in the hippocampus and prefrontal cortex of depressive animals, which could be reversed by long term antidepressant treatment (Mendez-David et al., 2015; Sahin et al., 2015). Therefore, when we examined the effects of red wine extract on the corticosterone-mediated decrease in BDNF protein levels, the results of long-term red wine extract treatment reversing the reduction suggested that the behavioral improvement in the model may be concurrent with increased BDNF levels.

Growing evidence suggests that BDNF-TrkB signaling serves an important role in the regulation of many of the behavioral and molecular mechanism of antidepressant. BDNF mitigates depressive symptoms mainly by binding to TrkB, leading to the autophosphorylation of TrkB, and the activation of downstream signaling molecules (X. Y. Mao et al., 2015). To further confirm that the effect of red wine extract was implemented by BDNF signaling, we investigated the contribution of BDNF-TrkB signaling to antidepressant-like effect by using a TrkB receptor antagonist K252a. Previous studies found that blockade of BDNF-TrkB signaling by K252a abolished the effects of antidepressants in depression-like models (Jiang et al., 2012). Consistent with previous findings, in the present study, we found that K252a prevents the behavioral effects of red wine extract on sucrose preference and immobility time in FST. Moreover, the antagonist also inhibited the decrease of serum corticosterone level and the increase of hippocampal and prefrontal cortex BDNF levels and the pTrkB/TrkB ratio. Considering that there is clear evidence that BDNF signaling through TrkB is involved in the action mechanisms of antidepressants, as mentioned above, our current point is that the BDNF signaling pathway is necessary for the antidepressant-like effect of red wine extracts.

CREB is up-regulated by chronic antidepressant treatment, and increasing CREB levels in rodent model results in antidepressant-like behaviors. Furthermore, postmortem studies indicate that CREB levels are increased in subjects taking antidepressants at the time of death ((Réus et al., 2015). In agreement with that, in our present study the red wine extract significantly increased the ratio of pCREB/CREB in the hippocampus and prefrontal cortex. And no reverse effects of K252a observed. Thus, it is possible that red wine extract-induced antidepressant-like effect is likely through modulation of CREB signaling pathway also.

Based on the different preparation procedure, both red wine phenolic extracts present high purity in polyphenols (>91%; w/w), TPx-MT2 contains more anthocyanins than TPx-MT7 while TPx-MT7 contains more proanthocyanidins than TPx-MT2 (Sun et al., 2011). Compare the red wine extract treatment groups, we found that BDNF level and pTrkB/TrkB ratio in hippocampus of TPx-MT7 is higher than TPx-MT2, especially in TPx-MT7 (20 mg/kg) group. All these results together, we can draw the conclusion that proanthocyanidins is exerting greater antidepressant-like effect than anthocyanins, which consistent with the data of antioxidant activities *in vitro* (Sun et al., 2009). However, we also found that the ratio of pCREB/CREB among TPx-MT2 and TPx-MT7 treatment groups both in the hippocampus and prefrontal cortex is similar, this may be caused by the dose or other involved mechanisms and should be investigated in our further studies.

5. Conclusions

In summary, although both red wine phenolic extracts showed their potent reversing the anhedonia effects in the depressed mouse model, TPx-MT7 containing more proanthocyanidins appeared more effective on the antidepressant-like activity than TPx-MT2 containing anthocyanins, indicating that proanthocyanidins would have greater antidepressant-like effect than the anthocyanins. The antidepressant-like effects may be speculated to be mediated by its modulator action on the HPA axis function and its ability to prevent the alterations of BDNF, pTrkB/TrkB and pCREB/CREB levels in the hippocampus and prefrontal cortex of depressed mice. These findings more generally support the role of red wine in preventative therapy for depression

6. Conflict of interest statement

The authors have no conflict of interest to declare.

This research was supported by National Natural Science Foundation of China (No. 81573580) and Natural Science Foundation of Liaoning Province of China No. 2014020076. The authors have no conflict of interest to declare.

References

Ali, S. H., Madhana, R. M., K, V. A., Kasala, E. R., Bodduluru, L. N., Pitta, S., Lahkar, M. (2015). Resveratrol ameliorates depressive-like behavior in repeated corticosterone-induced depression in mice. *Steroids, 101*, 37–42. doi: 10.1016/j.steroids.2015.05.010

Álvarez-Suárez, P., Banqueri, M., Vilella, M., Méndez, M., & Arias, J. L. (2015). The effect of recording interval length on behavioral assessment using the forced swimming test. *Revista Iberoamericana de Psicología y Salud, 6*(2), 90–95. doi: 10.1016/j.rips.2015.04.004

Aravindan, S., Ramraj, S. K., Somasundaram, S. T., Herman, T. S., & Aravindan, N. (2015). Polyphenols from marine brown algae target radiotherapy-coordinated EMT and stemness-maintenance in residual pancreatic cancer. *Stem Cell Res Ther, 6*(1), 182. doi: 10.1186/s13287-015-0173-3

Buttenschon, H. N., Foldager, L., Elfving, B., Poulsen, P. H., Uher, R., & Mors, O. (2015). Neurotrophic factors in depression in response to treatment. *J Affect Disord, 183*, 287–294. doi: 10.1016/j.jad.2015.05.027

Cai, S., Huang, S., & Hao, W. (2015). New hypothesis and treatment targets of depression: an integrated view of key findings. *Neurosci Bull, 31*(1), 61–74. doi: 10.1007/s12264-014-1486-4

Chiba, S., Numakawa, T., Ninomiya, M., Richards, M. C., Wakabayashi, C., & Kunugi, H. (2012). Chronic restraint stress causes anxiety- and depression-like behaviors, downregulates glucocorticoid receptor expression, and attenuates glutamate release induced by brain-derived neurotrophic factor in the prefrontal cortex. *Prog Neuropsychopharmacol Biol Psychiatry, 39*(1), 112–119. doi: 10.1016/j.pnpbp.2012.05.018

Chong, S. A., Vaingankar, J., Abdin, E., & Subramaniam, M. (2012). The prevalence and impact of major depressive disorder among Chinese, Malays and Indians in an

Asian multi-racial population. *J Affect Disord, 138*(1-2), 128–136. doi: 10.1016/j.jad.2011.11.038

Deschenes, S. S., Burns, R. J., & Schmitz, N. (2015). Associations between diabetes, major depressive disorder and generalized anxiety disorder comorbidity, and disability: findings from the 2012 Canadian Community Health Survey–Mental Health (CCHS-MH). *J Psychosom Res, 78*(2), 137–142. doi: 10.1016/j.jpsychores.2014.11.023

Duman, R. S., & Voleti, B. (2012). Signaling pathways underlying the pathophysiology and treatment of depression: novel mechanisms for rapid-acting agents. *Trends Neurosci, 35*(1), 47–56. doi: 10.1016/j.tins.2011.11.004

Edmands, W. M., Ferrari, P., Rothwell, J. A., Rinaldi, S., Slimani, N., Barupal, D. K., Scalbert, A. (2015). Polyphenol metabolome in human urine and its association with intake of polyphenol-rich foods across European countries. *Am J Clin Nutr, 102*(4), 905–913. doi: 10.3945/ajcn.114.101881

Fenton, E. Y., Fournier, N. M., Lussier, A. L., Romay-Tallon, R., Caruncho, H. J., & Kalynchuk, L. E. (2015). Imipramine protects against the deleterious effects of chronic corticosterone on depression-like behavior, hippocampal reelin expression, and neuronal maturation. *Prog Neuropsychopharmacol Biol Psychiatry, 60*, 52–59. doi: 10.1016/j.pnpbp.2015.02.001

Gelaye, B., Williams, M. A., Lemma, S., Berhane, Y., Fann, J. R., Stoep, A. V., & Zhou, X. H. (2015). Major depressive disorder and cardiometabolic disease risk among sub-Saharan African adults. *Diabetes Metab Syndr, 9*(3), 183-191. doi: 10.1016/j.dsx.2014.05.003

Gupta, D., Radhakrishnan, M., & Kurhe, Y. (2015). Effect of a novel 5-HT3 receptor antagonist 4i, in corticosterone-induced depression-like behavior and oxidative stress in mice. *Steroids, 96*, 95–102. doi: 10.1016/j.steroids.2015.01.021

Jiang, P., Sun, Y., Zhu, T., Zhan, C., Gu, W., Yuan, T., & Yu, H. (2012). Endogenous neurogenesis in the hippocampus of developing rat after intrauterine infection. *Brain Res, 1459*, 1–14. doi: 10.1016/j.brainres.2012.03.058

Jones, S. G., & Benca, R. M. (2015). Circadian Disruption in Psychiatric Disorders. *Sleep Medicine Clinics, 10*(4), 481–493. doi: `http://dx.doi.org/10.1016/j.jsmc.2015.07.004`

Ko, Y. S., Lee, W. S., Joo, Y. N., Choi, Y. H., Kim, G. S., Jung, J. M., Kim, H. J. (2015). Polyphenol mixtures of Euphorbia supina the inhibit invasion and metastasis of highly metastatic breast cancer MDA-MB-231 cells. *Oncol Rep*. doi: 10.3892/or.2015.4304

Kruk-Slomka, M., Michalak, A., & Biala, G. (2015). Antidepressant-like effects of the cannabinoid receptor ligands in the forced swimming test in mice: mechanism of action and possible interactions with cholinergic system. *Behav Brain Res, 284*, 24–36. doi: 10.1016/j.bbr.2015.01.051

Kuepper, Y. (2015). Hypothalamic-Pituitary-Adrenal Axis, Psychobiology of. In J. D. Wright (Ed.), *International Encyclopedia of the Social & Behavioral Sciences (Second Edition)* (pp. 476–481). Oxford: Elsevier

Le Dantec, Y., Hache, G., Guilloux, J. P., Guiard, B. P., David, D. J., Adrien, J., & Escourrou, P. (2014). NREM sleep hypersomnia and reduced sleep/wake continuity in a neuroendocrine mouse model of anxiety/depression based on chronic corticosterone administration. *Neuroscience, 274*, 357–368. doi: `http://dx.doi.org/10.1016/j.neuroscience.2014.05.050`

Lee, B., Sur, B., Shim, I., Lee, H., & Hahm, D. H. (2015). Angelica gigas ameliorate depression-like symptoms in rats following chronic corticosterone injection. *BMC Complement Altern Med, 15*, 210. doi: 10.1186/s12906-015-0746-9

Llansola, M., Ahabrach, H., Errami, M., Cabrera-Pastor, A., Addaoudi, K., & Felipo, V. (2013). Impaired release of corticosterone from adrenals contributes to impairment of circadian rhythms of activity in hyperammonemic rats. *Arch Biochem Biophys, 536*(2), 164–170. doi: 10.1016/j.abb.2013.01.009

Lucassen, P. J., Pruessner, J., Sousa, N., Almeida, O. F., Van Dam, A. M., Rajkowska, G., Czeh, B. (2014). Neuropathology of stress. *Acta Neuropathol, 127*(1), 109-135. doi: 10.1007/s00401-013-1223-5

Luo, L., Liu, X. L., Mu, R. H., Wu, Y. J., Liu, B. B., Geng, D., Yi, L. T. (2015). Hippocampal BDNF signaling restored with chronic asiaticoside treatment in depression-like mice. *Brain Res Bull, 114*, 62–69. doi: 10.1016/j.brainresbull.2015.03.006

Mao, Q. Q., Huang, Z., Zhong, X. M., Xian, Y. F., & Ip, S. P. (2014). Piperine reverses the effects of corticosterone on behavior and hippocampal BDNF expression in mice. *Neurochem Int, 74*, 36-41. doi: 10.1016/j.neuint.2014.04.017

Mao, X. Y., Cao, Y. G., Ji, Z., Zhou, H. H., Liu, Z. Q., & Sun, H. L. (2015). Topiramate protects against glutamate excitotoxicity via activating BDNF/TrkB-dependent ERK pathway in rodent hippocampal neurons. *Prog Neuropsychopharmacol Biol Psychiatry, 60*, 11–17. doi: 10.1016/j.pnpbp.2015.01.015

Matrisciano, F., Bonaccorso, S., Ricciardi, A., Scaccianoce, S., Panaccione, I., Wang, L., Shelton, R. C. (2009). Changes in BDNF serum levels in patients with major depression disorder (MDD) after 6 months treatment with sertraline, escitalopram, or venlafaxine. *J Psychiatr Res, 43*(3), 247–254. doi: 10.1016/j.jpsychires.2008.03.014

Menard, C., Hodes, G. E., & Russo, S. J. (2015). Pathogenesis of depression: Insights from human and rodent studies. *Neuroscience*. doi: 10.1016/j.neuroscience.2015.05.053

Mendez-David, I., Tritschler, L., Ali, Z. E., Damiens, M. H., Pallardy, M., David, D. J., Gardier, A. M. (2015). Nrf2-signaling and BDNF: A new target for the antidepressant-like activity of chronic fluoxetine treatment in a mouse model of anxiety/depression. *Neurosci Lett, 597*, 121–126. doi: 10.1016/j.neulet.2015.04.036

Mulero, J., Martinez, G., Oliva, J., Cermeno, S., Cayuela, J. M., Zafrilla, P., Barba, A. (2015). Phenolic compounds and antioxidant activity of red wine made from grapes treated with different fungicides. *Food Chem, 180*, 25–31. doi: 10.1016/j.foodchem.2015.01.141

DOI: 10.1051/bioconf/20160704009

Patki, G., Ali, Q., Pokkunuri, I., Asghar, M., & Salim, S. (2015). Grape powder treatment prevents anxiety-like behavior in a rat model of aging. *Nutr Res, 35*(6), 504–511. doi: 10.1016/j.nutres.2015.05.005

Réus, G. Z., Abaleira, H. M., Titus, S. E., Arent, C. O., Michels, M., da Luz, J. R., Quevedo, J. (2015). Effects of ketamine administration on the phosphorylation levels of CREB and TrKB and on oxidative damage after infusion of MEK inhibitor. *Pharmacological Reports*. doi: 10.1016/j.pharep.2015.08.010

Reinhart, V., Bove, S. E., Volfson, D., Lewis, D. A., Kleiman, R. J., & Lanz, T. A. (2015). Evaluation of TrkB and BDNF transcripts in prefrontal cortex, hippocampus, and striatum from subjects with schizophrenia, bipolar disorder, and major depressive disorder. *Neurobiol Dis, 77*, 220–227. doi: 10.1016/j.nbd.2015.03.011

Sahin, T. D., Karson, A., Balci, F., Yazir, Y., Bayramgurler, D., & Utkan, T. (2015). TNF-alpha inhibition prevents cognitive decline and maintains hippocampal BDNF levels in the unpredictable chronic mild stress rat model of depression. *Behav Brain Res, 292*, 233–240. doi: 10.1016/j.bbr.2015.05.062

Solanki, N., Alkadhi, I., Atrooz, F., Patki, G., & Salim, S. (2015). Grape powder prevents cognitive, behavioral, and biochemical impairments in a rat model of posttraumatic stress disorder. *Nutr Res, 35*(1), 65–75. doi: 10.1016/j.nutres.2014.11.008

Sousa, C. N., Meneses, L. N., Vasconcelos, G. S., Silva, M. C., Silva, J. C., Macedo, D., Vasconcelos, S. M. (2015). Reversal of corticosterone-induced BDNF alterations by the natural antioxidant alpha-lipoic acid alone and combined with desvenlafaxine: Emphasis on the neurotrophic hypothesis of depression. *Psychiatry Res*. doi: 10.1016/j.psychres.2015.08.042

Sun, B., Neves, A. C., Fernandes, T. A., Fernandes, A. L., Mateus, N., De Freitas, V., Spranger, M. I. (2011). Evolution of phenolic composition of red wine during vinification and storage and its contribution to wine sensory properties and antioxidant activity. *J Agric Food Chem, 59*(12), 6550–6557. doi: 10.1021/jf201383e

Sun, B., Spranger, I., Yang, J., Leandro, C., Guo, L., Canario, S., Wu, C. (2009). Red wine phenolic complexes and their in vitro antioxidant activity. *J Agric Food Chem, 57*(18), 8623-8627. doi: 10.1021/jf901610h

Urquiaga, I., D'Acuna, S., Perez, D., Dicenta, S., Echeverria, G., Rigotti, A., & Leighton, F. (2015). Wine grape pomace flour improves blood pressure, fasting glucose and protein damage in humans: a randomized controlled trial. *Biol Res, 48*, 49. doi: 10.1186/s40659-015-0040-9

Wieczorek, L., Fish, E. W., O'Leary-Moore, S. K., Parnell, S. E., & Sulik, K. K. (2015). Hypothalamic-pituitary-adrenal axis and behavioral dysfunction following early binge-like prenatal alcohol exposure in mice. *Alcohol, 49*(3), 207–217. doi: 10.1016/j.alcohol.2015.01.005

Wu, T. C., Chen, H. T., Chang, H. Y., Yang, C. Y., Hsiao, M. C., Cheng, M. L., & Chen, J. C. (2013). Mineralocorticoid receptor antagonist spironolactone prevents chronic corticosterone induced depression-like behavior. *Psychoneuroendocrinology, 38*(6), 871–883. doi: 10.1016/j.psyneuen.2012.09.011

Yu, P., Zhang, H., Li, X., He, F., & Tai, F. (2015). Early bi-parental separation or neonatal paternal deprivation in mandarin voles reduces adult offspring paternal behavior and alters serum corticosterone levels and neurochemistry. *Horm Behav, 73*, 8–14. doi: 10.1016/j.yhbeh.2015.05.006

Zhang, H., Zhao, Y., & Wang, Z. (2015). Chronic corticosterone exposure reduces hippocampal astrocyte structural plasticity and induces hippocampal atrophy in mice. *Neurosci Lett, 592*, 76–81. doi: 10.1016/j.neulet.2015.03.006

AUTHOR INDEX

AUTHOR INDEX

AUTHOR INDEX

AUTHOR INDEX

AUTHOR INDEX